TURING 图灵电子与电气工程丛书

精通开关电源设计

Switching Power Supplies A-Z, 2E （第2版）

[美] Sanjaya Maniktala 著

王健强等 译

人民邮电出版社

北 京

图书在版编目（CIP）数据

精通开关电源设计 : 第2版 / (美) 马尼克塔拉
(Maniktala,S.) 著 ; 王健强等译. -- 北京 : 人民邮电
出版社, 2015.1(2023.4重印)
(图灵电子与电气工程丛书)
ISBN 978-7-115-36795-2

Ⅰ. ①精… Ⅱ. ①马… ②王… Ⅲ. ①开关电源－设计 Ⅳ. ①TN86

中国版本图书馆CIP数据核字(2014)第187961号

内 容 提 要

本书基于作者多年从事开关电源设计的经验，从分析开关变换器的最基本器件——电感的原理入手，由浅入深系统地论述了宽输入电压 DC-DC 变换器（含离线式、反激电源）及其磁性元件设计、功率器件选择和损耗计算、印制电路板布线技术、三种主要拓扑在电压 / 电流模式下的控制环稳定性，以及开关电源电磁干扰（EMI）理论和实践等。书中还解答了变换器拓扑的常见问题，讨论了开关电源设计实例、工业经验和难点对策等。

本书不仅可作为各层次开关电源工程技术人员的教材，也可供开关电源设计人员和高校相关专业师生参考。

◆ 著　　　　[美] Sanjaya Maniktala
译　　　　王健强　等
责任编辑　朱　巍
执行编辑　李岩俨
责任印制　焦志炜

◆ 人民邮电出版社出版发行　　北京市丰台区成寿寺路 11 号
邮编　100164　　电子邮件　315@ptpress.com.cn
网址　https://www.ptpress.com.cn
固安县铭成印刷有限公司印刷

◆ 开本：787×1092　1/16
印张：32.75　　　　2015 年 1 月第 1 版
字数：832千字　　　　2023 年 4 月河北第 42 次印刷
著作权合同登记号　图字：01-2012-7216号

定价：109.80元

读者服务热线：(010)84084456-6009　印装质量热线：(010)81055316
反盗版热线：(010)81055315
广告经营许可证：京东市监广登字 20170147 号

译 者 序

近年来，国内作者编写的开关电源书籍层出不穷，各大出版社争相引进的国外译本也有很多，令人目不暇接，难以选择。但其中图灵电子与电气工程丛书精选国外畅销的开关电源书籍加以编译，是该类图书中的精品系列。这也是译者欣然接手本书翻译工作的原因。

本书虽然是《精通开关电源设计》的第 2 版，但与前一版相比，至少增加了 1/3 以上的内容。原书作者具有丰富的开关电源工程设计经验和独到的见解，这些都在本书中得到了充分的体现。因此，本书适合具有基本的电力电子基础知识，对学习开关电源知识有浓厚兴趣的学生，以及急于提高自身理论功底和实用技能的开关电源工程师使用。

本书中，作者并没有面面俱到地介绍所有开关电源拓扑，而是仅选取最基本、最具有代表性的 3 种基本拓扑（升压、降压和升降压）做深入分析。这使得作者有精力与篇幅去介绍更为精细的开关电源设计方法，达到了以点带面的效果。作者由开关电源中最重要也是最难理解的元件——电感入手，系统介绍了 3 种基本拓扑演变、磁性元件设计、功率器件选择和损耗计算、印制电路板设计、反馈环路设计、前级电路设计以及开关电源的电磁干扰问题等内容，并结合设计实例做了深入分析。

本书第 1 章到第 4 章与前一版内容基本一致，前一版第 5 章变成本书第 8 章，前一版第 6 章变成本书第 10 章，前一版第 7 章变成本书第 12 章，前一版第 8 章到第 14 章内容作者已经重新编写成本书第 15 章到第 18 章。虽然上述内容与前一版多有重复，但是为了保证本书译文风格统一，我们还是在听取前一版读者评论的基础上，对全书内容重新进行了翻译。然而前一版译本显然是本书最好的参考资料，因此我们在此向前一版译者的辛勤工作致以由衷的敬意！

北京交通大学电气工程学院研究生程鹏天（第 2 章）、杜秀（第 3 章和第 7 章）、周向阳（第 4 章）、李晓萍（第 5 章、第 10 章、第 15 章、第 16 章和第 19 章）、吕超（第 6 章、第 12 章和第 14 章）和白娇娇（第 8 章、第 9 章和第 13 章）参加了部分章节的初译工作，研究生李晶、邓红霞参加了全书的校译工作。我在此对他们的帮助表示衷心的感谢！此外，感谢人民邮电出版社图灵公司的编辑对本书译稿所做的严格而细致的工作！

我们深知读者对科技译文的要求越来越高，虽然始终秉承“信、达、雅”的翻译理念，历时 7 个多月的高强度工作，数易其稿，然而水平和经验着实有限，敬请读者批评指正。

王健强
于北京交通大学

前　言

很高兴在此向读者介绍本书，该书第 1 版曾被读者称为“红皮书”。第 2 版与第 1 版几乎完全不同。我将解释这是为什么，并与读者分享本书最终得以出版的原因。

2007 年停笔后，我非常确信我不会再为这个主题多写一个字。我停止撰写开关电源应用笔记、*EE Times* 杂志专栏文章等，这些都是我过去曾经热衷的事情。我自诩已经成为电能变换领域中“凯特·斯蒂文斯”[①]一类的人物。在专业上，我涉足了一个完全不同的领域：以太网供电（POE）（这也许是我下一本书的主题）。然而回首过往，我自愿停笔的真正原因或许只是想极力避免遭遇即将到来的“写作瓶颈”，怕被这列货车碾得粉碎（更像把我放在砧板上剁碎）。现在，我终于可以承认，在过去那些紧张、冒险、茫然的时刻里，我甚至曾秘密地思索去写一本小说，而不是本书。我想写一些原创性的东西，也许就像 J.K.罗琳那样。改变也许会使我赚一大笔钱（确实是一大笔钱，不是零花钱）。然而，我还是从梦幻中醒来。因此，我转而面对现实，四年之后，我其实高兴地发现我已经差不多在第 1 版的基础上又完成了一本新书。真的，即使经历了长达九个月的熬夜，以及周末的疯狂写作之后，我仍然无法停笔。我生动地梦想着用令人惊叹的高清晰度希腊字母来装饰出版的 Mathcad 程序（这在几年前只有 Technicolor 公司才做得到，究竟发生过什么）。我的妻子和女儿告诉我，那段时间里，我曾经不时地、不断地游离在她们的生活之外。

第 2 版新加入了 6 章，噢不，是 8 章。第 1 版中有关电磁干扰（EMI）的 7 章现在改编成 4 章。但内容并没有压缩，只是重新编排。事实上，采用了更好的图表后，这部分内容反而增强了。另外，新加入了几个详细的设计案例，第 1 版的错别字和错误也已经订正。

至于磁学部分，读者将看到完整的有关反激磁芯尺寸计算的原始方程，它们在第 1 版中就像凭空虚构的一样。是的，那些看起来简单得令人生疑，或者好得令人难以置信的方程如今在第 5 章中均给出了详细的推导过程（特别是考虑到读者在其他文献中根本找不到它们）。这些公式从始至终都是精确的，这对于我这个作者来说是莫大的宽慰，或许对读者也是如此。而且，第 5 章从独特的三种不同拓扑结构的能量传输图开始，介绍了更多内容。我非常确信功率变换过程从未被相关文献以如此基本的或基础的方式解释过。的确，我喜欢直截了当。所有新资料都能以理服人，尤其是对那些磁学怀疑论者。但为了安全起见，我还是给出了全部方程和原始的 Mathcad 工作表，放在第 1 版第 3 章中曾出现的交流电阻/近似分析图后（本书没有附赠 Mathcad 程序光盘，只有文本）。第 5 章利用我提出的独特的“z 因数”法对有气隙磁芯做了非常简洁的说明。我承认，这个特殊的点子早在几年前与我的导师 G.T. Murthy 博士（他当然可称为历史英雄，现已退休）讨论时就已经出现在我的脑海里。读者可能还记得，我在孟买时曾在他手下工作过 5 年。的确，孟买就是激发我灵感的城市，虽然在第 1 版中并未提及，但是它使我提出众所周知的功率变换“火车终点站模拟”法，这在本书第 1 页就会讲到。我无意中认识到，第 1

① 20 世纪 60 年代著名的流行音乐偶像，在声名如日中天时突然神秘退出歌坛。——编者注

章显然被大多数读者所喜爱，因此除了修正一些图形和若干排版错误外，并未对它进行修改。第 2 章到第 4 章也有了明显的改进，第 1 版中的第 5 章和第 6 章也是如此（第 2 版中是第 8 章和第 10 章）。这些内容已经相当充实（如果过于苛求，保证会引人困惑）。但是，完美主义者可能要在这儿抓我的把柄了。

我一直觉得磁学并不像某些人认为的那样可怕和难懂。但是，即使确实想做一些化简复杂内容的工作，我也并不想走捷径，或是在某种程度上假装它是“如此简单”，因为它真的不简单，任何关于功率变换的东西都不简单。这些年来，我们费尽周折学会了从不单凭封面来评价一本书的好坏，或仅凭尺寸（或元件数量）来评价变换器的优劣。尤其是磁学，有时是违反直觉的，这需要我们时刻警惕。控制环路稳定性也是如此，它也不“简单”，但若有正确指导，它会比你最初想象的要容易一些。我当然不想让年轻的工程师们重蹈我的覆辙，认为理解难以捉摸的功率变换领域的唯一办法就是去疯狂地寻找一张独特的邀请函，凭此加入由有经验（也是相当傲慢的）的设计师们组成的特权俱乐部。在外界看来，那些设计师们在一些散布着闪闪发光的极点和零点的神秘虚平面中过着令人羡慕的生活。因此，为了更加简明地叙述第 1 版的内容，我重新编写了有关控制环路稳定性的全部章节。随后，第 19 章用详细的案例进一步加以解释。我还加入了一部分有关次谐波不稳定性和斜坡补偿的新内容，并借此向我曾收到的一篇关于第 1 版的相当热情且富有建设性的网页评论致谢（读者仍然能从 Analogzone 网站中找到这篇评论，现在的网址是 En-genius.net）。

重新架构本书的过程中，大量新增内容的自然衔接（“不拼凑”是我对自己的承诺）和通顺简洁（我知道这是矛盾的）最终使我明显陷入窘境。我力图不在文中插入大公式和通篇推导，以保持第 1 版中经常提到的可读性。我并不想把本书编成一本令人恐惧的教科书，除了痴迷于电气工程的学生外，把其他人都吓跑。我一直期望我的书能对实际生产有用，而不是仅用来得高分。另一方面，我确实想过把所有这些新加的“重头戏”都包含进去，为那些更有经验的、需求更多的从业者和专业人员所用。所以，我选择了显而易见的折中方式：一种乍看起来很繁琐的“挂图”形式。抛开第一印象不谈（我将给读者留出充足的时间来理解它），这个想法其实很简单：作为读者，假如你并不想这么快就了解更多细节，在读第一遍的时候你可以也应当略过这些图。这些图得出的结论在下文中都有很好的概括。然后，在你准备好（或有足够经验）深入探讨时，你可以重读这些图。这时你会发现你所需要的全部信息都触手可及，并以一种比较难懂但是界限清晰的几页——我称为“挂图”的形式给出。你也可以把这些页面作为快速参考或者是备忘录来继续学习。换句话说，我希望读者不是很快地，而是逐渐地喜欢这种形式，不但为本书所用，而且能发扬光大。

本书还包括一些先进的和现代的（新兴的）主题：例如耦合电感（第 13 章）。但是，讨论这些问题需要大量的数学知识，并没有多少直观的知识能用来描述它们。因此，可以暂时略过这些问题，但我认为它们很有用，而且将会得到全面发展（据我了解，还没有一本关于功率变换的书为普通读者提炼这些技巧）。我的分析是基于 IEEE 搜索引擎（IEL）上一些分散的、但很精彩的文章。本书对这些原始资料以更新参考文献方式致以谢意。在我撰写这一特定章节时，我意识到在该主题上我不能毫无保留地接受读到的每一篇文章或论文，这是一个颇费时日才得来的教训。我建议读者也这样做，以避免产生不必要的困惑。我看过一些论文和文章，它们号称行星地球上所有改进的事物都是电感耦合的结果。但我知道功率变换的确如此，如果有差异的话，那也是由于权衡和设计折中。作为工程师，我们几乎本能地希望不论优点还是缺点都能被符合逻辑地列出，就像同一硬币的两个面一样清晰。不然的话，我承认我会担心一些来自优质企业的潜在的优秀工程报告，首先要经过市场营销才能被大家所接受。

第 9 章较长，介绍了一些非常独特的观点，但我会让读者自己来评判其最终价值。是否能改天换地？请告诉我答案。第 14 章也一样，就看你是否也喜欢这一章。即使作者在某些章节中做了大量探究工作，也永远要允许读者做出最终判断。我对读者的期望是：对于这些很难理解的章节，请不要浏览一次就下结论。

最后，我们随便聊聊。例如，读者可能已经注意到，新版的总体颜色碰巧也是红色。所以，我得以继续用老方式提及它。在我这把年纪，人们很快就会认识到试图改变习惯从来不是一个好主意；建议的改变常常比习惯更快地倒毙在路旁。不信问问陪伴我二十年的妻子！因此，我很高兴仍能称这本书为“红皮书”，而且我依然待在让我舒适的领域中。除了书名以外，这次确实有些东西明显地、彻底地改变了：不只是内容，而是方方面面，事实上可能一切都改变了，*唯独*封面依旧。噢？没错，这本书的的确确是*老*版本的*新*编。我相信本书能到这一步说明之前的版本很成功。因此，对于这些里程碑式的成就，除了感谢一直支持我的出版商之外，我真的还要诚挚地感谢这些年来我忠实的读者们。尤其是那些原本完全陌生的人，他们从繁忙的工作日程中挤出宝贵的时间，或者给我写信，或者在网站上发表一些非常好的、显然是由衷的四星或五星级评论（由于*众所周知*的原因，我没有理会一些很明显的长篇大论）。然而，我需要向一些读者致歉，因为我无法做到随时回复你们那些相当鼓舞人心的邮件。但请明确一点：正是因为你们，本书如今才得以面世。是你们创造了这本书，是你们使我振作精神继续写作。因此，本书无论以何种外观或形式出版，无论封面是什么颜色，都会载有我的这句话：*非常感谢读者过去的支持和祝愿，我希望读者能够比第 1 版更喜欢这本书。*

Sanjaya Maniktala
于加利福尼亚州弗里蒙特市

致　谢

许多人以各种方式参与了本书创作，我衷心地感谢他们。

(1) 首先要感谢忙碌且胜任的技术评论员 Sheshagiri Haniyur。他的确非常仔细地阅读了本书，写下了大量非常恰当的评论。他甚至要求我重写第 14 章，我很快照办了。

(2) 两位非常聪明的读者给了我毫无保留的技术反馈。多年来，他们通过电子邮件与我交流，并且逐字逐句极其仔细地检查了上一版各章中的几乎每一个公式。他们确实帮助我改进了本版的一些重要章节。我必须感谢他们，马来西亚的 Chee How 和意大利的 Meroni Silvano（排名以参与时间为序）。我从来没有见过他们，但是我欣赏他们的态度、技巧和勤奋。他们也多次指正我的错误，他们的意见我在本版中全部接受。所以，请让我知道我所写的是否正确和是否易于理解。

(3) 一位令人喜爱的书评作者，上一版就参与了创作，这次又帮我搞定了许多章节，他就是 Harry Holt。一如既往地感谢非常正直、坦诚的 Harry。他让本书越变越好。感谢那些非常忙碌的、新的书评作者以及本书的支持者，包括我的前同事 Dipak Patel。

(4) 还有一些成就了本书出版的重要读者和书评作者，他们是 Ken Coffman、Gautam（Tom）Nath 和 Inder Dhingra。

(5) 不能忘了我所认识的最优秀的公关经理 Mike He。几年前，我还在国家半导体公司时，他手把手地指导我写作并让我小有名气。此外，他还是我的挚友。

(6) 我发现 Elsevier 出版社的职员们是最好的工作伙伴。我从未忘记我的第一个责任编辑，为人极好的 Chuck Glaser。这次，责任编辑换成了同样可爱、善于给人勇气的 Tim Pitts。要知道，Tim 是对本书出版最重要的人。而且，他派了两名出色的员工 Charlotte (Charlie) Kent 小姐和 Sally Mortimore 小姐帮助我，给了我超乎寻常的支持。

(7) 每次我的妻子都说向她致谢是陈词滥调，这次我本该不再找麻烦。但我真心感谢她。九个月以来，我在她的生活里形同虚设。但她坚忍地承担了一切，完全理解和支持我。我可爱的女儿 Aartika 也是一样。还有我那两个毛茸茸的四脚朋友 Munchi 和 Cookie，两条可爱的马耳他犬。当我快累晕时，它们会体贴地舔醒我。

(8) 我们不应忘记这本书是 G. T. Murthy 博士工作成果的延伸。当今世界上，他对我们中的许多人仍在产生持续的影响。他不仅是我的导师，而且在我最需要的时候给了我一种生活和一份事业。他无疑是一个我所知道的最进步、最高尚和最人性化的管理者。他愿意而且经常用他卓越的影响力为他的战友而战，为他坚定的信仰而战。他不是那种在不幸的现代常规职场意义上只追求识时务、说对话的老好人。我还记得，他似乎一直比我自己还了解我，很不可思议。所以，我至今仍为结识他而感到自豪，希望他健康长寿。

(9) 许多读者给我写信表达诚挚的谢意和鼓励。他们的真诚和热情，使得像我一样的作者感觉一切辛苦都是值得的，这也是我们以新书回报的真正原因。所以，我在此必须同样真诚地感谢他们中的一些人：Gheorghe（Gigi） Plaesoianu、Mark Markell、Chris Themelis、 Roberto

Zanzottera、Mirza Kolakovic、Raja Darekar、Sanjay Agrawal、Gene Krzywinski、Ramesh Tirumala、Stephen Blake、Xiaohong Zhu、Charles Potter、Robert Haugum、Xia Heng、Eric Wen、Roc Zhu、Cyril Aloysius Quinto、Sridhar Gurram、Alex Byrley、Meng(Mark) Jianhui、Bingbing Song、Michael Chang、Wei Guan、Ronald Moradkhan、Amalendu Iyer、Georg Glock，以及我可能已经忘记名字的那些人。感谢所有给我写信的读者，他们都推动了本书的出版。

(10) 我还要真诚地感谢 Debbie Clark，Elsevier 出版社的产品主管。依我看来，是她极大的耐心最终使本书得以出版，并且看起来很棒。

目 录

第 1 章

开关功率变换原理

1.1 引言

想象一下，在晚高峰时段身处某繁忙的地铁站。数以千计的乘客几乎同时蜂拥而至，准备踏上回家的路。显然，没有什么列车能够大到足以同时运载所有乘客。那该怎么办呢？简单！先把所有乘客按列车载客量分流，再快速连续地运送出去。不久以后，许多出站的乘客会转乘其他交通工具。因此，列车载客量有可能变成公交载客量或出租车载客量等。最终，分流的乘客将再次聚集，目的地会重新出现拥挤的场面。

开关功率变换原理与公交系统运行原理非常类似。不同之处在于运送的是能量，而不是乘客。换句话说，变换器连续不断地从“输入源”提取能量，通过“开关”（晶体管）将输入能量流分成若干能量包，再借助一些元件（电感或电容）运送，这些元件能够容纳这些能量包，并按需求在元件间彼此交换。最后，所有能量包再度汇集，平滑而稳定地输出能量流。

因此，无论运送的是能量还是乘客，从旁观者的视角，看到的都是连续输入和连续输出。只是在运送过程中才把连续的流分成易管理的包。

深入观察地铁站的例子就会发现，一定时间内只能运送一定量的乘客（注意，在电气工程领域，单位时间内运送的能量称为“功率”）。要么用大型列车，发车间隔相对长些，要么用多列小型列车，快速不断地运送。如此看来，开关电源一直工作在高频开关状态不足为奇。其主要目的是减小能量包的大小，从而减小储存、运送能量包所需的元件尺寸。

应用该原理工作的电源称为开关电源或开关功率变换器。

DC-DC 变换器是现代高频开关电源的基本组成部分。顾名思义，它把直流（DC）输入电压 V_{IN}变换成更满足要求的或更有效的直流输出电压 V_O。AC-DC 变换器（参见图 1-1）也称为离线式开关电源，一般在交流电压（或电网电压）下工作。它先将正弦交流（AC）输入电压 V_{AC}整流成直流电压（常称为 HVDC 母线或高压直流母线），再作为后级 DC-DC 变换器（或其派生电路）的基本输入。因此，从本质上讲，功率变换过程几乎就是 DC-DC 电压变换过程。

从经常大范围变化或不同的直流输入电压中获取稳定的直流输出电压也很重要。因此，功率变换器都有一个控制电路来持续监视输出电压，并将它与内部参考电压做比较。如果输出电压偏离给定值，控制电路将采取调整措施。该过程称为输出调整或简称调整。所以，电源领域中常说的电压调整器，无论是开关型还是其他类型，都能完成调整功能。

在实际应用中，工况一般是指外加输入电压 V_{IN}（或电网电压）、输出电流 I_O和给定的输出电压 V_O。温度也是一种工况，但对系统的影响一般并不显著，这里暂时忽略。所以，对应给定输出电压，有两种特定工况，其变化会导致输出电压迅速变化（这并非控制电路的原因）。当输入电压 V_{IN}在其工作范围 V_{INMIN}~V_{INMAX}（最小值到最大值）内变化时，保持输出电压稳定的过程称为电网调整；而 I_O 在其工作范围 I_{OMIN}~I_{OMAX}（轻载到重载）内变化时，保持输出电压稳定的过程称为负载调整。当然，任何事情都不是完美的，调整也不例外。调整后的输出电压仍有轻微的但可测量的波动，称为 ΔV_O。注意，在数学上，电网调整用 $\Delta V_O/V_O\times100\%$（$V_{INMIN}$~$V_{INMAX}$）表示，负载调整用 $\Delta V_O/V_O\times100\%$（$I_{OMIN}$~$I_{OMAX}$）表示。

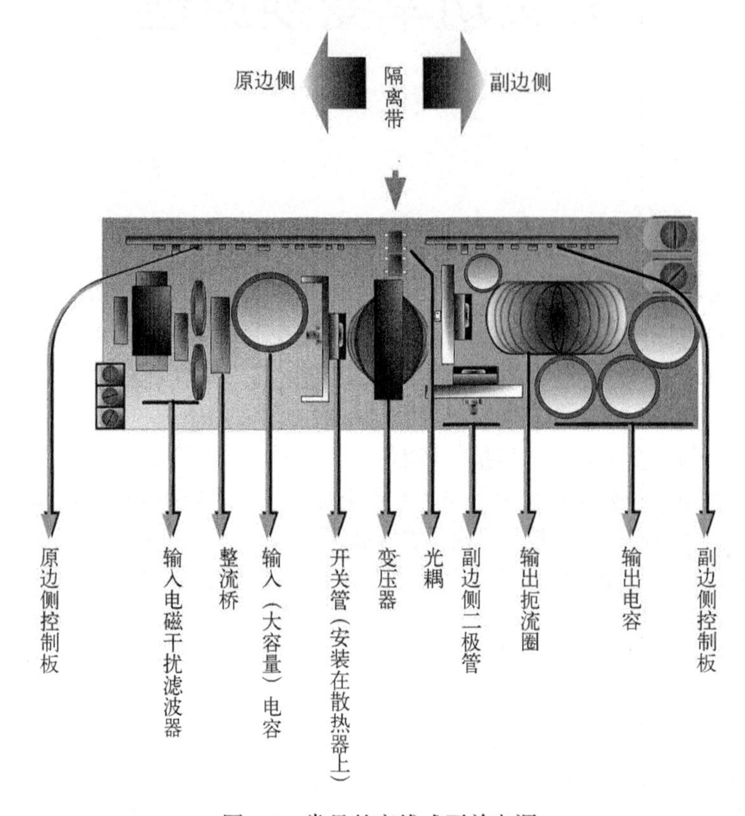

图 1-1　常见的离线式开关电源

电源（在电网电压或负载突变时）的输出调整速率也很重要，因为没有一个物理过程能“瞬时”完成。变换器在外部扰动下的快速调整（校正）性能称为环路响应或交流响应。显然，环路响应一般是负载阶跃响应与电网暂态响应的叠加。

接下来，首先向读者介绍一些功率变换的最基本术语及其要点，然后再介绍功率变换中最重要的元件电感的特性。即使是一些富有经验的电源设计人员，也会觉得电感难以应付！显然，如果对元器件及其基本概念缺乏清晰的认识，就无法在电源领域取得实际进展。因此，只有充分认识电感，才能揭开开关电源的神秘面纱。实际上，只要深刻理解电感，许多问题就会迎刃而解。

1.2　概述和基本术语

1.2.1　效率

任何变换器在实现功率变换的过程中都会涉及效率。效率的定义如下：

$$\eta = \frac{P_O}{P_{IN}} \tag{1-1}$$

式中，P_O是输出功率，计算公式为

$$P_O = V_O \times I_O \tag{1-2}$$

P_{IN}是输入功率，计算公式为

$$P_{IN} = V_{IN} \times I_{IN} \tag{1-3}$$

这里的I_{IN}是电源的平均输入电流或直流电流。

理想情况下，$\eta=1$，即“完美的”变换效率 100%。但在实际变换器中，$\eta<1$。简而言之，P_{IN}与P_O之差就是变换器消耗的功率P_{loss}或（变换器内部产生的）损耗。简单处理后可得

$$P_{loss} = P_{IN} - P_O \tag{1-4}$$

$$P_{loss} = \frac{P_O}{\eta} - P_O \tag{1-5}$$

$$P_{loss} = P_O \times \left(\frac{1-\eta}{\eta}\right) \tag{1-6}$$

这就是以输出功率表示的损耗。若以输入功率表示，可得到类似的结果：

$$P_{loss} = P_{IN} \times (1-\eta) \tag{1-7}$$

损耗在变换器中表现为热，能产生一定的、可测量的、室温（或环境温度）之上的温升ΔT。注意，高温会影响整个系统的可靠性。经验表明，10℃温升会使失效率加倍。因此，设计人员需要一项必备的技能，就是减小温升，做到高效。

再看一下（变换器的）输入电流，假设效率为 100%，可得

$$I_{IN\_ideal} = I_O \times \left(\frac{V_O}{V_{IN}}\right) \tag{1-8}$$

因此，实际变换器的输入电流是理想值的$1/\eta$倍。

$$I_{IN\_measured} = \frac{1}{\eta} \times I_{IN\_ideal} \tag{1-9}$$

所以，（在工况不变的情况下）效率越高，输入电流越低，但也只能低到一定程度。显然，输入电流不能低于I_{IN_ideal}，因为后者等于P_O/V_{IN}。也就是说，输入电流仅与电源传输的有效功率P_O有关。此处，假设P_O不变。

而且，由于

$$V_O \times I_O = V_{IN} \times I_{IN\_ideal} \tag{1-10}$$

经过简单的代数运算，电源的损耗（每秒以热形式表现的能量损失）可写成

$$P_{loss} = V_{IN} \times (I_{IN\_measured} - I_{IN\_ideal}) \tag{1-11}$$

该损耗公式表明，在变换器向负载连续提供有效能量P_O的同时，直流电源还要为变换器提供额外的能量（给定电压下需要更大的输入电流）来补偿电源中损耗的能量。

现代开关电源的效率一般为 65%~95%，这足以引起设计人员的兴趣，使开关电源得到广泛应用。传统调整器（如线性调整器）的效率要低得多。因此，它们必然逐渐被开关调整器所取代。

1.2.2 线性调整器

线性调整器也称为串联型调整器，或简称串联调整器，也能从输入获得一个可调整的直流输出，但其功能是通过在输入与输出之间串联晶体管来实现的。而且，这种串联晶体管（或称传输晶体管）工作在电压—电流特性曲线的线性区，其工作特性类似于可变电阻。如图 1-2 中最上方的原理图所示，该晶体管实际上承受了被降低（舍弃）的、多余的或过剩的那部分电压。

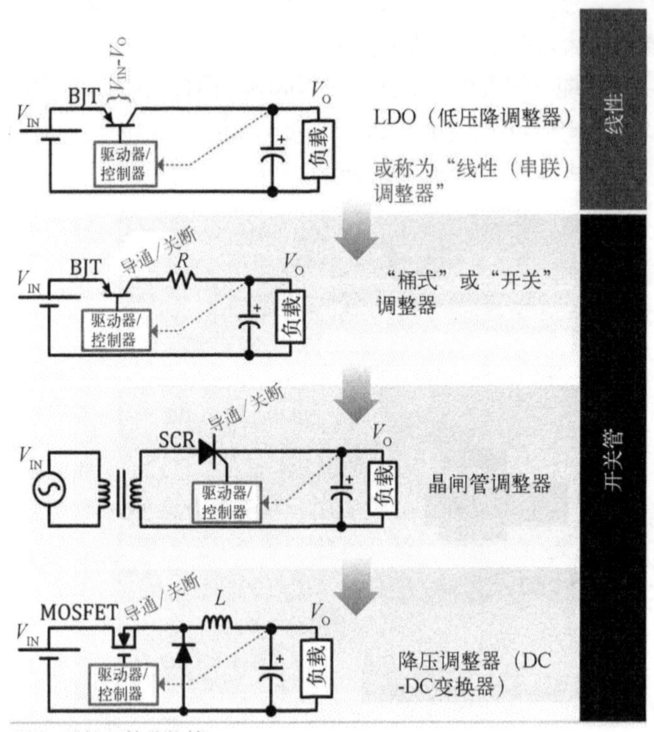

图 1-2　线性调整器和开关调整器的基本类型

显然，过剩的电压就是 V_{IN}与 V_O之差，一般称为线性调整器的压差。可以看出，净压差始终为正，表明 $V_O<V_{IN}$。因此，从原理上讲，线性调整器本身是降压型，这也是它最明显的局限。

一些应用（如电池供电的便携式电子设备）要求输入电压即使降至很低程度，如降至仅比给定的输出电压 V_O高 0.6V 甚至不到 0.6V，输出也要保持良好的调节性能。在这种情况下，线性调整器允许的最小压差（或压降）可能会出现问题。

任何开关器件都不是理想的，即使它们完全导通，也会存在压降。因此，最小压降只是开关管正向压降的最小值。在 V_{IN}勉强超过 V_O的情况下仍能连续工作（即调整输出）的调整器称为低压降调整器或 LDO。但要注意，线性调整器与 LDO 之间实际上没有“正式的”、严格的压降区别。因此，有时也相当宽松地用 LDO 一词来指代线性调整器。但是，经验表明，LDO 的压降应在 200mV 以内。而老式器件（传统的线性调整器）的典型压降约在 2V 左右。还有一种中间类型的调整器“准 LDO”，其压降约为 1V，介于前两者之间。

除了原理上是降压型以外，线性调整器还有一个局限，就是效率低，原因如下。器件的瞬时功率损耗可定义为 $V \times I$，其中 V 是器件上的瞬时压降，I 是器件中的瞬时电流。由于晶体管一直串联在回路里，稳态工况下的 V 和 I 实际上都不随时间变化，V 等于压差 $V_{IN}-V_O$，I 等于负载电流 I_O。因此可以发现，在线性调整器中，在某些情况下，$V \times I$ 得出的损耗与有效输出功率 P_O 相比所占比例很大。简而言之，效率低！而且，仔细分析后会发现，我们对此无能为力。怎么可能反驳 $V \times I$ 这样基本的事实呢？例如，输入为 12V，输出为 5V，负载电流为 100mA，调整器的损耗必然是 $\Delta V \times I_O=(12-5)\text{V} \times 100\text{mA}=700\text{mW}$。但有效（输出）功率是 $V_O \times I_O=5\text{V} \times 100\text{mA}=500\text{mW}$。所以，效率为 $P_O/P_{IN}=500/(700+500)=41.6\%$。能对此做些什么呢？指责乔治·欧姆（欧姆定律发现者）吗？

线性调整器的优点是非常“安静”，既无噪声问题，又无电磁干扰（EMI）问题。但很不幸，这些问题恰恰是现代开关调整器的“标志”或“品牌”。开关调整器一般需要在输入和输出端加装滤波器来消除噪声。噪声可能干扰附近的其他小型电子设备，引发故障。注意，普通的输入和输出电容有时就能消除变换器中的噪声，特别是在小功率（和低电压）的情况下。但一般还是需要电感和电容组成的滤波电路，有时甚至还需要滤波电路级联来加强噪声衰减能力。

1.2.3　利用开关器件提高效率

为什么开关调整器比线性调整器效率高？

顾名思义，开关调整器中的串联开关管不是工作在（有损耗的）放大模式，而是工作在重复开关模式。所以，开关管只有两种工作状态，要么闭合导通（完全导通），要么打开关断（完全关断），没有中间状态（至少原理上如此）。开关管导通时，（理想的）管压降为零（$V=0$）；开关管关断时，（理想的）导通电流为零（$I=0$）。因此，每种开关状态的 V 与 I 之积也是零，即开关损耗为零。这显然是不现实的，或者说是理想的。实际上，开关管都是有损耗的。原因之一是开关管不可能完全导通或完全关断。即使它们导通，也会有很小的管压降存在；即使它们关断，也会有很小的电流流过。而且，没有哪个器件的开关过程能瞬间完成，在两种开关状态之间转换总是需要一定的时间。在这段时间间隔内，$V \times I$ 不是零，会产生额外的开关损耗。

在许多开关功率变换的入门教材中，开关被描述成一个机械元件——带触点，具备简单的打开（关断）或闭合（导通）功能。是的，机械开关非常近似于理想开关，所以常用来介绍功率变换的最基本原理。但是，机械开关用于实际变换器存在明显问题，它容易磨损，使用寿命较短。事实上，用半导体器件（如晶体管）作为开关管始终是最好的。它们能极大地增加变换器的寿命和可靠性。但半导体开关没有机械开关固有的机械“惯性”才是其最重要的优势，这使它能够在导通和关断两种开关状态之间频繁转换，而且转换速度极快。研究表明，高频开关电源一般可以使用更小型化的元件。

应该清楚，开关速度一词的含义在开关功率变换领域会因其使用场合不同而略有不同。在讨论整体电路时，它是指反复开关（导通—关断—关断—导通）的频率，即变换器的基本开关频率 f（单位是 Hz）。而在讨论开关器件时，它是指两种开关状态（从导通到关断或从关断到导通）转换的时间，单位一般是纳秒（ns）。当然，转换时间隐含在开关周期 T（$T=1/f$）或开关频率中，是客观存在的。但是应该清楚，转换时间与开关频率并没有直接关系。

后面会提到，快速变换（即转换）开关状态的能力其实相当重要。是的，开关速度在一定程度上几乎完全取决于外部驱动电路的驱动能力及其有效性。但从根本上讲，开关速度的限制纯粹取决于器件及其工艺，即某种电“惯性”。

1.2.4　半导体开关器件的基本类型

早期的大部分电源使用BJT（双极型晶体管），如图1-2所示。若以现代标准衡量，它无疑是速度极慢的器件。但它的价格相对低廉。事实上，NPN型晶体管因其价格更低而比PNP型晶体管应用更广。现代开关电源更多采用MOSFET（金属氧化物半导体场效应晶体管），简称场效应管（参见图1-2）。这种现代高速开关器件也分为若干类型——最常用的是N沟道和P沟道增强型MOSFET。N沟道MOSFET因其高性价比和高性能被普遍采用。但出于各种原因，主要是驱动电路简单，有时也会选用P沟道MOSFET。

尽管历史证明MOSFET通常更受青睐，但仍有观点支持在某些应用中选择BJT。争论主要集中在以下几个方面。

(1) 通常认为驱动MOSFET比驱动BJT更容易。BJT需要很大的驱动电流（注入基极）来使其导通，而且需要持续注入才能使它保持导通状态。相比之下，MOSFET更容易导通。理论上只需在栅极外加合适的电压并维持住，就能使其保持导通状态。因此，MOSFET被称为压控型器件，而BJT被称为流控型器件。实际上，现代MOSFET在开关状态转换过程中（从导通到关断或从关断到导通）也需要一定的栅极电流。而且，为加快其转换速度，实际上可能要在栅极注入（或抽出）大量电流（常见值为1~2A）。

(2) 大多数情况下，BJT的驱动要求实际上更容易满足。举例来说，要使NPN型BJT导通，基极电压只需比发射极电压高约0.8V（有时基极甚至可以直接连到集电极上）。而N沟道MOSFET的栅极电压必须比源极电压高几伏才行。因此，在某些类型DC-DC变换器中，N沟道MOSFET所需驱动电压可能比变换器（可用的）输入电压V_{IN}还要高很多。除非利用一些电路把输入电压设法“拉高”或“泵高”到更高水平，没有其他办法！此时，拉高后的电压称为自举电压。

注意　最简单的自举电路仅由一个小电容组成，当开关管关断时，电源（通过一个小信号二极管）向电容充电。然后，当开关管导通时，开关管改变状态，电源中某结点电压会因此突然跳变。由于自举电容一端连接到该结点，而且电容保持着充电电压（和电荷），所以电容另一端就形成了比电源电压高得多的自举电压。无论情况如何，这有助于正确驱动MOSFET。

---

(3) BJT的主要优势在于它产生的电磁干扰、噪声和纹波要比MOSFET小得多。具有讽刺意味的是，该优势恰恰来源于较慢的开关速度。

(4) BJT通常更适合大电流装置，因为即使开关电流很大，其正向压降（导通压降）也是基本不变的。其开关损耗显著降低，而且开关频率越低，效果越明显。与之相反，MOSFET的正向压降与流过的电流几乎成正比。因此，重载时损耗很大。幸运的是，MOSFET的开关速度更快（转换时间更短），通常能弥补该缺点，而且开关频率越高，优势越明显。

注意　为了做到两全其美，科学家又发明了一种复合器件，称作IGBT（绝缘栅型双极晶体管）。它的驱动特性与MOSFET（压控型）类似，但是在其他方面（正向压降和开关速度）与BJT类似。因此，IGBT主要适合低频大电流应用，驱动IGBT比BJT要容易。

1.2.5　半导体开关器件并非理想器件

前面曾说过，所有半导体开关管都会产生损耗。尽管它们各有优点，但毫无疑问，它们并不是人们第一印象里那种完美的、理想的器件。

例如，与机械开关不同，在所谓完全关断（即不导通）时，半导体器件仍有微小但可测量的“漏电流”流过。该损耗称为泄漏损耗，一般不重要，可以忽略。而在所谓完全导通（即导通）时，半导体器件仍有很小但需要注意的压降（正向压降），会产生明显的导通损耗。另外，两种开关状态相互转换时存在短暂的过渡时间，此时开关管内电压和电流几乎同时变化。所以，在过渡时间或转换时间内，任一时刻既无 $V=0$，也无 $I=0$，因此也就没有 $V \times I=0$。这将产生额外的损耗，称为交叉损耗（有时也称为开关损耗）。总之，如果想提高开关电源效率，就要研究如何降低这些损耗。

但要切记，就本质而言，电源设计大多是折中方案或微妙的妥协。例如，为了让导通损耗降至最低，可能选用正向压降极低的开关管，但其转换速度一般较慢，会产生较大的开关损耗。此外，需要始终关注成本这个重要因素，尤其是在商用电源的竞技场上。因此，在电源设计中决不能低估机敏的、经验丰富的工程师的重要性，只有这种人才能真正把握电源设计的关键细节。一些智能自动测试系统或高管们所梦想的“专家设计软件”注定不能取而代之。

1.2.6 利用电抗元件提高效率

开关调整器效率高的原因之一是利用了开关管（而不是等效成电阻的晶体管，参见 LDO）。现代开关电源效率高的另一个根本原因是有效利用了电容和电感。电容和电感是电抗元件，它们具有独特的储能能力。它们从来不消耗能量（至少自身不消耗能量），仅把输入的能量储存起来！电阻元件会消耗能量，而且遗憾的是它不能储能。

电容储存的能量称为静电能，大小等于（1/2）$\times C \times V^2$，其中 C 为电容量（单位为 F），V 为电容两端电压。电感储存的能量称为磁能，大小等于（1/2）$\times L \times I^2$，其中 L 为电感量（单位为 H），I 为（任意给定时刻）流过电感的电流。

但问题是：除了明显的效率因素外，从原理上讲，真的需要电抗元件吗？例如，线性调整器就不是真的需要输入或输出电容，因为串联导通器件（如 BJT）完全用于封阻过剩的电压。但是，对开关调整器而言，推论大不相同。其工作方式符合一般开关功率变换逻辑，总结如下。

- 需要用开关管来建立输出电压控制，实现电压调整。它工作在开关状态，原因是：控制器件的损耗等于其两端电压与流过电流的乘积，即 $V \times I$。所以，如果 V 或 I 为零（或很小），那么损耗就为零（或很小）。通过不断地在 ON（导通）和 OFF（关断）两种开关状态之间转换，就能降低损耗。与此同时，通过控制导通时间与关断时间之比，就能根据平均能量流理论来调整输出。
- 每次开关动作都能有效断开输入或输出（无论工作在 ON 状态还是 OFF 状态）。但是，输出（负载）始终需要连续的能量流。因此，需要在变换器的某些位置引入储能元件。特别是在输入输出断开时，需要用输出电容来保持稳定的负载电压。
- 一旦引入电容，就需要限制其中流过的浪涌电流。所有直接接入直流电源的电容都会遭遇不可控的浪涌电流。它不仅导致噪声和电磁干扰，而且会降低效率。当然，可以简单地利用电阻来抑制浪涌电流，实际上早期的桶式调整器就是采用这种办法（如图 1-2 所示）。
- 不幸的是，电阻总要消耗功率。所以，开关管上减少的损耗可能最终会被电阻上增加的损耗抵消掉。因此，为了最大限度地提高效率，变换过程中只使用电抗元件。从原理上讲，电抗元件不仅能够储能，而且不消耗任何能量。所以，电感（和电容）成为最终的选择，而且电感的无损限流（限制电流上升率）能力正好能抑制电容的浪涌电流。

上述逻辑分析会随着讨论的深入而逐渐清晰。而且，一旦电感储能，就不能简单地释放。需要谨慎处理！事实上，这正是今后设计实用变换器时要做的工作。

1.2.7 早期 RC 型开关调整器

如前所述，利用输出电容可以解决“输入–输出断开”问题。在开关管导通，电源直接向负载供电时，它储存能量。然后，在开关管关断，电源与负载断开时，它向负载提供能量。

但仍需要限制电容充电电流（浪涌电流）的大小。如前所述，可利用电阻限流。事实上，一些线性调整器向开关调整器过渡的早期中间产品，如图 1-2 所示的桶式调整器，正是利用了这一基本原理。

桶式调整器用一个驱动方式类似现代开关调整器的开关管和一个阻值很小的串联电阻来限流（有点像线性调整器），并用一个输出电容（“桶”）来储能，在开关管关断时向负载提供能量。当输出电压低于某一阈值时，开关管导通，将电容充满，然后开关管关断。另一个版本的桶式调整器用廉价的、称为 SCR（可控硅整流器，即晶闸管）的低频开关管，在交流电网降压变压器的副边侧工作，如图 1-2 所示。注意，此时的变压器绕组电阻（一般）是（唯一）有效的限流电阻。

注意，所有 RC 型桶式调整器的开关管最终会以某一固定频率反复通断，从而得到粗调的、降压输出的直流电压。按照定义，该调整器也属于开关调整器！

但在功率变换过程中，使用电阻总是会降低效率。所以，这只是成功地把晶体管损耗转嫁到了电阻上！如果想真正提高整体效率，就必须移除所有串联电阻。

为此，可以尝试用电感替代电阻，其实也没有什么其他元件可供选择！事实上，若如法炮制，将得到第一个现代 LC 型开关调整器——降压（Buck）变换器，如图 1-2 所示。

1.2.8 LC 型开关调整器

后续章节将介绍图 1-2 中现代降压变换器的详细工作过程。注意，除了电感显然替代了电阻，并增加了一个“神秘的”二极管外，降压变换器看起来与桶式调整器非常类似。实际上，只有在知道二极管的用途后，才能弄清功率变换的基本原理。该二极管有若干名称，如逆向电压保护二极管、续流二极管、换流二极管和输出二极管等。但它的基本用途都一样，并与电感的自身特性有着错综复杂的关系。

除了降压变换器外，还有两种方式能实现开关功率变换的基本目标（均用电感和电容）。每种方式对应着各自不同的拓扑。这样，除了降压变换器外，还有升压（Boost）和升降压（Buck-Boost）变换器。这些变换器虽然基本原理相同，但其电路结构和特性完全不同。未来的电源设计人员确实需要了解和掌握每一种拓扑，并谨记，在设计过程中，拓扑改变时，脑海中的拓扑图也要迅速转换。

注意 另外还有一些电容型调整器，特别是电荷泵，也称为无感开关调整器，通常仅限于很小的功率应用。其粗调后的输出电压可达输入电压的若干倍。本书不讨论此类调整器。也有一些其他的 LC 型调整器，特别是谐振型拓扑。它与常见的 DC-DC 变换器类似，也使用两种电抗元件（电感和电容）和开关管。但是，它们的基本工作原理完全不同。本书不讨论具体细节，只是提醒读者注意，此类拓扑的开关频率并非恒定，而通常设计人员强烈希望开关频率恒定。以实用的观点来看，任何变频开关拓扑都将产生难以预测的、变化的电磁干扰频谱和噪声信号。为了减少这些危害，可能需要使用相当复杂的滤波器。因此，在商业设计中，谐振型拓扑未能获得广泛接受，本书也不做重点讨论。

1.2.9 寄生参数的影响

在大多数应用中传统 LC 型开关调整器的电感和电容都会发热。但前面提到过，电感和电容都是电抗元件，为什么还会发热呢?设计师们需要知道原因，因为任何热源都会影响整体效率！而效率就是现代开关电源的生命。

实际上，电抗元件的温升总是源自（电抗）元件与生俱来的小阻值寄生电阻产生的损耗。

例如，真实的电感除了具有基本电感特性外，还具有一定的非零直流电阻（DCR），后者主要来源于绕组铜导线。类似地，真实的电容除了具有基本电容特性外，还具有阻值很小的等效串联电阻（ESR）。这些寄生参数都会产生电阻性损耗，累加后会变得相当显著。

如前所述，真实的半导体开关器件也有寄生的并联电阻。它实际上来源于导致泄漏损耗的漏电流通路模型。类似地，器件的正向压降一定意义上也可看作导致导通损耗的串联寄生电阻所产生。

真实的元器件具有各种不同的电抗性寄生参数。例如，由于绕组层间的静电效应，电感两端存在明显的寄生电容。由于电容引线、金属箔及端子存在小电感，所以电容也具有等效串联电感（ESL）。类似地，MOSFET 也具有各种寄生参数，如（封装内）各个端子之间“看不见的”电容。事实上，这些 MOSFET 的寄生参数是限制其开关速度（转换时间）的重要因素。

就损耗而言，电抗性寄生元件一定不会消耗能量，至少寄生元件自身并不发热。但是，这些电抗性寄生元件通常会设法（在开关周期的某一时刻）向邻近的电阻性元件“倾泻”它们储存的能量，从而间接增加整体损耗。

因此，为了提高效率，通常需要设计人员最大限度地减小寄生参数——无论是电阻性的还是电抗性的。不要忘了，它们都是使变换器效率无法达到 100%的罪魁祸首。当然，必须学会合理地、高性价比地优化参数，并符合市场规则以及相应规范。

但要牢记，在功率变换领域，任何事情都不是绝对的！这些寄生元件也并非全无用处。事实上，它们有时扮演着非常有益的角色，有助于增强电路稳定性。

- 例如把 DC-DC 变换器的输出短路，那么变换器无论如何都不能把输出调整到正常状态。在这种故障条件（开环）下，电路的瞬时过载电流会因某些“友好的”寄生参数而减小（或平缓）许多。
- 所谓电压型控制开关调整器实际上依赖输出电容的等效串联电阻来保证环路稳定性，即使在正常工况下也是如此。如前所述，环路稳定性是指电源在遭受电网或负载突变时快速调整输出而不产生过度振荡和振铃的能力。

可以证实，一些寄生参数可能只会带来麻烦，但另一些则纯粹是祸害。但是，寄生参数的实际作用也可能变换不定，这取决于变换器的实际工况。举例如下。

- 某一寄生电感在开关导通时可能发挥有益的作用，如限制开关电流尖峰。但它在开关管关断时（因释放其储存的磁能）也会产生很高的电压尖峰，反而变得有害。
- 相反，开关管的并联寄生电容在开关管关断时是有益的，但在开关管导通时是无益的，因为此时它向开关管释放其储存的静电能。

注意 在开关管关断时，上述寄生电容吸收电压尖峰的能量，有助于限制或钳位开关管两端具有潜在破坏性的电压尖峰。而且，寄生电容减缓开关管的电压上升率，从而减少 V–I 交叠（开关管暂态电压波形与暂态电流波形之间的交叠），有助于降低开关损耗。但是，在开关管导通时，寄生电容不得不释放它先前在开关管关断时获得的能量，产生开关电流尖峰。注意，该电流尖峰不能从外部直接观察到，仅能从开关损耗和温度高于预期值的现象中表现出来。

因此，寄生参数一般都是“双刃剑”，在实际电源设计中早晚要考虑。但是，在后续讨论中，有时也会在开始时有意地、选择性地忽略一些次要因素的影响，以便于首先建立电源的基本概念。若非如此，读者可能会过早地感到不知所措。

1.2.10 高频开关时的问题

寄生参数的大小及其产生的损耗经常取决于各种不同的外部因素，如温度就是其一。一些损耗随温度升高而增加，如 MOSFET 的导通损耗。但也有一些损耗随温度升高而降低，如 BJT（在小电流工作时）的导通损耗。还有一例，一般铝电解电容等效串联电阻产生的损耗也随温度升高而降低。此外，一些损耗随温度变化的曲线具有相当奇怪的形状。例如，有的是倒钟形——意味着两端点之间存在最佳工作点。许多（用于电感磁芯的）新型铁氧体材料的磁芯损耗就是这种形状，在 80℃~90℃附近出现最小值，沿两侧方向逐渐升高。

总之，很难预测损耗随温度升高如何变化。因此，也很难预测电源效率随温度升高如何变化。

寄生参数的大小及其产生的损耗与频率有比较明显的关系。事实上，很难见到损耗随频率提高而减小的现象（但有一个著名的例外，铝电解电容的等效串联电阻随频率提高而减小，因此损耗随频率提高而减小）。有些损耗从本质上与频率无关（如导通损耗）。实际上，其他损耗几乎都随频率提高成比例地增加，如交叉损耗。因此，一般来说，降低（而不是提高）开关频率几乎总是有助于提高效率。

除效率外，还有一些问题与频率有关。例如，开关电源天生就有噪声，会产生大量的电磁干扰。而且开关频率越高，问题越严重。可以想象，在高频工作时，甚至细小的导线和印制电路板（PCB）布线都会成为有效的天线，到处辐射电磁干扰。

这就带来一个问题：为什么现代开关电源的发展趋势是不断提高开关频率，而不是降低开关频率呢?

简单来说，选择较高开关频率的首要原因是让开关频率超出人类的听觉范围。由于各种原因，电抗元件在工作时容易发出声波。为此，早期 LC 型开关电源的工作频率大约在 15~20kHz，即使真的发出了声波，也几乎听不见。

选择较高开关频率的另一个原因是开关电源中的大型元器件电感的尺寸会随开关频率提高几乎成比例地减小（毕竟似乎每个人都喜欢小型化的产品）。因此，连续几代的功率变换器都近乎武断地去提高开关频率，典型地从 20kHz、50kHz、70kHz、100kHz、150kHz、250kHz、300kHz、500kHz、1MHz、2MHz 直至今天更高。实际上频率的提高也同时减小了传导性电磁干扰滤波元件、输入和输出滤波元件的尺寸，包括电容的尺寸！频率的提高也几乎成比例地增强了开关电源的环路响应。

因此，进一步提高开关频率的唯一障碍就是开关损耗。开关损耗的含义实际上相当广泛，包含了实际开关（即从导通到关断和从关断到导通）过程中开关管产生的所有损耗。显然，先前提到的交叉损耗正是其中之一。注意开关损耗（通常）恰好与开关频率成正比，原因比较容易理解，实际上能量是在每个开关过程中损失的，所以（每秒钟）开关次数越多，损失（损耗）的能量就越多。

最后，还要学会如何管理电源产生的损耗。这称为热管理，它在许多优良的电源设计方案中是最重要的设计目标之一。下文会继续讨论。

1.2.11 可靠性、使用寿命和热管理

热管理的基本含义是尽可能把电源产生的热量散发到周围环境中去，从而降低电源内部各工作元器件自身的温度。这么做最基本、最明显的原因是让所有元器件的工作温度都保持在其最大额定工作温度范围内。事实上，这远远不够。需要一直努力，尽可能降低温度。无论降低几摄氏度，都是值得做的。

电源在任一给定时刻的可靠性 R 定义为 $R(t)=e^{-\lambda t}$。所以，在 $t=0$（使用寿命的起点）时，可靠性为最大值1。此后，可靠性随时间推移呈指数规律下降。λ 是电源失效率，即一定时间段内失效的电源数量。另一个常用名词是 MTBF，即平均无故障时间。它是整体失效率的倒数，即 $\lambda=1/\text{MTBF}$。典型商用电源在标准工况下和环境温度为 25℃时的平均无故障时间介于 100 000 小时至 500 000 小时之间。

至于失效率随时间的变化，有一条著名的经验法则——温度每升高 10℃，失效率加倍。这条公认的、并不精确的经验法则若适用于电源内部的每个元器件，则必然适用于整个电源。因为电源的整体失效率就是电源内部每个元器件的失效率之和（$\lambda=\lambda_1+\lambda_2+\lambda_3+\cdots$）。这清楚地表明为什么要努力尽可能降低每个元器件的温度。

除了关注电源内部每个元器件的失效率外，还要考虑特殊元器件的使用寿命。元器件的使用寿命是指元器件性能降至某一特定极限之前能够连续工作的时间。在使用寿命的末期，元器件损耗失效，或者说用坏了。注意，这并不表示元器件完全失效，一般情况下，只能说达不到规格要求，即再也达不到数据手册中电气性能表里声明的预期性能。

注意 数据手册当然有可能被篡改，以美化某一部分指标。这是一种很不好的做法，却是工业上的普遍做法，称作技术指标差距。因此，优秀的设计人员会注意到，不同供应商的数据手册并非一致，即使乍看全都一样或者器件型号相同。

设计人员不仅要努力延长元器件的使用寿命，而且要提前考虑元器件随时间推移缓慢老化的现实。实质上，那意味着电源的初始性能应高于最低技术规格。但最终，随着元器件失效，特别是关键部位的元器件失效，整个电源会达不到规格要求，甚至完全失效。

幸运的是，虽然电源中大部分元器件的使用寿命并没有明确的界定，但至少大多数电子产品预期的使用寿命一般是 5~10 年。因此，即使元器件的非零失效率已经证明电源在正常工作时必然会有元器件在某一时刻失效，通常也不会讨论电感或开关管等元器件（在一段时间内）的老化问题。

注意 元器件的使用寿命与其制造材料有关，制造材料直接影响元器件的寿命。例如当半导体器件的工作温度高于一般的最高额定温度 150℃时，虽然半导体本身温度再高也不会损坏，但其塑料封装会失效或老化。一段时间以后，老化的封装会严重影响半导体结的工作环境，导致器件彻底失效，通常也会殃及电源（和系统）！与之类似，铁粉芯电感在长期高温下会老化，不仅使电感失效，也会使电源失效。

商用电源设计经常需要考虑铝电解电容的使用寿命。尽管铝电解电容在许多应用中表现出极好的耐压能力和优良的性能，但其内部电解液会随时间推移持续挥发，导致老化失效。需要进一步计算以预测其内部温度（核心温度），从而估计真正的电解液挥发速率，并设法延长其使用寿命。推荐的铝电解电容使用寿命计算规则是：温度每升高 10℃，使用寿命减半。这个相对精确的规则与失效率的经验法则惊人地相似。但这仅仅是巧合，因为使用寿命和失效率的确是两个不同的概念，第 6 章将继续讨论。

现在已经清楚，延长使用寿命并提高可靠性的方法是降低电源中所有元器件的温度和电源壳体内的环境温度。这需要通风良好的壳体（通风孔多），印制电路板有面积更大的裸铜，甚至需要内置风扇来排出热气。在后一种情况下，还要考虑风扇本身的失效率和使用寿命！

1.2.12　应力降额

温度最终可看作热应力，是失效率增加的原因之一（可能也是使用寿命减少的原因之一）。但应力的影响究竟如何必须根据元器件的额定值来判断。例如，大多数半导体器件的最大额定结温为 150℃。所以，在给定应用中，其结温始终不超过 105℃可用应力降额系数表示。即温度降额系数等于 105/150=70%。

通常，应力降额是优秀的设计人员用来降低元器件内部应力及其失效率的一种常用技术。除了温度外，元器件的失效率（和使用寿命）还取决于实际的电气应力——电压和电流。例如，半导体器件典型的电压降额系数是 80%，这意味着器件的最高工作电压从不会超过器件最大额定电压值的 80%。类似地，大多数半导体器件常用的典型电流降额系数是 70%~80%。

降额的运用也意味着在电源设计阶段需要审慎地选择元器件，包括固有的工作裕量和考虑周全的额外裕量。众所周知，一些损耗会随温度升高而降低，但企图以提高温度来提高效率或改善性能显然并不可取，因为温升会对系统稳定性产生显著影响。

优秀的设计人员最终会知道如何权衡考虑可靠性、使用寿命与成本、性能、尺寸等因素之间的关系。

1.2.13　技术进展

尽管众多优秀的电源设计人员付出了极大的努力，一些备受欢迎的改进依然未能付诸实现，就像圣诞节的美好愿望一样。幸运的是，元器件技术已经有很多实用的重大进展，有助于实现设计目标。例如，提高工作频率并降低电阻性损耗的强烈愿望促进了全新一代高频、低等效串联电阻（ESR）瓷质电容及其他专用电容的重大进展。此外，还有极低正向导通压降的二极管、超快恢复二极管、MOSFET 等高速开关管，以及用于变压器和电感的新型低损耗铁氧体材料。

注意　恢复是指二极管两端电压反向时，二极管从导通状态快速转换到关断（即阻断）状态的能力。转换速度很快的二极管称为超快恢复二极管。注意，肖特基二极管在某些应用中因其正向导通压降低（约 0.5V）而成为首选。从理论上讲，它应该具有零反向恢复时间。但遗憾的是，它具有很大的寄生（并联）体电容，在一定程度上会产生类似于反向恢复的现象。注意，它还具有较大的漏电流，并且反向阻断电压一般限制在 100V 以下。

但不难发现，多年以来，实用的功率变换拓扑并没有真正明显地变化。使用的基本拓扑只有三种：降压、升压和升降压。不可否认，电源领域也取得了一些重要进展，如零电压开关（ZVS）、电流型变换器、Cuk 变换器和单端初级电感变换器（SEPIC）等复合型拓扑，但这些进展如同三

层蛋糕上的冰淇淋，并未改变其基础。事实证明，功率变换的基本电路（或拓扑）依然非常重要，并且经受住了时间的考验，迄今为止地位稳固。

所以，下面的任务是真正理解这些拓扑。稍后就会知道，理解拓扑的最好方式是首先认识令人费解的**电感元件**。那就从电感开始讨论吧。

1.3 电感

1.3.1 电容、电感和电压、电流

谈起功率变换，总会很自然地谈到电压。这就是本书以DC-DC电压型变换器为主题的原因。但为什么不是电流或电流型变换器呢？

人们生活、交往、享乐的世界从根本上来说就是一个电压型的世界，并非电流型。例如，各种家用电器或电气装置都由特定电压源供电，其电流基本由负荷决定。例如，许多国家使用110V或115V的电网电压，也有很多别的国家使用220V或240V的电网电压。接入电源插座的电暖器会消耗很大的电流（约10~20A），但接入过程中电网电压几乎不变。类似地，钟控收音机只消耗几百毫安电流，电网电压也保持不变。所以，电网可定义为电压源。相反，想象一下，如果墙上有个20A的电流源插座，顾名思义，它无论如何都会输出20A电流，必要时甚至会调整电压来保证输出电流。而且，即使不接任何装置，也要保证20A输出电流，为此将不惜产生电弧。难怪电流源不讨人喜欢！

电容与电压有很直接的关系$C=Q/V$，但与电流并没有直接的关系。式中C为电容值，Q为电容极板上电荷量，V为电容两端电压。所以，电容与感觉“舒适”的电压型世界在本质上有着不易察觉的联系。难怪人们乐于了解电容特性。

遗憾的是，电容并非开关电源中唯一的功率处理元件。现在，仔细观察图1-1所示的离线式开关电源的典型主电路结构和元器件。由于已知电容与电压具有本质上的联系，所以在电源输入和输出端看到电容就不足为奇了。但是，也看到了电感（或扼流圈），而且还是大型元件！电感特性像一个电流源，因此自然没有把它与电压联系起来！但无论如何，若要精通功率变换，就要熟知两个非常重要的元件：电容和电感。

置身于看似电压和电容的世界，人们需要转变观念才能更好地认识电感。的确，大多数电源设计人员，无论是新手还是资深人士，都能正确写出降压变换器的占空比方程（即输入电压与输出电压的关系）。如果他们愿意，甚至可以自己推导一遍。然而，撇开表象就会惊奇地发现，他们对电感明显缺乏“感觉”。应尽早认识这个缺点，并加以弥补。为此，下面将从最基本的问题开始讨论。

1.3.2 电感和电容的充放电电路

在招聘电源设计人员（考察紧张的应聘者）时，有时会问到一个简单的问题。请看图1-3。

注意，出于简化的原因图中使用了机械开关。所以，假设它没有前面提到的寄生参数。在$t=0$时，开关闭合（电路导通），直流电压V_{IN}通过阻值很小的串联限流电阻R加到电容C两端，接下来会发生什么现象呢？

大多数应聘者都能正确回答。众所周知，电容电压以指数规律$V_{IN}\times(1-e^{-t/\tau})$增加，时间常数

$\tau=RC$。另一方面，电容电流从最初的最大值 V_{IN}/R 开始以指数规律$(V_{IN}/R)\times e^{-t/\tau}$衰减。如果时间很长，电容电压会充到与电源电压 V_{IN} 几乎完全相等，电流则相应减小到（几乎为）零。但如果时间不长就打开开关（电路断开），强迫电流为零（这是串联开关的基本功能），那么会发生什么现象呢？电容会保持现有充电电压，而（之前非零的）电流会迅速减小到零。

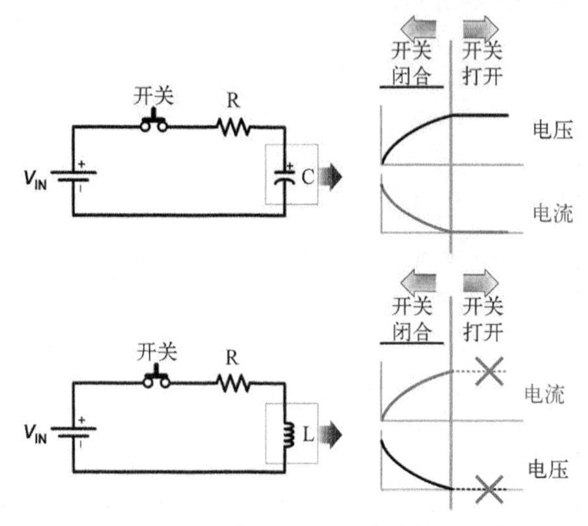

图 1-3　电感和电容的基本充放电电路

现在重复相同的实验，但用电感 L 来替代电容，参见图 1-3。通常，应聘者很快就能答对充电部分（开关闭合阶段）。在充电阶段，电感电流特性与电容电压特性相同。并且，电感电压与电容电流一样以指数规律衰减。而且，应聘者似乎也知道，此时的时间常数 $\tau=L/R$，而不是 RC。

这种情形的确很令人鼓舞，毕竟人们是听说过对偶原理的。该原理可简述为：电容可看作电感的倒像（或镜像，因为在这两种元件的电压–电流方程中，电压项与电流项互换可以使方程相互转化。因此，从本质上讲，电容与电感类似，电压与电流类似。

但是，别急！为什么要研究这个看似无关的新原理呢？目前掌握的理论还不够吗？嗯，是这么回事。通常，不必一头扎进一堆令人绝望的抽象方程中去，应用对偶原理就能从电容电路中推导出电感电路的许多线索，反之亦然。所以，如果有可能，实际上最好用对偶原理来解决问题。

试用对偶原理分析电感电路，在开关打开后会发生什么现象呢？天有不测风云！很不幸，电容电路的结论在此并不适用。事实上，确实不能从电容电路断开时的电容特性复制出电感电路断开时的电感特性。

那是否意味着也要放弃先前的对偶原理呢？其实不用。问题在于图 1-3 中的两个电路尽管在形式上类似却并非真正对偶。因此，对偶原理的确得不出任何线索。稍后会构建真正的对偶电路。但此时此刻，读者可能已经开始怀疑：是否我们真如想象的那样了解电感呢？是否我们实际上还有可能继续用对偶原理来进行分析呢？

1.3.3　能量守恒定律

如果紧张的应聘者胡乱猜测说开关打开时电感电流只不过是迅速降为零，那么仅凭高中知识就能判断其错误。电容储能是 $CV^2/2$，所以开关打开时电容电路毫无问题，电容会继续保持它的储能（和电压）。但电感储能是 $LI^2/2$，如果开关打开后电流迅速降为零，问题就来了。电感储能突然间跑哪去了呢？提示：众所周知的能量守恒定律——能量可以改变其形式，但是不能凭空消失！

偶尔会有特别胆大的应聘者提出，开关打开时电感电流“以指数规律衰减到零”。此时问题又来了：若果真如此，电感电流为何来无影，去无踪呢？要知道，电流是始终需要在闭合回路中流动的（基尔霍夫定律）！

但是，别急！已经完全理解了电感的充电阶段吗？这才是真正的问题所在！需要认真研究。

1.3.4 充电阶段和感应电压概念

大多数设计人员都在直觉上沉醉于脑海中多年形成的电容充电画面：累积电荷一直努力排斥任何试图爬到电容极板上的电荷，直至最终达到平衡状态，输入电荷（电流）减小到接近于零。这幅画面从直观上也令人放心，因为在潜意识里，它非常接近于现实生活中的情形。例如，在高峰时段的站台上，有多少乘客能挤上一辆已经很拥挤的公交车呢？这取决于车（双层巴士或其他车型）的载客量，还有乘客们拼命上车的决心（类似于外加电压）。

但是，似乎无法轻易找出与电感充电电路（即开关闭合阶段）直接对应的现实生活经验。基本问题是：在电感电路中，为什么充电电流实际上是随时间推移而逐渐增加的呢？或者说，是什么因素限制了电流初始值呢？众所周知，电容电荷相互排斥的现象在电感中并不存在。那究竟是什么原因呢？

更基本的问题是：电感两端为什么存在电压呢？由公认的欧姆定律（$V=I\times R$）可知，电阻两端存在电压，这毫无异议。但电感（几乎）没有电阻，它从本质上讲只是一段（绕在磁芯上的）固体铜导线。那么，它如何保持电压呢？实际上，电容能保持电压的现象很容易理解。但理解电感并非易事！而且，如果人们在学校里所学的“电场由电压梯度 dV/dx（x 表示距离）定义”准确无误，那么此时面对的问题是：必须解释电感中神秘的电场所在何处，又从何而来呢？

答案是：根据楞次定律和法拉第定律，由于存在感应电压，电感电流不能立刻建立起来。根据定义，感应电压反抗任何改变电感中磁通（或电流）的外部努力。因此，如果电流是固定不变的，就不会产生电感电压，此时电感特性就像一段纯导线。但是，一旦电流试图改变，电感两端就会产生感应电压。根据定义，（无论图 1-3 中的开关是打开还是闭合）任意时刻测得的电感电压等于感应电压。

注意 电容与电感之间以及电压与电流之间的可类比性远远超出对偶原理所述。例如，在历史上的某个时期，出现过同样令人困惑的问题。当电容两端的外加电压改变时，电流究竟是如何流过电容的呢？考虑到电容基本上是两块金属极板以及极板间（非导电）的绝缘介质构成的，以上说法似乎与绝缘介质的特性有些矛盾。该现象最终由电压改变时流过（或看似流过）极板的位移电流来解释。事实上，位移电流完全可以类比成感应电压，以解释电感电流改变时，电感两端存在电压的现象。

那么，试分析开关闭合时感应电压的表现。观察图 1-3 中的电感充电阶段。电感电流初始值为零，但开关闭合后，电流试图突变。此时，感应电压介入，试图让电流重回初始值（零）。由闭合回路中的基尔霍夫电压定律可知，当开关闭合时，感应电压必然等于外加电压，因为（由欧姆定律可知）串联电阻两端的初始压降为零。

随着时间推移，从直觉上就能想象得到外加电压“获胜”，电流持续增加。但是，这也会引起电阻 R 上的压降增加，从而使感应电压以相同幅度下降（符合基尔霍夫电压定律）。这准确描述了整个开关闭合阶段感应电压（电感电压）的表现。

为什么外加电压会“获胜”呢？暂且假设另一种情况，外加电压与感应电压相互完全抵消，电流保持为零（或常数）。但这绝不可能发生，因为电流变化率为零意味着感应电压也为零！换句话说，感应电压依赖于电流变化而存在，电流必须改变。

幸运的是，所有自然定律都能相互印证。无论以何种方式观察，它们都是一致的。例如，电感电流虽然越来越大，但其变化率越来越小。因此，（基于法拉第定律或楞次定律）感应电压也越来越小，并“允许”电阻上的压降更大，符合基尔霍夫电压定律!

即便如此，开关打开后感应电压如何表现仍然未知。要想解开这个谜团，确实需要一些深入的分析。

1.3.5　串联电阻对时间常数的影响

图 1-3 中，在充电阶段结束时，电感电流和电容电压的最终值是多少呢？这与电阻 R 在电路中的实际作用有关。直观上讲，电容电路中 R 值增加时，充电时间常数 τ 会随之增加。这可以从公式 $\tau=RC$ 中得到证实，并且也是实际发生的。但是，电感电路的表现却看似违反直觉，R 值增加事实上使充电时间常数减小。公式 $\tau=L/R$ 也说明了这个问题。

下面尝试做些解释。图 1-4 给出了电感充电电流波形，从图中可以看到，R=1Ω 时的电流曲线确实比 R=2Ω 时的电流曲线上升得快(与直觉相符)。但是，R=1Ω 时的电流曲线最终值是 R=2Ω 时的电流曲线最终值的 2 倍。根据定义，时间常数 τ 是电流达到最终值的 63%时所需的时间，因此，尽管 R=1Ω 时电流曲线的上升速度从一开始就很快，其时间常数反而更大。这就是对电感电流波形的解释。

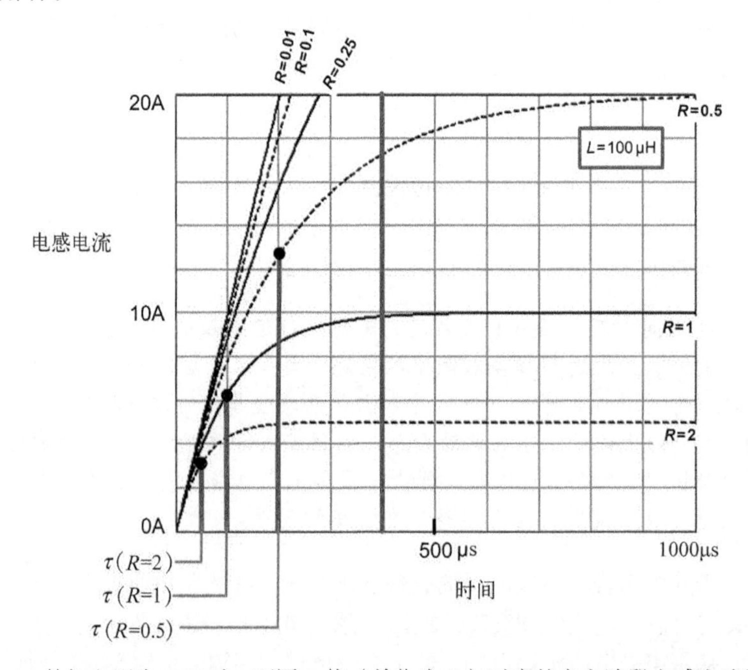

图 1-4　外加电压为 10V 时，不同 R 值（单位为 Ω）对应的充电阶段电感电流波形

图 1-5 中的电感电压波形也需要解释。注意，衰减指数曲线的时间常数定义为电压降至初始值的 37%时所需的时间。因此，虽然图中所有曲线的初始值都相同，但举例来说，R=1Ω 时的电压曲线要比 R=2Ω 时的电压曲线衰减得更慢（时间常数更大）！实际上，这并不神秘，既然

充电阶段的电流波形已知（参见图 1-4），那么电压曲线自然服从基尔霍夫定律。

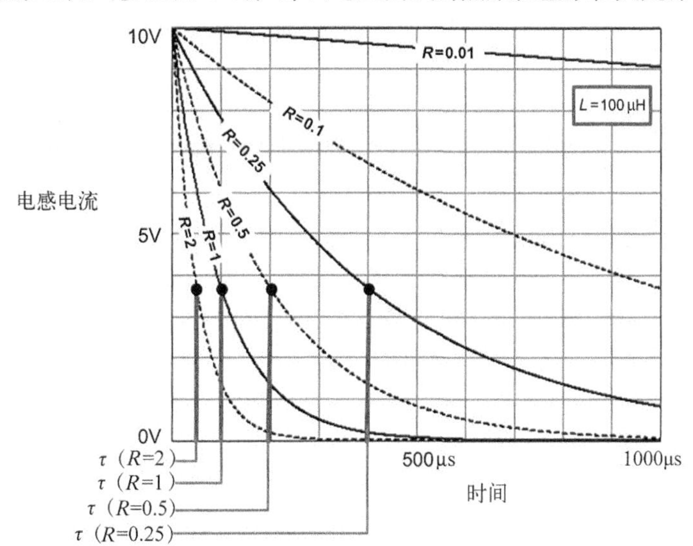

图 1-5 外加电压为 10V 时，不同 R 值（单位为 Ω）对应的放电阶段电感电压波形

总而言之，仅从电感电压波形分析是错误的。可以发现，我们一直被电感所迷惑！在电感分析中，应该始终注意电感电流的表现。正如所见，在开关管关断阶段，电感电压完全由电流决定。电感电压只随电流变化，与其他因素无关。第 8 章会谈到，该电感特性决定了开关状态转换期间电感电压和电感电流的实际波形，从而决定了交叉（转换）损耗。

1.3.6 *R*=0 时的电感充电电路和电感方程

如果电阻 *R* 值降为零，会发生什么现象呢？

由图 1-5 可知，在开关导通阶段，电感电压从初始值 V_{IN} 开始变化，唯一原因就是电阻 R 的存在。因此可以预见，若 *R* 为 0，开关导通阶段的电感电压始终不变。感应电压必然等于外加直流电压。这并不奇怪，根据基尔霍夫电压定律，电阻上没有压降，因为电阻根本不存在！此时，电感承受全部外加电压。而且，只要电感电流持续变化，该电压就能保持住。或者说，如果电感两端存在电压，电感电流必须有变化。

由图 1-4 和图 1-5 可知，当电阻值较小时，在开关导通阶段，电感电流以恒定的斜率上升。最终，（在理论上）将达到无穷大。事实上，这可由数学方法证明，将电感充电电流方程对时间取微分，并令 *R*=0，有：

$$I(t)=\frac{V_{IN}}{R}(1-e^{-tR/L}) \tag{1-12}$$

$$\frac{dI(t)}{dt}=\frac{V_{IN}}{R}\left(\frac{R}{L}e^{-tR/L}\right) \tag{1-13}$$

$$\left.\frac{dI(t)}{dt}\right|_{R=0}=\frac{V_{IN}}{L} \tag{1-14}$$

由此可见，当电感直连到电压源 V_{IN} 两端时，直线斜率表明电感电流变化率是常数，其值为 V_{IN}/L（电感电流以恒定斜率上升）。

注意，在上述推导中，因为 R=0，所以电感电压恰好等于 V_{IN}。但一般情况下，如果用 V 表示（任意给定时刻）实际的电感电压，I 为电感电流，可得到一般形式的电感方程：

$$\frac{dI}{dt}=\frac{V}{L}\text{（电感方程）} \tag{1-15}$$

无论在什么情况下，什么电路中，对于理想电感（R=0），该方程都适用。例如，它不仅适用于电感充电阶段，而且适用于电感放电阶段。

注意　在应用电感方程时，虽然也想知道真正的细节，即电流上升还是下降，但为简化起见，通常仅代入所涉及变量的数值。

1.3.7　对偶原理

现在已经知道电感的电压和电流（及其变化率）在充电和放电阶段如何相互作用。可以利用这些信息，结合对偶原理做出更完整的陈述，最终弄清电感电流切断时的真相。

对偶原理关系到表面上不同的两个电路之间的转换，当其中的电流和电压相互交换后，两者具有类似的特性。对偶原理仅适用于二维电路，涉及的拓扑变换有：电容和电感互换，电阻和电导互换，电压源和电流源互换。

由此可以找出分析图1-3时出现的“错误”。首先，两个电路都使用了输入电压源，而本应把电流源用在其中一个电路中。其次，两个电路都使用了串联开关。而串联开关的主要功能仅是切断电流，不是改变电压（虽然这可能是所产生的结果之一）。因此，如果想构造正确的镜像（对偶）电路，电感电流受迫降为零就应该对偶于电容电压受迫降为零。要实现此功能，显然必须为电容设置一个并联开关（而非串联）。结合上述更改，可最终构造出真正的对偶电路，如图1-6所示（两个电路都不是真实存在的）。

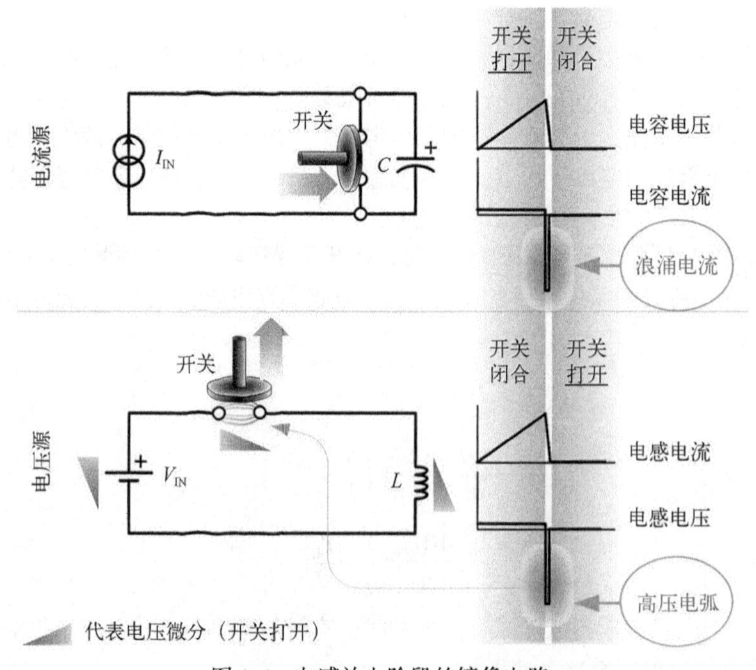

图1-6　电感放电阶段的镜像电路

1.3.8 电容方程

为了分析图 1-6 中的现象，首先必须学习电容方程，它类似于前面推导过的电感方程。如果对偶原理是正确的，下面两个方程必然都成立：

$$V = L\frac{\mathrm{d}I}{\mathrm{d}t} \quad \text{（电感方程）} \tag{1-16}$$

$$I = C\frac{\mathrm{d}V}{\mathrm{d}t} \quad \text{（电容方程）} \tag{1-17}$$

再者，如果要处理曲线的直线段（电感的恒压阶段和电容的恒流阶段），可根据给定时间段内直线段的增减量写出上述方程。

$$V = L\frac{\Delta I}{\Delta t} \quad \text{（恒压阶段的电感方程）} \tag{1-18}$$

$$I = C\frac{\Delta V}{\Delta t} \quad \text{（恒流阶段的电容方程）} \tag{1-19}$$

有趣的是，对偶原理实际上有助于理解电容经由电流源充电（或放电）时的表现。可以预见，电容电压将直线上升，直到接近无穷大，正如电感电流在电压源作用下的表现。在这两种情况下，电容电压和电感电流的最终值仅由各种寄生参数决定，主要是电容的等效串联电阻（ESR）和电感的直流电阻（DCR）。这些寄生参数在此并未考虑。

1.3.9 电感放电阶段

现在，详细分析图 1-6 中的镜像电路。

从直观上很容易理解（也可从电容方程中得知）电容突然通过并联开关放电时会发生什么现象。因此，也很容易预见电感突然放电（即通过串联开关迫使电感电流降为零）时会发生什么现象。如果电容两端短路放电，在极短时间内会出现极高的浪涌（冲击）电流。同时，电容电压以陡峭的斜率迅速下降为零。因此，也能正确地推断出，如果电感电流被切断，电感两端将出现极高的电压，同时电流以陡峭的斜率迅速下降为零。因此，借助对偶原理揭开了电感放电的秘密！

但电感（和开关）电压尖峰的确切幅值仍是未知数。其实这很简单，如前所述，在开关关断阶段，电压无论如何要维持电流连续。因此，当开关关断时，触点两端会出现一个短电弧（参见图 1-6）。如果触点间距离增加，电压会自动增加以维持电弧存在。在这段时间内，电流将以陡峭的斜率直线下降。只要电感还有储能，电弧就会持续，直至电流完全降为零。由电感方程可知，电流下降的斜率是 V/L。因此，全部电感储能最终化作电弧，以光和热的形式完全泄放掉，同时电感电流降为零。与此同时，感应电压也降为零，使命完成了。事实上，这就是汽车火花塞和照相机闪光灯背后的基本原理（电弧以可控的方式出现）。

前面提到电感电流下降的斜率是 V/L。其中 V 表示什么呢？V 是电感电压，不是触点两端电压。后续章节中会介绍，在切断电流时，电感电压（几乎始终）反向。若果真如此，根据基尔霍夫电压定律，闭合回路中所有压降的代数和必须为零，则触点两端电压等于感应电压与外加直流电压之和。但该电压的符号（即它的方向）与其他电压必然相反（参见图 1-6 中灰色三角形所示）。因此可以断定，电感电压尖峰的幅值等于触点两端电压幅值减去外加直流电压幅值。

至此，彻底剖析了令人迷惑的电感放电阶段。

1.3.10　反激能量和续流电流

开关关断时，电感中必须泄放的能量称为反激能量。强迫连续导通的电流称为续流电流。值得注意的是，电感特性与机械纺车或飞轮的特性不但看似一致，实际上也确实差不多。事实上，先了解飞轮特性非常有助于直观地理解电感特性。

电感储能与流过其中的电流有关，飞轮储能与其转动有关。两者的能量都不能瞬间消失。飞轮可以用制动器来泄放它的旋转能量（转化成制动器内部的热量），使转速逐渐下降。制动器作用越强，制动时间就越短，并成比例下降。该特性与电感特性极其类似，感应电压（在开关关断阶段）扮演着制动器的角色，而电流与转速等效。因此，感应电压使电流逐渐下降。感应电压越高，电流下降的速度越快。事实上，电感方程 $V=LdI/dt$ 也反映了这个问题。

下文将讨论一些最基本的电感特性。

1.3.11　电流必须连续，但其变化率未必

上一节内容的关键词是逐渐。若完全从数学和几何学观点来看，任何电感电流曲线都不能断续（不能突然跳变），因为电流断续实质上意味着能量不连续，这绝不可能发生。但是，电流变化率（即 dI/dt）是可以跳变的。举例来说，电流变化率（dI/dt）可以瞬间改变，从一条具有上升斜率（储能增加）的曲线跳变到另一条具有下降斜率（符号相反，即储能减少）的曲线。但无论如何，电流本身一定是始终连续的。图 1-7 中，所有标记为可能的分图均是如此。

注意，有两类分图被标记为可能。简单来说，这两类分图之所以成立是因为它们没有违反任何已知的物理定律。但其中有一种是不可接受的，因为电路中会出现巨大尖峰，可能损坏开关。标记为可接受的种类事实上可真正用作开关变换器，稍后将介绍。

1.3.12　电压反向现象

前面提到过，当切断电感电流时，开关两端电压反向。现在，对该现象进一步给出解释。

图 1-8 介绍了一种直观（但并非严谨的）方法。注意，当开关导通时（上图），电流从外加直流电压源的正极流出。这符合描述电流流向的惯例。在开关导通阶段，电感上端的电压高于下端的电压。随后，当开关关断时，输入直流电压源与电感断开。但电流肯定要持续流动（至少一段时间），流向保持不变。因此，在开关关断阶段，可以把电感看作迫使电流持续流动的电压源。为此，下图中电感两端放置了一个假想的（灰色的）电压源（电池符号）。其极性符合惯例，即电流必须从电压源的正极流出。因此，电感下端的电压高于上端的电压。显然，电感电压反向。简单来说，出现这种现象是因为必须保证电感电流连续。

电压反向是因为感应电压始终要反抗任何电流改变。其实，电路也可以不出现电压反向。例如，在升压变换器的最初启动（上电）阶段就没有出现电压反向现象。因为该阶段的首要矛盾是如何保持电感电流连续，而电压是次要的。所以，只要电路的连接方式与工况适合，就有可能不出现电压反向，但电流要始终保持连续。

应该清楚，如果变换器达到了稳态，则每次开关转换时必然出现电压反向。

为此，必须了解什么是稳态。

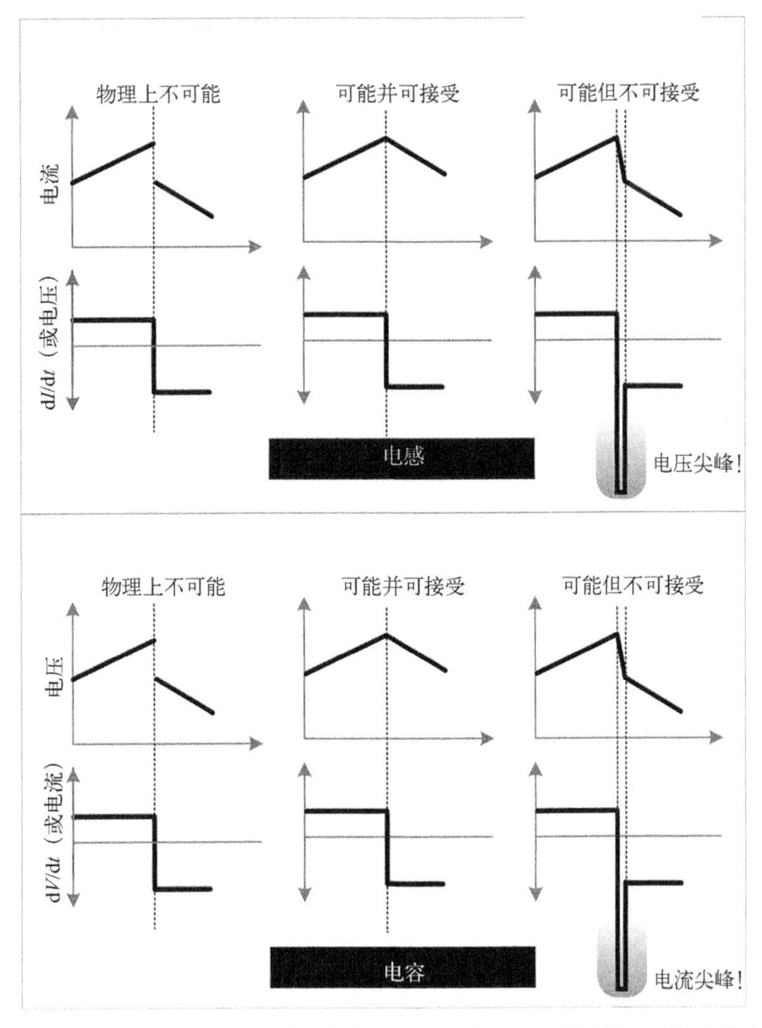

图 1-7 电感电流必须连续，而其变化率未必；电容电压必须连续，而其变化率未必

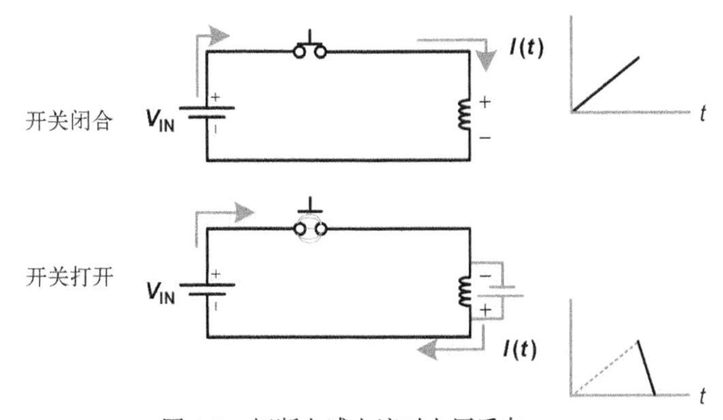

图 1-8 切断电感电流时电压反向

1.3.13 功率变换中的稳态及其不同工作模式

顾名思义，稳态就是稳定的工作状态。从本质上讲，稳态是失控或不稳定状态的反义词。

但实际上，开关周期结束时，很容易看到电路可能出现的不稳定状态，即电流回不到周期开始时的初值。而且，在后续各开关周期内，电流的净增量或净减量会逐步累积，电路状态（在理论上）将持续变化。

从方程 $V=L\Delta I/\Delta t$ 可知，如果电流在正向（外加）电压作用下上升，它必然在电压反向时下降。由此可得下列方程（仅表示幅值）：

$$V_{ON} = L\frac{\Delta I_{ON}}{\Delta t_{ON}} \tag{1-20}$$

$$V_{OFF} = L\frac{\Delta I_{OFF}}{\Delta t_{OFF}} \tag{1-21}$$

式中，下标 ON 代表开关闭合或开关导通，OFF 代表开关打开或开关关断。V_{ON} 和 V_{OFF} 分别对应 Δt_{ON} 和 Δt_{OFF} 阶段的电感电压。注意，很多时候 Δt_{ON} 简写做 t_{ON}，用来表示开关导通阶段。同理，Δt_{OFF} 简写做 t_{OFF}，用来表示开关关断阶段。

设想构造一个电路，开关导通阶段的电流增量（ΔI_{ON}）恰好等于开关关断阶段的电流减量（ΔI_{OFF}）。果真如此，电路就达到了稳态。即使无数次地重复相同的过程，每次也都能获得相同的结果。换句话说，每一个开关周期都准确复制了上一个开关周期。而且，该电路能用来为输出电容和负载持续不断地运送稳定的（完全相同的）能量包。根据定义，能完成该功能的电路就是功率变换器。

让电路达到稳态并没有想象的那么困难。自然界会自动调节，让每一个自然进程都朝着稳态的方向发展（无需"用户干预"）。所以，现在要做的就是设计一个电路，并让它自然地（在若干开关周期后）达到稳态。如果工况也合适，电路就能最终在稳态工作，而且会一直保持下去。这种电路称为开关拓扑！

反之，任何有效拓扑都必须能达到关键方程 $\Delta I_{ON}=\Delta I_{OFF} \equiv \Delta I$ 所描述的状态。若达不到，就不是一个有效拓扑。因此，这个简单的电流增减量方程就成为检验所有新开关拓扑有效性的"石蕊试剂"。

注意，电感方程和稳态定义仅涉及电流的增减量，并不涉及开关周期起始时和结束时的电流真实（绝对）值。因此，事实上存在多种可能性。一种稳态是电流在每个开关周期内都回复到零，称为断续导通模式（DCM）。另一种稳态是电流无论如何变化，其值始终大于零，称为连续导通模式（CCM）。后者是功率变换中最常见的工作模式。图 1-9 展示了这些工作模式（都是稳态工作）。也存在其他工作模式，后面很快会介绍到。注意，图中的方波是电感电压，缓慢变化的斜坡波形是电感电流。可得出以下结论。

(1) 每次开关动作时，电感电压总是反向（正如稳态预期）。

(2) 注意，既然电感方程把电压与电流斜率（而非电流幅值）联系起来，那么对于给定的 V_{ON} 和 V_{OFF}，可能会有若干电流波形（它们在相应阶段具有相同的 dI/dt）与之对应。这些波形的工作模式包含连续导通模式、断续导通模式、临界导通模式（BCM）等。电路究竟工作在哪种模式实际上取决于电路本身（即拓扑）及其工况（输出功率及输入和输出电压的大小）。

(3) 电感电压（图中的 V_{ON} 和 V_{OFF}）与工况 V_{IN} 和（或）V_O 有关。确切关系取决于具体电路，将在稍后讨论。

(4) 关键问题是平均电感电流与负载电流之间的关系究竟是什么？稍后可知，这也取决于具体拓扑。但在任何情况下，平均电感电流（I_{AVG} 或 I_L）都与负载电流（I_O）成正比。因此，举例来说，如果 I_O 是 2A，则 I_{AVG} 是 10A。而后，如果 I_O 降至 1A，则 I_{AVG} 降至 5A。所以，降低负载电流可以降低 I_{AVG}，如图 1-9 所示。

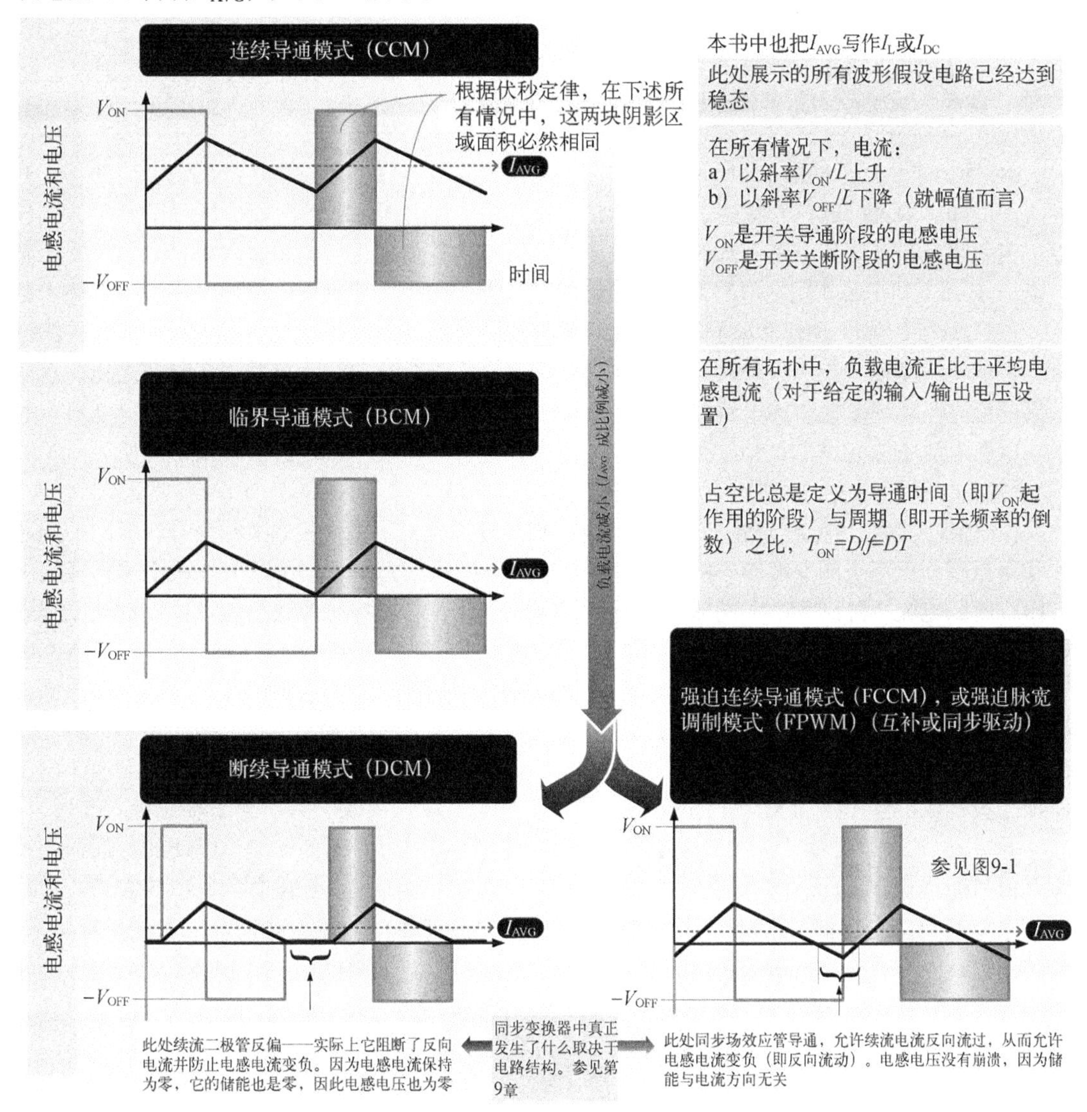

图 1-9 开关调整器的不同工作模式

(5) 一般通过降低负载电流，变换器可从连续导通模式自动转换到断续导通模式。但中间必然经过临界导通模式。

(6) 临界导通模式正好介于连续导通模式和断续导通模式之间。因此，临界导通模式能否看作连续导通模式或断续导通模式（的极端情况）是一个纯粹的哲学命题。其实并不重要。

(7) 注意，图 1-9 所示的全部实例中除了断续导通模式外，平均电感电流 I_{AVG} 是所有电流波形斜坡部分的几何中心。但是，在断续导通模式下，在一段时间间隔内，电感中并没有电流流过。因此，平均电感电流需要更精确地计算。事实上，这也直接导致断续导通模式下的方程看起来更复杂。有鉴于此，尽管工作在断续导通模式下的变换器要比工作在连续导通模式下的变换器更具优势，许多工程师似乎还是会本能地忽视断续导通模式。

注意　正如预期，当变换器在临界导通模式下工作时，所有用断续导通模式下的方程计算出的数值结果与用连续导通模式下的方程计算出的数值结果完全相同。实践证明，如果要评价工作在临界导通模式下的变换器，可以自由地选择究竟是用连续导通模式下的方程，还是用令人生畏的断续导通模式下的方程。当然，如果可以用简单的方程来得到同样的结果，那么就无需去挑战复杂的方程。

(8) 什么才是真正的图 1-9 所示的平均电感电流 I_{AVG} 呢？汽车模拟法是认识该参数的一个好方法。例如，踩油门时汽车提速。类似地，电感两端外加电压（导通阶段电压 V_{ON}）时，电流以一定斜率上升。随后，踩刹车时汽车减速。类似地，外加电压从电感移除时，电压反向，感应电压 V_{OFF}（刹车）作用在电感两端。因感应电压方向与 V_{ON} 相反，电流以一定斜率下降。因此，若踩油门（V_{ON}）动作和踩刹车（V_{OFF}）动作以一定时间间隔飞快地交替进行，尽管一路颠簸，也能让汽车以一定的平均速度不断前行。车速取决于踩油门时间与踩刹车时间之比。汽车颠簸的形态与功率变换中的电流纹波 $\Delta I=\Delta I_{ON}=\Delta I_{OFF}$ 非常类似，汽车的平均速度与图 1-9 所示的平均电感电流 I_{AVG} 也非常类似。但在功率变换中，这种“颠簸”最终会被输出电容所吸收（或“平滑掉”），从而为负载提供符合预期的稳定的直流电流。

(9) 有些控制芯片（IC）能让变换器始终在临界导通模式下工作，如某些型号的滞回控制芯片和自振荡型振荡线圈变换器（RCC）等。电流下降的斜率为 V/L。因为 V 取决于输入或输出电压，所以电流下降到零的时间取决于具体工况。因此，临界导通模式下的变换器都是变频工作，失去了定频工作所具有的优势。

(10) 大多数常见拓扑都归类为非同步拓扑，它们有别于较新的同步拓扑。非同步拓扑都含有二极管（逆向电压保护二极管），可防止电感电流在开关时刻反向。因此，当输出功率降低或输入电压增加时，电路自动从连续导通模式转换到断续导通模式。但在同步拓扑中，逆向电压保护二极管或被低压降的 MOSFET 完全取代，或与低压降的 MOSFET 并联。在二极管导通时，迫使并联 MOSFET 同时导通。MOSFET 的导通压降远小于二极管，使得续流期间的导通损耗显著降低，而且允许反向电感电流流过。也就是说，电流可以瞬间从负载移除。但要注意，平均电感电流仍为正值，参见图 1-9。而且，既然允许负电流存在，当输出功率降低时，变换器就不会转换到断续导通模式，而是转换到图 1-9 所示的强迫脉宽调制模式（FPWM）或强迫连续导通模式（FCCM）。

注意　幸运的是，连续导通模式下的（非同步拓扑）标准设计方程几乎都适用于强迫连续导通模式。所以，使用同步拓扑的一大优势就是使饱受困扰的设计人员免于处理复杂的断续导通模式方程。但同步拓扑也具有一些新的复杂性以及细微差别，需要进一步研究。

1.3.14　伏秒定律、电感复位和变换器的占空比

可用电感方程 $V=L\Delta I/\Delta t$ 来描述稳态。

稳态时，有 $\Delta I_{ON}=\Delta I_{OFF}\equiv\Delta I$。所以，

导通阶段的电感电压与其作用时间（即导通时间）的乘积必然等于关断阶段的电感电压与其作用时间的乘积。

由此可得：

$$V_{ON}\times t_{ON}=V_{OFF}\times t_{OFF}\qquad(1\text{-}22)$$

电感电压与作用时间的乘积称为伏秒积。同理，导通阶段（即电流上升阶段）伏秒积的幅值必然等于关断阶段（即电流下降阶段）伏秒积的幅值，但符号相反。

而且，如果绘制电感电压相对于时间的曲线，那么导通阶段电压曲线的面积必然等于关断阶段电压曲线的面积。因为稳态时电感电压会出现反向，所以两部分面积显然符号相反。参见图 1-9 中的阴影部分。

因此，也可以说，稳态工作时，任何开关周期内，电感电压曲线的净面积必然为零。

注意，现代开关功率变换所涉及的时间尺度一般都很小，所以伏秒积是一个非常小的数值。为了便于处理，经常使用 Et 或伏微秒积。Et 显然是电感电压与微秒级（而非秒级）时间的乘积。而且，功率变换中使用的电感值一般也是以 μH（微亨）计算的，并非 H（亨）。因此，从 $V=L\mathrm{d}I/\mathrm{d}t$ 可得

$$\Delta I_{ON} = \frac{V_{ON} \times t_{ON}}{L} = \frac{V_{ON} \times t_{ON\_\mu H}}{L_{\mu H}} = \frac{Et}{L_{\mu H}} \tag{1-23}$$

或者，简化为

$$\Delta I = \frac{Et}{L}\text{（稳态，}L\text{的单位是 μH）} \tag{1-24}$$

注意 如果在方程中 Et 和 L 同时出现，一般认为 L 的单位是 μH。类似地，如果使用伏秒积，一般认为 L 的单位是 H（除非特别声明）。

另一个功率变换中常用的词汇是电感复位，意思是设法使电感电流（和能量）回复到初始时的状态。若满足 $\Delta I_{OFF}=\Delta I_{ON}$，即表示复位成功。当然，复位也可能是非重复性（或独立发生）的事件，如电流从零起始再回复到零，也是电感复位。

推论：在周而复始的（稳态）开关状态下，每个开关周期内电感必须复位。反之，任何电感无法复位的电路结构都不可能成为有效的开关拓扑。

当以开关频率 f 重复开关动作时，周期（T）等于 $1/f$。功率变换器的占空比（D）定义为开关的导通时间与开关周期之比。因此，有

$$D = \frac{t_{ON}}{T}\text{（占空比定义）} \tag{1-25}$$

注意，上式也可写作

$$D = \frac{t_{ON}}{t_{ON} + (T - t_{ON})}\text{（占空比定义）} \tag{1-26}$$

此时，应当非常清楚 t_{OFF} 是如何定义的。应用伏秒定律时，t_{OFF} 默认为感应电压 V_{OFF} 持续的时间，它不一定等于开关的关断时间（即 $T-t_{ON}$）。在断续导通模式下，它们是不相等的。仅仅在连续导通模式下，有

$$t_{OFF} = T - t_{ON}\text{（连续导通模式的占空比）} \tag{1-27}$$

因此，有

$$D = \frac{t_{ON}}{t_{ON} + t_{OFF}}\text{（连续导通模式的占空比）} \tag{1-28}$$

如果电路工作在断续导通模式下，应该坚持使用最初给出的更普遍的占空比定义。

1.3.15 半导体开关器件的使用和保护

开关拓扑之所以成立是因为它们都能达到稳态。如果一个实验性拓扑无法满足 $\Delta I_{ON}=\Delta I_{OFF}$，

那么每个开关周期内，电感电流会产生一个净增量，并逐步累积，过若干开关周期后，电流将达到不可控的程度。电流（或电感能量）逐步增加（或减少），并且仅受等效串联电阻（ESR）和直流电阻（DCR）等寄生参数限制的现象称为阶梯效应。此时，开关器件即使没有被感应电压尖峰损坏，也会因导通大电流而损坏（如果工况类似于图 1-7 中不可接受的情况，开关器件就会发生损坏）。

注意　使用电感方程 $V=L\mathrm{d}I/\mathrm{d}t$ 时，实际上忽略了它的寄生电阻 DCR。电感方程是理想化的，仅适用于理想的电感。这就是为什么在先前推导时，必须让 $R=0$。

实际电源中，机械开关被现代半导体器件（如 MOSFET）取代。其主要原因是后者的开关动作可靠，开关频率也很高。但是，半导体器件的某些额定电气参数需要加以注意。

半导体器件与机械式继电器不同，它在任何工作瞬间都不能超过其绝对最大额定电压，否则器件会瞬间损坏。因此，大多数 MOSFET 在额定电压上都没有任何“余地”。

注意　一些具有雪崩型额定参数的 MOSFET 在一定程度上可以从内部钳位 MOSFET 出现的过电压。这种情况下，内部钳位电路基本可以消耗多余的电压尖峰能量。因此，该器件能承受一定量的过电压和能量，但也只能承受很短的一段时间，因为器件会迅速发热。

半导体器件也有最大额定电流，它由器件内部相对缓慢的长期的热过程决定。因此，说不定器件可以允许略超过额定电流工作，不过这仅限于极短的一段时间内。当然，不可能让器件始终工作在过流工况下。但是，在一些非正常工况下，如变换器输出过载（或极端工况：输出短路）时，可以审慎地允许一定量的暂时（或瞬时）过流，但绝不允许超过绝对最大额定电压！

在实际应用中，首先要设计变换器，选择开关器件，然后以极大的耐心设计印制电路板，特别是要确保不会产生能损坏开关器件（或电路板上其他半导体器件）的电压尖峰。偶尔需要为此在开关器件上外加吸收电路或钳位电路，把所有多余的尖峰电压限制在开关器件的额定电压之下。

为了防止开关器件（或变换器）过流，需要设置限流保护。这种情况下，将检测电感电流或开关器件电流，然后与设定的阈值相比较。如果在开关器件导通的某一瞬间过流，控制电路将迫使开关器件立刻关断直至周期结束，以求自保。但下一周期不会记住前一周期所发生的任何事件。因此，每一个开关周期都要重新连续检测电流，确保电流在安全范围内。不然的话，保护动作将重新开始。而且如果有必要，其后若干个周期内保护动作将重复进行，直至过流消失。

注意　实现限流保护过程中，“记住前一周期事件”会具有危害性，其著名案例发生在应用广泛的 Simple Switcher®系列芯片（参见网站 www.national.com）。在单一过流事件发生后，第三代 LM267x 系列的控制电路会在若干开关周期内出人意料地将占空比降至约 45%。然后，在后续几个连续周期内再试图让占空比逐步增加，回到所需值。但这会引起严重的输出折返限流，使输出无法达到满载额定值，在占空比大于 50%时更加明显。当输出电容值较大时，情况会进一步恶化。因为在非正常工况（如输出短路）排除后，反而需要更大的电流为输出电容充电，这可能导致在占空比回到所需值之前引发另一个限流保护事件（若干周期内再次发生折返限流）。事实上，变换器在输出短路故障排除时可能会产生连续的低频寄生振荡，输出也因此永远不能恢复。但这种情况仅在其产品数据手册中令人迷惑的附加应用信息标题下转弯抹角地有所表露。

至此，功率变换的介绍告一段落，下文将把关注重点转向如何由电感特性自然推导出开关拓扑。

1.4 开关拓扑的演变

1.4.1 通过二极管续流控制感应电压尖峰

使用电感时遇到的问题无非有两种解决方案：要么任由近乎无穷大的感应电压尖峰出现（如图 1-6 和图 1-7 所示），要么设法把感应电压控制在有限的水平，方程 $V=LdI/dt$ 表明，处理好近乎无穷大的电流（阶梯效应）是有可能的。

而且，本章的基本目标是从电感电路中推导出有用的拓扑，这个目标尚未完成。

幸运的是，上述所有问题可以一次性解决！接下来，将从第一个问题开关拓扑开始讨论，看一下具体的推导过程。

重新观察图 1-6，开关关断时出现感应电压尖峰的原因是先前流过电感的电流需要续流回路，但无路可走。所以，电流很自然地要去突破电路中“最薄弱的环节”，即开关本身，在开关中产生电弧来续流。

但如果能有意识地在电路中提供续流回路，那么开关关断时的电感电流就无需流过开关，而由续流回路续流，这样就不会出现问题。电感也不会再以危险的电压尖峰形式来“抱怨”。然后，当开关再次导通时，电流恰好从新路径流回开关。最终，电路以某一开关频率无限次地重复导通—关断—导通—关断的开关过程。

图 1-10 给出了续流回路。该回路由二极管构成，在开关关断时能够自动导通。

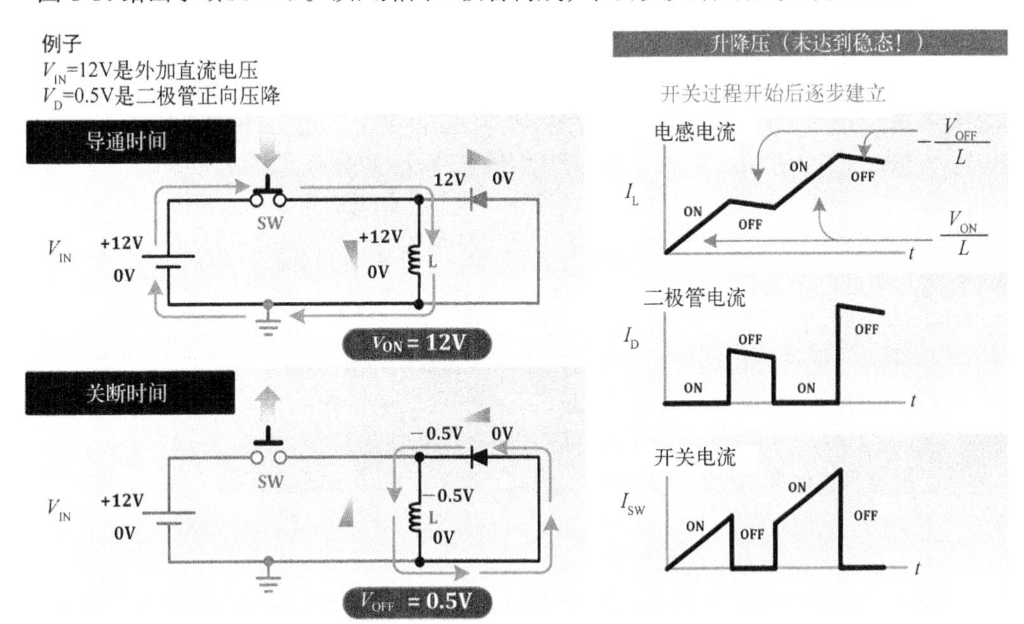

图 1-10 由二极管为电感电流提供“续流回路”

为了更清楚地分析，图 1-10 以实际数据为例加以说明。图中，外加输入电压为 12V，肖特基二极管的典型正向压降为 0.5V。注意，出于简化原因，此处假设开关是理想的（没有正向压降）。由此可以得出以下结论。

❑ 当开关导通（闭合）时，电感 L 上端的电压是 12V，下端是 0V（接地）。因此，二极管反偏截止。能量由外加直流电源提供，在电感中储存。

在开关导通阶段，电感电压的幅值（即 V_{ON}）等于12V。

- 当开关关断（打开）时，二极管构成的续流回路为电感电流提供通路。电路的特性（本例中指感应电压）将迫使二极管导通。为此，二极管必须正偏，即阳极电压必须比阴极电压高0.5V。但是，阳极已被接地（0V）。所以，阴极电压必然降至－0.5V。

在开关关断阶段，电感电压的幅值（即 V_{OFF}）等于0.5V。

- 注意，开关关断阶段的感应电压反向。
- 在开关导通阶段，电感和开关中的电流上升率等于 V_{ON}/L。在开关关断阶段，电流缓慢地下降，下降率为 V_{OFF}/L。
- 如果时间足够长，电感电流最终会下降到零（电感复位）。但如果中途就让开关再次导通，电流将重新开始（阶梯式）上升，如图1-10所示。
- 注意，开关和二极管电流均为斩波波形，因为两者交替导通或截止。事实上，所有开关功率变换器中都是如此。

总之，电流有了续流回路，电感就不再有任何形式的“抱怨”，也就不会再出现不可控的感应电压尖峰。但不可否认，仍有可能出现阶梯式上升的电流。可是，推导至此仍未获得预期的可用输出电压。事实上，如图1-10所示，二极管目前的作用只是把开关导通阶段电感存储的部分能量在开关关断阶段消耗掉。

1.4.2 达到稳态并获得有用能量

为了防止阶梯效应，电路需要以某种方式达到伏秒平衡。如前所述，尽管在开关再次导通之前，也许有足够长的时间让电感复位，可还是无法输出可用电压。

如何一次性解决问题呢？可以从“电压型世界”获得启发。既然目标是获得直流输出电压，自然就应该想到在图1-10中的电路某处放置电容。如图1-11所示，如果放置一个与二极管串联的电容，那么二极管（续流）电流将向电容充电，电容电压就有希望达到稳态电压 V_O！而且，由于开关关断阶段电感电压增加，所以电感电流下降率也随之增加，从而解决了图1-10中遇到的基本问题。至此，终于云开雾散！因为 V_{OFF} 与 V_{ON} 幅值相当，所以电路有望达到伏秒平衡，即 $V_{ON}\times t_{ON}=V_{OFF}\times t_{OFF}$。

图1-11中，电流从初值逐步增加，若干周期后会自动达到稳态值。这是因为虽然电容在每个周期内都会充电，但其电流下降率逐渐增加，最终使变换器自然达到稳态平衡，即满足基本条件 $\Delta I_{ON}=\Delta I_{OFF}\equiv\Delta I$。而且变换器一旦达到稳态，就能自我保持！

现在，电容释放储能，输出可用电压。因此，会有直流电流流过负载，如图1-11中虚线箭头所示。

事实上，由此可推导出本书中的第一个开关拓扑，即升降压拓扑。

注意 在输出短路的非正常工况下，图1-11实际上等同于图1-10，因此，该工况下需要限流电路来保护变换器。

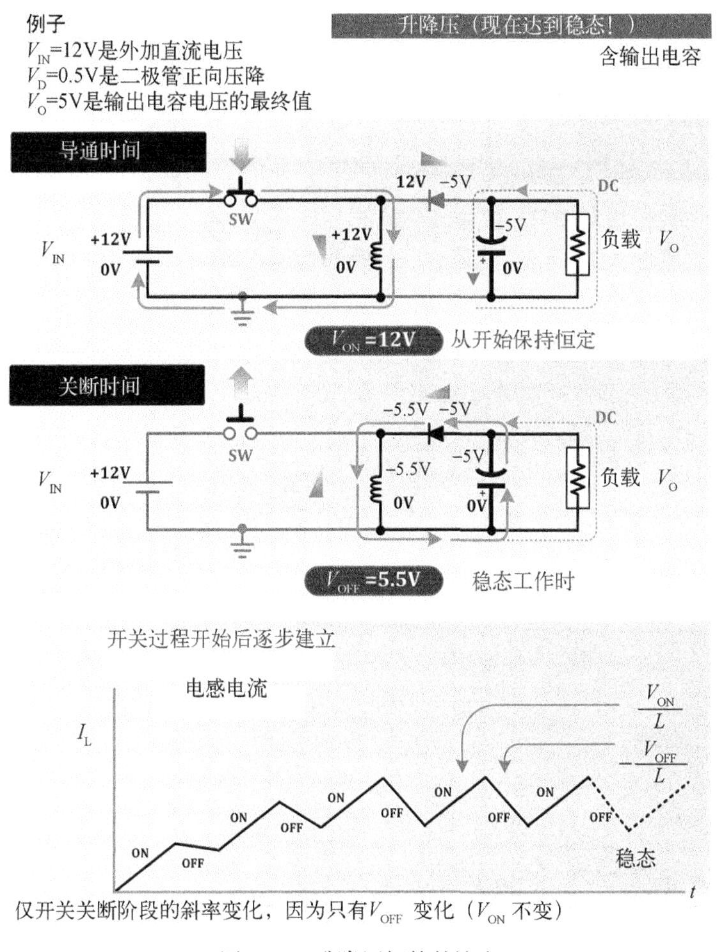

图 1-11 升降压拓扑的演变

1.4.3 升降压变换器

实际上，逆向思维有利于更好地理解图 1-11。假设变换器已经达到稳态，输出电容电压为 5V。下面分析达到稳态所需的必要条件。

图 1-11 中，每个周期内电流上升段的斜率是不变的，等于 V_{IN}/L。下降段的初始斜率为 V_D/L，此处 V_D 是二极管的压降。由电感方程可知，初始时 $\Delta I_{ON}>\Delta I_{OFF}$。因此，电流开始阶梯式上升。但电容充电后，电流下降段的斜率以及 ΔI_{OFF} 变得越来越大。最终，电路会达到稳态，符合 $\Delta I_{OFF}=\Delta I_{ON}$ 定义。应用伏秒定律，有

$$V_{ON} \times t_{ON} = V_{OFF} \times t_{OFF} \tag{1-29}$$

代入数值，可得

$$12 \times t_{ON} = 5.5 \times t_{OFF} \tag{1-30}$$

只要开关的导通时间与关断时间之比固定，就会得到 5V 输出。即

$$\frac{t_{OFF}}{t_{ON}} = \frac{12}{5.5} = 2.18 \tag{1-31}$$

此例（5V 输出、12V 输入）中，为了达到伏秒平衡，关断时间必须是导通时间的 2.18 倍。

原因何在呢？简单来说，这是因为导通阶段的（电感）电压比关断阶段高出同样的倍数：导通阶段是12V，而关断阶段是5.5V。即12/5.5=2.18。

因此，（假设电路在连续导通模式下工作）占空比为

$$D=\frac{t_{ON}}{t_{ON}+t_{OFF}}=\frac{1}{1+(t_{OFF}/t_{ON})}=\frac{1}{1+2.18}=0.314 \quad (1\text{-}32)$$

半导体开关取代机械开关后，其非零的正向压降记为 V_{SW}。实际上，在开关导通阶段，正向压降可从外加直流输入电压中直接减去。用符号表示，即

$$V_{ON}=V_{IN}-V_{SW}\text{（升降压）} \quad (1\text{-}33)$$

和

$$V_{OFF}=V_O+V_D\text{（升降压）} \quad (1\text{-}34)$$

那么，由伏秒定律可推导出

$$\frac{t_{OFF}}{t_{ON}}=\frac{V_{IN}-V_{SW}}{V_O+V_D}\text{（升降压）} \quad (1\text{-}35)$$

所以，占空比为

$$D=\frac{V_O+V_D}{V_{IN}-V_{SW}+V_O+V_D}\text{（升降压）} \quad (1\text{-}36)$$

如果开关和二极管的压降与输入和输出电压相比都很小，上式可简化为

$$D\approx\frac{V_O}{V_{IN}+V_O}\text{（升降压）} \quad (1\text{-}37)$$

则输入与输出之间的关系如下：

$$V_O=V_{IN}\times\frac{D}{1-D}\text{（升降压）} \quad (1\text{-}38)$$

顺便给出一些易于推导和便于使用的其他关系式：

$$\frac{t_{ON}}{t_{OFF}}=\frac{D}{1-D}\text{（任意拓扑）} \quad (1\text{-}39)$$

$$t_{ON}=\frac{D}{f}\quad\text{（任意拓扑）} \quad (1\text{-}40)$$

$$t_{OFF}=\frac{1-D}{f}\equiv\frac{D'}{f}\quad\text{（任意拓扑）} \quad (1\text{-}41)$$

式中 $D'=1-D$，它定义为二极管的占空比，因为（在连续导通模式下）二极管在开关周期的剩余时间内导通。

1.4.4　电路的地参考点

需要明确DC-DC开关拓扑中的地参考点到底是指什么。直流输入电压通过两条导线（电流从其中一条流入，从另一条流出）外加在电路上。类似地，输出也有两条导线。在实际拓扑中，一般会有一条导线是输入和输出公用的。在DC-DC变换器中，这条公共导线习惯上称作系统的地。

还有另一种惯用表示方法，认为地是0V。

1.4.5　升降压变换器结构

图1-12中，公共（地）导线已经被加粗成灰黑色。

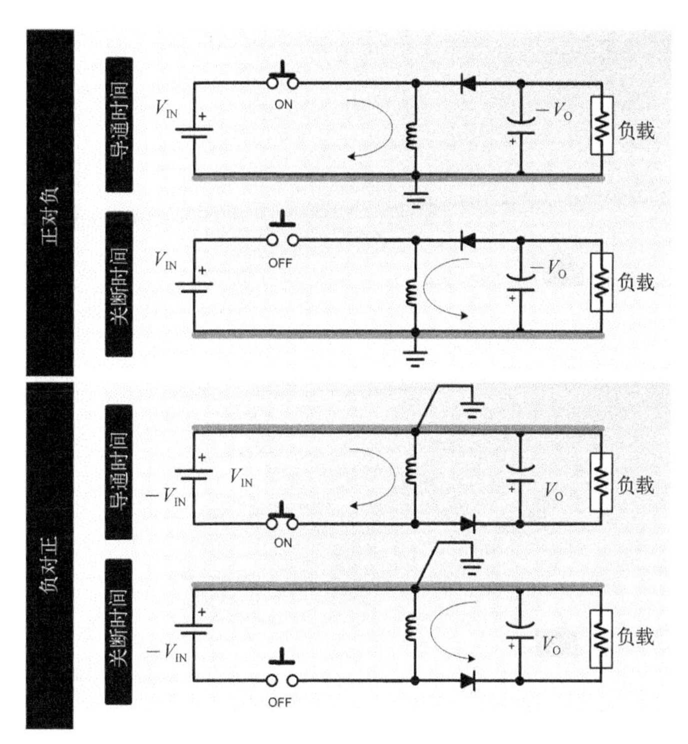

图 1-12 升降压（反极性）拓扑的两种电路结构

图 1-11 中的升降压变换器实际上是正（输入）对负（输出）的。还可以用另一种方法表示，如图 1-12 中下图所示。图中已按照惯例把地重新标示。由此可得负对正的升降压变换器。

上述电路结构中，无论输入极性如何，输出都反向。因此，升降压变换器经常被称为反极性拓扑（注意，它有两种不同的电路结构）。

1.4.6 交换结点

电感电流绕行之处，即开关和二极管之间的结点，称为交换结点。电流从电感流入结点后，既可以从二极管流出，也可以从开关流出，这取决于开关状态。每一个 DC-DC 开关拓扑都有此结点（若无，则会出现巨大的电压尖峰）。

此结点处，电流在二极管和开关之间交替流动，因此需要二极管交替改变状态（即开关导通时反偏，开关关断时正偏）。因此，结点电压必然跳变。若示波器探头连接至此（探头地线连接到电源地，即 0V 处），观察到的电压波形始终是斩波式的。实际上，它非常类似于电感电压，只是不同拓扑有不同的直流偏移量。

设计印制电路板时必须注意，交换结点处不要敷设太多的铜。否则，会形成有效的电场天线，向四周喷射放射状的射频干扰。而且，输出导线可能会拾取该辐射噪声并直接传递给负载。

1.4.7 升降压变换器分析

图 1-13 中，经由稳态电感电流斜坡部分的几何中心，能画出一条 I_L 线。它定义为平均电感电流。平均开关电流也等于 I_L，但仅在 t_{ON} 时间段内如此。类似地，在 t_{OFF} 时间段内，平均二极管电流也等于 I_L。然而，由简单的数学计算可知，若在全周期内（即包含开关导通阶段和开关

关断阶段）平均，则开关和二极管的平均电流应该是它们各自的加权平均值。

$$I_{SW\_AVG} = I_L \times \frac{t_{ON}}{T} = I_L \times D \quad \text{（升降压）} \tag{1-42}$$

$$I_{D\_AVG} = I_L \times \frac{t_{OFF}}{T} = I_L \times D' = I_L \times (1-D) \quad \text{（升降压）} \tag{1-43}$$

式中，D'是二极管的占空比，即$1-D$。容易看出，该拓扑的平均输入电流等于平均开关电流。而且，后面会介绍到，平均二极管电流等于负载电流。因此，升降压拓扑与降压拓扑完全不同。

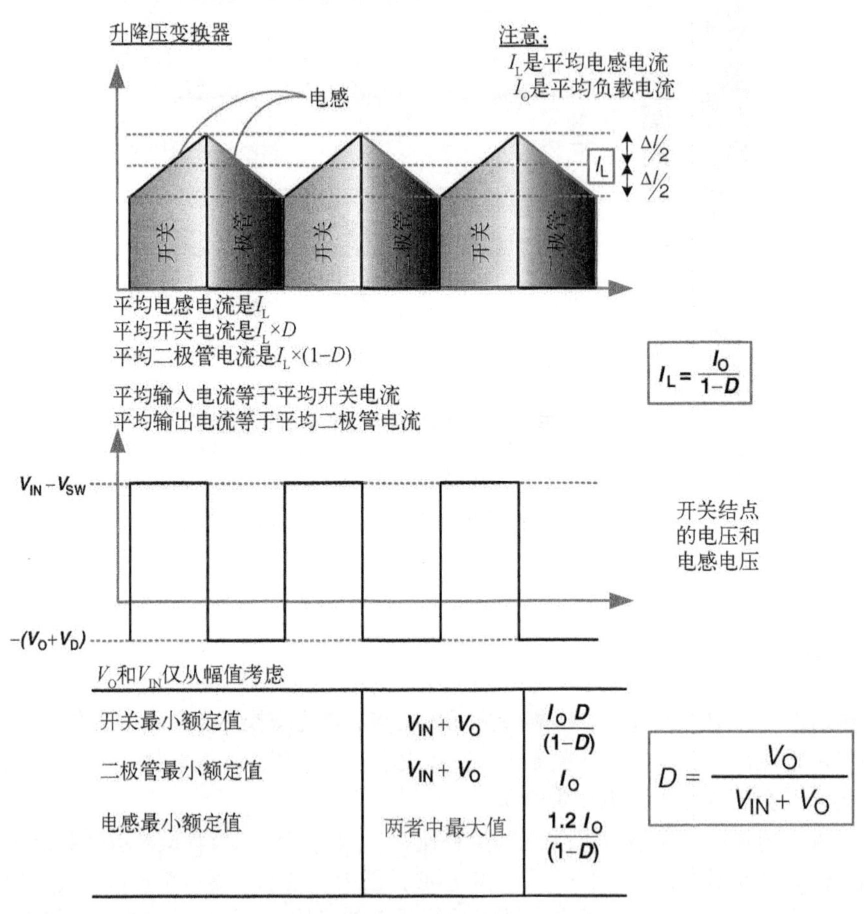

图1-13　升降压变换器分析

1.4.8　升降压变换器特性

现在，基于图1-11至图1-13得出以下结论。

- 举例来说，正对负的升降压变换器能把12V转换成–5V（降压），或把12V转换成–15V（升压）。负对正的升降压变换器能把–12V转换成5V，或把–5V转换成15V，以此类推。因此，输出电压的幅值既可以小于也可以大于（或等于）输入电压的幅值。
- 开关导通时，能量从输入直流电源（通过开关）传输给电感，没有能量传输到输出端。
- 开关关断时，电感储能（通过二极管）传输到输出端，没有直接来自输入直流电源的能量。

- 基于以上两点，升降压拓扑大概是唯一的纯反激拓扑，所有从输入传输到输出的能量必须先储存在电感中。其他拓扑都不具备这一特性。
- 输入电容（直流源）电流是斩波式的，即脉动的。该电流与直流电源输出的稳定直流（I_{IN}）叠加构成开关电流（它在所有拓扑中都是斩波式的）（参见图 1-9）。
- 类似地，输出电容电流也是斩波式的，它与稳定的负载电流（I_{OUT}）叠加构成二极管电流（它在所有拓扑中都是斩波式的）。（参见图 1-9。）
- 发热量与电流有效值（RMS）的平方成正比。由于斩波式波形的有效值较大，升降压变换器的效率并不是很高。而且，电路板上的噪声和纹波通常也比较大。因此，可能需要在升降压变换器的输入端外加滤波器，输出端通常也是如此。
- 虽然输出电容在开关关断时充电，在开关导通时为负载供电，但平均电容电流始终为零。事实上，根据定义，稳态时的平均电容电流必须为零，否则电容或充或放，直至达到稳态，就像电感电流一样。

既然输出电容的平均电流为零，那么升降压变换器的平均二极管电流必然等于负载电流（否则电流从哪里来呢）。因此，有

$$I_{D\_AVG} = I_O = I_L \times (1 - D) \tag{1-44}$$

所以，有

$$I_L = \frac{I_O}{1 - D} \quad \text{（升降压）} \tag{1-45}$$

这就是平均电感电流和负载电流的关系式。注意，在图 1-13 嵌入的表格中，电感电流额定值为 $1.2 \times I_O/(1 - D)$。系数 1.2 符合一般设计准则，即电感电流波形的峰值比其平均值高出大约 20%。因此，要求电感电流额定值至少是 $1.2 \times I_L$。

1.4.9 为什么仅有三种基本拓扑

当然，有多种方法来构造既含有电感又能为电感电流提供续流回路的拓扑。但一些拓扑的输入和输出之间并没有公用导线，即变换器与系统的其他部分之间没有合适的地参考点，因此是不实用的。举两个理论上可以工作但并不实用的变换器例子，对比图 1-14 与图 1-12 中的升降压电路结构，就能看出问题所在！但要注意，如果这些变换器是前级变换器，仍可从变换器的输出端开始建立系统的地，那么它们也是可接受的。

其余拓扑结构中有几种恰好也是基本拓扑结构（如图 1-12 所示的两种结构）。实际上，基本拓扑仅有三种类型：降压、升压和升降压。为什么仅有三种呢？这归因于电感的连接方式。注意，只有三种连接方式具有合适的地参考点，即电感连接到输入端、输出端和（公共）地。如果电感连接到地，就构成了升降压变换器！除此以外，如果电感连接到输入端，就构成了升压变换器。如果电感连接到输出端，就构成了降压变换器（参见图 1-15）。

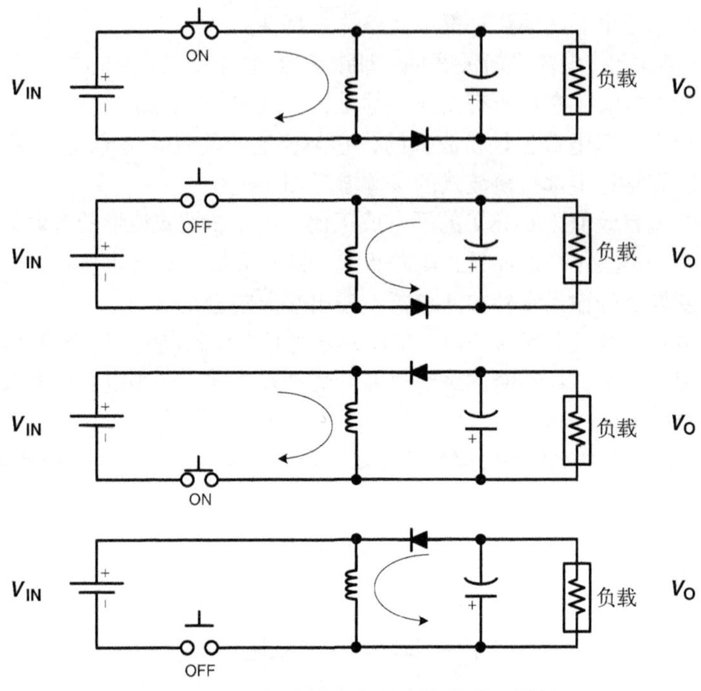

图 1-14　无合适的地参考点的升降压结构

1.4.10　升压拓扑

图 1-16 给出了升压拓扑的电路图。电流方向以及续流回路已经标示在图中。图 1-17 对此进行了分析，给出了关键波形。

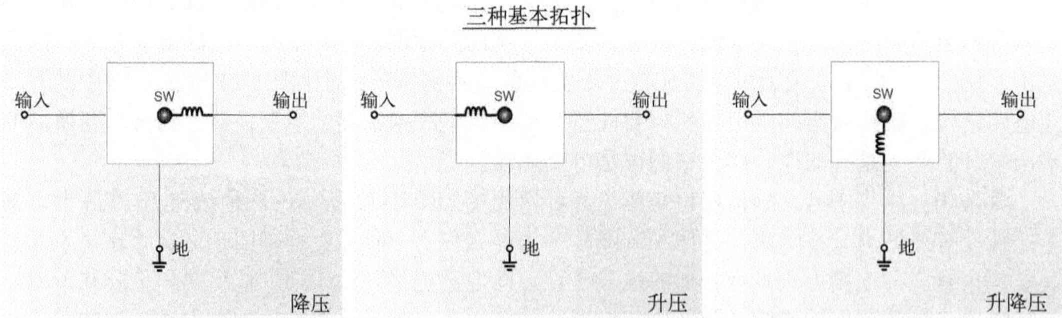

三种基本拓扑

输入　SW　输出　地　降压

输入　SW　输出　地　升压

输入　SW　输出　地　升降压

在所有拓扑中，电感的一端需连接到三个可用的直流端（输入、输出或地）之一。这决定了其拓扑形式。电感的另一端交替地通过开关连接到输入电源（能量输入），然后通过续流二极管连接到输出（能量传输）。所以，另一端的电压持续跳变，因此称为开关结点（图中的SW点）。电感电压（开关结点跳变电压）相对于固定（直流）端反向。电压反向间接导致图中相关拓扑的输入电压降压、升压或升降压行为

图 1-15　仅有的三种基本拓扑

现在，可得出以下结论。

- 举例来说，正对正的升压变换器能把 12V 转换成 50V。负对负的升压变换器能把 – 12V 转换成 – 50V。因此，输出电压幅值必须始终大于输入电压幅值。所以，升压变换器只能升压，而且不能改变极性。

- 在升压变换器中，开关导通时，能量从输入直流电源（通过开关）传输给电感，没有能量传输到输出端。

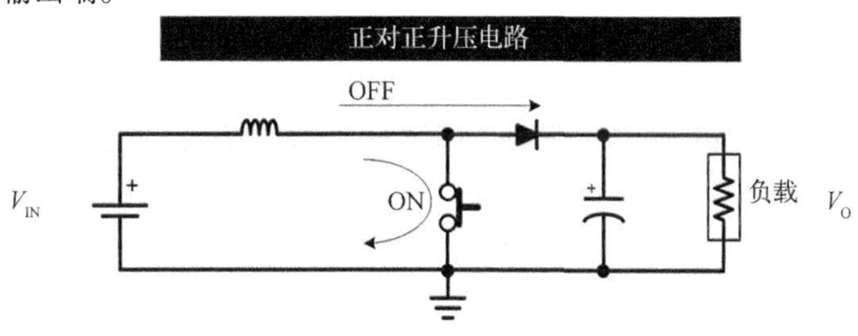

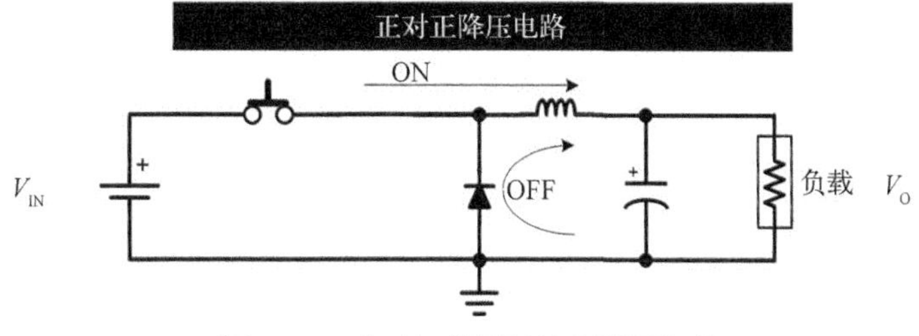

图 1-16　（正）升压拓扑和降压拓扑

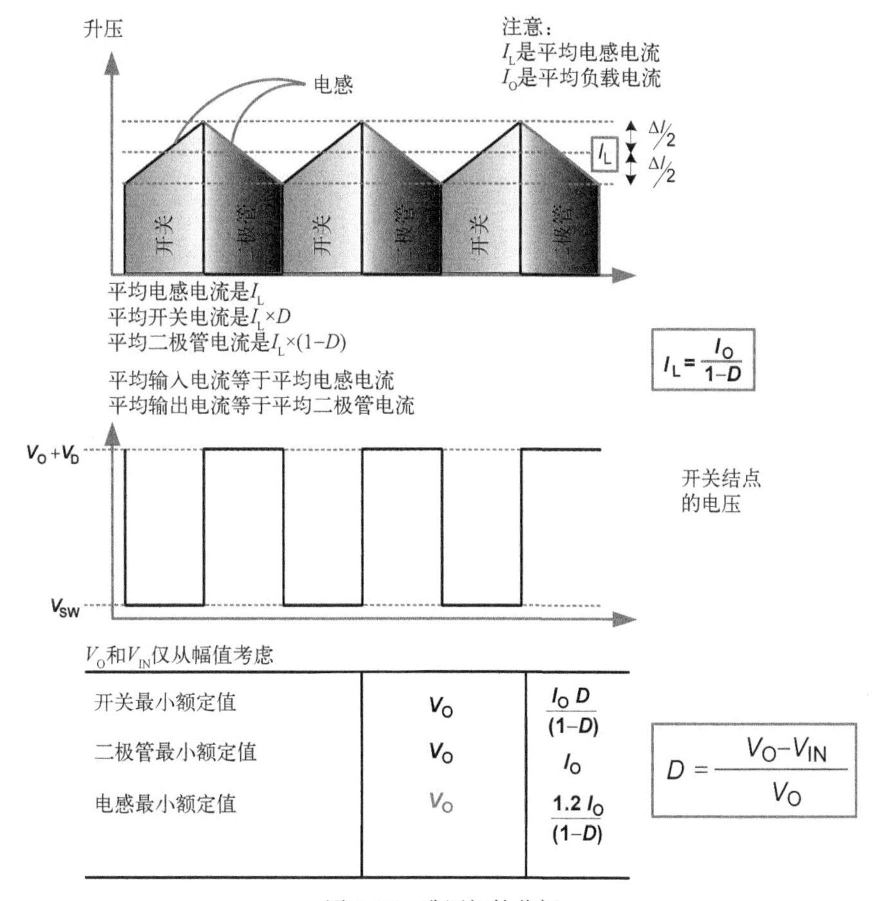

开关最小额定值	V_O	$\frac{I_O D}{(1-D)}$
二极管最小额定值	V_O	I_O
电感最小额定值	V_O	$\frac{1.2\, I_O}{(1-D)}$

图 1-17　升压拓扑分析

- 开关关断时，电感储能（通过二极管）传输到输出。但是，输出中有一部分能量直接来自输入直流电源。
- 输入电容（直流源）电流是“平滑”的，因为输入电容与电感串联（电感可防止电流跳变）。
- 但输出电容电流是斩波式的，因为它与稳定的负载电流（I_{OUT}）叠加构成二极管电流（它在所有拓扑中都是斩波式的）。（参见图1-9。）
- 既然输出电容的平均电流为零，那么升压变换器的平均二极管电流必然等于负载电流（否则电流从哪里来呢）。因此，有

$$I_{D\_AVG} = I_O = I_L \times (1 - D) \quad (1\text{-}46)$$

所以，有

$$I_L = \frac{I_O}{1 - D}\ (\text{升压}) \quad (1\text{-}47)$$

这就是平均电感电流和负载电流的关系式。注意，在图1-17的嵌入式表格中，电感电流额定值为$1.2I_O/(1-D)$。系数1.2符合一般设计准则，即电感电流波形的峰值比其平均值高出大约20%。因此，电感电流额定值至少是$1.2I_L$。

稳态时，根据伏秒定律分析升压拓扑，有

$$V_{ON} = V_{IN} - V_{SW}\ (\text{升压}) \quad (1\text{-}48)$$

和

$$V_{OFF} = V_O + V_D - V_{IN}\ (\text{升压}) \quad (1\text{-}49)$$

那么，由伏秒定律可推导出

$$\frac{t_{OFF}}{t_{ON}} = \frac{V_{IN} - V_{SW}}{V_O + V_D - V_{IN}}\ (\text{升压}) \quad (1\text{-}50)$$

对上式进行代数运算，消去t_{OFF}，得

$$\frac{t_{OFF}}{t_{ON}} + 1 = \frac{V_{IN} - V_{SW}}{V_O + V_D - V_{IN}} + 1 \quad (1\text{-}51)$$

$$\frac{t_{OFF} + t_{ON}}{t_{ON}} = \frac{V_{IN} - V_{SW} + V_O + V_D - V_{IN}}{V_O + V_D - V_{IN}} \quad (1\text{-}52)$$

最后，变换器的占空比D定义为

$$D = \frac{t_{ON}}{T}\ (\text{任意拓扑}) \quad (1\text{-}53)$$

它是式（1-52）的倒数。因此，

$$D = \frac{V_O + V_D - V_{IN}}{V_O + V_D - V_{SW}}\ (\text{升压}) \quad (1\text{-}54)$$

至此，推导出了经典的升压变换器直流传递函数。

如果开关和二极管的压降与输入和输出电压相比都很小，上式可简化为

$$D \approx \frac{V_O - V_{IN}}{V_O}\ (\text{升压}) \quad (1\text{-}55)$$

则输入与输出之间的关系如下：

$$V_O = V_{IN} \times \frac{1}{1 - D}\ (\text{升压}) \quad (1\text{-}56)$$

1.4.11 降压拓扑

图 1-16 也给出了降压拓扑的电路图。电流方向和续流回路已经标示在图中。图 1-18 对此进行了分析，给出了关键波形。

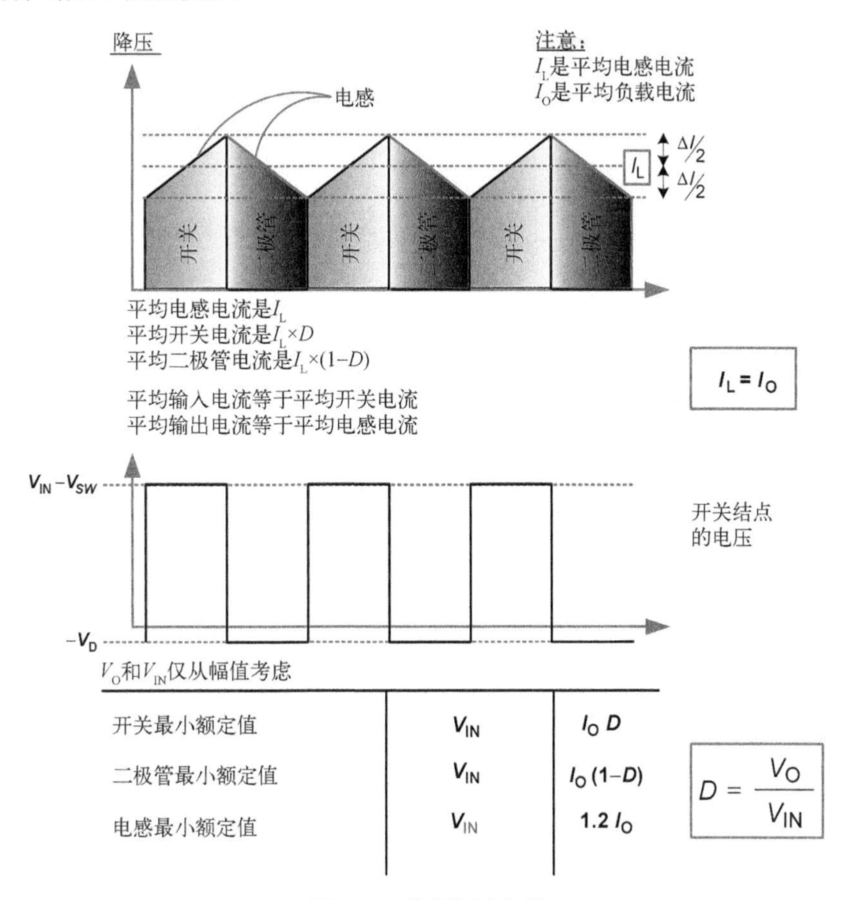

图 1-18 降压拓扑分析

现在，可得出以下结论。

- 举例来说，正对正的降压变换器能把 12V 转换成 5V。负对负的降压变换器能把 – 12V 转换成 – 5V。因此，输出电压幅值必须始终小于输入电压幅值。所以，降压变换器只能降压，而且不能改变极性。
- 开关导通时，能量从输入直流电源（通过开关）传输给电感，同时有一部分能量直接传递到输出端。
- 开关关断时，电感储能（通过二极管）传输到输出，没有能量来自输入直流电源。
- 输入电容（直流源）电流是斩波式的。该电流与直流电源输出的稳定的直流（I_{IN}）叠加构成开关电流（它在所有拓扑中都是斩波式的）。（参见图 1-9。）
- 但是，输出电容电流是“平滑”的，因为输出电容与电感串联（电感可防止电流跳变）。
- 既然输出电容的平均电流为零，那么降压变换器的平均电感电流必然等于负载电流（否则电流从哪里来呢）。因此，有

$$I_L = I_O \text{（降压）} \quad (1\text{-}57)$$

这就是平均电感电流和负载电流的关系式。注意，在图1-18的嵌入式表格中，电感电流额定值为$1.2 \times I_O$。系数1.2符合一般设计准则，即电感电流波形的峰值比其平均值高出大约20%。因此，电感电流额定值至少是$1.2 \times I_L$。

稳态时，根据伏秒定律分析降压拓扑，有

$$V_{ON} = V_{IN} - V_{SW} - V_O \text{（降压）} \quad (1\text{-}58)$$

和

$$V_{OFF} = V_O - (-V_D) = V_O + V_D \text{（降压）} \quad (1\text{-}59)$$

与上文相同，使用伏秒定律并加以简化，可得到变换器的占空比

$$D = \frac{V_O + V_D}{V_{IN} + V_D - V_{SW}} \text{（降压）} \quad (1\text{-}60)$$

至此推导出了经典的降压变换器直流传递函数。

如果开关和二极管的压降与输入和输出电压相比都很小，上式可简化为

$$D \approx \frac{V_O}{V_{IN}} \text{（降压）} \quad (1\text{-}61)$$

则输入与输出之间的关系如下：

$$V_O = V_{IN} \times D \text{（降压）} \quad (1\text{-}62)$$

1.4.12 高级变换器设计

本章是理解和设计开关功率变换器的入门章节。第2章将介绍更多的设计细节和工作实例。读者也可以先简略地浏览第4章，熟悉不同设计中的一些细微差别。附录给出了完整的设计图表，供读者参考。

第2章

DC-DC 变换器及其磁性元件设计

强烈建议读者在阅读本章之前先读完第1章的内容。

磁性元件是开关电源拓扑中必不可少的元件。磁性元件的设计和选择不但会影响其他相关功率器件的选择和成本，而且能决定变换器的整体性能和尺寸。因此，千万不要在未仔细研究磁性元件的情况下去设计变换器，反之亦然。为此，本章将介绍磁性元件的基本概念以及规范的 DC-DC 变换器设计步骤。

注意，在 DC-DC 变换器中，电感是唯一需要考虑的磁性元件。而且，在功率变换这个特殊领域内，大多数应用场合下习惯选择成品电感。当然，市场无法提供足够的电感，而且也不可能有适用于所有应用场合的“标准”电感。但令人欣慰的是，如果已知特定电感在额定工况下的性能，就很容易计算它在特殊工况下的性能。因此，可通过计算来验证最初的选择是否可行。这可能需要不止一次的迭代或尝试，但只要思路正确，一般都能找到适用的标准电感。

下一章将介绍离线式电源设计。离线式电源一般在 90V~270V 交流（电网）输入电压下工作。为了使用户免受高压威胁，离线式电源中的变换器几乎全都使用隔离变压器，它或与电感共用，或取而代之。虽然其他变换器的拓扑均由标准 DC-DC 拓扑派生而来，但其磁性元件部分差异显著。例如，变压器具有明显的（不可忽略的）高频效应，如集肤效应和邻近效应。分析这些问题极具挑战性。此外，随着离线应用的增加，通用（成品）元件已经不能满足多样化的需求。因此，离线应用中的磁性元件通常需要定制。如前所述，这并非一个微不足道的任务。只有掌握 DC-DC 变换器设计和成品电感选择方法，才能更好地解决离线式电源的问题。为此，设计人员需要建立基本概念，不断积累技巧，找到磁性元件设计需要的“感觉”。

在基本设计策略上，有些差异不易察觉（通常也不予说明）。例如，稍后会介绍到，离线式变换器与 DC-DC 变换器在磁性元件尺寸和变换器限流保护等方面其实差异很大。两者的相似之处在于输入电压不是很多文献中假设的单值输入电压，而是很宽的电压范围。宽输入电压范围带来如下问题：在给定应力条件下，在指定输入电压范围内，是哪个电压对应最恶劣工况（或最大应力值）呢？注意，在选择功率器件时，通常要考虑最恶劣工况下可能承受的应力。如果在选择功率器件时，该应力正巧是决定性的重要参数，那么出于可靠性考虑，一般要额外增加安全裕量。然而，即使输入电压相同，不同应力参数也不会同时达到各自最恶劣的极限值。所以，宽输入电压变换器设计必然是棘手的问题。毫无疑问，设计一个能用的开关变换器或许容易，但设计好绝非易事。

本章结尾处会给出详细的 DC-DC 变换器设计步骤，但考虑到宽输入电压范围，本章将设计过程分成两个步骤。

- 一般电感设计步骤用来选择和验证成品电感是否符合工况要求。这需要根据当前所用拓扑，在某个特定电压下完成设计。从电感的角度考虑，该特定电压就是最恶劣工况下的电压。
- 然后，再考虑其他功率器件。本章将介绍在各种工况下，哪些特殊应力才是重要的，哪个输入电压下应力会达到最大值，以及最终如何选择功率器件。

注意，虽然本章介绍的设计步骤仅以降压拓扑为例，但这些设计步骤同样适用于升压或升降压拓扑，可参阅附加注释，弄清每个设计步骤或方程是如何随拓扑改变的。

2.1　直流传递函数

当开关管导通时，由电感方程 $V_{ON}=L\times\Delta I_{ON}/t_{ON}$ 可知，电感电流以一定斜率上升。在开关管导通阶段，电流增量为 $\Delta I_{ON}=(V_{ON}\times t_{ON})/L$。当开关管关断时，由电感方程 $V_{OFF}=L\times\Delta I_{OFF}/t_{OFF}$ 可知，电流减量为 $\Delta I_{OFF}=(V_{OFF}\times t_{OFF})/L$。

电流增量 ΔI_{ON} 必然等于电流减量 ΔI_{OFF}，即每个开关周期结束时，电流都会准确回到该周期的初始值。否则，电感就无法在可重复的（稳定）状态下工作。据此，可以推导出三种基本拓扑的输入—输出（直流）传递函数。如表 2-1 所示。有趣的是，三种拓扑的传递函数之所以不同只是因为 V_{ON} 和 V_{OFF} 的表达式不同。

表2-1　三种拓扑的直流传递函数的推导

应用伏秒定律和 $D=t_{ON}/(t_{ON}+t_{OFF})$			
步骤	$V_{ON}\times t_{ON}=V_{OFF}\times t_{OFF}$ $\frac{t_{ON}}{t_{OFF}}=\frac{V_{OFF}}{V_{ON}}$ $\frac{t_{ON}}{t_{ON}+t_{OFF}}=\frac{V_{OFF}}{V_{OFF}+V_{ON}}$ 因此，有 $D=\frac{V_{OFF}}{V_{ON}+V_{OFF}}$ （适用于所有拓扑的占空比方程）		
	降压	升压	升降压
V_{ON}	$V_{IN}-V_O$	V_{IN}	V_{IN}
V_{OFF}	V_O	V_O-V_{IN}	V_O
直流传递函数	$D=\frac{V_O}{V_{IN}}$	$D=\frac{V_O-V_{IN}}{V_O}$	$D=\frac{V_O}{V_{IN}+V_O}$

2.2　电感电流波形中的直流分量和交流纹波

由 $V=LdI/dt$ 可得 $\Delta I=V\Delta t/L$。因此，电感电流的交流纹波 ΔI 完全由其伏秒积和电感值决定。伏秒积等于外加电压乘以作用时间。计算时，既可用 V_{ON} 乘以 t_{ON}（此处 $t_{ON}=D/f$），也可用 V_{OFF} 乘以 t_{OFF} 此处 $t_{OFF}=(1-D)/f$，两种方法都能得到相同的结果（这取决于 D 的原始定义）。注意，在给定电感上外加 10V 电压持续 2μs，或外加 20V 电压持续 1μs，或外加 5V 电压持续 4μs，以此类推，都能得到相同的电流交流纹波 ΔI。因此，讨论给定电感的伏秒积与讨论 ΔI 实质上是一回事。

伏秒积由什么决定呢？它取决于输入/输出电压（即占空比）、时间和开关频率。因此，只有改变 L、f 或 D 才能影响 ΔI，别无其他可能。由表 2-2 可知，改变负载电流 I_O 对 ΔI 没有影响，

即 I_O 实际上不会影响电感电流纹波。那么，I_O 对电感电流的哪一部分具有决定性影响呢？后面会讲到，I_O 与平均电感电流成正比。

表2-2　电感值、频率、负载电流和占空比变化对 ΔI 和 I_{DC} 的影响

		动作											
		$L\uparrow$（增加）			$I_O\uparrow$（增加）			$D\uparrow$（增加）			$f\uparrow$（增加）		
		降压	升压	升降压	降压	升压	升降压	降压	升压	升降压	降压	升压	升降压
响应	ΔI=?	↓	↓	↓	×	×	×	↓	↑↓[a]	↓	↓	↓	↓
	I_{DC}=?	×	×	×	↑(=)	↑	↑	×	↑	↑	×	×	×

↑↓表示在全范围内增加或减小；×表示不变；↑(=)表示 I_{DC} 增加，且等于 I_O。a 代表 D=0.5 时的值最大。

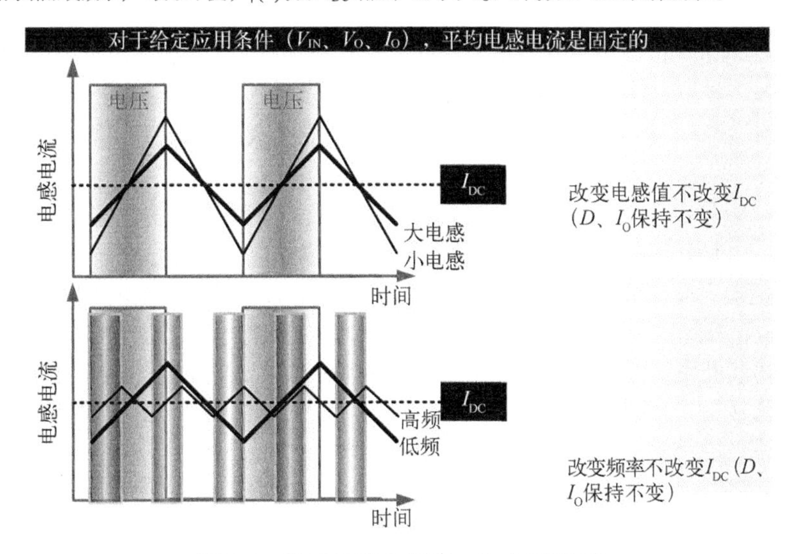

图 2-1　如果 D 和 I_O 固定，I_{DC} 不能改变

除了电流纹波 ΔI 外，电感电流波形中还有另一个（独立的）分量，即（平均）直流分量 I_{DC}。它定义为一个电平，电流纹波 ΔI 以它为中心对称分布，即 $\Delta I/2$ 在 I_{DC} 上方，$\Delta I/2$ 在 I_{DC} 下方。参见图 2-1。从几何角度看，它是电感电流的斜坡中心，有时也称为平台电流或基准电流。注意，I_{DC} 的大小仅取决于能量流的需求，即能量流的平均流量要与输入/输出电压以及预期的输出功率相匹配。所以事实上，如果工况（即输出功率和输入/输出电压）不变，直流分量就不变。从这个意义上讲，I_{DC} 是相当“不易改变的”（参见图 2-1）。特别地，

- ❑ 改变电感值 L 不会影响 I_{DC}；
- ❑ 改变开关频率 f 不会影响 I_{DC}；
- ❑ 改变占空比 D 影响 I_{DC}，适用于升压和升降压拓扑。

可参考下列方程来理解最后这句话，稍后还会给出这些方程的推导过程。

$$I_{DC} = I_O \text{（降压）} \tag{2-1}$$

$$I_{DC} = \frac{I_O}{1-D} \text{（升压和升降压）} \tag{2-2}$$

I_{DC} 的表达式因拓扑不同而不同，其直接原因是：降压变换器的输出与电感串联（从直流电流的角度看，输出电容对直流电流分布几乎没有任何影响），因此平均电感电流与负载电流必然

相等。然而，升压和升降压变换器的输出与二极管串联，因此平均二极管电流与负载电流必然相等。

所以，除了降压变换器外，当变换器的负载电流恒定时，改变其输入/输出电压（占空比）就能改变 I_{DC}，除了在降压变换器中。事实上，对于降压变换器，改变电感电流直流分量的唯一方法就是改变负载电流。除此之外，无计可施！

在降压变换器中，I_{DC} 与 I_O 相等。但在升压和升降压变换器中，I_{DC} 取决于占空比。所以，升压和升降压变换器的磁性元件设计或选择与降压变换器大不相同。例如，占空比等于 0.5 时，升压和升降压变换器的平均电感电流是负载电流的 2 倍。因此，用 5A 电感处理 5A 负载电流可能会导致灾难性的后果。但在降压变换器中，除非是高压应用（后面会讨论到），这么做没有问题。

有一点可以肯定，在升压和升降压变换器中，I_{DC} 总是大于负载电流。当占空比减小至接近于 0 时（即输入与输出电压之差很小时），直流分量才会下降，甚至接近于负载电流。但如果占空比增加至接近于 1，电感电流直流分量就会以极大的斜率迅速上升。及早认识这一点非常重要。

还有一点可以肯定，在任何拓扑中，电感电流直流分量都与负载电流成正比。因此，如果（其他条件不变）负载电流倍增，那么无论电感电流初值如何，直流分量都会倍增。所以，当升压变换器的占空比为 0.5，负载电流 I_O 为 5A 时，I_{DC} 为 10A。而如果 I_O 增至 10A，I_{DC} 就会增至 20A。对于升压和升降压变换器，输入/输出电压（即占空比）的改变会影响电感电流直流分量的大小。在任何拓扑中，占空比 D 的改变还会影响交流纹波 ΔI，因为外加电压的作用时间改变了，伏秒积随之改变。总之：

- ❑ 对于升压和升降压变换器，改变占空比会影响 I_{DC}；
- ❑ 对于任何拓扑，改变占空比都会影响交流纹波 ΔI。

注意　离线式正激变换器的变压器可能是唯一已知的例外，它不符合上述逻辑。例如，在占空比倍增（即 t_{ON} 加倍）时，几乎是巧合，V_{ON} 是减半的，因此伏秒积不变（ΔI 也不变）。所以结果 ΔI 独立于占空比。

基于上述讨论，再结合具体的设计方程，可以得出表 2-2 所示的“变化趋势”。该表格有助于读者在后续章节中直观地分析变换器，选择磁性元件。稍后，将就表 2-2 的某些方面做详细的讨论。

2.3　交流电流、直流电流和峰值电流的定义

图 2-2 说明了电感电流的交流值、直流值、峰峰值和峰值是如何定义的。特别需要说明的是，电感电流的交流值定义为

$$I_{AC} = \frac{\Delta I}{2} \tag{2-3}$$

注意，在图 2-2 中，$I_L \equiv I_{DC}$。因此在后续讨论中，电感电流直流分量 I_{DC} 有时也称为平均电感电流 I_L，实际上两者含义相同。千万不要误解 I_L 的下标 L。L 代表的是电感，而不是负载。负载电流一直标记为 I_O。当然，对于降压变换器，有 $I_L = I_O$，但这纯属巧合。

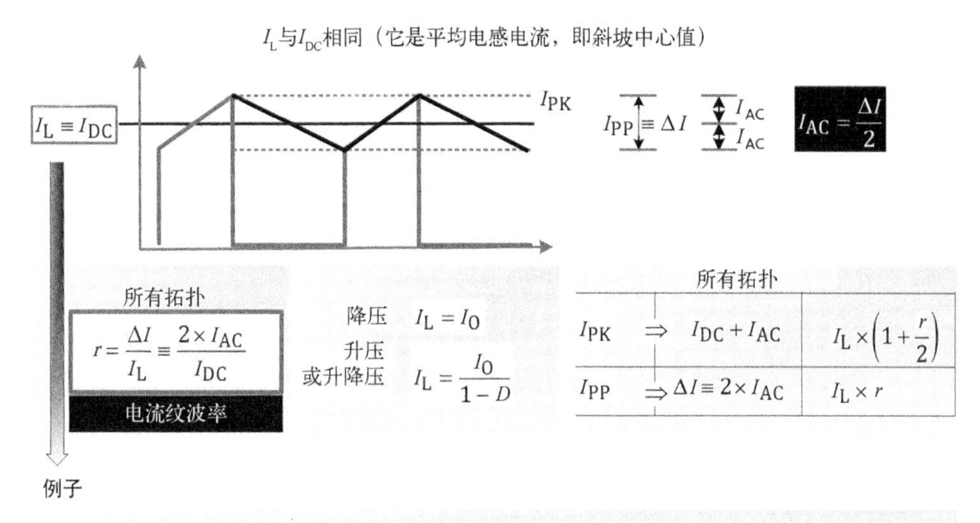

降压：如果负载电流是1A，则I_L是1A。因此，如果r=0.4，电流峰峰值（ΔI）是0.4A，峰值电流是1+0.2=1.2A

升压/升降压：如果负载电流是1A，D=0.5，则I_L是2A。因此，如果r=0.4，电流峰峰值（ΔI）是0.8A，峰值电流是2+0.4=2.4A

图 2-2　电流的交流值、直流值、峰值、峰峰值及其电流纹波率 r

图 2-2 还定义了另一个关键参数 r，称为电流纹波率。它把两个原本相互独立的电流分量 I_{DC} 和 ΔI 联系起来。稍后会详细讨论这个特殊参数。在此只要了解：在所有变换器设计中都必须把 r 值设置为最优就够了。r 值一般在 0.3~0.5 之间，并且它与特定工况、开关频率，甚至拓扑本身都无关。所以在实际设计中，它一般按经验取值。r 值会影响所有功率器件的电流应力和损耗，进而影响功率器件的选择。因此，几乎所有功率变换器的设计都从设置 r 值开始。

电感电流直流分量（在很大程度上）决定了铜绕组的 I^2R 损耗（即铜损）。但是，最终的电感温度还受另一个参数磁芯损耗的影响。磁芯损耗发生在电感的磁性材料（磁芯）内部，大致上只由电感电流交流分量（纹波 ΔI）决定，与直流分量（I_{DC}，或称直流偏置）无关。

峰值电流必须给予密切注意。变换器的峰值电感电流、峰值开关电流和峰值二极管电流含义基本相同，一般都简称为峰值电流 I_{PK}，并且有

$$I_{PK} = I_{DC} + I_{AC} \tag{2-4}$$

实际上，在所有电流分量中，峰值电流是最重要的。它不仅是长期热积累和温升的源头，还是开关瞬间损坏的潜在原因。稍后会介绍，电感电流的瞬时值与磁芯内部的磁场强度成正比。因此，当电流达到峰值时，磁场强度也会达到峰值。众所周知，如果电感内部的磁场强度超过某一安全值，电感就会饱和（失去电感值），该值取决于电感实际使用的磁芯材料本身（与其几何形状、线圈匝数，甚至气隙大小无关）。因为电路的限流能力由电感决定（这也是最初在开关电源中使用电感的原因之一）。所以一旦发生磁芯饱和，就会有几乎不可控的浪涌电流流过开关管。因此，失去电感值的电感对限流毫无作用。事实上，一般不会允许电感饱和，哪怕只是一瞬间。为此，通常需要逐个周期地密切监视峰值电流。如前所述，在电感电流波形中，电感最有可能在峰值处发生饱和。

注意　轻度磁芯饱和偶尔是可以接受的，特别是在暂态条件下（例如上电时）发生的轻度磁芯饱和。这一点将在后续章节详细讨论。

2.4　理解交流、直流和峰值电流

交流分量 $I_{AC}=\Delta I/2$ 可由伏秒定律推导。由基本的电感方程 $V=L\mathrm{d}I/\mathrm{d}t$ 可得

$$2\times I_{AC}=\Delta I=\frac{\text{伏秒积}}{\text{电感值}} \tag{2-5}$$

因此，电流纹波 $I_{PP}\equiv\Delta I$ 可以直观地看作单位电感的伏秒积。若伏秒积加倍，电流纹波（和交流分量）就会加倍。但电感值加倍，电流纹波（和交流分量）反而减半。

再考虑直流分量。注意，电容在稳态时的平均（直流）电流为零，所以在计算直流电流分布时，可认为所有电容都不存在。在开关管导通阶段和关断阶段，降压变换器的输出能量都流经电感，所以平均电感电流与负载电流必然相等，有

$$I_L=I_O\text{（降压）} \tag{2-6}$$

另一方面，升压和升降压变换器的输出能量只在开关管关断阶段流经二极管，所以平均二极管电流必然与平均负载电流相等。注意，二极管导通时的平均电流等于 I_L（参见图 2-3 上图中穿过斜坡中心的虚线）。但是，在整个开关周期内计算平均二极管电流时，还需要考虑占空比，即 $1-D$。因此，若平均二极管电流记为 I_D，可得

$$I_D=I_L\times(1-D)=I_O \tag{2-7}$$

解得

$$I_L=\frac{I_O}{1-D}\text{（升压和升降压）} \tag{2-8}$$

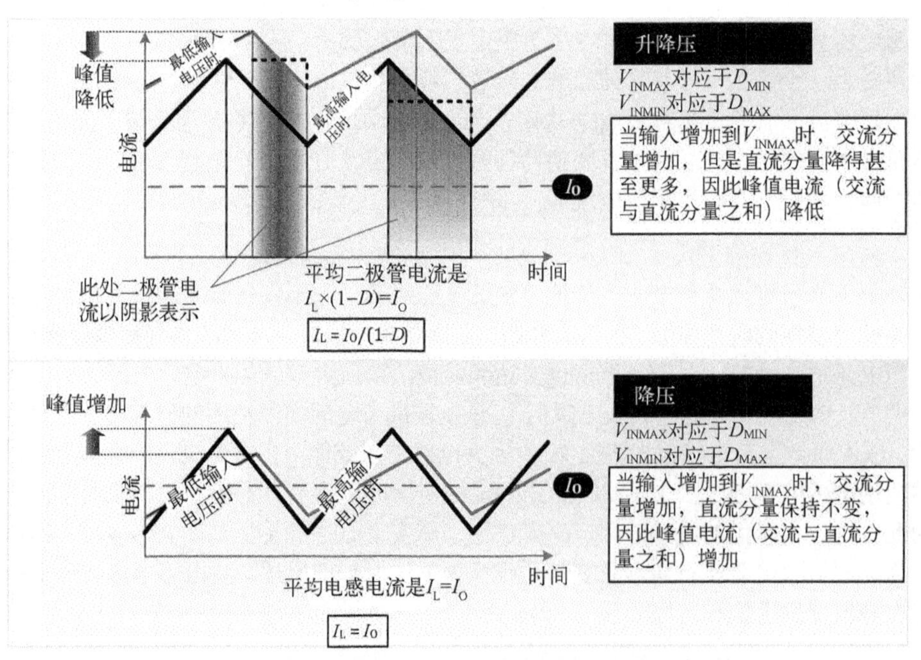

图 2-3　输入电压变化时，电感电流的交流分量和直流分量

注意，对于任何拓扑，大占空比都对应低输入电压，小占空比都对应高输入电压。因此，在任何情况下，增加占空比 D 实际上都意味着输入电压（幅值）降低。如果升压和升降压变换器的输入与输出压差很大，那么直流电感电流就很大。

最后，由已知的直流和交流分量，用下式可计算出峰值电流

$$I_{\mathrm{PK}}=I_{\mathrm{AC}}+I_{\mathrm{DC}}\equiv\frac{\Delta I}{2}+I_{\mathrm{L}} \tag{2-9}$$

2.5 定义“最恶劣”输入电压

迄今为止，本书默认输入电压都是固定的。事实上，在大多数实际应用中，输入电压会在 V_{INMIN} 到 V_{INMAX} 之间的某一范围内变化。因此，还需要知道电流的交、直流分量及其峰值在输入电压变化时如何随之变化。最重要的是：需要知道在此变化范围内，哪个特定输入电压值对应峰值电流最大值。如前所述，峰值电流对于保证电感工作时不发生磁饱和是极其重要的。所以对于电感设计而言，“最恶劣”电压定义为峰值电流达到最大值时所对应的输入电压。该特定电压将用于电感设计或选择。它其实是一般电感设计步骤的基础，后面很快会讨论到。

接下来，让我们尝试弄清楚在所有拓扑条件下，什么样的输入电压值对应峰值电流最大值，以及为什么会在该值达到峰值电流最大值。图 2-3 给出了各种电感电流波形，这有助于更好地形象化理解电感电流随输入电压变化的趋势。此处选择了降压变换器和升降压变换器两种拓扑，每种拓扑绘制了两种电感电流波形，分别对应于两个不同的输入电压。最后，图 2-4 给出了电流的交、直流分量及其峰值。注意，这些图形都是根据列在图形下方的实际设计方程绘制的。在解释这些图形时，应再次注意到：在所有拓扑中，大占空比对应低输入电压。下述分析中还用到了前面表 2-2 中提到的某些变量，表 2-2 总结了 ΔI 和 I_{DC} 相对于 D 的变化。

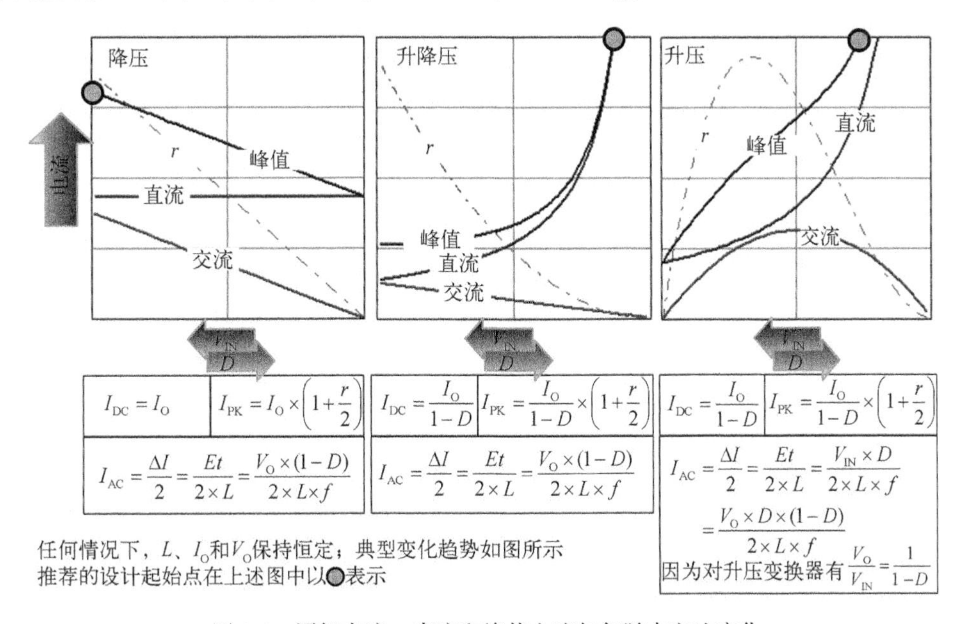

图 2-4 图解交流、直流和峰值电流如何随占空比变化

(1) 对于降压变换器，电感电流分析如下。

- 输入电压升高时，占空比减小以维持正常调节。但电流斜坡的下降斜率 $\Delta I/t_{OFF}$ 并未改变，因为若 V_O 固定，它等于 V_{OFF}/L，即 V_O/L。但现在 t_{OFF} 增加了，而斜率 $\Delta I/t_{OFF}$ 不变，唯一的可能就是 ΔI 必然（成比例）增加。因此可以断定：降压变换器中，电感电流交流分量实际上随输入电压升高而增加（即使在此过程中占空比减小）。
- 另一方面，电流斜坡中心值 I_L 稳定在 I_O，所以直流分量未变。
- 最后，由于峰值电流是直流分量与交流分量之和，所以它随输入电压升高而增加（参见图 2-4 中的相关图形）。

因此，对于降压变换器，总是优先从 V_{INMAX}（即 D_{MIN}）开始电感设计。

(2) 对于升降压变换器，电感电流分析如下：

- 输入电压升高时，占空比减小。但电流斜坡下降的斜率 $\Delta I/t_{OFF}$ 并未改变，因为若 V_O 固定，它等于 V_{OFF}/L，即 V_O/L。（与降压变换器相同）。但既然 t_{OFF} 增加了，ΔI 一定会随之增加，以保持斜率 $\Delta I/t_{OFF}$ 不变。因此，交流分量（$\Delta I/2$）随输入电压升高而增加。注意，截至目前，分析结果与降压变换器相同——归根结底，两种拓扑都满足 $V_{OFF}=V_O$。
- 但是，升降压变换器的直流分量 I_L 一定会改变（它在降压变换器中是保持不变的）。注意，在图 2-3 上半部分的波形中，阴影部分代表二极管电流。它在开关管关断阶段的平均值为穿过其中心的平直虚线，即 I_L。因此可以计算出，在整个开关周期内，平均二极管电流等于 $I_L\times(1-D)$。而且，它必然与等于负载电流 I_O。所以，当输入电压升高时，占空比减小，$(1-D)$值增加。唯一能让 $I_L\times(1-D)$的值保持在 I_O 不变的方法是让 I_L 随 D 减小而减小。因此，输入电压升高（占空比减小）时，直流分量减小。
- 由于峰值电流是直流分量与交流分量之和，所以它随输入电压升高而减小（参见图 2-4 中的相关图形）。

因此，对于升降压变换器，总是从 V_{INMIN}（即 D_{MAX}）开始电感设计。

(3) 对于升压变换器，电感电流有些难以理解。乍看起来，它与升降压变换器非常类似，但其实差异很大。这也是图 2-3 中未包含升压变换器的原因。

- 同样，当输入电压升高时，占空比减小。但不同的是，此处电流斜坡下降的斜率 $\Delta I/t_{OFF}$ 必须减小，因为它等于 V_{OFF}/L，即$(V_O-V_{IN})/L$（仅指幅值），而此时 V_O-V_{IN} 值是减小的。而且，可能让斜率减小的原因有两种，一种是 t_{OFF} 增加，另一种是 ΔI 减小。事实上，当输入电压升高时，ΔI 可能增加也可能减小。例如，如果 t_{OFF} 增加得比 ΔI 快，那么 $\Delta I/t_{OFF}$ 仍将按需减小。这是升压变换器在实用中真实发生的情况。由一些详细的数学推导可知，在 D 小于 0.5 时，ΔI 是增加的，但在 D 超过 0.5 之后，ΔI 是减小的（参见表 2-2 和图 2-4）。
- 然而，在升压变换器中，交流分量的增加或减小并不占主导地位，峰值电流只由直流分量来决定。但是，升压变换器中直流分量的变化规律与升降压变换器中完全相同（前面已经讨论过），直流分量随输入电压升高而减小（占空比减小）。
- 可以断定，升压变换器中峰值电流随输入电压升高而减小（参见图 2-4 中相关图形）。

因此，对于升压变换器，总是从 V_{INMIN}（即 D_{MAX}）开始电感设计。

2.6 电流纹波率 r

图 2-2 首先引入了最基本、但影响深远的电源设计参数——电流纹波率 r。它表示电感电流的交流分量与直流分量的几何比例。因此，有

$$r=\frac{\Delta I}{I_L}\equiv 2\times\frac{I_{AC}}{I_{DC}} \tag{2-10}$$

式中，$\Delta I=2\times I_{AC}$。一旦（最大负载电流和最恶劣输入电压下）的 r 值设定，其他的所有参数几乎都能确定，如输入和输出电容电流、开关管电流的有效值（均方根值）等。因此，r 值选择影响器件选择和器件成本，一定要清晰理解，仔细选择。

注意，电流纹波率 r 仅适用于连续导通模式，有效取值范围为 0~2。当 r 为 0 时，ΔI 必然为 0。由电感方程可知，电感值将非常大（无穷大）。显然，r=0 并非实用值。若 r 等于 2，则变换器工作在连续导通模式与断续导通模式的临界处（即临界导通模式）（参见图 1-9 和图 2-5）。所谓临界导通模式下，由定义可知 $I_{AC}=I_{DC}$。读者可回头查阅第 1 章，该章介绍了连续导通模式、断续导通模式和临界导通模式，并给出了解释。

注意，r 的有效取值范围为 0~2，但也有例外，如强迫连续导通模式，后文将详细讨论。

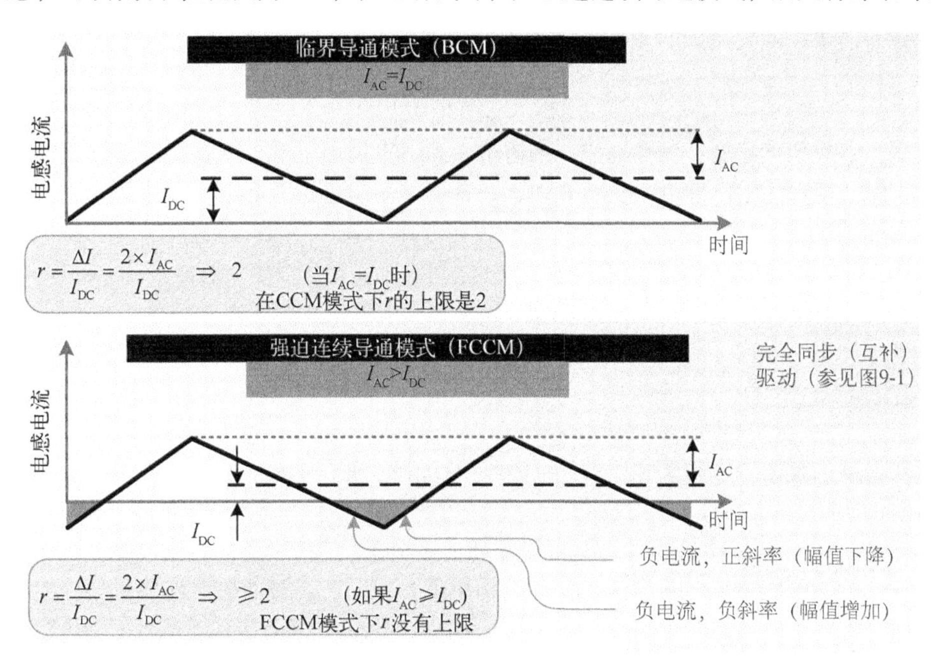

图 2-5 临界导通模式和强迫连续导通模式

2.7 r与电感值的关系

电流纹波也可以用单位电感伏秒积的形式给出。由此可得

$$\Delta I=\frac{Et}{L_{\mu H}}\text{（所有拓扑）} \tag{2-11}$$

式中，Et定义为电感伏微秒积的幅值（稳态时，开关管导通阶段的Et值与开关管关断阶段的Et值一定相等），$L_{\mu H}$是以μH为单位的电感值。之所以用Et来定义是因为在现代功率变换中，时间间隔非常小，所以它比伏秒积更加简单易用。

因此，电流纹波率为

$$r = \frac{\Delta I}{I_L} = \frac{Et}{L_{\mu H} I_L}\text{（所有拓扑）} \tag{2-12}$$

注意，由此开始，在所有给出的方程中，只要L与Et成对出现，L都会加下标μH。它可以理解为L的单位是μH。

最终，可得下述r与L的重要关系式

$$r = \frac{Et}{(L \times I_L)} \equiv \frac{V_{ON} \times D}{(L \times I_L) \times f} \equiv \frac{V_{OFF} \times (1-D)}{(L \times I_L) \times f}\text{（所有拓扑）} \tag{2-13}$$

顺便说一句，上式仅适用于连续导通模式，因为式中假定t_{OFF}表示完整的开关管关断阶段，即$(1-D)/f$。

反之，L是r的函数

$$L = \frac{V_{ON} \times D}{r \times I_L \times f}\text{（所有拓扑）} \tag{2-14}$$

后续章节中会经常用到上式的简易形式，称作$L \times I$方程（或规则）

$$L \times I_L = \frac{Et}{r}\text{（所有拓扑）} \tag{2-15}$$

可是，这里仍然存疑：为什么用r来讨论，而不直接用L呢？上述方程虽已表明L和r是相关的，但“期望的”电感值是由特定工况、开关频率，甚至是拓扑本身来决定的。因此，无法给出选择L的一般设计规则。可实际上，存在选择r值的一般设计经验，并已被广泛应用。如前所述，任何情况下，r值都大约在0.3~0.5之间。这就是先设定r值再计算L的原因。当然，一旦r值确定，给定工况和开关频率下的L值就自动确定了。

2.8　r的最优值

就变换器的整体应力和尺寸而言，$r \approx 0.4$是最优值。现在来解释为什么如此，并在稍后介绍例外的情况。

实际上，一般认为，电感尺寸与其能量处理能力成正比（稍后还会讨论气隙对尺寸的影响）。举例来说，读者可能会从直观上认为处理大功率需要大磁芯。被选磁芯的能量处理能力最起码要与应用中所需的电感储能相匹配，即$(1/2) \times L \times I_{PK}^2$。否则，电感会饱和（稍后可阅读第5章了解拓扑相关性方面的内容）。

图2-6给出了能量$E=(1/2) \times L \times I_{PK}^2$对$r$的函数曲线。图中曲线在$r$值为0.4附近有一个拐点。这表明如果$r$值远小于0.4，那么电感尺寸必然相当大。而在曲线另一侧，若r值增加，电感尺寸却没有明显减小。事实上，当r值超过0.4后，通过增加r值来减小电感尺寸的效果就不明显了。

图2-6还给出了降压变换器电容电流的有效值曲线。可以看出，如果r值增加超过0.4，电流会显著增加。这将导致电容内部发热（其他相关元件也是如此）。最终，可能会被迫选择具有更低等效串联电阻（ESR）和（或）更低壳对空气热阻的（更昂贵、更大型的）电容。

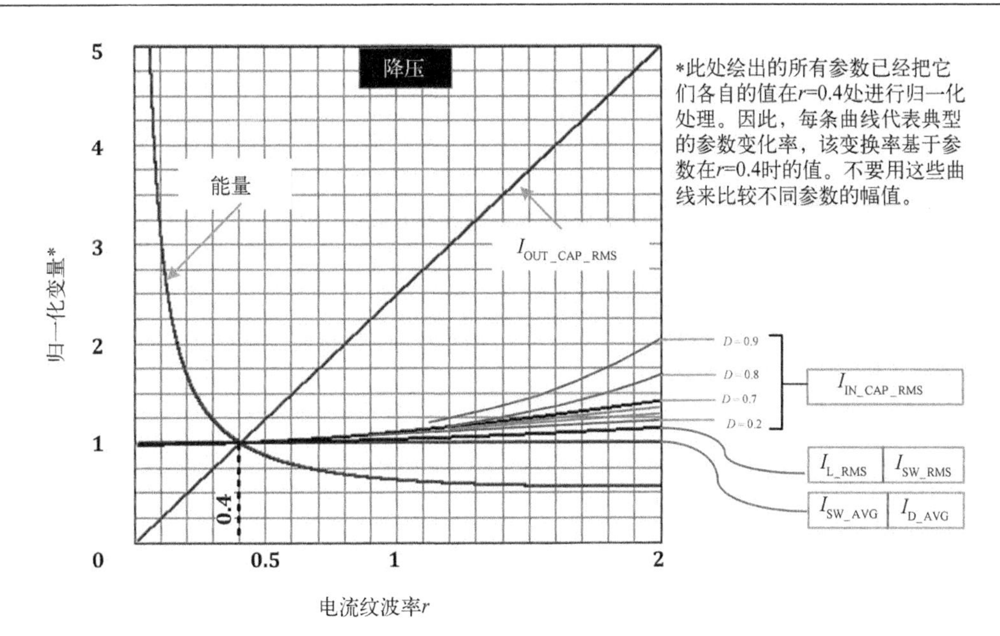

图 2-6 电流纹波率 r 变化对所有元器件的影响

注意 由方程 $P = I_{\mathrm{RMS}}^2 \times R$ 可知，元器件的电流有效值与其内部发热直接相关。在方程中，P 是损耗，R 是元器件的串联电阻（例如电感的直流电阻或电容的等效串联电阻）。但是，开关管、二极管和电感的电流有效值与波形关系不大。因此，元器件产生的热量并不取决于 r 值，而主要取决于电流平均值。另一方面，如果 r 值增加，电容电流有效值就会明显增加。所以，电容电流与波形有关，而且受 r 值影响很大。原因很简单，稳态时流过电容的平均（直流）电流为零。因为电容有效地去除了电流波形中的直流分量，所以电容电流波形仅剩斜坡部分。因此，改变 r 值就能改变斜坡部分，从而严重影响电容电流。

注意，图 2-6 虽以降压拓扑为例，但其能量曲线部分适用于所有拓扑。虽然其他拓扑的电容电流曲线可能与降压变换器并不一致，但也非常类似。所以，上述结论仍然适用。

因此，概括地讲，电流纹波率取值 0.4 左右对所有拓扑、所有应用和所有开关频率而言都是一个良好的设计指标。

但在某些条件下，r 取值 0.4 左右这个规则有时并不适用，下文会讨论其原因及考量。

2.9 是电感尺寸，还是电感值

注意，前一节中只谈到了电感尺寸，并没有明确给出电感值的大小。从理论上讲，在给定磁芯上绕制任意匝数线圈即可获得任意电感值。所以，电感值与电感尺寸不一定相关。然而，在功率变换中，它们的关系虽不直接，但经常相关。

由图 2-6 可知，r 越小，电感所需的能量处理能力就越大，电感尺寸也越大。现在，开始正式讨论所有可能使 r 减小的方法。

若工况确定，负载电流和输入/输出电压就能确定，从而 I_{DC} 也能确定。这种情况下，唯一能使 r 值减小的方法就是让 ΔI 更小。但已知 ΔI 是

$$\Delta I = \frac{\text{伏秒积}}{\text{电感值}}(\text{V·S/H}) \tag{2-16}$$

而且伏秒积确定（输入/输出电压确定）。因此，对于给定工况，唯一能使 r 值减小的方法就是增加电感值。由此可以断定，若选择的电感值大，则电感尺寸一定大。因此，当电源设计人员本能地提到大电感值时，有可能是意指大电感尺寸，这并不奇怪。所以，设计人员在设计时不要患上纹波恐惧症。一定量的纹波无疑是有益的。

例如，必须牢记，当负载电流增加（即工况改变）时，需要具有更大能量处理能力的，更大型的电感，但却需要更小的电感值。因为 I_{DC} 增加后，为了保持 r 值最优，需要同比增加 ΔI。为此，不得不减小 L，而非增加 L。

此例突显了根据 r 值简化电源设计的重要性。

频率对电感值和电感尺寸的影响

下述讨论适用于所有拓扑。

若其他变量保持固定（包括 D），只频率加倍，则伏秒积减半，因为 t_{ON} 和 t_{OFF} 的持续时间减半了。既然 ΔI 可以用单位电感的伏秒积表示，它也会减半。而且，由于 I_{DC} 未变，由 $r=\Delta I/I_{DC}$ 可知，r 值也减半。因此，如果初始时 r=0.4，那么现在 r=0.2。

若把变换器的 r 值重新设为最优值 r=0.4，则 ΔI 需要设法加倍（原因最后再给出）。实现方法是电感值减半。

- ❑ 因此，一般认为电感值与频率成反比。最终，当 r 值恢复到 0.4 后，电感电流峰值仍然会比直流分量高出 20%。但直流分量未变。所以，峰值电流也未变（因为最终 r 值并未改变）。但能量处理需求（电感尺寸）为 $(1/2)\times L\times I_{PK}^2$。现在，既然 L 减半，而 I_{PK}^2 不变，则电感尺寸减半。
- ❑ 因此，一般认为电感尺寸与频率成反比。
- ❑ 还要注意，电感的电流应力与频率无关（因为峰值未变）。

2.10 负载电流对电感值和电感尺寸的影响

对于任何拓扑而言，若负载电流加倍（输入/输出电压和占空比保持不变），则 r 值减半。因为 ΔI 虽然没变，但是 I_{DC} 加倍了。所以，为了使 r 恢复到最优值 0.4，ΔI 也要加倍。但已知 ΔI 是"单位电感的伏秒积"，而此时伏秒积不变，所以，使 ΔI 加倍的唯一方法就是将电感值减半。

- ❑ 因此，一般认为电感值与负载电流成反比。

  电感尺寸又如何呢？既然负载电流加倍，r 仍保持在 0.4，则峰值电流 $I_{DC}(1+r/2)$ 也加倍。然而，电感值已减半。所以，能量处理需求（电感尺寸）$(1/2)\times L\times I_{PK}^2$ 也加倍。
- ❑ 因此，一般认为电感尺寸与负载电流成正比。

2.11 供应商如何标定成品电感的额定电流，以及如何选择电感

可以根据电感的能量处理能力 $(1/2)\times LI^2$ 来选择电感尺寸。但是，大多数供应商都不会预先提供该参数，而是提供一种或多种额定电流供用户选择。如果能正确理解这些额定电流的含义，就能选出合适的电感。

供应商可能把额定电流表示成最大的直流电流 I_{DC} 额定值，或最大的有效值电流 I_{RMS} 额定值，或最大的饱和电流 I_{SAT} 额定值。一般认为前两者等价，因为典型的电感电流有效值与其直流分量几乎相等（前面已经提到，电感电流有效值与波形的关系不大）。因此，电感的 I_{DC} 额定值和 I_{RMS} 额定值一般定义为，规定温升（典型值为 40~55℃，取决于供应商）下电感允许通过的直流电流。最后一个额定值 I_{SAT} 表示电感在磁芯饱和前允许通过的最大电流。一般认为，此时的电感储能已接近可用极限。

在选择线规时，许多供应商（但并非大多数）认为电感的 I_{DC} 和 I_{SAT} 在本质上相同。正因如此，他们可以仅规定一种（单一的）电流额定值，例如“电感额定电流为 5A”。在电感的 I_{SAT} 额定值基本确定后，供应商会有意识地根据饱和电流调整线规，以满足规定温升。

认为 $I_{DC}=I_{SAT}$ 的理论基础如下：假设电感的 I_{DC} 额定值为 3A，I_{SAT} 额定值为 5A。5A 额定值可能就是多余的，因为用户无论如何不可能在需求超过 3A 的应用场合选用此电感。因此，过大的 I_{SAT} 额定值实际上意味着使用了不必要的、尺寸过大的磁芯。当然，如果发现电感标有不同的 I_{DC} 和 I_{SAT} 额定值，那有可能是供应商曾（徒劳地）试图通过增加线圈厚度开发更大尺寸的电感，但可能所选磁芯的几何尺寸成了绊脚石，没有足够的窗口面积来容纳厚线圈。

一般来说，具有单一电流额定值的电感是最优的或性价比最高的。

但极少数成品电感标称的 I_{SAT} 甚至比 I_{DC} 更小。这些电感有什么用途呢？任何情况下，工作电流都不能超过 I_{SAT}。因此，往好处讲，这种电感唯一的优点就是实际应用中的温升会小于规定的最大温升。难道它们是用于汽车制造？

一般来说，在大多数实际应用中，电感电流额定值只需要考虑所有标称电流额定值中最小的那一个。其他的额定值一般可以简单忽略。

对于电感选择，还有一些细微的注意事项和例外情况需要考虑，不能一味偏爱 $I_{DC} \approx I_{SAT}$。例如，在瞬态或暂态条件下，瞬时电流可能远远超出正常的稳态工作电流。如果开关管固有的电流极限 I_{CLIM} 或 I_{LIM} 值为 5A，工作电流为 3A，那么在变换器启动阶段（或电网及负载突变时），控制电路在连续几个周期内尽力调整输出时，电流可能会达到 5A 的极限值。后续章节将深入讨论，特别要讨论这种情况是否会影响电路的正常启动。若果真如此，使用一个工作电流额定值为 3A 而饱和电流额定值为 5A 的电感似乎就是有道理的（只要该电感好买又便宜）。当然，也可以（针对 3A 应用）选择一个标准的 5A 电感，那么在任何工况下都能避免电感饱和（及其引起的开关管损坏）。但如果是这样，从用铜或温升的角度来说，电感设计就有些保守，因为导线其实没必要那么粗。可是要切记，用大型磁芯肯定会影响成本，但多用些铜无所谓！

2.12 给定应用中需要考虑的电感电流额定值

在变换器启动或遭遇电网及负载突变时，电流无法保持正常运行时（如传输负载所需额定电流时）的稳态值。例如输出突然短路时，由于控制电路要尽力调整输出，占空比可能会瞬时增至（由控制器设定的）最大允许值。于是，电路将脱离稳态运行，导通阶段的伏秒积增加，电流逐步升高，有可能达到设定的电流极限。

但是，电感也有可能饱和。举例来说，若在 3A 应用中使用固定电流限制为 5A 的降压型开关芯片，而只选用额定值约 3A 的电感，则在输出短路时，电流就会瞬时达到电流极限（5A 降压变换器的典型值约为 5.3A）。

因此，问题是：应该按照（严重瞬变电压下可能遇到的）电流限制阈值来选择电感，还是简单地按照（一定工况下稳态）连续正常运行时的最大电流来选择电感呢？事实上，这个问题并没有看上去那么深奥。从本质上讲，它们分别对应着工业上标准的离线电源设计步骤和 DC-DC 变换器设计步骤。若要更好地回答这个问题，需要考虑许多因素，还经常需要处理个案或者具体情况。接下来将讨论这些利害关系。

幸运的是，在多数低压应用中，一定程度的磁芯饱和并不会带来什么问题。原因如下：在上例中，开关芯片的额定电流为 5A，并且已知其限流电路的动作速度快到足以防止电流超过 5A，那么即使在电流达到 5A 时电感开始饱和，也不必担心。毕竟，只要开关芯片没有损坏，就没有问题。既然电流不会超过 5A，开关芯片就不会损坏。因此，虽然已知电感在各种暂态条件下会出现轻度饱和，但在应用中还是会选择性价比更高的 3A 电感。当然，人们决不希望开关变换器中的电感（在最大额定负载条件下）饱和工作，只能允许电感在非正常和暂态条件下如此，而且必须确保开关管不会损坏。

然而，上述分析引出了另外一个需要回答的关键问题：怎样才是足够快？也就是说，哪些因素能影响开关管的迅速关断，从而使其免受电感饱和的影响呢？因为最终答案可能会对电感尺寸及其成本产生决定性影响，所以充分理解这个关于响应时间的问题尤为重要。

(1) 任何限流电路都需要一定的响应时间。当过流信号通过芯片内部的比较器、运算放大器、电平转换器、驱动器等到达芯片引脚驱动开关管时，会产生固有（内部）传导延时。

(2) 如果使用控制芯片（不用内置开关管的集成开关芯片），那么开关管与（一般集成在芯片内的）驱动之间必然存在一定的物理距离。此时，印制电路板布线的寄生电感（大约 20nH/in）会抑制电流突变，使芯片发出的关断信号在到达开关管的栅极或基极前产生额外延时。

(3) 从理论上讲，即使限流电路能对过流做出迅速响应，并且布线电感也可以忽略，实际上开关管关断还是需要很短的一段时间。在延时阶段，如果电感饱和，就不能有效防止或限制输入直流电源在开关管内产生电流尖峰。电流可能会远远超过安全电流限制阈值。

与 MOSFET 等更现代的器件相比，双极结型晶体管（BJT）天生速度就慢。但是大功率 MOSFET（例如大电流、高电压器件）也会产生延时，因为它们具有较大的内部寄生栅极电阻和电感，以及显著的极间寄生电容（它在开关改变状态之前，需要充放电，视具体情况而定）。在若干 MOSFET 并联用于大电流工况时，情况会更糟。

(4) 许多控制器和芯片内部都设有消隐时间。在这段时间内，控制器和芯片故意“不去监视”电流波形。根本目的是避免在开关管导通过渡时间内产生的噪声引起限流电路误触发。但是可以证明，这段延迟时间对开关管而言是致命的，尤其是在电感已经开始饱和的情况下，因为在消隐时间内，限流电路甚至不“知道”有过流产生。而且，在电流模式控制芯片中，脉宽调制（PWM）比较器的斜坡通常来自（含噪声的）开关电流。所以，消隐时间一般设置得更长，低压应用中的典型值为 100ns，离线应用中的典型值为 300ns。

(5) 集成高频开关管（即 MOSFET 或 BJT 与控制器和驱动器集成在同一封装中）因为寄生电感最小，通常具有最好的保护，也最可靠。同时，其消隐时间可以设置得更精确、更优化，因为与其他特性变化范围宽的开关管相比，集成开关管的特性基本一致。因此，集成开关管一般不会因电感瞬时饱和而损坏，除非输入电压过高（一般高于 40~60V），并且电感尺寸非常小。

(6) 如果输入电压高，饱和电感的电流上升率就会非常大（很陡）。这可由基本方程 $V=L\mathrm{d}I/\mathrm{d}t$ 得出。此时，若 $L\to 0$，由于 V 固定，$\mathrm{d}I/\mathrm{d}t$ 必然显著增加（参见图 2-7）。因此能够证明，即使很短的延迟也是致命的，因为在很短的时间间隔内会产生很大的 ΔI。所以，电流会远远超出设定的电流限制阈值，危及开关管。这就是为什么，特别是离线应用时，一般习惯上会选择一个足够大的磁芯，以避免在电流限制阈值处达到饱和。而且，通常还要在电流斜率完全失控前，为限流电路留出足够的响应时间。

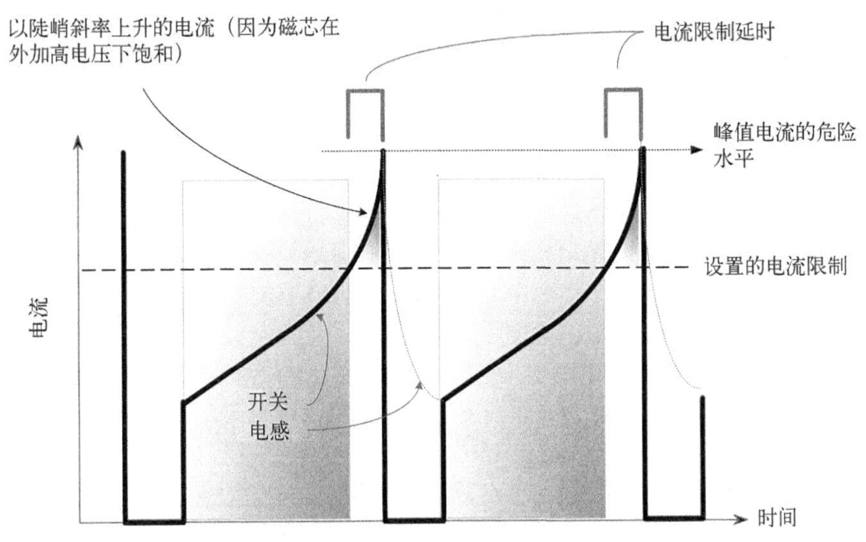

图 2-7　电感开始饱和时，高电压和固有响应延时会导致开关过应力

但应注意，铜绕组的载流能力仍需与（最大工作负载时的）连续工作电流成正比。

实际上，在离线应用中设计电感时，一般会默认饱和电流 I_{SAT} 高于直流电流 I_{DC} 的额定值。但显然，在低压 DC-DC 变换器设计中，一般不这样做，而是倾向于让两者相等。

(7) 一般而言，大多数低压（一般 V_{IN} 小于 40V）应用仅根据最大工作负载电流选择电感。因此，这实际上几乎忽略了设定的电流极限。这也是 DC-DC 变换器设计中常见的工程设计惯例，虽然在很多情况下可能并未解释原因。但幸运的是，这似乎很奏效。

2.13　电流限制的范围和容限

任何规格，如电流极限，也包括工艺偏差和温差等，或者由用户设定，或者由芯片内部限定，都会有某一固定的容限范围。这些变量在器件数据手册的电气特性表中以 MIN 和 MAX 表示其范围。在实际变换器设计中，优秀的设计人员会注意到这些范围。

不过，首先要总结一下开关功率变换器设计中选择电感的标准步骤。然后，再介绍有关范围和容限的实际问题。

标准步骤是按照电流纹波率大约为 0.4 来确定电感值，因为它大致上是变换器整体设计的最优值。但若涉及集成开关管，尤其是那些内部设有（固定）电流限制的开关管，可能还会附加另外的限制。若正常工作时的峰值电流接近于器件设定的电流限制（即电路工作时接近开关芯片的最大电流容限），则需要保证电感值足够大，以避免计算的工作峰值电流（在任一给定周期内）超过电流限制。否则，在电流限制阈值处会发生折返限流（输出电压减小）现象，无法保证最大输出功率。

例如，有一个 5A 降压开关芯片工作在 5A 负载条件下，r 设为 0.4，则正常工作时的峰值电流为 5×(1+0.4/2)=5×1.2=6A。所以，在理想情况下，希望器件的电流限制至少是 6A。不幸的是，即使找到这种集成开关管，也很难得到这么大的裕量。制造商总是喜欢坚持让器件标称的额定值接近于最大应力极限。所以，如果这是个 4A 芯片应用，而不是 5A 芯片应用，那就刚刚好。虽然目前情况下，制造商一般很少关注什么才是器件的最优额定值，但这与相关元器件选择及整体设计策略有关。举例来说，某一工业用 5A 开关芯片的标称（设定）电流限制可能仅为 5.3A。但分析后会发现，它仅允许电流在 5A 平均值附近有 0.3A 的波动。因此，在 5A 负载条件下，允许的最大 ΔI 仅为 0.6A。（当负载电流为 5A 时）r 的最大值为 0.6/5=0.12，显然远小于其最优值 0.4。毫无疑问，这么小的 r 值对电感和变换器尺寸会有不利的影响。那么，这还算一个真正的 5A 芯片吗？

现在，开始着手处理电流限制范围的问题。I_{CLIM} 实际上有两个极限：I_{CLIM_MIN} 和 I_{CLIM_MAX}（分别是电流限制的最小值和最大值）。问题是：电感设计时，应考虑哪个极限值呢？

- 要保证输出功率，只需考虑电流限制最小值。在大多数低压 DC-DC 变换器应用中，电流限制最小值是唯一真正值得考虑的阈值。通常，完全可以忽略其最大值（当然也包括典型值）。保证输出功率的基本标准是：必须确保正常工作时，计算的峰值电流总小于电流限制最小值。当然，如果工作电流没有接近器件的电流限制，满足相应工况就不会遇到任何麻烦，这时，可以把 r 值设为 0.4。
- 但是，电感与所有元器件一样，也有其典型容限，一般约为 ±10%。所以，若工作电流非常接近于器件的电流极限，而 r 实际上又由电流限制最小值（而不是最优值或期望值）决定，则最终选择的（额定）电感值应该比计算值大 10%左右。这样，无论电流限制和电感值如何变化，都能无条件保证输出功率。
- 注意，即使在理想情况下，也要在峰值电流和电流限制最小值之间留出至少 20%的额外裕量。这对于负载突然增加时变换器能快速做出响应（校正）是有必要的。所以一般来说，若变换器的快速响应能力被莫名其妙地降低了（例如对电流限制或最大占空比未能提供足够的裕量），则电感电流就无法快速上升，不能满足突然增加的能量需求。因此，输出将在几个周期内急剧下降，直至最终恢复。

但遗憾的是，在使用具有固定电流限制的（集成）开关时会发现，这个"有着更好的暂态裕量"可能是无法企及的奢望。因为在大多数情况下，集成开关设置的电流限制最小值仅比标称的器件额定值稍大一点。首先，20%的裕量有可能达不到！其次，若为了获得"良好的暂态响应"而增加电感值，强行创造一些裕量的话，结果只能适得其反，大电感值会使电流上升得更加缓慢，实际上反而降低了（环路）暂态响应速度，与预期目标背道而驰！因此，只能放弃这个诱人的 20%左右的阶跃响应裕量，特别是在使用集成开关芯片时。

只有在电感饱和被认为是真正值得关注的问题时（例如高压应用时），电流限制最大值才必须予以考虑，并以此来决定电感尺寸。电流限制最大值对应于过载时的电感峰值电流、储能以及饱和可能性等决定的最恶劣工况。

因此，一般来说，在高压 DC-DC（或离线）变换器应用中，（当工作电流接近电流限制时）有时用电流限制最小值来选择电感值，而总是用电流限制最大值来决定电感尺寸。

由此可见，制造商实际上（也是无可非议地）无需为低压 DC-DC 变换器芯片的电流限制范围及其容限的最小化做出过多努力（当然，要假设电流限制最小值设置得足够高，不至于影响芯片标称的功率处理能力）。对于低压 DC-DC 变换器应用，用户一般可以忽略电流限制——电感电流额定值和尺寸最终仅由正常稳态工作时（即最大负载和最恶劣输入电压条件下）各周期的电感峰值电流决定。

另一方面，制造商必须保证离线开关芯片具有严格的电流限制容限。对这些芯片而言，特定器件的最大功率处理能力实际上仅取决于电流限制最小值，而变压器尺寸完全由电流限制最大值决定。因此，在这种情况下，如果最大功率处理能力相同，“宽松的”电流限制实际上相当于选用更大的元器件（变压器）。

注意 一些离线集成开关芯片（例如 Power Integrations 公司的 TOPSWITCH®）制造商经常吹捧产品精确的电流限制，暗示用户若使用该产品会得到最优的功率尺寸比（即变换器的功率密度）。但要切记，在大多数情况下，其产品系列的固定电流限制是离散的。这是一个问题！例如，器件可能有 2A、3A、4A 等不同等级的电流限制。所以，当芯片工作在最大额定输出功率时，确实能获得更高的功率密度。但是，当芯片工作于两个电流限制之间的功率等级时，并不能得到最优结果。例如，某应用中的峰值电流是 2.2A，那就需要选择电流限制为 3A 的器件，并且在设计磁性元件时要避免磁芯在 3A 时饱和。所以，该电流限制实际上非常不精确。最好的解决办法是找到另一个器件（集成开关或控制器加 MOSFET 的方案），能够根据应用条件从外部精确地设定电流限制。

牢记这些缜密的考虑，设计人员就有望选出更适合其应用的电感电流额定值。显然，并没有固定规则和捷径可循。电感的最终选择通常需要应用工程评价方法，还有可能需要进一步的实验测试来验证。

通过下面的实例介绍，可以更清晰地理解电感的一般设计方法和设计步骤。

2.14 实例（1）

升压变换器的输入电压范围为 12~15V，额定输出电压为 24V，最大负载电流为 2A。如果开关频率是（a）100kHz、（b）200kHz 和（c）1MHz，最合适的电感值分别是多少？各种情况下的峰值电流是多少？能量处理需求又是多少呢？

首先要记住，对于升压拓扑（和升降压变换器），最恶劣工况是指输入电压最低，因为此时的占空比最大，平均电流 $I_L=I_O/(1-D)$ 最大。所以，事实上完全不必理会 V_{INMAX}。它与此例毫不相关。

由表 2-1，占空比为

$$D = \frac{V_O - V_{IN}}{V_O} = \frac{24-12}{24} = 0.5 \tag{2-17}$$

因此，

$$I_L = \frac{I_O}{1-D} = \frac{2}{1-0.5} = 4\ \text{A} \tag{2-18}$$

设电流纹波率为 0.4，有

$$I_{PK} = I_L\left(1+\frac{r}{2}\right) = 4\times\left(1+\frac{0.4}{2}\right) = 4.8\ \text{A} \tag{2-19}$$

- 切记，r=0.4 始终意味着峰值比平均值高 20%。所以，峰值电流实际上并不是由频率决定的。电感必须能处理该峰值电流而不发生饱和。因此，本例只需选择一个 4.8A（或更大）额定值的电感，而不用考虑频率。事实上，前面介绍过，电感电流额定值与频率无关（因为峰值电流不变）。但电感尺寸随频率变化，因为它由式$(1/2)\times L\times I_{PK}^2$决定，其中 L 随频率变化。

计算与所选 r 值对应的电感值可采用下列方程（前面出现过）。由表 2-1 可知，对于升压变换器，有 $V_{ON}=V_{IN}$，因此，f=100kHz 时

$$L=\frac{V_{ON}\times D}{r\times I_L\times f}=\frac{12\times 0.5}{0.4\times 4\times 100\times 10^3}\Rightarrow 37.5\ \mu H \tag{2-20}$$

f=200kHz 时，L 值减半，为 18.75μH。f=1MHz 时，L 值为 3.75μH。显然，频率越高，电感值越小。

前面讲过，给定工况下，电感值越小，电感尺寸就越小。由此可以断定，开关频率越高，电感尺寸越小。一般来说，这就是提高开关频率的根本原因。

如果需要，可用式 $E=(1/2)\times L\times I_{PK}^2$ 计算各种情况下的能量处理需求。

迄今为止，一般都把 r=0.4 作为最优值。但它有时并不是一个好的选择，下面来了解一下这是为什么。

2.14.1　设置 r 值时，对电流限制的考虑

前面已经指出，若电流限制过低，r 就无法设置成最优值。现在来讨论电流限制范围对 r 值的影响。

例如，表 2-3 给出了 5A 集成开关 LM2679 的电流限制范围。为了无条件保证额定输出功率（或负载电流），需要确保实际应用中的峰值电流永远达不到电流限制最小值。事实上，不必理会表 2-3 中的其他数值，仅需关注最小值 5.3A。

表2-3　LM2679的电流限制规格表

	条　件		典型值	最小值	最大值	单位
电流限制I_{CLIM}	R_{CLIM}=5.6kΩ	室温	6.3	5.5	7.6	A
		全部工作温度范围		5.3	8.1	

现在，若要得到 5A 的变换器输出，且 r 取值 0.4，则估算的峰值电流约为 1.2×5=6A。显然，如前所述，除非降低 r 值（增加电感值），否则用 LM2679 无法达到输出要求。r 的最大值为

$$I_{PK}=I_O\times\left(1+\frac{r}{2}\right)\leqslant I_{CLIM\_MIN} \tag{2-21}$$

由 I_O=5A 和 I_{CLIM_MIN}=5.3A，解得

$$r\leqslant 2\left(\frac{I_{CLIM\_MIN}}{I_O}-1\right)=2\left(\frac{5.3}{5}-1\right)=0.12 \tag{2-22}$$

由图 2-6 可知，此时所需的电感能量处理能力（电感尺寸）几乎是最优值的 3 倍。

事实上，表 2-3 没有对器件做出合适的说明。其实，该器件具有可调节的电流限制。因此，原本可以用电气规格表中提到的调节电阻将电流限制调节到更好的电流限制值，从而（在最大额定负载条件下）得到更好的 r 值。遗憾的是，规格表中并没有阐明这一点。

要始终牢记，在数据手册中，唯一由供应商提供保证的参数是电气规格表中的最小值和最大值（当然不是典型值）。所以，数据手册中的其他信息，包括所有典型性能曲线，实际上只不过是一般性的设计指南。精明的设计人员从不在事后埋怨供应商，去质疑调节电流限制电阻能

否让电感变得更小。因此，若负载电流为 5A，使用 LM2679 所需的电感尺寸就会比最优值大 3 倍。注意，如果电流限制确实可以调得更高，供应商就应该选取合适的电流限制电阻值，并在电气规格表的条件栏里注明（包括对应的电流限制）。

还要注意，5A 降压芯片意味着预期器件能流过 5A 负载电流。如前所述，电流限制当然要按额定负载正确设定（和标称）。但要清楚，5A 的升压或升降压集成开关芯片并不能提供 5A 的负载电流，因为这些拓扑的直流电感电流并不等于 I_O，而是等于 $I_O/(1-D)$。因此，在这种情况下，5A 额定值仅指器件的电流限制值。非降压芯片能提供的负载电流大小取决于应用条件，尤其是最大占空比（V_{INMIN} 对应的占空比）。举例来说，如果预期负载电流为 5A，最大占空比是 0.5，那么平均电感电流实际上是 $I_O/(1-D)$=10A。而且，若 r 值为 0.4，峰值电流会比平均电流高出 20%，即 1.2×10=12A。因此，若要 r 值最优，实际上需要电流限制最小值为 12A 或以上的器件。为了保证输出功率，至少要用电流限制值高于 10A 的器件。

2.14.2 *r* 值固定时，对连续导通模式的考虑

如前所述，在许多条件下，电路可以进入断续导通模式运行。由图 2-5 可知，一开始进入断续导通模式时，电流纹波率为 2。但问题是：假如电流纹波率已经设为 r'（即最大负载电流 I_{O_MAX} 对应的电流纹波率）又会如何呢？如果缓慢降低负载电流，降至多大时，变换器将进入断续导通模式呢？

通过简单的几何计算可得，电路将在负载电流为最大负载电流的 $r'/2$ 倍时进入断续导通模式。例如，假设负载电流为 3A 时设置 r'为 0.4，则变换器将在负载电流为(0.4/2)×3=0.6A 时进入断续导通模式。

但设计人员都知道，一旦进入断续导通模式，变换器内许多情况会发生突变。例如，当负载电流进一步减小时，占空比会迅速减小，直至为零。此外，变换器的环路响应（在电网和负载发生扰动时的快速校正能力）通常也会在断续导通模式下变慢。噪声和电磁干扰分布也会突变。当然，电路工作在断续导通模式下也会有一些优点，但现在假设，出于各种原因，只要有可能，设计人员就不希望电路在断续导通模式下运行。

如果变换器一直保持在连续导通模式下运行，当负载降至最小时，会迫使 r'达到最大值。例如，若最小负载电流为 I_{O_MIN}=0.5A，为了保持变换器在连续导通模式下运行，需要把电流纹波率（3A 时的 r'值）设置得更低。重新计算，可得

$$I_O \times \frac{r'}{2} = I_{O\_MIN} \quad (2\text{-}23)$$

因此，

$$r' = \frac{2 \times I_{O\_MIN}}{I_{O\_MAX}} \quad (2\text{-}24)$$

在本例中，可得

$$r' = \frac{2 \times 0.5}{3} = 0.333 \quad (2\text{-}25)$$

所以，为了保证在 I_{O_MIN} 时电路仍在连续导通模式下运行，需要把最大负载对应的 r 值设置为小于 0.333。这是在介绍图 2-6 之前，惯用的电感设计标准。

注意，一般来说，有三种方法可以让变换器在临界导通模式下运行或完全在断续导通模式下运行：(1) 减小负载；(2) 选择一个小电感值；(3)增加输入电压。

减小负载可将 I_{DC} 实质性地按比例降至任意值，因此，迟早会在某一负载电流下使 $r \geq 2$ 得到满足（从临界导通模式过渡到断续导通模式）。类似地，减小 L 必然增加 ΔI，因此可以预期，电流纹波率 $\Delta I/I_{DC}$ 的值（即 r 值）将在某种情况下大于 2（意味着断续导通模式）。

然而，对于前面提到的可进入断续导通模式的第三种方法，仅靠增加输入电压不一定能达到预期效果。只有在输入（电网）电压增加时，同时负载电流降至某一特定值（此值取决于 L）下，变换器才会进入断续导通模式或临界导通模式。

就此而言，分别研究三种拓扑是有益的。注意，r 的一般表达式为

$$r = \frac{V_{ON} \times D}{I_L \times L \times f} \text{（所有拓扑，所有模式）} \tag{2-26}$$

在连续导通模式或临界导通模式下应用伏秒定律，还能得到

$$r = \frac{V_{OFF} \times (1-D)}{I_L \times L \times f} \text{（所有拓扑，连续导通模式或临界导通模式）} \tag{2-27}$$

(1) 由图 2-4 中 r 的曲线可知，在降压和升降压变换器中，当 D 接近于零时，即输入电压最高时，r 值最大。这两种拓扑的 r 的表达式如下（由式 2-26 推导）

$$r = \frac{V_O}{I_O \times L \times f}(1-D) \text{（降压）} \tag{2-28}$$

$$r = \frac{V_O}{I_O \times L \times f}(1-D)^2 \text{（升降压）} \tag{2-29}$$

令 r=2 和 D=0（即临界导通模式下输入电压最高），可得电流限制条件为

$$I_O = \frac{1}{2} \times \frac{V_O}{L \times f} \text{（降压和升降压）} \tag{2-30}$$

因此，如果这两种拓扑的 I_O 大于上述限定值，那么无论输入电压增至多高，变换器都将保持在连续导通模式运行。

(2) 升压变换器的情况不是那么明显。由图 2-4 可知，在 D=0.33（相当于输入电压是输出电压的 2/3）时，r 达到最大值。因此，在 D=0.33 时升压变换器最有可能进入断续导通模式，而不是在 D=0 或 D=1 时。可以推导 r 的确切表达式如下：

$$r = \frac{V_O}{I_O \times L \times f} D \times (1-D)^2 \text{（升压）} \tag{2-31}$$

令 D=0.33 和 r=2，可得电流限制条件为

$$I_O = \frac{2}{27} \times \frac{V_O}{Lf} \text{（升压）} \tag{2-32}$$

因此，如果升压拓扑的 I_O 大于该值，那么无论输入电压增至多高，变换器都将保持在连续导通模式运行。

注意，变换器最有可能在输入电压是输出电压的 0.67 倍时进入断续导通模式运行。换句话说，如果变换器在该输入电压下没有进入断续导通模式运行，就可以断定该变换器在整个输入电压范围内都会保持在连续导通模式运行。

2.14.3　使用低等效串联电阻的电容时，r 值应设为大于 0.4

如今，随着电容技术的提高，出现了新一代超低等效串联电阻电容，如片式多层陶瓷电容（MLC 或 MLCC）、聚合物电容等。由于等效串联电阻非常小，这些电容允许流过的电流纹波（有效值）也很高。因此，无论作何应用，这些电容的尺寸都不再取决于纹波电流处理能力。另外，

这些电容几乎也不存在通常在设计前需考虑的老化问题（或寿命问题），而在使用电解电容时，习惯上会考虑其电解液随时间推移而“干涸”的问题。而且，由于介电常数很大，这些新型电容的尺寸变得很小。所以现在，即使增加 r 值，实际上也未必会使电容所占空间（或变换器尺寸）显著增加。但相比之下，增加 r 值却可以使电感尺寸显著减小。

总之，有新型电容助阵，r 值可大于传统的最优值 0.4，如偶尔增加到 0.6~1（假设没有其他条件限制），这样做能使变换器性能更趋完美。由图 2-6 可知，这样做还可以让电感尺寸额外再减小 30%~50%。只要该优势不被其他必须外加的大型电容（如纹波需要的更大的滤波电容）所抵消，就是值得考虑的。

2.14.4 设置 r 值以避免器件特殊性带来的问题

出人意料的是，在确定 r 值限制时，器件的特殊性偶尔也会起作用。例如，图 2-8 给出了集成高压反激开关芯片 TOPSWITCH®的电流限制曲线。为了使问题描述的更加清晰，曲线上叠加了典型的开关电流波形。

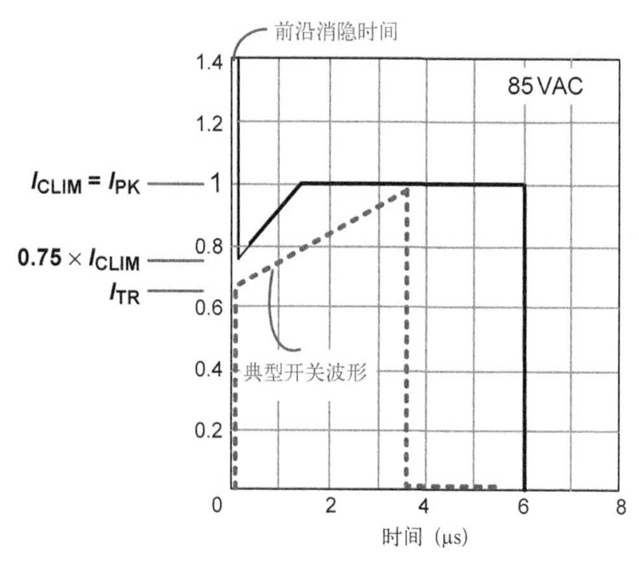

图 2-8 TOPSWITCH®的初始电流限制

从图中可以惊奇地发现，在导通暂态结束后，该器件的电流限制在约 1.5μs 内随时间变化。这有些违反直觉。该器件的初始电流限制恰好在其内部电流限制比较器的（有效）前沿消隐时间结束时起作用。如前所述，芯片在消隐时间内根本“不监视”电流，以避免导通暂态产生的噪声边沿误触发电流限制。但问题是：一旦电流限制电路再次监视开关电流，电流限制阈值需要一定时间才能稳定。这时，即使电流仅达到预期电流限制的约 75%，也可能触发电流限流电路。

由开关（或电感）电流波形可以看出，在开关导通时刻，电流总是比平均值小 $\Delta I/2$。换句话说，谷值电流 I_{TR} 与 r 值相关，关系式为

$$I_{TR} = I_L \times \left(1 - \frac{r}{2}\right) \tag{2-33}$$

为避免触及器件的初始电流限制，需要确保谷值电流降至 $0.75 \times I_{CLIM}$ 以下。因此，

$$I_{TR} = I_L \times \left(1 - \frac{r}{2}\right) \leqslant 0.75 \times I_{CLIM} \tag{2-34}$$

现在，在下述分析中，假设电源工作在最大负载条件下。因此，设置峰值电流等于电流限制 I_{CLIM}

$$I_{PK}=I_L\times\left(1-\frac{r}{2}\right)=I_{CLIM} \tag{2-35}$$

综合上述两个方程，可得 r 值的限制条件为

$$\left(1-\frac{r}{2}\right)\leqslant 0.75\times\left(1+\frac{r}{2}\right) \tag{2-36}$$

或者

$$r\geqslant 0.286 \tag{2-37}$$

既然 r 值一般都设在 0.4 左右，在初始电流限制问题上，通常不会有麻烦。但要注意，仔细检查数据手册中的电气特性表，0.75 倍的系数只是 25℃下标定的。遗憾的是，几乎没有哪个功率器件的工作温度能长久保持在 25℃。因此，设计人员真的不知道器件升温后的电流限制值是多少。当然，可以根据经验猜测，在确定 r 值时留出额外的安全裕量，就不会遇到任何问题。但现实是只能靠自己确定，供应商没有（在电气特性表中以极限值形式）提供必要的数据。

2.14.5　设置 r 值以避免次谐波振荡

由图 2-9 可知，变换器的输出电压首先与内部参考电压做比较。然后，两者之差（误差）经过误差放大器滤波、放大并反相，再把误差放大器的输出（控制电压）送到脉宽调制（PWM）比较器两个输入端之一。在 PWM 比较器的另一输入端送入斜坡信号进行比较，最终产生开关脉冲。所以，如果输出增加，误差增大，控制电压就下降，占空比随之减小，输出电压下降。这就是电压调节的工作原理。

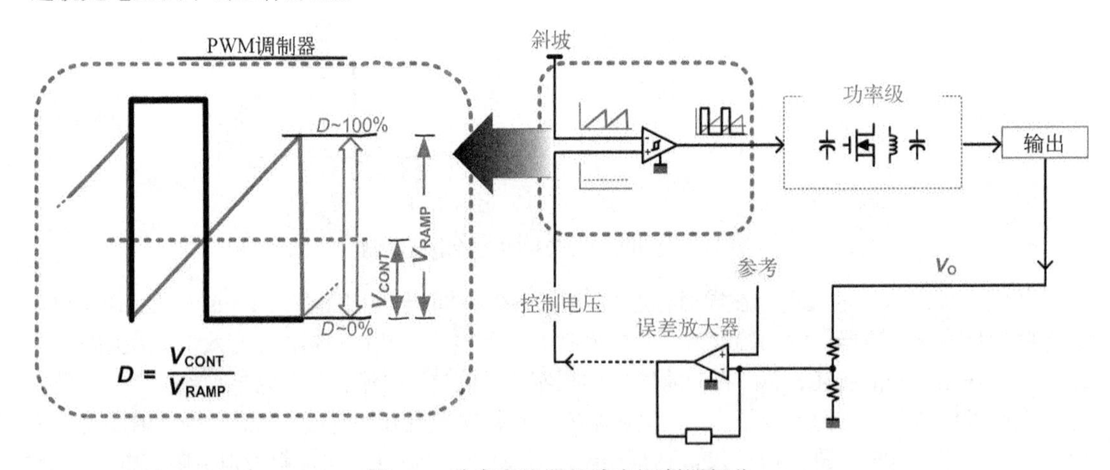

图 2-9　功率变换器的脉宽调制器部分

在电压模式控制下，PWM 比较器的斜坡电压来自一个内部（固定的）时钟。而在电流模式控制下，它来自电感电流（或开关电流）。后者会出现一个相当奇怪的情况：即使是电感电流的轻微扰动，也会使情况在下一个周期变得更糟（参见图 2-10 的上半部分）。

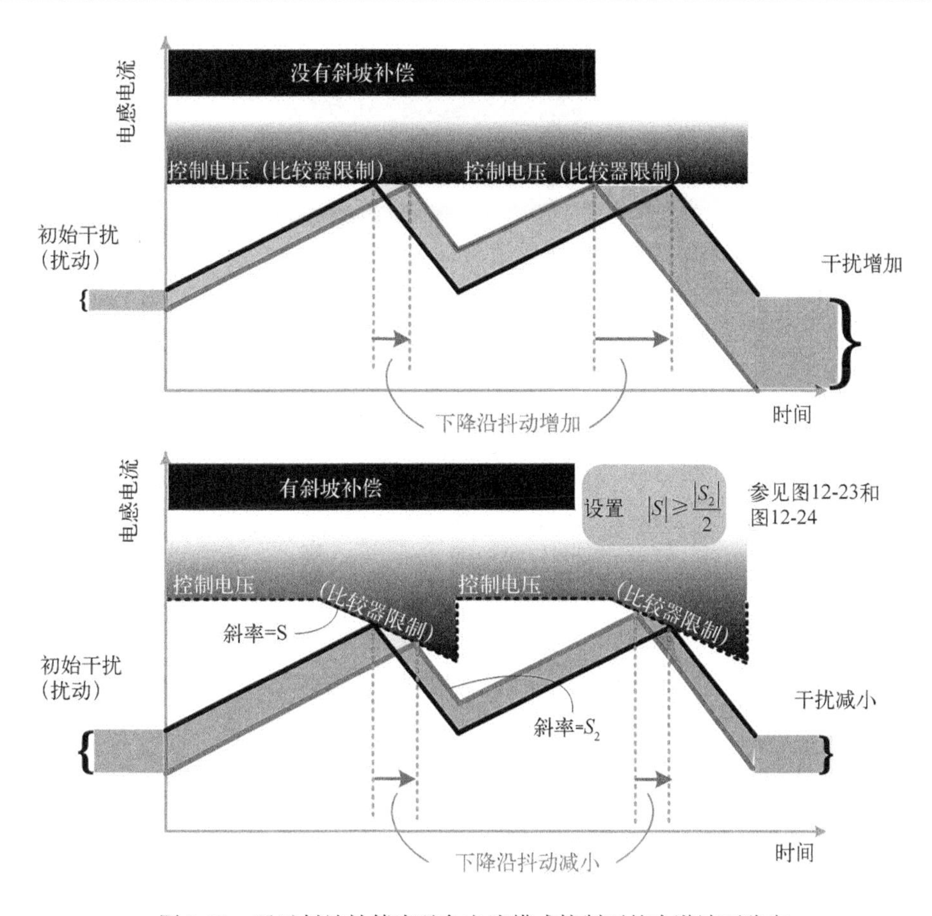

图 2-10 通过斜坡补偿来避免电流模式控制下的次谐波不稳定

最终，变换器可能陷入奇怪的一个脉冲宽，一个脉冲窄的开关状态。这肯定是一种不合理的或不可取的工作模式，原因有很多。尤其是，这样会使输出电压纹波更高，环路响应严重变差。

有两种方法能使扰动逐周减少并最终消失，可任选其一。实际上，这两种方法都是在电流模式控制中混合了一部分电压模式控制。方法如下：

(1) 在（电感或开关的）采样电压斜坡上叠加一个小的（来自时钟的）固定电压斜坡；

(2) 从控制电压（误差放大器输出）中减去同样的固定电压斜坡。

由图 2-11 可知，两者等效。实际上，这不足为奇，因为斜坡和控制电压都接入比较器的输入引脚。所以，把信号 $A+B$ 与信号 C 做比较，正好等效于把 A 与 $C-B$ 做比较。当 $A+B=C$ 时，两种情况下的输入信号相等。

这种技术称为斜坡补偿，是公认的可抑制电流模式控制下宽窄脉冲交替出现的方法（参见图 2-10 的下半部分）。可参阅第 12 章。

可以看出，为避免次谐波不稳定性，需要保证斜坡补偿量（单位为 A/s）等于电感电流下降斜坡的一半或更多。注意，次谐波不稳定原则上仅在占空比（接近或）大于 50%时发生。因此，斜坡补偿既可以在整个占空比范围内使用，也可以仅在图 2-10 所示的 $D\geqslant0.5$ 的情况下使用。注意，只有在连续导通模式下运行时，才会发生次谐波不稳定。所以，另一种避免次谐波不稳定的方法是让变换器在断续导通模式下运行。

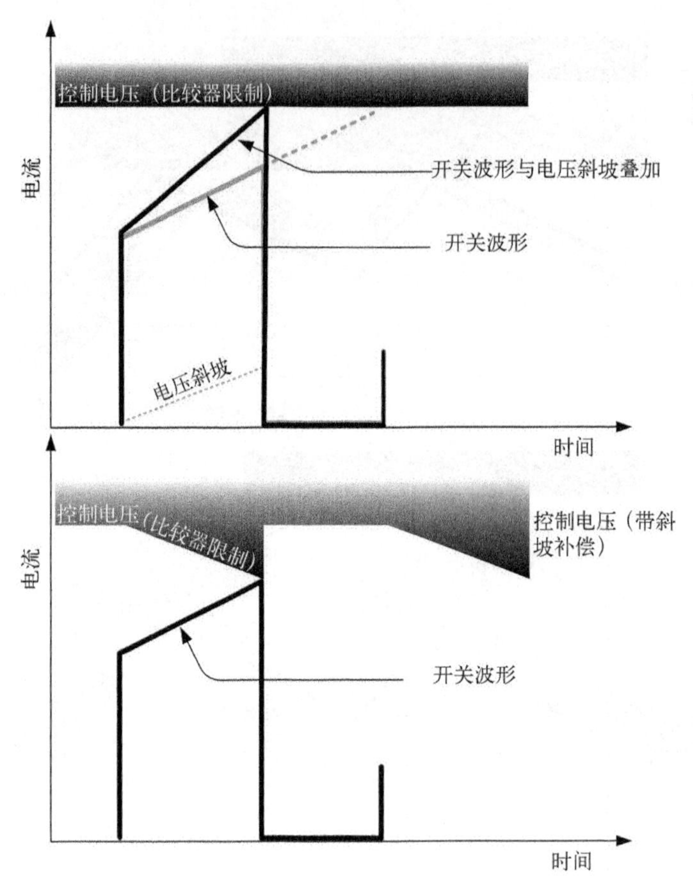

图 2-11　电流模式控制下两种等效的斜坡补偿方法：采样信号叠加固定电压斜坡或改变控制电压

如果斜坡补偿量由控制器决定，那么设计人员需要人为保证电感电流下降斜坡小于或等于斜坡补偿量的两倍（注意，此处仅讨论斜坡幅度）。这实际上决定了最小电感量。有时，可能要把 r 值设为小于最优值 0.4，如控制芯片没有足够的内置斜坡补偿量时。

通过对电流模式控制进行更详细的建模，可以得出下列最优方程，并找出（避免次谐波不稳定）所需的最小电感值：

$$L \geqslant \frac{D-0.34}{\text{斜坡补偿量}} \times V_{\text{IN}}\ \mu\text{H}\ (\text{降压}) \tag{2-38}$$

$$L \geqslant \frac{D-0.34}{\text{斜坡补偿量}} \times V_{\text{O}}\ \mu\text{H}\ (\text{升压}) \tag{2-39}$$

$$L \geqslant \frac{D-0.34}{\text{斜坡补偿量}} \times (V_{\text{IN}}+V_{\text{O}})\ \mu\text{H}\ (\text{升降压}) \tag{2-40}$$

式中，斜坡补偿量的单位是 A/μs。

注意，对这些拓扑而言，若输入电压最大时占空比大于 50%，且变换器工作在连续导通模式下，则必须进行上述计算。

有关次谐波不稳定和斜坡补偿的更多内容请参阅第 12 章。

2.14.6　使用 *L*×*I* 和负载缩放法快速选择电感

总之，可根据上述方法综合考虑确定 r 值。下面先介绍一种在给定应用条件下快速选择电感的方法，再进行详细分析，并给出算例。

如前所述，由电感方程 $V=L\mathrm{d}I/\mathrm{d}t$ 可推导出另一个有用的关系式，称作 $L\times I$ 方程

$$(L\times I_{\mathrm{L}})=\frac{Et}{r}\text{（所有拓扑）}\tag{2-41}$$

以文字表示为

$$L\times I=\frac{\text{伏秒积}}{\text{电流纹波率}}\text{（所有拓扑）}\tag{2-42}$$

如果（从应用条件中）知道伏秒积，并且设置了 r 的目标值，就能计算出 $L\times I$。然后，如果知道 I，就能计算 L。

注意，$L\times I$ 可形象地看作每安培电感值，只是关系成反比。也就是说，如果电流增加，电感值就（同比）减小。因此，如果在 2A 应用中使用 100μH 的电感，那么在 1A 应用中，电感应该是 200μH，而在 4A 应用中，电感应该是 50μH，以此类推。

注意，由于 $L\times I$ 方程与拓扑、开关频率或特定输入/输出电压无关，可绘制其通用关系图，如图 2-12 所示。该图有助于在各种应用中快速选择电感值。下面，将举例说明在各种拓扑中如何用 $L\times I$ 图解法选择电感。

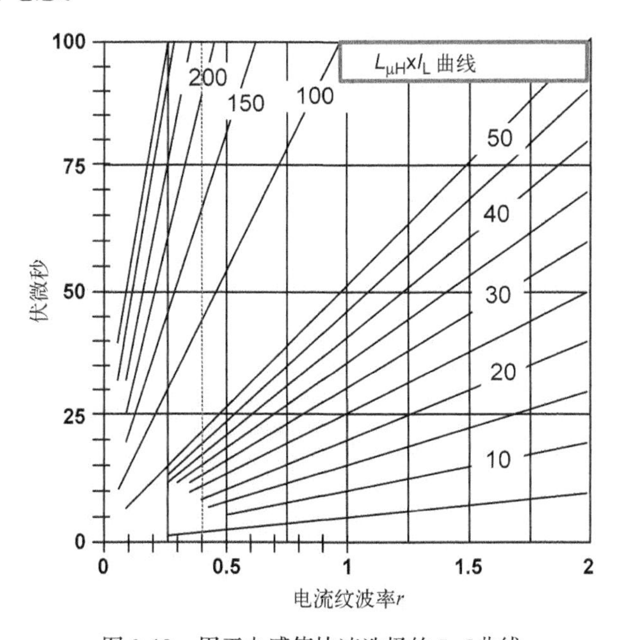

图 2-12　用于电感值快速选择的 $L\times I$ 曲线

2.15　实例（2、3 和 4）

降压变换器：设输入电压为 15~20V，输出电压为 5V，最大负载电流为 5A。如果开关频率是 200kHz，那么推荐的电感值是多少？

(1) 对于降压变换器，需要从 V_{INMAX}（20V）开始设计电感；
(2) 由表 2-1 可知，占空比为V_O/V_{IN}=5/20=0.25；
(3) 周期为 $1/f$=1/200kHz=5μs；
(4) 关断时间 t_{OFF} 为$(1-D)\times T$=(1－0.25)×5=3.75μs；
(5) 伏秒积（用关断时间计算）为 $V_O\times t_{OFF}$=5×3.75=18.75μs；
(6) 由图 2-12 可知，若 r=0.4，Et=18.75μs，则 $L\times I$=45μH·A；
(7) 对于 5A 负载，$I_L=I_O$=5A；
(8) 因此，需要 L=45/5=9μH；
(9) 电感额定值必须不小于$(1+r/2)\times I_L$=1.2 × 5=6A。
综上所述，需要一个 9μH/6A 的（或最接近此值的）电感。

升压变压器：设输入电压为 5~10V，输出电压为 25V，最大负载电流为 2A。如果开关频率是 200kHz，那么推荐的电感值是多少？

(1) 对于升压变换器，需要从 V_{INMIN}（5V）开始设计电感；
(2) 由表 2-1 可知，占空比为：$(V_O-V_{IN})/V_O$=(25−5)/25=0.8；
(3) 周期为 $1/f$=1/200kHz=5μs；
(4) 导通时间 t_{ON} 为 $D\times T$=0.8×5=4μs；
(5) 伏秒积（用导通时间计算）为 $V_{IN}\times t_{ON}$=5×4=20μs；
(6) 由图 2-12 可知，若 r=0.4，Et=20μs，则 $L\times I$=47μH·A；
(7) 对于 2A 负载，$I_L=I_O/(1-D)$=2/(1－0.8)=10A；
(8) 因此，需要 L=47/10=4.7μH；
(9) 电感额定值必须不小于$(1+r/2)\times I_L$=1.2×10=12A。
综上所述，需要一个 4.7μH/12A 的（或最接近此值的）电感。

升降压变换器：设输入电压为 5~10V，输出电压为－25V，最大负载电流为 2A。如果开关频率是 200kHz，那么推荐的电感值是多少？

(1) 对于升降压变换器，需要从 V_{INMIN}（5V）开始设计电感；
(2) 由表 2-1 可知，占空比为 $V_O/(V_O+V_{IN})$=25/(5+25)=0.833；
(3) 周期为 $1/f$=1/200kHz=5μs；
(4) 导通时间 t_{ON} 为 $D\times T$=0.833×5=4.17μs；
(5) 伏秒积（用导通时间计算）为 $V_{IN}\times t_{ON}$=5×4.17=20.83μs；
(6) 由图 2-12 可知，若 r=0.4，Et=20.83μs，则 $L\times I$=52μH·A；
(7) 对于 2A 负载，$I_L=I_O/(1-D)$=2/(1－0.833)=12A；
(8) 因此，需要 L=52/12=4.3μH；
(9) 电感额定值必须不小于$(1+r/2)\times I_L$=1.2×12=14.4A。
综上所述，需要一个 4.3μH/14.4A 的（或最接近此值的）电感。

2.15.1　强迫连续导通模式下的电流纹波率 r

最后，在话题转移到介绍磁场之前，再讨论一下强迫连续导通模式（FCCM）下的电感设计。更多细节请参阅第 9 章。

如前所述，r是在连续导通模式下定义的，因此不能大于2（该值是连续导通模式和断续导通模式的分界点）。但是，同步整流变换器（用低压降MOSFET取代二极管或在其两端并联）实际上永远不会进入断续导通模式（除非芯片故意设计成进入二极管模拟模式工作）。即使负载减小，变换器也始终保持在连续导通模式下运行。这是因为断续导通模式下的电感电流必然在开关周期的某一阶段强迫保持为零。为此，需要使二极管反向偏置以防止电感电流反向流动。但在同步整流变换器中，二极管两端并联的MOSFET允许反向导通，即使二极管反向偏置，变换器也不会进入断续导通模式。

同步整流变换器中，用一种特殊的连续导通模式替代了断续导通模式，它与常见的（标准的）连续导通模式有明显区别，称为强迫连续导通模式。主开关管通常称为主（或高端）MOSFET，而并联在二极管两端的MOSFET称为辅助（或低端）MOSFET。而且，在强迫连续导通模式下，r允许合理地大于2（参见图2-5）。

可以设想，变换器在负载电流低至一定程度时进入强迫连续导通模式，此时电感电流的部分波形已经没入横轴之下。也就是说，一部分电感电流已经是负值（此时电感电流从负载流出）。但请注意，只要变换器仍然为负载提供输出电流，那么电流波形的平均值I_{DC}（斜坡中心）就仍然为正，即平均电流仍流向负载。而且，因为I_{DC}总是与负载电流成正比，所以变换器可以在I_{DC}减至零前一直保持在连续导通模式下运行。由于电流纹波ΔI仅取决于输入和输出电压，不妨假设它不变，于是电流纹波率$r=\Delta I/I_L$不仅可以大于2，事实上还可以变得更大。

尽管现在r大于2，传统连续导通模式下推导的所有基本设计方程还是同样适用于强迫连续导通模式，包括输入/输出电容和开关管的电流有效值、直流值、交流值或峰值（虽然此时会有一些额外损耗，例如电流流过主MOSFET体二极管时的损耗）。换句话说，连续导通模式下推导的方程不会在强迫连续导通模式下无效。但在某些情况下，可能会出现特殊的计算问题，因为如果r无穷大（负载电流为0），将得到一个奇异点，分母为0。乍看起来，连续导通模式下推导的方程似乎无法（按前面给出的形式）继续使用。但实际上，可以用计算技巧来避免奇异点，假设最小负载电流为几个毫安，无论多小都可以。或者，把$r=\Delta I/I_{DC}$代回方程中，使I_{DC}被抵消掉（分母中不再出现）。不管怎样，连续导通模式下推导的方程（参见附录）都适用于强迫连续导通模式。

2.15.2 基本磁定义

理解了伏秒积、电流分量、最恶劣电压值等基本概念，也知道了如何（快速）选择成品电感之后，现在开始讨论磁性元件，并研究磁芯中磁场的工作原理。然后，再利用这些知识对成品电感选择进行更完整的校验，找出变换器中存在的（最恶劣的）应力。

首先要注意，磁学中使用了几种不同的单位制。这很容易引起混淆，因为使用的单位制不同，甚至连基本方程看起来都不一样。所以，坚持仅使用一种单位制是明智之举。若需转换单位制，也要在得出最终结果时转换，即仅在数值层面转换（而不是在方程层面）。

除非另外说明，读者可以默认本书采用“米—千克—秒”单位制，即MKS单位制，也称作SI单位制（国际单位制）。

基本定义如下。

- H：也称磁场强度、磁场密度、磁化力、外加场等，单位是A/m。
- B：也称磁通密度或磁感应强度，单位是特斯拉（T）或韦伯每平方米（Wb/m^2）。
- 磁通量：是B在特定表面面积上的积分，单位是韦伯（Wb）。即

$$\phi = \int_S B\,\mathrm{d}S \ \mathrm{Wb} \tag{2-43}$$

式中，dS 是表面面积的微分。如果在该表面上 B 是常数，那么可得到上式的一般表达式 $\Phi=BA$，式中 A 是流过磁通的表面面积。

注意　闭合表面上 B 的积分为零，因为磁力线既无起点，也无终点，但连续。

- 任意点上 B 和 H 的关系由式 $B=\mu H$ 给出，式中 μ 是磁性材料的磁导率。注意，后面将用符号 μ 表示相对磁导率，即磁性材料的磁导率与空气的磁导率之比。因此在 MKS 单位制中，实际上更偏向于写成 $B=\mu_c H$，式中 μ_c 是磁芯（磁性材料）的磁导率，由定义得 $\mu_c=\mu\mu_0$。
- 空气的磁导率以 μ_0 表示。在 MKS 单位制中，$\mu_0=4\pi\times10^{-7}$H/m 但在 CG（厘米—克—秒）单位制中，$\mu_0=1$。这是 CGS 单位制中 $\mu_c=\mu$ 的原因，因此 μ 也被自动看作磁性材料的相对磁导率（尽管单位不同）。
- 法拉第电磁感应定律（也称楞次定律）把（N 匝）线圈两端的感应电压 V 与通过线圈的（时变的）磁通密度 B 联系起来。因此，

$$V = N\frac{\mathrm{d}\phi}{\mathrm{d}t} = NA\frac{\mathrm{d}B}{\mathrm{d}t} \tag{2-44}$$

- 时变电流引起磁通量变化时，线圈表现的“惯性”称为电感值 L，定义为

$$L = \frac{N\phi}{I}\ \mathrm{H} \tag{2-45}$$

- 由于磁通量与匝数 N 成正比，所以电感值 L 与匝数的平方成正比。该比例常数称为电感系数，用 A_L 表示，常表示为 nH/N^2（虽然有时也用 mH/1000N^2，两者在数值上相同）。因此，

$$L = A_L \times N^2 \times 10^{-9}\ \mathrm{H} \tag{2-46}$$

- 当 H 沿闭合回路积分时，可得到回路包围的电流

$$\oint H\,\mathrm{d}l = I\ \mathrm{A} \tag{2-47}$$

式中的积分符号实际上表示沿一个闭合回路的积分。该式也称为安培环路定律。

- 结合楞次定律和电感方程 $V=L\mathrm{d}I/\mathrm{d}t$，可得

$$V = N\frac{\mathrm{d}\phi}{\mathrm{d}t} = NA\frac{\mathrm{d}B}{\mathrm{d}t} = L\frac{\mathrm{d}I}{\mathrm{d}t} \tag{2-48}$$

- 由此可以得出功率变换中常用的两个重要方程

$$\Delta B = \frac{L\,\Delta I}{NA}\ \text{（电流型方程）} \tag{2-49}$$

$$\Delta B = \frac{V\,\Delta t}{NA}\ \text{（电压型方程）} \tag{2-50}$$

式（2-49）可以写成

$$B = \frac{LI}{NA}\ \text{（电流型方程）} \tag{2-51}$$

式（2-50）可以写成另一种更适合功率变换的形式，表达式如下：

$$B_{AC}=\frac{V_{ON}\ D}{2\times NAf}\text{（电压型方程）} \tag{2-52}$$

对大多数用于功率变换的电感而言，若电感电流减小到零，则磁芯中的磁场也将减小到零（非永磁）。此处假设磁场完全是线性化的，即 B 和 I 相互成正比，如图 2-13 所示（当然除非磁芯饱和，饱和之后所有推导均无效）。那么，电流型方程可用图 2-13 中的任何一种形式表示。换句话说，电流与磁场的峰值、平均值、交流值和直流值都符合正比例关系。比例常数为

$$\frac{L}{NA}\text{（}B\text{与}I\text{的比例常数）} \tag{2-53}$$

式中，N 是匝数，A 是磁芯实际的几何截面积（常指它的中心磁柱截面积，简称有效面积 A_e，其值在磁芯数据手册中给出）。参阅第 5 章。

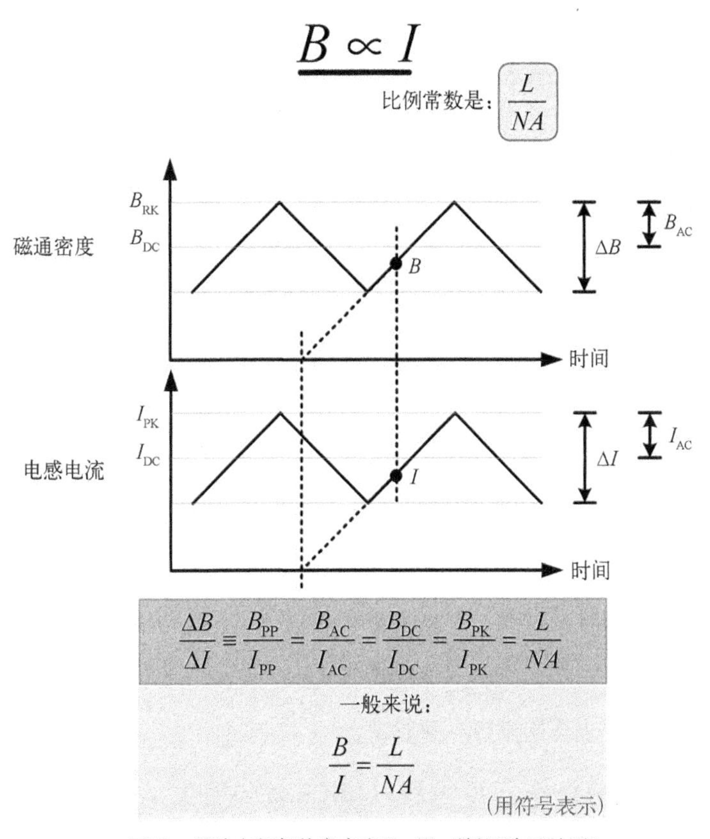

图 2-13 一般认为 B 与 I 相互成正比

2.16 实例（5）不增加匝数

注意，电流型方程可用于快速校验磁芯是否饱和。假设在定制电感时，磁芯上已经绕制了 40 匝线圈，其截面积 $A=2\text{cm}^2$。测量的电感值为 200μH，给定的峰值电感电流为 10A。可以计算出峰值磁通密度如下：

$$B_{PK}=\frac{L}{NA}I_{PK}=\frac{200\times10^{-6}}{40\times(2/10^{4})}=0.25\ \mathrm{T}\tag{2-54}$$

注意，因为使用 MKS 单位制，上式已经把面积单位由 cm^2 转换成 m^2。

对于大多数铁氧体而言，0.25T 的工作磁通密度是可以接受的，因为饱和磁通密度一般约为 0.3T。

根据 B 和 I 的线性关系，可以推断出此应用中的峰值电感电流在任何条件下都不能大于 (0.3/0.25)×10=12A，因为 12A 时的磁通密度是 0.3T，磁芯开始饱和。

但是注意，在 12A 时匝数不能再增加了。虽然式（2-54）似乎表明增加匝数可以减小磁通密度，然而由式（2-46）可知，电感值是随 N^2 增加的。因此，式（2-54）中分子增加的速度比分母快。所以，增加匝数实际上会使磁通密度增加，而不是减小。并且，磁通密度不能大于 0.3T。

换句话说，设计人员经常倾向于凭直觉去利用电感的限流特性。一般来说，增加匝数的确有助于增加电感值，从而有助于限流。但如果磁芯材料已经接近其储能极限，就不得不小心从事。多增加一些匝数就可能使磁芯“越界”（饱和）。此时，电感值实际上是暴跌，而不是增加。

不要忘记，功率变换中电感设计的基本前提是：在给定应用中，电感值越大，电感尺寸就越大。所以，只增加匝数却不增加尺寸，结果自然是灾难性的。

2.16.1　磁场纹波系数

因为 I 和 B 相互成正比，而 r 恰巧是比率，所以 r 也应该同样适用于磁场，就像它适用于电流一样。从这个意义上讲，r 也可以看作磁场纹波系数。可以把 r 的定义扩展如下

$$r=2\frac{I_{AC}}{I_{DC}}=2\frac{B_{AC}}{B_{DC}}\tag{2-55}$$

因此，按照下列方程，也可以用 r 把电流和磁场的峰值、交流值和直流值分别联系起来

$$B_{DC}=\frac{2\times B_{PK}}{r+2}\ \text{或}\ I_{DC}=\frac{2\times I_{PK}}{r+2}\tag{2-56}$$

$$B_{AC}=\frac{r\times B_{PK}}{r+2}\ \text{或}\ I_{AC}=\frac{r\times I_{PK}}{r+2}\tag{2-57}$$

还可以把峰值和纹波联系起来，关系式如下：

$$B_{PK}=\frac{r+2}{2\times r}\times\Delta B\ \text{或}\ I_{PK}=\frac{r+2}{2\times r}\times\Delta I\qquad ((2\text{-}58)$$

在后续实例中，实际上会用到后一种形式。

2.16.2　用伏秒积来分析电压型方程（MKS 单位制）

如前所述，电流纹波 ΔI 可以用伏秒积分析。现在，可以用同样的方法来分析磁场

$$\Delta B=\frac{L\times\Delta I}{N\times A}=\frac{Et}{N\times A}\ \mathrm{T}\tag{2-59}$$

所以就电流而言，上式中的伏秒积决定的是磁场变化量，而不是直流分量。

2.16.3　CGS 单位制

虽然设计人员更倾向于使用广为接受的 MKS 单位制，但是也不得不面对现实，即某些供应商（尤其是北美的）仍然使用 CGS 单位制。既然设计人员肯定要评估和查阅他们的数据手册，就必然会用到表 2-4 中的转换关系。

表2-4 磁系统的单位制及其转换关系

	CGS单位	MKS单位制	转换关系
磁通	线（或麦克斯韦）	韦伯	$1\text{Wb}=10^6\text{Line}$
磁通密度（B）	高斯	特斯拉	$1\text{T}=10^4\text{G}$
磁通势	吉伯	安匝	1Gilbert=0.796A
磁场强度（H）	奥斯特	安匝/米	$1\text{Oe}=1000/4\pi=79.577\text{A/m}$
磁导率	高斯/奥斯特	韦伯/米·安匝	$\mu_{MKS}=\mu_{CGS}\times(4\pi\times10^{-7})$

特别要牢记，大多数铁氧体的饱和磁通密度 B_{SAT} 在 0.3T（300mT）左右，它在 CGS 单位制中等于 3000 高斯（G）。还要注意，MKS 单位制中材料的磁导率要除以 $4\pi\times10^{-7}$ 才能得到 CGS 单位制中的磁导率。原因是在 CGS 单位制中空气磁导率设为 1，但是在 MKS 单位制中它（在数值上）等于 $4\pi\times10^{-7}$。

2.16.4 用伏秒积来分析电压型方程（CGS 单位制）

这些转换关系也有助于在 CGS 单位制中写出电压型方程（以 Et 表示）。

所以，在以 m^2 为单位的 A 转换成以 cm^2 为单位后，由式（2-59）可得

$$\Delta B=\frac{100\times Et}{N\times A}\text{G}\ (A\text{ 的单位是 cm}^2) \tag{2-60}$$

2.16.5 磁芯损耗

磁芯损耗取决于各种因素，如磁通变化量 ΔB、（开关）频率 f 和温度（虽然在大多数估计中经常忽略与后者的关系）。但要注意，*磁材供应商在表述磁芯损耗与某一 B 值的关系时，其实指的是 $\Delta B/2$，即 B_{AC}*。这碰巧是一般的工程惯例，但是经常让电源设计人员十分迷惑。实际上，还有更令人迷惑之处，供应商在表述 B 时，有的以 G 为单位，有的以 T 为单位。事实上，（磁芯）损耗也可以用 mW 表示，或用 W 表示。

首先，来看一下磁芯损耗的一般形式。

$$\text{磁芯损耗}=(\text{单位体积磁芯损耗})\times\text{体积} \tag{2-61}$$

式中，单位体积磁芯损耗一般表示为

$$\text{常数}1\times B^{\text{常数}2}\times f^{\text{常数}3} \tag{2-62}$$

表 2-5 列出了三种用于描述单位体积磁芯损耗的主要单位制，同时也列出了它们之间的转换关系。注意，此处使用了 V_e（有效体积），它一般是指实际的磁芯物理体积，可从磁芯数据手册中查找。

表2-5 描述磁芯损耗时使用的不同单位制（及其转换关系）

	常数1	B的指数	f的指数	B	f	V_e	单位
单位制A	$C_c=\frac{C\times10^{4\times p}}{10^3}$	$C_b=p$	$C_f=d$	T	Hz	cm^3	W/cm^3
单位制B	$C=\frac{C_C\times10^3}{10^4\times C_b}$	$p=C_b$	$d=C_f$	G	Hz	cm^3	mW/cm^3

单位制C	$K_p=\frac{C}{10^3}$	$n=p$	$m=d$	G	Hz	cm^3	W/cm^3

表2-6列出了各种单位制下磁芯损耗方程中涉及的常数值，除此以外还有一些其他的工作限制。但是，建议读者从各自的供应商那里确认这些值。

表2-6　常见磁性材料的典型磁芯损耗系数

材料（供应商）	等级	C	p（B^p）	d（f^d）	μ	$\approx B_{SAT}$（G）	f_{MAX}（MHz）
铁粉芯（Micrometals）	8	4.3×10^{-10}	2.41	1.13	35	12 500	100
	18	6.4×10^{-10}	2.27	1.18	55	10 300	10
	26	7×10^{-10}	2.03	1.36	75	13 800	0.5
	52	9.1×10^{-10}	2.11	1.26	75	14 000	1
铁氧体（Magnetics Inc.）	F	1.8×10^{-14}	2.57	1.62	3 000	3 000	1.3
	K	2.2×10^{-18}	3.1	2	1 500	3 000	2
	P	2.9×10^{-17}	2.7	2.06	2 500	3 000	1.2
	R	1.1×10^{-16}	2.63	1.98	2 300	3 000	1.5
铁氧体（Ferroxcube）	3C81	6.8×10^{-14}	2.5	1.6	2 700	3 600	0.2
	3F3	1.3×10^{-16}	2.5	2	2 000	3 700	0.5
	3F4	1.4×10^{-14}	2.7	1.5	900	3 500	2
铁氧体（TDK）	PC40	4.5×10^{-14}	2.5	1.55	2 300	3 900	1
	PC50	1.2×10^{-17}	3.1	1.9	1 400	3 800	2
铁氧体（Fair-Rite）	77	1.7×10^{-12}	2.3	1.5	2 000	3 700	1

注：$(a)\text{E}-(b)=(a)\times10^{-(b)}$

2.17　实例（6）特定应用中成品电感的特性

下面介绍一般电感设计步骤。这里会考虑宽输入电压范围的情况。设计步骤从峰值电流对应的“最恶劣输入电压”开始。其基本设计目的是保证电感在正常工况下不出现饱和。所以，对于降压变换器，设计工作从V_{INMAX}开始，因为峰值电流在此电压下达到最大值。而对于升压或升降压变换器，要从V_{INMIN}而不是从V_{INMAX}开始，因为对这些拓扑来说，V_{INMIN}才是峰值电流对应的最恶劣输入电压。

设计过程将通过实例逐步展示。虽然该实例仅针对降压变换器，但在设计过程中明确说明了对于升压或升降压变换器，这些设计步骤和设计方程要如何改变。例如，在下列所有方程的右侧，已经用括号注明了该方程对哪种拓扑有效。

降压变换器的输入电压范围为18~24V，输出电压为12V，最大负载电流为1A。（在最大负载时）预期电流纹波率为0.3。假设V_{SW}=1.5V，V_D=0.5V，f=150kHz。试选择一个成品电感并校验此应用。

如前所述，一般电感设计步骤将从某个V_{IN}开始进行。对于降压变换器，V_{IN}为最大输入电压，而对于升压或升降压变换器，V_{IN}为最小输入电压。

2.17.1　评估需求

对于降压变换器，占空比（包含开关和二极管的正向压降）为

$$D = \frac{V_O + V_D}{V_{IN} - V_{SW} + V_D}\text{（降压）} \tag{2-63}$$

所以，

$$D = \frac{12 + 0.5}{24 - 1.5 + 0.5} = 0.543 \tag{2-64}$$

对于升压变换器，使用 $D=(V_O - V_{IN}+V_D)/(V_O - V_{SW}+V_D)$，而对于升降压变换器，使用 $D=(V_O+V_D)/(V_{IN}+V_O - V_{SW}+V_D)$。

因此，开关管的导通时间为

$$t_{ON} = \frac{D}{f} \Rightarrow \frac{0.543}{150\ 000} \Rightarrow 3.62\mu s\text{（所有拓扑）} \tag{2-65}$$

$$t_{ON} = 3.62\mu s$$

即 t_{ON}=3.62μs。当开关管导通时，电感两端的电压为

$$V_{ON} = V_{IN} - V_{SW} - V_O = 24 - 1.5 - 12 = 10.5\ \text{V}\text{（降压）} \tag{2-66}$$

对于升压或升降压变换器，使用 $V_{ON}=V_{IN} - V_{SW}$。

从而，伏微秒积为

$$Et = V_{ON} \times t_{ON} = 10.5 \times 3.62 = 38.0\text{V} \cdot \mu s\text{（所有拓扑）} \tag{2-67}$$

使用 $L \times I$ 方程

$$(L \times I_L) = \frac{Et}{r}\text{（所有拓扑）} \tag{2-68}$$

得到

$$(L \times I_L) = \frac{38}{0.3} = 127\mu\text{H} \cdot \text{A} \tag{2-69}$$

而且，平均电感电流为

$$I_L = I_O\text{（降压）} \tag{2-70}$$

对于升压或升降压变换器，使用 $I_L=I_O/(1 - D)$。

因此，

$$L = \frac{(L \times I_L)}{I_L} \equiv \frac{(L \times I_O)}{I_O} = \frac{127}{1} = 127\ \mu\text{H}\text{（所有拓扑）} \tag{2-71}$$

r=0.3 时，峰值电流比 I_L 高出 15%。因为

$$I_{PK} = \left(1 + \frac{r}{2}\right) \times I_L = 1.15 \times 1 = 1.15\ \ \text{A}\text{（所有拓扑）} \tag{2-72}$$

现在，选择一个有望满足要求的成品电感，它是来自 Pulse Electronics 公司的 PO150。它的电感值为 137μH，接近 127μH 的需求，并且它的额定连续直流电流为 0.99A，非常接近 1A 的需求。表 2-7 复制了它的数据手册。注意，供应商提供的其他条件并不符合应用需求（但这在预料之中，成品电感完全符合给定工况的机会能有多大呢）。但是，通过全面分析，可以校验所

选元件是否适用。

表2-7　PO150电感规格

I_{DC}（A）	L_{DC}（μH）	Et（V·μs）	DCR（mΩ）	Et_{100}（V·μs）
0.99	137	59.4	387	10.12

- 该电感产生380mW损耗时温升为50℃；
- 该磁芯的磁芯损耗方程为$6.11\times10^{-18}\times B^{2.7}\times f^{2.04}$mW，式中$f$的单位是Hz，$B$的单位是G；
- Et_{100}表示B为100G时的伏微秒积；
- B为B_{AC}，即$\Delta B/2$；
- 额定工作频率为250kHz。

2.17.2　电流纹波率

使用$L\times I$方程

$$(L\times I_L)=\frac{Et}{r}\text{（所有拓扑）}\tag{2-73}$$

所以，

$$r=\frac{Et}{L\times I_L}\text{（所有拓扑）}\tag{2-74}$$

所选电感由供应商设计，其r值为

$$r=\frac{59.4}{137\times0.99}=0.438\tag{2-75}$$

在此应用中为

$$r=\frac{38}{137\times1}=0.277\tag{2-76}$$

此值很接近（并小于）设计指标r=0.3，因此是可以接受的。

2.17.3　峰值电流

所选成品电感的设计峰值电流为

$$I_{PK}=\left(1+\frac{r}{2}\right)\times I_L=\left(1+\frac{0.438}{2}\right)\times0.99=1.21\ \text{A（所有拓扑）}\tag{2-77}$$

在该应用中为

$$I_{PK}=\left(1+\frac{r}{2}\right)\times I_L=\left(1+\frac{0.277}{2}\right)\times1=1.14\ \text{A（所有拓扑）}\tag{2-78}$$

可以认为该应用中的峰值电流是安全的，它比所选成品电感的原始设计值小。因此，完全可以认为该应用中的磁通密度B的峰值也一定在所选成品电感的设计极限范围内。但最好立即确认，如下节所述。

注意，迄今为止，并没有直接考虑频率的影响，因为伏秒积已经涵盖了真正需要在电感设计中考虑的全部问题。对电感来说，若不同应用中的电流直流分量和伏秒积相同，则电感工况在本质上就相同。例如，不必考虑拓扑是什么或占空比是多少，甚至不必直接考虑频率的影响（磁芯损耗除外，因为它不仅取决于伏秒积，即电流纹波，还取决于频率）。但是可以看出，磁芯损耗无论如何要比铜损小得多。因此，出于实用目的，如果电感的伏秒积（电流纹波）和直流电流的额定值与实际应用中的伏秒积和直流电流相一致，当然最好。但即使伏秒积和直流电流的额定值与实际应用中不一致，只要应用中的峰值磁通密度接近或小于额定值，从避免饱和的角度讲，电感就是适用的。这是一个良好的开端，后面就可以在特定工况下对电感进行全面的校验分析，包括温升等。

2.17.4 磁通密度

供应商提供了以下信息（参见表 2-7）

$$Et_{100} = 10.12\text{V}\cdot\mu\text{s} \tag{2-79}$$

这意味着产生 100G 的 B_{AC} 所需的伏微秒积为 10.12。因为 $B_{AC}=\Delta B/2$，所以相应的 ΔB 为 200G（每 10.12V·μs）。注意，G 代表的单位是高斯。

前面介绍过 ΔB 和 Et 之间的关系式：

$$\Delta B = \frac{100 \times Et}{N \times A}\text{（所有拓扑）} \tag{2-80}$$

既然（对于给定电感）ΔB 和 Et 成正比，可以断定所选成品电感的设计磁通密度变化量为

$$\Delta B = \frac{Et}{Et_{100}} \times 200 = \frac{59.4}{10.12} \times 200 = 1174\ \text{G}\text{（所有拓扑）} \tag{2-81}$$

设计峰值磁通密度为

$$B_{PK} = \frac{r+2}{2 \times r} \times \Delta B = \frac{0.438+2}{2 \times 0.438} \times 1174 = 3267\ \text{G}\text{（所有拓扑）} \tag{2-82}$$

在此应用中，磁通密度变化量为

$$\Delta B = \frac{Et}{Et_{100}} \times 200 = \frac{38}{10.12} \times 200 = 751\ \text{G}\text{（所有拓扑）} \tag{2-83}$$

峰值磁通密度为

$$B_{PK} = \frac{r+2}{2 \times r} \times \Delta B = \frac{0.277+2}{2 \times 0.277} \times 751 = 3087\ \text{G}\text{（所有拓扑）} \tag{2-84}$$

可以看出，正如预期，在此应用中，峰值磁通密度在电感设计极限范围内，所以不必担心磁芯饱和。这也是在进行其他电感分析之前必须满足的基本先决条件。

注意，（对于所选电感）B 和 I 之间的比例常数为

$$\frac{L}{NA} = \frac{B_{PK}}{I_{PK}} = \frac{3\,087}{1.14} = 2\,708\ \text{G/A}\text{（所有拓扑）} \tag{2-85}$$

注意 如果拆开电感测量匝数，并估计或测量磁芯中心磁柱的横截面积，就能证实上式中的数值 2708。

2.17.5 铜损

由图 2-14 中的方程，可以计算出电感电流的有效值。所选成品电感的设计电流有效值的平方为

$$I_{RMS}{}^2 = \frac{\Delta I^2}{12} + I_{DC}{}^2 = I_{DC}{}^2\left(1+\frac{r^2}{12}\right) = 0.99^2\left(1+\frac{0.438^2}{12}\right) = 0.996\ \text{A}^2\text{（所有拓扑）} \tag{2-86}$$

则铜损为

$$P_{CU} = I_{RMS}{}^2 \times \text{DCR} = 0.996 \times 387 = 385\ \text{mW}\text{（所有拓扑）} \tag{2-87}$$

然而，在此应用中可得

$$I_{\text{RMS}}{}^2 = I_{\text{L}}{}^2\left(1+\frac{r^2}{12}\right) = 1^2\left(1+\frac{0.277^2}{12}\right) = 1.006\ \text{A}^2\text{（所有拓扑）} \tag{2-88}$$

则铜损为

$$P_{\text{CU}} = I_{\text{RMS}}{}^2 \times \text{DCR} = 1.006 \times 387 = 389\ \text{mW（所有拓扑）} \tag{2-89}$$

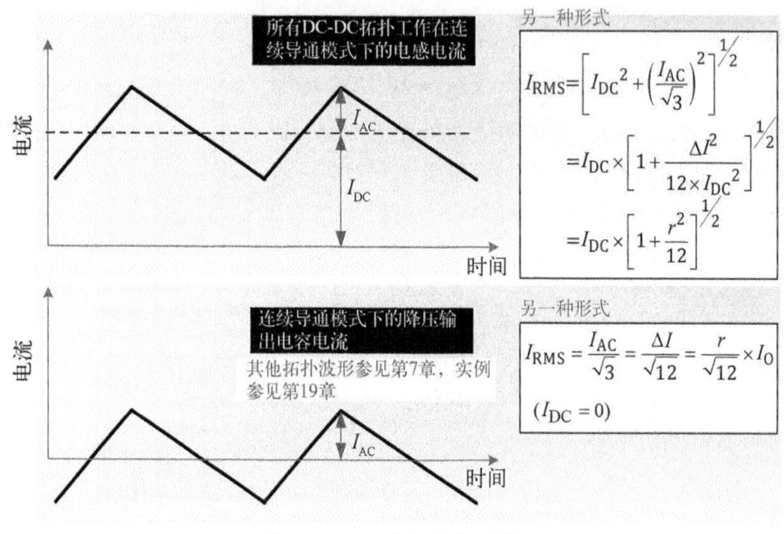

图2-14　电感电流有效值

2.17.6　磁芯损耗

注意，供应商提供了电感的磁芯损耗方程，其中已经考虑了磁芯体积。因此：

$$P_{\text{CORE}} = 6.11 \times 10^{-18} \times B^{2.7} \times f^{2.04}\ \text{mW（所有拓扑）} \tag{2-90}$$

式中，f的单位是Hz，B的单位是G。注意，式中B是指$\Delta B/2$。因此，所选成品电感的设计磁芯损耗为

$$P_{\text{CORE}} = 6.11\times10^{-18}\times\left(\frac{1174}{2}\right)^{2.7}\times(250\times10^3)^{2.04} = 18.8\ \text{mW} \tag{2-91}$$

然而，在此应用中，为

$$P_{\text{CORE}} = 6.11\times10^{-18}\times\left(\frac{751}{2}\right)^{2.7}\times(150\times10^3)^{2.04} = 2\ \text{mW} \tag{2-92}$$

2.17.7　DC-DC变换器设计和磁性元件

一般来说，对于大多数由铁氧体制造的成品电感，磁芯损耗仅占电感总损耗（铜损加磁芯损耗）的5%~10%。但是，对于由铁粉芯制造的电感，磁芯损耗可能会上升到约20%~30%。

注意　铁粉芯电感的饱和特性比铁氧体电感更“软”，能承受很大的非正常电流而不导致开关管瞬间损坏。另一方面，铁粉芯也存在寿命问题，因为铁粉芯中用于粘合铁粒子的有机黏合剂会缓慢降解。一定要向供应商咨询这种可能性，这么做对避免变换器过早失效很

有必要。

2.17.8 温升

供应商已经标明电感产生 380mW 损耗时对应的温升为 50℃。实际上，这说明磁芯的热阻 R_{th} 为

$$R_{th} = \frac{\Delta T}{W} = \frac{50}{0.38} = 131.6\ ℃/W（所有拓扑） \tag{2-93}$$

所选成品电感的设计总损耗为

$$P = P_{CORE} + P_{CU} = 385 + 18.8 = 403.8\ mW（所有拓扑） \tag{2-94}$$

温升为

$$\Delta T = R_{th} \times P = 131.6 \times 0.404 = 53\ ℃（所有拓扑） \tag{2-95}$$

在此应用中，

$$P = P_{CORE} + P_{CU} = 389 + 2 = 391\ mW \tag{2-96}$$

温升为

$$\Delta T = R_{th} \times P = 131.6 \times 0.391 = 51\ ℃ \tag{2-97}$$

假设实际应用中能接受这个温升（取决于工作环境的最高温度），所选电感就确定可用。至此，已经证实了该电感在此应用中不会饱和，而且电流纹波率也可以接受。

这就完成了一般电感设计步骤。

2.18 其他极限应力计算及其选择标准

所选电感已经校验完毕，接下来将进一步研究宽输入电压范围如何影响变换器中其他关键参数和应力，这个问题很重要，有助于正确选择其他功率器件。

2.18.1 最大磁芯损耗

前面介绍的所谓一般电感设计步骤中，降压变换器设计实际上从 V_{INMAX} 开始，而升压和升降压变换器设计实际上从 V_{INMIN} 开始。原因是该电压下的电感峰值电流最大，所以必须保证在这些特殊点（极限情况）的磁性元件设计。但在开关电源中，该电压可能并不对应其他应力的最恶劣工况，这一点需要清楚地认识。

首先来关注电感。电感设计时用到的电压通常也对应最大温升，因为通常电感的 I_{DC} 分量对温升起决定性作用。如果出于某种原因，需要关注磁芯损耗占总损耗的最大比例，那就需要重新研究图 2-4。虽然输入电压降低时直流分量有可能增加，但实际上决定磁芯损耗的交流分量有可能降低（或者出现奇怪的波形，如升压变换器）。

由图 2-4 可知，在高输入电压下，降压和升降压变换器的 I_{AC} 都增加，但升压变换器未必。对于降压变换器，一般电感设计步骤从 V_{INMAX} 开始，而该电压恰巧对应最大磁芯损耗。因此，

如前所述，用 V_{INMAX} 计算出的磁芯损耗就是最大磁芯损耗。

但对于升降压变换器，一般电感设计步骤从 V_{INMIN} 开始，而磁芯损耗在 V_{INMAX} 达到最大值。类似地，对于升压变换器，一般电感设计步骤也从 V_{INMIN} 开始，但该拓扑的磁芯损耗最大值实际上出现在 D=0.5 时（参见图 2-4 中的升压变换器 I_{AC} 曲线）。注意，由升压变换器的占空比方程可知，D=0.5 时的输入电压等于输出电压的一半。

注意　对于升压变换器，如果给定应用的输入电压范围不包括 D=0.5 这一点，那就需要确定在该范围内哪个电压下更接近 D=0.5 这一点。然后在该电压下计算最大磁芯损耗。该电压就是最接近 D=0.5 的 D 对应的输入电压极限。

一般来说，磁芯损耗仅占总损耗的很小一部分，不必太在意，甚至没有必要进行数值计算。但在研究变换器的其他损耗时，显然要用下述一般步骤来处理。

为了使下述讨论更加清晰，首先来解释一下曾经推导过的一些术语（或下标）。

- 对于降压变换器：一般电感设计步骤从 V_{INMAX} 开始，即从 D_{MIN} 开始。所以，设置为 0.3~0.4（可能会根据所选电感重新计算）的 r 值实际上是指 r_{DMIN}。类似地，迄今为止计算的伏秒积 Et 实际上是指 Et_{DMIN}。
- 对于升压和升降压变换器：一般电感设计步骤从 V_{INMIN} 开始，即从 D_{MAX} 开始。所以，设置为 0.3~0.4 的 r 值（可能会根据所选电感重新计算）实际上是指 r_{DMAX}。类似地，迄今为止计算的伏秒积 Et 是指 Et_{DMAX}。

切记这些区别，否则接下来的讨论将变得非常混乱。

2.18.2　最大二极管损耗

平均二极管电流的一般表达式为

$$I_D = I_L \times (1 - D)\ \text{（所有拓扑）} \tag{2-98}$$

或写作

$$I_D = I_O \times (1 - D)\ \text{（降压）} \tag{2-99}$$

$$I_D = I_O\ \text{（升压和升降压）} \tag{2-100}$$

由此导致的二极管损耗为

$$P_D = V_D \times I_D = V_D \times I_O \times (1 - D)\ \text{（降压）} \tag{2-101}$$

$$P_D = V_D \times I_D = V_D \times I_O\ \text{（升压和升降压）} \tag{2-102}$$

对于降压变换器，输入电压升高时，占空比下降。因为平均电感电流 I_L 仍保持在 I_O，所以平均二极管电流增加。这意味着降压变换器在 V_{INMAX} 处的二极管电流（和损耗）最大。因此，可用按照一般电感设计步骤（在 V_{INMAX}）计算的数值。

对于升压和升降压变换器，输入电压升高时，占空比 D 减小，但平均电感电流也随之下降，从而使 I_D 保持在 I_O（应该切记升压和升降压电路的特点，其输出电流必然流过二极管，因此 I_D 必然等于 I_O）。这意味着这些拓扑的二极管损耗与输入电压无关。因此，可用按照一般电感设计步骤（在 V_{INMIN}）计算的数值。

最终，以实例(6)的降压变换器设计为例，最大二极管损耗的计算结果如下：

$$P_D=V_D\times I_O\times(1-D_{MIN})=0.5\times1\times(1-0.543)=0.23\text{W}\text{（降压）}\tag{2-103}$$

2.18.3 一般二极管选择步骤

选择二极管的经验法则是：额定电流至少等于（最好至少两倍于）下述最大平均二极管电流（这是为了降低损耗，因其正向压降随额定电流增加而大幅减小）：

- 对于降压变换器，最大二极管电流为 $I_O\times(1-D_{MIN})$；
- 对于升压变换器，最大二极管电流为 I_O；
- 对于升降压变换器，最大二极管电流为 I_O。

通常，选择的额定电压要比下述最大二极管电压高出至少 20%（降额至 80%左右，即留出安全裕量）：

- 对于降压变换器，最大二极管电压为 V_{INMAX}；
- 对于升压变换器，最大二极管电压为 V_O；
- 对于升降压变换器，最大二极管电压为 V_O+V_{INMAX}。

2.18.4 最大开关损耗

对所有拓扑而言，输入电压减小时，平均输入电流（和开关管电流）必然增加，以继续满足基本的功率需求，即 $P_{IN}=I_{IN}\times V_{IN}=P_O/\eta$（式中 η 是效率，假设不变）。因此，所有拓扑的开关管有效值电流在 V_{INMIN}（即 D_{MAX}）处最大。

对于升压和升降压变换器，一般电感设计步骤在任何情况下都从 D_{MAX} 开始，因此可以直接使用由该步骤计算的数值。通过下述方程，可以计算开关管有效值电流：

$$I_{RMS\_SW}=I_{L\_DMAX}\times\sqrt{D_{MAX}\times\left(1+\frac{r_{DMAX}{}^2}{12}\right)}\text{（所有拓扑）}\tag{2-104}$$

式中，I_{L_DMAX} 和 r_{DMAX} 分别是 D_{MAX}（即 V_{INMIN}）处的平均电感电流和电流纹波率。D_{MAX} 可用下式计算

$$D_{MAX}=\frac{V_O-V_{INMIN}+V_D}{V_O-V_{SW}+V_D}\text{（升压）}\tag{2-105}$$

$$D_{MAX}=\frac{V_O+V_D}{V_{INMIN}+V_O-V_{SW}+V_D}\text{（升降压）}\tag{2-106}$$

应该切记

$$I_{L\_DMAX}=\frac{I_O}{1-D_{MAX}}\text{（升压和升降压）}\tag{2-107}$$

对于降压变换器，一般电感设计步骤从 D_{MIN} 开始，所以不能直接使用（一般电感设计步骤）计算的开关管有效值电流。这需要计算 r_{DMAX}，但迄今为止，仅已知 r_{DMIN}。继续以下计算步骤。

$$r_{DMAX}=\frac{Et_{DMAX}}{L\times I_L}\text{（所有拓扑）}\tag{2-108}$$

换句话说，如果已知 V_{INMIN} 处的伏秒积，就可以知道所选电感相应的电流纹波率 r_{DMAX}。但首先不得不先计算 D_{MAX}

$$D_{MAX}=\frac{V_O+V_D}{V_{INMIN}-V_{SW}+V_D}=\frac{12+0.5}{18-1.5+0.5}=0.735\text{（降压）}\tag{2-109}$$

因此，开关管导通时间为

$$t_{ON\_DMAX}=\frac{D_{MAX}}{f}\Rightarrow\frac{0.735\times10^{6}}{150\,000}=4.9\ \mu s\ （所有拓扑）\qquad(2\text{-}110)$$

当开关管导通时，电感两端电压为

$$V_{ON\_DMAX}=V_{INMIN}-V_{SW}-V_{O}=18-1.5-12=4.5\ V\ （降压）\qquad(2\text{-}111)$$

因此，伏微秒积为

$$Et_{DMAX}=V_{ON\_DMAX}\times t_{ON\_DMAX}=4.5\times4.9=22V\cdot\mu s\ （所有拓扑）\qquad(2\text{-}112)$$

所以，

$$r_{DMAX}=\frac{Et_{DMAX}}{L\times I_{O}}=\frac{22}{137\times1}=0.16\ （降压）\qquad(2\text{-}113)$$

终于能够计算开关损耗

$$I_{RMS\_SW}=I_{O}\times\sqrt{D_{MAX}\times\left(1+\frac{r_{DMAX}{}^{2}}{12}\right)}=1\ \times\sqrt{0.735\times\left(1+\frac{0.16^{2}}{12}\right)}=0.86\ A\ （降压）\qquad(2\text{-}114)$$

若漏源电阻为0.5Ω，则MOSFET的开关损耗为

$$P_{SW}=I_{RMS\_SW}{}^{2}\times R_{DS}=0.86^{2}\times0.5=0.37W\ （所有拓扑）\qquad(2\text{-}115)$$

2.18.5 一般开关管选择步骤

选择开关管的经验法则是：额定电流至少等于（最好至少两倍于）上述计算的最大开关管有效值电流（这是为了降低损耗，因其开关正向压降随额定电流增加而大幅减小）。

通常，选择的额定电压要比下述最高开关电压高出至少 20%（降额至 80%左右，即留出安全裕量）：

- 对于降压变换器，最高开关电压为V_{INMAX}；
- 对于升压变换器，最高开关电压为V_{O}；
- 对于升降压变换器，最高开关电压为$V_{O}+V_{INMAX}$。

2.18.6 最大输出电容损耗

对于上述三种拓扑，其输出电容的最大有效值电流恰好都对应同一电压，而且该电压就是一般电感设计步骤中采用的电压值。换句话说，对于降压变换器，该电压为V_{INMAX}，而对于升压和升降压变换器，该电压为V_{INMIN}。因此，毫无疑问，可直接使用由一般电感设计步骤计算出的数值。通过下列方程即可计算输出电容的最大有效值电流：

对于降压变换器，可得

$$I_{RMS\_OUT}=I_{O}\times\frac{r_{DMIN}}{\sqrt{12}}=1\times\frac{0.277}{\sqrt{12}}=0.08\ A\ （降压）\qquad(2\text{-}116)$$

所以，如果输出电容的等效串联电阻（ESR）为10Ω，则功耗为

$$P_{SW}=I_{RMS\_OUT}{}^{2}\times ESR=0.08^{2}\times10=0.064\ W\ （所有拓扑）\qquad(2\text{-}117)$$

对于升压和升降压变换器，需要使用

$$I_{RMS\_OUT}=I_{O}\times\sqrt{\frac{D_{MAX}+(r_{DMAX}{}^{2}/12)}{1-D_{MAX}}}\ （升压和升降压）\qquad(2\text{-}118)$$

2.18.7 一般输出电容选择步骤

选择输出电容的经验法则是：额定纹波电流要等于或大于上述计算的输出电容最大有效值电流。通常，选择的额定电压比应用中要求的输出电压（即 V_O，适用于所有拓扑）高出至少20%~50%。变换器的输出电压纹波也是一个需要考虑的问题。输出电容产生的输出电压纹波峰峰值等于其等效串联电阻与下述最大输出电流峰峰值的乘积（忽略电容的等效串联电感）。

- 对于降压变换器，电容电流峰峰值为 $I_O \times r_{DMIN}$。一般电感设计步骤由此开始，并且 r_{DMIN} 已知。
- 对于升压变换器，电容电流峰峰值为 $I_O \times (1+r_{DMAX}/2)/(1-D_{MAX})$。一般电感设计步骤由此开始，并且 r_{DMAX} 和 D_{MAX} 已知。
- 对于升降压变换器，电容电流峰峰值为 $I_O \times (1+r_{DMAX}/2)/(1-D_{MAX})$。一般电感设计步骤由此开始，并且 r_{DMAX} 和 D_{MAX} 已知。

2.18.8 最大输入电容损耗

对于升降压变换器，事情很简单，因为输入电容的最大有效值电流出现在 D_{MAX}，这也是一般电感设计步骤的起始点。因此，所有由一般电感设计步骤计算出的数值都可以直接用于下述方程：

$$I_{RMS\_IN} = I_{L\_DMAX} \times \sqrt{D_{MAX} \times \left(1 - D_{MAX} + \frac{r_{DMAX}{}^2}{12}\right)} \text{（升降压）} \qquad (2\text{-}119)$$

对于降压和升压变换器，输入电容的最大有效值电流出现在 D=0.5 时，因此不得不计算 r_{50}，即 D=50%时的电流纹波率（或该应用中特定输入电压范围内最接近此点的电压）。

通过降压变换器的数值计算，可以更清晰地了解相关设计步骤。

对于降压变换器，D=50%时的输入电压为

$$V_{IN\_50} = 2 \times V_O + V_{SW} + V_D = 2 \times 12 + 1.5 + 0.5 = 26\text{ V} \text{（降压）} \qquad (2\text{-}120)$$

对于升压变换器，为

$$V_{IN\_50} = \frac{V_O + V_{SW} + V_D}{2} \approx \frac{V_O}{2} \text{（升压）} \qquad (2\text{-}121)$$

由此可见，该点并未包含在输入电压范围内，但最接近的是 V_{INMAX}。巧合的是，一般电感设计步骤也从 V_{INMAX} 开始。因此，可以使用该设计步骤计算的数值，并通过下述方程计算输入电容的有效值电流：

$$I_{RMS\_IN} = I_O \times \sqrt{D \times \left(1 - D + \frac{r^2}{12}\right)} = 1 \times \sqrt{0.543 \times \left(1 - 0.543 + \frac{0.277^2}{12}\right)} \text{（降压）} \qquad (2\text{-}122)$$

对于升压变换器，有

$$I_{RMS\_IN} = \frac{I_O}{1-D} \times \frac{r}{\sqrt{12}} \text{（升压）} \qquad (2\text{-}123)$$

因此，最终可得

$$I_{RMS\_IN} = 0.502\text{ A} \qquad (2\text{-}124)$$

注意 如果上述降压变换器实例中的输入电压范围不是18V~24V，而是30V~45V，那么一般电感设计步骤将从45V开始。但输入电容电流会在30V时达到最大值。因此，虽然可

以利用上述方程计算有效值电流，但仍要用到 r_{DMIN} 和 D_{MAX}。迄今为止，仅已知 r_{DMAX}，所以需要通过前面介绍的类似步骤计算 r_{DMIN}，并重新计算伏秒积等。

第19章给出了一个包含完整解答的算例。也可参阅第6章和第7章中相关的应力推导和算例。

2.18.9　一般输入电容选择步骤

选择输入电容的经验法则是：额定电流纹波等于或大于上述计算的输入电容最大有效值电流。通常，选择的额定电压比应用中要求的输入电压（即 V_{INMAX}，适用于所有拓扑）高出至少20%~50%。变换器的输入电压纹波也是一个需要考虑的问题，因为一小部分电压纹波会传递到输出端，还可能会引起电磁干扰问题。另外，控制芯片都有一定的输入噪声和纹波抑制要求（一般未予说明），如果纹波太大可能会导致芯片的异常行为。输入电压纹波一般要保持在输入电压的±5%~±10%以下。输入电容产生的输入电压纹波峰峰值等于等效串联电阻与下述最大输入电流峰峰值的乘积（忽略电容的等效串联电感）：

- ❑ 对于降压变换器，电容电流值峰峰值为 $I_O \times (1+r_{DMAX}/2)$。一般电感设计步骤由此开始，并且 r_{DMIN} 已知。
- ❑ 对于升降压变换器，电容电流峰峰值为 $I_O \times (1+r_{DMAX}/2)(1-D_{MAX})$。一般电感设计步骤由此开始，并且 r_{DMAX} 和 D_{MAX} 已知。
- ❑ 对于升压变换器，最大（即 D=0.5时的）电容电流峰峰值为 $2 \times I_O \times r_{50}$，式中

$$r_{50} = \frac{V_{IN\_50}}{4 \times f \times L \times I_O} \tag{2-125}$$

并且

$$V_{IN\_50} = \frac{V_O + V_{SW} + V_D}{2} \approx \frac{V_O}{2} \tag{2-126}$$

注意，如果 D=0.5对应的电压未包含在输入电压范围内，需要找出最接近的输入电压。然后，再用一般方程计算输入电容的电流峰峰值

$$I_{PK\_PK} = \frac{I_O \times r}{1-D} \tag{2-126}$$

式中，r 和 D 对应最恶劣的输入电压。可用下式计算 r 值

$$r = \frac{V_O - V_{SW} + V_D}{I_O \times L \times f} \times D \times (1-D)^2 \tag{2-127}$$

式中，L 的单位是H，f 的单位是Hz。

至此，变换器及其磁性元件的设计步骤介绍完毕。下一章将介绍离线式变换器。

本章介绍的内容是公认的较难掌握的技术，如需进一步了解，请参阅第6章、第7章和第19章。

第3章

离线式变换器及其磁性元件设计

离线式变换器由标准 DC-DC 变换器拓扑衍生而来。例如，流行于小功率应用（一般<100W）的反激变换器拓扑实际上是用多绕组电感替代常规单绕组电感的升降压变换器。类似地，广泛应用于中、大功率的正激变换器拓扑是用变压器替代常规电感（扼流圈）的降压变换器。实际上，在反激变换器中，电感既有电感的作用，也有变压器的作用——既能像所有电感一样储能，也能像所有变压器一样提供电网隔离（安规要求）。在正激变换器中，储能由扼流圈实现，而必要的电网隔离由变压器提供。

由于离线式变换器与 DC-DC 变换器具有相似性，本章涉及的大部分基础内容实际上已经在第 2 章中讨论过。基本的磁定义也已经给出。所以，在阅读本章之前，读者应该先读第 2 章的内容。更多信息请参阅第 5 章。

注意，在正激和反激变换器中，变压器除了提供必要的电网隔离功能外，还提供另一项非常重要的功能，即由变压器匝比决定固定降压比。匝比是（原边侧）输入绕组的匝数与（副边侧）输出绕组的匝数之比。问题是：从理论上讲，开关型变换器本身就能随心所欲地升压或降压，为什么还需要基于变压器的降压变换环节呢？只要给出一个算例，就能真相大白。读者会发现，在没有任何外加“帮助”的情况下，如果想把极高的输入电压变换成极低的输出电压，那么变换器的占空比将小得不切实际。注意，世界上一些国家的交流电网最高输入电压高达 270V。所以，该交流电压经传统的桥式整流器整流后，将变成幅值为 $\sqrt{2}\times 270=382\text{V}$ 左右的直流电压，并以此作为后级开关型变换器的输入电压。但是，相应的输出电压可能极低（如 5V、3.3V 或 1.8V 等）。而且，任何变换器都有预先给定的最小导通时间限制，尤其在开关管高频工作时，所需的直流传输比（变比）极难实现。因此，可以直观地认为，在正激和反激变换器中，先由变压器提供粗略的固定降压比，把输入电压降至变换器可接受的（更低的）电压范围，再由变换器完成后续工作（包括稳压）。

3.1 反激变换器的磁性元件

3.1.1 变压器绕组的极性

图 3-1 中变压器匝比为 $n=N_P/N_S$。式中，N_P 是原边侧绕组匝数，N_S 是副边侧绕组匝数。

绕组一端放置了一个记号点。变压器中所有打点端（同名端）被认为是相互等效的。显然，所有未打点端也是相互等效的。这意味着同名端中有一端电压升高（到任意值）时，另一端电压也会相应升高。其原因是：尽管绕组间没有实际的物理（电气）连接，但共用同一磁芯。同理，同名端电压也能同时降低。显然，记号点仅表示相对极性。因此，在任何给定原理图中，变压器的同名端和非同名端可以同时互换，而电路原理并不改变。

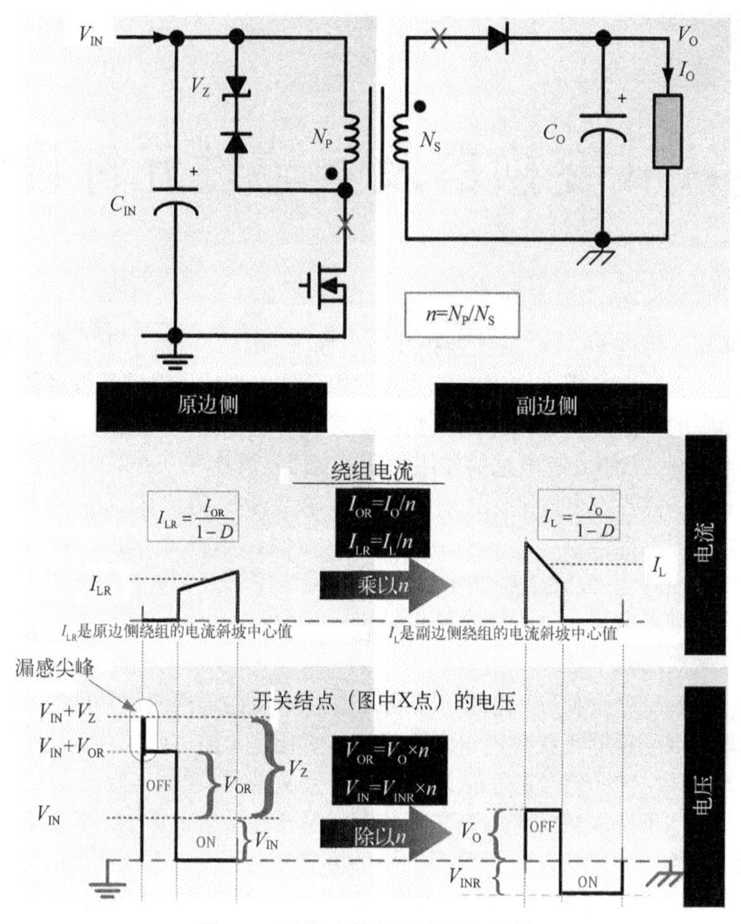

图 3-1　反激变换器的电压和电流

在反激变换器中，绕组的相对极性是故意安排的，以使原边侧绕组导通时，副边侧绕组不导通。因此，在图 3-1 中开关管导通时，MOSFET 漏极的同名端电压下降，输出二极管阳极电压也下降，二极管反偏。回顾升降压变换器（该拓扑实际上也是）的基本用法：在开关管导通阶段，来自电源的能量只储存在电感中；在开关管关断阶段，输出“收集”了所有电感储能（无其他能量）。注意，这是升降压和反激变换器与降压或升压变换器的本质区别。例如，在降压变换器中，（在开关管导通阶段）能量从输入电源传送到电感和输出。而在升压变换器中，（在开关管关断阶段）电感储能与电源能量一起被传送到输出。只有在升降压变换器中，开关管导通阶段的储能过程与开关管关断阶段的能量收集过程是完全分开的。至此，应该能够理解为何将反激变换器认为是升降压变换器的派生拓扑了。更多细节请参阅第 5 章。

众所周知，每个 DC-DC 拓扑都有所谓的交换结点。该结点是电感电流的转向点，从其主路径（即电感接收输入能量的路径）转到续流路径（即电感将储能传送至输出的路径）的转向点。显然，交换结点必须是开关管、电感和二极管的公共结点。因此，结点电压总在跳变，这是二极管随开关管状态切换交替正偏或反偏的需要。但是，由图 3-1 可知，用变压器替代传统的 DC-DC 电感后，现在其实有两个交换结点，在变压器两侧各有一个，图 3-1 中用 X 标记。一个 X 在 MOSFET 漏极，另一个 X 在输出二极管阳极。两个结点显然是等效的，因为如前所述，两者互为同名端。既然两个结点电压都在跳变，那么两个结点就都可以看作（基于变压器拓扑的）

交换结点。注意，如果有三个绕组（例如有其他的输出绕组），那么就会有三个交换结点。

3.1.2 反激变换器的变压器功能及其占空比

传统的变压器功能是指变压器绕组两端电压之比和绕组间电流之比均由匝比决定，如图 3-1 所示。但在反激变换器中，绕组不是同时导通，并不能一眼看出为什么反激电感具有变压器功能。

在开关管导通时，（整流后的交流输入）电压 V_{IN} 加至变压器原边侧绕组。同时，电压 $V_{INR}=V_{IN}/n$（R 代表反射）加至副边侧绕组（使输出二极管反偏的方向）。所以，在原边侧绕组导通时，副边侧绕组中并无电流流过。

下面来计算 V_{INR}。变压器绕组间的电压转换服从绕组各自的感应电压方程：

$$V_P = -N_P \frac{d\phi}{dt} \tag{3-1}$$

和

$$V_S = -N_S \frac{d\phi}{dt} \tag{3-2}$$

注意，因为两个绕组绕在同一磁芯上，所以两者磁通量 ϕ 相同，磁通变化率 $d\phi/dt$ 也相同。因此，

$$V_S = -N_S \times \left(\frac{V_P}{-N_P}\right) \tag{3-3}$$

或者

$$V_S = N_S \times \left(\frac{V_{IN}}{N_P}\right) = \frac{V_{IN}}{n} \equiv V_{INR} \tag{3-4}$$

也有，

$$\frac{V_P}{N_P} = \frac{V_S}{N_S} \tag{3-5}$$

和

$$\frac{V_P}{V_S} = n \tag{3-6}$$

上述方程从电压角度解释了传统的变压器功能。但从中也能看出，在任意时刻，给定磁芯上各绕组的匝间电压（V/N）相等，这就是最终观测到的电压成比例的原因。

注意，变压器中的电压比与绕组中是否有电流流过无关。因为无论绕组对磁芯中的净磁通 ϕ 是否有贡献，各绕组都包含了全部磁通，因此基本公式 $V=-N\times d\phi/dt$ 适用于所有绕组，电压比也是如此。

众所周知，在开关管导通阶段，变压器储能。在开关管关断阶段，储能释放（相关电流续流）。而且，电压将尽其所能自动调节能量。因此可以放心地假设，在开关管关断阶段，二极管将以某种方式导通。现在，假设电路已经达到稳态，输出电容电压稳定在某固定值 V_O。那么，副边侧交换结点电压被钳位在 V_O（忽略二极管压降）。而且，由于副边侧绕组一端接地，所以该绕组电压也为 V_O。由变压器功能可知，该电压可折算到原边侧，折算后的电压为 $V_{OR}=V_O\times n$。然而此时，开关管是关断的。所以，正常的原边侧交换结点电压为 V_{IN}。但现在，变压器输出折算后的电压 V_{OR} 叠加其上。因此，原边侧交换结点电压最终升至 $V_{IN}+V_{OR}$（从现在起，忽略图 3-1 所示的漏感尖峰）。

注意　在开关管导通阶段，原边侧绕组决定了所有绕组电压。而在开关管关断阶段，均由副边侧绕组“发号施令”。

可以（依据伏秒定律）用最基本的方程计算占空比：

$$D = \frac{V_{OFF}}{V_{OFF}+V_{ON}} \tag{3-7}$$

既可以选择在原边侧绕组，也可以选择在副边侧绕组进行计算。无论哪种方式，都能得到相同的结果，如表3-1所示。

表3-1　推导反激变换器的直流传递函数

	原边侧	副边侧
V_{ON}	V_{IN}	$V_{INR} \equiv V_{IN}/n$
V_{OFF}	$V_{OR} \equiv V_O \times n$	V_O
占空比	$D = \frac{V_{OFF}}{V_{ON}+V_{OFF}}$	
	$D = \frac{V_{OR}}{V_{IN}+V_{OR}}$	$D = \frac{V_O}{V_{INR}+V_O}$
	$D = \frac{nV_O}{V_{IN}+nV_O}$	

始终要清楚，变压器功能仅适用于绕组两端电压。而且电压差未必就是电压值！为了描述给定点的电压值，必须先确定参考电平（即定义“地”），并据此测量或规定电压值。事实上，参考电平（即定义“地”）在原边侧称作原边侧地，在副边侧称作副边侧地。注意，它们在图3-1中用不同的接地符号表示。

为了得到各绕组跳变端的（绝对）电压值，可采用如下的电平位移法：

为了得到各绕组跳变端的电压值，必须把绕组两端的电压差与非跳变端的直流电压值相叠加。

举例来说，为了得到MOSFET漏极电压（原边侧绕组跳变端），需要把V_{IN}（绕组另一端的电压）叠加到原边侧绕组电压波形上。这样就得到了图3-1中的电压波形。

下面开始讨论电流如何从变压器一侧实际折算到另一侧。必须指出：虽然反激变压器最终的电流比方程与传统变压器完全相同，但它不是严格意义上的传统变压器功能。反激变压器与传统变压器的区别在于其原边侧绕组与副边侧绕组并非同时导通。因此，原副边侧绕组电流究竟如何相互影响看起来真的有些神秘。

反激变压器的电流比实际上可以从能量角度来解释。磁芯能量一般可写作

$$E = \frac{1}{2}LI^2 \tag{3-8}$$

已知反激变压器原副边侧绕组导通时间不同，所以各绕组能量必然等于磁芯能量，而且一定彼此相等（为简化，此处忽略电流斜坡部分）。所以有

$$E = \frac{1}{2}L_P I_P^2 = \frac{1}{2}L_S I_S^2 \tag{3-9}$$

式中，L_P是副边侧绕组开路（无电流）时测得的原边侧绕组电感，L_S是原边侧绕组开路时

测得的副边侧绕组电感。但是，

$$L = N^2 \times A_L \times 10^{-9}\,\text{H} \tag{3-10}$$

式中，A_L是预先定义的电感系数。因此，在反激变换器中有

$$L_P = N_P^2 \times A_L \times 10^{-9} \tag{3-11}$$

$$L_S = N_S^2 \times A_L \times 10^{-9} \tag{3-12}$$

代入式（3-9）的能量方程，可得众所周知的电流比公式：

$$N_P I_P = N_S I_S \tag{3-13}$$

或

$$\frac{I_P}{I_S} = \frac{1}{n} \tag{3-14}$$

可以看出，安匝数与匝间电压类似，也必须时刻保持相等。实际上，只要变压器的净安匝数没有突变，磁芯本身真的不会“介意”在给定时刻是哪个绕组流过电流。这也是第1章中介绍的电感电流不能突变这一基本法则的变压器版本。现在又知道了变压器的净安匝数也不能突变。

综上所述，变压器功能总结如下：当电压从原边侧折算到副边侧时，需要除以匝比。当电压从副边侧折算到原边侧时，需要乘以匝比。而电流规则恰恰相反。当电流从原边侧折算到副边侧时，需要乘以匝比。反之，需要除以匝比。

3.1.3 等效升降压变换器模型

因为有许多相似性，并且服从变压器的电压比，所以在很多情况下，用等效DC-DC（基于电感的）升降压变换器来研究反激变换器是非常方便的。换句话说，可以将粗调的降压比分离出来，并在等效（折算）电压和电流中加以体现。从而，可以把反激变压器简化成一个能量存储介质，类似于传统的DC-DC升降压变换器中的电感。也就是说，大多数实际分析中不再出现变压器。其优势是几乎所有传统的升降压变换器方程和设计步骤现在都适用于等效升降压变换器模型。唯一例外的是漏感（及所有与之相关的钳位、效率损失和开关管关断电压尖峰等），稍后会讨论。除此以外，电容、二极管和开关电流等其他所有参数都可以用等效DC-DC模型方便地分析和计算。

等效DC-DC模型本质上是将隔离变压器一侧的电压和电流折算到另一侧。但与占空比计算一样（参见表3-1），也有两种计算方法。所有变量既可以折算到原边侧，也可以折算到副边侧。这样就得到两种等效升降压变换器模型，如图3-2所示。可以用原边侧等效模型来计算原反激变换器中所有的原边侧电压和电流，或用副边侧等效模型计算原反激变换器中所有的副边侧电压和电流。

电压和电流折算要乘以或除以匝比。实际上，折算输出电压V_{OR}是反激变换器的重要参数之一。顾名思义，V_{OR}实际上是折算到原边侧的输出电压。事实上，若把图3-1中反激变换器的开关管波形与升降压变换器相比，就能看出对开关管而言，输出电压的确是V_{OR}，参见图3-2。

举例来说，假设一个50W变换器，输出为5V/10A，匝比为20。可得V_{OR}=5×20=100V。现在，若把输出改为10V，匝比减小到10，则V_{OR}还是100V。由此可见，原边侧电压波形没有任何变化（假设效率不变）。而且，若输出功率也保持恒定，即通过改变负载使输出变为10V/5A，则所有原边侧电流也不会受到影响。因此，开关管永远不会“知道其中的差别”。也就是说，开关管实际上“认为”它是一个简单的DC-DC升降压变换器，输出电压为V_{OR}，负载电流为I_{OR}。

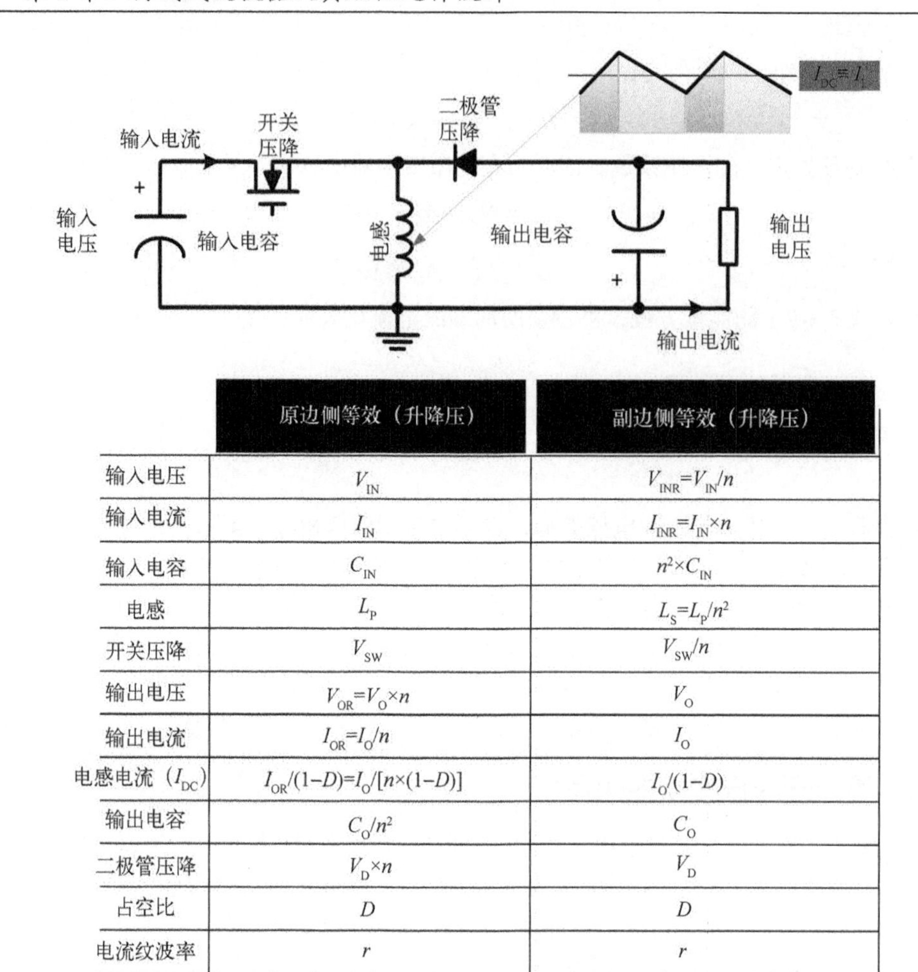

	原边侧等效（升降压）	副边侧等效（升降压）
输入电压	V_{IN}	$V_{INR}=V_{IN}/n$
输入电流	I_{IN}	$I_{INR}=I_{IN}\times n$
输入电容	C_{IN}	$n^2\times C_{IN}$
电感	L_P	$L_S=L_P/n^2$
开关压降	V_{SW}	V_{SW}/n
输出电压	$V_{OR}=V_O\times n$	V_O
输出电流	$I_{OR}=I_O/n$	I_O
电感电流（I_{DC}）	$I_{OR}/(1-D)=I_O/[n\times(1-D)]$	$I_O/(1-D)$
输出电容	C_O/n^2	C_O
二极管压降	$V_D\times n$	V_D
占空比	D	D
电流纹波率	r	r

图3-2　反激变换器的等效升降压变换器模型

如前所述，基于变压器的反激变换器和基于电感的升降压变换器都能输出同样的 V_{OR}/I_{OR}，唯一的区别是反激变压器的漏感。漏感是原副边之间未能耦合的那部分电感，因而无法参与输入到输出的有效能量传输。由图3-1可知，唯一未出现在副边侧的原边侧（开关管）电压波形是开关管在关断瞬间产生的尖峰。它来自于未能耦合的漏感，后面很快就会谈到。

注意，等效升降压变换器模型中，电抗元件的值也要折算，但系数是匝比的平方。这从能量角度很容易理解。例如，原反激变换器中的输出电容 C_O 被充电到 V_O。于是，它的储能是 $1/2C_OV_O^2$。在原边侧升降压变换器模型中，变换器的输出是 V_{OR}，即 $V_O\times n$。因此，为了使电容储能（在DC-DC模型中与在反激变换器中一样）保持不变，输出电容必须按 C_O/n^2 折算到原边侧。图3-2也介绍了电感如何折算。这与 $L\propto N^2$ 的事实相一致。

3.1.4　反激变换器的电流纹波率

由图3-2中等效的升降压变换器模型可知，副边侧电感电流斜坡中心值（平均电感电流 I_L 或 I_{DC}）必然等于 $I_O/(1-D)$（因为平均二极管电流必然等于负载电流）。将副边侧电感电流折算到原边侧，折算后的电感电流斜坡中心值为 I_{LR}，式中 $I_{LR}=I_L/n$。它也等于 $I_{OR}/(1-D)$，式中 I_{OR} 是折算后的负载电流，即 $I_{OR}=I_O/n$。类似地，原副边侧电感电流纹波值也成正比（匝比 n）。因此，变压器两侧（原副边侧 DC-DC 模型中）电感电流斜坡中心值与纹波值之比完全相同。这样，就可以像 DC-DC 变换器一样定义反激拓扑的电流纹波率 r。但方法略有不同，这次按（开关管或二极管的电流）斜坡中心值，而非电感电流直流分量来定义 r，因为实际上电感不存在。与 DC-DC 变换器一样，r 值在大多数情况下应设在 0.4 左右。

反激变换器原副边侧 DC-DC 等效模型中的 r 值相等。

3.1.5 漏感

漏感可看作与变压器原边侧电感串联的寄生电感。所以，在开关管关断瞬间，这两个电感中的电流都是 I_{PKP}，即原边侧峰值电流。但是，在开关管关断时，原边侧电感能量可以（通过输出二极管）释放，但漏感能量无处可去。因此，它会以巨大的电压尖峰形式来“发泄怨气”（参见图 3-1）。副边侧并无此尖峰（或其缩放版），因为漏感并不是原边侧电感那样的耦合电感。

如果不尽力吸收这些漏感能量，尖峰会很高，将造成开关管损坏。既然这些能量肯定不能传输到副边侧，那就只有两种选择：要么设法回馈至输入电容，要么设法消耗掉（损耗）。简单起见，通常选择后者。一般可直接采用稳压管钳位方法，如图 3-1 所示。当然，稳压管电压必须根据开关管所能承受的最大电压来选择。注意，出于一些原因（特别是效率），最好把稳压管与阻塞二极管串联后，并联在原边侧绕组上，如图 3-1 所示。另一个替代方法是把稳压管跨接在交换结点与原边侧地之间。

读者可能会问：漏感在哪？虽然印制电路板上的印制导线以及变压器的引线端也是漏感的一部分，但大部分漏感在变压器原边侧绕组中，尤其是那些与副边侧绕组有耦合关系的原边侧绕组中，后面会进一步讨论。

3.1.6 稳压管钳位损耗

若要设法消耗掉漏感能量，就要知道它如何影响效率。有时会直观地认为，各开关周期内所消耗的漏感能量是 $1/2 \times L_{LKP} \times I_{PK}^2$。式中 I_{PK} 是峰值开关电流，L_{LKP} 是原边侧漏感。这当然是（开关管关断时的）漏感能量，但它并不是漏感用稳压管钳位时消耗的全部能量。

因为原边侧绕组与漏感串联，所以在很短的时间间隔内，实际上漏感试图通过稳压管续流来复位，此时原边侧绕组被迫持续提供串联电流。虽然原边侧绕组一定会（且设法让大部分能量）通过副边侧续流输出，但一部分能量还是会进入稳压管钳位电路，直到漏感完全复位（钳位电流为零）。换句话说，一部分原边侧电感能量实质上被串联漏感吸收，这部分能量与漏感能量一起进入稳压管。下列详细计算（参见图 7-10）揭示了稳压管的实际损耗为

$$P_Z = \frac{1}{2} \times L_{LK} \times I_{PK}^2 \times \frac{V_Z}{V_Z - V_{OR}} \text{W} \tag{3-15}$$

因此，漏感能量 $1/2 \times L_{LK} \times L_{PK}^2$ 需要乘以 $V_Z/(V_Z - V_{OR})$（额外能量来自原边侧电感）。

注意，如果稳压管电压过于接近所选的 V_{OR}，那么钳位损耗会迅速上升。因此，需要始终非常慎重地选择 V_{OR}。这也意味着必须仔细选择匝比。

3.1.7 副边侧漏感也影响原边侧

在上一节的损耗方程中为什么用 L_{LK} 而不用原边侧漏感（L_{LKP}）呢？原因是 L_{LK} 代表从开关管看到的总漏感，所以它不仅是 L_{LKP}，还受到副边侧漏感的影响。这有些难以想象，因为按照定义，副边侧漏感不应该耦合到原边侧（反之亦然）。那么，它是如何影响到原边侧的呢？

在开关管关断过渡过程中，就像原边侧漏感会立即阻碍原边侧电流续流输出（从而引起稳压管损耗增加）一样，所有副边侧电感也会立即阻碍副边侧电流流过续流通路。基本上，副边侧电感一定会让流过自身的电流缓慢上升，因为事实上它毕竟是电感。但直到副边侧电流在续流通路中真正建立起来，原边侧电流仍需通过某种途径续流。于是，原边侧电感电流以稳压管钳位电路为续流通路（也是唯一可行的通路）。所以，即使假设原边侧漏感为零，稳压管也会有明显的损耗。

总之，副边侧漏感产生的影响与原边侧漏感相同。

若同时考虑原副边侧漏感，则可以计算出（从开关管和稳压管钳位电路看到的）有效的原边侧漏感

$$L_{LK} = L_{LKP} + n^2 L_{LKS} \tag{3-16}$$

因此，与其他所有电抗元件一样，副边侧漏感可按匝比的平方折算到原边侧，与现有原边侧漏感串联相加（参见图3-2）。

对于给定的 V_{OR}，如果输出电压很低（例如5V或3.3V），匝比会很大。因此，如果所选择的 V_{OR} 很大，折算后的副边侧漏感甚至会大于原边侧漏感。从效率的角度看，这是极具毁灭性的。

3.1.8 测量有效的原边侧漏感

想知道 L_{LK} 的真实值么，最好的方法就是测量。通常，测量漏感的方法是把副边侧绕组短路，再测量原边侧绕组的（开路）电感值。短路实际上抵消了所有耦合电感，所以此时测到的就是原边侧漏感。

然而，测量漏感的最好方法实际上是在线测试，这样可以把副边侧印制电路板上的印制导线也囊括其中。建议的步骤如下：

在给定的应用电路板上，用一片长度尽可能短的厚铜箔（或多股铜导线），直接把二极管两端从印制电路板的焊盘位置短路。再用一片类似的导体把输出电容两端也从焊盘位置短路。然后，在开路的原边侧绕组两端测量就会得到有效漏感 L_{LK}（不仅是 L_{LKP}）。

可以发现，由于副边侧印制导线的影响，L_{LK} 实际上比 L_{LKP} 大好几倍。如果需要，当然也能测量 L_{LKP}，只需用粗导线把变压器副边侧两端短路即可。

测量所用的印制电路板既可以是除变压器外未焊接其他任何元件的空板，也可以是完全组装好的电路板（但有时可能需要将MOSFET漏极与变压器之间的导线断开）。

如果想估算副边侧导线的电感值，可以用20nH/inch的经验法则。但此时需要计算高频输出电流的全部通路，从副边侧绕组一端开始，经由二极管和输出电容回到另一端。计算或测量的结果令人惊奇，在低输出电压应用中，即使是1英寸~2英寸长的导线也能使效率戏剧性地降低5%~10%。

3.1.9 实例（7）反激变压器设计

一个74W通用输入（90 VAC ~270VAC）反激变换器，两组输出分别为5V/10A和12V/2A。假设开关频率为150kHz，试设计一个合适的变压器。同时，尽量使用性价比高的额定值为600V的MOSFET。

1. 确定 V_{OR} 和 V_Z

最高输入电压下，整流后的变换器直流电压为

$$V_{\text{INMAX}} = \sqrt{2} \times \text{VAC}_{\text{MAX}} = \sqrt{2} \times 270 = 382 \text{ V} \tag{3-17}$$

在 V_{INMAX} 下使用 600V 的 MOSFET，必须留出至少 30V 的安全裕量。因此，本例中的漏极电压不能超过 570V。由图 3-1 可知，漏极电压为 $V_{\text{IN}}+V_{\text{Z}}$。所以

$$V_{\text{IN}} + V_{\text{Z}} = 382 + V_{\text{Z}} \leqslant 570 \tag{3-18}$$

$$V_{\text{Z}} \leqslant 570 - 382 = 188\text{V} \tag{3-19}$$

可选择标准的 180V 稳压管。

注意，若以 $V_{\text{Z}}/V_{\text{OR}}$ 为函数绘制稳压管损耗曲线就会发现，在任何情况下，损耗曲线在 $V_{\text{Z}}/V_{\text{OR}}$=1.4 附近都有一个拐点。因此选择此值作为最优比，有

$$V_{\text{OR}} = \frac{V_{\text{Z}}}{1.4} = 0.7 \times V_{\text{Z}} = 0.71 \times 180 = 128 \text{ V} \tag{3-20}$$

2. 匝比

假设 5V 输出二极管正向压降为 0.6V，则匝比为

$$n = \frac{V_{\text{OR}}}{V_{\text{O}} + V_{\text{D}}} = \frac{128}{5.6} = 22.86 \tag{3-21}$$

注意，有时 12V 输出可能要用后级的线性调整器稳压。这种情况下，变压器输出电压必须（比预期的 12V）高出 3V ~5V，以提供线性调整器正常工作所需的裕量。该裕量不但能满足线性调整器的压差限制，而且有助于在各种负载条件下获得稳定的 12V 输出。但也有一些智能交叉调整技术无需使用 12V 线性调整器，特别适用于对调整后的 12V 要求不严格或输出确实为最小负载的场合。本例中假设不用 12V 后级调整器。因此，12V 输出所需匝比为 128/(12+1)=9.85，式中假设二极管压降为 1V。

3.（理论上的）最大占空比

在最高输入电压下确定了 V_{Z} 和 V_{OR} 后，回头再看一下最低输入电压的情况。由前面有关升降压变换器的讨论（参见第 2 章一般电感设计步骤）可知，设计升降压变换器的电感或变压器时，V_{INMIN} 是需要考虑的最恶劣工况。

整流后的变换器最低直流电压是

$$V_{\text{INMIN}} = \sqrt{2} \times \text{VAC}_{\text{MIN}} = \sqrt{2} \times 90 = 127 \text{ V} \tag{3-22}$$

忽略变换器的输入电压纹波，这就是变换器的直流输入。因此，最低输入电压下的占空比为

$$D = \frac{V_{\text{OR}}}{V_{\text{OR}} + V_{\text{INMIN}}} = \frac{128}{128 + 127} = 0.5\text{（反激）} \tag{3-23}$$

显然，这是效率为 100%时的理论估计。实际上，最终将弃用此值，而用另一种巧妙的方法更精确地估计 D 值。

但要注意，这只是变换器正常工作时的 D_{MAX}。例如，当变换器掉电时，占空比其实会进一步增加以维持输出电压的稳定（除非遭遇电流限制或占空比限制）。因此，需要按照必须保证的调整时间（规定的保持时间），即掉电阶段的电网周期数量，来选择合适的输入电容及最大占空比限制，即控制器的 D_{LIM}。D_{LIM} 一般设置在约 70%，电容按 3μF/W 的经验法则选择。例如，在低输入电压下，预估效率为 70%的 74W 电源所需输入功率为 74/0.7=106W。所以应该用 106×3=318μF（标准值 330μF）的输入电容。但要注意，必须按第 6 章所述校验该电容的电流纹波额定值（及其预期寿命）。

4. 原副边侧的有效负载电流

可以把全部74W输出功率都归算到一个等效的单5V输出上。则5V输出的负载电流为

$$I_O = \frac{74}{5} \approx 15\ \text{A} \tag{3-24}$$

原边侧开关管“认为”输出电压是 V_{OR}，负载电流为 I_{OR}，其中

$$I_{OR} = \frac{I_O}{n} = \frac{15}{22.86} = 0.656\ \text{A} \tag{3-25}$$

5. 占空比

实际的占空比很重要。因为它只要略微增加，就会导致工作时的峰值电流及相应磁场的显著增加。

输入功率为

$$P_{IN} = \frac{P_O}{效率} = \frac{74}{0.7} = 105.7\text{W} \tag{3-26}$$

因此，平均输入电流为

$$I_{IN} = \frac{P_{IN}}{V_{IN}} = \frac{105.7}{127} = 0.832\ \text{A} \tag{3-27}$$

由平均输入电流可以计算实际的占空比 D，因为 I_{IN}/D 就是原边侧电流斜坡中心值，且必然等于 I_{LR}。也就是说，

$$\frac{I_{IN}}{D} = \frac{I_{OR}}{1-D} \tag{3-28}$$

解得

$$D = \frac{I_{IN}}{I_{IN} + I_{OR}} = \frac{0.832}{0.832 + 0.656} = 0.559 \tag{3-29}$$

这样，就得到一个更精确的占空比估计值。

6. 实际的原副边侧电流斜坡中心值

（归算后的）副边侧电流斜坡中心值是

$$I_L = \frac{I_O}{1-D} = \frac{15}{1-0.559} = 34.01\ \text{A} \tag{3-30}$$

原边侧电流斜坡中心值是

$$I_{LR} = \frac{I_L}{n} = \frac{34.01}{22.86} = 1.488\ \text{A} \tag{3-31}$$

7. 峰值开关电流

已知 I_{LR}，就能计算出所选电流纹波率下的峰值电流

$$I_{PK} = \left(1 + \frac{r}{2}\right) \times I_{LR} = 1.25 \times 1.488 = 1.86\text{A} \tag{3-32}$$

可根据此估计值设置控制器的电流限制。

8. 伏秒积

在 V_{INMIN} 时，有

$$V_{ON} = V_{IN} = 127\ \text{V} \tag{3-33}$$

则开关管导通时间是

$$t_{ON} = \frac{D}{f} = \frac{0.559}{150 \times 10^3} \Rightarrow 3.727\mu\text{s} \tag{3-34}$$

故，伏微秒积为

$$Et = V_{ON} \times t_{ON} = 127 \times 3.727 = 473\text{V} \cdot \mu\text{s} \tag{3-35}$$

9. 原边侧电感值

注意，设计离线式变压器时，出于降低高频铜损及减小变压器尺寸等原因，经常把 r 值设置在 0.5 左右。因此，（按照 $L \times I$ 法则）原边侧电感值一定是

$$L_P = \frac{1}{I_{LR}} \times \frac{Et}{r} = \frac{473}{1.488 \times 0.5} = 636\mu\text{H} \tag{3-36}$$

10. 选择磁芯

与选择定制电感或成品电感不同，设计磁性元件时，千万不要忘记加入气隙来彻底改善磁芯的储能能力。没有气隙，即使储能很少，磁芯也会饱和。第 5 章还将深入地介绍气隙。

当然，对应所需 r 值，还要保证一定的 L 值。所以，加入气隙越大，需要的绕组匝数就越多，这会增加绕组铜损。此外，还要用更多的窗口面积来容纳这些绕组。因此，必须做一个实用的折中方案，如考虑下列方程（一般适用于铁氧体磁芯和所有拓扑）：

$$V_e = 0.7 \times \frac{(2+r)^2}{r} \times \frac{P_{IN}}{f}\ \text{cm}^3 \tag{3-37}$$

式中，f 的单位是 kHz。

在本例中，可得

$$V_e = 0.7 \times \frac{(2.5)^2}{0.5} \times \frac{105.7}{150} = 6.17\ \text{cm}^3 \tag{3-38}$$

于是，得找一个这么大（或稍大）体积的磁芯。候选的是 EI-30。数据手册给出的有效长度和面积如下

$$A_e = 1.11\ \text{cm}^2 \tag{3-39}$$

$$l_e = 5.8\ \text{cm} \tag{3-40}$$

所以，体积是

$$V_e = A_e \times l_e = 5.8 \times 1.11 = 6.438\ \text{cm}^3 \tag{3-41}$$

这比所需的体积稍大，但非常接近。

11. 绕组匝数

电压型方程

$$B = \frac{LI}{NA}\ \text{T} \tag{3-42}$$

把 B 与 L 联系起来。而且，在给定频率下，关于 r 的方程与关于 L 的方程（$L \times I$ 方程）等效。因此，将这些方程联立，B 的变化量与其峰值（通过 r）也能联系起来，可得出一个很有用的关于 r 的电压型方程（用 MKS 单位制表示）：

$$N = \left(1 + \frac{2}{r}\right) \times \frac{V_{ON} \times D}{2 \times B_{PK} \times A_e \times f} \quad \text{（电压型方程，所有拓扑）} \tag{3-43}$$

因此，即使没有材料磁导率、气隙等信息，也能知道磁通密度为 B、面积为 A_e 的磁芯所需要的绕组匝数。对大多数铁氧体磁芯而言，无论有没有气隙，磁通密度 B 都不能超过 0.3T。所以，解关于 N 的方程（此处 N 是 N_P，原边侧绕组匝数）可得

$$N_P = \left(1 + \frac{2}{0.5}\right) \times \frac{127 \times 0.559}{2 \times 0.3 \times 1.11 \times 10^{-4} \times 150 \times 10^3} = 35.5\text{匝} \quad (3\text{-}44)$$

必须校验磁芯的窗口面积是否能容纳这么多匝数，还有骨架、绝缘胶带、挡墙胶带、副边侧绕组、套管等。通常，这对于反激变换器不成问题。

注意，如果想减少 N，可以选择更大的 r 值，或减小占空比（即选择更低的 V_{OR}），或选择更大的磁通密度 B（选择新材料），或增加磁芯面积，但愿后者不会带来体积的增加。

（5V 输出时）副边侧匝数为

$$N_S = \frac{N_P}{n} = \frac{35.5}{22.86} = 1.55\text{匝} \quad (3\text{-}45)$$

匝数最好取整。但是，将它近似成 1 匝绝不是一个好主意，因为会产生较大的漏感。所以，宁愿设置

$$N_S = 2\text{匝} \quad (3\text{-}46)$$

在匝比不变（即 V_{OR} 不变）时，可得

$$N_P = N_S \times n = 2 \times 22.86 \approx 46\text{匝} \quad (3\text{-}47)$$

按照比例关系，可得 12V 输出对应的匝数为

$$N_{S\_AUX} = \frac{12+1}{5+0.6} \times 2 = 4.64 \approx 5\text{匝} \quad (3\text{-}48)$$

式中，假设 5V 输出的二极管压降为 0.6V，12V 输出的二极管压降为 1V。

12. 实际磁通密度 *B*

现在，可以用电压型方程求解 B：

$$B_{PK} = \left(1 + \frac{2}{r}\right) \times \frac{V_{ON} \times D}{2 \times N_P \times A_e \times f}\text{T} \quad (3\text{-}49)$$

但实际上已经不必再用该方程了。因为 B_{PK} 与匝数成反比，所以若 35.5 匝对应的峰值磁通密度为 0.3T，则（在保持 L 和 r 不变的情况下）46 匝对应的峰值磁通密度为

$$B_{PK} = \frac{35.5}{46} \times 0.3 = 0.2315\text{ T} \quad (3\text{-}50)$$

磁通变化量与其峰值的关系为（参见第 2 章磁场纹波系数部分）

$$\Delta B \equiv 2 \times B_{AC} = \frac{2r}{r+2} \times B_{PK} = \frac{1}{2.5} \times 0.2315 = 0.0926\text{ T} \quad (3\text{-}51)$$

注意，在 CGS 单位制中，峰值为 2315G，交流分量是磁通变化量的一半，即 463G（因为 r=0.5）。

注意　如果把 B 的初始值设为 0.3T，在副边侧匝数调高为最接近的整数后，B 值很可能会变小，如前所述。当然，那不仅是所期望的，而且也是可接受的。但要注意，变换器上电或掉电时，因为变换器一直在努力调整电压，B 值将增大。这也是为什么需要精确设置最大占空比限制和电流限制的原因，否则开关管可能会因电感或变压器饱和而损坏。具有快速电流限制和快速开关的高性价比反激变换器设计中（特别是集成 MOSFET），只要工作磁通密度小于或等于 0.3T，一般允许峰值磁通密度达到 0.42T。可参考第 5 章的内容。

13. 气隙

最后，还要考虑磁性材料的磁导率。L 与磁导率的关系是

$$L=\frac{1}{z}\times\left(\frac{\mu\mu_0 A_e}{l_e}\right)\times N^2 H \tag{3-52}$$

式中，z 是气隙因数：

$$z=\frac{l_e+\mu l_g}{l_e} \tag{3-53}$$

注意，z 实际上可取不小于 1（无气隙）的任何值。例如 z=10 时，有气隙磁芯的能量处理能力比无气隙磁芯增加 10 倍（其 A_L 值和有效磁导率 $\mu_e=\mu\mu_0/z$ 则以同样倍数下降）。因此，虽然大气隙肯定有帮助，但仍需保持一定的基于 r 的 L 值，所以不得不大量增加绕组匝数。如前所述，在某些情况下，这可能使可用的磁芯窗口面积无法容纳这些绕组，而且铜损也会大大增加。因此，对于铁氧体材料制作的有气隙变压器，z 的取值范围设在 10~20 之间是一个较好的折中。根据现有要求和选择，最终结果是

$$z=\frac{1}{L}\times\left(\frac{\mu\mu_0 A_e}{l_e}\right)\times N^2=\frac{1}{636\times10^{-6}}\times\left(\frac{2000\times4\pi\times10^{-7}\times1.11\times10^{-4}}{5.8\times10^{-2}}\right)\times46^2 \tag{3-54}$$

所以，z=16。这是一个可接受的值。最后，求解气隙长度：

$$z=16=\frac{5.8+2000l_g}{5.8}\Rightarrow l_g=0.435\text{mm} \tag{3-55}$$

注意 一般来说，如果使用中心磁柱气隙变压器，那么，不管每个中心磁柱是否被打磨总气隙长度必须等于上述计算值。但如果是用垫片嵌入（EE 或 EI 型磁芯）两侧磁柱中，那么各外侧磁柱的垫片厚度必须是上述计算值的一半，从而使总气隙长度符合设计。参见图 5-17。

3.1.10 选择线规和铜箔厚度

电感电流波动相对平滑。但在反激变压器中，情况是一个绕组电流完全停止，而让另一个绕组接替导通。的确，只要给定时间内磁芯的安匝数保持不变，就不用管（甚至也不用知道）究竟是哪个绕组流过电流。因为只有净安匝数才能决定磁芯中的磁场（和能量）。但现在，绕组本身的电流是脉动的，边沿陡峭，含有明显的高频成分。正因如此，有必要在选择合适的反激变压器绕组导线厚度时考虑集肤深度。

注意 DC-DC 电感设计忽略了这个因素，但在高频 DC-DC（或 r 值较大的）设计中，可能也需要考虑集肤深度。

电子间的高频电场很强，足以使它们彻底地相互排斥，导致电流都聚集在导体表面（参见图 3-3 的指数曲线）。聚集程度随频率升高按 $\sqrt{f}$ 规律加大。于是，存在下述可能性：虽然可以加粗导线尽量降低铜损，但大部分导线（内部）的横截面上不可能有电流流过。由于导线电阻与正在流过或可能流过电流的横截面积成反比。所以，电流聚集会导致铜导线的有效电阻（相对其直流值）增加。此时，导线对电流表现出的电阻称为交流电阻（参见图 3-3 的下半部分）。它是频率的函数，也是集肤深度的函数。因此，与其浪费变压器内部宝贵的空间，并损失效率，

不如设法优化导线直径，使横截面得到更好地利用。选好导线后，若流过的电流超出了其横截面的载流能力，则需要多股并绕。

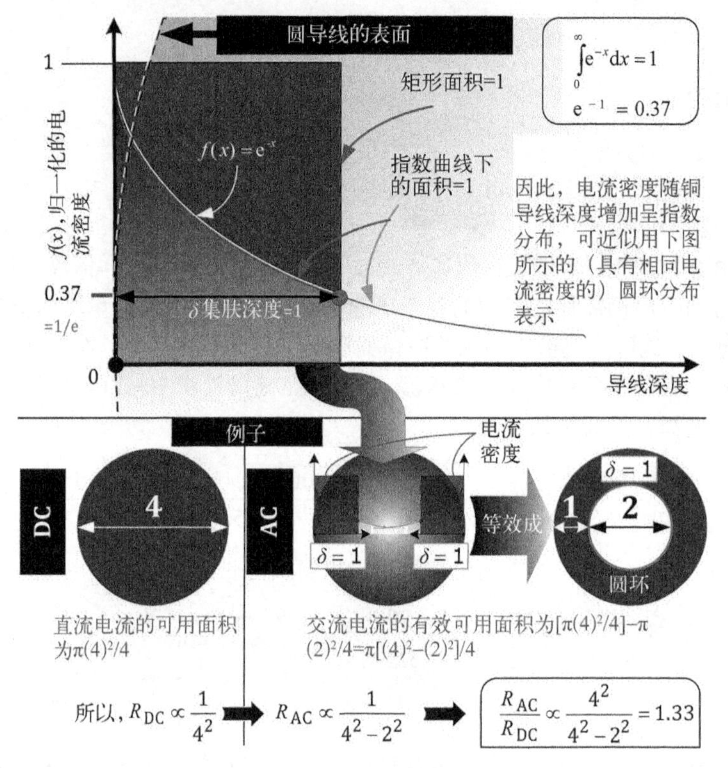

图 3-3　集肤深度和交流电阻

单股导线能承载多大电流呢？这完全取决于累积发热量和变压器的允许温升。按照应用指南或经验法则，反激变压器的电流密度取 400cmil（圆密耳）/A，这也是下面分析的重点。

注意　在北美地区，习惯用 cmil/A 来表示电流密度，需要慢慢适应。它实际上是单位安培面积，而不是单位面积安培（电流密度的常规表示法）。因此，cmil/A 值越大，实际上电流密度越小（反之亦然），温升也越低。

集肤深度 δ 定义为从导线表面到电流密度降至表面的 1/e 处的距离。注意，铜导线表面的电流密度与不考虑高频效应时流过铜导线横截面的平均电流密度相同。按照指数曲线较理想的近似方法，可认为由表面到集肤深度处的电流密度一直保持不变，其后突降为零。这源自指数曲线的一个有趣的性质，即从零到无穷大，曲线下方的面积等于经过 1/e 点的矩形面积（参见图 3-3、图 5-21 和图 5-22）。

因此，在使用圆导线时，若所选直径是集肤深度的两倍，则导线内部无任何一点到表面的距离超过集肤深度。所以，每一部分导线都得到充分利用。这种情况下，可认为导线的交流电阻与直流电阻相等。只要据此选择导线直径，就不必再考虑高频效应。

如果使用铜箔，其厚度大约也是集肤深度的两倍。

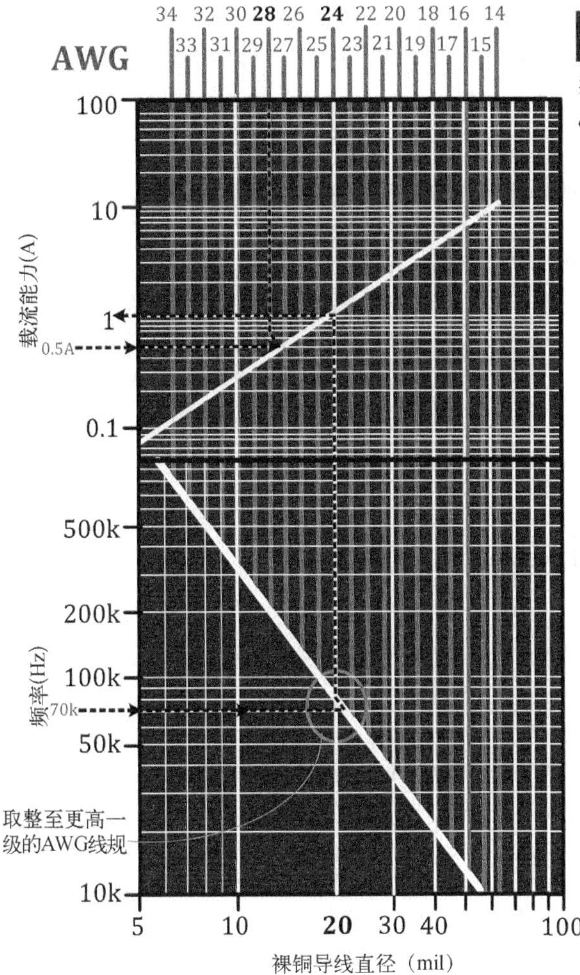

列线图基于400cmil/A的经验法则，此处A代表D=0.5时的反激变换器原边侧电流斜坡中心值。目标电流密度的有效值实际上等于565cmil/A（参见图5-21）

列线图使用实例

集肤深度以毫米表示为：

$$\delta_{\mathrm{mm}} \approx \frac{66.1}{\sqrt{f_{\mathrm{Hz}}}} \text{(参见图5-22)}$$

举例来说，频率为70kHz时，集肤深度是0.25mm，即10mil。因此，在70kHz开关频率下，需要选择线径小于2×10mil=20mil的导线。该数值也是下方曲线与对应70k的水平虚线的交点。因此，无需上述公式，列线图已经给出了所有答案。图示20mil大约相当于AWG24导线（参见网格顶端对应的AWG线规）。而且，由AWG24与上方曲线的交点可知，基于400mil/A的经验法则，AWG24可提供1A的载流能力。所以，如果原边侧电流斜坡中心值为1A（大多数70W反激变换器在90VAC输入下的电流典型值），那么应该选用1股AWG24导线绕制原边侧绕组（@70kHz）

举例来说，如果原边电流斜坡中心值是2A（更大功率的反激变换器），应该选用2股AWG24导线并联

但若是小功率反激变换器，原边侧电流（斜坡中心值）为0.5A又如何呢？这样，AWG24导线将代表过度设计。从上方曲线与对应0.5A的水平虚线的交点可知，此时可以选择AWG28导线

若电流斜坡中心值是1.5A又如何呢？2股AWG24导线将代表过度设计。可以选择3股导线，每股额定值为0.5A。所以，3股AWG28导线可满足要求。校验：AWG28导线的集肤深度比AWG24导线小（@70kHz），从上方图中可以看出，AWG28导线的额定值为0.5A

适合A类变压器

图 3-4 根据集肤深度选择线规和铜箔厚度的列线图

图 3-4 用简单的列线图来选择线规和厚度。图中上半部分是按 400cmil/A 的常规要求给出的载流能力。显然，这些读数与所需的电流密度成线性比例关系。列线图上的垂直栅格代表线规。图中以 70kHz 开关频率为例。用类似方法对前面介绍的实例（7）图解可得，150kHz 时应该用线规为 AWG27 的导线。但按照 400cmil/A 的经验法则，其载流能力仅为 0.5A（电流密度低至 800cmil/A 时仅为 0.25A）。因此，既然迭代后的原边侧电流斜坡中心值估计为 1.448A，就需要用 3 股 AWG27 导线（并绕）来得到 1.5A 的总载流能力（略高于需求）。

再看实例（7）中变压器的副边侧，前面已经把所有副边侧电流归算到单一 5V 输出上，其等效负载电流为 15A。但实际上仅有 10A，是原来的 2/3。因此，前面计算的 34A 电流斜坡中心值实际上是(2/3)×34=22.7A。差值为 34 – 22.7=11.3A，再折算到 12V 绕组上为(5.6/13)×11.3=4.87A。因此，12V 输出的电流斜坡中心值是 4.87A。可用下述绕制 5V 绕组的方法来绕制 12V 绕组。

5V绕组可考虑使用铜箔，因为只有2匝，而且需要很大的载流能力。5V绕组副边侧电流斜坡中心值约为23A。在图3-4中，沿AWG27垂线向下投射可找到与工作频率相对应的合适厚度（2δ），大约为14mil。但因为使用的是铜箔，所以还无法得知它是否符合400cmil/A的经验法则，需要进一步校验。

一个cmil等于0.7854平方密耳（mil^2）。因此，400cmil就是400×0.7854=314mil^2（π/4=0.7854），而23A需要23×314=7222mil^2。但铜箔厚度仅为14mil，因此所需的铜箔宽度为7222/14=515mil，约15cm。图3-5中EI-30骨架能容纳的铜箔宽度为530mil。所以，该宽度可以接受。注意，若可用宽度不足，需要另寻截面（宽度）更大的磁芯，如美制EER磁芯（EE型磁芯，R表示中心柱为圆形）。或者，也可以考虑用多股圆导线并绕。问题是46股（AWG27）多股线拧成一束体积太大，不仅难以绕制，还会增加漏感。因此，可选用11股或12股AWG27导线拧成一束，再将4束导线（全部并联）并排放置，形成变压器的一层。所以，2匝副边侧绕组要同样绕制2层。

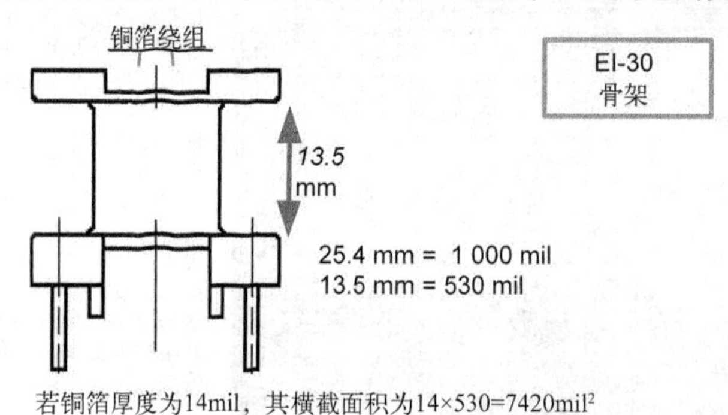

图3-5　校验EI-30骨架能否容纳23A铜箔

3.2　正激变换器的磁性元件

本节介绍的设计步骤明显适用于单管正激变换器。但其中的一般设计步骤也适用于双管正激变换器。

3.2.1　占空比

正激变换器的占空比为

$$V_O = V_{IN} \times D \times \frac{N_S}{N_P} \tag{3-56}$$

与降压变换器的占空比相比，唯一的区别是N_S/N_P项。如前所述，它是粗调的固定降压比，由变压器的匝比决定。据此，可先把输入电压V_{IN}折算到副边侧，再把折算后的电压（$V_{INR}=V_{IN}/n$，式中$n=N_S/N_P$）加到副边侧的交换结点上。从该点开始的变换器电路实际上是一个简单的DC-DC降压电路，输入电压为V_{INR}，输出电压为V_O（参见图3-6）。因为正激变换器的扼流圈设计步骤与所有降压变换器的电感设计相同，所以此处不再赘述。但正激变换器的变压器设计则是另外一回事。

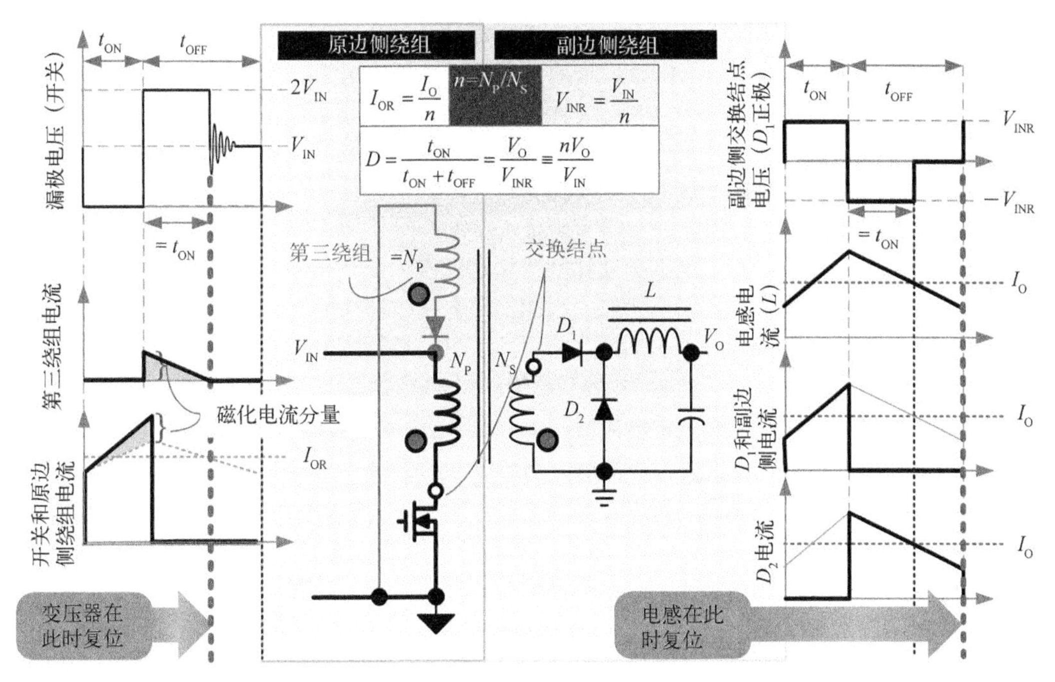

图 3-6 单端正激变换器

注意 在扼流圈设计中应该切记，对于大电流电感，如典型的正激变换器电感，计算出的导线太粗（且太硬），不容易在磁芯或骨架上绕制。这种情况下，采用细导线多股并绕可使绕组更柔韧、更易于在生产实际中操作。而且，在扼流圈和电感设计中，通常很少考虑高频集肤深度。只要导线有足够的净横截面积来保证温升控制在40℃~50℃以内，几乎可选择任意线规的铜导线。

与反激变压器不同，正激变换器的原副边侧绕组同时导通。这导致磁芯中的磁通几乎完全抵消。但无论负载如何变化，有一个原边侧电流分量始终保持不变。它就是*励磁电流*，在图 3-6 左侧用灰色区域表示。空载时，它是流过原边侧绕组和开关管的全部电流（假设占空比固定）。只要负载电流增加，副边侧绕组电流就增加，原边侧绕组电流也增加。原副边侧绕组电流都与负载电流成正比增长，所以其增量也成正比，比例系数为匝比。更重要的是，它们的符号相反。如图 3-6 所示，在变压器中，原边侧电流从同名端流入，同时副边侧电流从同名端流出。因此，变压器磁芯中的净磁通从空载开始就保持不变（假设 D 固定），因为磁芯从未“发现”绕组的净安匝数有何变化。所有关于磁芯的变量，如磁通、磁场、储能，甚至磁芯损耗都完全由励磁电流决定。当然，绕组本身的情况要另当别论，它们承载全部电流，不仅有实际的负载电流，还有脉冲电流尖峰以及伴随的高频振荡。

励磁电流未经变压器耦合到副边侧。从这个意义上讲，它相当于并联漏感。需要从开关管总电流中减去这个分量，才能使原副边侧电流符合匝比关系。也就是说，*励磁电流与匝比无关*，它仅在原边侧存在。

事实上，励磁电流是变压器中唯一与储能有关的电流分量。从这个意义上讲，它类似于反激变压器。然而，若要电路达到稳态，则变压器在各个周期内都要（与输出扼流圈一起）复位。

但不幸的是，由于输出二极管极性，励磁能量无法耦合并传输到副边侧。若不采取措施，这部分能量肯定会像反激变换器漏感尖峰一样损坏开关管。考虑到效率，也不想把它消耗掉。所以，通常的解决方法是采用第三绕组（或称复位绕组），如图3-6所示。注意，该绕组与原边侧绕组形成反激变换器结构，仅在开关管关断阶段导通续流，把励磁能量回馈给输入电容。由于二极管压降和第三绕组电阻的存在，这部分循环能量也会产生一些损耗。还要注意，实际上漏感能量也经第三绕组回馈到输入。因此，无需为传统正激变换器外加钳位电路。

出于各种原因，如在任何工况下必须保证变压器复位，以及其他与产品有关的原因，第三绕组匝数一般与原边侧绕组匝数完全一致。因此，根据变压器功能，在开关管关断时，原边侧交换结点（MOSFET漏极）电压必然升至 $2\times V_{IN}$。所以，在通用输入离线式单端（即单管）正激变换器中，至少需要额定电压为800V的开关管。

只要变压器复位（即第三绕组中电流归零），漏极电压就会突然降至 V_{IN}，即原边侧绕组电压为零，因此副边侧绕组电压也为零。然后，输出续流二极管（图3-6中连接到副边侧地的二极管 D_2）为扼流圈中的能量续流。注意，实际上，在变压器复位后，MOSFET漏极会出现一段时间的振铃，其平均值为 V_{IN}。它来自于各种不明的寄生参数。显然，振铃会辐射电磁干扰。

注意，实际上在变压器复位前，副边侧绕组暂未导通，因为输出二极管（即与副边侧绕组跳变端相连的二极管 D_1）在第三绕组导通阶段反偏。

还要注意，在任何情况下，正激变换器的占空比都不能大于50%。原因是在各个周期内必须无条件保证变压器复位。既然无法直接控制变压器的电流波形，就不得不留出足够的时间，让第三绕组电流以一定斜率下降到零。换句话说，必须让变压器自然达到伏秒平衡。但因为第三绕组匝数与原边侧绕组匝数相同，所以在开关管导通时，第三绕组电压等于 V_{IN}，而在开关管关断时，还是等于 V_{IN}（反向）。因此，当 $t_{OFF}=t_{ON}$ 时，复位实现。所以，如果占空比大于50%，t_{ON} 必然总是大于 t_{OFF}，那么变压器永远不可能复位。最终会损坏开关管。因此，要让 t_{OFF} 足够大，占空比必须总是小于50%。

正激变换器中的变压器一直工作在断续导通模式（而其扼流圈，即电感 L 通常工作在连续导通模式，且 r 值为0.4）。而且，变压器磁通在任何负载条件下都保持不变，故而可从逻辑上推导出，变压器未存储任何输出能量。因此，真正的问题是：在正激变换器中，什么才能决定变压器的功率处理能力呢？从直观上讲，显然不可能用任意尺寸的变压器来传输任意大小的功率。那么，什么才能决定变压器的尺寸呢？后面很快会知道，变压器尺寸取决于在不使变压器太热的情况下，磁芯可用窗口面积中到底能挤入多少铜（更重要的是，怎样才能充分利用可用窗口面积）。

3.2.2　最恶劣输入电压

在设计磁性元件时，（从磁芯饱和的角度看）最基本的问题总是：究竟哪个输入电压对应最恶劣工况呢？对正激变换器扼流圈而言，答案很明显。与所有降压变换器一样，要在 V_{INMAX} 下将其电流纹波率设为约0.4。但是，在得出适当结论前，需要对变压器做进一步分析。

注意，正激变换器的变压器工作在断续导通模式，但其占空比由扼流圈决定，而扼流圈工作在连续导通模式。因此，虽然变压器本身实际工作在断续导通模式，但其占空比“从属于”连续导通模式下扼流圈的占空比 $D=V_O/V_{INR}$。这种相当巧合的CCM+DCM相互作用会导致一个有趣的现象。在正激变换器中，变压器的伏秒积是常数，与输入电压无关。在下列计算中，V_{IN} 完全被抵消，该事实清楚地说明了这个问题。

$$Et = V_{IN} \times \frac{D}{f} = V_{IN} \times \frac{V_O}{V_{INR} \times f} = V_{IN} \times \frac{V_O \times n}{V_{IN} \times f} = \frac{V_O \times n}{f} \tag{3-57}$$

所以实际上，只要扼流圈一直工作在连续导通模式，无论输入电压高低，变压器的电流纹波（或磁场）均相同。由于变压器工作在断续导通模式，其峰值电流等于电流纹波最大值，所以峰值与 V_{IN} 无关。当然，峰值开关管电流 I_{SW_PK} 是峰值励磁电流 I_{M_PK} 与折算到原边侧后的副边侧峰值电流之和，即

$$I_{SW\_PK} = I_{M\_PK} + \frac{1}{n}\left[I_O\left(1+\frac{r}{2}\right)\right] \tag{3-58}$$

因此，虽然开关管电流限制必须设得足够高，以满足 V_{INMAX}（折算后的输出电流峰值所对应的输入电压）下的 I_{SW_PK}，但就变压器磁芯而言，其峰值励磁电流（及相应磁场）为 I_{M_PK}，与 V_{IN} 无关！这的确是个有趣的现象。还要注意，就扼流圈而言，峰值电感电流不再（像 DC-DC 降压拓扑那样）等于（折算后的）峰值开关管电流，但等于峰值（续流）二极管电流。当然，若从峰值开关管电流中减去励磁电流，再按匝比（折算）到副边侧，则该峰值电流就等于峰值电感电流。

因此，I_M 特性与输入电压无关。可以这样理解：随着输入电压增加，变压器电流斜坡升高，所以 ΔI 增加。然而，此时输出扼流圈也感应出更高的 V_{INR}，使占空比和变压器导通时间减小，从而使电流纹波也减小。这两种相反的作用恰好完全抵消，因此变压器的电流纹波无净变化量。

据此推断，变压器的磁芯损耗也与输入电压无关。另一方面，低输入电压时铜损总会增加（DC-DC 降压变换器除外），因为此时平均输入电流必须增加以满足基本的功率要求 $P_{IN}=V_{IN}\times I_{IN}=P_O$。

虽然可选择任一特定输入电压来保证磁芯在其输入电压范围内不饱和，但因为铜损在 V_{INMIN} 时最大，所以在正激变换器中，可把变压器的最恶劣工况定为 V_{INMIN}。至于扼流圈，仍然是 V_{INMAX}。

3.2.3 利用窗口面积

由图 3-7 中 ETD-34 磁芯和骨架上的典型绕组排列可知，塑料骨架占据了一部分磁芯内部空间，将可用窗口面积 Wa 从 171cm^2 减小到 127.5cm^2，即降至 74.5%。而且，如果按常规在骨架两边各绕 4mm 挡墙胶带，以满足国际安全规范中关于（空气隔离）间距和原副边侧爬电距离（绝缘表面距离）要求，剩余的可用窗口面积仅为 78.7mm^2，即总计降至 78.7/171=46%。此外，由图 3-8 中左侧图可知，任何给定导线“在物理上占有”（将在变压器中占有）的正方形面积中只有 78.5%是实际导电的（铜）。因此，可用窗口面积总计降至 0.46×0.785=36%。也可参考图 5-21。

由于层间绝缘（或可能有的电磁屏蔽层）等因素，还会有一些磁芯空间损失。所以，估计铜导线实际利用的可用磁芯窗口面积最终只有 30%~35%，这就是引入窗口利用系数 K（稍后会将它设为估计值 0.3）的原因。因此有

$$K = \frac{N \times A_{CU}}{Wa} \tag{3-59}$$

和

$$N = \frac{K \times Wa}{A_{CU}} \tag{3-60}$$

式中，A_{CU} 是铜导线的横截面积，Wa 是磁芯的总窗口面积（注意，这只是 EE 或 EI 磁芯两个窗口其中一个的面积）。

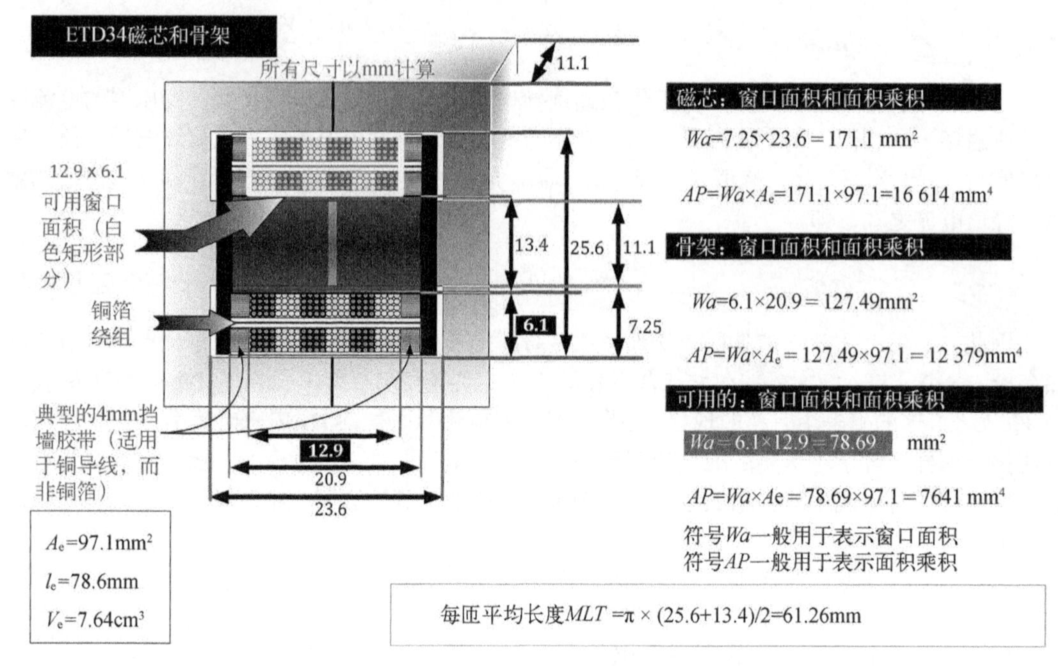

图 3-7 ETD-34 骨架分析

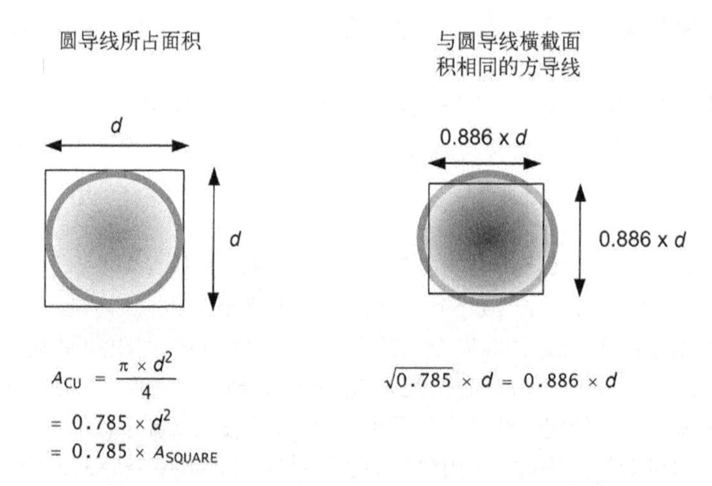

图 3-8 圆导线以及与圆导线导电横截面积相同的方导线所占物理面积

3.2.4 磁芯尺寸与其功率吞吐量的关系

如前所述，原始的电压型方程是

$$\Delta B = \frac{V_{IN} \times t_{ON}}{N \times A}\ \mathrm{T} \tag{3-61}$$

代入原边侧匝数 N，可得

$$\Delta B = \frac{V_{IN} \times t_{ON} \times A_{CU}}{K \times Wa \times A}\ \mathrm{T} \tag{3-62}$$

进行代换处理，

$$\Delta B=\frac{V_{IN}\times I_{IN}\times t_{ON}\times A_{CU}}{I_{IN}\times K\times Wa\times A}=\frac{P_{IN}\times(D/f)\times A_{CU}}{I_{IN}\times K\times Wa\times A}=\frac{P_{IN}\times(D/f)\times A_{CU}}{I_{IN}\times D\times K\times Wa\times A} \tag{3-63}$$

$$\Delta B=\frac{P_{IN}}{(I_{SW}/A_{CU})\times K\times f\times Wa\times A}=\frac{P_{IN}}{(J_{A/m^2})\times K\times f\times AP} \tag{3-64}$$

式中，J_{A/m^2}是以 A/m^{2}为单位的电流密度，AP 是面积乘积（$AP=A_e\times Wa$）。现在，将上式转换成 CGS 单位制以方便计算。可得

$$\Delta B=\frac{P_{IN}}{(J_{A/cm^2})\times K\times f\times AP}\times10^8\,\text{G} \tag{3-65}$$

现在，AP 以 cm^{2}为单位。最后，用下式将电流密度转换成以 cmil/A 为单位

$$J_{cmil/A}=\frac{197\,353}{J_{A/cm^2}} \tag{3-66}$$

可得

$$\Delta B=\frac{P_{IN}\times J_{cmil/A}}{197\,353\times K\times f\times AP}\times10^8\,\text{G} \tag{3-67}$$

为求解面积，此处代入一些数值。假设典型电流密度为 600cmil/A，窗口利用系数 K 为 0.3，ΔB 等于 1500G，可得到如下基本的磁芯选择标准：

$$AP=675.6\times\frac{P_{IN}}{f}\,\text{cm}^4 \tag{3-68}$$

注意 典型正激变换器中，通常将变压器磁通密度 B 的变化量设为 $\Delta B\approx0.15\text{T}$。这有助于降低磁芯损耗，一般也会留有足够的安全裕量以避免在高压上电时达到 B_{SAT}。注意，在反激变换器中，磁芯损耗会更小，因为 ΔI 仅占总电流的一部分（典型为 40%）。但因为正激变换器的变压器总是工作在断续导通模式，B 的变化量更显著，等于峰值，即 $B_{PK}=\Delta B$。因此，如果将峰值磁通密度设为 3000G，ΔB 也将是 3000G，大约是同样峰值的反激变换器的两倍。这就是必须将正激变换器的峰值磁通密度降至约 1500G 的原因。

3.2.5 实例（8）正激变压器设计

一个 200kHz 的正激变换器，其交流输入电压范围 90~270V，输出为 5V/50A，预计效率为 83%。设计所需的变压器。

1. 输入功率

$$P_{IN}=\frac{P_O}{\text{效率}}=\frac{5\times50}{0.83}\approx300\,\text{W} \tag{3-69}$$

2. 选择磁芯

按前面的计算规则，有：

$$AP=675.6\times\frac{P_{IN}}{f}=675.6\times\frac{300}{2\times10^5}=1.0134\text{cm}^4 \tag{3-70}$$

图 3-7 中给出的 ETD-34 磁芯的面积乘积是

$$AP = W\frac{\left[\left(25.6-11.1\right)/2\right]\times 23.6\times 97.1}{10^4} = 1.66\ \text{cm}^4 \tag{3-71}$$

也就是说，理论值可能稍大于所需值。但它是该范围内最接近的标准尺寸。稍后会看到，实际上它刚好满足要求。

3. 集肤深度

集肤深度是

$$\delta = \frac{66.1\times[1+0.0042(T-20)]}{\sqrt{f}}\ \text{mm} \tag{3-72}$$

式中，f的单位是 Hz，T是以℃为单位的绕组温度。因此，假设最终温度为 T=80℃（比最高环境温度 40℃还高出 40℃），在 200kHz 开关频率下，可得

$$\delta = \frac{66.1\times[1+0.0042\times(60)]}{\sqrt{2\times 10^5}} = 0.185\ \text{mm} \tag{3-73}$$

4. 热阻

根据 EE、EI、ETD 和 EC 磁芯的经验公式

$$R_{\text{th}} = 53\times V_{\text{e}}^{-0.54}\ ℃/\text{W} \tag{3-74}$$

式中，V_e的单位是 cm^3。对于 ETD-34 磁芯，V_e=7.64cm^3，可得

$$R_{\text{th}} = 53\times 7.64^{-0.54} = 17.67\ ℃/\text{W} \tag{3-75}$$

5. 最大磁通密度

对于 40℃的预计温升，变压器允许的最大损耗为

$$P \equiv P_{\text{CU}} + P_{\text{CORE}} = \frac{\deg C}{R_{\text{th}}} = \frac{40}{17.67} = 2.26\text{W} \tag{3-76}$$

把损耗等分为铜损和磁芯损耗（典型的对分假设）。所以，

$$P_{\text{CU}}=1.13\ \text{W} \tag{3-77}$$

$$P_{\text{CORE}}=1.13\ \text{W} \tag{3-78}$$

因此，允许的单位体积磁芯损耗为

$$\frac{\text{磁芯损耗}}{\text{体积}} = \frac{1.13}{7.64} \Rightarrow 148\text{mW/cm}^3 \tag{3-79}$$

由表 2-5 中系统 B，可查得

$$\frac{\text{磁芯损耗}}{\text{体积}} = C\times B^p\times f^d \tag{3-80}$$

式中，B 的单位是 G，f的单位是 Hz。因此，解得

$$B = \left[\frac{\text{磁芯损耗}}{\text{体积}}\times\frac{1}{C\times f^d}\right]^{1/p} \tag{3-81}$$

如果使用 3C85 铁氧体磁芯（Ferroxcube 公司出品），由表 2-6 中可知，p=2.2，d=1.8，C=2.2×10^{-14}。因此，

$$B = \left[148\times\frac{1}{2.2\times 10^{-14}\times 2^{1.8}\times 10^{5\times 1.8}}\right]^{1/2.2} = 720\ \text{G} \tag{3-82}$$

注意，按照惯例，此处 B 实际上是指 B_{AC}。由此可得，允许的总磁通密度变化量为

$$\Delta B = 2 \times B = 2 \times 720 = 1440\ \text{G} \quad (3\text{-}83)$$

6. 伏微秒积

前面介绍过如下形式的电压型方程：

$$\Delta B = \frac{100 \times Et}{N \times A}\ \text{G} \quad (3\text{-}84)$$

式中，A 为有效面积，单位是 cm^2。低电压时，为满足典型的 20ms 保持时间要求，且避免使用尺寸过大的输入电容，一般将正激变换器的占空比设为约 0.35。此时，整流后的输入电压为 $90 \times \sqrt{2} = 127\text{V}$。因此，（任意电网电压下）伏微秒积为

$$Et = V_{\text{IN}} \times \frac{D}{f} = 127 \times \frac{0.35}{2 \times 10^5} = 222.25\text{V} \cdot \mu\text{s} \quad (3\text{-}85)$$

7. 匝数

令 $\Delta B = 1440\text{G}$，求解下列方程，可得 N：

$$\Delta B = \frac{100 \times Et}{N \times A}\ \text{G} \quad (3\text{-}86)$$

$$N_{\text{P}} = \frac{100 \times Et}{\Delta B \times A} = \frac{100 \times 222.25}{1440 \times 0.97} = 15.9\ \text{匝} \quad (3\text{-}87)$$

注意，这里只字未提所需电感值。因为所需匝数与（原边侧）电感值无关。的确，改变电感值会影响峰值励磁电流和开关管电流，因为 B 和 I 之间的比例系数改变了。然而，B 是定值，并不由电感值决定！

假设二极管正向压降为 0.6V，所需匝比为

$$n = \frac{N_{\text{P}}}{N_{\text{S}}} = \frac{V_{\text{IN}}}{V_{\text{IN}R}} = \frac{V_{\text{IN}}}{(V_{\text{O}} + V_{\text{D}}) / D} = \frac{127 \times 0.35}{5 + 0.6} = 7.9375\ \text{匝} \quad (3\text{-}88)$$

因此，副边侧匝数为

$$N_{\text{S}} = \frac{15.9}{7.9375} = 2.003\ \text{匝} \quad (3\text{-}89)$$

注意，结果可能明显不是整数。这种情况下，可将结果近似为最接近的（较大）整数，然后重新计算原边侧匝数、磁通密度变化量和磁芯损耗，算法与反激变换器设计类似。于是，得到如下结果

$$n = 8\ (\text{匝比}) \quad (3\text{-}90)$$

$$N_{\text{P}} = 16\text{匝} \quad (3\text{-}91)$$

$$N_{\text{S}} = 2\ \text{匝} \quad (3\text{-}92)$$

8. 侧铜箔厚度和损耗

前文所述的集肤深度概念实际上是在描述自由空间中的单股导线。为了简化，直接忽略了邻近绕组磁场对其电流分布可能造成的显著影响。事实上，即使环面导线也并不是完全适用于高频电流。每个绕组自身都会产生磁场，当磁场影响到邻近绕组时，其电荷分布就会改变，产生涡流（及相应磁场）。这种现象称为邻近效应，它会极大地增加交流电阻和变压器的铜损。

为改善这种情况，首要任务是使绕组产生的磁通相互抵消。正激变换器中，由于原副边侧绕组同时流过电流，并且方向相反，实际上磁通有自动抵消的趋势。但是，仍然可以证明磁通并未完全抵消，在常见的大功率正激变换器中更是如此。所以，要用图 3-9 所示的分层交错绕制技术才能进一步降低邻近损耗。

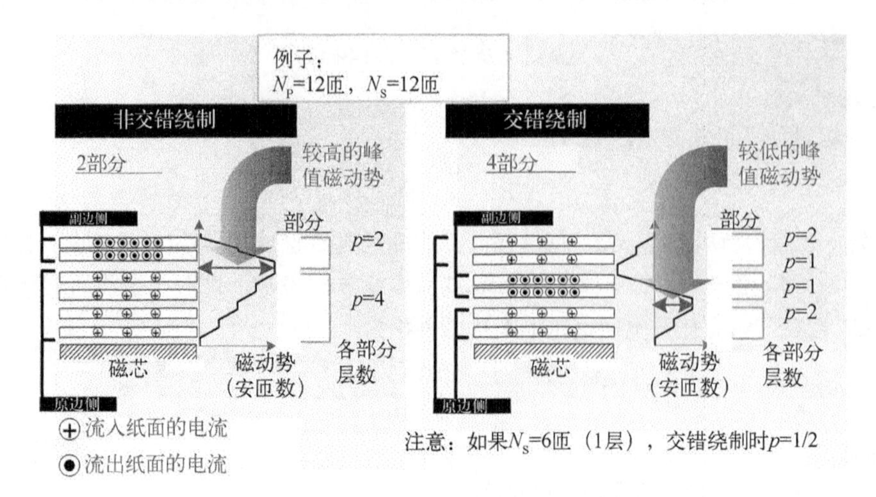

图 3-9　用分层交错绕制技术降低邻近损耗

基本上，通过绕组分层，可使原副边侧绕组尽可能彼此靠近，增强局部相邻磁场的抵消作用。事实上，在交错绕制时，还要设法防止安匝数累积。注意，安匝数与导致邻近损耗的局部磁场成正比。然而，频繁交错并不现实，因为这需要原副边侧绕组间有更多的绝缘层，更多的焊接端和更多的层间电磁屏蔽（如果需要）。所有这些都会增加成本，而且最终可能导致漏感增大，反而不是减小。因此，在大多数中功率离线式开关电源中，仅把原边侧绕组分成两层，即在单层的副边侧绕组内外各有一层。

另一种降低损耗的方法是减小导体厚度，有多种途径可以实现。举例来说，一个单股导线制成的绕组，若把其中的单股分成几个并联的细股，并且使其总直流电阻在细分过程中保持不变，则会发现其交流电阻先升后降。另一方面，一个铜箔绕组，若把铜箔厚度减小，则交流电阻先降后升。

图 3-9 定义了 p，它表示各部分绕组层数。需注意分层交错绕制时 p 如何变化。

但是，如何着手进行实际的损耗估计呢？道尔（Dowell）将非常复杂的多维问题简化为更简单的一维问题。由他的分析可知，各层均有一个最优厚度。该厚度远小于 $2\times\delta$，其中 δ 为先前定义的集肤深度。

注意　分析反激变换器时，为简单起见忽略了邻近效应。因其原副边侧绕组在任何情况下都不会同时导通，所以分层交错绕制并无帮助。可是，反激变换器仍会出现分层交错绕制，形式与正激变换器类似。其用途是增强原副边侧绕组间的耦合，进而降低漏感。但这也会同时增强电容性耦合，除非在原副边侧交界面放置接地屏蔽。屏蔽一般有助于减少耦合到输出的高频噪声和叠加的共模传导电磁干扰。但它也会增加漏感，这是在反激变换器中必须关注的。还要注意，屏蔽必须非常薄，否则会产生很大的涡流损耗。而且，内部屏蔽层的末端不能连在一起，否则会在变压器中构成一个短路环。

图 3-10 绘制了 Dowell 方程曲线，适用于在铜箔绕制的变压器中通入（单向）方波电流时的情况。注意，实际上原始 Dowell 曲线绘制的是 F_R 相对于 X 的波形。但图中绘制的是 F_R/X 相对于 X 的波形，其中

$$F_R = \frac{R_{AC}}{R_{DC}} \tag{3-93}$$

和

$$X = \frac{h}{\delta} \tag{3-94}$$

h 是铜箔厚度。之所以没有绘制 F_R 相对于 X 的波形是因为 F_R 只是交流电阻与直流电阻之比。而真正令人感兴趣的是使 R_{AC} 最小化，并非 F_R。同样，最优 R_{AC} 值未必是最小 F_R 值。

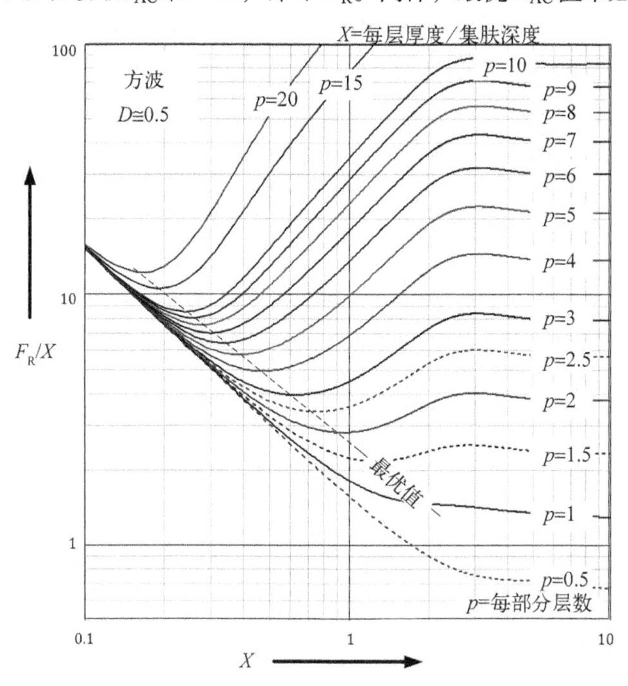

图 3-10 根据铜箔厚度变化找出最小交流电阻

下面以单层铜箔为例分析（分析方法与图 3-3 类似）。若铜箔厚度缓慢增加，一旦超过 2δ，交流电阻将不再继续变化，因为高频电流能用的横截面积在铜箔两侧都被限制在 δ。但直流电阻继续按 $1/h$ 规律减小，结果使 F_R 增加。所以，R_{AC} 与 F_R 之间的关系并不明显。因为 $F_R=R_{AC}/R_{DC}$，$R_{DC}\propto 1/h$，所以 $R_{AC}\propto F_R/h$。（对于铜箔）这才是真正需要最小化的。图 3-10 绘制了 F_R/X 相对于 X 的曲线，给出了与频率有关的交流电阻和集肤深度之间的关系。

注意，图 3-10 中 p=1 和 p=0.5 曲线并没有真正的最优值。对它们而言，F_R/X（交流电阻）随 X（厚度）增加逐渐减小。实际上 F_R 远大于 1。但是，以 p=1 曲线为例，若 X 大于 2，即铜箔厚度大于 2 倍集肤深度时，交流电阻就不再显著减小。虽然可用更厚的铜箔，但也只能略微地改善副边侧绕组损耗。而且，这么做会使原边侧绕组（和其他副边侧绕组）占用更多的可用面积，使整体损耗更高。必须注意，不要让铜填满所有可用面积，特别是使用（圆）导线绕组时。可以证实，那样做不仅会使 F_R 增加，而且会使 R_{AC} 增加。

现在，将上述分析应用到即将进行的数值计算中。以 5V 副边侧绕组为例，它是在 ETD-34 骨架上用铜箔绕制两层而成。因为与原边侧绕组分层交错绕制，每部分只有一层，所以副边侧绕组每部分层数 p=1。下面将计算损耗，若结果可以接受，这种绕组安排就可以保留。

以合适的电流密度开始计算（约 400cmil/A 足以满足要求），

$$h = \frac{I_O \times J_{\text{cmil/A}} \times 10^2}{\text{宽度} \times 197\ 353}\text{mm} \tag{3-95}$$

式中，h 是铜箔厚度，单位为 mm，I_O 是负载电流（本例中为 50A），宽度是铜箔带的可用宽度（对于 ETD-34 是 20.9mm）。

也可以直接查阅图 3-10。若 F_R/X 的估计值为 1.4，则 X 可选择 2.5，那么

$$h = X \times \delta = 2.5 \times 0.185 = 0.4625 \text{ mm} \tag{3-96}$$

ETD-34 每层平均长度（MLT）为 61.26mm（参见图 3-7），铜的（热）电阻率（ρ）为 $2.3\times10^{-5}\Omega/\text{mm}$，由此可得，副边侧绕组电阻为

$$R_{AC\_S} = \left(\frac{F_R}{X}\right) \times \frac{\rho \times MLT \times N_S}{\text{宽度} \times \delta} = 1.4 \times \frac{2.3\times10^{-5} \times 61.26}{20.9 \times 0.185} = 1.02\times10^{-3} \tag{3-97}$$

注意，因 F_R/X 设为 1.4，则对应的 F_R 为

$$F_R = 1.4 \times \frac{h}{\delta} = 1.4 \times \frac{0.4625}{0.185} = 3.5 \tag{3-98}$$

这个值相当大，但如前所述，它实际上在本例中是有益的，因为 R_{AC} 降低了。

现在，副边侧电流看起来与典型的开关管电流波形类似，其中心值等于负载电流（50A），电流纹波率由输出扼流圈决定。其有效值为

$$I_{RMS\_S} = I_O \times \sqrt{D \times \left(1 + \frac{r^2}{12}\right)} A \tag{3-99}$$

在 V_{INMAX} 时，扼流圈的电流纹波率 r 可设为 0.4，但还不知道在 90VAC（V_{INMIN}）时 r 的大小。不过，按下述方法很容易计算出新的 r 值。因为占空比与输入电压成反比，所以如果在 270VAC 时 D 为 0.35，那么在 90VAC 时就是 0.35/3=0.117。而且，对于降压电路，r 值随（1－D）变化。因此，在 90VAC 时 r 值为

$$r = \frac{1-0.35}{1-0.117} \times 0.4 = 0.294 \tag{3-100}$$

所以，副边侧绕组电流有效值为

$$I_{RMS\_S} = I_O \times \sqrt{D \times \left(1 + \frac{r^2}{12}\right)} = 50 \times \sqrt{0.35 \times \left(1 + \frac{0.294^2}{12}\right)} = 29.69 \text{ A} \tag{3-101}$$

副边侧绕组中的热损耗为

$$P_S = I_{RM\_S}^2 \times R_{AC\_S} = 29.69^2 \times 1.02 \times 10^{-3} = 0.899 \text{ W} \tag{3-102}$$

如果损耗不可接受，就需要选择能容纳更宽铜箔的骨架。或者考虑用薄铜箔多层并绕来增大 p。例如用 4 层（彼此绝缘的更薄）铜箔并绕，在副边侧可获得 4 个有效层，每部分层数将变为 2。

9. 原边侧绕组及其损耗

副边侧绕组最终选择厚度为 0.4625mm 的铜箔（即 0.4625×39.37=18mil）。假设每层铜箔内外都绕制了 2mil 厚的 Mylar®聚酯薄膜带。1mil 是 0.0254mm，所以有效铜箔厚度增加了 4×0.0254mm。另外，原副边侧绕组之间各有 3 层 2mil 的聚酯薄膜带（总计 12mil）。因此，副边侧绕组和绝缘带的总厚度 h_S 为

$$h_S = (N_S \times h) + (N_S \times 4 \times 0.0254) + (12 \times 0.0254) \text{ mm} \tag{3-103}$$

即

$$h_S = N_S \times (h + 0.102) + 0.305 \text{ mm} \tag{3-104}$$

因此，本例中

$$h_S = 2\times(0.4625+0.102)+0.305 = 1.434\ \text{mm} \tag{3-105}$$

ETD-34骨架的可用高度为6.1mm。现在还剩6.1 – 1.434=4.67mm。因此，原边侧绕组每部分可用绕组高度仅为2.3mm。最后，应校验此空间能否容纳原定的原边侧绕组。

注意，原边侧绕组可用宽度仅为12.9mm（因为两边各有4mm挡墙胶带，副边侧绕组因铜箔被聚酯薄膜带包裹，无需挡墙胶带）。需要找出最佳方法以最小损耗将8匝绕组排列在可用窗口面积中。

注意　只要经过安全认证能够承受特定电压，并不强制使用特定厚度的绝缘胶带。举例来说，可使用1mil甚或1/2mil的经过认证的聚酯薄膜带（只要它适合该产品，且有助于降低成本，或某种程度上可改善性能）。

现在，介绍有关绕组导线的基本概念。如图3-3所示，单股导线直径增加时，高频电流的可用横截面积为$(\pi\times d)\times\delta$。因为电阻与横截面积成反比，可得$R_{AC}\propto 1/d$。类似地，$R_{DC}\propto 1/d^2$。所以$F_R\propto d$，而$R_{AC}\propto 1/F_R$。实际上，这意味着$F_R$越大（直径越大），交流电阻越小。这并不奇怪，直径增加时，高频电流的可用环形面积也会增加。但不能用这种方法处理多股导线。因为直径增加将不可避免地导致层数增加，而Dowell方程表明，损耗将因此显著增加，不降反升。

图3-11左上部分给出了Dowell方程的原始曲线，图中F_R随X（即h/δ）变化。每条曲线对应每部分层数（即p）。注意，Dowell曲线只是根据等效铜箔厚度（电流层）绘制，并不（从电气角度）关心原副边侧绕组的实际匝数，只（从磁场角度）关心每部分的有效层数。因此，在研究单层直径为d的圆导线时，需要把它等效成单层铜箔。再来看图3-8右半部分，直径为d的圆导线可用铜箔替代（即铜导体截面积相同，但为正方形），但等效铜箔厚度略小于d。举例来说，X=4的铜箔等效于直径为1/0.886=1.13倍X的圆导线。最后，将所有正方形铜导体（从磁场角度）合并成等效的单层铜箔。

由图3-11也可得出另一种最优导线排列。假设多股直径为$1.13\times4\delta$的圆导线并排在某绕组中绕制成一层。它们可等效成厚度为4δ的单层铜箔，即X=4。现在由Dowell曲线可知，相应的F_R值约为4（图3-11中A点）。假设将单股导线分成四股，每股直径为原来的一半，则铜导线的总横截面积保持不变，因为

$$A = 4\times\frac{\pi\times(d/2)^2}{4} = \frac{\pi\times d^2}{4} \tag{3-106}$$

但现在等效铜箔厚度仅有原来的一半，2δ（即X=2）。从Dowell方程角度看，现在每部分只有2层。由Dowell曲线可知，现在F_R值约为5（记为B点）。细分策略中始终保持R_{DC}不变，而$R_{AC}\propto F_R$，所以R_{AC}减小必然要求F_R减小。因此很明显，F_R值为5比F_R值为4反而更差（对于真正的铜箔绕组并非如此）。现在，以同样方法再细分一次，则每部分有4层，每层X=1，F_R值也降至约2.6（记为C点）。再次细分，则每部分有8层，每层X=0.5。F_R值约为1.5（记为D点）。这是一个可接受的F_R值。

注意，上述所有步骤都集中绘制在图3-11右半部分，横轴表示细分次数（每次细分都把单股导线分成直流电阻相等的四股）。这些步骤称为细分（sub），细分次数从0（没有细分）到1（细分一次）、2（细分二次），以此类推。由此可见，每次细分X和p按下列规律变化：

$$X \to \frac{X}{2^{sub}} \tag{3-107}$$

$$p \to p\times 2^{sub} \tag{3-108}$$

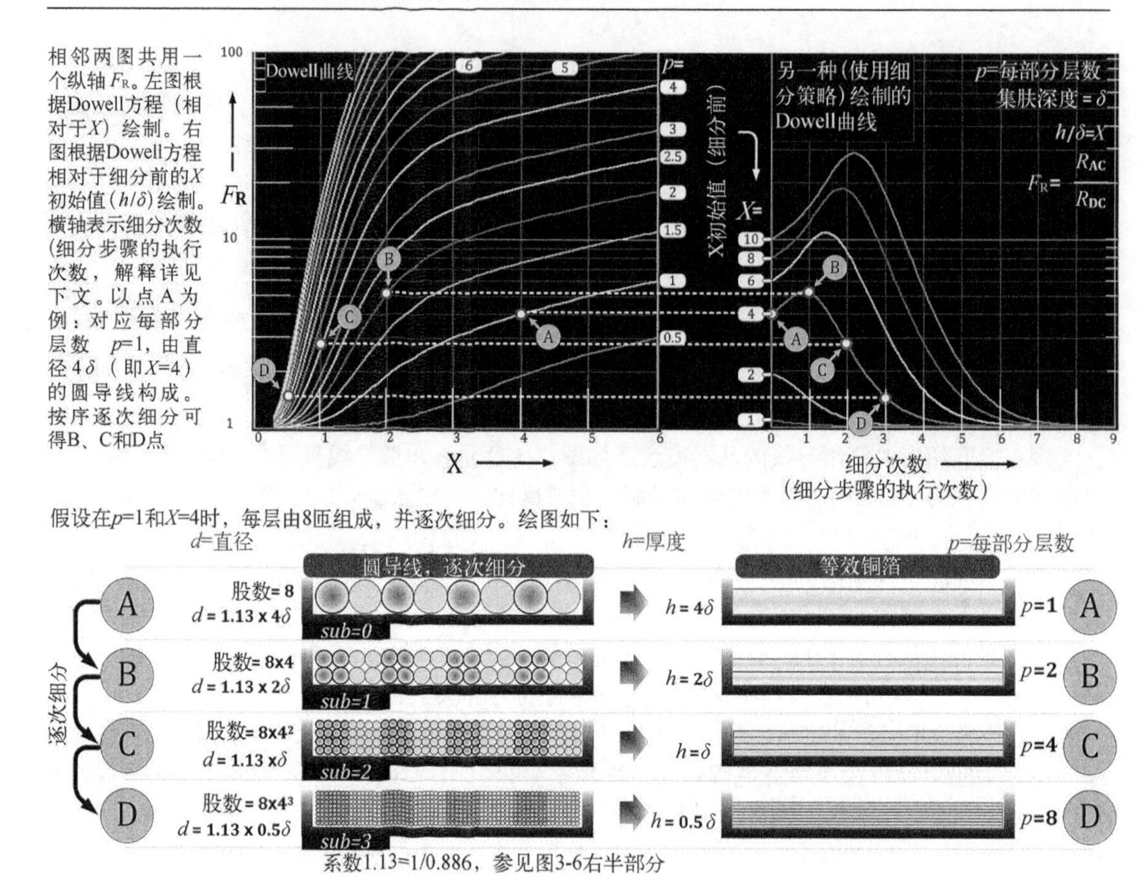

图 3-11　细分过程：保持直流电阻不变，等效成铜箔变压器

例如，细分4次后铜箔厚度降至1/16，层数增至16。然后，由Dowell曲线可找出新的F_R值。

但是，直接把Dowell曲线应用于开关功率变换器会产生一些新的问题。其一，原始曲线仅涉及集肤深度与厚度之比，而集肤深度由频率决定。因此，Dowell曲线的F_R值实际上适用于正弦波。其二，Dowell曲线并未假设电流含直流分量。因此，工程师们将Dowell曲线应用于功率变换时，一般先把电流分解成交流分量和直流分量，再从曲线中读出适用于交流分量的F_R值，并（用F_R=1）单独计算直流损耗，合计如下：

$$P = I_{DC}^2 \times R_{DC} + I_{AC}^2 \times R_{DC} \times F_R \tag{3-109}$$

但是，本例中更愿意采用最新方法，将实际（单向）电流波形进行傅立叶展开，按各分量之和得到有效F_R值。损耗以铜箔厚度与基波（一次谐波）δ值之比为变量表示。在计算有效F_R值时，也包含直流分量。这就是计算副边侧绕组损耗时采用如下简易方程的原因。

$$P = I_{RMS}^2 \times R_{AC} = I_{RMS}^2 \times \left(F_R \times R_{DC}\right) \tag{3-110}$$

式中虽未明确说明，但F_R实际上是指有效F_R值（计算含直流分量的方波）。但要注意，图3-11仍然基于原始正弦波绘制，其目的只是用原始曲线来演示细分技术。

图3-12修正了Dowell原始正弦波曲线。绘制这些曲线时采用了傅立叶分析，因此设计人员可将它们直接用于功率变换中的典型（单向）电流波形。稍后，将在数值算例中用这些曲线计算原边侧绕组。

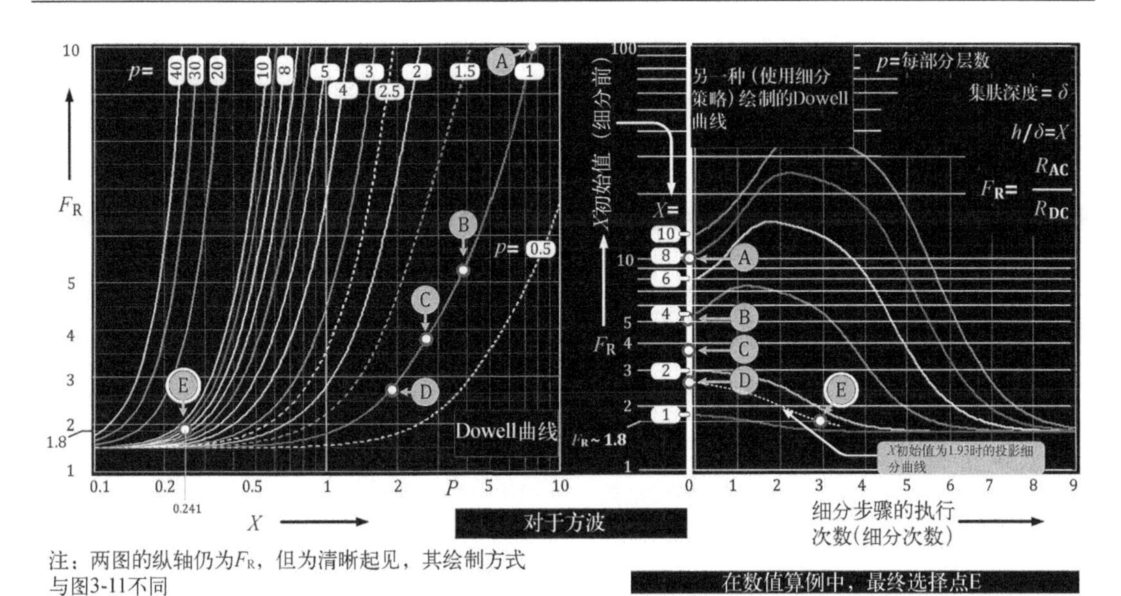

图 3-12 修正的方波电流 Dowell 曲线及细分法对应的 F_R 曲线

然而，可能但仍有一个问题会困扰读者：为什么不用先前计算副边侧绕组时使用的 F_R/X 曲线呢？答案是：二者情况不同。图 3-10 也是基于方波的 Dowell 曲线，只是纵坐标为 F_R/X，并非 F_R。它仅在改变 h 以获得副边侧铜箔绕组 R_{AC} 最小值时有用。但原边侧（圆导线）绕组不同，在后续每个迭代步骤中都要保持绕组高度不变。每次迭代都采用细分技术，因此直流电阻也保持不变。所以，现在（在给定迭代步骤中）R_{AC} 最小值对应 F_R 最小值，并非 F_R/X 最小值。

虽然图 3-11 介绍了细分法，但现在要用图 3-12 中的修正曲线。

10. 一次迭代

计划每层绕 8 匝。通常层数越少越好。骨架的可用宽度为 12.9mm。所以，若将 8 匝线圈并排（无间隙）绕制成一层，所需导线直径为

$$d = \frac{\text{宽度}}{\text{每层匝数}} = \frac{12.9}{8} = 1.6125\ \text{mm} \tag{3-111}$$

经校验，2.3mm 可用高度足以容纳该直径导线。渗透率 X 为（用等效铜箔变压器）

$$X = \frac{0.886 \times d}{\delta} = \frac{0.886 \times 1.6125}{0.185} = 7.723 \tag{3-112}$$

若 p=1。由图 3-12 可知，F_R 值约为 10（记为 A 点）。而且，由图中右半部分可知，要将 X=7.7 曲线（接近于 X=8 曲线）细分 7 次才能使 F_R 值小于 2。则导线直径为

$$d \to \frac{d}{2^{sub}} = \frac{1.6125}{2^7} = 0.0125\ \text{mm} \tag{3-113}$$

舍入计算可得相应的 AWG 线规

$$AWG = 18.154 - 20\log(d) \tag{3-114}$$

由此可得

$$AWG = 18.154 - 20\log(0.0125) \Rightarrow 56\text{AWG} \tag{3-115}$$

但导线极细，甚至可能买不到。产品中一般不使用 45AWG（0.046mm）以下的导线。

11. 二次迭代

一次迭代的问题在于以单股粗导线和较大的 F_R 值作为初始条件。因此，需要多次细分才能使 F_R 值降至 2 以下。但如果用单股直径小于 1.6125mm 的导线作为初始条件又会如何呢？此时需引入线间距，以使 8 匝线圈能在骨架上均匀分布，但这非常浪费。前面讲过，即使一层绕组已经给出设计，也可采用降低直流电阻的方法，避免盲目增加层数出现的问题。因此，本例尝试用两股细导线并联来绕制原边侧绕组，仍旧保持一层（无间隙）绕制。这意味着现在有 16 匝线圈并排同层绕制。现在，把原边侧绕组中并联导线数定义为束（将把每束导线进一步细分）。所以，本例中

$$\text{束}=2 \tag{3-116}$$

所用初始线径为

$$d=\frac{\text{宽度}}{\text{每层匝数}}=\frac{12.9}{16}=0.806\ \text{mm} \tag{3-117}$$

渗透比 X 为

$$X=\frac{0.886\times d}{\delta}=\frac{0.886\times 0.806}{0.185}=3.86 \tag{3-118}$$

p 仍然等于 1。由图 3-12 可知，F_R 值约为 5.3（记为 B 点）。而且，由图中右半部分可知，需要细分 5 次才能使 F_R 小于 2。则导线直径为

$$d\to\frac{d}{2^{sub}}=\frac{0.806}{2^5}=0.025\ \text{mm} \tag{3-119}$$

这仍然比实际的 *AWG* 限制 0.046mm 细。

12. 三次迭代

现在用 3 股导线并联来绕制原边侧绕组。这意味着有 24 匝线圈并排同层绕制。

$$\text{束}=3 \tag{3-120}$$

所用初始线径为

$$d=\frac{\text{宽度}}{\text{每层匝数}}=\frac{12.9}{24}=0.538\text{mm} \tag{3-121}$$

渗透比 X 为

$$X=\frac{0.886\times d}{\delta}=\frac{0.886\times 0.538}{0.185}=2.58 \tag{3-122}$$

p 仍然等于 1。由图 3-12 可知，F_R 值约为 3.7（记为 C 点）。而且，由图中右半部分可知，需要细分 4 次才能使 F_R 小于 2。则导线直径为

$$d\to\frac{d}{2^{sub}}=\frac{0.538}{2^4}=0.034\ \text{mm} \tag{3-123}$$

但这还是太细了。

13. 四次迭代

现在从 4 股导线并联开始。一层有 32 匝线圈。

$$\text{束}=4 \tag{3-124}$$

所用初始线径为

$$d=\frac{\text{宽度}}{\text{每层匝数}}=\frac{12.9}{32}=0.403\ \text{mm} \tag{3-125}$$

渗透比 X 为

$$X = \frac{0.886 \times d}{\delta} = \frac{0.886 \times 0.403}{0.185} = 1.93 \tag{3-126}$$

p 仍然等于 1。由图 3-12 可知，F_R 值约为 2.8（记为 D 点）。而且，由图中右半部分可知，需要细分 3 次才能使 F_R 小于 2。则导线直径为

$$d \to \frac{d}{2^{sub}} = \frac{0.403}{2^3} = 0.05\ \text{mm} \tag{3-127}$$

这符合 AWG44 线规，是可接受的导线厚度。

注意，通过细分，每部分层数上升到

$$p \to p \times 2^{sub} \tag{3-128}$$

因此，细分 3 次后得到

$$p \to p \times 2^{sub} = 1 \times 2^3 = 8 \tag{3-129}$$

即 8 层。同理，渗透比现在等于

$$X \to \frac{X}{2^{sub}} = \frac{1.93}{2^3} = 0.241 \tag{3-130}$$

F_R 值现在约为 1.8，可在图 3-12 左半部分得到确认（X=0.241，p=8），在图中记为 E 点。

细分后每一原始束的股数为

$$\text{股数} = 4^{sub} = 4^3 = 64 \tag{3-131}$$

所以，原边侧绕组最终由 4 束并联构成，每束包含 64 股导线，同层并排绕制，F_R 约为 1.8。

如果想得到更小的 F_R，可以继续细分过程。但在某些情况下，F_R 又会开始上升。对于损耗估计，只要 F_R 小于 2 就可接受。

注意，由于多股导线拧成一束，绕组需要进一步调整，将导线以某种方式“堆砌”后，会影响预期的绕组尺寸。而且，裸导线直径略小于漆包线。通常，在均匀绕制几层后，如仍余下少许几匝需另一层才能绕完时，最好减少原边侧匝数而保持现有的整数层数，因为从磁场角度看，即使几匝也算新的一层，会增加邻近损耗。

现在，可将原边侧绕组的两部分损耗合并计算，可认为它们大小相等，有相同的 F_R 值。原边侧绕组的总交流电阻为

$$R_{\text{AC\_P}} = (F_R) \times \frac{\rho \times MLT \times N_P}{\pi \times (d^2/4) \times \text{束} \times \text{股}} = (1.8) \times \frac{2.3 \times 10^{-5} \times 61.26 \times 16}{\pi \times \left[(0.05)^2/4\right] \times 4 \times 64} = 0.08\ \Omega \tag{3-132}$$

因此，损耗为

$$P_P = I_{\text{RMS\_P}}^2 \times R_{\text{AC\_P}} = \left(\frac{I_{\text{RMS\_S}}}{n}\right)^2 \times R_{\text{AC\_P}} = \left(\frac{29.69}{8}\right)^2 \times 0.08 = 1.102\ \text{W} \tag{3-133}$$

若将原边侧绕组分成 5 束，再细分 3 次，则每束为 8 层 64 股，每股导线直径 0.04mm，F_R 为 1.65。这看似优于上一步骤中的 1.8。但因初始导线太细，直流电阻增加，损耗将增至 1.26W。

14. 变压器总损耗

变压器总损耗为

$$P = P_{\text{CORE}} + P_{\text{CU}} = P_{\text{CORE}} + P_P + P_S = 1.13 + 1.102 + 0.899 = 3.131\ \text{W} \tag{3-134}$$

预计温升为

$$\Delta T = R_{\text{th}} \times P = 17.67 \times 3.145 = 55.3\ ℃ \tag{3-135}$$

现在看到的是一个典型的现实情况，温升高出预期值15℃。然而，55℃也许仍然可以接受（即使从获得安规认证角度也无需特殊变压器材料）。不可否认，仍有优化的余地。但再次计算时必须注意，磁芯损耗仅占总损耗的三分之一，并非最初假设的一半。

还要注意，按照相关文献介绍的计算方法，可能会预测出一个更小的温升。但实际上，那些计算结果经常由正弦波Dowell方程得出，一般会明显低估损耗。

第 4 章

拓扑的常见问题和解答

本章旨在强调和总结各种与拓扑相关的重要设计问题，在实际设计变换器（或找工作面试）时应牢记。

问题和解答

问题 1：对于给定输入电压，仅用基本的基于电感的（降压、升压和升降压）拓扑，理论上能得到怎样的输出电压呢?

答：降压拓扑仅能降压（$V_O<V_{IN}$），升压拓扑仅能升压（$V_O>V_{IN}$），而升降压拓扑既能降压，又能升压（$V_O<V_{IN}$，$V_O>V_{IN}$）。注意，这里仅指输入和输出电压的幅值。另外应牢记，升降压变换器可使输出电压与输入电压反向。

问题 2：拓扑与电路结构有何区别?

答：举例来说，15V 输入转换成 5V 输出的降压变换可使用降压拓扑。但这里其实指的是正对正降压电路结构，或简称正降压电路。如果想把 –15V 转换成 –5V，需要负对负降压电路结构，或简称负降压电路。拓扑是电路结构的基础（如降压拓扑），但它可通过多种形式实现，而这些形式组成了它的电路结构。

注意，–15V 转换成 –5V 的降压变换也可使用降压拓扑。但从数学上讲，–5V 其实比 –15V 电压高。因此，决定功率变换拓扑性质时仅需考虑幅值。

类似地，15V 转换成 30V 的转换需要正升压电路，而 –15V 转换成 –30V 的变换需要负升压电路。它们是升压拓扑的两种不同电路结构。

对于升降压拓扑，始终要牢记它是反极性的（参见问题 3）。

问题 3：什么是反极性电路结构?

答：升降压电路与众不同。尽管它具有极大优势，能够按要求升压或降压，但输出电压的符号与输入始终相反。这也是为什么常称它为反极性拓扑。举例来说，若把 15V 转换成 –5V 或 –30V，需要正对负的升降压电路结构。类似地，负对正的升降压电路能将 –15V 转换成 5V 或 30V。注意，升降压电路既不能把 15V 转换为 5V，也不能把 –15V 转换成 –5V。所以，能够（按要求）升降压的便利性是以反极性为代价的，传统的（基于电感的）升降压拓扑只有在希望或愿意接受反极性时才能使用。

问题 4：为什么只有升降压拓扑输出反极性? 反之，为什么升降压拓扑输出不能同极性?

答：在开关管关断时，所有拓扑中的电感电压反向。电感一端的电压相对于另一端跳变。而且，在开关管关断时，因为二极管导通，电感跳变端（即交换结点）电压总会“传递”到输出端。但在升降压拓扑中，电感固定端（非跳变端）连接到地参考点（其他拓扑无此结构）。因此，电感另一端（跳变端）的电压反向就是相对于地参考点的反向。最终，该电压会传递到输出端（同一地参考点），所以事实上会“看到”输出反极性。参见图 1-15。

当然，在开关管导通时，输出将继续保持反极性，因为此时二极管不再导通，并且还有输出电容存在，它们可使输出电压在开关管关断阶段稳定在所获得的电平上。

问题 5：为什么升压变换器仅能升压？

答：在开关管导通瞬间，所有 DC-DC 开关型拓扑中的电感电压反向。但这未必会导致输出反向。实际上，正是电感电压反向使得降压变换器只能降压，升压变换器只能升压。这些都取决于电感的固定端连接到何处。升压变换器中的固定端连接到输入（降压变换器中的连接到输出）。所以在开关管导通阶段，升压电感跳变端连接到地参考点，而在开关管关断阶段，跳变端电压相对于输入端跳变，并由导通的二极管连接到输出端，得到升高的输出电压。参见图 1-15。

问题 6：对于 DC-DC 变换器，什么才是真正的“地”？

答：DC-DC 变换器有两条输入导线和两条输出导线，其中有一条是输入和输出的公共导线。该导线就是（电源）“地”。输入和输出电压都据此（为参考）测量，给出其幅值和极性。参见图 1-12 和图 1-14。

问题 7：什么是控制芯片的“地”？

答：芯片内部大多数电路的公共参考点就是它的（芯片）“地”。该参考点从封装内引出作为芯片的“地”引脚。通常，它直接连到印制电路板（PCB）的电源地（如前所述）。但也有例外，特别是在用于某拓扑（或电路结构）的专用芯片反常地应用于另一拓扑（或电路结构）时。因此，芯片地事实上可能与电源地不同。参见图 9-17。

问题 8：什么是“系统”地？

答：系统地是整个系统的参考点。事实上，系统中所有板载 DC-DC 变换器一般都有各自的（电源）地，并与系统地紧密连接。系统地通常先连到金属外壳，再连接到“大地（安全地）”，即连接到电网地。

问题 9：为什么负对负的 DC-DC 电路结构应用较少？

答：板载 DC-DC 变换器的输入和输出电压与系统的其他部分共享系统地，并以此作为参考。按当前惯例，一般希望所有电压相对于系统地都是正的。因此，板载 DC-DC 变换器也要服从同样的惯例。所以，大多数变换器必然是正对正的变换器。

问题 10：为什么反极性 DC-DC 变换器应用较少？

答：通常，根据板载变换器重新定义系统的地代价高昂。但是，反极性变换器偶尔也会用到，特别是恰好可将它作为前级变换器应用时。这种情况相当于系统是从该变换器输出端才开始，因此可以以此点定义参考地。这样，就不必在意变换器输入与输出的极性了。

问题 11：能用降压调整器把 15V 输入转换成 14.5V 输出吗？

答：也许行，也许不行。从技术上讲，降压调整器就是降压变换器，$V_O<V_{IN}$。因此，降压调整器在理论上应该做得到。但实际上，变换器输入与输出之间能设置多大压差是有一定限制的。

首先，即使降压调整器的开关管完全导通（即全力保证输出），其正向压降 V_{SW} 也依然存在，这相当于把输入电压 V_{IN} 降至减掉该压降后的值。注意，在完全导通状态下，开关管的基本功能与低压降调整器或 LDO 类似。此时，开关管也会遇到类似 LDO 最小压差的问题，如第 1 章所述。例如，若开关管正向压降 V_{SW} 为 1V，则肯定无法从 15V 输入获得 14V 以上的输出。

其次，即使在简化情况下设开关管和二极管的正向压降均为零，仍有可能因最大占空比限制而无法得到所需电压。例如，本例所需的（理论）占空比为 V_O/V_{IN}=14.5V/15V=0.97，即 97%。

但市场上许多降压型芯片设计并不能保证输出这么大的占空比。通常，芯片内部设有最大占空比限制（D_{MAX}），典型值约为 90%~95%。所以，D=97%显然超出了芯片的输出能力。含有 P 沟道 MOSFET 的降压型开关芯片通常能达到 100%占空比。

优秀的电源设计人员会始终关注数据手册中元器件特性的容限或范围。该范围通常以特殊的 min（最小值）、max（最大值）、typ（典型值或额定值）表示。以某特定芯片为例，假设其标称的最大占空比范围为 94%~98%，因为不是所有电源产品都能保证输出 97%的占空比，所以也不能保证所有电源产品的输出都是 14.5V。虽然其中有些产品能达到 97%的占空比，但另一些产品的占空比却不会比 94%大很多。因此在选择芯片时，标称的容限最小值应大于所需占空比。例如，标称 D_{MAX} 范围为 97.5%~99%的降压型芯片才能满足本例要求。

为什么一开始只能说也许呢？因为若计算时考虑开关管和二极管的正向压降，则实际得出的占空比要大于理想方程 $D=V_O/V_{IN}$ 计算出的 97%。而且理想方程中默认 $V_{SW}=V_{SD}=0$（此外还忽略了其他重要的寄生参数，如电感的直流电阻）。所以，本例中实测的占空比要比理想值高出许多个百分点。

通常要记住，在控制芯片的*极限附近*工作时，不能忽略其重要的寄生参数。此外，还必须考虑温度变化，因为温度会影响效率，从而影响所需占空比。

问题 12：决定占空比时，温度扮演什么角色？

答：如第 1 章所述，通常很难预测温度对电源效率的全部影响，因此也很难预测温度对占空比的影响。温度升高既会使有些损耗增加，也会使有些损耗降低。然而保守估计，至少应考虑温度升高对 MOSFET 开关管正向压降的影响。对于低压 MOSFET（额定值约为 30V），在温度从室温增至“高温”的过程中，一般 R_{DS}（导通电阻）将增加 30%~50%。因此，一般要将室温下标称的导通电阻乘以 1.4 得出高温下的导通电阻。而对常用于离线式电源的高压 MOSFET，R_{DS} 增幅高达约 80%~100%。因此，一般要将室温下的导通电阻乘以 1.8 得出高温下的导通电阻。

问题 13：如何将未调整的 15V 输入转换成调整的 15V 输出？

答：所谓未调整是指标称值碰巧是某一电压范围内的典型值（通常是中心值），该范围可能已定义，也可能未定义。所以，未调整的 15V 输入可能是 10V~20V，或 5V~25V，或 12V~18V 等。任何包含 15V 的电压范围都有可能。

当然，最终必须知道真正的输入电压范围。但这显然是一个 15V 到 15V 的变换，若输入为其下限，则需要升压；若输入为其上限，则需要降压。因此，所选拓扑必须既能按需升压，又能按需降压。

升降压拓扑如何？不幸的是，标准的基于电感的升降压拓扑是*反极性*输出，因而不符合要求。此处需要的是正极性升降压拓扑。回顾所学，SEPIC 拓扑（单端初级电感变换器）是合适的选择（参见图 4-1、图 9-14 和图 9-15）。最好把它看作复合型拓扑，前级升压，后级降压。虽然该升压—降压组合仅有一个开关管，但需要一个额外的电感，而且设计复杂性显著增加。因此，也可考虑传统升降压拓扑的派生（或变体）电路，用*变压器*代替电感。实际上，首先要将输入和输出分离（隔离），然后再以合适的方式重新接入变压器绕组，纠正反极性问题。于是，就得到*正极性*或非隔离的基于变压器的升降压拓扑，有时简称反激拓扑。

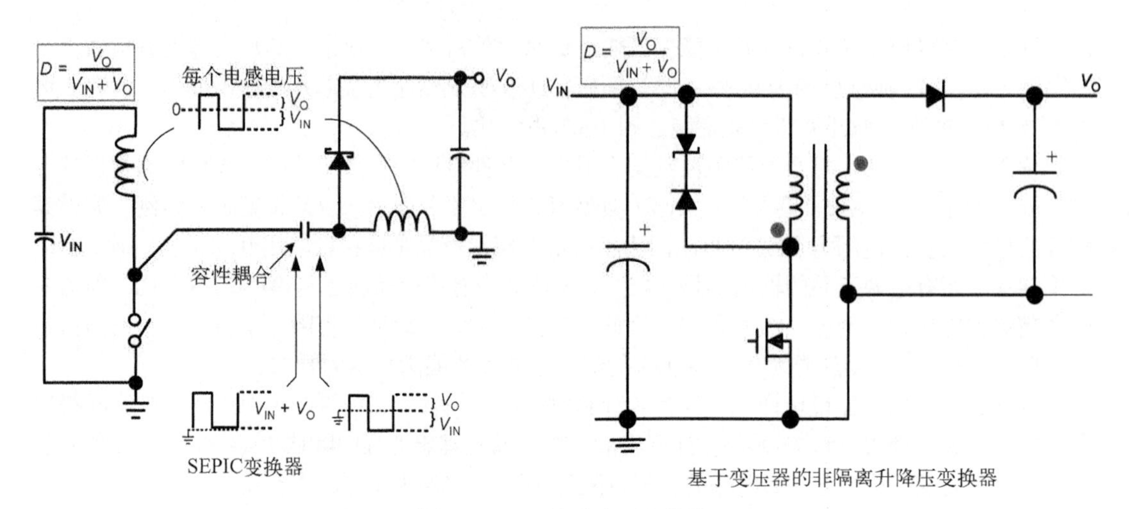

图4-1 正极性升降压变换器

问题14：既然成品电感很容易找到，为什么基于变压器的升降压拓扑更值得考虑？

答：是的，大多数设计人员更愿意使用方便的成品元件，而不是自行设计元件（如变压器）。但是，大功率成品电感经常有两个相同的绕组并绕（在同一磁芯上，虽然不如看数据手册那么明显）。而且，这两个绕组的末端有时是完全彼此分开的（绕组间无电气连接）。这可能是从产品角度考虑，因为在单一引脚或端子上焊接过多铜导线毫无意义。所以，这么做意在让两个绕组最终通过印制电路板彼此相连。但有时，电感留有分离绕组的意图也是允许两个绕组灵活连接，或按需串联，或按需并联。例如，若两个绕组串联，虽然会使电感电流额定值降低（原本预期每个绕组分担一半额定电流），但能得到更大的电感值。若两个绕组并联，虽然会使电感值降低，但额定电流增加。然而，因为低压应用中无需考虑安全隔离，所以可将该电感结构用作1∶1变压器，以纠正升降压电路的反极性问题。

问题15：含（1∶1）分离绕组的电感由并联结构改为串联结构时，其电流额定值及电感值如何变化？

答：假设每个绕组有10匝，直流电阻为1Ω。现若用作并联结构，则匝数仍为10匝，但有效直流电阻为1Ω与1Ω并联，即0.5Ω；若用作串联结构，则分别得到20匝和2Ω。已知电感值由匝数的平方决定。所以，电感值增至原来的4倍。

电流额定值又如何呢？它大体上取决于电感所能允许的热损耗。但电感热阻（单位为℃/W）并不是由绕组结构决定的，而是由电感的表面积和其他物理性质决定的。因此，无论是串联结构还是并联结构，总损耗都是I^2R。例如，假设并联后的电流额定值为I_P，串联后的电流额定值为I_S，则按照上述算例中的直流电阻可得

$$I_P^2 \times 0.5 = I_S^2 \times 2 \tag{4-1}$$

因此，

$$I_P = 2 \times I_S \tag{4-2}$$

所以，由并联结构改为串联结构后，电感值增至4倍，电流额定值减半。

磁通密度B又如何变化呢？此处是否需要考虑磁芯饱和的可能性呢？的确，B与LI/N成正比（参见图2-13）。因此，若电感值增至4倍，虽然I减半但N加倍，则B不变。

问题 16：升降压与反激这两个词有什么区别？

答：答案或许取决于问题的提出者。工业上，两个名词经常可以互换使用。但大多数人通常愿意把传统的基于电感的版本称为（真正的）升降压，而把基于变压器的版本称为反激，不管它是隔离型，还是非隔离型。

问题 17：什么时候要隔离，原因何在，又怎样实现隔离呢？

答：必须承认，（基于变压器的）反激拓扑既可以是隔离型，也可以是不隔离型。隔离当然是应用变压器的天然优势。但为了保持隔离，必须保证连到变压器开关管侧（原边侧）的所有电路与连到输出侧（副边侧）的所有电路完全独立（参见第 1 章图 1-1）。

举例来说，如果在努力纠正升降压电路反极性的过程中，让变压器原副边侧绕组相连，就不再隔离。但如果这样做的目的只是重设极性，那也是可接受的。

为了保持隔离，除了变压器两侧的功率级无电气连接外，还必须让两侧所有的信号电平也仅在各自内部连接。但是，反馈信号（或其他故障信息）必须通过一个或多个光耦从输出侧送到控制芯片。光耦既可以做到保持原副边侧电压隔离，又可以同时允许信号电平通过。它首先将副边侧信号通过 LED（发光二极管）转换成（光）辐射，照射到原边侧光敏晶体管上，然后再把信号变换成电脉冲（所有过程都在器件封装内进行）。

对于高压应用（60V 以上直流，例如离线式电源），实际上有法律要求。在危险的输入电压与用户能触碰的（安全的）金属表面（例如电源输出端子）之间必须提供电气隔离。所以变压器输入侧有原边侧地，输出侧有独立的副边侧地。后者经常连至系统地，也经常连至接地的金属外壳。

问题 18：离线式电源中，原副边侧真的是完全隔离吗？

答：注意，安规详细说明了原副边侧必须保持一定的物理间距，其数值根据安全电压压差的有效值（RMS）给出。问题是：变压器两侧相对独立，该怎样定义压差呢？又以什么为参考电平比较两侧电压呢？毕竟，电压本质上是一个相对的概念。

事实上变压器两侧是相连的。如前所述，副边侧地通常就是系统地，并连接到金属外壳或电网地（大地或安全地）。然而，沿着交流配电网，安全地总会在某处连接到交流电网的中性线。众所周知，中性线返回原边侧。所以，原副边侧实际上已经了建立连接。但这不会给用户带来任何问题，因为用户已经接地。实际上，地电位在变压器两侧已经建立了安全电压压差的参考电平，从而确定了原副边侧的安全间距以及绝缘的额定击穿电压。

注意，一些便携式设备仅有两根连接电网的交流电源线，但其安全间距要求并未改变，因为用户可触碰到的副边侧可接触部件已经完全接地。

问题 19：实际设计开关电源时，哪些是必须牢记的三种拓扑的最基本区别？

答：降压电路的平均电感电流（I_L）等于负载电流（I_O），即 $I_L=I_O$。但是，升压和升降压电路的平均电感电流等于 $I_O/(1-D)$。所以在后两种拓扑中，电感电流是 D（占空比）的函数，也间接是输入电压的函数（对于给定输出）。

问题 20：三种基本拓扑中，占空比如何随输入电压变化？

答：所有拓扑中，大占空比对应于低输入电压，小占空比对应于高输入电压。

问题 21：DC-DC 变换器的峰值电流是指什么？

答：所有 DC-DC 变换器中，峰值电感电流、峰值开关管电流与峰值二极管电流含义完全相同，简称为（变换器的）峰值电流 I_{PK}。开关管、二极管和电感的电流峰值相同。

问题 22：选择成品电感时需要考虑哪些关键参数？

答：电感值（和开关频率以及占空比）决定峰值电流，而拓扑本身（和特定工况，包括占空比和负载电流）决定平均电感电流。对于给定工况，若电感值减小，电感电流波形将会变得更尖，导致开关管和二极管（以及电容）的峰值电流增大。所以，一般变换器设计应首先估算最优电感值以避免电感饱和。这也是设计或选择电感时最基本的考虑。

然而，仅有电感值并不能完整描述电感。例如从理论上讲，选择较细的线规，在给定磁芯上绕制合适匝数，几乎能获得任意电感值。但电感是否能承受一定的电流而不饱和仍然是个问题，因为决定电感磁芯磁场的不是电流，而是电流与匝数的乘积（安匝数），而只有磁场才能决定电感是否饱和。因此，需要设法找到一个电感，它不仅具有合适的电感值，而且具有所需的能量处理能力。后者通常以μJ（微焦耳）为单位，必须大于或等于应用所需的储能$(1/2)\times LI_{\mathrm{PK}}^2$。注意，$L$包含着线圈匝数的信息，因为$L\propto N^2$，其中$N$为线圈匝数。参见第5章。

问题23：电感电流额定值实际上由什么来决定？

答：有两个决定因素。一是发热（I^2R损耗），必须保证不能过多（温升50℃以下）；二是磁场，不能饱和。大多数铁氧体磁芯允许的最大不饱和磁通密度B约为3000G。

问题24：允许的最大磁通密度B是否取决于所用气隙？

答：设计（有气隙）变压器时要切记：首先，磁芯材料（如铁氧体）的磁通密度始终与气隙的磁通密度相同。其次，虽然改变气隙长度可以降低现有磁通密度，但允许的最大磁通密度仅由所用磁芯材料决定。它保持恒定，以铁氧体为例，其最大磁通密度约为3000G。注意，磁场强度定义为$H=B/\mu$，其中μ为材料磁导率。由于铁氧体磁导率比空气磁导率大得多，但两者的磁通密度相同，所以铁氧体的磁场强度要比气隙小得多。

问题25：为什么常说反激变压器的气隙存储了几乎全部磁能？

答：直观上就能看出，储能与磁性材料体积成正比。正因如此，才会认为一定是铁氧体存储了大部分能量，因为它体积最大，而铁氧体围成的气隙很小。但是，储能与$B\times H$成正比，因为气隙磁场强度H很大，所以尽管体积很小，但气隙还是存储了近2/3的磁能。

问题26：如果气隙存储了大部分能量，为什么还需要铁氧体？

答：空心线圈永不饱和，作为电感看似完美。但要制作定值的空心电感，所需线圈匝数可能会多到不切实际，并且会导致其铜损不可接受。而且，因为无法“引导”（约束）磁力线，空心电感会到处喷射电磁干扰（EMI）。

铁氧体是有用的，因为它原本就是产生强磁场的重要手段，而且不需要过多的线圈匝数。它还能为磁力线提供“引导”。事实上，也是它才使得应用气隙“成为可能”。

问题27：适用于所有拓扑的电感值基本计算规则是什么？

答：为减小开关电源内部各点应力和元器件的整体尺寸，电流纹波率r一般设在0.4左右，这对所有拓扑和所有开关频率而言都可以看作良好的折中。

r是$\Delta I/I_{\mathrm{L}}$的比值，其中ΔI为电流纹波，I_{L}为平均电感电流（纹波ΔI的中心值）。$r=0.4$与$r=40\%$或$r=\pm20\%$含义相同。这意味着电感电流的峰值比平均值高20%（谷值比平均值低20%）。

利用$r=\Delta I/I_{\mathrm{L}}$定义和电感方程可计算相应的电感值：

$$V_{\mathrm{ON}}=L\frac{\Delta I}{\Delta t}=L\frac{I_{\mathrm{L}}\times r}{D/f} \tag{4-3}$$

解得

$$L=\frac{V_{\mathrm{ON}}\times D}{I_{\mathrm{L}}\times r\times f} \tag{4-4}$$

式中，f的单位为 Hz，L 的单位为 H。注意，V_{ON}是开关管导通时的电感电压，在降压变换器中等于 $V_{IN}-V_O$，在升压和升降压变换器中等于 V_{IN}。同样，I_L为平均电感电流，在降压变换器中等于I_O，在升压和升降压变换器中等于 $I_O/(1-D)$。

问题 28：什么是正激变换器？

答：隔离型反激变换器是升降压拓扑的派生电路，与之类似，正激变换器是降压拓扑的隔离型（或派生）版本。在高压应用时，正激变换器同样可使用变压器（和光耦）提供必要的隔离。反激变换器输出功率一般为 75W 或以下，与之相反，正激变换器输出功率要高得多。

最简单的正激变换器只用一个晶体管（开关管），所以常称为单端。然而，单端正激变换器也有双开关或四开关的派生电路。虽然最简单的单端正激变换器功率仅为 300W 或以下，但双管正激变换器功率可达 500W，而半桥、推挽和全桥拓扑甚至能达到更高的功率（参见图 4-2 和表 7-1）。但要注意，上述所有拓扑实质上均为降压变换器派生拓扑。

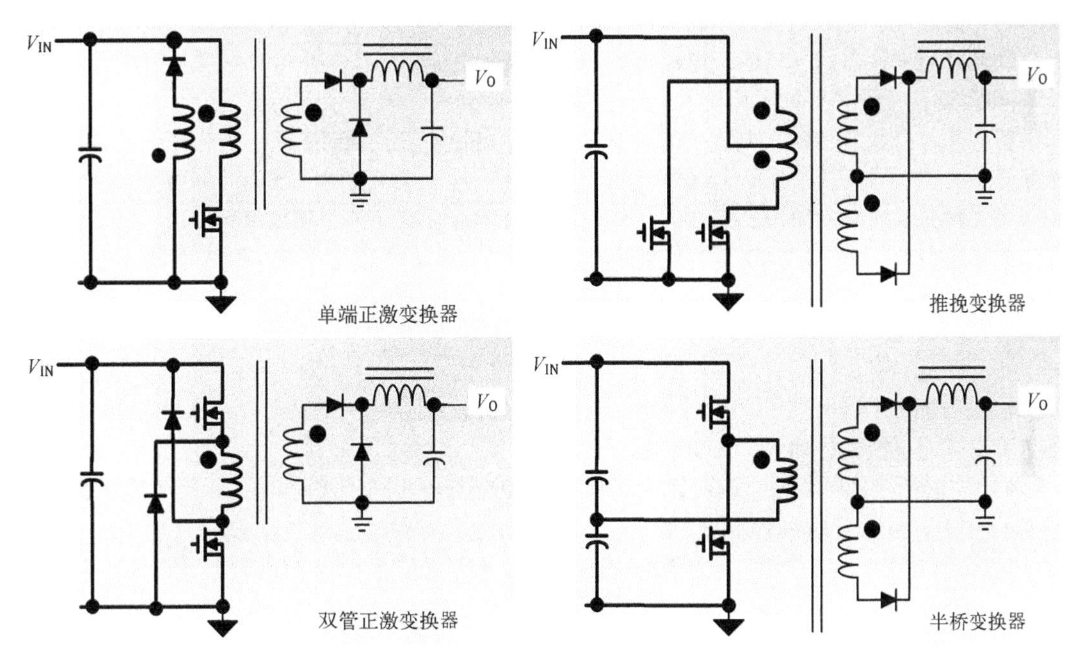

图 4-2　不同的降压变换器派生拓扑

问题 29：怎样判断给定拓扑是否为降压变换器派生拓扑？

答：最简单的方法是记住一条原则：只有降压电路输出才含有真正的 LC 滤波器。其电感与输出电容之间无任何其他电路。

问题 30：输入电压范围 V_{INMIN}到 V_{INMAX}之间，应选择哪个电压作为降压、升压或升降压变换器设计的初始值？

答：既然升压与升降压变换器的平均电感电流 $I_L=I_O/(1-D)$都随占空比 D 增加而增加，升压与升降压变换器的电感设计就应该以给定电压范围内的最小值作为初始值，即 V_{INMIN}，因为该电压对应于最大电感电流（平均值和峰值）。通常，必须确保所有电感都能承受应用中出现的最大峰值电流而不饱和。虽然降压变换器的平均电感电流与输入或输出电压无关，但能够看出，其峰值电感电流随输入电压升高而增大，因此最好以 V_{INMAX}作为降压变换器电感设计的初始值。

问题31：为什么升压变换器的平均电感电流方程与升降压变换器相同，却与降压变换器差异很大？

答：能量在整个开关周期内（开关管导通和关断阶段）经由降压变换器持续不断地（通过电感）流向负载，所以平均电感电流必然等于负载电流，即 $I_L=I_O$。

注意，电容对平均电流流动无任何影响，因为在稳态情况下，电容电荷的平均值与电感伏秒积的平均值一样，在每个周期结束时都归零（电荷是电流对时间的积分，以安·秒为单位）。若非如此，电容将持续充电（或放电），直至达到稳态。

然而，升压或升降压变换器的能量仅在开关管关断阶段输出，且流经二极管，所以平均二极管电流必然等于负载电流。由简单的算术运算可知，整个周期内的平均二极管电流等于 $I_L\times(1-D)$，且等于负载电流 I_O。由此可得，在升压和升降压变换器中，$I_L=I_O/(1-D)$。

问题32：三种拓扑的平均输出电流（即负载电流）都等于什么？

答：简言之，这只是前一问题的反命题。降压变换器的平均输出电流等于平均电感电流，升压和升降压变换器的平均输出电流等于平均二极管电流。

问题33：三种拓扑的平均输入电流值都等于什么？

答：降压变换器的输入电流仅流过开关管，并在开关管关断时截止，所以平均输入电流必然等于平均开关管电流。下面计算平均开关管电流。在开关周期内，导通时间是（占空比）D 的函数。在开关管导通阶段，平均开关管电流（斜坡中心值）等于平均电感电流，后者也等于降压变换器负载电流。所以平均开关管电流必然等于 $D\times I_O$，也必然等于输入电流 I_{IN}。可根据输入和输出功率进行校验：

$$P_{IN}=V_{IN}\times I_{IN}=V_{IN}\times D\times I_O=V_{IN}\times\frac{V_O}{V_{IN}}\times I_O=V_O\times I_O=P_O \tag{4-5}$$

输入功率等于输出功率，正如预期。上述简单的占空比方程中忽略了开关管和二极管压降，意味着没有能量损耗，即效率为100%。

同理，升压变换器的输入电流无论何时都流过电感，所以平均输入电流等于平均电感电流，即 $I_O/(1-D)$。再用根据功率进行校验：

$$P_{IN}=V_{IN}\times I_{IN}=V_{IN}\times\frac{I_O}{1-D}=V_{IN}\times\frac{I_O}{1-\left[\left(V_O-V_{IN}\right)/V_O\right]}=V_O\times I_O=P_O \tag{4-6}$$

升降压变换器的结论并非显而易见。当开关管导通时，输入电流流过电感。但当开关管关断时，电感电流虽仍在续流，但续流路径中并不包含输入。所以，此时能做的唯一结论是平均输入电流等于平均开关管电流。因为开关管电流斜坡中心值为 $I_O/(1-D)$，所以其平均值为 $D\times I_O/(1-D)$。这就是平均输入电流。再次进行校验：

$$P_{IN}=V_{IN}\times I_{IN}=V_{IN}\times\frac{D\times I_O}{1-D}=V_{IN}\times\frac{\left[V_O/\left(V_{IN}+V_O\right)\right]\times I_O}{1-\left[V_O/\left(V_{IN}+V_O\right)\right]}=V_O\times I_O=P_O \tag{4-7}$$

$P_{IN}=P_O$，正如预期。

问题34：三种拓扑的平均电感电流与输入或输出电流有什么关系？

答：降压变换器的平均电感电流等于输出电流，即 $I_L=I_O$。升压变换器的平均电感电流等于输入电流，即 $I_L=I_{IN}$。升降压变换器的平均电感电流等于（平均）输入电流与（平均）输出电流之和。校验一下。

$$I_{IN} + I_O = \frac{D \times I_O}{1-D} + I_O = I_O \times \left(\frac{D}{1-D} + 1\right) = \frac{I_O}{1-D} = I_L \qquad (4\text{-}8)$$

由此，关系得到了证实。表 4-1 总结了三种拓扑中各电流的关系。

表4-1 三种拓扑中各电流的关系

平均值	降压	升压	升降压
I_L	I_O	$I_O/(1-D)$	$I_O/(1-D)$
I_L	I_{IN}/D	I_{IN}	I_{IN}/D
I_L	I_O	I_{IN}	$I_{IN}+I_O$
I_D	I_O-I_{IN}	I_O	I_O
I_D	$I_O(1-D)$	I_O	I_O
I_D	$I_{IN}(1-D)/D$	$I_{IN}(1-D)$	$I_{IN}D/(1-D)$
I_{SW}	I_{IN}	$I_{IN}-I_O$	I_{IN}
I_{SW}	I_OD	$I_OD/(1-D)$	$I_OD/(1-D)$
I_{SW}	I_{IN}	$I_{IN}D$	I_{IN}
I_O	I_L	I_D	I_D
I_{IN}	I_{SW}	I_L	I_{SW}

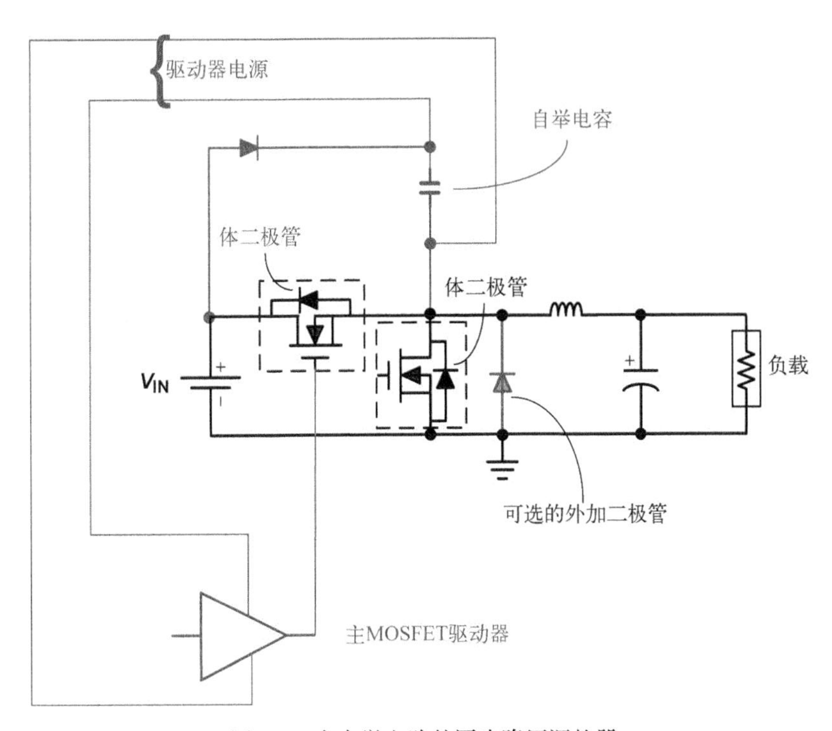

图 4-3 含自举电路的同步降压调整器

问题 35：为什么大多数降压变换器控制芯片没有设计成占空比 100%?

答：限制 D_{MAX} 小于 100%的原因之一是：同步降压调整器（参见图 4-3）使用了低端电流检测技术。

在低端电流检测技术中，为了节省分立的低值检测电阻，通常用低端 MOSFET（图 4-3 中与可选二极管并联）的 R_{DS} 检测电流。MOSFET 压降可测，若 R_{DS} 值已知，由欧姆定律即可得出电流。显然，任何低端电流检测技术其实都需要关断高端 MOSFET，迫使电感电流进入续流回路，然后才能测得其中的电流。这意味着要将最大占空比限制为小于 100%。

限制 D_{MAX} 小于 100%的另一个原因是：所有（正对正）降压调整器都使用 N 沟道 MOSFET。与 NPN 晶体管不同，N 沟道 MOSFET 的栅极电压必须高出源极电压几伏才能使它完全导通。因此为保持开关管导通，MOSFET 导通时的栅极驱动电压要高出输入电压几伏才行。但该电压无从获取。所以唯一的方法是构造这个电压。通过电路把输入电压泵到所需的高电压。该电路称为自举电路，如图 4-3 所示。

为了使电路正常工作，要求自举电路中开关管能够瞬间断开，因为当交换结点电压变低时，自举电容会充电至 V_{IN}。其后，当开关管导通时，交换结点（自举电容低端）电压升至 V_{IN}。该过程实际上把自举电容高端电压抬升至高于 V_{IN} 的电压（按图 4-3 中简化的自举电路，升压幅度为 V_{IN}）。出现这种情况是因为电容没有自主放电的路径。所以，将最大占空比限制为小于 100%只是为了让自举电路（如果有）正常工作。

若正对正（或正极性）降压电路、正对负升降压电路，或负对负（或负极性）升压电路使用 N 沟道 MOSFET 作为开关管，则几乎都会用到自举电路。而且，由电路对称性可知，当负极性降压电路、负对正升降压电路或正极性升压电路使用 P 沟道 MOSFET 时，也要用到自举电路（虽然此时需要产生小于地的驱动电压）。

这里应注意，N 沟道 MOSFET 可能是应用最广泛的开关管，应为其性价比高于 P 沟道 MOSFET。而且，因为 N 沟道器件所需的芯片面积（和封装）更小，所以其漏源极间的导通电阻 R_{DS} 较小。既然应用广泛的正极性降压拓扑使用 N 沟道 MOSFET 时需要自举电路，那么绝大部分降压控制芯片的最大占空比显然要小于 100%。

问题 36：为什么升压和升降压变换器的控制芯片几乎从不设计成占空比 100%?

答：首先要清楚，升压和升降压变换器在本质上很相似，所有拟用于升压拓扑的控制芯片均可用于升降压拓扑，反之亦然。因此，这类控制芯片一般按同时适用于升压和升降压两种拓扑销售。

两种拓扑的共同之处在于电感都在开关管导通时储能，而且该阶段没有任何能量传输到输出端。而在开关管关断阶段，能量才传输到输出端。换句话说，必须关断开关管才能让全部能量传输到输出端。但降压拓扑并非如此，其电感与负载串联，（在开关管导通阶段）电感在自身储能的同时把能量传输到输出端。所以，即使降压变换器的占空比为 100%（即开关管长时间导通），输出电压也能（平稳）升高。当达到所需电压时，反馈环将保持占空比稳定。

但在升压和升降压拓扑中，如果一直保持开关管导通，那么输出电压永远不会升高，因为这些拓扑在开关管关断时才能把能量传输到输出端，所以很容易陷入“恶性循环”。控制器会自“认为”在提高输出方面做得不够，因此继续保持最大占空比。但最大占空比 100%意味着关断时间为零，输出怎么可能升高呢?长期陷入这种不合理模式可能导致开关管损坏。当然，希望电流限制电路设计得足够好，足以在开关管损坏之前将它关断。但通常，并不建议这两种拓扑工作在占空比 100%的情况下。唯一已知的 D=100%的升降压控制芯片是美国国家半导体公司出品的 LM3478。它大约从 2000 年开始一直在销售，没有报告任何问题。

问题 37：什么是离线式电源的原边侧和副边侧?

答：通常，由控制芯片直接驱动开关管。因此，控制芯片必须位于隔离变压器的输入侧，即原边侧。而变换器的输出位于隔离变压器的输出侧，即副边侧。原副边侧绕组之间是“无人区”，即隔离带。安全规范规定了隔离带的强度和作用。

问题 38：为什么许多离线式电源中能看到有不止一个，而是两个光耦，并且经常并排布置？

答：第一个光耦负责传递从输出（副边侧）到控制芯片（原边侧）的误差信号，构成闭环反馈，为控制芯片提供调整输出所需的校正量。因此，该光耦常称为调整光耦或误差光耦。然而，离线式电源的安全规范还要求无论电源何处“单点失效”都不能输出危险的高压。例如，正常反馈环路中，任何关键元器件（甚至是焊盘连接点）失效都会引起输出失控，使输出电压升至危险水平。为防止此类事件发生，一般需要一个独立的过压保护（OVP）电路。该电路经常与输出相连，并且与调整电路中的元器件并联。故障检测电路也要有一个独立路径将故障信号传递给控制芯片，使其功能不受反馈环路失效的影响。所以，从逻辑上讲，需要一个独立的光耦，即故障光耦。注意，按照同样的逻辑，故障光耦最后也必须连到控制芯片的一个反馈光耦未用的引脚上（使开关管关断）。早期电源设计在不知不觉中违背了该逻辑，而安全认证机构也粗心大意地给予了认证。但是这已不再发生。

两个光耦并排布置通常只是为了印制电路板布局方便，因为隔离带穿过这些器件和变压器（参见第 1 章图 1-1）。

问题 39：为了通过多输出离线式变换器的安规认证，是否需要每路输出都有独立的电流限制电路？

答：安全机构不仅规定了用户侧的输出电压，而且规定了故障条件下允许输出的最大能量。原边侧电流检测肯定能限制电源传输的总能量，但不能单独限制每路输出的能量（或功率）。例如，有合适原边侧电流控制的 300W 变换器有两路输出，其原始设计参数为 5V/36A 和 12V/10A。但是，如何防止试图仅从 12V 一路就输出 25A 电流，而 5V 一路却无输出电流的情况呢？为了避免在认证时遭遇这些问题，明智的做法是为每路输出设计独立的副边侧电流限制电路。若在给定输出上使用了集成后级调整器（如 LM7805），则可以例外，因为该调整器有内置的电流限制电路。注意，任何过流故障信号都可以与过压故障信号做“或”运算，通过故障光耦传递到控制芯片。

问题 40：安全认证机构一般如何测试离线式电源的单点失效呢？

答：在安全认证机构的测试过程中，任何元器件都可能被短路或开路，甚至焊点在某处松开的可能性，或印制电路板层间过孔损坏等可能性都会被考虑。通常，单点失效引发的后果轻则是电源关闭，重则是毁灭性失效。这些还可以接受，但在测试过程中绝不允许输出危险的电压，即使瞬间也不行，更不能起火花！

问题 41：什么是同步降压拓扑？

答：同步降压拓扑中，传统降压拓扑的续流二极管或用一个 MOSFET 开关管替代，或再外加一个 MOSFET（并联），如图 4-3 所示。新加的 MOSFET 称为低端 MOSFET 或同步 MOSFET，而上方的 MOSFET 称为高端 MOSFET 或控制 MOSFET。

稳态时，低端 MOSFET 的驱动与高端 MOSFET 的驱动反相或互补。这意味着两者之一导通时，另一个关断，反之亦然。这就是称为同步的原因，其概念与同时截然相反，后者意味着两个开关管同相（这显然是不能接受的，因为会造成输入完全短路）。然而尽管如此，开关拓扑的有效**开关管**仍是高端 MOSFET。它“领导”有方，控制着电感储能和电感续流的时间。基本上，低端 MOSFET 只能被动而为。

同步降压调整器与传统降压调整器的本质区别在于，其低端 MOSFET 对续流电流的典型正向压降仅为 0.1V 或更小，而肖特基钳位二极管的典型正向压降却有约 0.5V。因此，续流回路的导通损耗减少，效率提高。

从原理上讲，低端 MOSFET 没有明显的交叉损耗，因为 V 和 I 波形之间无交叠。它仅在其两端电压几乎为零时才通断（改变状态）。所以，一般选择高端 MOSFET 的主要要求是开关速度高（交叉损耗小），而选择低端 MOSFET 的主要要求是漏源导通电阻 R_{DS} 低（导通损耗小）。

同步降压拓扑的一个最显著特点是当负载减小时，一般不会像（传统的）基于二极管的调整器那样进入断续导通模式。因为 MOSFET 与 BJT 不同，电流可在 MOSFET 中反向流动（既可从漏极流向源极，也可从源极流向漏极）。因此，电感电流可在任意时刻反向（从负载流出），即使负载电流下降到零（变换器输出什么都没接）连续导通模式（CCM）也能得以保持，（参见第 1 章）。也可参考第 9 章和图 9-1。

问题 42：同步降压调整器中，为什么有时会把肖特基二极管并联在低端 MOSFET 上，而有时又不这么做？

答：如前所述，低端 MOSFET 开关管故意在其两端电压很小时才改变状态。这意味着在高端 MOSFET 关断时，低端 MOSFET 要在几个纳秒后才能导通。而在高端 MOSFET 导通前，低端 MOSFET 会提前一点关断。这样就使得低端 MOSFET 既实现了零电压（无损耗）开关（ZVS），又避免了交叉导通，即两个 MOSFET 在开关状态转换的短暂时间间隔内同时导通（这充其量会引起效率损失，但也有可能使开关管损坏）。在此短暂时间间隔内，两个 MOSFET 同时关断（死区时间），可是电感电流需要续流回路。每个 MOSFET 结构都含有一个固有的体二极管，即使开关管并未导通，也能允许反向电流流过（参见图 4-3）。所以，体二极管为电感电流提供了必要的续流回路。但体二极管有一个基本问题：性能较差。其开关速度不快，正向压降也较大。所以，为了改善几个百分点的效率宁可经常不用它，而特意用合适的二极管（常用肖特基二极管）与低端 MOSFET 并联。参见第 9 章。

问题 43：为什么大多数同步降压调整器使用带集成肖特基二极管的低端 MOSFET？

答：理论上可以选择一个肖特基二极管，把它直接焊在低端 MOSFET 两端。然而，两者虽然在电路板上有物理连接，但肖特基二极管可能根本没起作用。举例来说，为了让续流电流在低端 MOSFET 关断时能迅速从 MOSFET 转移到二极管中，需要两者之间的导线电感值极低。否则，电流可能在高端 MOSFET 导通前关键的几纳秒时间内仍选择体二极管续流。所以，需要高度关注印制电路板布线。不幸的是，即使尽最大努力仍可能达不到理想效果。因为在纳秒级时间尺度上，即使很短的印制线或器件内部封装线也会有明显的感抗。解决方法是使用带集成肖特基二极管的低端 MOSFET，即二极管与 MOSFET 在同一封装内。这极大降低了低端 MOSFET 与二极管之间的寄生电感，从而在高端 MOSFET 导通前的死区时间里，使电流迅速从低端 MOSFET 转移到并联二极管中。

问题 44：什么限制了 MOSFET 的开关速度？

答：开关器件（晶体管）与变换器不同，其状态转换时间是指器件的开关速度。快速开关能力有多重含义，包括显而易见的 $V-I$ 交叉损耗最小化。虽然现代 MOSFET 与 BJT 相比速度很快，但在其驱动器改变状态时，MOSFET 无法立即响应。原因如下：首先，驱动器本身有一定阻值的上拉或下拉电阻，驱动电流必须经过它们才能使 MOSFET 的内部寄生电容充电或放电，进而让 MOSFET 改变状态。该过程包含一定的延时。其次，即使外部电阻为零，栅极驱动器到栅极之间的印制线仍有寄生电感，也会限制栅极电流让器件快速导通或关断的能力。再者，假设栅极电路实现了外部阻抗为零，在到达寄生电容（按需充放电）之前，MOSFET 封装内仍有内部阻抗阻碍电容按需充电或放电。内部阻抗一部分是感性的，由内芯到管脚的封装线构成，一部分是阻性的，其实只有几欧姆。这些因素都会影响器件的开关速度，从而给实际转换速度施加了硬性限制。

问题 45：什么是同步电路的交叉导通？

答：MOSFET 对驱动器的响应有轻微的延时，虽然高端和低端 MOSFET 的方波驱动信号可能并未故意重叠，但实际上两个 MOSFET 可能会在极短时间内同时导通。这种现象称为交叉导通或直通。因为这会造成（仅受其中各种寄生参数限制的）输入短路，所以即使时间极短，也足以使整体效率降低几个百分点。

若两个 MOSFET 开关速度明显不匹配，这种现象会恶化。事实上，低端 MOSFET 一般要比高端 MOSFET 迟钝得多。因为选择低端 MOSFET 主要是根据低正向导通电阻 R_{DS}。但较低的 R_{DS} 需要较大的内芯尺寸，经常导致更大的内部寄生电容，限制了开关速度。

问题 46：如何尽量避免同步电路的交叉导通？

答：为了避免交叉导通，需要在一个 MOSFET 导通之后而另一个 MOSFET 关断之前故意插入延时。这称为变换器或控制器的死区时间。注意，这段时间内，电流通过低端 MOSFET 体二极管（或并联的肖特基二极管）续流。

问题 47：什么是自适应死区时间？

答：死区时间的实现技术已经有了十分迅速的发展，总结如下。

- **第一代（固定延时）**。早期的同步控制芯片在两个栅极驱动器之间加入固定延时。优点是简单，但设置的延时时间必须足够长，以满足各种可能的器件应用和用户灵活选择 MOSFET 的需要。因为延时时间在芯片制造时偏差很大，所以设置的延时时间经常需要进一步补偿（增大）。当电流流过二极管而非低端 MOSFET 时，会导致更大的导通损耗。这些损耗显然与死区时间成正比，所以任何应用中都不能设置太长的固定死区时间。
- **第二代（自适应延时）**。实现过程通常如下。监测低端 MOSFET 栅极电压以决定高端 MOSFET 何时导通。当电压低于一定阈值时，便认为低端 MOSFET 已经关断（此时可能会有几纳秒的固定延时），然后将高端 MOSFET 栅极电平置高。为了确定何时让低端 MOSFET 导通，通常要监测交换结点的实时电压，并依此判断。原因是高端 MOSFET 关断后，交换结点电压开始下降（尽力使电感电流流过低端 MOSFET）。但遗憾的是，该电压的下降速度很难预测，因为它取决于各种不确定的寄生参数及工况。而且，有时还希望实现零电压开关以使低端 MOSFET 的交叉损耗最小化。所以需要等一段时间，直到确认交换结点电压已经降至阈值之下（要在低端 MOSFET 导通前）。因此，自适应技术允许针对不同 MOSFET 和工况 即时调整延时时间。
- **第三代（Predictive Gate Drive 技术）**。自适应开关的总体目标是智能开关，其延时时间或者大到避免明显的交叉导通，或者小到使二极管导通时间最小化，并且始终根据不同的 MOSFET 灵活变化。美国德州仪器（TI）公司提出的预测技术经常被竞争者视为过分之举。但出于介绍的完整性，不妨一叙。Predictive Gate Drive（预测栅极驱动）技术采样并保持前一开关周期的信息，并以此预测后一开关周期的最小延时时间。其工作前提是前后两个开关周期所需的延时时间相差不多。该技术利用数字控制反馈系统检测体二极管的导通情况，产生非常接近交叉导通临界值的精确定时信号。

问题 48：什么是低端电流检测？

答：过去，最常见的是在开关管导通阶段进行电流检测。但如今，也需要在开关管关断阶段进行电流检测，特别是在强调高效或极低输出电压的应用中选用同步降压调整器时。

如今，某些应用会要求非常极端的降压比。例如在最小开关频率为 300kHz 时，将 28V 转换成 1V。计算出的占空比为 1/28=3.6%。在 300kHz 时，周期为 3.3μs，因此所需的（高端）开关管导通时间为 3.6×3.3/100=0.12μs（即 120ns）。在 600kHz 时，导通时间降至 60ns。在 1.2MHz 时，导通时间降至 30ns。最终可能导致没有足够的时间让高端 MOSFET 完全导通，也没有足够时间消除导通转换时（前沿消隐时间）的噪声，更没有足够时间让电流限制电路快速检测电流。

而且，在极轻负载条件下，可采用跨周期脉冲提高效率（因为跨周期脉冲可使开关损耗下降）。不能仅因为电流检测的需要，就迫使高端 MOSFET 在每个周期都导通。

正因如此，低端电流检测逐渐流行。有时，需要为此在续流回路上放置一个电流检测电阻，或者检测低端 MOSFET 的正向压降。有关直流电阻检测内容，参见图 9-6。

问题 49：为什么一些非同步调整器在极轻负载条件下会进入几乎混乱的开关模式？

答：当负载降低时，传统调整器的工作模式会从连续导通模式（参见图 1-9）进入断续导通模式。事实上，这种情况表明，占空比已经突然变成负载的函数，而不再像连续导通模式下工作的调整器，其占空比仅由输入和输出电压（一阶系统）决定。当负载电流进一步降低时，断续导通模式下的占空比持续减小，大多数调整器最终自动进入随机的跨周期脉冲调制模式。发生这种情况的原因是调整器在某一时刻无法进一步按要求减小导通时间，所以单导通脉冲输入电感的能量可能超过负载所需的（单脉冲）平均能量。因此，控制系统在表面上陷入混乱，不过它一直在设法尽力调整，例如“若脉冲过宽（抱歉，忍不住就这样了），就把后面一段时间内的几个脉冲缩减成一个，以此弥补”。

但如此混乱的控制可能会带来实际问题，特别是电路采用电流型控制（CMC）时。这种控制模式一般需要不断检测开关管电流，并用采样信号产生脉宽调制（PWM）所需的内部斜坡电压。因此，若开关管在几个周期内都未导通，就没有供脉宽调制使用的斜坡电压了。

这种混乱模式实质上也是一种频谱不可预测的变频工作模式，会产生不可预测的电磁干扰和噪声。商业应用上更偏向使用恒频工作模式，原因即在于此。恒频本身就意味着没有跨周期脉冲。

避免这种混乱模式的最普遍方法是在变换器中设置假负载，即（印制电路板）输出端放置一些并联电阻，使变换器总是“认为”有最小负载存在。也就是说，需要变换器提供的能量比它（进入混乱前）所能提供的最小能量稍大一些。

问题 50：为什么在轻载工况下，有时需要跨周期脉冲调制？

答：一些应用中，特别是电池供电的场合，变换器的轻载效率备受瞩目。一般可使用低正向压降的开关管降低导通损耗。不幸的是，真实的开关动作在每个周期内都会产生开关损耗。所以，唯一能降低开关损耗的方法是在可能的情况下让开关不动作。跨周期脉冲调制模式如果能得到合理运用，会明显提高变换器的轻载效率。

问题 51：同步降压拓扑如何运用可控的跨周期脉冲调制来进一步提高轻载效率？

答：断续导通模式下，占空比是负载电流的函数。所以，当负载降至足够低时，占空比开始（从连续导通模式时的值）减少。最终，当控制器达到最小导通时间限制时会进入跨周期脉冲调制模式。但如前所述，这种模式相当混乱，而且仅在极度轻载时发生。现在有一种处理方式，它不允许断续导通模式下占空比的减少量超过连续导通模式下占空比的 85%。因此，现在不仅单一导通脉冲传送的能量要比正常断续导通模式下传输的能量多，而且不必让控制器达到最小导通时间限制。但是，因为现在的导通脉冲比所需脉冲大得多，（为输出下一个导通脉冲）控制器将等待更多周期。其后在某一时刻，控制器检测到输出电压下降过多，会要求输出下一个导通脉冲。这迫使变换器在断续导通模式下进行跨周期脉冲调制，既减少了开关损耗，又提高了轻载效率。

问题 52：升压调整器为何会快速损坏？

答：升压调整器存在的问题是：一旦接入电源，就会有一个巨大的浪涌电流给输出电容充电。因为开关管不是串联接入，所以无法进行控制。因此，在理想情况下，应该让开关延时导通，直至输出电容充电到输入电压（浪涌停止）。为此，升压调整器非常需要软启动功能。然而，若在浪涌电流仍存在时就让开关管导通，则浪涌电流将转移到开关管中。大多数控制器都存在这个问题。在开关管导通后的第一个 100ns~200ns 内，电流限制电路甚至可能会不起作用。这是故意安排的，为了避免开关暂态过程（前沿消隐时间）产生的噪声让电流限制电路误触发。但现在，巨大的浪涌电流完全转移到开关管中，实质上不可控，有可能损坏开关管。一种解决方法是把二极管直接连在输入电源和输出电容之间（二极管阴极接到输出电容正极）。此时，浪涌电流被旁路，不流经电感和升压二极管。但是，必须注意旁路二极管的浪涌电流额定值。它不必是快速二极管，因为一旦开关管开始动作，它就会“出局”（永远反偏）。

还要注意，升压拓扑（本身）不能实现真正的开关功能。为此需要外接串联晶体管来完全有效地断开输入和输出。否则，即使开关管永久关断，输出电压仍会升至输入电压水平。

这些常见问题和解答在前面章节中已经介绍过，不会使入门级读者觉得恐惧。第 9 章还为有经验的读者介绍了更多的同步及其他拓扑，还有一些现代技术。读者也可参考第 19 章的具体算例来强化概念，完成设计计算。

第5章

高级磁技术：最优磁芯选择

5.1 第1部分：能量传输原理

5.1.1 拓扑概述

前面章节中介绍了开关功率变换的基本概念，拓展了专业知识。本章将讨论DC-DC开关功率变换器储能部分的优化，特别是磁性元件的优化。

首先简述要点。开关拓扑中有三种重要的功率元器件：

(1) 电感。每个周期内，电感电流在峰值与谷值之间波动。当上电完成后，在电网电压或负载不变的稳态条件下，峰值和谷值保持不变。

(2) 开关管。与电感相连，在每个周期内导通和关断。通常，导通阶段的起始时间由时钟控制，关断阶段的起始时间由误差放大器或反馈环控制。

(3) 钳位（续流）二极管。与开关管和电感在公共结点相连，该结点称为交换结点（或跳变结点）。当开关管导通时，二极管反偏；当开关管关断时，二极管正偏。

开关管和二极管动作互补：一个导通，另一个就关断，反之亦然。其目的是使电感电流在开关管和二极管之间交替流动，总有路径流通。否则，电感电流引起的电压尖峰会损坏变换器（参见图1-6）。

在所有拓扑中，当在开关管导通时，电感与输入电压源相连。当二极管导通（即开关管关断）时，电感与输出（负载）相连。因此，在开关管导通阶段，能量通过开关管流入变换器。要切记，电流总是在闭合回路中流动，但仅在有*电位差*时传输能量。因为根据定义，传输功率等于电位差乘以电流。在开关管导通阶段，能量增加表明电流在电感和开关管中以一定的斜率线性上升。类似地，在开关管关断阶段，电感电流流过导通的二极管，由此建立了输出通路。所以，在开关管关断阶段，变换器把能量传输给负载，电感能量随之下降，这表明电流在电感和二极管中以一定的斜率线性下降。

电感电流与能量的关系可通过如下基本方程来描述

$$\varepsilon=\frac{1}{2}L\times I^2\ \text{J} \tag{5-1}$$

磁性元件设计中有一个关键问题：什么才是最优L值（即电感值）？前面章节中介绍过，L的选择通常取决于一个非常简单而又普遍的标准，即最大负载时的电流纹波为±20%（r=0.4）。于是，各个周期内电流的总变化量ΔI为直流平均值（即斜坡中心值）的40%。但不管怎样，L的选择只是次要问题。在磁性元件设计过程中，首要回答的、最重要的、最困难的问题是：应该选择什么样的*磁芯尺寸*？在功率变换领域，能量是回答问题的关键。根据定义，功率是单位时间（每秒）内的能量。所以，一旦理解了能量，就能确保正确选择大型储能元件（电感和输入、输出电容），并正确处理其中的能量。而一旦知道变换器每级传输的能量，就能确定每级损耗（浪费）的能量，如开关管和二极管损耗。这有助于正确选择功率半导体器件，不会让器件过热。这也涉及热管理领域，如散热、空气流速等。简言之，除了控制环设计，能量与每一件事都有关系。能量极其重要，因为不像控制环设计，能量在很大程度上决定了变换器尺寸和成本，也决定了整体系统可靠性。所以，对能量的理解甚至要比对控制环理论的理解还要好，特别是在如今的“绿色时代”。

要切记瓦特与焦耳的关系。如前所述，瓦特是焦耳/秒，用符号 J/s 或 Js^{-1}表示。赫兹（Hz）是每秒周期数，用符号 1/s 或 s^{-1}表示，显然周期数无量纲。举例来说，如果一个变换器的开关频率是 100kHz，输出功率额定值为 50W，则每个周期的输出能量 ε_O为（用每个周期的焦耳数，或仅用焦耳表示）

$$\varepsilon_O = \frac{P_O}{f} = \frac{50\ \text{W}}{100\ \text{kHz}} = \frac{50\ \text{Js}^{-1}}{100 \times 10^3\ \text{s}^{-1}} = 5 \times 10^{-4}\ \text{J} \Rightarrow 500\ \mu\text{J} \qquad (5\text{-}2)$$

如果选择的开关频率是 1MHz，则每个周期的输出能量只有 50μJ，在同等输出功率下只需更小的磁性元件。若效率是 80%，则输入功率是 50W/0.8=62.5W。于是，开关频率为 1MHz 时，每个周期的输入能量是 62.5μJ，而开关频率为 100kHz 时，每个周期的输入能量是 625μJ。这些计算会使读者回想起本书第 1 页介绍的火车终点站模拟法。该方法描述了能量如何连续流入变换器，又如何连续流出。在传输过程中，能量流被斩波成能量包，而每个包的大小取决于火车运输的速度。还有另一种方法能形象地介绍焦耳与瓦特的关系：若每次能传输 50μJ，则重复传输 10^6次将得到 50×10^6μJ，即 50J。现在，若完成 10^6次相同传输的时间（周期）总和恰好是 1s，即频率为 1MHz，则可得到 50μJ/s，即 50W。于是，1MHz 开关频率下传输了 50W 功率。但若以慢得多的速度完成这 10^6个周期，如在 10s 内完成，则每秒仅能传输 50/10=5J/s，即 5W，此时开关频率为 10^6（周期）/10s=10^5Hz，即 100kHz。

开关电源设计中决定所用的磁芯尺寸时，有一种隐含的拓扑依存关系，它在相关文献中经常被忽略。下面将介绍这种关系，以便做出最优磁芯选择。

前面提到过，在开关管导通阶段，能量从输入源流向变换器。它到底去哪了呢？升压和升降压拓扑中，所有输入能量（在开关管导通阶段）都储存在电感中。但在降压拓扑中，仅有部分能量储存在电感中，因为一些能量直接传输到输出。原因是*在开关管导通阶段，降压拓扑中电感与输出串联*。的确，如前所述，电流总是在闭合回路中流动，而且仅在有电位差时传输能量。

类似地，在开关管关断阶段，能量从变换器传输到输出。但它究竟来自何方呢？降压和升降压拓扑中，所有输出能量（在开关管关断阶断）来自电感，预先储存的能量为$(1/2) \times LI^2$。但在升压拓扑中，仅有部分能量预先储存在电感中，因为一些能量直接来自输入电压源。原因是*在开关管关断阶段，升压拓扑中电感与输入串联*。

但要注意，对于所有拓扑，无论输入能量多少，电感在开关管导通阶段增加的能量总是能够确切描述，而且该能量与开关管关断阶段电感释放的能量完全相等（实际上剩余能量仅有几个皮焦耳）。如果电感电流和能量在每个周期的终值刚好与该周期的初值相同，那么按照定义，电感达到稳态。但是，服从稳态规则并不排除能量直接从输入源传输到输出（负载）的可能性。也就是说，*传输过程并未利用电感的储能能力*。可以想象，这种情况下不必苛求电感，而电感尺寸也许可以更小些。事实上，这种情况就出现在降压和升压两种拓扑中。当然，所有拓扑都源自这两种基本拓扑也是实情。例如，单端正激变换器、半桥变换器、全桥变换器、双管正激变换器等均是降压变换器的派生拓扑。这种情况也出现在大功率 AC-DC 电源前级的升压型功率因数校正（PFC）电路中。第 14 章将介绍该电路的磁性元件设计。

无论在开关管导通阶段还是关断阶段，只有升降压拓扑从未建立由输入到输出的能量直接传输路径。换句话说，在开关管导通阶段，所有输入能量都储存在电感中。其后，在开关管关断阶段，所有电感储能全部传输到输出端，一个皮焦耳都不剩。显然，这意味着（对于给定功率）升降压电感（或反激变压器）尺寸与其他拓扑相比总是最大，因为升降压变换器必须处理所有进入变换器的能量。因此，一般磁芯选择曲线或方程并没有将磁芯尺寸与现有拓扑联系起来，经常不得要领。

读者有必要仔细理解图 5-2 至图 5-4 所示的三种基本拓扑的完整能量传输过程。每种拓扑的传输过程各不相同。现在，浏览一下这些图，就会发现图中含有迄今为止没见过的或不熟悉的占空比方程形式，式中包含效率 η，即预估效率或目标效率，后面也会用到实测效率。这些新方程称为实际占空比方程。列举如下。

$$D_{\text{Buck}} = \frac{V_O}{\eta V_{IN}}, \qquad D_{\text{Boost}} = \frac{V_O - \eta V_{IN}}{V_O}, \qquad D_{\text{Buck-Boost}} = \frac{V_O}{V_O + \eta V_{IN}} \tag{5-3}$$

这些方程看起来非常类似下述常用于预估的理想方程，如：

$$D_{\text{Buck}} \approx \frac{V_O}{V_{IN}}, \qquad D_{\text{Boost}} \approx \frac{V_O - V_{IN}}{V_O}, \qquad D_{\text{Buck-Boost}} \approx \frac{V_O}{V_O + V_{IN}} \tag{5-4}$$

上述两组方程虽然看似相似，但其实完全不同，非常具有欺骗性，简直就是代表着从理想到现实的两个极端。注意，本书有意识地避免在理想方程（后一组）中使用等号。原因是本书希望非常清楚地告诉读者，这组方程建立在零损耗假设基础上，仅对效率为 100%（η=1）的变换器有效。当然，这种变换器事实上并不存在。另一方面，实际方程（前一组）实际上也是所碰到的最准确或最精确的方程。这组方程使用等号是恰当的（也有所保留，后面会谈到）。

读者需要更新一下对第 1 章的记忆。根据输入或输出功率，可写出如下损耗方程。

$$P_{\text{loss}} = P_O \times \left(\frac{1-\eta}{\eta}\right) \tag{5-5}$$

$$P_{\text{loss}} = P_{IN} \times (1-\eta) \tag{5-6}$$

任何情况下，η 减小，损耗增加。

现在，来观察两种特定情况下占空比如何变化。

(1) 输入电压降低时，占空比必然增加，因为电源的瞬时输入电流流入变换器需要更长的时间。从每周期平均输入电流看，$V_{IN}{\times}I_{IN}$ 的乘积保持不变。但要注意，在升压和升降压变换器中，由于能量仅在开关管关断阶段传输到输出，所以占空比的任何增加都会减少能量输出时间。因此，为了保持输出功率固定，瞬时输入电流必须随 D 同时增加（这就是为什么这两个拓扑的电流斜坡中心值是 $I_O/(1-D)$，而不像降压拓扑是 I_O）。但迄今为止，分析问题的前提仍然是假设效率（或输出功率）不变。

(2) 第二种情况假设输入电压固定，但效率降低。占空比必然再次增加。因为额外的输入电流流入变换器需要更长的时间。从每周期平均输入电流看，现在 $V_{IN}{\times}I_{IN}$ 的乘积增加了，说明效率降低，损耗相应增加。

理想方程是最不精确的，在给定输入和输出条件下，它计算的占空比可能是最小的。实际方程是最精确的，它估计的占空比最大（效率最低）。其他文献还给出了许多其他形式的占空比方程，精确度各不相同，介于这两组方程之间。例如，本书第 1 章中利用稳态下的基本伏秒平衡原理，给出了如下模样非常相像的占空比方程。

$$D_{\text{Buck}} \approx \frac{V_O + V_D}{V_{IN} - V_{SW} + V_D}, \qquad D_{\text{Boost}} \approx \frac{V_O - V_{IN} + V_D}{V_O - V_{SW} + V_D},$$
$$D_{\text{Buck-Boost}} \approx \frac{V_O + V_D}{V_O + V_{IN} - V_{SW} + V_D} \tag{5-7}$$

注意，这些方程中没有用等号。尽管这组方程明确地包含了二极管和开关管压降，还有这两个器件的导通损耗，但仍忽略了几个其他的小损耗项，如电感直流电阻（DCR）的（I^2R）传导损耗、各种开关损耗、电感交流电阻损耗和电容等效串联电阻损耗等。如果这些因素都以某种方式计入，将导致占空比进一步增加。本书附录和第 19 章的算例中都给出了含电感直流电阻压降的上述方程。但仍要避免使用等号，应当承认，即使是这些方程也遗漏了许多其他损耗项。的确，上述含压降的占空比方程比先前介绍的理想方程好得多（更精确）。因此，这为大多数迭代计算提供了一个良好的开端。

最后的问题是：有希望给出一个相对准确的占空比方程吗（即使不完美）？举例来说，怎样才能真正（在占空比方程中）建立开关损耗与对应压降的模型呢？其实没有太好的办法。但好消息是如果把所有损耗一起计算，并根据整体效率 η 重新写出占空比，就能得到非常精确的方程，即前面介绍的实际占空比方程。不可否认，这些方程并没有揭示出变换器哪里产生了损耗，但确实非常精确地给出了效率与占空比的关系。所以，本章后续的数值计算会用到它们。

然而，它们为何如此精确？又有哪些损耗它们没能给出解释呢？为了回答这些问题，下面以一个新方程为例介绍推导过程。假设选择的是升降压变换器。升降压变换器的二极管电流由一系列电流脉冲组成，其斜坡中心值为 I_L，占空比为 $1-D$。平均值始终等于负载电流 I_O。因此，

$$I_L \times (1-D) = I_O \tag{5-8}$$

或

$$I_L = \frac{I_O}{1-D} \tag{5-9}$$

至于输入侧的一系列开关管电流脉冲，其斜坡中心值 I_L 和占空比 D 与上式相同。而且，其平均值始终等于输入电流。因此，

$$I_L \times D = I_{IN} \tag{5-10}$$

或

$$I_L = \frac{I_{IN}}{D} \tag{5-11}$$

令上述两个方程中 I_L 相等，可得

$$\frac{I_O}{1-D} = \frac{I_{IN}}{D} \tag{5-12}$$

$$\frac{I_O}{I_{IN}} = \frac{1-D}{D} \tag{5-13}$$

但已知效率定义为

$$\eta = \frac{P_O}{P_{IN}} = \frac{V_O \times I_O}{V_{IN} \times I_{IN}} \tag{5-14}$$

故，

$$\frac{I_O}{I_{IN}} = \frac{\eta V_{IN}}{V_O} \tag{5-15}$$

令上述两个方程中 I_O/I_{IN} 相等，可得

$$\frac{\eta V_{IN}}{V_O}=\frac{1-D}{D} \tag{5-16}$$

可简化为

$$D=\frac{V_O}{\eta V_{IN}+V_O} \tag{5-17}$$

有趣的是，虽然电源工程师们都习惯于主张“连续导通模式下的占空比与负载电流无关”，但其实正是依靠电流才推导出上述所谓的电压型占空比方程。那么，占空比真的如想象那样与电流无关吗？显然不是。虽然上述推导过程有些出人意料，但它不是基于稳态下的伏秒平衡原理，而是基于能量守恒定律。既然能量是 $V\times I$，那么推导过程自然包含电流。

撇开细节不谈，前面已经用能量守恒定律推导了实际占空比方程，它肯定能反推，并且其结果可用于基本的伏秒平衡原理（对任何拓扑而言，无论从哪种角度看，它都是正确的）以创建实际变换器的理想模型。这将使实际变换器更易于分析，并且对大多数用途而言，也非常精确。图 5-1 利用理想占空比方程与实际占空比方程之间明显的相似性，把实际变换器电路映射成等效的无损（理想）变换器。窍门在于用两种可能的方式解释实际损耗：把理想变换器的输入想象成已经从 V_{IN} 降至 $\eta\times V_{IN}$（意味着所有损耗发生在电感前），或者把理想变换器的输出想象成已经从 V_O 增至 V_O/η（意味着所有损耗发生在电感后）。两种情况下占空比是相同的。用简单的算术运算即可得出上述事实，实际方程组可写成如下形式：

$$D_{\text{Buck}}=\frac{V_O/\eta}{V_{IN}},\qquad D_{\text{Boost}}=\frac{(V_O/\eta)-V_{IN}}{V_O/\eta},\qquad D_{\text{Buck-Boost}}=\frac{V_O/\eta}{(V_O/\eta)+V_{IN}} \tag{5-18}$$

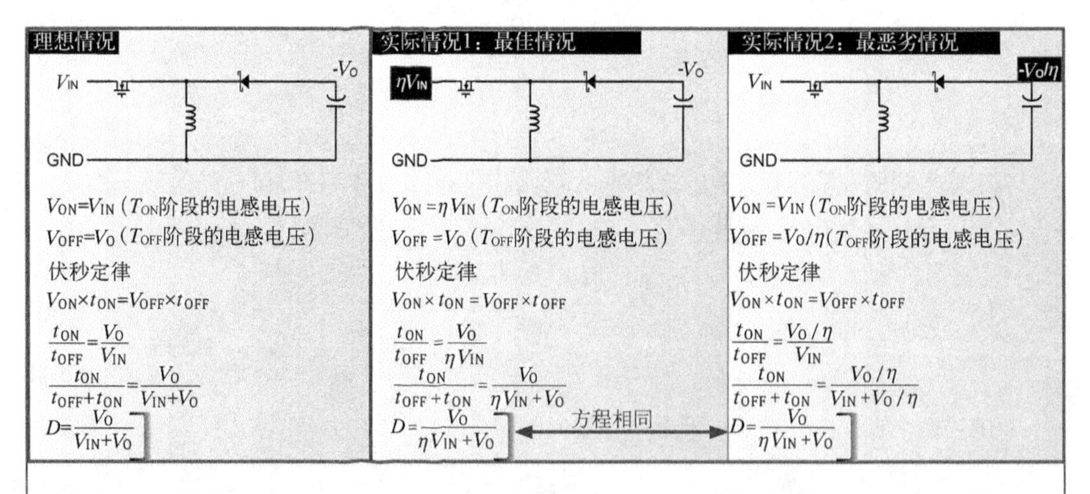

图 5-1　实际变换器的等效理想模型及其对磁性元件尺寸的影响（以升降压变换器为例）

两种形式的实际占空比方程虽然看似等价，但其实仅在一定程度上如此。它们最终会得出不同的导通阶段和关断阶段伏秒积，从而对应不同的磁性元件尺寸。前一种解释（即 V_{IN} 有效降低）会得到一个乐观（但可能尺寸过小）的磁芯，而后一种解释（即 V_O有效增加）会得到一个相对较大的磁芯。通常，后一种模型在设计上更为安全，特别是在变换器效率小于估测效率，却不知道损耗发生在哪里时。实际变换器中发生的情况介于图 5-1 介绍的两种实际模型之间。

最后一个问题是：根据 η 写出占空比方程时（还）忽略了哪些损耗呢？换句话说，上述实际占空比方程有多准确呢？如果理解了上述推导过程，就会意识到它实际上忽略了所有流过并联输入/输出电容等效串联电阻的电流。它假设平均输入电流全部直接流入了开关管，同样地，平均二极管电流全部直接流入了负载。这种情况下，其实忽略了与等效串联电阻有关的损耗和输入/输出电容的泄漏损耗。注意，这些损耗不管怎样都能估算出来，并可从前面提到的 P_O 和 P_{IN} 中增减，使得用这些输入和输出修正值计算的结果很精确。例如，测得的输入为 10V/1A，输入电容中的损耗估计为 1W，则 P_{IN} 为 10 – 1=9W。也就是说，V_{IN} 为 10V，I_{IN} 为 9W/10V=0.9A。类似地，如果测得的负载为 5V/1.5A，估计输出电容等效串联电阻上的损耗为 0.5W，则 P_O=7.5+0.5=8W。也就是说，V_O 为 5V，I_O 为 8W/5V=1.6A。所以，变换器效率实际上不是 7.5W/10W=0.75，而是 8W/9W=0.89。但必须指出，这里还忽略了开关管和二极管的泄漏电流及其相关损耗，也忽略了所有脉宽调制控制芯片的静态电流损耗。如果需要，也可以修正前面提到的所有损耗，但通常认为这些损耗无关紧要。考虑到这些限制，前面给出的（以 η 表示的）实际占空比方程很精确，而理想方程则很不精确。实际占空比方程把开关损耗、导通损耗（包括与电感直流电阻有关的损耗），还有全部交流电阻损耗都计算在内。图 5-2 至图 5-4 根据上述方程描述了与能量传输相关的概念。

5.1.2 能量传输图

图 5-2 至图 5-4 依次展示了各种拓扑，并展现了其内部能量传输的每一个环节。为了重点研究能量和储存功能，每种拓扑划分成三个阻抗（储能）框图：输入电容、电感（含开关管和二极管）和输出电容。

每个拓扑图中，首先要看在开关管导通阶段发生了什么，并计算电路各结点的 V 和 I。注意，这里使用的电流方程都非常精确，因为它们建立在精确的（实际）占空比方程基础上。把 V、I 与相应的时间间隔相乘（$V \times I \times t$）就能得到相应的能量。于是，从任一给定阻抗框图左右两侧的能量差，可以计算出给定框图中有多少能量输入（即储存）或输出（即提取）。然后，在开关管关断阶段将重复同样的过程。最后，可编辑出能量平衡表：表中比较了开关管关断阶段和开关管导通阶段的输入或输出能量大小。任何情况下，如果在开关管导通阶段把 X 焦耳能量存入某一给定框图内，那么在开关管关断阶段必然有相同数量的能量被提取。同样地，如果在开关管导通阶段提取了 X 焦耳能量，那么在开关管关断阶段必然有相同数量的能量被存入，以此类推。因为根据定义，框图中的变换器都处于稳态，从变换器输入到输出均是如此。从图中能够证实，电感、输入电容和输出电容这三个阻抗元件在每一完整周期结束后，其能量没有增减。是的，若结果并非如此，则会令人非常不安。这可能暗示着拓扑在某种程度上存在缺陷，或者更可能是用于计算能量（和相应电流及占空比）的方程不十分精确。但确实要注意，图 5-2 至图 5-4 中的算例仍然假设效率为 100%。这么做仅仅是在前面概念的基础上有所简化。稍后，将根据实际情况（η<1）重复相同的过程以观察这些图如何变化。还要注意，只是为了便于对比，这些图中均以 50W 变换器作为拓扑算例。

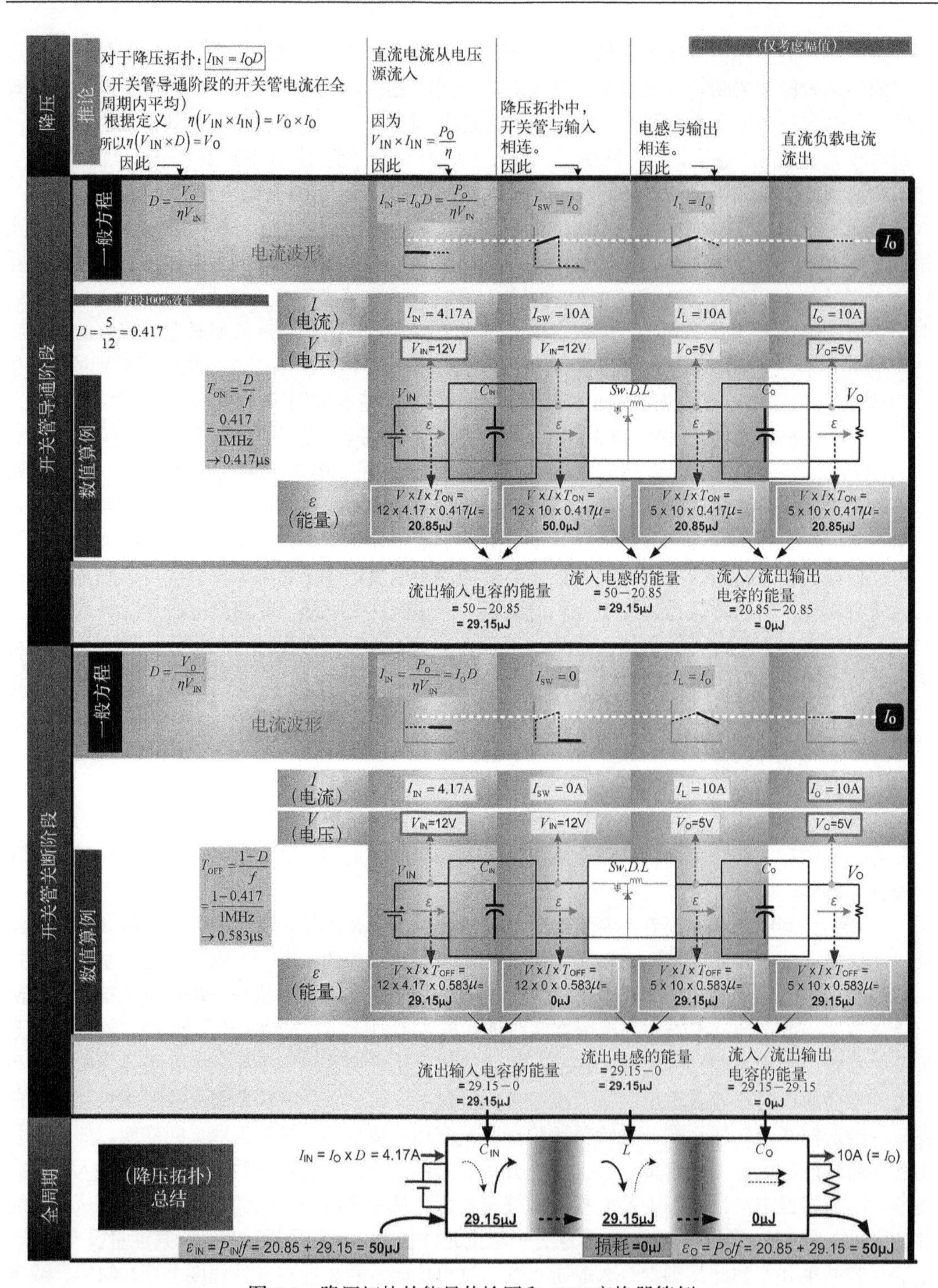

图5-2　降压拓扑的能量传输图和50W变换器算例

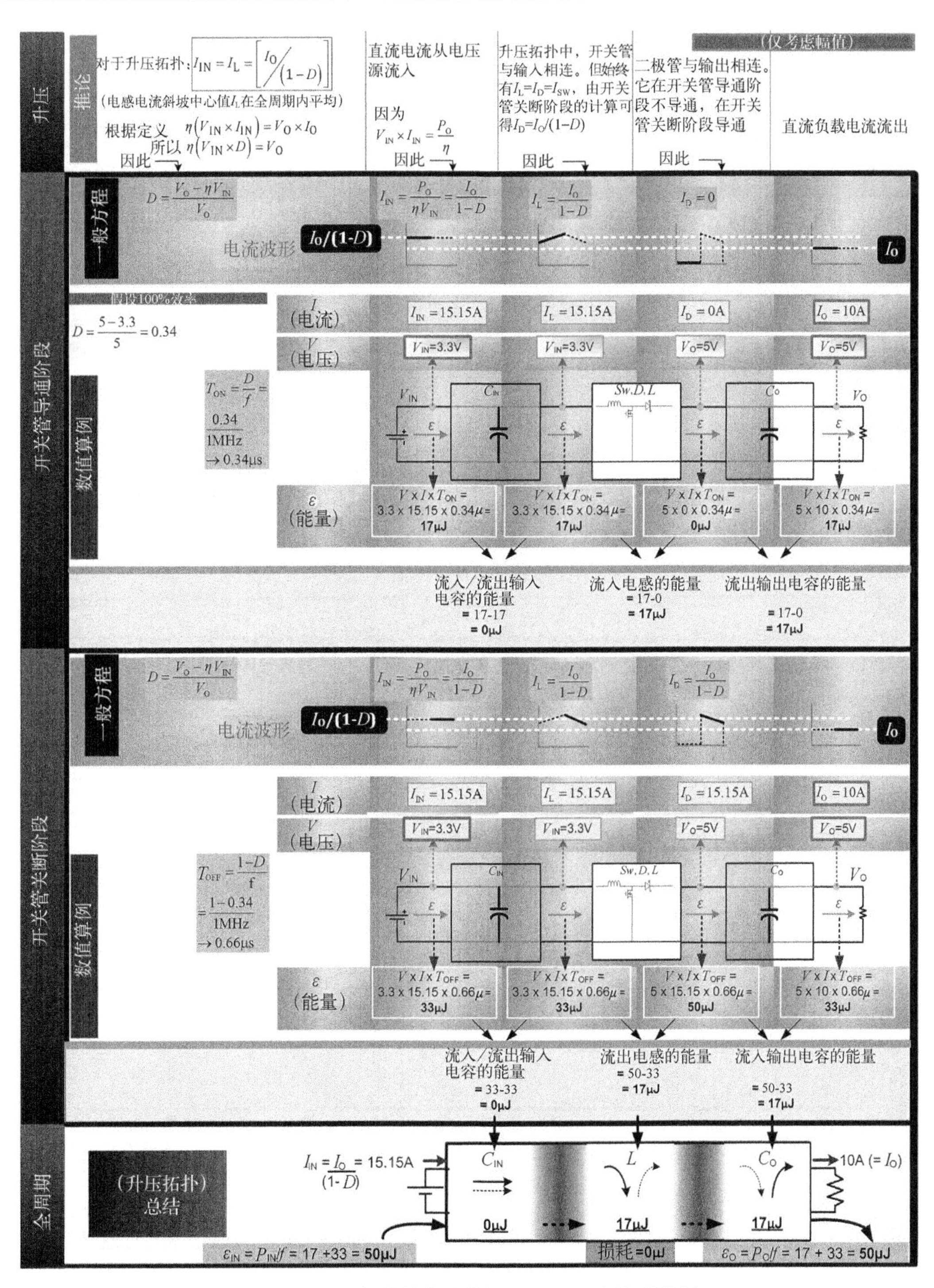

图 5-3　升压拓扑的能量传输图和 50W 变换器算例

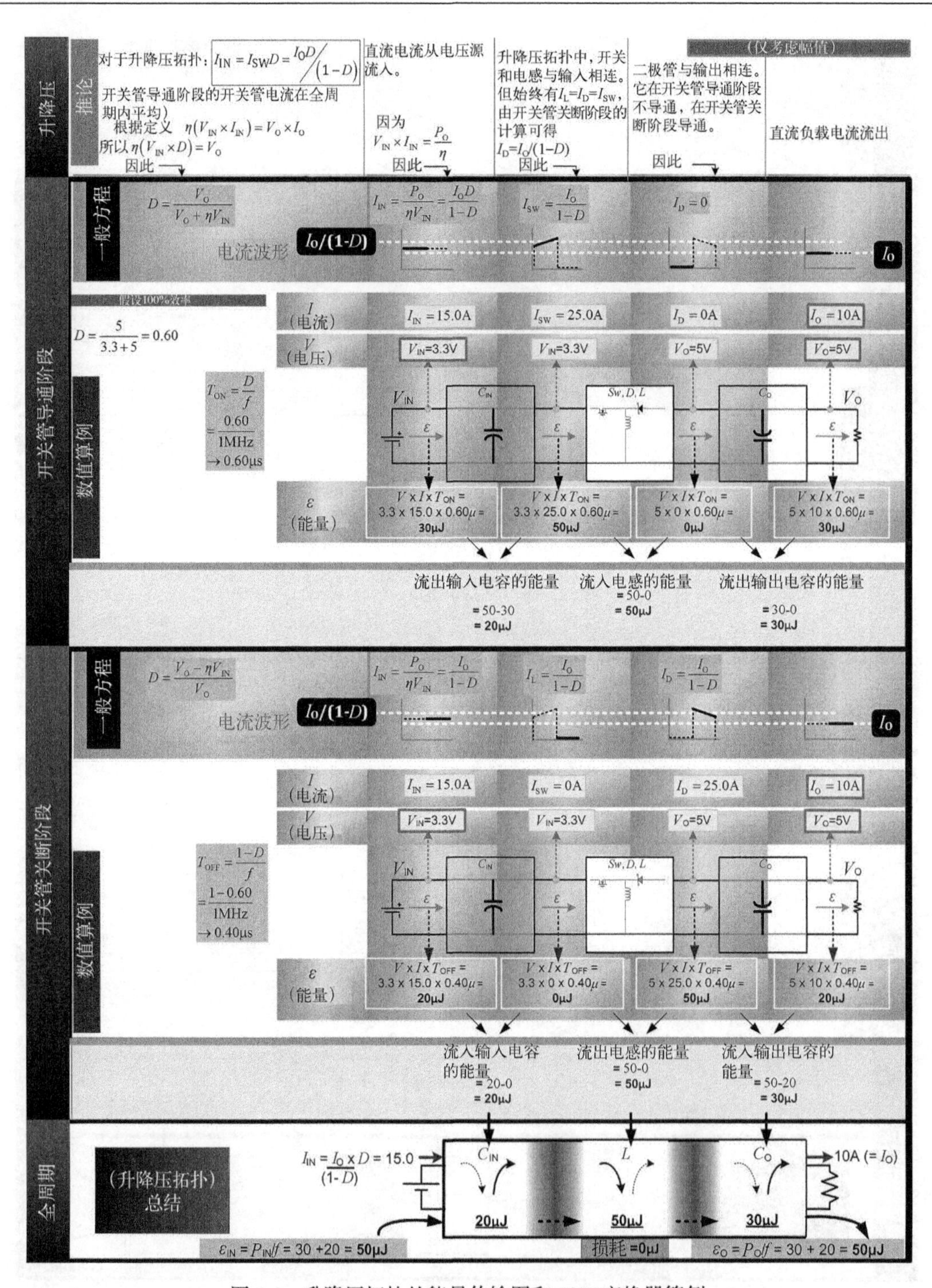

图 5-4　升降压拓扑的能量传输图和 50W 变换器算例

从图 5-2 至图 5-4 中可以得出一些结论，列举如下。

(1) 升降压变换器的电感必须处理所有输入能量。图 5-4 中为每周期 50μJ，开关频率为 1MHz 时对应 50W 能量。

注意 $\eta \leqslant 1$ 的通常情况下，保守模型使结果更精确。如果使用图 5-1 中的保守模型，那么功率变换器必须处理的能量为 P_{IN}/f，不仅是使用理想模型时的 P_O/f。

对比可知，图 5-2 和图 5-3 中 50W 变换器的电感只能处理输入与输出之间的一部分能量。但这部分能量具体是多少呢？

(2) 为了回答上述问题，以三个能量传输图为依据，能够推导出与电感储能相关的封闭形式方程。图 5-5 给出了该方程，从中能得到各拓扑中能量包的大小。

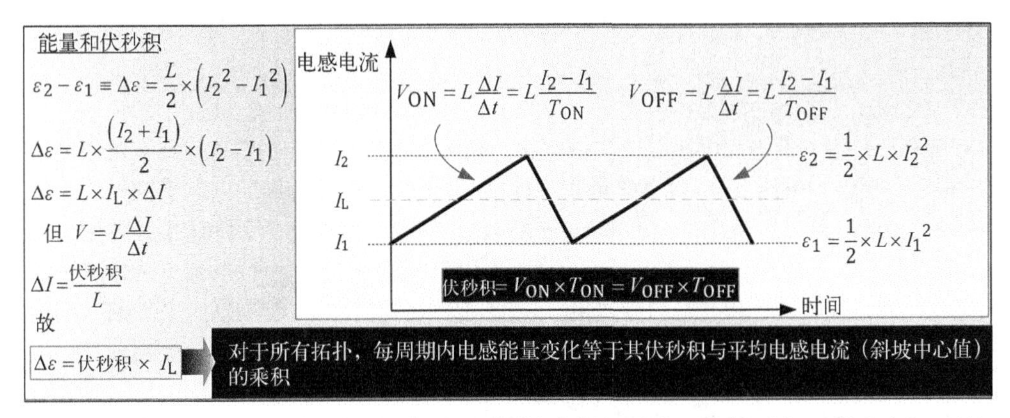

对于给定拓扑（即V_{IN}、V_O和I_O固定），伏秒积与开关频率成反比。所以，能量包（即$\Delta\varepsilon$）的大小与开关频率成反比。因此，当频率变化时，若I_2和I_1保持不变，则所需电感值与开关频率成反比，所需电感的峰值能量处理能力（$\frac{1}{2}L\times I_2^2$）也与开关频率成反比。（注：对于给定I_O，如果峰值电流（I_2）保持固定，那么它等效于在频率变化时保持r值（电流纹波率）恒定，这是隐含条件）

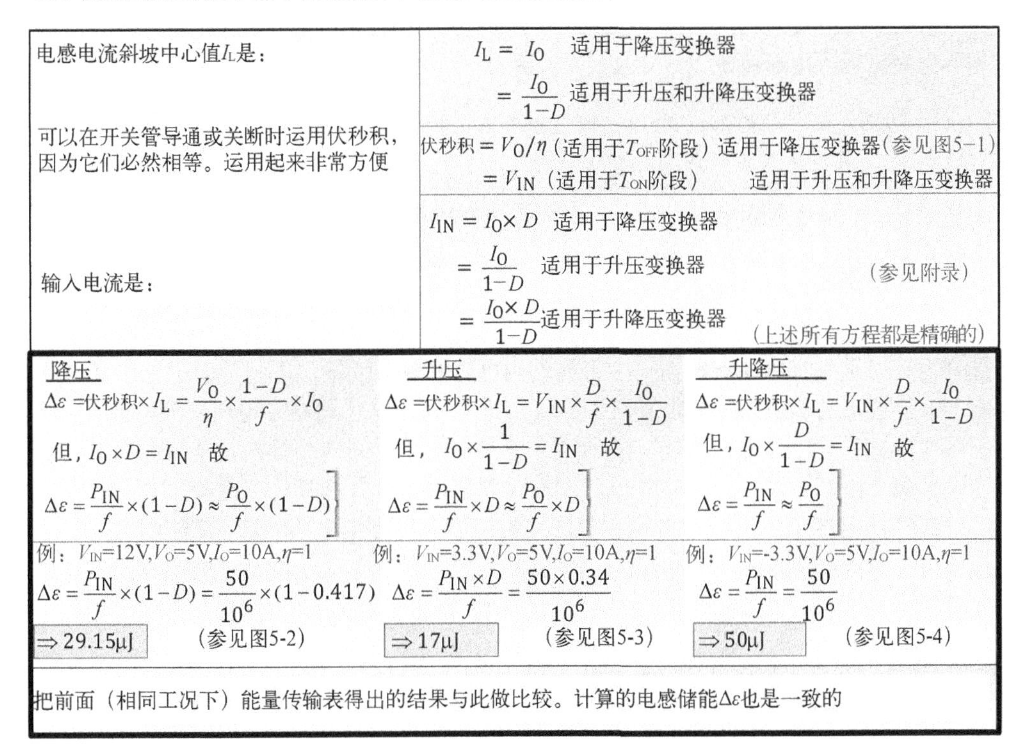

图 5-5 满足三种拓扑电感储能要求的封闭形式方程

$$\Delta\varepsilon = \frac{P_{IN}}{f} \times (1-D) \text{（降压）} \tag{5-19}$$

$$\Delta\varepsilon = \frac{P_{IN}}{f} \times D \text{（升压）} \tag{5-20}$$

$$\Delta\varepsilon = \frac{P_{IN}}{f} \text{（升降压）} \tag{5-21}$$

这组方程回答了刚刚提出的能量问题。注意，这些推导建立在保守的实际模型基础上，考虑了效率因素，认为输出增至 V_O/η，而不是输入减至 $V_{IN}\times\eta$。

因此，降压和升压变换器的电感储能要求不仅基于输入或输出功率，还基于输入和输出电压（D）。升降压变换器的储能要求仅基于功率，它必须处理 100%（全部）的功率。

(3) 所有拓扑中，低输入电压对应大占空比，高输入电压对应小占空比。那么可以断定，对于降压拓扑，当输入电压最高，$1-D$ 最大，即 D 最小时，$\Delta\varepsilon$（每周期内电感输入或输出的能量包）最大。这与第 2.5 节中介绍的降压拓扑知识相吻合。例如，一个降压拓扑的输出电压为 3.3V，输入电压范围是 5V~15V 时，要在最恶劣的 15V 输入电压下设计电感（选择磁芯体积）。

(4) 类似地，对于升压拓扑，当输入电压最低，D 最大时，$\Delta\varepsilon$（每周期内电感输入或输出的能量包）最大。这与第 2.5 节中介绍的升压拓扑知识相吻合。例如，一个升压拓扑的输出电压为 24V，输入电压范围是 5~12V 时，要在最恶劣的 5V 输入电压下设计电感。

(5) 第 2 章曾断言，升降压电感要在输入电压范围内按最低电压设计。迄今为止，该结论并不明显，但在下一节中将给予解释。刚刚计算的升降压变换器令人困惑，其电感中的循环能量每周期固定，$\Delta\varepsilon=P_{IN}/f$ 与输入电压无关。而且，这无疑是正确的。例如，可以断定 50W 通用输入反激变换器（典型交流输入电压范围 85 V ~265V）所用的变压器不会比按欧标设计的反激变换器（典型交流输入电压范围 195 V ~265V）更大。

注意　必须切记，上述结论只适用于反激或升降压变换器。按欧标设计的升压型功率因数校正电感比按通用输入设计的要小得多。

与此同时，反激或升降压变换器要在输入电压范围内选择最低电压设计电感。这同样精确。下一节将介绍为什么上述两个看似矛盾的结论实际上却同时成立。

5.1.3　峰值储能要求

迄今为止，重点都放在三种拓扑中每周期内电感的输入或输出能量计算上。事实上，该过程忽略了电流波形的峰值系数（峰值与平均值之比）。这意味着忽略了电流纹波率 r 的影响。再看一下图 5-2 至图 5-4，会发现所有计算都基于电流斜坡中心值 I_L，而 I_L 又基于计算出的能量变化量（能量包）$\Delta\varepsilon$。事实上，实时电流斜坡在每周期内先上升后下降。因此，有一定的峰值能量 ε_{PEAK} 与峰值电流相关。要保证电感不仅能在每周期内储存一定的能量，还能在每周期任意给定时段处理好瞬时能量，不出现饱和。

很容易计算 $\Delta\varepsilon$ 与 ε_{PEAK} 的关系，如图 5-6 所示。最重要的方程是：

$$\varepsilon_{PEAK} = \frac{\Delta\varepsilon}{8} \times \left[r \times \left(\frac{2}{r} + 1 \right)^2 \right] \tag{5-22}$$

该方程适用于所有拓扑。但是，参数 $\Delta\varepsilon$ 由特定拓扑决定。所以，对于典型值 r=0.4（电流纹波为±20%），峰值实际上要比能量变化量（默认系数为 1.8）大 80%。换句话说，图 5-4 中升降压变换器的电感能量变化量为 50μJ，虽然用所选电感储能可满足 r=0.4，但电感实际需要处理的能量不只 50μJ，而是 50×1.8=90μJ 的瞬时峰值能量。电感能量基本上在 40μJ 至 90μJ 的极值间连续变化，幅值为 50μJ。类似地，图 5-3 所选的升压电感要储存 17×1.8=30.6μJ 的瞬时能量。

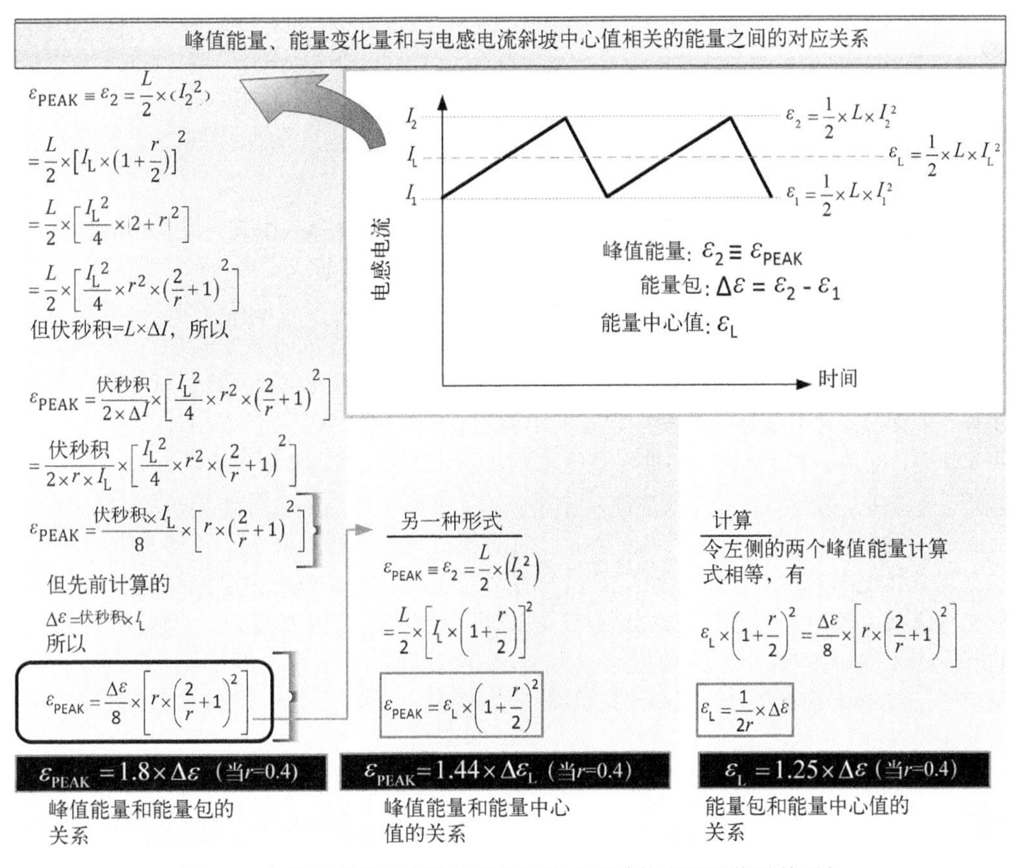

图 5-6　与能量变化量有关的峰值能量（及其他有用的能量关系）

注意　计算电源的电流应力时（将在第 7 章讨论），经常会用到平顶近似法。该方法基本上忽略了所有电流波形的交流部分（变化量），而用矩形波近似梯形波电流（扩展到斜坡中心值，即平均电感电流）。这也称为大电感值近似，相当于设 r=0。该近似法一般会令人惊奇地给出精确的开关电流有效值（在 r<0.5 且占空比在 10%~90%范围内时，误差在±10%以内），但不适用于电容电流。本例中，平顶近似法对电感选择起何作用呢？它是否足够精确呢？下面看到的会让人大跌眼镜。

现在问一个看似明显的问题，为什么不尽量减少电流纹波率 r（即增加 L）呢？从直觉上讲，这么做既有可能降低电流峰值，又有可能降低峰值能量，从而减小电感尺寸，而且会使电流峰值从直观上接近其斜坡中心值。如此想来，它有可能使磁芯尺寸更小（峰值能量处理能力更小）。

但这完全是错误的。正确答案表明磁性元件设计是最违反直觉的，最小磁芯尺寸实际上是通过增加 r 值（减小电感值）得到的。是的，这么做虽然会使电流峰值增加，峰值系数恶化，但一定程度上又有助于减小磁芯尺寸（和能量）。其数学解释很简单，“罪魁祸首”是前面 ε_{PEAK} 方程中包含的电流纹波率 r 的奇次项。将该项单独列举如下：

$$\varepsilon_{PEAK}=\frac{\Delta\varepsilon}{8}\times F(r) \tag{5-23}$$

式中

$$F(r)=\left[r\times\left(\frac{2}{r}+1\right)^2\right] \tag{5-24}$$

若 r 值很小，则 $2/r>>1$。故，

$$F(r)\approx\left[r\times\left(\frac{2}{r}\right)^2\right]=\frac{4}{r} \tag{5-25}$$

如图 5-7 所示，峰值能量曲线对 $F(r)$函数近似呈反比（$y=1/x$）形状。Mathcad 图证实了这一点。所有曲线形状相同，实际上与前面图 2-6 所绘的归一化曲线完全一致。曲线的基本形状对所有拓扑和占空比（即所有输入或输出电压），甚至所有开关频率都保持不变。这些基本的、也许是最重要的曲线有助于读者提高对开关电源的整体认识。它们也充分说明如果不是从 L 而是从电流纹波率 r 的角度观察磁性元件，结果会极其简单。因为正如所见，所有曲线在 $r\approx0.4$ 处都有一个拐点。而若仅从 L 的角度观察，不会出现该特性。

实际上，图 5-7 中纵轴对应的恰好是磁芯尺寸，可以断定磁芯尺寸随 L 减小而减小。这碰巧也解释了一件事：为什么在心里想着减小电感，嘴上却说着减小电感值时，每次都能侥幸成功。

问题依然存在：怎样才能不从数学上，而是从直观上解释下面这个看似矛盾的问题，即为什么能量处理需求随 L 减小不增反降呢？答案是：当增加 L 以减小电流峰值时，不得不以比电流峰值减少量相对大得多的系数去增加 L。所以事实上，由方程 $\varepsilon=(1/2)\times LI^2$ 中 L 和 I 决定的能量随 L 增加而增加。这就是为什么纠正的方向是朝着减小 L（即增加 r）从而减小磁芯尺寸而去，并不是增加 L（即减小 r）。矛盾就此解决。平顶近似法永远不能用于磁性元件设计或电容设计。

现在的问题是：若果真如此，为什么不尽量减小 L，尽可能让磁芯尺寸最小化呢？是的，这确实能做到。但如图 2-6 所示，这么做有明显的负面影响。尽管如此，该做法在小功率应用中屡见不鲜，特别是始终运行在临界导通模式下（即 $r=2$，介于连续导通模式和断续导通模式之间）的低成本 DC-DC 或 AC-DC 变换器。其实，这些电感要比连续导通模式下相同输出功率的变换器电感小得多。但随着 r 值增加，可能还会在电路板上看到一些 R_{DS} 值极低的 MOSFET（或许封装很大）和等效串联电阻低的电容（或许多电容并联），这显然是为了克服图 2-6 中过高峰值和过高有效值电流的负面影响。这就是决定用小电感付出的代价。

峰值能量曲线始终在 $r\approx0.4$ 附近有拐点，因此 $r\approx0.4$ 几乎在所有应用中都是最优值，已经成为一般设计目标，无论拓扑、工况和开关频率如何。这相当于纹波为±20%。注意，虽然永远不可能为世界上每一个开关变换器都找到一个固定的最优电感值，但从 r 值角度讲，这已经非常接近目标了。一旦 r 值最终确定，就可以根据假设计算出 L。正如预期，r 对 L 的方程（参见附录的参照表）确实取决于拓扑、工况和开关频率。这就是需要考虑所有依存关系的原因。

还有一个问题：前面已经说过，仅按欧标设计的 50W 反激变压器与按通用输入标准（包括美标）设计的变压器尺寸相同（此处忽略效率差异）。这是因为每周期内变压器中循环的能量等于 P_O/f，与输入电压无关。那为什么还要坚持在最低输入电压下设计升降压变换器呢？实际上，答案是前面刚提到的峰值系数，它起决定作用。当输入电压降低时，峰值电流和能量都增加。所以，为了确保磁芯不饱和，需要按预期输入电压范围内的最低电压（D 最大）设计变压器。

这对于升降压或反激变换器始终正确。但把欧标下（r=0.4，V_{INMIN}=195VAC）设计的反激变压器与美标下（r=0.4，V_{INMIN}=85VAC）设计的变压器做比较时，却发现彼此之间并无差别。因为这两种情况下的 $F(r)$项数值相同，峰值系数也一致，所以 ε_{PEAK} 也相同，所需变压器尺寸也相同（参见图 14-4）。

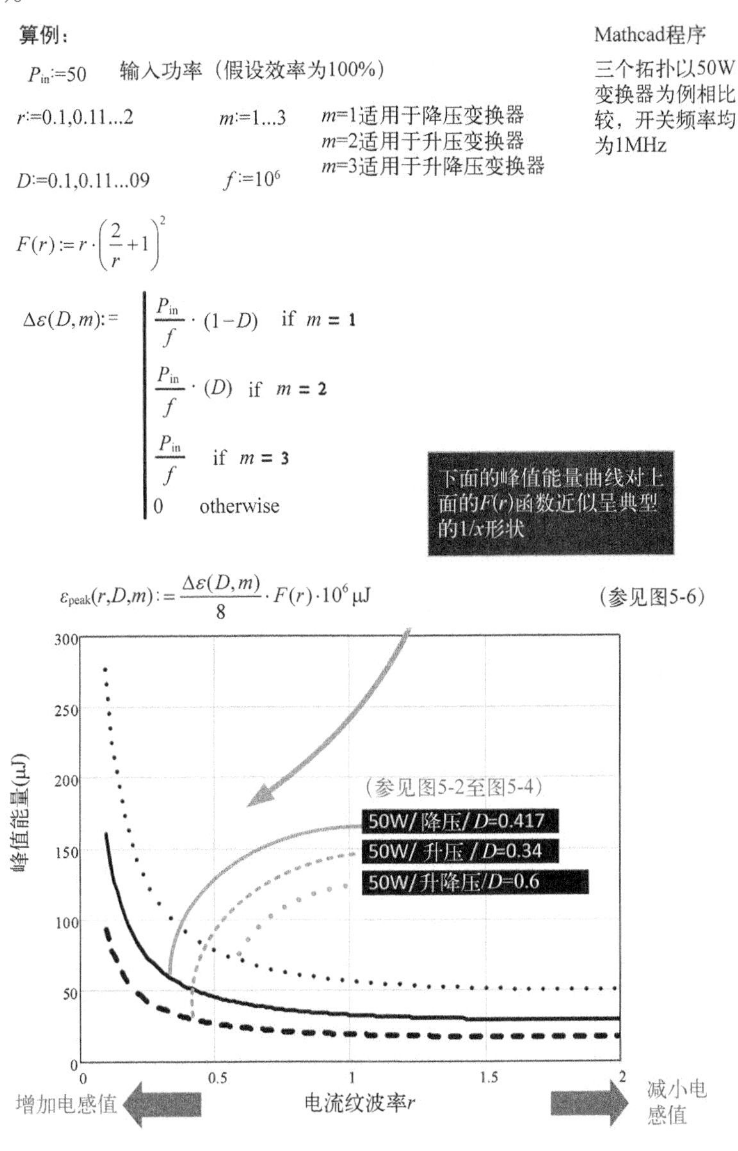

图 5-7 峰值能量曲线、磁芯尺寸和最优电感值（电流纹波率）

5.1.4 根据预期电流纹波计算电感值

对所有拓扑、工况和开关频率而言，（大多数情况下）很容易以 r=0.4 作为一般设计目标开始电感设计。现在需要建立 L 与 r 的关系，特别是推导附录中介绍的相关方程，也要重新检验一下曾在图 2-12 中描述的 $L\times I$ 法则。注意，为了容易参考和表示，此处把伏秒积称为 $Vsec$，而不是其他章节中的 Et，但两者是相同的。图 5-8 推导了每一种拓扑的 L 对 r 方程，也显示了 L

$\times I$ 法则的普遍性。它适用于所有拓扑，可写作

$$L = \frac{Vsec}{r \times I_L} \text{（适用于所有拓扑）} \tag{5-26}$$

现在看到的只是电感方程 $V=LdI/dt$ 的另一种形式而已。因为

$$r = \frac{\Delta I_L}{I_L} \tag{5-27}$$

所以

$$L = \frac{Vsec}{\Delta I_L} \tag{5-28}$$

也就是说，

$$L = \frac{V_{ON} \times T_{ON}}{\Delta I_L} = \frac{V_{OFF} \times T_{OFF}}{\Delta I_L} \tag{5-29}$$

可解得 V（开关管导通或关断阶段的电感电压）

$$V = L\frac{\Delta I}{\Delta t} \tag{5-30}$$

这又回到了著名的电感方程。方程完全相同！

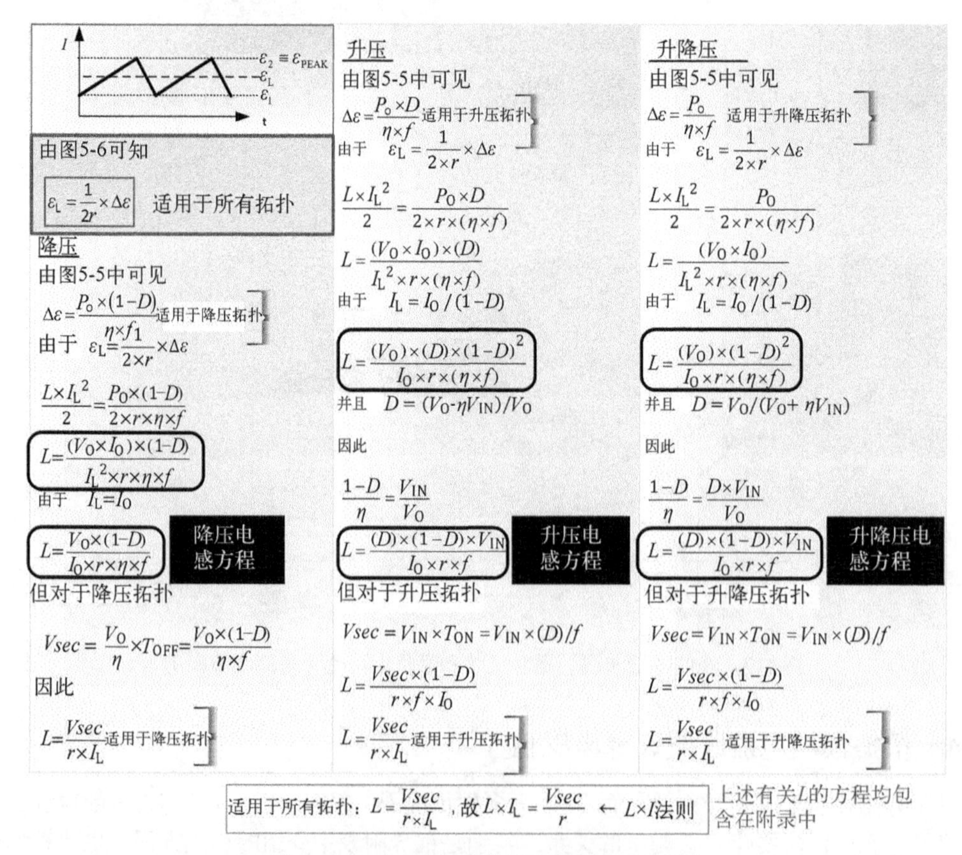

图 5-8　L 对 r 的关系推导和通用 $L \times I$ 法则

图 5-9 计算了所有拓扑的直流传递函数 V_O/V_{IN}，并从 $L \times I$ 法则入手重新推导了电感方程。

为了更便于应用，最后以 μH 和 mH 为单位重写了电感方程。相关算例参见第 19 章。

直流传递函数V_O/V_{IN}与占空比的关系

（仅考虑幅值）

降压

$D \approx \frac{V_O}{V_{IN}}$

因此

$\frac{V_O}{V_{IN}} \approx D$

升压

$D \approx \frac{V_O - V_{IN}}{V_O}$

因此

$D \approx 1 - \frac{V_{IN}}{V_O}$

$\frac{V_{IN}}{V_O} \approx 1 - D$

$\frac{V_O}{V_{IN}} \approx \frac{1}{1-D}$

升降压

$D \approx \frac{V_O}{V_{IN} + V_O}$

因此

$\frac{1}{D} \approx \frac{V_{IN} + V_O}{V_O}$

$\frac{1}{D} \approx \frac{V_{IN}}{V_O} + 1$

$\frac{V_{IN}}{V_O} \approx \frac{1}{D} - 1 = \frac{1-D}{D}$

$\frac{V_O}{V_{IN}} \approx \frac{D}{1-D}$

注：假设所有曲线都效率为100%!

对于所有拓扑，当V_O一定时，V_{IN}越低，占空比越大

当D=0.5时

$V_O = 2 \times V_{IN}$ 适用于升压拓扑

$V_O = V_{IN}$ 适用于升降压拓扑

$V_O = 1/2 \times V_{IN}$ 适用于降压拓扑

升压

升降压

降压

V_O / V_{IN}

D

根据占空比和输出电压计算电感值

前面推导的用于计算电感值的“$L \times I$ 法则”：$L = \frac{Vsec}{r \times I_L}$，适用于所有拓扑

降压

$L = \frac{Vsec}{r \times I_L} \approx \frac{V_O \times T_{OFF}}{r \times I_O}$

因为$T_{OFF} = (1-D)/f$

$L \approx \frac{V_O}{r \times f \times I_O} \times (1-D)$

以μH和MHz为单位表示

$L_{\mu H} \approx \frac{V_O}{r \times f_{MHz} \times I_O} \times (1-D)$

一般在D_{MIN}（V_{INMAX}）时设r=0.4

升压

$L = \frac{Vsec}{r \times I_L} \approx \frac{V_{IN} \times T_{ON}}{r \times I_O / (1-D)}$

因为 $T_{ON} = D/f$，可得

$L \approx \frac{V_{IN} \times D/f}{r \times I_O / (1-D)} = \frac{V_{IN} \times D \times (1-D)}{r \times f \times I_O}$

用上面升压拓扑的直流传递函数

$L_{\mu H} \approx \frac{V_O \times D \times (1-D)^2}{r \times f_{MHz} \times I_O}$

一般在D_{MAX}（V_{INMIN}）时设r=0.4

升降压

$L = \frac{Vsec}{r \times I_L} \approx \frac{V_{IN} \times T_{ON}}{r \times I_O / (1-D)}$

因为$T_{ON} = D/f$，可得

$L \approx \frac{V_{IN} \times D/f}{r \times I_O / (1-D)} = \frac{V_{IN} \times D \times (1-D)}{r \times f \times I_O}$

用上面升降压拓扑的直流传递函数

$L_{\mu H} \approx \frac{V_O \times (1-D)^2}{r \times f_{MHz} \times I_O}$

一般在D_{MAX}（V_{INMIN}）时设r=0.4

图 5-9 直流传递函数和从 $L \times I$ 法则入手推导的电感设计方程

5.2 第 2 部分：能量与磁芯尺寸

5.2.1 磁路和有气隙磁芯的有效磁路长度

理解了能量传输和储存概念后，下面将探索如何利用这些概念在给定工况下设计最优磁芯尺寸。为了更有效地设计，需要在第 2 章和第 3 章基础上再补充和强化一些磁学概念。

图 5-10 给出了一个磁路，即磁性元件的等效电路。可以看出，磁路中的磁阻扮演着与电路中电阻类似的角色。磁通，在均匀磁场中定义为 $\Phi=B \times A$，扮演着电流的角色。$N \times I$（安匝数）称为磁动势，类似于电路中的电压源。

无气隙磁芯的有效磁路长度基本上就是磁芯中心虚圆的周长，称作 l_e或有效长度。有效面积 A_e几乎完全等于磁芯的几何截面积。磁阻是 $l_e/\mu_c A_e$，这里 μ_c是磁性材料的磁导率（使用 MKS 单位制）。但磁芯有气隙时，磁阻会增至 $l_{gc}/\mu_c A_e$，这里 $l_{gc}=l_e+\mu l_g$，式中 l_g是气隙长度。事实上，l_{gc}就是有气隙磁芯的有效长度。换句话说，一谈到气隙，就应该想到磁路的有效长度不仅是 l_e，而是 $l_e+\mu l_g$，这里 μ 是磁性材料的相对磁导率。相对磁导率是相对于空气的磁导率，即 $\mu=\mu_c/\mu_o$。事实上，气隙 l_g乘以周围材料的相对磁导率 μ，再加上（无气隙）磁芯的有效长度 l_e，就变成新

的有气隙磁芯的有效长度。例如铁氧体磁芯（一般相对磁导率为 2000），气隙仅为 1mm，但这个极小的气隙实际上相当于 2000×1=2000mm 或者 200cm 的磁芯有效长度。这就是磁阻按如下规律变化的原因。

$$\frac{l_e}{\mu_c A_e} \to \frac{l_e + \mu l_g}{\mu_c A_e} \text{（无气隙磁芯到有气隙磁芯）} \tag{5-31}$$

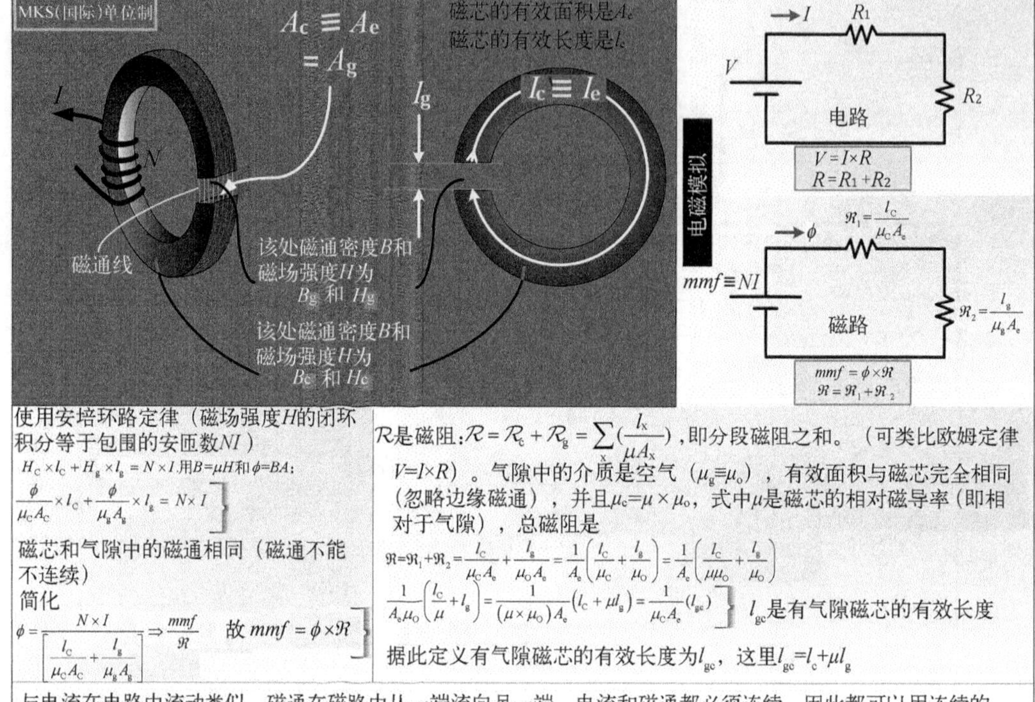

图 5-10　磁路和有气隙磁芯的有效磁路长度

好在 200cm（有效长度）超长磁芯的实际长度（物理上）仅为 1mm。而且最终加数 μl_g 要比 l_e 大得多，所以相较而言 l_e 经常被忽略。

那么，这个超长长度有什么用呢？首先，有效的有气隙磁芯体积从 $A_e \times l_e$ 增加到 $A_e \times l_{gc}$。直观上讲，这意味着（磁学意义上）磁芯体积要比见到的（几何）体积大得多。气隙实际上差不多变成了磁芯体积倍增器。而且，只要能产生足够强的磁场，就有希望储存更多的能量。这是一个“更大的箱子”。

但是，最简单、最简洁的量化方法以及将数学与直观相结合的讨论方法并不关注加数 μl_g，而是关注比例 $(l_e+\mu l_g)/l_e$，即加气隙后新的有效长度除以加气隙前旧的有效长度。如果照此分析，处理有气隙磁芯方程将变得极其容易。该比例称为 z 因数（或气隙因数）。

$$z = \frac{l_{gc}}{l_e} = \frac{l_e + \mu l_g}{l_e} \approx \mu \frac{l_g}{l_e} \tag{5-32}$$

从中可以看出，净磁阻从无气隙磁芯的 l_e/μ_cA_e 增至有气隙磁芯的 zl_e/μ_cA_e。所以，z 就是磁阻倍数。

5.2.2　有气隙磁芯的储能和 z 因数

现在开始仔细研究磁场，因为那是磁能的最终容身之处。气隙的作用可以从图 5-11 和图 5-12 中清晰地看到。正如预期，因为气隙使磁阻增加，所以磁通密度 B 从无气隙磁芯时的 μ_cNI/l_e 降至有气隙磁芯时的 μ_cNI/zl_e（从图 5-10 中电路模拟的角度考虑）。但究竟哪里的磁通密度 B 降低了呢？是磁芯，还是气隙呢？既然 $B=\Phi/A$，那么 B 与磁通量有关。磁通量在边界处连续，B 也是如此。磁芯的 B 与气隙的 B 相同。切记，B（其法向分量）在磁性材料边界处连续。因此，磁芯和气隙的磁通密度 B 都是 μ_cNI/zl_e，如图 5-11 所示。

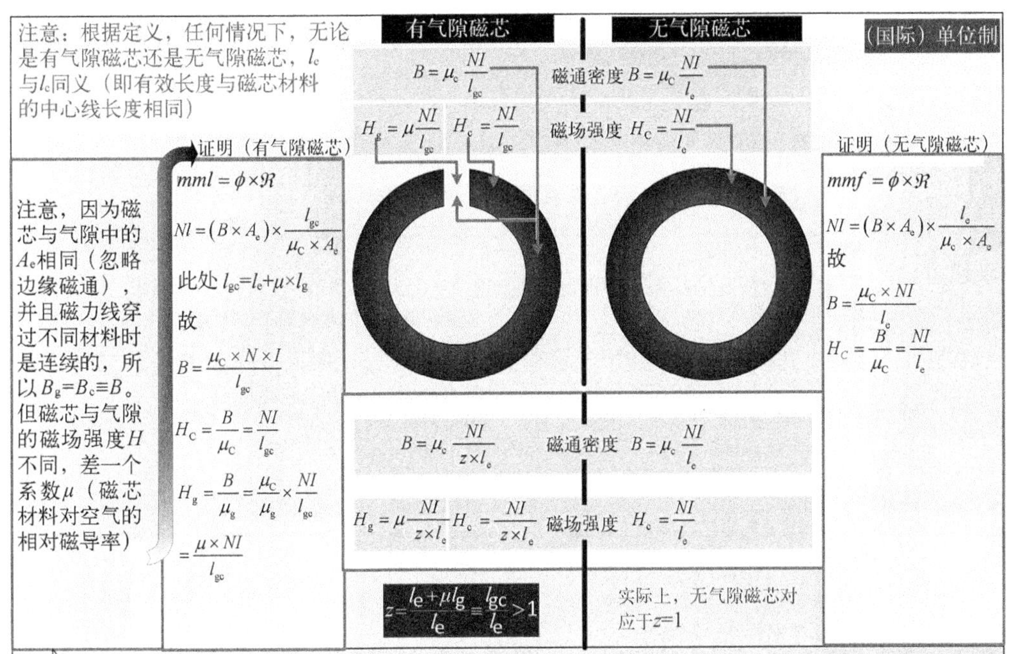

⇨ 根据定义l_{gc}=l_e+($\mu\times l_g$)，有气隙磁芯的有效长度l_e超过无气隙磁芯的有效长度l_e（即l_c），即多出式中的$\mu\times l_g$项。从数学上讲，这个加数等于气隙的物理长度（l_g）乘以外围材料（即磁芯）的相对磁导率，如果再加上无气隙磁芯的有效长度l_e，就得到了有气隙磁芯的全部有效长度

⇨ 现在也看到（无论在哪里测量，即无论在气隙，还是在磁芯材料中测量），与无气隙磁芯相比，尺寸相同的（N和I也相同）有气隙磁芯的磁通密度B下降了l_e/l_{gc}倍。磁芯的磁场强度也如出一辙。因此，前面定义的z因数是便于分析的

⇨ 根据定义，z始终大于1。对于无气隙或分布式气隙（如铁粉芯）磁芯，z=1。一般功率变换器使用铁氧体变压器时，气隙始终在$z\approx$10左右选择。注意，在（单绕组）扼流圈中，z可能高达40，因为它有更多的窗口面积来容纳（单一）绕组。参见第14章中功率因数校正（PFC）磁芯设计实例

图 5-11　比较有气隙磁芯和无气隙磁芯的磁通密度 B 和磁场强度 H

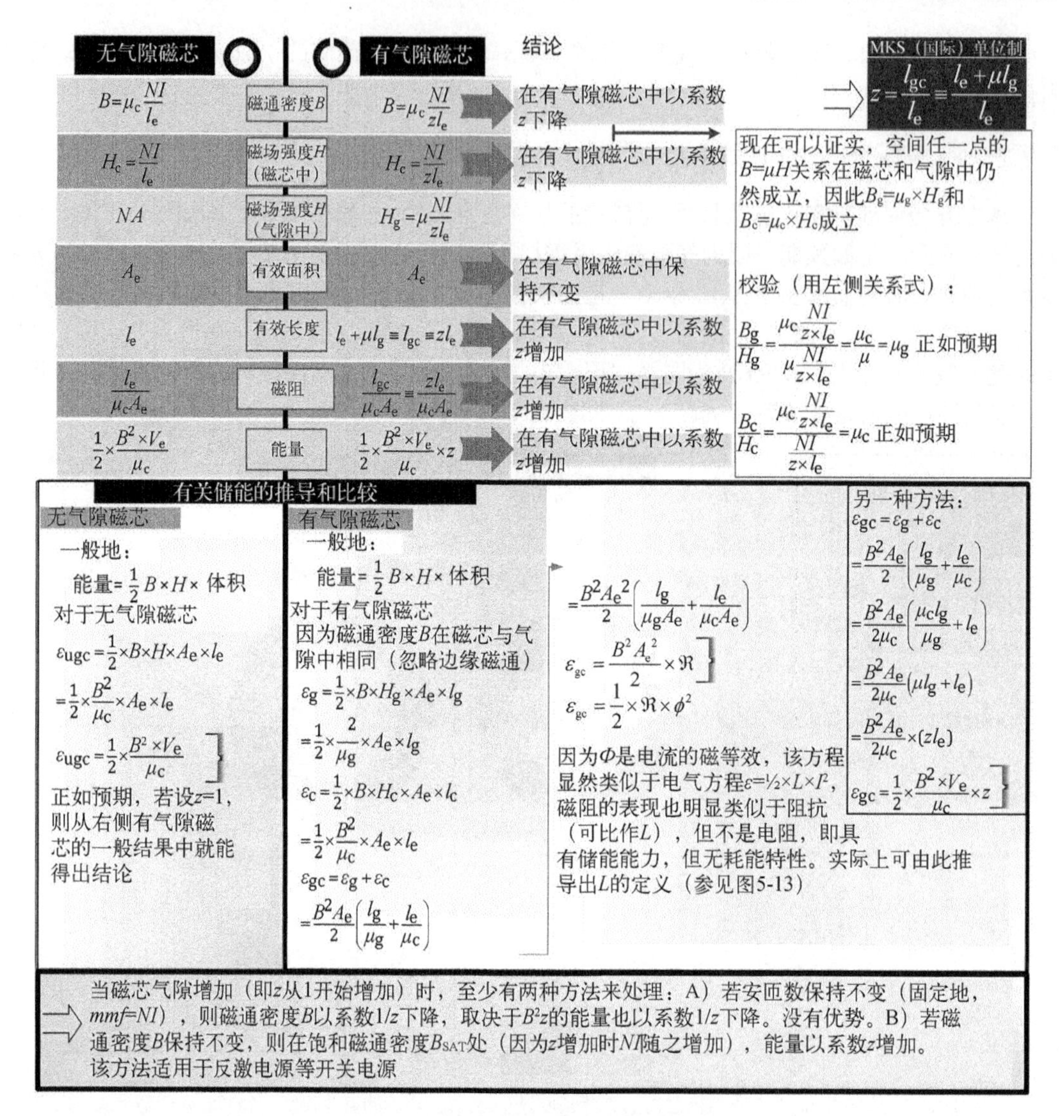

图 5-12　磁芯气隙如何储存更多能量

但是，磁芯和气隙的磁场强度 H 不同。根据定义，有 $H_c=B_c/\mu_c$ 和 $H_g=B_g/\mu_g$。空间任一点的磁场强度 H 是该点的磁通密度 B 除以磁导率。因为 $B_g=B$，且空气磁导率（$\mu_g\equiv\mu_o$）与磁芯磁导率（$\mu_c\equiv\mu\mu_o$）不同，所以磁芯和气隙的磁场强度 H 不同。可以看出，由于磁阻增加（归因于气隙），磁场强度 H 实际上从无气隙磁芯的 NI/l_e 减至有气隙磁芯的 NI/zl_e。但要注意，减少仅出现在磁芯内厂部。

问题是：（磁芯材料中）磁场强度 H 减少是否会显著降低整体储能能力呢？是的，确实会降低磁芯材料的储能，但气隙增加的储能远远超过减少部分。撇开磁场，仅考虑体积，典型的有气隙磁芯中，磁芯材料体积是 $A_e\times l_e$。一般仅占整个有气隙结构总有效体积 $A_e\times l_{gc}$ 的一小部分。归根结底，无论磁芯材料中 B 和 H 发生了什么，对有气隙磁芯而言几乎都不重要。气隙的作用是主导性的。但必须切记，气隙是无法独立于磁芯单独存在的。

有气隙铁氧体变压器中，一般 z 的目标值是 10。所以，磁芯磁场强度 H 比无气隙时降低 10

倍，但气隙磁场强度 H 极大地增加。以铁氧体变压器为例，其（相对磁导率）μ 值在 2000 左右，气隙磁场强度 H 大约是无气隙磁芯磁场强度的 2000/10=200 倍。空间任一点的储能密度（即单位体积储能）定义为 $(1/2)\times B\times H$，式中 B 和 H 分别是该点的磁通密度和磁场强度。气隙磁场强度 H 增加与气隙有效体积不是 l_gA_e 而是 μl_gA_e 的事实，从本质上增强了有气隙磁芯的储能能力。图 5-12 给出了更清晰的描述。

注意 无气隙磁芯的有效长度是 l_e（磁阻是 $l_e/\mu\mu_o$）。加入气隙后，总有效长度变为 $l_e+\mu l_g$，磁阻是 $(l_e+\mu l_g)/\mu\mu_o$ 或 $zl_e/\mu\mu_o$。事实上，气隙使磁路长度不是增加了 l_g，而是增加了 μl_g。因此，由于气隙的存在，总有效体积增加了 $A_e\times\mu l_g$。

图 5-12 以表格形式总结了加入气隙后磁芯发生的重大变化。特别重要的是，若磁通密度 B 相同，则有气隙磁芯（磁芯+气隙）的全部储能是无气隙磁芯的 z 倍。换句话说，需要增加安匝数（mmf）来补偿气隙增加的磁阻，从而使磁通密度 B 保持在无气隙时的值。从哲学角度来说，人们总想做到物尽其用。但是，当磁芯工作点接近饱和磁通密度 B_{SAT} 时会遇到极限。铁氧体的 B_{SAT} 典型值是 0.3T 或 300mT，即 CGS 单位制下的 3000G。比较在 300mT 工作时无气隙 EE42 磁芯和有气隙 EE42 磁芯的储能能力，就会发现其储能能力之比等于 z。这充分说明以 z 因数角度看问题的重要性（和简易性）。

磁芯加入气隙后，怎样才能保持 B 值不变呢？因为 B 与 NI/z 成正比，所以气隙增大时 z 值会随之增加，这就需要同比增加安匝数（NI）。但在开关变换器中，电流一般都是预先设定的，它取决于负载电流和占空比。也就是说，电流不能任意控制。所以，在这种情况下，需要（同比）增加线圈匝数。这最终限制了 z 的实际最大值，因为磁芯终归要能容纳所有增加的匝数。如果用最普通的商业化 E 型磁芯设计一个简单的扼流圈（即单绕组电感），其可用窗口面积对应的 z 值可高达 40。但如果用它设计反激变压器，那么一个更小的 z 值，如 z=10，对于气隙会更实用，也有利于在大多数应用中选择最优的 E 型磁芯。

最后，图 5-13 推导了电感值，即

$$L=\frac{\mu\mu_o\times N^2\times A_e}{z\times l_e} \tag{5-33}$$

始终要切记，除非特别声明，本书都采用 MKS 单位制。所以，A_e 的单位是 m^2，l_e 的单位是 m，以此类推。

注意 现在可以理解为什么在开关电源变压器中 z=10 是一个好的设计目标，而在扼流圈中 z=40 也是能接受的。当气隙增加时，为了保持 B 值不变，需要增加线圈匝数。但同时还要注意另外一个约束，即目标电感值，它也要保持不变。已知 L 与 N^2/z 成正比，若 L 为常数，则 z 一定与 N^2 成正比。因为可能的最大变压器（原边）匝数是相应扼流圈匝数的一半，所以相应的 z 值是其 1/4。因此，z=40 对扼流圈是一个好的设计目标，而 z=10 对变压器也是如此。稍后，第 14 章将介绍在 z=40 的情况下如何设计功率因数校正扼流圈。本章会介绍 z=10 的例子。

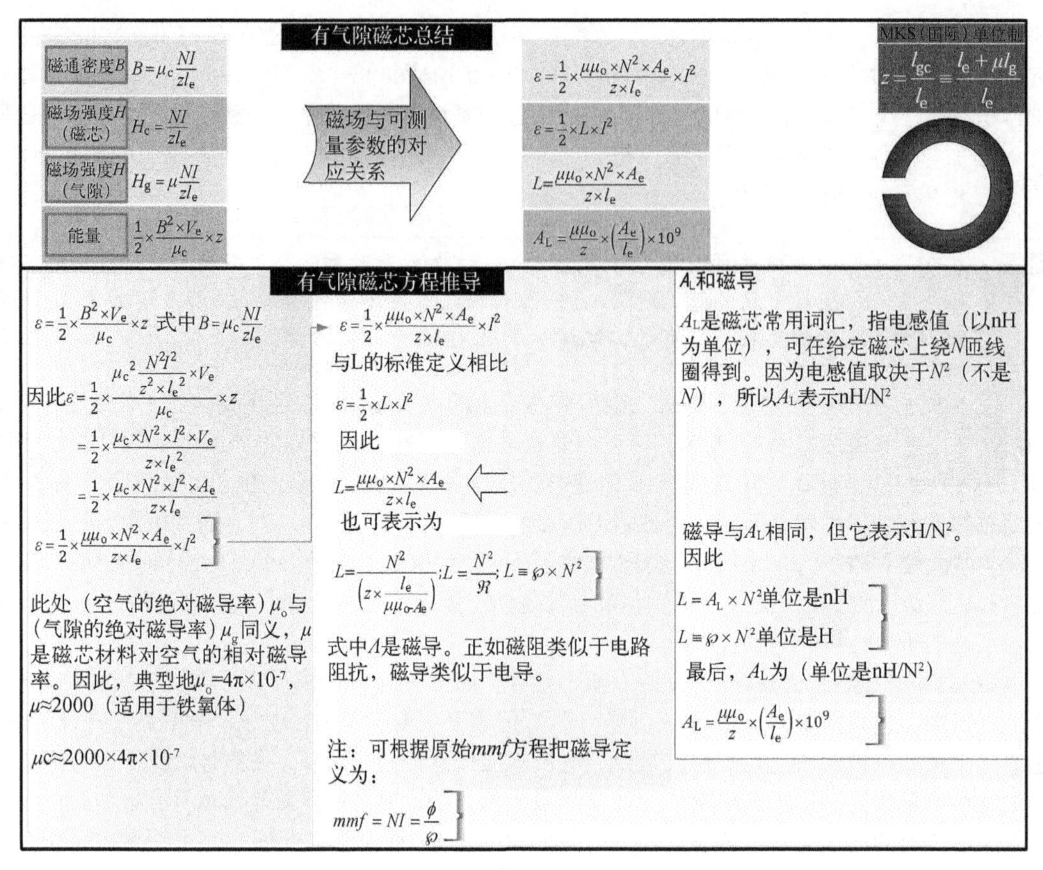

图 5-13　推导电感方程

注意　整个磁芯体积选择过程中，仅仅讨论了储能能力。这就是以反激变压器设计为例，而不以正激变压器设计为例的原因。后者的磁芯确实没有储存大量能量，因为其原副边侧绕组同时导通，有用能量在开关管导通阶段直接通过变压器传输。变压器磁芯的唯一储能是很小的励磁（磁化）能量，这部分能量在开关管关断阶段通过一个薄的复位绕组回馈。正激变换器中，输出扼流圈是储能元件。但它经常是具有分布式气隙的环形磁芯（例如铁粉芯）。这是z=1 的例子，只需用到标称磁导率和最大线圈匝数即可设计，它们由供应商提供。

5.2.3　有气隙磁芯的能量与磁芯体积的关系

图 5-14 和图 5-15 利用一般磁性材料，结合对现有拓扑的特殊要求，推导了最终的一般闭合形式有气隙磁芯能量密度方程。这两个图采用不同的（但等效的）形式，推导出如下重要方程：

$$V_{e\_cm^3}=\left(\frac{P_{IN}}{f_{kHz}}\right)\times\left[\frac{(r+2)^2}{z\times r}\right]\times\left(\frac{\mu\times\pi}{B^2_{Tesla}}\right)\times\left(\frac{1-D}{10^4}\right)\text{（降压）}\tag{5-34}$$

或

$$V_{e\_cm^3}=\frac{31.4\times P_{IN}\times(1-D)\times\mu}{z\times f_{MHz}\times B^2_{SAT\_Gauss}}\times\left[r\times\left(\frac{2}{r}+1\right)^2\right]\text{（降压）}\tag{5-35}$$

$$V_{e\_cm^3}=\left(\frac{P_{IN}}{f_{kHz}}\right)\times\left[\frac{(r+2)^2}{z\times r}\right]\times\left(\frac{\mu\times\pi}{B_{Tesla}^2}\right)\times\left(\frac{D}{10^4}\right)\text{（升压）}\tag{5-36}$$

或

$$V_{e\_cm^3}=\frac{31.4\times P_{IN}\times D\times\mu}{z\times f_{MHz}\times B_{SAT\_Gauss}^2}\times\left[r\times\left(\frac{2}{r}+1\right)^2\right]\text{（升压）}\tag{5-37}$$

$$V_{e\_cm^3}=\left(\frac{P_{IN}}{f_{kHz}}\right)\times\left[\frac{(r+2)^2}{z\times r}\right]\times\left(\frac{\mu\times\pi}{B_{Tesla}^2}\right)\times\left(\frac{1}{10^4}\right)\text{（升降压）}\tag{5-38}$$

或

$$V_{e\_cm^3}=\frac{31.4\times P_{IN}\times\mu}{z\times f_{MHz}\times B_{SAT\_Gauss}^2}\times\left[r\times\left(\frac{2}{r}+1\right)^2\right]\text{（升降压）}\tag{5-39}$$

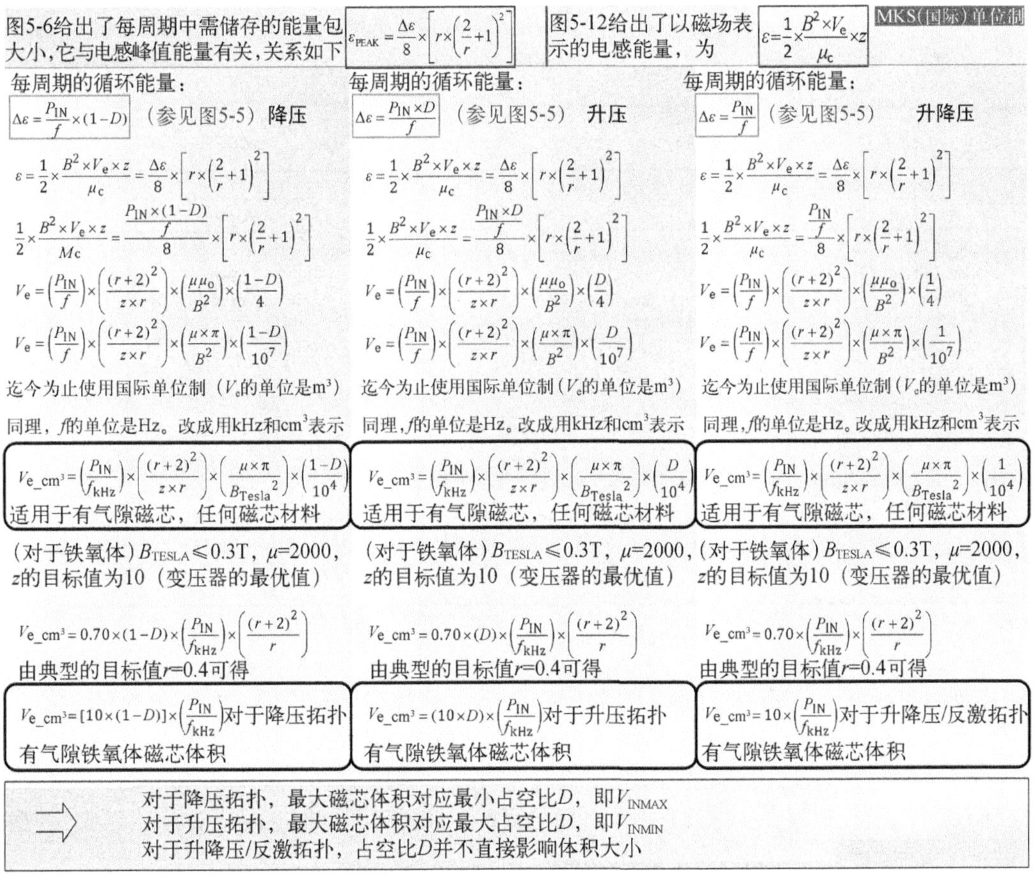

图5-6给出了每周期中需储存的能量包大小，它与电感峰值能量有关，关系如下 $\varepsilon_{PEAK}=\frac{\Delta\varepsilon}{8}\times\left[r\times\left(\frac{2}{r}+1\right)^2\right]$

图5-12给出了以磁场表示的电感能量，为 $\varepsilon=\frac{1}{2}\times\frac{B^2\times V_e}{\mu_c}\times z$　MKS(国际)单位制

降压

每周期的循环能量：

$\Delta\varepsilon=\frac{P_{IN}}{f}\times(1-D)$（参见图5-5）降压

$$\varepsilon=\frac{1}{2}\times\frac{B^2\times V_e\times z}{\mu_c}=\frac{\Delta\varepsilon}{8}\times\left[r\times\left(\frac{2}{r}+1\right)^2\right]$$

$$\frac{1}{2}\times\frac{B^2\times V_e\times z}{M_c}=\frac{\frac{P_{IN}\times(1-D)}{f}}{8}\times\left[r\times\left(\frac{2}{r}+1\right)^2\right]$$

$$V_e=\left(\frac{P_{IN}}{f}\right)\times\left(\frac{(r+2)^2}{z\times r}\right)\times\left(\frac{\mu\mu_o}{B^2}\right)\times\left(\frac{1-D}{4}\right)$$

$$V_e=\left(\frac{P_{IN}}{f}\right)\times\left(\frac{(r+2)^2}{z\times r}\right)\times\left(\frac{\mu\times\pi}{B^2}\right)\times\left(\frac{1-D}{10^7}\right)$$

迄今为止使用国际单位制（V_e的单位是m^3）同理，f的单位是Hz。改成用kHz和cm^3表示

$$V_{e\_cm^3}=\left(\frac{P_{IN}}{f_{kHz}}\right)\times\left(\frac{(r+2)^2}{z\times r}\right)\times\left(\frac{\mu\times\pi}{B_{Tesla}^2}\right)\times\left(\frac{1-D}{10^4}\right)$$

适用于有气隙磁芯，任何磁芯材料

（对于铁氧体）$B_{TESLA}\leqslant0.3T$，μ=2000，z的目标值为10（变压器的最优值）

$$V_{e\_cm^3}=0.70\times(1-D)\times\left(\frac{P_{IN}}{f_{kHz}}\right)\times\left(\frac{(r+2)^2}{r}\right)$$

由典型的目标值r=0.4可得

$V_{e_cm^3}=[10\times(1-D)]\times\left(\frac{P_{IN}}{f_{kHz}}\right)$对于降压拓扑有气隙铁氧体磁芯体积

升压

每周期的循环能量：

$\Delta\varepsilon=\frac{P_{IN}\times D}{f}$（参见图5-5）升压

$$\varepsilon=\frac{1}{2}\times\frac{B^2\times V_e\times z}{\mu_c}=\frac{\Delta\varepsilon}{8}\times\left[r\times\left(\frac{2}{r}+1\right)^2\right]$$

$$\frac{1}{2}\times\frac{B^2\times V_e\times z}{\mu_c}=\frac{\frac{P_{IN}\times D}{f}}{8}\times\left[r\times\left(\frac{2}{r}+1\right)^2\right]$$

$$V_e=\left(\frac{P_{IN}}{f}\right)\times\left(\frac{(r+2)^2}{z\times r}\right)\times\left(\frac{\mu\mu_o}{B^2}\right)\times\left(\frac{D}{4}\right)$$

$$V_e=\left(\frac{P_{IN}}{f}\right)\times\left(\frac{(r+2)^2}{z\times r}\right)\times\left(\frac{\mu\times\pi}{B^2}\right)\times\left(\frac{D}{10^7}\right)$$

迄今为止使用国际单位制（V_e的单位是m^3）同理，f的单位是Hz。改成用kHz和cm^3表示

$$V_{e\_cm^3}=\left(\frac{P_{IN}}{f_{kHz}}\right)\times\left(\frac{(r+2)^2}{z\times r}\right)\times\left(\frac{\mu\times\pi}{B_{Tesla}^2}\right)\times\left(\frac{D}{10^4}\right)$$

适用于有气隙磁芯，任何磁芯材料

（对于铁氧体）$B_{TESLA}\leqslant0.3T$，μ=2000，z的目标值为10（变压器的最优值）

$$V_{e\_cm^3}=0.70\times(D)\times\left(\frac{P_{IN}}{f_{kHz}}\right)\times\left(\frac{(r+2)^2}{r}\right)$$

由典型的目标值r=0.4可得

$V_{e_cm^3}=(10\times D)\times\left(\frac{P_{IN}}{f_{kHz}}\right)$对于升压拓扑有气隙铁氧体磁芯体积

升降压

每周期的循环能量：

$\Delta\varepsilon=\frac{P_{IN}}{f}$（参见图5-5）升降压

$$\varepsilon=\frac{1}{2}\times\frac{B^2\times V_e\times z}{\mu_c}=\frac{\Delta\varepsilon}{8}\times\left[r\times\left(\frac{2}{r}+1\right)^2\right]$$

$$\frac{1}{2}\times\frac{B^2\times V_e\times z}{\mu_c}=\frac{\frac{P_{IN}}{f}}{8}\times\left[r\times\left(\frac{2}{r}+1\right)^2\right]$$

$$V_e=\left(\frac{P_{IN}}{f}\right)\times\left(\frac{(r+2)^2}{z\times r}\right)\times\left(\frac{\mu\mu_o}{B^2}\right)\times\left(\frac{1}{4}\right)$$

$$V_e=\left(\frac{P_{IN}}{f}\right)\times\left(\frac{(r+2)^2}{z\times r}\right)\times\left(\frac{\mu\times\pi}{B^2}\right)\times\left(\frac{1}{10^7}\right)$$

迄今为止使用国际单位制（V_e的单位是m^3）同理，f的单位是Hz。改成用kHz和cm^3表示

$$V_{e\_cm^3}=\left(\frac{P_{IN}}{f_{kHz}}\right)\times\left(\frac{(r+2)^2}{z\times r}\right)\times\left(\frac{\mu\times\pi}{B_{Tesla}^2}\right)\times\left(\frac{1}{10^4}\right)$$

适用于有气隙磁芯，任何磁芯材料

（对于铁氧体）$B_{TESLA}\leqslant0.3T$，μ=2000，z的目标值为10（变压器的最优值）

$$V_{e\_cm^3}=0.70\times\left(\frac{P_{IN}}{f_{kHz}}\right)\times\left(\frac{(r+2)^2}{r}\right)$$

由典型的目标值r=0.4可得

$V_{e_cm^3}=10\times\left(\frac{P_{IN}}{f_{kHz}}\right)$对于升降压/反激拓扑有气隙铁氧体磁芯体积

⇒
对于降压拓扑，最大磁芯体积对应最小占空比D，即V_{INMAX}
对于升压拓扑，最大磁芯体积对应最大占空比D，即V_{INMIN}
对于升降压/反激拓扑，占空比D并不直接影响体积大小

图 5-14　各种拓扑的磁芯选择方程

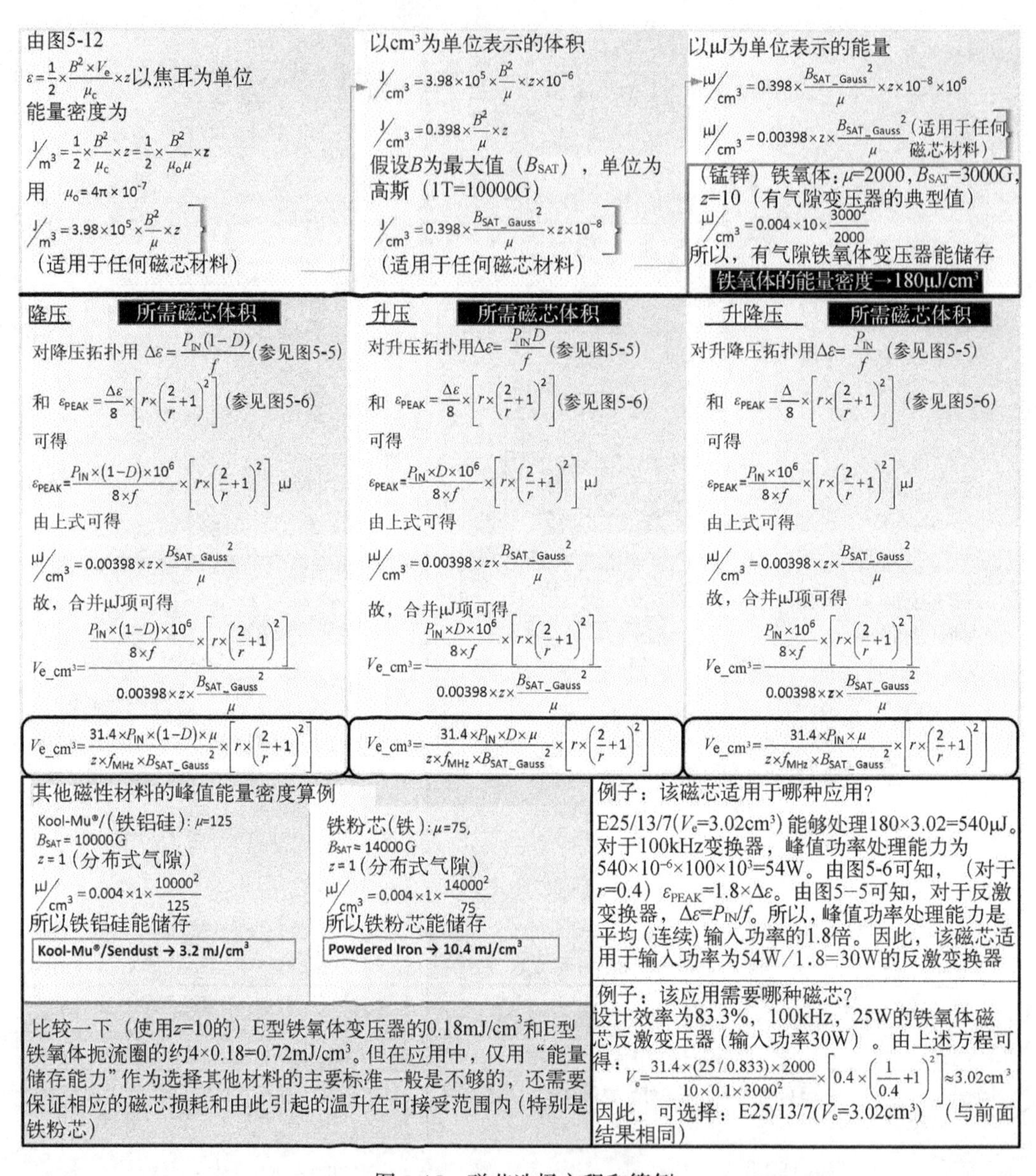

图 5-15　磁芯选择方程和算例

正如预期，从三种拓扑的能量传输原理可知，上述降压和升压方程取决于 D，因此也取决于应用中特定的输入输出电压。尽管升降压拓扑要求的磁芯体积最大，但正如预期，它与 D 无关。

对于铁氧体变压器，若按照建议把 z 设在 10 左右，则磁芯体积能降低 10 倍，因为对所有拓扑而言，V_e 与 z 成反比。这就是引入气隙的目的。还要切记，扼流圈与变压器不同，E 型磁芯可用窗口面积对应的 z 值通常高达 40 左右。

图 5-15 介绍了另一种推导磁芯体积的方法：（1）首先计算给定应用中的能量包大小；（2）建立能量包大小与峰值能量的关系；（3）找到一种能处理峰值能量的磁芯。使用这种方法要考虑一个与拓扑无关的问题：到底给定磁芯能处理多少能量呢？能量密度可表示为 μJ/cm³ 或 J/m³ 等。图 5-15 提供了一些有用的方程。注意，图中也给出了一些算例说明如何选择磁芯，特别是反激

变压器磁芯。还要注意，若使用金属粉末磁芯，则不是磁芯材料的能量密度大小，而是磁芯损耗和铜损更有可能成为限制因素，并决定磁芯体积大小。所以，需要小心使用磁芯体积选择方程。但这些方程在选择合适的铁氧体磁芯时很有参考价值，无论是有气隙（z>1），还是无气隙（z=1）。

5.3 第 3 部分：从螺线管到 E 型磁芯

前面章节中推导了基于螺线管的能量方程，在谈论所需磁芯体积时，自然也将它扩展到了 E 型磁芯。在计算磁芯体积时，这种扩展是可接受的，但在实际计算气隙时，事情就变得复杂了。以 0.1mm 气隙计算为例。在计算中实际上假设了一个螺线管。那么，如何在一个三磁柱 E 型磁芯中计算 0.1mm 气隙呢？为了回答这个问题，必须更仔细地研究 E 型磁芯。例如，要切记有效长度、有效面积和有效体积等参数都是按照螺线管给出的原始定义，参见图 5-10 的磁路。所以，需要知道诸如 EE 型、ETD 型、EFD 型磁芯（通称 E 型磁芯）的具体几何尺寸。换句话说，需要把磁芯映射成一个等效的螺线管。图 5-16 形象地描绘了映射过程。

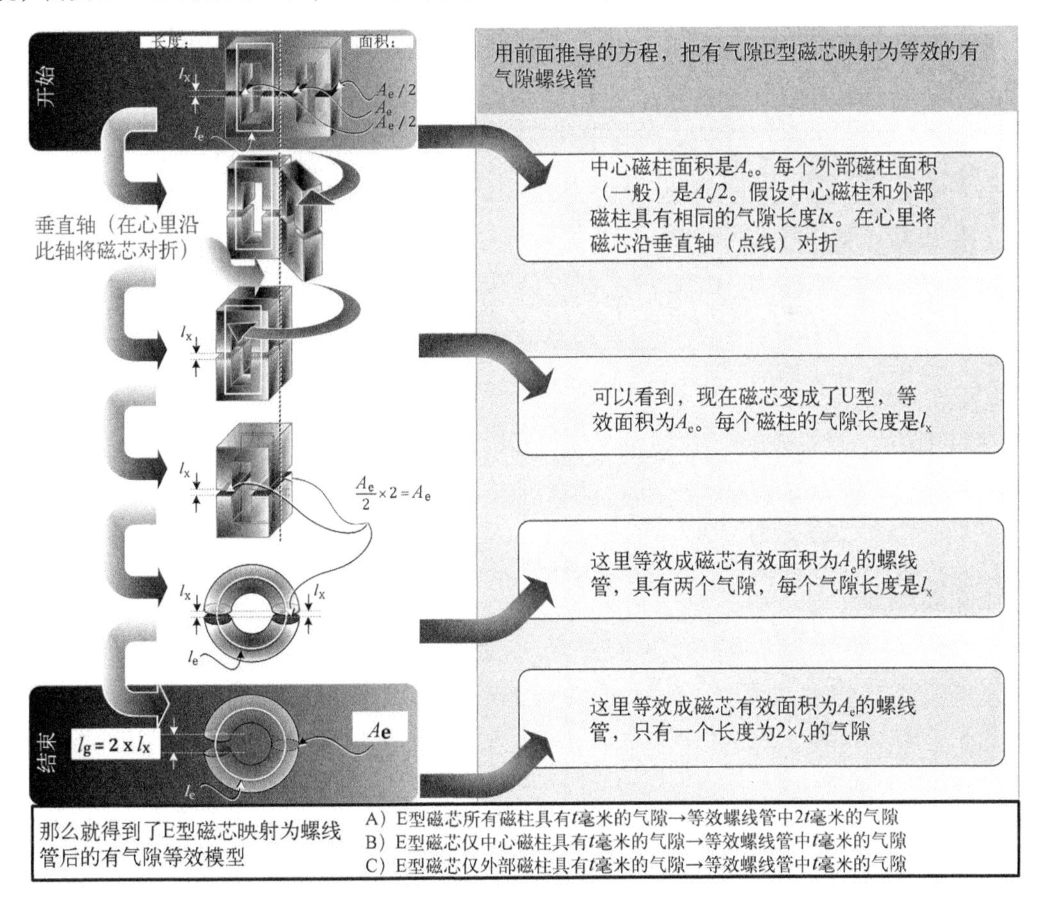

图 5-16 将 E 型磁芯映射为等效的螺线管

可以看到，由于磁力线的连续性和对称性，穿过 E 型磁芯磁柱中心的磁通 ϕ 被平分到两个外部磁柱中。因为 $B=\phi/A$，所以每个外部磁柱磁通为 $\phi/2$。为了保持整个磁芯中磁通密度 B 不变，外部磁柱面积必须是中心磁柱的一半。这就是 E 型磁芯的设计基础，即两个外部磁柱面积等于中心磁柱面积的一半。因为通常不会有人想让外部磁柱先于中心磁柱饱和，反之亦然。（都希望 B 值相同）。大多数应用中，如果磁柱没有同时饱和，只能说明浪费了磁芯材料。

而且，中心磁柱截面积实际上接近于磁芯等效螺线管的有效面积 A_e（如数据手册所示）。因此，E 型磁芯外部磁柱面积也必然接近于有效面积的一半。如图 5-16 所示。

如果（按照等效螺线管）把计算的气隙设为 0.1mm，就可以简单地把中心磁柱气隙也设为 0.1mm。只要把两个 E 型磁芯的中心磁柱各磨去 0.05mm，或仅把其中一个 E 型磁芯的中心磁柱磨去 0.1mm 即可。这样，外部磁柱没有气隙，两个 E 型磁芯的外部磁柱就可以很好地契合。此外，也可用两个规则的 E 型磁芯（未打磨中心磁柱或外部磁柱），仅在外部磁柱中间放入 0.05mm 聚酯纤维垫片即可。这样，三个磁柱都会有 0.05mm 气隙。图 5-17 以 0.26mm 气隙为例阐明了这种做法。

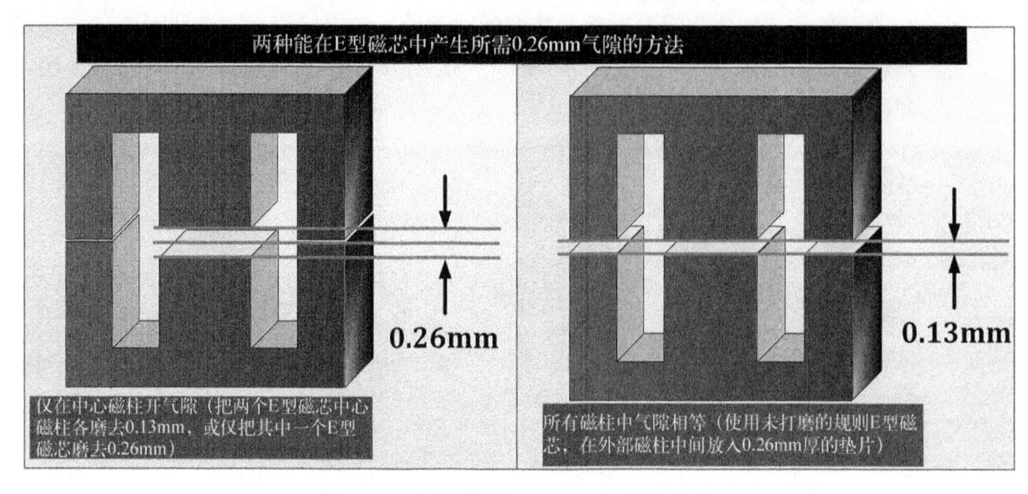

图 5-17　两种设置 0.26mm 气隙的方法

使用气隙的一个优势在于气隙由主导磁阻开始，最终主导了整个气隙结构的特性。前面也提到过此事。

$$\frac{l_e}{\mu_c A_e} \to \frac{l_e + \mu l_g}{\mu_c A_e} \approx \frac{\mu l_g}{\mu_c A_e} = \frac{l_g}{\mu_o A_e} \text{（无气隙磁芯到有气隙磁芯）} \tag{5-40}$$

它与下式意义相同

$$R = R_{core} + R_{gap} \approx R_{gap} \text{（因为 } R_{core} << R_{gap}\text{）} \tag{5-41}$$

众所周知，制造铁氧体是一个非常复杂的过程，而且天生公差就很大。例如，该过程末期有一道工序称为烧结，其间会出现显著的且完全无法预测的体积收缩。所以，制造商不得不猜测可能发生的收缩量，采用更大的原始体积。因此，最终的机械公差不是很好。其他特性也不是很好。但是，通过引入气隙，可以在很大程度上摆脱这种困境，使得磁芯整体性能更倾向于气隙特性。这有助于使全部气隙结构的特性变得更可预测、更可重复。这就是为什么甚至在正激变换器中也经常为变压器故意引入一小段气隙（约 0.1mm~0.2mm）。尽管正激变换器与反激变换器不同，其变压器不以储能为目的。当然，此时复位绕组需要处理更多的馈能，但可靠性增强使得这么做完全值得。

最后，图 5-18 给出了 E 型磁芯的几何尺寸与（标称的）有效长度、面积和体积之间的关系。至此，终于完全深入地理解了 E 型磁芯。

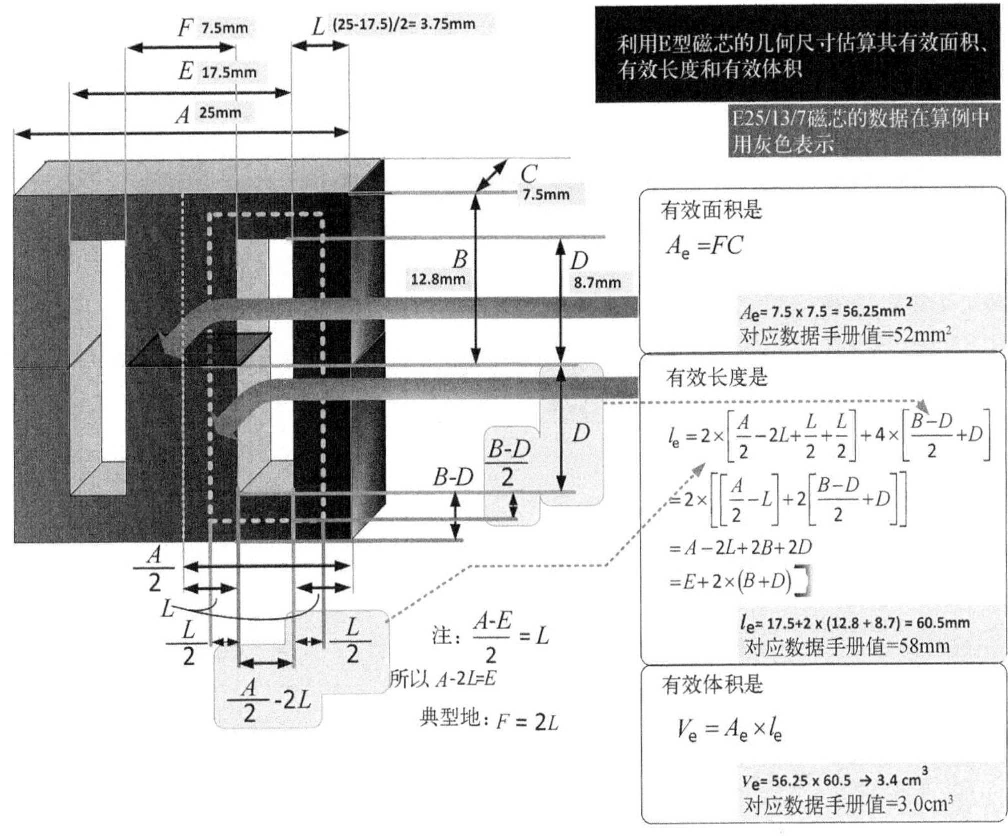

图 5-18 利用磁芯的几何尺寸计算有效长度、体积和面积

5.4 第 4 部分：更多 AC-DC 反激变压器设计细节

现在将前面学到的知识用于 AC-DC 变压器设计，详细至导线选择。首先要记住，设计过程是一个迭代过程。举例来说，图 5-15 最下方的算例中碰巧找到了一个与所需体积完全相同的磁芯。但如果效率较低，可能就需要更大体积的磁芯。于是，可能“刚好错过”E25/13/7 磁芯。那会非常遗憾，因为下一个可选磁芯尺寸或许过大，会导致过度设计。为此，可能要在目标电流纹波率上做些妥协，以 r=0.55 代替 0.4。那么，所需磁芯尺寸就会减小，E25/13/7 磁芯会重新进入选择范围。是的，这会对输入输出电容造成一些影响，特别是导致有效值电流较大和发热，但对于开关损耗的影响要小得多，对二极管额定值选取及二极管损耗也几乎没什么影响。只是可能需要设置更高的峰值电流限制等。另一个可能的设计方向是让气隙增大一点（不改变电感值和 r 值）。这可能需要更多的匝数。但如果可用窗口面积在物理上放得下这些匝数，也愿意承受稍大一些的铜损，那就不失为一种好方法。最后，可以全面评估各种副作用，使变换器设计最优化。

图 5-19 从下述方程开始推导，该方程或许是铁氧体反激变压器设计中最简单的方程

$$V_{\mathrm{e\_cm^3}} = \frac{0.01 \times P_{\mathrm{IN}}}{f_{\mathrm{MHz}}} \tag{5-42}$$

该方程形式上的简单掩盖了事实上的精确，但它基于一些默认条件，如选择 z=10（对于铁氧体变压器中一般气隙）、r=0.4（最优目标电流纹波率，间接决定电感值 L）、B_{SAT}=3000G 和 μ=2000（即假设使用铁氧体）。这些条件也适用于前面推导的一般方程。

反激/升降压变换器磁芯尺寸和电感选择实例

由图5-15，升降压或反激变换器的一般方程为

$$V_{e\_cm^3}=\frac{31.4\times P_{IN}\times\mu}{z\times f_{MHz}\times {B_{SAT\_Gauss}}^2}\left[r\times\left(\frac{2}{r}+1\right)^2\right]$$

代入默认值r=0.4，z=10，μ=2000，B_{SAT}=3000G，有

$$V_{e\_cm^3}=\frac{0.01\times P_{IN}}{f_{MHz}}$$ 铁氧体反激变压器的简化方程

算例1：100kHz，30W反激变压器（铁氧体）

假设初始效率为100%，有

$$V_{e\_cm^3}=\frac{0.01\times 30}{0.1}=3.0$$

在磁芯数据手册中，最接近的是E25/13/7，它的$V_{e_cm^3}$=3.02cm³。为了顾及效率小于100%的情况，增加z值和（或）增加r值。例如，如果效率是80%，可以把r值增至0.4/0.8=0.55（通过减小L值），或者增加气隙使z=12.5（从上述一般方程校验）。或者两种方法都用：减小L值的同时增加气隙。换一种角度看：这是一个30W的反激变换器。所以，图5-5的电感在每周期内传输（和储存）的平均能量为：P_O/f=30W/0.1MHz→300μJ（假设效率为100%）。它就是$\Delta\varepsilon$。但是，因为±20%的电流纹波（r=0.4），峰值能量要高得多。因此，前面图5-6给出当r=0.4时，关系式是

ε_{PEAK}=1.8×$\Delta\varepsilon$（r=0.4）。

因此，需要电感能处理下述对应于I_{PEAK}的峰值能量（而不饱和）

ε_{PEAK}=1.8×$\Delta\varepsilon$=1.8×P_O/f=1.8×300=540μJ

图5-15还给出有气隙铁氧体变压器能处理180μJ /cm³的能量密度。因此，所需磁芯有效体积为

$$V_{e\_cm^3}=\frac{\varepsilon_{PEAK}}{180}=\frac{540}{180}=3\text{cm}^3$$

这个结果与上述简化方程得出的结果相同

最接近的磁芯是E25/13/7，如前所述

注：可以证实，可用窗口面积能容纳所需匝数。这取决于输入/输出电压和电流。但对于大多数应用，z=10是一个良好的折中。E25/13/7应该是不错的选择

算例2：25W通用反激变换器，5V/5A，η=83.3%

注意，P_O=25W，而P_O/η=25/0.833=30W。因此，本例实际上与左侧算例基本相同，只不过在左侧算例中输出功率是30W，假设效率为100%（即输入功率也是30W）。在反激变压器设计中，由$P_{IN}=P_O/\eta$决定$\Delta\varepsilon$，从而决定磁芯尺寸（最恶劣情况估计）

本设计中，典型的折算目标输出电压V_{OR}为100V。所以匝比N_P/N_S=n由V_{OR}/V_O=100/5=20给出（为简化忽略了二极管压降）。占空比为

$$D=\frac{V_{OR}}{\eta V_{IN}+V_{OR}}=\frac{100}{(127\times0.833)+100}=0.486$$

此处从通用输入电压范围内的最低输入电压开始设计，即90V交流电压或127V直流电压（忽略输入电压纹波）。折算输出电流I_{OR}为I_O/n=5/20=0.25A。这是等效到反激变换器原边侧的有效负载电流（参见图3-1和图3-2）。开关管"认为"升降压拓扑的输出是100V/0.25A。原边侧电感电流斜坡中心值是

$$I_L=\frac{I_{OR}}{1-D}=\frac{0.25}{1-0.486}=0.486$$

$$I_{IN}=D\times\frac{I_{OR}}{1-D}=0.486\times0.486=0.236$$

r=0.4时的总电流纹波ΔI_L为

$$r=0.4=\frac{\Delta I_L}{I_L}=\frac{\Delta I_L}{0.46}$$

ΔI_L=0.486×0.4=0.194

注意，如图5-1所示，反激或升降压变换器的一般占空比方程可写为两种形式：

$$D=\frac{V_{OR}}{\eta V_{IN}+V_{OR}}\text{或}D=\frac{V_{OR}/\eta}{V_{IN}+V_{OR}/\eta}$$

两者在数值上一致，并且计算的占空比、平均输入电流和电流斜坡中心值均相同。但第一种占空比形式意味着以最低效率建模，即输入相对给定输出以系数η减小。这等于假设（根据所测效率得出的）所有损耗能量在变压器之前产生，例如在开关管中损失。所以，变压器仅储存准备输出的有用能量（最佳情况估计）第二种占空比形式意味着输入保持不变，但输出实际上以系数$1/\eta$增加。这等于假设所有损耗在变压器之后产生，例如在二极管中。所以，电感必须储存所有输入能量，即有用能量加上损耗能量（即P_{IN}）。实际情况介于两者之间。但若事先不知道损耗在变换器中的实际分布，则后者一般是一种稳健的变压器或电感的设计方式（最恶劣情况估计）

<u>最佳情况估计</u>：假设有效输入电压随效率降低而降低。开关管导通时间为D/f，该阶段电感电压设为ηV_{IN}，则电感值对应的电流纹波一定是0.194A（参见左边一栏）。所以

$$V_{ON}=L\frac{\Delta I}{T_{ON}}\to L_{\mu H}=(127\times0.833)\times\frac{0.486}{0.1\times0.194}\Rightarrow2.65\text{mH}$$

$$V_{OFF}=L\frac{\Delta I}{T_{OFF}}\to L_{\mu H}=(100)\times\frac{(1-0.486)}{0.1\times0.194}\Rightarrow2.65\text{mH}\text{小电感值}$$

$$I_{PEAK}=I_L\times(1+\frac{r}{2})=0.486\times1.2=0.583$$

$$\varepsilon_{PEAK}=\frac{1}{2}\times L\times I_{PEAK}^2=\frac{2.65\times10^{-3}\times0.58^2}{2}=450\mu\text{J}$$

已知（对于r=0.4）有ε_{PEAK}=1.8×$\Delta\varepsilon$。所以

$$\Delta\varepsilon=\frac{\varepsilon_{PEAK}}{1.8}=\frac{450}{1.8}=250\mu\text{J}\text{（适用于}r=0.4\text{）}$$

在100kHz时，它对应25W。所以，仅储存有用能量

<u>最恶劣情况估计</u>：此处假设输出电压以系数1/η增加。所以，如前所述

$$V_{OFF}=L\frac{\Delta I}{T_{OFF}}\to L_{\mu H}=\frac{100}{0.833}\times\frac{(1-0.486)}{0.1\times0.194}\Rightarrow3.18\text{mH}$$

$$V_{ON}=L\frac{\Delta I}{T_{ON}}\to L_{\mu H}=(127)\times\frac{0.486}{0.1\times0.194}\Rightarrow3.18\text{mH}\text{大电感值}$$

$$I_{PEAK}=I_L\times(1\times\frac{r}{2})=0.486\times1.2=0.583$$

$$\varepsilon_{PEAK}=\frac{1}{2}\times L\times I_{PEAK}^2=\frac{3.18\times10^{-3}\times0.583^2}{2}\Rightarrow540\mu\text{J}\text{大磁芯}$$

$$\Delta\varepsilon=\frac{\varepsilon_{PEAK}}{1.8}=\frac{540}{1.8}=300\mu\text{J}\text{(适用于}r=0.4\text{)}\quad\text{(E25/13/7)}$$

在100kHz时，它对应30W。所以，所有输入能量（包括损耗）储存在电感L中。注：该结果与算例1中效率为100%的30W变换器一致

图 5-19　AC-DC 反激变换器设计实例（第一部分）

回顾第 3 章，3.1.9 节介绍了如下更普遍适用的方程

$$V_{e\_cm^3} = 0.7 \times \frac{(2+r)^2}{r} \times \frac{P_{IN}}{f_{kHz}} \qquad (5\text{-}43)$$

因为 $0.7\times[(2+0.4)^2/0.4]=10.0$，可以看出这与前面直接给出（和推导）的方程恰好一样，区别在于现在又把 r 值设为默认值 0.4。

由图 5-19 可知，以前面的推导为基础，通过非常简单的步骤，可以计算出与图 5-15 相同的体积（约 $3cm^3$），而且再次选择了相同的磁芯，即 E25/13/7。

注意，图 5-19 的数值算例采用了 30W 输入。它可以指一个理想的 30W 输出变换器（效率为 100%），也可以指实际变换器，例如输出功率为 25W，效率为 83.3%的变换器，因为 25/0.833=30W。图 5-19 的算例 2 将上述概念用于 AC-DC 反激变换器，选择效率为 83.3%的 25W 通用输入反激变换器，输出为 5V/5A。这里借用了第 3 章和图 3-2 中折算输出电压 V_{OR} 的概念。

注意，图 5-19 中讨论了最佳情况估计和最恶劣情况估计。现在，能更清晰地理解图 5-1 的含义。显然，最佳工况对应实际情况 1，而最恶劣工况对应实际情况 2。从中可以看出"变换器中损耗发生在哪，电感前还是电感后"这个问题的答案是如何影响磁芯尺寸（峰值能量）、伏秒积和计算电感值的。保守地讲，可以假设所有损耗都发生在变压器副边侧，并按此设计磁芯或变压器。这就是最恶劣情况估计。但如果理解得更好，就能做出更精确的峰值能量需求估计。

注意 出于简化的目的，图 5-19 使用了整流后的 127V 直流电压。这对于具有很大输入电容的反激变换器而言肯定是正确的。但必须切记，输入电容在整流桥导通时充电至峰值，在半交流周期剩余时间内放电至谷值。因此，反激变换器的输入电压在两个相差甚远的电平间波动，频率是电网频率的两倍（100Hz 或 120Hz）。所以，反激变换器的有效直流输入电压事实上是两个电平的平均值。但这是一个非常复杂的计算，取决于输入电容值等。第 14 章中将再次讨论。现在，仍然把 127V 作为输入电压。

如图 3-2 所示，原边侧等效模型的输出电压为 V_{OR}。图 5-19 选定的 V_{OR} 为 100V，那么从原边侧看，25W 变换器可等效成输入为 127V，输出为 100V/0.25A 的升降压变换器。注意，效率不会是 100%。但到此为止，从图 5-4 能量传输图开始的讨论可以结束了。为简单起见，图 5-4 用的是效率为 100%的算例。但前面也强调过，那些推导的方程是正确的，而且，即使效率不是 100%，方程也有效。现在这件事可以得到证实。图 5-20 重复了前面的能量传输计算过程，但这次计算的是图 5-19 算例 2 中的非理想情况。

结果如下：变换器每周期传输 250μJ 能量。100kHz（0.1MHz）时，等效输出功率 P_O 为 $250\mu J\times10^5=25W$。输入侧每周期有 300μJ 能量输入，对应 $P_{IN}=30W$。现在可以清晰地看到，中间框图内某处确实有 50μJ（对应 5W）的损耗。能量平衡表已经完成，证明前面所有的方程和处理都是正确的。图 5-19 最终计算的结果与图 5-4 正好相同。

注意 中间框图由电感、开关管和二极管组成。该框图某处产生了 5W 损耗，包括导通损耗，或开关损耗，或直流电阻损耗，或交流电阻损耗等。该框图中发生的任何事情几乎都与实际功率变换过程直接相关（此处未考虑泄漏损耗）。能量图并非用来准确描述损耗究竟发生在框图何处，是发生在电感前还是电感后。能量传输图的用途仅限于阐述与储能和拓扑相关的概念。

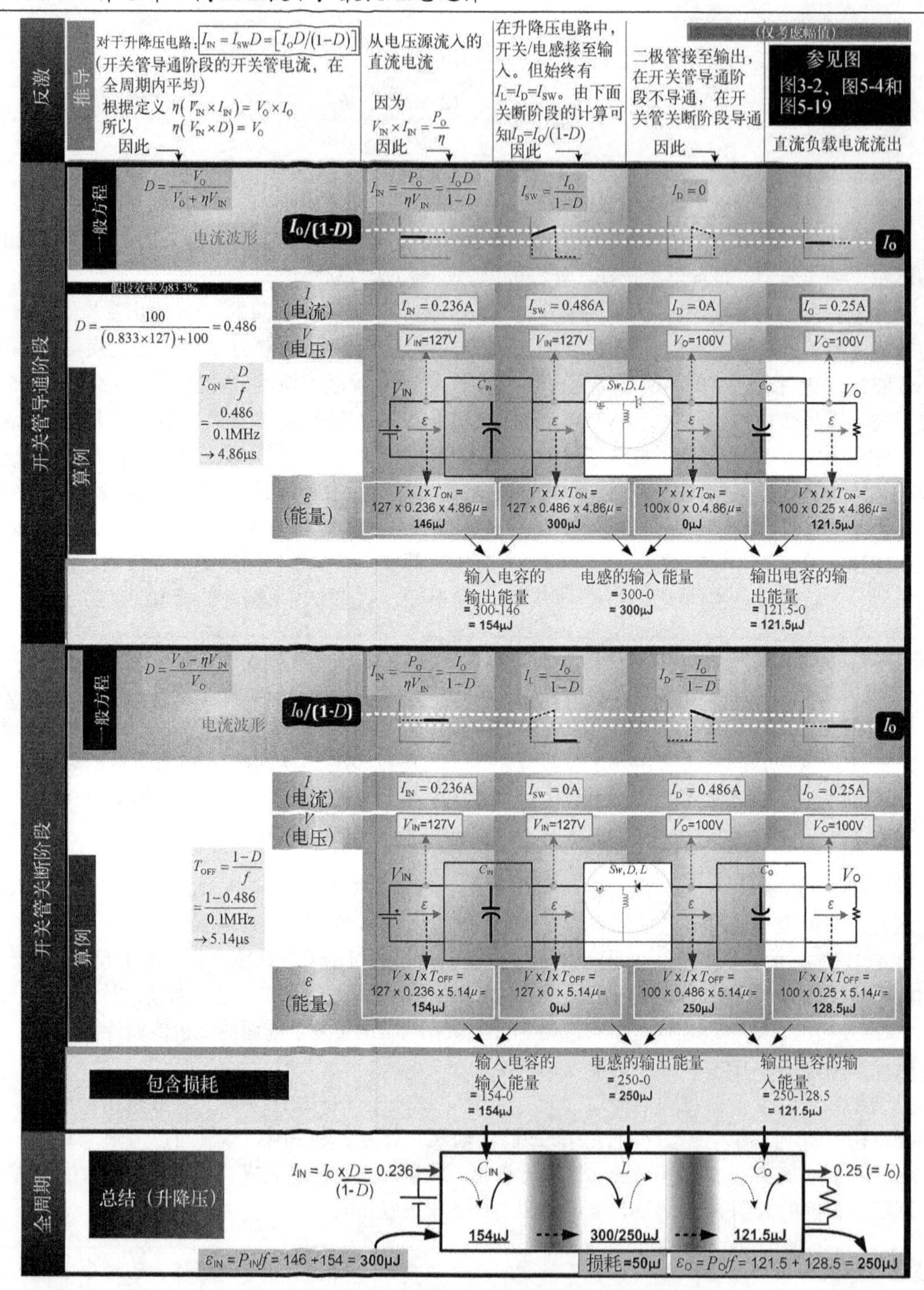

图5-20　含损耗在内的反激变换器能量传输图

总之，只要使用占空比的正确形式（即使用η），所有推导的用于电路各部分电流计算的方程就是正确的，与效率、频率和功率等无关。但隐含的假设条件是变换器工作在连续导通模式，这也是本章开篇就隐含的假设条件。

要正确选择线规，图 5-21 是入门篇，介绍了几个需要理解的、有用的关系式：如集肤深度、直径、AWG 线规和载流能力。然后，图 5-19、图 5-22 和图 5-23 以 AC-DC 反激变换器设计为例继续讨论。最后，给出了反激变压器的完整设计过程。

5.5 第 5 部分：更多 AC-DC 正激变换器变压器设计细节

第 3 章已经介绍了一个详细的正激变换器变压器设计实例。现在，为高水平读者再补充一个先前遗漏的知识点：图 3-10 和 3-11 中设计曲线的来源（参见图 5-24 和图 5-25）。

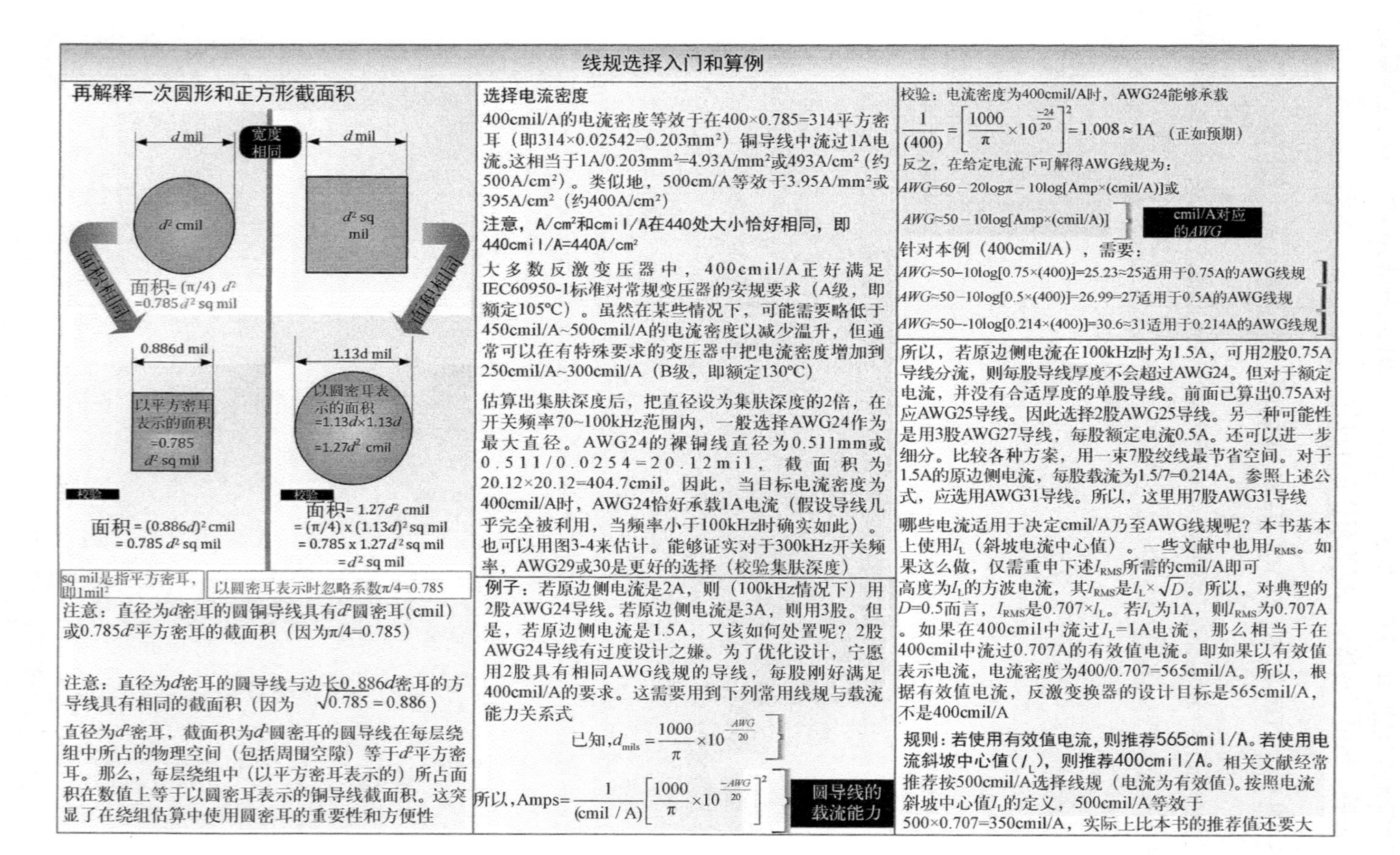

图 5-21 反激及其他拓扑的线规选择入门

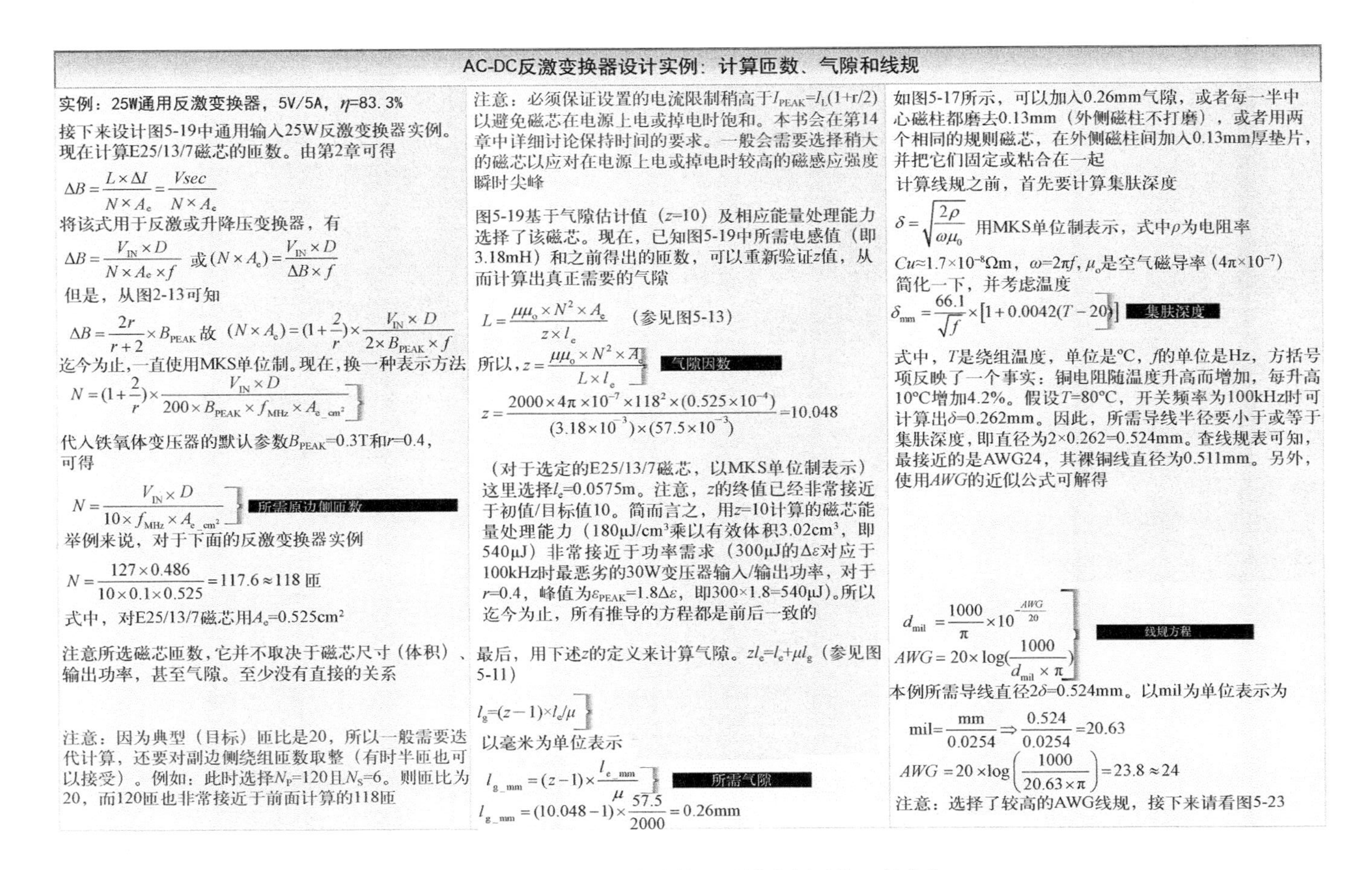

AC-DC反激变换器设计实例：计算匝数、气隙和线规

实例：25W通用反激变换器，5V/5A，η=83.3%

接下来设计图5-19中通用输入25W反激变换器实例。现在计算E25/13/7磁芯的匝数。由第2章可得

$$\Delta B=\frac{L\times\Delta I}{N\times A_e}=\frac{Vsec}{N\times A_e}$$

将该式用于反激或升降压变换器，有

$$\Delta B=\frac{V_{IN}\times D}{N\times A_e\times f}\ \text{或}\ (N\times A_e)=\frac{V_{IN}\times D}{\Delta B\times f}$$

但是，从图2-13可知

$$\Delta B=\frac{2r}{r+2}\times B_{PEAK}\ \text{故}\ (N\times A_e)=(1+\frac{2}{r})\times\frac{V_{IN}\times D}{2\times B_{PEAK}\times f}$$

迄今为止，一直使用MKS单位制。现在，换一种表示方法

$$N=(1+\frac{2}{r})\times\frac{V_{IN}\times D}{200\times B_{PEAK}\times f_{MHz}\times A_{e\_cm^2}}$$

代入铁氧体变压器的默认参数B_{PEAK}=0.3T和r=0.4，可得

$$N=\frac{V_{IN}\times D}{10\times f_{MHz}\times A_{e\_cm^2}}$$ 所需原边侧匝数

举例来说，对于下面的反激变换器实例

$$N=\frac{127\times 0.486}{10\times 0.1\times 0.525}=117.6\approx 118\ \text{匝}$$

式中，对E25/13/7磁芯用A_e=0.525cm²

注意所选磁芯匝数，它并不取决于磁芯尺寸（体积）、输出功率，甚至气隙。至少没有直接的关系

注意：因为典型（目标）匝比是20，所以一般需要迭代计算，还要对副边侧绕组匝数取整（有时半匝也可以接受）。例如：此时选择N_P=120且N_S=6。则匝比为20，而120匝也非常接近于前面计算的118匝

注意：必须保证设置的电流限制稍高于$I_{PEAK}=I_L(1+r/2)$以避免磁芯在电源上电或掉电时饱和。本书会在第14章中详细讨论保持时间的要求。一般会需要选择稍大的磁芯以应对在电源上电或掉电时较高的磁感应强度瞬时尖峰

图5-19基于气隙估计值（z=10）及相应能量处理能力选择了该磁芯。现在，已知图5-19中所需电感值（即3.18mH）和之前得出的匝数，可以重新验证z值，从而计算出真正需要的气隙

$$L=\frac{\mu\mu_o\times N^2\times A_e}{z\times l_e}\quad\text{（参见图5-13）}$$

$$\text{所以，}z=\frac{\mu\mu_o\times N^2\times A_e}{L\times l_e}$$ 气隙因数

$$z=\frac{2000\times 4\pi\times 10^{-7}\times 118^2\times(0.525\times 10^{-4})}{(3.18\times 10^{-3})\times(57.5\times 10^{-3})}=10.048$$

（对于选定的E25/13/7磁芯，以MKS单位制表示）这里选择l_e=0.0575m。注意，z的终值已经非常接近于初值/目标值10。简而言之，用z=10计算的磁芯能量处理能力（180μJ/cm³乘以有效体积3.02cm³，即540μJ）非常接近于功率需求（300μJ的$\Delta\varepsilon$对应于100kHz时最恶劣的30W变压器输入/输出功率，对于r=0.4，峰值为ε_{PEAK}=1.8$\Delta\varepsilon$，即300×1.8=540μJ）。所以迄今为止，所有推导的方程都是前后一致的

最后，用下述z的定义来计算气隙。$zl_e=l_e+\mu l_g$（参见图5-11）

$$l_g=(z-1)\times l_e/\mu$$

以毫米为单位表示

$$l_{g\_mm}=(z-1)\times\frac{l_{e\_mm}}{\mu}$$ 所需气隙

$$l_{g\_mm}=(10.048-1)\times\frac{57.5}{2000}=0.26\text{mm}$$

如图5-17所示，可以加入0.26mm气隙，或者每一半中心磁柱都磨去0.13mm（外侧磁柱不打磨），或者用两个相同的规则磁芯，在外侧磁柱间加入0.13mm厚垫片，并把它们固定或粘合在一起

计算线规之前，首先要计算集肤深度

$$\delta=\sqrt{\frac{2\rho}{\omega\mu_0}}$$ 用MKS单位制表示，式中ρ为电阻率

$Cu\approx 1.7\times 10^{-8}\Omega$m，$\omega=2\pi f$，$\mu_o$是空气磁导率（$4\pi\times 10^{-7}$）

简化一下，并考虑温度

$$\delta_{mm}=\frac{66.1}{\sqrt{f}}\times[1+0.0042(T-20)]$$ 集肤深度

式中，T是绕组温度，单位是℃，f的单位是Hz，方括号项反映了一个事实：铜电阻随温度升高而增加，每升高10℃增加4.2%。假设T=80℃，开关频率为100kHz时可计算出δ=0.262mm。因此，所需导线半径要小于或等于集肤深度，即直径为2×0.262=0.524mm。查线规表可知，最接近的是AWG24，其裸铜线直径为0.511mm。另外，使用AWG的近似公式可解得

$$d_{mil}=\frac{1000}{\pi}\times 10^{-\frac{AWG}{20}}$$

$$AWG=20\times\log(\frac{1000}{d_{mil}\times\pi})$$ 线规方程

本例所需导线直径2δ=0.524mm。以mil为单位表示为

$$\text{mil}=\frac{\text{mm}}{0.0254}\Rightarrow\frac{0.524}{0.0254}=20.63$$

$$AWG=20\times\log\left(\frac{1000}{20.63\times\pi}\right)=23.8\approx 24$$

注意：选择了较高的AWG线规，接下来请看图5-23

图5-22 AC-DC反激变换器设计实例（第二部分）

AC-DC反激变换器设计实例（续）：计算线规和铜箔厚度

原边侧绕组

集肤深度是

$$\delta_{mm}=\frac{66.1}{\sqrt{f}}\times[1+0.0042(T-20)]$$

100kHz开关频率和80°C时，集肤深度是

$$\delta_{mm}=\frac{66.1}{\sqrt{100000}}\times[1+0.0042(T-20)]=0.262\text{mm}$$

选择的导线直径不应超过d=2δ。本例中为2×0.26=0.52mm。以mil为单位表示为

$$\text{mil}=\frac{\text{mm}}{0.0254}\Rightarrow\frac{0.52}{0.0254}=20.5\text{mil}$$

由图5-22，对应的AWG线规是

$$AWG=20\times\log(\frac{1000}{d_{mil}\times\pi})$$

$$=20\times\log\left(\frac{1000}{20.5\times\pi}\right)\approx 24\text{AWG}$$

对于一定电流密度，AWG导线载流能力为

$$\text{Amps}=\frac{1}{(\text{cmil/A})}[\frac{1000}{\pi}\times10^{-\frac{AWG}{20}}]^2$$

对于400cmil/A电流密度，AWG24载流能力为

$$\text{Amps}=\frac{1}{(400)}\left[\frac{1000}{\pi}\times10^{-\frac{24}{20}}\right]^2=1.008\approx1\text{A}$$

从图5-19中看到，原边侧电流斜坡中心值为

$$I_L=\frac{I_{OR}}{1-D}=\frac{0.25}{1-0.486}=0.486$$

因为该值小于AWG24导线的最大额定电流，为优化设计，选择单股导线

$AWG\approx50-10\log[A\times(\text{cmil/A})]$ （参见图5-21）

$AWG\approx50-10\log[0.486\times(400)]=27$

副边侧绕组

副边侧输出电流为5A

电流斜坡中心值是

$$I_{LS}=\frac{I_O}{1-D}=\frac{5}{1-0.486}=9.73\text{A}$$

对于400cmil的目标电流密度，需要9.73×400=3891cmil→3891×π/4=3056 sqmil

既可以用铜箔，也可以用导线。下面来看如何选用

A）铜箔：已知在70kHz~100kHz频率范围内，选择铜箔厚度不应超过d=2δ=0.52mm，即0.52/25.4=0.02英寸或20mil。但这并不是一个标准的铜箔厚度

标准的铜箔厚度（以mil为单位）：1、1.4、3、5、8、10、16、22

因此，可选铜箔初始厚度为16mil，即0.016英寸或0.016×25.4=0.41mm。这称为26规格表，因为其厚度等于AWG26（圆导线）厚度。问题是磁芯能否接受该铜箔厚度呢？所选磁芯是EE25/13/7。如果看一下EE25/13/7骨架，就会发现最大铜箔厚度只能是15.2mm，即598mil。若铜箔厚度为16mil，则总铜箔截面积是598mil×16mil=9568sqmil。

因为1cmil=0.7854sqmil，所以9568sqmil=9568/0.7854=12190cmil。在400cmil/A电流密度下，可通过12190/400=30.5A电流

对应400cmil/A电流密度，副边侧选用幅值为$I_O/(1-D)$=9.73A的电流斜坡中心值。可以看出，它正好在最大允许值30.5A范围内。实际上，该结果表明铜箔厚度几乎可降3倍（30.5/9.73≈3）。所以，可用5mil厚度替代16mil。再校验一下电流密度。铜箔宽度为598mil，截面积是598×5=2990sqmil，或3806cmil。电流密度为3807/9.73=391cmil/A。这非常接近于目标值400cmil/A。可以断定：副边侧绕组确实可选用5mil厚度的铜箔

B）导线：70kHz~100kHz频率范围内，选择导线直径不应超过d=2δ=0.52mm。需要重复应用（本页左侧的）原边侧计算过程，而且几乎要完全重复。以mil为单位计算，0.52mm是

$$\text{mil}=\frac{\text{mm}}{0.0254}\Rightarrow\frac{0.52}{0.254}=20.5\text{mil}$$

由前面公式可知，对应的AWG线规为

$$AWG=20\times\log(\frac{1000}{d_{mil}\times\pi})$$

$$=20\times\log\left(\frac{1000}{20.5\times\pi}\right)\approx 24\text{AWG}$$

对于一定电流密度，AWG导线载流能力为

$$\text{Amps}=\frac{1}{(\text{cmil/A})}\left[\frac{1000}{\pi}\times10^{-\frac{AWG}{20}}\right]^2$$

对于400cmil/A电流密度，AWG24导线载流能力为

$$\text{Amps}=\frac{1}{(400)}\left[\frac{1000}{\pi}\times10^{-\frac{24}{20}}\right]^2=1.008\approx1\text{A}$$

副边侧电流斜坡中心值为

$$I_L=\frac{I_O}{1-D}=\frac{5}{1-0.486}=9.73$$

因为大于AWG24导线的最大额定电流，所以可把10股AWG24导线拧成一束，或每5股拧成一束，再2束并联。可能要在骨架上实际绕制一下才能判断方案是否合适

图5-22已经计算过，副边侧可绕制6匝（原边侧为120匝）

至此，完成了反激变压器设计

图5-23 AC-DC反激变换器设计实例（第三部分）

简化（正弦波）Dowell方程并扩展至方波

为避免讨论时重复相关文献的错误，需要重温Dowell本人在1966年8月发表的原始论文。论文中把总损耗看作两项之和，一项是无限大铜箔的集肤效应，另一项是铜箔在变压器中叠放时的邻近效应。交流电阻与直流电阻具有如下关系

$$R_{AC}=R_{DC}[\mathrm{Re}(M)+\frac{m^2-1}{3}\mathrm{Re}(D)]$$

式中m表示每部分层数（本书中以p表示），$\mathrm{Re}(x)$表示（x）的实部

$M=\alpha h\times\coth(\alpha h); D=2\alpha h\times\tanh(\alpha h/2)$

式中，$\alpha=\sqrt{\frac{j\omega\mu\eta}{\rho}}$

$j=\sqrt{-1}$，ρ是电阻率，ω是角频率，$\eta=N_L\frac{a}{b}$ 注意，η在此并不代表效率。N_L是每层匝数。a是方导线宽度（与圆导线截面积相同），b是窗口宽度

这里做一些简化。首先，仅处理窗口宽度内肩并肩放置的导线（匝间无空隙）。因此，η=1。其次，根据集肤深度定义

$$\delta=\sqrt{\frac{2\rho}{\omega\mu}}\quad 所以，\alpha=\sqrt{\frac{j\omega\mu\eta}{2\rho}}\equiv\frac{\sqrt{j}}{\delta}$$

而且，$\alpha h\equiv Y=X\sqrt{2j}$

式中，$X=h/\delta$，　$Y=X\sqrt{2j}$

（相关文献中，X经常写作ξ或A。）所以，根据变量命名和简化假设条件，Dowell方程可写成

$$R_{AC}=R_{DC}[\mathrm{Re}(Y\times\coth(Y))+\frac{P^2-1}{3}\mathrm{Re}(2Y\times\tanh\frac{Y}{2})]$$

现在，令

$$M=\mathrm{Re}[Y\times\coth(Y)]\;;\;D=\mathrm{Re}(2Y\times\tanh\frac{Y}{2})$$

则两者都是X的函数。Y本身也是如此。能够明确写出它们的关系，即

$$M(X)=X\frac{e^{2X}-e^{-2X}+2\sin(2X)}{e^{2X}+e^{-2X}-2\cos(2X)};D(X)=X\frac{e^{X}-e^{-X}-2\sin(X)}{e^{X}+e^{-X}+2\cos(X)}$$

这里没有给出推导过程，但是用Mathcad软件，能从数值上证实这些方程的正确性。例如，可以令$M(2)$=1.898，$D(2)$=3.249，并以此为初值计算Dowell方程或它的简化形式。注意，它们有别于一些常见的但是错误的M和D的方程。所以，Dowell方程可简化为

$$F_R(X,p)=\frac{R_{AC}}{R_{DC}}=M(X)+\frac{p^2-1}{3}D(X)$$ 适用于正弦波Dowell方程

式中的$M(X)$和$D(X)$在前面已经给出

但是，Dowell方程是在纯正弦波条件下得出的。现在，利用方波的傅里叶展开式，将Dowell方程扩展至单位高度（幅值1A）占空比为d的方波（此处用小写d，区别于Dowell方程中表示邻近效应的D）。n次谐波傅里叶级数的幅值为

$$|c_n|=\left|\frac{2}{n\pi}\sin(n\pi d)\right|$$

（参见第18章中的傅里叶级数）

傅里叶级数的直流分量C_0恰好等于d。谐波频率与n成正比。但集肤深度却与$1/\sqrt{f}$成正比。所以，各次谐波的X值（即h除以集肤深度）将随$\sqrt{n}$增加而增加。因此，可根据基波分量的X值写出各次谐波的M和D值，如下

$$M(X,n)=X\sqrt{n}\frac{e^{2X\sqrt{n}}-e^{-2X\sqrt{n}}+2\sin(2X\sqrt{n})}{e^{2X\sqrt{n}}+e^{-2X\sqrt{n}}-2\cos(2X\sqrt{n})}$$

$$D(X)=2X\sqrt{n}\frac{e^{X\sqrt{n}}-e^{-X\sqrt{n}}+2\sin(X\sqrt{n})}{e^{X\sqrt{n}}+e^{-X\sqrt{n}}-2\cos(X\sqrt{n})}$$

所以，方波引起的损耗为

$$P_{PULSE\_AC}=(d)^2R_{DC}+\sum_{n=1}c_n^2\times R_{AC\_n}$$

$$=d^2R_{DC}+\sum_{n}c_n^2\times R_{DC}\times\{[M(X,n)]+\frac{p^2-1}{3}[D(X,n)]\}$$

式中，R_{AC_n}是n次谐波的交流电阻

如果忽略高频效应，损耗可能会错误地估计成

$$P_{PULSE\_DC}=(\sqrt{d})^2R_{DC}=d\times R_{DC}$$

因为占空比为d的单位方波有效值为$\sqrt{d}$与仅适用于正弦波Dowell方程的F_R对照，两者之比即为方波F_R的有效值

$$F_R=\frac{R_{AC}}{R_{DC}}=\frac{I_{RMS}^2\times R_{AC}}{I_{RMS}^2\times R_{AC}}=\frac{P_{PLSE\_AC}}{P_{PLSE\_DC}}$$

$$F_R=d+\sum_{n}\frac{c_n^2}{d}\times\{[M(X,n)]+\frac{p^2-1}{3}[D(X,n)]\}$$ 方波Dowell方程

图 5-24　简化 Dowell 方程及其在开关电源中的应用

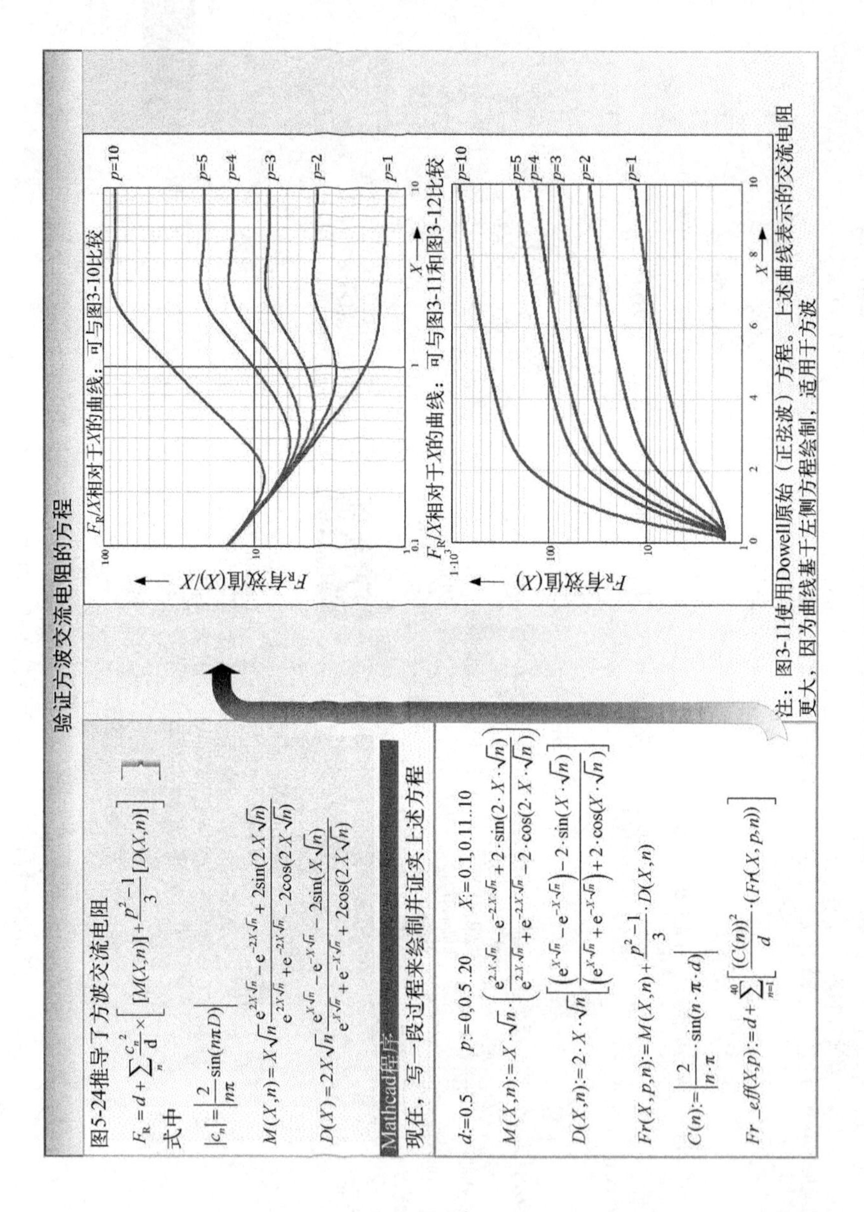

图 5-25　用于正激变换器设计的 Dowell 方程曲线

第 6 章

元器件额定值、应力、可靠性和寿命

6.1 引言

第 5 章着眼于磁性元件的选择和设计，思路简单明了。首先，研究不同拓扑结构及其应用，以及它们在能量方面的需求。其次，研究不同材料、不同几何尺寸、不同体积和不同气隙条件下磁芯的能量处理能力。最后，将能力与需求相匹配。本章和下一章将讨论其他功率元器件，力图使读者理解如何运用相同的基本匹配方法去选择功率元器件。但侧重点略有不同。本章关注的不是储能，而是应力大小。应力是开关管、二极管和输入/输出电容等非磁性功率元器件的主要选择标准之一。本章的主要内容如下。

(1) 机电类比法。最低限度上，必须保证元器件强度（额定值）在给定应用中超过其最大受力（应力），否则元器件将损坏（失效）。元器件强度可能因生产批次、环境条件（如温湿度），甚至是时间（退化或老化）原因而发生明显变化。但元器件的最低（最差）强度一般由供应商或制造商保证。例如，分立 MOSFET 会给出其漏源电压（V_{DS}）和栅源电压（$\pm V_{GS}$）的绝对最大额定值（Abs Max）。一般不能冒元器件当场损坏的风险去超越绝对最大额定值，哪怕一瞬间都不行。应当注意，绝对最大额定值是*应力*最大值，不是*性能*最大值。数据手册中的电气特性表为元器件提供了性能保证，其上限略低于绝对最大额定值。例如，开关管或脉宽调制控制芯片的性能上限一般是其*最大工作电压*。

(2) 另外，必须保证元器件能够承受*各种应用工况*下出现的应力。不幸的是，在开关电源中，最恶劣工作点不一定很明显。可能需要仔细预研才能发现该点。第 7 章 7.7 节将介绍这部分内容。

(3) 最后，必须保证元器件留有一些*安全裕量*。安全裕量可能对商业产品并不重要，但对医用、军用或高质量（高可靠性）产品而言非常重要。注意，安全裕量在电气术语中指的是降额。第 1 章中曾简要讨论过降额概念。现在将进一步讨论。

6.2 应力和降额

电源设计人员使用的应力系数定义为

$$\text{应力系数} = \frac{\text{最大外加应力}}{\text{额定应力}} \tag{6-1}$$

或简写成

$$\text{应力系数} = \frac{\text{应力}}{\text{强度}} \tag{6-2}$$

设计裕量这个词也比较常用，它是应力系数的倒数。例如，设计裕量为2意味着应力系数为0.5（50%）。安全裕量为：

$$安全裕量=1-（设计裕量） \tag{6-3}$$

式中，设计裕量=强度/应力。

应力系数作为一个粗略的、初步的指标，在商业应用中，一般设计为80%左右。因此，安全裕量为1－1/0.8=－0.25，即25%。军用或高质量（高可靠性）应用可能要求应力系数小于50%（安全裕量超过100%），当然，代价高昂。

注意，本书更愿意用应力系数，而不是另一个流行的词降额系数来讨论。原因如下：举例来说，若晶体管额定电压为100V，外加电压为80V，有人会说这意味着使用的降额系数为80%。但一些工程师更乐于说"降额20%使用"。随后，一些工程师不知不觉地把说法改成"使用的降额系数为20%"。于是，问题出现了：这种情况下，降额系数是80%，还是20%呢？为了防止进一步混淆，本书宁愿彻底抛弃降额系数这个词，而采用应力系数。然而，本书仍会用到降额或应力降额等词，但都有严格的定义。降额的基本定义是外加应力比许用应力小。注意，有人也把应力系数称为应力比。那是混淆概念，因为应力比是指给定加载循环中外加应力最小值与最大值之比。例如，给定工况下，外加电压最大值是80V（额定电压100V），最小值是40V，则应力比是0.5。但应力系数还是0.8。

降额是一种公认的、增强整体可靠性的方法。但并非每个人都清楚它是如何取得良好效果的。例如，传统观点认为温度升高引起统计上的失效增加。常用的经验法则是"温度每升高10℃，失效率加倍"。失效一般出现在变化缓慢、但变化率稳定的场内，本质上是统计问题，称为随机失效。然而，电气工程师是典型的决定论者，并不愿意承认一些事件是随机的，更不会置之不理。他们会说每种失效都有确切原因。所以，有人会争辩：铜是不是只有在温度达到熔点（1085℃）时才能熔化呢？或者说，铜加热到800℃，反复加热100万次，会不会偶然熔化掉呢？然而，在实际应用中，所有工程师都同意降额肯定是一个好主意。当场内发生意外或无法预测的情况时（经常如此），降额就成了"救生员"。例如，雷击和交流电网扰动可能引起过流、过压或浪涌等暂态过程，或引起一些误操作、误用等情况。这种情况下，降额提供的空间（安全裕量）自然转化为场内可见的高可靠性。

注意　雷电的电能或以直击方式（通常是最严重的）进入电力系统，或以电磁耦合方式（不太严重但频繁得多的）进入。甚至地下电缆也会发生耦合，因为在正常埋缆深度上，大地的衰减作用很小。注意，一般认为，几乎不可能在雷电直击后幸存，虽然雷击事件本身就是极其罕见的。因此，设计设备时并未真正考虑过极端条件，但一定要满足欧洲标准EN61000-4-5给出的更普遍的浪涌曲线。

一般认为，电气系统的应力是指电压、电流和温度。有时也认为，功率是独立应力，但是也可看作电压、电流和热的应力组合。这并不是说应力是相互独立的，应力分析并不简单的原因即在于此。例如，I安电流经过V伏电压差产生$I \times V=P$瓦损耗，导致$T=(R_{th} \times P)+T_{AMB}$温升，式中$R_{th}$是元器件到周围环境（即元器件周围）的热阻，$T_{AMB}$是环境温度。注意，因为决定温升的因素各种各样，如印制电路板设计、气流、散热等，所以本书后面将用单独一章（第11章）来介绍。本章主要讨论电压和电流。任何一个超额都称为EOS，即电气过应力的首字母缩写。

失效报告中常见的说法是某个半导体器件因电气过应力损坏。电气过应力失效事实上最终都是热失效。例如，高电压下可能出现电介质击穿或半导体结雪崩击穿（如稳压二极管），若任凭足够大的电流产生 $V \times I$ 热点，就会导致半导体器件永久损坏。半导体结构也可能出现闩锁效应，即器件进入极低电阻状态，甚至负阻状态（电压崩溃伴随电流剧增），很像气体放电管（如熟悉的照相机氙气闪光灯或荧光灯）。这种快速击穿在分立的 NPN-PNP 锁存电路和 SCR（可控硅整流器，或晶闸管）中是故意制造的。但在许多其他情况下并不是故意的，如果不以某种方式限制电流和（或）快速击穿事件持续时间过长，器件就会因电气过应力而损坏。早期的 CMOS（互补金属氧化物半导体）芯片和 BICMOS 芯片（与双极型晶体管集成）由于存在许多寄生晶闸管，非常容易产生闩锁效应。如今，芯片设计师有大量技术方法防止或消除闩锁效应。但芯片在开发过程中通常仍要接受闩锁效应测试。

注意，目前尚无工业标准用于测试产品对电气过应力的鲁棒性。基本上，只能用不超过元器件绝对最大额定值（或额定值）的方法避免电气过应力。

正如持续的过压或过流会产生过应力，应力变化率也可能形成过应力，例如 dV/dt 会产生应力。最常见的例子是静电放电（ESD）。静电放电可引起多种类型的失效。例如，可能引起闩锁效应。在走过地毯时，身体获得的电荷通过实际物理接触（接触放电）或近距离接触（空中放电）足以损坏半导体器件。因此，在现代制造和测试环境中，处理静电放电成为关注的重点。

如今，所有芯片都在其引脚周围设计有相当复杂的静电放电保护电路。其方法是安全地转移或消耗静电能量。现在，所有芯片都公布了其静电放电额定值。例如，一般数据手册中会声称：根据人体模型（HBM），芯片能承受 2kV 静电放电，或根据机械模型（MM）能承受 200V 静电放电。人体模型试图模拟人体静电放电，实际上有两个版本。按照要求较低和应用更广泛的（军用）标准 MIL-STD-883（现在的 JEDEC 标准 JESD22-A114E），人体模型相当于一个 100pF 电容通过一个 1.5kΩ 串联电阻向元器件放电。产生的电流脉冲其上升时间小于 10ns 并（在 2kV）达到峰值 1.33A。但是，国际静电放电标准 IEC61000-4-2（欧洲标准是 EN61000-4-2）提倡用一个 150pF 电容和一个 330Ω 电阻（在 2kV）产生峰值 7.5A 的电流，其上升时间小于 1ns，实际上比 MIL-STD-883 中的人体模型曲线苛刻得多。注意，IEC 标准原本称为 IEC801-2，仅打算用作（系统）终端设备的验收条件，但现在它也承担了芯片静电放电测试的双重任务。

其实，CMOS/BICMOS 芯片并不是唯一易受影响而发生永久静电放电损坏的器件。双极性和线性芯片也可能受损。PN 结可能遭受的严重失效机制称为热二次击穿，即电流尖峰（也可能来自静电放电）引起微观上局部点过热，接近熔点温度。小功率 TTL 芯片和传统的运算放大器都可能因这种方式而损坏。

机械模型试图模拟生产设备的静电放电，所以采用一个 200pF 电容和一个 500nH 电感串联（取代电阻）。最终，数据和通信设备也需要通过系统级（不是元器件级）的电缆静电放电（CESD）测试，也称为 CDE（电缆放电事件）测试。与静电放电不同，目前还没有工业标准用于 CESD/CDE 测试。但设立标准的意图是明确的——防止受测设备出现如下事件：操作人员将一段单独的电缆从地毯上拉过去，电缆逐渐产生对地的静电电荷。当电缆接入设备时，存储电荷倾泻到设备中。现代设备的输出端口通常要能承受 2kV 的电缆静电放电。注意，虽然存在极小的限流电阻（电缆电阻），但主要是电缆电感/电抗限制着峰值电流及其上升时间。由于传输线效应，当能量以波的形式在电缆中来回传输时，会出现大量的振铃。因此，整个应力曲线虽不是十分尖锐，但比正常的静电放电持续时间更长。

静电放电未必会引起立即失效。众所周知，CD4041 芯片（流行的 CMOS 四缓冲器）的一个潜在失效，深藏在 1979 年组装的一个卫星系统中，在 5 年后的 1984 年准备发射时才显现出来。因此，类似的潜在失效完全有可能被经常误认为是器件质量差。

最后，电气过应力与静电放电之间的区别是什么呢？是它们对应的曲线形状。静电放电电压很高但持续时间很短。此外，静电放电电流明显受到电源阻抗的限制。然而，电气过应力只是（V或I）略超过绝对最大额定值，但持续时间相对较长。

以此为背景，现在需要更好地理解*电源用*元器件的额定值，以便在元器件选择时做出正确决定。过多的安全裕量不仅使元器件成本高昂，而且严重影响性能（如效率）。过少的安全裕量则影响可靠性，而且最终会使保修成本过高，稍后会谈到。

6.3　第1部分：功率变换器的额定值和降额

很多公司和工程师极其信赖精心制作的查询表，表中明确说明了特定元器件的许用应力最大值。例如，很多公司（也许理所当然地）声称额定值X瓦的线绕电阻器在使用时一定不能超过$X/2$瓦（应力系数为50%），诸如此类。这引起质疑：为什么随随便便就把电阻额定值标称为X瓦，为什么不刚好标称为$X/2$瓦呢？另一个问题是：如果认真地遵循所有降额（应力系数）表，是否一定能设计出可靠的电源呢？根本不能。设计糟糕的反激变换器一上电就会损坏，甚至没有时间去测试那些被夸大的降额裕量。换句话说，公布的降额系数充其量只能算降额*指南*，而不是降额*规则*。特别是在开关电源中，必须密切注意如何正确使用元器件，以及什么才是真正合理的。毕竟，如第1章所述，因为开关电源使用电感，所以问题从一开始就不太直观。而且，电流源也不一定如预期那样容易处理。

6.3.1　工作环境

读者要识别电源工作时的三大类事件。其中两类被认为是可重复的，一类不是。

(1)一类是以开关频率重复的电压和电流序列，称为*高频可重复事件*，可用示波器的自动触发或正常触发功能来观测。观测到的应力是符合目标应力系数的应力。最终设想是：*稳态*工作时，器件在任何工况下都应以一定的目标应力系数工作。因此，要用合适的时间基准和正确的捕捉模式（如果有必要，可用峰值捕捉设置）密切观察示波器波形，保证真正能捕捉到*最恶劣的重复应力*。这也许要测试所有负载电流与输入电压的组合（从最小到最大）。多输出电源可能还需要测试所有负载组合。

估计电压应力系数时，要包括所有的（重复）*电压尖峰*，即使它仅持续几个纳秒也要考虑。这在AC-DC反激电源中特别重要。例如，开关管关断时的窄漏感尖峰足以损坏开关管。

注意　设计人员通常更喜欢先从源头上减小电压尖峰，再设法利用缓冲电路和（或）钳位电路抑制剩余尖峰（遗憾的是，这可能影响整体效率）。然而，这些步骤通常都要求改变应力系数。的确，可以用额定值更高的元器件提高应力系数，但可能会影响成本和性能。

图6-1初步介绍了最常见的电源保护机制。第7章将详细讨论钳位电路。

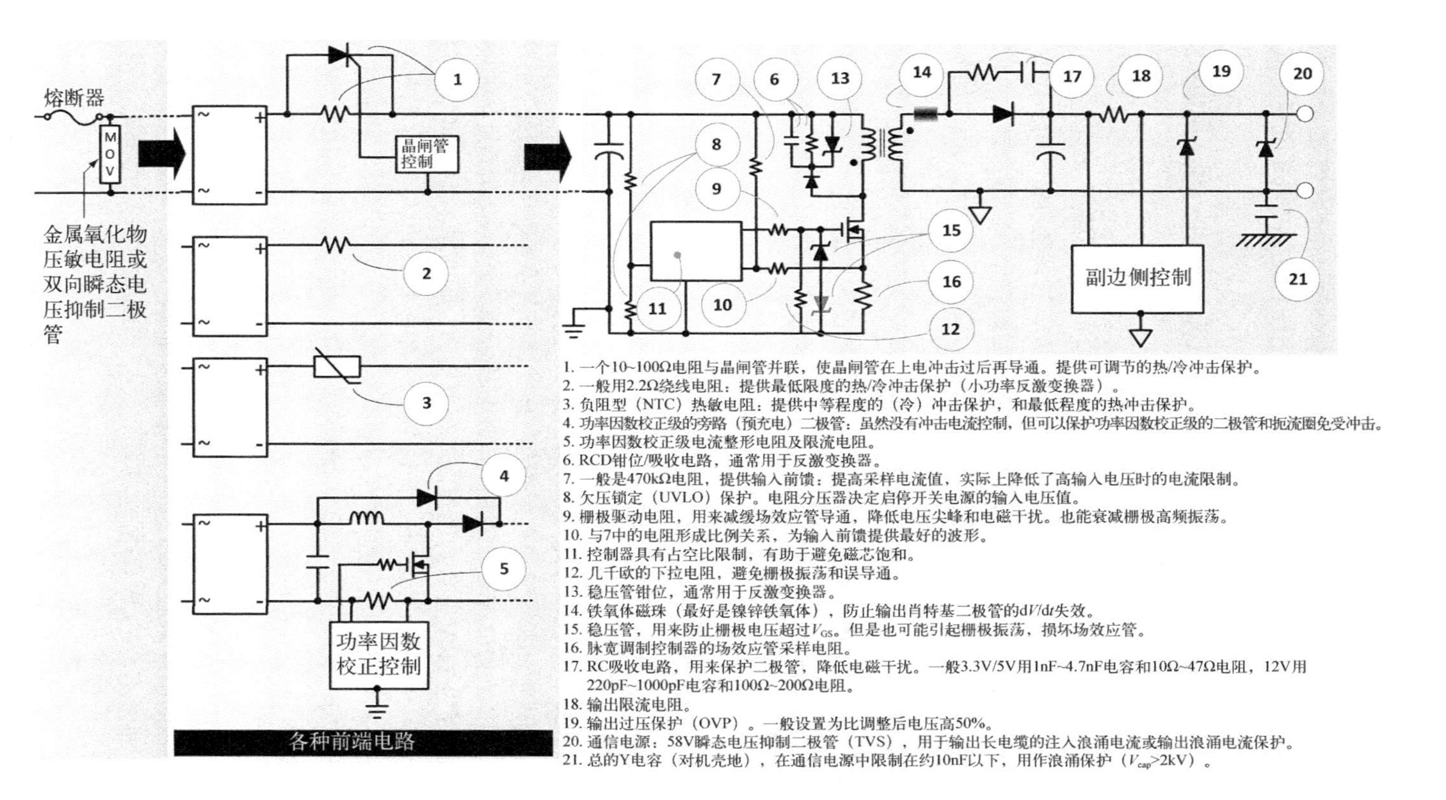

图 6-1 AC-DC 电源中用来减小应力、增加可靠性的各种保护电路

(2) 还有一类事件也会重复发生，不过是在更低的、无法预测的频率下，称为低频重复事件，包括上电或掉电、负载突变或电网瞬变（假设仍在声称的电源正常工作范围内）。这些事件都能用示波器在单次采集或单次触发模式下捕捉到，记录到的应力无需与(1) 中推荐的稳态应力系数据对应，因为现在处理的是瞬时事件。但至少要保证所有工作条件、元器件公差、产品公差和环境温度等从未超过任何元器件的绝对最大额定值。为了在设计前期能更好地应对所有预期变化，要为这些低频重复事件留出约 10%的安全裕量，并在初始原型机的实验室测试中加以确认。对于这类事件，典型的最恶劣测试条件包括在高输入电压和最大负载条件下上电。这种测试对 AC-DC 反激电源而言是始终要做的。漏感尖峰也必须在此考虑。

换句话说，对于(1) 中的事件，要尽量符合目标应力系数（典型为 70%~80%），但对于(2) 中的事件，应力系数要设得更大些（例如 90%）。

如前所述，至少要在最大负载条件下测试(1) 和(2) 中的事件。但是，好的电源设计实际上认为过载也是正常的，包括一些超出负载工作范围的情况（例如输出短路）。要切记，在设计验证测试（DVT）阶段，最恶劣的过载点更有可能出现在最大负载与完全短路之间。因为完全短路时，典型电源通常会进入某种折返保护模式，降低应力。因此，应该测试从最大负载到完全短路之间的所有负载情况，（从应力角度）确定最恶劣负载。它通常就是输出突然崩溃前的那个负载（调整拐点）。

(3) 有一类事件在小得多的、完全无法预测的概率下非重复发生。这类事件的主要特征是电压瞬时超出 V_{INMAX}。因此可称为过电压事件。罪魁祸首可能是雷击（最有可能）或电网扰动。可用示波器在单次捕捉模式下捕捉这些事件，但其触发可能要等上几天或几个月。或者，可用 IEC61000-4-5 的兼容性试验装置和组合波发生器（CWG），以及推荐的容性耦合技术在场地中模拟雷击的浪涌尖峰。

这些特殊的过电压事件均未包含在前面(1) 和(2) 中。在(1) 和(2) 的最后，推荐测试负载时要超出标称的负载工作范围，包括所有称为正常的情况。但对于输入电压并未如此处理。为什么不呢？有两个充分的理由。第一，标称的输入电压范围通常已经含有一些内在的安全裕量。例如，AC-DC 应用中，一般认为通用输入电源的交流电压上限是 265V（或 270V，取决于怎么说），而世界上最高的额定输入电压只有 240V。在欧盟，官方给出的输入电压范围是 230V+10%，–6%，即定义的输入电压范围是 216.2V 到 253V。在英国，输入电压输入范围是 240V ± 6%，实际上是 225.6V 到 254.4V。因为 240V 正好在欧盟的电压范围内，所以现在英国与欧盟的输入电压范围是一致的。因此可以认为，任何情况下（直到 265V）都有至少 10V 的内在安全裕量（空间）。第二，(1) 中选定的应力系数已经计划好设计裕量（空间）。这些裕量应该能防止(2) 中的重复事件发生。类似地，现在期望(1) 中的裕量也能足以防止(3) 中的过电压事件发生。但是，(3) 中事件的安全裕量最终可能比(2) 中的还要小。

除了上述事件，可能还要做一些额外的事来保证设计可靠，包括增大输入电容以吸收更多的浪涌能量，减小 Y 电容，在输入和（或）输出端加装瞬态电压抑制二极管（TVS）等。这些都归结到一个更广泛的话题过电压保护（OVP）（仔细参阅图 6-1）。

注意，从理性上讲，通常不会把(2) 和(3) 的事件相结合（即同时发生）。例如，并不希望交流电网出现浪涌尖峰时刚好发生高输入电压下 AC-DC 反激电源过载。但在一些工业环境中，电机设备产生的巨大感性尖峰进入附近交流电网也许是司空见惯的事（可认为是正常的）。所以，这种情况下可能要额外留出 10%的安全裕量。最终结论应来自合理的工程评价，而不是降额表。

针对不同设备和工作环境，出现了一种新的PCD（功率变换设备）标准，IPC-9592（可从www.ipc.org查询），它把电源分成两类：

第Ⅰ类：一般用途设备，在可控环境中工作，间歇式可中断运行，预期使用寿命为5年，例如商业电源。

第Ⅱ类：增强型或专用设备电源，在可控环境下工作，可有限偏离到不可控环境，不间断运行，预期使用寿命大概为5年~15年（典型为10年）。例如电信级通讯设备电源和网络级计算机、医用设备电源等。

顺便说一句，IPC-9592对第Ⅰ类（5年）和第Ⅱ类（10年）应力系数都给出了便于查询的降额表。正如预期，后者偶尔能通过降低应力系数提供了更大的裕量。但是，文中已经反复指出，降额表最好当做指南而不是当作规则来用，特别是电源，它涉及的因素非常广泛，如拓扑、应用、需求、工况等。

6.3.2 电源中元器件的额定值和应力系数

理解所有系统级应力后，现在来看一下电源中的关键功率器件，讨论器件的特殊额定值和特性，以便在特定应用中选择合适器件。可以看到，成本、额定值、应用、性能和可靠性之间有许多利害关系，经常彼此冲突。好的电源设计需要权衡利弊，而不只是降额。大家最终会发现，在电源设计上没有硬性规定，只有指南。最重要的是：电源设计是专业知识、常识与经验的结合。

1. 二极管

以二极管MBR1045为例。通用输入小功率AC-DC反激电源中，常见的输出电压有3.3V和5V两种。二极管数据手册很容易在网上查到。按一般编号惯例，MBR1045是10A/45V的肖特基势垒二极管。

(1) 连续电流额定值：MBR1045的平均连续正向电流额定值$I_{F(AV)}$为10A。注意，在连续导通模式下工作的电源中，升压和升降压/反激拓扑的平均（钳位）二极管电流等于负载电流I_O，而降压/正激拓扑的平均二极管电流等于$I_O \times (1-D)$。还要注意，后者的平均电流在D接近于1，即输入电压下降时达到最大。这是一个基本的蜘蛛状应力曲线例子，将在第7章讨论。最后再举个例子，如果MBR1045流过8A平均电流，那么连续电流应力系数是8A/10A→80%。这从电流应力降额角度看是可以接受的。但实际上极少让二极管在这么大的电流下工作。若要弄清原因，需要更好地理解电流额定值。

总的来说，数据手册中规定的$I_{F(AV)}$是一个热极限，一般是T_J（结温）达到典型最大值150℃时的电流。注意，二极管额定值是按照最大结温T_{JMAX}为100℃（极少见）、125℃、150℃（最常见）、175℃，甚至200℃（如常用的玻璃二极管1N4148/1N4448）规定的。对于体积更小的、直接安装在电路板上的二极管（轴向或表贴），其连续电流额定值是假设二极管单独暴露在自然对流条件下规定的，或者二极管以规定的导线长度安装在标准FR-4板上规定的（如果适用）。环境温度超过25℃时，为了防止T_J超过T_{JMAX}，电流额定值会下降。对于体积更大的封装，如TO-220（例如MBR1045），连续电流额定值是假设二极管金属背板/壳贴在无限大（参考）散热器上规定的。因此，按照MBR1045数据手册，该二极管可以在环境温度高达约135℃时流过10A电流。但那只有在无限大散热器（例如水冷式散热器）上才做得到。真实情况下使用真实散热器时，二极管可安全流过的电流要小得多。问题是：真实的二极管最大电流额定值是多少呢？不幸的是，这需要依靠供应商提供的特征数据（内部热阻R_{th}和正向压降曲线）并结合预估的散热器热阻才能计算。任何情况下，最关键的限制因素都是规定的最大结温，要确保结温不超过该值（如果需要，也要有一些安全裕量）。

注意，根据MBR1045数据手册，当环境温度超过135℃时，其连续电流额定值会随环境温度升高而不断减小。原因是二极管中流过10A连续电流时，内部估计会有大概15℃的温升（从结到外壳）。因此，若有无限大散热器，并且外壳温度牢牢保持在135℃，则结温是150℃。所以，环境温度高于 135℃时，需要不断降低二极管的电流额定值以避免超过规定的最大结温。问题是：环境温度为150℃时，最大连续电流额定值是多少？答案显然是0，因为$T_J=T_{JMAX}$时，不能再提供半点额外散热量。这就是为什么器件数据手册中额定电流曲线在135℃到150℃之间有近似线性的下降。

注意，电流额定值随温度升高不断减小，该曲线有时被称为降额曲线，这有点令人困惑。类似地，电阻也有标称的功率降额曲线（通常在70℃以上）。但不要混淆。特定情况下，降额一词是严格地指器件强度（即额定值）减小，而不是指强度与外加应力的关系。

下面讨论一下为什么在散热器无限大而温度又不超过135℃时，MBR1045的电流仍不能超过10A呢？也就是说，为什么降额曲线的上限总是10A呢？另一个问题是：既然散热器温度保持在135℃，结温为150℃，若把散热器温度降至125℃，结温不就降至140℃了么？反之，是否允许通过更大的电流，让结温回升至最大允许值150℃呢？严格限制10A的原因是考虑到长期性能退化、可靠性以及封装限制。例如，封装连线（连接内芯到管脚）要限制在一定许用电流下。经验法则是

$$I=A\times D^{1.5}\ \mathrm{A} \tag{6-4}$$

式中，D是导线直径，单位为英寸，A=20 500。也可写成更方便的以mil为单位的形式：

$$I=B\times D_{\mathrm{mil}}^{1.5}\ \mathrm{A} \tag{6-5}$$

式中，D_{mil}是导线直径，单位为mil，B=0.65。注意，该封装连线方程适用于一般情况，即长度超过1mm（40mil）的铜质或金质封装连线。对于较短的封装连线，A可增至30 000（B=0.95）。对于1mm以上的铝导线，A为15 200（B=0.48）。对于1mm以下的铝导线，A为22 000（B=0.7）。

电源设计中，一般推荐钳位二极管电流应力系数设在50%左右。对MBR1045而言，最大5A。原因非常实际：二极管工作在最大额定值附近时，其正向电压降（称为V_F或V_D）要大得多，导致损耗（$V_F\times I_{AVG}$）及相应的*热应力*变得显著。效率也会受到负面影响。

(2) *反向电流*：热问题始终需要从整体角度考虑，特别是要考虑*系统要求*（如效率指标）、*元器件特性*，以及与拓扑或应用有关的因素。例如，虽然肖特基二极管的反向（漏）电流随温度升高而急剧增加，但漏电流会*因制造商不同*有巨大的差别，所以不能想当然，要仔细核实其大小。开关型应用中，反向漏电流主要影响肖特基二极管的预估损耗和实际结温。毕竟，反向电压45V漏电流仅10mA的二极管在D=0.5时损耗仅为45×10×0.5=255mW。要降低二极管温度需要良好的散热措施。

一般来说，小散热器（或无散热器）可能导致*热失控*。原因在于温度升高会产生更多损耗，损耗和发热加剧反过来也会使温度更高，导致更大的损耗，形成恶性循环。但是，（在额定电流范围内）肖特基二极管是负温度系数器件。（对于给定电流）其正向压降在高温下会有所改善（减小）。因此，实际上要*让它在一定温度下运行*。然而，其反向漏电流会随温度升高而显著增加，导致热失控。所以，必须在温度上取一个较好的折中。

此外，还要注意工况的重要性。举例来说，如果肖特基二极管仅用于组成一个线或结构（例如第13章讨论的电源并联），其反向电流显然不是问题，可以把与温度有关的应力系数提高到

超快二极管的水平。超快二极管的反向漏电流可忽略不计，但它类似于肖特基二极管，其正向压降随温度升高而减小。

从原理上讲，当电流极大时，肖特基二极管和标准超快二极管的正向压降也会随温度升高而增加，但此时，电流通常已超过允许器件连续工作的额定值。因此，实际应用时，超快二极管和常规肖特基二极管都是负温度系数器件，高温有助于提高效率。但如前所述，肖特基二极管的反向漏电流可能会成为问题。所以，也不想让肖特基二极管过热地运行。

功率因数校正（PFC）应用中，把碳化硅（SiC）二极管作为升压拓扑的输出二极管越来越普遍。第 14 章将讨论该器件。它具有超快恢复特性（约 15ns），可降低功率因数校正开关管导通时反向电流尖峰造成的明显效率损失。碳化硅二极管本质上是肖特基势垒二极管，但它是宽带隙器件，反向电压额定值非常高（高达几千伏）。其反向漏电流比标准肖特基二极管低 40 倍（不幸的是，正向压降也更高）。注意，与一般肖特基二极管不同，它是正温度系数器件，其正向压降会随温度升高而增加（一般在其工作范围上限内超过一定电流时如此）。因此，碳化硅二极管需要在尽可能低的温度下运行，以提高效率。碳化硅二极管和超快二极管的反向漏电流均可忽略。

综合考虑各种因素，标准肖特基二极管的结温可以保守地选在 90℃左右（考虑负温度系数且反向漏电流大），碳化硅二极管的结温选在 105℃（考虑正温度系数且反向漏电流小），超快二极管的结温选在 135℃（考虑负温度系数且反向漏电流小）。因此，肖特基二极管的温度应力系数为 90/150=0.6，碳化硅二极管的温度应力系数为 105/150=0.7，超快二极管的温度应力系数为 135/150=0.9。此处假设这些二极管都用作开关（例如续流二极管），并且 T_{JMAX}=150℃。若 T_{JMAX} 低于或高于 150℃，可基于上述应力系数调整目标结温。

(3) 浪涌/脉冲电流额定值：二极管浪涌电流额定值记为 I_{FSM} 或 I_{SURGE}，是其最大（安全）瞬时电流。可以想象，浪涌电流不会产生稳定的温升，但能造成二极管内突然地局部发热。无论外部散热器有多大，都来不及做出反应。它甚至与封装连线的厚度无关。硅半导体结内部的热点温度通常可高达约 220℃，超过这个阈值，元器件封装用的一般模塑材料就会分解或降解。例如，MBR1045 的单脉冲浪涌电流额定值高达 150A。重复性脉冲情况下，必须把每个脉冲导致的局部发热和产生能量损耗的脉冲宽度与重复性周期之比结合起来。因此，脉冲浪涌电流额定值随重复率增加而减小，最终等于连续电流额定值。

然而，开关电源中二极管浪涌电流额定值真的很重要吗？事实并非如此，它在输出/钳位二极管选择时并不重要。因为这种情况下，电感可为二极管和场效应管限流。毕竟，在开关管关断阶段，二极管电流（因电感电流）接近恒流；而在开关管导通阶段，场效应管电流也是如此。但在 AC-DC 电源前级设计中，二极管浪涌电流额定值是一个重要考量。因为在正常情况下，电压源通过二极管几乎是直接跨接到电容两端，导致一个近乎不受限制的瞬时电流流经二极管为电容充电，如第 1 章所述。有两种前端设计需要特别考虑二极管浪涌电流额定值：第一种，不含功率因数校正（PFC）的 AC-DC 电源选择整流桥时；第二种，精心设计的商用前端升压型功率因数校正电路在选择预充电二极管时（参见图 6-1 中第 4 条）。前一种还需要设计浪涌保护电路来保护二极管，或主动保护（常用晶闸管），或被动保护（用负温度系数可变电阻，但有时也仅串联一个 2Ω 绕线电阻）。功率因数校正电路的预充电（旁路）二极管直接跨过功率因数校正电感和升压/输出二极管（参见第 14 章），目的是在电源上电时转移流入功率因数校正升压输出电容的浪涌电流。那么，巨大的浪涌电流会流经具有合适额定值的预充电二极管，因此可避免损坏电路中的电感和升压二极管。以明确用于旁路的二极管 10ETS08S 为例，许多供应商都有该产品。它是 10A/800V 的标准（慢）恢复二极管，非重复性浪涌电流额定值，也称

为 I^2t 和 $I^2\sqrt{t}$（熔断电流）额定值，高达200A。另一方面，其正向压降或连续电流额定值却并不重要，因为旁路二极管本身最终也会遭受"被旁路的耻辱"，它在功率因数校正开关管开始动作时自动停止导通。注意，第14章将详细讨论以功率因数校正电路为前级的电源。

(4)反向电压额定值：MBR1045的最大反向重复性电压 V_{RRM} 额定值为45V。一般来说，工作电压应保持在额定值之下，应力系数最好小于80%，包括所有重复性电压尖峰和振铃。为抑制这些尖峰，需要在二极管两端并联一个小型RC（或只有C）吸收电路（参见图6-1中第17条）。吸收电路十分有助于降低电磁干扰，但也会显著增加二极管损耗，尤其是吸收电路只用C，不用RC时（每周期内C的储能大部分倾泻到二极管中，而RC倾泻到R中）。注意，反激应用经常（合理地）调整变压器匝比 $n=N_P/N_S$ 使二极管的反向电压额定值得到满足。增加匝比可在副边侧得到较小的折算输入电压。

虽然反向电压应力系数最好设在80%，但在一些设计中必须调整策略，允许裕量稍稍变差。举例来说，为了尽量提高安全裕量，若以10A/60V二极管替代10A/45V二极管，则效率可能会下降。因为当二极管电流额定值一定时，一般电压额定值越高，给定电流下的正向压降越高。有一种方法能在增加安全裕量的同时保持低正向压降，即考虑电流更大的60V器件，例如用15A或20A二极管替代MBR1045或10A/60V二极管，但要成本允许。因为当二极管电压额定值一定时，一般电流额定值越高，给定电流下的正向压降越低（不过这只是一个趋势，如表6-1所示，也许并非实际情况）。不幸的是，二极管电压额定值相同时，电流额定值越高，反向漏电流越大。恰恰相反，二极管电流额定值相同时，电压额定值越高，反向漏电流越小。

开关型应用中，不管正向损耗如何，反向漏电流越大，损耗越大。表6-1给出了一组特定供应商提供的实际数据。然而，对任何事都不能想当然，尤其是对反向漏电流。例如（相同工况下），仙童公司出品的MBR1045的反向漏电流为3mA，安森美公司出品的MBR1045的反向漏电流为10mA，Diodes公司出品的SBR1045（与MBR1045等效）的反向漏电流为100mA，前者显然更有利。但是，仙童公司出品的MBR1060的 I_R 为2mA，而安森美公司出品的MBR1060的 I_R 仅为0.7mA，远胜于前者。

表6-1　肖特基二极管的正向压降和反向漏电流①

反向电压额定值	工况	连续电流额定值		
		10A	15A	20A
45V	10A，25°C时的 V_F	0.58V	0.62V	0.58V
	40V，125°C时的 I_R	3mA	2.8mA	3.6mA
60V	10A，25°C时的 V_F	0.7V	0.7V	0.7V
	40V，125°C时的 I_R	2mA	2.5mA	2.8mA

如果非要降低正向压降，可考虑用两个小电流二极管并联。例如，用仙童公司出品的两个MBR745并联，均分10A电流（每个5A）。从仙童公司提供的技术资料看，在5A、25℃时，MBRP745的正向压降只有0.5V。这与单一的10A/45V器件相比差不多有0.6V的改善。但在40V、125℃时，每个MBRP745的反向漏电流为10mA，因此两个并联二极管的反向漏电流高达20mA。而且，两个二极管的恰当分流也很重要。一种方法是将两个并联二极管造在同一内芯上（双管

① MBR1045、MBR1060、MBR1545CT、MBR1560CT、MBR2045CT和MBR2060CT的数据来自仙童半导体公司。典型值从曲线提取。

封装），另一种方法将在图 17-4 有关电磁干扰抑制的内容中介绍。

总之，电源设计都是折中方案。这个简单的例子就是谨慎折中的例证。

有一种情况可能允许元器件的电压应力系数大于或等于 1，但却不降低其可靠性。例如肖特基二极管一般在反向电压超出 V_{RRM}约 30%~40%时会发生雪崩击穿（类似稳压管的表现）。在没有吸收电路或钳位电路的情况下，该特性可用于钳制电压尖锋。但是，常规的肖特基二极管仅能在极短时间内工作在稳压管模式。为了让肖特基二极管可靠工作，数据手册必须给出保证的雪崩能量额定值（E_A，单位为 μJ）。此外，还必须确认实际应用中吸收的尖峰能量正好在特定的额定值之下。意法半导体公司（ST）出品的 STPS16H100CT 就是这种“强壮的”二极管。其封装内含两个共阴极二极管，每个额定值为 8A/100V。Diodes 公司把这种二极管称为超级势垒整流器（SBR®），例如 10A/300V 的整流器 SBR10U300CT。

(5) d*V*/d*t* 额定值：众所周知，二极管有峰值电流额定值、浪涌电流额定值和平均电流额定值，还有熟知的稳态反向（阻断）电压额定值。虽然电压无疑是一个已知的应力，但其上升（或下降）率 d*V*/d*t* 也能产生过应力及相应的故障模式。如前所述，静电放电（ESD）实际上就是一种 d*V*/d*t* 应力。众所周知，MOSFET 很容易受到静电放电的影响，特别是在搬运、测试和生产过程中。另一个例子是肖特基二极管。其最大额定 d*V*/d*t* 值通常出现在数据手册中某个不起眼的位置，常被工程师们忽略。实际应用中可能发生的情况是：在确信“安全”稳定的反向直流电压下使用二极管，该电压小于二极管绝对最大反向电压额定值，但一些二极管还是在大规模产品测试中“神秘地”失效了。原因之一就是每个开关周期内过大的 d*V*/d*t* 瞬时值，它只有在示波器上非常仔细地放大才能捕捉到。当二极管处于反偏（开关管导通阶段）状态时，出现此类失效的可能性自然是最高的。例如，糟糕的布线经常使关断电压波形中出现振铃，即使很小，也能在波形某些点上导致 d*V*/d*t* 瞬时值超过其最大额定值，造成器件损坏。现在，肖特基二极管的 d*V*/d*t* 额定值几乎普遍提高到 10 000V/μs，这非常有助于弥补未重视该额定值所造成的缺陷。但不久以前，2000V/μs 以下的二极管还在鱼目混珠，这仅仅因为其电压和电流的额定值与高贵的竞争者实际上相同。如今，也许仍需要警惕这种可能性。若有必要，可用某种方式减缓、衰减或平滑关断过渡过程。例如增加场效应管栅极电阻以减缓开关过渡过程（尽管公认的是该方法通常只能在关断过程开始时增加一些延时，并非减缓过渡过程本身）。商用反激电源惯用的窍门是在输出二极管上串联一个小铁氧体磁珠（参见图 6-1 中第 14 条）。这当然会对整体效率产生不利影响，可能会降低若干个百分点，但它能显著提升整体可靠性。注意，镍锌铁氧体比更常见的锰锌铁氧体能提供更大的高频电阻和更小的电感值。所以，镍锌铁氧体磁珠对能量传输（反激）过程影响更小（正想如此），它可为高频振铃提供更好地（阻性）衰减，而高频振铃是关断过渡过程中二极管 d*V*/d*t* 失效的主要原因。

2. MOSFET

以 4N60N 型 MOSFET（也称场效应管）为例。它是 50W 以下通用输入 AC-DC 反激电源的一个可选器件（或替换件）。按一般编号惯例，4N60 是 4A/600V 的 MOSFET。

(1) 连续电流额定值：类似二极管，场效应管也有连续/脉冲电流额定值，有时还有雪崩额定值（“强壮的”场效应管）。连续电流额定值实际上还是一个热极限。安装在无限大散热器上温度为 25℃的 TO-220 封装的 4N60 的额定值为 4A。但当散热器/外壳温度为 100℃时，其额定电流仅有 2.5A（典型值，取决于供应商），因为此时结温已达 150℃。

R_{DS}一直是在壳温 25℃、看似非常任意的电流下定义的。实际计算需要技巧和反复迭代，因为场效应管的 R_{DS}强烈依赖于结温（和漏极电流）。但也可利用信任的供应商提供的数据反

向估计 R_{DS} 值。以意法半导体公司出品的 TO-220 封装的 4A/60V 器件（STP4NK60Z）为例。该器件标称的结对壳热阻为 1.78℃/W。供应商给出的壳温 100℃时的最大漏极电流仅有 2.5A。假设这种情况下结温已达 150℃，则外壳到结的温升为 150－100=50℃。（结温 150℃时）最恶劣的 R_{DS} 估计值为：

$$\Delta T_{JC}=R_{th_{JC}}\times P=R_{th_{JC}}\times\left(I_D^2\times R_{DS}\right)\Rightarrow R_{DS}=\frac{\Delta T_{jc}}{R_{th_{JC}}\times I_D^2}=\frac{50}{1.78\times2.5^2}=4.5\ \Omega \tag{6-6}$$

注意，数据手册中标称的 R_{DS} 值为 2Ω，是在壳温 25℃，电流仅 2A 的极好条件下测定的。事实上，最恶劣 R_{DS} 值是其 2.25 倍以上。实际上，在处理 AC-DC 电源中高压场效应管时，这是一个典型的冷到热的 R_{DS} 因数。对于逻辑电路用场效应管（30V 及以下），热到冷的 R_{DS} 因数仅有约 1.4。

4N60 也有表贴（SMD）封装（例如 TO-252/DPAK 或 TO-263/D^{2}PAK，后者基本上是 TO220 封装在印制电路板上平放）。既然这些条件中不包含无限大散热器，其连续电流额定值就小多了。两种 4N60 封装不同，但共同特征是 R_{DS} 相同。因为对所有情况、所有封装和所有散热器而言，最大连续电流额定值都是基于最大结温 150℃标定的。

但要注意，虽然估算二极管结温 T_J 相对容易，并可由此估算其热应力，但场效应管很难做到这一点。即使知道 R_{DS} 的准确值，迄今为止能计算的也只有导通损耗。为了在开关电源中估算实际结温，必须谨慎地加上开关损耗，这将在第 8 章讨论。

6N60（或替换件）常用于 70W 左右的通用输入反激电源，额定值为 6A/600V，R_{DS} 为 1.2Ω（典型 1Ω）。当无限大散热器温度为 100ºC 时，其连续电流额定值下降到 3.5A~3.8A（取决于供应商）。与二极管一样，考虑到效率，场效应管工作时不能接近连续电流额定值。以 70W 反激电源为例，稳态时最恶劣工况下测得的峰值开关管电流仅为 1.5A~2A（90V 输入时最大负载下测量）。若假设 D=0.5，则平均开关管电流为 0.75A~1A。不过，6N60 适用于该应用。其电流应力系数为 1A/3.8A=0.26，或约等于 25%。由此可见，为了改善电源效率，需要对连续电流大幅度降额。反激电源设计人员可以此作为经验法则来用：峰值 2A 时，场效应管热态 R_{DS} 为 2Ω，峰值 1A 时为 4Ω，峰值 4A 时为 1Ω……以此类推。

电源设计人员有时会忘记，栅源电压 V_{GS} 也能影响 R_{DS}。4N60 的 R_{DS} 为 2.5Ω 或 6N60 的 R_{DS} 为 1.2Ω 是在 V_{GS}=10V 时标定的。这些场效应管一般有约 4V 的栅极阈值电压。作为电源设计人员，一般必须保证加在栅极的导通脉冲幅度是器件栅极阈值电压的 2 倍以上。否则，R_{DS} 会大于假设值。

注意　为了估计温度和（或）导通损耗，重要的是在开关应用中仔细测量开关管导通时的漏源电压 V_{DS} 和漏极电流 I_D，再由两者之比最终测算 R_{DS}。这些都不算是繁琐的测量。I_D 最好的测量方法是把电流探头套在一个与场效应管漏极相连的金属线圈中。切记：永远不要把电流探头放在场效应管源极，因为即使很小的线圈电感也会引起振铃和误导通，造成场效应管损坏。至于 V_{DS} 测量，可考虑在场效应管开关时将示波器典型的 10 倍电压探头放在漏源极两端，在开关管导通阶段利用放大功能观察较小的导通压降。不幸的是，示波器中典型的垂直放大器会因关断阶段超出屏幕的几百伏高压而饱和。所以，导通阶段的测量反而是不合理的，因为垂直放大器仍在尝试从过驱动中恢复。因此，工程师可能需要设计一个小型的、新颖的和非侵入性的缓冲电路（即电路具有足够高的阻抗和最小偏置，不会影响场效应管电流或其正向压降），然后将这个小电路放在漏极。缓冲电路的输出意在真实反映导通阶段的 V_{DS}，但关断阶段电压应钳位在 10V~15V 范围内。为避免示波器放大器饱和，电压探头应夹在输出结点上，而不是直接夹在场效应管漏极。

另一种有助于避免示波器放大器过驱动的技术是使用示波器的波形平均功能，再用示波器的波形数学功能，数字化放大感兴趣的部分信号波形。数字化放大完成了捕获波形的软件扩展，展现了比示波器（使用平均功能时）模数转换（ADC）8位分辨率更高的垂直分辨率。

(2) 浪涌/脉冲电流额定值：与二极管一样，由于有电感限流，场效应管的浪涌电流额定值实际上无法从开关电源中测出。但该额定值会给设计不良的电源带来麻烦。例如，如前所述，反激电源在上电或掉电时很容易损坏。原因是该拓扑的（电感、开关管、二极管）电流斜坡中心值是 $I_{OR}/(1-D)$，如第3章所述。所以，当输入电压降低时，D 接近于1，电流突升引起磁芯饱和，反过来在场效应管中产生巨大的电流尖峰，使其损坏。一种常见的防范反激电源在低电压下上电和掉电时损坏的技术是小心地将电流限制与欠压锁定（UVLO）以及最大占空比限制结合起来（参见图6-1）。

高电压下电源突然过载可在其开关管关断时引起巨大的电流尖峰，并导致场效应管产生电压尖峰，使其损坏。防范技术是（输入）电压前馈，将在第7章讨论。一般来说，若对这些低频重复事件缺乏足够的保护，即使稳态应力降额再大，也不足以保证现场可靠性。

(3) 漏源电压额定值：商用反激电源使用性价比高的600V场效应管，保守估计的电压应力系数为 80%，或 0.8×600=480V，这是不可行的。设计良好的商用电源（包括前面提到的、图6-1所示的所有保护）中，功率场效应管的电压应力系数通常设为近 90%。因为现在极少出现异常或未曾预料的情况。反激应用中4N60或6N60的最大电压是0.9×600=540V，包含270V交流稳态下测量的尖峰，它是从最小负载测到最大负载后确认的最恶劣电压。理想的电压裕量最小值是60V。

(4) 栅源电压额定值：MOSFET很容易因电压超出规定的栅源最大绝对电压值而损坏（即使是极窄的尖峰）。栅极氧化物很容易击穿，甚至走过地毯时的静电放电也能使其损坏。一旦安装在电路板上，静电放电损坏的可能性明显变小。4N60 和 6N60 的 V_{GS} 最大额定值都是 ± 30V。因此，有时会在电源中把保护性稳压二极管并联在栅极和与场效应管相连的原边地之间。注意，如图 6-1 所示，因为栅极是高阻抗，栅极引线电感与场效应管（栅极引脚）输入电容之间可能出现频率极高的振荡。也有轶闻类的证据暗示放置在栅极端的保护性稳压二极管会使振荡加剧，并且导致神秘的现场失效。因此，本书一直推荐用一个栅极驱动电阻来抑制所有潜在的振荡，如图6-1所示。电阻标准是4.7Ω~22Ω。此外，推荐用一个几千欧的下拉电阻尽可能靠近栅极来避免振荡和误导通，尤其是在AC-DC开关电源中。

(5) dV/dt 额定值：早期 MOSFET 最常见的失效模式是因极高的重复性 dV/dt。这可能触发 MOSFET 内寄生的双极结型晶体管（BJT）结构，导致雪崩击穿和快速恢复。这种情况甚至在今天也可能发生，但极其罕见，所以事实上可忽略其可能性。现代场效应管能处理5V/ns~25V/ns的 dV/dt（即超过5000V/μs）。

3. 电容

一般来说，读者必须知道电容电压额定值，并保持电容工作在其极限下，最好再用一些典型的降额方法。铝电解电容和固态钽电容等有极性电容还具有反向电压额定值，一定不能超越，虽然铝电容比钽电容在此方面容限更大。

一般来说，出于成本考虑，应该与供应商确认，特定测试或现场数据是否真的支持电压应力降额有助于降低电容现场失效率的传统观念。如今，制造技术的进步似乎对该观念提出了质疑。特别地，对铝电解电容的质疑是正确的。对于这种特殊情况，可做出如下解释。电解电容的击穿电压不是一个突变的阈值。它与电容电极上生成的化学氧化物厚度有关。氧化膜是电介质，承受外加电压。若电容工作电压增加，氧化物厚度也逐渐增加，耐压能力提高。另一方面，若工作电压降低，氧化物厚度也逐渐减小，额定值降低（虽然掺入硼砂很大程度上阻止了下降趋势）。这就是为什么铝电解电容在长期储存后使用时需要一个重新形成阶段，许多供应商仍然推荐这么做，让外加直流电压缓慢地按一定斜率增加（最大电流限制在几毫安），使氧化物再充分形成。但是，这也表明铝电解电容长期运行在低电压下，其强度会逐渐降低。因此，所谓的安全裕量也会随时间推移而降低。

通常，所有电容都会公布其纹波电流额定值，该值不能超越。铝电解电容最重要的参数是基于核心温度的寿命，而核心温度又取决于给定应用中流过电容的有效值电流。因此，最大有效值（纹波）电流实际上是一个热额定值。为了延长寿命，需要对纹波电流额定值降额使用。稍后，本章将讨论寿命预测问题。

薄膜电容更容易遭受 dV/dt 失效。常见的低成本 Mylar®（聚酯/KT/MKT）电容的额定值仅为 10~70V/μs，所以一般不适用于吸收或钳位电路。对于 AC-DC 反激电源吸收/钳位应用，首选的薄膜电容类型是聚丙烯（KP/MKP）电容，其 dV/dt 额定值一般为 300 V/μs ~1100V/μs。陶瓷电容和云母电容都有极高的 dV/dt 额定值，但出于成本考虑，如今前者常用于钳位电路。注意，在许多情况下，薄膜电容一般比云母电容更具优势，因为它们相对于外加电压、温度等更为稳定（电容值及其他特性变化很少）。

切记，所选电容的 dV/dt 和 dI/dt 额定值都要在 AC-DC 和 DC-DC 变换器前端进行完整测试。特殊位置需要特别高的瞬时额定值。第 14 章将进一步讨论。

特别是对于固态钽电容（$Ta\text{-}MnO_2$），因为 $I=C(dV/dt)$，所以高 dV/dt 能产生巨大的浪涌电流。这会引起局部过热，导致电容立即损坏。因此经常说，大多数钽电容额定电压值为 35V，其工作电压不应超过额定电压的一半（本例为 17.5V）。这特别适用于所有电源（DC-DC 变换器）前端，即使这样降额也有可能不够。实际上需要限制浪涌电流，以避免氧化物形成局部缺陷并迅速导致失效。通常建议：外加电压时，保证至少以 1Ω/V 的电源阻抗形式把浪涌电流限制在 1A 以下。实际上，保守的降额要求 3Ω/V，电流限制在 333mA。还有更保守的工程师甚至不再用钽电容，而宁愿用陶瓷电容或聚合物电容。

现代多层聚合物电容性能稳定，有极高的 dI/dt 和 dV/dt 能力，在许多实际应用中比多层陶瓷电容（MLC）、钽电容和铝电解电容更受欢迎。它们具有高达 500V 的额定值和非常小的等效串联电阻（ESR），可用于功率变换器输出。

电源首次上电时，变换器前端的陶瓷电容本身就能引起巨大的电压尖峰。这种输入不稳定现象将在第 17 章详细讨论。一个解决方案是放置一个铝电解电容与输入陶瓷电容并联，作为输入振荡的衰减手段。

铝电解电容的优势，除了众所周知的物有所值（给定体积和成本情况下储能最多）外，也极具鲁棒性。其失效模式本质上是热失效。因此，它能在短时间内承受显著的过应力。例如，铝电解电容一般能在 30 秒内承受超出额定值 10%的电压而不损坏。这称为铝电解电容的浪涌电压额定值。它还有一个不太明确的浪涌电流额定值，例如，在 AC-DC 电源输入端，它能承受极高的冲击电流而不出现任何问题，只要不是迅速重复的冲击。铝电解电容具有自愈性，其氧化物层可快速重新形成。除非彻底滥用（这种情况下会爆裂），它极少出现开路或短路失效。其正常失效模式实际反映在参数上（例如电容值漂移、等效串联电阻漂移等）。因此，其应力系数不如使用寿命那样受到高度重视，本章稍后再讨论。

4. 印制电路板

一个被频繁忽略的主要功率元器件就是印制电路板。它在电源中承受功率循环，并产生必须警惕的热点问题。打开一个商用电源，可能会发现功率电阻安装在凸起的支架上，而不是平放在印制电路板表面。这并非为了防止印制电路板过热。标准 FR-4 印制电路板材料的玻璃化温度约为 130ºC，其最大额定值为 115ºC。若超过玻璃化转变阈值，电路板特性将产生微妙变化，通常变化是永久性的。举例来说，电路板的热膨胀系数（TCE）会受到影响，一段时间后电路板会出现轻微失效，稍后会给出解释。

一般来说，正如 $\mathrm{d}V/\mathrm{d}t$ 能引起过应力，电流的迅速变化 $\mathrm{d}I/\mathrm{d}t$ 也能引起失效。例如，已知的 $V=L\mathrm{d}I/\mathrm{d}t$。因此，若无其他因素影响，印制电路板印制线上的高 $\mathrm{d}I/\mathrm{d}t$ 会引起电压尖峰，可间接导致半导体器件损坏。超快二极管具有极快恢复特性，因其快速切断电流（事实上是高 $\mathrm{d}I/\mathrm{d}t$），能产生很大的电压尖峰。该电压尖峰能间接损坏该二极管，甚至会损坏附近较弱的元器件。不良的印制电路板设计也会引起类似的感应尖峰，大到足以引起失效。详见第 10 章。

6.3.3 机械应力

最后，关注电气应力的同时，不要忘记看似明显的机械应力。误操作、跌落或运输等原因都能造成立即的或早期的损坏。为此，一般商用电源的印制电路板上都用 RTV（室温硫化硅）将较大的元器件准确地固定在相应位置。每个商用电源都需要在出厂测试中通过冲击和振动测试。就此而论，两层或多层印制电路板要比单层好得多。因为大型通孔元器件安装时，其管脚插入板上的通孔（过孔）中，在板的另一面焊接，比单层印制电路板固定得更好。单层印制电路板印制线非常容易开裂。

然而，机械应力具有更细微的失效形式。当电源功率和温度周期性上升下降时，不断产生明显的热胀冷缩。通常，表贴元器件的热膨胀系数（称为 TCE 或 CTE）与通孔元器件不同，因此会发生相对运动，导致严重的机械应力和最终断裂。特别是表贴多层陶瓷电容，它在历史上曾深受其害。不良的焊接也能产生微小裂纹，并随时间推移发展成失效。还要注意，大型印制电路板弯曲要比小型印制电路板大得多，这也会产生严重的应力，尤其是相对易碎的表贴陶瓷电容。因此，即使在今天，也要尽力使元器件的热膨胀系数与标准 FR-4 印制电路板材料相同。许多高质量电源设计和制造厂商仍然有严格的器件布局内部指南，对电源设计人员使用尺寸超过 1812（0.18in×0.12in），甚至超过 1210 的表贴多层陶瓷电容做出限制。

引线成形或引线预弯在功率半导体器件上已经用了几十年。动机之一就是为了方便。例如，器件可能先安装在散热器上，再连接到印制电路板上，引线确实需要弯曲。然而，应力释放也是动机之一。引线的轻微弯曲可以防止热循环引起的机械应力传递到封装上导致元器件在长期工作后损坏。但是，在引线预弯过程中必须小心避免长期应力，也不能引起瞬时应力和早期损坏。器件塑封时，引线与塑料的交界面就是最薄弱点。在引线弯曲时，无论如何都不能让塑料受力或受限，因为塑料与导线的交界面可能受损。如果有损坏，即使损坏不明显，封装抵御湿气进入的能力也会受到影响，最终导致器件因内部腐蚀而失效。

6.4 第 2 部分：平均无故障时间、失效率、保修成本和寿命

第 1 部分介绍了电源设计中基本的可靠性知识，下面概括介绍可靠性/寿命预测及测试。

6.4.1　MTBF

首先要知道通电时间或 POH 概念。对元器件和设备而言，它也称为总器件时间（TDH），概念相同。例如，1 个单元工作 10^5 小时和 10 个单元工作 1 万小时或 100 个单元工作 1000 小时的通电时间相同，都是 10^5POH。但统计上显然愿意让样本数量更多。注意，谈论失效率或平均无故障时间（*MTBF*）时经常谈到的小时数，实际上是指通电时间或总器件时间。应牢记这一点，下面也会特别讨论。

失效率 λ 是单位时间内失效单元的数量，有多种表达方式，需要知道一些相互的转换关系。以前，失效率表示工作 1000 小时失效单元/元器件的百分比。后来，随着元器件质量提高，开始以工作 10^6 小时失效的数量来表示，称为每百万数 ppm。在质量进一步提高后，元器件失效率更方便以工作 10^9 小时失效的数量来表示，称为菲特（FIT），也常称为 λ。参见图 6-2 中的失效率转换速查表。

例如，某一元器件失效率为 100FITs，等效于 0.1ppm，也等于 $0.1\times10^{-6}=10^{-7}$/小时。

平均无故障时间是失效率的倒数。所以，上例的 100FITs 相当于 *MTBF* 为 10^7h（1 千万小时）。类似地，平均无故障时间为 50 万小时等效于失效率为 0.2%/1000 小时，或 2ppm，或 2000FITs。

系统失效率是所有元器件的失效率之和（这里忽略冗余系统）。

$$\lambda=\lambda_1+\lambda_2+\lambda_3+\cdots+\lambda_n \tag{6-7}$$

$$MTBF=\frac{1}{\lambda}=\frac{1}{\lambda_1+\lambda_2+\cdots+\lambda_n} \tag{6-8}$$

平均无故障时间为 25 万小时是某类电源的典型期望值。因为 1 年仅有 8769 小时，25 万小时似乎极长，近 30 年。那是否意味着大量的电源样品中平均每 30 年中预期仅有一个失效呢？根本不是。平均无故障时间被极大地误解了，需要澄清。

平均无故障时间为 30 年实际上意味着 30 年后，只要未出现耗损失效（耗损失效稍后解释），初始电源中就有 1/3 仍在工作。换句话说，有 2/3 在平均无故障时间内（本例为 30 年）失效。即 1000 个单元中约有 700 个失效，2000 个单元中约有 1400 个失效，以此类推。因此，可估算出 5 年内有多少个失效。

根据定义，平均无故障时间实际上是一个函数的时间常数，函数总体以指数规律递减。

$$N(t)=N\times\mathrm{e}^{-\lambda t}=N\times\mathrm{e}^{-t/MTBF} \tag{6-9}$$

注意，这类似于电容放电。

$$V(t)=V_\mathrm{O}\times\mathrm{e}^{-t/RC} \tag{6-10}$$

在时间常数 $\tau=RC$ 结束时，电容电压是初始电压的 1/e=0.368。

可靠性 $R(t)$定义为

$$R(t)=\frac{N(t)}{N}=\mathrm{e}^{-\lambda t} \tag{6-11}$$

它实际上是给定设备正常运行时间为 t 的概率，因为 $N(t)$是经过时间 t 后幸存的单元数量，N 是初始数量。注意，可靠性是时间的函数。对于 t=*MTBF*，所有系统/设备的可靠性仅为 37%。另一种说法是，从一开始就只有 37%的设备能幸存至 t=*MTBF*。只有更少的设备能幸存至更长的时间，这也是为什么可靠性作为时间的函数呈指数规律递减。

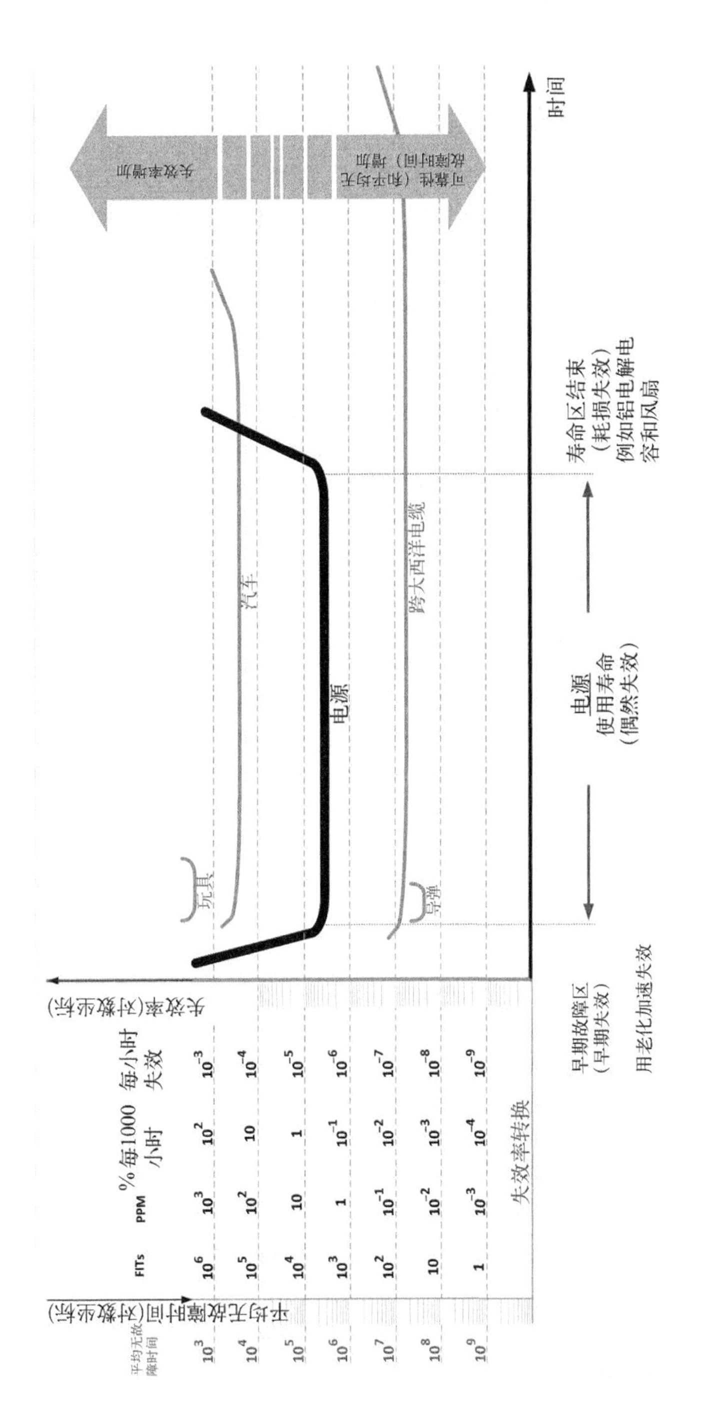

图 6-2 失效率转换和浴盆曲线

下面以不同方式解释说明平均无故障时间。

(1) 大样本时，仅37%的单元在平均无故障时间后幸存。

(2) 单一单元，它幸存至平均无故障时间（$t=MTBF$）的概率仅为37%。

(3) 给定单元以37%的置信度幸存至平均无故障时间（$t=MTBF$）。

本例中，5年后幸存的数量是：

$$N(t)=1000\times e^{-(5\times 8760)/250\,000}=839 \tag{6-12}$$

所以，第一个5年后1000－839=161个单元失效，那么10年之后呢？幸存的只有

$$N(t)=1000\times e^{-(10\times 8760)/250\,000}=704 \tag{6-13}$$

因此，839－704=135个单元在5年~10年间现场失效。

注意　这是用数学方法绘制的指数曲线：161/1000=135/839(=0.161)。指数曲线的变化率在一定时间间隔内是不变的。实际上，t=0设在哪里是没有关系的。在任何选定的起始点，N就是该时刻现存的单元数量。这就是为什么指数曲线被认为是最自然的曲线。在此基础上，预期在下一个5年（10年~15年）中，0.161×704=113个单元将失效，15年内共有409个单元失效。在此，应该进一步仔细观察本书中的两张图，图3-3和图12-1，通过它们可以更好地了解指数曲线。特别地，从前面的图中可以清晰地看出为什么平均无故障时间是一个合适的名称，这段时间内单元数量降至初始数量的1/e。因为从某种意义上讲，根据曲线下方的面积和平均值，可以认为所有单元正好在这一确切时刻同时失效。

下面澄清最后一个误解：如果电源的平均无故障时间从25万小时增至50万小时，那是否意味着“可靠性加倍”？不是。首先，问题本身就是错误的。计算$R(t)$时需要指定t。所以，假设选择t=4.4万小时（5年）。问题变成了对比两个平均无故障时间概率（通常设置为设备的预期寿命）的可靠性。因此，

$$R(44\text{k})=e^{-44\text{k}/250\text{k}}=84\% \tag{6-14}$$

$$R(44\text{k})=e^{-44\text{k}/500\text{k}}=92\% \tag{6-15}$$

可以看出，平均无故障时间加倍后，按5年计算的可靠性大约仅增加了10%（因为92/84=1.095）。但是，保修成本与平均无故障时间成反比变化。

6.4.2　保修成本

为什么商业环境下可靠性如此重要？成本！工程师们应该知道下面的“10倍经验法则”：如果在电路板级检测到一个失效需要花1美元维修，在系统级（产品检测时）发现一个失效需要花10美元维修，那么在现场就需要花100美元维修，以此类推。随后的几个研究表明成本增加远不止10倍。结论非常明显，如果电源设计工程师能很好地预先理解变换器应力和潜在的失效模式，并且在设计阶段消除它们，就是最省钱的途径。

算例

如果有1000个单元，平均无故障时间为25万小时，那么5年后有多少单元预期会失效呢？计算保修成本，假设一个单元的维修成本是100美元。

现实情况中，损坏设备将立即更换并放回现场。所以，现场的平均数量不会以指数形式递

减。这种情况下，可以计算日常保修成本或年度保修成本。在声称的5年保修期后（43.8kh），失效数量为：

$$\text{失效单元数}=\frac{1000\text{单元}\times 43\,800\text{小时/单元}}{250\,000\text{小时/失效}}=175.2 \quad (6\text{-}16)$$

即1000个单元中每年有175.2/5=35个单元失效，或每100个单元中有3.5个失效。所以，年度失效率（*AFR*）为

$$AFR=\frac{876\,000}{MTBF}\ （\text{单位为}\%/\text{年}） \quad (6\text{-}17)$$

本例中，有

$$AFR=\frac{876\,000}{250\,000}=3.5\%/\text{年} \quad (6\text{-}18)$$

或者说，现场每100个单元中有3.5个发生失效。若维修一个单元需要花100美元，则5年内的每一年中，每100个单元需要花350美元保修，或每个单元需要花3.5美元保修。对于卖出的1000个单元，且不论每个单元的建议售价如何，5年的总维修成本已高达令人吃惊的17 520美元，或每年17 520/5=3500美元。换句话说，声称的保修期内，维修成本为每个单元17.52美元。该成本要被供应商预先计入售价，否则有破产的危险。另一种方法是缩短保修期，例如说仅保修90天。

6.4.3 寿命期望和失效标准

实际上，一般在5年左右，失效单元数量会陡增。因为在此时间点上寿命问题开始显现。工程师们不要混淆寿命和平均无故障时间，虽然它们最终都能导致可观测的失效。平均无故障时间概念仅在设备使用寿命期内适用。根据定义，使用寿命期内的失效率是常数（意味着无任何维修或更换的指数递减曲线）。这也称为偶然失效。最终，耗损失效（寿命终结）导致失效率突然上升。参见图6-2中经典的浴盆曲线。图中给出了一些系统可靠性高但使用寿命短的例子（如导弹），以及与之相反的一些系统可靠性较低但使用寿命长的例子（如汽车）。

不过，还需要定义如何才算失效。失效不一定是设备完全不工作，可能只是超出了特定性能极限。例如，一辆汽车即使安全带、音响或卫星定位系统不工作，也能继续跑。是否认定失效并把汽车开到路边维修，取决于司机。而对于电子元器件，究竟极限是什么，以及什么参数才能构成一套失效标准，都在数据手册的电气特性表中予以规定。

如果在系统或设备中有铝电解电容，它就是导致耗损失效的罪魁祸首。本章稍后将讨论铝电解电容的寿命预测。如果有冷却风扇，它就是另一个经常影响寿命极限的因素。注意，从寿命角度看，通常认为套筒轴承风扇比滚珠轴承风扇情况更糟。但是，滚珠轴承风扇很快也会变得嘈杂。如果以某一噪声阈值作为风扇失效标准的一部分，那么套筒轴承风扇即使不比滚珠轴承更好，也可能差不多，而且便宜得多。另一个器件也显示出稳定的退化（耗损），它就是光耦。若长时间通入很大的阳极电流，光电器件的电流转换率（*CTR*）将持续快速地变差。光耦寿命是其电流转换率降至50%初始值的时间。一般来说，典型光电器件的过驱动电流超过约10mA将使寿命剧减。但是，电源应用中有一个高增益系统，即使最小的误差电流通过光耦也能产生迅速的校正，从而减小电流。所以，在电源反馈环应用中，光耦真的不能（连续）过驱动。光耦的预期寿命一般在15万小时以上。通常会有足够的相位和增益裕量来避免公差和退化引起的不稳定。其中，公差与电流转换率（*CTR*）有关。

元器件供应商经常围绕失效标准或保证的性能极限做文章。例如，松下电气声称大多数含铅铝电解电容的寿命终结是在其电容值比初始值下降20%时，但对于该公司的表贴铝电解电容，数字变成30%。因此，在比较不同供应商提供的平均无故障时间或寿命时，需要比较其失效标准，即使是同一供应商的不同产品系列。

6.4.4 可靠性预测方法

人们都想尽早得到未来现场的可靠性估计。直到最近，军用标准217F（MIL-HDBK-217F）仍广泛用于可靠性预测。如今已不再推荐使用该标准，因为该标准根据元器件可靠性图表中过时的数据库一贯做出非常悲观的预测，实际上已淘汰。但修订工作已经开始，它将作为新的VITA51标准（VITA标准由国际贸易协会制定）重现活力（参见www.vita.com）。

MIL-HDBK-217F用两种方法处理可靠性预测：或用简单的零部件计数分析，或用更复杂的零部件应力分析。

零部件计数分析仅适用于无原型机的初期项目投标阶段。它基本上包括所有元器件失效率之和，以及一些默认的基础失效率假设和一些默认的应力水平假设。这遭到许多人非议。首先，它明显使内部标准高（即使用较高应力降额系数）的公司处于劣势，因为它假设该公司提交的零部件清单与其他竞争对手基于相同的应力水平。其次，逻辑上显然不完全正确。例如，若场效应管并联一个瞬变电压抑制二极管（TVS），显然将提高现场可靠性。但按照零部件计数分析，因为现在有两个而不是一个零部件可能失效，可靠性会降低。这种错误逻辑可能被用于所有保护电路，甚至电源的电流限制电路。因此，该方法肯定是只见“树木”（元器件），不见“森林”（系统）。

即使没有实际数据支持，零部件应力分析在基本原理方面也有意义。因此，它作为不同厂商的比较工具仍然有用。零部件应力分析中，仍然推荐将所有元器件应力的实测值作为主要的实际输入之一。实测包括选取工作原型机，以及在每个元器件上放置电流、电压和热探头。这样可以校验元器件的应力系数是否可取。实测在早期设计中有助于发现薄弱环节，并在它们导致（代价高昂的）电源现场失效之前予以纠正。

MIL-HDBK-217F的一般原理和其他形式的可靠性预测工具列举如下。设备失效率是其中所有元器件的失效率之和。每个元器件（在一定参考水平内）都有特定的基本失效率，然后再乘以若干与环境有关的π_E，与应用有关的π_A，与质量等级有关的π_Q和副边侧应力（例如电压应力π_V）等比例系数，调整到当前情况下（包括应用本身）。

元器件的一般/基本失效率 ↓

$$\lambda_i=\lambda_{base}\times\pi_Q\times\pi_E\times\pi_A\times\pi_T\times\pi_S\cdots \tag{6-19}$$

↑质量 ↑环境 ↑应用 ↑温度 ↑应力……系数

为了简化，减少了上式的变量数目，只保留一些关键变量，则设备总失效率为：

元器件的一般/基本失效率 ↓

$$\lambda=\sum_{i=1}^{n}\left(\lambda_{ref}\times\pi_U\times\pi_I\times\pi_T\right)_i \tag{6-20}$$

↑电压 ↑电流 ↑温度

上述简化是预测电源平均无故障时间的惯例，零部件应力分析的结果仅为约 10 万小时，而零部件计数分析的结果为约 15 万~20 万小时。两者预测的结果都未达到验证/现场可靠性数据，后者一般要高出 3~6 倍。

现在正在使用的其他可靠性预测方法还有几种。一种普遍应用的方法是 Telcordia 公司的 SR-332 标准（Bellcore 公司 1997 年改成 Telcordia 公司）。西门子公司使用基于 IEC61709 的 SN-29500 标准。还有一个流行的英国电信公司标准。尽管这些方法其实在原理上与 MIL-HDBK-217F 的零部件应力分析方法十分类似，但它们得出的数据却差别很大（平均无故障时间大约高 3 倍）。原因之一是一些现代方法在应力模型中考虑了测试数据和现场数据。事实上，它们并不依赖过时的数据库，因此得出比 MIL-HDBK-217F 更现实的预测。

6.4.5　验证可靠性测试

商用电源在中试时经常要接受可靠性测试（DRT）。几百个电源放置在一间房内，在最大负载和额定工作温度下运行（或按规定）。一段预设时间内失效的电源数量表示在一定的“置信度”下放置在现场的众多电源在可靠性方面的表现。平均无故障时间的统计公式符合 MIL-STD-781D 和 MIL-HDBK-338B 标准，即

$$MTBF = \frac{2 \times POH}{\chi^2(\alpha, 2f+2)} \text{（单位：小时）} \quad (6\text{-}21)$$

式中，f 是失效数量；α 是显著水平，与置信度的关系如下：

$$CL = 100 \times (1-\alpha)\% \quad (6\text{-}22)$$

需要参考表 6-2 给出的卡方（χ^2）。

表6-2　卡方（χ^2）速查表

失效数量	60%置信度下的χ^2	90%置信度下的χ^2
0	1.833	4.605
1	4.045	7.779
2	6.211	10.645
3	8.351	13.362
4	10.473	15.987
5	12.584	18.549

算例

需要多少通电时间（POH）才能在 90%置信度下验证 25 万小时的平均无故障时间？（温度规定为 55℃。）

0 个失效对应的运行时间是

$$POH_0 = \frac{\chi^2 \times MTBF}{2} = \frac{4.605 \times 250\,000}{2} = 575\,625 \text{ 单元×小时} \quad (6\text{-}23)$$

1 个失效对应的运行时间是

$$POH_1 = \frac{\chi^2 \times MTBF}{2} = \frac{7.779 \times 250\,000}{2} = 972\,375 \text{ 单元×小时} \quad (6\text{-}24)$$

算例

4周测试时间需要多少单元才能在60%置信度下验证25万小时的平均无故障时间？

若在60%置信度下至多有1个失效，需要累积

$$POH_1 = \frac{\chi^2 \times MTBF}{2} = \frac{4.045 \times 250\,000}{2} = 505\,600\ \text{单元×小时} \qquad (6\text{-}25)$$

4周共672个小时。因此，4周测试时间需要测试

$$\frac{505\,600(\text{单元}\times\text{小时})}{672(\text{小时})} = 752\ \text{单元} \qquad (6\text{-}26)$$

注意，这些单元都要在最大负载或（规定的）80%的最大负载条件以及最高环境温度55ºC（或规定温度）下同时运行。通常，一些按用户要求运行，一些按电源制造商要求运行。4周测试时间内，至多有1个失效。一旦进行失效分析，并且落实解决方案，就不再视其为责任失效（即现场事件只是由电气特性造成的）。

6.4.6　加速寿命试验

若失效率随温度升高而增加，为什么不能选一批电源接受高温测试呢，其实通过图6-2的浴盆曲线可以加快进度，在设备运行于正常（更低）温度时快速累积现场数据。只要知道如何随温度缩放，就有希望估计现场寿命和平均无故障时间。换句话说，需要知道（温度）加速系数（*AF*）。

这让人联想起描述化学反应与温度关系的阿累尼乌斯（Arrhenius）方程。按适用形式，反应变化率可写成

$$\text{变化率} \propto \mathrm{e}^{-E_A/kT} \qquad (6\text{-}27)$$

式中，E_A是活化能量，单位为eV（电子伏特）；k是波尔兹曼常数，值为8.617×10^5eV/K（K是开尔文）；T是温度，单位为开尔文。阿累尼乌斯方程把每一个反应（失效）看作跨越一定高度的（经验）能量势垒（E_A单位是电子伏特）。当分子加热时，越来越多的分子振动加剧，足以越过势垒，反应加速（即更多失效）。阿累尼乌斯方程常用于估计可靠性和寿命。

比较T_1（较低）时的变化率和T_2（较高）时的变化率，可得到加速系数为

$$AF = \mathrm{e}^{(E_A/k)[(1/T_1)-(1/T_2)]} \qquad (6\text{-}28)$$

这就是加速系数，低温失效率乘以该系数就能得到高温失效率。

对于铝电解电容，常见的说法是经验法则“温度每升高10℃，失效率加倍，寿命减半”。对应的加速系数为2。如果回头计算对应的E_A将会看到，如果设T_1=273+50和T_2=273+60（50℃~60℃），那么E_A=0.65eV时*AF*=2。*AF*是温度的函数。如果温度由80℃提高到90℃，对于相同的E_A，可得*AF*=1.8，不是2。

因此，每10℃加倍/减半的经验法则意味着假设E_A=0.65eV。但活化能量一般在0.3eV~1.2eV之间变化。对于特殊的失效机制，若E_A=0.3eV，则50℃~60℃之间，其加速系数只有1.4，80℃~90℃之间下降到1.3。

实际的可靠性测试有两个主要分类。

(1) 加速寿命测试（ALT）：虽然此处用词是寿命，但该测试包含升高温度，以及用加速系数在低温下预测寿命和平均无故障时间。该测试必须谨慎进行，防止引入正常低温下未出现的

新的失效模型。

(2) 加速应力测试（AST）：通常，实际测试目的并非预测。此处试图通过增加应力加速失效，意在发现基本的弱点。

加速应力测试子类下，能够进行如下测试。

(1) 高加速寿命测试（HALT）：这是设备（例如电源）开发工具。其目的在于识别自身设计阶段的弱点，以便成本允许时进行改进，也称为应力和寿命测试（STRIFE）。

(2) 高加速应力筛选（HASS）：这是制造设备时的产品筛选。产品样品在短时间内承受极高应力，以发现制造（或设计）过程中的弱点。

(3) 高加速应力测试（HASY）：这是元器件层面的测试。为了发现弱点，样品要承受极高的环境应力（温度、压力或湿度）。评定半导体器件时，通常要进行该测试。

进行加速测试时必须很小心，仅加速已知失效模式，不创造新失效模式。换句话说，加快进度也许不会如希望的那样快。

至此，完成了可靠性和应力讨论，现在讨论铝电解电容寿命预测。

6.5 第 3 部分：铝电解电容寿命预测

铝电解电容的所有特性都会随时间推移缓慢退化（老化），原因是其内部电解液逐渐蒸发。电容内部发热（自身发热）和周边发热（靠近发热元器件）会使该过程加速。内部发热量为电流有效值平方（将在第 7 章中计算）乘以电容等效串联电阻。虽然想象中电容为防止电解液泄露应该是密封的，但没有哪个结合点能 100%密封。因此，老化虽然缓慢，但它是必然过程，并最终决定电容的使用寿命。然而，先要弄清使用寿命的定义。例如，个人退休年龄一直宣称是 55 岁或 60 岁，甚至 65 岁。但是，不得不问其真正的意义在哪里，就性能而言，电容与人一样吗？

由电容数据手册可知，一般标称的铝电解电容寿命（L_O）大约是 2000~5000 小时（最近，松下公司宣布 105℃电容的寿命可达 10 000 小时）。而一年是 365×24=8760 小时，含有这种电容的设备运行时间将少于 1 年。这显然这是不够的。一般电源规格要求工作环境温度 40℃时最短寿命为 44 万小时（5 年，假设 24 小时运行）。

现在，查阅电容数据手册的附属细则。铝电解电容使用寿命的终结定义为：电容值下降一定的百分数（典型是 20%）和（或）电容的损耗因子增加一定的百分数（典型是初始值的 200% 或 300%）。此外，标称的使用寿命（例如 2000 或 5000 小时）是电容在最高额定温度下（典型的额定上限类别温度 U_R 是 85℃~105℃）以低频电流（典型是 120Hz）工作时得到的，电流有效值与其纹波电流额定值 I_R 相等。

首先要弄清楚什么是损耗因子。根据定义，损耗因子（或 tanδ）与等效串联电阻有关

$$ESR = \frac{\tan\delta}{2\pi f \times C} \tag{6-29}$$

或

$$\tan\delta = \frac{ESR}{X_C} \tag{6-30}$$

式中

$$X_C = \frac{1}{2\pi f \times C} \equiv \frac{1}{C\omega} \tag{6-31}$$

所以，损耗因子是实部阻抗（即等效串联电阻）与虚部阻抗 $1/\omega C$ 之比。因此，评估电容的好坏就是评估损耗与储能能力（120Hz 时测量）之比。它是品质因数 Q 的倒数。所以，损耗因子大代表等效串联电阻大，电容易损坏。注意，尽管电解电容的等效串联电阻比云母或薄膜电容大得多，但谢天谢地，它们的电容值和体积也大得多。

如果电容值下降 20%，并且损耗因子升至 200%，按最恶劣的寿命极限，等效串联电阻将增加 2.5 倍

$$ESR \propto \frac{\tan\delta}{C} \Rightarrow \frac{200\%}{80\%} = 250\% \tag{6-32}$$

而且，虽然寿命终结前的电容值仅比初始值下降 20%，但若考虑一般的电容值误差，其初始值本身可能就已经比额定值低 10%~20%。因此，在选择铝电解电容前，必须关注寿命终结前的最低电容值，特别是电容值在选型过程中是一个关键参数或需求时。但可以肯定，等效串联电阻会随电解液蒸发而明显上升。而且，达到寿命极限后，等效串联电阻将急剧增加。等效串联电阻越大，发热越多，而发热越多，耗损越严重（等效串联电阻越大）。于是，可能导致情况失控，那将标志着变换器寿命终结。因此，使用铝电解电容时，老化是真正需要考虑的问题，寿命估算也很重要。毕竟，设备寿命是由元器件的最短寿命决定的。寿命最短的元器件可能就是铝电解电容。

图 6-3 展示了铝电解电容的简单热模型。纹波电流值 I_R 已选出，当 I_R 流过电容时，会在外壳与周围环境，外壳与核心（电容深处）之间产生一定的最优温升。可假设这两个温升，即外壳与周围环境之间的温升和外壳与核心之间的温升相同（经常如此）。该最优温升对于 105℃电容为 5℃，对于 85℃电容为 10℃。所以，如果把一个 105℃额定值的电容放在 105℃环境中，并流过 I_R 电流，其核心温度的准确值将为 115℃。换句话说，所谓的电容寿命 L_O，例如 5000 小时，是指其核心温度保持在 115℃时的寿命。类似地，如果是 85℃电容，数据手册上的寿命指标 L_O 就是核心温度为 105℃时的值。如果周围环境温度下降 20℃，则核心温度分别会降至 115 – 20=95℃和 105 – 20=85℃。这将导致寿命明显增加，因为电解液的蒸发速度降低。众所周知，寿命加倍经验法则是：核心温度每降低 10℃，寿命加倍。

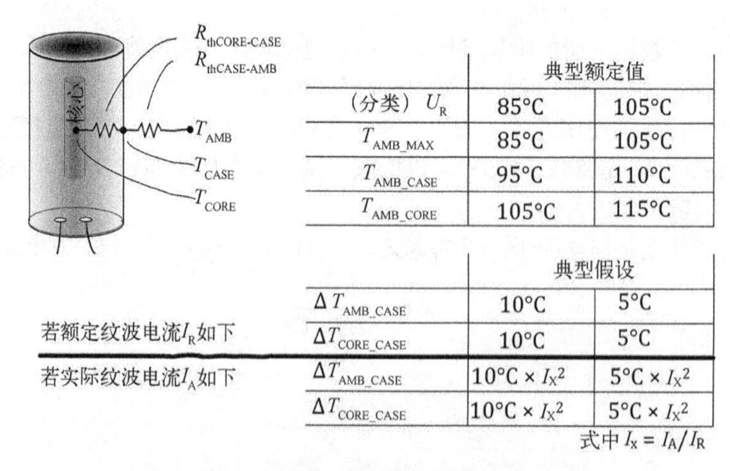

	典型额定值	
（分类）U_R	85°C	105°C
T_{AMB_MAX}	85°C	105°C
T_{AMB_CASE}	95°C	110°C
T_{AMB_CORE}	105°C	115°C

		典型假设	
若额定纹波电流 I_R 如下	ΔT_{AMB_CASE}	10°C	5°C
	ΔT_{CORE_CASE}	10°C	5°C
若实际纹波电流 I_A 如下	ΔT_{AMB_CASE}	10°C × I_X^2	5°C × I_X^2
	ΔT_{CORE_CASE}	10°C × I_X^2	5°C × I_X^2

式中 $I_x = I_A/I_R$

图 6-3　用于寿命预测的电容模型和额定值

有一个问题：用户无法通过测量核心温度的方式准确估计寿命。所以，需要转向供应商寻求指南。大多数供应商利用下面这个简单的、*用户友好的方程*来估算寿命 L，即

$$L = L_O \times 2^{(U_R - T_{AMB})/10} \times 2^{-\Delta T_{excess}/5} \quad (6\text{-}33)$$

式中

$$\Delta T_{excess} = \Delta T_{CORE-CASE} - \Delta T_{rated} \quad (6\text{-}34)$$

ΔT_{rated}是前面讨论过的最优温升（对于 105℃电容为 5℃）。$\Delta T_{CORE\text{-}CASE}$是应用中的实际温升（外壳到周围环境的温升和外壳到核心的温升）。

由上述方程可知，周围环境温度每下降 10℃，寿命加倍，若温升超过最优值（ΔT_{rated}），则温升每超过最优值 5℃，寿命减半。既然发热量和有效值的平方成正比，那么应用中的实际温升可用下面的方程估算：

$$\Delta T_{CORE-CASE} = \Delta T_{rated} \times \left(\frac{I_A}{I_R}\right)^2 \quad (6\text{-}35)$$

式中，I_A是实际有效值，I_R是额定有效值。而且，因为邻近元器件的局部发热，上式中的 T_{AMB}可用 T_{CASE}替代，这可在使用 105℃电容时提供约 5℃的安全裕量。同时，为了便于缩放，最好用比例和乘法来讨论。因此，最终的实用方程为

$$L_X = 2^{(U_R - T_{CASE})/10} \times 2^{-\Delta T_{rated}(I_X^2 - 1)/5} \quad (6\text{-}36)$$

式中，L_X是寿命乘数，I_X=I_A/I_R。

这就是图 6-4 中用于绘制 Mathcad 工作表附属曲线的方程（按 105℃电容绘制）。

使用该曲线时要记住，寿命向左增加，向右减少。举例来说，如果把一个寿命为 5000 小时的 105℃电容放在 55℃环境中，流过 1.5 倍的额定纹波电流，那么预期寿命可超过 12×2000=60 000 小时，即 60 000/8760=6.85 年。大多数设备的典型寿命要求仅为 5 年。

注意，Chemicon 公司比大多数供应商更保守。因为该公司多出一个限制：虽然电容在超过额定 ΔT后，温度每升高 5℃，寿命减半，但即使降低温升，使其小于额定 ΔT，也不能期望上面方程中的符号会反向，从而声称（或期望）电容具有更长的寿命。但 Chemicon 公司拒绝买账，这就是为什么图 6-4 中有一个明显的 Chemicon 边界，以黑色/灰色实线表示。灰色虚线（及其附近）由其他供应商发布，用户可以选择，后果自负。

下面给出一个算例。

算例

使用 Chemicon 公司出品的 2200μF/10V 电容，其数据手册中规定在最大额定电流 1.69A，105℃，100kHz 时，最长寿命为 8000 小时。应用中，测量的壳温为 84℃，测量的纹波电流是 2.2A，预期寿命是多少？

$$L = L_O \times 2^{(105-84)/10} \times \overbrace{2^{(5-\Delta T)/5}} \quad (6\text{-}37)$$

式中

$$\Delta T = 5 \times \left(\frac{2.2}{1.69}\right)^2 = 8.473\ ℃ \quad (6\text{-}38)$$

因此，由(8.473 – 5)/5=0.695 可得

$$L = 8\,000 \times 2^{(105-84)/10} \times \widehat{2^{-0.695}} = 21\ 190 \quad (6\text{-}39)$$

其内部温升为 8.473℃，高于 5℃。上述估算同样适用于大多数供应商的电容。

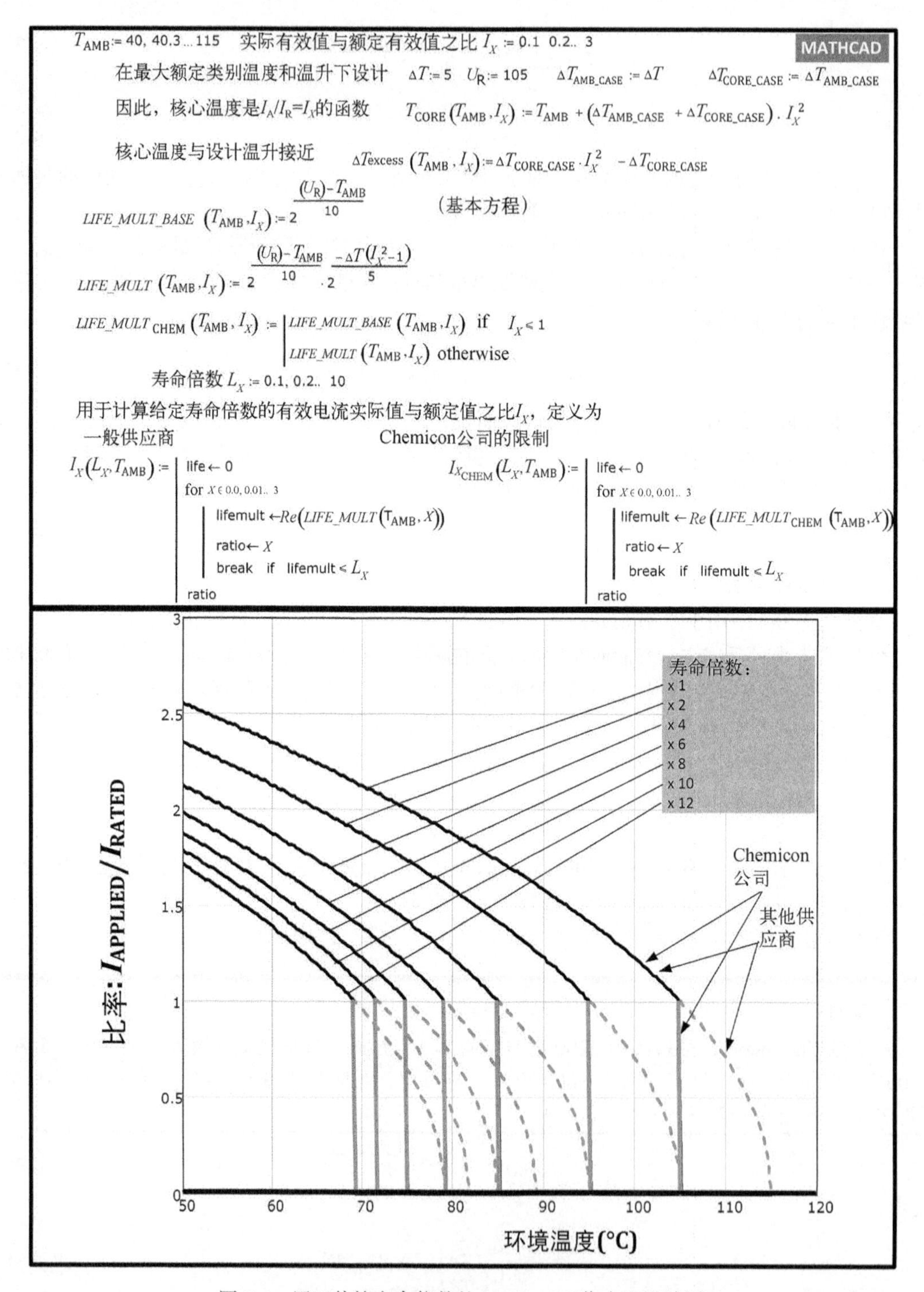

图 6-4　用于估算寿命倍数的 Mathcad 工作表和设计图

通常会问：能否用强迫空气冷却的方法来提高电容寿命呢？一些供应商提供了这种情况下的寿命估算方法，另一些供应商则坚定地拒绝发布任何寿命估算方法。事实上，大多数供应商说：用户可以在强迫空气冷却条件下预测寿命，但后果自负。原因是在这种变化条件下很难预测核心温度。实际上，电路板上电容附近的气流本身就很难精确计算。

最后要切记，标称的电容电流纹波额定值一般是在120Hz时定义的。因为其等效串联电阻（和发热）会随频率降低而减少，所以供应商提供了频率倍数。典型的高频倍数在100kHz时为1.43。举例来说，如果120Hz时额定电容电流有效值为1.5A，（在现代开关电源中）其纹波电流额定值是1.5×1.43=2.145A。这就是上述计算中使用的I_R值，没有变化。

第7章

最优功率器件选择

7.1　概述

第6章介绍了基本的可靠性概念和应力降额原则，强调了理解数据手册和功率元器件额定值的重要性。第6章的关注点是*强度*匹配，本章的关注点将转移到*应力*匹配，以便选出可用又可靠的元器件。

设计和评价宽输入变换器时，需要确定给定最大应力所对应的特定输入电压，并由此推导出变换器在整个*工作范围内*所承受的最恶劣应力。分析过程中会引出在本章稍后将要介绍的所谓蜘蛛状应力曲线。

问题是：元器件选择仅涉及（元器件）强度与（所受）应力的匹配吗？当然不是。事实上，这只是一个*必要条件*。例如，第13章将介绍如何根据*输入/输出纹波要求*来最终选择功率元器件。再如，第9章将介绍滞环降压调整器，它需要足够大的输出电压纹波才能达到令人满意的运行效果。换句话说，有多种因素影响最终的元器件选择。本章至少有助于缩小元器件选择范围。

7.2　功率变换器的主要应力

电压应力不仅最重要，而且相对容易计算和处理。功率半导体器件的电压即使只是在瞬间超过其标称的绝对最大额定值（Abs Max），器件也会立刻损坏。与之相比，电流额定值通常不是当务之急，因其本质一般（但并不总是）是*热能*，变化相对缓慢。一般来说，人们经常会不经意地，或有时是故意地让电流略超过额定值，接着迅速“退回”，而不产生任何影响。但要注意，这种“宽容”并非理所当然。例如，*在磁芯开始饱和时，破坏几乎立即产生*，如图2-7所示。

现在，概述一些主要问题。

(1) *电压应力*。当输入电压升至最大值（V_{INMAX}）时，变换器内电压应力保持在最大值不变。需要仔细辨认最大电压应力所对应的特定*负载条件*，并计算应力值。例如，反激变换器的漏感电压尖峰会在重载时恶化。尽管有稳压管钳位（稳压值取决于电流），尖峰还是很高，持续时间（尖峰宽度，即剩余能量）也较长。正激变换器的输出二极管反向电压在轻载时最大。诸如此类。

总结：需要担心的主要电压应力是

- V_{PK}，（*所有元器件的*）*峰值电压*，表示瞬时电压最大值。由第6章可知，过高的电压能导致半导体结（瞬时）雪崩击穿和快速恢复。

(2) *电流应力*。当负载增至最大额定值 I_O 时，变换器内电流应力保持在最大值不变。需要仔细辨认最大电流应力所对应的*特定输入电压*，并计算应力值。这些计算相当复杂。

总结：需要担心的主要电流应力是

- ❑ I_{RMS}，电流有效值（RMS），决定 MOSFET 导通损耗（下面进一步解释）。
- ❑ I_{AVG}，平均电流，决定二极管导通损耗（下面进一步解释）。
- ❑ I_{PK}，峰值电流，能瞬间引起磁芯饱和，导致 MOSFET 损坏。切记，所有基本的（基于电感的）DC-DC 拓扑中，开关管、二极管和电感的峰值电流都相同。

7.3 不同拓扑的波形和峰值电压应力

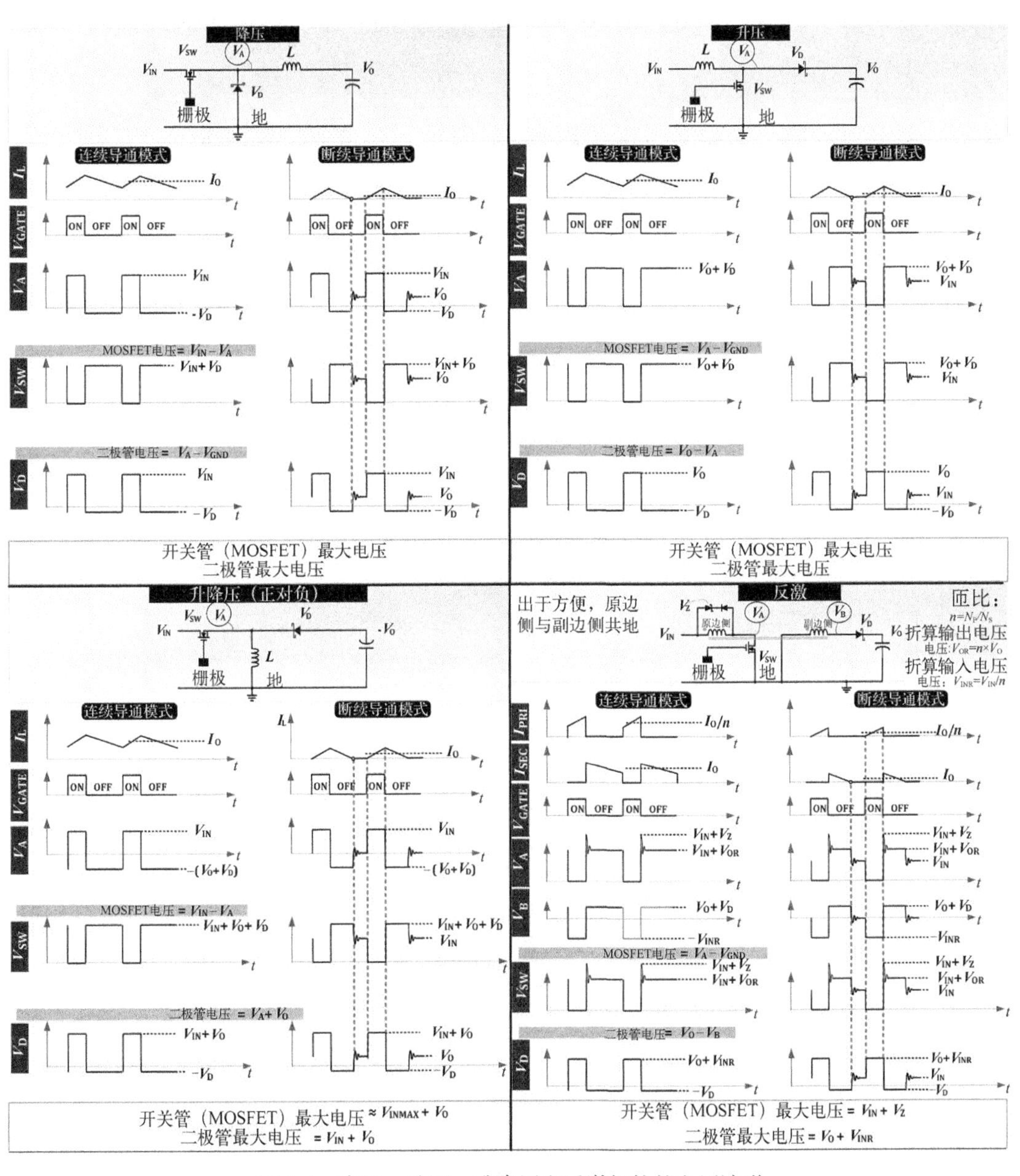

图 7-1 降压、升压、升降压和反激拓扑的电压波形

首先看一下电压应力。图 7-1 和图 7-2 绘制了主要传统拓扑中交换结点（以 A 或 B 标记）

的波形。交换结点非常重要，它是开关管和二极管的公共结点。如果在元器件（开关管或二极管）一端加上与交换结点不同的电压，就能计算元器件本身的电压。电压一般以 V_X-V_Y 形式的方程表示。注意观察两图中的波形，沿 x 轴方向（随时间增加），若元器件两端的两个电压之一（V_X、V_Y 或两者）发生变化，新的元器件工作阶段就开始了。因此，每个不同工作阶段需要重新计算压差 V_X-V_Y。这样，就能得到元器件在整个开关周期内完整的电压波形。

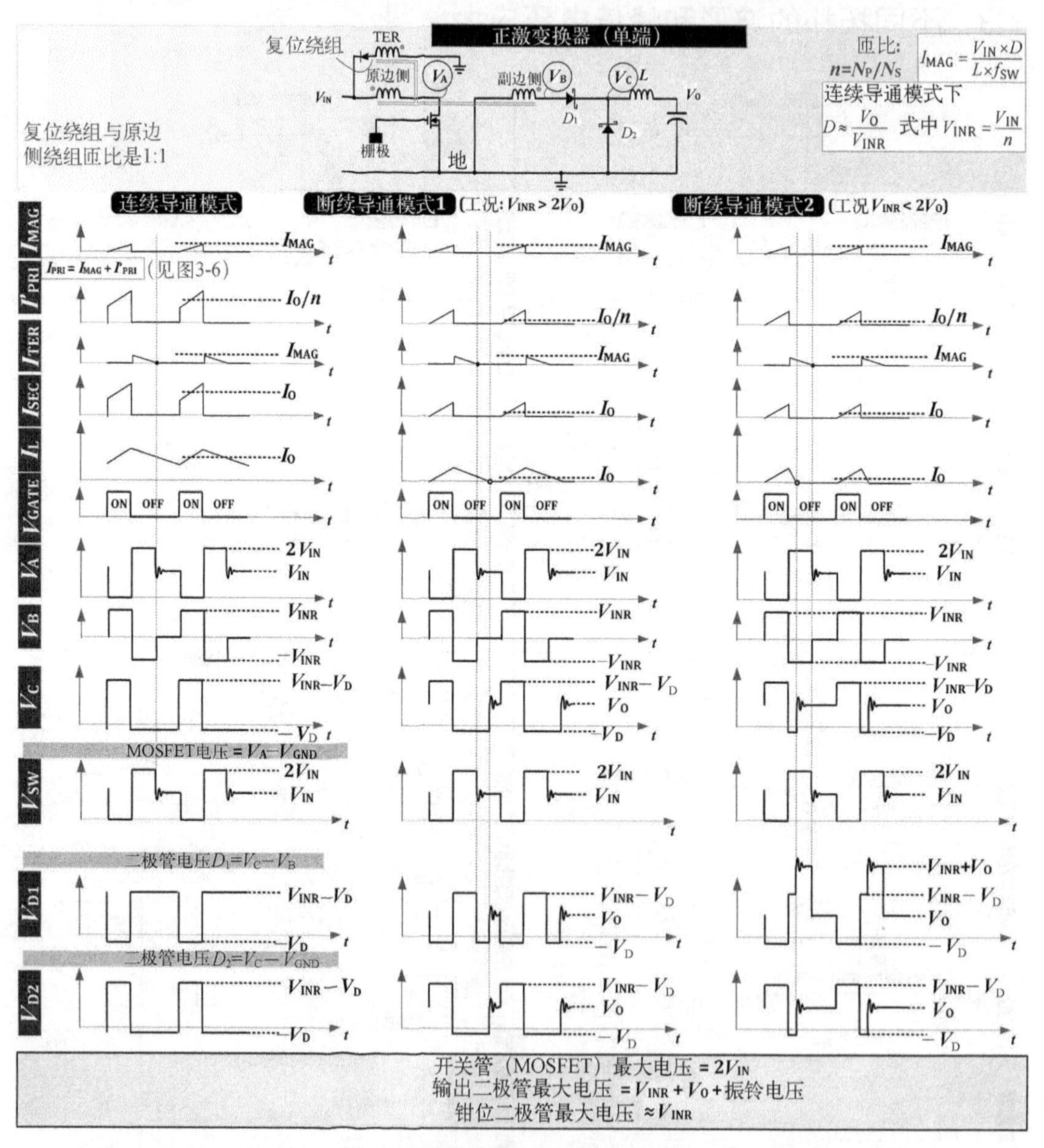

图 7-2　单端正激变换器的电压波形

由此可以清晰地分辨出器件（二极管或开关管）两端的最恶劣电压应力。注意，上述过程已经在连续导通模式和断续导通模式（重载和轻载）情况下重复多次，能保证真正发现所有工况下的最恶劣电压应力。

注意，图中并未繁琐地给出所有电容的电压应力，因为这在所有拓扑中是不言而喻的。简单的规则是输入电容电压额定值至少必须是 V_{INMAX}，而输出电容电压额定值至少必须是 V_O。这并不复杂，尽管可能要用到第 6 章讨论的应力降额。

表 7-1 的速查表中，二极管和开关管数据已经证实了前面的发现。注意，出于完整性原因，该表中列出了一些新的拓扑。大部分将在第 9 章详细讨论。

表7-1　几种主要拓扑的峰值电压应力

	$n=N_p/N_s$ $V_{INR}=V_{IN}/n$ $V_{OR}=nV_O$	开关管	钳位二极管	输出二极管	耦合/钳位电容	理想传递函数
降压	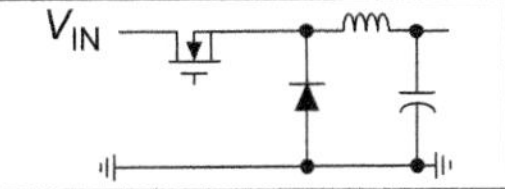	V_{INMAX}	V_{INMAX}		无	$\frac{V_O}{V_{IN}}=D$
升压	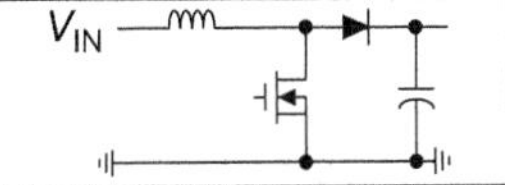	V_O	V_O		无	$\frac{V_O}{V_{IN}}=\frac{D}{1-D}$
升降压	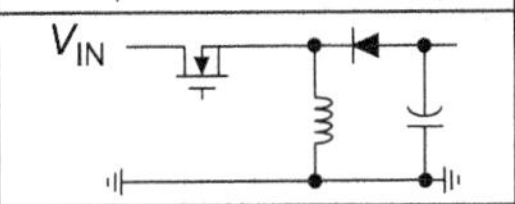	$V_{INMAX}+V_O$	$V_{INMAX}+V_O$		无	$\frac{V_O}{V_{IN}}=\frac{D}{1-D}$
反激	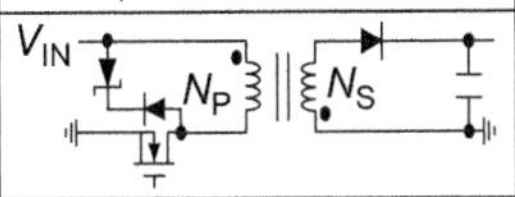	$V_{INMAX}+V_Z$	$V_{INRMAX}+V_O$		无	$\frac{V_O}{V_{INR}}=\frac{D}{1-D}$
正激	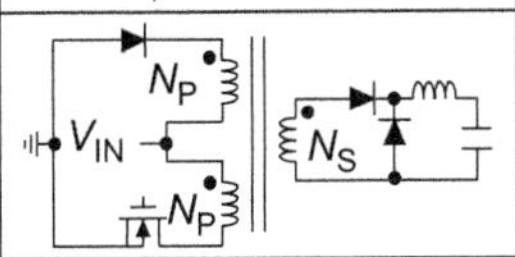	$2\times V_{INMAX}$	V_{INRMAX}	$V_{INRMAX}+V_O$	无	$\frac{V_O}{V_{INR}}=D$
双管正激	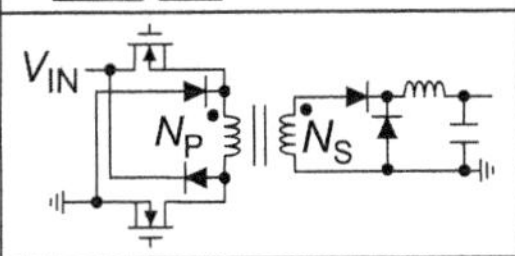	V_{INMAX}	V_{INRMAX}	$V_{INRMAX}+V_O$	无	$\frac{V_O}{V_{INR}}=D$
有源钳位	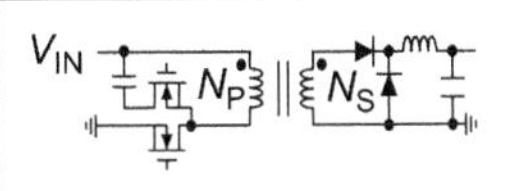	$\frac{V_{INMAX}}{1-D_{MAX}}$	V_{INRMAX}	$V_{INRMAX}\times\frac{D_{MAX}}{1-D_{MAX}}+V_O$	$\frac{V_{IN}D_{MAX}}{1-D_{MAX}}$	$\frac{V_O}{V_{INR}}=D$
半桥	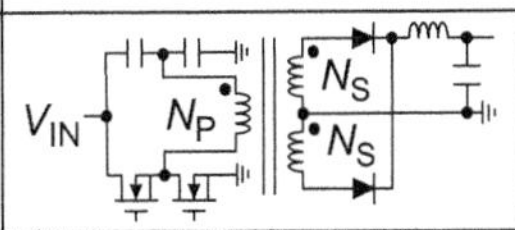	V_{INMAX}	V_{INRMAX}	V_{INRMAX}	无	$\frac{V_O}{V_{INR}}=D$
全桥	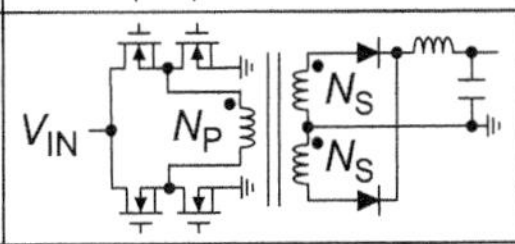	V_{INMAX}	$2\times V_{INRMAX}$	$2\times V_{INRMAX}$	无	$\frac{V_O}{V_{INR}}=2D$
推挽	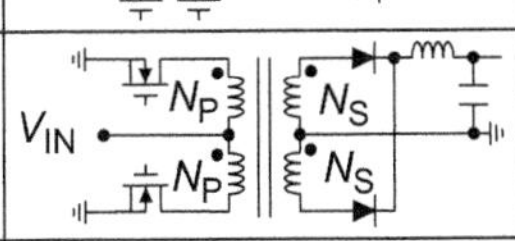	$2\times V_{INMAX}$	$2\times V_{INRMAX}$	$2\times V_{INRMAX}$	无	$\frac{V_O}{V_{INR}}=2D$
Cuk	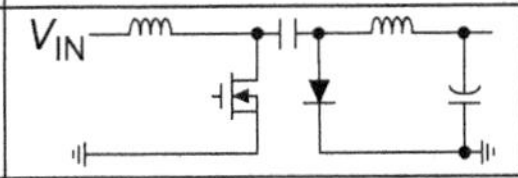	$V_{INMAX}+V_O$	$V_{INRMAX}+V_O$		$V_{INMAX}+V_O$	$\frac{V_O}{V_{IN}}=\frac{D}{1-D}$
Sepic	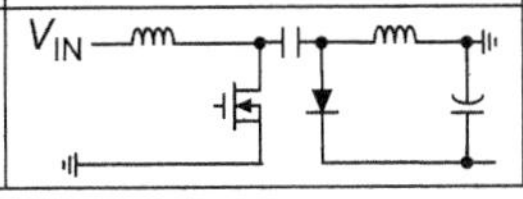	$V_{INMAX}+V_O$	$V_{INRMAX}+V_O$		V_{INMAX}	$\frac{V_O}{V_{IN}}=\frac{D}{1-D}$

（续）

	$n=N_p/N_s$ $V_{INR}=V_{IN}/n$ $V_{OR}=nV_O$	开关管	钳位二极管	输出二极管	耦合/钳位电容	理想传递函数
Zeta		$V_{INMAX}+V_O$	$V_{INRMAX}+V_O$		V_O	$\frac{V_O}{V_{IN}}=\frac{D}{1-D}$
V_O是输出电压幅度 （最大折算输入电压） （匝比）			在一些条件下，额外的应力可能施加到输出二极管上，如上述灰色字符所示 上述所有电压仅指幅度			

- 注意，图 7-2 中（正激变换器）最右手侧有一个断续导通模式下的特殊工况，电感（输出扼流圈）电流为零，并在变压器通电前一直保持为零（即断开）。应当承认，这种情况只在一些相当特殊的条件下才会发生，例如过高的变压器降压比与轻载组合。但是，万一发生这种情况，输出二极管 D_1 上的电压应力就不仅是文献经常提到的 V_{INR}，而是 $V_{INR}+V_O$。原因是输出扼流圈"干涸"（断开）导致副边侧的交换结点（二极管阴极）电压跳变到 V_O，而二极管阳极电压仍被变压器绕组拉低至 $-V_{IN}/n$（即 $-V_{INR}$），式中 n 为匝比 N_P/N_S（典型地，n 远大于 1）。这就是表 7-1 中正激变换器峰值应力的来源。
- 对于有源钳位正激变换器，前面描述的输出二极管高应力状况更容易发生，因为变压器一直工作在连续导通模式，但扼流圈在轻载时将进入断续导通模式。

注意，为了寻找峰值电压应力，通常对暂态工况很感兴趣。例如，负载/电网突变时，占空比立即达到 D_{MAX}，尽管在突发事件之前 V_{INMAX} 下的稳态占空比要小得多。这解释了表 7-1 中有源钳位正激变换器的峰值应力。

在有源钳位正激变换器中，有一个如表 7-1 所示的额外的 MOSFET（钳位）。它起着传统（单端）正激变换器中能量恢复二极管的作用。表 7-1 中所示的此种拓扑及其电压应力率将在第 9 章中进行深入讨论和推导。

注意　复位二极管与复位（能量恢复）绕组串联，目的是保证变压器在每个周期复位。一般来说，任何给定磁性元件复位并不意味着电流在每个周期都回到零（或变压器净安匝数为零）。例如，有源钳位正激变换器的变压器中，复位仅仅意味着开关周期结束时的净安匝数准确地等于开关周期开始时的值。直观上讲，复位只是利用磁性元件的一个先决条件，由此可使变换器运行在（可重复的）稳态。

注意　复位绕组二极管理论上既能放在复位绕组与正母线之间（如图 7-2 所示），也能放在如表 7-1 所示的绕组与地之间。但如第 9 章所述，有一个最佳位置。

- 上述正激变换器拓扑中，其他元器件的电压等级与相应的开关管电压等级相同。因此，如果一个通用输入正激变换器的主开关管额定值大于 800V，复位二极管（或有源钳位开关管）的额定值也必须大于 800V。
- 如果不用单端正激变换器，而用双管正激变换器（也称为不对称半桥）会出现什么情况呢？原边侧绕组两端各有一个开关管，驱动（在相位上）一致。没有任何复位绕组产生的折算电压叠加到输入电压上。这种情况下，仅需两个开关管的额定值为 V_{INMAX}，而不是单端正激变换器中两倍的 V_{INMAX}。副边侧所有电压与单端正激变换器相同。

- 注意，升降压变换器的二极管和开关管承受的最大电压为 $V_{INMAX}+V_O$，必须据此设定电压额定值（切记，本书一直使用电压幅值，必要时才考虑极性）。
- 反激变换器是隔离变压器版的升降压变换器。额外的漏感尖峰叠加在 $V_{INMAX}+V_{OR}$ 上。尖峰电压超出输入电压 V_{IN} 的部分由稳压管电压 V_Z 限制。因此，最大电压应力为 $V_{INMAX}+V_Z$。更多细节参见图 3-1。
- 如第 9 章所述，Sepic、Cuk 和 Zeta 变换器是基于升降压变换器的复合型拓扑。因此，开关管和二极管的电压额定值与升降压变换器完全相同。这些复合型拓扑中额外的功率元器件是耦合电容，其电压随拓扑不同而不同。Sepic 变换器为 V_{INMAX}，Zeta 变换器为 V_O，Cuk 变换器为 $V_{INMAX}+V_O$。

下面开始分析功率元器件的电流应力。

7.4 电流有效值和平均值的重要性

带电粒子（电子）越过势垒（电压）时做功（或耗能）。能量的基本公式为 $\varepsilon=V\times Q$，式中 Q 是电荷量，V 是电位差。根据定义，功率（或损耗）就是每秒的能量。由此可得，$\varepsilon/t\equiv P=V\times Q/t=V\times I$。其中，电流定义为每秒电荷量。因此，瞬时功率定义为 $P(t)=V(t)\times I(t)$，是时间的函数，随时间变化。但能得出重复性波形的每周期平均值。稳态时，平均值保持不变。根据定义：

$$P=\frac{\int_0^T V(t)\times I(t)\mathrm{d}t}{T} \tag{7-1}$$

式中，$T=1/f_{SW}$，f_{SW}是开关频率。

基于下述条件，方程可以进一步简化。

(1) V 是常数

假设 V 是常数（例如正向导通时的二极管电压）

$$P_D=V_D\times\frac{\int_0^T I(t)\mathrm{d}t}{T}\equiv V_D\times I_{D\_AVG} \tag{7-2}$$

式中，I_{D_AVG}为二极管电流平均值。

(2) R 是常数

假设一个等效电阻（例如完全导通时的 MOSFET）

$$P_{SW}=\frac{\int_0^T V(t)\times I(t)\mathrm{d}t}{T}=R_{DS}\times\frac{\int_0^T I(t)\times I(t)\mathrm{d}t}{T} \tag{7-3}$$

故

$$P_{SW}=R_{DS}\times\frac{\int_0^T I^2(t)\mathrm{d}t}{T}\equiv R_{DS}\times I_{SW\_RMS}^2 \tag{7-4}$$

式中，I_{SW_RMS}是开关管（本例为 MOSFET）电流有效值。

这就是为什么习惯于用电流平均值计算二极管损耗，而用电流有效值计算 MOSFET 损耗。

注意，每个开关转换过程中还会有 $V\times I$（交叉）损耗，在前面计算损耗时忽略了它。实际上，上述计算的只是导通损耗。注意，通常在计算开关管总损耗时要加入开关损耗（参见第 8

章）。然而，计算中会经常忽略二极管（或同步 FET）的开关损耗。但要注意，钳位二极管的（慢反向恢复）特性可能不是使二极管本身，而是使开关管产生很高的交叉损耗。另一方面，肖特基二极管虽然在某种意义上接近理想二极管，但仍然有显著的反向泄露损耗，要加入总损耗中，如第 6 章所述。

类似地，电容，尤其是电解电容，要确保不超过其标称的有效值（纹波）电流额定值。否则，确如第 6 章所述，电容寿命很短。读者需要精确知晓电容的 I_{RMS} 值。

在此，需要掌握不同拓扑中有效值和平均值的实际计算方法。本书附录中列举的重要方程稍后将给出具体推导。

注意，第 19 章介绍了几个基于本章内容的算例。

7.5　二极管、场效应管和电感的电流有效值和平均值计算

图 7-3 首先强力整合了开关管、二极管和电感电流的平均值和有效值的计算步骤，可得如下公式。

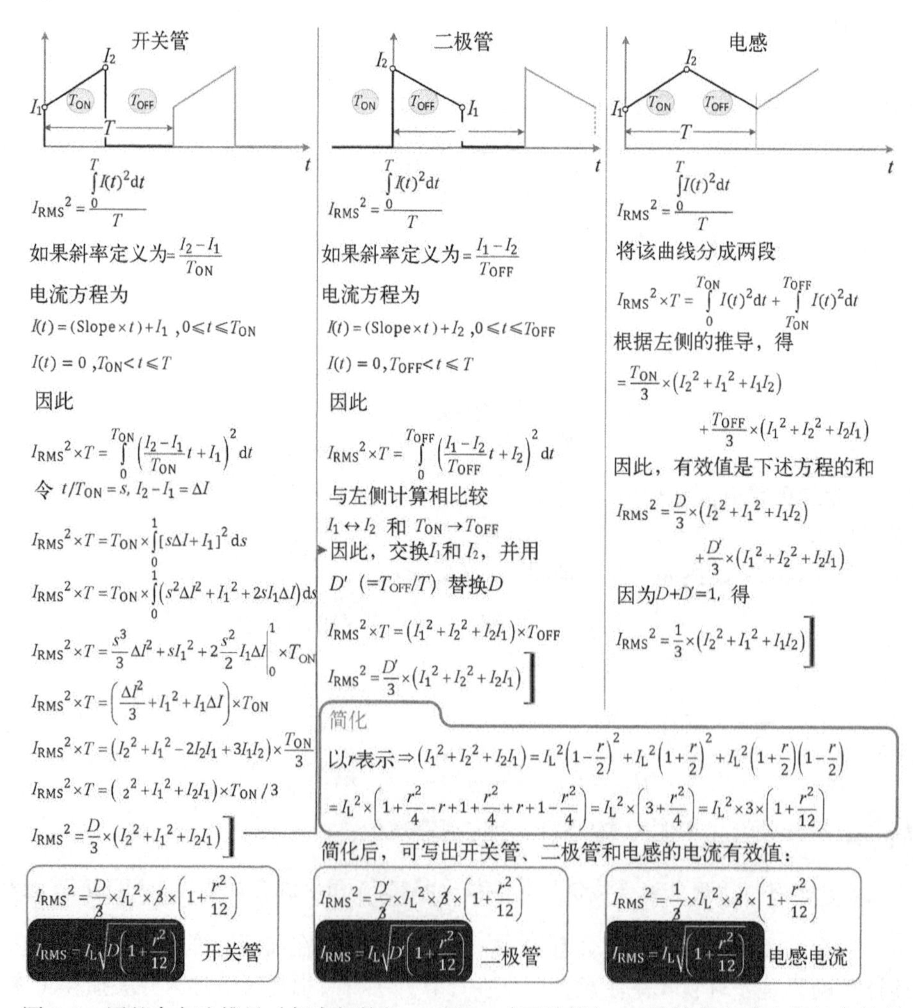

图 7-3　用整合方法推导（任意拓扑）MOSFET（开关管）、二极管和电感电流的有效值

$$I_{\text{RMS\_SW}}^2 = \frac{I_2^2 + I_1^2 + I_2 I_1}{3} \times D \tag{7-5}$$

$$I_{\text{RMS\_D}}^2 = \frac{I_1^2 + I_2^2 + I_1 I_2}{3} \times D' \tag{7-6}$$

$$I_{\text{RMS\_L}}^2 = \frac{I_2^2 + I_1^2 + I_2 I_1}{3} \tag{7-7}$$

图 7-4 给出了一个易于速查的方程，基本上可以绕开前面介绍的强力整合技术，但给出了与前面一样的结果。使用这个简单方法的唯一限制是波形，无论波形如何，必须要分段线性化。如图 7-4 所示，方程的一般形式为：

$$I_{\text{RMS}}^2 = \frac{I_2^2 + I_1^2 + I_2 I_1}{3}(\delta_1) + \frac{I_3^2 + I_2^2 + I_3 I_2}{3}(\delta_2) + \frac{I_4^2 + I_3^2 + I_4 I_3}{3}(\delta_3) + \frac{I_5^2 + I_4^2 + I_5 I_4}{3}(\delta_4) + \cdots \tag{7-8}$$

和

$$I_{\text{AVG}} = \frac{I_2 + I_1}{2}(\delta_1) + \frac{I_3 + I_2}{2}(\delta_2) + \frac{I_4 + I_3}{2}(\delta_3) + \frac{I_5 + I_4}{2}(\delta_4) + \cdots \tag{7-9}$$

将上述技术用于电源的典型电流波形，也可以得出用电流纹波率 r 表示的有效值。图 7-3 嵌入框内给出了推导过程。可得

$$I_{\text{RMS\_SW}}^2 = I_{\text{L}}^2 \times D\left(1 + \frac{r^2}{12}\right) \tag{7-10}$$

$$I_{\text{RMS\_D}}^2 = I_{\text{L}}^2 \times D'\left(1 + \frac{r^2}{12}\right) \tag{7-11}$$

$$I_{\text{RMS\_L}}^2 = I_{\text{L}}^2 \times \left(1 + \frac{r^2}{12}\right) \tag{7-12}$$

式中，I_{L}是电感电流平均值（斜坡中心值）。切记，如第 1 章所述，斜坡中心值（式中 I_{L}）因拓扑不同而不同。

$$I_{\text{L\_Buck}} = I_{\text{O}} \tag{7-13}$$

$$I_{\text{L\_Boost}} = \frac{I_{\text{O}}}{1-D} \tag{7-14}$$

$$I_{\text{L\_Buck-Boost}} = \frac{I_{\text{O}}}{1-D} \tag{7-15}$$

这样就得到了本书附录设计表中所列举的（二极管、开关管和电感）电流有效值方程。

类似地，电流平均值计算几乎是不证自明的，若仍有疑问，可查图 7-4。（令 $D'=1-D$。）一般可得

$$I_{\text{AVG\_SW}} = I_{\text{L}} \times D \tag{7-16}$$

$$I_{\text{AVG\_D}} = I_{\text{L}} \times D' \tag{7-17}$$

$$I_{\text{AVG\_L}} = I_{\text{L}} \tag{7-18}$$

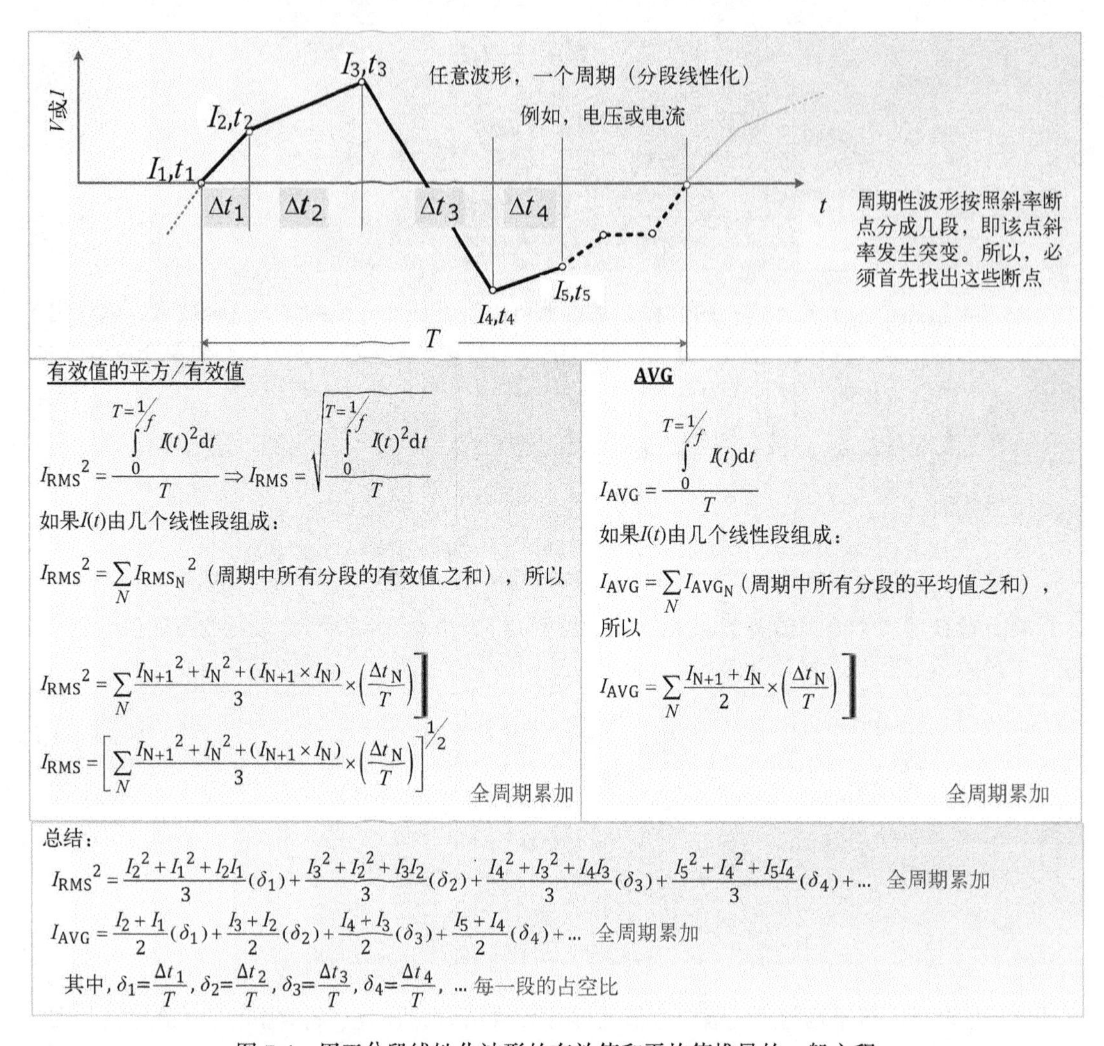

图 7-4　用于分段线性化波形的有效值和平均值推导的一般方程

结合前面给出的不同拓扑的 I_L 方程，可以得出附录设计表中列举的（二极管、开关管和电感）电流平均值方程。

7.6　电容的电流有效值和平均值计算

现在讨论一个有助于电容电流计算的重要法则。首先，从直观上可以明显看出，若波形不改变其基本形状，仅（向一侧）水平平移，其有效值和平均值都不变。这与改变 x 轴（时间轴）的原点等价，图 7-3 就是这样估算二极管电流波形有效值的。对于重复性事件，其性质（本例中指可观测到的发热及其相关作用）不可能依赖于旁观者选择的计时起点，即由旁观者决定的明确标记为 t=0 的点。因此，波形的水平平移（x 轴平移）不会影响迄今为止得到的结果。

但是，如果波形垂直移动会发生什么呢？这当然会影响其有效值和平均值。但问题是：在 y 轴平移时，是否有一些公认的简化关系或规则呢，或者仍有待于未来开发？答案是有这样一个规则。图 7-5 从数值上证实了波形垂直平移的基本性质（用图 7-4 的一般有效值计算方法）。即

$$I_{\mathrm{RMS}}^{2}-I_{\mathrm{AVG}}^{2}=常数\equiv I_{\mathrm{AC\_RMS}}^{2} \tag{7-19}$$

这是波形的交流有效值：它只是任意给定波形交流部分的有效值，不含直流值。换句话说，交流有效值是直流值设为零时的波形有效值。但是，为什么对交流有效值如此感兴趣呢？因为电容的确对电流波形有这样的作用。稳态时，若把电流探头与电容串联，就会看到电流波形的直流值为零。但电流波形还有一个交流部分，其有效值就是前面提到的交流有效值。然而，没有流过电容的直流值又会如何呢？会直接旁路。实际上，电容对所有电流波形的作用都是：从外加电流波形中减去直流部分，仅留下交流部分，其余部分（直流）旁路。这就是通常讨论的、再熟悉不过的电容电压表达式的电流模拟，也就是常说的串联电容隔直通交，即让外加电压的交流分量通过，但阻止其直流分量流过。

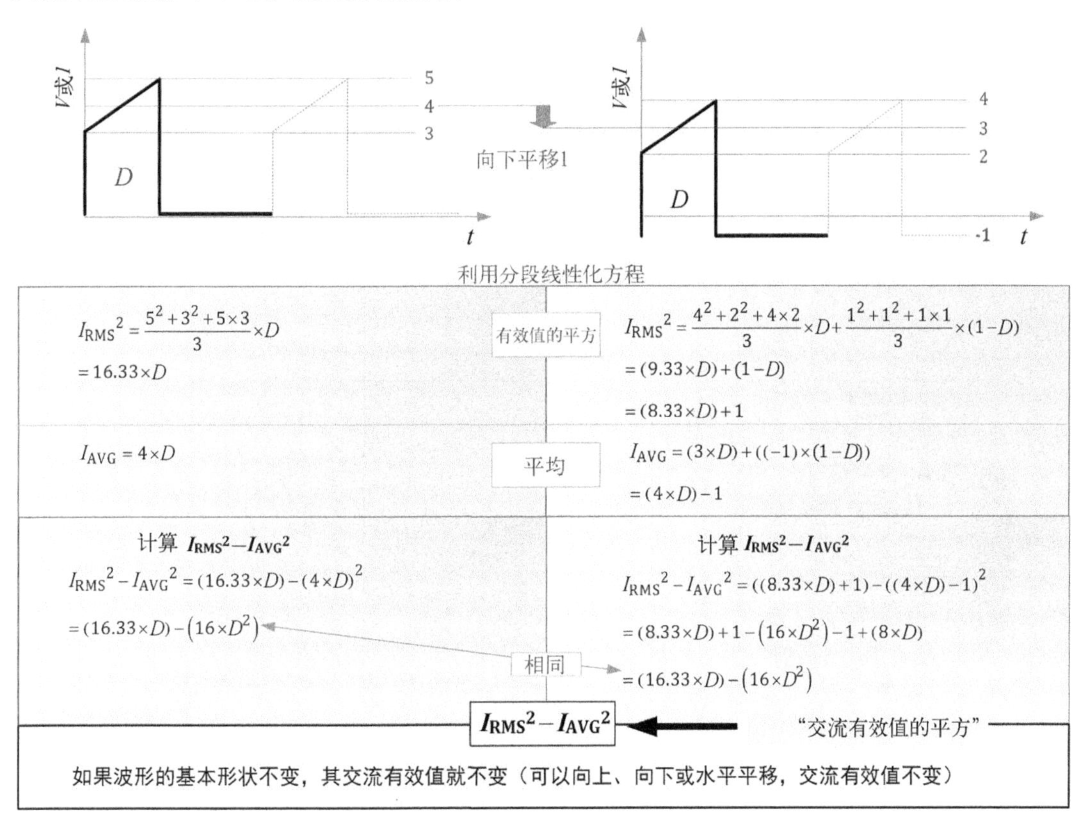

图 7-5 波形平移时其交流有效值不变

换句话说，稳态时，电容电流波形在整个开关周期内的平均值为零。否则，电容在每个周期内都会持续充放电，这不能视作稳态。

另一个完全等效的说法是：稳态时，电感在整个周期内的平均电压，更确切地说是伏秒积，为零。现在可以看出，电容在整个周期内的平均电荷（$I\times t$）同样为零。

按照上述说法，图 7-6 给出了如何在相关电流波形中移除直流值，得到交流有效值（即电容电流有效值）的方法。读者也可参考图 7-7 到图 7-9，图中生动地描述了三种主要拓扑的所有电流应力。下一节将会讨论。

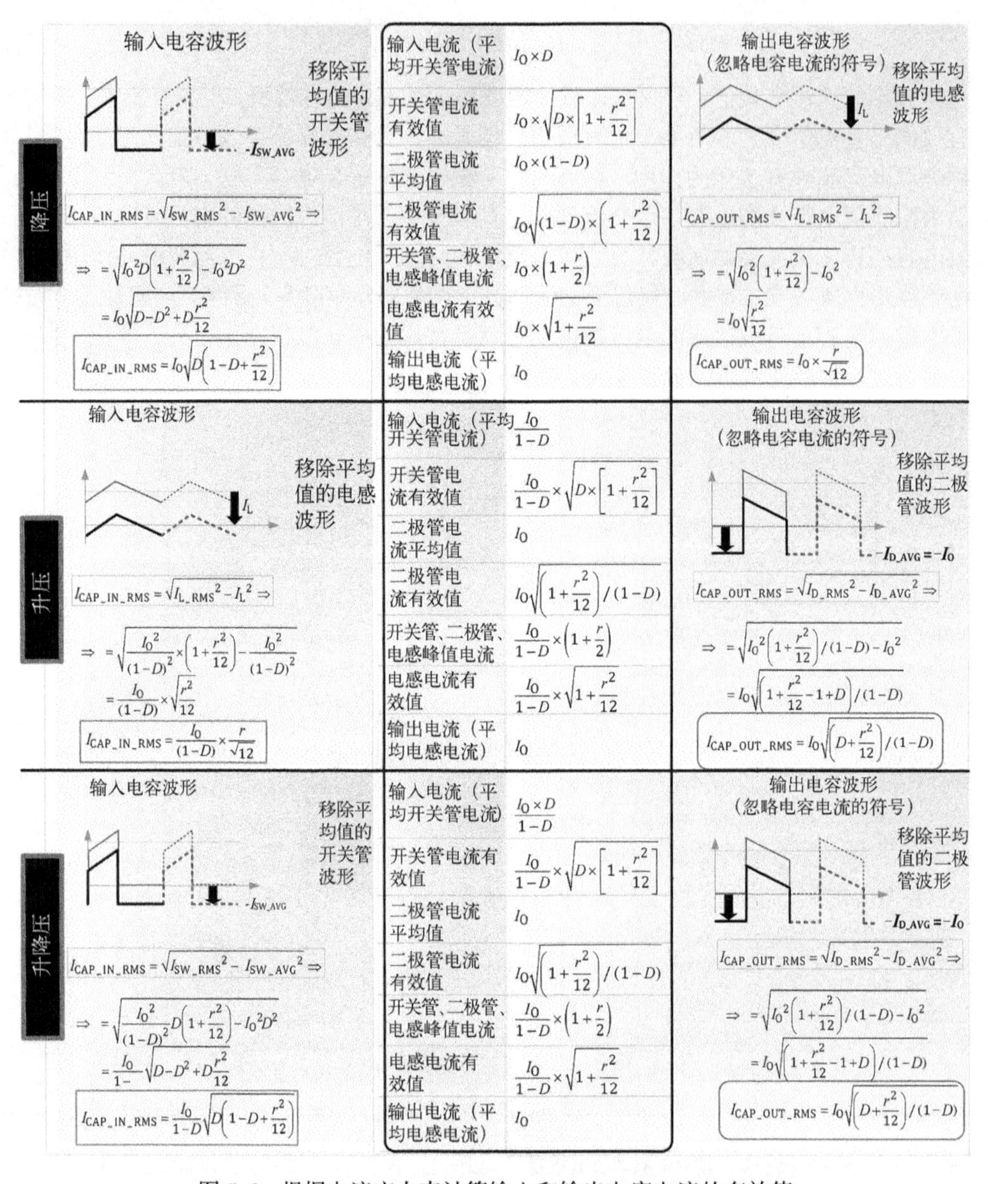

图 7-6　根据电流应力表计算输入和输出电容电流的有效值

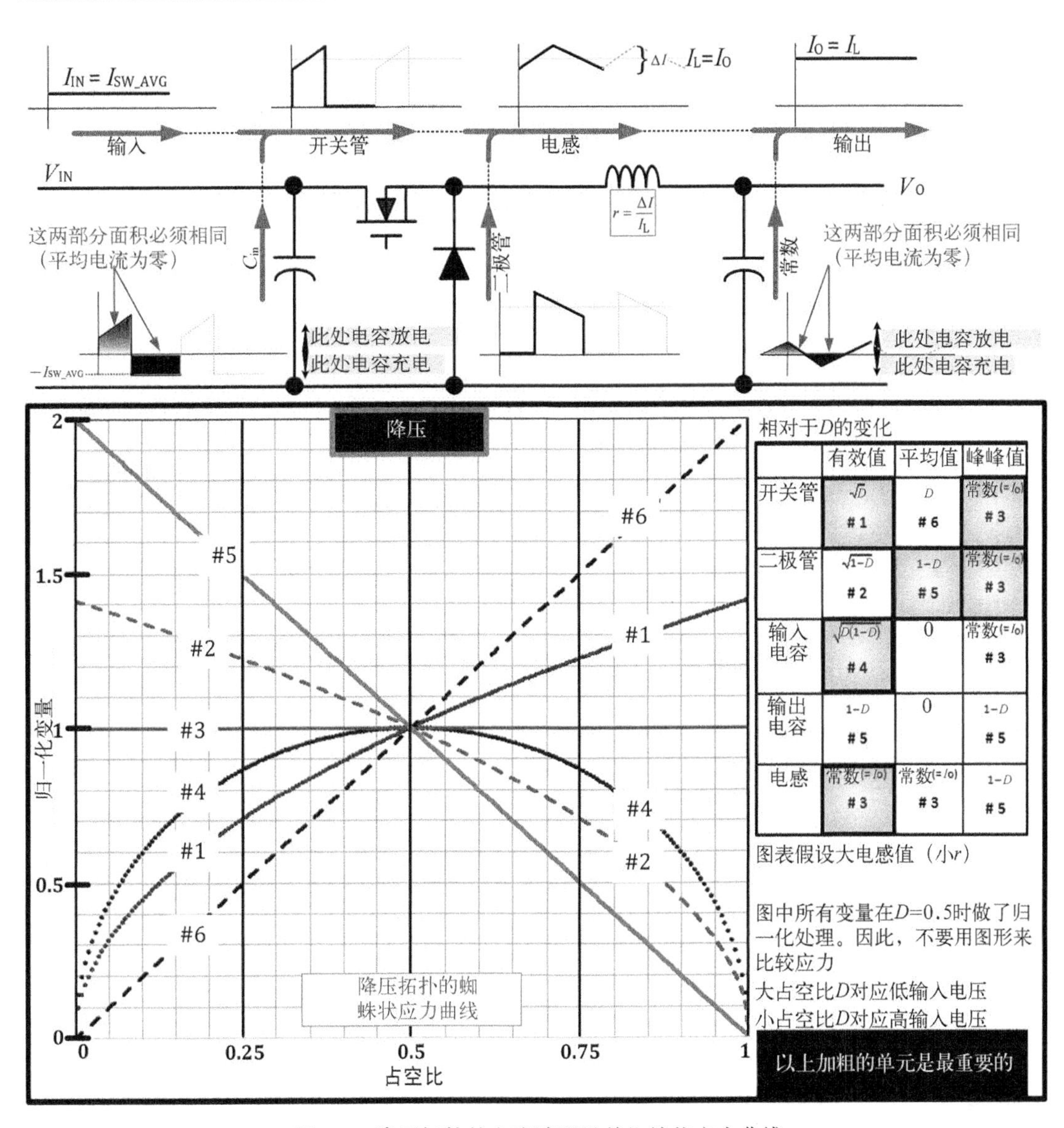

图 7-7　降压拓扑的电流波形及其蜘蛛状应力曲线

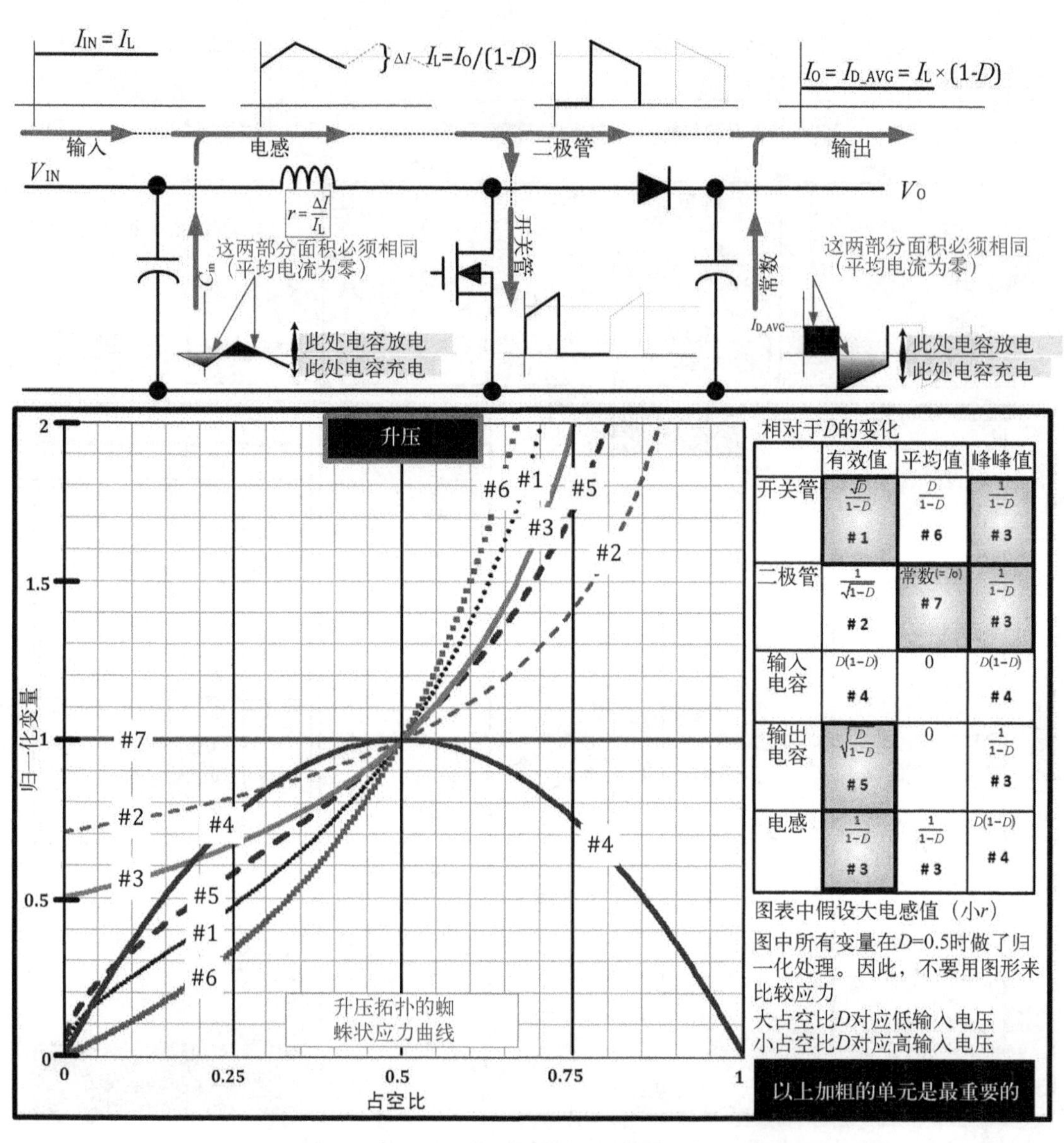

	有效值	平均值	峰峰值
开关管	$\frac{\sqrt{D}}{1-D}$ #1	$\frac{D}{1-D}$ #6	$\frac{1}{1-D}$ #3
二极管	$\frac{1}{\sqrt{1-D}}$ #2	常数(= I_O) #7	$\frac{1}{1-D}$ #3
输入电容	$D(1-D)$ #4	0	$D(1-D)$ #4
输出电容	$\sqrt{\frac{D}{1-D}}$ #5	0	$\frac{1}{1-D}$ #3
电感	$\frac{1}{1-D}$ #3	$\frac{1}{1-D}$ #3	$D(1-D)$ #4

图7-8　升压拓扑的电流波形及其蜘蛛状应力曲线

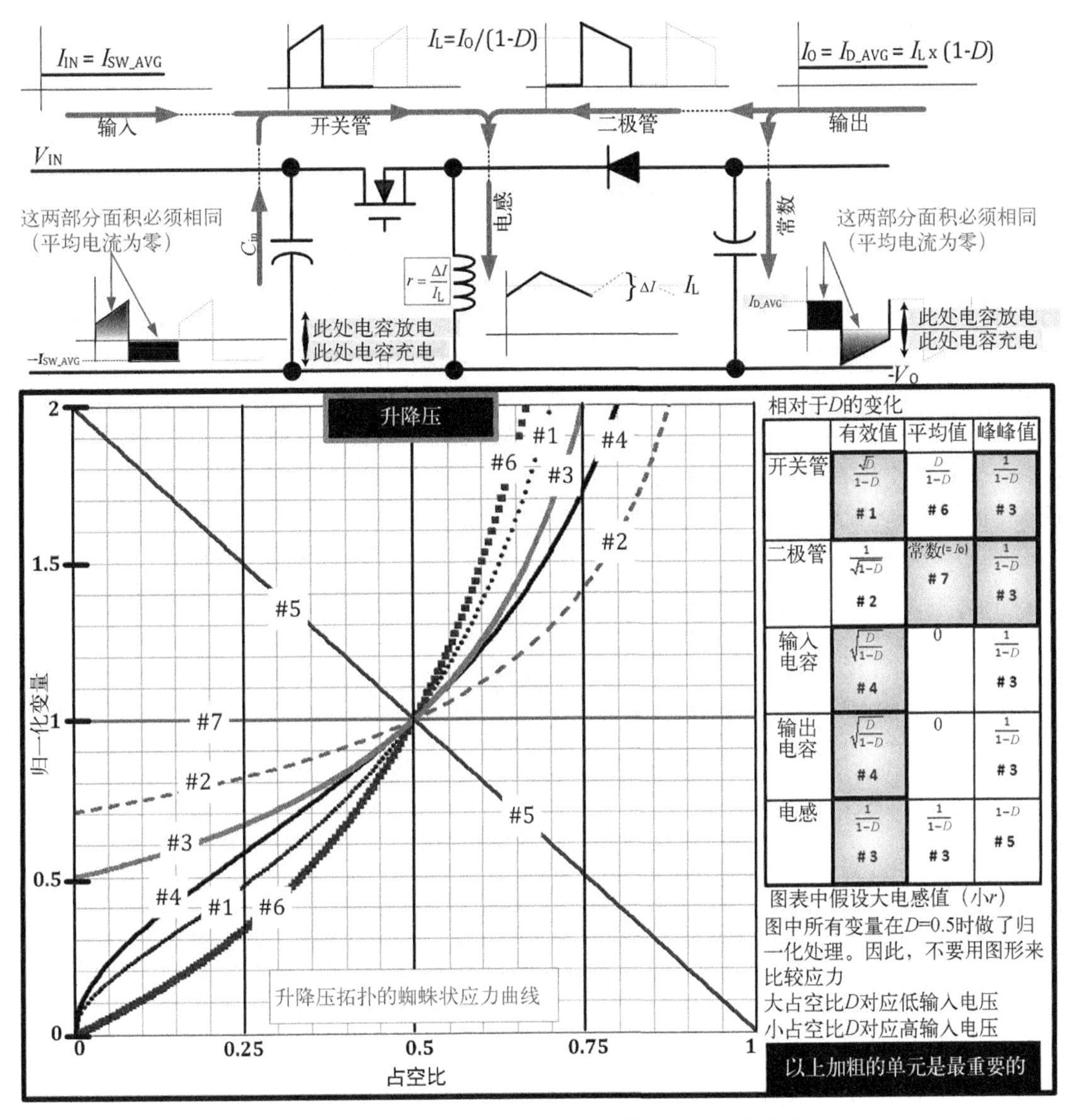

	有效值	平均值	峰峰值
开关管	$\frac{\sqrt{D}}{1-D}$ #1	$\frac{D}{1-D}$ #6	$\frac{1}{1-D}$ #3
二极管	$\frac{1}{\sqrt{1-D}}$ #2	常数(=Io) #7	$\frac{1}{1-D}$ #3
输入电容	$\sqrt{\frac{D}{1-D}}$ #4	0	$\frac{1}{1-D}$ #3
输出电容	$\sqrt{\frac{D}{1-D}}$ #4	0	$\frac{1}{1-D}$ #3
电感	$\frac{1}{1-D}$ #3	$\frac{1}{1-D}$ #3	$1-D$ #5

图 7-9 升降压拓扑的电流波形及其蜘蛛状应力曲线

下面给出一些易用于降压变换器电容选择的经验法则。

对于（降压）输入电容，有

$$I_{CAP\_IN\_RMS}=I_O\sqrt{D\left(1-D+\frac{r^2}{12}\right)} \tag{7-20}$$

函数 $D\times(1-D)$在 D=0.5 时取最大值。尽管含 r 的一项多少会对结果有些影响，但在 r 取值较小时上式可简化为

$$I_{CAP\_IN\_RMS}=I_O\sqrt{D\left(1-D+\frac{r^2}{12}\right)}\approx I_O\sqrt{0.5(1-0.5)}=I_O\sqrt{0.5\times 0.5} \tag{7-21}$$

$$I_{CAP\_IN\_RMS}\approx\frac{I_O}{2} \tag{7-22}$$

例如，3A降压变换器需要一个至少能处理1.5A电流的输入电容，不管其开关频率、输出电压等如何。

确定最恶劣的电流有效值时，遇到的问题是：如果D=0.5并未包含在输入电压范围内，那么应选择哪个输入电压来检验降压变换器输入电容的适用性呢？答案是：最接近D=0.5的电压。例如，给定输入电压范围内，若D从0.2变到0.4，则取D=0.4时的输入电压。若D从0.6变到0.8，则取D=0.6时的输入电压。当然，若D从0.3变到0.6，则取D=0.5（$V_{IN}=2\times V_O$）时的输入电压。

既然电流有效值应力与开关频率无关，那么频率增加就不会影响降压变换器输入电容的大小。有一个2MHz降压变换器和一个100kHz降压变换器，如果输入电容用电解电容，那么两个变换器又需要一样的输入电容。但是，如果输入电容用陶瓷电容，事情肯定要发生变化。这些电容具有相当高的电流纹波额定值，所以选择输入电容的决定性判据不是电流的额定有效值，而是它能承受的输入电流纹波。电流纹波或电压纹波都是开关动作的结果，所以与频率有关。例如，现代的全陶瓷解决方案中，一个2MHz降压变换器输入电容的电容值和尺寸大约是一个类似的1MHz降压变换器输入电容的一半。但必须谨慎，因为输入用陶瓷电容可能会引起将在第17章中讨论的超调和不稳定现象。读者还必须仔细地从半导体供应商提供的典型电路图中读出输入电容的丰富含义。降压变换器的输入电容很少能像输出电容那样优化，经常是基于一般工程师对元器件库的直觉来选择——试用，能工作，搞定。

选择降压变换器输出电容时，为什么电流的额定有效值并不重要？因为降压拓扑中输出电流的（交流）有效值非常小。下面给出的是计算降压变换器输出电容电流有效值应力的经验法则。

$$I_{CAP\_OUT\_RMS} = I_O \frac{r}{\sqrt{12}} \approx I_O \times \frac{0.4}{\sqrt{12}} \tag{7-23}$$

$$I_{CAP\_OUT\_RMS} \approx 12\% \times I_O \tag{7-24}$$

因此，无论用电解电容还是用陶瓷电容，主要考量不是输出电流有效值，而是输出电流纹波。现在，不仅电容的物理体积与电容电流有效值有关，实际的电容值也很重要，并且电容的寄生参数（其等效串联电阻和等效串联电感）也会极大地影响输出电流纹波。第13章将介绍电容电流纹波的全部来源及其影响。

7.7　蜘蛛状应力曲线

从前面章节中学到的重要一点是：对于给定输出电压，占空比D实际上由输入电压决定。所有拓扑中，小占空比D对应高输入电压V_{IN}，大占空比D对应低输入电压V_{IN}。本章的前一部分已经推导了三种基本拓扑的电流有效值和平均值。接下来，将介绍应力如何随D变化，以及它与输入电压的间接关系。迟早要用到这些变量知识来决定在输入范围内究竟是哪个电压对应着“最恶劣”应力，以及应力大小究竟是多少，以便利用第6章介绍的降额原则正确选择功率元器件。

查看迄今为止推导的有效值和平均值方程，就会发现它们都含有r和D。因为r也取决于D（输入电压），这使得总体分析略显复杂。为了从下面分析中获得蜘蛛状应力曲线，常用小r值（或大L，也称平顶）近似法，但仅限于一定程度。事实上，仅在含r的这一项不重要时才可以简单忽略。但是，若含r的一项恰好是主导项，则不能忽略，而要用下述变换（参见本书附录中的设计表）。

$$r \propto (1-D)\ （降压变换器） \tag{7-25}$$

$$r \propto D(1-D)^2 \text{（升压变换器）} \tag{7-26}$$

$$r \propto (1-D)^2 \text{（升降压变换器）} \tag{7-27}$$

注意，现在来讨论电流峰峰值。电感电流的峰峰值就是 ΔI。需要了解它是因为磁芯损耗主要取决于电流峰峰值（当然也取决于开关频率，但与 I_{DC} 无关）。还要注意，在所有拓扑中，开关管、二极管和电感电流的峰值相同。这很重要，因为要根据额定的 I_{SAT} 或 B_{SAT} 决定电流峰值，再确认电感是否满足电流峰值的要求，从而保证避免磁芯饱和，如第 5 章所述。另一方面，电感电流有效值也很重要，因为要根据发热和温升决定其有效值，再确认电感是否满足连续的有效值电流要求。注意，图 7-6 也给出了二极管的电流有效值。原因是也许会用到同步拓扑，因此实际上有可能用 MOSFET 替代钳位二极管。计算 MOSFET 发热需要知道其电流有效值 I_{RMS}，而非电流平均值 I_{AVG}。因此，给出了二极管（续流）位置上的 I_{RMS} 和 I_{AVG}。

下面给出一些例子来说明如何近似地表示应力与 D 之间如图 7-7 到图 7-9 中图表所示的依存关系。

例 1：描述升压拓扑中电感电流峰峰值与 D 的依存关系。

电感电流峰峰值方程为

$$\Delta I = r \times I_L \tag{7-28}$$

升压电感电流平均值是

$$I_L = \frac{I_O}{1-D} \tag{7-29}$$

所以，由升压拓扑中 r 随 $D\times(1-D)^2$ 变化关系可得

$$\Delta I \propto D(1-D)^2 \times \frac{1}{1-D} \to D(1-D) \tag{7-30}$$

这也是图 7-8 表格中给出的值，并绘制在相邻图中。

例 2：描述升压拓扑中输出电容电流有效值与 D 的依存关系。

由图 7-6 可得

$$I_{CAP\_OUT\_RMS} = I_O\sqrt{\left(D+\frac{r^2}{12}\right)\Big/(1-D)} \tag{7-31}$$

所以，假设取大电感值，则含 r 的一项与 D 相比很小。校验：$0.4^2/12=0.013$。如果 D 的最小值约为 10%，即 $D=0.1$，那么含 r 的一项小 10 倍。于是，（对升压拓扑）可以近似为

$$I_{CAP\_OUT\_RMS} = I_O\sqrt{\frac{D}{1-D}} \tag{7-32}$$

$$I_{CAP\_OUT\_RMS} \propto \sqrt{\frac{D}{1-D}} \tag{7-33}$$

这也是图 7-8 表格中给出的值，并绘制在相邻图中。

以这种方法可获得图 7-7 到图 7-9 中的三种蜘蛛状应力曲线。这些曲线的特点总结如下。

(1) 第 5 章介绍了 V_{INMIN} 是选择和设计升降压/反激拓扑磁芯的最佳点。现在，图 7-9 表明，几乎所有应力都随 D 增加（低输入）而增加。所以，V_{INMIN} 可能也是选择、设计和评估所有（升降压拓扑）功率元器件温度的最佳点。换句话说，只能在最低输入和最大负载下测试和评估整个升降压/反激电源的可靠性和寿命要求。一个看似例外的是电感电流峰峰值，其最大值对应 D

最小值（高输入）。既然公认磁芯损耗取决于 ΔI，那就要在高输入电压下评估扼流圈。然而，磁芯损耗通常只是扼流圈（电感）总损耗的一小部分（尤其是铁氧体，它与铁粉芯不同）。主损耗一般是铜损，所以在最低输入电压下测量升降压/反激拓扑的磁芯温度反而更常见，即使一般来说，可能也想评估最高和最低两种输入电压下的电感温度。

(2) 升压拓扑可以得出与前面升降压/反激拓扑非常相似的结论。V_{INMIN} 是升压拓扑设计，也是大多数其他元器件和应力设计的最佳起始点。这里有一个小惊喜，输入电容电流有效值在 D=0.5 时最大，而不是在最大或最小输入电压时。该拓扑在 D=0.5 时 V_O=2×V_{IN}（参见图 5-9）。注意，如果应用中的输入电压范围不包括 V_{IN}=V_O/2，那么选择和测试输入电容时需要选择输入范围内最靠近 V_O/2 的电压。

但要注意，升压拓扑的输入电容电流有效值与输出电容电流有效值相比数值很小。因为输入电容与开关管之间存在电感，显著地平滑了开关管电流波形，并最终由输入电容完成了剩余的平滑/滤波过程。

这就是为什么在图 7-7 到图 7-9 的所有表格中，都用灰色突出显示了最重要或最显著的应力。通常可以忽略表格中那些不是灰色的单元。应该强调，图中的蜘蛛状应力曲线仅表示特定应力相对于它在 D=0.5 时的（归一化）值的相对变化。因此，即使所有相对变化都重叠成一条曲线，每条曲线也代表着完全不同的应力。不要用不同的蜘蛛状应力曲线比较不同类型的应力。

(3) 图 7-7 的降压拓扑中也有几个惊喜。注意，前面一直提倡从 V_{INMAX} 开始降压拓扑设计。它确实是设计和评估降压拓扑电感的最佳点。电感电流有一个恒定的斜坡中心值，等于 I_O，交流分量叠加其上，并随输入电压增加而增加。因此，峰值电流在 V_{INMAX} 时最大。降压电感的能量处理能力取决于 I_{PEAK}^2，因此必须在 V_{INMAX} 下评估。而且，从图 7-7 可以很容易地得出，电感电流有效值（及其发热）将随输入电压增加而增加。因此，降压电感电流有效值也在 V_{INMAX} 时最大。可以断定，V_{INMAX} 确实是设计降压拓扑（电感）的最佳起始点。但它是否对降压拓扑的所有功率元器件都是最佳呢？

由图 7-7 可见，开关管有效值和平均值不是在 V_{INMAX}，而是在高 D 值（V_{INMIN}）时最大。这从直观上讲得通，因为低输入时，占空比增大，意味着开关管导通时间更长，所以在低电压（高应力）时易于发热。这意味着降压开关管必须在 V_{INMIN} 而非 V_{INMAX} 下评估其损耗。可以断定，如果开关管在 V_{INMIN} 下导通时间更长，那么很明显，二极管必须在 V_{INMIN} 下导通时间最短。因此，二极管在 V_{INMAX} 下导通时间最长。所以，预期二极管的有效值和平均值在 V_{INMAX} 下最恶劣。这些都可以从图 7-7 降压拓扑的蜘蛛状应力曲线中得到证实。换句话说，降压拓扑的开关管（及其散热器）必须在 V_{INMIN} 下设计和评估，而二极管必须在 V_{INMAX} 下选择并校验温升。还要注意，输入电容有效值在 D=0.5（或最接近的输入电压）时最大。因此，需要仔细选择和测试降压拓扑的输入电容。图 7-7 中已经用灰色突出显示，从数值上讲，它肯定是重要的一项，需要特别关注。

问题是：图 7-8 和图 7-9 中，其余两种拓扑的最恶劣二极管电流有效值为什么对应 V_{INMIN} 而非 V_{INMAX} 呢？原因是：虽然二极管在输入电压下降时导通时间较短，但流过的瞬时（导通）电流在输入电压下降时急剧上升。

在此，读者可能应该看一下第 19 章的算例，其中大部分用到了前面推导的方程。

7.8　降低 AC-DC 变换器应力

AC-DC 反激变换器是技巧性最强的变换器之一，要求性价比高且设计可靠。下面首先来弄清楚如何使用前一部分给出的有效值和平均值应力方程。

(1) 为了选择元器件并评估反激变换器的原边侧应力，可把（基于变压器的）反激变换器简化成一个基于电感的原边侧等效升降压变换器。这意味着开关管和输入电容其实是 DC-DC 升降压变换器的一部分，其输入电压是交流整流输入电压（$V_{AC}\times\sqrt{2}\equiv V_{IN}$），输出电压是 $V_{OR}=V_O\times n$(V)，负载电流等于 $I_{OR}=I_O/n$(A)，其中 $n=N_P/N_S$。

(2) 类似地，为了选择元器件并评估副边侧应力，可以把反激变换器简化成一个副边侧等效升降压变换器。这意味着二极管和输出电容其实是 DC-DC 升降压变换器的一部分，其输入电压是折算后的交流整流输入电压（$V_{AC}\times\sqrt{2}/n\equiv V_{IN}/n\equiv V_{INR}$），输出电压是 V_O(V)，负载电流等于 I_O(A)。

为了更好地理解上述内容，可参考图 3-2。综上所述，迄今为止推导的所有升降压拓扑电流应力方程都能方便地用于反激变换器。

现在考虑正激变换器的输出部分。假设降压单元（由两个共阳极二极管、扼流圈和输出电容组成）的作用相当于 DC-DC 降压变换器，输入电压是折算后的交流整流输入电压（$V_{AC}\times\sqrt{2}/n\equiv V_{IN}/n\equiv V_{INR}$），输出电压是 V_O(V)，负载电流等于 I_O(A)。那么，所有推导的 DC-DC 降压变换器电流应力方程都能用于正激变换器降压单元。图 3-6 绘制了正激变换器输入侧（原边侧）开关管电流波形。注意，它非常类似于占空比为 $D=V_O/V_{INR}$，负载电流等于 $I_{OR}=I_O/n$ 的 DC-DC 降压变换器开关管波形。开关管电流事实上比等效的 DC-DC 降压变换器电流略大，因为开关管电流波形中含有磁化电流分量，但其幅值与整个波形相比非常小，通常可以忽略。

总结：与 AC-DC 反激变换器映射到升降压变换器的过程类似，迄今为止推导的所有降压变换器有效值和平均值方程也都能直接用于 AC-DC 正激变换器。因此，正激变换器的开关管和输入电容其实是 DC-DC 降压变换器的一部分，其输入电压是交流整流输入电压（$V_{AC}\times\sqrt{2}\equiv V_{IN}$），输出电压是 $V_{OR}=V_O\times n$(V)，负载电流等于 $I_{OR}=I_O/n$，其中 $n=N_P/N_S$。在副边侧，正激变换器的续流二极管和输出电容其实是 DC-DC 降压变换器的一部分，其输入电压是折算后的交流整流输入电压（$V_{AC}\times\sqrt{2}/n\equiv V_{IN}/n\equiv V_{INR}$），输出电压是 V_O(V)，负载电流等于 I_O(A)。

未在上述映射过程中说明的是正激变换器的输出二极管（接至变压器副边侧绕组的二极管）。该二极管（仅）在变换器（占空比为 D）的导通时间内导通，此时流过二极管的电流平均值为 I_O（因为 I_O 是后面降压单元的斜坡中心值）。因此，正激变换器输出二极管的全周期平均电流为 $I_O\times D$，再乘以二极管的正向导通压降，可得出二极管损耗。

如果是双管（双开关管）正激变换器，流过两个 MOSFET 的电流相同。因此，两个 MOSFET 都必须用前面给出的相同的 I_{RMS} 值，再将两管损耗相加，计算总的双管开关消耗。双管正激变换器中每个 MOSFET 都有 100mΩ 的 R_{DS}，总的开关损耗是 R_{DS} 为 100mΩ 的单端正激变换器的两倍。使用双管正激变换器的主要优势反映在每个 MOSFET 的电压应力（而非电流应力）是单端正激变换器的一半。与一个耐压 800 V ~1000V，R_{DS} 为 x 欧姆的 MOSFET 相比，通常能更轻易地找出两个耐压 400V，R_{DS} 为 $x/2$ 欧姆的 MOSFET（导通损耗相同）。

参照表 7-1 和图 7-2 能更好地理解。

第 3 章讨论过反激变换器的稳压管钳位，它作为一种降低反激漏感尖峰的手段，可以使开关管免受电压过应力。现在，有另一个能取得基本同样效果的选项——RCD 钳位。注意，单端正激变换器中，由于原边侧绕组与复位（能量回馈）绕组之间也有很小的漏感，所以也会有漏感尖峰。然而，这两个绕组经常是双线并绕（参见图 9-22），这有助于绕组间良好地耦合，可将漏感降至几乎可以忽略。否则，即使是正激变换器也需要一些钳位或吸收电路。第 9 章将详细介绍正激变换器的复位绕组。

7.9 RCD钳位和RCD吸收电路

早期开关电源一定有一个RCD吸收电路（也称为d*V*/d*t*吸收电路）。RCD代表电阻、电容和二极管，这个小网络总会在开关管两端看到，具有双重用途。

(1) RCD吸收电路有助于减少开关管（早期开关管是BJT）暂态电流与暂态电压的交叠。因此可以改善开关管损耗（和温度），尽管不会提高整体效率。例如，大量的热不再损耗在开关管中，而是损耗在RCD的*R*上。

(2) RCD吸收电路有助于减少开关管关断转换过程中开关管上的d*V*/d*t*，从而增加其可靠性，尤其是对于早期出现的MOSFET。

现在，RCD吸收电路几乎废弃不用，原因有几个：(1) BJT很慢，因而极少使用；(2) 现代MOSFET几乎对d*V*/d*t*失效具有免疫性；(3) 现在的开关转换很快，尽管在开关转换过程中仍有明显的*V*-*I*交叠，但每周期开关转换本身持续的时间仅有约50~100ns，相对于早期的几个μs减少许多（关于交叠，参见第8章）。实际上，RCD吸收电路已经成为历史。取而代之的是RCD钳位电路。

RCD钳位电路很常用，尤其是在AC-DC反激变换器中。一个原因是它们能提供比稳压钳位电路（如第3章所述）更高的效率（更低的成本）。但条件是必须非常仔细地设计RCD钳位电路。注意，在未受过训练的人眼里，电路图中的RCD吸收电路看起来确实很像RCD钳位电路，区别在于钳位电路使用了大得多的电容（典型为10~47nF）和大得多的电阻*R*。与之相反，吸收电路电容小得多，极少超过1~2nF，电阻*R*也小得多。因此，从功能上讲，RCD吸收电路与RCD钳位电路的区别如下：RCD吸收电路中，电容每周期完全放电，但在RCD钳位电路中，电容每周期不完全放电，一直保持预充电，仅比钳位电压水平低一点。因此，RCD钳位电容仅在一定的漏源电压之上才起作用（即RCD钳位二极管导通）。在该电压水平之下，RCD钳位电路几乎不工作。RCD钳位二极管导通时，因为RCD钳位电路电容很大，确实可将反激变换器的漏感电压尖峰"削"至安全值。如前所述，与之相反，RCD吸收电路电容每周期完全放电，在开关管关断时，RCD吸收电容立即准备接收部分续流电流，并以此降低开关管上的d*V*/d*t*（虽然它也把开关管交叉损耗转移到自身）。因此，RCD吸收电路常称为开关辅助网络，它实际上辅助开关管动作。然而，RCD钳位电路仅能做到：钳位。

图7-10和图7-11详细介绍了钳位电路，特别是RCD钳位电路。推导了计算R和C的方程，评估了钳位损耗，还给出了一个算例。切记，最重要的是：

(1) *R*值与*C*值相对独立，本身就是关键的RCD设计参数。事实上，如果成本允许，*C*值几乎可以尽可能大（仅电压纹波分量会降低；其平均钳位电压水平将保持固定，因其取决于*R*，不是*C*）。开关频率为70kHz~200kHz的AC-DC反激变换器中，电容一般选择4nF~22nF。*C*可按最大电压纹波约在±10%以下取值（否则，起不到钳位效果）。然而，高电压下突然过载时，大RCD钳位电容立即发挥作用，钳位电路将吸收爆发的多余能量，使电容快速充电，可能威胁到开关管的绝对最大电压额定值。如果想在这种非正常情况下增加*C*值，却没有恰当地设计反激保护限制（例如，最大占空比限制和电流限制），就要如图7-10所示将RCD钳位电路与稳压管钳位电路并联，以保证安全工作。

(2) 必须认真选择*R*值，但通常是靠经验。选择依据的不是最恶劣工况下超过开关管绝对最大电压额定值，而纯粹是其稳态工作条件。很明显，R 总是在最高输入电压下选择。

(3) 但是，R 的额定功率由其最大损耗决定，对应最低输入电压。

与稳压管钳位电路相比，RCD 钳位电路最大的优势是什么呢？一是成本，二是效率。RCD 钳位电路能提高效率的原因如下。

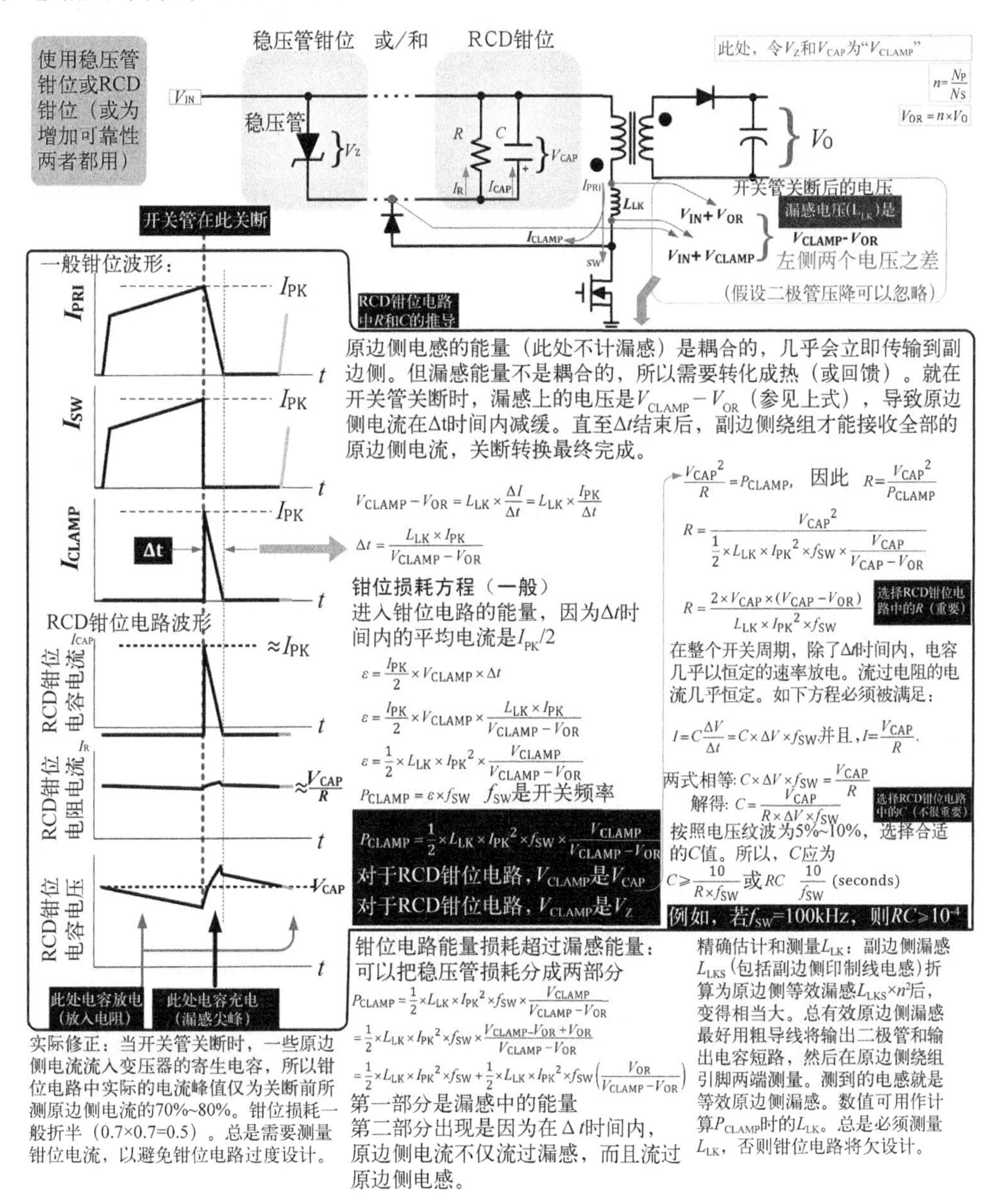

图 7-10 RCD 钳位电路说明以及 R 和 C 的推导

RCD钳位改善低电压输入时的效率

85~270V通用输入反激变换器

采用典型600V的FET，V_{OR}设为100V。为了在高输入电压时保护开关管，需要把漏感尖峰钳位在150V。如果使用稳压管钳位，可选择150V的稳压管。在RCD钳位电路中，需要选择或调整R值，使得高输入电压时的电容电压约为150V（忽略电压纹波）。稳压管钳位时，钳位电压在低输入电压时也保持在150V。但RCD钳位时，钳位（电容）电压在低输入电压时因为电流增大而升至170V，如下所示，低输入电压时效率提高（最大负载时）。高输入电压时的效率几乎相同。因此，开关管电压额定值决定高输入电压时的最大钳位电压，也决定RCD钳位电路中的R值。无论输入电压高低（最大负载时），过低的钳位电压导致钳位电路（电阻中）过高的钳位损耗。因此，R的额定功率由低输入电压时的表现决定，虽然其值是在高输入电压时决定的

为了更好地理解，需要结合高、低两种输入电压条件，分析如下

占空比方程是：$D=\frac{V_{OR}}{V_{OR}+V_{IN}}$

低输入电压时$V_{IN}\approx\sqrt{2}\times 85\text{VAC}=120\text{V}$

（此处忽略输入电容纹波）

$$D_{LO\_LINE}=\frac{100}{100+120}=0.46$$

高输入电压时 $V_{IN}\approx\sqrt{2}\times 270\text{VAC}=382\text{V}$

$$D_{HI\_LINE}=\frac{100}{100+382}=0.21$$

因此，高输入电压时的D几乎是低输入电压时的一半

因为r随$(1-D)^2$变化（参见附录）

$$r_{HI\_LINE}=r_{LO\_LINE}\times\frac{(1-D_{HI\_LINE})^2}{(1-D_{LO\_LINE})^2}$$

因此，若低输入电压时r设为0.4，则高输入电压下

$$r_{HI\_LINE}=0.4\times\frac{(1-0.21)^2}{(1-0.46)^2}=0.86$$

反激变换器的峰值电流变为 $\frac{1+\frac{r}{2}}{1-D}\Rightarrow\frac{2+r}{1-D}$

因此，峰值电流随电网电压变化

$$I_{PK\_HI\_LINE}=I_{PK\_LO\_LINE}\times\frac{2+r_{HI\_LINE}}{2+r_{LO\_LINE}}\times\frac{1-D_{LO\_LINE}}{1-D_{HI\_LINE}}$$

$$\frac{I_{PK\_HI\_LINE}}{I_{PK\_LO\_LINE}}=\frac{2+0.86}{2+0.4}\times\frac{1-0.46}{1-0.21}=0.815$$

因此，高输入电压时的I_{PK}比低输入电压时小约20%

由图7-10中R的设计方程可知

$$R=\frac{2\times V_{CAP}\times(V_{CAP}-V_{OR})}{L_{LK}\times I_{PK}^2\times f_{SW}}\Rightarrow I_{PK}^2\propto V_{CAP}\times(V_{CAP}-V_{OR})$$

可以断定，如果高输入电压时V_{CAP}=150V，并且V_{OR}=100V，那么低输入电压时，I_{PK}下降20%，并且$V_{CAP_LO_LINE}$升至170V。因为(170-150)/150=0.13，所以，

低输入电压时的V_{CLAMP}比高压约13%

由钳位损耗方程可知，如果使用150V稳压管，损耗将更大

$$\frac{P_{RCD\_CLAMP\_LO\_LINE}}{P_{ZENER\_CLAMP\_LO\_LINE}}=\frac{\frac{V_{CAP\_LO\_LINE}}{V_{CAP\_LO\_LINE}-V_{OR}}}{\frac{V_{Z\_LO\_LINE}}{V_{Z\_LO\_LINE}-V_{OR}}}$$

$$\frac{P_{RCD\_CLAMP\_LO\_LINE}}{P_{ZENER\_CLAMP\_LO\_LINE}}=\frac{170/(170-100)}{150/(150-100)}=0.81$$

低输入电压时，RCD钳位损耗比等效的稳压管钳位损耗低约20%

算例：效率为70%的50W通用输入反激变换器，开关频率为100kHz，使用600V的FET。通过用粗导线将输出二极管和输出电容短路，在线测量的等效原边侧漏感为20μH（约为原边侧电感值的2%，正如预期）。找出RCD钳位电路的R值和C值（首次估计值）

输入功率是50/0.72=70W。低输入电压时的占空比为0.46，原边侧电流斜坡中心值由下式决定

$$P_{IN}=70\text{W}=V_{IN}\times I_{IN}=120\text{V}\times I_{PRI\_LO}\times 0.46$$

$$I_{PRI\_LO}=\frac{70}{120\times 0.46}=1.3\text{A}$$

低输入电压时设r=0.4，峰值电流一定为

$$I_{PK\_LO}=I_{PRI\_LO}\left(1+\frac{r}{2}\right)=1.3\times(1.2)=1.56\text{A}.$$

假设高输入电压时的效率不变（比例缩放）

$$I_{PK\_HI}=0.815\times I_{PK\_LO}=0.815\times 1.56=1.27\text{A}.$$

流入钳位电路的电流一般是峰值开关管电流的80%，因为有一些电流流入变压器的寄生电容。因此，下面IPK采用1.27×0.8。高输入电压时

$$R=\frac{2\times V_{CAP}\times(V_{CAP}-V_{OR})}{L_{LK}\times I_{PK}^2\times f_{SW}}=\frac{2\times 150\times(150-100)}{20\mu\times(1.27\times 0.8)^2\times 10^5}\approx 7.3\text{k}$$

$$C>\frac{10}{R\times f_{SW}}=\frac{10}{7.3\text{k}\times 100\text{k}}\Rightarrow 14\text{nF}$$

功率在低输入电压时决定

$$P_{CLAMP}=\frac{1}{2}\times L_{LK}\times I_{PK}^2\times f_{SW}\times\frac{V_{CLAMP}}{V_{CLAMP}-V_{OR}}$$

$$=\frac{1}{2}\times 20\mu\times(1.56\text{A}\times 0.8)^2\times 100\text{k}\times\frac{170}{170-100}=3.8\text{W}$$

因此，可用于评估的首选值为R=7.5kΩ5W，C=15nF/250V。二极管额定值为1A/600V；一些设计人员不推荐在此使用超快二极管。特性软的慢二极管可能有助于改善电磁干扰。

图 7-11 高、低两种输入电压条件下，计算通用输入反激变换器钳位电路的 R、C 和损耗

例如，使用700V的MOSFET时，常用200V的稳压管钳位，V_{OR}最大值设为130V。然而，若用性价比更高的600V的MOSFET，最好用150V的稳压管钳位，V_{OR}设为约100V。第3章介绍过，只要不超过MOSFET的电压额定值，若V_{CLAMP}比V_{OR}大得多，钳位电路损耗会降低。从下面方程中可以明显看出

$$P_{CLAMP} = \frac{1}{2} \times L_{LK} \times I_{PK}^2 \times f_{SW} \times \frac{V_{CLAMP}}{V_{CLAMP} - V_{OR}} \tag{7-34}$$

式中，对于RCD钳位电路，有$V_{CLAMP}=V_{CAP}$；对于稳压管钳位电路，有$V_{CLAMP}=V_Z$。

稳压管钳位电路的钳位电压在电网电压和负载变化时几乎保持不变（分别为200V和150V）。然而，使用RCD钳位电路，当输入电压降低时（负载为最大值不变），由于开关管电流增大，钳位（电容）电压上升，在最低输入电压时可分别达到约220V和170V。与相同条件下的稳压管钳位电路相比，钳位损耗降低了约20%。但要注意，RCD钳位电路效率提高仅仅出现在最低电压和最大负载条件下。例如，负载较轻时，RCD钳位电路的钳位电压比固定的稳压管钳位电压要低得多，这缘于更低的开关管电流。因此，轻载时，RCD钳位电路比稳压管钳位电路效率更低。直观上，可以把RCD钳位电路看作较差的稳压管钳位电路，其钳位（稳压管）电压随其电流增减急剧变化。这有助于降低钳位损耗，但也会引起过电压。因此，RCD钳位电路设计相当重要。如前所述，一些过度紧张的工程师最终会将RCD钳位电路与稳压管钳位电路并联使用，如图7-10所示。

设计RCD钳位电路时，需要记住两个关键优化细节，如图7-10所示。

(1) 开关管关断瞬间，测量到的流入钳位电路的电流实际上是关断前开关管电流峰值的70%~80%。原因是部分原边侧续流电流流入变压器的绕组间电容，（大部分）以热的形式最终耗散。所以，实际钳位损耗与I_{PK}^2成正比，是理论估算的50%~60%。这有助于避免钳位电路的过度设计。极少有仿真模型能说明此问题，但实验室测量能揭示真相。

(2) 原边侧和副边侧的漏感减缓了从原边侧到副边侧的电流传输，从而延长了作用时间Δt（参见图7-10）。这段时间内，原边侧电流在钳位电路中续流，等待漏感按需充电或放电，从一个开关状态进入另一个开关状态。因此，正确估计Δt必须把两个电感结合。

决定钳位损耗计算方程中有效原边侧漏感L_{LK}的最好方法是在线测试。这需要用粗导线将输出二极管和输出电容短路，然后测试原边侧绕组引脚两端的电感。读数就是可用的L_{LK}值。但是，该方法能成功的前提是必须有可用的样机。在最初设计阶段，可用另一种方法取得出人意料的准确估计：

$$L_{LK} = L_{LKP} + n^2 L_{LKS} = (0.01 \times L_P) + \left(\frac{N_P}{N_S}\right)^2 \times L_{LKS} \tag{7-35}$$

式中，L_{LKS}=20nH/in×(以英寸表示的副边侧引线长度)。

此处利用了实际经验，好的AC-DC反激变压器（原边侧绕组分成两半，每一半含$N_P/2$匝，N_S匝副边侧绕组夹入其中，如同三明治）的典型漏感值约等于1%的原边侧电感值（副边侧绕组开路时原边侧绕组的电感值）。并且，副边侧漏感（以匝比的平方折算到原边侧）实际上主要来自副边侧印制电路板上的印制线，而非变压器（这就是推荐在线估计漏感的原因）。印制线电感约为20nH/in。设计者还需要在数值上让正向与返回印制线长度与首个输出电容相加，以根据上段中的公式求出L_{LKS}。注意，反激变换器的首个输出电容后主要是直流电流，因此与印制线电感无关。

对于给定的 V_{OR}，低电压输出的匝比要小得多，因为根据定义，$V_{OR}=n\times V_O$。既然副边侧漏感以 n^2 折算到原边侧，就可能变成与原边侧漏感 L_{LKP} 几乎一样大，特别是在高匝比时（低输出电压）。因此，好的经验法则是：在决定 R 和 P_{CLAMP} 时，L_{LK} 取值不是 L_P 的 1%，而是 2%。

现在也理解了为什么同样是 70W 反激变换器，12V 输出的效率会比 5V 输出的神秘地高出许多，尽管其 V_{OR}、V_{CLAMP}，甚至是 L_{LKP} 都相同。差异源自匝比，高匝比导致 5V 输出的钳位损耗要高得多。

有一种方法能显著提高整体效率，特别是低电压输出时的效率。通过尽力抵消副边侧正向和返回印制线的电感，能显著降低钳位损耗。为此，需要让正向和返回印制线非常靠近，并彼此平行。这样，电流流过时产生的磁场反向抵消，电感减小（无磁场→无储能→无电感）。多层印制电路板的宽接地层正好位于印制线下，磁场能自动抵消。这就是为什么通用输入反激变换器在低输出电压时用双层印制电路板会自动获得比单层印制电路板高得多的效率。

第 8 章

导通损耗和开关损耗

随着开关频率的提高，降低变换器的开关损耗变得极其重要。开关损耗与开关管从导通到关断，再从关断到导通的状态转换过程密切相关。开关频率越高，每秒钟开关管改变状态的次数就越多。所以，开关损耗与开关频率成正比。而且，所有与频率有关的损耗中，最显著的往往是开关管自身产生的损耗。因此，电源设计人员都希望弄清楚在每次开关转换过程中所发生事件的基本时序，从而量化计算与每个事件相关的损耗。

本章主要关注 MOSFET，因为在如今的大多数高频设计中，它是应用最广泛的“开关管”。其导通和关断转换过程可分为若干界限清晰的阶段，下面将介绍在每个阶段内发生了什么，并给出相应的设计方程。但要注意，与大多数相关文献一样，本章对此做了一定简化。因为退一步讲，对 MOSFET（及其与电路板的相互作用）进行建模并不简单。结果很可能导致低估，理论估计与实际开关损耗差别很大（一般为 20%~50%）。设计人员要切记，最终需要利用一些修正系数才能与实际情况相符。后续分析中将利用缩放系数来尽量减小误差。

本章还要介绍如何估计 MOSFET 的驱动要求，并说明给定应用下 MOSFET 和驱动能力正确匹配的重要性。最终，这不仅有助于应用工程师为其应用选择更好的 MOSFET，而且有助于芯片设计人员为目标应用设计驱动器。

请注意以下术语：大多数开关分析中，负载是指从晶体管看到的负载，而不是 DC-DC 变换器的负载。同样，输入电压仅指 MOSFET 关断时其两端的电压，而不是 DC-DC 变换器的输入电压。读者应该清楚，虽然最终结论会与功率变换领域建立必要的联系，但至少在开始时是从 MOSFET 角度，而非其拓扑角度讨论的。

8.1 阻性负载时的开关转换过程

讨论感性负载之前，首先理解阻性负载时的开关转换过程是有益的。

为了简化分析，本节仅考虑理想情况。因此，从图 8-1 所示理想的 N 沟道 MOSFET 开始讨论，其特性如下：

- 导通电阻为零；
- 栅源电压 V_{gs} 为零时 MOSFET 完全关断；
- 当栅源电压 V_{gs} 稍高于参考地时，MOSFET 开始导通，漏极电流 I_d 从漏极流向源极；
- 漏极电流与栅极电压之比定义为 MOSFET 的跨导 g，以姆欧（mho）为单位，即欧姆（ohm）的反写。然而，现在姆欧逐渐称为西门子，用 S 表示；
- 对于特定 MOSFET，假设 g 为常数，等于 1。例如，若 MOSFET 栅极加 1V 电压，则通过 1A 电流；若加 2V 电压，则通过 2A 电流，以此类推。这么做只是为了简化。

如图 8-1 所示，应用电路工况如下：

- 输入电压为 10V；
- 外部电阻（与漏极串联）为 1Ω；
- 栅极电压随时间线性增加。即 t=1s 时为 1V；t=2s 时为 2V；t=3s 时为 3V，以此类推。

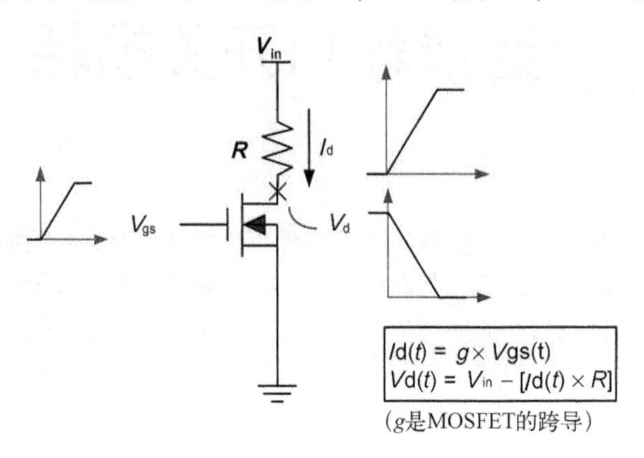

图 8-1　阻性负载时的开关转换过程

分析过程如下（V_{ds}是给定时刻的漏源电压，V_{gs}是栅源电压，I_d是漏极电流）。

- t=0s 时，V_{gs}=0V。由跨导方程，I_d=0A。（由欧姆定律）1Ω 电阻的压降为 0V。因此，MOSFET 的的漏极电压 V_d（即本例中的 V_{ds}）等于 10V。
- t=1s 时，V_{gs}=1V。由跨导方程，I_d=1A。（由欧姆定律）1Ω 电阻的压降为 1V。因此，V_{ds}=10 – 1=9V。
- t=2s 时，V_{gs}=2V。由跨导方程，I_d=2A。（由欧姆定律）1Ω 电阻的压降为 2V。因此，V_{ds}=10 – 2=8V。

栅极电压以此斜率逐渐上升。10s 时，V_{gs}=10V，I_d=10A，则 V_{ds}=0V。10s 后，即使 V_{gs}继续上升，V_{ds}和 I_d也不再发生变化。

注意　一般来说，若栅极电压升至传输额定最大负载电流时的电压值之上，则称其实际工作于过驱动状态。一般认为这是浪费。但实际上，过驱动有助于减小 MOSFET 的导通电阻，从而降低导通损耗。

上例中最大负载电流为 10A，即图 8-2 中的 I_{dmax}。从漏极电流和漏极电压随时间变化的曲线可以看出，交叉时间 t_{cross}为 10s。根据定义，交叉时间就是电流和电压完成各自转换的时间。

转换过程中，MOSFET 的损耗为：

$$E = \int_0^{t_{cross}} Vd(t)Id(t)dt \text{ J} \tag{8-1}$$

这里要记住一个概念，它在相关文献中经常描述为：“电压曲线、电流曲线和时间轴（共同）围成的面积就是开关管（转换期间）的损耗”，即图 8-2 中灰色等腰三角形区域（正如所见，非常不准确）。该灰色区域的一半加以斜线表示。可以看出，交叉时间矩形中（共有）8 个与斜线三角形面积相同的三角形。灰色区域面积是交叉时间矩形的 1/4。因此，如果损耗等于闭合区域面积的理论正确的话，可得：

$$E = \frac{1}{4} \cdot V_{in} \cdot I_{dmax} \cdot t_{cross} \text{ J} \tag{8-2}$$

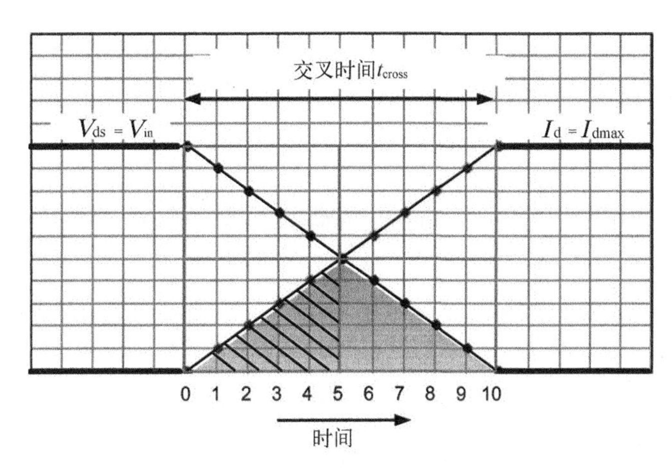

图 8-2 阻性负载时，开关转换过程的电压和电流波形

上式是不正确的，事实上会得出错误的结论。理由是交叉时间内，平均电压为 $V_{in}/2$，平均电流为 $I_{dmax}/2$，所以平均交叉乘积为$(V_{in}\times I_{dmax})/4$。这同样是荒谬的。一般来说，

$$A_{AVG}\times B_{AVG}\neq(A\times B)_{AVG} \tag{8-3}$$

若电压下降时，电流保持恒定，则上一等式其实成立，反之亦然。这是感性负载时所发生的情况，很快就会讨论到。但阻性负载时，交叉时间内的电压和电流同时变化。显然，需要一种（更好的）方法来计算阻性负载时的开关损耗。

计算 t=1，2，3，4，…秒时的瞬时交叉乘积 $V_{ds}(t)\times I_d(t)$。如果将这些点连成线，可得到图 8-3 所示的钟型曲线。因此，求解交叉损耗就是计算该曲线下方的净面积。但是可以看出，这并非易事，因为曲线形状奇特。实际上，除了执行正式的积分/求和步骤外，别无他法。为此，不得不回到基本的电压和电流方程（如图 8-1 所示），求解交叉乘积对时间的积分，可得：

$$E=\frac{1}{6}\cdot V_{in}\cdot I_{dmax}\cdot t_{cross}\ \mathrm{J} \tag{8-4}$$

这就是阻性负载时开关管导通转换过程中损耗计算的正确结果。

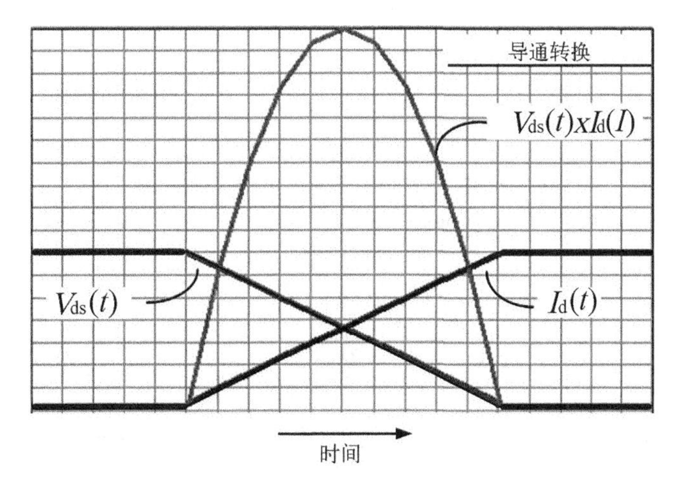

图 8-3 阻性负载时的瞬时能量损耗曲线

如果用同样的方法（交叉时间保持不变）计算 MOSFET 的关断转换过程，也能得到同样正

确的损耗计算结果，尽管这次是电压上升、电流下降。每个周期都有两次转换过程。

于是，可以断定，若以 f_{sw} Hz 的频率重复开关管的开关过程，则净损耗，即单位时间内以热形式耗散的总损耗，等于

$$P_{sw} = \frac{1}{3} \cdot V_{in} \cdot I_{dmax} \cdot t_{cross} \cdot f_{sw} \text{ W} \tag{8-5}$$

所以，这就是阻性负载时（开关管中）的开关损耗。

注意　注意，上述方程中的开关损耗应该更准确地称为交叉损耗，如第1章所述。交叉损耗（即 V-I 重叠部分）并不是开关管中全部的开关损耗，后面会看到。

现在，假设栅极电压如前所述以 1V/s 的斜率上升，但下降得较快，每秒下降 2V。则导通和关断时间将会不同。因此，这种情况下需要将交叉损耗 P_{sw} 分开求解：

$$\begin{aligned} P_{sw} &= P_{turnon} + P_{turnoff} \\ &= \frac{1}{6} \cdot V_{in} \cdot I_{dmax} \cdot t_{crosson} \cdot f_{sw} + \frac{1}{6} \cdot V_{in} \cdot I_{dmax} \cdot t_{crossoff} \cdot f_{sw} \end{aligned} \tag{8-6}$$

式中，$t_{crosson}$ 和 $t_{crossoff}$ 分别是导通转换和关断转换的交叉时间。

现在，假设外部电阻变大，2Ω 替代 1Ω。则漏极电压从 10V 降至 0V 仅需 5s。而 5s 时的漏极电流仅为 5A，栅极电压为 5V。然而，即使进一步增加 V_{gs}，I_d 不可能再变。因此，尽管交叉时间变成原来的一半，电流的上升和下降时间（5s）仍然相同。这是阻性负载独有的特性（因为 $V=IR$）。

感性负载时，游戏规则显著改变。实际上，计算将变得更简单。讽刺的是，这正是因为欧姆定律此时丧失了其简单性（和可预测性）。

8.2　感性负载时的开关转换过程

切换感性负载时（当然要有续流回路），可得到图 8-4 所示的（理想）波形。乍看起来，它与图 8-2 中阻性负载时的波形有些类似。但仔细观察，相差甚远。特别是在电流变化时，电压保持不变；而在电压变化时，电流保持不变。

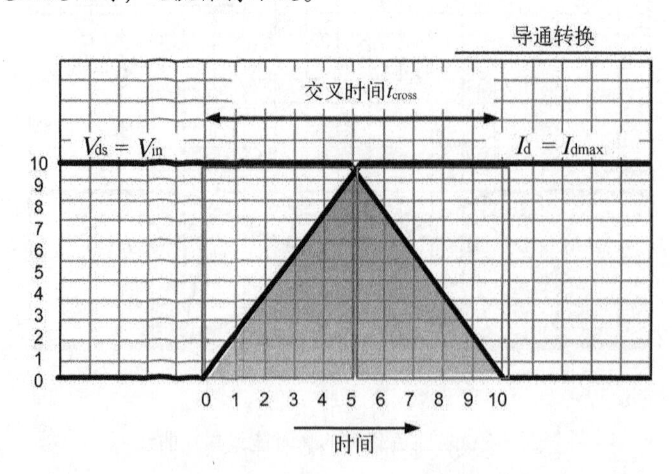

图 8-4　感性负载时的电压和电流波形

计算上述条件下的交叉损耗，可用先前正式的积分方法。但是，这次其实有更简单的方法！因为当一个参数（V或I）变化，另一个参数不变时，可用平均电流 $I_{dmax}/2$ 和平均电压 $V_{in}/2$ 计算平均乘积。用这种方法，可得出导通转换时的开关损耗（单位 J）为：

$$
\begin{aligned}
E &= \left[\frac{V_{in}}{2}\cdot I_{dmax}\cdot\frac{t_{cross}}{2}\right]+\left[V_{in}\cdot\frac{I_{dmax}}{2}\cdot\frac{t_{cross}}{2}\right] \\
&= \frac{1}{2}\cdot V_{in}\cdot I_{dmax}\cdot t_{cross}
\end{aligned}
\qquad (8\text{-}7)
$$

注意，如前所述，现在能合理地认为围成的面积就是损耗。由简单的几何关系可知，图 8-4 中灰色区域的面积是矩形的一半，该结果与上式相同。

之所以能避免积分运算（并能用简单参数计算交叉损耗）只是因为一点点运气，即特定的感性负载条件。

最终，感性负载条件下，周而复始的开关动作产生的开关损耗为

$$P_{sw}=V_{in}\cdot I_{dmax}\cdot t_{cross}\cdot f_{sw}\,\mathrm{W} \qquad (8\text{-}8)$$

注意 表面上就能看出：感性负载时的开关损耗是阻性负载时的 3 倍。确实如此，但仅限于条件完全相同时。实际上，阻性负载时 I_{dmax} 值恒定（由所用电阻值决定）。但感性负载时，I_{dmax} 不再确定，可为任意值，即开关瞬间（之前或之后）恰好流过电感的电流。

还有一个基本问题：为什么感性负载时的波形与阻性负载时差别很大呢？回答这个问题必须回顾一下阻性负载时的分析过程。可以看出，当时计算开关管电压使用了欧姆定律。但感性负载时，欧姆定律显然并不适用。所以，得出图 8-4 所示的波形必须借助第 1 章的知识。开关管关断时，电感两端产生维持电流连续所需的感应电压。现在，以实际的降压变换器为例，介绍如何应用该原理进行分析（参见图 8-5）。

图 8-5 中，首先考虑导通转换（左侧）。二极管在导通之前显然承载全部电感电流（圈 1）。然后，开关管开始导通，试图分流部分电感电流（圈 2）。二极管电流必然因此相应减少（圈 3）。但重要的是，开关管电流仍在过渡阶段，二极管必须流过部分电流（电感电流的剩余部分）。但只要还有一些电感电流流过，二极管就必须完全正偏。因此，该特性（即本例中的感应电压）迫使交换结点电压钳位在略低于地电位的水平，以保持二极管阳极电压比阴极高 0.5V（圈 4）。然后，由基尔霍夫电压定律，开关管两端电压保持为高（圈 5）。仅在最后，电感电流完全移入开关管时，二极管才不再导通。这样，交换结点不再钳位，电压飞升至接近输入电压（圈 6）。此时，允许开关管两端电压下降（圈 7）。

- 由此可见，导通转换时，直到电流波形完成转换，开关管电压才开始改变。于是，出现明显的 V-I 交叠。

  对关断转换（图 8-5 右侧）做同样分析时会发现，当开关管电流只是略微开始下降时，二极管就必须先为导通电流“做好准备”。因此，交换结点电压必须首先降至接近于零，使二极管正偏。这也意味着在开关管电流略微减小之前，开关管电压必须首先完成转换。（参见图 8-5）。

- 由此可见，关断转换时，直到电压波形完成转换，开关管电流才开始改变。于是，出现明显的 V-I 交叠。

如第 1 章所述，电感的基本特性和行为最终导致交叉时间内出现明显的 V-I 交叠。

任何开关拓扑都会发生同样的情况。因此，前面介绍的开关损耗方程可用于所有拓扑。但

要切记，方程中所指的电压是开关管（关断时）两端的电压，电流是开关管（导通时）流过的电流。实际变换器中，最终需要将这些 V 和 I 与实际的输入/输出电压以及应用中的负载电流相关联。具体步骤稍后介绍。

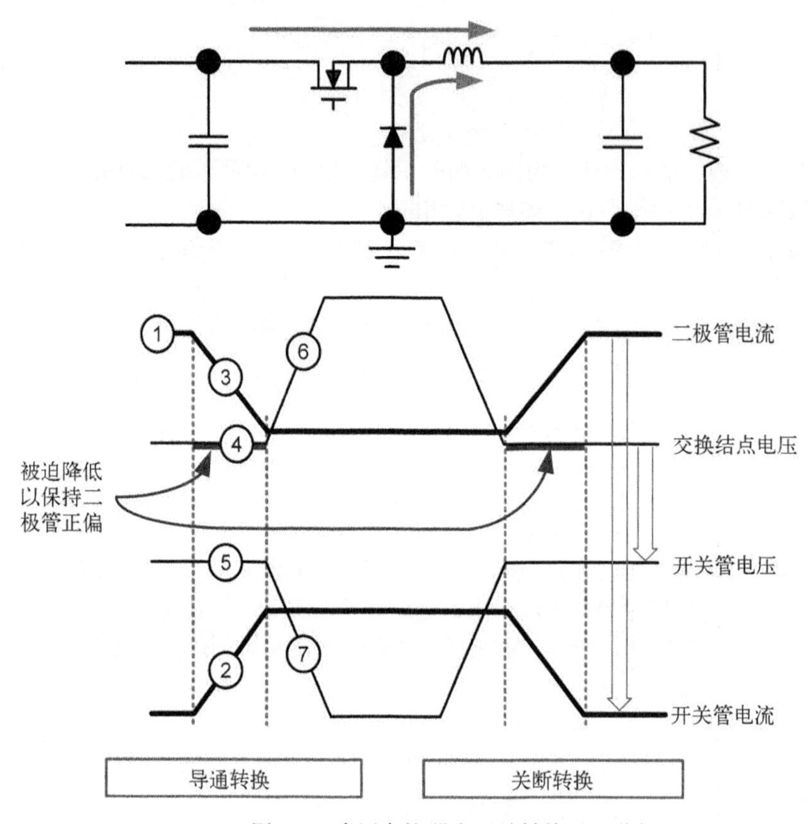

图 8-5　降压变换器中开关转换过程分析

8.3　开关损耗和导通损耗

现代功率变换中引入开关管的根本动机经常简述如下：通过晶体管的开关动作，要么使其两端电压接近于零，要么使其流过的电流接近于零，因此，损耗的交叉乘积 $V×I$ 也几乎为零。可以看出，这种说法对于实际的开关转换过程并不正确（V-I 交叠）。类似地，应该切记，尽管开关管关断时 $V×I$ 损耗非常接近于理想的或预期的零，但是开关管导通时仍有显著的损耗。这是因为虽然现代半导体开关、器件在开关管关断时，电路真的断开，流过开关管的漏电流几乎可以忽略不计。但开关管导通时，开关管压降在许多情况下甚至远大于零。TOPSWITCH®（集成开关芯片，用于中功率离线式反激应用）是报道过的正向压降最高的器件之一，（超过额定电流和温度时）其正向压降超过 15V！一般来说，即使电感电流完全从二极管转移到开关管，也仍有显著的 $V×I$ 损耗。显然，这种特殊的损耗就是（开关管）导通损耗 P_{COND}。实际上，它与交叉损耗相当，甚至更大。

但与交叉损耗不同，导通损耗与频率无关。它取决于占空比，而不是频率。例如，假设占空比为 0.6，那么在 1s 的测量时间间隔内，开关管处于导通状态的净时间为 0.6s。已知导通损耗仅在开关导通时存在。因此，在这种情况下，导通损耗等于 $a\times0.6$，a 是任意的比例常数。现在，若假设频率加倍，则 1s 内导通状态的净时间仍为 0.6s，导通损耗仍然为 $a\times0.6$。但是，若假设占空比由 0.6 变为 0.4（甚至频率同时加倍），则导通损耗减至 $a\times0.4$。应该意识到，导通损耗不可能取决于频率，它仅取决于占空比。

现在提出一个相当有哲理的问题：为什么与频率有关的是开关损耗，而不是导通损耗呢？这只是因为导通损耗产生的时间与变换器传输功率的时间相吻合。因此，只要工况不变（占空比固定，输入、输出功率固定），导通损耗就不变。

计算 MOSFET 导通损耗的简单方程如下：

$$P_{\mathrm{COND}} = I_{\mathrm{RMS}}^2 \times R_{\mathrm{ds}}\mathrm{W} \tag{8-9}$$

式中，R_{ds}是 MOSFET 的导通电阻，I_{RMS}是开关管电流波形的有效值，等于

$$I_{\mathrm{RMS}} = I_{\mathrm{O}} \times \sqrt{D \times \left(1 + \frac{r^2}{12}\right)} \text{（降压）} \tag{8-10}$$

$$I_{\mathrm{RMS}} = \frac{I_{\mathrm{O}}}{1-D} \times \sqrt{D \times \left(1 + \frac{r^2}{12}\right)} \text{（升压和升降压）} \tag{8-11}$$

式中，I_{O}是 DC-DC 变换器的负载电流，D 是占空比。注意，（假设电流纹波率很小）上式近似等于

$$I_{\mathrm{RMS}} \approx I_{\mathrm{DC}} \times \sqrt{D} \quad \text{（降压、升压和升降压）} \tag{8-12}$$

式中，I_{DC}是平均电感电流，I_{RMS}是开关管电流波形的有效值。

二极管导通损耗是电源中另一种主要的导通损耗。它等于 $V_{\mathrm{D}}\times I_{\mathrm{D\_AVG}}$，其中 V_{D}是二极管正向压降。$I_{\mathrm{D_AVG}}$是二极管平均电流。它在升压和升降压拓扑中等于 I_{O}，在降压拓扑中等于 $I_{\mathrm{O}}\times(1-D)$。同样，它与开关频率无关。

减少导通损耗最明显的方法是降低二极管和开关管的正向压降。因此，要使用低正向压降的二极管，如肖特基二极管。同理，要使用低导通阻抗 R_{ds}的 MOSFET。但必须折中考虑。肖特基二极管具有较低的正向压降，但其漏电流非常大。此外，其体电容也很大，最终会增加损耗。同理，减小 MOSFET 的 R_{ds}时，其开关速度会受到负面影响。

8.4 感性负载时用于开关损耗研究的 MOSFET 简化模型

图 8-6 左侧展示了基本的 MOSFET（简化）模型。特别要注意，漏极、源极和栅极之间有三个寄生电容。这些“小”极间电容是提高开关管效率的关键，尤其是在高频时。应该清晰理解它们在开关转换中的作用。

从一开始就关注交叉耗的根本原因是：开关转换过程中不可避免地存在 V-I 交叠。产生交叠的原因是：开关管通断时，电感总要努力创造合适条件迫使电流连续流动。而交叠持续时间较长的主要原因是：每个开关周期内，三个寄生电容都需要（根据情况）充放电，以达到与开关管和电路状态改变相称的新的电压水平。粗略地讲，这些寄生电容越“大”，充放电时间越长。于是，交叉（交叠）时间增加，从而使交叉损耗增加。而且，因为这些寄生电容的充放电路径通常含有栅极电阻，其栅极电阻值也会显著影响转换时间和开关损耗。

图 8-6 的右半部分展示了进一步简化后的简单模型。栅极内部电感和外部电感合并为单一

的漏感 L_{LK}。注意，在此默认假设印制电路板布局良好，所有栅源电感均可忽略。MOSFET 内部小电阻、外部栅极电阻（如果有）和驱动电阻（及其内部上拉或下拉电阻）合并为单一的有效驱动电阻 R_{drive}。

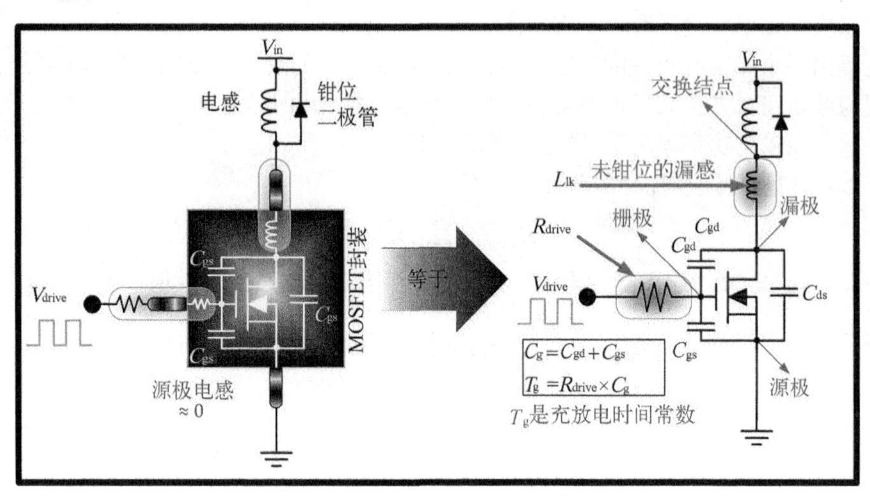

图 8-6 MOSFET 简化模型

注意，图 8-6 中主电感是耦合的，因为它有可用的续流回路。但漏感是非耦合的，因为它没有释放能量的路径。因此，(当试图改变流过其中的电流时)漏感将以电压尖峰的形式“抗议”。但是，若分析过程中假设漏感极小（即使未必忽略它），可以发现，这会导致开关波形中出现某种非自然现象，使得它们看起来与图 8-4 和图 8-5 中感性负载时的理想开关波形略有不同。但是，结果证明这些非自然现象只具有学术上的理论研究价值（当然，假设 R_{drive} 很小）。另外，这些非自然现象一般有助于略微减小交叉损耗。所以，从这个意义上讲，理想波形反而更“保守”，只要坚持按理想波形分析，就能得到很好的结果。

注意图 8-6 所示电路，应该清楚该电路不能真正工作。由第 1 章可知，如果连一个输出电容都没有，那么电路永远不会达到稳态。电容充电有助于电感的伏秒积平衡。因此，该电路显然是理想化的，只是为了方便分析特定的开关转换过程。

最后要注意，开关管只“在乎”关断时的电压和导通时的电流。这就是为什么所有拓扑的转换过程都可以安全地用这个简单电路来表示。例如，可以将图 8-6 中的漏感和主电感移至 MOSFET 源极。只要栅极驱动仍与源极耦合良好（即栅源之间无电感），就没有任何真正的改变。这并不奇怪，因为若某一元器件（或电路模块）A 与 B 串联，则位置始终可以互换，使 B 与 A 串联，一切也都不变。

最后应切记：分析中所谓的漏极未必是同一名称的封装引脚，更不是交换结点！如图 8.6 所示，电感 L_{LK} 将这些点分开。因此，举例来说，虽然二极管续流时，交换结点电压必须钳位在 V_{in} 附近，但器件的漏极电压偶尔会略有不同（它显然等于 L_{LK} 两端的电压）。

8.5 寄生电容在交流系统中的表示方法

下面将详细讨论感性负载时 MOSFET 的开关转换过程。为此，将导通过程和关断过程分成若干个阶段。在大多数阶段，栅极表现为一个简单的输入电容，通过电阻 R_{drive} 充电或放电。这种情况与第 1 章中讨论的简单 RC 电路相同。实际上，栅极对漏极和源极之间发生的事情“视而不见”（由于 MOSFET 的跨导）。

如果从交流驱动信号角度去观察栅极，那么有效输入充电电容 C_g 是 C_{gs} 与 C_{gd} 并联（算术和）。后续讨论中将它简称为栅极电容或输入电容，因此，

$$C_g = C_{gs} + C_{gd} \tag{8-13}$$

所以，栅极电容充放电循环的时间常数为

$$T_g = R_{drive} \times C_g \tag{8-14}$$

注意 此处似乎间接暗示着开关管导通和关断时的驱动电阻相同。事实并非如此。后续介绍的所有方程都考虑了导通和关断时的驱动电阻不同。因此，一般来说，导通和关断转换时的交叉时间不同。还要注意，在一定的（导通或关断）交叉时间内，实际的电压转换时间与电流转换时间并不相同（与阻性负载时的情况不同）。

MOSFET 的寄生电容在交流系统中分别表示为有效输入电容、输出电容和反向传输电容，即 C_{iss}、C_{oss} 和 C_{rss}，它们都与极间电容有关，关系如下：

$$C_{iss} = C_{gs} + C_{gd} \equiv C_g \tag{8-15}$$

$$C_{oss} = C_{ds} + C_{gd} \tag{8-16}$$

$$C_{rss} = C_{gd} \tag{8-17}$$

也经常写成：

$$C_{gd} = C_{rss} \tag{8-18}$$

$$C_{gs} = C_{iss} - C_{rss} \tag{8-19}$$

$$C_{ds} = C_{oss} - C_{rss} \tag{8-20}$$

大多数供应商的数据手册中，通常可以在典型性能曲线部分找到 C_{iss}、C_{oss} 和 C_{rss}。可以看出，这些寄生电容都是电压的函数。显然，这使得分析明显复杂化。因此，有必要近似假设极间电容都是常数。可以先查阅 MOSFET 的典型性能曲线，然后再根据（给定应用中）MOSFET 关断时的电压选出对应的电容值。稍后还将介绍如何利用缩放系数减小误差。

8.6 栅极阈值电压

前面讨论的理想 MOSFET（参见图 8-1）在栅极电压高于地电位（即源极电压）时开始导通。但是，实际的 MOSFET 具有一定的栅极阈值电压 V_t。它对逻辑电路级 MOSFET 而言一般为 1~3V，对高压 MOSFET 而言一般为 3~10V。因此，从本质上讲，栅极电压必须高于阈值电压才能使 MOSFET 导通（导通一般定义为电流大于 1mA）。

因为 V_t 不等于零，跨导的定义也需稍作修改

$$g = \frac{I_d}{V_{gs}} \Rightarrow g = \frac{I_d}{V_{gs} - V_t} \tag{8-21}$$

注意，分析中做了另一个简化假设，即跨导也是常数。

了解了以上背景信息后，下面开始仔细研究在开关管导通和关断转换过程中实际发生的现象。

8.7　导通转换过程

图 8-7 至图 8-10 把导通转换过程划分成 4 个阶段，并单独予以详细介绍。为了快速查阅和易于理解，图中分别给出了各阶段的相关解释和评论。

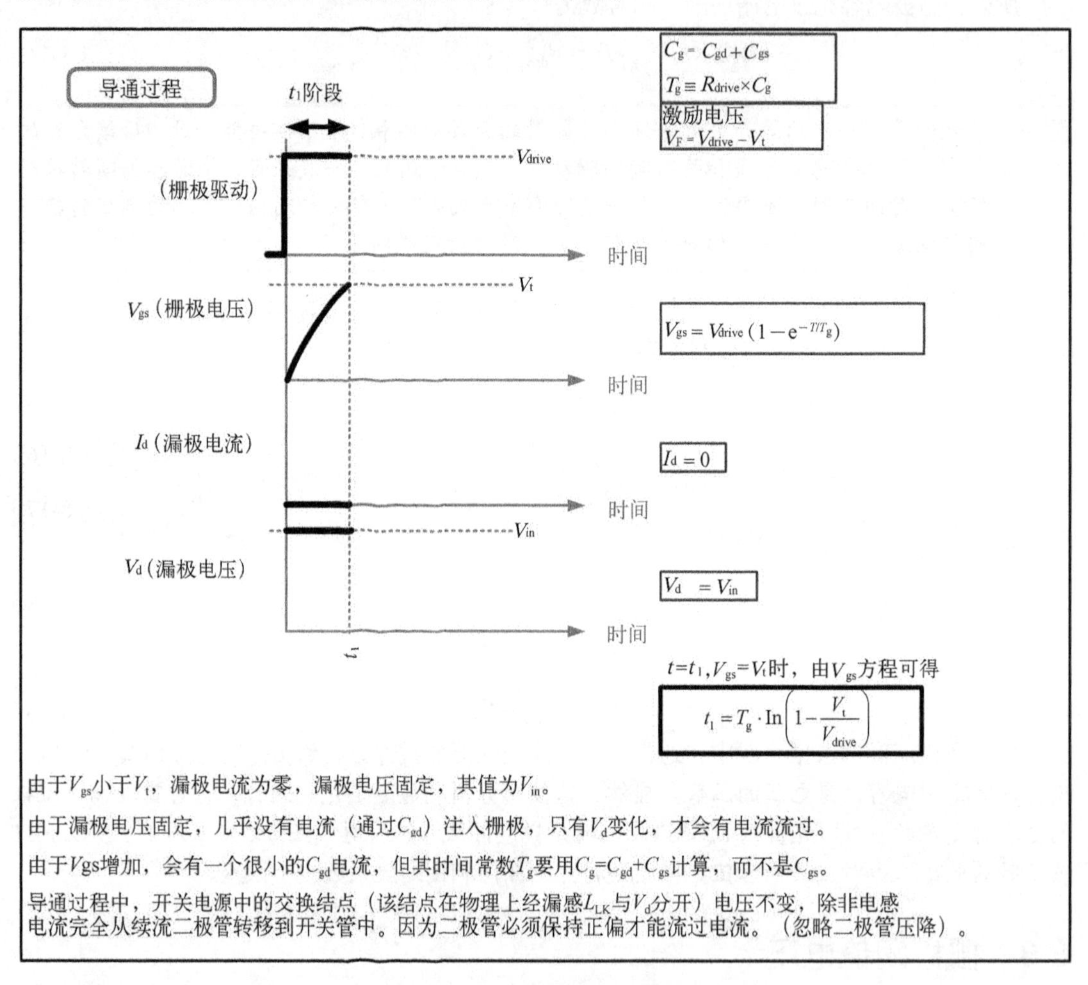

图 8-7　导通过程的第一阶段

简而言之，t_1阶段是栅极电压达到阈值电压 V_t的时间。该阶段内，电路表现为一个简单的 RC 充电电路。t_2阶段，栅极电压 V_{gs} 以指数规律增加，而此时漏极电流开始以一定斜率上升。但事实上，栅极并不“知道”发生了什么，因为漏极电流完全由跨导决定（而且，漏极电压不变）。但在 t_3阶段，二极管截止（因为电感电流全部转移到开关管中）。所以，此时漏极电压跳变。与此同时，电流注入 C_{gd}。注意，虽然该电容一般极小，但仍可能对交叉时间产生巨大影响，因为它直接从高电压交换结点（漏极）向栅极注入电流。就在 t_3之前，C_{gd}两端电压仍相对较高。但开关管完全导通时，C_{gd}两端电压必须最终降至新的较低水平。因为在 t_3阶段，C_{gd}实质上在放电。所以，问题是：C_{gd}通过什么路径放电呢？对此做如下分析：放电电流到达栅极后有两种选择，要么经由 C_{gs}，要么经由 R_{drive}。但栅极电压已经固定在 V_t+I_O/g 水平，足以支持全部的电感电流 I_O。因此，C_{gs} 两端电压（栅极电压）基本上无需改变。而且，由电容电流的基本方程 $I=C\times dV/dt$ 可知，C_{gs} 电流必然为零，因为该阶段电容两端电压不变。由此可以断定，从 C_{gd} 流入栅极的电流全部转移到 R_{drive} 中。但 R_{drive} 两端电压固定，一端是 V_{drive}，另一端是 V_t+I_O/g。所以，流过电阻的电流服从欧姆定律，这意味着在 t_3 阶段，实际上是 R_{drive} 完全控制着流过 C_{gd} 的电流。然而，流过 C_{gd} 的电流也要服从方程 $I=C\times dV/dt$。因此，若电流 I 固定（由 R_{drive} 确定），就能计算出 C_{gd} 两端对应的 dV/dt，从而计算出 V_d。实际上，这意味着 C_{gd} 和 R_{drive} 共同决定着 t_3 阶段的漏极电压下降率（和电压转换时间）。t_3 阶段的栅极电压波形中出现的平台称为"米勒平台"，它反映了反向传输电容 C_{gd} 的影响。最后，在漏极电压完成跳变后，流过 C_{gd} 的电流完全停止，周而复始，栅极再次表现为一个简单的 RC 充电电路。注意，t_4 阶段，因为漏极电流不变（已达到可能的最大值），所以栅极实际上处于过驱动状态。但是，t_4 阶段的驱动损耗仍然存在。

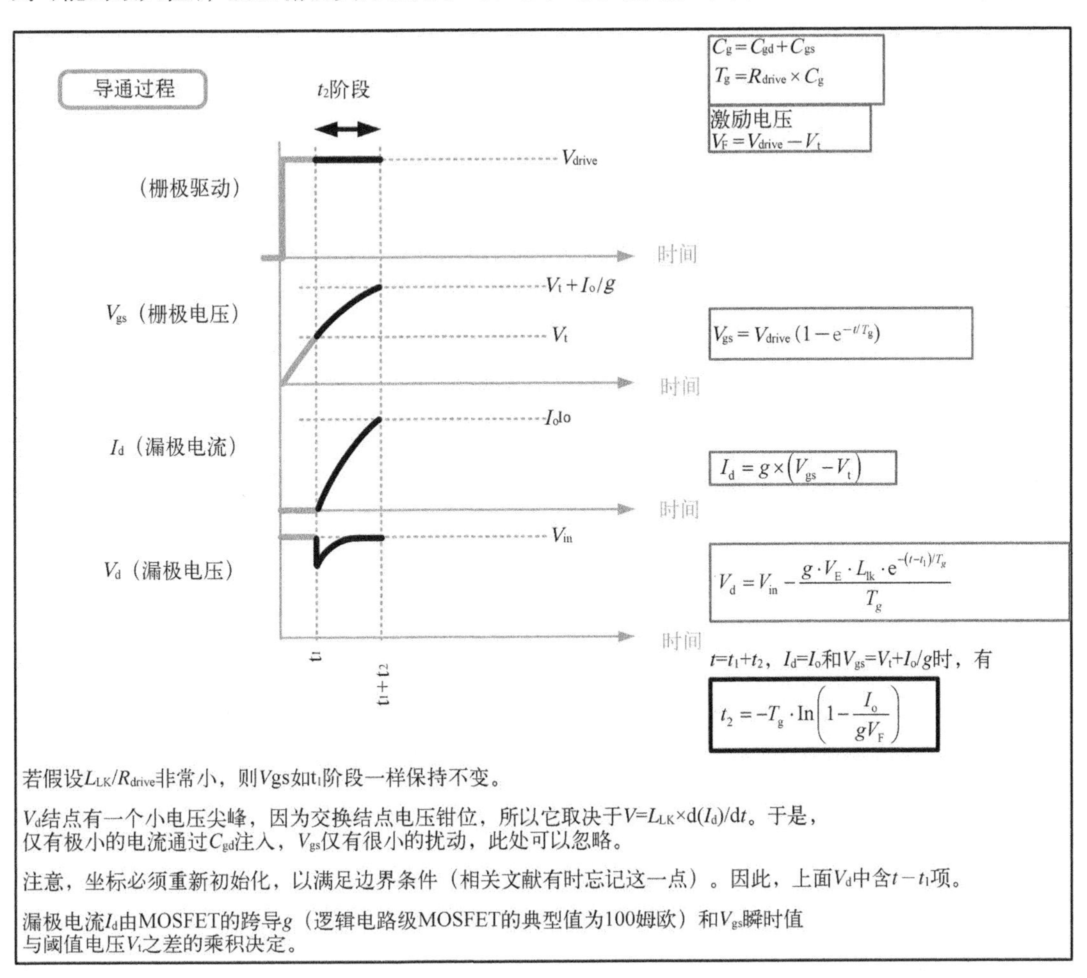

图 8-8 导通过程的第二阶段

交叉时间为 t_2+t_3，是电流和电压都完成转换所需的时间。为了计算驱动损耗，需要考虑全部的时间 $t_1+t_2+t_3+t_4$。注意，根据定义，t_4 阶段结束时，栅极电压接近 V_{drive} 的 90%。因此，可以安全地假设，驱动在该时间点后事实上不再起作用。所以，t_4 阶段结束时，可认为转换已经完成，即使从开关管角度看，驱动也已结束。

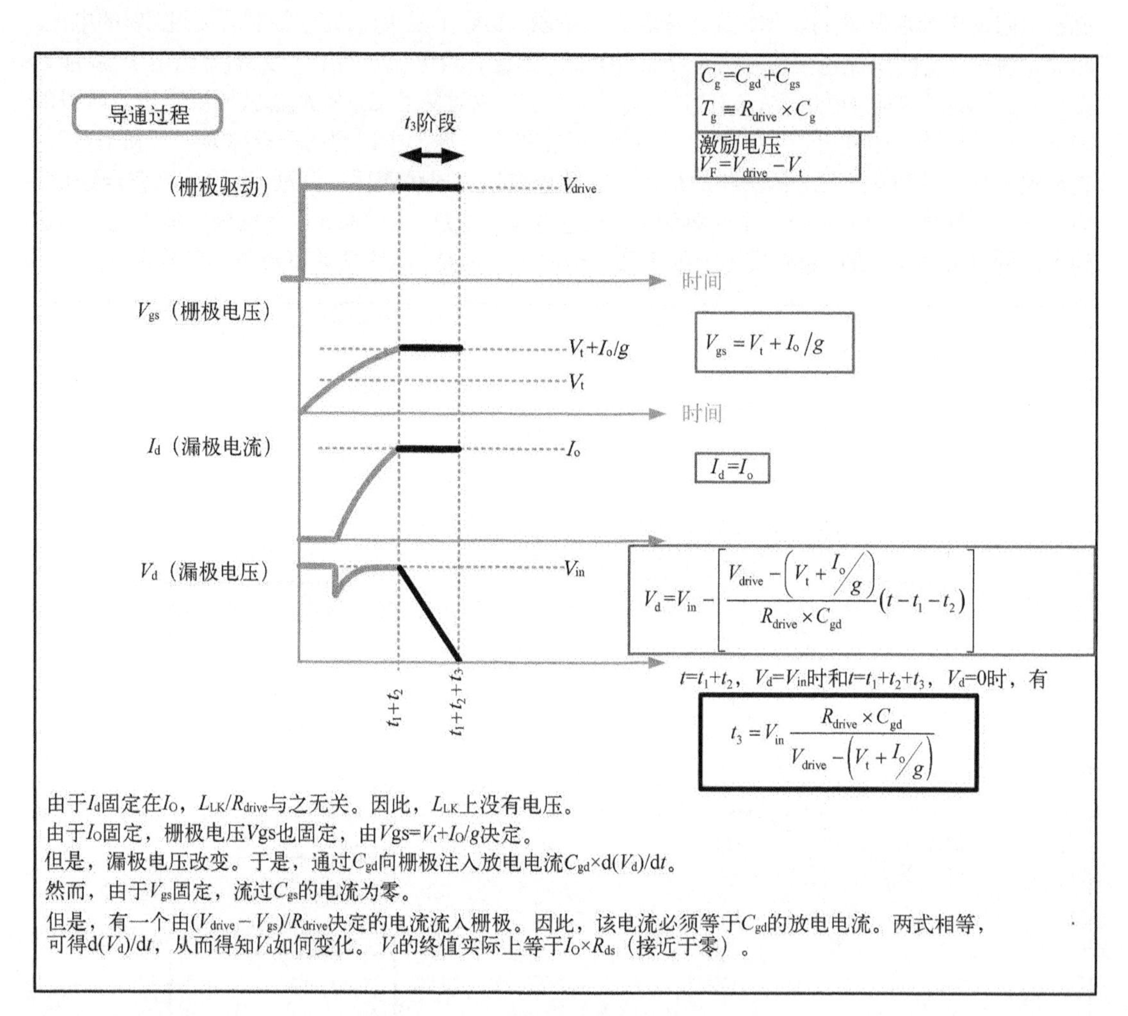

图 8-9　导通过程的第三阶段

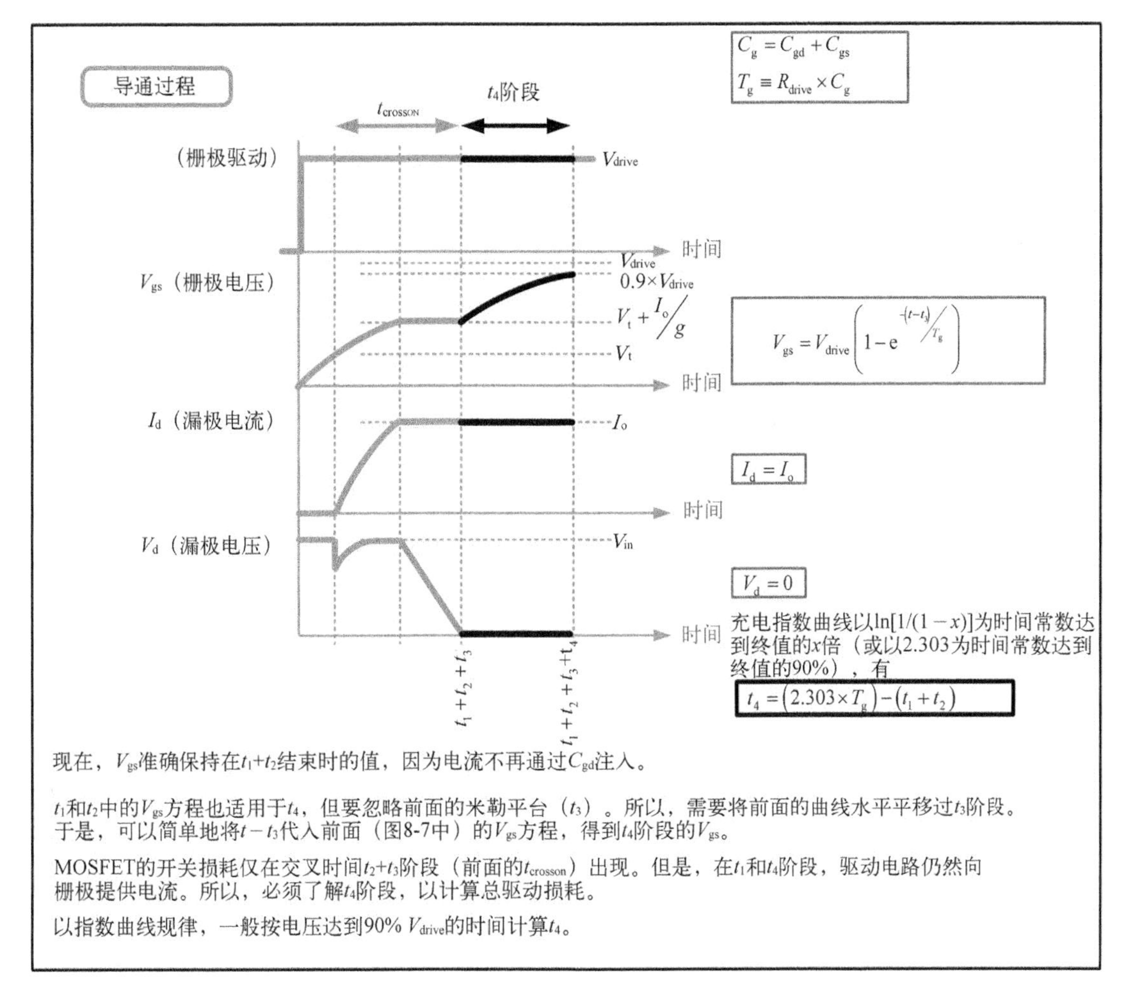

图 8-10 导通过程的第四阶段

8.8 关断转换过程

分析方法与导通转换过程相同，把关断转换过程划分成 4 个阶段，如图 8-11 至图 8-14 所示。

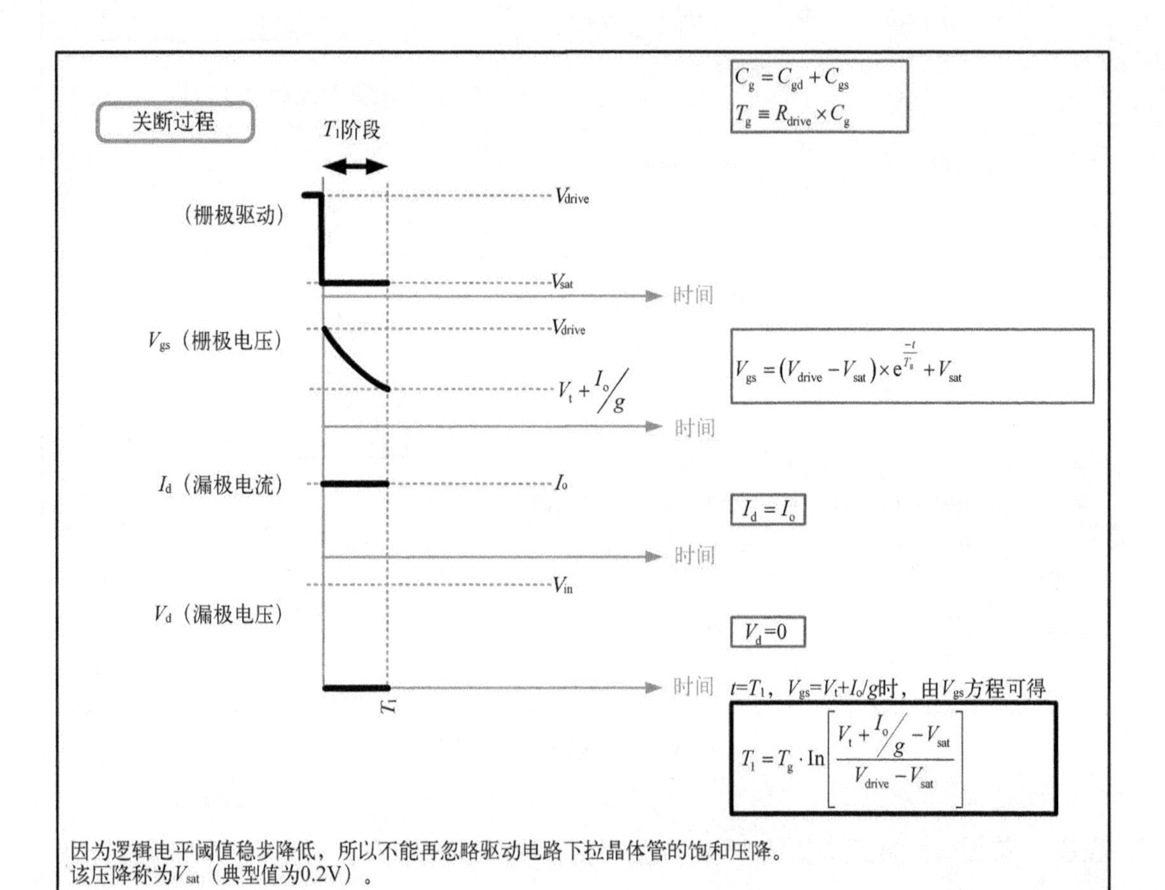

图 8-11　关断过程的第一阶段

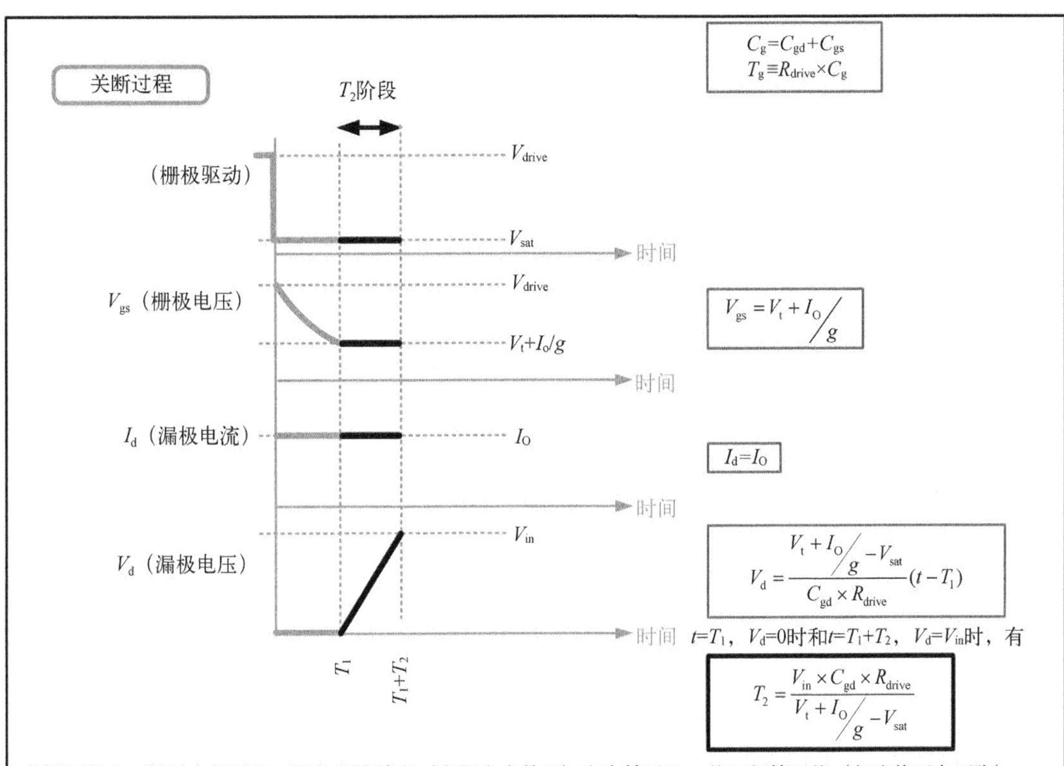

关断过程中，漏极电流不变，除非交换结点（实际上也是V_d）完全等于V_{in}，使二极管正偏（忽略其正向压降），开始分流部分或全部漏极电流I_d。

V_{gs}固定在V_t+I_O/g（米勒平台）。所以，流过C_{gs}的电流为零。

但是，漏极电压改变。于是，通过C_{gd}向栅极注入充电电流$C_{gd}\times d(V_d)/dt$。

然而，有一个由$(V_{sat}-V_{gs})/R_{drive}$决定的电流从栅极流出。因此，该电流必须等于$C_{gd}$的充电电流。两式相等，可得$d(V_d)/dt$，进而得出$V_d$方程。

图 8-12 关断过程的第二阶段

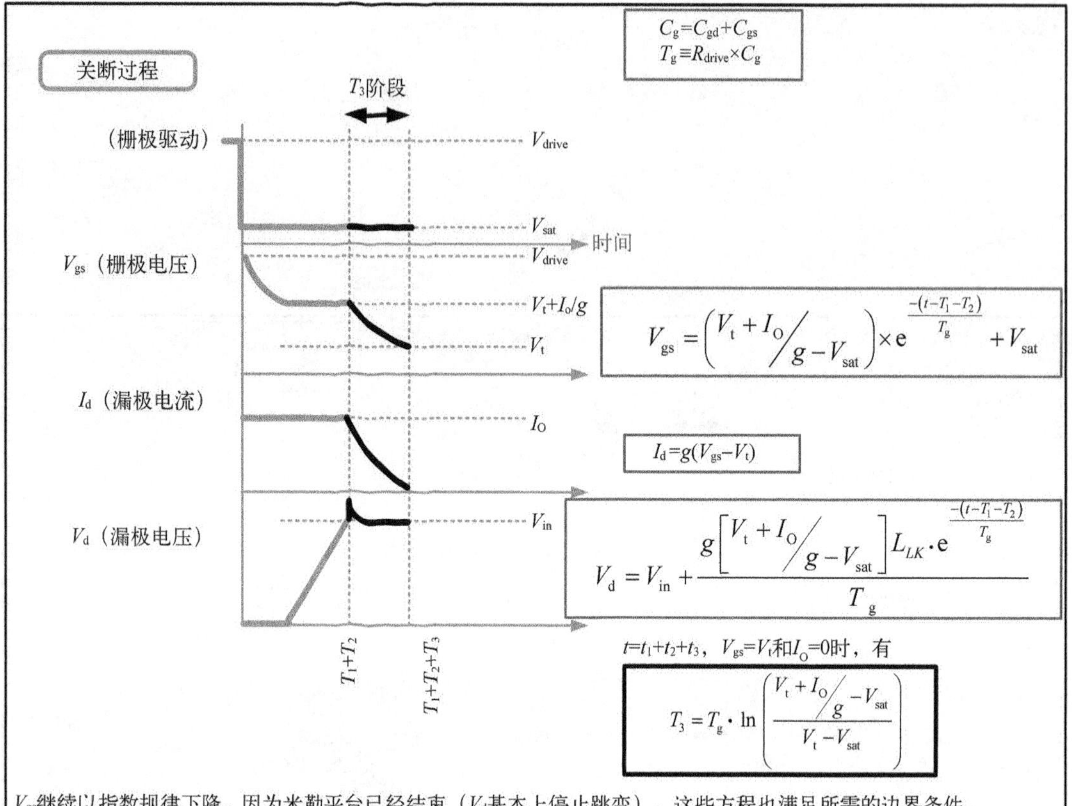

V_{gs}继续以指数规律下降，因为米勒平台已经结束（V_d基本上停止跳变）。这些方程也满足所需的边界条件。

小L_{LK}/R_{drive}近似时，假设通过C_{gd}注入的电流非常小，对V_{gs}的影响可以忽略。

寄生电感L_{LK}上端的电压保持在V_{in}，但下端（V_d结点）将出现小电压尖峰，因为$V=L_{LK}\times d(I_d)/dt$。

图 8-13　关断过程的第三阶段

简而言之，T_1阶段是过驱动结束时间；即栅极电压恢复到支撑电压 $V_{gs}=V_t+I_O/g$（足以支撑全部漏极电流 I_O 的最小栅极电压）。该阶段内，漏极电流不变，漏极电压也不变。因此，电路实际上表现为一个简单的 RC 放电电路。T_2阶段，栅极电压再次进入平台期。因为漏极电压必须首先跳变到接近 V_{in}，使二极管定位为正偏，准备开始接收开关管内逐渐移出的电流（如图 8-5 所示）。因此，T_2阶段是电压转换完成时间。T_1和 T_2阶段，漏极电流不变。按照与导通转换时 t_3阶段类似的逻辑，T_2阶段，电压 V_{ds}的上升率仍（仅）由 R_{drive}和 C_{gd}共同决定。最后，T_3阶段，漏极电流开始下降至零，栅极电压按指数规律衰减至 V_t（如同 RC 电路）。至此，T_3阶段结束。如果仅从开关管角度考虑，转换过程已经结束。但其后，T_4阶段，RC 电路仍以指数规律放电，直至 V_{gs}降至最初栅极驱动电压的 10%。如前所述，驱动损耗在 $T_1+T_2+T_3+T_4$时间内产生，而交叉时间仅为 T_2+T_3。

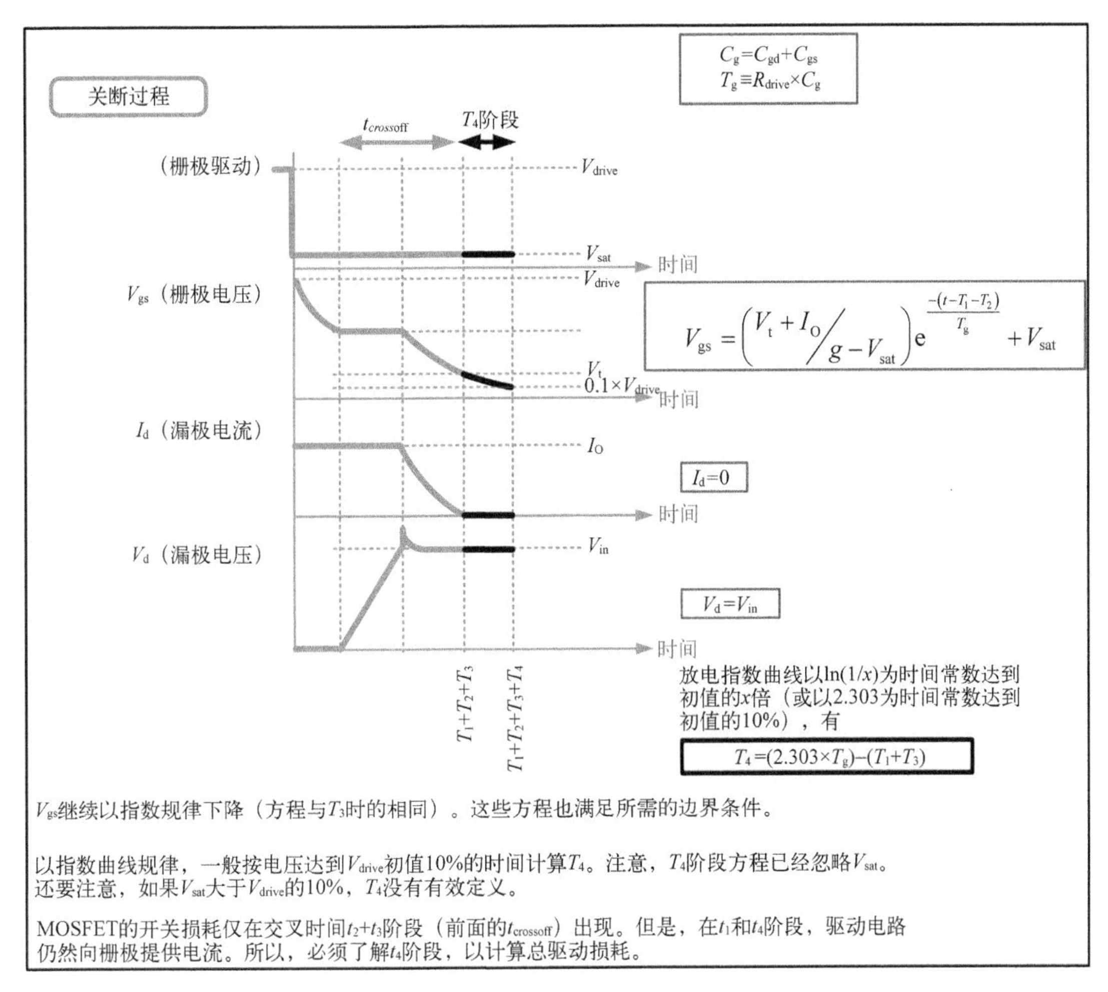

图 8-14 关断过程的第四阶段

8.9 栅荷系数

描述 MOSFET 寄生电容影响的最新方法是运用*栅荷系数*。图 8-15 给出了这些栅荷系数 Q_{gs}、Q_{gd} 和 Q_g 的定义。图中表格右边一栏给出了假设*电容为常数*时栅荷系数与电容之间的关系。因为极间电容是外加电压的函数，所以运用栅荷系数可以更精确地描述转换过程。但迄今为止，所有关于导通和关断过程的分析都默认建立在极间电容为常数的基础上。图 8-16 以型号为 Si4442DY 的 MOSFET 为例给出了一种可能的分析方法，有助于在估计开关损耗时减小误差。

有效电容基本上可以用栅荷系数来解释（当电压从 0 跳变到 V_{in}时）。例如，可以看出，有效输入电容(C_{iss})值比从典型性能曲线中读出的*单点* C_{iss}值约高 50%（即 6300pF，不是 4200pF）。该系数反映出在电压下降时，电容值增大。注意，可以单独计算出每个电容的*缩放系数*。但是，如果能先用 C_{iss} 找到“通用的”缩放系数，然后再把它推广到所有电容会更简单。用这种方法，可以得出有效的极间电容，如图 8-16 所示。有一些值可用于开关损耗计算（优于直接从 C_{iss}、C_{oss} 和 C_{rss} 曲线中读出的值）。注意，为了找出缩放系数，如果用 C_{rss}（C_{gd}）代替 C_{iss}，就会发现计算的有效电容值（比直接从曲线上读出的值）仅高出 40%。因此，缩放系数一般可定在 1.4~1.5 左右。

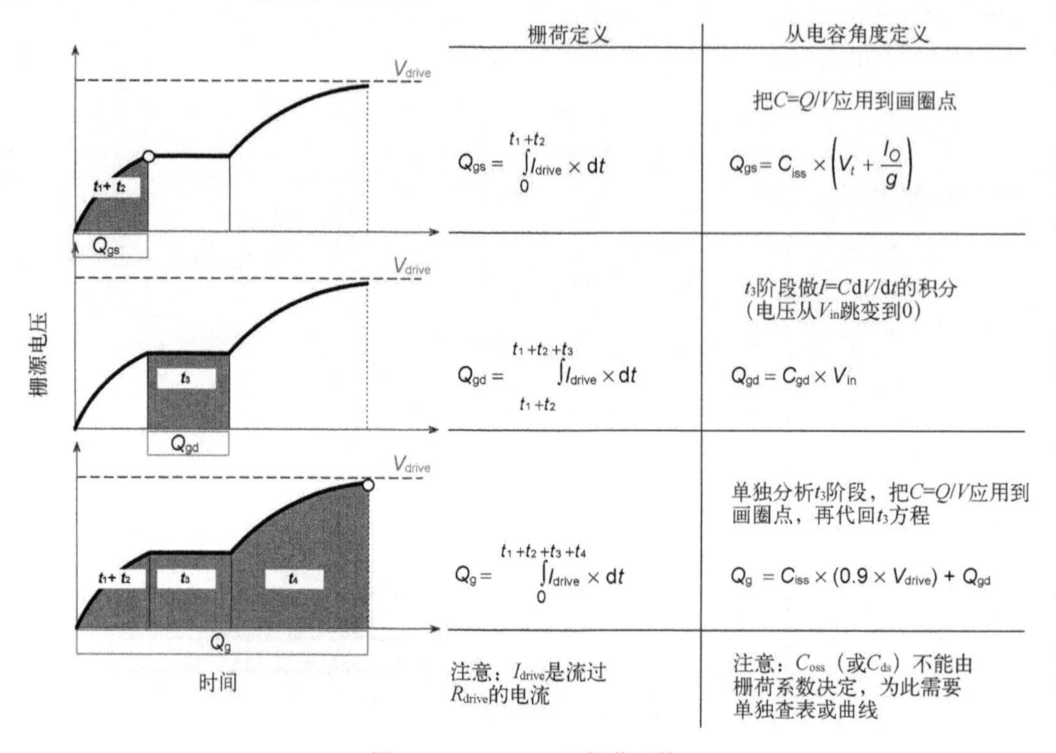

图 8-15　MOSFET 的栅荷系数

8.10　实例

型号为 Si4442DY 的 MOSFET，开关频率为 500kHz，输入电流为 22A，电压为 15V。总上拉驱动电阻为 2Ω，栅极通过该电阻驱动，驱动脉冲幅度为 4.5V。关断时，栅极通过 1Ω 的总驱动电阻下拉（到源）。试估计开关损耗和驱动损耗。

由图 8-16 可得，$C_g=C_{gs}+C_{gd}=6300\text{pF}$。

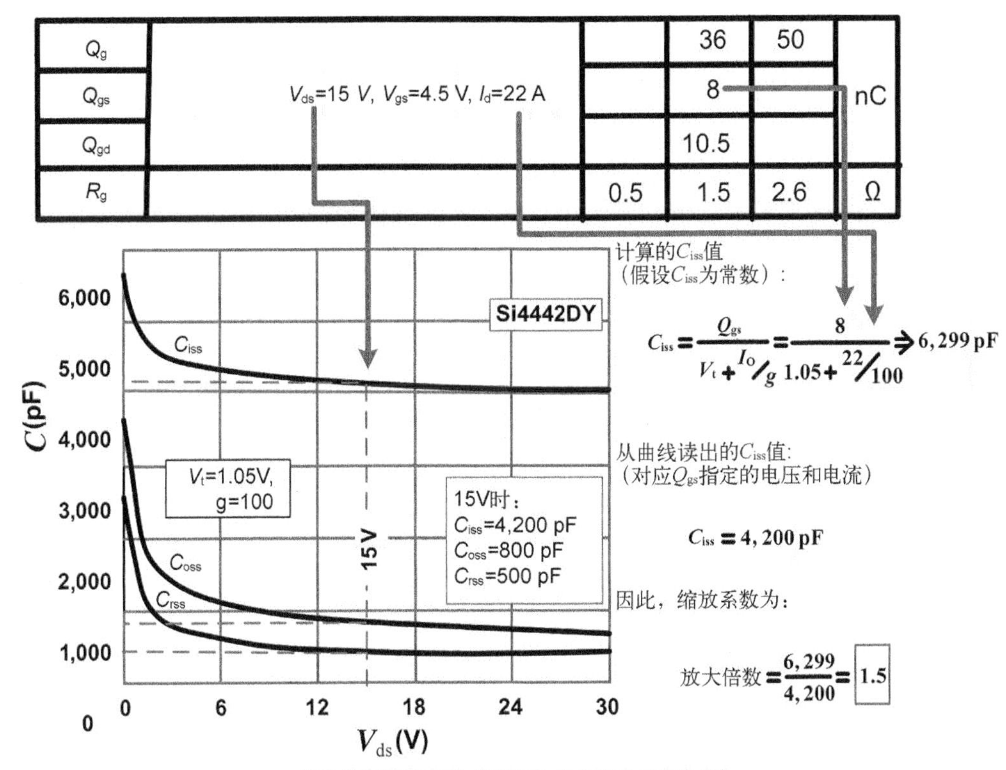

最终使用的电容值（对应Q_{gs}指定的电压和电流）

C_{iss} = 4,200 pF × 放大倍数 = 6,300 pF C_{oss} = 800 pF × 放大倍数 = 1,200 pF C_{rss} = 500 pF × 放大倍数 = 750 pF	C_{gd} = C_{rss} = 750 pF C_{gs} = C_{iss} - C_{gd} = 6 300-750 = 5 550 pF C_{ds} = C_{oss} - C_{gd} = 1 200-750 = 450 pF

图 8-16　根据栅荷系数估计有效极间电容值（以 Si4442DY 为例）

8.10.1　导通过程

时间常数为

$$T_g=R_{drive}\times C_g=2\times 6\,300\text{ pF}=12.6\text{ ns} \tag{8-22}$$

电流转换时间为

$$t_2=-T_g\times\ln\left(1-\frac{I_O}{g\times(V_{drive}-V_t)}\right)=-12.6\times\ln\left(1-\frac{22}{100\times(4.5-1.05)}\right) \tag{8-23}$$

$$t_2=0.83\text{ ns}$$

电压转换时间为

$$t_3=V_{in}\times\frac{R_{drive}\times C_{gd}}{V_{drive}-(V_t+(I_O/g))}=15\times\frac{2\times 0.75}{4.5-(1.05+(22/100))} \tag{8-24}$$

$$t_3=6.966\text{ ns}$$

因此，导通过程的交叉时间为

$$t_{cross\_turnon}=t_2+t_3=0.83+6.966=7.8\text{ ns} \tag{8-25}$$

导通过程的交叉损耗为

$$
\begin{aligned}
P_{\text{cross\_turnon}} &= \frac{1}{2} \times V_{\text{in}} \times I_{\text{O}} \times t_{\text{cross\_turnon}} \times f_{\text{sw}} \\
&= \frac{1}{2} \times 15 \times 22 \times 7.8 \times 10^{-9} \times 5 \times 10^{5} \\
P_{\text{cross\_turnon}} &= 0.64\ \text{W}
\end{aligned} \tag{8-26}
$$

8.10.2 关断过程

时间常数为

$$T_{\text{g}}=R_{\text{drive}} \times C_{\text{g}}=1 \times 6\,300\ \text{pF}=6.3\ \text{ns} \tag{8-27}$$

电压转换时间为

$$
\begin{aligned}
T_2 &= \frac{V_{\text{in}} \times C_{\text{gd}} \times R_{\text{drive}}}{V_{\text{t}} + (I_{\text{O}} / g)} = \frac{15 \times 0.75 \times 1}{1.05 + (22/100)} \\
T_2 &= 8.858\ \text{ns}
\end{aligned} \tag{8-28}
$$

电流转换时间为

$$
\begin{aligned}
T_3 &= T_{\text{g}} \times \ln\left(\frac{(I_{\text{O}} / g) + V_{\text{t}}}{V_{\text{t}}}\right) = 6.3 \times \ln\left(\frac{(22/100) + 1.05}{1.05}\right) \\
T_3 &= 1.198\ \text{ns}
\end{aligned} \tag{8-29}
$$

因此，关断过程的交叉时间为

$$t_{\text{cross\_turnoff}}=T_2+T_3=8.858+1.198=10\ \text{ns} \tag{8-30}$$

关断过程的交叉损耗为

$$
\begin{aligned}
P_{\text{cross\_turnoff}} &= \frac{1}{2} \times V_{\text{in}} \times I_{\text{O}} \times t_{\text{cross\_turnoff}} \times f_{\text{sw}} \\
&= \frac{1}{2} \times 15 \times 22 \times 10 \times 10^{-9} \times 5 \times 10^{5} \\
P_{\text{cross\_turnon}} &= 0.83\ \text{W}
\end{aligned} \tag{8-31}
$$

最终，总交叉损耗为

$$P_{\text{cross}}=P_{\text{cross\_turnon}}+P_{\text{cross\_turnoff}}=0.64+0.83=1.47\text{W} \tag{8-32}$$

注意，至今也没用到 C_{ds}。这个特殊的电容不影响 V-I 交叠（因为它不与栅极相连），但是仍需考虑。每个周期内，它先在开关管关断时充电，然后在开关管导通时把储能倾泻到 MOSFET 中。实际上，需要把该损耗项加到交叉损耗上，才能得出 MOSFET 的总开关损耗。注意，在低压应用中，该损耗项看似并不重要，但在高压或离线式应用中，它会对效率产生显著影响。其值在本例中计算如下：

$$P_{\text{\_Cds}}=\frac{1}{2} \times C_{\text{ds}} \times V_{\text{in}}^2 \times f_{\text{sw}}=\frac{1}{2} \times 450 \times 10^{12} \times 15^2 \times 5 \times 10^5=0.025\ \text{W} \tag{8-33}$$

因此，（开关管内）总开关损耗为

$$P_{\text{sw}}=P_{\text{cross}}+P_{\text{\_Cds}}=1.47+0.025=1.5\ \text{W} \tag{8-34}$$

驱动损耗为

$$P_{\text{drive}}=V_{\text{drive}} \times Q_{\text{g}} \times f_{\text{sw}}=4.5 \times 36 \times 10^{-9} \times 5 \times 10^5=0.081\ \text{W} \tag{8-35}$$

注意，上述驱动损耗方程一般会将实际驱动损耗低估约 20%，这可从每个阶段的驱动电流与驱动电压乘积的积分中得到证实。误差根源是米勒平台。因为在该阶段，一些额外电流（并

非来自储存电荷 Q_g）会注入驱动电阻。因此，修正的驱动损耗估计为 1.2×0.081=0.097W。驱动源电流为 0.081/4.5=18mA。

8.11 开关拓扑的开关损耗分析

现在介绍如何把上述分析应用于实际的开关调整器。特别要弄清楚拓扑中的 V_{in} 和 I_O 分别是什么。

对于降压拓扑，开关管导通时，瞬时开关管（和电感）电流为 $I_O×(1 - r/2)$，其中 r 是电流纹波系数，I_O 是 DC-DC 变换器的负载电流。开关管关断时，电流为 $I_O×(1+r/2)$。通常可忽略电流纹波系数，认为导通和关断时的电流都是 I_O。因此，DC-DC 变换器的负载电流 I_O 就是迄今为止开关损耗分析中的 I_O。在升压和升降压拓扑中，开关损耗分析中的电流 I_O 实际上是平均电感电流 $I_O/(1 - D)$。

下面分析 MOSFET 关断时的电压（即开关损耗分析中的 V_{in}）。对于降压拓扑，它几乎等于 DC-DC 变换器的输入电压 V_{in}（实际上多了二极管压降）。类似地，对于升降压拓扑，电压 V_{in} 几乎等于 $V_{IN}+V_O$，其中 V_O 是 DC-DC 变换器的输出电压。对于升压拓扑，电压 V_{in} 等于 V_O，即变换器的输出电压。注意，如果处理隔离型反激拓扑，关断时的电压实际上是 $V_{IN}+V_Z$，其中 V_Z 是（原边侧）稳压管钳位电压。然而导通时，MOSFET 两端电压仅为 $V_{IN}+V_{OR}$（V_{OR} 是折算后的输出电压，即 $V_O×N_P/N_S$）。对于单端正激变换器，关断时电压为 $2×V_{IN}$，导通时电压仅为 V_{IN}。注意，假设以上拓扑都在连续导通模式下工作。

现将这些结果整理成表 8-1，以便查询。

注意，如果拓扑在断续导通模式下工作，从原理上讲，开关管导通时不存在开关损耗，因为此时电感中无电流。开关管关断时，转换电流 $I_{PK}=\Delta I$，可用方程 $V=L×\Delta I/\Delta t$ 计算。

表8-1 开关损耗分析应用于实际拓扑

	V_{in}		I_O	
	导 通	关 断	导 通	关 断
降压	V_{in}		I_O	
升压	V_O		$I_O/(1-D)$	
升降压	$V_{in}+V_O$		$I_O/(1-D)$	
反激	$V_{in}+V_{OR}$	$V_{in}+V_Z$	$I_{OR}/(1-D)$	
正激	V_{in}	$2×V_{in}$	I_{OR}	

$V_{OR}=V_O×n$，$I_{OR}=I_O×n$，其中 $n=N_P/N_S$

8.12 开关损耗对应的最恶劣输入电压

现在必须回到最重要的问题：当输入电压范围很宽时，哪个特定输入电压对应开关损耗计算的最恶劣工况呢？

一般的开关损耗方程为

$$P_{sw}=V_{in}\cdot I_O\cdot t_{cross}\cdot f_{sw} \tag{8-36}$$

注意，损耗在所有工况下都取决于 V_{in} 和 I_O 的乘积。但是到目前为止，只能查表 8-1 得出 V_{in} 和 I_O。所以，每个拓扑的情况分析如下。

- 对于降压拓扑，$V_{in} \times I_O = V_{in} \times I_O$。显然，最大损耗出现在 V_{INMAX}。
- 对于升压拓扑，$V_{in} \times I_O = V_O \times I_O/(1-D)$。因此，最大损耗对应 D_{MAX}，即 V_{INMAX}。
- 对于升降压拓扑，$V_{in} \times I_O = (V_{in}+V_O) \times I_O/(1-D)$。$D=V_O/(V_{in}+V_O)$。因此，做 $V_{in}+V_O$ 曲线，可得图 8-17（典型工况）。

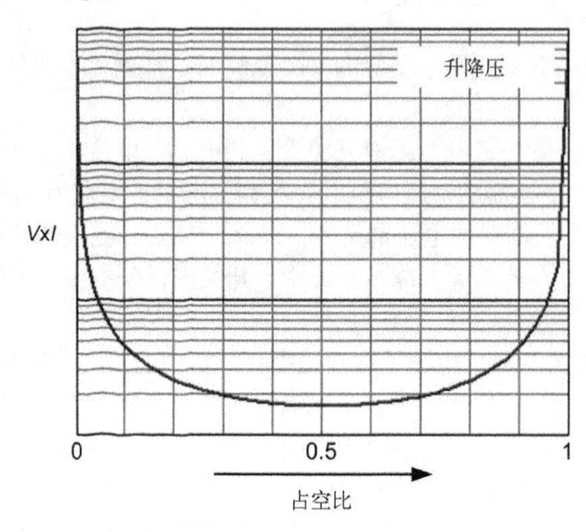

图 8-17　升降压拓扑的开关损耗随占空比变化

注意，曲线关于 $D=0.5$ 对称，即该点就是开关损耗最小值。该点之前，电压显著增加；该点之后，电流显著增加。但无论如何，偏离 $D=0.5$ 时，开关损耗都在增加。因此，首先必须检查应用中的输入电压范围，看看哪一点离 $D=0.5$ 最远。例如，若应用中的输入范围对应的占空比范围为 0.6~0.8，需要计算 $D=0.8$ 时的开关损耗，即 V_{INMAX}。但是，若占空比范围为 0.2~0.7，需要计算 $D=0.2$ 时的开关损耗，即 V_{INMAX}。

8.13　开关损耗随寄生电容变化

图 8-18 描绘了 Si4442DY 的 C_{iss} 变化时的情况。右侧纵坐标表示对应的（估计的）开关损耗。注意，计算损耗曲线时，C_{iss} 所用的缩放系数为 1.5，在左侧纵坐标给出（虽然并不明显）。

灰色的垂直虚线（标注 35nC）实际上代表 Si4442DY。因此在标称工况下，估计开关损耗为 2.6W。如果 C_{iss} 增加 50%，即从 4200pF 增至 6300pF，会看到 Q_g 增至约 47nC，但损耗仅为 2.8W。

注意　实际计算中，缩放系数为 1.5，4200pF 实际上是 6300pF，而 6300pF 实际上是 9450pF。

图 8-19 描述了 Si4442DY 的 C_{rss} 变化时的情况。灰色的垂直虚线（标注 35nC）实际上代表 Si4442DY。因此在标称工况下，估计开关损耗为 2.6W。如果 C_{rss} 增加 50%，即从 500pF 增至 750pF，会看到 Q_g 仅增至约 39nC，但损耗增加到 3.1W。

换句话说，Q_g 肯定会影响驱动损耗，但它不适合做开关损耗的评价指标。选择 MOSFET 时，应选择 Q_{gd}（或 C_{rss}）最低的 MOSFET，而不是只选择 Q_g 值低的 MOSFET。

注意　本例中，估计损耗为 1.5W。上拉电阻为 2Ω，下拉电阻为 1Ω。然而，虽然图 8-18 中上拉电阻和下拉电阻基本上都翻倍了，但开关损耗并没有翻倍，仅增加了 73%。

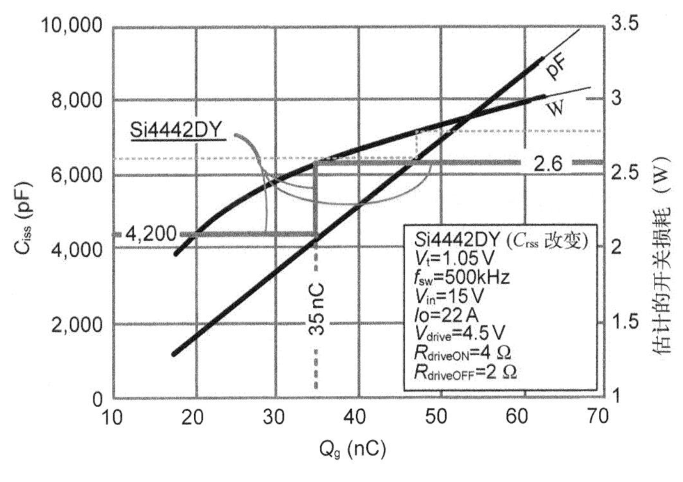

图 8-18 改变 Si4442DY 的 C_{iss}

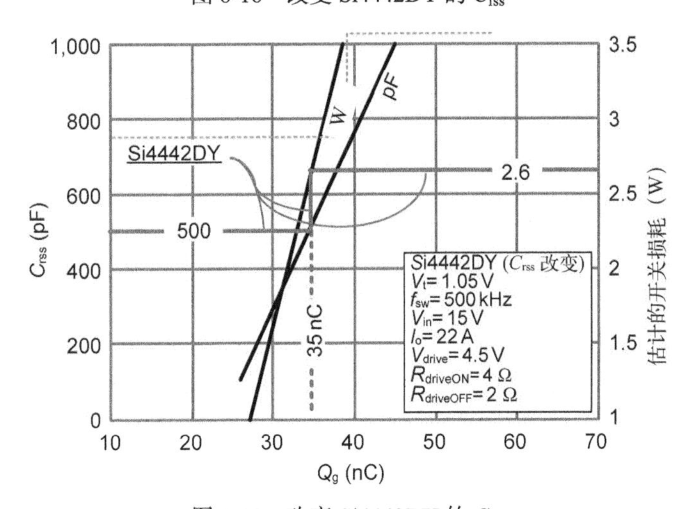

图 8-19 改变 Si4442DY 的 C_{rss}

8.14 根据 MOSFET 特性优化驱动能力

图 8-20 中有两张单独的图。左边那张中上拉电阻固定为 4Ω。因此，x 轴实际上只改变下拉电阻。例如，若 x=2，则下拉电阻为 4Ω/2=2Ω。若 x=4，则下拉电阻为 4Ω/4=1Ω。正如预期，下拉电阻增大时损耗减小。从图中也能看出阈值电压变化带来的影响。因此，只要下拉电阻不是太小低阈值电压就有助于降低开关损耗。类似地，右边那张图中上拉电阻固定为 10Ω。可以估计下拉电阻变化时对整体损耗的影响。

最后，图 8-21 中保持了上拉电阻和下拉电阻之和不变，只改变上拉电阻与下拉电阻之比。这其实是从芯片设计人员角度分析。假设他大致为驱动芯片分配了一块内芯区域，简单固定了上拉电阻与下拉电阻之和。于是，问题是：怎样在上拉电阻和下拉电阻之间分配驱动能力呢？例如，若上拉电阻与下拉电阻之和为 6Ω，如何分配好？上拉电阻为 4Ω，下拉电阻为 2Ω，还是上拉电阻为 3Ω，下拉电阻为 3Ω，亦或是上拉电阻为 2Ω，下拉电阻为 4Ω，以此类推？答案是：

取决于阈值电压。因此，决定最优比之前，需要先了解要用的 MOSFET 性能。由图 8-21 可知，若阈值电压超过 2V，最好减少上拉电阻（牺牲下拉电阻），例如上拉电阻为 4Ω，下拉电阻为 2Ω 要比上拉电阻为 5Ω，下拉电阻为 1Ω 好。但是，若阈值电压低于 2V，结果正好相反，最好减少下拉电阻（牺牲上拉电阻）。

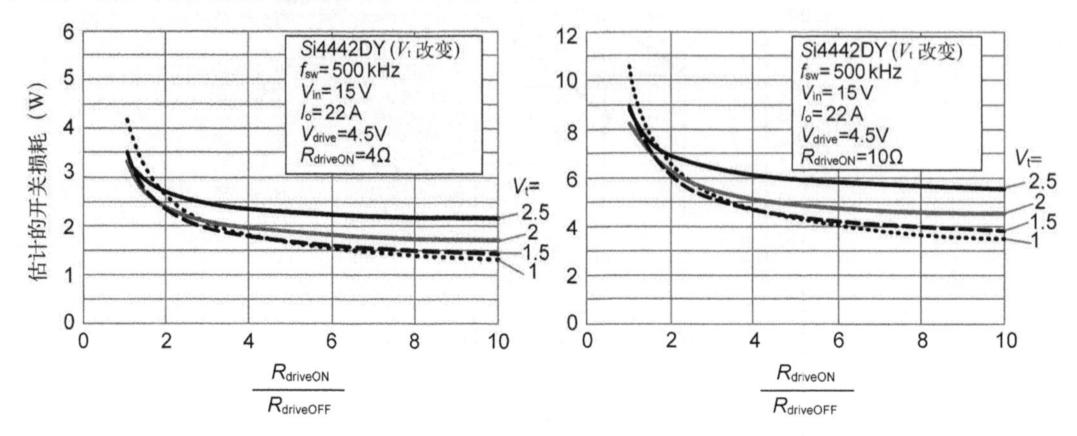

图 8-20　改变 Si4442DY 的阈值电压和驱动电阻（上拉电阻固定）

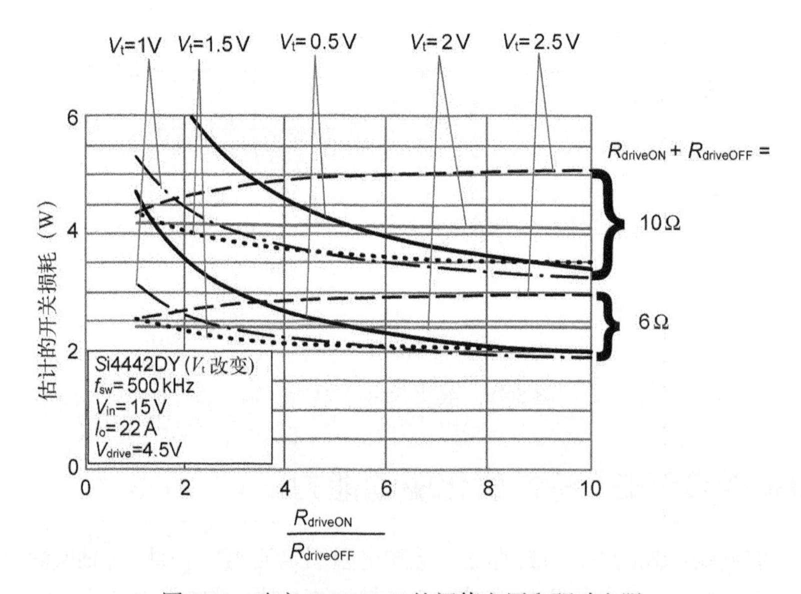

图 8-21　改变 Si4442DY 的阈值电压和驱动电阻

（保持总驱动电阻，即上拉电阻与下拉电阻之和不变）

注意　一些供应商仅提供相当宽的阈值电压范围（最小值到最大值），甚至经常不提供典型值。而令人吃惊的是，一些供应商甚至连阈值电压都不提供，只是简单地表示 MOSFET 是 4.5V 驱动（例如，www.renesas.com 网上的大多数 MOSFET）。

请参阅第 19 章中的完整算例。

第 9 章

探索新拓扑

带着首创者的好奇心来研究问题始终是一件很有趣的事。在深入讨论开关电源拓扑及其相关技术时，也要带着好奇心。前面章节中积累的自信和基本拓扑知识足以将拓扑研究推进到新的发展阶段。然而，拓扑研究领域涉猎广泛，若没有深刻理解，就无法考虑周全。因此，本章以基本的直觉开发为重点，希望有助于快速理解未来将要面临的问题。虽然有时会认为数学是直觉的对立面，但实际上，数学有助于整合现有知识，尤其是在研究的后期阶段。因此，虽然本章的侧重点在于培养直觉，也少量地用到了数学。

9.1 第 1 部分：恒频同步降压拓扑

9.1.1 用场效应管（安全地）替代二极管

钳位二极管正向压降较大，就算用低压降肖特基二极管也是如此。而且，二极管正向压降与电流的关系相对固定。由二极管数据手册可知，一般电流减少 10 倍，肖特基二极管压降减半。然而，场效应管的正向压降几乎与电流*成正比*。所以，一般电流减少 10 倍，场效应管的压降也减少约 10 倍。因此，使用二极管会降低变换器效率，特别是*轻载效率*，即使用低压降肖特基二极管也不例外。输入电压高（即占空比 D 很小）时，不是场效应管导通时间，而是二极管导通时间占开关周期的绝大部分，该现象几乎在任何负载条件下都十分明显。

常听说 MOSFET 正向压降越来越小（低 R_{DS}），但二极管正向压降的技术发展却似乎停滞不前（也许受限于物理学发展）。所以，自然会问：既然二极管和场效应管都是基本半导体开关器件，为什么不能互换呢？一个明显的原因是二极管没有第三端（控制端），无法根据需要随意控制二极管的通断。可以断定，二极管肯定不能替代场效应管。但是，可以用同步场效应管替代二极管，只要*正确*驱动控制端（栅极）。

什么是正确驱动呢？实际上，有多种不同的正确驱动方法，各有利弊，稍后将讨论。确实有一种*显而易见*的同步场效应管驱动方法，常称为二极管仿真模式。该方法让场效应管简单地*复制*基本二极管特性，以此大幅降低正向压降。也就是说，场效应管的导通时间要与被替代的钳位二极管导通时间完全相同，关断时间也要与二极管截止时间完全一致，并以此时序驱动同步场效应管栅极（可能需要很复杂的电路来实现，本书不做详细介绍）。该方法至少在概念上是正确的。

下述概念有点超前，图 9-1 给出了二极管仿真模式下的同步降压变换器波形，包括两个场效应管的栅极驱动信号和对应的电感电流。注意，同步拓扑中，常用的高端、低端”或上管、下管等场效应管名称，一般不代表其实际位置，经常会变化。所以，本章一般把开关管（即控制场效应管）记为 Q，同步场效应管记为 Q_S，全书统一。

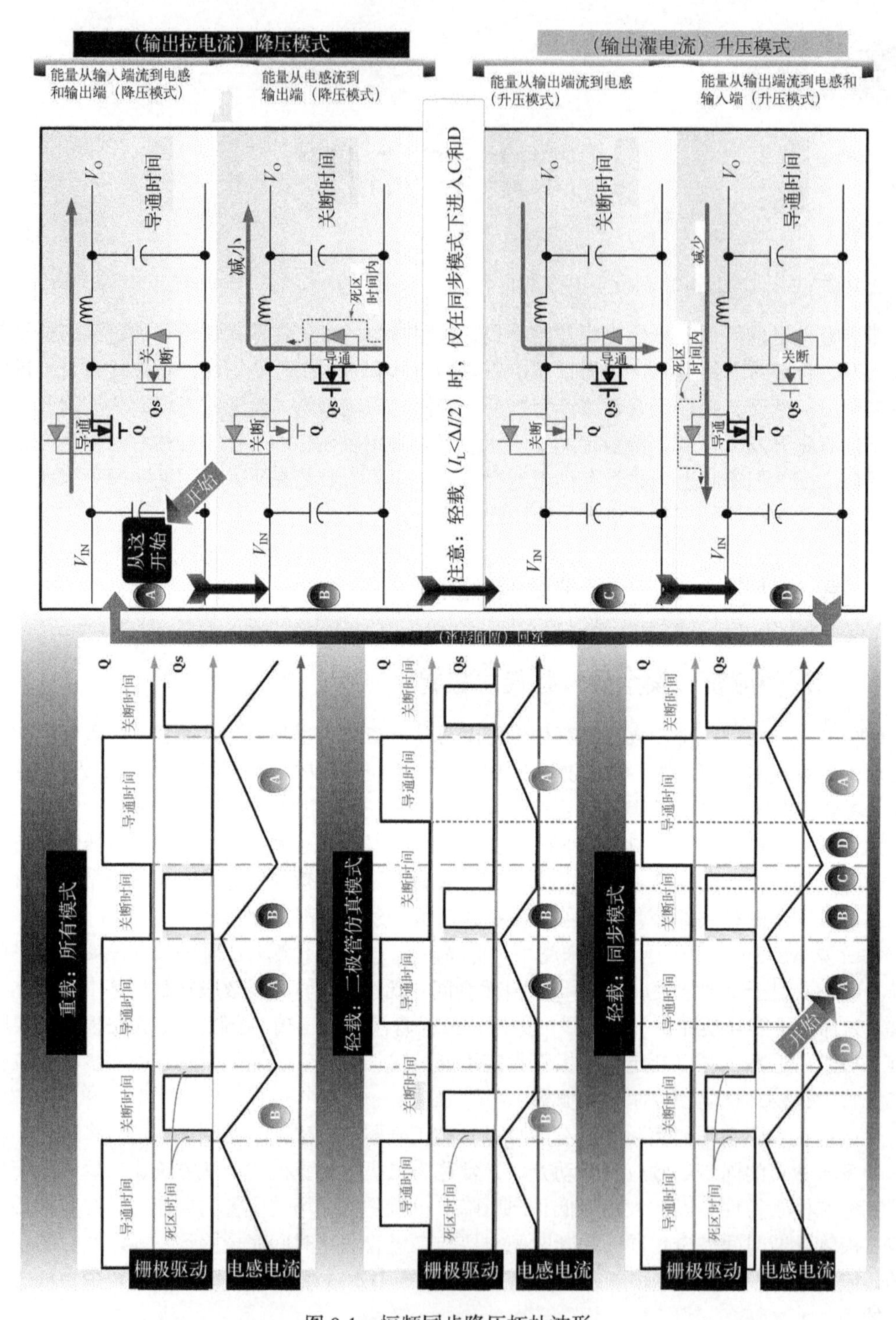

图 9-1 恒频同步降压拓扑波形

注意，重载（即电感电流全部在横轴以上）时的波形实际上与连续导通模式（CCM）下工作的传统非同步降压变换器波形没有区别（当然，预期效率更高，但波形上并不明显）。类似地，根据轻载时图中 Q_S 的栅极电压波形，可以保证同步场效应管的导通方式实际上与断续导通模式

（DCM）下非同步降压变换器的导通方式相一致。因此，问题是：如果这些波形都正确，是否意味着现在可以去掉钳位二极管了呢？

不能这么快！因为电感偶尔会有一些近乎违反直觉的表现，必须额外小心。直觉上讲，钳位二极管“自然”会在需要时出现，无需用户干预，自动形成电感电流续流回路。基本上也不会出现任何问题，因为用户本身就没做什么。如第1章所述，开始要做的唯一事情就是把二极管放在正确位置，指向正确方向。然后用户只需坐下来，看电感电流依靠自身力量建立续流回路所需电压。置换所有可能的器件后，将得到不同的拓扑结构。任何情况下，只要二极管续流回路存在，电感就不会以图1-6所示的致命的电压尖峰形式加以“抱怨”。然而，用同步场效应管替代二极管后，会多出一个额外的控制端。有权力就有责任。例如，若场效应管莫名其妙地在错误时刻关断，则会出现致命的电压尖峰。有了这些清晰的思路，现在开始动脑筋重新调查一些真实的同步场效应管应用情况。重点关注的事实是：（由于驱动延迟、固有延迟和工艺偏差等）Q和Q_S的栅极控制事实上无法完美匹配，也不会如计划那样精确地通断。

9.1.2 死区时间的产生

如果Q_S导通稍早于Q关断将会怎样呢？因为两个场效应管同时导通（交叠），后果可能是灾难性的。正如担心电感会产生电压尖峰一样，现在同样要担心电容产生电流尖峰（此处指输入电容）。这个具有潜在危险的交叉导通（又称直通）电流尖峰从输入电容流出，经两个场效应管，由地线返回。注意，后面讨论的同步升压变换器中，直通电流从输出电容流出。因为电容电压通常很高，所以电流尖峰是个严重的问题。

注意 能观察到或测量到电流尖峰吗？在一些严重情况下，特别是印制电路板布局不合理时（效果类似于栅极驱动不匹配），交叉导通易使场效应管炸掉。在不太严重（更普遍）的情况下，电流尖峰既看不到也测不到。如果把电流探头放在正确位置，即使很小的线圈电感通常也足以消除交叉导通尖峰，因此可能看不到异常现象。虽然电流尖峰可能看不到也测不到，但是不能否认它的存在，因为输入电压源的平均输出电流增加了（用直流万用表测量，而不是示波器），并且测到的效率对应减小（轻载时更显著）。静态电流I_Q比预期大很多。注意，静态电流此处定义为变换器空载时的输入电源电流，即场效应管（以恒频）连续通断，但变换器负载刚好为零时的输入电源电流。营销人员经常歪曲定义，把静态电流重新定义为变换器负载为零，场效应管（也许借助于一些专用逻辑引脚）不工作时的输入电流。通过词汇的轻微改变，突然之间，交叉导通损耗部分以及所有正常的开关损耗部分均号称为零，一下子把“空载效率”变得很高。为了从营销人员那里得到有意义的真实答案，可能应该这么问：“负载电流为1mA时，效率如何？”

解决交叉导通问题需要引入一小段死区时间，如图9-1所示。根据设计，这是故意设置的一小段延迟时间，插在一个场效应管关断之后和另一个场效应管导通之前。实际上，除非死区时间过大，否则它对于制造工艺、温度变化、不同印制电路板布局（开关管使用外部场效应管时）等引起的意外或非故意的交叉导通提供了一个安全缓冲。

9.1.3 *CdV/dt* 引起场效应管导通

注意，存在CdV/dt引起场效应管交叉导通的现象，尤其是在低压电压调整模块（VRM）应用中，即使死区时间足够长，也会引起交叉导通。例如，同步降压变换器中，若N沟道高端场效应管突然导通，则低端场效应管漏极上会产生高 dV/dt，使得流入低端场效应管栅漏电容（C_{gd}）的电流很大，可能在栅极产生明显的浪涌电压，足以引起低端场效应管瞬时导通（也可能仅是局部导通），从而产生意外的场效应管交叉导通。但其明显表现可能只是轻载效率莫名其妙地降低。为了避免这种情况，需要做到以下一条或几条：(1) 减缓高端场效应管导通转换过程；(2)（控制器驱动外部场效应管时）印制电路板布局良好，确保低端场效应管栅极驱动电压稳定；(3) 低端场效应管栅极驱动器设计得更"强壮"；（4）如果可能，选择栅极阈值略高的低端场效应管；(5) 选择 C_{gd} 较小的低端场效应管；(6) 选择栅极内部具有小串联电阻的低端场效应管；(7) 选择栅源电容（C_{gs}）较大的低端场效应管；（8）甚至可以尝试将输入端去耦电容放在离场效应管稍远的地方（即使几毫米的印制线电感也有帮助），尽管有轻微的交叉导通，但至少（电压）交叉导通时间内流过的交叉导通电流会受到印制线电感限制。

9.1.4　体二极管续流

死区时间既能减少开关管交叉导通机会，提高效率，也能因其他两个原因降低效率。讨论该问题之前，先回答一个基本问题：引入死区时间是自然而然的吗？

如果 Q_S 导通稍晚于 Q 关断将会怎样呢？实际上，这就是引入死区时间后发生的现象。由第 1 章可知，如果（主场效应管关断后）电感电流转入续流回路时出现延迟，就会产生致命的电压尖峰。不可否认，电路中某些地方会有一些寄生电容存在，偶尔也恰好位于合适的位置，能够提供临时通路，流过几纳秒电流。但这些电容一般非常小，充（放）电很快，电感续流电流还是无路可走。因此，即使几纳秒的死区时间也会带来灾难。幸运的是，这种情况在此不是主要矛盾。原因是：大多数场效应管内部都有体二极管（图 9-1 中用灰色表示）。例如，若同步场效应管确实如死区时间所致，在需要时未导通，则在极短时间内，电感电流会通过体二极管续流，如图 9-1 中虚线箭头所示。因此，致命的电压尖峰不再出现，这样就得到第 1 章所讲的符合存在规则（又称不受电感困扰）的开关拓扑。然而，若要保持该优势并使死区时间间接可行，必须使用含体二极管的同步场效应管。其实这很简单，因为市售的所有分立的场效应管都含体二极管。但问题是：既然场效应管是双向导通电流的器件，如何指出场效应管的正确方向呢（钳位二极管也有同样问题）？若要避免致命的电压尖峰，由体二极管在需要时为电感电流续流，则必须按原来非同步拓扑中的位置放置同步场效应管，其体二极管指向与钳位二极管相同。这是所有同步拓扑的基本规则，需要牢记。

稍后会看到，控制场效应管的体二极管不仅在当前讨论的二极管仿真模式驱动下发挥作用，而且在同步（互补）模式驱动下也发挥作用。控制场效应管的正确连接方法是其体二极管永远背向电感，指向输入电源，否则就会出现明显问题：电流将从输入电源经由不可控二极管流入电感，这显然不再是开关拓扑了。

结论是：某处仍需要二极管，不能完全用别的替代。最后一个问题是：如果二极管以场效应管体二极管的形式出现，那么场效应管是否还需要并联外部二极管呢？

注意　前面提到，寄生电容可以在短时间内提供临时通路。若在合适的地方真的放置一个电容将会怎样呢？实际上会形成谐振拓扑。本书不做详细讨论。首先，因为它们常用于变频，极少用于商业应用；其次，因为它们需要一套全新的设计规则，花费更多的开发时间，特别是在只考虑方波、三角波和梯形波的情况下。

9.1.5 外部（并联）肖特基二极管

首先，如果外部二极管与体二极管并联，无论如何，电流需要“认可”外部二极管优先于体二极管。因此，外部二极管正向压降必须低于体二极管。其实这很简单，因为体二极管正向压降非常大（大于肖特基二极管），范围一般从小电流管的 0.5V 至大电流管的 2.5V（P 沟道比 N 沟道二极管压降更高）。原理上讲，外部肖特基二极管似乎满足要求。

注意 但是，为了确保肖特基二极管在动态（开关）情况下“被认可”，必须保证用很粗且很短的引线连接外部肖特基二极管和场效应管的漏源极。否则，引线电感会非常高，足以使电流无法按照预期从体二极管转移至肖特基二极管。最好的解决方案是把肖特基二极管集成到场效应管中，最好在同一内芯上，尽可能减小电感。

为什么肖特基二极管这么有用呢？2007 年初，一个主要的半导体制造商进行了实际测试。按照作者建议，在一个 2.7~16V 同步发光二极管（LED）升压芯片上，把肖特基二极管与内部同步场效应管并联，满载效率提高约 10%。芯片被重新制版并重新设计，将肖特基二极管与同步场效应管集成（供应商利用工艺技术把它们制作在同一内芯上），几年后最终发布，即 FAN5340。

肖特基二极管之所以展现优势，原因是场效应管体二极管不但正向压降大，而且还有另一个需要尽量避免的不良品质。从某种程度上讲，体二极管是一个“坏”二极管，当它开始正向导通时，其 PN 结吸收大量少数载流子。随后关断时，这些少数载流子需要全部抽出。直到该过程结束，体二极管一直持续导通，不能像好二极管那样反向偏置阻断电压。换句话说，场效应管体二极管的反向恢复特性极差。

这就是同步开关变换器没有外部肖特基二极管时最终可能发生的情况。在 Q 关断 Q_S 导通（即 Q→Q_S 交叉）的死区时间内，希望 Q_S 的体二极管立即导通。因此，要（通过二极管正向电流）向 Q_S 注入大量少数载流子。然而，电荷存储的全部危害在下一个死区时间内，才能实际显现，即 Q_S 关断 Q 导通前（即 Q_S→Q 交叉）。现在发现，Q_S 关断不够快，所以有直通电流尖峰流过 Q 和 Q_S。这个有害的反向电流最终将全部少数载流子抽出，二极管终于反偏。但是，在如此长的交叉导通时间里，体二极管内产生相当大的 $V \times I$ 瞬时损耗。因为二极管恢复不够快，（全周期）平均损耗几乎与死区时间成正比。

唯一能避免反向恢复问题和交叉导通问题的方法就是避免体二极管正偏，基本上意味着完全旁路体二极管。实现方法是将肖特基二极管与同步场效应管并联，从而为电流提供可选择的优先路径。

无论哪个方向，回路上总会出现二极管，或是体二极管，或是外部肖特基二极管。因为二极管的正向压降肯定比并联场效应管高，因此效率会受到负面影响（导通损耗更高）。而且，如果是体二极管导通，由于存在反向恢复尖峰（开关损耗），效率会额外受到影响。

最终，减小死区时间有助于在上述两方面提高效率。但这么做也会增加交叠的机会，有可能从完全不同的角度（交叉损耗）对效率产生负面影响。在交叠严重的情况下，整体可靠性将变成主要问题。因此，这基本上有点走钢丝的味道。多长的死区时间是所需的和最优的呢？一些公司已经提出自适应死区时间专利，尽可能智能地减小死区时间，通常在几个采样周期后实时调整，给出正确的死区时间，避免交叠，使效率最大化。

9.1.6 同步（互补）驱动

观察图 9-1 上半部分，即重载曲线。可以看出，若忽略极小死区时间内所发生的事情，就可以简单地认为 Q 关断时，Q_S导通，反之亦然。可以认为，它们的驱动互补。因此，设计人员只是拿来 Q 的栅极驱动，加上一个反相器，就用作 Q_S的栅极驱动（忽略死区电路影响）。这称为同步（互补）模式，与前面讨论的二极管仿真模式形成鲜明对照。同步模式有时也称为脉宽调制（PWM）模式。正如预期，该工作模式就像传统的非同步拓扑，至少在重载时如此。然而，这种简单的驱动方式下，当负载减小时，熟悉的断续导通模式电压波形将不再出现。实际上，即使电感电流降至横轴（零）以下，电压波形仍保持不变，与连续导通模式下正常运行的波形相同。但仔细检查会发现，电流波形却完全不同。如图 9-1 下半部分所示，出现了两个新阶段，电感电流都为负（即从正输出端流向输入）。记为 C 和 D。C 阶段，电流反向流过 Q_S，而 D 阶段，电流反向流过 Q。

下面就是 B 阶段后，系统进入 C 阶段和 D 阶段的工作过程。

(1) B 阶段，电流流向右侧（传统）方向，由 Q_S和 L 续流。电感电压极性与变换器导通时的极性相反。因此，B 阶段的电感电流以一定斜率下降。目前为止都是正常工作过程。然而，电流降至零后，因为 Q_S仍然导通，电路并不是断续导通模式下的零电流空闲状态，而且因为场效应管可以双向导通，所以电流不会截止，而是继续以一定斜率线性下降，越过零点，逐渐变为负值，这就是 C 阶段。注意，电路实际上仍运行在连续导通模式，因为在电流在越过零点时并没有出现断续。

(2) C 阶段，电流继续以一定斜率线性下降，直到最终 Q_S关断，Q 导通。这导致电感电压极性再次反转，使电感电流再次以一定斜率上升。上升拐点虽然仍在负电流区，但标志着 D 阶段的开始。注意，尽管电流仍然为负，但逐渐上升，与新的电压极性相符。电流继续线性上升，越过零点，直至（再次）回到 A 阶段。A 阶段的电流为正，且继续上升，与非同步变换器中常见的导通状态相同。此后，B 阶段开始。

理解上述问题的关键是记住导通时正电感电压产生正 dI/dt（上升斜率），而关断时负电感电压产生负 dI/dt（下降斜率）。因此，电感电压极性决定电流变化率的极性（斜率 dI/dt）。它与电流 I 本身的真实极性无关，正如所见，电流可正可负。

同步模式的主要优点是什么呢？恒频，空闲期没有振铃（因此电磁干扰更可预见），栅极驱动电路更简单，占空比恒定（即使在轻载时），应力计算方程更简单（参见第 19 章）。二极管仿真模式的主要优点是开关损耗小（没有导通时的交叉损耗，因为在交叉时间内瞬时电流为零），一般更加稳定（单极点开环增益，没有低频右半平面零点，也没有次谐波不稳定），但这种模式被公认响应慢。

9.2 第 2 部分：恒频同步升压拓扑

电感储能为$\frac{1}{2}LI^2$，I=0 时达到最小值零。在 I=0 的两侧，电感储能增加。储能与电感电流方向（或极性）无关。实际上，一般来说，指定电流正负符号是任意的和相对的，这么做只是为了区别不同方向，符号本身没有物理意义。切记此点，再仔细观察图 9-1 下半部分。在能量方面，A 阶段，首先从输入端提取能量储存在电感中。B 阶段，储能/电流释放到输出端。一直到这里都是正常运行，但其后发生戏剧性改变。由 C 阶段指示的新电流方向判断，电路开始从输出端提取能量储存在电感中。D阶段，储能/电流释放到输入电容。问题是：根据定义，这不就成了升压变换器么？随时从低压端提取能量，再传输到高压端。现在降压变换器”中出现了升压模式。最终，D阶段结束后，从A阶段开始再次循环，能量再次从高压端传输到低压端，如同传统的降压变换器。

轻载运行时，在开关周期的大部分时间里，同步降压变换器的表现一直如同升压变换器。所以问题是：为什么图9-1的电路仍然称为降压，不是升压？实际上，降压和升压拓扑电路相同，只是功能不同，稍后会看到。图9-1的拓扑是降压，不是升压，仅仅因为按照电流波形所示，降压从整体上“胜出”。这意味着电感电流斜坡中心值（平均值）高于横轴（为正），暗示着净能量/净电流从左侧（高压端）流向右侧（低压端）。然而，若电感电流斜坡中心值低于横轴，那将意味着净能量/净电流从右侧（低压端）流向左侧（高压端）。于是，电路变成同步升压变换器，不再是降压变换器（当然，维持该方向能量流动需要右侧有合适的电压源，而不只是电阻和电容）。这种微妙的拓扑变换发生在平均电感电流越过零电流线时。图9-2中描述得更清晰。

总结：参考图9-1，当电感电流降至横轴以下时，得到升压变换器，但最初在开关周期的大部分时间里，其运行方式如同降压变换器。如前所述，电感电流在横轴以上时，得到降压变换器，但在开关周期的大部分时间里，其运行方式如同升压变换器。然而，电路最终称为升压变换器是因为变换器运行时升压模式与降压模式相比“胜出”。这实际反映出平均电感电流为负，即电流从右向左。当平均电感电流继续下降，直至最终没有任何部分在横轴以上时，就会得到完全传统的运行在连续导通模式下的升压变换器，再也不会出现降压模式。

同步降压拓扑和同步升压拓扑使用同步（互补）驱动时，传统的断续导通模式被一种新的连续导通模式所取代。该模式下，大量能量在每周期内简单地循环往复，实际上只有很少的能量（也许为零）从输入端传输到负载。循环能量并不一定高效（“没事瞎忙”），这也是同步（互补）驱动不适合电池供电场合的原因。这种情况下，结合跨脉冲控制的二极管仿真模式应用得更加广泛。

交叉损耗又是什么情况呢？常说开关拓扑中，控制场效应管有交叉损耗，但同步场效应管（或钳位二极管）没有。一般来说，这种说法相当准确。可以想象，降压变换器工作在升压模式（负电流）时，Q_S在每周期的升压部分产生开关损耗，而不是Q。

原理图与功能相比有些不同。看图9-1中的原理图时，大家会本能地从左向右看，直觉上更适应左进右出、上高下低的原理图画法，即输入源在页面左侧，高压端放在页面顶部。但是，假设现在从右向左看图9-1中的同一张原理图。那不就是同步升压拓扑么（如前所述）？或者，对图9-1中的降压原理图做水平镜像，它也将变成升压原理图。然而，从功能上讲，要改变电路行为实际上必须要改变平均电感电流极性（本例中指高于或低于横轴）。只有这样，给定原理图才能像降压或升压变换器那样工作，而不管它看似如何。换句话说，处理同步拓扑时，因为它能轻易地改变电流方向，所以不能简单地根据电路图的样子得出关于拓扑的结论，必须真正地小心谨慎。关键是看其平均电流值（斜坡中心值），即电路的实际功能。

图9-1中，可认为降压拓扑的负电流就是升压拓扑的正电流。换句话说，如果现在是升压变换器，图9-1中C阶段和D阶段将在传统方式下运行（正电流）。于是，A阶段和B阶段的升压电感电流为负。为了更清晰地阐述，图9-3利用全镜像反射法来解释同步降压原理图如何轻松地转换成同步升压原理图。可以看出，互补驱动情况下，电压波形与图9-1中完全相同。然而，电流波形不但要镜像反射，而且要垂直平移，结果是平均值（和极性）改变，如前所述。只有这样，才能从功能上得到升压变换器，而非降压变换器。

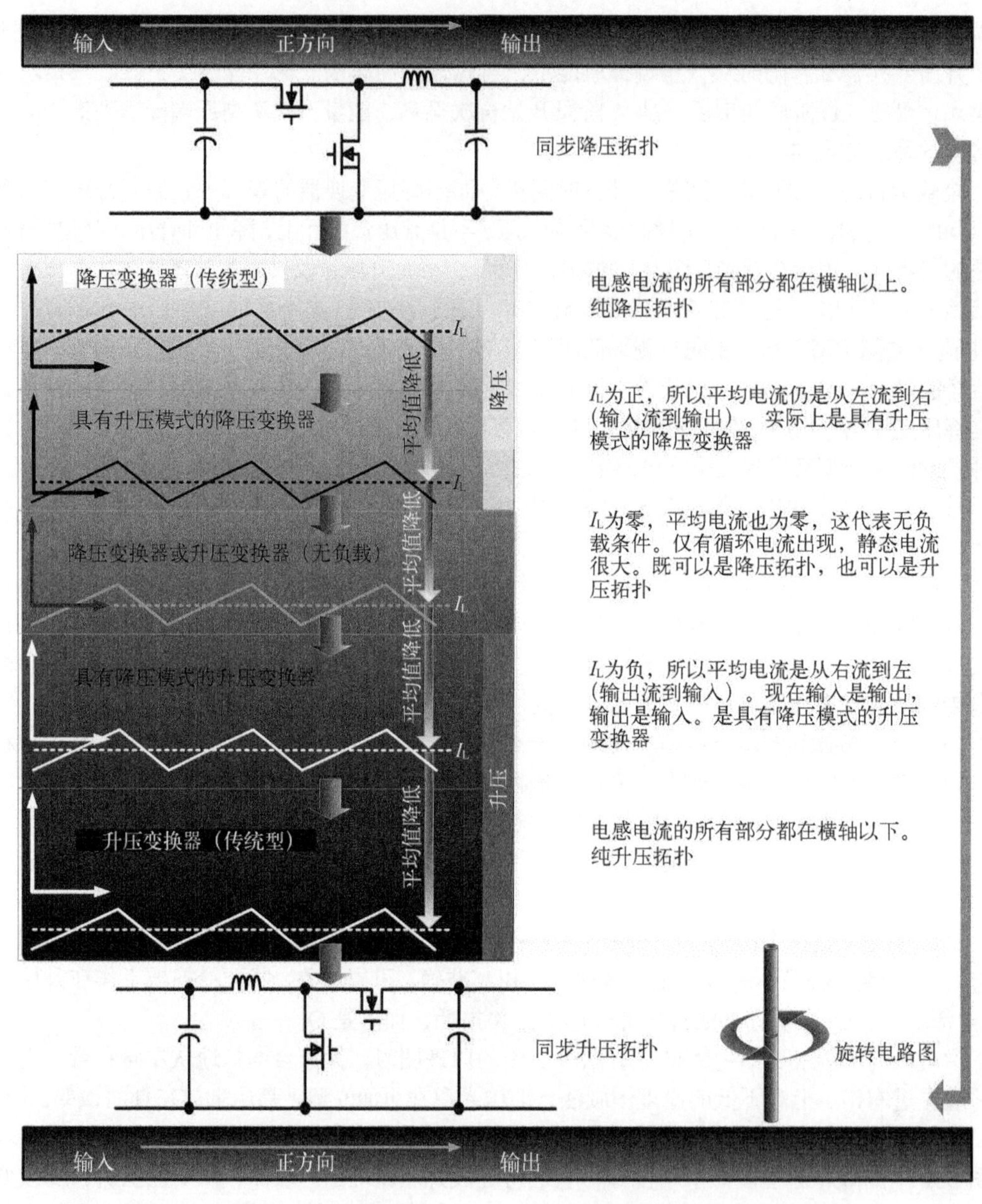

图 9-2　当平均电感电流降至零以下时，同步降压拓扑变换成同步升压拓扑

凭借这些知识，可以更正式地研究降压拓扑究竟如何才能转换成升压拓扑。如果图 9-1 中的平均电感电流降至横轴以下，那么同步降压拓扑就变成同步升压拓扑，但电压波形不变。然而，升压拓扑中的电感储能是在原降压拓扑的关断时间内建立起来的（尽管电流反向）。因此，这段时间现在正式成为升压拓扑的导通时间。所以，现在实际上 T_{ON} 变成 T_{OFF}，T_{OFF} 变成 T_{ON}，意味着 D 变成 $1-D$。并且，输出变成输入，输入变成输出。按照这种对应关系，可得

$$D_{buck}=\frac{V_O}{V_{IN}}\Leftrightarrow 1-D_{boost}=\frac{V_{IN}}{V_O} \tag{9-1}$$

化简可得

$$\frac{V_O}{V_{IN}}=\frac{1}{1-D_{boost}} \tag{9-2}$$

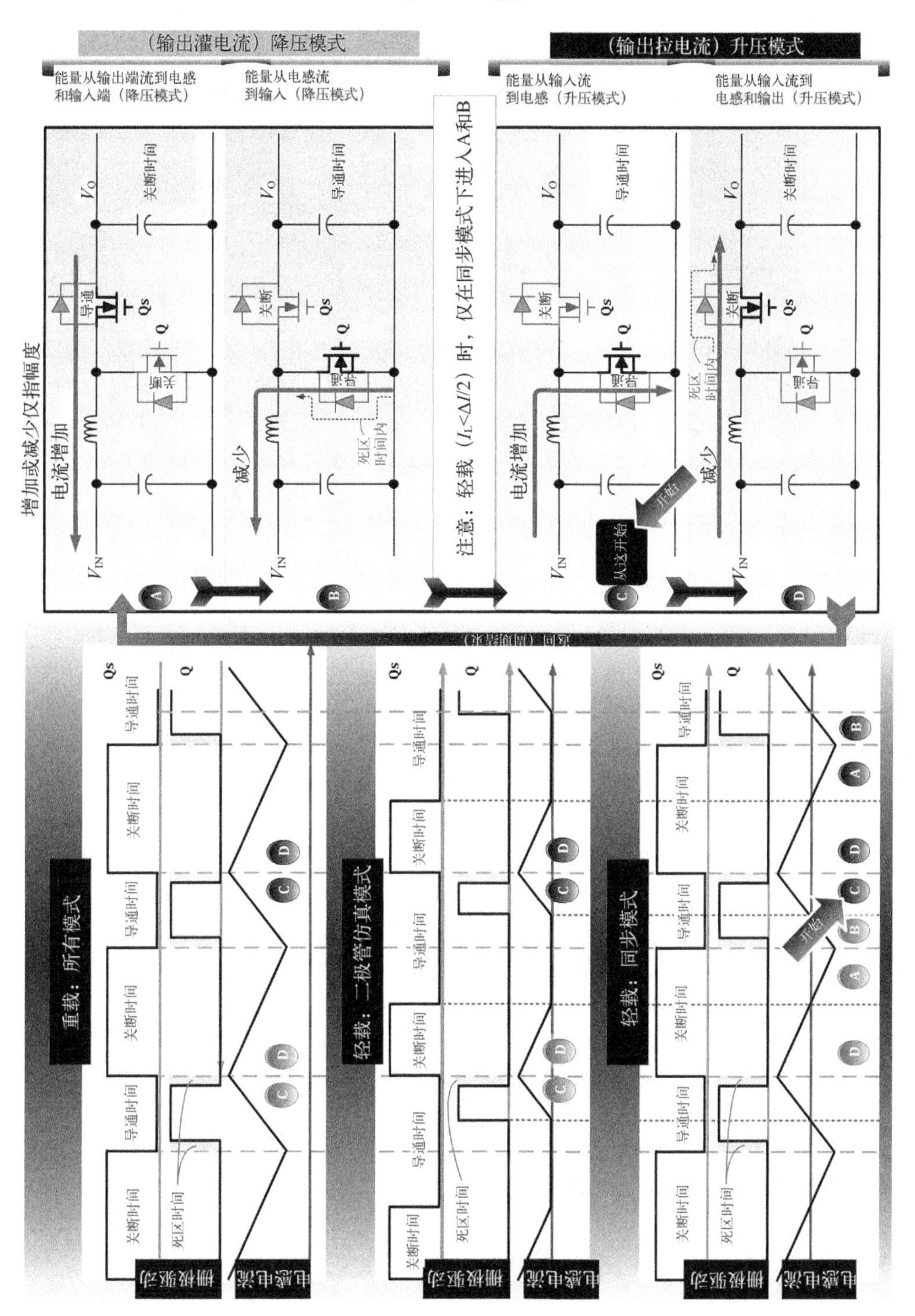

图 9-3　恒频同步升压拓扑波形

毫无疑问，这就是大家熟悉的升压拓扑的直流传递函数方程。按照最新的直观理解，降压拓扑与升压拓扑刚好互为映射，只是输入与输出对调。难怪，降压拓扑的平均输入电流等于流过高端晶体管（或非同步开关管）的平均电流，而升压拓扑的平均输出电流等于流过高端晶体管（或非同步钳位二极管）的平均电流。同样，降压拓扑的平均电感电流等于平均输出电流，而升压拓扑的平均电感电流等于平均输入电流。诸如此类。的确是惊人地相似。

但要清楚，降压和升压拓扑仍然是独立的拓扑，仅在特定条件下才刚好彼此成镜像关系。可以猜测，它们是否像电子和反电子呢？这些被认为不同的粒子也互为映射。类似的还有男人和女人，相似但不同，虽然不相反。因此，自然会问：如果把降压和升压拓扑背靠背放在一起会发生什么？又能得到什么呢？实际上，会得到四管升降压拓扑，后续会介绍。稍后，还将介绍几个升压—降压复合电路。但讨论这些电路之前，需要补充一些基础理论。下面从一些实用提示开始。

(1) 降压拓扑在严格的暂态条件下有几个周期可变成升压拓扑。如果输出电压低于参考电压，控制场效应管将导通使输出电压升至参考电压水平。但如果输出电压高于参考电压（当输出突然卸载时），输出电容会主动放电，也就是说，变成升压变换器。因此，评价降压拓扑时，需要在输入电容上放电压探头，尤其是低压应用时，即使有轻微的浪涌输入电压也会导致场效应管过压。

(2) 有时会在预充电或预偏置负载条件下启动降压变换器。例如，只是瞬间关断降压变换器，其输出电容仍然有电（空载或接轻载），然后让变换器立即导通，就会发现输出电压仍然很高。众多设计中，降压控制器应采用软启动导通模式。许多实现方法都是让（误差放大器的）参考电压从很低的值缓慢上升到正常水平。这种情况下，预偏置负载表现为上电过压。所以，误差放大器的响应是迅速减小占空比。然而，若采用互补驱动，则对应的降压变换器关断时间很长。因此，低端晶体管将长时间导通。既然降压拓扑的关断时间映射为升压拓扑的导通时间，实际上，将再次出现完全意义上的升压变换器长时间运行。现在，预偏置负载作为升压变换器的输入电压源。能量从预偏置负载提取，最终进入降压拓扑的输入电容。如果电容很小，并且（左侧的）输入电压源不够“强壮”，那么电容很容易过充，导致降压控制器损坏。

(3) 因此，需要显著增加输入电容，它远远超出电流有效值或可接受的输入电压纹波所决定的电容额定值，而这只是为了将升压浪涌保持在较低水平。

(4) 另一个要关注的是：电路作为升压拓扑运行时，还需限制低端晶体管电流。否则，低端晶体管导通时（有时全周期），预偏置负载的输出电流会完全失控，可能损坏低端晶体管，尤其是电感也可能饱和。因此，同步降压/升压拓扑中高低端场效应管的电流限制可能需要一起考虑。

(5) 一个处理预偏置负载的较好方法是在二极管仿真模式下上电，而不是在软启动时采用互补驱动。或者，高低端场效应管的占空比以合适的相对相位逐渐增加，在没有任何输出浪涌或断续的情况下，从软启动模式平滑过渡到完全互补模式。为此，有相当多的专利技术问世。

(6) 有一种间接电流限制法，不在场效应管上做文章，称为直流电阻（DCR）检测，实际上可用于任何拓扑。下一部分将讨论这种方法。

9.3 第3部分：电流检测的分类及其常规技术

电流检测/限制一般有多种用途和实现技术。在决定用哪种实现技术之前，需要知道该技术的基本用途是什么。下面列出了几种可能性。

(1) 逐周电流限制：用于保护开关管。有些工况，特别是“高压”应用时（此处定义为电感/变压器电压超过 40～50V），即使仅有一个周期过流也会导致有关的磁性元件（电感/变压器）迅速饱和，产生一个很陡的电流尖峰，损坏场效应管。因此，通常特意提供一个基本的、但动作迅速的电流限制。如果电流突破阈值，场效应管即使在导通阶段几乎也会立刻关断。注意，任何过流限制的延时，哪怕仅 100～200ns，都是灾难性的，如图 2-7 所示。

(2) 平均电流限制：也是为了保护开关管，但与(1) 相比更加宽松。因其跨越多个周期，常用于低压应用。这种情况下，磁性元件的伏秒积一般不会很高，不会迅速饱和。也就是说，与安匝数有关的磁通密度增长率很小。即使磁性元件莫名其妙地开始饱和，电路板上的典型寄生参数也能明显削减较大的电流尖峰。因此，一般来说，场效应管能够承受若干周期的过载电流而不损坏。于是，可以认为平均电流限制就能胜任开关管保护，但仍然建议至少要再加一些占空比限制等辅助手段。例如，若只有平均电流限制，100%占空比（即开关管在若干周期内一直导通，如一些降压变换器结构）可能会带来灾难性后果。

AC-DC 变换器中，作为主开关管的场效应管已经具有逐周电流限制。这使得变压器相对安全，不致于饱和。这种情况下，要为副边侧输出提供额外的平均电流限制，其主要目的是遵守国际安全规范 IEC-60950。该规范规定最安全、无危险的输出应限制在 240W 以内，时间为 60s。因此，这种情况下适合使用较慢的电流限制技术，以避免响应太快或过载限制过于严格，因为暂时性过载可能也属于正常运行状态。简单地说，平均电流限制一般只提供针对持续过载的保护，并不提供针对磁芯快速饱和的保护。所以，常用时间常数较大的 RC 滤波器对电流波形滤波。经时间平均后送入电流限制比较器的输入，并与比较器另一输入引脚的设定参考阈值相比较。

(3) 全电流检测：常用于控制和保护。与(1) 和(2) 相比，不同之处在于上述情况下仅想知道电流什么时候（包括是快还是慢）超过特定阈值，却没兴趣了解当时电流波形的实际形状。但是，许多情况下需要知道这些。实际上，使用电流模式控制时，需要知道完整的电流波形（交流和直流值）。例如，需要检测电流波形，为 PWM 比较器提供斜坡电压。

如何实现上述电流检测策略呢？最显而易见的电流检测（监测）或限制方法是采用电流检测电阻，并监测其上的电压。但这显然是有损检测技术，因为电阻损耗为 I^2R 瓦。注意，减小 R 值可以降低损耗，但减到一定值以后，就不是很成功了。因为此时开关噪声开始叠加到相对较小的检测信号上，最终将它淹没。可以尝试通过小 RC 滤波器滤除检测电流波形上的噪声，但这样经常会使检测信号失真，并且引入延时。一些工程师试图通过检测场效应管的正向导通压降来避免 I^2R 损耗，因为场效应管本质上也是一个电阻值为 R_{DS} 的电阻。但使用这种方法需要补偿检测电压，因为众所周知，R_{DS} 随温度变化（系数取决于场效应管的电压额定值）。因此，这种场效应管检测技术仅当场效应管本身完全可依据特性识别，并且温度可监测时才能用。这间接要求场效应管本身集成在控制器内芯上。也就是说，场效应管传感技术应该使用开关芯片，而非控制器外加场效应管。然而，使用场效应管传感技术可能会有另外的问题。有一些工况下，甚至若干周期内都不会导通低端或高端场效应管（例如：跨脉冲模式）。此时若用场效应管检测电流，至少得让它导通。因此，发展出一系列引人注目的无损检测技术。其中，有一种流行的方法称为直流电阻检测。

9.3.1 直流电阻检测

也许一切都源自这个简单的想法：检测电阻既然不与场效应管串联，为什么不与电感串联呢？这样就可以获得电感电流的全部信息，而不仅是导通或关断阶段的。可以想象，这有助于实现各种新的控制和保护技术。然而，按照这种思路，下一个问题是：既然每个电感都有称为直流电阻（DCR）的固有电阻，怎样才能用该电阻替代独立的检测电阻呢？这样可进行无损电流检测，因为至少电路中没有引入额外的损耗。但此处有一个明显的问题是直流电阻本身检测不到。不能将误差放大器或万用表直接接在直流电阻两端，因为直流电阻深埋在称为电感的物体内部。但是如果想坚持使用这种方法的话，问题是：是否有一些方法可以从全部电感电压波形中提取出直流电阻上的压降呢？答案是：有。这种技术称为直流电阻检测。

首先，图 9-4 给出了一种独特而新颖的创新方法，可以提供基本的平均电流限制。虽然不是非常精确，但已成功用于大批量商业化 70 瓦 AC-DC 反激变换器生产（为满足安全认证）。注意，其滤波器的 RC 时间常数非常大。

图中上半部分展示了如何用分立的（外部的）检测电阻与电感串联，实现这种电流检测技术。图中下半部分展示了如何用降压电感的直流电阻实现这种技术。为什么能实现呢？因为如果是纯电感（无直流电阻），全周期内的电压平均值为零。根据稳态定义，稳态时的导通伏秒积与关断伏秒积大小相等，符号相反。使用真实电感时，电感有一定的非零直流电阻（DCR）。在导通与关断阶段，额外压降都是 $I_O \times DCR$。显然，它是电感电压全周期或几个周期平均后的剩余部分，也就是图 9-4 中比较器引脚上的直流电压。

注意，只是为了省钱，前面提到的 70 瓦反激变换器中，检测电阻用的是反激变换器后置 LC 滤波器中小电感 L（柱状电感）的固有小电阻。

注意，这种直流电阻检测技术使用了非常大的时间常数，因此丢掉了实际电感波形形状的全部信息。但这没关系，因为在这种特殊情况下，只需要实现平均电流限制。但现在的问题是：同样的技术能否拓展到全部电流检测呢？

图 9-5 展示了目前如何更普遍地应用这种技术。这种情况下，RC 时间常数并不大，但它实际上与 L-DCR 组合的时间常数准确匹配，意味着在数学上有 $RC=L/DCR$。由图 9-5 中嵌入的 Mathcad 图可以看出，在时间常数匹配及宣称的初始条件下，电容电压准确复制了直流电阻电压。而且，除了稳态占空比外，对任何占空比而言，电容电压都准确复制了直流电阻电压（电感电流）的变化。这意味着在所有工况下，稳态或暂态，上述两个电压都能互相精确跟踪。例如，若电感电流瞬时不稳定（在电网或负载瞬变时），则电容电压也不会稳定。但有趣的是，实际上从此刻起，直流电阻电压和电容电压会以同等数额增加或减小。这说明两个电压变化一致（即互相跟踪），最后也一起稳定在共同的稳态初始电压。注意，该稳定值/初始值就是 $I_O \times DCR$，如图所示。

上述精心设计的直流电阻检测的优点是电感电流波形中全部的交直流信息现在可以通过检测电容电压获得（但要假设在此过程中电感不饱和）。

能否用简单直观的数学方程来解释时间常数匹配和电压跟踪呢？当然可以，但这些数学方程并非被严格证明。下面从对偶原理开始介绍。电流源充电时的电容电压类似于电压源充电时的电感电流。假设在稳态条件下，电容电压最大值低于导通和关断时的外加电压（V_{ON} 和 V_{OFF}，分别约等于 $V_{IN}-V_O$ 和 V_O），则在导通和关断阶段，电容近似由恒流源（V_{ON}/R 和 V_{OFF}/R）充放电。问题是：导通和关断阶段的电容电压如何波动呢？波动幅值相同吗？每周期结束时是否有“残余电压”呢，这是否说明状态不稳定呢？

由

$$I=C\left(\frac{\Delta V}{\Delta t}\right) \tag{9-3}$$

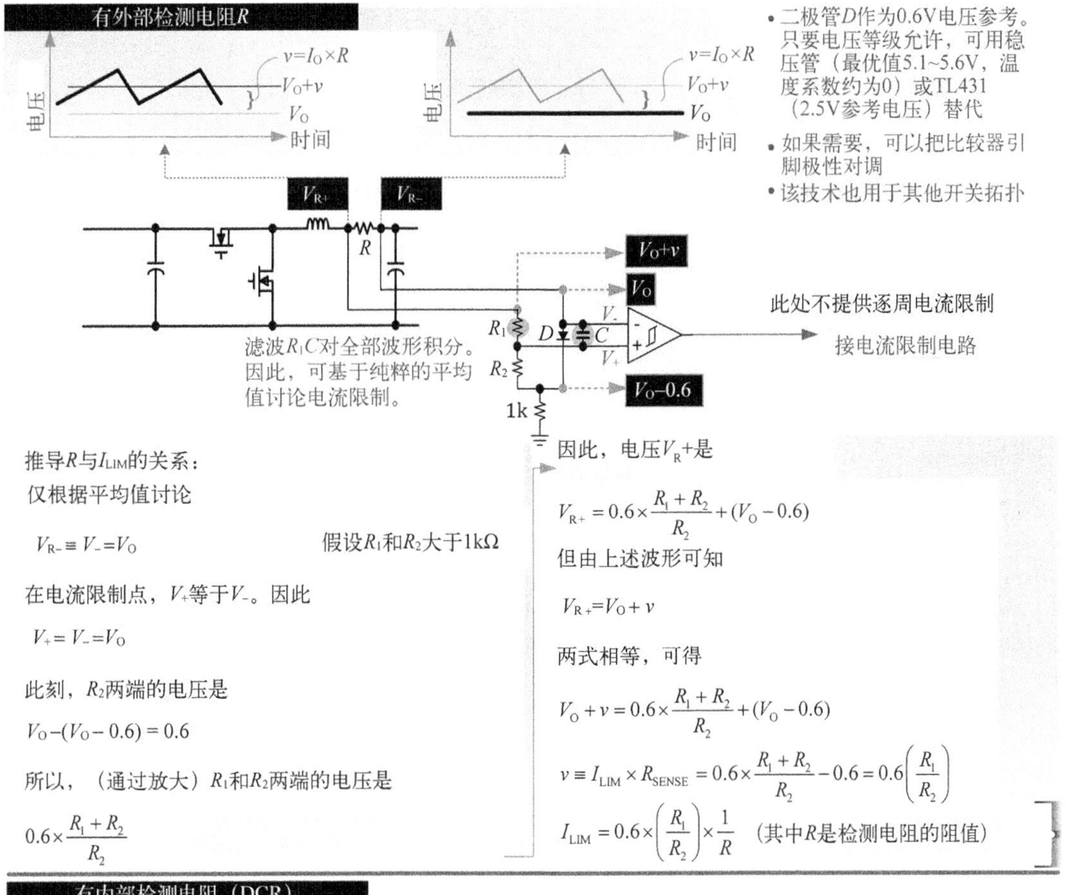

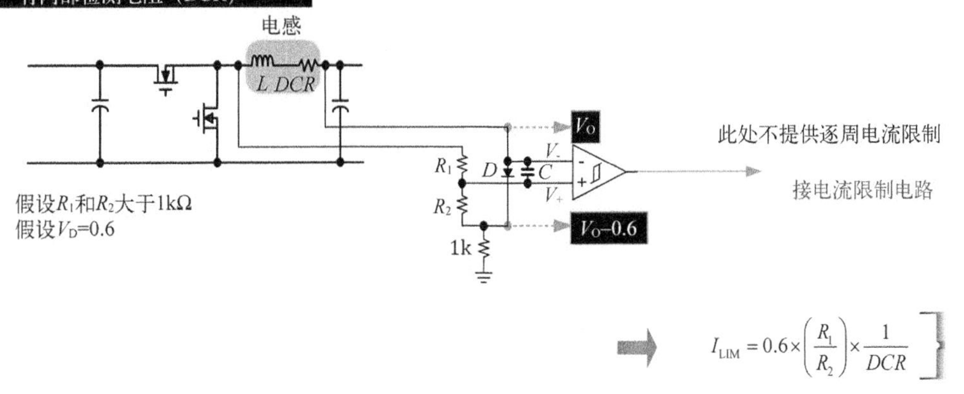

图 9-4 基于直流电阻的平均电流限制技术

可得

$$\Delta V_{\mathrm{ON}}=\frac{V_{\mathrm{ON}}}{RC}\times\frac{D}{f},\Delta V_{\mathrm{OFF}}=\frac{V_{\mathrm{OFF}}}{RC}\times\frac{1-D}{f} \tag{9-4}$$

由伏秒定律可知

$$V_{\mathrm{ON}}\times D=V_{\mathrm{OFF}}\times(1-D) \tag{9-5}$$

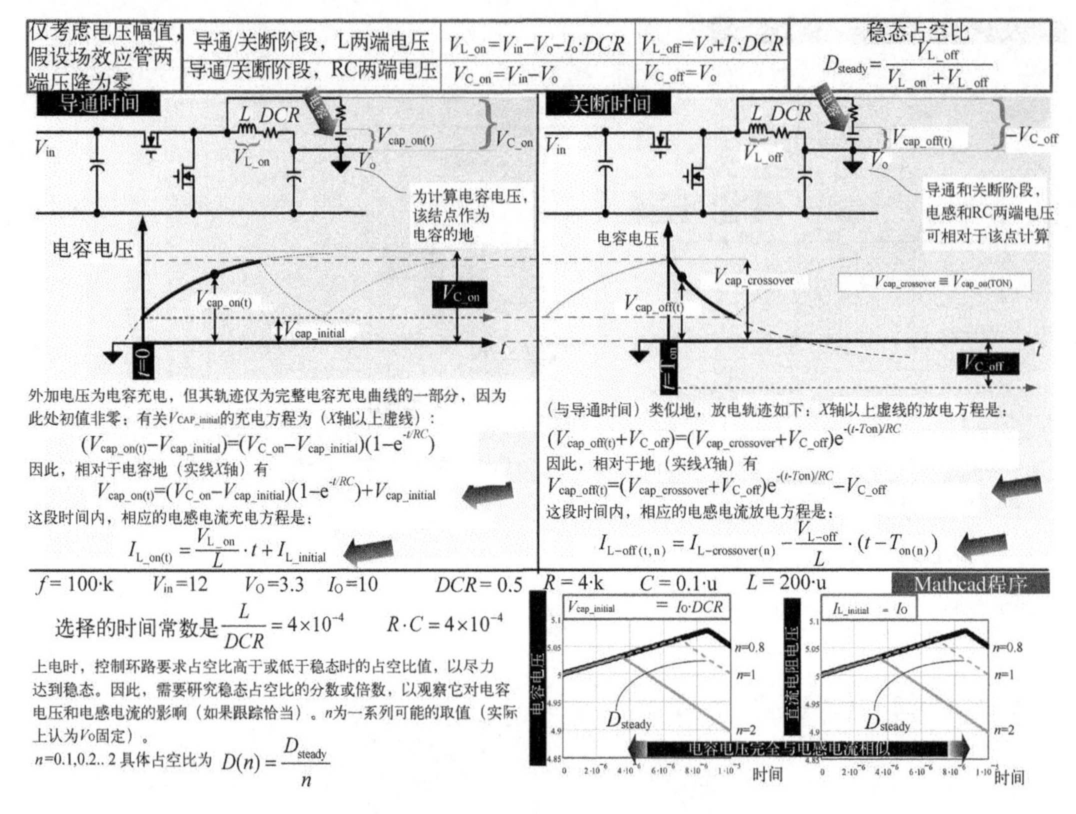

图 9-5　直流电阻检测原理（用夸大的直流电阻）

因此，

$$\Delta V_{\mathrm{ON}} = \Delta V_{\mathrm{OFF}} \tag{9-6}$$

类似地，对于电感电流，有

$$V = L\frac{\Delta I}{\Delta t} \tag{9-7}$$

可得

$$\Delta I_{\mathrm{ON}} = \frac{V_{\mathrm{ON}}}{L} \times \frac{D}{f},\quad \Delta I_{\mathrm{OFF}} = \frac{V_{\mathrm{OFF}}}{L} \times \frac{(1-D)}{f} \tag{9-8}$$

由伏秒定律可知

$$V_{\mathrm{ON}} \times D = V_{\mathrm{OFF}} \times (1-D) \tag{9-9}$$

因此，

$$\Delta I_{\mathrm{ON}} = \Delta I_{\mathrm{OFF}} \tag{9-10}$$

可以断定，无论是电感电流纹波，还是电容电压纹波，在每周期结束时都没有剩余。因此，电感电流和电容电压都处于稳态。工作时是对偶的（如第 1 章所述）。

比较电容和直流电阻的电压纹波，并令它们相等。可以看到，它们不仅成比例，还互相准确复制。

$$\Delta V_{\mathrm{ON}} = \frac{V_{\mathrm{ON}}}{RC} \times \frac{D}{f} \tag{9-11}$$

等于

$$(\Delta I_{\mathrm{ON}} \times DCR) = \frac{V_{\mathrm{ON}}}{L} \times \frac{D}{f} \times DCR \tag{9-12}$$

因此，

$$\frac{1}{RC} = \frac{DCR}{L} \tag{9-13}$$

或

$$RC = \frac{L}{DCR} \tag{9-14}$$

这就是直流电阻检测中基本的时间常数匹配条件，可从上述简化的直观讨论中很自然地看到。

这个简单的分析说明电容电压正在模仿电感电流。显然，电感电流的交流部分肯定能被电容电压复制。但直流部分呢？是否直流电容电压也正在复制直流电感电流呢？确实如此。然而，从上述简单的直观分析（或从其他文献中复杂的 S 平面交流分析）中无法得出该结论。为此，需要查看图 9-5。

注意，图 9-5 使用了导通和关断阶段电容电压的精确表达式，包括（具有决定性的）小项 $I_O \times DCR$，它最终决定了电容电压直流值。根据前面讨论图 9-4 时的分析，很容易理解该直流值的含义。对伏秒积取平均值后，$I_O \times DCR$ 项就是全部剩余。因此，很明显，它一定是本例中电容电压波形的直流值。从原则上讲，直流分析时不会用到时间常数。时间常数的影响仅限制在定义的时间内。由此可得：图 9-4 和图 9-5 最终一定会给出相同的直流值或稳态值。

只要时间常数匹配良好，电容电压就可以复现图 9-5 中的直流电阻电压，无论直流值还是交流值，反之亦然。问题是：这种复现是仅在稳态时正确呢，还是在暂态时也正确？从图 9-5 中的占空比例子，而非稳态时（即 $n \neq 1$）的占空比例子可以看出，电容电压变化也准确复现了直流电阻电压变化（根据每周期结束时的剩余电压）。这意味着电容电压和直流电阻电压（对应电感电流）在暂态时会同时上升或同时下降，直到最终达到（相同的）稳态值。这也意味着它们一直会很好地互相跟踪，无论是稳态时还是暂态时。

但一般认为，直流电阻检测实际上并不是十分精确，也不适用于关键应用。例如，众所周知，对于市售的直流电阻，其额定值有较宽的公差范围，而且直流电阻本身也会随温度变化而明显改变。因此，剩下的最后一个问题是：时间常数（L/DCR 和 RC）失配时，后果会如何？可以看到，电感电流在初始（直流）条件 $I=I_O$ 下达到稳态，与此对应，电容电压在初始（直流）条件 $v=I_O \times DCR$ 下达到稳态。但愿它在任何时间常数下都保持正确，因为若干周期后，时间常数的影响实际上会逐渐消失。换句话说，若时间常数失配，电容电压波形的直流值将无法跟踪变化（虽然直流电阻本身改变时也会有明显改变）。遭受电网或负载突变时，失配的时间常数会产生严重影响（尽管只是暂时的）。例如，若 RC 中电容非常大，则电容电压与电感电流相比变化很小，而且相当缓慢。但最终的稳态值不变（对于相同的直流电阻）。

注意，许多商业化芯片允许用户选择，或者根据成本和效率选择直流电阻，或者为了更精确而选择外部检测电阻（与电感串联）。

9.3.2　无感降压单元

功率变换分析中，“假设”具有独一无二的强大力量。因此，作为经典直流电阻检测的深入研究，问题是：如果改变图 9-5 中电容低端的位置，并如图 9-6 所示将其接地，将会发生什么呢？

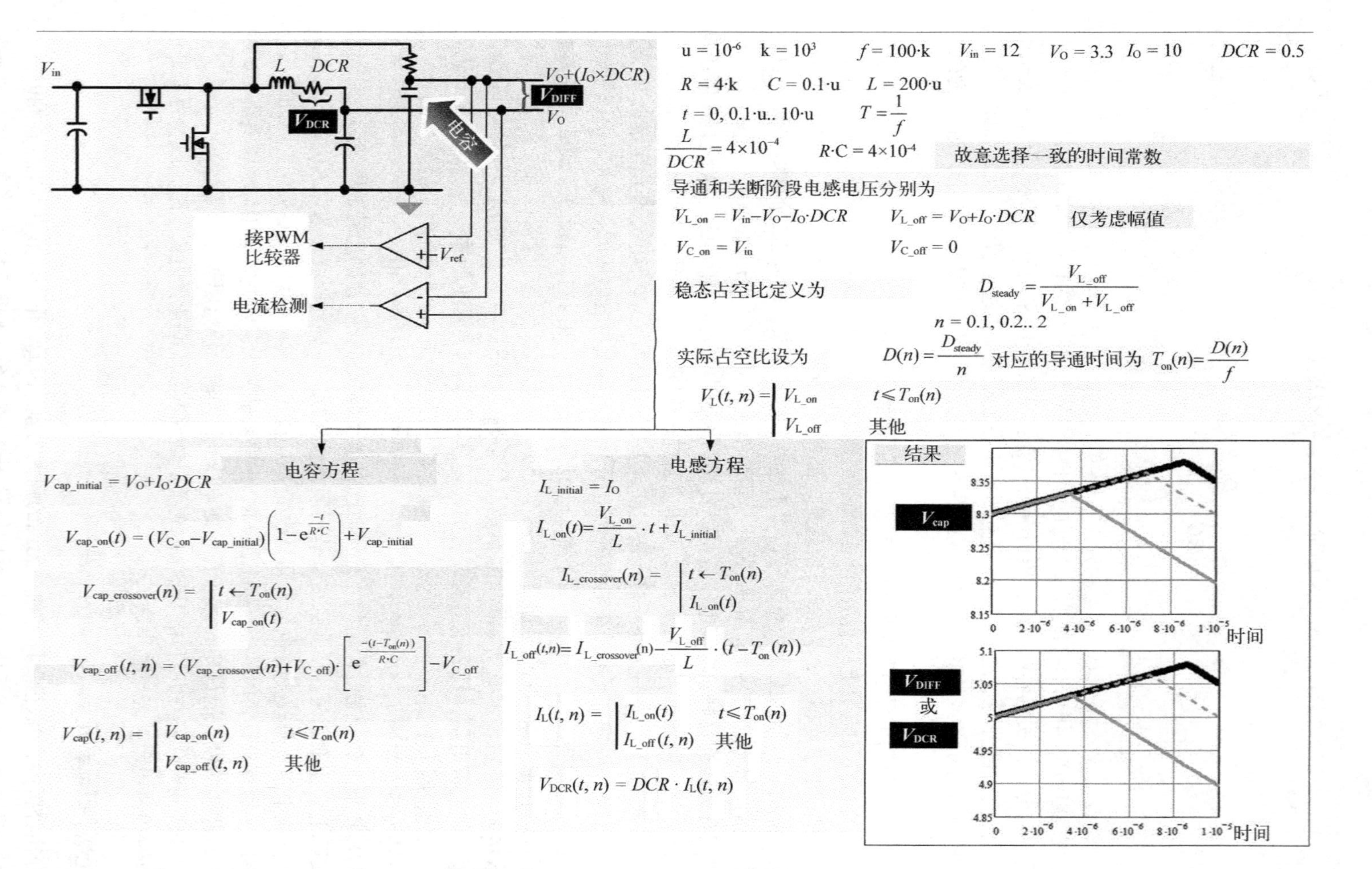

图 9-6 无感降压拓扑、交流调整器和电流检测原理图（含夸大的直流电阻）

对于可忽略的直流电阻而言，（对于相当大的电容值而言）电容电压与降压变换器的输出电容电压相同。这很有趣。但要注意，通过改变电容位置，串联 RC 不再置于输出之上，而是与 LC 分开。现在，RC 和 LC 两条支路各自独立，互相并联。这意味着可能：

(1) 完全断开 LC 支路。换句话说，仅以预先决定的占空比 D 驱动场效应管开关，结果（即 RC 中电容电压）是（小功率）输出电压 $V_O=D\times V_{IN}$，与经典的降压变换器相同。或者，还可以引入一个有源反馈环路。现在介绍无感降压单元（由作者命名，2002 年 10 月 17 日首次发表在 *EDN* 杂志上）。注意，它是图 1-2 中桶式调整器的变体。通过改变占空比，可使电路输出任何电压，或可作为参考电压使用。它不能真正用于功率输出，效率也很低。但是正如所见，它很有用。

(2) 保留 LC（降压电感和输出电容）支路，但把调整点从降压输出电容移至串联 RC 中的电容。特别是在大信号条件下，与对应的基于 LC 的双极点反馈环路性能相比，基于 RC 的反馈环路性能预期会更好。

对于不可忽略的直流电阻而言，有：

(1) 利用与直流电阻检测相同的时间常数匹配，从电容电压减去输出电压就等于直流电阻电压。如此，恢复到图 9-5 中的直流电阻检测。但现在，有另一个新的性能良好的反馈环路。图 9-6 给出了两个环路。这些信号均可用于电流模式控制。

(2) 可以实现下面讨论的无损下垂调整。

注意，无感降压技术也用于非同步变换器。但这种情况下，始终需要 LC 与 RC 并联。因为同步场效应管不能主动迫使交换结点在其关断阶段达到（接近）地电位，要由流过 L 的电流来实现。这就不得不让 RC 上的电压主动地重复斩波。否则，RC 中的电容将刚好充至输入电压。

9.3.3 无损下垂调整和动态电压调整

图 9-7 从传统的降压拓扑开始。接着，引出了下垂电阻 R_{droop}。这是一种传统的下垂调整实现方法。注意，现在调整点是 $V_O+(I_O\times R_{droop})$，不是 V_O。这意味着 V_O 不再固定。例如，若电流 I_O 增加，则 $V_O+(I_O\times R_{droop})$ 也将增加。但因为 $V_O+(I_O\times R_{droop})$ 通过调整环路保持恒定，所以唯一的解决方案是 I_O 增加时 V_O 减小。这称为下垂调整或动态电压调整。

现在，虽可用认为无损的直流电阻替代 R_{droop}，但直流电阻本身检测不到。然而，由图 9-6 可知，无损降压单元提供的电压正好等于 $V_O+(I_O\times R_{droop})$。而且，还有一个好消息是该点可测。因此，如果将误差放大器与之相连，就能实现与传统下垂调整基本上一样的效果（该方法由作者提出）。

下垂调整的好处一般是什么呢？图 9-7 展示了使用和未使用下垂调整时的暂态响应波形。下垂调整的好处简单解释如下：

(1) 卸载：重载时，使用下垂调整得到的输出电压比未调整时低。这实际上给出了额外的安全裕量。因此，虽然输出在突然卸载时会瞬时激增（自然的暂态响应），但使用下垂调整时，变换器输出电压一开始就比较低，所以暂态条件下达到的最高输出电压也较低。故而借助良好的全方位设计，能保证最高电压不超过允许的交直流调整窗口，并且电压最终稳定在允许的直流调整窗口的上限附近。

(2) 加载：现在，如果突加最大负载，输出将瞬时变得很低（自然的暂态响应）。然而，使用下垂调整时，输出一开始就比未使用下垂调整时的变换器输出高。因此，现在的最低电压也更高，能够更好地避免下冲。

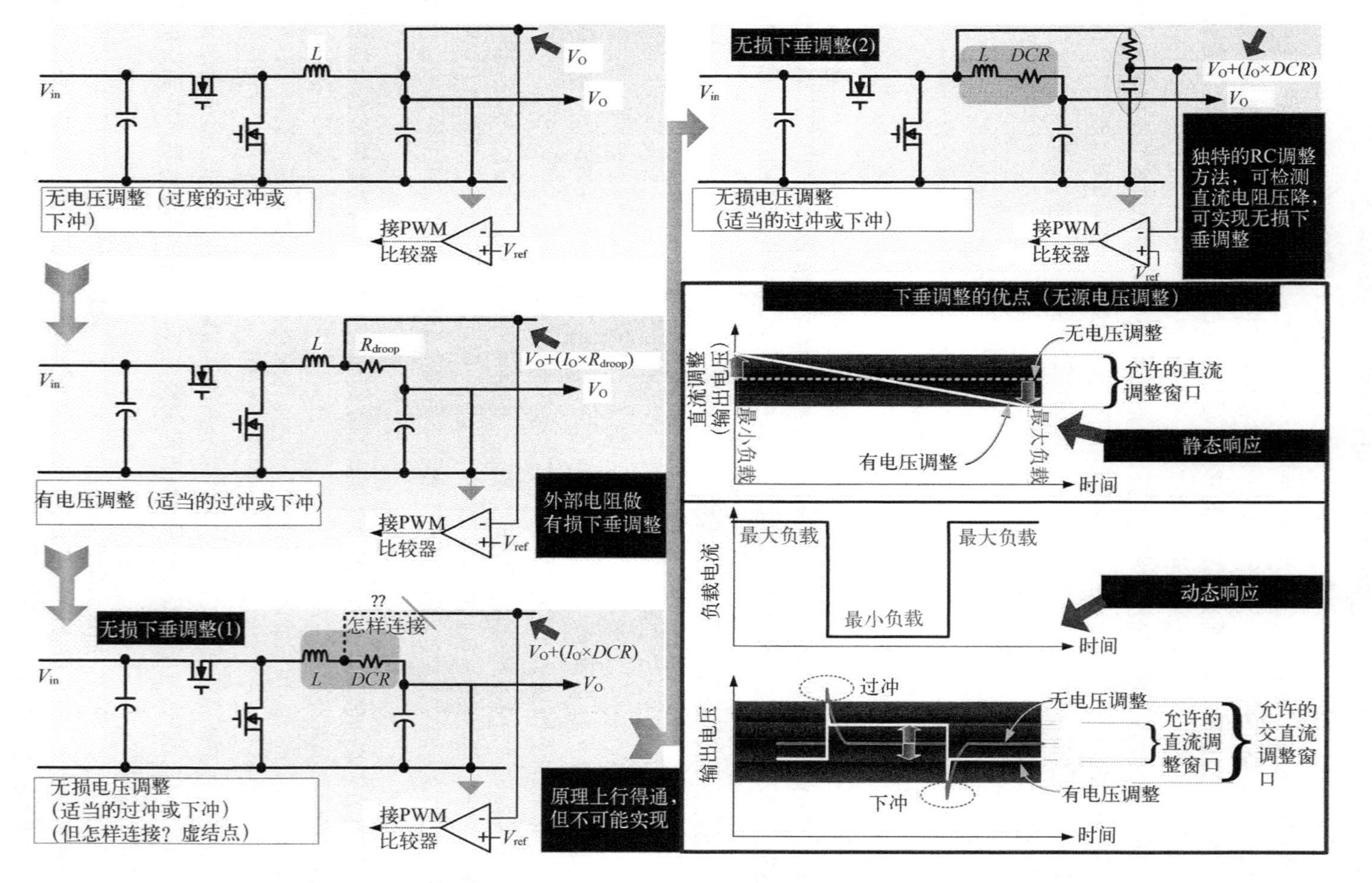

图 9-7　传统的电压调整（下垂调整）方法和新型的无损无感降压实现方法

下垂调整能自然地将输出调整到更好的初始水平，更有利于避免过冲或下冲。这非常有用，特别是对于电压调整（VRM）型应用，因为它们可允许的调整窗口实际上非常小。

9.4　第 4 部分：四管升降压拓扑

如前所述，降压拓扑与升压拓扑就是彼此的水平映射。下面来看一下，如果将它们像电子与反电子一样背靠背放置，会发生什么呢？

图 9-8 最上方的原理图以降压变换器作为输入，其后是升压变换器。降压输出电容和升压输入电容都是各自拓扑的基础元件。因为两个拓扑中的电容都与电感串联，所以其唯一用途就是滤除电感上相对较小的纹波。因此，图 9-8 中间的原理图把两个变换器组合在一起，产生了第一个复合拓扑——四管升降压拓扑。读者可以在心里继续把它看作降压单元与升压单元的级联。每个单元中两个场效应管是图腾柱式互补驱动。可以看到，降压单元的输出（本例中是虚拟输出）为 V_X，它变成升压单元的输入。因此，复合拓扑的直流传递函数可分成如下两个级联部分的乘积。

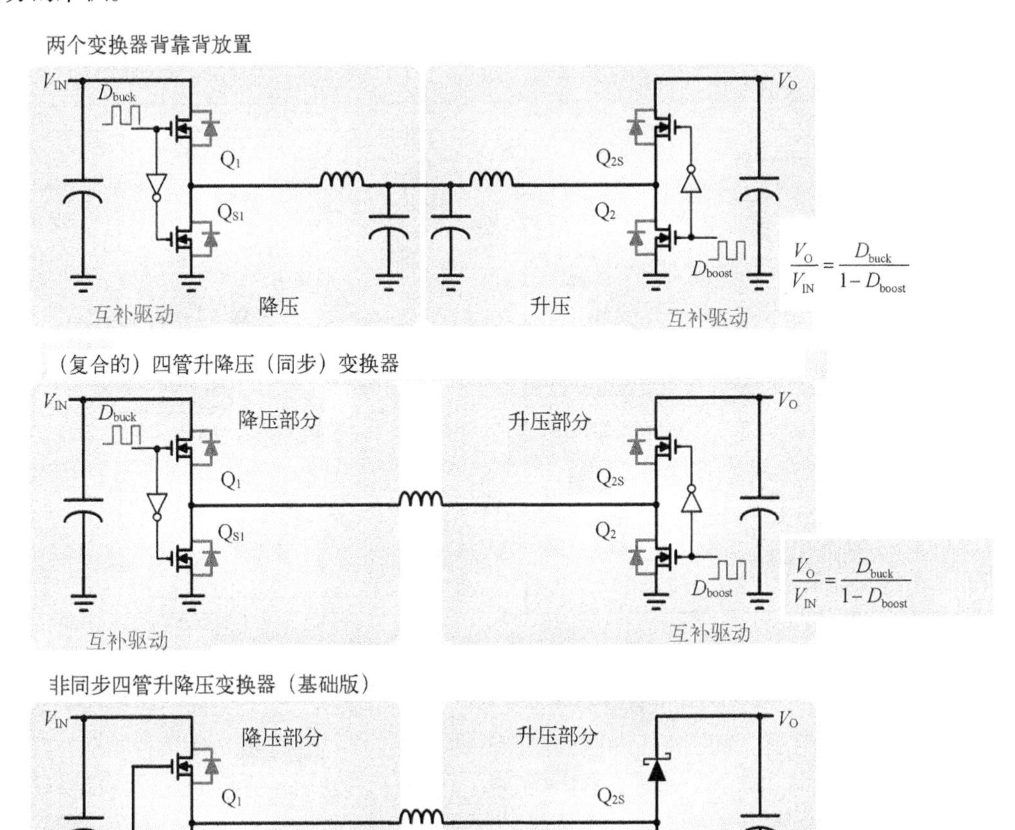

图 9-8　四管升降压拓扑的演化及简单、低效的非同步版本

$$\frac{V_O}{V_{IN}}=\left(\frac{V_X}{V_{IN}}\right)\times\left(\frac{V_O}{V_X}\right)=(D_{buck})\times\left(\frac{1}{1-D_{boost}}\right)\equiv\frac{D_{buck}}{1-D_{boost}} \tag{9-15}$$

图 9-8 最下方的原理图把降压和升压部分的控制场效应管栅极连在一起。因此，$D_{buck}=D_{boost}=D$。本例中，

$$\frac{V_O}{V_{IN}}=\frac{D}{1-D} \tag{9-16}$$

这与经典的单管（或双管同步）升降压拓扑的直流传递函数相同。

复合拓扑与基本的单管单电感升降压拓扑相比，最大的根本优势是输出相对于输入极性相同。

下面讨论两种不同类型的控制方法。

(1) 单占空比：图 9-8 最下方原理图给出了非同步版本。图 9-9 给出了同步版本。两者的共同之处在于仅有一个占空比 D，直流传递函数是 $D/(1-D)$。该控制方法简单，其主要优缺点如下。

优点：驱动最简单；升压/降压无缝转换（对于经典的升降压拓扑，在 $V_O=V_{IN}$ 时大概对应 D=50%）；输出与输入极性相同。

缺点：导通损耗较高（导通和关断阶段要计算两个半导体开关管的压降）；开关损耗较高（两个图腾柱式驱动使开关管连续通断，例如在 $V_O\approx V_{IN}$ 时，其导通模式与低压降调整器 LDO 不同）；输入和输出电容的有效值电流一直很大；整体效率低（60%～70%）。

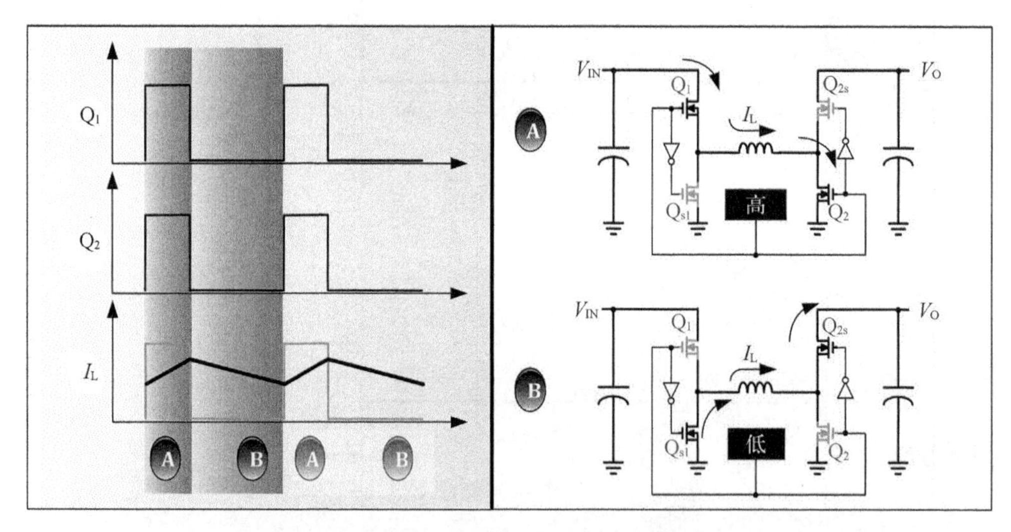

图 9-9　最简单、最低效的四管同步升降压拓扑

(2) 双占空比：参照图 9-8 中间的原理图，以及图 9-10 的进一步解释，两个图腾柱驱动虽然在时钟上同步，占空比却不同：D_{buck} 用于降压图腾柱驱动，D_{boost} 用于升压图腾柱驱动。虽然所有实现方法的直流传递函数都是 $D_{buck}/(1-D_{boost})$，但这种方法有许多引人之处，稍后就会看到。大致上讲，该方法的优点和缺点如下：

优点：输出相对于输入极性相同，开关损耗较低（两个图腾柱式驱动使开关管非连续通断）。

缺点：栅极驱动复杂；许多生效专利；导通损耗较高（导通和关断阶段有两个半导体开关管压降）；输入或输出（或两者）电容有效值电流较大；升压/降压非无缝运行（模式转换出现在占空比极限 0%和 100%处）；基本上没有真正的“回溯能力”（即从 $V_{IN}>V_O$ 到 $V_{IN}<V_O$，再回到 $V_{IN}>V_O$，任一方向上可能包含不同的占空比组合，因此效率始终在变）。

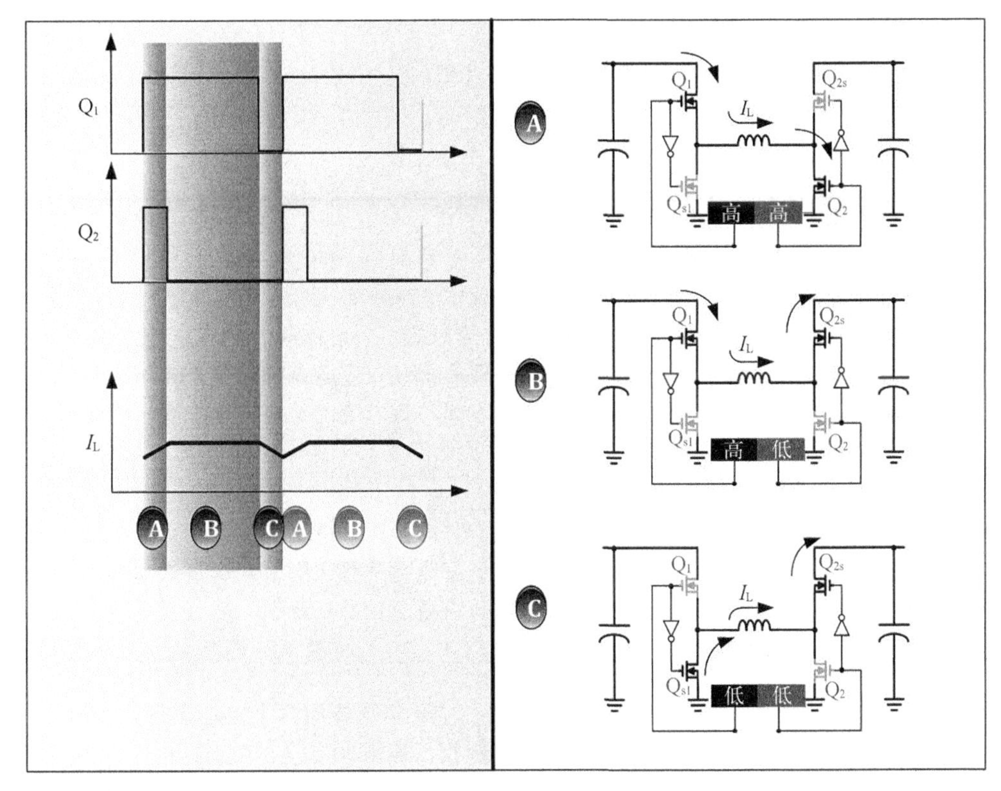

图 9-10 $V_{IN}\approx V_O$时，一种可能的四管升降压拓扑实现方法

注意 四管升降压变换器的所有讨论都只关注了完全互补驱动（无二极管仿真模式）。因此，降压或升压图腾柱驱动中，一个晶体管导通，另一个晶体管关断，反之亦然。最终得到了图中控制场效应管的 Q_X 栅极波形，同时有意省略了同步场效应管 Q_{SX} 的栅极波形。而且，为了简化，假设平均电感电流永远不会与零电流横轴交叉（即没有图 9-1 至图 9-3 中讨论的能量循环模式）。

降压和升压部分占空比相互独立，一个主要优点是：若整个电路只需要降压，例如 5V 降至 3.3V，就无需驱动升压部分的栅极。只要用占空比 $D_{buck}=V_O/V_{IN}$ 驱动降压部分，让升压部分保持在导通模式，即 $D_{boost}=0$。因此，电感电流只是简单流经升压部分的高端场效应管到达输出。类似地，若仅需要升压，例如 3.3V 升至 5V，就无需驱动降压部分的栅极。只要用占空比 $D_{boost}=1-(V_{IN}/V_O)$驱动升压部分，让降压部分保持在导通模式，即 $D_{buck}=100\%$。因此，电流从输入流经降压部分的高端场效应管到达电感。这么做可以降低大部分运行区间内的开关损耗。所有已知的（采用双占空比的）四管升降压拓扑实现方法都有一个共同之处，那就是 V_O与 V_{IN}不同时，大多数实现方法没有区别。区别都集中在 $V_{IN}\approx V_O$区间内，例如 5V（额定值）到 5V（准确值）的变换。注意，该区间两侧实际上都需要考虑场效应管的正向压降。所以，$V_{IN}\approx V_O$特定区间实际上是一个相当宽的范围。另外，最大或最小占空比限制可能会显著影响到该区间范围。而且，因为系统在该区间内运行的时间很长，所以非常希望达到高效。不幸的是，该区间要求同时驱动降压和升压部分（开关管），因此开关损耗很高。而且，栅极由先前的被动驱动（即导通模式）突然转换成开关驱动，或者由先前的开关驱动突然停止时，可能会出现明显的输出浪涌，并且没有回溯能力。

现在仔细观察图9-10，特定区间内，降压和升压都是图腾柱式驱动。可以看到，该区间两侧，降压或升压单元都运行在导通模式。在实践层面，这通常做不到，而且也不希望图中的占空比过于接近0%或100%。因此，两个变换器的占空比设为D_{min}=0.1和D_{max}=0.9。

注意　如果降压单元使用N沟道的高端场效应管，占空比就不能增至100%，因为需要有时间关断控制场效应管，允许自举电路为自举电容充电，向栅极驱动提供能量。对于升压（或升降压）变换器，使用100%占空比从来就不是一个好主意，因为电感没有续流时间将其储能送至输出端，而且可能造成输入持续短路。一般来说，0%占空比几乎不可能实现，因为场效应管的导通和关断都需要一小段时间。导通或关断命令在下达和执行过程中，每个步骤都有延时。而且，电流模式控制的前沿消隐功能实际上要求保证最小导通时间。若想检测流过场效应管的电流，通常也需要最小导通时间。诸如此类。

注意　如果用N沟道场效应管（即高端场效应管），那么在导通模式下保持自举电压可能仍有问题。可能需要一个独立的备用小功率电荷泵电路连续工作。或者用低阈值电压的场效应管，并用其他（开关）部分的自举电压为导通阶段的高端驱动器提供电源，因为在任何情况下，导通阶段都是把场效应管连接到V_{IN}和V_O中较低的那个电压。

基本问题是：（在特定区间内）如何控制两个占空比？不能用两个控制环路，一个给降压部分，一个给升压部分，因为它们可能互相冲突。例如，若输入接近5V，输出5V，中间电压为V_X=2.5V，则降压变换器的占空比约为50%（5→2.5V），升压变换器的占空比也约为50%（2.5→5V）。注意，这种特殊的占空比组合与图9-9中的占空比极其相似（仅限于该区间）。但除此之外，实际上有无限的组合。例如，降压变换器的占空比为80%（中间电压V_X=0.8×5=4V），而升压变换器的占空比为25%（中间电压4→5V）。换句话说，实现~5V到5V变换有多种方法。两个独立的控制环路永远不能决定什么才是最好。总之，只能有一个控制环路。但即便如此，还有两种可能性：要么固定两个占空比中的一个（D_{buck}=常数或D_{boost}=常数），允许控制环路改变另一个；或者需要为D_{buck}和D_{boost}定义一个固定的相互关系，当控制环路确定其中之一时，另一个也就自动确定了。有一种方法可以使该区间内降压和升压部分的驱动最优，并且保证效率最高，具有完全的回溯能力。这种方法就是占空比固定差值法（美国专利号7 804 283，发明者马尼克塔拉和克尔纳）。图9-11阐述了工作原理。下面就是输入电压降低时所发生的事情：

(1) 最初完全是降压模式。D_{boost}=0。D_{buck}随输入降低逐渐增加，直至D_{buck}达到90%的占空比极限（D_{max}）。实际上，控制环路控制并决定D_{buck}。

(2) 此时此刻，从右侧进入特定区间。先前处于导通模式的D_{boost}现在强行从0%跳变到10%。

(3) 控制环路响应要求D_{buck}突然下降约10%，以保持输出不变。在(2)中D_{boost}从0%跳变到10%时，若有意识地将D_{buck}同步调整到约80%，则输出浪涌几乎可以忽略。控制环路有最小“捕获区间”，因此不会出现明显的输出过冲和下冲。

(4) 输入进一步减少时，$D_{buck}-D_{boost}$的差值强制固定为70%。实际上，应由控制环路决定D_{buck}和D_{boost}，但现在它们以这种函数关系绑定在一起。

(5) 最终，D_{buck}再次达到90%的极限。至此，D_{boost}已经增至20%。现在，让降压部分的控制场效应管Q1完全导通，D_{buck}=100%。同时，控制环路仅决定升压部分的占空比。

(6) 控制环路响应要求D_{boost}突然下降约10%，以保持输出不变。在(5)中D_{buck}从90%跳变到 100%时，若有意识地将 D_{boost} 同步调整到约 10%，则输出浪涌几乎可以忽略。然后控制环路的最小“捕获区间”发挥作用。

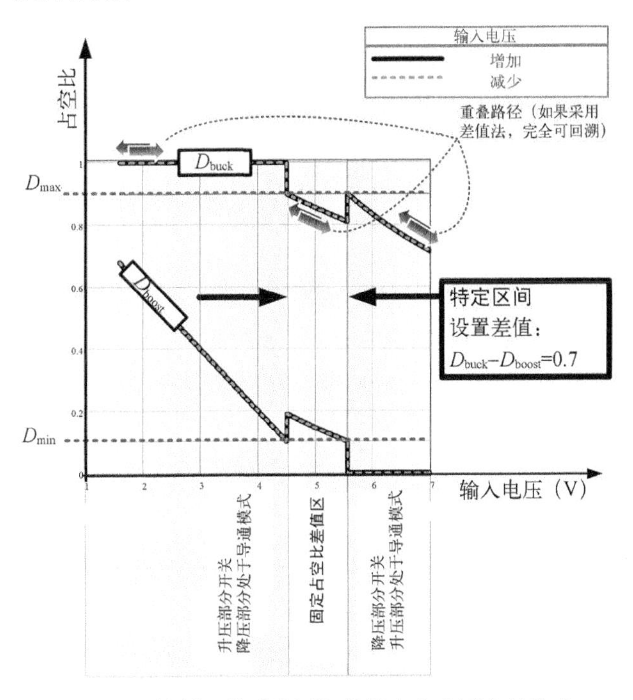

图 9-11　控制四管升降压拓扑的占空比固定差值法

上述控制方式完全可逆/可回溯，如图 9-11 所示。V_{IN} 减少和 V_{IN} 增加时的占空比曲线实际上完全重叠；从任一输入电压开始，路径都可以回溯，即使是在特定区间内。

9.5　第 5 部分：辅助端和复合拓扑

刚刚看到，降压和升压拓扑通过组合产生了四管升降压拓扑。该拓扑的一个明显缺点是把降压单元放置在输入端，而把升压单元放置在输出端。不幸的是，降压输入电容中的电流是斩波波形，因此有很大的有效值电流。同理，升压输出电容中也有很大的有效值电流。因此，四管升降压拓扑正好在这方面结合了两种拓扑的缺点。问题是：次序能颠倒吗？升压—降压复合拓扑是否比降压—升压复合拓扑更好呢？事实上，升压输入电容和降压输出电容的有效值电流都很小。因此，有望产生本章中的三个升压—降压复合拓扑：Cuk、Sepic 和 Zeta 拓扑。可以看出，Cuk 拓扑输入和输出电容中的有效值电流确实很小。不幸的是，Cuk 拓扑仍然不能摆脱其组成部分中升降压单元的反极性弱点，因此一般不利于商业化生产。另外两个升压—降压复合拓扑是 Sepic 和 Zeta 拓扑，都是同极性的升压/降压拓扑。Sepic 拓扑基本上是一个（相对于输入）强制重新定义输出电压参考的 Cuk 拓扑。不幸的是，在修正 Cuk 拓扑反极性的过程中，Sepic 拓扑输出电容的有效值电流很大。反之，Zeta 拓扑输入电容的有效值电流也很大。所以，不存在完美的开关电源拓扑。

直觉上希望三种升压—降压复合拓扑、（四管）升降压复合拓扑和基本升降压拓扑具有相同的直流传递函数，好消息是的确如此。在目前情况下，有

$$\frac{V_{\mathrm{O}}}{V_{\mathrm{IN}}}=\left(\frac{V_{\mathrm{X}}}{V_{\mathrm{IN}}}\right)\times\left(\frac{V_{\mathrm{O}}}{V_{\mathrm{X}}}\right)=\frac{1}{1-D_{\mathrm{boost}}}\times D_{\mathrm{buck}}=\frac{D_{\mathrm{buck}}}{1-D_{\mathrm{boost}}} \tag{9-17}$$

拓扑重新排列后形成的升压—降压复合拓扑有一个明显问题，即降压单元电感和升压单元电感不再是背靠背结构，因此无法像四管升降压拓扑那样把它们合并成一个电感。所以，现在有两个电感。幸运的是，可以把降压单元和升压单元的开关管合并成一个开关管（单一占空比）。最后的问题是：怎样在单元之间传输能量呢？可借助升压单元的交换结点，通过耦合电容将能量注入降压单元。总之，现在三个升压—降压拓扑中都含有两个电感、一个开关管和一个耦合电容。

此时本应该担心耦合电容上的应力，因为变换器输出的所有功率都要流经该元件。但应力将在后续讨论。现在，耦合电容的出现提供了一个巨大的机遇。回顾基本的单电感升降压拓扑，其局限性在于输出相对于输入反极性。但如果使用变压器，就能创造出反激拓扑，将输出部分与输入部分从物理上分开。可再出于安全原因，将这两部分隔离，如 AC-DC 变换器。但为了纠正反极性，也可将它们重新连在一起。这就得到一个正极性、非隔离的反激变换器。

类似地，电容也提供了将输入部分与输出部分分开的可能性，使得相对于输入可重新定义输出参考。这样，由 Cuk 拓扑可推导出正极性的 Sepic 拓扑。注意，为了简化，本书将不再讨论任何升压—降压复合拓扑的同步版本。

9.5.1　是升压拓扑还是升降压拓扑

讨论 Cuk 和 Sepic 之前，需要更好地理解基本的升压和升降压拓扑。看图 9-12，它们可纳入同一张超级原理图。不同之处在于它们从电路中提取能量的方式不同。实际上，使用单独的输出二极管可从同一电路中同时产生两个输出（尽管只能控制其中之一）。

通过算例能解释得更清楚。假设升压变换器输入为 12V，占空比为 50%。预期升压后的输出等于输入电压的两倍，即本例中为 24V，用 $V_{\mathrm{O}}/V_{\mathrm{IN}}=1/(1-D)$。现在，如果不从升降压拓扑的 24V 输出端对地提取能量，而是从 24V 输出端和 12V 输入端之间提取，就会得到负对正升降压拓扑。因为根据惯例，输入和输出的公共点就是拓扑的地。因此，对于升降压拓扑，12V 输入端将重新命名为升降压拓扑的地，而升压拓扑的输入地现在变成升降压拓扑的 – 12V 输入端。注意，本例中升降压拓扑的输出电压为 24 – 12=12V。因此，如果认为图 9-12 是可信的，那么在占空比为 50%时，将得到 – 12V 到 12V 的升降压拓扑。这与升降压拓扑完全一致，当开关管的占空比为 50%时，预期输出电压幅值与输入电压相等（用 $V_{\mathrm{O}}/V_{\mathrm{IN}}=1/(1-D)$）。因此，图 9-12 一定是正确的。如果不完全信服，可以用任何 D 值重复上述算例。升降压和升压拓扑真的是图 9-12 所示超级原理图的一部分。难怪升压和升降压拓扑都具有另一个有价值的特性：两个例子中，电感电流中心值都是 $I_{\mathrm{O}}/(1-D)$。

进一步分析图 9-12。从超级原理图左侧开始，可得到正对正升压拓扑和负对正升降压拓扑。其后生成的超级原理图给出了负对负升压拓扑和正对负升降压拓扑。

注意　以前，标记为地的电压常用来指高电势，很像晾衣绳，其他电路“挂”在其上，这些是正地系统。如今，世界在很大程度上转变为负地系统，地是低端。因此，现代电路的地一般类似于地平线，而不是晾衣绳。然而，在创造和确认复合拓扑时，需要理解负地电路，或负地单元如何映射为正地等效电路。图 9-12 概括了一个简单的映射步骤。利用该步骤，可生成对应的正地超级原理图。最后，映射步骤将高压变为低压，将低压变为高压，又回到熟悉的惯例，即高压放在页面顶端。如图 9-12 所示，垂直翻转正地超级原理图，就能以更常见的方式画出负对负升压拓扑（和正对负升降压拓扑）。

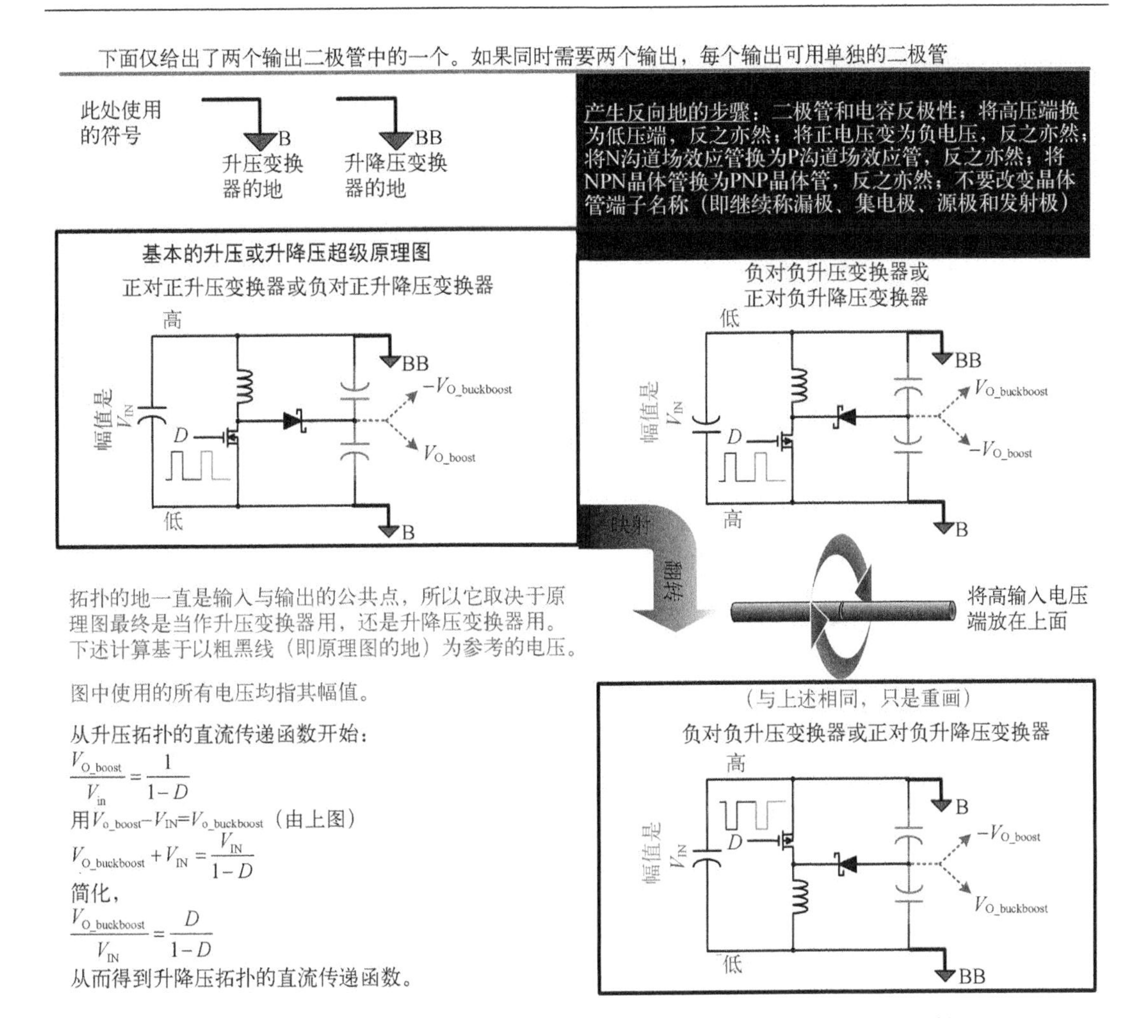

图 9-12 可推导升压和升降压拓扑的超级原理图和同极性到反极性拓扑的映射方法

9.5.2 理解 Cuk、Sepic 和 Zeta 拓扑

图 9-13 首先随意地将升压拓扑和降压拓扑级联。在电路中间，有一个直流环节横跨两个拓扑，能量由此从一个变换器传输到另一个变换器。图中使用了两个开关，如何把两个合并成一个是一种挑战。

接下来的三个原理图中，仅将耦合电容一端连到交换结点。注意，在图的右侧，每个复合拓扑映射为前面提到的反电压拓扑。因此，如果需要，能够生成一个负对正 Cuk 拓扑或负对负 Sepic 拓扑。

注意 尽管在标准的映射过程中，需将 N 沟道场效应管改为 P 沟道场效应管，但所有拓扑，不管是映射的或其他的，都能用任意类型的场效应管实现。只是必须跟踪所需的栅极电压，并在需要时提供自举电路。另外，还需要注意内部体二极管的方向，以避免经常提到的致命的电压尖峰。N 沟道场效应管中，体二极管（看作阳极到阴极的箭头）从源极指向漏极。P 沟道场效应管中，它从漏极指向源极。

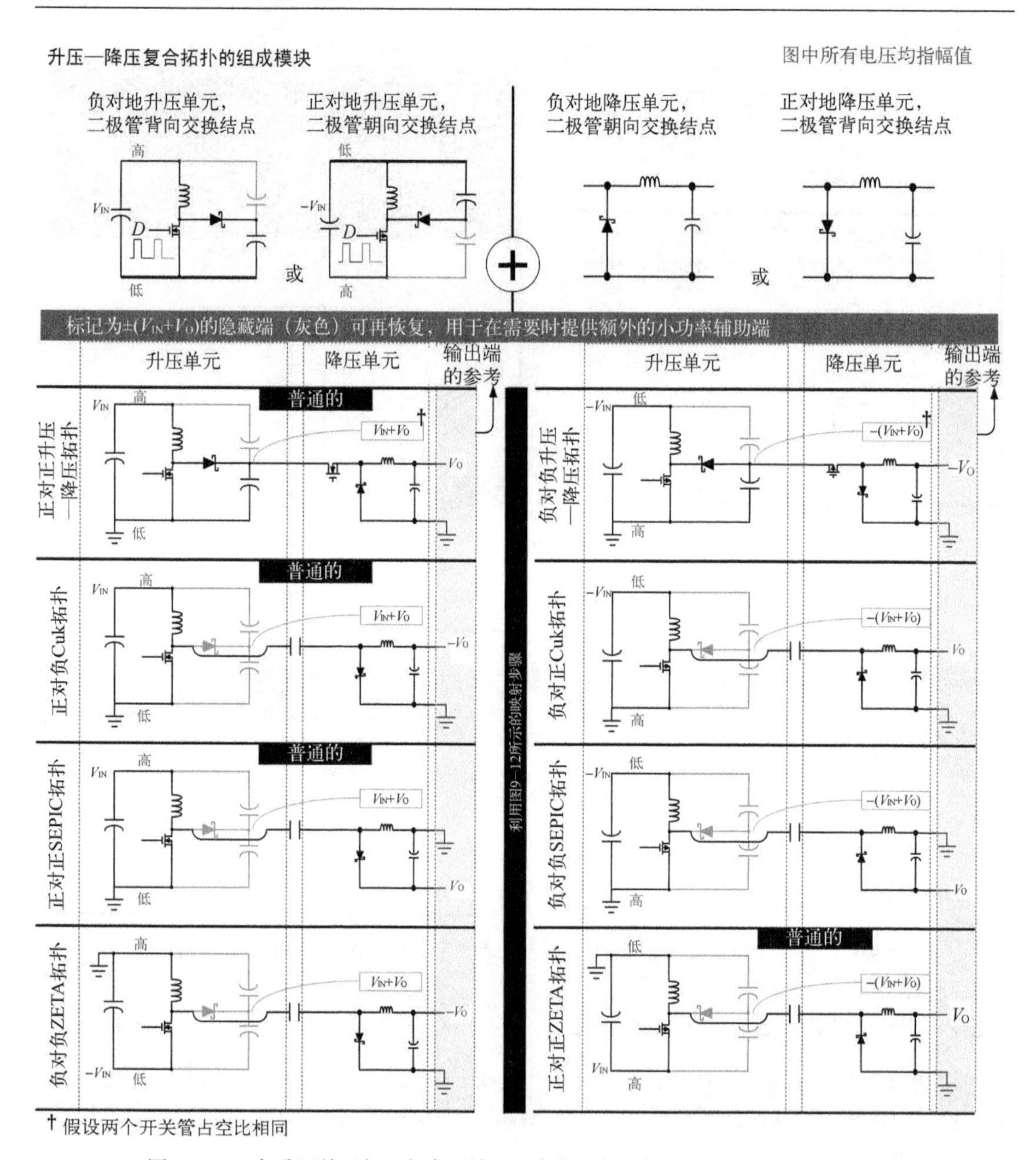

† 假设两个开关管占空比相同

图 9-13　正负升压单元与正负降压单元组合产生各种各样的升压—降压复合拓扑

每个电路实际上有三个部分：一个升压单元，接一个降压单元，再接一个标记为“输出端参考”的模块。实际上，后一个模块可设置为先前讨论的任何输出极性。然而，与反激变换器中的变压器隔离不同，重新定义参考极大地改变了电流路径，如图 9-14 所示。因为反激变换器中电流的正向和返回路径都因变压器绕组断开，所以变压器的两部分之间没有净电流流过，输出（副边侧）部分能自行工作。但在电容耦合中，电流路径仍然存在，所以重新定义参考后，电路形式完全改变了。因此，能得到三个不同的拓扑：Cuk、Sepic 和 Zeta。它们具有一些显著不同的特性，但因为一脉相承，彼此之间又极为相似。如前所述，可把 Sepic 拓扑看作成功地强制修正 Cuk 拓扑反极性的结果。尽管如前所述，这使得输出电容有效值电流很大。

图 9-14 计算了每个复合拓扑中耦合电容的直流电压值，可以此更好地选择电压额定值。根据一般构造规则，可以在同一张图中明确画出导通和关断时各自的电流路径。与基本的升降压拓扑一样，这些复合拓扑的直流传递函数均为 $D/(1-D)$，正如直觉上预期的结果。类似地，这些拓扑中场效应管的最小额定电压均一致，为 $V_{IN}+V_O$。注意，任何开关拓扑中，一般来说，如果场效应管关断时阻断了一定的电压，当它导通时，同样的电压阻断任务实际上转嫁给了二极管，因此额定值一定相同。换句话说，讨论的三种升压—降压复合拓扑中，二极管额定值都是 $V_{IN}+V_O$。

图 9-15 首先以更传统的方式画出了 Sepic 和 Zeta 拓扑。可以看出，这些复合拓扑波形之间的相似度非常高。这是因为它们同出一脉，图 9-14 展示得更清楚。

根据下一节内容，很容易就能猜出拓扑的电流波形。由图 9-15 可知，电流波形中唯一的不同点在于输入电容和输出电容的电流波形。三种拓扑中的所有其他元器件，除了耦合电容以外，所需电压和电流额定值均相同。下面将进一步讨论。

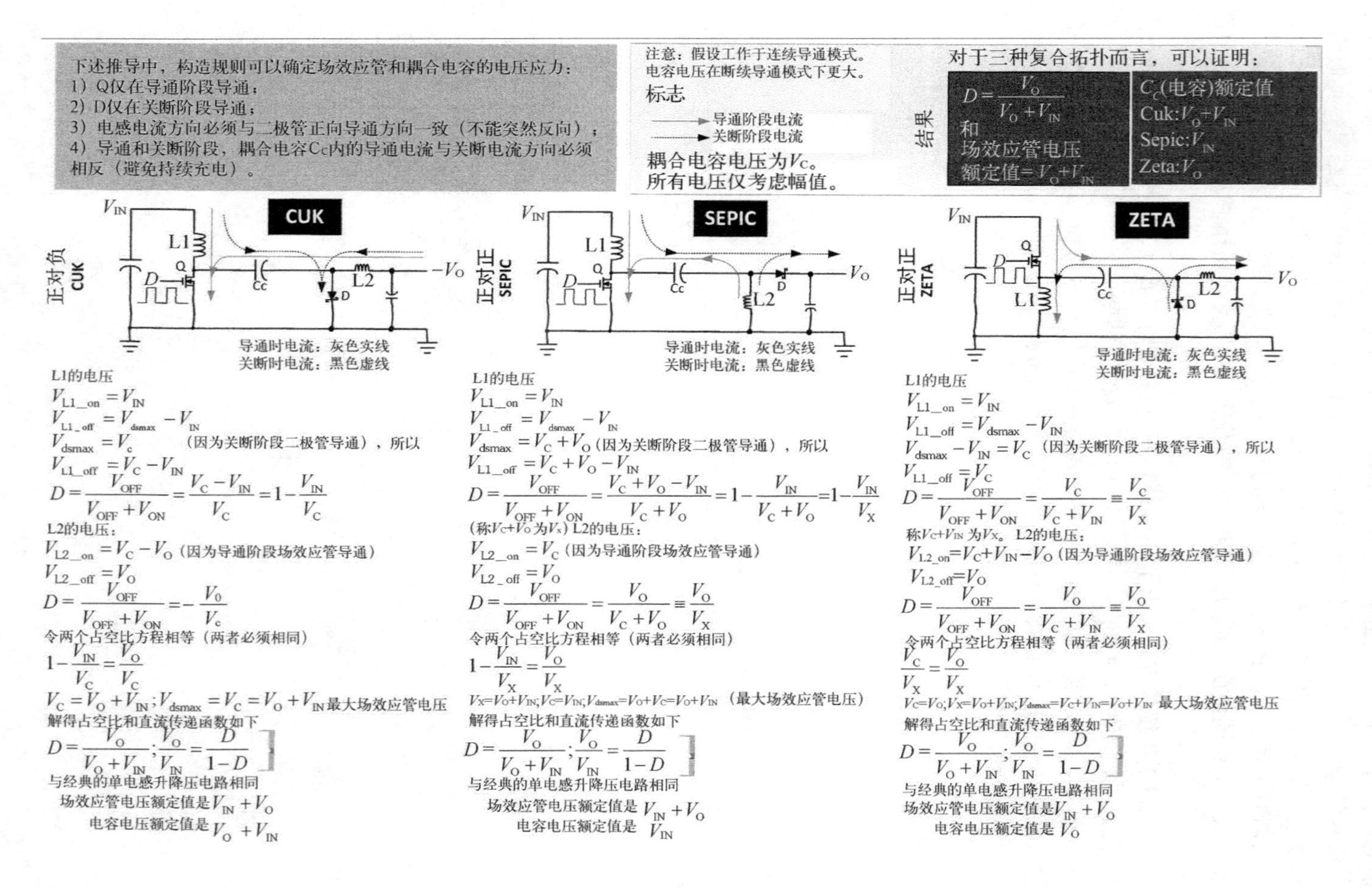

图 9-14　升压—降压复合拓扑的占空比和元器件的电压额定值

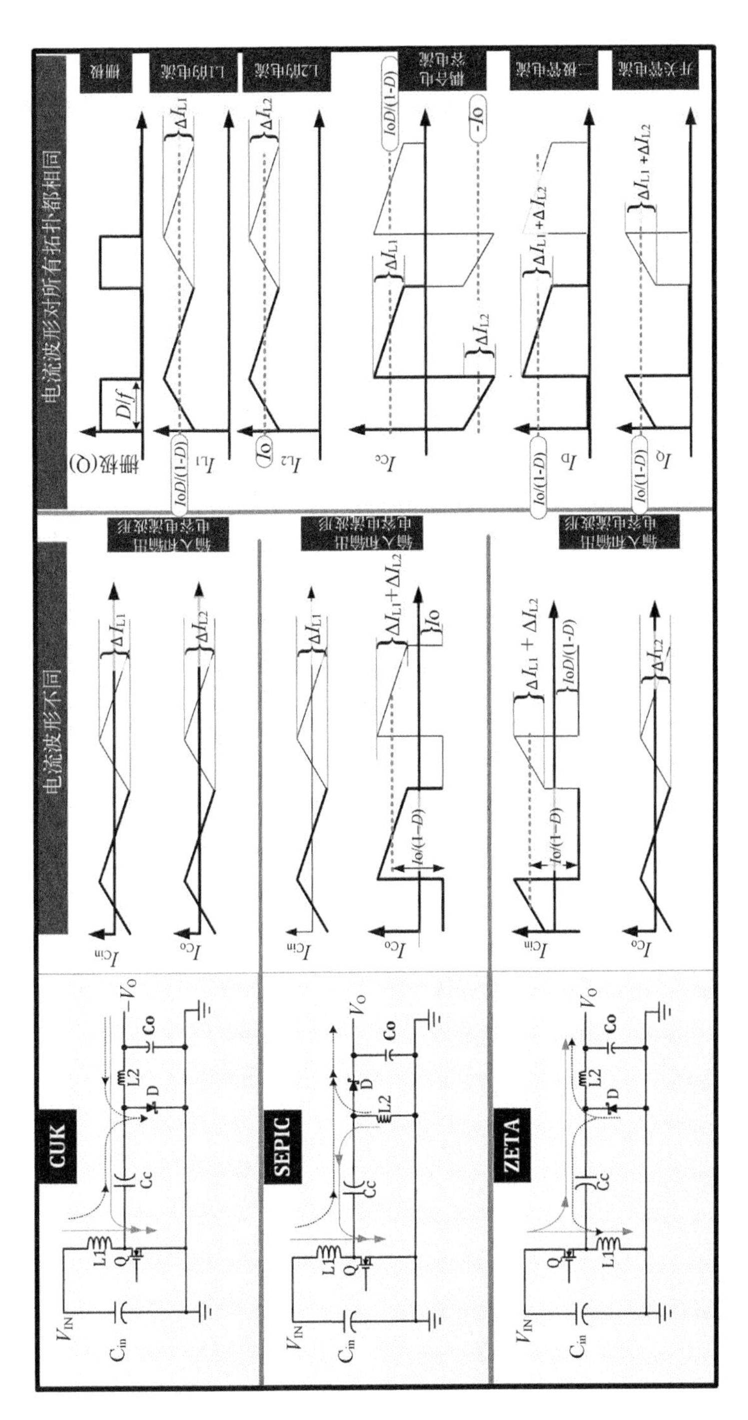

图 9-15　升压—降压复合拓扑的电流波形

9.5.3　计算 Cuk、Sepic 和 Zeta 变换器的电流波形

Cuk：参见图 9-15。I_{L2}的斜坡中心值一定是 I_O（输出电流），因为它为输出提供连续电流。因此

$$I_{L2}=I_O \tag{9-18}$$

导通阶段，电流流过 C_c。关断阶段，I_{L1}反向流过电容。因为电容工作在稳态，导通阶段的电荷变化量必然等于关断阶段的电荷变化量，且符号相反。因此，下列等式一定正确：

$$I_{L1}\times(1-D)=I_O\times D \tag{9-19}$$

所以

$$I_{L1}=\frac{D}{1-D}I_O \tag{9-20}$$

导通阶段，Q 的电流是电流 I_{L1}与 I_{L2}之和。因此

$$I_Q=I_{L1}+I_{L2}=\frac{D}{1-D}I_O+I_O=\frac{I_O}{1-D} \tag{9-21}$$

关断阶段，二极管电流也是 I_{L1}与 I_{L2}之和。因此，其斜坡中心值也是 $I_O/(1-D)$，与开关管电流相同。

可以看出，开关管电流与基本升降压拓扑中的一样，幅值和时间均相同。注意，升降压拓扑中，单电感额定电流为 $I_O/(1-D)$。此处有两个电感，一个额定值是 I_O，另一个额定值是 $I_OD/(1-D)$。例如，如果 I_O=1A，D=0.5，那么在基本升降压拓扑中，电感电流额定值至少为 2A（此处忽略斜坡部分）。Cuk 拓扑需要两个电感，每个电流额定值都是 1A。对于相同的电感值，Cuk 拓扑的总磁芯体积实际上是升降压拓扑的一半，因为磁芯体积与 LI^2 成正比。但是，若电流纹波率 r 相同，电流从 2A 变为 1A，电感值需要加倍（通常的电感缩放规律）。所以，若 r 为常数，则升降压拓扑和 Cuk 拓扑的总磁芯体积相同。实际上，用两个电感替代一个电感能提供更大的自然对流表面积，有助于在大功率应用中改善散热条件。这些推论对 Sepic 和 Zeta 拓扑同样有效。

Sepic：参见图 9-15。输出电流仅在关断阶段流经二极管（再由输出电容平均）。虽然二极管电流有两个来源，但总电流平均值必须等于 I_O。因此

$$(I_{L1}+I_{L2})(1-D)=I_O \tag{9-22}$$

再看耦合电容，关断阶段 I_{L1}从一个方向流入，导通阶段 I_{L2}从相反方向流入。因此，由稳态时的充电平衡可得

$$I_{L1}(1-D)=I_{L2}(D) \tag{9-23}$$

解上述两个方程可得，对于 Cuk 拓扑

$$I_{L2}=I_O \text{ 和 } I_{L1}=\frac{D}{1-D}I_O \tag{9-24}$$

导通阶段，Q 的电流是 I_{L1}与 I_{L2}之和，因此

$$I_Q=I_{L1}+I_{L2}=\frac{D}{1-D}I_O+I_O=\frac{I_O}{1-D} \tag{9-25}$$

关断阶段，二极管电流也是 I_{L1}与 I_{L2}之和。因此，其斜坡中心值也是 $I_O/(1-D)$，与开关管电流相同。

Zeta：参见图 9-15。先看耦合电容，导通和关断阶段分别有两个电流从相反方向流入。关

断阶段，有唯一的电流流过 L_1，所以它等于 I_{L1}。导通阶段，电容电流虽然不流过 L_1，但它是同一阶段流过 L_2 的唯一电流。所以，根据定义它等于 I_{L2}。根据耦合电容的充电平衡，有

$$I_{L1}(1-D)=I_{L2}\times D \tag{9-26}$$

注意，输出与 L_2 串联，而电感电流不能突变。因此，关断阶段，流过 L_2 的电流为

$$I_{L2}=I_O \tag{9-27}$$

代入式（9-26），可得

$$I_{L1}=\frac{D}{1-D}I_O \tag{9-28}$$

导通阶段，Q 的电流是 I_{L1} 与 I_{L2} 之和。因此

$$I_Q=I_{L1}+I_{L2}=\frac{D}{1-D}I_O+I_O=\frac{I_O}{1-D} \tag{9-29}$$

关断阶段，二极管电流也是 I_{L1} 与 I_{L2} 之和。因此，其斜坡中心值也是 $I_O/(1-D)$，与开关管电流相同。

9.5.4 Cuk、Sepic 和 Zeta 拓扑的应力和元器件选择标准

这里出现了一种值得关注的现象。三种升压—降压拓扑中，开关管和二极管的电流波形完全一致，并且与基本的单管单电感升降压拓扑相同。已知它们的占空比方程、开关管和二极管的电压额定值也相同。这印证了最初的断言，即它们都是升压拓扑（或等效的升降压拓扑）与降压拓扑的复合拓扑。

忽略交流纹波分量，可以看出，开关管电流是高度为 $I_O/(1-D)$，宽度为 D/f 的矩形波。因此，有效值一定是

$$I_{Q\_RMS}=\sqrt{\left(\frac{I_O}{1-D}\right)^2D}=\frac{I_O\sqrt{D}}{1-D}\text{，其中 }D=\frac{V_O}{V_O+V_{IN}} \tag{9-30}$$

由 $D=V_O/(V_O+V_{IN})$，可得

$$I_{Q\_RMS}=I_O\sqrt{\frac{V_O\times(V_O+V_{IN})}{V_{IN}^{\ 2}}} \tag{9-31}$$

二极管平均电流是

$$I_{D\_AVG}=\frac{I_O}{1-D}\times(1-D)\Rightarrow I_O \tag{9-32}$$

注意，必须遵循基本升降压拓扑的一般设计规则。本例中，开关管有效值电流在 D_{max}（V_{IN} 最低）时最大。所有升压—降压复合拓扑中，场效应管和二极管的电压额定值要大于 V_O+V_{IN}（参见图 9-14）。后者需要在 D_{min}（V_{IN} 最大）时校验。

耦合电容的有效值电流也需要计算。所有升压—降压复合拓扑中，导通阶段，I_{L2} 流过耦合电容；关断阶段，I_{L1}（反向）流过。但是，计算有效值时不必在意电流符号，因为使用的是 I^2。因此，利用图 7-4 中的分段求和公式，可得

$$I_{Cc\_RMS}=\sqrt{I_{L2}^{\ 2}\times D+I_{L1}^{\ 2}\times(1-D)}=\sqrt{I_O^{\ 2}\times D+\left[\left(\frac{I_OD}{1-D}\right)^2\times(1-D)\right]}\Rightarrow I_O\sqrt{\frac{D}{1-D}} \tag{9-33}$$

由 $D=V_O/(V_O+V_{IN})$，可得

$$I_{Cc\_RMS} = I_O \sqrt{\frac{V_O}{V_{IN}}} \tag{9-34}$$

显然，它是输入电压最低（V_{INMIN}）时的电流最大值，可据此相应地选择电容的电流额定有效值。Cuk、Sepic 和 Zeta 拓扑的电容电压分别是 V_O+V_{IN}、V_{IN} 和 V_O（参见图 9-14）。这些值还要在最大输入电压（V_{INMAX}）下校验。

注意，这些升压—降压复合拓扑中，对于输入和输出电容的电流额定有效值而言，Cuk 拓扑两个电流有效值都很小，可以忽略。Sepic 拓扑的输入电容电流有效值可以忽略。Zeta 拓扑的输出电容电流有效值可以忽略。Sepic 拓扑的输出电容电流有效值可用附录设计表中给出的升压（或升降压）拓扑的输出电容电流方程计算。Zeta 拓扑的输入电容电流有效值可用升降压拓扑的输入电容电流方程计算。至此，完成了所有三种复合拓扑的应力计算，可据此选择合适的电容。

至于 L_1 和 L_2，按照通常惯例，两个电感在 V_{INMIN}（D_{MAX}）时对应的电流纹波率 r 为 0.4，即可得出所需电感值。其电流额定值已知。注意，所有三种升压—降压复合拓扑中，电感 L_1 和 L_2 的电压波形是一样的（连续导通模式）。从图 9-14 可以看出，任何情况下

$$V_{L1\_on} = V_{L2\_on} = V_{IN} \text{（Cuk，Sepic,和 Zeta）} \tag{9-35}$$

$$V_{L1\_off} = V_{L2\_off} = V_O \text{（Cuk，Sepic,和 Zeta）} \tag{9-36}$$

这就是历史上 Cuk 先生决定省去一个电感，将 L_1 和 L_2 绕在同一磁芯上的原因（该变换器最终以他的名字命名）。令他惊奇的是，绕组在磁芯上的放置方式（耦合系数）能决定输入电容，或输出电容，或两者的纹波电流大小，甚至能使纹波电流接近于零。这称为纹波控制，是学术界非常关注的话题，但未能真正广泛应用于商业化产品，原因也许是：(1) Cuk 变换器输入/输出电容的有效值电流在启动时非常小；(2) 大批量生产中难以保证耦合系数（无法确保的优点在商业竞技场上并不算是优点）；(3) 随着低等效串联电阻电容的出现，Cuk 变换器输入/输出电容的发热问题实际上并不值得进一步关注。注意，如果采用纹波控制，一般 L_1 和 L_2 的匝数相同。这样，纹波（不是纹波系数）也将完全相同。但轻载时可能会出现问题，因为一个电感将先于另一个电感进入断续导通模式。而且，可能会导致器件承受的电压应力与预期不同。注意，前面所有的讨论都以连续导通模式作为假设条件。既然纹波控制技术并未普遍应用，此处也就不在共享磁芯的问题上做进一步讨论了。

9.6　第 6 部分：结构和拓扑形态

本节将首先回顾前面获得的基础知识，再来看对于基本拓扑还能做些什么。首先，要区别拓扑和结构。例如，一个调整器利用降压拓扑把 12V 变换为 5V，是正对正结构。但另一个调整器也是利用降压拓扑把－12V 变换为－5V，却是负对负结构。

图 9-12 介绍了如何将负对地结构映射成正对地结构。但电源可能最终需要重新设计地，因为地应该是输出和输入的共同端。而且，可能最终用 N 沟道场效应管替代 P 沟道场效应管，反之亦然，只要驱动合适。因此，无需关注给定电路是正地还是负地。这无关紧要。但产生不同拓扑结构时，从一种结构到另一种结构的映射过程是严格的，因为映射过程会将正电压变成负电压，反之亦然。这是一个需要牢记的事实，也会经常遇到。

图 9-16 以正对正降压拓扑为例。它既可以用 N 沟道场效应管，也可以用 P 沟道场效应管。前者在场效应管导通时需要自举电路驱动场效应管。至于负对负降压拓扑，可以再次看到，

它既可以用 N 沟道场效应管，也可以用 P 沟道场效应管。但这次，前者无需自举电路驱动场效应管，反而是，P 沟道场效应管需要自举电路。因此，高端结构（场效应管放置在高端）更容易用 P 沟道场效应管驱动，而低端结构更容易用 N 沟道场效应管驱动。这两种情况都需要自举驱动。

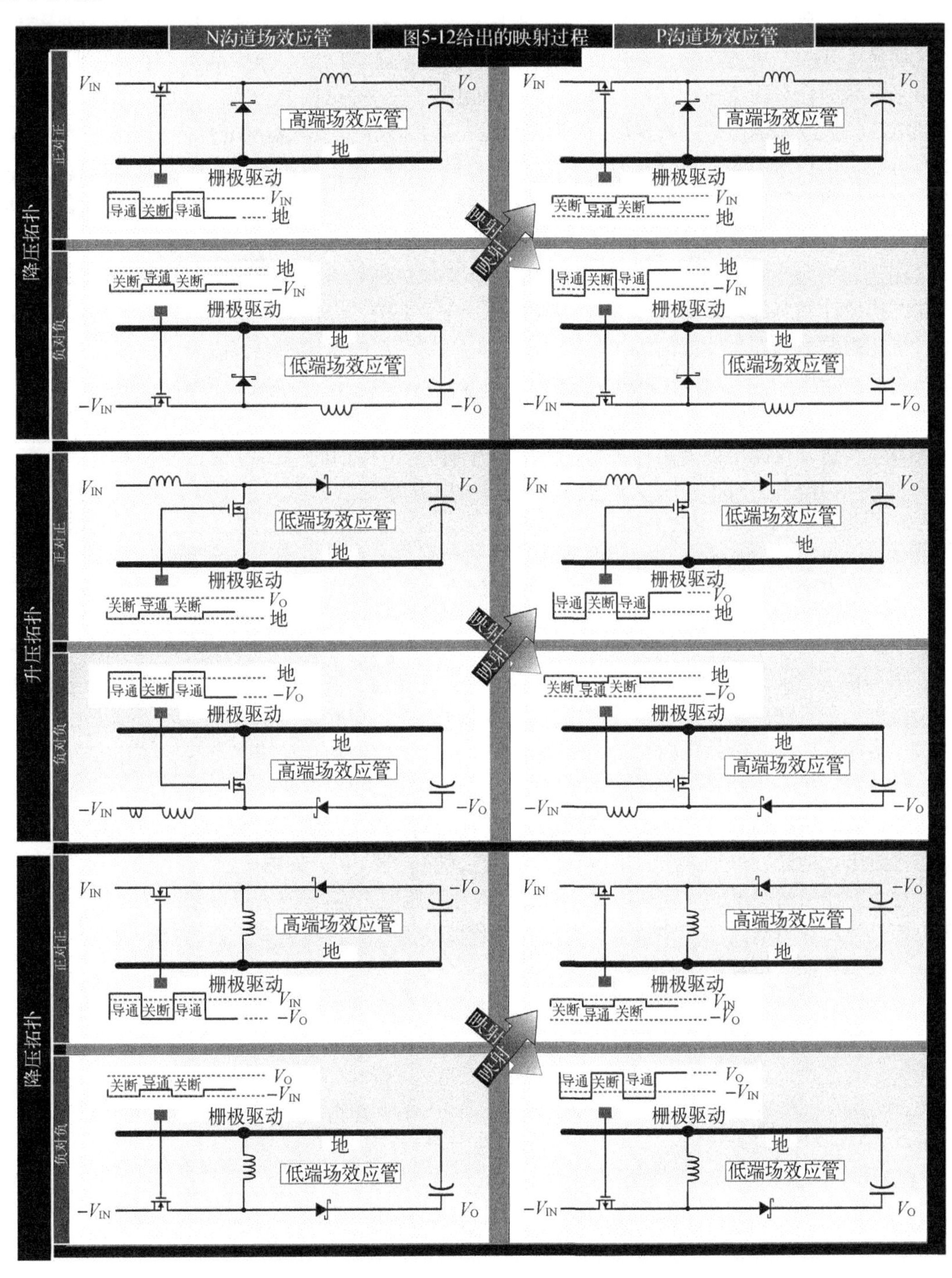

图 9-16　映射过程中的三种基本拓扑结构

现在，对使用N沟道场效应管的正对正降压拓扑做映射。按照图9-12映射后，原拓扑将变成使用P沟道场效应管的负对负降压拓扑。而且，驱动波形也垂直翻转，正变负，负变正。同样，如果一开始有自举电路，那么映射后仍然存在。如果一开始没有自举电路，那么映射后也不需要。这种方法很容易生成图9-16给出的所有可能结构。

理解这点后，接下来讨论拓扑形态。*开关芯片就是开关管*。开关电源基本上都是以一定占空比切换（开关）场效应管，再用反馈信号控制输出电压。因此，至少从理论上讲，似乎没有理由来解释为什么用于一种结构的开关芯片不能用在另一种结构上。然而，开关芯片可能需要用到电压转换或者输出的差分检测，因为芯片地是其内部误差放大器和其他内部电路的参考地，很有可能与拓扑地不同。只有这些么？不，还有另一个问题，就是拓扑形态。就二极管方向而言，高端拓扑和低端拓扑有不同之处。仔细观察图9-16可以看出，所有低端结构中，N沟道场效应管或P沟道场效应管和交换结点（即开关管、二极管和电感的公共结点）总是与二极管的*阳极*相连。然而，所有高端结构中，开关结点总是与*阴极*相连。这意味着高端结构可以使用为高端结构设计的芯片，*不管拓扑如何*。类似地，低端结构可以使用为低端结构设计的芯片。此外，可能需要适当加入反馈信号，还要注意拓扑改变后新的电压和电流应力（从而保证它们仍在芯片的性能指标内）。如果能保证上述所有条件，当芯片周围的电路变成另一个拓扑时，芯片*不会察觉到不同*。此处忽略环路稳定性问题。

其实，通常仅需要处理两种基本类型的芯片结构。一种用于正对正降压变换器，适合高端结构。另一种用于正对正升压变换器，适合低端结构。

注意 *升压和升降压拓扑是同一张超级原理图的一部分，而且Cuk、Sepic和Zeta拓扑都是升降压拓扑派生的复合拓扑。这就是希望仅通过小小的改装，就能使升压芯片始终适用于升降压、Cuk、Sepic和Zeta应用（具有刻意相同的高端或低端结构）的原因。*

图9-17采用两种芯片，列举了所有可能的组合。注意，正降压芯片和P沟道场效应管很容易实现正对负升降压拓扑或负升压拓扑，因为三种都是P沟道场效应管的高端结构，如图9-16所示。类似地，正升压芯片和N沟道场效应管是一个低端结构，可用于负降压拓扑或负对正升降压拓扑，因为它们都是低端结构。换句话说，几种结构互有自然联系。然而，有一个有趣的技巧，可以迫使低端芯片（例如正升压芯片）用于高端结构，例如正降压拓扑。图9-17中以受迫结构给出。但是，这种方法有诸多限制（调整性能差/噪声），如图所示。

注意，任何情况下，改变拓扑时，不仅电流和电压应力/额定值需要重新评估以证实芯片可用，而且要注意可能的（环路特性）稳定性变化以确保开关转换稳定。如果有芯片外部补偿引脚，将非常有助于控制稳定性。

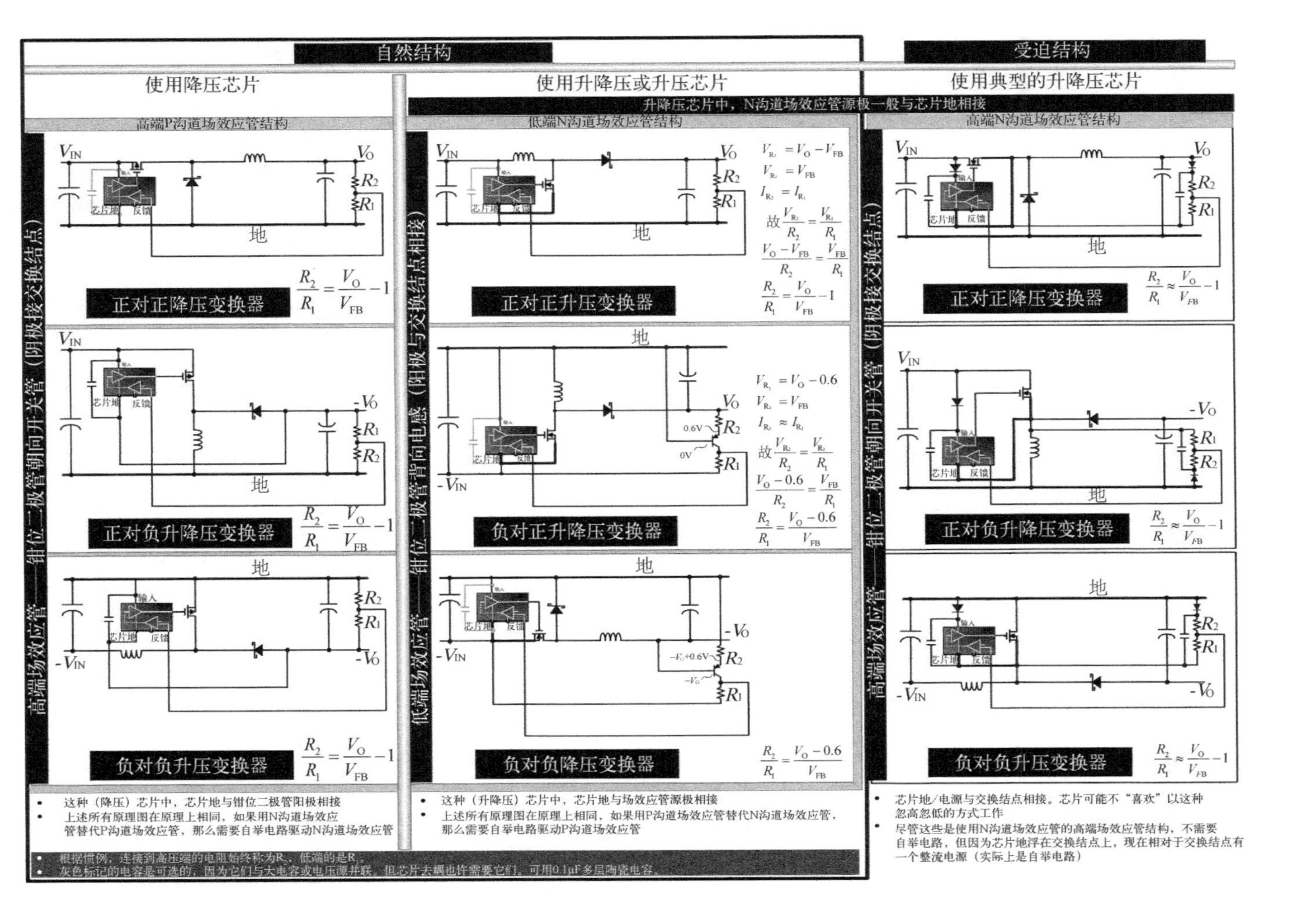

图 9-17 采用当今两种通用类型芯片的拓扑形态

9.7 第7部分：其他拓扑和技术

9.7.1 隐藏的辅助端和对称性

图 9-13 最上方的原理图提到过，升压变换器跟随降压变换器的强制复合拓扑中有一个中间点，电压值为 V_O+V_{IN}。图中注释给出了升压单元占空比与降压单元占空比相等时的结果。换句话说，图示的两个场效应管栅极实质上连在一起（它们一起导通和关断）。图 9-18 在数学上给出了更清晰的解释。可以看出，升压电感上有一个小功率调整电压，电压值为 V_O。尽管它不是以地为参考，但可以在一些情况下使用。例如，可以放置一个发光二极管（LED 灯）来指示升压单元是否真的在开关，也可以尝试在主输出电压外提供一路整定的辅助电压，还可以用在降压单元被正激变换器替代后的 AC-DC 电源无光耦原边侧检测电路中。在 Cuk、Sepic 和 Zeta 变换器中，如果想用，这个隐藏的 $V_{IN}+V_O$ 电压就可以用在小功率应用中。图 9-18 下方简要介绍了作者关于 AC-DC 变换器的新想法，一个不需要输入整流桥滤波的变换器。事实证明，对三种基本拓扑理解得越好，越知道不太可能发明全新的拓扑，但通过拓扑模块的重新组合，仍有许多事情可做。

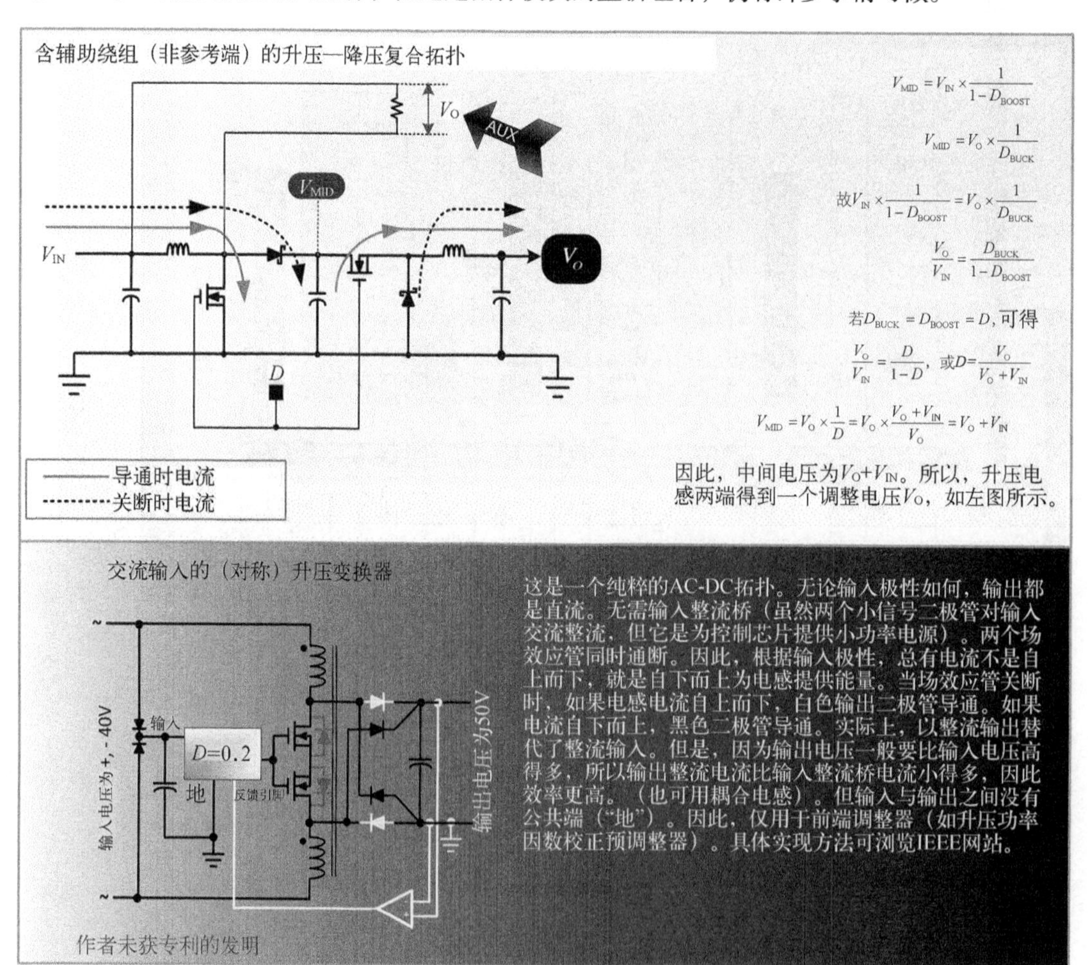

图 9-18　含辅助绕组的强制升压—降压复合拓扑以及对称升压拓扑

9.7.2 多输出和浮动降压调整器

另一个挑战是从单一变换器产生多路输出。任何单管电源中，总有一个控制环和一个对应的占空比，因此能得到一个稳压输出。产生多路输出的方法有许多，且均可紧紧“跟随”主输出调整。图 9-19 搜集了一些用于 AC-DC 电源的多输出技术。它们基于变压器的匝间电压定律，即任何时刻，理想变压器中任何绕组的匝间电压相同。当然，并不存在理想变压器。当绕组输出电流时，必须考虑其直流电阻和绕组间漏感的影响。前者可用适当的粗导线处理，后者可用原副边侧绕组紧密耦合技术处理。而且，主绕组输出电流流经二极管，而二极管的正向压降取决于电流和温度。例如，输出电流越大，压降越大。此时，控制环路通过（增加占空比）提高变压器平均匝间电压来补偿压降。这导致其他输出也增加，即使它们不需要修正。而另一种补偿方法是副边侧绕组低端与主输出二极管的阴极相连，如图所示。现在，因为二极管压降随负载增加而增加，使其他输出均有所拉低，部分补偿了变压器的高平均匝间电压。还有其他方法，包括一种权重控制环路，可轻微影响主输出之外的其他输出。

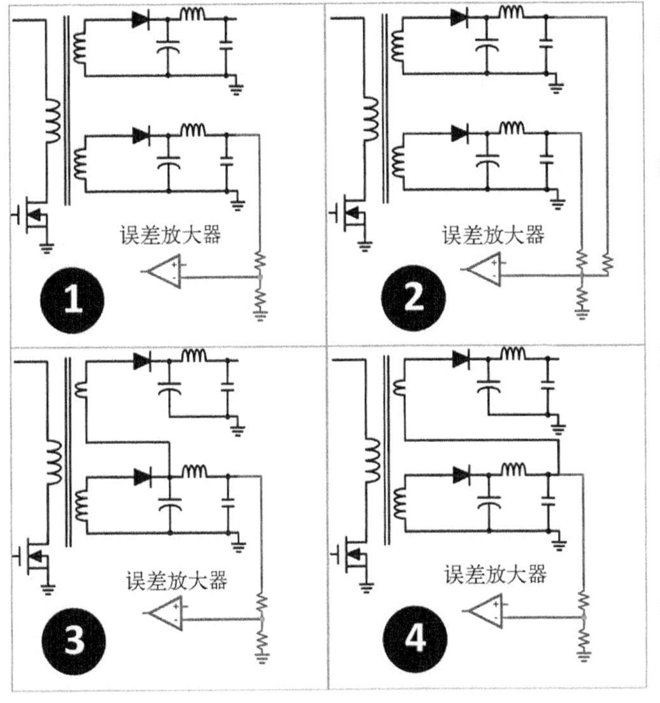

1 交叉调整能否成功仅取决于各绕组匝间电压的一致性。两个副边侧绕组耦合越紧密，效果越好（双线并绕）

2 副边侧输出接一个大反馈电阻。其实是主输出略微妥协，使另一个输出保持在可接受的调整窗口内。这称为双点检测，常用来避免使用串联的后调整器及其附加电路（用于降低后调整器的损耗）

3 该图试图消除交叉调整时主输出绕组输出二极管伏安特性和温度变化引起的负面效应。由于副边侧绕组的低端不再以返回地作参考，需要重新计算副边侧绕组匝数。主输出二极管损耗增加，因为现在所有功率都流经主输出二极管。交叉调整越好，损耗越大

4 该图试图消除交叉调整时小LC后滤波器上直流电阻压降引起的负面效应。现在，LC后滤波器的直流电阻损耗也会增加

图 9-19　AC-DC 电源中从主变压器获得交叉调整输出

图 9-20 展示了一种常用技术，可从 AC-DC 电源的副边侧内部电路提取功率。直接方法是在输出扼流圈上增加一个绕组。如图所示，它也可用于降压变换器。然而，新产生的降压变换器可能是浮地的，变成浮动降压调整器。这么做能够降低开关管和控制芯片的电压应力，并在需要时提供可用的辅助输出。前面的例子中，若匝比设为 1∶1，则辅助绕组输出电压为 V_O（与主输出电压相同）。但在浮动降压调整器中，辅助绕组输出电压为主输出电压的一半（即 $V_O/2$）。

AC-DC 电源可在变压器上放置多个绕组，每个绕组将（或应该）具有相同的匝间电压。与主受控输出绕组一样，同一磁芯上的其他绕组电压也可预测。从原理上讲，可以获得多组稳压

输出。实际上，由于寄生参数和漏感的影响，相应的输出稳压效果并不理想。如图 9-19 所示，处理这个问题有许多方法。

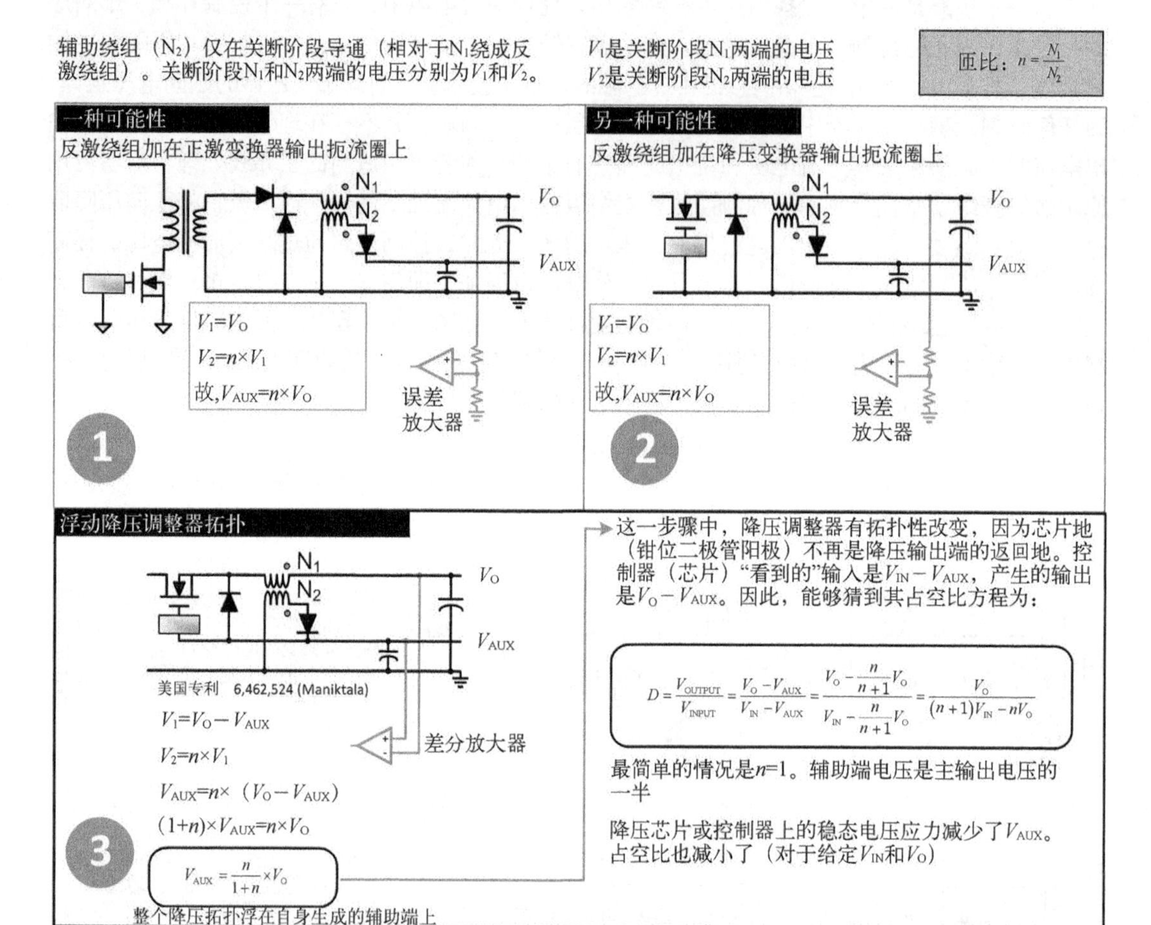

图 9-20　从正激或降压变换器的输出扼流圈或电感获取辅助输出，以及如何理解浮动降压调整器拓扑

9.7.3　滞环控制器

回顾图 1-2，桶式调整器及其基于晶闸管的版本就是 Bang-Bang 调整器的雏形。它以不太清晰的控制环路在电压降至一定阈值时导通半导体开关管，并在电压超过一定阈值时关断开关管。该过程中的波形不可预测。但是，尚无任何理由来说明为什么同样的技术不能尝试（或不必尝试）用于传统的降压调整器（或其他拓扑）。至少新的拓扑使用了电感，从而保证了效率的提高。每当电压低于一定阈值，控制器就会命令开关管以最大占空比输出。一段时间后，输出上升，并超过上限阈值，此时所有的开关管关断。此类控制器暂态响应优良，因为它在需要时可（以全占空比）完全导通。同样，不需要时可完全关断。不必担心复杂的极点和零点。因为无需补偿电路或脉宽调制比较器，此类控制器可能会节省大量的控制芯片内芯面积。然而，此类控制器可能会遇到电感饱和及宽窄脉冲束问题。即可能出现一串全脉冲，接着是一串无脉冲，而且几乎随机产生。所以，（磁性元件和陶瓷/薄膜电容）很可能产生不可预测的电磁干扰和听得见的噪声。

为了取得更好的控制效果，应该用稳定的脉冲流替代宽窄脉冲束。而且，为了减小控制芯片的内芯面积并降低静态电流，最好完全去除时钟电路。后者将如何实现呢？其实，任何变换器都有一个，建立在自然开关动作时间常数基础上的固有时钟。例如，电感电流会按电压与电感值决定的时间规律波动。这实际上形成一个时钟。能否用它替代正式的时钟电路呢？如果可以，信号又从哪提取呢？如果假设降压拓扑输出电容并没有明显的等效串联电感，只有电阻（等效串联电阻），那么直流输出电压上就会有电压纹波。该纹波与电感电流的频率相同，具有相同的占空比，且与开关管驱动占空比一致。所以，可就此产生时钟信号，将电容电压纹波作为控制芯片反馈引脚上的（比例）电压。如果在反馈引脚设置最小和最大阈值，就能复现检测到的电感电流波形，在电气层面上出现自稳定的鸡生蛋、蛋生鸡的情况，并可永远维持下去。这是无约束的、唯一自然稳定的情况。图 9-21 展示了该过程。由此可见，改变阈值上限与下限之间的滞环宽度就能改变频率。注意，不对称阈值将转换成输出直流偏置误差。

实际上，目前使用的陶瓷电容具有非常低的等效串联电阻，所以降压输出电容上的纹波既可能非常小，也可能非常大。因此，出现了各种技术来生成合适的等效串联电阻斜坡，如图 9-21 所示。

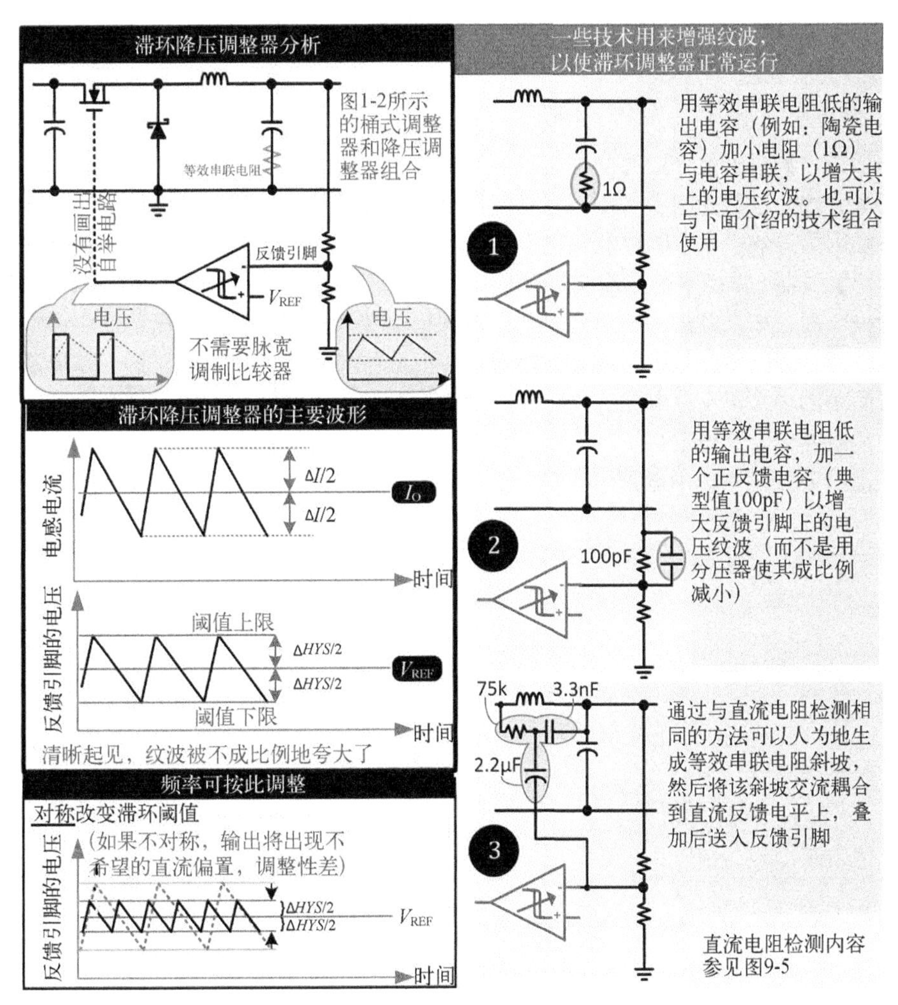

图 9-21　滞环控制及其变频技术

滞环降压调整器的问题是频率变化很大。针对如何保持恒频，以及如何减小前面提到的输出直流偏置误差，出现了许多技术和专利。可以使用不太复杂的电路来消除滞环调整器存在的问题，最终获得小静态电流、良好的暂态响应和最优内芯面积，以及最优成本。

除了如图9-21所示改变滞环带宽度以外，还有一种方法能够使滞环控制器恒频，称为恒导通时间（COT）控制。

对于降压拓扑，可做如下有趣的分析：

$$D=\frac{T_{ON}}{T}=\frac{V_O}{V_{IN}}\ （降压）\tag{9-37}$$

因此

$$T=\frac{T_{ON}\times V_{IN}}{V_O}\tag{9-38}$$

由

$$T=\frac{1}{f}\tag{9-39}$$

$$\frac{1}{f}=\frac{T_{ON}\times V_{IN}}{V_O}\tag{9-40}$$

$$V_O=[T_{ON}\times V_{IN}]\times f\tag{9-41}$$

换句话说，如果强迫导通时间恒定，且反比于输入电压，那么对于给定输出电压，将得到恒定的频率。因此这类控制中，每当反馈电压低于一定阈值，场效应管就会导通。但是，场效应管并不是因为等效串联电阻纹波超过上限阈值而关断，实际上反而是因为导通脉冲仅由一个简单的单稳触发器（单稳多谐振荡器）产生而“暂停”。切记，这种滞环实现方法不含时钟信号。场效应管关断后，如果经过一小段任意的、有保证的关断时间，反馈电压仍低于设定阈值，另一个单稳脉冲就会产生，否则脉冲会被略过。以此类推。最终，变换器接近于获得稳定的脉冲流。通过简单的输入正反馈电路，单稳脉冲宽度可随输入电压反向改变。因此，频率最终相对于电网和负载变化大致稳定。

能在滞环升压调整器中做到恒频吗？下面是数学推导。

$$D=\frac{T_{ON}}{T}=\frac{V_O-V_{IN}}{V_O}\ （升压）\tag{9-42}$$

如果

$$\frac{A}{B}=\frac{C}{D}\tag{9-43}$$

那么

$$\frac{B-A}{B}=\frac{D-C}{D}\tag{9-44}$$

从而可以消去 T_{ON}

$$D=\frac{T_{ON}}{T}=\frac{V_O-V_{IN}}{V_O}\ （升压）\tag{9-45}$$

$$\frac{T-T_{ON}}{T}=\frac{V_O-V_O+V_{IN}}{V_O}\tag{9-46}$$

$$\frac{T_{OFF}}{T}=\frac{V_{IN}}{V_O} \tag{9-47}$$

或

$$\frac{T}{T_{OFF}}=\frac{V_O}{V_{IN}} \tag{9-48}$$

由

$$T=\frac{1}{f} \tag{9-49}$$

$$\frac{1}{f}=\frac{T_{OFF}\times V_O}{V_{IN}} \tag{9-50}$$

$$V_{IN}=T_{OFF}\times V_O\times f \tag{9-51}$$

或

$$V_O=\left[\frac{V_{IN}}{T_{OFF}}\right]\times\frac{1}{f} \tag{9-52}$$

换句话说，对于升压调整器，如果给定的输入电压对应固定的 T_{OFF}，然后 T_{OFF} 随输入电压成正比变化，那么对于给定的 V_O，f就是固定的。这将是恒频、恒关断时间（也胡乱地称为 COT）的升压调整器。

注意，第 12 章将讨论升压和升降压拓扑（运行在连续导通模式）右半平面（RHP）零点产生的原因。直观的原因是负载突变时，输出瞬时跌落，因此占空比增大。但该过程中关断时间减小。既然两个拓扑都只在关断阶段才把能量传输到输出，较小的关断时间也意味着满足新的能量需求的时间会更少，在输出回到正常之前，输出跌落暂时会加剧。显然，固定关断时间的最小值是有用的。如果在恒关断时间模式下运行，就不会出现右半平面零点。而且，如前所述升压调整器可恒频运行。

不必费心地去从数学上创造恒频滞环升降压拓扑。因其必要条件既不是导通时间固定，也不是关断时间固定，而是 V_{IN} 和 V_O 之间复杂的函数关系。因此，就算可以实现，也会失去预期的滞环控制的简单性。

9.7.4 跨脉冲模式

上述讨论中，假设拓扑都工作在连续导通模式，占空比相对于负载的变化几乎恒定，并且（在降压拓扑中）与输入电压成反比。按此假设，如果负载减小，恒导通时间降压变换器又会如何响应呢？在连续导通模式下，单稳态触发器将继续产生单稳脉冲，而在传统的断续导通模式下，如果不强制禁止，脉冲宽度将随负载减小而迅速减小。因此，轻载时，恒导通时间模式下每周期的输出能量实际上远大于自然断续导通模式下的需求。所以，控制环路首先会发现输出突然增加，然后它试图通过连续跳过若干脉冲的方式来阻止输出增加。这就形成了跨脉冲模式。该模式有多种实现方法，但其基本优势是使开关损耗降低。这是同步变换器在轻载时高效的一个主要因素，特别是在互补驱动时。芯片设计人员也想进一步发挥该模式关断时间相对较长，可在一些电路中去偏置，以及芯片静态电流小和轻载效率最大化等优势。例如，此时的场效应管栅极驱动特性不再是硬，而是相当软，等等。但挑战是：当负载需求增加时，如何迅速唤醒所有休眠的电路，并且在变换器从跨脉冲模式进入完全的连续导通模式时，不致于引起输出浪涌。出现输出浪涌的一个原因是，系统认为自己是一般的功率处理电路，正在人为强迫模式与自然连续导通模式之间转换。实际上，临界转换时，电容和电感的能量水平需要重新稳定在新的稳态值。但此时，输出要么超调，要么下冲。一种避免该特殊类型输出浪涌的最好方法是利用占空比限制来实现跨脉冲模式。这是最温和的方法，只要简单设置一个变换器的最小占空比即可。负载减小时，电路最初进入断续导通模式，占空比随负载减小而逐渐减小。但在某一时刻，占空比达到极限，不允许再小。然后，系统自然进入跨脉冲模式以保持能量平衡。如果负载同样自然增加，系统又将退出跨脉冲模式。在输出纹波和效率之间折中的方法是通过定义如下合适的 m 因子来仔细设置占空比限制。

$$D_{DCM} > m \times D_{CCM} \tag{9-53}$$

m 的典型值在 50%～85%之间。这里强制给出了一个固定的最小占空比，变换器可以据此平滑地进入或退出跨脉冲模式。

9.7.5　实现正激变换器变压器复位

为了最终总结出一般规律，也为了回答一些尚未处理的琐碎问题，下面将话题转回单端正激变换器的复位（第三）绕组。图 9-22 指出复位绕组的二极管位置也能影响变换器效率。前面的第 7 章也谈及该问题。在传统的单端正激变换器中，原边绕组（PRI）与复位绕组（TER）的匝比为 1∶1，以保证励磁电流的上升斜坡 V_{IN}/L_{PRI} 在幅值上等于下降斜坡 V_{IN}/L_{TER}，因为 $L_{PRI}=L_{TER}$。因此，要保证最大占空比为 50%，留出足够的时间，这样即使在最恶劣工况下，励磁电流也能按一定斜率下降到该周期的初始值（在本例中为零）。这就是变压器复位。复位能确保变压器在稳态工作，避免磁通阶梯化增加。这样，所有负载条件下的场效应管电压应力都是 $2\times V_{INMAX}$。然而，利用倍频电路，常用控制器，如 UC3844 等，很容易达到 50%的最大占空比。基本上，让芯片内部时钟工作在 $2\times f_{SW}$，每隔一个周期去除一个。在去除阶段，场效应管强制关断。这种情况下，最大导通时间（非去除阶段）永远无法超过关断时间，复位得以保证。

图 9-23 介绍了有源钳位正激变换器的工作方式及其优缺点。它类似于不对称半桥变换器（即双管正激变换器，参见表 7-1），既没有额外的复位绕组，也没有 50%的最大占空比限制。这种情况下，最重要的是通过设计良好的控制电路使其最大占空比固定，因为 D_{MAX} 决定了场效应管的最大电压应力为 $V_{INMAX}/(1-D_{MAX})$。若 D_{MAX} 接近于 1，则电压应力将接近无穷大。根据观察，钳位电路的工作方式基本上与同步升降压电路一致，输出就是钳位电容电压。因此，与所有升降压拓扑一样，可预测其输出电压（即钳位电容电压）

$$V_{CLAMP} = V_{INMAX} \times \frac{D_{MAX}}{1-D_{MAX}} \tag{9-54}$$

至此，结束了令人激动的“新拓扑”世界的旅行，期待着能有更多发现。但还有一件事需要澄清。图 1-15 仍然无可辩驳，电源只有三种基本拓扑。其余的都是深思之后得出的三种基本拓扑的变体或组合。迄今为止，本章已经十分清晰地证实了该结论。理解“新拓扑”或怪拓扑的关键也在于此。

含复位绕组的正激变换器复位原理图和复位绕组二极管（D3）位置改变前后的比较

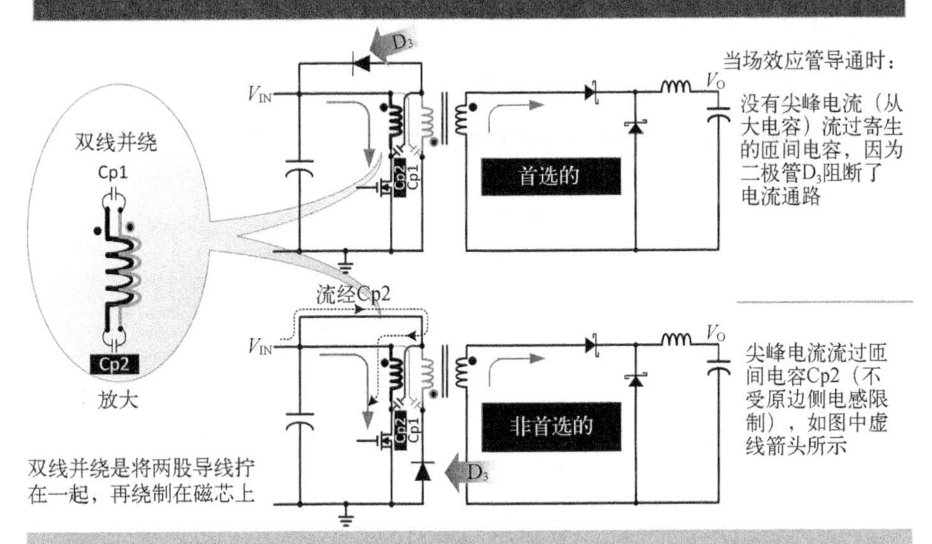

解释：为了减小漏感，复位（第三）绕组与原边侧绕组双线并绕。因此，如左上角的放大图所示，同名端彼此相邻，它们之间有一定的匝间电容Cp1。类似地，非同名端也彼此相邻，对应的匝间电容为Cp2。（实际上电容分布在整个绕组长度上）。下面的原理图中，每当场效应管导通，Cp2允许寄生电流流过场效应管。上面的原理图中，D_3阻止这样的电流流过，从而改善（减小）了场效应管中的损耗

注意：最恶劣工况下，并绕导线长度上，任何两点之间压差都不小——为V_{INMAX}，漆包线的绝缘必须足以承受这个电压

图 9-22　复位二极管位置可影响变换器效率

解释：变压器模型为励磁绕组（MAG）与原边侧绕组（PRI）并联，原边侧绕组（匝数为N_P）与副边侧绕组（SEC）（匝数为N_S）耦合，产生变压器功能：典型地，降压比为$n=N_P/N_S$。暂时不管原副边侧绕组（即忽略变压器部分），原边侧电路（即有源钳位）实际上是同步升降压变换器，输入电压为V_{IN}，输出电压为V_{CLAMP}（其输出电容为C_C），电感为L_{MAG}，净负载电流为（近）零。其负载电流I_{MAG}循环往复，中值（平均值）为零，与所有工作在零负载下的同步变换器一样。为什么它是升降压拓扑？因为如所有升降压拓扑一样，能量仅在导通阶段传输给L（此处指L_{MAG}），并且没有能量传输到输出（此处指C_C）。然后在关断阶段，所有电感储能（没有其他能量）直接传输到输出（此处指C_C）。因此可以类比。本例的不同之处在于同步升降压变换器中有关的励磁（电感）能量一般不会如标准同步升降压变换器在零负载时那样回到输入源，而是倾泻到正激变换器输出。之所以发生这种情况，是因为假设正激变换器输出有最小预加载情况，下图D阶段中，I_{MAG}通过原边侧绕组折算到副边侧绕组上，从而折算到与V_O相接的负载上。以此类推，开关管的占空比和最大电压都能像升降压变换器一样确定。参见下面的方程

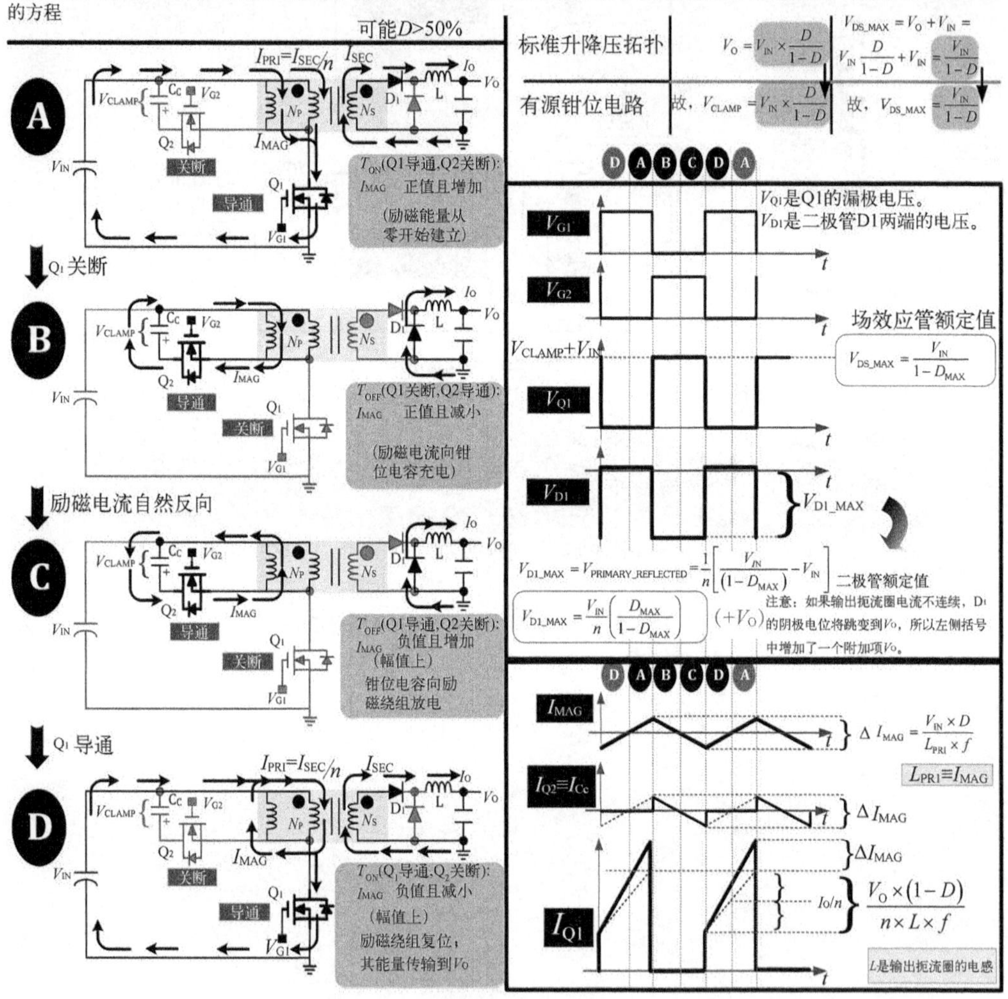

图 9-23　有源钳位正激变换器

第 10 章

印制电路板设计

10.1 引言

许多用户对开关芯片的抱怨最终都可追溯到糟糕的实际印制电路板（PCB）设计。设计开关调整器的印制电路板时，需要意识到最终产品的好坏取决于此。当然，一些芯片与其他芯片相比对噪声更为敏感。有时，不同供应商提供的"同一"元器件也可能具有明显不同的噪声敏感度。而且，一些芯片在结构上就比其他芯片对噪声更为敏感（例如：电流模式控制器的设计敏感度远高于电压模式控制器）。必须面对这样的事实：实际上，没有哪个半导体制造商为其产品标注噪声敏感度（经常让用户自己去摸索）。然而，如果不重视电路板设计，设计人员一定会做出匪夷所思的事情，例如把一个应该相对稳定的芯片设计得极为敏感，这可能产生误动作，甚至引起灾难性后果（开关失效）。而且，这些问题极少能够轻易地在后期纠正或补救，因此初始阶段的正确设计就显得十分重要。

虽然本章推荐的大部分设计只是简单保证基本功能和性能，但幸运的是，备受困扰的开关电源设计人员一般都能欣慰地看到，电气方面的问题是相互关联的，其指向大致相同。例如，有助于芯片正常工作的良好设计也能够减少电磁辐射，反之，能够减少电磁辐射的良好设计也有助于芯片正常工作。但是，这种趋势也有一些例外，特别是涉及印制电路板随意覆铜（或铜泛滥）时，后面会提到。若能接着阅读后续以电磁干扰为主题的章节，读者将在实际制作开关调整器方面获得更深刻的见解。

10.2 印制线分析

开关管从导通状态（开关闭合）变成关断状态（开关打开），或从关断状态变成导通状态时发生开关转换（交叉）。典型的开关转换时间一般小于 100ns。然而，大多数故障都由此引发！事实上，噪声与变换器本身的基本*开关频率*关系不大，*转换过程*才应该对大多数噪声及随之而来的问题负责。后面将看到，开关转换时间越短，出现的问题越多。

对设计人员提出的第一个要求是理解变换器中与功率有关的电流流向。这需要鉴别易惹麻烦的或关键的电路板印制线，必须密切注意这些印制线。可以看出，鉴别过程与拓扑密切相关。例如，不能用设计降压拓扑的方法设计升降压拓扑。其规则变化显著，极少有印制电路板设计人员能理解得很好。因此，由电源设计人员亲自设计印制电路板是一个好主意，或至少应密切监督印制电路板设计人员的实际设计过程。

10.3 设计要点

下面总结一些设计要点，以备快速参考。

- 开关转换阶段，电流在某一部分印制线中突然停止流动，同时在另一部分印制线中突然开始流动（时间一般为 100ns 或更短，称为开关转换时间）。对任何印制电路板设计而言，这些印制线都是关键印制线。每次开关转换都会在其中产生很高的 d*I*/d*t*（参见图 10-1）。正如预期，这些印制线最终会以小而强的电压尖峰形式来“抱怨”。到目前为止，若完全理解了第 1 章内容，就会意识到方程 $V=L\times dI/dt$ 扮演着关键的角色，此处 *L* 是电路板印制线的寄生电感。电感经验法则指出，每英寸长的印制线电感为 20nH。
- 噪声尖峰一旦产生，不仅会出现在输入/输出上（影响性能），而且会渗透到芯片控制部分，导致控制行为异常，且不可预测。例如，甚至可导致电流限制功能短暂丢失，引起灾难性后果。
- MOSFET 开关管比双极型晶体管（BJT）开关速度更快。双极型晶体管的转换时间为 100~300ns，而 MOSFET 的转换时间仅为 10~50ns。但是，使用 MOSFET 的变换器噪声尖峰更严重，因为电路板关键印制线部分产生的 d*I*/d*t* 要高得多。

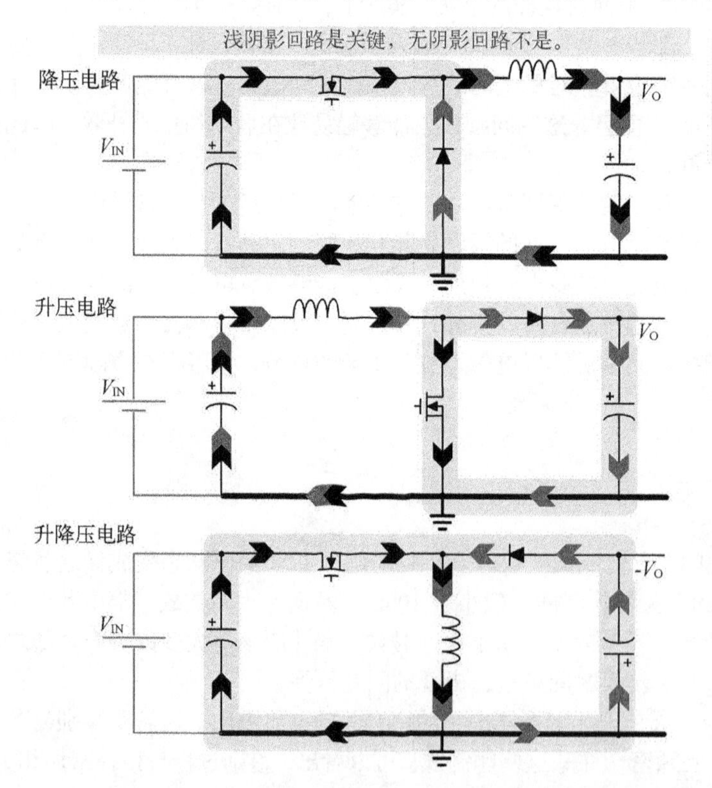

电流路径：
- 开关管导通阶段
- 开关管关断阶段

基本的印制电路板设计策略

只有导通阶段箭头或者只有关断阶段箭头的印制线在开关转换过程中具有非常高的d*I*/d*t*，因此很关键。印制线需要宽而短！

1）所有拓扑中，电感有两类箭头：因为必须保证电感电流连续（参见第1章），所以这部分印制线不关键

2）所有拓扑中，开关管和二极管印制线都是关键的，因为转换过程中，全部电流从一个转移到另一个

3）降压和升降压电路中，输入电容印制线是关键的。升压和升降压电路中，输出电容印制线是关键的

图 10-1 鉴别三种拓扑的关键印制线

注意 1 英寸关键印制线，流过 1A 瞬时电流，开关转换时间为 30ns 时，尖峰电压为 0.7V。而 3A 电流、2 英寸印制线的感应电压会高达 4V。

注意　噪声尖峰几乎不可能被“看”到。首先，各种各样的寄生参数多多少少有助于限制/吸收噪声（尽管它们仍保留着引起控制器失灵的能力）。其次，放入示波器探头时，10~20pF的探头电容也能吸收噪声尖峰，因此可能看不到明显现象。此外，探头拾取了很多空间传播的开关噪声。因此，永远无法断定看到的是什么。

- 集成开关芯片（或简称开关芯片）在同一封装内集成了开关管和控制器。虽然这带来了方便，减少了器件数量，但此类芯片通常对印制线寄生电感引起的噪声尖峰更为敏感。因为功率级交换结点（即跳变结点，二极管、开关管和电感的公共连接点）是芯片自身的一个引脚，该引脚将交换结点上所有异常的高频噪声直接导入控制部分，引起控制器失灵。
- 注意，设计原型机时，在关键路径（从图10-1中鉴别）上无论何处（通过一圈导线）插入电流探头都是一个坏主意。电流线圈会变成附加电感，噪声尖峰幅度可能因此极大地增加。所以实际上，一般不可能单独测量开关管电流或二极管电流（特别是对开关芯片）。同样情况下，只有电感电流波形才能真正地单独测量。
- 注意，降压和升降压拓扑中，输入电容常常包含在关键路径中。这意味着这些拓扑（电源部分）需要很好的输入去耦。所以，功率级除了必要的大型电容外（典型是大容量钽电容或铝制电解电容），也应放置一个小陶瓷电容（大约 0.1~1μF），直接置于开关管静端（即电源侧）与地之间，并尽可能靠近开关管。
- 图10-1没有给出控制部分（芯片）。但要记住，控制电路本身通常需要良好的局部去耦。为此，需要在非常靠近芯片的地方放置一个小陶瓷电容。显然，特别是处理开关芯片时，功率级的去耦陶瓷电容经常具有“双重任务”，即同时作为控制电路的去耦电容（注意，仅适用于升降压和降压拓扑，因为只有它们才需要输入功率级去耦电容）。
- 有时控制芯片需要更有效的去耦。这种情况下，可以在输入（电源）串接一个小电阻（典型为10~22Ω），再通过一个（单独的）陶瓷电容直接跨接在芯片电源引脚与地引脚之间，形成芯片电源的一个小RC滤波器。
- 注意，所有拓扑中，电感都不在关键路径上。所以无需担心它的布局，至少从噪声角度无需担心。然而，必须注意电感产生的电磁场，因为它可能对周边电路和敏感的印制线产生冲击，并引起类似问题（尽管一般不严重）。所以，一般来说，如果成本允许，为避免上述问题，最好使用屏蔽电感。否则，电感应放置在离芯片稍远的地方，特别是避开反馈印制线。
- 输出电容出现在降压和升降压拓扑的关键路径上。所以，该电容的位置应该与二极管一样靠近控制芯片。并联一个陶瓷电容会有帮助，但前提是它不会引起环路不稳定问题（特别是采用电压型控制时，参见第12章）。

然而，在降压拓扑中需注意，虽然输出二极管的位置需要靠近芯片或开关管，但输出电容不在关键路径上（电感使其电流变得平滑）。如果输出电容并联一个陶瓷电容，那么其唯一目的是进一步降低输出高频噪声和纹波。但实际上，这不是强制性的，而且有可能引起环路不稳定，特别是电压模式控制下，输出电容的有效等效串联电阻变得过小时（小于100mΩ）。

- 所有拓扑中，二极管的位置是至关重要的。使用开关芯片时，二极管连到交换结点上，从而直接连到芯片上。然而，降压变换器设计中，二极管不幸地被放置在离芯片稍远的地方。这种情况有时甚至在设计后期也能够改正。方法是在交换结点与地之间接入一个串联的小 RC 缓冲电路（并联在钳位二极管两端，靠近芯片）。典型的 RC 由一个值为 10~100Ω 的电阻（最好是低感的）和一个值为 470pF~2.2nF 的电容（最好是陶瓷的）构成。注意，电阻损耗为 $C\times V_{IN}^{2}\times f$。所以，不仅电阻要有合适的功率，而且电容值也不应随意增加，以免影响效率。

- 长度为 l，直径为 d 的导体（导线），其电感值近似为：

$$L = 2l\times\left(\ln\frac{4l}{d}-0.75\right)\text{nH} \tag{10-1}$$

式中，l 和 d 的单位都是 cm。注意，电路板印制线方程与导线方程差别不大。

$$L = 2l\times\left(\ln\frac{2l}{w}+0.5+0.2235\frac{w}{l}\right)\text{nH} \tag{10-2}$$

式中，w 是印制线宽度，单位是 cm。注意，电路板印制线的电感值几乎与电路板上铜层厚度无关。

- 由上述对数关系可得，若电路板印制线长度折半，则电感值也折半。然而，宽度要增加近 10 倍，电感值才能折半。换句话说，简单地拓宽印制线作用不大，必须使印制线长度尽可能短。
- 过孔（通孔）电感为：

$$L = \frac{h}{5}\left(1+\ln\frac{4h}{d}\right)\text{nH} \tag{10-3}$$

式中，h 是过孔高度，单位是 mm（等于板厚，通常为 1.4~1.6mm），d 是过孔直径，单位是 mm。因此，直径为 0.4mm 的过孔在板厚为 1.6mm 的电路板上的电感值为 1.2nH。该电感看似不大，但实践证明，它足以使开关芯片出现问题，特别是那些使用 MOSFET 的电路。由于转换时间极短，芯片需配有陶瓷去耦电容几乎变成了强制性要求。因此，强烈建议该输入陶瓷去耦电容放置在电路板上距芯片引脚极近的地方。电容与芯片引脚焊盘之间无中间过孔，否则会使去耦效果明显恶化。

- 增加某些印制线的宽度实际上只会适得其反。例如，对于（正）降压调整器，交换结点与二极管之间的印制线是“热点”（跳变）。任何具有交变电压的导体，不管其电流如何，只要尺寸足够大，都会成为电场天线。因此，交换结点周围的铜面积需要减少，而不是增加。这就是为什么要避免任意覆铜。唯一真正有资格覆铜的电压结点是地结点（或平面）。其他结点，包括输入电源端，由于高频噪声叠加其上，会有明显的辐射。大平面通过感性和容性耦合增加了从周围印制线和元器件拾取噪声的可能性。
- 在美国，所谓 1 盎司电路板实际上是指覆铜厚度为 1.4mil（或 35μm）的电路板。类似地，2 盎司电路板的覆铜厚度是前者的两倍。中等温升（低于 30℃）且电流小于 5A 时，1 盎司电路板上，每安培最小铜印制线宽度为 12mil/A；2 盎司电路板上，每安培最小铜印制线宽度为 7mil/A。该经验法则仅基于印制线的直流电阻。减小感抗和交流电阻需要更宽的印制线。
- 可以看出，减小印制线电感的最佳方法是减少其长度而非增加其宽度。超过某一程度，拓宽印制线将不会明显减小电感。这与用 1 盎司还是 2 盎司电路板无关，也不管印制线是否搪锡（允许焊料/铜沉积从而增加有效导体厚度）。所以，如果因为各种原因，印制线长度无法进一步缩短，那么另一种减小电感的方法是让流过正向电流的印制线与流过返回电流的印制线互相平行。电感因其储能而存在。能量储存在磁场中。因此，反过来，如果磁场能抵消，电感就会消失。两条印制线平行，每条流过的电流大小相同，方向相反，使得磁场大大减小。这两条印制线平行，并在印制电路板同一侧互相非常接近。如果用双层印制电路板，最佳解决方案是让印制线在印制电路板正反面（或相邻层）平行（一条在另一条之上）。这些印制线应该有足够的宽度来改善互耦，从而抵消磁场。注意，如果电路板有一面是地平面，返回路径可与（高频）正向电流印制线自动“成像”，磁场相互抵消。

- 大功率离线式反激变换器中，副边侧印制线电感折算到原边侧，可能会极大地增加有效原边侧漏感，并降低效率（参见第3章）。当必须用多个输出电容并联来处理较高的有效值电流时，情况会更糟，印制线长看起来无法避免。然而，有一种方法可利用前面讨论的磁场抵消原理来减小电感，如图10-2所示。从输出二极管开始，布置了两个铜平面（或大铜岛）。一个平面是地平面，另一个平面是输出电压端。利用两个大的平行平面分别承载正向和返回电流，电感几乎可以完全抵消，正如预期，形成了一个很好的高频续流通路。注意，除此之外，输出电容也可获得极好的均流。

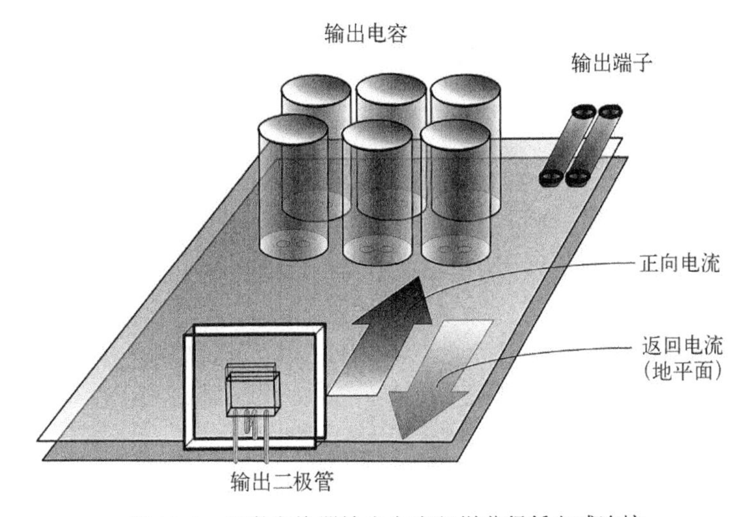

图10-2 反激变换器输出电容怎样获得低电感连接

- 对于单层电路板，有一种流行的方法可保证多个并联输出电容均流，如图10-3所示。该方法不能使电感最小化，但可以确保下游的第一个电容不会（因过流）过早失效。注意，图10-3右侧的改进设计中，三种情况下，电流从二极管开始流经每个电容的总距离大致相等，从而可获得更精确的均流。
- 对于多层电路板，通常做法是将其中一层几乎完全用作地（如果这样，该层最好直接在功率器件/印制线层下）。有人理所当然地认为这是解决大多数问题的灵丹妙药。但正如所见，每个信号都有回路，当谐波变大时，返回电流不是试图寻找直流电阻最小的（直线）路径，而是试图直接沿信号来路寻找电感最小的路径，即使路径“曲折”。因此，保留较大的地平面实际上就是“允许”电流“自行其是”，寻找并发现阻抗最小的路径（直流电阻最小或感抗最小，取决于谐波频率）。地平面有助于热管理，因为它将一些热量传递到电路板另一面。地平面与上方印制线形成容性连接，一般可降低噪声或电磁干扰。但如果处理不好，也会产生辐射，例如容性耦合的印制线噪声过多时。任何地平面都不是完美的，噪声注入时也会受到影响，特别是铜层过薄时。而且，如果为了创造热岛，或者为了另辟蹊径，把地平面分割得奇形怪状，电流流动模式就会变得不规则。返回电流再也不能直接在信号来路下的地平面上流过。就电磁干扰而言，地平面的作用变成缝隙天线。

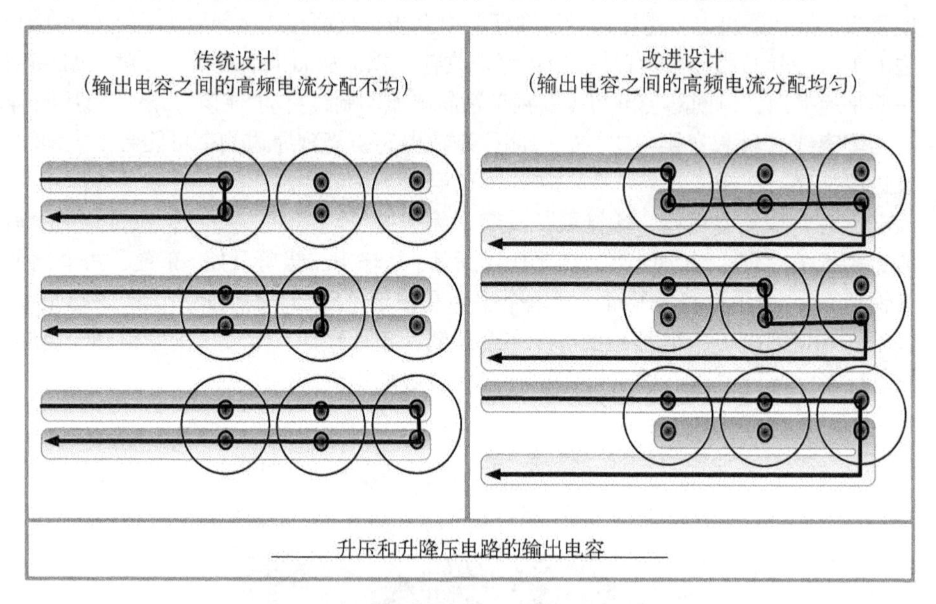

图 10-3　怎样使反激变换器输出电容均流

- 唯一值得考虑的重要信号线是反馈印制线。若这条印制线拾取了噪声（容性或感性），输出电压可能会因此略有偏差。在极端情况下（尽管罕见），甚至会产生不稳定或使器件失效。反馈印制线要尽可能短，以减少噪声拾取，并使其远离噪声源或电磁场源（开关管、二极管和电感）。反馈印制线永远不能置于电感、开关管或二极管下方（即使在电路板反面），也不能与相隔至多几毫米的含噪声的（关键）印制线靠近或平行，即使在相邻层也不行。但若地平面是中间层，则在各层之间可形成足够的屏蔽。保持反馈印制线最短在物理上绝非易事。应该知道，保持反馈印制线最短肯定不是最优先的考虑，实际上，经常会故意加长反馈印制线，以确保它远离潜在的噪音源。反馈印制线也可以审慎地切入并穿过"宁静的"地平面，徜徉在"宁静之海"的包围之中。

10.4　热管理问题

铜面积并非越大越好，尤其是铜层很薄时。正方形铜面积超过 1in×1in 后，散热效果就会变差。对于 2 盎司及以上的电路板，经过一些改进后，可以做到约 3in（每一边）。除此之外，仍需要外部散热器。合理的热阻（从电源外壳到周围环境）实际值约为 30℃/W，即每瓦损耗产生 30℃温升。

可用下述良好的经验方程近似计算所需铜面积：

$$A = 985 \times R_{\text{th}}^{-1.43} \times P^{-0.28}\text{sq.in.} \tag{10-4}$$

式中，P 的单位是 W；R_{th} 是热阻，单位是℃/W。

例如，假设预估损耗是 1.5W。要保证最恶劣周围环境温度为 55℃时，器件壳温不超过 100℃

（千万不要超过电路板材料的安全温度）。因此，所需 R_{th} 为：

$$R_{th} = \frac{\Delta T}{P} = \frac{100-55}{1.5} = 30\ ℃/W \tag{10-5}$$

所需铜面积为

$$\begin{aligned} A &= 985 \times 30^{-1.43} \times 1.5^{-0.28}\ \text{sq. in} \\ A &= 6.79\ \text{sq. in} \end{aligned} \tag{10-6}$$

若面积是正方形，边长应为 $6.79^{0.5}$=2.6in。一般也可以是矩形或其他不规则形状，只要总面积有保证。注意，若所需面积超过 1in^2，就要用 2 盎司电路板（如本例中）。2 盎司电路板可减小功率器件周围的热胀冷缩。并且，较大的铜面积更有利于自然对流。

不要认为仅铜层能散热。常用于表面贴装技术（SMT）的层压板（电路板材料）是用环氧玻璃 FR4 制作的，具有极好的导热性。所以，安装器件的一面产生的热量可传导到接触空气的另一面，这有助于降低热阻。因此，即使在电路板另一面放置一个铜平面也能让热阻降低 10%~20%。注意，这个“背面的”铜平面甚至不必有电气连接，或只是普通的地平面。还有一种方法可大量降低热阻（约 50%~70%），即利用一群小过孔（导热过孔）将热量从安装器件的一面传导到电路板背面。

导热过孔应该很小（孔洞直径为 0.3~0.33mm），电镀过程应把过孔填满。过孔太大可能导致回流焊过程中产生焊芯，大量焊料被过孔吸收，使附近元器件形成虚焊。给定面积内，过孔间距（即圆心之间的距离）一般为 1~1.2mm。过孔网格可以非常接近功率元器件，可围绕在其周边，甚至可在其裸焊盘散热封装之下（若存在）。第 11 章将更详细地讨论热管理问题。

第 11 章

热　管　理

11.1　热阻和电路板结构

如第 1 章所述，开关电源的损耗远小于线性调整器。事实就是如此。第 6 章中介绍了温度降低对于增加可靠性和延长使用寿命的重要性。实际上，提高开关电源效率的方法还有很多，包括第 9 章中讨论的同步调整器应用。虽然用尽浑身解数，但一些损耗仍然无法避免。大多数发热来自半导体器件，但也有一些来自电感。特别是 AC-DC 电源中，大量发热来自电磁干扰（EMI）滤波器。反激电源中，一般要用多个输出电容并联来降低有效的等效串联电阻，从而降低电容 C_O 内部发热。稳压管钳位电路也会很热。考虑到这些因素和一些元器件会加热周围其他元器件的情况，商用电源在最终认证阶段要测量电路板上每一个元器件的温度（如果有必要，通常要连接数百个热电偶），并计算元器件的温度应力系数，以保证其工作温度至少要低于最大额定温度的 80%。

元器件损耗与温升之间的关系表达如下：

$$\frac{\text{温升}}{\text{损耗}} \equiv \text{热阻}\,(°\text{C/W}) \tag{11-1}$$

文献中有时用符号 θ 表示热阻，但本书中更喜欢用 R_{th}。注意，上述方程意味着温升与损耗成正比。例如假设热阻为 25℃/W，损耗为 1W，则相对于环境（周围）温度，预期温升为 25℃。因此，环境温度为 25℃时，元器件温度会升至 50℃。如果元器件损耗倍增至 2W，那么预期温升将为 50℃。现在，元器件温度变成 75℃。另一个默认假设是热阻为固定值，与环境温度无关。所以，2W 损耗情况下，若环境温度从 25℃升至 40℃（增加 15℃），元器件温度将变成 75+15=90℃。

热阻取决于元器件的几何尺寸等多个因素。但最终，真正的散热机制是对流。对流主要是发热元器件周围空气的自然运动，表现为热气上升。通过放置风扇等强制手段实际上可形成强制对流，能显著降低温度。注意，正常海拔高度下，只有极少数热量能通过另一种机制散出，即辐射。辐射是一种（红外）电磁波，所以无需空气传播。因此，可以理解，高海拔地区空气稀薄，辐射将变成散热（即热管理）的主导机制。但本章前几节中暂不讨论辐射。

问题是：在元器件上的哪一点才能测出真实温度，或作为温度参考？例如，由第 6 章可知，从可靠性角度，半导体器件的半导体结很重要。然而，它肯定无法接近。实验室中能测量的要么是壳温，要么是引线或电路板温度。于是，可根据供应商提供的信息把可测量温度与结温关联起来。其实，热阻有多种，$R_{th_{JA}}$ 为结到环境的热阻，$R_{th_{CA}}$ 为外壳到环境的热阻。还可以定义 $R_{th_{JL}}$ 为结到引线的热阻，$R_{th_{CA}}$ 为结到外壳的热阻。此外，还有 $R_{th_{LA}}$ 为引线到环境的热阻，$R_{th_{CA}}$ 为外壳到环境的热阻，诸如此类。可以想象，它们之间必然存在一些简单的数学关系，或许热阻还可以串并联，就像处理一般的电阻一样。事实上，这完全正确，如图 11-1 所示，可画出等效电路图。下面将给出相应分析。

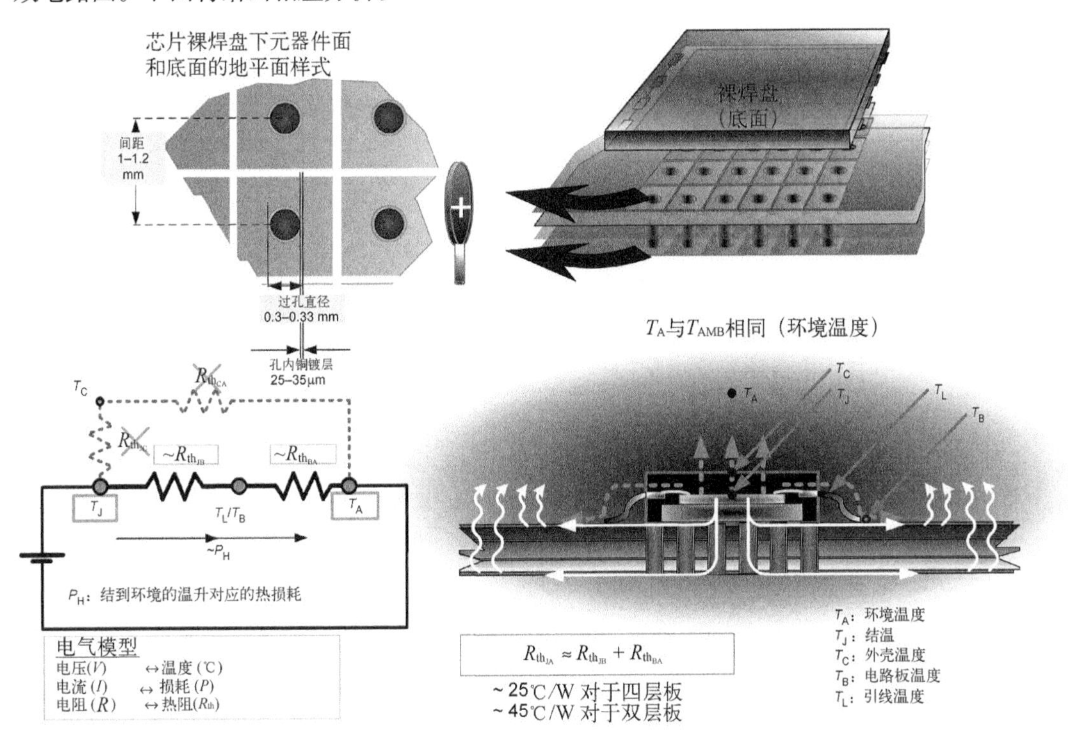

图 11-1 功率芯片在电路板上的正确安装方式及热阻模型

图 11-1 展示了将现代器件底面的裸（金属）焊盘散热封装焊接在标准四层板元器件面上铜岛部分的正确方法。其原则就是让器件迅速散热，并以热传导方式把热量传递到印制电路板的不同部分，包括底面（裸焊盘正下方也有类似的铜岛）。顺便说一句，（标准的印制电路板材料）FR4 本身就是良好的导热体。而且，一大片正好位于器件下方的地平面有助于电路板进一步散热。最后，印制电路板上所有的裸露表面（包括电路板上所有的裸铜，甚至是无需连接裸焊盘的部分）就像一个散热器。空气流过这些表面时，可以通过对流方式把热量带走。最终，系统稳定在某一特定温度下。

由图 11-1 可知，在热传导方式下，热量流动有一个主路径——从结到引线/裸焊盘/电路板，大多数损耗 P_H 经此路径传递。一般可以忽略从结到外壳再从外壳到环境的并联支路（因其热阻很高）。图中也给出了完整的电气模型。热阻与电阻类似。热量流动与电流类似。温度（差）与电压（差）类似。

图 11-1 对裸焊盘下导热过孔的直径和空间尺寸提出了建议。原则是避免在回流焊过程中出现焊芯，否则焊芯将吸收焊料，使裸焊盘出现虚焊，从而损害整体热性能。注意，导热过孔有时会预先填满铜，这样做可防止出现焊芯，并提高过孔自身的热传导能力。但成本更高。

最后要注意，大多数功率元器件都有一个相对较低的 $R_{th_{JL}}$ 因此，结到环境的净热阻 $R_{th_{JA}}$ 中由 $R_{th_{LA}}$ 占主导地位。但它基本上只是印刷电路板（到环境）的热阻，而且几乎与封装或器件本身无关。这就是为什么图 11-1 指出：对于安装在四层板上的大多数现代功率器件而言，若具有如图 11-1 所示的多层结构，则可以在估算 T_J 时安全地假设：$R_{th_{CA}} \approx 25$℃/W。类似地，对于双层电路板，由于没有内部地平面（其他均相同），热阻约为 45℃/W。可用这些数字（或供应商提供的更准确的 R_{th} 数据）来估算温升，如第 19 章中最后一个算例所示。

在合适的散热器（记作 H）上安装功率半导体器件（如 AC-DC 应用中 TO-220 或 TO-247 封装的器件）时，可类似地写出

$$R_{th_{JA}} = R_{th_{JH}} + R_{th_{HA}} \tag{11-2}$$

所以，最终结温为

$$T_J = P \times \left(R_{th_{JH}} + R_{th_{HA}}\right) + T_A \approx P \times \left(R_{th_{HA}}\right) + T_A \tag{11-3}$$

因此，若散热器热阻已知，就能十分精确地预测结温。按照经验方程，就可根据散热器面积评估散热器的有效性（特别是平板型）。后续讨论中，在某些条件下，该方法也适用于印制电路板。

11.2　历史定义

举一个最简单的例子。假设用导热良好的材料制成正方形平板，损耗为 P 瓦。过一段时间就会发现，平板温度稳定，与环境温度相比，温升为 ΔT。

预期温升与损耗成正比。其比例常数就是热阻 R_{th}，单位是℃/W。因此

$$R_{th} = \frac{\Delta T}{P} \tag{11-4}$$

类似地，预期热阻与面积成反比：

$$R_{th} \propto \frac{1}{A} \tag{11-5}$$

在此有望定义另一个比例常数。

停：式中的面积是指什么呢？若有一个 3in×3in 的平板，面积是 9in^2，则裸露在自然对流条件下的面积其实是该面积的两倍，即 18in^2（双面）。这就是在使用和比较各种文献提供的不同形式的经验方程时，经常感到困惑的原因。在一些文献中，A 是指总裸露面积，但在另一些文献中却指的是单面面积。因此，为了避免混淆，本书采用如下惯例：

A 是指平板的单面面积，但其两面均可散热。所以，总裸露面积就是 $\underline{A}$（故 $\underline{A}=2A$）。

用术语来讲，上述比例常数的倒数是 h，每单位面积为 1℃/W。它有各种不同的命名，如对流系数或热传递系数。

$$R_{th} = \frac{1}{h\underline{A}} = \frac{1}{2hA} \tag{11-6}$$

最后，可得到基本方程：

$$P = h \times \underline{A} \times \Delta T = 2 \times h \times A \times \Delta T = \frac{\Delta T}{R_{th}} \Leftarrow \tag{11-7}$$

显然，h 为

$$h = \frac{\text{损耗}}{\text{总裸露面积} \times \text{温升}} \Leftarrow \tag{11-8}$$

而且，

$$h\underline{A} = \frac{1}{R_{th}} \text{ 或 } hA = \frac{1}{2 \times R_{th}} \Leftarrow \tag{11-9}$$

最初，人们认为 R_{th} 和 h 是常数，并由此写出了上述经典方程。后来，人们又发现由于各种原因，上述方程虽仍在使用，但并不十分准确。主要原因是现在的 h 和 R_{th} 是面积和损耗等参数的函数，并且所有参数相互独立。注意，这些参数之间的依存关系并不是非常严格，所以即便如今，也还是常常近似假设 R_{th} 和 h 是常数。

11.3 自然对流的经验方程

文献中常用的（海平面处）h 的近似值为

$$h = 0.006 \text{ W/in}^2 \cdot ℃ \tag{11-10}$$

若面积的单位为 m，则方程变为

$$h = 0.006 \times (39.37)^2 = 9.3 \text{ W/m}^2 \cdot ℃ \tag{11-11}$$

因为 1m 等于 39.37in。

现在，实际上，h 比前面假设的典型值大 1~4 倍。

因此，文献中常见的 h 的一般经验方程如下，它在此称为 1 号标准方程：

$$h = 0.00221 \times \left(\frac{\Delta T}{L}\right)^{0.25} \text{ W/in}^2 \cdot ℃ \Leftarrow \text{（1 号标准方程）} \tag{11-12}$$

式中，L 是沿自然对流（垂直）方向的长度。对于简单的正方形平板，$L=A^{0.5}$，因此可写出

$$h = 0.00221 \times \Delta T^{0.25} \times A^{-0.125} \text{ W/in}^2 \cdot ℃ \Leftarrow \text{（1 号标准方程）} \tag{11-13}$$

上述方程中用到的 A 实际上只是裸露的散热面积的一半。所以，根据实际散热面积，可将上述方程等价地重写为：

$$h = 0.00221 \times \Delta T^{0.25} \times \left(\frac{\underline{A}}{2}\right)^{-0.125} \text{ W/in}^2 \cdot ℃ \tag{11-14}$$

$$h = 0.00241 \times \Delta T^{0.25} \times \underline{A}^{-0.125} \text{ W/in}^2 \cdot ℃ \tag{11-15}$$

这些是同一 h 方程的不同表现形式。若不能分辨同一方程的不同形式，就很容易困惑，不知道该选哪个方程。

上述方程预测了 h 与平板裸露面积以及环境温升之间的特定依存关系。这种依存关系（即 $A^{-0.125}$）意味着大平板的单位面积冷却效率（即 h）要比小平板差。这虽然听起来令人吃惊，但要注意，平板的整体（总）冷却效率是 $h \times A$，取决于 $A^{-0.125} \times A = A^{0.875}$。因此，平板热阻按 $1/A^{0.875}$ 规律变化。显然，大平板热阻明显低于小平板，正如预期。一般来说，可将其近似为预期的“理想”热阻 $1/A$。

文献中常见的“标准”公式（面积单位是 in^2）如下。它在此称为 2 号标准方程：

$$R_{th} = 80 \times P^{-0.15} \times A^{-0.70} \text{ ℃/W} \Leftarrow \text{（2 号标准方程）} \tag{11-16}$$

注意，1号方程是从 h 角度列写的，2号方程是从 R_{th} 角度列写的。如何比较它们呢？这需要对两个方程做一些处理，得出可比较的形式。例如，可以从损耗而不是温升的角度重新列写1号标准方程：

$$h = 0.00221 \times \left[\frac{P}{h \times A \times 2}\right]^{0.25} \times A^{-0.125} \text{ W/in}^2 \cdot ℃ \tag{11-17}$$

所以，

$$h = 0.00654 \times P^{0.2} \times A^{-0.3} \text{ W/in}^2 \cdot ℃ \tag{11-18}$$

或者，从总裸露面积的角度重写为：

$$h = 0.008 \times P^{0.2} \times \underline{A}^{-0.3} \text{ W/in}^2 \cdot ℃ \tag{11-19}$$

也可以尝试用MKS（SI）单位制表示。但变化并不明显，所以下文沿用了上述表示方法。

设想有一个尺寸为39.37in×39.37in的平板，即1m×1m的平板。显然，平板热阻的单位℃/W与面积的单位无关，并且在任何单位制下都保持不变。这意味着 $1/(h\times\underline{A})$ 与单位制无关，$h\times\underline{A}$ 也是如此。因此，要使用MKS单位制，首先需假设一个类似形式的 h 方程：

$$h = C \times \Delta T^{0.25} \times A^{-0.125} \text{ W/m}^2 \cdot ℃ \tag{11-20}$$

等同于

$$h \times A = C \times \Delta T^{0.25} \times A_{\text{m}^2}^{-0.125} \times A_{\text{m}^2} = 0.00221 \times \Delta T^{0.25} \times A_{\text{in.}^2}^{-0.125} \times A_{\text{in.}^2} \tag{11-21}$$

$$C \times A_{\text{m}^2}^{0.875} = 0.00221 \times A_{\text{in.}^2}^{0.875} \tag{11-22}$$

$$C = \left(39.37^2\right)^{0.875} \times 0.00221 = 1.37 \tag{11-23}$$

所以，最终用MKS单位制表示为

$$h = 1.37 \times \Delta T^{0.25} \times A^{-0.125} \text{ W/m}^2 \cdot ℃ \Leftarrow \tag{11-24}$$

这也是文献中常见的一种形式，一般认为它是一个完全独立的方程。

11.4　两个标准经验方程对比

基本上只有两种形式的方程可以选择。2号标准方程为

$$h = 80 \times P^{-0.15} \times A^{-0.70} \text{（面积单位是 in}^2\text{）} \tag{11-25}$$

处理后的1号标准方程为：

$$R_{th} = \frac{1}{2hA} = 76.5 \times P^{-0.20} \times A^{-0.70} \text{（面积单位是 in}^2\text{）} \tag{11-26}$$

虽然假设平板两面都裸露在自然对流中，但这两个方程中使用的却都是单面平板面积。于是，两个方程，一个用 h 表示，另一个用 R_{th} 表示，若采用前面论述的相似形式，则差异不大。

图11-2（以几乎认不出来的形式）比较了这两个常见的方程。其实，所有文献中常见的方程只有这两个。图11-2绘制了其曲线图，它们非常近似。可选择虚线那条（2号标准方程，因其更加保守）。

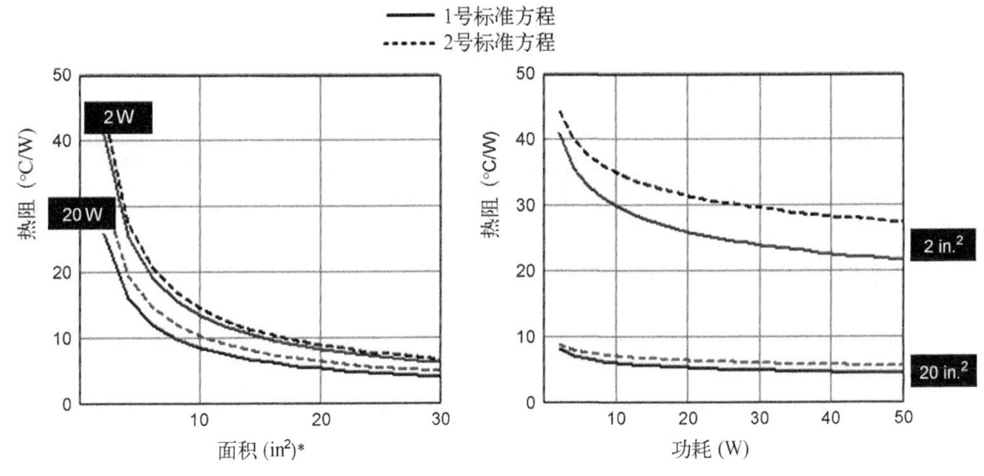

图 11-2　绘制平板散热器在自然对流条件下的两个标准经验方程曲线

11.4.1　热动力学理论中的 *h*

本节并未深入研究热动力学理论，只是用该理论推导的方程做快速检验。对流换热量与传导换热量之比称为努赛尔常数 *Nu*，而自然对流的浮力与粘性力滞之比称为格拉晓夫数 *Gr*，两者均无量纲。自然对流（层流）条件下，用 MKS 单位制可定义如下方程：

$$Nu = 3.5 + 0.5 \times Gr^{1/4} \quad (11\text{-}27)$$

式中

$$Gr = \frac{g \times \left(1/\left(T_{\text{amb}} + 273\right)\right) \times \Delta T \times L^3}{v^2} \quad (11\text{-}28)$$

式中，g=9.8（重力加速度，单位是 m/s²）；v=15.9×10⁻⁶（运动粘度，单位是 m²/s）。环境温度 T_{AMB}=40℃时，上述方程可简化为

$$Nu = 3.5 + 52.7 \times \Delta T^{0.25} \times L^{0.75} \quad (11\text{-}29)$$

冷却系数定义为

$$h = \frac{Nu \times K_{\text{AIR}}}{L} \quad (11\text{-}30)$$

式中，K_{AIR}是空气热导率（0.026W/m·°C）。由此可得 3 号标准方程：

$$h = 0.091 + 1.371 \times \left(\frac{\Delta T}{L}\right)^{0.25} \ \text{W/m}^2 \cdot ℃ \quad (11\text{-}31)$$

或者，从面积角度表示为

$$h = 0.091 + 1.371 \times \Delta T^{0.25} \times A^{-0.125} \ \text{W/m}^2 \cdot ℃ \Leftarrow \text{（3 号标准方程）} \quad (11\text{-}32)$$

把它与前面给出的经验方程做对比，特别是与先前推导的 1 号标准方程做对比，可以发现这些方程惊人地相似。

不幸的是，虽然第三种形式因存在常数项可能更精确，但也正因如此，难以处理成前面方程常用的形式。因此，这里未作尝试。但每一个方程都可用，因为它们在同一形式下非常接近。

11.4.2　印制电路板铜面积估算

现在，可用一个简单的方程来估算印制电路板的铜面积。它不是指平板，而是指印制电路板上的铜岛。它仅有一面裸露在空气中冷却，但与两面都裸露在空气中冷却的平板的任意一个面都不同。因此，这里需要使用全裸露面积的方程。为此，由1号标准方程可得

$$R_{th} = \frac{1}{2hA} = 76.5 \times P^{-0.20} \times A^{-0.70} \text{（面积单位是 in}^2\text{）} \quad (11\text{-}33)$$

按照裸露在对流空气中的面积（此处令 A=*Area*）

$$\begin{aligned} R_{th} &= \frac{1}{2hA} = 76.5 \times P^{-0.20} \times \left(\frac{Area}{2}\right)^{-0.70} \\ &= \frac{76.5}{2^{-0.70}} \times P^{-0.20} \times (Area)^{-0.70} = 124.2 \times P^{-0.20} \times (Area)^{-0.70} \end{aligned} \text{（面积单位是 in}^2\text{）} \quad (11\text{-}34)$$

$$R_{th} = \frac{124.2}{P^{0.20} \times Area^{0.70}} \ ℃/W \quad \text{（面积单位是 in}^2\text{）} \quad (11\text{-}35)$$

求解 *Area*，可得

$$Area = \left(\frac{124.2}{P^{0.20} \times R_{th}}\right)^{1/0.70} \quad (11\text{-}36)$$

$$Area = 981 \times R_{th}^{-1.43} \times P^{-0.29} \quad (11\text{-}37)$$

算例

一个表面贴装器件的损耗为0.45W，为避免过于接近电路板的玻璃化转变温度（FR-4的约为120℃），印制电路板的最大温度限制为100℃。最恶劣的环境温度为55℃，试求出器件所需的铜面积？

印制电路板所需的 R_{th} 为

$$R_{th} = \frac{degC}{W} = \frac{100-55}{0.45} = 100 \ ℃/W \quad (11\text{-}38)$$

由方程（根据1号标准方程）可得

$$Area = 981 \times 100^{-1.43} \times 0.45^{-0.29} = 1.707(\text{sq.in.}) \quad (11\text{-}39)$$

因此，所需的正方形铜面积的边长为 $1.707^{0.5}$=1.3in。

算例

估计基础损耗为1W，求热阻为25℃/W时，印制电路板上的铜面积是多少？

$$Area = 981 \times 25^{-1.43} = 9.8(\text{sq.in.}) \Rightarrow \sim 3.15\text{in}^2 \quad (11\text{-}40)$$

注意，如果所需的散热面积超过1in²，为了避免热胀冷缩（会使上述预测完全错误），应该使用2盎司铜厚的印制电路板。

11.5　铜印制线尺寸

目前已废弃的标准MIL-STD-275E中，电路板上铜印制线与温升的关系曲线非常复杂。这

些曲线也在最新标准中以各自的形式给出，如 IPC-2221 和 IPC-2222。工程师们经常想用精心设计的曲线拟合方程来匹配这些曲线。但事实上，只有早期曲线能够较容易地用简单线性化规则近似，结果如下。

所需的外部印制线截面积近似为

(1) 温升为 10℃时，每安培电流需 37mil^2（推荐）;

(2) 温升为 20℃时，每安培电流需 25mil^2（推荐）;

(3) 温升为 30℃时，每安培电流需 18mil^2（推荐）;

外部印制线宽度乘以 2.6，即得到所需的内层印制线宽度。

为了计算印制线截面宽度，要牢记 1 盎司铜厚度为 1.4mil，2 盎司铜厚度为 2.8mil。

11.6 一定海拔高度上的自然对流

海平面高度上超过 70%的热量要通过自然对流传递，剩余部分则通过辐射传递。只有在海拔非常高时（70 000 英尺以上），比例才会完全颠倒。即使辐射传递的这部分热量不变，其比例也会上升到总传递热量的 70%~90%。所以，在约 10 000 英尺高度上，冷却的整体效率通常会降为 80%，在 20 000 英尺高度上会降为 60%，在 30 000 英尺高度上会降为 50%。

已知自然对流系数按 $P^{1/2}$ 变化，P 是大气压力。根据拟合良好的曲线方程，可得出如下有用的关系式：

$$\frac{R_{\text{th}}(\text{英尺})}{R_{\text{th}}(\text{海平面})}=\left[\left(-30\times10^{-6}\times\text{英尺}\right)+1\right]^{-0.5} \qquad (11\text{-}41)$$

例如，10 000 英尺高度上，所有在海平面高度上得到的 R_{th} 值都会增加约 19.5%。

11.7 强制空气冷却

风扇的风量以立方英尺每分钟 cfm 为单位表示。然而，实际的冷却效果却取决于散热器承受的风量，以直线英尺每分钟 lfm 为单位表示。若要得出以直线英尺每分钟表示的速率，需要两个参数：(1) 风扇排出的气流体积，单位为 cfm；(2) 冷却气流的截面积，单位为 m^2。所以，有 lfm=cfm/*Area*。但考虑到反压力，最终的散热器承受的风量会降额至计算值的 60%~80%。

下述公式粗略地估算出了海平面高度上所需的气流体积：

$$Q_{\text{cfm}}=\frac{1825}{\Delta T}\times P_{\text{kW}} \qquad (11\text{-}42)$$

ΔT 是出口与入口之间的温差，通常约设为 10℃~15℃。

注意，如果入口温度，即室温为 55℃，那么在最初计算时，需要把该温度计入电源内部的实际局部环境温度中去。而最终，要通过在所有元器件上贴装热电偶的方法来测量实际温度。这样，在设计阶段就能明显看出把较热元器件放在更接近入口处的优势。

线速度通常以 m/s 为单位表示，1m/s 等于 196.85lfm，约等于 200lfm。

一些经验结果列举如下：损耗为 30W 时，未发黑的 10cm×10cm 平板的热阻 R_{th} 在自然冷却时为 3.9℃/W，风速 1m/s 时为 3.2℃/W，2m/s 时为 2.4℃/W，5m/s 时为 1.2℃/W。只要气流与散热器翅片平行，风速大于 0.5m/s，热阻就几乎与功耗无关。这是因为，就其本身而言，即使是在静止空气中，热平板也能使其周围的空气产生足够的流动来帮助热量传递。还要注意，在自然对流条件下，平板发黑工艺也会有一些效果，但强制对流曲线在这方面受到的影响极小。发黑之后，虽然热辐射提高了，但在海平面高度上，它仅占整个热量传递的一小部分。一般来说，在一些强制空气冷却设计中，使用黑色阳极氧化处理的散热器实际上是一种浪费，不如用无涂层的铝替代。

稳态时，2mm 厚的铜大约等效于 3mm 厚的铝。铜的唯一优势是更高的热导率。所以，在大面积使用时，常用铜来避免热胀冷缩。

热阻对气流的曲线大致呈指数规律下降，所以，静止空气到 200lfm 之间的热阻与 200lfm 到 1000lfm 之间的热阻变化率相同。当风速超过 1000lfm（约 5m/s）时，热阻不会产生明显变化。

强制对流条件下，海平面高度上的努赛尔常数为

$$Nu_{\mathrm{F}} = 0.664 \times Re^{1/2} \times Pr^{1/3}\ （层流） \tag{11-43}$$

$$Nu_{\mathrm{F}} = 0.037 \times Re^{4/5} \times Pr^{1/3}\ （湍流） \tag{11-44}$$

注意，通常可以假设自然对流是层流。但在损耗较大时，热空气上升过快，气流将变为湍流。实际上，这对于降低热阻非常有用（h 增加）。至于强制空气对流，一般认为，平板金属散热器的边缘能划伤手指，所以要将它折弯。但其真实目的是在散热器附近制造湍流，从而降低热阻。但要注意，根据下面的正式分析结果和方程，湍流只有在高 *lfm* 或者是大金属板情况下才能提供更好的冷却（高 h 值）。否则，层流将提供更好的冷却。

前面已经定义了普朗特数 Pr，它是动量扩散和热量扩散之比。在海平面高度上取值为 0.7。Re 是无量纲的雷诺数，它是动量流动和粘性流动之比。若金属平板的边长分别为 L_1 和 L_2（$L_1 \times L_2 = A$），并且 L_1 为气流方向上的长度，那么 Re 就是

$$Re = \frac{lfm_{海平面} \times L_{1\mathrm{m}}}{196.85 \times \nu} \tag{11-45}$$

式中，已知 $\nu = 15.9 \times 10^{-6}$（运动粘度，单位为 m^2/s）。于是，强制对流条件下得到的 h 为：

$$h_{\mathrm{F}} = \frac{Nu_{\mathrm{F}} \times K_{\mathrm{AIR}}}{L_{1\mathrm{m}}}\ \mathrm{W/m^2 \cdot ℃} \tag{11-46}$$

式中，K_{AIR} 是空气的热导率（$0.026 W/m^2 \cdot ℃$）。代入所有数值，化简得：

$$h_{\mathrm{FORCED}} = 0.086 \times lfm^{0.8} \times L^{-0.2} \Leftarrow \quad (湍流，L 是海平面高度，单位是米) \tag{11-47}$$

$$h_{\mathrm{FORCED}} = 0.273 \times lfm^{0.5} \times L^{-0.5}\ \mathrm{W/m^2 \cdot ℃} \quad (层流，L 是海平面高度，单位是米) \tag{11-48}$$

为保持冷却同样有效，在高海拔时，需要用下面给出的因数来增加海平面高度上的风量计算值。因为风扇是恒体积的发动机，不是恒质量的发动机，而且高海拔地区的空气密度要比海平面高度上低得多。因此，风量必然与气压成反比。

$$\frac{Q_{\mathrm{cfm}}(英尺)}{Q_{\mathrm{cfm}}(海平面)} = \frac{1}{\left(-30 \times 10^{-6} \times 英尺\right) + 1} \tag{11-49}$$

例如，在 10 000 英尺处，必须将海平面高度上的风量计算值增加 43%，以保证 h_{FORCED} 不变。

11.8　热辐射传递

热辐射不需要空气，因其本质是电磁场，甚至可以在真空中发生。在高海拔地区，热辐射传递成为整个热量传递中的主要部分。h 的方程为：

$$h_{\mathrm{RAD}}=\frac{\varepsilon\times\left(5.67\times10^{-8}\right)\times\left[\left(T_{\mathrm{HS}}+273\right)^{4}-\left(T_{\mathrm{AMB}}+273\right)^{4}\right]}{T_{\mathrm{HS}}-T_{\mathrm{AMB}}}\mathrm{W/m^{2}\cdot ℃} \tag{11-50}$$

ε 是表面辐射率。对于完美的黑体，其值为 1，但对于抛光的金属表面，其值为 0.1。如果表面经过阳极化处理，其值为 0.9。

注意，高海拔时，强制空气冷却条件下的风量降低，因此入口到出口的温差 ΔT 会稍有增加。从而，T_{AMB} 上升，影响 h_{RAD} 值。最终，看似高海拔也影响了辐射，但实际原因并非如此（是环境温度升高）。

11.9 其他问题

- 一般电源认证需要满足 10 000 英尺（3000 米）的海拔要求。通常，认证不会放松对 6000 英尺以下的环境温度要求。海拔超过 6000 英尺后，每升高 1000 英尺，允许的上限环境温度降低约 1℃。
- 在海平面高度测试电源时，针对一定的海拔高度要求，工业上采用的一般经验法则是："每升高 1000 英尺，规定的最高工作环境温度上限增加 1℃"。因此，如果在海平面高度上，电源设计温度为 55℃，测试温度就应该为 65℃。然而，这通常不够。而且，对海平面高度上的温度降额裕度也不会有任何帮助。其实，主要限制因素不是结温，而是安装器件的印制电路板温度。该温度一般不允许超过 100℃~110℃，否则印制电路板会烧毁。
- 把本章中所有计算出的 h 值相加：

$$h_{\mathrm{total}}=h_{\mathrm{RAD}}+\left(h_{\mathrm{FORCED}}^{3}+h_{\mathrm{NATURAL}}^{3}\right)^{1/3}\Leftarrow \tag{11-51}$$

- 对于常见磁芯（例如 E 型、ETD 型和 EFD 型等），自然对流条件下的热阻可近似为：

$$R_{\mathrm{th}}\cong 53\times V_{\mathrm{e}}^{-0.54} \tag{11-52}$$

  式中，V_{e} 的单位为 cm^3。
- 利用挤压型材制造的散热器也可以使用上述方程。挤压型材散热器在强制空气冷却条件下当然非常有用，因其冷却效率取决于散热器的表面积。但实验数据的相关性表明，自然对流条件下，散热器的冷却能力是其所占空间体积，即封装的函数（忽略翅片结构的精细部分）。因为一个翅片上散发的热量大部分会被邻近翅片重新吸收，所以奇形怪状带来的偏差极小。从已公布的曲线上提取的典型值如下：$0.1\mathrm{in}^3$ 对应 30~50℃/W；$0.5\mathrm{in}^3$ 对应 15~20℃/W；$1\mathrm{in}^3$ 对应 10℃/W；$5\mathrm{in}^3$ 对应 5℃/W；而 $100\mathrm{in}^3$ 对应 0.5~1℃/W。上述数据只针对散热器上安装一个元器件的情况。大致上，如果两个元器件分摊损耗，并且安装位置稍远，那么热阻将有 20%的改善。
- 如果挤压型材散热器的翅片间隔太近，就会妨碍空气流动。因此，自然对流条件下，推荐的最优翅片间隔为 0.25in；风速为 200lfm 时约为 0.15in，风速为 500lfm 时约为 0.1in。这适用于长度在 3in 以内的散热器。对于长达 6in 以上的散热器，可将翅片间隔再增加约 0.05in。
- 最后，简要介绍一下风扇：滚珠轴承风扇更昂贵。（从轴承系统角度）温度越高，风扇寿命越长。但随着使用时间增加，风扇噪声会越来越大。若风扇使用寿命以其噪声增大为终结，则滚珠轴承风扇要比滑动轴承风扇寿命更低。滑动轴承风扇更便宜，更安静，而且容易处理安装姿态（角度）。只要温度不是很高，其寿命就会如滚珠轴承风扇一样好。滑动轴承风扇还可承受多次冲击（既不影响寿命，也不产生噪声）。

第 12 章

反馈环路分析及稳定性

12.1 传递函数、时间常数和激励函数

变换器研究中，经常把稳态时输出与输入之比，即 V_O/V_{IN} 作为变换器的直流传递函数。传递函数有多种定义方式。例如，第 1 章讨论了简单的串联阻容（RC）充电电路（参见图 1-3 上半部分）。通过开关闭合，实际上给 RC 电路施加了一个阶跃电压 v_i（幅值）。

它就是系统的输入或激励，结果是一个输出或响应，默认定义为电容两端电压，即 $v_O(t)$。因此，输出与输入之比，也就是传递函数为：

$$\frac{v_o(t)}{v_i}=1-e^{-t/RC} \tag{12-1}$$

注意，该传递函数与时间有关。通常，输出（响应）与输入（激励）之比都可称为传递函数。

传递函数不一定是电压/电压（无量纲）形式。事实上，二端口网络的输入和输出甚至不一定都是电压，也不一定是两个相似的量。例如，简单的二端口网络可能只是一个电流检测电阻而已。输入为电流时，输出就是电阻上的检测电压。此时，传递函数有单位，与电阻相同，即电压与电流之比。若输出变成温度，则其响应也可以是电阻温度。再如，稍后在详细分析电源时，会看到脉宽调制器（PWM）部分，其输入称为控制电压（误差放大器的输出），但其输出是一个无量纲的量：（变换器的）占空比。这种情况下，传递函数的单位是 V^{-1}。因此，“传递函数”是一个广义的概念。

本章开始分析变换器在直流电压突变时的行为，如电网和负载突变。突变会引起输出暂时偏离设定的直流稳压值 V_O，此时反馈回路将以一种可接受的方式纠正输出。注意，在交流分析中，输出或响应实际上是指 V_O 的变化量。输入或激励也一定会有变化，但定义方式有多种，稍后会看到。变换器的直流偏置电压在任何情况下都可以完全忽略，只需关注这些电压的变化量。实际上，本章研究的是变换器的交流传递函数。

怎样才能真正得出上述 RC 电路的传递函数呢？为此，首先根据基尔霍夫电压定律列写如下微分方程：

$$v_i = v_{res}(t) + v_{cap}(t) = i(t)R + \frac{q(t)}{C} \tag{12-2}$$

式中，$i(t)$是充电电流，$q(t)$是电容电荷量，$v_{res}(t)$是电阻电压，$v_{cap}(t)$是电容电压，即 $v_O(t)$，输出。而且，因为电荷与电流的关系是 $dq(t)/dt=i(t)$，所以上面的方程可写作

$$v_i = R\times\frac{dq(t)}{dt} + \frac{q(t)}{C} \tag{12-3}$$

或者

$$\frac{\mathrm{d}q(t)}{\mathrm{d}t}+\frac{1}{RC}q(t)=\frac{v_\mathrm{i}}{R} \tag{12-4}$$

为了求解该方程，可采取一点“作弊”手段。已知指数函数 $y(x)=\mathrm{e}^x$ 性质的情况下，做一些有根据的反推，即可得出下面的方程：

$$q(t)=C\times v_\mathrm{i}\times\left(1-\mathrm{e}^{-t/RC}\right) \tag{12-5}$$

代入 $q=C\times v_{\mathrm{cap}}$，就能得出先前要求解的 RC 网络传递函数。

注意，上述关于 $q(t)$ 的微分方程一般是一阶微分方程，因为方程中仅含时间的一阶导数。

后面会利用一种数学技巧拉普拉斯变换给出该方程的更好解法。为了更好地理解和使用该变换，必须首先学会在频域，而不是像迄今为止所做的那样在时域分析问题。稍后将给出解释。

注意，上述类型的一阶微分方程中，$q(t)$ 的除数（本例中的 RC）称为时间常数。而方程中的常数项（本例中的 v_i/R）称为激励函数。

12.2 理解 e 并绘制对数坐标曲线

前面微分方程的解引入了自然对数 e，这里 e≈2.718。问题是：为什么这种电路的响应看起来都是指数形式呢？部分原因是指数函数 e^x 具有一些众所周知的有用特性，使它无处不在。例如，

$$\frac{\mathrm{d}(\mathrm{e}^x)}{\mathrm{d}x}=\mathrm{e}^x \text{和} \int(\mathrm{e}^x)\mathrm{d}x=\mathrm{e}^x+c \text{（式中 } c \text{ 是常数）} \tag{12-6}$$

但反过来看，指数常量 e 本身就是世界上最自然的参数之一。下面举例说明。

算例

有 10 000 个电源在现场工作，每年的失效率为 10%。这意味着如果 2010 年有 10 000 个工作单元，那么 2011 年剩余 10 000×0.9=9000 个单元。2012 年剩余 9000×0.9=8100 个单元。2013 年剩余 7290 个单元，2014 年剩余 6561 个单元，以此类推。如果把 10 000、9000、8100、7290、6561 这些点连起来，作相对于时间的曲线，就得到熟悉的衰减指数函数曲线。参见图 12-1。图中将同一曲线作图两次：右侧曲线的纵轴采用对数坐标。注意，它现在看起来像一条直线，但它永远不会通过零点。稍后将介绍对数坐标。

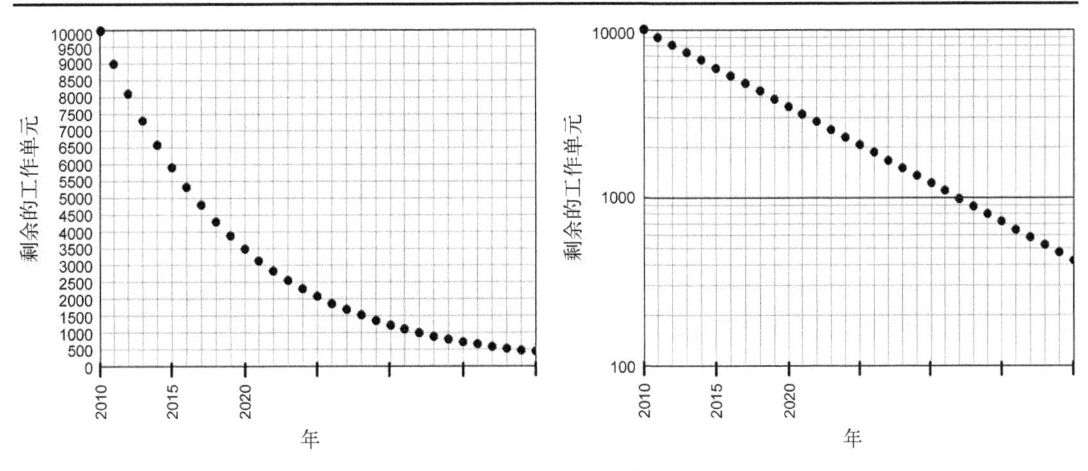

图 12-1 衰减指数曲线作图

注意，根据最简单和最明显的失效率初始假设条件，可以得出一条指数曲线。它由一系列间隔均匀（间距很近）的数据点简单组成，是简单的等比数列。也就是说，任意一点与之前一点的比值是常数（等间隔）。大多数自然过程都是如此，这就是 e 被频繁使用的原因。第 6 章介绍的失效率基本方程，即阿累尼乌斯方程，也是建立在 e 的基础上。

对数定义如下：如果 $A=B^C$，那么 $\log_B(A)=C$，式中 $\log_B(A)$是以 B 为底的 A 的对数。通常提到的对数或 log，默认以 10 为底（即 B=10），而自然对数 ln 是以 e 为底的对数的缩写（即 B=2.718）。本章给出的曲线都是对数坐标。

切记：任何数的常用对数乘以 2.303，就得到它的自然对数。反之，自然对数除以 2.303，就得到它的常用对数。即

$$\ln(10) = 2.303 \text{和} \frac{1}{\log(\mathrm{e})} = 2.303 \qquad (12\text{-}7)$$

12.3 复数表示法

任何电气参数都能写作实部与虚部之和：

$$A = \mathrm{Re} + \mathrm{j} \times \mathrm{Im} \qquad (12\text{-}8)$$

式中，Re 表示复数 A 的实部，Im 表示虚部。根据定义，A 的幅值和相角可用下式重构：

$$|A| = \sqrt{\mathrm{Re}^2 + \mathrm{Im}^2} \text{（复数的幅值）} \qquad (12\text{-}9)$$

$$\varphi = \tan^{-1}\left(\frac{\mathrm{Im}}{\mathrm{Re}}\right)\mathrm{rad} \text{（复数的相角）} \qquad (12\text{-}10)$$

阻抗也可写作用复数表示的向量，除非特殊情况，阻抗是频率（时间）的函数。

复阻抗的虚部为

$$Z_\mathrm{L} = \mathrm{j} \times \omega L \qquad (12\text{-}11)$$

$$Z_\mathrm{C} = \frac{1}{\mathrm{j} \times \omega C} \qquad (12\text{-}12)$$

复阻抗在复电压下的表现需要用基本电学定律的复数形式描述。例如，欧姆定律现在变为：

$$V(\omega t) = I(\omega t) \times Z(\omega) \qquad (12\text{-}13)$$

还要牢记下述关系式：

$$\mathrm{e}^{\mathrm{j}\theta} = \cos(\theta) + \mathrm{j}\sin(\theta) \qquad \sin(\theta) = \frac{\mathrm{e}^{\mathrm{j}\theta} - \mathrm{e}^{-\mathrm{j}\theta}}{2\mathrm{j}} \qquad (12\text{-}14)$$

$$\mathrm{e}^{-\mathrm{j}\theta} = \cos(\theta) - \mathrm{j}\sin(\theta) \qquad \cos(\theta) = \frac{\mathrm{e}^{\mathrm{j}\theta} + \mathrm{e}^{-\mathrm{j}\theta}}{2} \qquad (12\text{-}15)$$

注意，电路分析中设 $\theta=\omega t$。式中，θ 为角度，单位是弧度（180°就是 π 弧度）。而且 $\omega=2\pi f$，式中，ω 为角频率，单位是弧度/秒（rad/s），f 为（传统的）频率。

例如，利用上述方程，可推导出指数函数 $f(\theta)=\mathrm{e}^{\mathrm{j}\theta}$ 的幅值和相角如下：

$$\text{幅值}(\mathrm{e}^{\mathrm{j}\theta}) = \sqrt{\cos(\theta)^2 + \sin(\theta)^2} = 1 \qquad (12\text{-}16)$$

$$相角(e^{j\theta}) = \tan^{-1}\left(\frac{\sin(\theta)}{\cos(\theta)}\right) = \tan^{-1}\tan(\theta) = \theta \quad (12\text{-}17)$$

12.4 重复和非重复激励：时域和频域分析

严格地讲，没有一种激励完全符合重复性（周期性）的真实词义。重复性意味着波形始终如此，因为时间无始无终。但真实世界中，给定波形实际上只在一定时间内出现（当它消失后会有另一个波形出现），例如，即使施加“重复性的”正弦波，它在施加时也不是真正重复性的。然而，如果从施加时刻起到初始暂态过程完全结束有足够的时间，那么可以认为激励是重复性的。这是所有变换器或电路稳态分析中隐含的假设。

但有时确实想知道施加激励时究竟发生了什么，如前面分析的阶跃电压加至 RC 网络时所发生的情况。在电源中也可以用同样的方法进行分析，如分析在电网突变时如何保证输出不会超调（或下冲）太多，或者观察在电源负载突变时输出究竟发生了什么。

若电路（或网络）仅由电阻构成，则任意一点的当前电压仅由外加电压唯一确定。如果输入电压变化，那么该点电压也将随之成正比变化。换句话说，激励与响应之间没有滞后（延时）和超前（提早）。时间并不是传递函数中的变量。然而，对于所有包含电抗元件（电容或电感）的网络，时间将是传递函数中的变量，在外加激励时，必须观察情况如何随时间变化。这称为时域分析。按照本章第 1 节中 RC 电路的分析方法，随着电路复杂性增加，分析本身将很快变得令人生畏。因此，需要寻找更简单的分析方法。

任何重复性的（周期性的）波形，无论形状如何，都可以分解成若干不同频率的正弦（和余弦）波形之和。这就是傅里叶级数分析（参见第 18 章中更详细的介绍）。尽管傅里叶级数项数无穷，但它是由离散频率（谐波）组成的项的简单总和（参见图 18-1）。当处理任意波形，包括那些非周期性波形时，需要用连续频率分解该波形。可以理解，现在傅里叶级数的总和变成关于频率的积分。注意，新的连续频率，包括负频率，从直观上看显然是不可接受的。于是，傅里叶级数演变成傅里叶变换。一般来说，把外加激励（波形）先分解成频率分量，然后再分析系统对每个频率分量的响应，这称为频域分析。

注意 波形能分解成不同分量的根本原因在于：一般认为这些分量相互独立（即正交），因此可以单独分析，作用可以叠加。由物理知识可知，向量，如外力 F，能分解成 x 分量和 y 分量，即 Fx 和 Fy。对每个分量分别应用牛顿第二定律，力=质量×加速度。最后，把 x 分量与 y 分量的加速度相加，即可得到最终的加速度向量。

如上所述，为了研究非重复性波形，不能再按照重复性波形的处理方法把它分解成离散的频率分量之和。现在需要扩频（连续）。通常，傅里叶变换简单定义为函数 $f(t)$与 $e^{-j\omega t}$的乘积对时间的积分（从负无穷到正无穷）。

$$\int_{-\infty}^{\infty}\left(f(t)\times e^{-j\omega t}\right)dt \quad (12\text{-}18)$$

然而，傅里叶变换标准定义的一个适用条件是函数 $f(t)$完全可积。这意味着从负无穷大积分到正无穷大时，函数的幅值是一个有限值，这显然不实际，即使对简单函数而言，如 $f(t)=t$ 也是如此。这种情况下，需要将函数 $f(t)$乘以一个指数衰减因子 $e^{-\sigma t}$，迫使 $f(t)$对一定值的实参 σ 可积。

现在，傅里叶变换变成

$$\int_{-\infty}^{\infty}\left(f(t)\times \mathrm{e}^{-\sigma t}\times \mathrm{e}^{-\mathrm{j}\omega t}\right)\mathrm{d}t=\int_{-\infty}^{\infty}\left(f(t)\times \mathrm{e}^{-st}\right)\mathrm{d}t \tag{12-19}$$

换句话说，为了使波形（及其频率分量）随时间自然增加或衰减，需要引入一个额外的（实）指数项 $\mathrm{e}^{\sigma t}$。但稳态分析时，通常以 $\mathrm{e}^{\mathrm{j}\omega t}$形式表示正弦波，所以变成 $\mathrm{e}^{\sigma t}\times\mathrm{e}^{\mathrm{j}\omega t}=\mathrm{e}^{(\mathrm{j}\omega+\sigma)t}$。现在，正弦波幅值以指数形式衰减（$\sigma$ 为正）或增加（σ 为负）。注意，如果仅对稳态分析感兴趣，可重新设 σ=0。这就回到只有 $\mathrm{e}^{\mathrm{j}\omega t}$（或正弦和余弦项）的情形，即重复性波形。

上述包含 s 的积分结果称为拉普拉斯变换，是一个 s 函数。下一节将详细介绍。

12.5　s 平面

传统的交流分析都是在复平面内进行的，电压和电流均是复数。但频率永远是实数，即使频率 ω 本身有一个前缀 j。但现在，实际的任意波形分析需要建立一个复频率平面，即 $s=\sigma+\mathrm{j}\omega$，称为 s 平面。这个新复数 s 的虚部是常见的（真实的振荡）频率 ω，而它的实部是随时间变化的一般暂态波形中可观测的指数衰减部分。s 平面分析是频域分析更广义的形式。

s 平面上，感抗变为

$$Z_{\mathrm{L}}=sL \tag{12-20}$$

$$Z_{\mathrm{C}}=\frac{1}{sC} \tag{12-21}$$

注意，电阻仍是纯电阻，即电阻与频率或 s 无关。

为了计算复数电路和激励在 s 平面上的响应，需要应用更显而易见的 s 平面电学定律。例如，欧姆定律现写作

$$V(s)=I(s)\times Z(s) \tag{12-22}$$

s 的应用以一种“优雅”的方法使任意激励下微分方程的求解成为可能，与时域分析（应用 t）中的“暴力”解法截然相反。这就是拉普拉斯变换法。

注意　该分解方法实际上仅适用于处理数学波形。真实波形可能需要用已知的数学函数近似，再做进一步分析。而且，极其任意的波形可能难以处理。

12.6　拉普拉斯变换

拉普拉斯变换常用于把时域中（即包含 t）的微分方程映射到频域（包含 s）中，变换过程如下。

首先，把外加的与时间相关的激励（单稳态或重复性的电压或电流）映射到复频域中，即 s 平面上。其次，利用 s 平面阻抗将整个电路变换到 s 平面。再者，应用 s 平面的基本电学定律分析变换后的电路。最后，求解合成（变换后）的微分方程（现在从 s 角度而不是 t）。如前所述，微分方程在 s 平面上的求解过程比时域中要简单得多。此外，可用一些常用函数的拉普拉斯变换速查表来帮助求解方程。这样，就能得到频域中的电路响应。其后，如果需要，可用拉

普拉斯反变换得到时域中的结果。图 12-2 描述了整个过程。

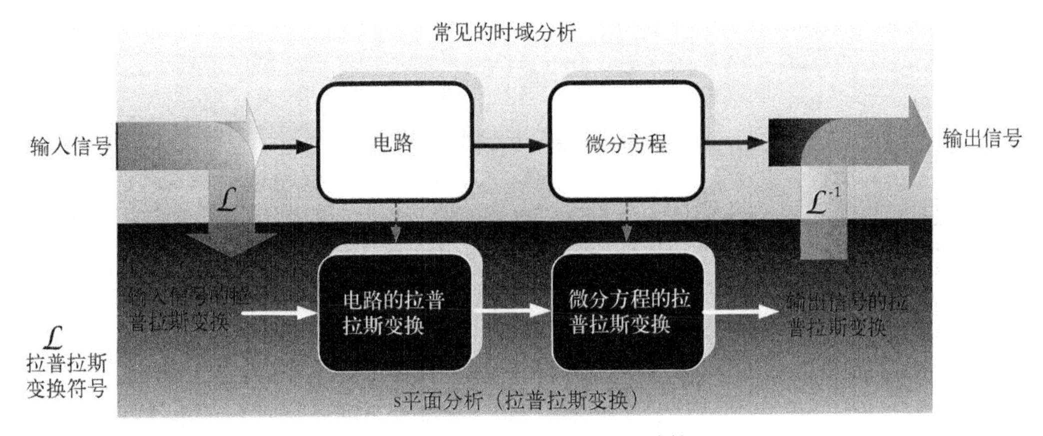

图 12-2 用符号表示 s 平面上的计算过程

此时，多做一点数学准备有助于理解后面的反馈环路稳定性原理。

假设（时域）输入信号为 $u(t)$，输出为 $v(t)$，它们之间的关系由一般类型的二阶微分方程给出

$$c_2\frac{\mathrm{d}^2u(t)}{\mathrm{d}t^2}+c_1\frac{\mathrm{d}u(t)}{\mathrm{d}t}+c_0u(t)=d_2\frac{\mathrm{d}^2v(t)}{\mathrm{d}t^2}+d_1\frac{\mathrm{d}v(t)}{\mathrm{d}t}+d_0v(t) \tag{12-23}$$

可以看出，如果 $U(s)$是 $u(t)$的拉普拉斯变换，而 $V(s)$是 $v(t)$的拉普拉斯变换，那么（频域）方程就可简化为

$$c_2s^2U(s)+c_1sU(s)+c_0U(s)=d_2s^2V(s)+d_1sV(s)+d_0V(s) \tag{12-24}$$

所以，

$$V(s)=\frac{c_2s^2+c_1s+c_0}{d_2s^2+d_1s+d_0}U(s) \tag{12-25}$$

因此，可以定义传递函数 $G(s)$（即 s 平面上输出除以输入）为

$$G(s)=\frac{c_2s^2+c_1s+c_0}{d_2s^2+d_1s+d_0} \tag{12-26}$$

所以，

$$V(s)=G(s)\times U(s) \tag{12-27}$$

注意，它与时域中的一般传递函数 $f(t)$类似：

$$v(t)=f(t)\times u(t) \tag{12-28}$$

根据上述一般方程 $G(s)$的解，能够很容易计算出激励(U)的响应(V)。

电源设计人员的兴趣在于确保电源在工作范围内稳定运行。为此，可在电源内合适的点注入正弦波，用频率扫描研究其响应。这既可以在实验室完成，也可以“纸上谈兵”，稍后会介绍。实际上，需要密切关注的是电源对重复性或非重复性脉冲各频率分量的响应。但这么做其实只是处理了稳态正弦波激励（扫频），因此，可以令 s=jω。（即 σ=0）。

问题是：若最后只需设 s=jω，为什么还要用 s 复平面呢？答案是：并非一直如此。例如，设计后期可能要计算电源对特定干扰（例如电网或负载的阶跃变化）的准确响应，那就需要 s

平面和拉普拉斯变换。所以，虽然只是对 s 平面上描述的系统做稳态分析，但如果需要，仍可用拉普拉斯变换更细致地求解系统对一般激励的响应。

但电源设计人员通常不必感到困惑，除非需要对系统的阶跃响应做严格计算，如分析负载突变时的超调或下冲，否则甚至无需知道怎样准确计算一个函数的拉普拉斯变换。如果只是为了保证足够的系统稳定裕度，那么稳态分析足以胜任。为此，只需扫描所有可能出现稳定输入干扰的频率（在实验室或在纸面上），并确保外部干扰没有增强的可能性，不会使情况变得更糟。所以，利用广义 s 平面可以方便地进行充分的数学分析。最后，如果只是想计算稳定裕度，就设 s=jω。如果想做得更多，那么选择拉普拉斯变换。

12.7　干扰及反馈的角色

电源的输入电压和负载都有可能发生变化（可能突变也可能缓变）。但无论如何，都希望输出保持良好的调整，即抗干扰。

然而，实际发生的情况显然没有希望的那样完美。图 12-3 给出了负载突变时典型的变换器响应。如果不是负载，而是降压调整器的输入电压突然增加，输出趋向于顺其自然，因为 D=V_{IN}/V_O，并且 D 不能立即改变。非常简单，这意味着 V_O 与 V_{IN} 成正比。

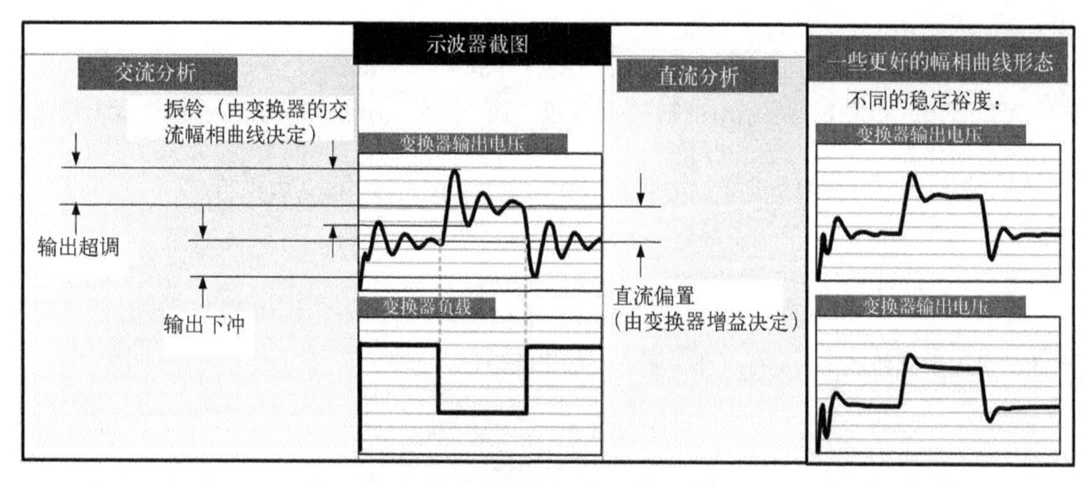

图 12-3　电路对负载突变的典型响应及相关波形

为了成功地校正输出和调整电压，需要芯片的控制部分首先检测到输出变化，这需要一点时间。其后，需要校正占空比，这同样需要一点时间。然后，必须等到电感和输出电容的储能完全释放或完全储存，并满足最终的新稳态需求。最后，输出才有望重新稳定在新的直流值。可以看到，输出稳定前电路有若干延时。如何使延时最小化显然是最令人感兴趣的。因此，举例来说，使用更小的滤波元件（L 和 C）通常会使电路响应更快。

最优反馈环路的响应速度既不应太快，也不应太慢。如果太慢，即使输出不出现振铃输出也会严重超调（或下冲），如果太快（过于激进），输出振铃严重，电路甚至会进入完全不稳定状态（振荡）。

注意 有一个哲学性问题：（控制电路检测到输出变化时，以占空比设定值为基础）如何才能预知精确校正所需的（占空比）校正量呢？实际上，这通常无法预知。控制电路只是被设计成知道校正的大致方向，无法预知校正量。但说不定可以做几件事，例如，可以命令占空比缓慢地逐渐变化，并连续监测输出，一旦输出达到所需的调整水平，立即停止校正占空比。这样，占空比就永远不会超出设想的最终范围。可是，这显然是一个缓慢的校正过程，虽然占空比本身不会超调或下冲，但输出肯定会长时间保持不准确。实际上，这也会引起输出下冲或超调，只不过不是自然振荡。另一种方式是命令占空比以任意的较大幅度突变（当然，方向要正确）。然而，这样使输出校正过度的可能性增加。命令下达后，输出立即开始校正，但因为占空比远超过其最终稳态值，输出将朝另一个方向变化，直至命令达成。其后，控制电路再次试图校正，但也可能再次反应过度。以此类推。实际上，输出会出现振铃。振铃反映了任何反馈环路中都会出现的基本的因果不确定性，即控制电路永远不能确定输出误差是(1)即时的还是延迟的；(2)真的外部干扰，还是自身试图校正的结果（来回振荡，从某种意义上讲）。所以，只要经过很多类似的振铃后，输出能设法达到稳定，就可以认为变换器是临界稳定的。最恶劣工况下，振铃可能会以一定振幅永远存在，甚至增强。实际上，此时的控制环路是完全混乱的，反馈环路是不稳定的。

研究任意干扰衰减或放大的传播过程称为反馈环路分析。实际上，通过在合适的点故意注入一个小干扰（因），并观察返回到该点的幅值和相角（果），就可以测试反馈环路的稳定裕度。若发现干扰本身（在正常相角下）增强，则因果混淆，导致系统不稳定。然而，若果能设法消除或抑制因，则系统稳定。

注意 前面章节中使用的相角一词再次暗示讨论的是正弦波（非正弦波没有相角的概念）。但结果证明，这是一个有效的假设。正如所知，任意干扰都能分解成一系列不同频率的正弦波分量，所以（不管是在实验室完成，还是在“纸上谈兵”）注入的干扰或信号可以是一个幅值任意的正弦波。通过在较宽的频带内扫频，可以找出能够导致不稳定的频率。因为总有一天，可能碰到包含特定频率分量的干扰，如果在该频率上裕度不足，系统就会进入完全不稳定的状态。反之，如果系统在很宽的（正弦波）频率范围内都有足够的裕度，那么系统实际上是稳定的，并能承受任意波形的干扰。

下面讨论外加干扰的幅值。本章仅研究线性系统，这意味着，如果一个二端口网络的输入加倍，输出就会加倍，输出与输入之比不变。实际上，这就是为什么传递函数从来都不是输入信号幅值的函数。然而，如果实际干扰过于严重，部分控制电路可能出现饱和。例如，内部运算放大器的输出可能偶尔会接近其电源电压，使其在一段时间内无法提供进一步校正。现实中并没有完美的线性系统。但是，如果激励（和响应）足够小，任何系统都可以用线性系统近似。这就是为什么功率变换器的反馈环路分析会谈到小信号分析和小信号模型。

注意 同理，必须注意，在实验室中用注入正弦波的方法测试环路响应时，不能加入幅值过高的正弦波。所以，在测试过程中，必须监视交换结点的电压波形。如果测试时，交换结点电压跳变过大，就表示（内部误差放大器电路）可能出现饱和。必须确保电源在运行过程中不会接近终值，如控制器的最大或最小占空比限制，以及设定的电流限制等。但是，注入信号的幅值也不能太小，否则必然会被开关噪声淹没（信噪比过低）。

注意　同理，大多数商用电源的技术指标仅要求一定的暂态响应，例如负载从80%变到最大负载，甚至从50%变到最大负载，但没有从零变到最大负载。

12.8　RC滤波器的传递函数、增益和伯德图

一般来说，v_o/v_i是一个复数，称为传递函数。其幅值定义为增益。仅以最简单的纯电阻电路为例。假设有两个10kΩ电阻串联，两个电阻上的总电压为10V。若输出定义为两个电阻中间的结点电压，则该点电压为5V。本例中的传递函数为实数，即5/10=0.5。因此，增益为0.5。这是一个用纯比值表示的增益。此外，增益也可以用分贝表示，如 $20\times\log(|v_o/v_i|)$。本例中，$20\times\log(0.5)=-6$dB。换句话说，增益既可以用比值（0.5）表示，也可以用分贝表示（本例中为－6dB）。

注意，根据定义，分贝或dB就是dB=20×log(比值)，常用来表示电压或电流之比。对于功率之比，dB=10×log(比值)。

现在，以简单的串联RC网络为例，并将它变换到频域，如图12-4所示。图中给出了基于简单阻抗比的传递函数推导过程，并扩展到s平面。

既然仅关注稳态激励（并非暂态冲击），可以设$s=j\omega$，并绘制出(1)传递函数的幅值（即增益）；(2)传递函数的相角（即相角）。当然，都是在频域中绘制的。这种组合的幅相曲线图称为伯德图。

术语解释：注意，本文一开始把$|v_o/v_i|$称为增益，为了将它与$20\times\log(|v_o/v_i|)$相区分，称后者为对数增益。但实际上，这些词在文献中经常互换使用，即使本章后续内容也不例外。这可能使人混淆，但只要稍有一点经验，就能很快明白它在特定上下文中的含义。然而，增益通常用分贝表示，即$20\times\log(|v_o/v_i|)$。

注意，增益和相角仅在稳态下定义，因为它们暗指正弦波（否则，相角就没有意义）。

根据图12-4，可观察到一些结论：

- 相角（单位为弧度，$\theta=\omega t$）已经转换成角度。因为许多工程师认为使用角度比使用弧度更舒服。为此，需用如下变换：角度=(180/π)×弧度。
- 增益（纵轴）是简单的比值（不是分贝，除非另外声明）。
- 类似地，角频率（ω的单位是弧度/秒）已经转换成常用的频率（单位是Hz）。转换方程为：Hz=(弧度/秒)/(2π)。
- 改变幅相曲线图的坐标类型，可使幅频特性（增益曲线）在对数坐标系下变成一条直线。注意，图12-1中半对数坐标系下描绘的曲线看起来也是一条直线。
- 下面两种情况下，幅频特性都是直线：(1)增益用简单的比值表示（即V_{out}/V_{in}），y轴使用对数坐标；(2)增益用分贝表示（即$20\times\log|V_{out}/V_{in}|$），使用直角坐标。注意，两种情况下，$x$轴既可以使用$f$（频率）和对数坐标，也可以使用$20\times\log(f)$和直角坐标。
- 用对数坐标绘图时，必须牢记0的对数没有意义（$\log 0\to-\infty$）。因此，对数坐标系的原点不能为0。可以设为接近0，如0.0001，或0.001，或0.01等，但绝对不能为0。

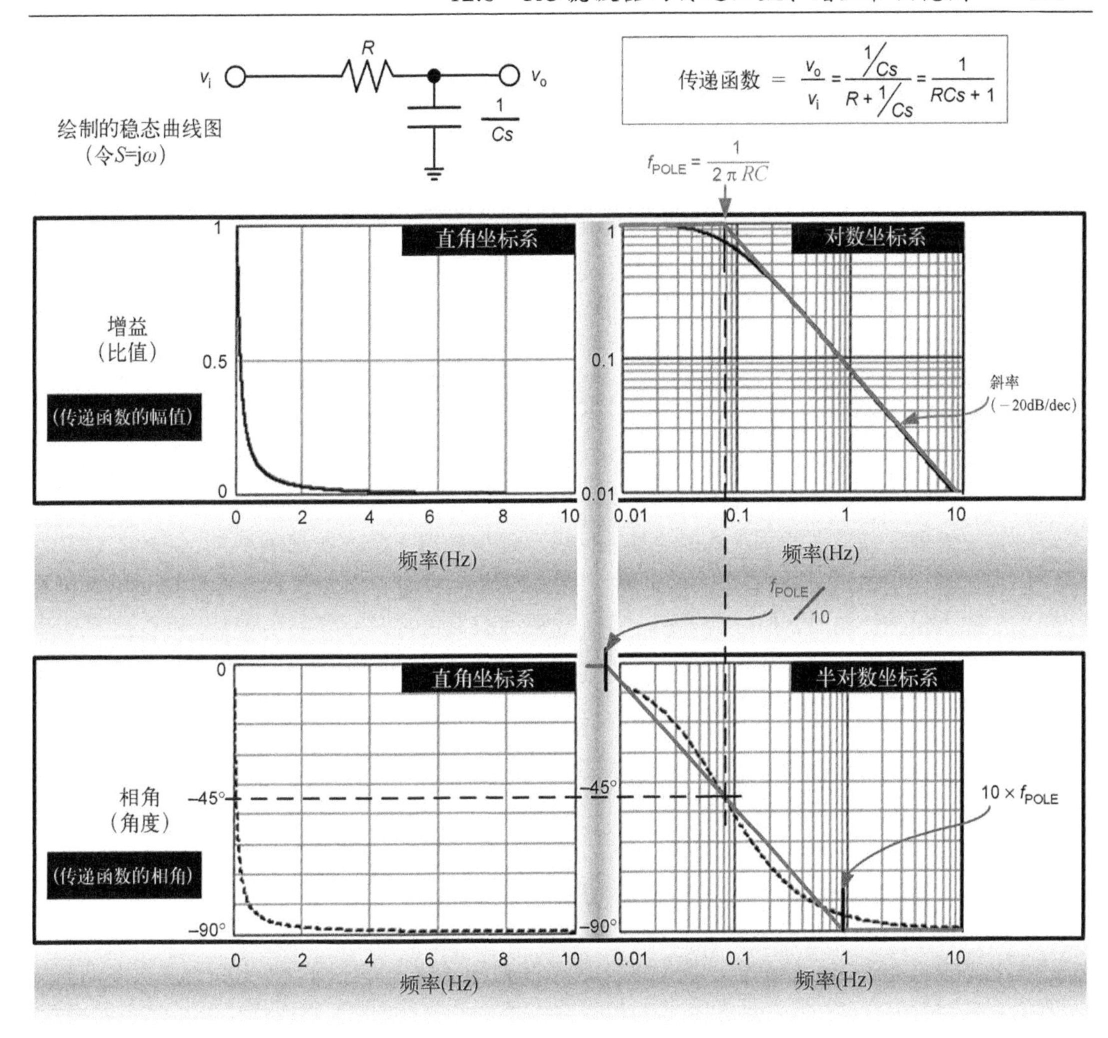

图 12-4 一阶低通 RC 滤波器的频域分析

- 由图 12-4 可知，高频时，*频率每增加 10 倍，增益衰减为原来的 1/10*。注意，由分贝的定义，10：1 的电压比就是 20 分贝（验证：20×log(10)=20）。因此，高频时，增益以－20dB/十倍频程的斜率下降。增益以该斜率下降的电路称为一阶滤波器（本例中是低通滤波器）。
- 而且，因为斜率是常数，若频率加倍，则信号必须衰减为原来的 1/2。若频率再加倍，则信号必须衰减为 1/4，以此类推。但 2：1 的比值对应 6dB，且一倍频程就是频率加倍（或对分）。因此，（高频时）一阶低通滤波器的幅频特性以－6dB/oct 的斜率下降。
- 如果 x 轴和 y 轴的坐标比例相同，那么幅频特性与 x 轴的实际夹角为 45°。该特性曲线夹角的正切值 tan(－45°)=－1。因此，－20dB/dec（或－6dB/oct）的斜率常简称为－1 斜率。
- 类似地，当滤波器含有两个电抗元件（即一个电感和一个电容）时，斜率变成－40dB/dec（即－12dB/oct），常称为－2 斜率（坐标轴比例相同时，实际夹角约为－63°）。
- 图 12-4 右侧灰色加粗的直线是渐近线。可以看出，幅频特性的渐近线在 f=1/(2πRC)处有一个交接频率或转折频率。该点对应 RC 滤波器的谐振频率或后面讨论的极点。

- 注意，实际曲线与渐近线之间的误差/偏差通常很小（仅适用于一阶滤波器，稍后讨论）。例如，图 12-4 中简单的 RC 网络即使在最恶劣情况下的增益误差也只有 – 3dB，对应交接频率。因此，渐近线是有效的捷径，今后将常用于简化绘图和分析。
- 相频特性的渐近线有两个交接频率：一个在幅频特性交接频率的 1/10 处，另一个在交接频率的十倍频处。每个交接频率点的相移是 45º，总相移是 90º，跨越了 20 倍频（它们关于幅频特性的交接频率点对称）。
- 注意，幅频特性的单极点频率处，相移总是 45º，即总相移的一半，渐近线和实际曲线都是这样。
- 既然增益和相角都随频率增加而下降，就会出现极点。本例中，极点就是交接频率 $1/(2\pi RC)$，称为单极点或一阶极点，因为它与 – 1 斜率相关。
- 稍后会看到，与极点类似，还有零点。事实可以证明，增益和相角都从该点开始增加。
- 由图 12-4 可知，输出电压显然一直小于输入电压。对于一个（无源）RC 网络（不含运算放大器）而言，这是正确的。换句话说，任何频率下的增益都小于 1（0dB）。这从直观上看起来也是正确的，因为若不使用有源器件，例如运算放大器或晶体管，看起来无法放大信号。然而，稍后会看到，如果无源滤波器包含两类电抗元件（L 和 C），输出电压实际上能够在某些频率下超过输入电压。由此得到二阶滤波器。它们的响应就是通常所说的谐振。

12.9 积分运算放大器（零极点滤波器）

研究包含两类电抗元件的无源网络之前，先看一个有趣的有源 RC（一阶）滤波器。此处讨论的是积分器，因为它碰巧是所有补偿网络的基本模块。

图 12-5 所示为反相运算放大器，其反馈路径上只有一个电容。稳态直流条件下，所有的电容基本上完全不起作用。因此，本例中完全没有直流负反馈，其直流增益无穷大（真实运算放大器的直流增益非常大，但不是无穷大）。但更令人惊奇的是，这并不妨碍精确分析其高频增益。如果计算该电路的传递函数，就会发现在 $f=1/(2\pi RC)$处再次发生了一些特别的事。然而，与无源 RC 滤波器不同，该点不是交接频率，既不是零点，也不是极点。该点增益碰巧为 1（0dB）。所以，将该频率标记为 f_{p0}。

注意 迄今为止，如图 12-5 所示，积分器是给出的唯一的一级电路。所以，在此特例中，f_{p0} 和观察到的截止频率 f_{cross} 相同。但一般情况下并非如此。本章一般用 f_{p0} 指代单独出现的积分器的截止频率。

注意，积分器在频率为零处有一个单极点，但是零频率在对数坐标系下无法表示。零极点必须引入，因为若没有它，系统的直流（低频）增益将相当糟糕。积分器是获得尽可能高的直流增益的最简单方法。任何功率变换器中，高直流增益可获得良好的稳态调整。如图 12-3 所示（标记为直流偏置）。高直流增益能降低直流偏置。

图 12-4 右侧故意让坐标图在形状上呈几何正方形。为此，两个坐标轴划分的网格数相等，即坐标轴比例相同。此外，y 轴用 $20\times\log(f)$（不是 $\log(f)$）绘制。这样，使得 x 轴和 y 轴在所有方面均相同，这就是为什么斜率为 – 1。实际上，曲线准确地以 45º 角下降（直观上也是如此）。

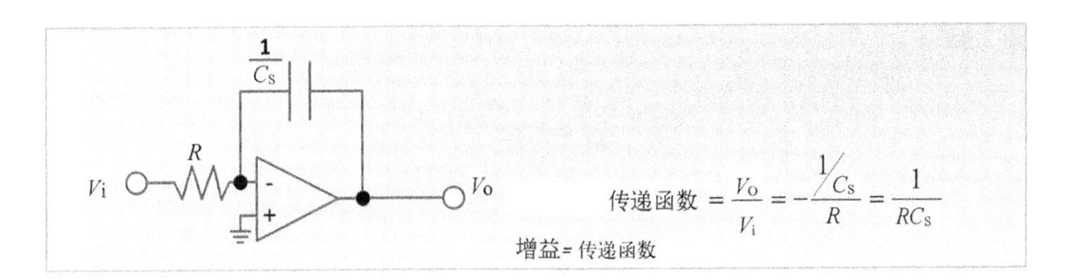

使用的术语：f_{p0}为积分电路的截止频率。在此特例中，它是唯一的一级电路，所以f_{p0}与截止频率f_{cross}相同。但若有多级电路存在，f_{p0}与f_{cross}就不相等了。

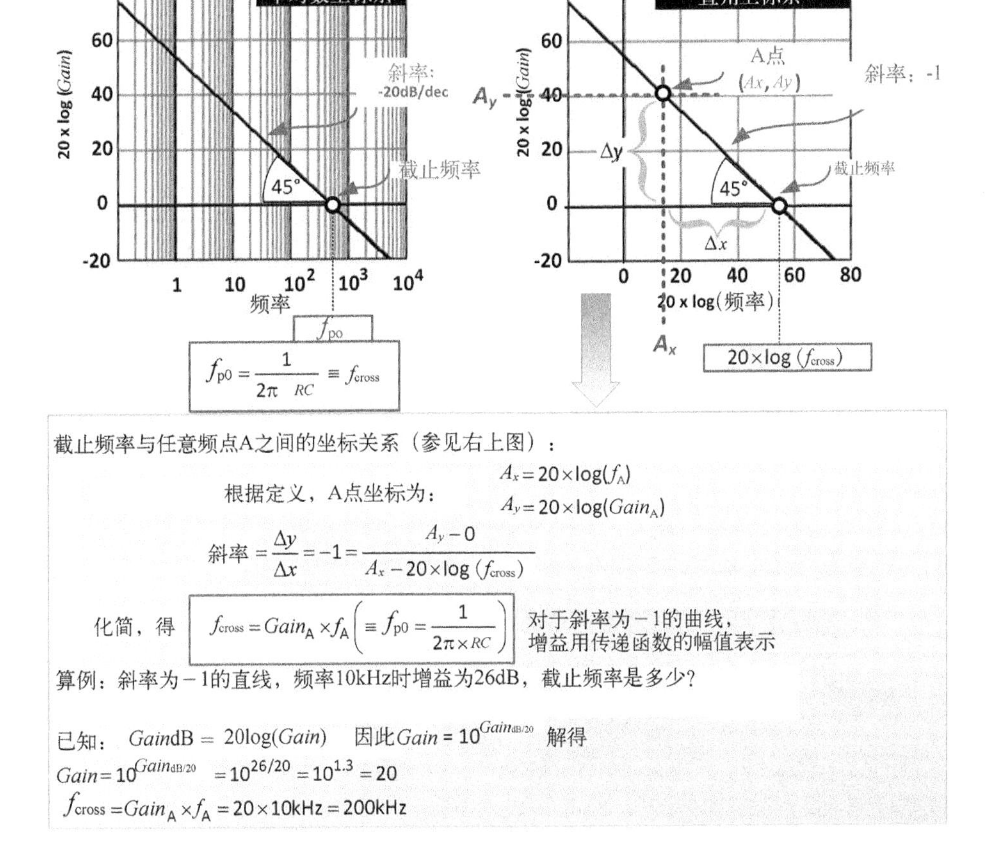

图 12-5　积分运算放大器（零极点）及一些相关数学推导

下面展示如何在对数坐标系下做一些简单的数学运算。图 12-5 的下半部分推导了一个特别有用的关系式，建立了任意频点 A 与截止频率 f_{cross} 之间的联系，并给出了一个算例。

$$f_{cross}=Gain_A\times f_A \tag{12-29}$$

注意，零极点的传递函数一般都有如下形式（X 为实数）

$$\frac{1}{s\times(X)}\quad\text{（零极点的传递函数）} \tag{12-30}$$

那么，截止频率为

$$f_{cross} = \frac{1}{2\pi(X)} \quad (截止频率) \tag{12-31}$$

本例中，(X)是时间常数 RC。

12.10　对数坐标系下的数学运算

最终的控制环路分析和补偿网络设计需要把各级联模块的传递函数相乘得到总传递函数。因为一个模块的输出就是下一个模块的输入，以此类推。结果证明，对数坐标系下增益和相角的数学运算其实要比在直角坐标系下容易得多。最明显的原因是：log(AB)=logA+logB。所以，如果使用对数运算，就可以用加法，而避免用乘法。图 12-5 中的计算已经尝到了甜头。总结一些简单的运算规则将有助于后续计算。

(1) A 和 B（级联）组合后的总传递函数是各传递函数的乘积：

$$\frac{v_{o2}}{v_{i1}} = \frac{v_{o2}}{v_{i2}} \times \frac{v_{i2}}{v_{i1}} \quad \Leftarrow \quad C = AB \tag{12-32}$$

已知 log(C)=log(AB)=log(A)+log(B)。从字面上讲，如果用分贝表示，A 的增益加上 B 的增益就是组合后 C 的增益。因此，计算总传递函数时，用分贝相加要比求解不同传递函数的乘积更容易。

(2) 总相移是各级联模块产生的相移之和。所以，相角也是简单的代数和（即使在对数坐标系下）。

(3) 图 12-6 使用了对数增益（用分贝表示的增益），即 20log(增益)，其中增益就是传递函数的幅值。

(4) 由图 12-6 上半部分可知，若已知截止频率（和直线的斜率），就能得出任意频率下的增益。

(5) 现在将图 12-6 下半部分的直线垂直平移（保持斜率为常数）。根据图中提供的方程，就能计算出平移过程中截止频率的平移量。反之，如果将截止频率平移一个已知量，就能计算出平移对直流增益的影响，因为曲线向上或向下平移了多少分贝是可知的。

12.11　后级 LC 滤波器的传递函数

目光转向功率变换器。注意，降压变换器有一个后级 LC 滤波器。滤波器级可看作紧随开关管的级联级。按照上一节提到的规则，总传递函数很容易计算（级联模块的传递函数的乘积）。然而，升压和升降压变换器并没有后级滤波器，因为两个电抗元件之间有开关管或二极管存在。但即使是升压和升降压变换器，经过处理也能变成输出含有效 LC 滤波器的标准模型（如同降压变换器），这样就可以简单地把它们当做降压变换器对待（即级联级）。唯一区别是（升压和升降压变换器中）真实的电感 L 被标准模型中一个等效（或有效）的电感 $L(1-D)^2$ 所替代。在标准模型中，电容（LC 中的 C）保持不变。

现在，用简单的后级 LC 滤波器来表示一般开关拓扑的输出部分，如图 12-7 所示，需要更好地理解它。

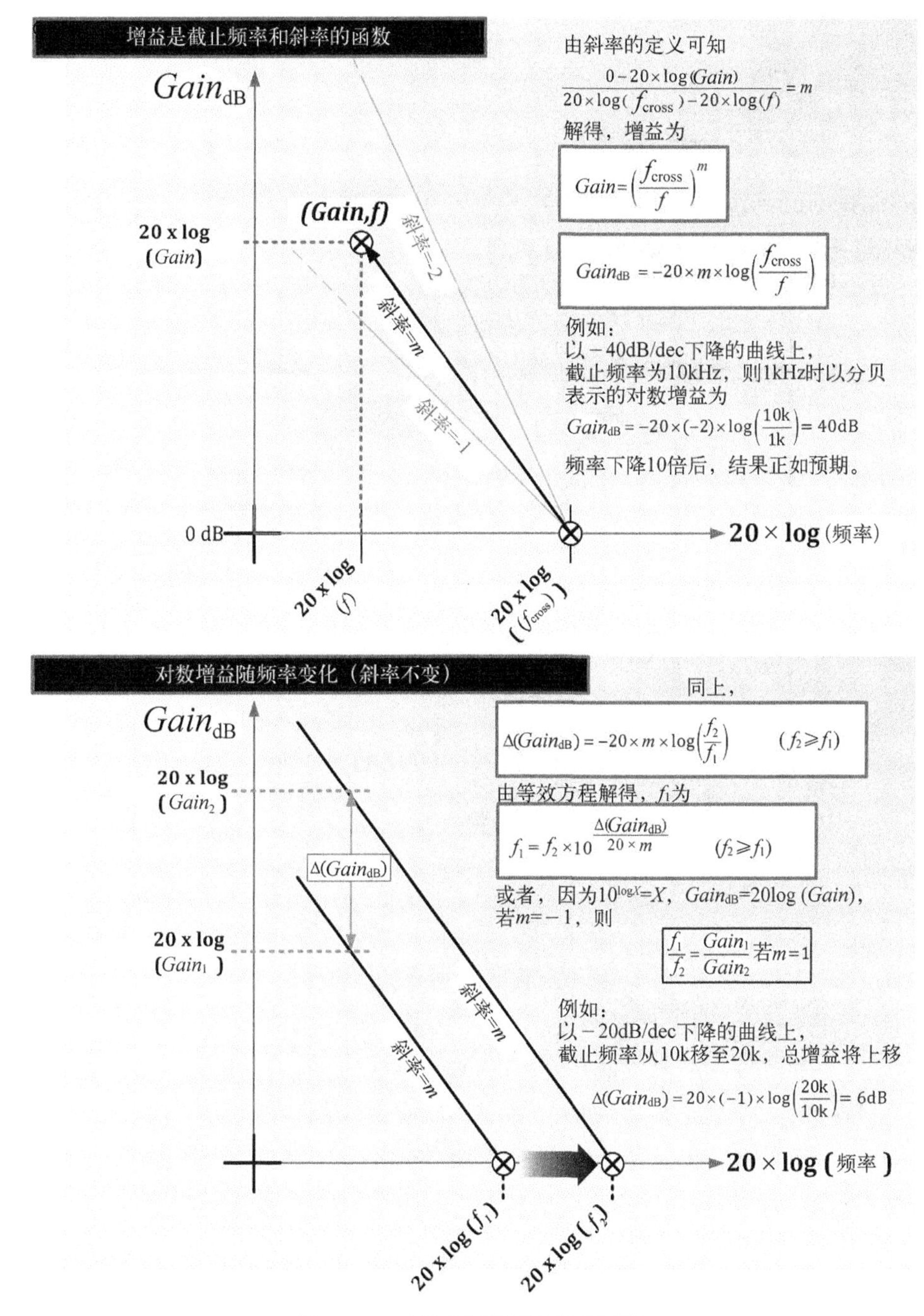

图 12-6 对数坐标系下的数学运算

- 对于大多数实际应用，可以假设交接频率（标记在图 12-7 中）与负载或任何元器件的寄生电阻无关。换句话说，可以简单地认为，滤波器—负载组合电路的谐振频率（交接频率，或本例中的极点）是 $1/(2\pi\sqrt{LC})$，即不包含电阻项。
- 高频时，LC 滤波器的增益以斜率–2 下降，相角也减小，总相移为 180°。因此，LC 滤波器在交接频率 $1/(2\pi\sqrt{LC})$处有一个双重极点（或二阶极点）。

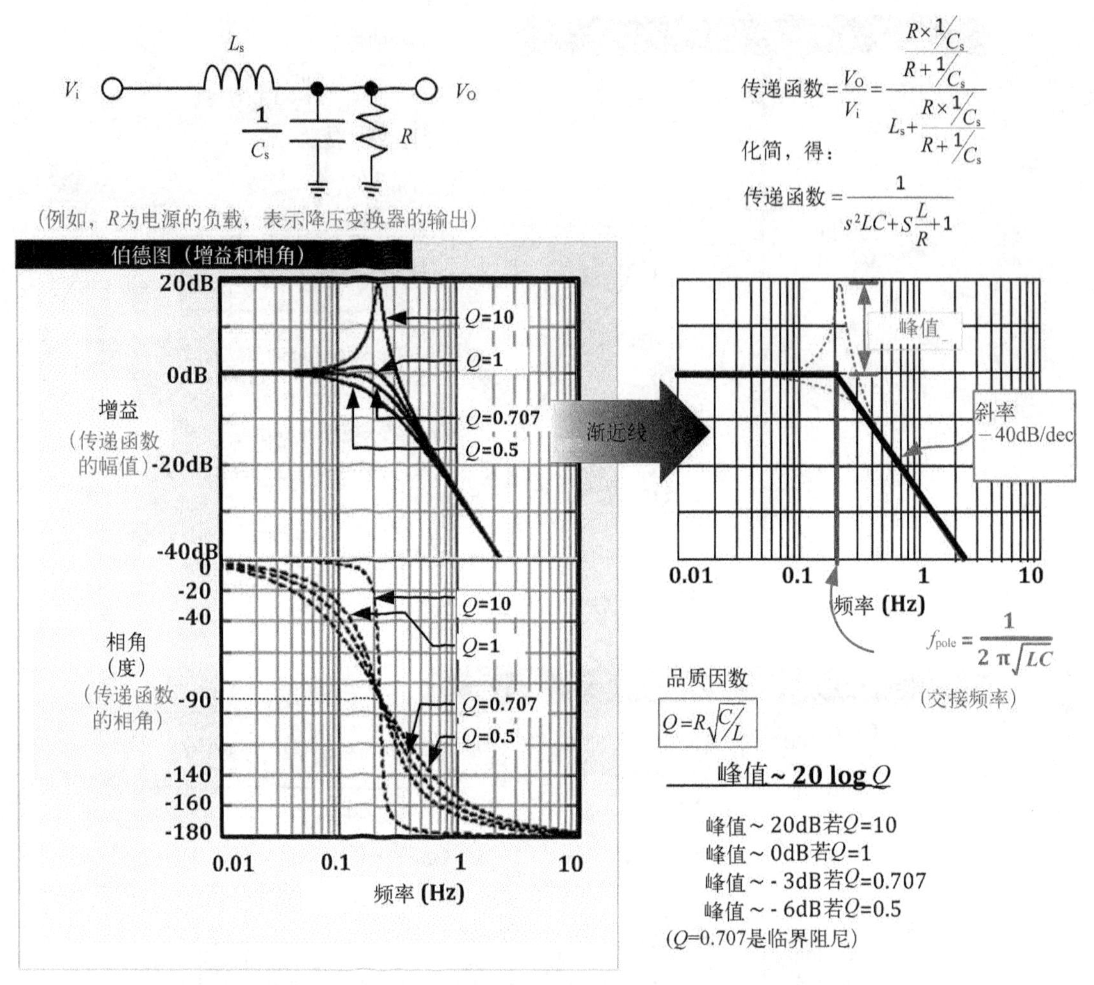

图 12-7　LC 滤波器的频域分析

- Q 是品质因数（如图中定义）。实际上，它确定了响应曲线在交接频率处的峰值大小。简而言之，如果 Q=20，那么谐振频率下的输出电压就是输入电压的 20 倍。在对数坐标系中，可写作 20×log$Q$，如图所示。一般认为若 Q 值很大，则滤波器欠阻尼。若 Q 值很小，则滤波器过阻尼。当 Q=0.707，就得到临界阻尼。临界阻尼下，谐振频率的增益比其直流值低 3dB，即输出比输入低 3dB（与 RC 滤波器类似）。注意，－3dB 就是 $1\sqrt{2}$=0.707 的对数，意味着下降约 30%。类似地，+3dB 就是 $\sqrt{2}$=1.414（即上升约 40%）。
- 如上所述，电阻对交接频率的影响一般是次要的，因此可以忽略。然而，电阻对 Q（即峰值）的影响是显著的（虽然最终也可能被忽略）。但要记住，L 和 C 的串联寄生电阻越大，Q 值就越小。另一方面，如果减小负载，即增加与 C 并联的电阻，Q 值增加。切记，并联大电阻实际上相当于串联小电阻，反之亦然。一般来说，串联不可忽略的大电阻可降低 Q 值，而并联不可忽略的小电阻效果相同。
- 如图 12-4 所示，LC 滤波器的幅频特性也可用渐近线绘制。但是，如果用同样方法处理 LC 滤波器的相频特性就会有问题，可能产生很大的误差。Q 值越大，误差越大。因为如果 Q 值很大，在非常接近谐振频率的区域内会发生相移突变（完整的 180°）。如图 12-4

所示，曲线在交接频率的十倍频程（从 1/10 到 10 倍）内不能平缓地变化。突变的相移实际上才是电源中真正的问题，因为它会带来条件稳定性问题（稍后将讨论）。因此，由平缓相移的观点来看，一定量的阻尼是有帮助的，会避免可能出现的条件稳定性问题。

- 与 RC 滤波器不同，这种情况下，（在交接频率附近）输出电压大于输入电压。但条件是 Q 必须大于 1。
- 工程师们通常更愿意用阻尼系数，而不是 Q。阻尼系数定义为

$$阻尼系数=\zeta=\frac{1}{2Q} \quad (12\text{-}33)$$

所以，高 Q 值对应小 ζ。

由 Q 和谐振频率的方程可以断定，若 L 增加，则 Q 减小；若 C 增加，则 Q 也增加。

注意 电源的输出电容越大越好是一个误区，这会在输出滤波器响应中产生很高的峰值（高 Q 值）。这种情况发生时，相移会突变，导致条件稳定性问题。因此，一般来说，如果 C 增加的同时 L 也增加，就能保证 Q（和峰值）不变。然而，交接频率也会发生明显变化，这是不可接受的。

12.12 无源滤波器传递函数小结

一阶（RC）低通滤波器传递函数（图 12-4）可写成下面几种方式：

$$G(s)=\frac{(1/RC)}{s+(1/RC)} \quad （RC 低通滤波器） \quad (12\text{-}34)$$

$$G(s)=\frac{1}{1+(s/\omega_0)} \quad （RC 低通滤波器） \quad (12\text{-}35)$$

$$G(s)=K\frac{1}{s+\omega_0} \quad （RC 低通滤波器） \quad (12\text{-}36)$$

式中，$\omega_0=1/(RC)$。注意，上面最后一个方程中的 K 是一个常数，积极参与滤波器设计的工程师们常常会用到它。这种情况下，$K=\omega_0$。

文献中能见到二阶滤波器传递函数（图 12-7）的多种等效形式：

$$G(s)=\frac{(1/RC)}{s^2+s(1/RC)+(1/LC)} \quad （LC 低通滤波器） \quad (12\text{-}37)$$

$$G(s)=K\frac{1}{s^2+(\omega_0/Q)s+\omega_0^2} \quad （LC 低通滤波器） \quad (12\text{-}38)$$

$$G(s)=\frac{1}{(s/\omega_0)^2+(1/Q)(s/\omega_0)+1} \quad （LC 低通滤波器） \quad (12\text{-}39)$$

$$G(s)=\frac{1}{1+2\zeta(s/\omega_0)+(s/\omega_0)^2} \quad （LC 低通滤波器） \quad (12\text{-}40)$$

式中，$\omega_0=1/\sqrt{LC}$。注意，这里 $K=\omega_0^2$。Q 是品质因数，而 ζ 是前面定义的阻尼系数。

最后，还要注意，以不同方式处理 LC 滤波器传递函数时，经常会用到下面两个关系式：

$$\frac{1}{R}=\frac{1}{\omega_0 Q} \text{ 和 } \frac{1}{RC}=\frac{\omega_0}{Q} \quad （LC 滤波器） \quad (12\text{-}41)$$

12.13　极点和零点

现在讨论极点和零点。一阶和二阶滤波器的例子中已经提到极点（图 12-4 和图 12-7）。应当承认，那两个例子中仅存在极点，因为一阶和二阶传递函数的分母上都分别含有 s 项。所以，如果 s 取特定值，就能迫使分母变成 0，传递函数（在复平面上）变成无穷大。根据定义，这就是极点。传递函数分母的零点就是传递函数的极点。一般来说，有时将分母为零时的 s 值（即极点位置）称为谐振频率。例如，假设传递函数为 $1/s$，则频率为 0 处就是极点（即图 12-5 中积分器的零极点）。

注意，增益是传递函数的幅值（令 $s=j\omega$ 计算），它在极点处不是真正的无穷大。例如，尽管在交接频率处有一个极点存在，RC 滤波器的实际增益小于或等于 1。

注意，如果把前面讨论的无源低通滤波器中两个主要元件的位置互换，就能得到对应的高通 RC 和 LC 滤波器。如果用常见方法计算它们的传递函数，就会看到除了极点，还有图 12-8 所示的单零点和双重零点。传递函数分子的零点就是传递函数的零点。注意，图 12-8 中看不到零点，只有极点。但事实证明，零点其实存在，因为曲线都是从每一个图的左侧开始随频率增加而上升（不是平直线）。同理，一阶滤波器的相角从 90º 开始变化，二阶滤波器从 180º 开始，而并非从 0º 开始变化。

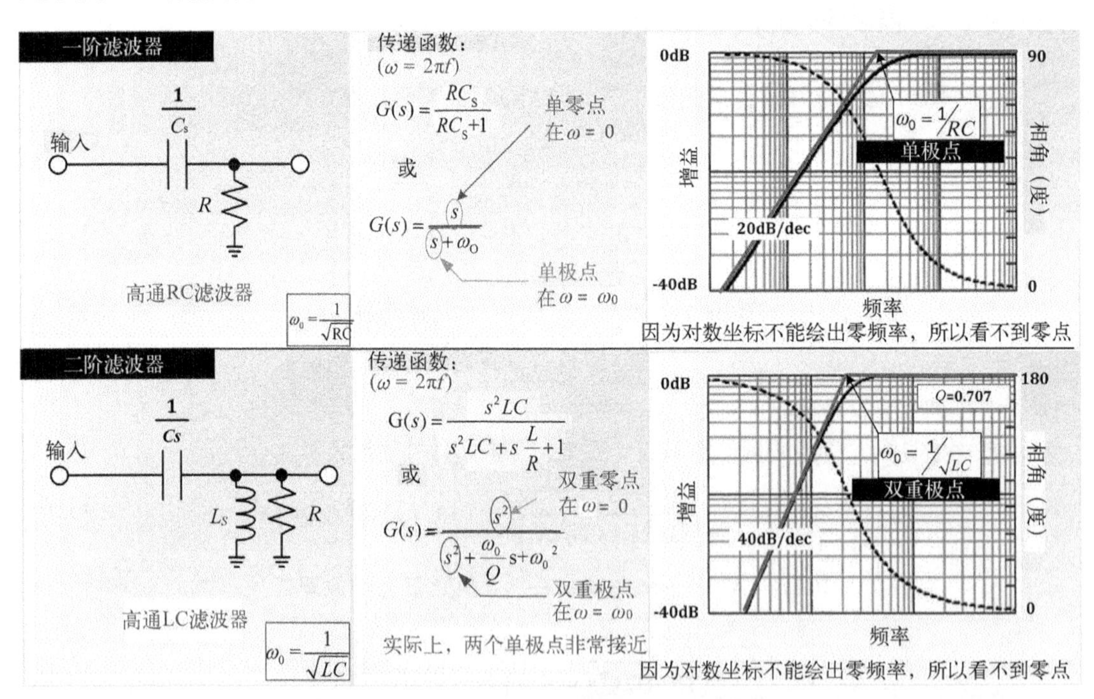

图 12-8　（一阶和二阶）高通 RC 和 LC 滤波器

幅相图也称为伯德图。为了方便，图 12-8 把两条曲线绘制在同一张图中。图中实线表示增益，其值可从图左侧 y 坐标轴上读出。类似地，虚线表示相角，其值可从图右侧 y 坐标轴读出。注意，虽然实践中已经回归到用简单的比值（不是分贝）作幅频特性，但图 12-8 仍然在对数坐标下绘制。时至今日，读者应该学会把幅频特性图的主要网格划分与 dB 对应起来。因此，增加 10 倍等效于+20dB，增加 100 倍等效于+40dB，以此类推。

现在，可以把该方法进行推广。一个网络的传递函数可以用两个多项式的比值来描述：

$$G(s)=\frac{V(s)}{U(s)}=k\frac{a_0+a_1s+a_2s^2+a_3s^3+\cdots}{b_0+b_1s+b_2s^2+b_3s^3+\cdots} \tag{12-42}$$

可因式分解为：

$$G(s)=K\frac{(s-z_0)(s-z_1)(s-z_2)\cdots}{(s-p_0)(s-p_1)(s-p_2)\cdots} \tag{12-43}$$

所以，零点（即使分子为零的 s 值）出现在复频率 $s=z_1$，z_2，$z_3\cdots$处，极点（即使分母为零的 s 值）出现在 $s=p_1$，p_2，$p_3\cdots$处。

电源中，传递函数通常用如下形式来处理：

$$G(s)=K\frac{(s+z_0)(s+z_1)(s+z_2)\cdots}{(s+p_0)(s+p_1)(s+p_2)\cdots} \tag{12-44}$$

因此，前面讨论的“表现良好”的极点和零点实际上都在复平面的左半平面（左半平面极点和零点）。位置在 $s=-z_1$，$-z_2$，$-z_3$，$-p_1$，$-p_2$，$-p_3$，…处。理论上讲，右半平面极点和零点与正常的极点和零点表现完全不同，可能带来棘手的不稳定性问题，这将在稍后进行讨论。

12.14 极点和零点的相互作用

计算变换器的总传递函数时，一般是把几个组成环节的传递函数相加。如前所述，处理级联电路时，对数坐标系上的数学运算要容易得多。图 12-7 中等效的后级 LC 滤波器就是级联电路中的一级。这里暂时不做深入研究，只是简单演示一下如何在对数坐标系下把几个传递函数相加，还要介绍几个极点和零点如何相加。

整个分析过程分为两个部分：

(1) *极点和零点在同一幅频特性上*（即同属一个传递函数或一级），其效果从左到右逐渐累积。所以，假设从零频率开始向右移动直至高频，首先会遇到一个双重极点。超过对应的交接频率后，幅频特性以斜率–2 开始下降。继续右移，假设现在遇到一个单零点。这会提供一个斜率+1 的变化。所以，超过零点位置后，幅频特性的净斜率变成–2+1=–1。注意，尽管存在零点，增益仍然下降，但降速变缓。实际上，单零点抵消了一半的双重极点。因此，（在零点右侧）仅剩下单极点响应。

相角也以类似方式累积，除非相频特性在实践中难以分析。因为超过谐振频率的二十倍频程后，相角会缓慢出现相移。已知双重极点（或双重零点）的相角在谐振频率处发生突变。然而，如果幅频特性有良好的裕度，最终结果仍然是可以预测的。因此，举例来说，一个单零点紧随一个双重极点，其相频特性从 0 相角（直流）开始变化，由于双重极点的存在，相角逐渐降至 – 180°。但在单零点左侧的十倍频程处，相角逐渐开始增加（尽管仍为负值）。高频时的相角最终稳定在 – 180°+90°= – 90°，与只有单极点时一致。

(2) *极点和零点并不在同一幅频特性上*（分属几个串在一起的级联级），可用分贝将总增益表示为每级增益（单位也是分贝）之和。因此，很容易从数学上描述极点与零点之间的相互作用关系。例如，在特定频率上，一张图上的双重极点对应另一张图上的单零点，则总（组合的）幅频特性在交接频率处只有一个单极点。所以，极点和零点趋于彼此相互“毁灭”（相互抵消）。从这个意义上讲，可认为零点就是反极点。但是，极点和零点也可以按照自己的方式相加。例如，一张图上的双重极点与另一张图上的单极点（在同一频率上）相加，则（总传递函数曲线上）

该频率后的幅频特性净斜率变为–3。相角也以类似的方法相加，稍后会给出更多的例子来解释。

12.15　闭环增益和开环增益

图 12-9 描述了一般反馈控制系统。被控对象（有时也称为调整器）具有正向传递函数 $G(s)$。一部分输出通过反馈模块返回，控制输入来调整输出。沿此路径，反馈信号与参考电平相比较，就能知道输出达到预期电平所需的调整量。

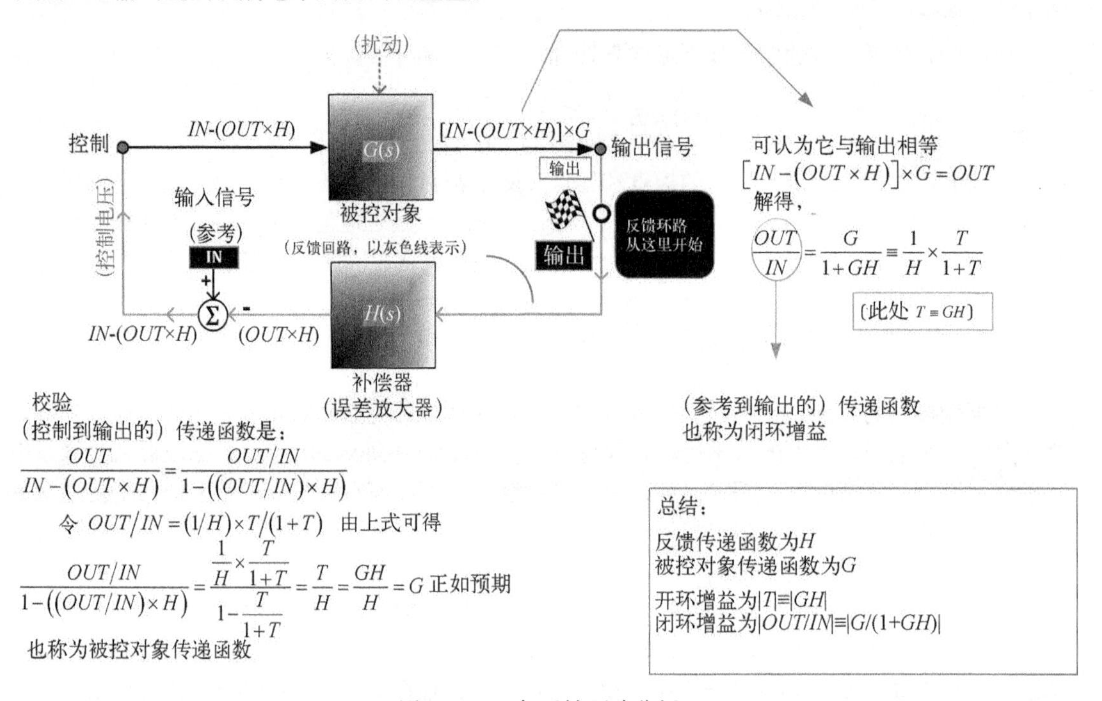

图 12-9　一般反馈环路分析

$H(s)$是反馈传递函数，可以看出，它与一个求和模块（结点）相连，用一个含累加符号的圆圈表示。

注意　有时，文献中的求和模块仅用一个圆圈来表示（里面什么都没有），但有时，也相当混乱地用一个含乘号（或 X）的圆圈表示。无论如何，它仍是一个求和模块。

求和模块的一个输入是参考电平（即控制系统的输入），另一个是反馈模块输出（即输出反馈部分）。求和结点的输出是误差信号。

比较图 12-9 和图 12-10 可知，电源装置本身可分解成若干个级联模块。这些模块是：脉宽调制（PWM）模块（不要与调整器混淆，后者常在一般控制环路理论中指整个被控对象），还有功率级的驱动器、开关管和 LC 滤波器。另一方面，反馈模块由分压器（若存在）和补偿误差放大器构成。注意，一般更倾向于把误差放大器模块看作两个级联模块，一个只计算误差（求和结点）；另一个只考虑增益（及其相关补偿网络）。但在实际应用中，反馈信号加至误差放大器的反相端，二者功能合一。还要注意脉宽调制模块的基本原理（决定开关管驱动脉冲的占空比），下一节和图 12-11 中将详细介绍。

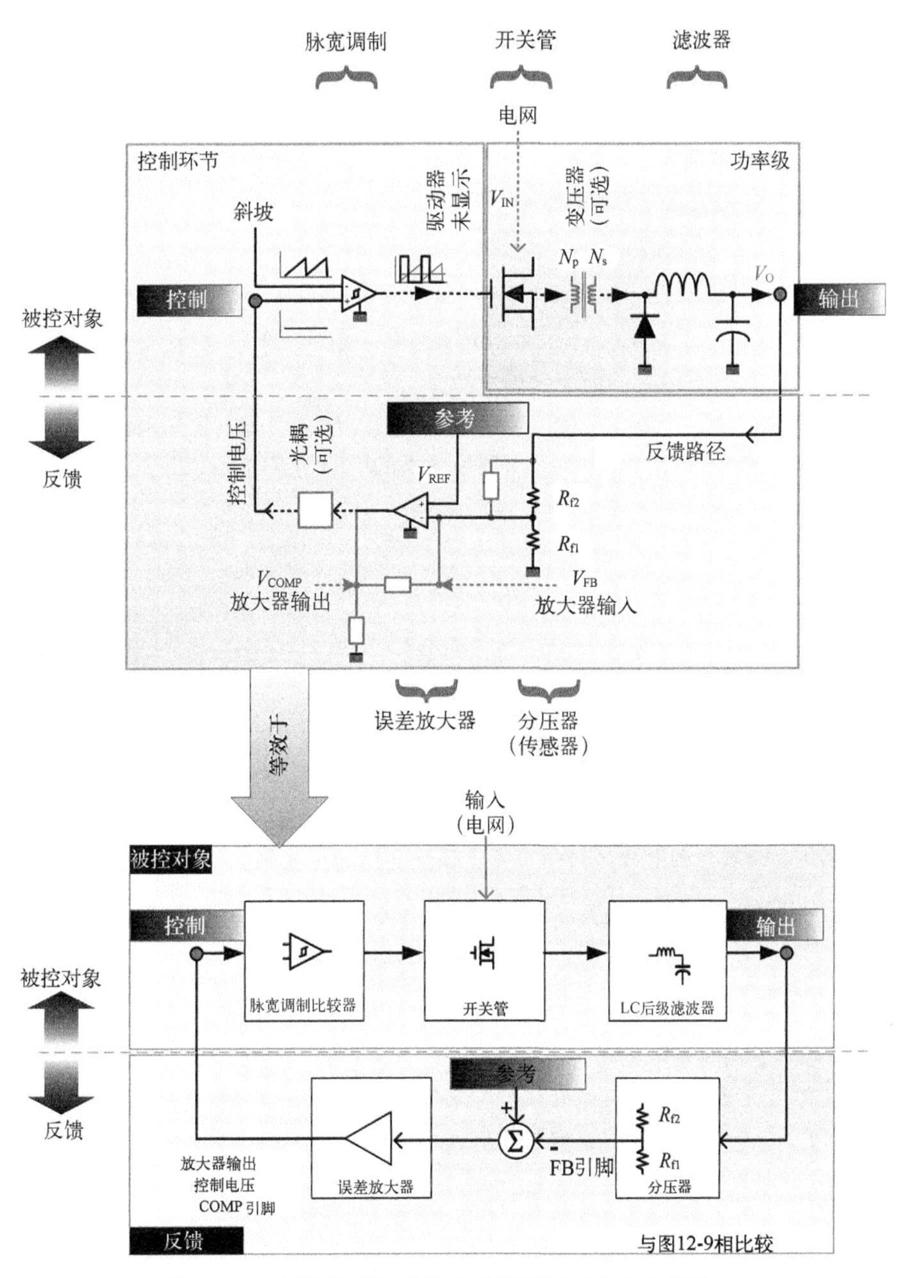

图 12-10　功率变换器：被控对象和反馈（补偿）模块

一般来说，被控对象会接收到各种各样的对输出产生影响的扰动。电源中，扰动基本上是指输入和负载的变化。反馈的基本目的是减小扰动对输出电压的影响（参见图 12-3）。

注意，在控制环路理论中，输入并非指变换器在物理上的输入电源端，如图 12-9 所示。它其实是指用于设置输出电压的参考电平。但在控制环路理论中，输出与变换器在物理上的输出端相同。

图 12-9 已经推导出开环增益$|T|=|GH|$，它是正向传递函数与反馈传递函数乘积的幅值，绕环路一圈而得。另一方面，参考到输出（即输入到输出）的传递函数称为闭环增益，为$|G/(1+GH)|$。

注意，闭环其实与字面意义上的反馈环路打开和闭合并没有任何关系。类似地，不管环路是否为了测量目的而真的打开，还是在正常运行时闭合，*GH* 都称为开环传递函数。事实上，一般电源中并不希望为了测量目的去切断反馈路径。因为环路增益一般很高，即使反馈电压的很小变化也能引起输出剧烈跳变。所以，在测量所谓的开环增益之前，变换器其实一直需要闭环产生直流偏置，进入完全调整状态。

12.16　分压器

通常，电源输出电压 V_O 先通过一个分压器降压，再与参考电平 V_{REF} 在误差放大器（即一般运算放大器，电压放大器）的输入端做比较。

把理想放大器看作一个器件，改变它的输出使其与输入引脚电压几乎相等。因此，可假设稳态时 R_{f2} 和 R_{f1}（参见图 12-10 中的分压器模块）的中间结点电压（几乎）等于 V_{REF}。并且该结点没有电流流出（或流入），由欧姆定律可得：

$$\frac{R_{f1}}{R_{f1}+R_{f2}}=\frac{V_{REF}}{V_O} \tag{12-45}$$

化简得：

$$\frac{R_{f2}}{R_{f1}}=\frac{V_O}{V_{REF}}-1 \tag{12-46}$$

该方程给出了产生预期输出所需的分压器电阻比。

但要注意，在电源中应用控制环路理论时，实际上只关注变化（或扰动），而不关注直流值（尽管这在图 12-9 中并不明显）。可以看出，当误差放大器使用一般的运算放大器时，分压器下位电阻 R_{f1} 在交流回路分析中只起到一个直流偏置电阻的（直接）作用。

注意　假如只考虑理想运算放大器，那么分压器下位电阻 R_{f1} 不参与交流分析。但实际上，它影响实际运算放大器的带宽，所以偶尔也需要考虑。

注意　使用电子表格计算就会发现，若误差放大器基于标准运算放大器，则分压器下位电阻 R_{f1} 实际上会影响整个环路。但应该清楚，这只是因为改变 R_{f1} 就能改变变换器的占空比（通过其输出电压），从而影响被控对象传递函数。因此，R_{f1} 的作用是间接的。R_{f1} 不会在任何方程中出现，也不影响系统中极点和零点的位置。

注意　当使用跨导放大器作为误差放大器时，R_{f1} 要参与交流分析。

12.17　脉宽调制器的传递函数

误差放大器输出（有时记作 COMP，有时记作 EA-out，有时也记作控制电压）加到脉宽调制（PWM）比较器的一个输入。图 12-9 和图 12-10 在反馈路径末端用“控制”标注。一个锯齿波电压加到脉宽调制比较器的另一个输入。使用电压控制模式时，它由内部时钟产生；使用电流控制模式（稍后解释）时，它由电流斜坡产生。其后，利用标准比较器功能，可得到所需宽度的开关管驱动脉冲。

因为电源输出端的反馈信号进入误差放大器的反相输入端，所以若输出低于预设的调整电平，误差放大器输出就会增加。这使得脉宽调制器增加脉冲宽度（占空比），输出电压升高。类似地，若电源输出高于预设值，误差放大器输出就会降低，占空比减小（参见图 12-11 的最上图）。

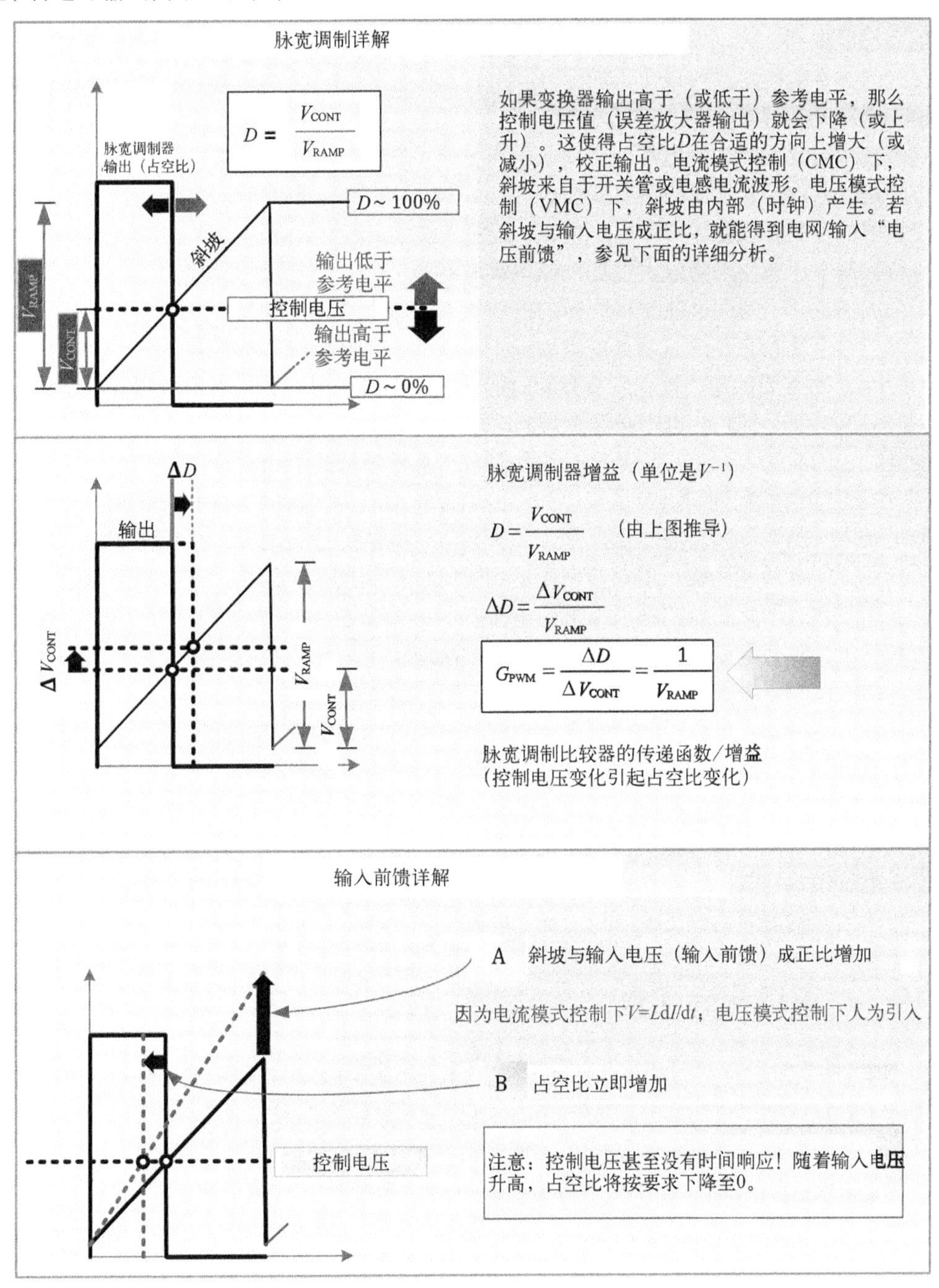

图 12-11　脉宽调制的作用、传递函数和输入前馈详解

如前所述，脉宽调制器的输出就是占空比，而输入就是控制电压或 EA-OUT。所以，这一级的增益不是一个无量纲的量，单位是 $1/V$。由图 12-11 的中间图可知，增益为 $1/V_{RAMP}$，式中 V_{RAMP} 是锯齿斜坡的峰峰值。

12.18 电压（输入）前馈

前面已经提到，扰动发生时，控制电路一般不会预先知道所需的占空比校正量。但有一种日益流行的技术能使之成为现实，如图 12-11 的最下图所示，至少对输入扰动有效。这种技术称为输入电压/电网前馈，或简称为前馈。

这种技术需要检测输入电压，若输入电压上升，则比较器锯齿斜坡的斜率增加。最简单的实现方式是输入加倍，斜坡的斜率就加倍。由图 12-11 可知，如果斜率加倍，占空比立刻减半。降压变换器的控制方程是 $D=V_O/V_{IN}$。所以，若输入加倍，占空比无论如何最终都要减半。因此，与其等待控制电压减半来降低占空比（保持斜坡不变），不如直接改变斜坡本身。这种情况下，斜坡斜率加倍，几乎瞬间就能获得同样的控制效果（即占空比减半）。

总结：占空比校正是通过斜坡的自动校正实现的，正符合降压变换器需求，因为其占空比为 $D=V_O/V_{IN}$。更重要的是，校正几乎是瞬时的，既不必等待误差放大器检测到输出误差（含有 RC 补偿网络的固有延时），也不必经由控制电压改变来响应。输入/电网前馈实际上回避了所有主要的延时，因此输入校正几乎是瞬时的。而且，总校正量几乎完美地抑制了输入干扰。

图 12-11 暗指脉宽调制斜坡是通过固定的内部时钟人为制造的。这称为电压控制模式。电流控制模式中，脉宽调制斜坡本质上是开关管或电感电流的适当放大，稍后将详细讨论。这里只想指出图 12-11 所述的输入前馈技术仅适用于电压控制模式。但是，该技术的原始灵感来源于电流控制模式，即脉宽调制斜坡由电感电流产生，如果输入电压增加，斜坡也会自动增加。这部分解释了为什么电流控制模式对输入扰动的响应似乎要比传统的电压控制模式快。这也是经常提到的电流控制模式的优势之一。

但还有一个问题：电流控制模式下，内置的自动输入前馈控制性能究竟有多好呢？降压拓扑中，电感电流上升斜坡的斜率等于$(V_{IN}-V_O)/L$。即使输入电压加倍，电感电流斜率也不会加倍。因此，占空比不会像电压控制模式下的输入前馈那样很容易地自动减半。

换句话说，虽然带输入比例前馈的电压模式控制是受电流模式控制的启发，但（对降压拓扑而言）电压模式控制比电流模式控制提供了更好的抗输入扰动能力。许多人认为，在综合考虑后，带输入比例前馈的电压模式控制要比电流模式控制更好。

12.19 功率级传递函数

由图 12-10 可知，功率级在形式上由开关管和（等效）LC 滤波器构成。注意，这就是被控对象中除了脉宽调制以外的部分。另外要说的是，如果把脉宽调制比较器部分也算在功率级中，就得到了符合控制环路理论的被控对象，即图 12-9 中用传递函数 G 表示的模块。图 12-10 中剩余电路就是反馈模块，即图 12-9 中用传递函数 H 表示的模块。

然而，如前所述，降压变换器中，L 和 C 实际上在输出端相互连接（如图 12-10 所示），这与其他两种拓扑不同，但后者可用小信号（标准）模型技术转换成等效的交流模型，即在开关管后面实际上也接有常规的 LC 滤波器，与降压拓扑相同。利用该技术，可以名正言顺地把功率级看作单独的两级级联（正如降压变换器）：

- ❑ 前一级把占空比输入（脉宽调制级的输出）有效地转换成输出电压；
- ❑ 后一级等效 LC 滤波器把前一级输出电压转换成变换器输出电压。

据此，可以建立最终的传递函数，如下一节所述。

12.20 拓扑结构的被控对象传递函数

下面分别讨论三种拓扑结构。注意，假设所有拓扑工作在电压控制模式和连续导通模式下。而且，不包含等效串联电阻零点（稍后将引入一个简单的修正）。

12.20.1 降压变换器

(1) 控制到输出（被控对象）的传递函数

被控对象传递函数也称为控制到输出的传递函数（参见图 12-10），即变换器的输出电压除以控制电压（即误差放大器输出，或 EA-out）。当然，这些仅从交流角度考虑，并且仅对直流偏置的电压变化感兴趣。

控制到输出的传递函数是脉宽调制器、开关管和 LC 滤波器的传递函数之积。或者说，控制到输出的传递函数是脉宽调制比较器和功率级传递函数之积。

由图 12-11 可知，脉宽调制级的传递函数等于斜坡幅值的倒数。而且，前一节已经讨论过，功率级本身就是等效的后级 LC 滤波器（其传递函数与图 12-7 讨论的无源低通二阶 LC 滤波器相同）与最终把占空比转换成直流输出电压 V_O 的功率级级联。

现在，兴趣点在于找出后者的传递函数。

问题是：当占空比轻微扰动时，输出会发生什么变化呢（保持变换器输入电压 V_{IN} 为常数）？对于降压拓扑，计算步骤如下：

$$V_O = D \times V_{IN} \quad （降压） \tag{12-47}$$

对 D 求导数，可得

$$\frac{dV_O}{dD} = V_{IN} \tag{12-48}$$

上面这个简单的方程就是其中占空比到输出级的传递函数，等于 V_{IN}。

最后，控制到输出（被控对象）的传递函数是三个（级联的）传递函数之积，即

$$G(s) = \frac{1}{V_{RAMP}} \times V_{IN} \times \frac{1/LC}{s^2 + s(1/RC) + (1/LC)} \quad （降压：被控对象传递函数） \tag{12-49}$$

或者，也可以写成

$$G(s) = \frac{1}{V_{RAMP}} \times V_{IN} \times \frac{1}{(s/\omega_0)^2 + (s/(\omega_0 Q)) + 1} \quad （降压：被控对象传递函数） \tag{12-50}$$

式中，$\omega_0=1/\sqrt{LC}$，$\omega_0 Q=R/L$。

(2) 输入到输出的传递函数

变换器设计中最重要的不是参考电平扰动时输出所发生的变化（这是闭环传递函数的重点），而是输入扰动时输出所发生的变化。这常称为音频敏感度（可能因为早期变换器的开关频率大约在 20kHz，能够发出听得见的噪声）。

输入电压和输出电压的关系方程就是直流输入到输出的传递函数，即

$$\frac{V_O}{V_{IN}} = D \quad （降压） \tag{12-51}$$

所以，D 也是输入（V_{IN}）扰动的比例系数。该系数加至等效后级 LC 滤波器的输入，使输入扰动进一步衰减，如图 12-7 所示。已知 LC 低通滤波器的传递函数，所以输入到输出的传递函数

是两个级联传递函数之积，即

$$D\times\frac{(1/LC)}{s^2+s(1/RC)+(1/LC)}\quad（降压：输入传递函数）\qquad（12\text{-}52）$$

式中，R 是（变换器输出）负载电阻。

或者，也可以写成

$$D\times\frac{1}{(s/\omega_0)^2+(s/(\omega_0 Q))+1}\quad（降压：输入传递函数）\qquad（12\text{-}53）$$

式中，$\omega_0=1/\sqrt{LC}$，$\omega_0 Q=R/L$。

12.20.2　升压变换器

(1) 控制到输出（被控对象）的传递函数

处理过程与降压变换器类似，这种拓扑的计算步骤如下

$$V_{\mathrm{O}}=\frac{V_{\mathrm{IN}}}{1-D}\qquad（12\text{-}54）$$

$$\frac{\mathrm{d}V_{\mathrm{O}}}{\mathrm{d}D}=\frac{V_{\mathrm{IN}}}{(1-D)^2}\qquad（12\text{-}55）$$

所以，控制到输出的传递函数是三个传递函数之积：

$$G(s)=\frac{1}{V_{\mathrm{RAMP}}}\times\frac{V_{\mathrm{IN}}}{(1-D)^2}\times\frac{(1/\underline{L}C)\times(1-s(\underline{L}/(R)))}{s^2+s(1/RC)+(1/\underline{L}C)}\quad（升压：被控对象传递函数）（12\text{-}56）$$

式中，$\underline{L}=L/(1-D)^2$。注意，它是标准模型中等效后级 LC 滤波器的电感。还要注意，C 保持不变。

或者，上述传递函数也可以写成

$$G(s)=\frac{1}{V_{\mathrm{RAMP}}}\times\frac{V_{\mathrm{IN}}}{(1-D)^2}\times\frac{(1/s(\omega_{\mathrm{RHP}}))}{(s/\omega_0)^2+(s/(\omega_0 Q))+1}\quad（升压：被控对象传递函数）（12\text{-}57）$$

式中，$\omega_0=1/\sqrt{\underline{L}C}$，$\omega_0 Q=R/\underline{L}$。

注意，上面分子中包含一个出人意料的项。通过仔细建模可以看出，升压和升降压变换器都有这一项。该项表示一个零点，但它与迄今为止讨论的“表现良好”的零点类型不同（注意，s 项前面的符号为负，所以零点为正，在 s 平面右半部分）。如果考虑它对幅相曲线的作用，就会发现随着频率升高，增益相应增加（就像一个正常零点），但同时，相角减小。（与“正常”零点相反，更像一个“表现良好”的极点）。

为什么会这样？因为，后面会看到，如果总开环相角减至足够小，变换器就会变得不稳定。这就是为什么并不希望这个零点出现。不幸的是，事实上通过正常技术几乎不可能补偿（或抵消）该零点。常用方法实际上是“把它推出去”，推到不会显著影响整个环路的更高频率上去。这相当于把开环幅频特性带宽降到一个足够低的频率，让它刚好“看不到”该零点。换句话说，截止频率必须设得比右半平面（RHP）零点位置低得多。

如前所述，该零点被命名为右半平面零点，与“表现良好”的（传统的）左半平面零点不同。对于升压拓扑，令式（12-56）中传递函数分子为零，即 $s\times(\underline{L}/R)=1$，可得到其位置。所以，升压变换器右半平面零点对应的频率为

$$f_{\mathrm{RHP}}=\frac{R\times(1-D)^2}{2\pi L}\quad（升压）\qquad（12\text{-}58）$$

注意，升压和升降压变换器存在右半平面零点归根结底是因为这些拓扑中的输出部分并不存在真实的后级 LC 滤波器。虽然利用标准建模技术可以设法构造一个等效的后级 LC 滤波器，但在实际拓扑中，真实的 L 和 C 之间存在开关管或二极管，最终导致右半平面零点出现。

注意 右半平面零点一般可直观解释如下：若负载突增，输出会略微下降。为努力恢复输出，变换器占空比增加。不幸的是，升压和升降压拓扑仅在开关管关断阶段才能把能量传输到负载。所以，占空比增加减小了关断时间，电感储能传输到输出的可用时间间隔变短。因此，输出电压未按预想的增加，反而在几个周期内下降得更厉害。这就是右半平面零点的作用。最终，为了满足增长的能量需求，电感电流在几个连续的开关周期内按一定斜率增加，上述异常情况得到纠正。前提是不出现完全不稳定性。

(2) 输入到输出的传递函数

已知

$$\frac{V_O}{V_{IN}} = \frac{1}{1-D} \quad （升压） \tag{12-59}$$

由此可得

$$\frac{1}{1-D} \times \frac{(1/\underline{L}C)}{s^2 + s(1/RC) + (1/\underline{L}C)} \quad （升压：输入传递函数） \tag{12-60}$$

或者，也可以写成

$$\frac{1}{1-D} \times \frac{1}{(s/\omega_0)^2 + (s/(\omega_0 Q)) + 1} \quad （升压：输入传递函数） \tag{12-61}$$

式中，$\omega_0 = 1/\sqrt{\underline{L}C}$，$\omega_0 Q = R/\underline{L}$。

12.20.3 升降压变换器

(1) 控制到输出（被控对象）的传递函数

该拓扑的计算步骤如下：

$$V_O = \frac{V_{IN} \times D}{1-D} \tag{12-62}$$

$$\frac{dV_O}{dD} = \frac{V_{IN}}{(1-D)^2} \tag{12-63}$$

（是的，这是一个有趣的巧合。升压拓扑斜率 $1/(1-D)$ 与升降压拓扑斜率 $D/(1-D)$ 的导数运算结果相同。）

所以，控制到输出的传递函数是

$$G(s) = \frac{1}{V_{RAMP}} \times \frac{V_{IN}}{(1-D)^2} \times \frac{(1/\underline{L}C) \times (1 - s(\underline{L}D/R))}{s^2 + s(1/RC) + (1/\underline{L}C)} \quad （升降压：被控对象传递函数） \tag{12-64}$$

式中，$\underline{L} = L/(1-D)^2$，即等效后级 LC 滤波器的电感。

或者，也可以写成

$$G(s) = \frac{1}{V_{RMAP}} \times \frac{V_{IN}}{(1-D)^2} \times \frac{(1 - (s/\omega_{RHP}))}{(s/\omega_0)^2 + (s/(\omega_0 Q)) + 1} \quad （升降压：被控对象传递函数） \tag{12-65}$$

式中，$\omega_0 = 1/\sqrt{\underline{L}C}$，$\omega_0 Q = R/\underline{L}$。

注意，与升压拓扑一样，分子中包含了右半平面零点项。可用类似方法计算零点位置，

$$f_{\text{RHP}} = \frac{R \times (1-D)^2}{2\pi L \times D} \quad \text{（升降压）} \tag{12-66}$$

如果 D 接近 1，该零点也会在较低频率出现。可与升压拓扑对比：

$$f_{\text{RHP}} = \frac{R \times (1-D)^2}{2\pi L} \quad \text{（升压）} \tag{12-67}$$

(2) 输入到输出的传递函数

已知

$$\frac{V_{\text{O}}}{V_{\text{IN}}} = \frac{D}{1-D} \quad \text{（升降压）} \tag{12-68}$$

因此，

$$\frac{D}{1-D} \times \frac{(1/\underline{L}C)}{s^2 + s(1/RC) + (1/\underline{L}C)} \quad \text{（升降压：输入传递函数）} \tag{12-69}$$

或者，也可以写成

$$\frac{D}{1-D} \times \frac{1}{(s/\omega_0)^2 + (s/(\omega_0 Q)) + 1} \quad \text{（升降压：输入传递函数）} \tag{12-70}$$

式中，$\omega_0=1/\sqrt{\underline{L}C}$，$\omega_0 Q=R/\underline{L}$。

注意　上述计算的所有拓扑的被控对象和输入传递函数都与负载电流 I_{O} 无关。这就是为什么负载电流改变时幅相曲线（伯德图）一点都不变。（假设工作在连续导通模式下）。

注意　迄今为止，忽略了传递函数的一个关键因素，即输出电容的等效串联电阻及其等效串联电阻零点。

虽然直流电阻通常只是降低整体 Q 值，使二阶（LC）谐振峰值更小，但串联等效电阻实际上会在开环传递函数中引入一个零点。而且，由于它显著影响增益和相角，所以不能忽略。如果它低于截止频率（即在较低频率上），要考虑用极点来抵消它，稍后介绍。

12.21　反馈部分的传递函数

现在，把整个反馈部分一起考虑，包括分压器、误差放大器和补偿网络。但如果使用的误差放大器类型不同，评价结果也截然不同。图 12-12 给出了两种常用于功率变换器的误差放大器。分析如下：

- 误差放大器可看作一个简单的电压放大器件，即传统的运算放大器（op-amp）。让这种类型的运算放大器稳定工作需要（输入与输出之间）局部反馈。稳态直流条件下，两个输入端电压实质上相同，因此决定了输出电压设置。但如前所述，尽管分压器的两个电阻都会影响变换器的输出直流电压，但从交流观点看，只有上位电阻起作用。一般认为，下位电阻只是直流偏置电阻，因此控制环路（交流）分析中经常忽略它。
- 误差放大器也可看作一个电压到电流的放大器件，即跨导运算放大器（g_{m} op-amp 或 OTA）。它是一个开环放大器，没有局部反馈。实际上，环路在外部闭合。最终结果依然是两个输入端电压相同（就像正常运算放大器一样）。若两个输入引脚间存在电压差 ΔV，则它会转换成输出引脚上的输出电流变化量 ΔI（取决于跨导，$g_m=\Delta I/\Delta V$）。其后，由于运算放大器输出对地有一个阻抗 Z_O，误差放大器输出引脚上的电压（即 Z_O 上的电压，也称为控制电压）变化量为 $\Delta I\times Z_O$。对于跨导运算放大器，R_{f1} 和 R_{f2} 都参与交流分析，因为它们共同决定了引脚上的误差电压，因此也决定了运算放大器的输出电流。注意，这种情况下，分压器可看作一个简单的 $R_{f1}/(R_{f2}+R_{f1})$（降压）增益模块（使用图 12-10 中的术语），后面级联一个跨导运算放大器级。

可能的误差放大器的传递函数

这是交流（变量）分析，因此下面分析中忽略 V_{REF}，因为根据定义，它只是偏置电压，传递函数 $H(s)$ 是输出/输入 $= V_{CONT}/V_O$

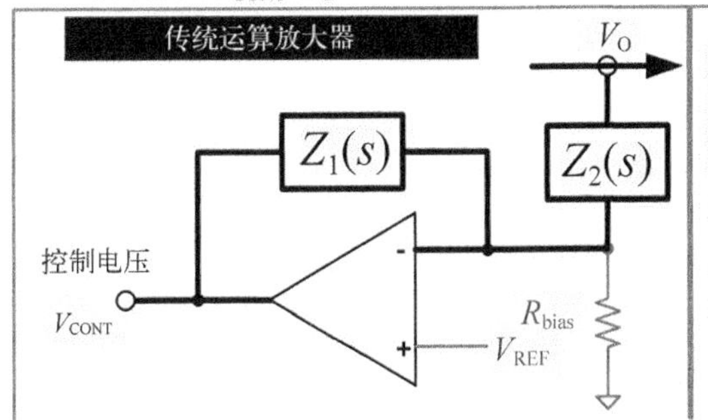

反相放大器：

$$\frac{V_{CONT}}{V_0}=-\frac{Z_1(s)}{Z_2(s)}$$

因此，传递函数（忽略符号）为

$$H(s)=\frac{V_{CONT}}{V_0}=-\frac{Z_1(s)}{Z_2(s)}$$

$H(s)$ 的幅值就是误差放大器的增益

与图12−10中的术语对比：

上位电阻 R_{f2} 就是 $Z_2(s)$，下位电阻 R_{f1} 就是 R_{bias}。然而，R_{f1} 只是直流偏置电阻，不出现在交流分析中，因此未包含在上述传递函数中

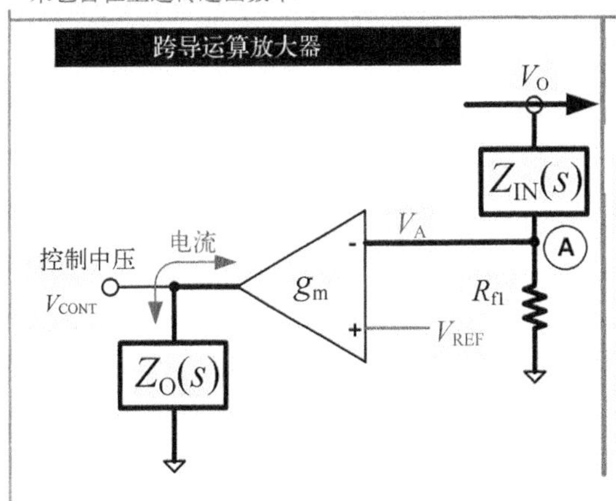

A点电压为 $V_A=\frac{R_{f1}}{R_{f1}+Z_{IN}(s)}\times V_0$

根据定义，跨导 g_m（或 g_m）（忽略符号）为

$$g_m=\frac{输出电流}{输入电压}=\frac{\frac{V_{CONT}}{Z_0(s)}}{V_A}$$

化简后，传递函数（忽略符号）为

$$H(s)=\frac{V_{CONT}}{V_0}=\frac{R_{f1}}{R_{f1}+Z_{IN}(s)}\times g_m\times Z_0(s)$$

通常，$Z_{IN}(s)$ 只是一个纯电阻（R_{f2}）

与图12-10中的术语对比，上位电阻 R_{f2} 就是 $Z_{IN}(s)$，下位电阻 R_{f1} 不仅是直流偏置电阻，而且影响输入交流信号，并通过 g_m 影响输出电流和输出电压 V_{CONT}。因此，R_{f1} 包含在上述传递函数中

结论：

1)若使用跨导运算放大器，只有反馈电阻之比是最重要的。例如，可选择的组合有1kΩ/4kΩ，或10kΩ/40kΩ等。它们都能获得相同的增益（衰减），而且幅相曲线不变

2)若使用传统运算放大器，上位电阻影响幅相曲线。若电阻改变，则幅相结果完全不同。所以，这种情况下只保持比值不变是不能保证幅相曲线不变的

3)由传统运算放大器构成的调整器中，若想改变输出电压，最好改变下位反馈电阻，而保持上位电阻不变。这种情况下，直流偏置电压将改变，但是反馈部分的幅相（交流）特性不会变化

图 12-12 可能的反馈级及其应用中的一些重要结论

注意　反馈电压一般加在误差放大器反相端。直接原因是反相运算放大器的直流增益为 R_f/R_{in}，其中 R_f 是反馈电阻（从运算放大器输出到负输入端），R_{in} 是反相端与输入电压源之间的电阻。所以，如果需要（即增益小于 1），反相运算放大器输出可以小于其输入。然而，同相运算放大器的直流增益为 $1+(R_f/R_{in})$，其中 R_{in} 是反相端对地电阻。所以，其输出总是大于输入（增益大于 1）。该限制条件会导致现场出现一些奇怪的和令人尴尬的情况，尤其在反常条件下。因此，几乎从来不把芯片的反馈引脚用作误差放大器的同相输入端。

最后要注意，实际上，仅用反相误差放大器就能立刻产生 – 180º 相移。下一节中会说到，这将增加电路自激振荡的可能性。

12.22　闭环

现在把所有环路连接起来。对于每一种拓扑，已知正向（被控对象）传递函数 $G(s)$（控制到输出）和一般形式的反馈传递函数 $H(s)$。由闭环传递函数的基本方程

$$\frac{G(s)}{1+G(s)H(s)} \text{（闭环传递函数）} \tag{12-71}$$

若满足如下条件，闭环传递函数将无穷大：

$$G(s)H(s)=-1 \tag{12-72}$$

然而，$G(s)H(s)$只是 $G(s)$模块与 $H(s)$模块级联后的传递函数，即开环传递函数。已知增益就是传递函数的幅值（用 s=jω），相角就是传递函数的相角。则上述传递函数为 – 1 时，

$$\text{增益}=|-1|=1 \text{（幅值）} \tag{12-73}$$

$$\text{相角}=\varphi=\tan^{-1}\left(\frac{I_m}{R_e}\right)=\tan^{-1}\left(\frac{0}{-1}\right)=\tan^{-1}(0)=180° \text{（相角）} \tag{12-74}$$

注意　反正切运算时，需要注意复数在复平面中的实际位置。例如，本例中 0º 和 180º 的正切值都是 0，不知道哪个角度才是正确答案，除非观察复数在复平面中的实际位置。本例中，因为复数为 – 1，所以反正切值是 180º，不是 0º。

因此，如果（某一频率的）扰动加在被控对象和反馈模块上，虽然幅值不变，但相移 180º，那么系统是不稳定的。

这里有两件奇怪的事情：

(1) 直观上认为，信号相移 360º 才能使自身增强。那为什么上例中的 180º 相移也会使信号增强呢？这是因为后面的求和模块有一负一正两个输入（代表负反馈系统），它在信号离开图 12-9 中的 $H(s)$模块后隐含了另外一个 180º 相移。所以，反馈模块产生的 180º 相移实际上对应的总相移是 360º。这解释了正增强的原因。如前所述，反馈电压按常规加在误差放大器的反相端就能自动实现负反馈功能（立即相移 180º）。

(2) 为什么正增强时，不仅相移为 180º（总相移 360º），而且返回信号幅值与原信号相同呢？这一点从直观上很难理解。但如果在复平面上作出向量图，情况就清楚多了。可以看到，只要满足上述两个条件，就能得到稳定的向量图（即得到一个持续的振荡）。

典型的幅频特性曲线上，增益为 1 一般只出现在特定频率上，该频率被称为截止频率（参见图 12-5）。超过该频率，增益小于 1（即降至 0dB 轴以下）。

因此，上述稳定性标准也可描述为开环传递函数在截止频率上的相移不能等于180°（或－180°）。但要保证一定的安全裕度。它可以按照截止频率上的相角小于180°来设置。安全裕度也称为相角裕度，也可以根据相移180°时，增益低于0dB来设置。如图12-13所示。

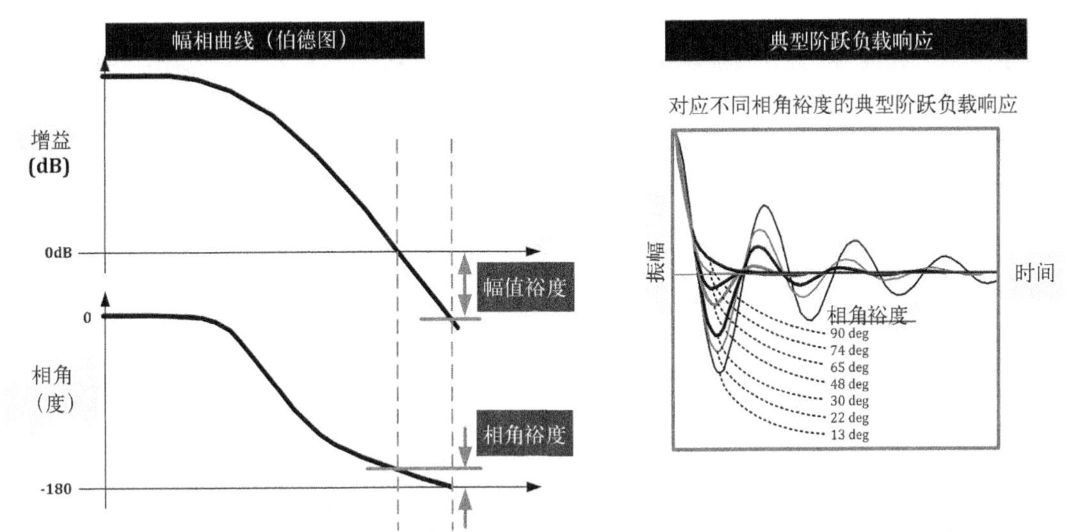

虽然1°的相角裕度在理论上足以避免完全不稳定性（尽管暂态时有很强的振铃现象），实际上推荐的最小（最恶劣情况）相角裕度是20°到30°。相角裕度和幅值裕度是相互依存的。通常，30°的相角裕度会得到5dB的幅值裕度，而10dB的幅值裕度对应大约60°的相角裕度

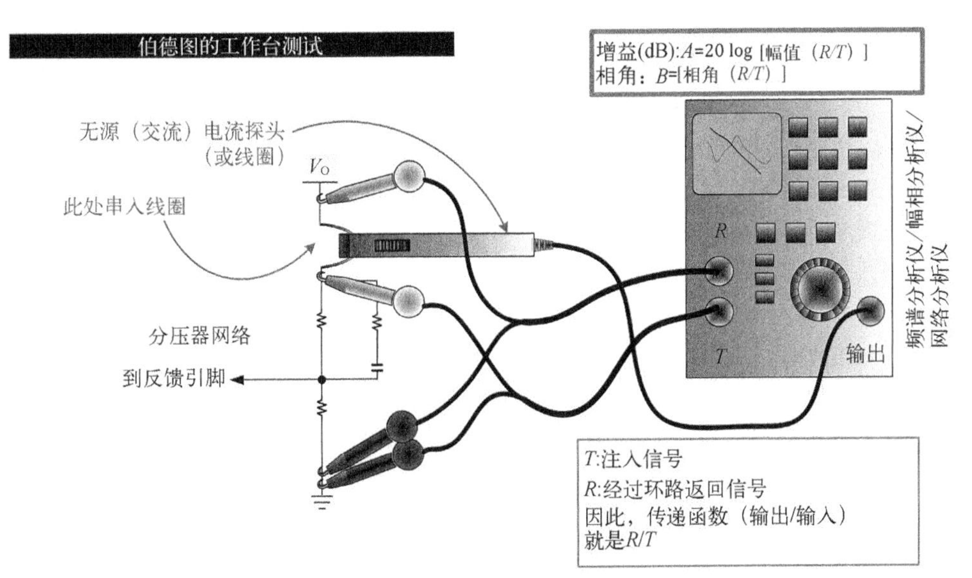

测试过程中，要验证交换结点，其跳变不能超过开关周期的10%，也不能低于2%。否则，要调整频谱分析仪的输出幅值/衰减设置

图12-13 稳定裕度的测量和响应

设置多少相角裕度才够呢？理论上，即使整体相移为－179°（即相角裕度为1°）也不会出现完全不稳定，虽然每次暂态过程中都会出现大量振铃，但最多也就是临界稳定。元器件容差、温度变化，甚至实际应用条件的微小变化都会显著改变环路特性，导致完全不稳定。

一般推荐 G 和 H 模块引入的相角滞后要比 $-180°$ 大 $45°$，即整体相角滞后 $-135°$，相角裕度为 $45°$。但这是名义上的目标相角裕度。最恶劣工况下，预期的最小相角裕度约为 $30°$。另一方面，可以认为 $90°$ 相角裕度肯定是稳定的，因为不会出现图 12-13 描绘的振铃，但一般也不希望这么做。暂态时，校正可能是非常迟缓的，所以最初的输出超调/下冲可能是相当严重的，如前所述。相角裕度为 $45°$ 一般只会引起一或两个周期的振铃，并且超调/下冲最小。但要注意，除了相角裕度，截止频率也影响实际的阶跃响应。任何位于截止频率附近的二阶极点的 Q 值都会显著影响相角裕度，并引起振铃。所以，一般要保证 LC 的 Q 值在 0.5~0.707 之间。

注意　当电网或负载的阶跃非常大时，迄今为止所用的小信号分析其实将不再适用。这种情况下，最初的输出超调/下冲几乎完全取决于输出电容的大小。电容需要稳定输出，直到控制环路介入使输出稳定，以此可决定输出电容的大小，详见第 19 章算例。

12.23　环路稳定性判据及策略

切记，相角会逐渐变化，初始频率甚至会比极点或零点的频率低 10 倍。如果 Q 值很大，二阶双重极点（两个电抗元件斜率为 -2）在谐振频率处会出现非常突然的 $180°$ 相移。因此，毫无疑问，事实上几乎不可能估计某一频率处的相角，所以相角裕度也不能估计，除非遵循以下策略。

一种最常用的（而且简单的）保证环路稳定性的方法如下：

- 保证开环增益穿过 0dB 轴时的斜率为 -1；
- 积分器已经提供了 -1 斜率；
- 后级 LC 滤波器带来了最大的问题。因为在 LC 交接频率之后，二阶 LC 极点使开环幅频特性斜率额外降低了 2（即斜率为 -3），所以需要抵消掉 LC 极点，最好在 LC 极点位置引入两个一阶零点；
- 若想带宽最大化，使系统在负载或电网瞬间突变时获得快速响应，则根据采样定理，需设置截止频率小于开关频率的一半；
- 还要保证截止频率低于所有棘手的极点或零点，例如右半平面零点。切记，右半平面零点出现在连续导电模式下工作的升压和升降压拓扑中，不管是电压控制模式，还是电流控制模式，所有占空比下均是如此。应该力图避免在一半开关频率上产生次谐波不稳定极点。在连续导电模式下工作的升压、降压和升降压拓扑中，采用电流控制模式时，若 $D>50\%$，就会出现该极点。稍后将讨论。

因此，大多数设计人员实际上都把截止频率设在约 1/6 开关频率处（电压控制模式）。

图 12-13 演示了最常用的伯德图绘制方法，并在实验台上测量了稳定裕度。显然，若图 12-13 所示的分压器位置上不能串入一个电流环或一个小电阻，就需要用更特殊的技术来加入扰动。

12.24　绘制三种拓扑的开环增益

现在来绘制开环传递函数 $T(s)=G(s)H(s)$ 的幅相曲线图，该函数对于保证系统稳定性至关重要。前文的背景知识介绍了对数坐标系下的数学运算，以及极点与零点的相互作用，包括极点与零点在同一传递函数曲线上，或者在多个级联传递函数曲线上的情况（开环增益由组合后的传递函数提供）。前文还推导了所有拓扑的被控对象传递函数，并给出了保证稳定性的基本策略。

而且，已知积分器是反馈路径上的一个基本模块，若没有它就无法胜任直流调整任务。综上所述，分析如下。

图 12-14 左侧的降压拓扑反馈路径上只有一个纯积分器。开环幅频特性穿越 0dB 轴时的斜率为 – 3，这不符合控制策略。因此，实际上不采用该结果，反馈环路需要在 LC 极点位置处引入两个零点，才符合基本控制策略。校正后的开环幅频特性穿越 0dB 轴时的斜率为 – 1。这是可以接受的。同一张图中还给出了整个功率级的直流增益和反馈环路的截止频率（带宽）。这些能产生足够的相角裕度。至此，完成了降压拓扑分析。稍后，将介绍什么样的特定电路才需要在一定位置处放置两个零点。

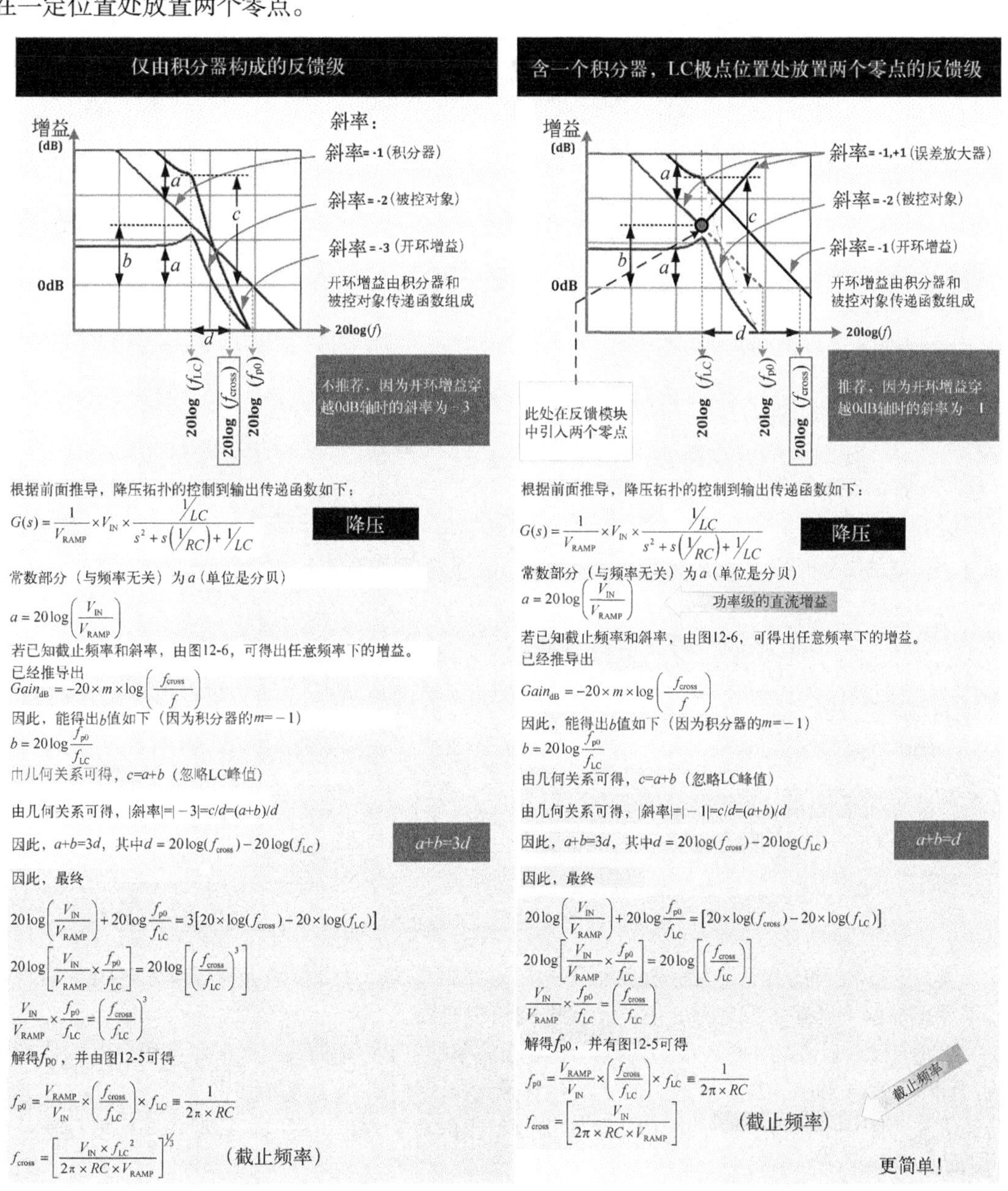

图 12-14 降压变换器的稳定性及其截止频率和功率级直流增益的计算（推荐方法见右侧）

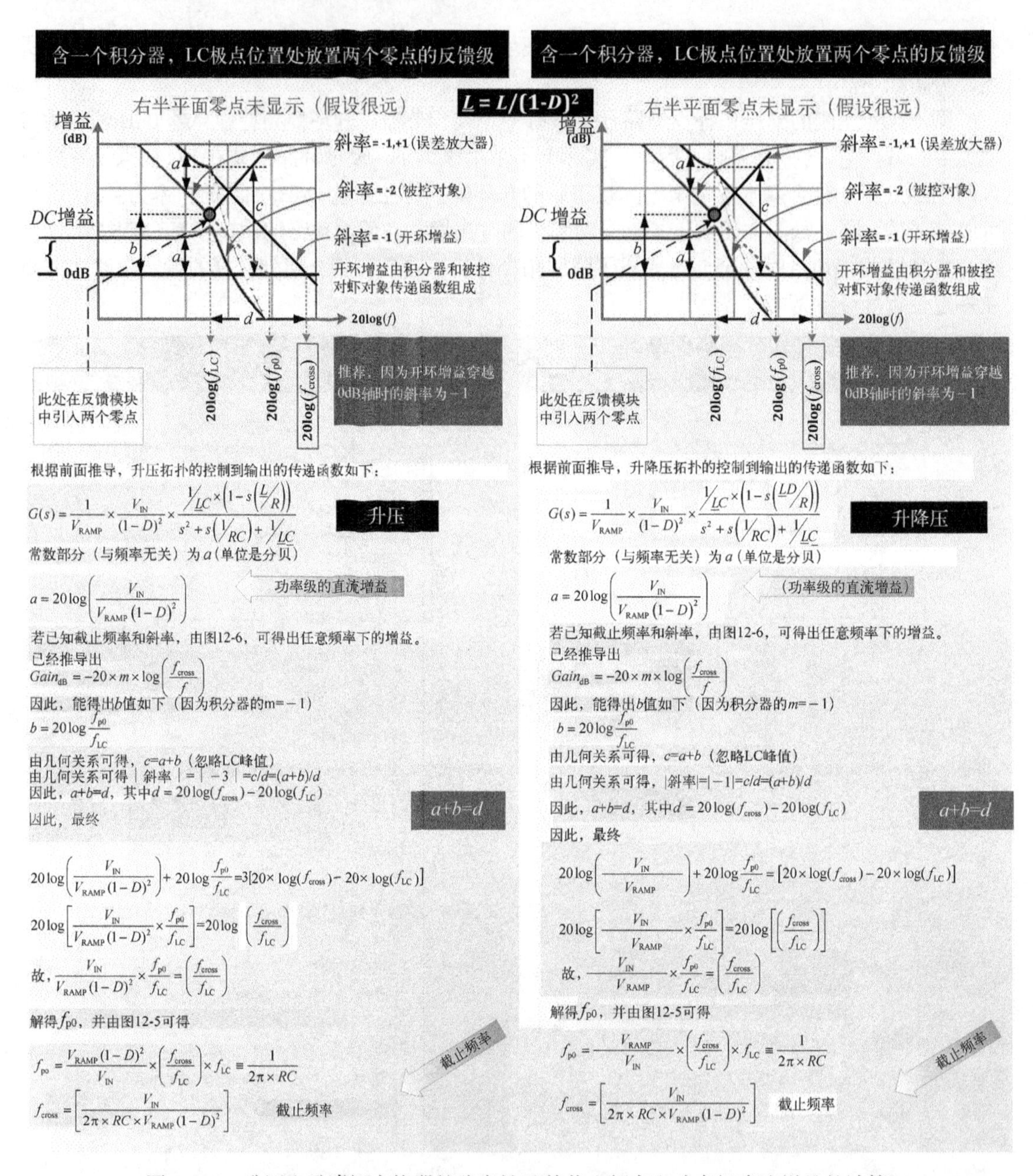

图 12-15　升压和升降压变换器的稳定性及其截止频率和功率级直流增益的计算

图 12-15 对升压和升降压拓扑执行了同样的计算步骤。此处假设截止频率足够低，右半平面零点正好位于环路带宽之外，因此不会影响图中曲线。

抵消了 LC 极点后，开环传递函数曲线变成简单的 – 1 斜率曲线。这正好是积分器的传递函数，如图 12-14 和图 12-15 所示，向上的位移量为 a。注意，a 是功率级的直流增益。a 的方程已经嵌在两图中。因此，根据图 12-6 下半部分给出的数学方程，可以计算截止频率上垂直位移的影响，即

$$f_1 = f_2 \times 10^{(\Delta(Gain_{dB}))/(20\times m)} \quad (f_2 \geqslant f_1) \tag{12-75}$$

式中，f_1和f_2是截止频率，由此可得：

$$f_{p0} = f_{cross} \times 10^{-(a/20)} \tag{12-76}$$

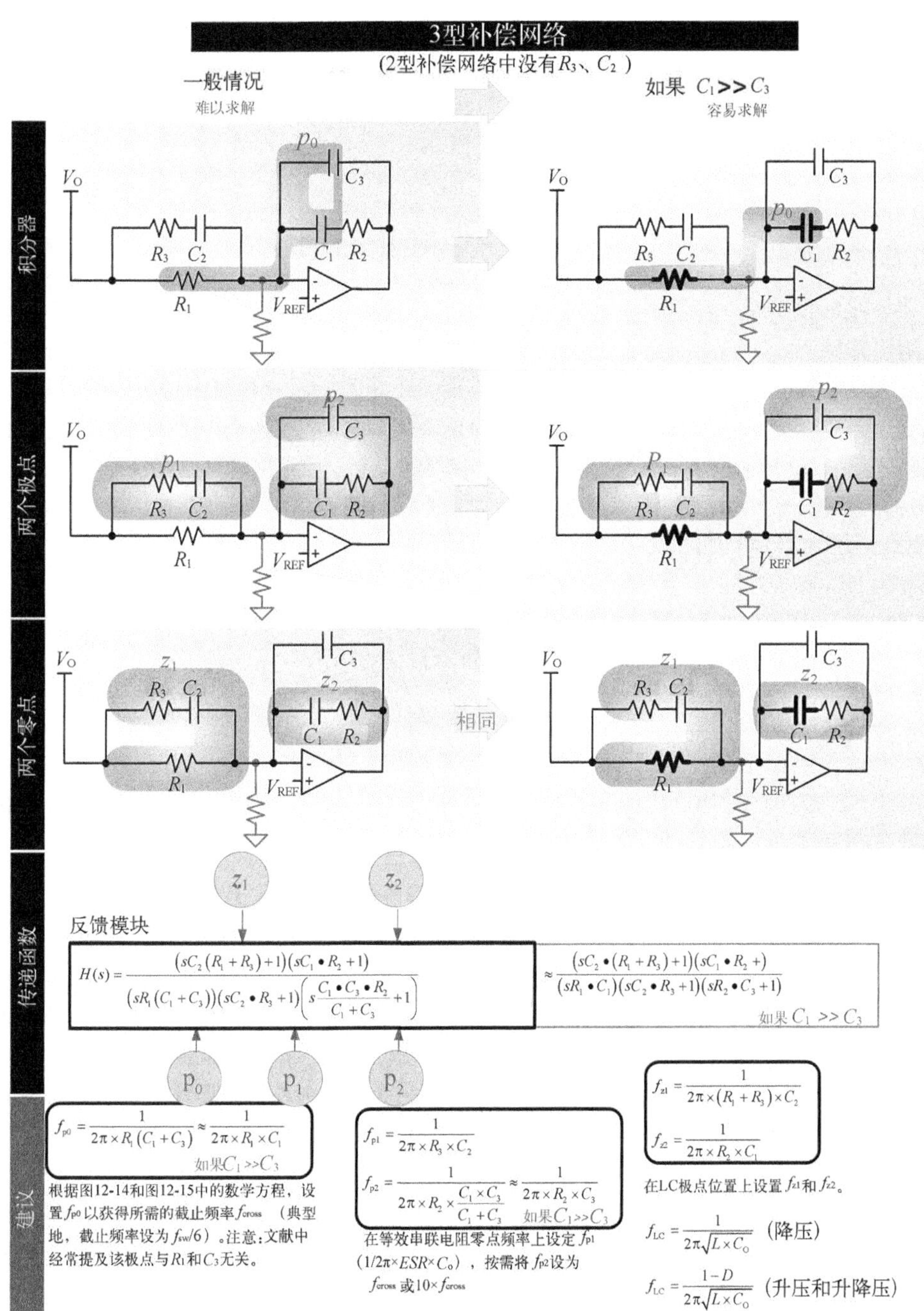

图 12-16　使用传统电压型运算放大器的 3 型补偿网络

例如，对于降压拓扑（图 12-14），有

$$a = 20\log\left(\frac{V_{IN}}{V_{RAMP}}\right) \tag{12-77}$$

由此可得

$$f_{p0}=f_{cross}\times10^{-((20\log(V_{IN}/V_{RAMP}))/20)}=f_{cross}\times10^{-\log(V_{IN}/V_{RAMP})}=f_{cross}\times\left(\frac{V_{RAMP}}{V_{IN}}\right) \tag{12-78}$$

因为 $10^{\log(x)}=x$，所以

$$f_{p0}=f_{cross}\times\left(\frac{V_{RAMP}}{V_{IN}}\right)\ （降压） \tag{12-79}$$

类似地，对于升压和升降压拓扑，有

$$f_{p0}=f_{cross}\times\left(\frac{V_{RAMP}(1-D)^2}{V_{IN}}\right)\ （升压和升降压） \tag{12-80}$$

上述方程给出了在开环增益对应的截止频率 f_{cross} 确定后，如何设定积分器的零点 f_{p0} 位置。稍后将给出算例。

至此，有关补偿分析的概述似乎完成了。然而，还剩下最后一种复杂情况。除了两个零点，补偿网络还需要至少一个极点（除了积分器部分的零极点以外）。这是为了抵消输出电容的等效串联电阻零点。迄今为止的分析都忽略了这个特殊的零点，但现在是时候仔细研究了。

12.25　等效串联电阻零点

图 12-14 和图 12-15 都忽略了输出电容的等效串联电阻，在前面所有传递函数的推导过程中也是如此。例如，前面推导了下述降压拓扑的控制到输出的传递函数

$$\frac{V_{IN}}{V_{RAMP}}\times\frac{1}{(s/\omega_0)^2+(1/Q)(s/\omega_0)+1}\ （降压：控制到输出传递函数） \tag{12-81}$$

式中，$\omega_0=1/\sqrt{LC}$。等效串联电阻零点使分子额外增加了一项。完整分析表明，控制到输出的传递函数现在变成

$$\frac{V_{IN}}{V_{RAMP}}\times\frac{(s/\omega_{ESR})+1}{(s/\omega_0)^2+(1/Q)(s/(\omega_0))+1}\ （降压：控制到输出传递函数） \tag{12-82}$$

式中，$\omega_{ESR}=1/(ESR\times C)$。它是等效串联电阻零点位置的角频率（单位是弧度/秒）。根据分子中 s 项前面的符号判断，该零点是一个“表现良好”的（左半平面）零点。但它会使开环传递函数斜率增加+1，除了明显地影响相角以外，甚至会使传递函数曲线不再穿越 0dB 轴。该零点基于寄生参数，没有任何保证。所以，如前所述，虽然等效串联电阻零点在一些简单的补偿网络类型中甚至可能被用作抵消 LC 双重极点的零点之一，但通常认为它比较讨厌。它可能不在“正确位置”，却仍然生效。然而，一般认为，等效串联电阻零点是可以避开的，或值得（用极点）来去除。

理想情况下，等效串联电阻非常小，而且它的零点位置非常远（在很高频率上）。故而可以简单忽略。例如，使用现代陶瓷输出电容时就会出现这种情况。否则，首选策略是在等效串联电阻零点位置上放置一个极点，将其抵消。

12.26　高频极点

一个成熟的补偿网络需要提供：

(1) 一个零极点（积分器函数）；

(2) 两个零点位于 LC 双重极点位置处；

(3) 一个极点位于等效串联电阻零点处；

(4) 一个高频极点。

最后一条从哪里来？一般来说，为了减小控制环路对高频开关噪声的敏感度，设计人员在截止频率的约 10 倍处放置另外一个极点（有些文献推荐取开关频率的一半）。因此，幅频特性虽然将按既定策略以斜率 – 1 穿越 0dB 轴，但高频时曲线会突然下降得很快，斜率接近 – 2。这能改善图 12-13 中的增益裕度。

为什么一些设计人员会选择截止频率的 10 倍呢？因为新的高频极点实际上从极点的 1/10 频率处就开始引入相移，而设计者不希望让相角（即相角裕度）在截止频率附近受到负面影响。然而，最后的开环幅频特性只是从积分器部分开始以斜率 – 1 垂直平移。已知单极点会带来 90° 的相移。所以，可以粗略地认为，相角裕度是 180° – 90°=90°。因此，一些设计人员试图把高频极点移至更低频率上，只比截止频率高一点，有意使计算的相角裕度降至接近目标值 45°。

12.27 设计 3 型运算放大器补偿网络

有三种类型的误差放大器补偿方案，经常组合使用，按照复杂性和灵活性排序，称为 1 型 ~3 型。前两种只是后一种的简化，所以现在仅以 3 型补偿网络为例进行全面分析（尽管通常情况下，2 型补偿已经足够）。

采用前面介绍的方法能够很容易计算出来 3 型误差放大器传递函数，如图 12-16 所示。虽然图中给出了详细的方程，但它也可写成如下更一般的形式：

$$\frac{\omega p_0}{s}\times\frac{\left(s/\omega z_1\right)+1\left(s/\omega z_2\right)+1}{\left(s/\omega p_1\right)+1\left(s/\omega p_2\right)+1} \quad \text{（3 型反馈传递函数）} \tag{12-83}$$

式中，$\omega_{p0}=2\pi(f_{cross})$，$\omega_{z1}=2\pi(f_{z1})$，以此类推。注意，此处忽略了传递函数前面的负号，相当于把负反馈系统固有的 180° 相移分离出来。

补偿网络提供了两个极点 p_1 和 p_2（除了零极点 p_0 以外）和两个零点 z_1 和 z_2。注意，有几个元件在决定极点和零点时起到双重作用。所以，计算过程变得相当繁琐，而且是迭代的。但可以有效简化假设条件，令 C_1 远大于 C_3。这样，最终的极点和零点位置为

$$f_{p0}=\frac{1}{2\pi\times R_1\left(C_1+C_3\right)}\approx\frac{1}{2\pi\times R_1C_1} \tag{12-84}$$

$$f_{p1}=\frac{1}{2\pi\times R_3C_2} \tag{12-85}$$

$$f_{p2}=\frac{1}{2\pi\times R_2\left(C_1C_3/C_1+C_3\right)}=\frac{1}{2\pi\times R_2}\left(\frac{1}{C_1}+\frac{1}{C_3}\right)\approx\frac{1}{2\pi\times R_2C_3} \tag{12-86}$$

$$f_{z1}=\frac{1}{2\pi\times\left(R_1+R_3\right)C_2} \tag{12-87}$$

$$f_{z2}=\frac{1}{2\pi\times R_2C_1} \tag{12-88}$$

注意，为方便起见，元件名称在本节中有些变化：此处的 R_1 就是前面讨论分压器时的 R_{f2}。

类似地，图 12-16 中灰色的未命名电阻就是前面讲的 R_{f1}。

（根据假设条件 C_1>>C_3）求得元件值如下

$$C_2=\frac{1}{2\pi\times R_1}\left(\frac{1}{f_{z1}}-\frac{1}{f_{p1}}\right) \tag{12-89}$$

$$R_2=R_1\frac{f_{p0}}{f_{z2}} \tag{12-90}$$

$$C_3=\frac{1}{2\pi\times\left(R_2 f_{p2}-R_1 f_{p0}\right)} \tag{12-91}$$

$$R_3=\frac{R_1\times f_{z1}}{f_{p1}-f_{z1}} \tag{12-92}$$

下面将通过一个实际算例来说明如何利用该类型补偿网络设计反馈环路。

算例

使用 300kHz 同步降压控制器将 15V 变换为 1V。负载电阻为 0.2Ω（5A）。根据器件手册，脉宽调制斜坡为 2.14V。选用的电感为 5μH，输出电容为 330μF，其等效串联电阻为 48mΩ。

降压拓扑的直流增益为 V_{IN}/V_{RAMP}=7.009。因此，取其对数再乘以 20 就得到 16.9dB。LC 双重极点位于

$$f_{LC}=\frac{1}{2\pi\times\sqrt{LC}}=\frac{1}{2\pi\sqrt{5\times10^{-6}\times330\times10^{-6}}}\Rightarrow 3.918\text{ kHz} \tag{12-93}$$

（注意，图 12-16 已经基于标准模型给出了升压和升降压拓扑中 LC 极点位置）。若想将开环幅频特性的截止频率设为开关频率的 1/6，即 50kHz，则可以利用前面给出的方程求解积分器的 f_{p0} 及其 RC 值。

$$f_{p0}=\frac{V_{RAMP}}{V_{IN}}\times f_{cross}\equiv\frac{1}{2\pi\times RC} \tag{12-94}$$

因此，本例中，

$$R_1C_1=\frac{V_{IN}}{2\pi\times V_{RAMP}\times f_{cross}}=\frac{15}{2\pi\times2.14\times50\times10^3}=2.231\times10^{-5}\text{s}^{-1} \tag{12-95}$$

若选择 R_1 为 2kΩ，则 C_1 为

$$C_1=\frac{2.231\times10^{-5}}{2\times10^3}\Rightarrow 11.16\text{ nF} \tag{12-96}$$

运算放大器构成的积分器的截止频率为

$$f_{p0}=\frac{1}{2\pi\times\text{R}_1C_1}=\frac{10^5}{2\pi\times2.231}\Rightarrow 7.133\text{ kHz} \tag{12-97}$$

等效串联电阻零点为

$$f_{esr}=\frac{1}{2\pi\times48\times10^{-3}\times330\times10^{-6}}\Rightarrow 10.05\text{ kHz} \tag{12-98}$$

所需的零点和极点位置为

$$f_{z1}=f_{z2}=3.918\text{ kHz（LC 极点位置）} \tag{12-99}$$

$$f_{p1}=f_{esr}=10.05\text{ kHz（抵消等效串联电阻零点的极点）} \tag{12-100}$$

$f_{p2}=10\times f_{cross}=500\text{ kHz}$（稍后将看到，设置 $f_{p2}=f_{cross}$ 会更好） （12-101）

满足这些条件的元件值为

$$C_2=\frac{1}{2\pi\times R_1}\left(\frac{1}{f_{z1}}-\frac{1}{f_{p1}}\right)=\frac{1}{2\pi\times 2\times 10^6}\left(\frac{1}{3.918}-\frac{1}{10.05}\right)\Rightarrow 12.4\text{ nF} \quad (12\text{-}102)$$

$$R_2=R_1\frac{f_{p0}}{f_{z2}}=2\times 10^3\times\frac{7.133}{3.918}\Rightarrow 3.641\text{ k}\Omega \quad (12\text{-}103)$$

$$C_3=\frac{1}{2\pi\left(R_2 f_{p2}-R_1 f_{p0}\right)}=\frac{10^{-6}}{2\pi\text{x}\times\left(3.641\times 500-2\times 7.133\right)}\Rightarrow 88.11\text{ pF} \quad (12\text{-}104)$$

$$R_3=\frac{R_1\times f_{z1}}{f_{p1}-f_{z1}}=\frac{2\times 10^3\times 3.918}{10.05-3.918}\Rightarrow 1.278\text{ k}\Omega \quad (12\text{-}105)$$

已知 C_1 为 11.16nF，R_1 取值为 2kΩ。本例的结果绘制在图 12-17 中。

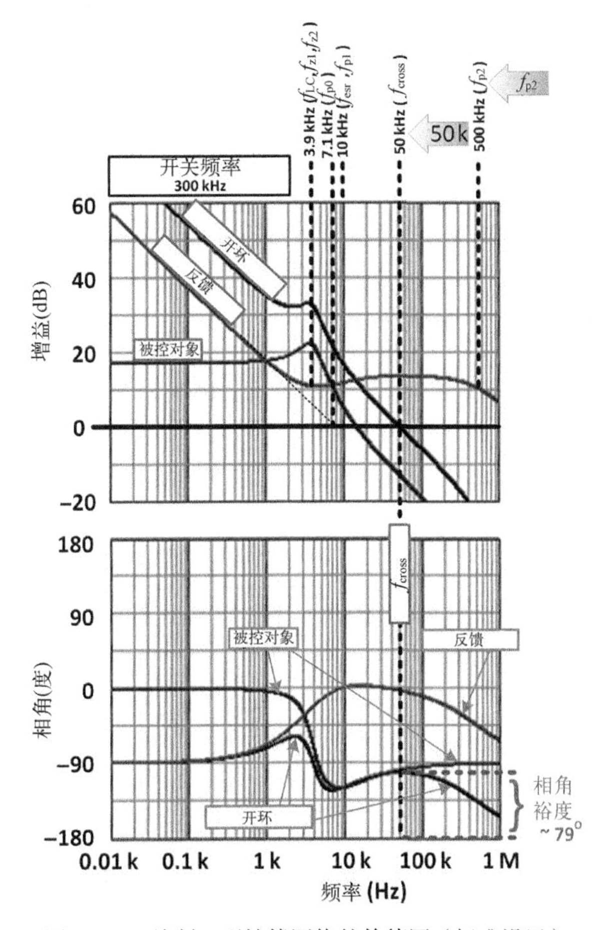

图 12-17 绘制 3 型补偿网络的伯德图（标准设置）

注意，对于升压和升降压拓扑，上述分析过程中唯一需要变化的是：

$$L\Rightarrow\frac{L}{(1-D)^2}\text{（升压和升降压）} \quad (12\text{-}106)$$

$$V_{RAMP} \Rightarrow V_{RAMP}(1-D)^2 \text{（升压和升降压）} \tag{12-107}$$

然而，对于升压和升降压拓扑，还必须保证所选截止频率至少在数量级上始终低于右半平面零点频率（其位置在前面已经给出）。

12.28　优化反馈环路

图 12-17 绘制了上例的结果。从中可以看出，虽然截止频率足够高，但是相角裕度太大。尽管认为大相角裕度非常稳定且没有振铃，但若相角裕度能接近 45º，超调或下冲就会进一步改善。

直观上看，极点总是使情况变得更糟，因为它们总会产生相角滞后，导致相角更接近危险的 – 180º。另一方面，零点可提升相角（相角超前），所以有助于增加相角裕度。因此，为了把现有相角裕度 79º 降至 45º，需要加一个极点。设置高频极点 f_{p2} 的新标准为

$$f_{p2}=f_{cross}=50 \text{ kHz} \tag{12-108}$$

称为优化设置。

单极点在谐振频率处引入 45º 相移，因此新的相角裕度约为 75 – 45=34º。用新的高频极点（和新计算的补偿元件值）绘制伯德图，可得图 12-18 所示曲线。

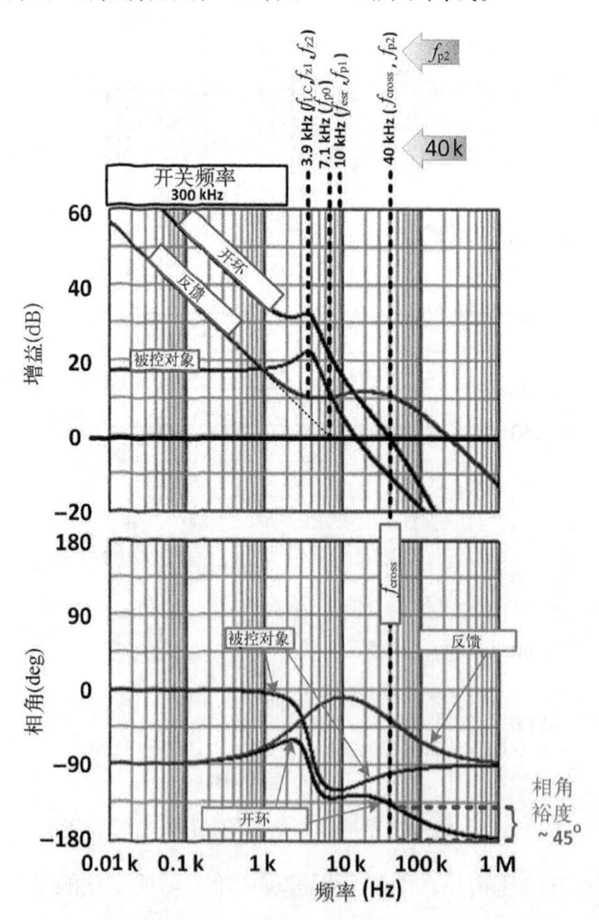

图 12-18　绘制 3 型补偿网络的伯德图（优化设置）

由图 12-18 可知，现在的相角裕度几乎就是 45º，稍高于最初估计的 34º（尽管也希望是 45º），原因是截止频率已略微降至 40kHz。可以看出，若把高频极点准确放置在截止频率处，截止频率本身就会下移近 20%。因此，推论是：若以这种优化方式从高频极点开始设计补偿网络，则初始目标截止频率要比预期值高约 20%。

注意 优化设置情况下截止频率下降的原因如下。按照渐近线近似方法，开环增益穿越 0dB 轴时的斜率为 –1，随后突然降至 –2。然而，因为高频极点 f_{p2} 非常接近于截止频率，增益实际上在转折频率处降低了 3dB（与渐近线相比）。所以，真实的穿越发生得较早。截止频率处相角几乎变成 45º 的原因是相角其实从极点频率的 1/10 处就开始变化。

工程师们利用其他的技巧可进一步改善环路响应。例如，在 LC 双重极点周围（并非同一位置）对称分布两个零点。这样做的一个原因是在 LC 极点略靠前的位置上放置一个（或两个）零点能使 LC 极点极大地产生 180º 相移，导致有条件稳定。所以，周围分布的零点可吸收一些相移突变。

如果某些频率上的相角过于接近 – 180º 的危险水平就会出现有条件稳定。虽然该点一般不产生振荡，但因为增益很高（该点不会发生穿越），大信号扰动时，变换器增益可能会瞬时跌向 0dB，这样就增加了出现不稳定的可能性。例如，若输入和负载发生很大变化，则误差放大器输出可能饱和，即接近内部电源电压值。于是，输出晶体管也会饱和，需要很长一段时间恢复和响应。所以，增益实际上会突然降低，在穿越 0dB 轴的同时，相角恰巧为 – 180º，导致完全不稳定。

12.29 输入纹波抑制

降压拓扑的输入到输出传递函数为

$$D\times\frac{(1/LC)}{s^2+s(1/RC)+(1/LC)} \tag{12-109}$$

被控对象传递函数为

$$\frac{V_{IN}}{V_{RAMP}}\times\frac{(1/LC)}{s^2+s(1/RC)+(1/LC)} \tag{12-110}$$

可以看出，除了系数 V_{IN}/V_{RAMP} 由 D 替代以外，降压变换器的输入到输出传递函数与其控制到输出传递函数一致。

所以，如果 V_{RAMP}=2.14，D=0.067（对于 15V 输入和 1V 输出），那么低频时的控制到输出传递函数（被控对象）增益为

$$20\times\log\left(\frac{V_{IN}}{V_{RAMP}}\right)=20\times\log\left(\frac{15}{2.14}\right)=16.9\text{ dB} \tag{12-111}$$

而且，低频时输入到输出传递函数增益一定为

$$20\times\log(D)=20\times\log(0.067)=-23.5\text{ dB} \tag{12-112}$$

后者代表增益衰减，因为输出响应小于输入注入的扰动。但是，上述直流增益都没有考虑反馈。或者，隐含假设误差放大器增益设为 1，并且在补偿网络中没有电容。然而，反馈存在（“闭环”）时，根据控制环路理论，输入到输出传递函数变成

$$\text{输入到输出}_{\text{有反馈}}=\left(\frac{1}{1+T}\right)\times\text{输入到输出}_{\text{无反馈}} \tag{12-113}$$

式中，$T=GH$。因为低频时 T（开环传递函数）非常大，可认为 $T+1\approx T$。而且，因为 $20\times\log(1/T)=-20\log(T)$，可以断定：低频时，闭环提供的额外衰减量等于其开环增益。例如，如果 1kHz 时开环增益为 20dB，则 1kHz 时对输入干扰的额外衰减量为 20dB，超过无反馈时的衰减量。这就是设计人员经常对增加直流增益（积分器用途）感兴趣的原因之一。

例如，假设想把离线式电源输入电压的 100Hz 纹波分量衰减至很小的值。如果截止频率为 500kHz，采用图 12-6 推导的简单关系，就能得出 100Hz 时的开环增益。假设此处采用推荐的零点极点互相抵消的补偿策略，则开环幅频特性会具有零极点类型的响应（斜率为 – 1）。所以，100Hz 时的增益为

$$\text{开环增益}_{100\text{ Hz}}=\frac{f_{\text{cross}}}{100\text{ Hz}}=500 \tag{12-114}$$

用分贝表示为

$$20\times\log\left(\text{开环增益}_{100\text{ Hz}}\right)=20\times\log(500)=54\text{dB} \tag{12-115}$$

因此，额外衰减量为 54dB。假设变换器的占空比为 30%，而且是一个降压型的正激变换器，则输入到输出传递函数能提供$|20\times\log(D)|=10.5\text{dB}$ 的直流衰减。所以，引入反馈后的总低频衰减量增至 54+10.5=64.5dB。这等效于衰减系数为 $10^{64.5/20}=1680$。举例来说，输入端的低频纹波分量若为±15V，则输出端仅能看见±15V/1680=±9mV 的输入纹波。

12.30　负载的暂态响应

假设变换器的负载电流突然从 4A 增大到 5A。这是一个阶跃负载，而且本质上是非重复性激励。若以 s 形式，而非 $j\omega$ 形式写出所有传递函数，就能分析该扰动下的系统响应。这需要借助拉普拉斯变换把激励映射到 s 平面。然后，再乘以合适的传递函数，就能得出 s 平面上的响应。最后，再应用拉普拉斯反变换得到时域响应。图 12-2 中用框图演示的整个步骤在此也要遵循。但这里并不对任意的负载暂态做详细分析，只是简单介绍一下所需的关键方程。

负载电流（很小）变化时，变换器的输出阻抗反映了输出电压的变化。若不考虑反馈，它就只是 R、L 和 C 的简单并联组合

$$Z_{\text{out\_无反馈}}=R/\!/\frac{1}{Cs}/\!/\underline{L}\Rightarrow\frac{s\underline{L}}{1+s\left(\underline{L}/R\right)+s^2LC} \tag{12-116}$$

式中，R 为负载电阻，$\underline{L}$ 是降压变换器的实际电感 L，或升压和升降压变换器的实际电感 $L/(1-D)^2$。

若考虑反馈，则现在的输出阻抗降至：

$$Z_{\text{out\_有反馈}}=\frac{1}{1+T}\times Z_{\text{out\_无反馈}} \tag{12-117}$$

尽管没有详细（利用拉普拉斯变换）分析，但是也知道了负载电流变化时，输出电压的最终（稳定）变化量。

12.31　1 型和 2 型补偿

图 12-19 展示了 1 型和 2 型补偿网络（尽管在放置零点和极点方面并没有特殊的策略）。它们都没有 3 型补偿方案强大。3 型补偿提供了一个零极点、两个极点和两个零点，2 型补偿只提供了一个零极点、一个极点和一个零点。而 1 型补偿只提供了一个零极点（简单的积分器）。

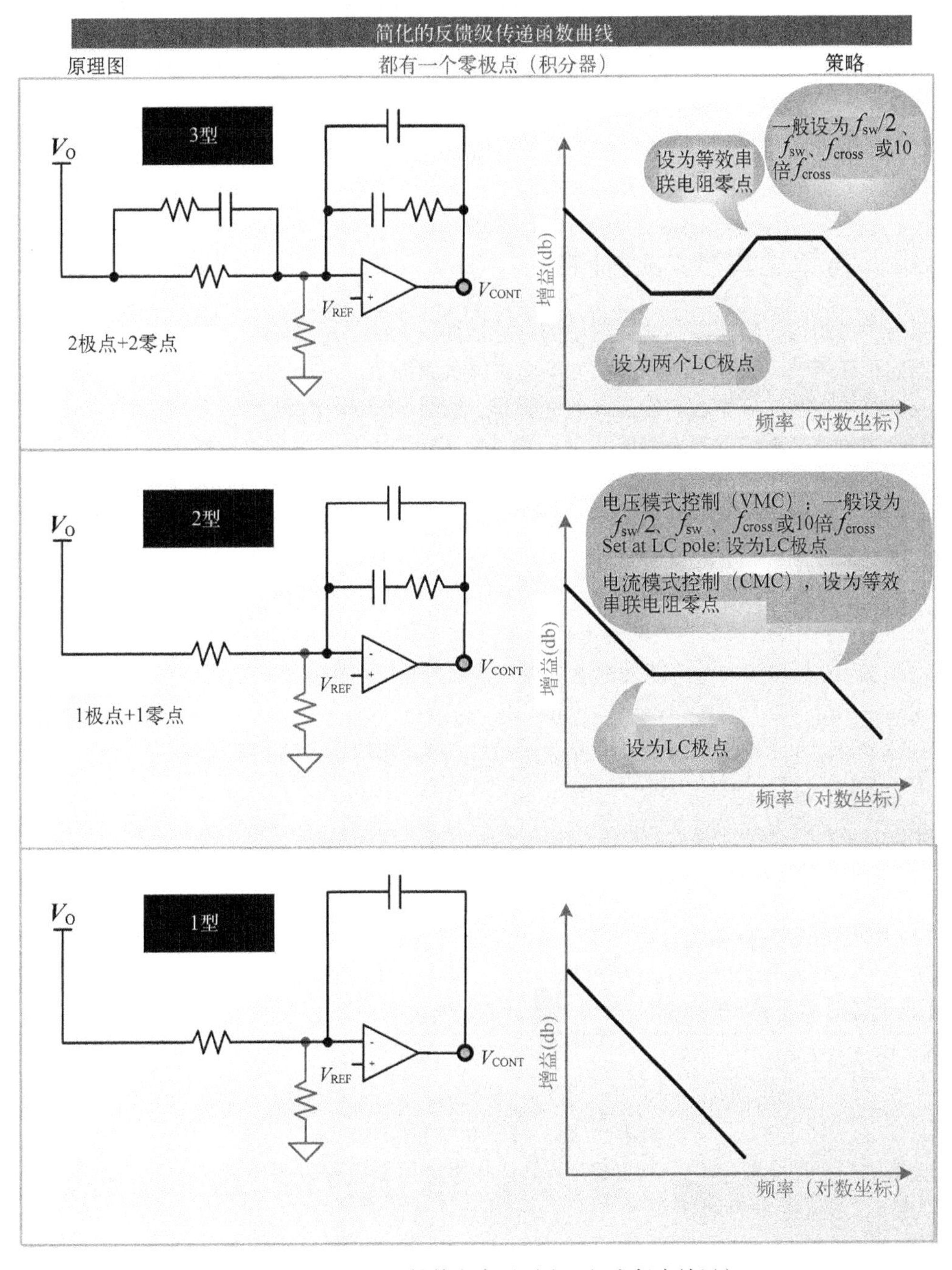

图 12-19　1 型~3 型补偿方案（零点和极点任意放置）

补偿方案始终需要提供零极点，用来获得较高的直流增益、良好的直流调整和低频电网抑制。所以，零极点引入的－1 斜率，再加上 LC 滤波器双重极点引入的－2 斜率，最后将得到－3 斜率。也就是说，即便未加入更多的零点和极点（如图 12-14 左侧所示），斜率也已经是－3。但众所周知，一直希望穿越 0dB 轴时的总斜率为－1。所以，这意味着肯定需要两个（一阶）零点来迫使斜率回到－1。

尽管 2 型补偿只提供了一个零点，但也能用。此外，还可以利用输出电容的等效串联电阻零点。切记，虽然等效串联电阻零点相对来说不可预测，但 3 型补偿已将其完全抵消。然而，现在可以认为使用等效串联电阻零点是有利的，也确实有可能：为了使 2 型补偿方案可行，等效串联电阻零点位置一定要低于预期截止频率。

2 型补偿非常适合电流模式控制，稍后再给出解释。而 1 型补偿只提供了一个零极点，实际上仅适合电流模式控制，前提是等效串联电阻零点频率要低于截止频率。

12.32　跨导运算放大器补偿

最后，分析电压模式控制变换器中的跨导运算放大器。图 12-12 已经给出了普通跨导运算放大器的传递函数。现在，考虑补偿方案的具体实施细节。

反馈级可以视作三个级联传递函数的乘积，如图 12-20 中的 H_1，H_2和 H_3。图 12-20 的下图中分别绘制了每一项，看起来很像 3 型补偿，但实际上不是。因为，虽然（除了不可避免的零极点以外）它提供了两个零点和两个极点，但可以看出（输入侧）H_1的表现有很大不同。问题是：如果极点 f_{p2} 固定在某频率上，那么零点 f_{z2} 的位置就自动确定了，它们之间不是相互独立的。因此，这个零极点对设置的灵活性并不大。如果把整个补偿网络的两个零点都固定在 LC 双重极点频率上，实际上极点 f_{p2} 会随零点 f_{z2} 变化，所以总开环幅频特性最终还是以－2 斜率下降，不是预期的－1 斜率。因此，只有相关的极点 f_{p2} 位于截止频率或在其之上时，才能使用 H_1 的零点 f_{z1}。图 12-20 给出了一种可能的放置极点和零点的策略。但更多时候会忽略 C_{ff}，仅使用由电阻构成的简单分压器。这种情况下，可得到预期的 $H_1(s)=R_{f1}/(R_{f1}+R_{f2})$。

实际上，为了求解所需的截止频率，需要经过大量的数学处理，求解联立方程，计算元件参数值。因此，这里没有给出推导过程，其步骤与图 12-6 介绍的对数坐标系下的基本数学运算方法相一致。最终方程通过下面的算例给出，它与普通运算放大器构成的 3 型补偿网络类似。

算例

使用 300kHz 同步降压控制器将 25V 变换为 5V。负载电阻为 0.2Ω（25A）。根据器件手册，脉宽调制斜坡为 2.14V，选用的电感为 5μH，输出电容为 330μF，其等效串联电阻为 48mΩ。误差放大器的跨导 g_m=0.3（跨导的单位是姆欧，即欧姆的反写），参考电压为 1V。

LC 双重极点位于

$$f_{LC}=\frac{1}{2\pi\times\sqrt{LC}}=\frac{1}{2\pi\times\sqrt{5\times10^{-6}\times330\times10^{-6}}}\Rightarrow 3.918\ \text{kHz} \tag{12-118}$$

选取的目标截止频率 f_{cross} 为 50kHz。假设根据分压器方程，选择 R_{f2}=4kΩ，R_{f1}=1kΩ，输出电压为 5V，参考电压为 1V，则有

$$C_{ff}=\frac{(R_{f1}+R_{f2})}{2\pi\times(R_{f1}\cdot R_{f2})\times f_{cross}}\Rightarrow 3.98\ \text{nF}\text{（因为极点 } f_{p2}\text{ 设置在截止频率）} \tag{12-119}$$

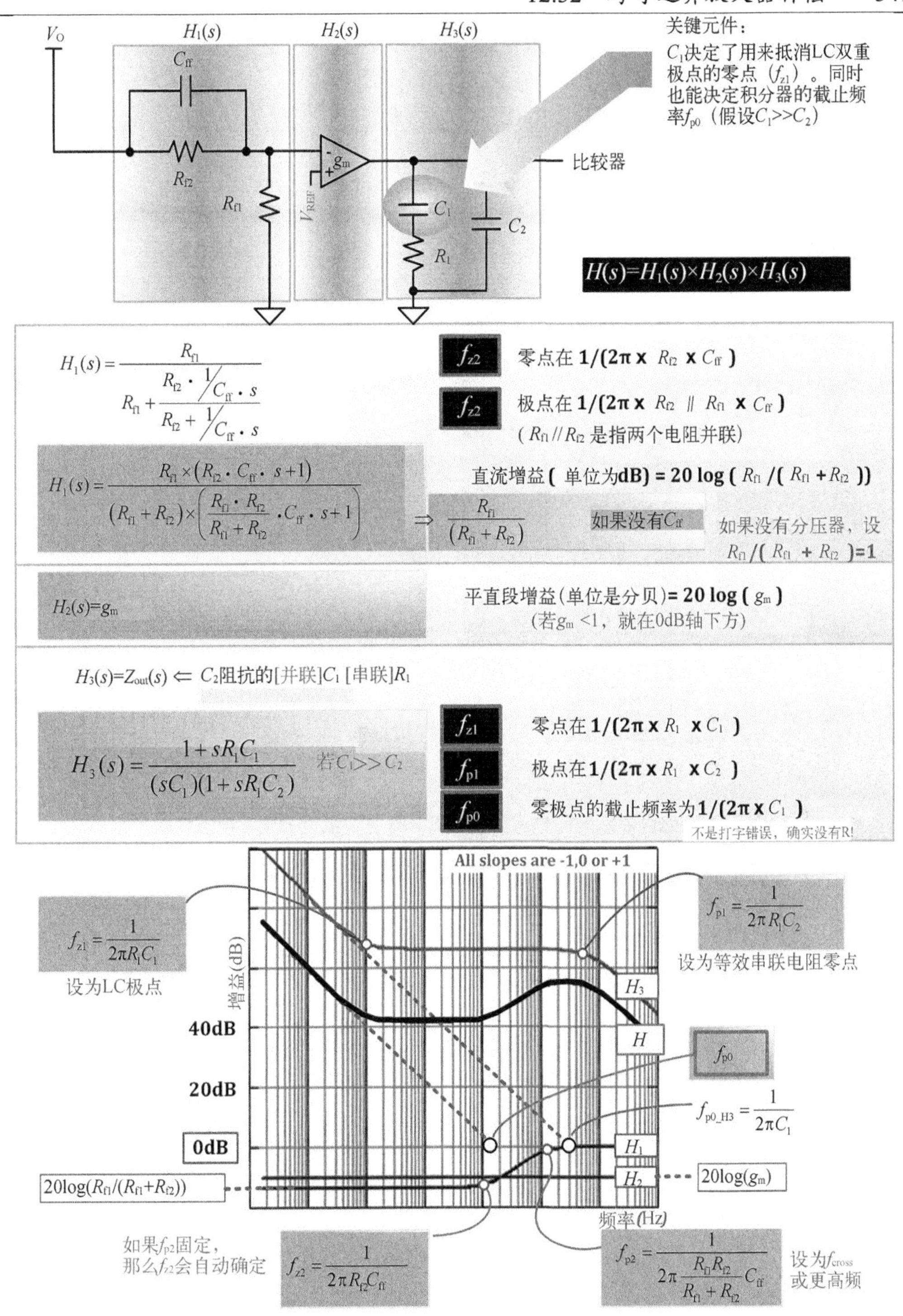

图 12-20 完全成熟的跨导运算放大器补偿方案（电压模式控制）

如图 12-20 所示，整个反馈环路增益 H 的截止频率为 f_{p0}，即

$$f_{p0}=\frac{V_{RAMP}\times(R_{f1}+R_{f2})}{(2\pi)^2\times f_{LC}\times R_{f2}{}^2\times C_{ff}^2\times V_{IN}\times R_{f1}}\Rightarrow 10.9\text{ kHz} \tag{12-120}$$

所以，

$$C_1 = \frac{1}{2\pi \times f_{p0}} \times \frac{R_{f1}}{R_{f1}+R_{f2}} \times g_m \Rightarrow 0.87\mu F \qquad (12\text{-}121)$$

$$R_1 = \frac{1}{2\pi \times f_{LC} \times C_1} = 46.5\,\Omega \text{（因为 } f_{z1} \text{ 设在 LC 极点处）} \qquad (12\text{-}122)$$

$$C_2 = C_{OUT} \times \frac{ESR}{R_1} \Rightarrow 0.34\,\mu F \qquad (12\text{-}123)$$

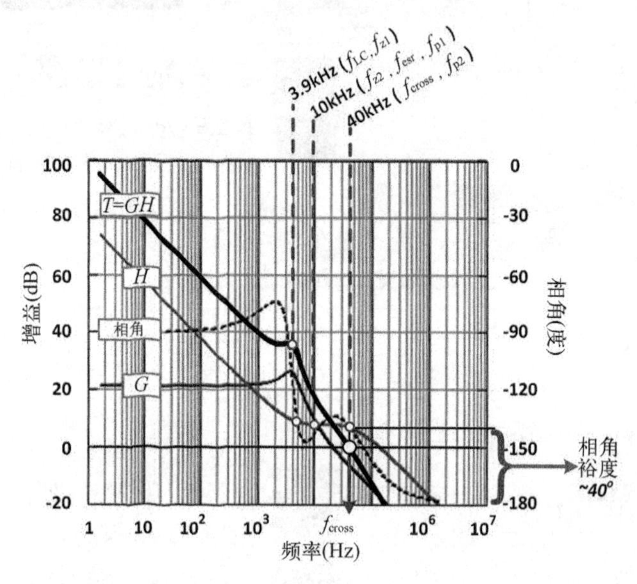

图 12-21　绘制完全成熟的跨导运算放大器补偿方案的伯德图（电压模式控制）

图 12-21 绘制了计算的伯德图。计算的截止频率为 40kHz（略低于目标频率 50kHz，所以目标频率一开始就要比预期频率高 20%）。

注意，无法固定f_{z2}的位置。然而，一旦设定f_{p2}为 50kHz（预期的截止频率，尽管结果是约 40kHz），f_{z2}就可以自动定位。图 12-21 中f_{z2}的位置可基于图 12-20 中的方程计算如下：

$$f_{z2} = \frac{1}{2\pi R_{f2} \cdot C_{ff}} \Rightarrow 10\text{ kHz} \qquad (12\text{-}124)$$

注意，等效串联电阻零点的位置为

$$f_{esr} = \frac{1}{2\pi \cdot ESR \cdot C_{OUT}} \Rightarrow 10\text{ kHz} \qquad (12\text{-}125)$$

上述两个方程的结果在本例中恰好相同。但这也意味着本例中f_{p1}（另一个极点）定位在等效串联电阻零点处，因此在图 12-21 中f_{z2}、f_{esr}和f_{p1}重叠。实际上，f_{p0}也在 10.9kHz 处，非常接近（图中未显示）。

由图 12-21 可知，相角裕度充足，为 40°。

注意　与相同功率等级的典型应用相比，上例一开始就采用了相当小的输出电容值和相当大的等效串联电阻值。这也是为什么 C_1 远大于 C_2。目的是让等效串联电阻零点频率远小于截止频率，便于解释原理，并使图 12-21 中的幅频特性更容易绘制。但是，给出的方程和计算步骤对于任何输出电容和等效串联电阻都有效。

12.33　更简单的跨导运算放大器补偿

如前所述，应用前面讨论的完全成熟的跨导运算放大器补偿方案时会遇到实际的困难。因为 H_1 中的极点和零点并不是相互独立的。而且，如果 R_{f2} 远小于 R_{f1}，它们甚至会趋于一致（即预期输出电压与参考电压完全相同）。

所以，现在试图利用图 12-22 所示的更简单的跨导电路。其方程基于新的补偿策略，将在下面（新）例子中介绍。注意，为了明显区别，此处的 L 值和 C 值与前面算例中不同。

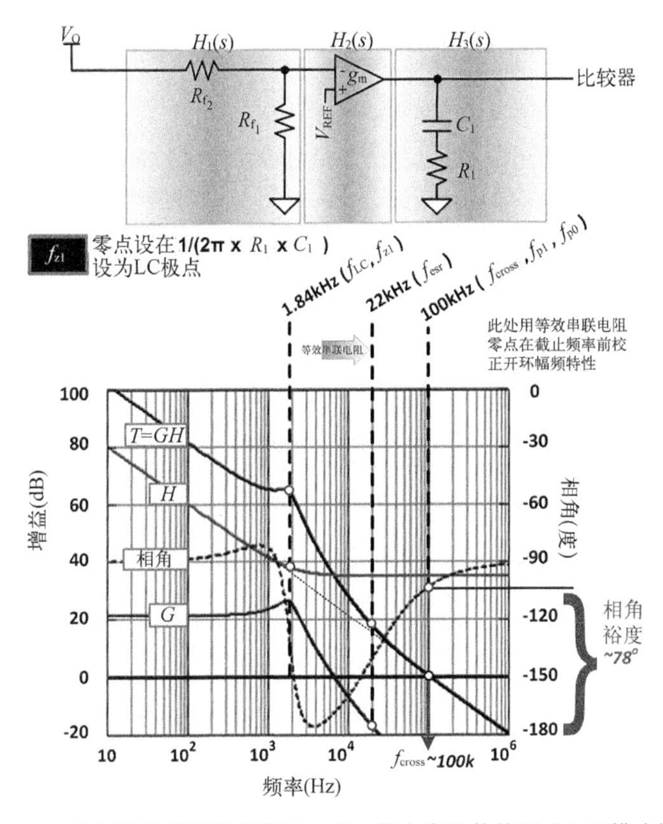

图 12-22　绘制简单的跨导运算放大器补偿方案的伯德图（电压模式控制）

算例

使用 300kHz 同步降压控制器将 25V 变换为 5V。负载电阻为 0.2Ω（25A）。根据器件手册，脉宽调制斜坡为 2.14V。选取的电感为 50μH，输出电容为 150μF，其等效串联电阻为 48mΩ。误差放大器跨导 g_m=0.3（姆欧），参考电压为 1V。

如前所述，$R_{f1}/(R_{f1}+R_{f2})=V_{REF}/V_O$=1V/5V=0.2。

LC 双重极点的位置为

$$f_{LC}=\frac{1}{2\pi\times\sqrt{LC}}=\frac{1}{2\pi\times\sqrt{50\times10^{-6}\times150\times10^{-6}}}\Rightarrow 1.84\text{ kHz} \qquad (12\text{-}126)$$

选取的目标截止频率 f_{cross} 为 100kHz。

反馈幅频特性（H）的截止频率为：

$$f_{p0}=\frac{V_{RAMP}\times f_{cross}}{2\pi\times f_{LC}\times ESR\times C_{OUT}\times V_{IN}}\Rightarrow 103\approx 100\text{ kHz} \quad (12\text{-}127)$$

为了实现这个 f_{p0}，需要

$$C_1=\frac{1}{2\pi\times f_{p0}}\times\frac{R_{f1}}{R_{f1}+R_{f2}}\times g_m\Rightarrow 93\text{ nF} \quad (12\text{-}128)$$

$$R_1=\frac{1}{2\pi\times f_{LC}\times C_1}\Rightarrow 934\,\Omega\text{（因为 }f_{z1}\text{ 设在 LC 极点处）} \quad (12\text{-}129)$$

注意，等效串联电阻零点的位置为

$$f_{esr}=\frac{1}{2\pi\cdot ESR\cdot C_{OUT}}\Rightarrow 22\text{ kHz} \quad (12\text{-}130)$$

图 12-22 给出了计算的伯德图，可以看出，相角裕度为较大的 78°，截止频率为 100kHz。

按照 3 型补偿方案的逻辑（非优化情况，稍后介绍），本例中预期的相角裕度为 90°左右。需要再次把相角裕度降至接近最优的 45°，方法之一是在图 12-20 中重新引入 C_2，得到 f_{p1}。然后，按照先例，把 f_{p1} 设为截止频率。可得

$$C_2=\frac{1}{2\pi\times R_1\times f_{cross}}\Rightarrow 1.7\text{ nF} \quad (12\text{-}131)$$

通过重新引入 C_2，计算的截止频率会再次变小（约 20%），即约为 80kHz，而不是 100kHz，所以目标截止频率要比预期值高 20%。现在的相角裕度为 36°（接近最优值）。

还要注意，为了实现这种简单的补偿方案，等效串联电阻零点必须位于 LC 极点频率与所选截止频率之间。否则，电压模式控制下无法实现。

注意，对于升压或升降压变换器，上述分析中唯一需要变化的是

$$L\Rightarrow\frac{L}{(1-D)^2}\text{（升压和升降压）} \quad (12\text{-}132)$$

$$V_{RAMP}\Rightarrow V_{RAMP}\times(1-D)^2\text{（升压和升降压）} \quad (12\text{-}133)$$

然而，（对于上述两种拓扑）必须保证所选截止频率至少在数量级上始终低于右半平面零点频率。

12.34　电流模式控制补偿

前面介绍的被控对象传递函数仅适用于电压模式控制。电流模式控制中，脉宽调制斜坡（用于确定占空比）来自电感电流。这实际上表明电感“出局了”，不会再有双重 LC 极点了。所以，补偿可能更简单，环路响应可能更快。可是已经证实，电流模式控制的真实数学模型极具挑战性，主要是因为现在有两个反馈环路在起作用，一般的电压反馈环路（较慢）和电流反馈环路（逐周调整，更快）。不同的研究人员提出了不同的建模方法，但没有完全一致的看法。

话虽如此，但似乎每个人都同意，与电压模式控制相比，电流模式控制改变了系统的极点，但零点保持不变，与电压模式控制相同。所以，升压和升降压拓扑仍然有同样的（低频）右半平面零点，如前所述（即适用于连续导通模式下的电压模式控制和电流模式控制）。因此仍需小心，要保证右半平面零点频率比所选截止频率高很多。

如前所述，电流模式控制下，脉宽调制比较器的斜坡来自电感电流。实际上，最常用的斜

坡产生方法就是简单地检测 MOSFET 的正向压降（或采用外部检测电阻与之串联）（参见图 12-23 的上半部分）。这个小的检测电压再通过电流检测放大器放大，得到电压斜坡，然后加到脉宽调制比较器的一个引脚。脉宽调制比较器的另一个引脚一般接误差放大器输出（控制电压）。

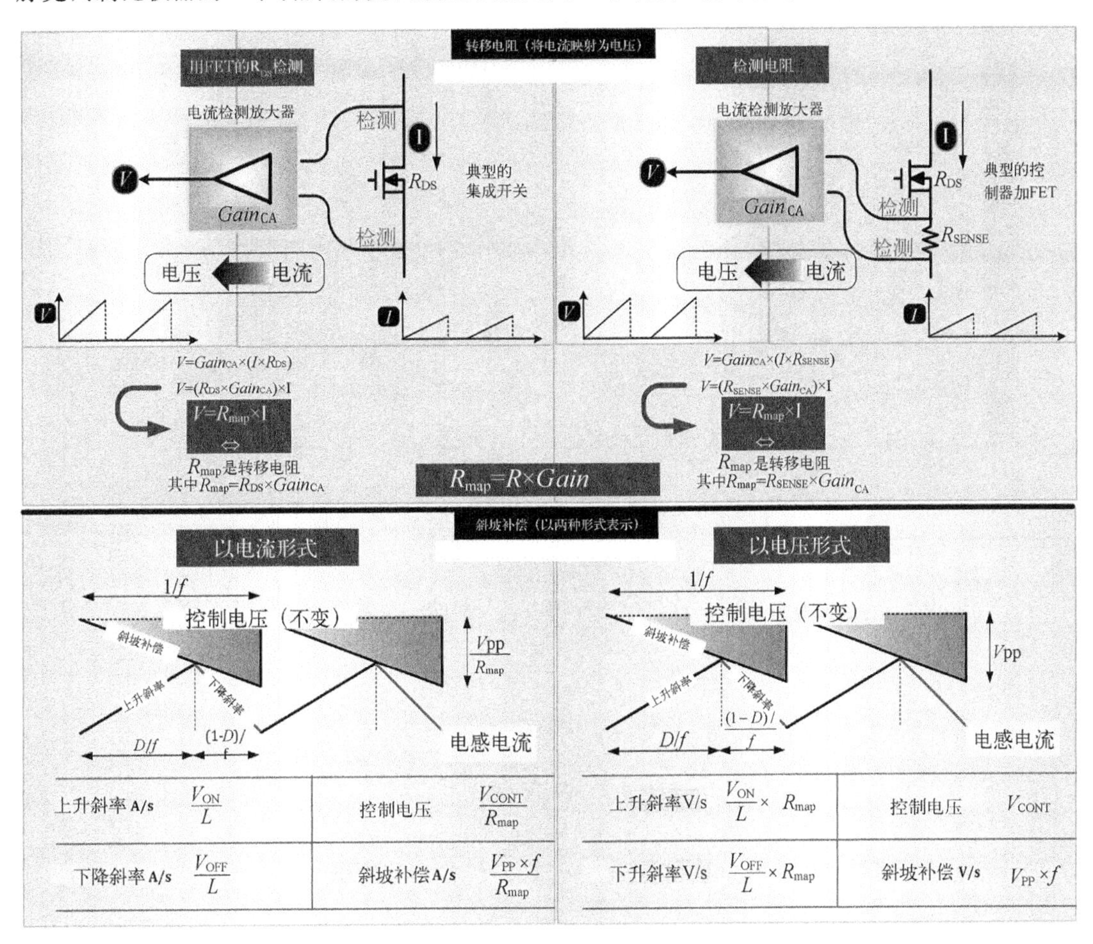

图 12-23 转移电阻如何将开关管电流映射为比较器输入的电压斜坡，以及如何以电压或电流形式表示斜坡补偿

显然，电感或开关管的斜坡电流现在与脉宽调制比较器的输入电压斜坡成正比。所以，电压和电流可通过转移电阻 V/I 互相转换（映射），如图 12-23 中定义。因此，无论由全电流或是全电压分析，均可得出对整体的影响，如图 12-23 下半部分所示。

斜坡补偿既可表示为某一外加 A/s（或 A/μs）形式，也可表示为外加 V/s 形式，稍后会详细讨论。这是同一事物的不同等效表示方法，因为电压与电流通过转移电阻互成正比。例如，已知检测电阻上 1A 峰值电流可形成脉宽调制比较器输入的 1.5V 峰值电压，则转移电阻为 V/I=1.5/1=1.5Ω。确实需要器件的内部信息，特别是误差放大器输出的峰峰值电压（反过来决定了映射电感电流的最大变化量）。

注意，因为斜坡本身在达到控制电压水平时就会终止（因为这是一个比较器），实际上也调整了电感电流斜坡峰值。所以，此处讨论的其实正是峰值电流模式控制。许多有经验的设计人员更喜欢用平均电流模式控制。

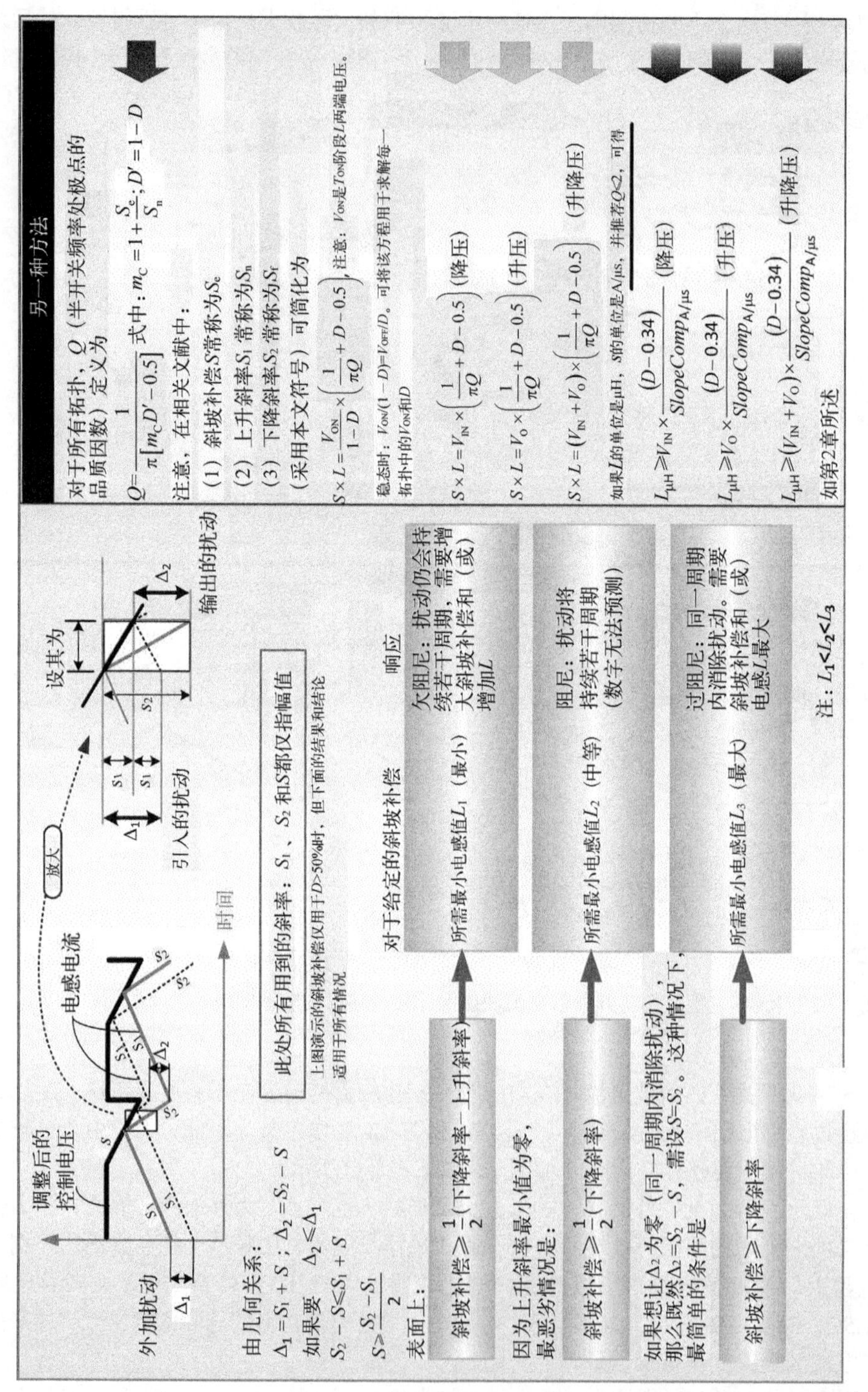

图 12-24　避免次谐波不稳定的条件：传统方法在左侧，现代方法在右侧（设 Q<2）

电流模式控制的一个缺点是（对于所有拓扑）都需要人为地加入一个小斜坡来使其在一定条件下稳定，这称为斜坡补偿，目的是防止电流模式控制出现奇怪的次谐波不稳定现象。次谐波不稳定一般表现为宽窄交替的开关脉冲（重复频率为开关频率的一半）。在稳态运行时，可能不会察觉到它的存在，因为只要用一个足够大的输出电容就能抑制出现的小输出纹波。但可以证明，次谐波不稳定实际上严重影响着暂态响应。甚至有可能无法辨认伯德图中的相角裕度。一般来说，要实际观察交换结点的波形才能最终消除次谐波不稳定现象。

注意 并非所有以 $f_{SW}/2$ 频率重复自身的模式都代表次谐波不稳定。例如，甚至（自己产生的或来自同步外部源的）噪声尖峰也能导致相同的效果。即提前终止当前脉冲，再迫使后续脉冲变长，以满足能量需求。

次谐波不稳定的原因是什么，又如何解决呢？图 12-24 给出了控制电压（误差放大器输出），并绘制了映射的电感电流（它们是脉宽调制比较器两个引脚上的电压）。因此，每当（映射的）电感电流等于控制电压时，如图所示，脉冲终止。注意，与传统电压模式控制不同，控制电压不再是平直的，而是有一个负的锯齿波叠加其上，如图 12-23 和图 12-24 所示。这称为斜率补偿或斜坡补偿，是一种可能的次谐波不稳定解决方法。图 12-24 描述了这个问题。一个小的输入扰动 Δ_1，在给定脉冲结束后变成 Δ_2，并且成为下一导通时间开始时的输入扰动。下一个脉冲后又变成 Δ_3，以此类推。根据图中简单的几何关系，每个周期内扰动变化量的比值为

$$\frac{\Delta_2}{\Delta_1} = \frac{S_2 - S}{S_1 + S} \tag{12-134}$$

如果想最终消除扰动，应满足条件

$$S \geqslant \frac{S_2 - S_1}{2} \tag{12-135}$$

式中，S_2 是电感电流的下降斜率，S_1 是上升斜率，而 S 是外加斜坡补偿。显然，上述三种斜率的单位必须一致。所以，即可以都用 A/μs，也可以都用 V/μs 表示。为此需要知道 R_{map}。

出现次谐波不稳定必须同时满足两个条件：占空比接近或超过 50%，同时工作在连续导通模式下。注意，占空比增加（即输入降低）时，进入次谐波不稳定状态的倾向会增强。所以，应该从 V_{INMIN} 处设法消除次谐波不稳定。当然，如果选择断续导通模式，就能完全避免该问题。但除此之外，连续导通模式下，可认为斜坡补偿肯定能解决问题。有趣的是，斜坡补偿实际上是在电流模式控制中加入了一些电压模式控制。注意，为此需要做到下面两条之一。

(1) 把开关管或电感电流生成的检测电流斜坡（通过 R_{map}）转换为等效检测电压，并加上一个小的固定电压斜坡。

注意 常用离线控制芯片 UC3842 中，设计人员通常在时钟引脚（4 号引脚）与电流检测引脚（3 号引脚）之间加上一个 10~20pF 的小电容。这是一个简单的斜坡补偿技巧，器件手册中并未说明。其目的在于把少量的固定时钟信号斜坡加到检测电流斜坡上（再进入脉宽调制比较器）。实际上，这是在电流模式控制中混合了一些电压模式控制，如同对斜坡补偿的直观印象。芯片 UC3844 的占空比不能超过 50%，因为它被设计用于正激变换器，不是反激变换器。所以，该芯片无需斜坡补偿。

---

(2) 由于都是相对于比较器输入电压而言，因此也可以等效地修正控制电压（误差放大器输

出）本身，如图 12-23 和图 12-24 所示。其目的在于当占空比超过 50%时（可能发生次谐波不稳定），随占空比增加逐渐减小控制电压。

注意　如图 12-23 和图 12-24 所示，占空比超过 50%时，斜坡补偿可能会限制峰值电流和变换器的最大功率。为了避免这种情况，设计人员经常在大占空比时逐渐增加电流限制。

注意　虽然为了简化，图 12-23 未予明确表示，但在真正的电流模式控制中，不该忽略电感或开关管电流的直流（偏置）信息。

次谐波不稳定发生之前有什么征兆吗？由（尚未进入宽-窄-宽-窄状态的）电流模式控制下变换器的伯德图可知，幅频特性在开关频率一半处有一个无法解释的峰值（与图 12-7 中的峰值类似），它是潜在的次谐波不稳定源。注意，设置的截止频率从未高出过开关频率的一半。所以，次谐波极点频率实际上总是高于截止频率。但极点对相角的影响其实从很低的频率就开始了。即使严格地从增益角度讲，这个半开关频率极点也是危险的，因其实际峰值太高了，有可能使幅频特性再次穿越 0dB 轴，从而出现另一个意想不到的截止频率。众所周知，任何截止频率处的相角增加都会使系统陷入完全不稳定。

当前研究表明，次谐波不稳定模型是一个半开关频率处的复极点，可用图 12-24 右侧方程中的 Q 来描述。由实测可以看出，一般 Q 小于 2 是稳定条件。保守的设计人员更喜欢令 Q 为 1，这么做的确能保证消除次谐波不稳定性，但会使电感更大（电流纹波率 r 小于 0.4，并非最优）。或者，需要使用更多的斜坡补偿。然而，斜坡补偿越多，系统越像电压模式控制，特别是轻载条件下，电压模式控制时的双重 LC 极点会再次出现，可能引起自身不稳定。

图 12-24 介绍了处理次谐波不稳定的最新方法。从而证实了先前在第 2 章中给出的（最小）电感值关系方程，它们是

$$L_{\mu H} \geqslant \frac{D-0.34}{Slope\ comp_{A/\mu s}} \text{（降压）} \tag{12-136}$$

$$L_{\mu H} \geqslant \frac{D-0.34}{Slope\ comp_{A/\mu s}} \times V_O \text{（升压）} \tag{12-137}$$

$$L_{\mu H} \geqslant \frac{D-0.34}{Slope\ comp_{A/\mu s}} \times (V_{IN}+V_O) \text{（升降压）} \tag{12-138}$$

通过选择合适的电感值和（或）斜坡补偿就能够消除次谐波不稳定。因此，在下面关于设置补偿网络极点和零点的分析中将不再讨论。

下面介绍的补偿网络设计方程是基于简单的 Middlebrook 模型，该模型将电流模式控制简化得有些类似于先前讨论的电压模式控制。其目的是使电流模式控制也能保持类似的处理形式，即作为若干级联传递函数的乘积，而非并联反馈环路。

只要采取预防步骤，Middlebrook 模型的结果可与精确模型良好匹配。例如，需要确保设计出右半平面零点（若存在）（并检查其位置是否远离目标截止频率至少 10 倍频程）。还要验证 $f_{SW}/2$ 处的次谐波极点是否高于截止频率，并且如前所述能得到足够衰减。如果能做到，就可以向下继续分析。

注意，下述分析中甚至忽略了 Middlebrook 原始模型中的一些其他极点，因为它们经常落在截止频率之外，没有实际意义。

在最简模型中，所有拓扑的被控对象传递函数仅剩下一个单极点。该极点来自输出电容和负载电阻（输出极点）。若把它与必然出现的零极点（来自运算放大器的积分部分）组合，总（开环）幅频特性（在输出极点位置后）将以 –2 斜率下降。因此，仅需一个单零点来抵消部分斜率，就可以最终获得预期的 –1 斜率。而且，既可以特意用 2 型补偿网络设置该零点（这种情况下，可用极点抵消等效串联电阻零点），也可以只靠输出电容本身的等效串联电阻零点。后者需要保证等效串联电阻零点频率低于截止频率。或者，间接迫使截止频率移至更高频率处（但不要过于靠近刚才提到的其他极点）。

跨导运算放大器的设计方程和步骤如下（参见图 12-26 左侧）：

(1) 选择截止频率 f_{cross}。虽然一般喜欢把它设为开关频率的 1/3，但必须人为确保该频率明显低于右半平面零点位置（前面给出的右半平面零点方程在此依然适用）。

(2) 绘制开环幅频特性时，积分器增益会再次垂直平移 G_{O}（被控对象的直流增益）。因此，由图 12-6 下半部分给出的简单规则即可得出所需的 f_{cross}，据此可推导预期的（开环增益）截止频率。所以，

$$f_{\text{p0}} = \frac{f_{\text{cross}}}{A/B} \tag{12-139}$$

式中，$G_{\text{O}}=A/B$，如图 12-25 所示。

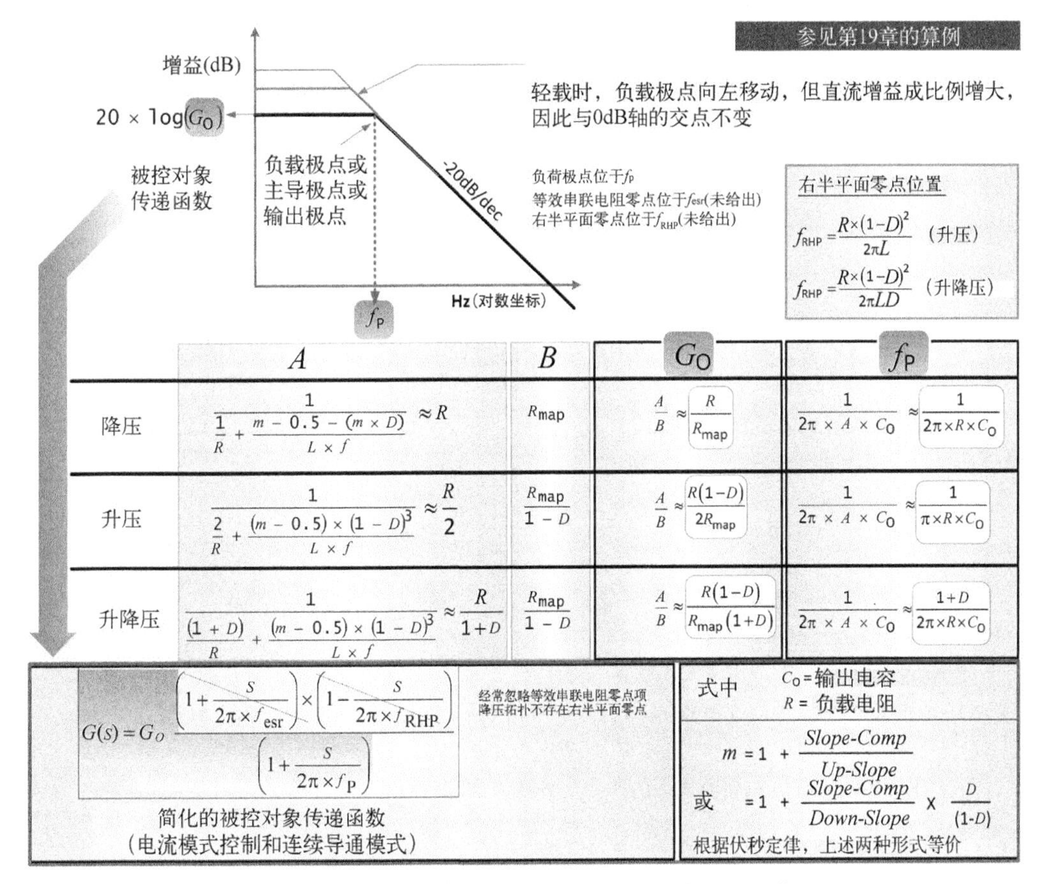

图 12-25 电流模式控制下简化的被控对象传递函数

(3) 用下式计算 C_1

$$C_1 = \frac{y \cdot g_m}{2\pi \times f_{p0}} \tag{12-140}$$

式中，y 是图 12-26 中的衰减率。

(4) 用下式计算 R_1

$$R_1 = \frac{1}{2\pi \times C_1 \times f_p} \tag{12-141}$$

式中，f_p 是被控对象的输出极点，如图 12-25 所示。

(5) 用下式计算 C_2

$$C_2 = \frac{1}{2\pi \times R_1 \times f_{esr}} \tag{12-142}$$

式中，f_{esr} 是等效串联电阻零点频率，即 $1/(2\pi \times ESR \times C_O)$。

传统运算放大器的设计方程和步骤如下（参见图 12-26 右侧）：

(1) 选择截止频率 f_{cross}，如果可能，将其设为开关频率的 1/3。

(2) 利用图 12-6 下半部分给出的简单规则，就能得到所需的预期（开环增益）截止频率 f_{p0}。所以，

$$f_{p0} = \frac{f_{cross}}{A/B} \tag{12-143}$$

式中，$G_O = A/B$，如图 12-25 所示。

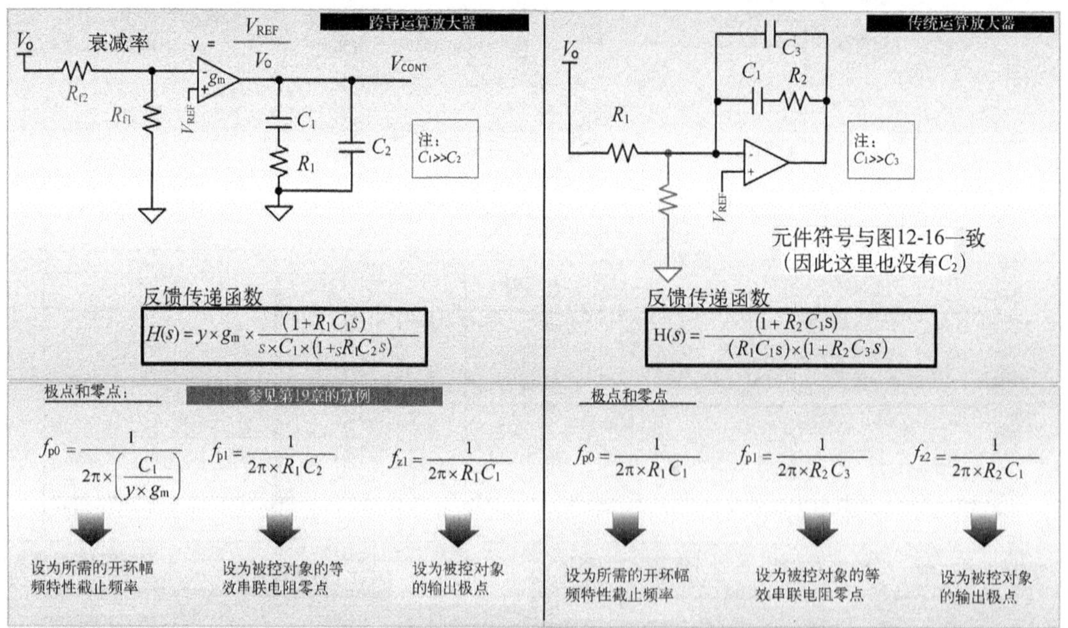

图 12-26　电流控制模式下的跨导运算放大器和传统 2 型运算放大器补偿网络

(3) 用下式计算 C_1

$$C_1 = \frac{1}{2\pi \times R_1 \times f_{p0}} \tag{12-144}$$

式中，R_1在设置分压器时就选定了。

(4) 用下式计算 R_2

$$R_2 = \frac{1}{2\pi \times C_1 \times f_p} \quad (12\text{-}145)$$

式中，f_p是被控对象的输出极点，如图 12-25 所示。

(5) 用下式计算 C_3

$$C_3 = \frac{1}{2\pi \times R_2 \times f_{esr}} \quad (12\text{-}146)$$

式中，f_{esr}是等效串联电阻零点频率，即 $1/(2\pi \times ESR \times C_O)$。

上述设计步骤对于所有拓扑都一样。若拓扑不同，只需改用图 12-25 中适当的表格行数据即可。注意，现在所有拓扑中用到的 L 都是变换器的实际电感（不是标准模型的等效电感）。

参见第 19 章给出的完整算例。

第 13 章

高级命题：并联、交错和负载均流

13.1　第 1 部分：变换器的电压纹波

降压变换器的输入和输出电压纹波

如第 5 章所述，电感储能增加时，电感电流以 $\varepsilon=(1/2)\times L\times I^2$ 确定的斜率上升。电感储能释放时，电流以一定斜率下降。这就形成了能观测到的（交流）电流纹波。最优电流纹波率定义为 $r=\Delta I/I_L=0.4$（±20%纹波）。同理，输入和输出电容充放电时，电容电压以$(1/2)\times C\times V^2$ 确定的斜率上升或下降，形成了能观测到的输入或输出电压纹波。与电感电流一样，也有规则来规定电容所能承受的或推荐的电压纹波与直流值之比。其直流值为 V_{IN} 或 V_{OUT}，视情况而定。下面先做一些数学推导，然后再计算多大的电压纹波是可以接受的。

首先，假设等效串联电阻和等效串联电感可忽略。图 13-1 推导了基本的输出电压纹波方程（峰峰值）。同理，图 13-2 推导了基本的输入电压纹波方程（也是峰峰值）。注意，迄今为止能观测到的电压纹波纯粹是基于储能，因此仅在小电容上可见，含陶瓷电容的现代高频变换器中即是如此。还要注意，电容电压纹波中忽略等效串联电阻影响相当于电感电流纹波计算或绘图中忽略直流电阻影响。由此可得

$$V_{O\_RIPP\_PP}=\frac{r\times I_O}{8\times f\times C_O}=\frac{\Delta I}{8\times f\times C_O} \tag{13-1}$$

$$V_{IN\_RIPP\_PP}=\frac{I_O\times D\times(1-D)}{f\times C_O} \tag{13-2}$$

既然预期电容电压纹波与电感电流纹波类似，就能断定：若电容值增加，则电压纹波会减小。正如电感 L 增加，r（电流纹波率）会减小。类似地，如果频率增加，电流纹波和电压纹波都会减小，就像本书第 1 页所指出的那样。然而，还是可以做一些优化。例如，对于给定的电压纹波设计目标，如果频率增加，C_O 就可以减小。能用更小型的储能元件似乎是高频开关电源的一个基本优势。但这不是采用高频的唯一原因，在本章第 2 节详细讨论电压调整模块（VRM）时就能明白。如第 12 章所述，输出侧 L 值和 C_O 值的减小增加了误差校正环路的带宽。反过来，这样也能改善变换器的暂态响应（对电网及负载突变的响应）。这对于现代负载工作点（POL）变换器或电压调整模块非常重要。这些模块一般由高频降压变换器构成，与变换器负载一起安装在同一电路板上。负载很可能是现代微处理器芯片，需要非常低但是精确调整的电压，且要有很高的 dI/dt 能力。

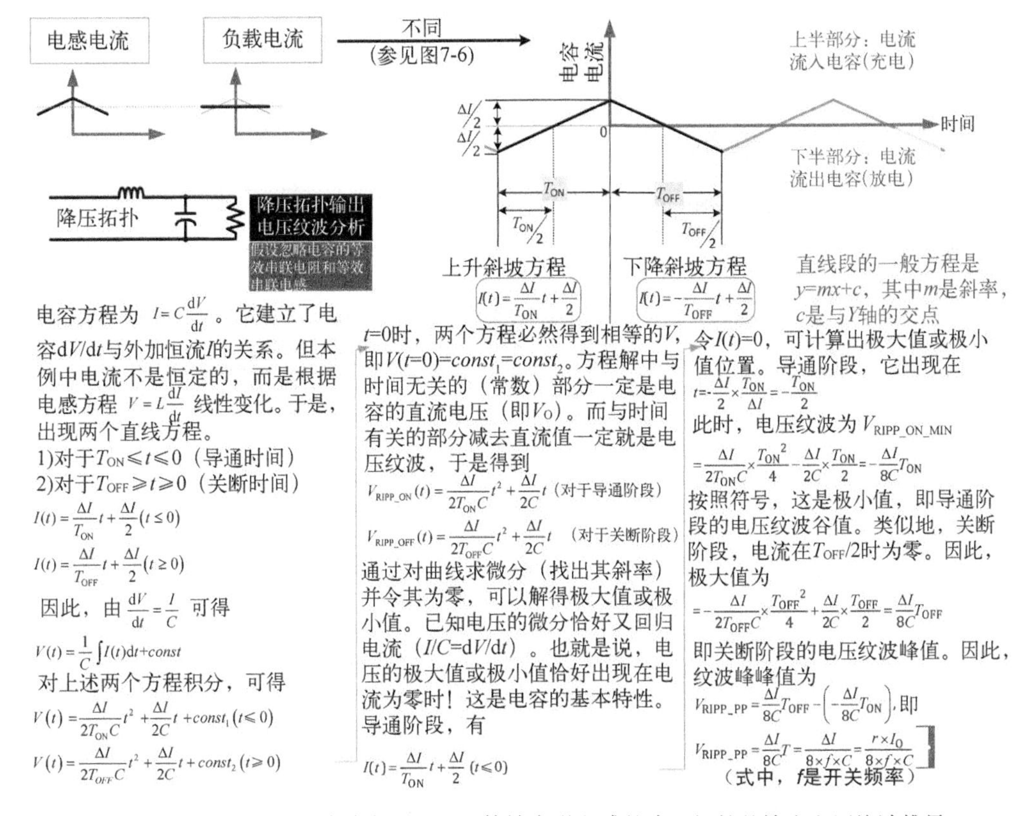

图 13-1 小电容、无等效串联电阻和等效串联电感的降压拓扑的输出电压纹波推导

图 13-3 用 Mathcad 软件绘制了图 13-1 和图 13-2 推导的输入和输出电压纹波方程波形。特别是输出电压纹波，由导通阶段和关断阶段两部分组成，两部分曲线“恰好及时地”在开关管关断且二极管导通时会合（按惯例设为 $t=0$）。这两部分在 $t=-T_{ON}$（开关管导通）和 $t=T_{OFF}$（二极管关断）时也有相同的绝对值。这也是为什么周期可以永无止境地重复，并形成稳态。为了比较，图 13-3 还绘制了（输入和输出）电容电流，包括各部分曲线和最终曲线（阴影部分）。注意，图 13-3 中的输入电容电流波形是先前图 7-6 中相应输入电容电流波形的垂直翻转。按照惯例，一般认为电容的充电电流为正，放电电流为负。但要记住，任意波形垂直翻转并不改变其有效值，因为有效值是电流的平方。因此，符号对结果没有任何影响。

图 13-4 重新绘制了输入电压纹波，并展示了等效串联电阻的影响。此处，总纹波是等效串联电阻相关部分与电容充放电相关部分的简单叠加。图 13-5 重新绘制了输出电压纹波，并展示了等效串联电阻和等效串联电感的影响，给出了每一步的波形变化。注意，后一种（输出电压纹波）情况下，总输出电压纹波并非每一项的简单算术和，因为元件之间存在相位差。

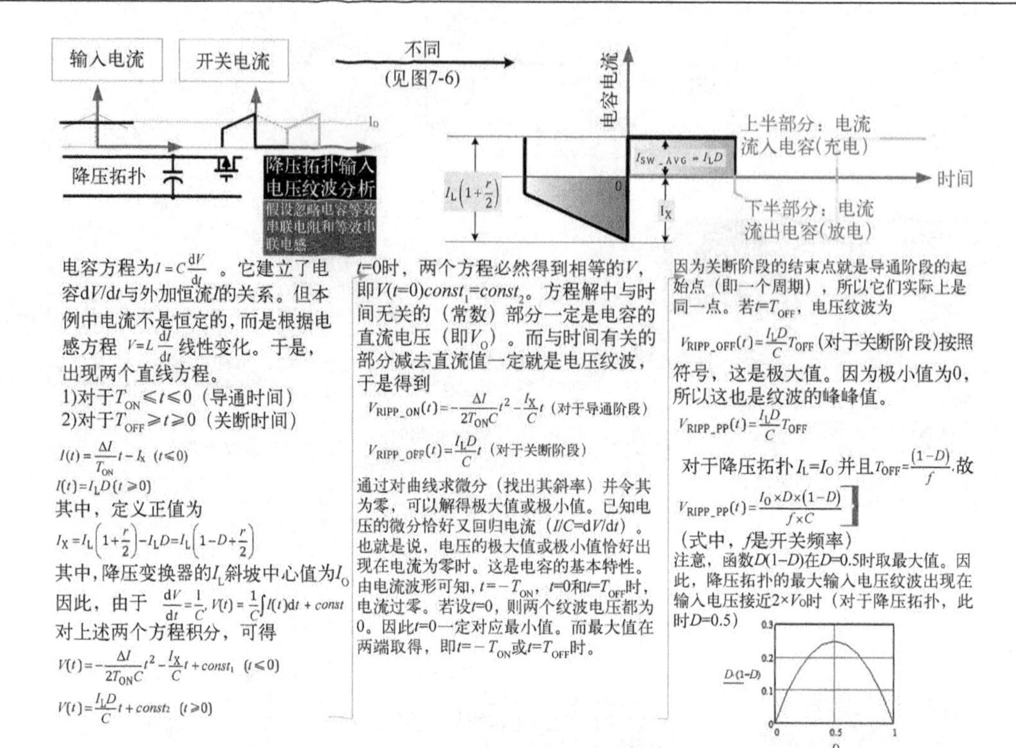

图 13-2　小电容、无等效串联电阻和等效串联电感的降压拓扑的输入电压纹波的推导

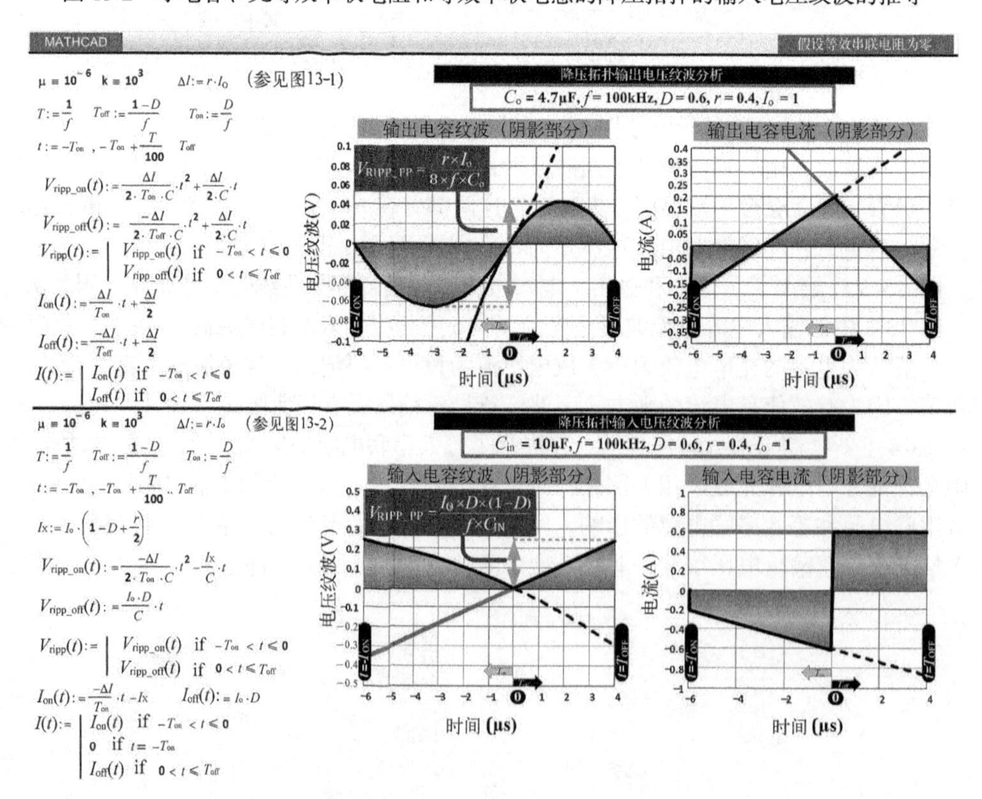

图 13-3　输入/输出电容电流和电压纹波（等效串联电阻/等效串联电感为零）

输入和输出电压纹波都很重要。例如，V_{IN}经常为变换器控制芯片和变换器功率级（开关管和电感）提供能量。为避免控制芯片工作不稳定，不仅要在非常接近芯片电源引脚的位置加 0.1μF 陶瓷电容（去耦），而且要提供一个大型输入电容使输入电压纹波峰峰值与输入电压之比 $\Delta V/V_{IN}$ 小于 1%。有时，单一的大陶瓷电容就能完成双重任务，既能提供去耦，又具备大电容功能。实际能接受的输入电压纹波百分比取决于特定开关芯片（或控制器）：如芯片设计、噪声抑制能力、芯片封装结构、印制电路板布局等。可能要咨询芯片供应商。输出电容电压纹波也很重要，因为它能导致由输出供电的电路工作异常。例如，典型电源规格要求 5V 输出电压纹波小于±50mV，即峰峰值为 100mV，或纹波（峰峰值）百分比为 0.1/5=2%，有时也用±1%表示，但经常俗称为 1%（正如 1%电阻的做法）。

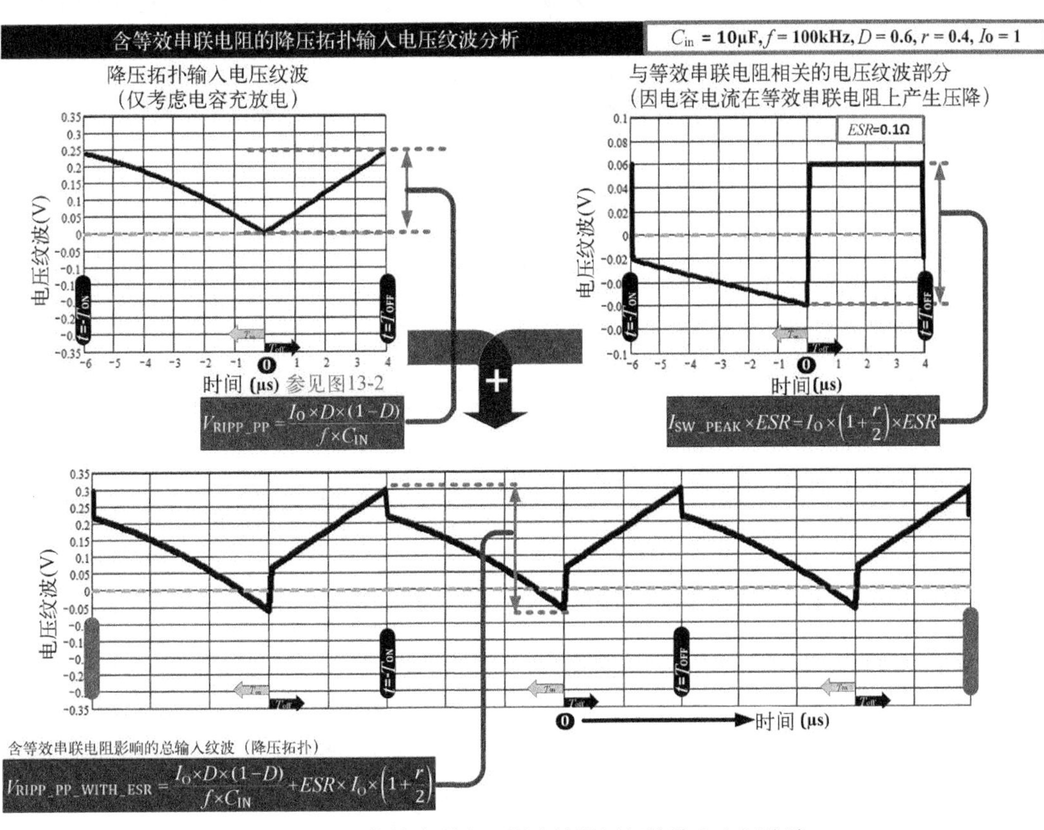

图 13-4　含等效串联电阻影响的降压拓扑输入电压纹波

选择电容的主要标准是什么呢？降压拓扑中，输入电容有效值电流比输出电容有效值电流高得多。所以，一般来说，降压拓扑的输入电容主要由有效值电流应力决定，而输出电容尺寸及电容值由允许的电压纹波最大值决定。可参阅第 7 章中关于电容有效值的内容来进一步理解。然而，现代陶瓷电容具有非常高的额定有效值电流。因此，选择降压拓扑输入电容的主要标准是最大输入电压（纹波）峰峰值。第 6 章讨论了电解电容寿命预测。第 9 章讨论了靠一定的输出电压纹波提供斜坡的滞环变换器。本章第 2 节和第 3 节介绍了如何将这些纹波概念应用于交错式变换器。如有必要，机敏的工程师会回过头从图 13-1 和图 13-2 再推导升压和升降压拓扑的纹波方程。不过，在很多情况下，工程师们可以简单地假设电容值很大，并基于简单的通用方程估计电压纹波：

$$I_{电容电压纹波峰峰值} = I_{电容电流纹波峰峰位} \times 等效串联电阻 \tag{13-3}$$

本书附录给出了每种拓扑的峰峰值电流方程。

参见第19章中的算例，特别是图19-4，它给出了现代降压变换器输出电容选择的附加标准。

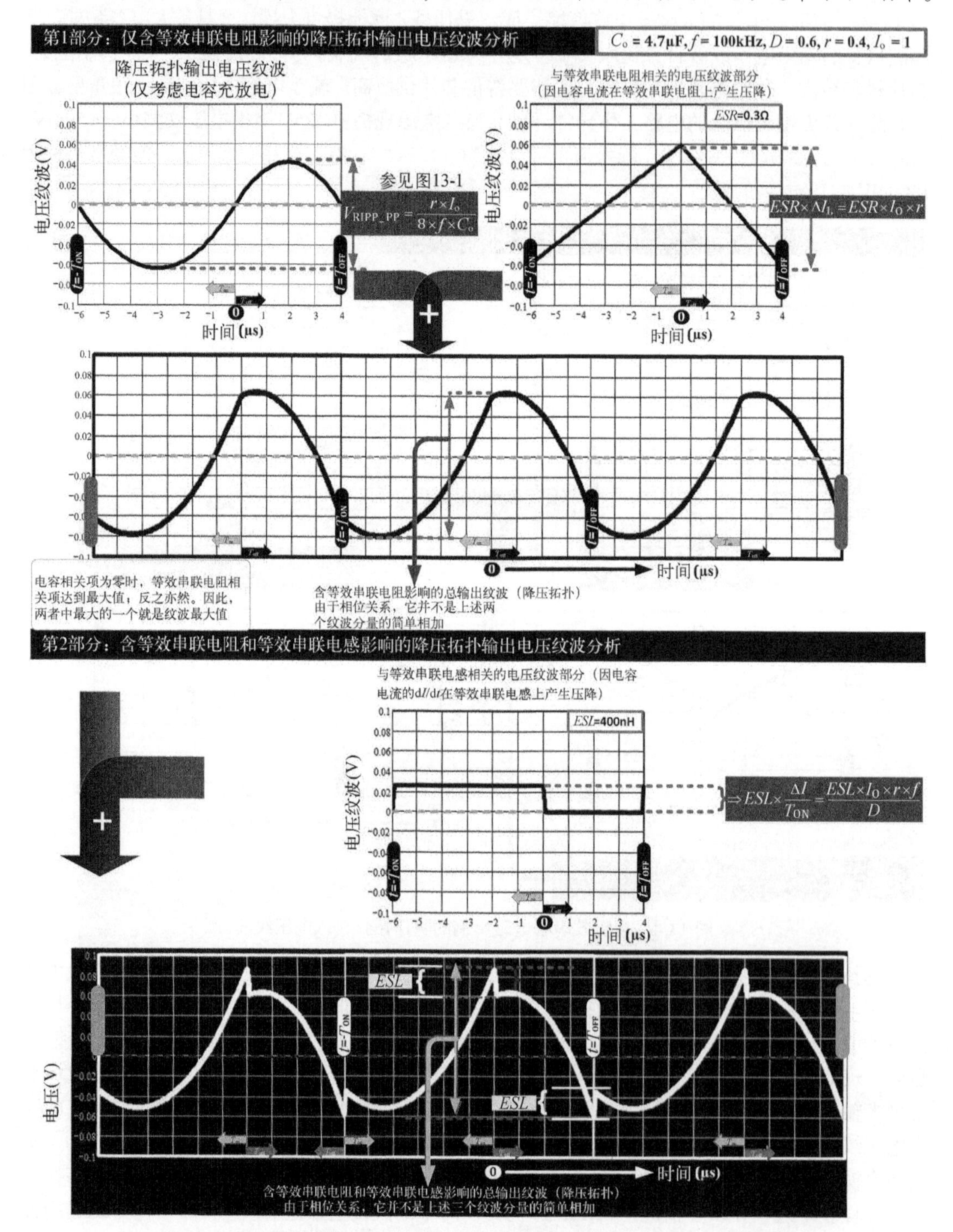

图13-5　含等效串联电阻和等效串联电感影响的降压拓扑输出电压纹波

13.2 第 2 部分：功率变换器应力分配及降低

13.2.1 概述

举个直观的例子，如果两个纤弱的人配合默契，是可以从两侧平均用力搬起一个很重的行李箱的。因此，本节考虑通过并联方式实现应力分配或均分。首先，在元器件层面应用这个概念。其次，本章第 3 节将尝试变换器整体并联，称为交错或多相运行。最后，本章第 4 节将讨论变换器整体并联时的被动式和主动式负载均流。

这些年来出现过很多利用若干“相同”元器件分配电流和电压应力的技术。分立元器件一般以并联方式分担（或均分）电流应力，而以串联方式分担电压应力。例如，大电流应用中二极管经常并联使用，且最好在同一封装中。双管正激变换器（不对称半桥，参见表 7-1）就是两个场效应管串联均分电压应力的例子。双管恰好位于原边侧绕组的两端，所以分压效果可能并不明显。但可以用下述方式重新观察：例如输入电压为 V_{IN}，双管都关断，原边侧绕组电压从 V_{IN}跳变到 $-V_{IN}$。虽然看起来绕组电压仍是（负）V_{IN}，但实际上变压器绕组一端电压已经从（双管都导通时）初始的地电平跳变到 V_{IN}，而另一端从初始的 V_{IN}降为地电平。因此，总电压变化量其实是 $V_{IN}-(-V_{IN})=2\times V_{IN}$。但各开关管两端承受的最大电压应力仅为 V_{IN}。这样，$2\times V_{IN}$电压就被两个场效应管有效阻断。然而，带有简单 1 : 1 复位（第三）绕组的单端正激变换器只是用单开关来阻断全部 $2\times V_{IN}$ 电压。也就是说，双管正激变换器中实际上存在着微妙的电压应力分配。类似地，有时也可用串联电容来均压。例如，反激变换器可用若干电容并联来处理该拓扑中极大的输出电容有效值电流。在任何情况下，关键问题都是如何使各元器件恰当地均分各种应力。的确，“相同”元器件其实也并不像期望的那样真正“相同”。如果元器件是同一批次制造的，或在同一封装中（对于场效应管或电阻）实际上会有帮助，但最好是同一内芯（或基片）制造的。这些元器件会越用越相同，相互匹配和应力均分能力也会逐渐改善。情况更复杂时，使用主动式（本章第 3 节讨论）或被动式（例如借助限流电阻）技术能更好地均分。图 13-6 调查了一些常用元器件的应力均分技术，以及保证更好均分的方法。注意，通常情况下，“正确”方法比“不正确”方法能更好地均分，可参考桥式整流器。

因为变换器的实际电流应力一般与负载电流成正比（虽然轻载时的同步变换器并非如此），所以问题是：能将（单电源）负载电流均分给两个相同的并联变换器，并将每个变换器的应力减半么？如果可以，这么做的优势是什么呢？稍后将分析（参见图 13-7）。

13.2.2 功率变换器的功率缩放

首先要理解电源如何按负载缩放（连续导通模式，无负电流区，如图 9-1 所示）。这里利用第 7 章推导的一个方程来演示一些非常有趣且有用的结论。以降压变换器的开关有效值电流为例。图 7-3 中

$$I_{SW\_RMS}=I_L\sqrt{D\left(1+\frac{r^2}{12}\right)} \tag{13-4}$$

或者，等效地写做

$$I_{SW\_RMS}=I_L\times\sqrt{D}\times\sqrt{\left(1+\frac{r^2}{12}\right)} \tag{13-5}$$

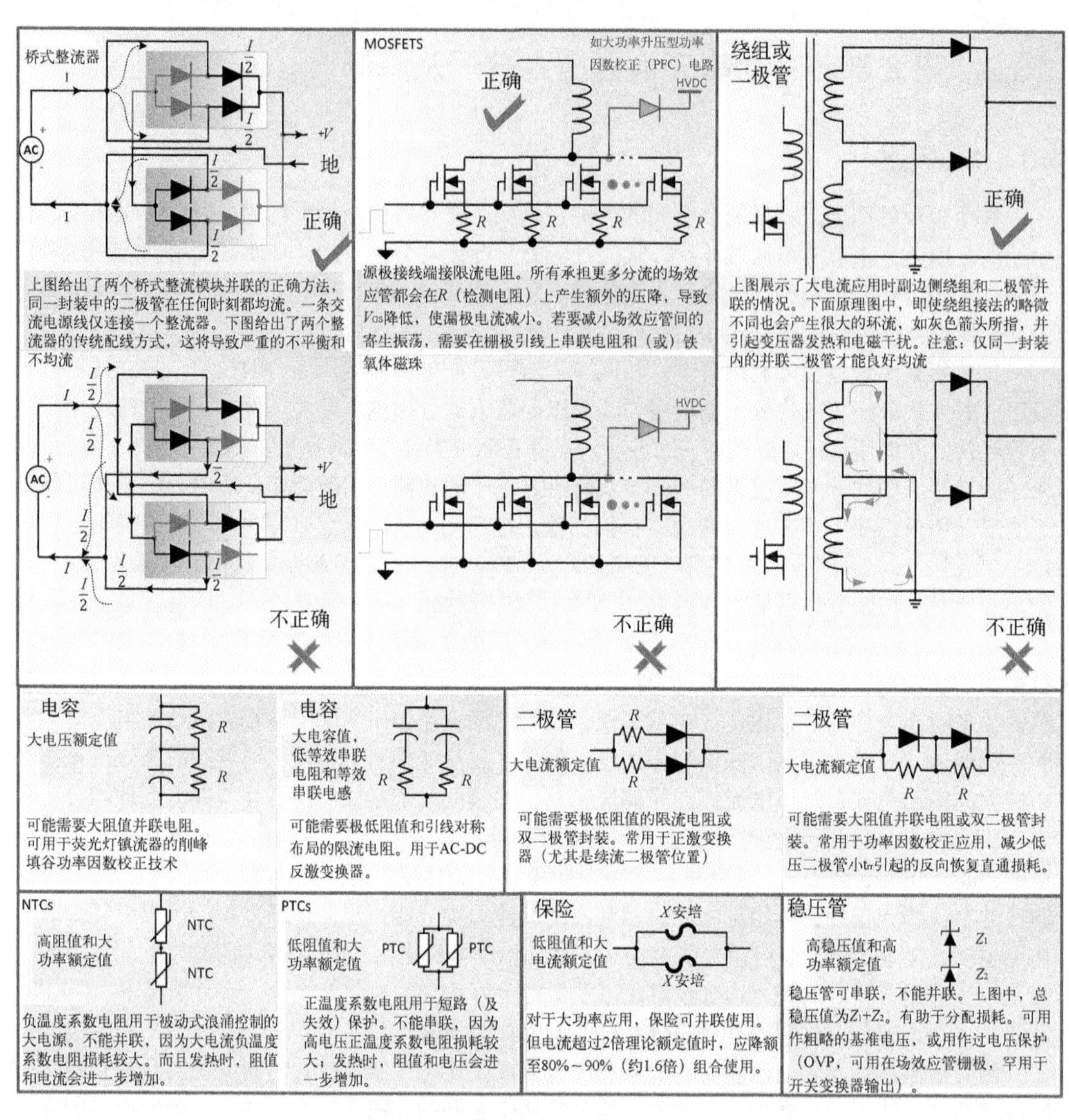

图 13-6　常用应力均分技术调查

切记，根据定义，$r=\Delta I/I_L$，其中 I_L 是电感电流斜坡中心值（直流值）。降压变换器中，$I_L=I_O$。因此，上述方程也可写做

$$I_{SW\_RMS}=I_O\sqrt{D\left(1+\frac{\Delta I^2}{12\times I_O^2}\right)} \tag{13-6}$$

或者，等效地写做

$$I_{SW\_RMS}=\sqrt{D\left(I_O^2+\frac{\Delta I^2}{12}\right)} \tag{13-7}$$

后者在文献中更常见。注意，虽然它们看起来要比用 r 表示的形式简单的方程更加杂乱无章，但即使抛开美观因素，这种列写有效值电流方程的常用方法也会错失巨大的、潜在的可简

化性。反之，用 r 能更直观地把开关有效值电流表示为以下三项的乘积：(1) 交流项，只含 r；(2) 直流项，只含负载电流 I_O；(3) 与占空比 D 有关的项。这三项分开有助于解释 DC-DC 变换器中功率缩放的基本概念和一些难以从列写有效值电流方程的常用方法中反映的问题。

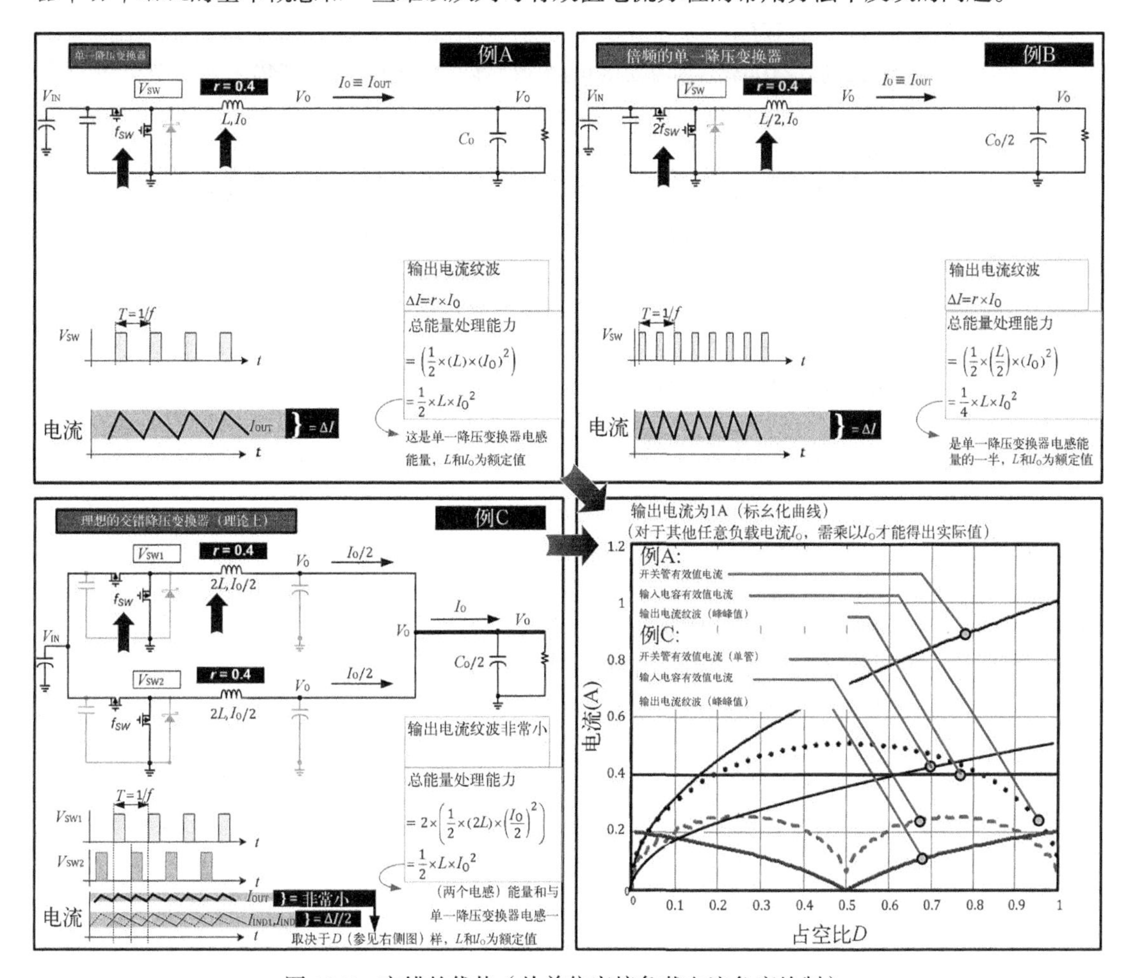

图 13-7 交错的优势（从单位安培负载电流角度绘制）

可用本书独特的方法写出有效值电流应力方程，事实上电流应力（平均值和有效值）与负载电流（对于给定的 r 和固定的 D）成正比。所以，功率缩放的含义有如下几个方面。

- 就应力处理能力、电容值和电容尺寸而言，（输入和输出电压均相同时），100W 电源所需的输出电容是 50W 电源的 2 倍。此处假设仅使用一个输出电容，其纹波电流额定值几乎与电容值成正比。不过，这并不完全正确。更准确的说法是，如果 50W 电源只用一个电容值为 C，纹波为 I_{RIPP} 的单输出电容，那么 100W 电源就需要两个相同的电容，每个电容值为 C，纹波为 I_{RIPP}，并联在一起。所以，总电容值和纹波电流值加倍（还要保证印制电路板布局能良好均流）。于是，可以毫无疑问地断定：输出电容值（和尺寸）大致与 I_O 成正比。注意，此处隐含假设 50W 和 100W 变换器的开关频率相同。频率变化会影响电容选择，稍后将做出分析。
- 类似地，一般来说，100W 电源所需的输入电容是 50W 电源的 2 倍。因此，输入电容值

（和尺寸）也大致与 I_O 成正比。稍后将进一步分析。

- 因为场效应管的发热为 $I_{RMS}^2 \times R_{DS}$，且 I_{RMS} 与 I_O 成正比，所以在损耗相同的情况下，可以先认为 100W 电源所用的场效应管的 R_{DS} 值是 50W 电源的 1/4。但实际上，这里并未在意绝对损耗（除非有热限制），关心的只是百分比。换句话说，如果变换器输出功率加倍，从 50W 提高到 100W，那么预期的（或允许的）损耗也会加倍（即效率相同）。因此，只要 100W 电源的场效应管的 R_{DS} 是 50W 电源的一半（并非 1/4）就足够了。所以，场效应管的 R_{DS} 实际上与 I_O 成反比。
- 无论是什么电源和输出功率，一般都愿意设 $r \approx 0.4$。因此，由电感方程可得，对于给定的 r 值，L 与 I_O 成反比。这意味着 100W 电源扼流圈的电感值是 50W 的一半。因此，L 与 I_O 成反比。注意，此处隐含假设开关频率不变。而且，输出 LC 乘积与负载无关。
- 电感储能为$(1/2) \times L \times I^2$。如果 L 减半（为了使功率加倍）并且 I 加倍，那么 100W 扼流圈所需的能量处理能力就是 50W 的 2 倍。实际上，电感尺寸与 I_O 成正比。注意，L 与频率相关，这里再次隐含假设开关频率不变。

13.2.3　降压变换器的并联和交错

假设准确的均分已经在形式上以某种方式实现，例如，实现了两个相同的变换器并联，每一个的负载电流为 $I_O/2$。这对应图 13-7 中的例 C。两个功率模块（独立变换器）连接到同一输入 V_{IN} 和同一输出 V_O。驱动频率相同（虽然两相之间同步的效果仅表现在输入和输出电容上，稍后会提到）。但从电感容量的角度看，并联会使情况更糟。

（假设目前）按照优化原则，每个电感的 r 值设为约 0.4。因为两个并联变换器各自仅承载 $I_O/2$ 电流，所以需要每个电感值加倍，以使每个电感的电流纹波率相同，与前面电感值缩放规则相符。

现在，观察上述两个电感各自的能量处理能力。电感储能与 LI^2 成正比，若 I 减半，L 加倍，则电感储能减半。此处有两个这样的电感。因此，与原始单一功率模块中单一电感（图 13-7 中的例 A）的磁芯容量相比，（两个电感组合后）总磁芯容量保持不变。

注意，文献中经常相当简单地表述为：交错有助于减小总电感储能。其逻辑如下。

单一变换器的电感电流为 I 时，

$$\varepsilon = \frac{1}{2}LI^2 \tag{13-8}$$

两相变换器中，每个电感承载一半电流，

$$\varepsilon = \frac{1}{2}L\left(\frac{I}{2}\right)^2 + \frac{1}{2}L\left(\frac{I}{2}\right)^2 = \frac{1}{4}LI^2 \tag{13-9}$$

因此，交错使总电感储能减半。是的，的确如此，但仅适用于每个电感值与单一变换器电感值相等的情况。但现在，每相仅承载一半电流，若 L 不变，则 ΔI_L 保持不变，但 I_L（斜坡中心值）减半，所以电流纹波率 $\Delta I_L/I_L$ 加倍。如果单一电感变换器愿意承受更大的电流纹波率，可能会得出"储能减小"的相同结论。但这与交错概念完全无关。如第 5 章所述，这是对储能概念的基本误解。因此，上述逻辑是错误的。

从例 C（并联变换器）中到底能得出什么结论呢？就所需的电感储能而言，看起来不可能在物理学上"作弊"。如第 5 章所述，对于给定的输出功率需求和给定的周期 T（为 $1/f$），特定

时间间隔 t 内传输的能量为 $\varepsilon=P_O\times t$。是的，可以将该能量包一分为二（或更多），每个能量包由独立的电感处理。但时间间隔 t 内传输的总能量保持不变，因为 ε/t（能量除以时间）必须等于 P_O，而且输出功率在电流分析中保持固定。因此例 C 中，（两个电感的）总电感储能仍为 ε（因为 $2\times\varepsilon/2=\varepsilon$）。注意，为了简化，假设上述情况按反激变换器逻辑分析。如第 5 章所述，其电感必须储存所有输出能量（或者还需要在上述估计中包含占空比 D，但对于任何拓扑而言，结论保持不变）。

的确，倍频能更精细地传输能量包。这就是例 B，仍然是单一变换器。但这次，每个周期 T 内不是储存和传输两个 $\varepsilon/2$ 能量包，而是每个 $T/2$ 周期内要储存和传输 $\varepsilon/2$ 能量包。实际上，更直观地讲，先用同一个电感在 $T/2$ 内传输 $\varepsilon/2$，再用它在下一个 $T/2$ 内传输 $\varepsilon/2$。用计算机术语可称为分时复用。因此，最终仍然按需在 T 秒内传输了 ε 的总能量（即等效于在 1s 内传输 P_O 焦耳能量，以获得所需的输出功率）。但在任何给定时刻，（仅有）一个电感处理 $\varepsilon/2$ 能量。因此，例 B 中的总电感储能减半，如图 13-7 所示。

再回头比较开关频率相同时的情况（即例 A 和例 C）。实际上，与理论相反，两个并联变换器可能最终需要更高的总储能能力（更大的总电感储能），只因任何巧妙的方法都无法实现完美的均分。例如，两个 25W 变换器并联不能胜任 50W 输出功率传输任务。由于变换器内在的不同，即使竭尽全力，也不得不面对一种情况，即一个功率模块（称为一相）可能最终传输更多的输出功率，如 30W，而对应的另一个只传输 50 – 30=20W。然而，事先并不知道哪一个会承载更多的电流。因此，需要提前设计两个额定值为 30W 变换器以保证 50W 的总输出。这样，实际所需的总电感储能足以储存 60W，而反之，单一变换器的电感仅需储存 50W。因此，由于并联，（对于同一电流纹波率 r）实际上电感尺寸增加。

为什么不坚持让单一变换器倍频呢？为什么要费劲心机考虑变换器并联呢？迄今为止，似乎还没有真正看出并联有何优势。当然，也希望分配电流应力，减少损耗，避免印制电路板出现热点，特别是在大电流负载工作点上。此外，还有另一个充分的理由。仔细观察图 13-7 中的例 C，注意，输出电流波形中交流纹波被描述为“很小”，因为理由充分，并未给出方程和数值。切记，输出电流是两个电感电流之和。假设有一种情况：一个电感电流波形以斜率 X A/μs 下降，另一个同时以斜率 X A/μs 上升。若果真如此，这两个电流之和显然会保持不变，结果得到不含交流纹波的纯直流值。怎样才能让它准确发生呢？以稳态时的降压变换器为例，唯一的方法是让电感电流的下降斜率$(-V_O/L)$在数值上等于上升斜率$(V_{IN}-V_O)/L$，即 $V_{IN}-V_O=V_O$，或 $V_{IN}=2V_O$，也就是 D=50%。换句话说，预期在 D=50%时，输出电流纹波为零。由于电容 C 相当大，电压纹波只是电感电流纹波乘以输出电容的等效串联电阻，所以预期的输出电压纹波也很小。这是个好消息。观察图 13-7 右下图（用 Mathcad）绘制的输出电流纹波（峰峰值）。如前所述，D=50%时，输出电流纹波最小值为零。

因此，通过交错，可使输出电流纹波和输出电压纹波显著减小。这意味着两个变换器的相移为 180°（360° 是一个完整的时钟周期）。但结果是，D=50%时，输入电容有效值电流也几乎为零（参见图 13-7）。因为一旦一个变换器停止抽取电流，另一个就会开始抽取电流，所以占空比接近 50%时，净输入电流越来越接近直流值（除了与 r 有关的小交流分量以外）。换句话说，开关管电流波形并没有剧烈变化，受影响的是降压变换器的输入电容电流波形，这有点类似于一般输出电容波形的纹波平滑效果。对比图 13-7 的例 A 和例 C，就能知道所有的改善结果（即频率为 f 的单一变换器与两个频率为 f 的并联变换器比较，后者栅极驱动波形的相移如图所示）。图 13-7 是图 13-8 和图 13-9 中详细的 Mathcad 工作表的计算结果。图 13-10 中两个算例进一步给出了用该工作表计算的波形。

MATHCAD

$\mu \equiv 10^{-6}$ $k \equiv 10^{3}$

$f \equiv 100 \cdot k$　　$D_{trial} \equiv 0.2$　$r \equiv 0.4$　$I_o := 1$　$D \equiv 0, 0.01 .. 1$

$T := \frac{1}{f}$　$T_{on}(D) := \frac{D}{f}$　$T_{off}(D) := \frac{1-D}{f}$　$t := 0, 0.1 \cdot \mu .. T$　$\Delta I := r \cdot I_o$

例A：单一降压变换器分析　　例A指图13-7中的例A

电感和输出电流

$I_{onsingle}(t, D) := \frac{\Delta I}{T_{on}(D)} \cdot t + \left[I_o \cdot \left(1 - \frac{r}{2}\right)\right]$　导通阶段的电感电流方程

$I_{onsingle}(t, D) := \frac{-\Delta I}{T_{off}(D)} \cdot (t - T_{on}(D)) + \left[I_o \cdot \left(1 + \frac{r}{2}\right)\right]$　关断阶段的电感电流方程

$I_{single}(t, D) := \begin{cases} I_{onsingle}(t, D) & \text{if } 0 \leqslant t \leqslant T_{on}(D) \\ I_{onsingle}(t, D) & \text{if } T_{on}(D) < t \leqslant T \end{cases}$　导通和关断阶段的电感电流方程

开关管电流

$I_{swsingle}(t, D) := \begin{cases} I_{onsingle}(t, D) & \text{if } 0 \leqslant t \leqslant T_{on}(D) \\ 0 & \text{if } T_{on}(D) < t \leqslant T \end{cases}$　导通和关断阶段的开关管电流方程

开关管电流平均值和有效值

$I_{sw\_avgsingle}(D) := \frac{\int_0^T I_{swsingle}(t, D)\, dt}{T}$　　$I_{sw\_rmsSingle}(D) := \left(\frac{\int_0^T I_{swsingle}(t, D)^2\, dt}{T}\right)^{\frac{1}{2}}$

$I_{sw\_avgsingle}(D_{trial}) := 0.193$　　$I_{sw\_rmsSingle}(D_{trial}) := 0.441$

比较：

封闭形式方程　$I_{sw\_rmsSingle\_cf}(D) := I_o \cdot \sqrt{D \cdot \left(1 + \frac{r^2}{12}\right)}$　$I_{sw\_rmsSingle\_cf}(D_{trial}) = 0.45$

cf表示封闭形式方程（参见附录中的方程）

输入电容电流和输出纹波

输入电容有效值为　$I_{cap\_rmsSingle}(D) := \left(I_{sw\_rmsSingle}(D)^2 - I_{sw\_avgSingle}(D)^2\right)^{\frac{1}{2}}$　$I_{cap\_rmsSingle}(D_{trial}) = 0.396$

封闭形式方程　$I_{cap\_rmsSingle\_cf}(D) := I_o \cdot \sqrt{D \cdot \left(1 - D + \frac{r^2}{12}\right)}$　$I_{cap\_rmsSingle\_cf}(D_{trial}) = 0.403$

电流纹波峰峰值为　$I_{out\_ppSingle}(D) := \Delta I$　$I_{out\_ppSingle}(D_{trial}) = 0.4$

例C：交错降压变换器分析　　例C指图13-7中的例C

现在，负载电流I_o由两个功率模块提供。因此，每个功率模块的有效负载电流重置为

$I_o := \frac{I_o}{2}$ 新的交流纹波（每相）

两个阶段保持同一电流纹波率。因此　$r = 0.4$　纹波为 $\Delta I := r \cdot I_o$　$\Delta I = 0.2$

电感电流（1相）

$I_{on1}(t, D) := \frac{\Delta I}{T_{on}(D)} \cdot t + \left[I_o \cdot \left(1 - \frac{r}{2}\right)\right]$　导通阶段的电感电流方程（1相）

$I_{off1}(t, D) := \frac{-\Delta I}{T_{off}(D)} \cdot (t - T_{on}(D)) + \left[I_o \cdot \left(1 + \frac{r}{2}\right)\right]$　关断阶段的电感电流方程（1相）

$I_1(t, D) := \begin{cases} I_{on1}(t, D) & \text{if } 0 \leqslant t \leqslant T_{on}(D) \\ I_{off1}(t, D) & \text{if } T_{on}(D) < t \leqslant T \end{cases}$　导通和关断阶段的电感电流方程（1相）

图 13-8　图 13-7 和图 13-10 中交错式降压变换器波形的 Mathcad 文件

电感电流（2相）

MATHCAD

$$I_{on2a}(t,D):=\frac{\Delta I}{T_{on}(D)}\cdot\left(t-\frac{T}{2}\right)+\left[I_o\cdot\left(1-\frac{r}{2}\right)\right] \qquad I_{off2a}(t,D):=\frac{-\Delta I}{T_{off}(D)}\cdot\left(t-\frac{T}{2}-T_{on}(D)\right)+\left[I_o\cdot\left(1+\frac{r}{2}\right)\right]$$

$$I_{on2b}(t,D):=\frac{\Delta I}{T_{on}(D)}\cdot t+I_{on2a}(T,D) \qquad I_{off2b}(t,D):=\frac{-\Delta I}{I_{off}(D)}\cdot t+I_{off2a}(T,D)$$

$$I_{2\_Dless50}(t,D):=\begin{cases} I_{on2a}(t,D) & \text{if } \frac{T}{2}<t\leqslant T_{on}(D)+\frac{T}{2} \\ I_{off2a}(t,D) & \text{if } \frac{T}{2}+T_{on}(D)<t\leqslant T \\ I_{off2b}(t,D) & \text{if otherwise}\end{cases} \qquad I_{2\_Dmore50}(t,D):=\begin{cases} I_{2\_Dless50}(t,D) & \text{if } T_{on}(D)-\frac{T}{2}<t\leqslant\frac{T}{2} \\ I_{on2a}(t,D) & \text{if } T_{on}(D)-\frac{T}{2}+T_{off}(D)<t\leqslant T \\ I_{on2b}(t,D) & \text{otherwise}\end{cases}$$

$$I_2(t,D):=\begin{cases} I_{2\_Dless50}(t,D) & D\leqslant 0.5 \\ I_{2\_Dmore50}(t,D) & \text{otherwise}\end{cases}$$

总电流（1相+2相） $I_{sum}(t,D):=I_1(t,D)+I_2(t,D)$

开关管和输入电容电流（每个功率模块）

$$I_{sw1}(t,D):=\begin{cases} I_{on1}(t,D) & \text{if } 0\leqslant t\leqslant T_{on}(D) \\ 0 & \text{if } T_{on}(D)<t\leqslant T\end{cases}$$

$$I_{sw2\_Dless50}(t,D):=\begin{cases} I_{on2a}(t,D) & \text{if } \frac{T}{2}<t\leqslant T_{on}(D)+\frac{T}{2} \\ 0 & \text{otherwise}\end{cases}$$

$$I_{sw2\_Dless50}(t,D):=\begin{cases} I_{sw2\_Dless50}(t,D) & \text{if } T_{on}(D)-\frac{T}{2}<t\leqslant\frac{T}{2} \\ I_{on2a}(t,D) & \text{if } T_{on}(D)-\frac{T}{2}+T_{off}(D)<t\leqslant T \\ I_{on2b}(t,D) & \text{otherwise}\end{cases}$$

$$I_{sw2}(t,D):=\begin{cases} I_{sw2\_Dless50}(t,D) & \text{if } D\leqslant 0.5 \\ I_{sw2\_Dless50}(t,D) & \text{otherwise}\end{cases}$$

总输出电流的纹波峰峰值

$$I_{out\_pp}(D):=\left| \begin{array}{l} \max\leftarrow 0 \\ \text{for } t\in 0,0.01\cdot\mu\ldots T \\ \quad \left| \begin{array}{l} I\leftarrow I_{sum}(t,D)-2\cdot I_o \\ \max\leftarrow I \text{ if } I>\max \end{array}\right. \\ 2\cdot\max \end{array}\right.$$

开关管电流之和等于输入电流 $I_{in}(t,D):=I_{sw1}(t,D)+I_{sw2}(t,D)$

开关管电流之和的平均值和有效值

$$I_{sw\_avg}(D):=\frac{\int_0^T I_{in}(t,D)\,\mathrm{d}t}{T} \qquad I_{sw\_rms}(D):=\left(\frac{\int_0^T I_{in}(t,D)^2\,\mathrm{d}t}{T}\right)^{\frac{1}{2}}$$

最终的输入电容有效值电流

$$I_{cap\_rms}(D):=\left(I_{sw\_rms}(D)^2-I_{sw\_avg}(D)^2\right)^{\frac{1}{2}}$$

最终的输入电容电流波形 $I_{cap\_IN}(t,D):=I_{in}(t,D)-I_{sw\_avg}(D)$

最终的输出电容电流波形 $I_{cap\_OUT}(t,D):=\quad(t,D)-2\cdot I_o$

图 13-9 图 13-7 和图 13-10 中交错式降压变换器波形的 Mathcad 文件（续）

注意，前面假设两个变换器的开关时刻正好相反（即相差 180°，为 $T/2$）。如前所述，这称为交错。文献中常把这种情况下的每个功率模块称为（总的或组合的）变换器中的一相。因此，图 13-7 中的例 C 的变换器有两相。也可以有多相，称为多相（或 N 相）变换器。此时，必须把 T 除以相数（T/N），在每一个子时间间隔后开始下一个变换器导通时间。若所有功率模块（即相）同相工作（即同一时刻全部导通），唯一的优势是热均匀分布。但交错可以减小整体应力，改善性能。从输出电容角度看，频率有效地加倍不仅使输出纹波更小，而且在合适的占空比条件下能使输出纹波为零。

输入侧的纹波峰峰值并不重要，重要的是有效值电流。一般地，波形的有效值与频率无关。

然而，交错确实能减小输入有效值应力。但这不是倍频的结果，而是交错改变了输入电流波形的形状，使它更接近稳态电流（交流纹波的逐渐消除取决于占空比）。

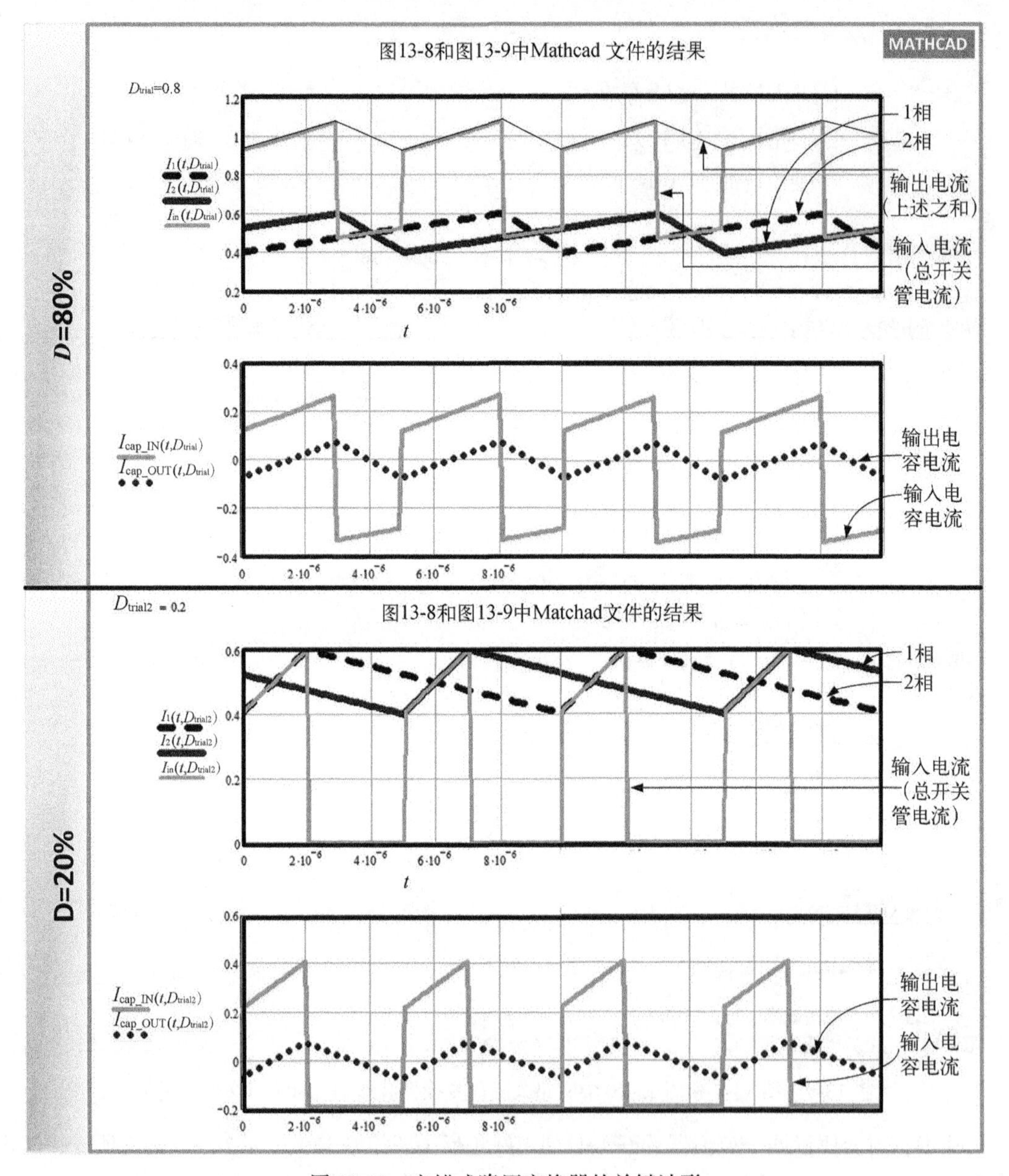

图 13-10　交错式降压变换器的关键波形

迄今为止所发现的交错的一个缺点是：每个电感“看到”的开关周期都是 $1/f$，就像从电流纹波上明显看出的一样（其上升斜坡和下降斜坡的持续时间）。但后面会用到耦合电感，并讨论如何“愚弄”电感，让它们“认为”自己在更高频率上工作。

13.2.4　交错式降压变换器的应力有效值封闭形式方程

现在用一些简单的数学方法来验证图 13-7 的关键波形，并推导其封闭形式方程。若有必要，也可以用几页纸将下述方程做令人生畏的严格推导。因推导过程可在相关文献中查到，所以这些方程在此不做严格推导，但会以更直观精妙的方式给出。

(1) 首先看输出电容纹波。单相变换器中，因为 $T_{OFF}=(1-D)/f$，所以电流纹波为 $\Delta I=(V_O/L)\times[(1-D)/f]$。因此，纹波峰峰值与 $1-D$ 有关。现在，如果仔细观察图 13-7，就会看到总输出电流频率为 $2f$，正如预期，但其占空比不是 D，而是 $2D$。这是因为每个变换器导通时间相同，但有效时间减半。因此，总输出电流有效占空比为 $T_{ON}/(0.5\times T)=2\times T_{ON}/T=2D$。因为纹波峰峰值（$\Delta I$）正比于 $1-D$，所以总输出纹波电流为

$$I_{O\_RIPPLE\_TOTAL}=\frac{1-2D}{1-D}\times I_{O\_RIPPLE\_PHASE}\quad D\leqslant 50\% \tag{13-10}$$

或者，表示为

$$\frac{I_{O\_RIPPLE\_TOTAL}}{I_{O\_RIPPLE\_PHASE}}=\frac{1-2D}{1-D}\quad D\leqslant 50\% \quad \Leftarrow \tag{13-11}$$

当两相的开关管波形不重叠，即 $D<50\%$时，这是正确的，这意味着两相的导通阶段及时分开。当然，这种情况下，关断阶段是重叠的。认识到这种对称性，可以迅速指出情况相反时会发生什么，即开关管波形重叠，或 $D>50\%$时，关断阶段不重叠。切记，这些仅是几何波形。就波形而言，所说的导通时间和关断时间没有意义。因此，很容易转换 D 和 D'的关系，正如前面图 7-3 所为。而且现在可以猜到 $D>50\%$时，即 $D'<50\%$时，纹波峰峰值的关系。于是，可得

$$\frac{I_{O\_RIPPLE\_TOTAL}}{I_{O\_RIPPLE\_PHASE}}=\frac{1-2D'}{1-D'}=\frac{2D-1}{D}\quad D\geqslant 50\% \quad \Leftarrow \tag{13-12}$$

注意，这表示交错式降压变换器的总输出电流纹波小于两相中各相的电流纹波（不再与单一变换器相比）。

(2) 现在看输入电容有效值电流。从输入电容角度看，开关频率再次变成 $2f$，占空比也是 $2D$。电流尖峰的高度为 I_O，每 1A（总）输出对应 0.5A。使用平顶近似法（忽略含 r 的小项）。由图 7-6 可知，降压变换器的输入电容有效值电流近似为

$$I_{CAP\_IN\_RMS}=I_O\sqrt{D(1-D)}\ (\text{单相变换器}) \tag{13-13}$$

因此，对于交错式变换器，虽然有效频率的变化对输入电容有效值应力没有影响，但占空比的有效加倍却严重影响波形形状和计算的有效值。可得如下封闭形式方程：

$$I_{CAP\_IN\_RMS}=I_O\sqrt{2D(1-2D)}\ (\text{两相变换器})\ \text{若}\ D\leqslant 50\% \Leftarrow \tag{13-14}$$

式中，I_O是每相输出电流（总输出电流的一半）。当波形重叠时，用上述相同逻辑，可以很容易地猜到输入电容有效值电流为

$$I_{CAP\ IN\ RMS}=I_O\sqrt{2D'(1-2D')}=I_O\sqrt{2(1-D)(2D-1)}\ (\text{两相变换器})\ \text{若}\ D\geqslant 50\% \Leftarrow \tag{13-15}$$

为巩固上述知识，下面给出一个快速算例。

算例

交错式降压变换器：$D=60\%$，额定输出为 5V/4A。与同样输出 5V/4A 的单相变换器相比，其输出电流纹波和输入电容有效值电流是多少。

单相变换器：一般设 $r=0.4$。因此对于 4A 负载，电感值按 $0.4\times 4A=1.6A$ 的电流纹波来选择。

这只是输出电流纹波的峰峰值，情况与图13-7中1A负载时一致。因此，4A负载应该放大4倍，得到0.4×4A=1.6A。

用平顶近似法，输入电容电流有效值为

$$I_{\text{CAP\_IN\_RMS\_SINGLE}} = I_O\sqrt{D(1-D)} = 4\sqrt{0.6(0.4)} = 1.96\ \text{A} \tag{13-16}$$

它与图13-7中用Mathcad程序绘制的相一致，该图中1A负载在D=0.6时，对应的有效值为0.5A。按4A负载放大，可得有效值为0.5×4A=2A，该结果略大于封闭形式方程得出的1.96A。

交错式变换器：这次将4A负载按每相2A分配。D>50%时，纹波方程换算带来了“纹波优势”

$$\frac{I_{\text{O\_RIPPLE\_TOTAL}}}{I_{\text{O\_RIPPLE\_PHASE}}} = \frac{2D-1}{D} = \frac{2(0.6)-1}{0.6} = 0.333 \tag{13-17}$$

每相纹波的峰峰值为0.4×2A=0.8A。因此，总输出电流纹波为0.333×8A=0.27A。与图13-7相比，D=0.6时，纹波的峰峰值为0.067A。但那是对1A负载而言。因此，对于4A负载，可得4×0.067A=0.268A，非常接近封闭形式方程得到的0.27A。现在，由方程计算的输入电容电流有效值为

$$I_{\text{CAP\_IN\_RMS}} = I_O\sqrt{2(1-D)(2D-1)} = 2\sqrt{2(1-0.6)(2(0.6)-1)} = 0.8\ \text{A} \tag{13-18}$$

与图13-7相比，D=0.6时，输入电容电流有效值为0.2A。但那是对1A负载而言。因此，对于4A负载，可得4×0.2A=0.8A，与封闭形式方程得到的0.8A完全相同。

Mathcad工作表的结果与上述封闭形式方程（直观推导）的结果一致。用哪个都行。

总的来说，单相变换器的输出电流纹波（峰峰值）为1.6A，输入电容电流有效值为2A。交错式变换器的输出电流纹波降为0.27A，输入电容电流有效值降为0.8A。这表明交错（错相并联）有利于显著改善电流纹波及其有效值。

切记，降压变换器输入电容的主要问题是电流有效值应力，而输出电压纹波决定了输出电容量。因此，交错将极其有助于减小输入和输出电容的尺寸。另外，输出电容减小有助于改善环路响应，因为元件L和C越小，充放电越快，对负载突变的响应也越快。除此以外，现在再来看使电感保持最优值r=0.4的全部理论依据。一般认为，它是整体（单相）变换器的最优值（参见图5-7）。但现在讨论的不再是单一变换器。而且，如果交错能减小有效值应力和输出纹波，那为什么不有意识地合理增大r呢？这样能够极大地减小电感尺寸。换句话说，对于给定的输出电压纹波（不是电感电流纹波），可以继续增加每相的r值（减小电感值）。由第5章可知，在给定应用中，减小电感值一般可减小电感尺寸。当然，全部电感中周期性传输的能量是固定的，第5章已做出物理解释。但若减小电感值（增大r值），则峰值储能需求会显著降低。第5章中磁学悖论部分已经解释过。

增大r值的一个限制条件是：负载减小时，若最小负载电流越来越大，则会接近断续导通模式。这就是为什么图13-7中要使用同步降压变换器来介绍交错原理。由第9章可知，大多数同步变换器永远不会进入断续导通模式，它们保持在连续导通模式下运行，直至降到零负载电流状态（如有必要，甚至能降到负载灌电流状态）。当然，效率会受到影响，但同步变换器以恒频工作，交错的效果仍可实现。智能化多相运行的另一个优点是轻载时可以缺相启动。例如，中等负载时，把六相变换器变成四相变换器，负载更轻时变为两相变换器，以此类推。这样能减少开关损耗，因为整体开关频率其实降低了，所以轻载效率得到极大改善。

13.2.5 交错式升压功率因数校正变换器

第9章，特别是图9-1到图9-3表明，升压变换器只是输入和输出互换的降压变换器。因此，既然已经推导了同步交错式降压变换器的所有方程，就没有理由说同样的逻辑和方程不能用于同步交错式升压变换器。因为降压变换器的导通时间变成对应的升压变换器的关断时间，所以需要做些映射：$D \leftrightarrow (1-D)$，$V_{IN} \leftrightarrow V_O$，$I_O \leftrightarrow I_O/(1-D)$。可将这些映射用于前面推导的应力方程。

第14章将讨论升压功率因数校正（PFC）变换器。对于更高的功率等级，不仅如图13-6所示，需要场效应管并联，还要通过交错（使用两相）技术显著减小输入和输出电容尺寸，类似于前面对降压变换器的做法。

因为输入的是正弦波，所以功率因数校正级难以分析。实验室的实际测量提供了下面的经验法则：与单级升压功率因数校正级相比，交错技术使输出电容有效值电流减半。

13.2.6 交错式多相变换器

交错概念可任意扩展到各个功率模块输出电压不同的情况。以LM2647为例，显然，其输出电容不能共享。但芯片供应商宣称输入电容有效值电流的极大改善就是多输出交错结构的贡献。理论上如何才能准确证明输入有效值电流降低了呢？方法是两个功率模块都施加最大额定负载，并计算输入电容波形有效值。的确，与完全分立的功率模块相比，交错能减小输入电容尺寸。但仔细分析会发现，“有效值减小”是误导。因为如前所述，必须小心对待输入与负载都是极值，但应力并非最大值的情况。实际上，电容有效值电流刚好属于这一类。这种情况下，如果一路输出卸载，仅另一路有载（最大负载），得到的输入电容有效值电流一般要比两个输出都是满载时更高。所以，能真正得到什么结论呢？什么都得不到。除了逻辑问题，多输出共享一个输入电容时，不能避免两个输出模块的交叉耦合。例如，一个输出突然加载，输入电容电压会出现一些波动，而且因为该输入电容也是另一功率模块的输入电容，所以这些波动也会传输到另一模块的输出上。这称为交叉耦合，唯一的解决方案是分别提供完全分立的输入电容，并放在非常接近各功率模块输入的位置上，而且在高频时，要么通过较长的印制电路板引线，要么通过实际的输入电感将这些电容分开，一般在输入电压源的中性点与印制电路板连接处还会放置另一个大电容。换句话说，多输出交错式变换器的“优势”在实践层面上几乎不存在。这种情况下，产品定义本身也有缺陷。LM2647的数据手册确实是其作者撰写的，其中也指出了上述产品定义问题，并做出了相关解释。

13.3 第3部分：交错式降压变换器中的耦合电感

概述

迄今为止，仅讨论了两个功率模块（两相）在端口互联的结构，这会对输入和输出电容产生（有益的）影响。这就是图13-7中的例C。两个模块都有电感，因此各功率模块依然完全独立。这就是电感电流纹波频率仍然是f，不是$2f$的原因。可以看出，如果能在两个电感之间建立某种联系，不让它们相互独立，那么交错（耦合）的效果就可经由电感表现出来。实践中唯一可行的方式是非物理连接，即磁耦合。

该领域是现代电压调整模块（VRM）中一个非常有趣的领域。多相变换器经常具有磁结构专利，正在变得越来越普遍，它能在 1V 以下的电压水平上满足现代微处理器（μP）芯片巨大的 d*I*/d*t* 需求。其电压调整模块的限制条件略有不同。当然，效率始终是重要的，因为大量的数据处理装置是电池供电的。除此以外，最重要的是非常严格的电压调整和极快的暂态响应（响应负载突变时超调或下冲最小）。另一个研究重点是怎样使电压调整模块结构紧凑。因此，若干绕组共绕在一个磁芯上是理所当然的。注意，其实不必太关心电压调整模块的输出电压纹波（即μP 芯片的输入纹波），因为一般供电对象不是对噪声极其敏感的模拟芯片。而且，任何情况下，若特定功能确实需要就地提供平缓的输出电压，则可以通过主输出上串联小的后级滤波器（LC 或 RC）来实现。

有多种方式实现电感线圈的耦合。然而，为了避免不必要的冗长讨论，下面将焦点集中在目前流行的称为反向耦合的技术上。而且，此处仅讨论两相变换器。但是，一旦理解了这些概念，就很容易扩展到 *N* 相变换器。最初的讨论仅限于分析更常用的不重叠开关波形（对于两相变换器，*D*<50%）。但最后，也将覆盖到重叠开关波形领域（*D*>50%）。

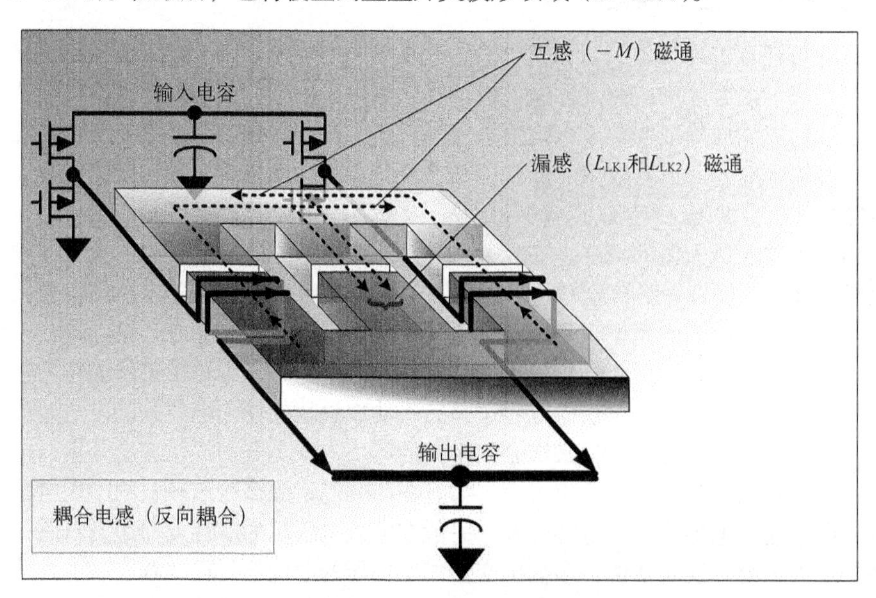

图 13-11　耦合电感磁路分析

在进行一些相当复杂但不可避免的数学计算之前，图 13-11 先演示了反向耦合的实际实现方法。图 13-12 又解释了直接耦合和反向耦合方式。以下列出的是拓展相关概念和想法时需要关注的重点：

- 注意图 13-11 中的绕组方向。部分磁通从一个绕组进入另一个绕组，但与另一个绕组产生的磁通相反。相反的磁通（在外部磁柱上）并不会一致增加或减小，因为它们彼此反相（交错）。但因其方向相对，确实是反向（相反）耦合。
- 一般会在（两个）外部磁柱上开一定气隙，但有时也在中间磁柱上开不同长度的气隙。例如，通过增加中间磁柱上的气隙，能使更多磁通流经外部磁柱，并增加（反向）耦合量。这是一种调整（微调）耦合系数 *k* 的方法。可将磁通想象成管中之流水。若堵一管，水就会被迫流向另一管。气隙大小相当于管径压缩量。

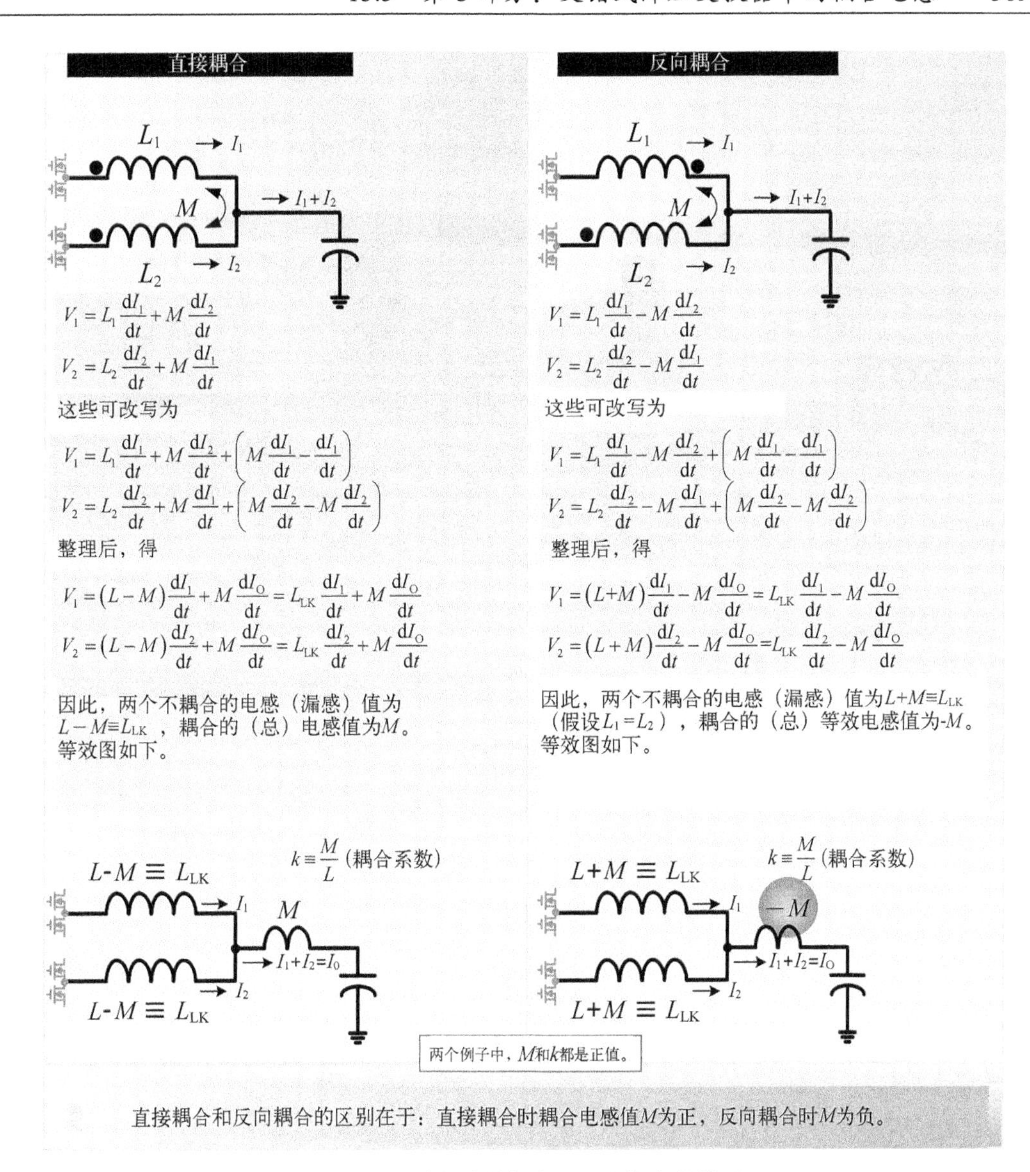

图 13-12 分析直接耦合和反向耦合的模型

注意 后续图中（图 13-15 的 Machcad 文件），将用 α 表示耦合系数，以避免与表示一千的 k 混淆。

- 图 13-12 介绍了一种耦合电感的简单模型。M 是互感。切记，这只是有助于更好理解耦合电感的众多模型之一。有些模型甚至令人生畏。更何况没有一个模型是完美的，各有优缺点。有些是不对称模型，甚至难以理解。例如问题是：为什么两个假设一致的电感看起来是如此不同。该简单模型中，L 与 M 之间的结点是虚拟结点。某种意义上，可凭借虚拟手段理解现实问题。这就是除了为后续分析找出起始点方程以外，并未真正采用模型分析的原因。
- 图 13-13 列出了与图 13-12 中反向耦合相同的方程，并实际分析了场效应管开关时 V_1 和

V_2（各相电感电压）的真实关系。按照电感电压，可区分出四种状态（称为 A、B、C、D）。当然，D 实际上与 B 一致（根据电压 V_1 和 V_2）。换句话说，B 计算的结果都适用于 D。因此，只有三种，不是四种，不同状态需要进一步分析，即 A、B 和 C。

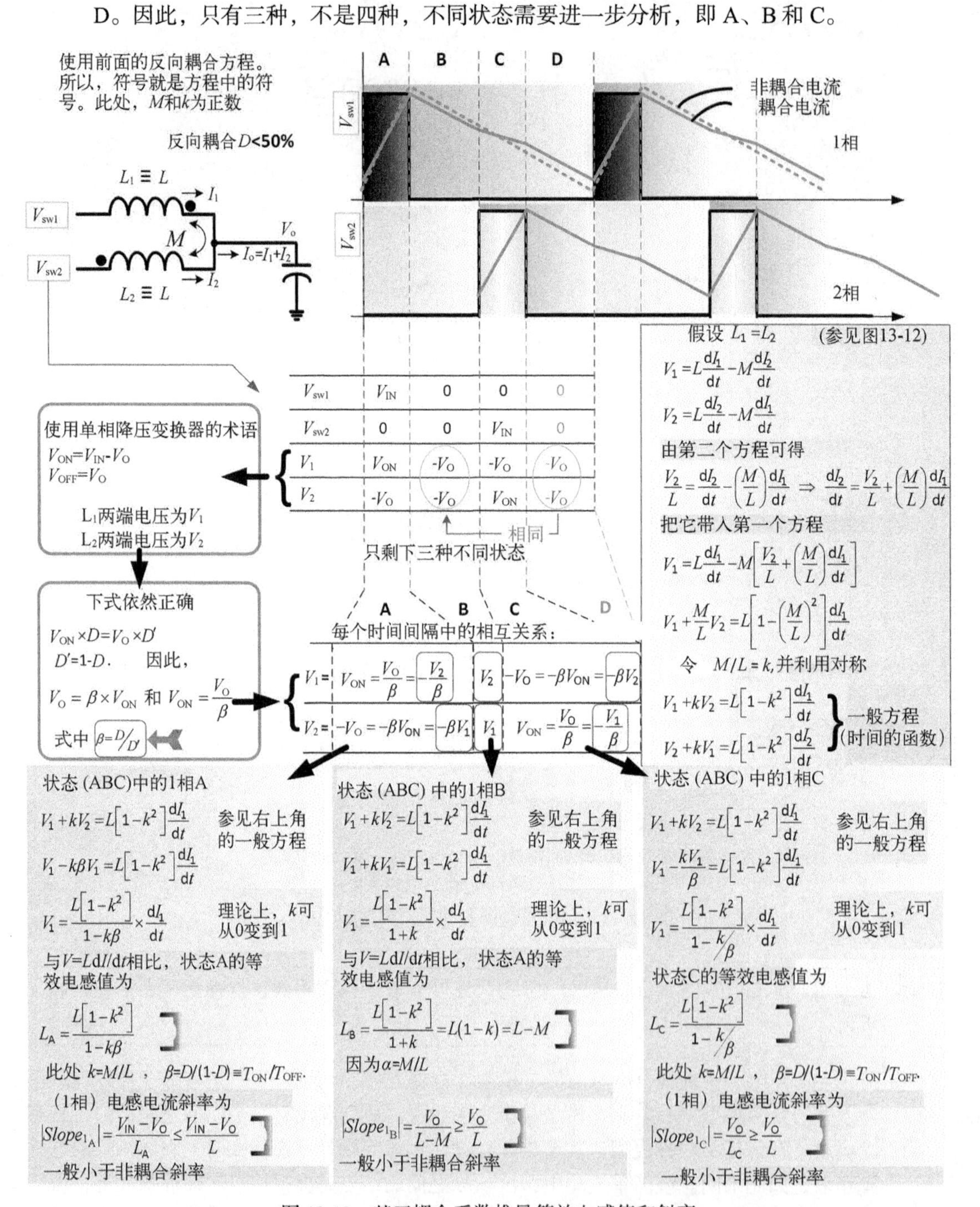

图 13-13　基于耦合系数推导等效电感值和斜率

- 由反向耦合方程可知三种状态（A、B 和 C）下互感的影响。而且，这三种状态下（真实）电感的实际电压已知。注意，此时可将真实（实际）电感与反向耦合模型联系起来。于是发现，这三种状态下，简单方程 $V=LdI/dt$ 看似不再适用。换句话说，（反向耦合方程给出的）斜率与假设的电感 L 值不再匹配（因为绕组之间相互影响）。

- 上述问题需要解决。现在，如果以某种方式人为地让 $V=LdI/dt$ 仍然适用，那就需要重新定义或重新描述电感（因为 dI/dt 和外加电感电压已知）。于是，基于 $L=V/(dI/dt)$，可以写出三种（或四种）状态对应的等效方程。称为 L_A、L_B 和 L_C（已知 $L_D=L_B$）。图 13-13 给出了这三种状态下的等效电感方程。注意，由等效电感方程的推导可知，这些电感值适用于 $D>50\%$ 的情况，稍后将讨论（参见图 13-16）。
- 图 13-14 利用等效电感概念计算了耦合产生的输出电流（总）纹波变化量（耦合与非耦合情况相比）。得到

$$\text{纹波变化量}=\frac{\text{耦合的输出纹波峰峰值}}{\text{非耦合的输出纹波峰峰值}}=\frac{1}{1-k} \tag{13-19}$$

这是流入输出电容的总输出电流纹波。k 从 0（非耦合）变到 1（最大耦合）的过程中，输出电流纹波一直大于 1。因此，与非耦合（交错）情况相比，（反向）耦合始终会使总电流纹波（即输出纹波）更大。这似乎可以理解，即使不希望如此。因为某种程度上，反向耦合抵消了部分电感量，所以会使预期纹波更大。正如所述，只要还在调整窗口内（如本章第 4 节讨论的良好暂态响应和下垂调整法），现代微处理器是可以接受的。

- 由外向内看变换器，现在的电感确实看起来更小，这可由仿真证实。仿真进一步证实，电感值减小伴随着暂态响应的极大改善。这些都是希望得到的结果，因为众所周知，L 和 C 越小，充放电越迅速，不会妨碍快速向负载传输能量（正 dI/dt）或从负载吸收能量（负 dI/dt）。可以做一些更详细的几何计算（此处并未给出），得出各开关周期结束时的电流增量（ΔI_X），并与周期开始时的电流做对比，考虑负载突增的需要，占空比有一个小的突增。结果引用如下：

$$\left(\frac{\Delta I_X}{\Delta D}\right)_{\text{CPL}}=\frac{V_{\text{IN}}}{L_B\times f} \tag{13-20}$$

确实令人惊奇，含 L_A 和 L_C 的项被抵消，仅剩下含 L_B 的部分。研究人员报告说暂态响应改善已经通过仿真证实，并给出了直观的解释，但解释和理解都不容易。注意，如果电感没有耦合，会得到（若 $k=0$，则 $L_B=L$）

$$\left(\frac{\Delta I_X}{\Delta D}\right)_{\text{UCPL}}=\frac{V_{\text{IN}}}{L\times f} \tag{13-21}$$

因此，暂态响应改善了

$$\frac{(\Delta I_X/(\Delta D))_{\text{CPL}}}{(\Delta I_X/(\Delta D))_{\text{UCPL}}}=\frac{L}{L_B}=\frac{Ł}{Ł(1-k)}=\frac{1}{1-k} \tag{13-22}$$

这就是（总）输出纹波的增加系数，是有意义的。而且，因为 k 在 0 和 1 之间，耦合的暂态响应一定好于非耦合时的情况。例如，设置 $k=0.2$，响应会改善 25%。为此，文献中常把 L_B 称为暂态等效电感。直观上，可认为它是输出等效电感。当负载突变时，它看似变成一个更小的电感 L_B。

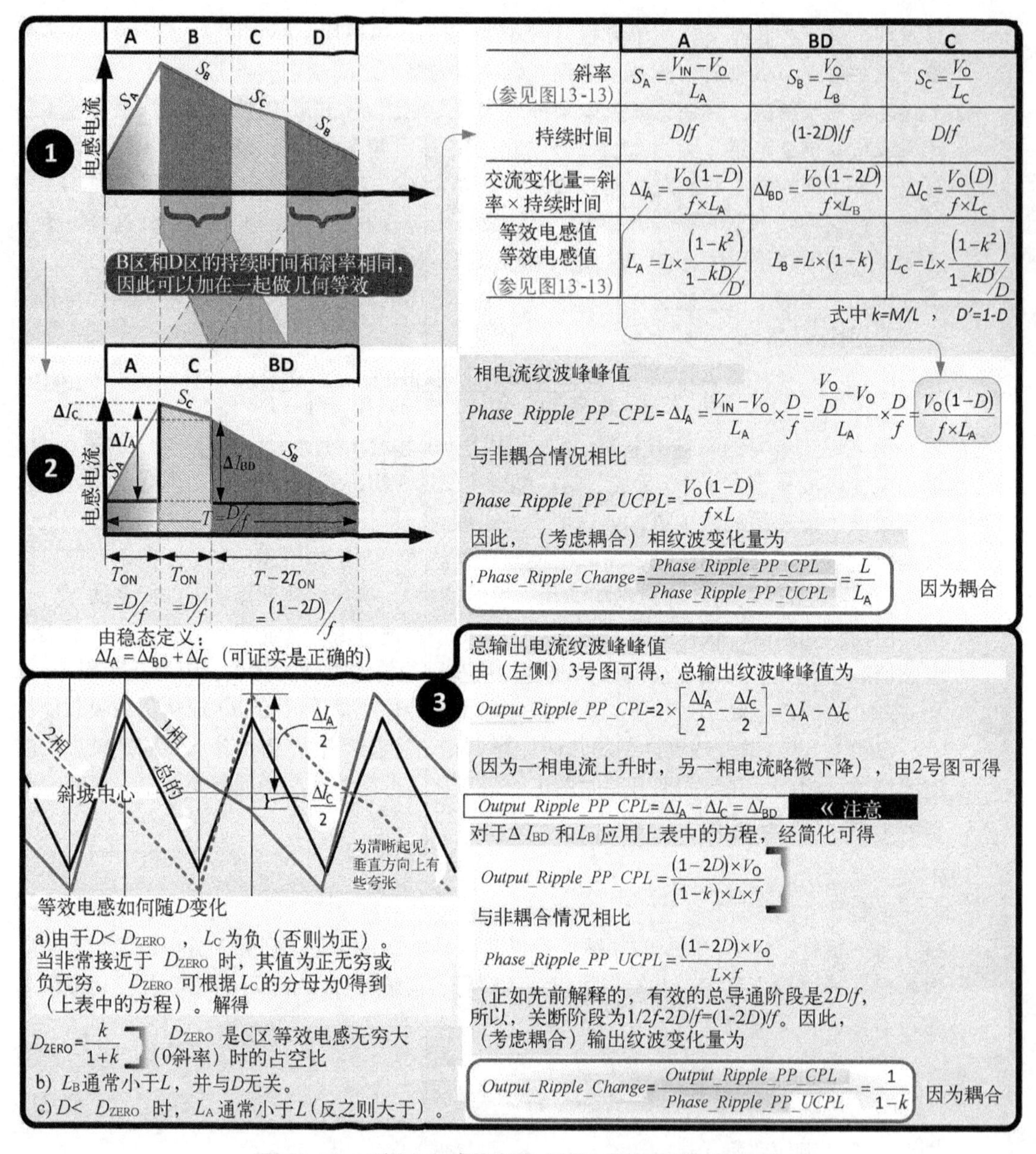

图 13-14　有耦合电感的交错式降压变换器的纹波方程

- 可以看出，暂态响应良好，但总输出纹波变大，系数为 $1/(1-k)$。注意，只有与同样的交错式降压变换器相比较，电感值相同，只是完全没有耦合（即 $k=0$）时，这种说法才成立。然而，仅通过减小每相电感的 L 值使其接近 L_B，并坚持使用简单的非耦合电感就能得到相同的结果吗？是的。但这里有一件奇怪的事涉及了所有事情。一般来说，当电感值减小时，输入电容有效值电流和开关管有效值电流增加（因为得到的波形更尖）。耦合电感情况下，因为耦合，各相纹波实际上减小。由图 13-14 可知

$$相纹波变化量=\frac{耦合的相输出纹波峰峰值}{非耦合的相输出纹波峰峰值}=\frac{L}{L_A} \tag{13-23}$$

因此，只要 L_A 大于 L，每相电流纹波就减小。令人惊奇的是，每相纹波与（前面提到的）减小的等效输出电感 L_B 无关，反而与 L_A（导通阶段的等效电感）有关。这使得相电流的尖峰减小，并导致开关管有效值电流和输入电容有效值电流减小。从直观上看，开关管和输入有效值电流减小与较小的电感值并不相符，反而与更大的电感值相符。按照相纹波表达式的描述，尽管为了获得良好的暂态响应，输出电感值会减小，但效率能够改善。为此，文献中有时把 L_A 称为稳态等效电感。直观上，可认为它是输入等效电感。但 L_A 比 L 大多少呢？由图 13-14 可知，关系是

$$\frac{L_A}{L} = \frac{(1-k^2)}{1-(kD/(D'))} \tag{13-24}$$

这意味着可对降压变换器的场效应管应用一般的开关管有效值电流方程（参见图 7-3）

$$I_{RMS} = I_L\sqrt{D\left(1+\frac{r^2}{12}\right)} \tag{13-25}$$

其中

$$r = \frac{V_O}{I_O \times L \times f} \times (1-D) \tag{13-26}$$

为了计算交错式耦合电感降压变换器的开关管电流纹波有效值，需设 $I_L \to I_O/2$ 和 $L \to L_A$。

- 图 13-15 绘制了等效电感图。可以看出，L_B 始终小于 1（即 L），这表明更好的暂态响应来自于耦合。但 L_A 仅在一定阈值（称为 D_{ZERO}）之上大于 1（即 L）。下面将详细分析。
- 由图 13-15 可知，L_B 始终小于 L，正如预期。至于 L_C，实际上在低于一定占空比时它为负值，在一定阈值 D_{ZERO} 之下时也是如此。注意，电感值 L_C 决定了相纹波电流波形波动的斜率（参见图 13-13 的 C 区），波动方向取决于 L_C 的符号。正好在 D_{ZERO} 处，L_C 从正无穷大变成负无穷大。这意味着 C 区电流从负零斜率（略微向下）变为正零斜率（略微向上）。在 D_{ZERO} 处，电流是平的（0 斜率）。注意，图 13-13 假设 C 区相电流波形连续下降。若 L_C 为负值，则波形本身下降并不严重。但由图 13-14 可知，小于 D_{ZERO} 时，L_A 小于 L。如上所述，L_A 是稳态等效电感，这意味着耦合电感的相纹波现在比非耦合电感的相纹波严重。这就丧失了耦合的一个主要优势（除非使用较小的非耦合电感使暂态响应更快速）。为了提高效率（并减小开关管和输入电容的有效值电流），只能一直在 $D>D_{ZERO}$ 区域运行。这意味着 L_C 必须为正，并且相电流波形看起来要与图 13-13 和图 13-14 中的波形类似。C 区电流波动方向不应向上（正斜率）。图 13-13 推导了 D_{ZERO} 方程

$$D_{ZERO} = \frac{k}{1+k} \tag{13-27}$$

可解得最大耦合系数为

$$k_{MAX} = \frac{D}{1-D} \equiv \frac{D}{D'} \tag{13-28}$$

图 13-15 给出了 k 的最优值，它是 D 的函数。

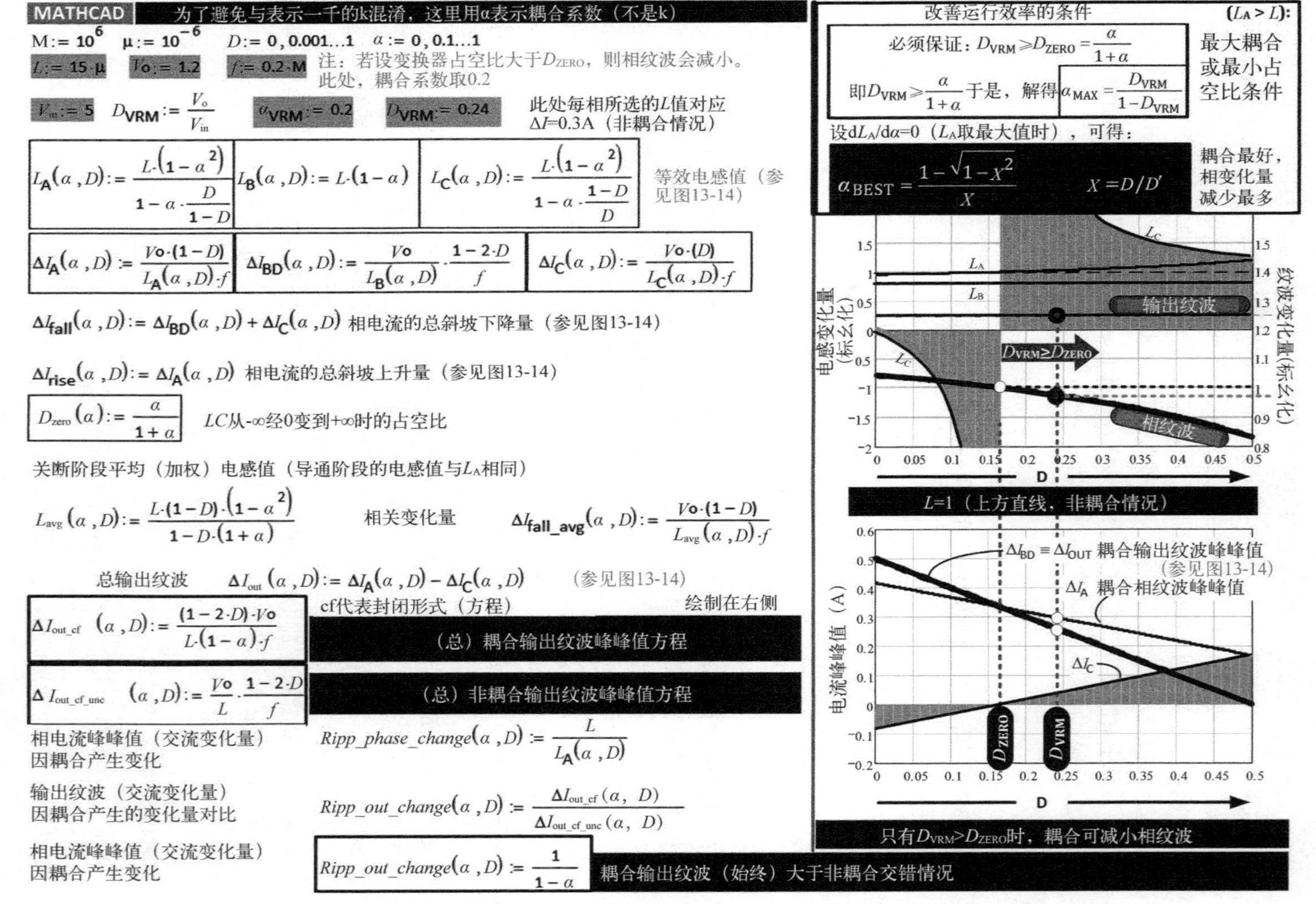

图 13-15 用 Mathcad 绘制耦合电感降压变换器在 $D<50\%$ 工作时的等效电感变化量和纹波

- 实际上，若令 L_A 的分母为 0，可得出另一种边界条件，但要避免奇异点。结合避免 L_C 分母为 0 的约束条件，最终可定义一个反向耦合电感的可用工作区。最终结果是稳态时的电压调整模块占空比永远不能超出下列边界条件：

$$D_{ZERO} < D_{VRM\_SteadyState} < 1 - D_{ZERO} \quad \Leftarrow \tag{13-29}$$

注意，正如有时把 $1-D$ 称为 D'，也可以把 $1-D_{ZERO}$ 称为 $D_{ZERO'}$。

- 图 13-15 也给出了一个算例。200kHz 的电压调整模块，电压从 5V 降至 1.2V，使用耦合电感（k=0.2），每个电感值为 15μH。因此，占空比是 1.2/5=0.24。可从上述方程计算出 k_{MAX}=0.32。问题是：如果耦合系数超过该值会发生什么呢？观察示波器波形会看到，C 区 1 相的电感电流部分是在上升，而不是下降。这可由 2 相开关管导通时引起的耦合增加来解释。因为 2 相开关管导通时，2 相绕组磁通变化率为正，但 1 相绕组磁通变化率为负（减小）。因为磁通变化率始终相反，可在 1 相电流下降率突然减小，或者在最恶劣工况下，电流变化率甚至增大时，使其磁通保持稳定。但如此高的耦合使得等效输入（稳态）电感 L_A 要比非耦合情况下的电感 L 小。因此，如前所述，耦合情况的效率要比非耦合情况低。这显然不是一个好的工作方式。
- 图 13-16 使用了与图 13-15 相同的算例，将分析扩展到 D>50%的区域，展示了全输入范围内所发生的变化。关键结论如下：
  (1) 图 13-13 的等效电感推导适用于 D>50%的区域，因此那些方程仍然有效。
  (2) 各区域中的各时间段按 $D \leftrightarrow D'$ 简单循环，因为将任何 D<50%时的导通阶段开关管波形垂直翻转都会得到 D>50%时的开关管波形。必须注意，虽然与 D<50%时（垂直翻转）的电流波形相比，D>50%时的电流波形看起来非常类似，但两者幅值不同。必须记住，对于电感而言，D 增加始终代表着输入电压下降，因此外加伏秒积也减小，这会导致更小的斜率。所以，自然希望 D 从接近于 0 增加到 1 时，纹波（交流变化量）逐渐减小。（观察 D_{ZERO} 和 D_{ZERO}' 之间的区域）还会看到，相纹波不仅比非耦合情况下更小，而且当 D 增加时情况会变得越来越好。

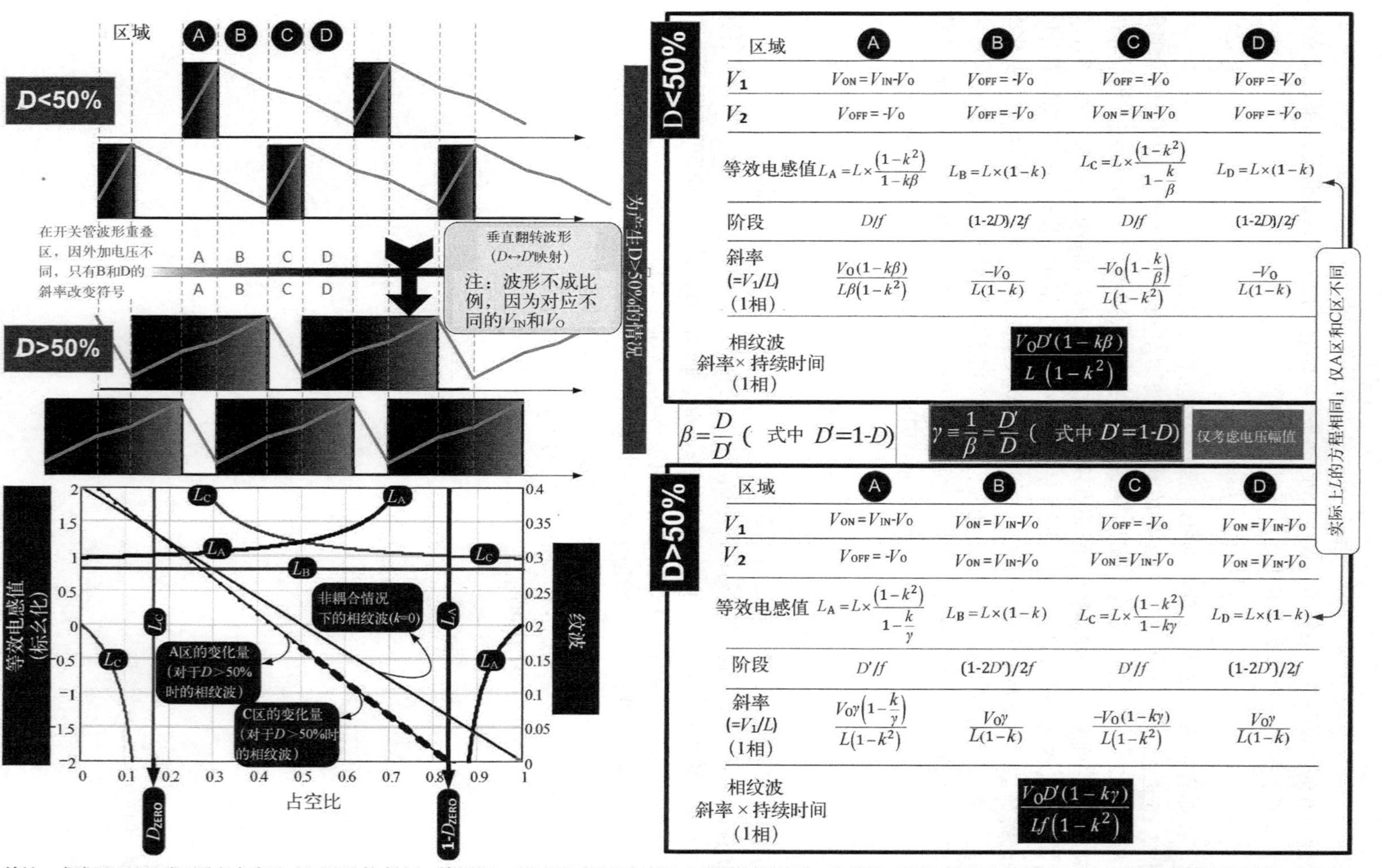

结论：根据$\beta=D/D'$列写所有占空比小于50%的方程，并根据$\gamma=D'/D$列写所有占空比大于50%的方程，这样就可以很容易地比较$D=0.5$边界条件上的数值结果。因为关于$D=0.5$对称，β在数值上与γ相等。例如，$D=0.2$时，$\beta=0.2$；$D=0.8$时，$\gamma=0.2$。也可看出，D从0变到1时，等效电感的基本方程不变。但如果D增加，那么（对于给定输出电压）输入电压下降，所以相纹波减小，正如非耦合情况，但实际上比非耦合情况下降得更快

图 13-16　将耦合电感降压变换器分析扩展到 $D>50\%$（开关管波形重叠）

13.4 第4部分：并联变换器的负载均流

13.4.1 被动式均流

半导体供应商经常发布评估板，如独立的5V/5A同步降压变换器等。许多缺乏经验的工程师们常常想用两个“相同的”电路板强制并联来获得5V/10A的输出。这不但绝对行不通，而且工程师们还会发现，无论他们如何愤怒地向客服抱怨，都得不到想要的输出，反而有可能连5V/5A都再也得不到。

出现这些奇怪表现的根本原因是两个变换器存在“细小”差别。切记，各反馈环路的误差放大器都试图将输出调整为设定值（参考值），其增益一般都设计得很高，能把输出调整到与设定值仅差几毫伏。因此，误差放大器将设定输出与瞬时输出之间的现有误差极大地放大，很像一位修表匠在高倍显微镜下检查细小问题，并进行修复。两个变换器的设定输出电压自然会有一些差别，因其电阻分压器（如果有）、内部基准等具有公差，这些设定值也随温度变化。因此，两个输出连在一起时，对于一个反馈环路是自然（合适、正确）的输出电压，可能会在另一个变换器的反馈环路中产生巨大的内部误差。两个环路会为谁来决定最终的输出电压而“争斗”。如果输出适合其中一个，另一个就会以占空比的较大波动来“抱怨”；如果适合另一个，前者也会“抱怨”。事情能否平息取决于实际使用的电流检测结构，但通常做不到。最好的情况下，那个奇怪而又不稳定的“稳态”只出现在上电之后。一个（具有最高设定输出的）变换器最初总是试图分担更多的负载电流，但很可能会触及内部电流（或功率）限制。此时，其输出电压将停止进一步增加（在一些电流检测结构中，还可能会折返）。于是，另一个变换器随机应变，传输其余所需的负载功率。当然，如果它在中途也遇到电流限制，就会使输出下降，除非有另一个未达到电流限制的并联模块来弥补。多模块并联可能会一直以下述方式工作，即一些模块受到电流限制（它们具有较大的设定输出或较低的电流限制），而另一些则没有。但这样无法达到计算的（预期的、理想的）全部功率。例如，两个25W模块得不到50W，至多是30W~35W。即使这样的情况可以接受，电流受限的模块也没有增加电流的裕度，总变换器的整体暂态响应可能也不好。而且，如前所述，若一些模块带有滞环控制或折返式的电流限制（如同步变换器低端电流检测中，有几个周期因触及电流限制而使最大电流减小），则这两个功率模块甚至会无止境地嗡嗡响，每一个都在不懈地追求稳态运行。这种情况下不可能均流，甚至连“稳态”都难以实现。

注意，后续讨论的重点将明显转移到用几个变换器简单并联来获得一个大功率输出，并且不考虑同步或交错。其主要目的是合理分配印制电路板上的损耗，如有必要，甚至要加几个散热片来保证大功率应用。此处暂且不考虑效率，但确实希望能有一些附加功能，如可扩展性。假设完美均流已经以某种方式设法实现，现在想用4个25W模块并联实现一个100W输出，或用6个并联实现150W，用8个并联实现200W，以此类推。这就是基本的可扩展性。也可设计一些冗余，即事前考虑有一个单元在现场失效的可能性。因此，先用5个25W模块并联实现100W。正常情况下，每个模块预期仅传输100/5=20W（自动地）。然而，若一个单元失效，则系统（显然）有望完全切除该模块，并立即重新分配负载，现在每个模块都要传输全部的25W。为避免停机，该转换必须是既容易又自动的。注意，切除失效模块意味着从输出端的两条电源线上切除它（这样才不会把输出拉下来），并且要从共享的信号线上切除它，尤其是从稍后介绍的均流母线上切除它。在所有输出汇总成一个大输出前，一般要关注每个输出端都有的逻辑或结构的肖特基二极管。有许多方法来补偿调整回路中额外的二极管压降；但是，除非放弃冗余，否则效率降低不可避免。现在需要详细分析。

先从前面遗留的均流问题开始分析，回头看图 13-7。例 C 中同样假设两个功率模块以某种方式等分负载电流。但为什么想要，亦或应该实现完美均流呢？有特殊理由吗？回答这个基本问题之前要注意，与上述直接分析不同，例 C 隐含假设仅有一个反馈环路工作，检测正常的输出电压，并对两个变换器的占空比产生（同等）影响。两个变换器的驱动脉冲实际上是绑定的（成组），虽然它们交错传递。因此，这种情况下，并没有独立的反馈环路进行调整。不过，纵使例 C 中只有一个简化的反馈环路，均流仍不会自然发生。因为所谓“相同的”功率模块之间有太多微妙的不同。

要解决这个问题，首先要问：如何保证两个功率模块的占空比完美一致呢？因为两个功率模块中，即使各控制场效应管的实际栅极脉冲宽度、高度完全一致，两个场效应管最终的占空比也会不同。占空比是指场效应管实际驱动电感的时间，而不是（试图）驱动场效应管的时间。所有“相同的”场效应管都有细微差别。例如，如第 8 章所述，栅极输入存在（内部）有效的 RC，会产生固有延时。而且，场效应管的阈值（栅极导通电压）也略微不同，诸如此类。于是，功率变换过程中，实际有效的占空比会多少有些变化。D 的变化量从数值上看可能很小，但足以导致电感电流显著不同。

接下来要问：对于给定输入和输出，什么是自然占空比？由第 5 章可知，因为寄生参数（漏源电阻 R_{DS}、绕组电阻等）略微不同，所以某一输入电压和某一输出电压之间建立的自然占空比也会变化。自然占空比在某种程度上还取决于负载电流，因为负载电流影响寄生参数导致的正向压降，反过来也会影响自然占空比。下面给出的是含直流电阻和漏源电阻的非同步降压变换器的占空比方程

$$D=\frac{V_O+V_D+I_O\times DCR}{V_{IN}+V_D-\left(I_O\times R_{DS}\right)} \tag{13-30}$$

由上式也可解出 I_O，并得出与外加占空比和输出电压（和稳态输入）对应的电流。

$$I_O=\frac{DV_{IN}-V_O-(1-D)V_D}{DCR+R_{DS}D} \tag{13-31}$$

实际上，对于给定输出电压，负载电流越大，占空比越大，反之亦然。但对于给定占空比，输出电压越小，对应的电流越大。

因此，图 13-7 中的例 C 具有固定输入电压和占空比。然而，由于内在差别，两个并联变换器的自然输出电压不同。不过，它们进一步绑定成一个输出后，会产生新输出电压（两个电压的一种平均）。实际上，这个受迫产生的新输出电压显然完全不是两个原有电压中的任何一个。为了便于讨论，假设实际输出碰巧比功率模块 2 的自然输出略低，又碰巧比功率模块 1 的自然输出略高。首先，考虑功率模块 2。实际输出电压超过了其自然输出。已知其占空比和输入固定。唯一可能改变的就是流过它的电流。由前面方程可以看出，略低的（自然）输出电压对应的电流更大。因此，功率模块 1 最终流过的电流要比良好均流时更大（同时，功率模块 2 试图纠正自身欠压，流过的电流减小）。结果是功率模块 2 的自然输出电压不断减小，而功率模块 1 的自然输出电压不断增大，直到两者最终的实际电压一致。稳态得以保证。但显然，它们并没有合适地均流。就功率模块的差别而言，这就是满足基尔霍夫定律的代价。

一种更直观的解决方案是让功率模块 1 的自然输出比目标输出值更高。于是，电流增加导致寄生压降增加，从而使输出电压准确降至目标值。类似地，功率模块 2 的自然输出要比目标输出值更低，于是，电流减小导致寄生压降减小，从而使输出电压准确增至目标值。

然而，与其依靠寄生参数改变压降，不如调整输出实现稳态，也可以在两个变换器的正母线上外加电阻，这样有助于实现快速稳定。实际上，外加电阻越多，均流效果越好，但效率明显降低。也可以应用所谓的下垂调整法，该方法甚至适用于具有独立占空比的完全分立的功率变换器。下垂调整早在第 9 章（参见图 9-7）的电压调整部分就提到过。但要注意，应用下垂电阻调整电压时必须小心，检测每个变换器的电压应该用左侧的下垂电阻（参见图 13-17，图中的下垂电阻称为 R_{SENSE}）。但这会引起（负载上的）输出电压减小。然而，因为并不知道先前变换器的初始效率，所以并没有简单的方式来计算引入这些下垂电阻对整体效率的影响。可是，假设引入这些下垂电阻之前，降压变换器的效率为 100%，就可以定义最大效率点。图 13-17 的 Mathcad 工作表定义了下垂。可以看到，最大效率损失和下垂百分比的方程实际上相同。因此，通过作图可以证明它们确实相符。还可以看到，下垂电阻增加时，均流效果改善。同时，曲线存在一个拐点，超过该值后均流效果不再改善，但效率损失几乎仍在线性增加。所以，下垂电阻的最优值如下

$$R_{\text{SENSE\_RECOMMENDED}} = \left(\frac{\Delta V}{10 \times I_{\text{LOAD}}}\right)^{1/2} \tag{13-32}$$

注意，这是一个一看就懂的方程，基于最初估计的两个变换器可能的输出电压差（最恶劣工况）。例如，现有 5V/5A 模块，可能的输出偏差范围为 4.75V~5.25V，对于 5V 额定值而言，可能的 ΔV 最大为 0.5V。通常需要非常大（不实际）的下垂电阻与该模块并联才行。一个更好的选择是人为调整该并联变换器的输出，使它们互相非常接近，这样就可以用小得多的下垂电阻均流。若非如此，被动式均流法就没有效果，而且不实用或不实际。

附注：是的，被动式均流采用第 12 章讨论的电流模式控制效果会更好，因为电流已经作为标准电流模式控制实现方法的一部分被逐周期监视（虽然在芯片内部）。但要检测每个变换器的电流。而且，与传统与电压型运算放大器相比，使用跨导放大器作为反馈环路的误差放大器明显有助于实现均流。原因是：使用跨导运算放大器时，反馈环路完全是外部的，而不是局部的。局部的意思是误差放大器的输出直接连到输入引脚，不经过变换器。图 12-12 及其相关章节给出了解释。因为输入引脚上的压差较小，这种运算放大器不容易饱和。实际上，可以把多个功率模块中的跨导运算放大器反相输入引脚连接在一起，这并不会引起严重的问题。因此，基于下垂调整的（被动式）负载均流应用中推荐使用跨导运算放大器。

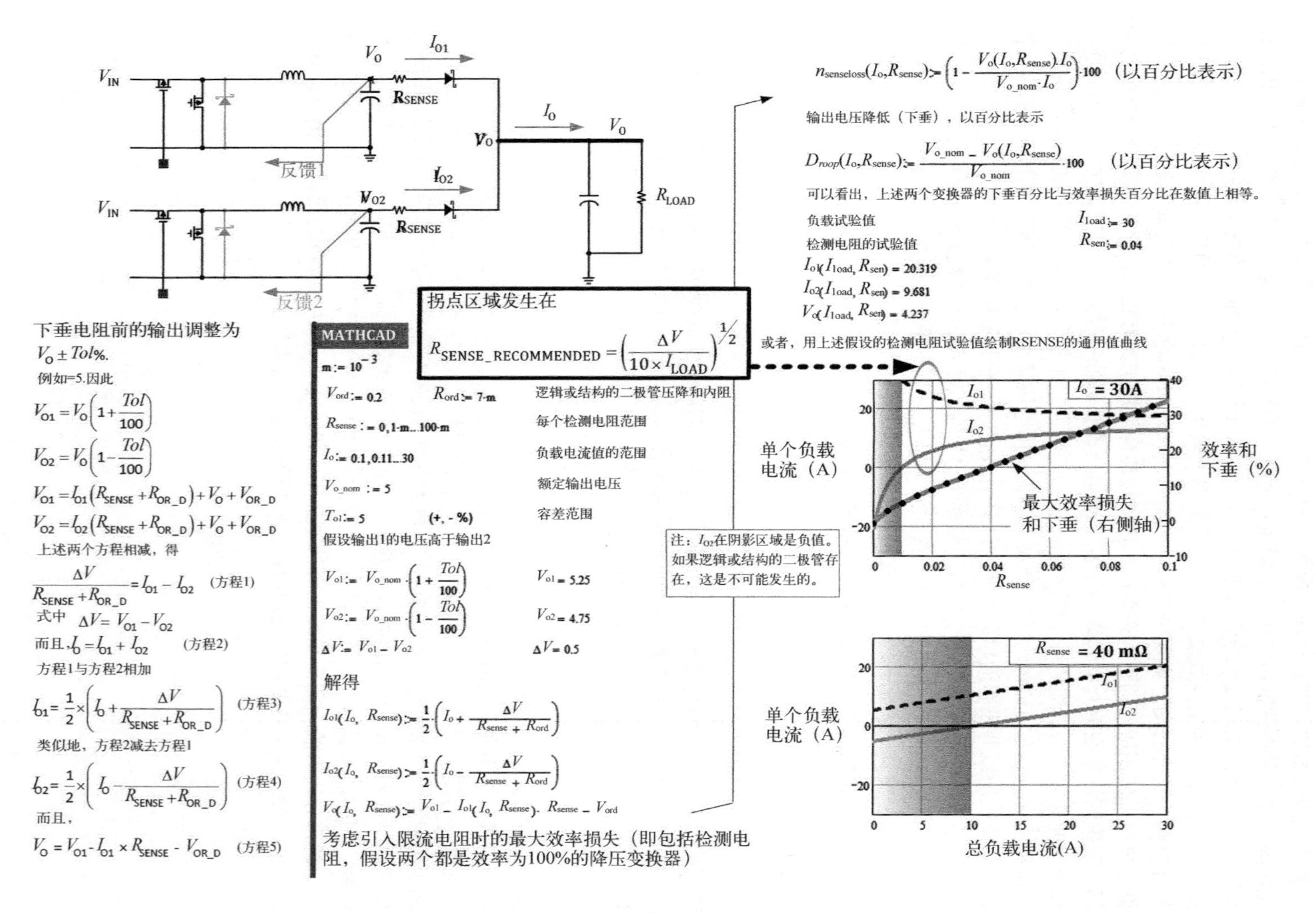

图 13-17 并联功率变换器的下垂调整法（被动式负载均流）

13.4.2 主动式负载均流

产生不均流的原因五花八门，非常之多，不可能每一种都单独处理。但可以做到：(1) 留意不均流现象；(2) 强制纠正。这意味着需要持续监视每一个模块的电流，并相互比较，如果均流效果不好，就要强制改变问题模块的实际占空比。相应地，也可以改变模块的参考电压。模块之间需要共享检测信息，这样就可以使每一个模块知道它与其他模块相比脉冲"过宽"。还希望模块到模块之间单线联系（当然，所有模块也是共地的，因为单线不可能在电气上构成回路）。这条单线称为负载均流母线，这是大多数主动式负载均流模块的共同特征。实现方法有多种。下面从 1984 年肯·斯莫尔首创专利中的简化图表开始介绍，发明人当时就职于博世公司（Boschert），该公司后更名为 Computer Products 公司，然后是 Artesyn Technologies 公司，现为艾默生电气公司的子公司。美国专利号为 4 609 828。图 13-18 给出了非常简单的解释。均流母线代表所有模块输出电流的平均值。

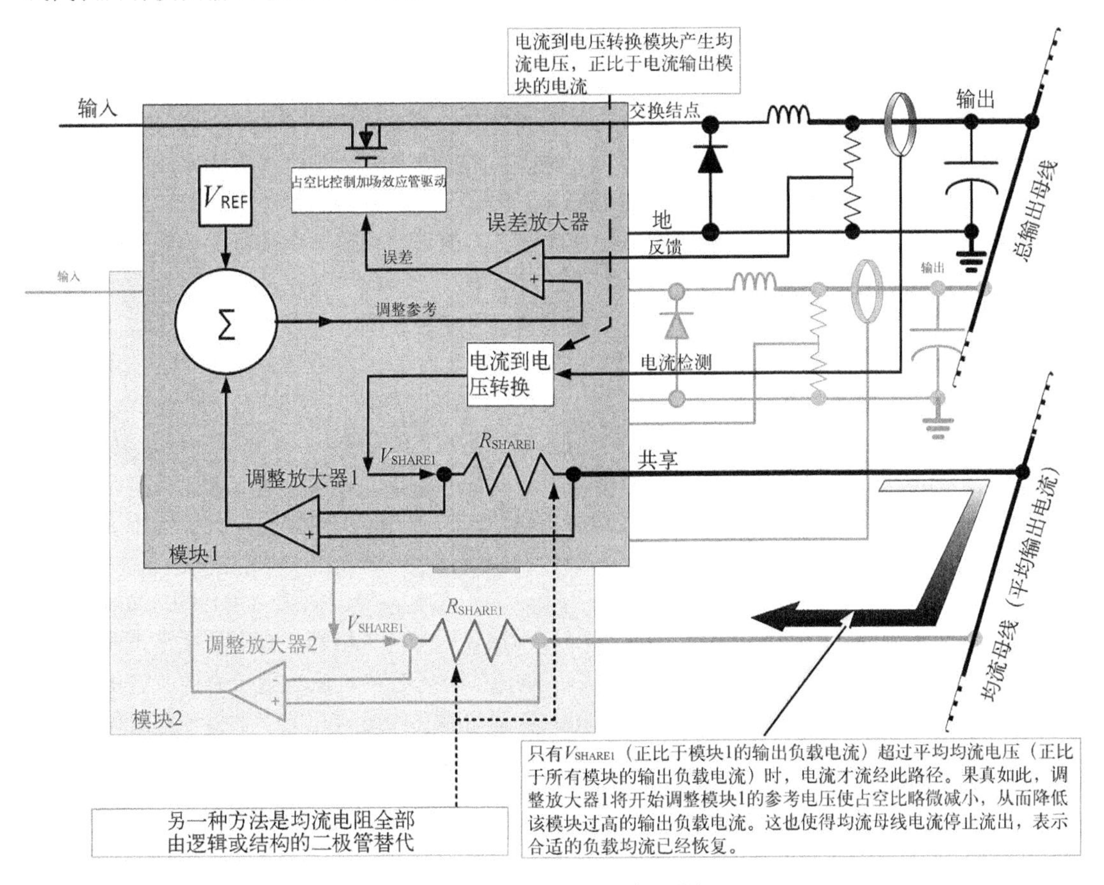

图 13-18 主动式负载均流分析

然而，为了避免侵犯知识产权，在随后的将原始专利商业化的过程中设计者们做了两件事：(1) 用均流二极管替代均流电阻；(2) 只允许参考电压向上调整（即只允许增大，不允许减小）。现在，均流母线不再代表所有模块输出电流的平均值，而是代表模块的最大输出电流。因为检测电流通过信号二极管（均流二极管）转换成电压，并连接成逻辑或结构。因此，最大电流模块中的或结构信号二极管正偏，同时，其他模块中的或结构信号二极管反偏。于是，主导模块自然成为主模块。注意，它成为主模块的主要原因是其（未变的）参考电压碰巧是所有其他模块的最大值。这就是成为主模块的条件。其均流二极管首先导通，并在其调整放大器的输入引脚上产生0.6V的压差，迫使调整放大器输出降低。这不会使主模块参考电压受到影响，因为如前所述，这种情况下，参考电压只允许调得更高，不允许调得更低，并且已知主模块开始工作时的参考电压最高。这就是设计思路，因为正偏模块的均流二极管已经提供了最大电流，所以将它作为主模块可以避免持续振荡和其他任何不稳定行为。注意，均流母线电压始终比主模块均流电压低0.6V（二极管压降）。

在原始专利商业化过程中，均流二极管替代均流电阻的基本变化产生了主从结构。如果一个模块失效，均流二极管的反向阻断特性就派上用场了。典型的模块失效情况下，坏模块的均流电压跌落，因此它自动“出局”，不会拉低整个均流母线的电压。其他模块继续正常运行，等于在自动任命的新的主模块领导下自动“收拾残局”。当然，假设每个模块在基本功率传输能力上都有足够的裕量来“收拾残局”。

再回到正常运行状态（没有失效）。注意，虽然其他（从）模块服从主模块的领导，但它们永远都达不到主模块的要求。最终，从模块能达到相互一致的均流电压，但该电压仍然比主模块的均流电压低一个二极管压降。这就是所发生的事实，因为它们的均流二极管最初反偏，所以它们的调整放大器输出最初被强制拉高。这使得它们的参考电压被调整得越来越高，因此它们向总输出母线提供越来越多的电流。该过程一直持续，直到它们的均流电压等于均流母线电压。此时，它们的参考电压不再被调高。但要注意，主模块的均流电压仍然比均流母线电压高0.6V，而现在的均流母线电压等于所有从模块的均流电压。因此，稳态运行时存在一个固有误差，主模块的输出电流与其他所有从模块的输出电流也略有差别，并不匹配。主模块始终比其他从模块输出更多的电流。从电流角度，固有误差基本上是0.6V除以实际的均流母线电压，因为检测电压正比于检测电流。

为了使上述误差最小化，Unitrode公司（现在的德州仪器公司）出品的UC1907/2907/3907芯片做了进一步优化。它们利用精巧的电路，有效消除了均流二极管正向压降，从实质上获得了理想信号二极管特性，既可以在需要时反偏，也可以在需要时正向导通，且正向压降为零。理论上可完全消除误差，实现完美均流。但这仅仅是理论上！实际上，具有碰巧类似（和稍高）的参考电压的从模块一直在争取变成主模块。因此，为了避免持续振荡，UC1907/2907/3907芯片中故意引入了50mV偏置。现在，实际上不是用0.6V压降的二极管，也不是用零正向压降的二极管，而是用50mV压降的二极管。这保留了均流二极管替代均流电阻带来的所有优势，并且（几乎）没有劣势。这解释了Unitrode公司的负载均流芯片成为几十年来整个负载均流工业主力军的原因。例如，本书写作时UC3907仍在生产，没有淘汰。但除此之外，已经出现了一系列类似的器件。

第 14 章

AC-DC 电源前级电路

14.1 概述

AC-DC 电源前级电路经常被忽略或轻视，但却是最具设计技巧的部分之一，它能够决定整个装置的成本、性能和可靠性。

典型的小功率应用电路应该是所有现有的前级应用电路中“最低级的”。在未经训练的人看来，该电路只是一个由四个二极管组成的简单的（全波）整流桥，后面接了一个廉价的大容量铝电解电容。该电路的功能不言而喻——经整流桥整流，大容量电容滤波后获得的电压基本上就是高压 DC-DC 开关变换器（或基于变压器的派生拓扑）的输入电压。注意，在该电路适用的功率范围内，开关变换器一般是指反激变换器。因此，该电路给人的第一印象也许是“廉价的和电能质量差的”。但是等一下，大容量电容的额定有效值是多少？预期寿命是多少？如何才能保证最小保持时间呢？难道忘了输入差模（DM）滤波器的扼流圈吗？扼流圈是否会饱和呢？为什么共模（CM）滤波器的扼流圈运行时非常热呢？（为了更好地理解输入滤波器如何抑制电磁干扰，可参阅第 15 章到第 18 章的内容。）另外，前级设计对于（脉宽调制）功率级变压器尺寸有何影响呢？稍后，这些问题将逐一解答，读者会逐渐认识到小功率前级设计既不廉价，也不是电能质量差的！

再来看中大功率 AC-DC 电源。通常，整流桥与大容量电容之间会有一个有源功率因数校正（PFC）级。有时会想当然地认为，功率因数校正级是一个普通的高压升压变换器，它将变化的（电网电压整流）输入电压升至稳定的 400V，形成后级正激变换器（或其派生拓扑）的输入。年轻的工程师们借助一些众所周知的功率因数校正芯片，如主流工业设计芯片 UC3854，很快就能了解其应用。是的，这些几乎是交钥匙工程的功率因数校正解决方案，对工程师们的帮助的确很大，尤其是方案中提供了丰富的设计说明。然而，设计完成是否就意味着真的对所有事情都非常清楚了呢？例如，怎样优化功率因数校正扼流圈设计呢？其损耗有多大呢？功率因数校正开关管的损耗是多少呢？二极管和开关管的应力有效值方程是什么呢？输出大容量电容所需的（纹波）电流额定有效值是多少呢？抛开细节，假设在基本理解层面上提出以下棘手问题：首先，DC-DC 变换器究竟是如何最终产生正弦波输入电流的呢？其次，这是否是所有标准 DC-DC 升压变换器在正弦波输入电压条件下的自然（容易做到的）行为呢？若非如此，要如何改变才能使之成为现实呢？起码能否自信地说，对于给定负载，与传统升压变换器相同，功率因数校正升压变换器的输出电流也是常数呢？正如本章第 2 部分所见，结论一点都不明显。

14.2　第 1 部分：小功率应用

14.2.1　充电和放电阶段

此处参考图 14-1 来理解电路的基本行为。使问题复杂化的是，整流桥并非在任何时刻都导通。整流桥二极管阳极侧是正弦波输入，即交流（电网）波形。二极管阴极侧是整流后的电网电压，加在平滑（大容量）电容两端。这个相对平稳的电容电压很重要，因为从功能上讲，它形成了后级脉宽调制（开关）功率级的输入电压，从而影响其设计。

注意　切记，即使在当今的全陶瓷时代，因为这里需要很大的单位体积电容量，所以高压大容量电容几乎还是铝电解电容的天下。故而，使用寿命的考虑十分重要。请参阅第 6 章有关寿命计算的内容。的确需要正确选择该电容的额定有效值。

注意　此处应用全波整流，因此可以方便地（完全等效地）假设输入就是图 14-1 所示的整流后的正弦波。无需顾虑交流正弦波变负后会发生什么奇怪的事情，事实上也不会发生。这对于普通读者来说应该不难理解。

只有瞬时交流电网电压（整流桥阳极侧）幅值超过大容量电容电压（整流桥阴极侧）时，整流桥中合适的二极管才会正偏。此时，整流桥会导通一段时间（称为 t_{COND}）。若干毫秒后，交流电网电压开始按照自然的正弦波规律再次下降。电压下降后，阳极侧电压（电网输入）将小于阴极侧（大容量电容）电压。就在此时，整流桥二极管反偏，导通阶段 t_{COND} 终止。t_{COND} 阶段终止后，就好像进入了“淡季”或“冬季”一样，其原因很快会提到。注意，因为该现象重复的频率是电网频率的两倍，而电网频率为 f（50Hz 或 60Hz），所以准确的淡季持续时间为 $(1/2f) - t_{COND}$，基本上就是周期中除了 t_{COND} 阶段以外的剩余时间。

“淡季”时无法获得任何“外部帮助”。实际上，二极管切断了交流电源提供输入能量的路径。因此，大容量电容必须 100%地为后级开关变换器提供所需能量和功率。事实上，电容扮演着一个巨大的能量库角色，这正是它必须存在并且尺寸巨大的原因。因此，“淡季”常称为（电容）放电阶段，而 t_{COND} 阶段常称为（电容）充电阶段。

“淡季”结束后，（交流电压升高）整流桥再次导通。因此，t_{COND} 阶段又将开始。然而，把这些线索连起来后就会发现，稳态时需要能量平衡，t_{COND} 阶段通过整流桥输入的能量不仅要满足后级开关变换器对瞬时输入能量的不断需求，而且要补足大容量电容的能量，也就是说，为下一个“淡季”（整流桥再次截止时）储备能量。

从两个阶段的时间长短可以看出：二极管导通时间一般小于关断时间。可以想象，大容量电容值越大，该时间比就越糟糕。这是因为（相对来说）大电容电压降低幅度并不大，与其最大值相比只是略微下降，而且其最大值等于峰值交流电压，二极管仅在极短时间内正偏，所以电容电压非常接近交流输入电压波形的峰值（参见图 14-1）。这种情况下，“淡季”时大容量电容释放的所有能量必然要在相对很短的 t_{COND} 阶段补足，所以 t_{COND} 阶段的浪涌能量尖峰或浪涌电流尖峰肯定是既细又高的，因为输入电流或输入能量曲线所包围的面积几乎不变。

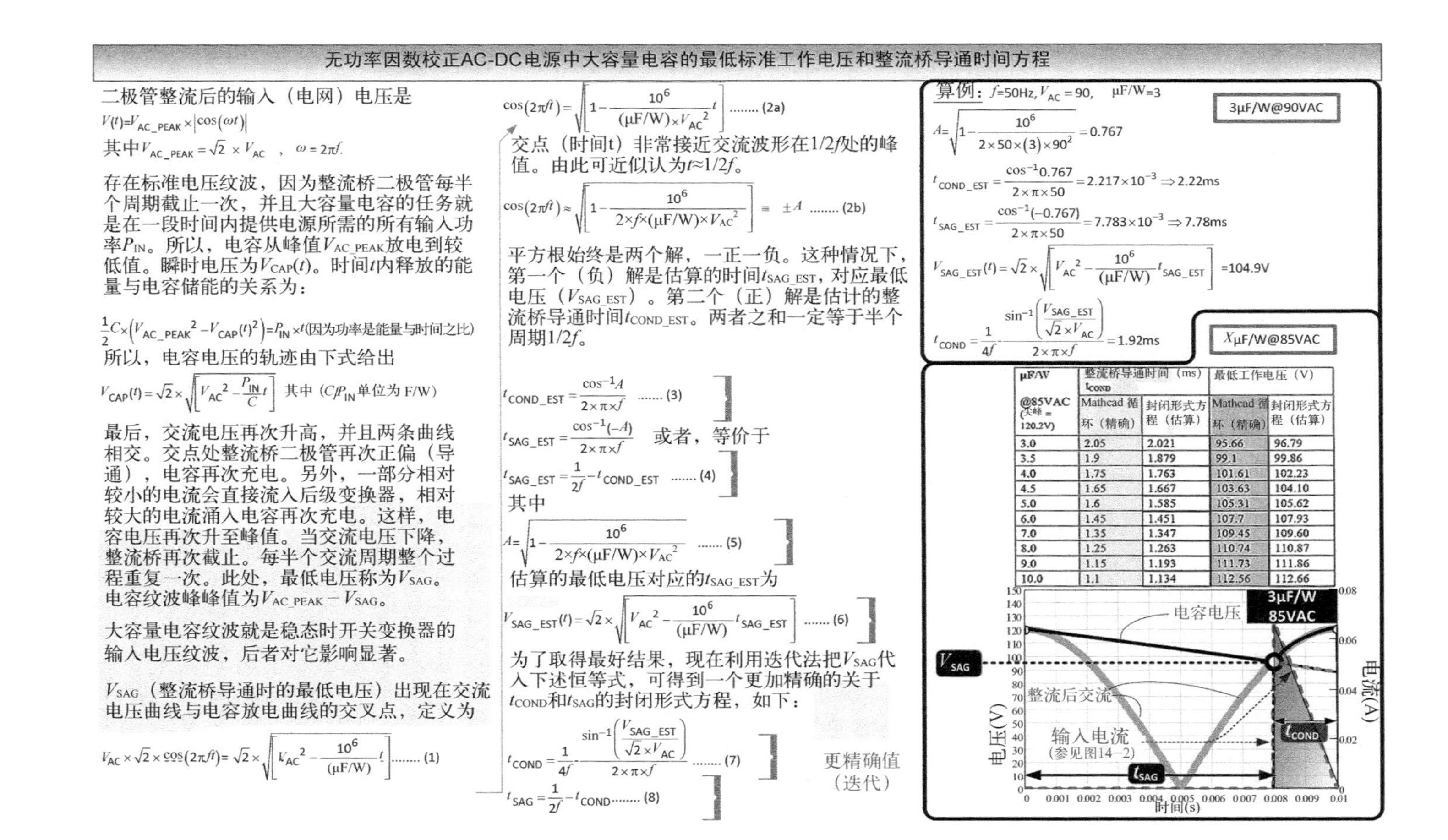

μF/W @85VAC (尖峰 = 120.2V)	整流桥导通时间（ms） t_{COND} Mathcad 循环（精确）	封闭形式方程（估算）	最低工作电压（V） Mathcad 循环（精确）	封闭形式方程（估算）
3.0	2.05	2.021	95.66	96.79
3.5	1.9	1.879	99.1	99.86
4.0	1.75	1.763	101.61	102.23
4.5	1.65	1.667	103.63	104.10
5.0	1.6	1.585	105.31	105.62
6.0	1.45	1.451	107.7	107.93
7.0	1.35	1.347	109.45	109.60
8.0	1.25	1.263	110.74	110.87
9.0	1.15	1.193	111.73	111.86
10.0	1.1	1.134	112.56	112.66

图 14-1　计算稳态工作时的导通时间和最低电压

14.2.2　电容值增加，t_{COND}减小，导致电流有效值增加

此处介绍一种有用的模拟法，称为“北极模拟法”。考虑以下情况。10 个科学家在北极安营扎寨，需要供应过冬食物。假设每个科学家每月消耗 30kg 食物，则每月共需 300kg 食物。第一种可能性：假设夏季为 2 个月，也是唯一能够运送食物到营地的时间。那么，夏季的 2 个月时间内需要运送(1) 10 个月的过冬食物为 10×300=3000kg；(2) 接下来 2 个月的度夏食物为 2×300=600kg。共计 3600kg（一年的食物，正如预期），2 个月内运送，平均每月运送 1800kg。第二种可能性：假设夏季只有 1 个月。由类似计算可知，仅 1 个月内就要运送一年的食物，平均每月运送 3600kg。

类似情况也发生在小功率 AC-DC 电源中。t_{COND}阶段（夏季），从输入电源（超市）获得能量（食物）。在此期间，输入能量不仅要维持脉宽调制功率级（科学家）运行，还要为大容量电容（北极营地）重新充电。“淡季”（冬季）时，维持脉宽调制功率级运行的所有能量（食物）仅由大容量电容提供。而且，非常类似，若 t_{COND}（夏季的月数）减半，则电流或能量的幅值（每月食物运送量）加倍。

但这里的问题出在什么地方呢？问题在于若 t_{COND}减半，虽然电流平均值不会变化（校验：$I_{AVG}=I\times D=2I\times D/2$），但电流有效值将按系数约为 1.4 增加。校验：$I\times\sqrt{D}\neq 2I\times\sqrt{D/2}=\sqrt{2}\times I\times\sqrt{D}=1.4\times I\times\sqrt{D}$。一般来说，若 t_{COND}以 x 为系数缩减，则输入电流有效值近似以 $\sqrt{x}$ 为系数增加。换句话说，输入电流有效值必然按 $1/\sqrt{t_{COND}}$ 变化。此关系可以校验：若 t_{COND}减半，输入电流有效值以 $\sqrt{2}$ 为系数增加，正如预期。而且，峰值电流大致与 $1/t_{COND}$ 成正比。这也可以校验：若 t_{COND}减半，峰值输入电流以 2 为系数增加，正如预期。

然而，迄今为止，显然只谈到了流过输入滤波扼流圈的电流（整流桥二极管电流）。并没有谈到电容电流，尽管它与整流桥电流密切相关，稍后图 14-2 将详细讨论。

阻性元件的发热量取决于 I^2_{RMS}。显然，如果不当选择了容值很大的大容量电容，最终导致 t_{COND}减小，就会使滤波扼流圈开始“神秘地发热”。原因是这种情况下的电流有效值高了很多。

若 t_{COND}减半，则峰值电流加倍。但由第 5 章可知，磁性元件的饱和电流额定值（和尺寸）取决于 I^2_{PEAK}。由此可以断言，若 t_{COND}减半，则滤波扼流圈尺寸将增加 4 倍。所以，如果未提前考虑或计划，滤波扼流圈肯定会饱和，其功效明显降低。

注意　第 15 章到第 18 章中介绍过，共模滤波扼流圈的耦合线圈中同时流过正向和反向电流。因此，即使一定会发热，磁芯饱和实际上也并非共模扼流圈的主要考虑因素。但是，对于差模扼流圈，饱和与发热都是重要考虑因素。所以，一般来说，必须考虑峰值输入电流和有效值电流，不要选择过大的电容值。

变化趋势十分熟悉：输入电流或能量的波形尖峰会产生巨大的有效值或峰值应力，能够极大地影响相关元器件的成本和物理尺寸。一般来说，始终要记住，开关电源中少量的（电压和电流）纹波通常是件好事，不应该患“纹波恐惧症”。第 2 章和第 5 章中有过相同的经验，例如要保持电流纹波率 r 约在最优值 0.4 附近（±20%），而非不当地增加电感值来降低 r。但最终要牢记，所有设计都是折中方案。以此处讨论的情况为例，不当降低大容量电容容值也会产生负面影响。例如，脉宽调制开关管损耗显著增加，另外所需变压器体积增大。换句话说，没有绝对的答案，通常只是优化。

14.2.3 电容电压轨迹和基本阶段

下面计算电容电压，在$(1/2f) - t_{COND}$阶段（由于不断地从电容获取能量）电容放电，所以它是时间的函数。电容放电情况及其轨迹可能有多种。例如，电容接电阻负载时，将按熟悉的指数规律（约为 $e^{-t/RC}$）放电，这在第 1 章就讨论过。再如，假设电容接恒流源负载 I。那么根据方程 $\Delta V/\Delta t=I/C$，电压将直线下降。然而本文中，电容接开关变换器。其基本方程是 $P_{IN}=V_O\times I_O/\eta$，式中 η 为效率（变换器输入功率就是从电容获取的功率）。该功率显然与输入电压无关（假设效率 η 为常数）。换句话说，P_{IN}实质上是常数，与电容电压无关。所以，对于电容而言，开关变换器所表现的特性既不是恒阻，也不是恒流，而是恒功率负载。这意味着电容电压下降时 VI 为常数。对应的放电电压轨迹可根据数学约束条件绘制，如图 14-1 所示。

图 14-1 给出了对应的二极管导通时间 t_{COND}和对应的最低电容电压 V_{SAG}，以及所需的数学方程和潜在的逻辑关系。其计算依据是：整流后的正弦波交流输入电压曲线和电容电压放电曲线相交。

推导封闭形式（估算）方程的过程中，需要初始假设：曲线相交（最低电压出现）的时刻（$t=t_{SAG}$）正好在交流电压达到其峰值（$t=1/2f$）之前。但是，根据封闭形式方程，经过反复迭代，可以得到更精确的估算值。为了证明这一点，图 14-1 将封闭形式方程的计算结果与用非常精细的 Mathcad 文件迭代计算的更精确的数值结果做了对比，其中 Mathcad 文件并未应用上述简化假设。由图 14-1 的表格可知，（迭代后）对比的结果非常好。可以断定，采用封闭形式方程是可行的（明智的）。图 14-1 的算例中还计算了 t_{COND}、t_{SAG}和 V_{SAG}等三个的参数。

读者会发现，所有最终结果都按每瓦电容量（常表示为 μFperW 或 μF/W）进行了缩放。这么做的优势实际上是将所有曲线和数值归一化。所以，通过归一化，电容与（输入）瓦数成正比，其结果可用于任何功率等级。稍后将给出算例，描述该过程。

注意 仔细观察图 14-1 中的曲线，就能理解为什么估算值 t_{SAG}的误差并不会使 V_{SAG}的误差变大，只要把近似的 t_{SAG}值代入电容放电曲线，而非交流电压曲线即可。

注意 始终忽略两个二极管的正向压降。在 t_{COND}阶段，二极管与输入电源串联。假设二极管会使 V_{SAG} 的计算值有几伏的误差，但这仍在元器件或其他部分的公差范围内。因此，为了简化，可以合理地忽略该压降。

14.2.4 容忍 AC-DC 开关变换器中的高输入电压纹波

大容量电容电压纹波可表示为$\pm(V_{AC_PEAK} - V_{SAG})/(V_{AC_PEAK} + V_{SAG}) \times 100\%$。例如，由图 14-1 可见，85V 交流电压和 3μF/W 条件下，电容电压从 120V（即 $85\times\sqrt{2}$）峰值变化到 96V。所以，平均电容电压为(120 + 96)/2=108V。而电压纹波占 24V/108V = 0.22，即 22%或 ± 11%。

选择典型小功率 DC-DC 变换器的输入电容值时，经常应用输入电压纹波< ± 1%的经验法则，但高压开关变换器的输入电压纹波一般不再使用该法则。实际上，商用 AC-DC 应用中，认为输入电压纹波在 ± 15%左右都是正常的，或至少是可接受的或允许的，即使并不希望如此。

不含功率因数校正的AC-DC电源中大容量电容和整流桥的正常工作电流及损耗

经过t_{SAG}（t_{COND}阶段）处，电容充电电流为

$$I_{CAP\_CHARGE}=C\frac{dV(t)}{dt}=C\frac{d}{dt}\left(\sqrt{2}\times V_{AC}\times|\cos(\omega t)|\right)$$
$$=\sqrt{2}\times C\times V_{AC}\times\omega\times|\sin(\omega t)|$$
$$=\sqrt{2}\times C\times V_{AC}\times\omega\times|\sin[\pi-(\omega t)]|$$

此处，$\sin(\pi-\omega t)=\sin(\omega t)$。而且，在感兴趣的区域内$\omega t\approx\pi$，所以$(\pi-\omega t)$很小。已知对于很小的$x$值有$\sin(x)\approx x$。因此，整流桥导通阶段的电容电流为

$$I_{CAP\_CHARGE}\approx\sqrt{2}\times C\times V_{AC}\times\omega\times[\pi-(\omega t)]$$
$$\approx\sqrt{2}\times C\times V_{AC}\times\omega\times[\pi-(\omega t)]$$

利用$\omega=2\pi f$，可得

$$I_{CAP\_CHARGE}\approx\sqrt{2}\times C\times V_{AC}\times(2\pi f)^2\left(t-\frac{1}{2f}\right)$$

或者，最终

$$I_{CAP\_CHARGE}\approx-\frac{8\pi^2}{\sqrt{2}}(CV_{AC}f^2)\times\left(t-\frac{1}{2f}\right)$$

绘制相对于时间的曲线。如果曲线形式为$y=m(x-x_0)$，那么它就是一条过$t=1/2f$点（整流后交流电压最大值）的直线，斜率为

$$Slope=-\frac{8\pi^2}{\sqrt{2}}(CV_{AC}f^2)$$

这是从t_{SAG}到$1/2f$阶段的斜率（即t_{COND}阶段）；其他阶段斜率为零。因此，电流峰值为

$$I_{PEAK}=\frac{8\pi^2}{\sqrt{2}}(CV_{AC}f^2)\times t_{COND}$$

参见相邻的电容电流图

如果采用微法每瓦，可得用安培/瓦表示的峰值电流

$$I_{PEAK\_PERWATT}=\frac{8\pi^2\times(\mu F/W)}{10^6\times\sqrt{2}}\times(V_{AC}f^2)\times t_{COND}$$

0.085A/W，85VAC, 50Hz, 3μF/W

（注意：按照图14-1的步骤，可得V_{COND}和V_{SAG}）

在t_{COND}阶段以外，电容为电源提供了一个恒流输入

$$I_{IN}(t)=\frac{1W}{V_{cap}(t)}\quad A/W$$

上述Vcap采用电容电压平均值

$$V_{IN\_AVG}=\frac{(\sqrt{2}\times V_{AC})+V_{SAG}}{2}$$

108.5V，85VAC, 50Hz, 3μF/W

所以，t_{COND}阶段，输入电压源有追加的（恒定）电流流入开关功率级，并且在半周期剩余时间内持续。

$$I_{IN\_PERWATT}=\frac{1}{V_{IN\_AVG}}\ (A/W)$$

9.22mA/W，85VAC, 50Hz, 3μF/W

下面绘制了电容电流的完整曲线。所有电容稳态时的直流分量为零。整流桥电流就是电容电流垂直位移一个非零直流值，如图所示。直流位移量等于I_{IN}，它使得整流桥瞬时电流的过零点按照要求落在t_{COND}阶段外。

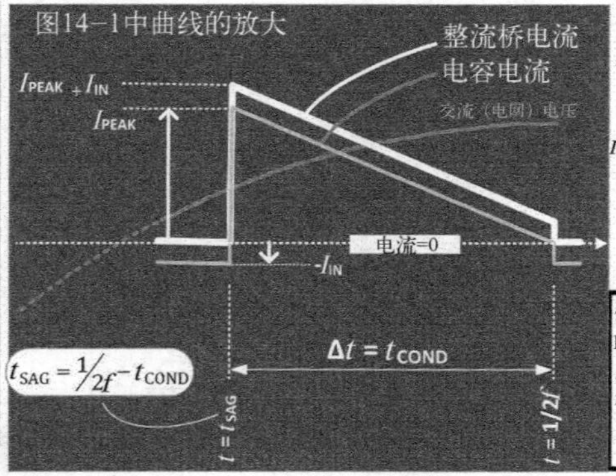

图14-1中曲线的放大

$I_{PEAK}+I_{IN}$

I_{PEAK}

整流桥电流

电容电流

交流（电网）电压

电流=0

$-I_{IN}$

$\Delta t=t_{COND}$

$t_{SAG}=\frac{1}{2f}-t_{COND}$

$t=t_{SAG}$

$t=1/2f$

电容电流有效值

需要用该值正确选择输入大容量电容。所选电容的额定有效值电流必须与该有效值匹配，可采用几何公式求解分段线性曲线的有效值（参见图7-4）

$$I_{CAP\_RMS}=\left[I_{IN}^2\times\frac{t_{SAG}}{1/2f}+\frac{I_{PEAK}^2}{3}\times\frac{t_{COND}}{1/2f}\right]^{1/2}$$
$$=\left[I_{IN}^2+2ft_{COND}\left(\frac{I_{PEAK}^2}{3}-I_{IN}^2\right)\right]^{1/2}$$

0.02A/W，85VAC, 50Hz, 3μF/W

整流桥平均电流

需要以此计算整流桥损耗

$$I_{BRIDGE\_AVG}=\frac{(I_{PEAK}+I_{IN})+I_{IN}}{2}\times\frac{t_{COND}}{1/2f}$$
$$=f\times t_{COND}\times(I_{PEAK}+2I_{IN})$$

必然相同

0.0091 A/W，85VAC, 50Hz, 3μF/W

电磁干扰滤波器峰值电流和有效值电流

与整流桥有效值电流和峰值电流一样。峰值电流很重要，因为差模扼流圈在此峰值电流下不能饱和。有效值电流也很重要，因为差模和共模扼流圈（所有线圈）的铜线线规必须能够承受该有效值电流产生的热量。

$$I_{FILTER\_PEAK}=I_{PEAK}+I_{IN}$$

0.081A/W，85VAC, 50Hz, 3μF/W

$$I_{FILTER\_RMS}=\left[2ft_{COND}\frac{(I_{PEAK}+I_{IN})^2+I_{IN}^2+I_{IN}(I_{PEAK}+I_{IN})}{3}\right]^{1/2}$$
$$=\left[2ft_{COND}\left(\frac{I_{PEAK}^2}{3}+I_{IN}(I_{PEAK}+I_{IN})\right)\right]^{1/2}$$

0.022A/W，85VAC, 50Hz, 3μF/W

例：25W电源，η=0.833，P_{IN}=25/0.833=30W。假设所选电容为3μF/W×30W=90μF。峰值电网（滤波器）电流为0.081A/W×30W=2.43A。整流桥损耗约为2×1.1V×0.0092A/W×30W=0.61W。电容电流额定有效值必须大于0.02A/W×30W=0.6A。

另一个使用不同μF/W的例子参见表14-1及其说明文字

图 14-2 电容、整流桥和电磁干扰滤波器的峰值和有效值电流应力

如前所述，出于一些原因，若使用超大容量电容只是为了平滑电压纹波的话，则这既非真正可行的商业选择，也无助于提高整体系统性能。因此，对于相当高的输入电压纹波，最好学会容忍，并利用变通方案解决它所引起的问题。例如，至少控制芯片需要更好的输入滤波，否则芯片可能“失常”。推荐的解决方法是在控制芯片电源引脚前增加小功率低通 RC 电路。它能使芯片的输入电压纹波降低到可接受范围内（约 1%）。于是，功率级仅能“感受到”约 10%的高压纹波，这是可以接受的。

一些输入电压纹波也会出现在变换器输出电压中。第 12 章讨论过该方面的问题。为了减小这种影响，变换器输出要加后级 LC 滤波器（可能仅用一个便宜的柱状电感和一个中等尺寸的电容）。

但最终，变换器（功率）部分的输入电压纹波无疑相当大，而且影响变换器（及其输入电磁干扰滤波器）设计和整体性能。再次重申，“正确的”纹波量是多少并没有正确答案，只能根据优化和设计折中确定。

14.2.5 大容量电容电压纹波对开关变换器设计的影响

开关变换器的峰值电压是固定的，就是（整流后）交流电网电压的峰值。因此，允许的输入纹波量间接决定了其他两个重要参数：(1) 最低瞬时输入电压 V_{SAG}；(2) 变换器输入电压平均值。为什么这些非常重要呢？先从后者开始分析。

(1) 变换器输入电压（大容量电容电压）波动时，变换器占空比试图纠正变化的输入电压以获得稳定的输出电压。例如，反激拓扑输入电压降低时，因为低输入电压下 D 增加，所以输入电流及其斜坡中心值 $I_{OR}/(1-D)$增加。而且输入电压纹波较高，所以开关电流有效值显著增加。由于输入电压在两个电压（V_{AC_PEAK} 和 V_{SAG}）之间波动，一般可取输入电压纹波平均值 V_{IN_AVG} 作为开关变换器的外加输入电压。它满足（平均）占空比计算和（平均）开关管损耗计算等要求。利用该平均输入电压也可完成效率估算。

$$V_{IN\_AVG} = \frac{V_{AC}\sqrt{2} + V_{SAG}}{2} \qquad (14\text{-}1)$$

例如，典型通用输入反激变换器（3μF/W，85V）中，典型的平均输入电压为 108V，如前所述。（若考虑整流桥二极管导通压降，则其值变为 105V）。

(2) 纹波大小决定 V_{SAG}。需要保证开关变换器的变压器在 V_{SAG} 下不会饱和。换句话说，采用平均电压决定变压器或电感的尺寸是错误的。抛开低频交流周期，磁性元件可能仅在一个高频周期内饱和。一旦发生饱和，开关管会立即损坏。因此，如第 5 章所述，反激变换器磁芯尺寸的选择过程实际上至少应该从 V_{SAG} 这样的低电压开始。而且，设计电压最好能比 V_{SAG} 低 10%~20%，或者低至设置的欠压锁定、最大占空比限制和（或）电流限制。

注意： 任何与所需铜厚度有关的计算，以及与元器件发热有关的计算都可以选用上述平均电压 V_{IN_AVG}，因为热是建立在连续（平均的）基础上。例如，虽然开关变压器尺寸由 V_{SAG} 决定，但其热设计由 V_{IN_AVG} 决定。

14.2.6 常用反激电源失效保护方案

此处简要讨论一下反激变换器的保护问题。如前所述，由于瞬间磁芯饱和，反激电源容易在上电和掉电时发生损坏，第3章中也做了简要讨论。设计变压器时，"认为"最低输入电压仅为V_{SAG}是不够的。因为每一次反激电源掉电时，其输入电压其实一直降到零。

应力处理策略如下：首先，要知道（正常运行时的）V_{SAG}值，因为它代表不希望受影响或无意中受保护的工作电压。其次，必须设置略低于V_{SAG}的精确欠压锁定和（或）相应的开关管电流限制。注意，若电流限制设置过高（对应过低的输入电压），一旦磁芯设计时仅考虑了V_{SAG}或者略低于V_{SAG}的值，则电源在上电和掉电时可能会有磁芯饱和的危险。另一方面，若电流限制设置过低（对应较高的最低输入电压）和（或）欠压锁定设置过高，可能会侵占正常工作区域，这显然是无法接受的。

基本保护原理是：保护范围必须等于或略大于正常运行范围。注意，如果电源还需要满足一定的保持时间要求（后面会谈到），一般需要把保护设置在更低电压，或者需要超大尺寸的大容量电容或超大尺寸的磁芯。

注意　一个常见的误解是小心控制最大占空比就是上电和掉电时保护反激电源需要做的所有事情。当然，这的确要做，但需要设置得相当准确。然而，仅控制占空比是不够的。因为连续导通模式下占空比与电流直流分量的关联很小，这在前面章节已经解释过。所以，还需要电流限制和欠压锁定。

注意　AC-DC反激电源在最低额定交流输入电压（例如，85V）下正常运行时的占空比一般设为约50%~60%，如第3章（特别是算例7）所述。因此，为了确保上电和掉电时变换器的稳定性，最大占空比限制（D_{max}）通常也设为约60%~65%。一般认为，使用D_{max}为任意值的控制芯片是不明智的。可是，至少有一些集成AC-DC反激开关芯片具有莫名其妙的、随意的"78%最大占空比限制"（例如，Topswitch-FX和GX）。另一个令人迷惑的例子是LM3478，具有"100%最大占空比"的反激开关芯片（同类芯片可能只有这一种，因为正常情况下，100%最大占空比是可以接受的，甚至是理想的，但只适用于降压芯片，而非升压或升降压芯片）。

必须指出高输入电压下发生了什么。高压时，通用输入（90~270V）电源整流后的峰值直流电压为$270 \times \sqrt{2}$=382V。虽然反激电源具有良好的稳压管或RCD钳位电路来防止输入电压过应力，但它仍有可能偶然间被电流过应力损坏。然而，这在高压下是如何发生的呢？此处做一些简单的数学计算。为了使方程看起来简单，可以简单地用V_{MIN}和V_{MAX}分别表示开关变换器输入电压的最小值和最大值（即电容电压的最小值和最大值）。它们对应的占空比为D_{MAX}和D_{MIN}。注意，D_{MAX}不是控制芯片的最大占空比限制，而是最低输入电压下的占空比。于是，对于反激电源有

$$D_{MAX} = \frac{V_O}{V_O + V_{MIN}}, D_{MIN} = \frac{V_O}{V_O + V_{MAX}} \tag{14-2}$$

消去V_O（或等效的V_{OR}）

$$V_O = V_{MIN}\left(\frac{D_{MAX}}{1 - D_{MAX}}\right) = V_{MAX}\left(\frac{D_{MIN}}{1 - D_{MIN}}\right) \tag{14-3}$$

所以，

$$D_{MIN} = \frac{V_{MIN} D_{MAX}}{V_{MAX} - D_{MAX}\left(V_{MAX} - V_{IN}\right)} \tag{14-4}$$

注意，上述方程的分子和分母都除以 $\sqrt{2}$ 后仍然有效。所以，可在上述方程中直接代入交流电压。例如，若已经设置反激电源的 D_{MAX} 为 0.5（该讨论中忽略纹波），270V 对应的占空比为

$$D_{\mathrm{MIN}} = \frac{90 \times 0.55}{270 - 0.55(270 - 90)} = 0.25 \tag{14-5}$$

前面已经说过，一直希望让保护范围刚好略大于正常运行范围。因此，对于低输入电压（和前面讨论的上电和掉电情况），显然可以预见，最大占空比（保护电平）应设为 65%。然而，65% 的占空比限制对于 270V 下运行的反激电源保护来说实在是太宽了，因为 270V 对应的正常运行的占空比仅约为 25%。实际上，这种设计糟糕的 AC-DC 反激电源在高输入电压下很容易仅仅因为磁芯饱和而损坏。只要在 270V 电压下突然出现一个过载，控制环路就会自然地把占空比瞬间推到其最大值（本例中为 65%）以调节输出。从 90V 到 270V，变压器外加电压提高了 3 倍。所以，除了该问题以外，若变压器外加高压的时间与外加低压的时间相同，就会出现一个重要问题，即高压下突然过载时的伏秒积是低压下突然过载时的 3 倍。已知，磁性元件很容易仅仅因为外加伏秒积过大而饱和。例如，即使高压时电感电流斜坡中心值降至原来的 1/2（切记，斜坡中心值随 $1 - D$ 变化），再与增加的交流电流变化量叠加后，也会使 270V 过载情况下的瞬时峰值电流因外加伏秒积过大而明显增加，甚至超越 90V 最恶劣工况下的峰值电流。所以，这种情况很容易引起变压器磁芯饱和。实际上，其饱和的可能性比低压时更大。

如何防止这种高压过载情况出现呢？最简单的方法就是利用所谓的电网前馈来克服反激/升降压/升压拓扑的弱点。例如，在许多使用通用芯片 UC3842 的低成本反激电源中，总能发现一个很大的，约为 470kΩ~1MΩ 的附加电阻从整流后的高压直流端连接到（芯片）电流检测引脚。于是，会出现一个与电压相关的电流与正常的检测电流叠加，后者通过 1kΩ 或 2kΩ 电阻连接到场效应管源极引线上。实际上，附加的高值电阻提升了检测电流值（其直流值），输入电压越高，提升得越高。所以，即使开关管电流很小，高压时也容易触及芯片的电流限制阈值。实际上，高压时的最大占空比限制仅仅略大于正常运行值。因此，只要非常认真地选取上述高值电阻，输入/电网前馈技术在上述过载情况下就能提供必要的保护。

14.2.7 输入电流波形和电容电流

图 14-1 展示了输入（整流桥）电流的三角形波形。由图 14-2 的详细推导可知，该波形在理论上是正确的。事实上，因为输入/电网阻抗的存在，实测的输入（整流桥）电流波形也许很接近三角形，但其边缘相当圆滑。注意，电流波形绝不是文献（例如，Unitrode 公司的旧版器件应用手册）中经常简化假设的矩形。如图 14-2 所示，（虽然忽略了电网阻抗）从理论上讲，由三角形波形预测的峰值电流和有效值电流是准确的，其结果可以，也应该用于最恶劣工况下的电源设计。

一般来说，按照图 7-5 和图 7-6 给出的计算步骤，大容量电容的电流波形可由整流桥电流减去其直流值 I_{IN} 得出。或者说，二极管电流只是电容放电电流加上 I_{IN}，如图 14-2 所示。

图 14-2 还提供了一些用于最基本的低成本（3μF/W，85V）电源设计的速查数据，在图中用灰色表示。图中算例也解释了如何应用这些速查数据快速查找和估算峰值电流及电容纹波电流，该算例适用于所有应用。例如，若电源输入功率为 30W，使用的大容量电容为 90μF（即 3μF/W），则 85V 时的峰值二极管电流为 2.43A。该结果源自 3μF/W，85V 情况下提供的速查数

据 0.081A/W。

表 14-1 列举了若干 μF/W（包括 3μF/W）情况下需要的全部方程和速查数据。该表几乎包含了设计小功率 AC-DC 前级所需的所有数据。但是，稍后将介绍，一定的保持时间和电容容限要求可能会影响 μF/W 的最终选择和开关芯片的变压器设计。

表14-1　小功率前级设计方程和速查数据

描　述	参　数	方　程	3μF/W	5μF/W	7μF/W
(1) 需要计算下面参数	A	$\sqrt{1-\frac{10^6}{2\times f\times(3\mu F/W)\times V_{AC}^2}}$	0.734	0.85	0.896
(2a) 整流桥导通阶段（一次估算）	t_{COND}(s)	$\approx\frac{\cos^{-1}A}{2\times\pi\times f}$（所有计算都是基于近似值的近似计算）	2.38(ms)	1.76(ms)	1.47(ms)
(3) 大容量电容电压最小值的时间坐标（一次估算）	t_{SAG}(s)	$=\frac{1}{2f}-t_{COND}$	7.62(ms)	8.24(ms)	8.53(ms)
(4) 变换器的最低输入电压	$V_{SAG}(t)$(V)	$=\sqrt{2}\times\sqrt{\left[V_{AC}^2-\frac{10^6}{(3\mu F/W)}t_{SAG}\right]}$	96.79(V)	105.62(V)	109.60(V)
(2b) 整流桥导通阶段（二次估算）	t_{COND}(s)	$=\frac{1}{4f}-\frac{\sin^{-1}\left(\frac{V_{SAG}}{\sqrt{2}\times V_{AC}}\right)}{2\times\pi\times f}$	2.02(ms)	1.59(ms)	1.35(ms)
(5) 变换器平均输入电压和大容量电容平均电压	V_{IN_AVG}(V)	$=\frac{(\sqrt{2}\times V_{AC})+V_{SAG}}{2}$	108.50(V)	112.91(V)	114.90(V)
(6)（整流桥和滤波器的）平均输入电流	I_{IN}(A) (P_{IN}=1W)	$=\frac{1}{V_{IN\_AVG}}$	9.22 (mA/W)	8.86 (mA/W)	8.70 (mA/W)
(7) 峰值电容充电电流	I_{PEAK}(A) (P_{IN}=1W)	$=\frac{8\pi^2\times(3\mu F/W)}{10^6\times\sqrt{2}}\times(V_{AC}f^2)\times t_{COND}$	0.072 (A/W)	0.094 (A/W)	0.112 (A/W)
(8) 大容量电容所需的纹波（有效值）电流额定值	I_{CAP_RMS}(A)	$=\left[I_{IN}^2+2ft_{COND}(\frac{I_{PEAK}^2}{3}-I_{IN}^2\right]^{1/2}$	0.02 (A/W)	0.023 (A/W)	0.025 (A/W)
(9) 平均输入电流（×2V_D可得出整流桥损耗）	I_{BRIDGE_AGE} (A)	$=f\times t_{COND}\times(I_{PEAK}+2I_{IN})$（如果$t_{COND}$的值是100%准确的话，那么$I_{IN}$和上面的一致）	9.13 (mA/W)	8.85 (mA/W)	8.711 (mA/W)
(10) 电网电流有效值（整流桥和滤波器）	I_{FILTER_RMS} (A)	$=\left[2ft_{COND}(\frac{I_{PEAK}^2}{3}+I_{IN}(I_{PEAK}+I_{IN})\right]^{1/2}$	0.022 (A/W)	0.025 (A/W)	0.027 (A/W)
(11) 电网电流峰值（整流桥和滤波器）	I_{FILTER_PEAK} (A)	$=I_{PEAK}+I_{IN}$	0.081 (A/W)	0.103 (A/W)	0.121 (A/W)

注意　(1) 计算按照从上到下的顺序完成；(2) 所有 A/W 和 μF/W 数据都按 P_{IN}=1W 做归一化处理；(3) 所有数据都是在交流电压 85V 和电网频率 50Hz 下得出的。

实际上，基于前面章节介绍的“北极模拟法”，还可以提出更简单和更直观的应力参数估算方法。稍后将介绍。

14.2.8　如何正确说明 μF/W

一些半导体供应商试图通过小型评估板来展现其集成反激开关芯片是如何微小。通常，评估板的输入电容就是按照 3μF/W 通用规则计算的。如下所述，尽管供应商对电容值本身做了一些保留，但其数据说明方式使电容的推荐值受到质疑。

这些供应商偷换概念，把 3μF/W 规则用于输出功率，而非输入功率。切记，输入大容量电容处理的是输出功率与损耗之和。所以，输入电容本身其实并不关注输出功率，而只关注输入功率。换句话说，即使考虑接受 3μF/W 规则，也应该基于输入功率，而不是输出功率来计算大容量电容。否则，最终设计结果将相反。

注意 例如，有一个 50W 电源，效率为 80%，供应商推荐的输入电容为 50×3=150μF（额定值）。此外，还有一个 50W 电源，（夸张地讲）效率仅为 50%。可是，供应商仍然推荐用 150μF 电容。但就这些推荐值而言，两个电源的输入电容波形、t_{COND}、t_{SAG}和 V_{SAG}均不相同。所以，它们现在处于不同工况，虽然供应商认为两个电源的工作性能在其推荐值下是类似的。然而，只要保持两个电源的每瓦输入电容值相同，两种情况下的 t_{COND}、t_{SAG} 和 V_{SAG}就会完全一致。而且，若要得到同样的（归一化）波形，实际上需要在第一种情况下使用 62.5W×3μF/W=187.5μF 的电容，第二种情形下使用 100W×3μF/W=300μF 的电容。（首先假设愿意接受 3μF/W 规则。）

14.2.9 利用速查数据或“北极模拟法”的算例

算例

设计一个 85W 反激电源，预估效率为 85%，通用交流输入电压范围为 85~270V。试选择一个输入大容量电容，并估算主要的电流应力。

输入功率为 85W/0.85=100W。姑且选择一个 300μF/400V 电容。于是，设置 C_{BULK}/P_{IN}=300μF/100W=3μF/W。可用两种方法计算（最恶劣工况 85V 下的）主要应力。

方法 1：3μF/W 情况下，利用表 14-1 给出的速查数据计算。

(1) 由第 2b 行可得，t_{COND}=2.02ms。

(2) 由第 4 行可得，V_{SAG}=96.8V。

(3) 由第 5 行可得，平均电容电压为 108.5V。

(4) 由第 6 行可得，平均输入电流（和平均整流桥电流）为 9.22mA/W×100W=922mA。

注意 整流桥损耗约为 2×1.1V×0.922A=2.0W（根据整流桥数据手册，假设每个二极管的正向压降为 1.1V）。此处采用平均电网电流的准确值，不受 t_{COND} 估算误差的影响。因为平均电容电压为 108.5V，所以输入功率为 108.5×0.922=100W，正如预期。

(5) 由第 8 行可得，电容有效值电流（主要是低频分量，用于正确选择电容电流纹波额定值）为 0.02×100=2.0A。

(6) 由第 10 行可得，输入有效值电流（用于正确选择所有输入滤波器的 AWG 线规）为 0.022×100=2.2A。

(7) 由第 11 行可得，峰值输入电流（用于防止差模输入滤波器饱和）为 0.081×100=8.1A。

方法 2：该方法需用前面介绍的北极模拟法和图 14-1 的封闭形式方程来估算 t_{COND} 和 V_{SAG}，还会用到一些表 14-1 中基于几何图形的有效值方程（基于图 7-4）。

(1) 由图 14-1 中的表格或方程可得，t_{COND}=2.02ms。

(2) 由图 14-1 中的表格或方程可得，V_{SAG}=96.8V。

(3) 因此，平均电容电压为$(85\times\sqrt{2}+96.8)/2=108.5$V。

(4) 平均输入电流（和平均整流桥电流）为 I_{IN}=100W/108.5V=922mA。使用图 14-2 中的术语。

(5) 现在使用“北极模拟法”。每半周期内必须提供 $\varepsilon_{IN}=P_{IN}\times t$=100W×10ms=1000mJ=1J 的能量，可类比为一年的食物供给，而且必须在 t_{COND}=2.02ms（夏季）内完成运输。根据定义 $\varepsilon=V\times I\times t$，因此，$t_{COND}$ 内的平均电流为 $I=\varepsilon/Vt\rightarrow$1J/(108.5×2.02ms)=4.56A。如上所述，半周期内平均输入电流为 0.922A。这是输入电流三角波顶部的基础电平（参见图 14-2）。该平均电流值肯定等于 4.567A。由此可得，(电容）峰值输入电流为

$$\frac{I_{PEAK}}{2}+I_{IN}=4.567\rightarrow I_{PEAK}=2\times\left(4.56-I_{IN}\right)=2\times\left(4.56-0.922\right)=7.28\text{A} \quad (14\text{-}6)$$

(6)（滤波器和整流桥的）峰值输入电流就是峰值电容电流加上 I_{IN}，其后将流入开关管，如图 14-2 所示。所以，峰值输入电流为 7.28A+0.922A=8.2A。这与前面方法 1 中步骤 7 估算的峰值输入电流一致。

(7) 电容有效值电流为

$$\begin{aligned}I_{CAP\_RMS}&=\left[I_{IN}{}^{2}+2ft_{COND}\left(\frac{I_{PEAK}{}^{2}}{3}-I_{IN}{}^{2}\right)\right]^{1/2}\\&=\left[0.922^{2}+2\times50\times2.02\times10^{-3}\times\left(\frac{7.28^{2}}{3}-0.922^{2}\right)\right]^{1/2}=2.1\text{A}\end{aligned} \quad (14\text{-}7)$$

这与前面方法 1 中步骤(5) 估算的电容有效值电流一致。

(8) 输入滤波器的有效值电流为

$$\begin{aligned}I_{FILTER\_RMS}&=\left[2ft_{COND}\left(\frac{I_{PEAK}{}^{2}}{3}+I_{IN}\left(I_{PEAK}+I_{IN}\right)\right)\right]^{1/2}\\&=\left[2\times50\times2.02\times10^{-3}\left(\frac{7.28^{2}}{3}+0.922\times8.2\right)\right]^{1/2}=2.26\text{A}\end{aligned} \quad (14\text{-}8)$$

这与前面方法 1 中步骤(6) 估算的输入有效值电流一致。

现在，无需借助复杂方程，仅用强有力的“北极模拟法”就能准确估算所有应力，也无需依赖任何特定的 μF/W 值，并且可以选择任意电容初始值。所以，重要的是不要依赖烦琐的数学和仿真，而要真正去理解基本原理。而且，仔细选择类似“北极模拟法”的直观方法，能够起到事半功倍的效果。

14.2.10 电容公差和寿命

典型铝电解电容的标称公差是±20%。此外，必须考虑电容寿命中止时，剩余容量要比初始容量降低 20%。若事先不考虑误差积累，迟早都要冒风险，遭遇 V_{SAG} 和保持时间比预期或计划低得多的情况（稍后将进一步讨论）。因此，精湛的设计必然要计算最小电容值，例如 XμF，而实际的额定电容值要高出 56%，那最小电容值即 1.56×X μF（校验：1.56×0.8×0.8=1）。

例如，30W 的通用输入电源，效率为 90%，则输入功率为 30/0.9=33.3W。使用 3μF/W 规则可得，33.3×3=100μF。然而，这仅仅是需要保证的最小电容值。实际上，使用的电容额定值至

少为 156μF。因此，可以选择一个 180μF（额定值）的电容。显然，所需电容的额定电压值为 $265\text{V}\times\sqrt{2}\rightarrow400\text{V}$，因为电容必须能承受最高电压。

然而，上述处理过程带来了另一个复杂的问题。现在，实际上需要把前级设计阶段分为两个不同设计步骤。当然，不再以 100μF 为初始值进行估算。

步骤 1：考虑到公差，实际的初始电容值要高出 20%，即 C_{MAX}=1.2×180μF=216μF。大容量电容导致最恶劣工况下的 t_{COND} 要小得多，反过来又导致输入滤波扼流圈的峰值电流和有效值电流，以及大容量电容的有效值电流大得多。所以，为了正确选择输入电容纹波额定值、输入滤波扼流圈线规和差模输入扼流圈饱和电流额定值，现在必须基于 C_{MAX}=216μF 计算可能的最小 t_{COND}。它对应的最大 μF/W 值为 216/33.33=6.5μF/W。由图 14-1 可知，很容易在 Mathcad 计算的 6μF/W 和 7μF/W 之间，利用插值算法得出 t_{COND}=1.4ms 和 V_{SAG}=108.6V。这是利用北极模拟法计算应力的必要条件，或者，也可以使用表 14-1 的方程计算。

步骤 2：另一方面，计算最恶劣工况下的保持时间（稍后进一步解释）、最恶劣工况下的开关管损耗和开关变压器损耗，以及选择合适的线规，都需要用到最大 t_{COND}（基于最小电容值）。寿命期内，所选大容量电容的最小电容值为 C_{MIN}=180μF×0.8×0.8=115μF。最小 μF/W 值为 115/33.33=3.45μF/W，这是设计步骤中需要用到的值。在此基础上，需要计算（整个产品寿命期内）正常运行时的最大 t_{COND} 和最小 V_{SAG}。然后，计算开关变换器的最低平均输入电压（V_{IN_AVG}），并用该电压求解平均占空比，以及正常运行时开关变换器对应的有效值应力，如第 7 章所述。于是，需要查阅图 14-3 提供的保持时间图，计算输入电压跌落时的最低电容电压，正确设计反激变压器尺寸。

注意，在上述两种情况下，一般无需计算高输入电压时的损耗或应力，因为（反激变换器）最恶劣的电流值都在低输入电压时出现。而且要注意，可能的电网频率有两种：50Hz 或 60Hz。50Hz 对应的结果更差，所以本章通常只讨论 50Hz 的情况。

14.2.11 保持时间

保持时间是指电源或变换器输入功率缺失时，输出保持在调整范围内的时间。设置保持时间的目的很简单：输入（例如，交流电网）电能质量并不总是好的或有保证的。因此，为了避免讨厌的断电，需要提供很短但有保证的一段时间，该时间段内输入功率缺失或降至电源或变换器的标称输入电压以下，然后恢复。但是，连接到变换器输出的负载或系统对电源或变换器输入所发生的事情“并不知情”。该过程中，电源或变换器的输出压降很小，几乎不明显（一般小于 5%额定值，或在电源的标称输出调整范围内）。因此，保持时间就是应对经常出现的输入电能质量异常的缓冲时间。

注意，如果输入电压真的崩溃（例如断电），保持时间可用于维持负载或系统的短时运行，传递一些表示即将断电的标志或预警信号，并为负载或系统提供几毫秒时间完成必要的内部处理。例如，系统可以存储电流状态、配置或优先级，甚至是当前使用的数据文件，以便在电源恢复后快速恢复现场或重新调用。

虽然上述保持时间的基本概念及其目的一贯如此，但在处理 DC-DC 变换器、基于功率因数校正的 AC-DC 电源或不含功率因数校正的 AC-DC 电源时，其测量、检测和实现方法各不相同。此处主要讨论不含功率因数校正的 AC-DC 电源。有些人曾错误地把教科书中有关 DC-DC 变换器保持时间的方程应用于 AC-DC 电源。下文将给出各种可能的实现方法，并介绍其主要差异。

以 12V 输出 AC-DC 电源为例，其后接 12V 变换到 5V 的负载点（POL）DC-DC 变换器。

5V 输出接负载或系统，需要保证一定的保持时间。原则上，可用不同方法来满足保持时间要求。

(1) 简单地强制增加 POL 变换器的输出电容，以减少输出压降。校验：假设 POL 变换器是 12V 变换到 5V 的降压变换器，输出电流为 3A，效率为 80%。通常允许的输出压降为 5%，最低输出电压为 5×0.95=4.75。利用电容放电方程，选择中等的保持时间 10ms，可得对应的电容需求：

$$C_{\mathrm{OUT}} > \frac{2 \times P_{\mathrm{O}} \times t_{\mathrm{holdup}}}{(V_{\mathrm{initial}}{}^{2} - V_{\mathrm{final}}{}^{2})} \tag{14-9}$$

解得

$$C_{\mathrm{OUT}} > \frac{2 \times 15 \times 10 \times 10^{-3}}{(5^{2} - 4.75^{2})} = 0.123\mathrm{F} \tag{14-10}$$

此处没有笔误，真的是 123 000μF。显然，这是一个不切实际的值。

(2) 反之，增加 POL 变换器的输入电容。设想此时 POL 变换器的输入电源短暂缺失，只有 POL 变换器的输入电容提供所有功率需求。此外，假设该降压变换器具有确定的开关管正向导通压降和最大占空比限制。因为要保证输出电压至少有 2.5V 的最小调整裕度，所以 POL 变换器实际允许的输入电容电压可从 12V 降至 7.5V，预期在此下降过程中仍可保持良好的输出控制。但要记住，DC-DC 级输入电容处理的不是输出功率，而是输入功率。所以，此处采用的校验方程为

$$C_{\mathrm{IN}} > \frac{2 \times P_{\mathrm{IN}} \times t_{\mathrm{holdup}}}{(V_{\mathrm{initial}}{}^{2} - V_{\mathrm{final}}{}^{2})} \tag{14-11}$$

解得

$$C_{\mathrm{IN}} > \frac{2 \times (15/0.8) \times 10 \times 10^{-3}}{(12^{2} - 7.5^{2})} = 4.27 \times 10^{-3}\mathrm{F} \tag{14-12}$$

该电容值只有输出电容满足保持时间需求条件下计算的电容值的 1/30，但还是太大。

注意　敏锐的读者会发现，上述假设存在问题。第一种情况下，开关变换器的输出电容值加大，并设想它在所有情况下都能维持输出。然而，如果 POL 变换器的输入电压是由 AC-DC 电源的同步输出级驱动的，那么电流既能流入又能流出。于是，当交流/电网电压下降时，POL 变换器的输入电压被迫降为零。这种情况下，POL 变换器的输出电容通过 POL 变换器中场效应管的体二极管强制放电为零，不可能提供任何保持时间。同理，如果 POL 变换器的输入电容增大，仍会遇到麻烦。类似情况下，解决方案就是在 POL 变换器的输入端串联一个二极管。这样，虽然 AC-DC 级的输出电压拉低为零，但串联二极管反偏，可防止 POL 变换器的输入电压也拉低为零。

---

(3) 所需电容值仍然太大，若想以实用方法提供毫秒级的保持时间，需要进一步靠近“食物链的前端”，直至 AC-DC 电源的输入侧。在此，能够获得可接受的电容值。为什么呢？因为从根本上讲，若想获得一定的保持时间 t_{holdup}，必须有一个储能元件能够储存并提供固定的能量 $P_{\mathrm{IN}} \times t_{\mathrm{holdup}}$。但是，电容的储能能力随 $C \times V^2$ 变化。所以，V 增加时，即使 C 很小，储能能力也会极大地增加。这就是为什么保持时间需求在 AC-DC 电源的输入侧，即前端能得到最好地满足。

首先要知道交流输入电压源为什么会跌落或下降，这意味着什么？大多数输入干扰来自于本地。例如附近有大负载，如电机或阻性/白炽灯负载突然启动，这可能产生巨大的启动电流，造成局部电压骤降。也可能是存在非特定的电网缺陷，或局部故障/短路，这些情况最终都会激活断路器，产生暂时性的电网电压下降，直到断路器动作。公共电力系统也会出现一些相对罕

见的电压跌落或下降。其中，最常见的自然是远距离线路故障，在电压跌落或下降后，经过一段无法避免的延迟时间，最终被自动复位断路器隔离。常见的还有远距离电压调节器故障引起的电压跌落或下降。公共电力系统能够自动调压（通常采用功率因数校正电容，或带抽头的开关变压器），也会在极个别情况下发生故障。这些都会导致暂时性电压跌落或下降。

国际标准 IEC61000-4-1（2004 年第 2 版）为这些事件定义了一个可接受的抗干扰标准，规定最小保持时间为 10ms。它实际上在 50Hz 电网频率下对应着半周期。大多数商用电源技术指标要求保持时间为 20ms，该数值正好对应着一个全交流周期（即两个半周期）。

然而，仔细分析上述电网干扰产生的原因就会发现，几乎在所有情况下，输入电源在恢复时都会与先前正常的交流半周期保持同步。换句话说，只需按照缺失的交流半周期描述电网电压下降即可，无需按照固定时间间隔，例如 10ms 或 20ms 等。这种思路可以显著节约成本。

仔细观察图 14-1 就会发现，能否符合一定的保持时间规定取决于电压开始下降的确切时间。例如，最恶劣工况就是输入电源电压恰好在整流桥再次导通之前（即接近或就在 t_{SAG} 之前）下降。因为电容电压此时从最低工作电压开始下降，在下降阶段最终结束时可降至低得多的电压。相对而言，最佳工况是电压恰好在电容完全充电至峰值电压后下降。IEC 标准没有规定是在最恶劣工况，还是在最佳工况下检测保持时间，只是推荐在交流电网电压过零时检测。如确有必要，也可以在不同的开关角度下检测。还有一个问题：交流输入电压是应该设为 115V（额定值），还是应该设为最恶劣工况下的电压，例如 90V，甚至是 85V 呢？

许多代工厂要求对电源保持时间做严格测试，交流输入电压设为 85V，恰好在 V_{SAG} 之前开始下降。这明显增加了大容量电容和变压器的尺寸和成本。然而，说服代工厂按照缺失的交流半周期数量，而非固定的以 ms 为单位的时间间隔来检测保持时间是有价值的，特别是上述情况下，这样做可以降低一些成本。

图 14-3 展示了由 Mathcad 程序计算的对应不同 μF/W 值的曲线轨迹。由此可见，一个缺失的全交流周期（即两个半周期）实际上小于 20ms（按照 t_{COND} 时间）。注意，前面提到的所谓 V_{SAG} 现在是指 V_{SAG0}，它对应半周期的零缺失，或正常运行。可根据 V_{SAG1}、V_{SAG2} 和 V_{SAG3} 计算压降，分别对应缺失的 1、2 和 3 个半周期，以此类推。图 14-3 给出了 V_{SAGx} 对应数值的速查表。

注意，图 14-3 中把 60V 作为电网电压下降时反激变换器能接受的最低直流输入电压。因此，按照大多数严格的保持时间测试假设，根据图 14-3 中的曲线和表格可以断言：

(1) 若所需保持时间为半个周期（约 10ms），则肯定要用 3μF/W 规则，尽管为了保证其使用寿命，还需按照第 6 章介绍的步骤校验所选电容是否满足纹波电流要求。

(2) 若所需保持时间为两个半周期（约 20ms），则至少要用 5μF/W 规则。3μF/W 规则显然是不够的。

上述结论基于最恶劣的假设条件得出，即 85V 交流输入，电压下降恰好在 t_{SAG0} 之前开始。但是，根据保持时间定义，必须按照电压低至约 60V 时反激变换器仍能传输全功率来设计。例如，前面谈及的保护电路在超出最低工作限制时必须开始动作。

注意　在 60V 直流电压下连续运行时，无需加大变压器的铜尺寸或者为开关管或二极管加装散热片，因为在低电压下只需暂时传输功率。

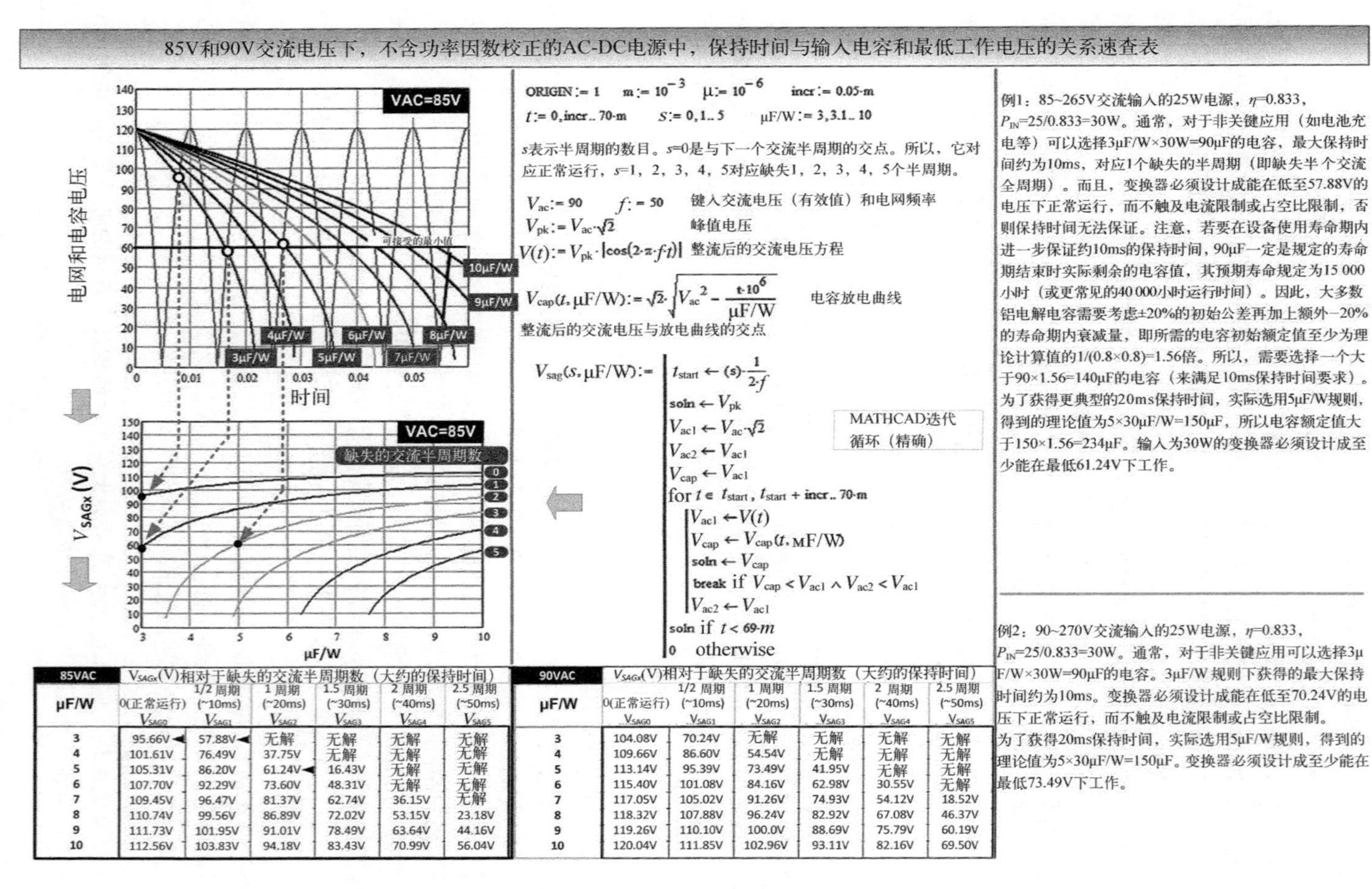

85VAC	V_{SAGx}(V)相对于缺失的交流半周期数（大约的保持时间）					
μF/W	0(正常运行) V_{SAG0}	1/2 周期 (~10ms) V_{SAG1}	1 周期 (~20ms) V_{SAG2}	1.5 周期 (~30ms) V_{SAG3}	2 周期 (~40ms) V_{SAG4}	2.5 周期 (~50ms) V_{SAG5}
3	95.66V	57.88V	无解	无解	无解	无解
4	101.61V	76.49V	37.75V	无解	无解	无解
5	105.31V	86.20V	61.24V	16.43V	无解	无解
6	107.70V	92.29V	73.60V	48.31V	无解	无解
7	109.45V	96.47V	81.37V	62.74V	36.15V	无解
8	110.74V	99.56V	86.89V	72.02V	53.15V	23.18V
9	111.73V	101.95V	91.01V	78.49V	63.64V	44.16V
10	112.56V	103.83V	94.18V	83.43V	70.99V	56.04V

90VAC	V_{SAGx}(V)相对于缺失的交流半周期数（大约的保持时间）					
μF/W	0(正常运行) V_{SAG0}	1/2 周期 (~10ms) V_{SAG1}	1 周期 (~20ms) V_{SAG2}	1.5 周期 (~30ms) V_{SAG3}	2 周期 (~40ms) V_{SAG4}	2.5 周期 (~50ms) V_{SAG5}
3	104.08V	70.24V	无解	无解	无解	无解
4	109.66V	86.60V	54.54V	无解	无解	无解
5	113.14V	95.39V	73.49V	41.95V	无解	无解
6	115.40V	101.08V	84.16V	62.98V	30.55V	无解
7	117.05V	105.02V	91.26V	74.93V	54.12V	18.52V
8	118.32V	107.88V	96.24V	82.92V	67.08V	46.37V
9	119.26V	110.10V	100.0V	88.69V	75.79V	60.19V
10	120.04V	111.85V	102.96V	93.11V	82.16V	69.50V

图 14-3 基于缺失的半周期数（非时间）的保持时间设计

注意 选择电容时经常遇到的问题是：对于不含功率因数校正的通用输入 AC-DC 反激变换器，选择高压直流大容量电容的主要标准是什么？答案如下。通常，10~20ms 保持时间需要尺寸过大的电容（额外需要更大的电容值），否则不能满足其纹波电流额定值的要求。因此，有效值电流最终主导并决定了电容选择，包括其尺寸和电容值，而且同时也能满足保持时间的规定。所以，通常按照 30~40ms 保持时间选择的电容最终也能自动满足纹波电流额定值要求。一般来说，可以计算并选择一个电容满足纹波电流额定值要求，再单独计算并选择一个电容来满足保持时间要求。最终，只需选择两者之中较大的一个即可。

要使反激变换器在直流电压降至 60V 时仍能可靠运行，最重要的考虑因素就是保证变压器能够从容处理不利的应力情况，并且不触及占空比/欠压/限流保护。大多数通用输入反激变换器设计都能在如此低的电压下运行，虽然只是暂时性的。有趣的是，商用反激电源变压器磁芯似乎并不比第 5 章中以算例和逻辑为基础的直观预期大多少，其背后的原因或策略有多种。一种技术来自集成电源芯片供应商（例如 Topswitch®），其设计工具似乎允许设计人员故意使用高达约 4200 高斯的峰值 B_{SAT}，远超过铁氧体通常标称的最大值 3000 高斯（参见第 5 章）。为此，本书并不欣赏这种做法。下一节给出的设计算例中将合理坚持 3000 高斯的最大值，并保持磁芯尺寸不变，但满足最新的保持时间要求。当然，金无足赤，稍后就会看到，这种做法也有负面影响。

14.2.12 两种不同的满足保持时间要求的反激变换器设计策略

图 14-3 给出了关于电压跌落的详细信息，有利于更好地设计实用的通用输入 AC-DC 反激变换器。可以回顾一下最初在第 5 章中介绍的设计实例，它们从图 5-19 开始。图 14-4 介绍了如何在这些计算中进一步考虑保持时间的要求。首先，按照图 14-3 中右侧表格选择一个实际电容值（例如按照 5μF/W 规则，满足约 20ms 保持时间）。现在，需要重新设计反激变换器，使其能在输入电压低至 73.5V 时正常工作，并非前面用到的 127V。注意，此处可将保持时间规定稍微放宽些，遵从 90V，而非 85V 交流电压下的最小保持时间要求，这也是为什么此处要用 73.5V，而不用上节用到的约 60V 的直流目标值。

事实上，图 14-4 详细给出了两种可能的设计策略，其中一种会设计出较大的磁芯，另一种不会。两者都采用 3000 高斯的 B_{SAT} 最大值限制。下面介绍两种完全不同的设计方法。

(1) 按照输入电压 73.5V 和 r 值设为 0.4 设计的变压器并不比按照输入电压 127V 和 r 值设为 0.4 设计的变压器大。稍后解释原因。

(2) 按照输入电压 127V 和 r 值设为 0.4 设计的变压器也能够在 73.5V 输入电压下可靠工作，但需选择更大的磁芯。

图 14-4 中的第一种方法，完全按照图 5-19 的步骤进行，但在 73.5V 而非 127V 下设计反激变换器。令人惊奇的是，磁芯所需的能量处理能力（及其尺寸）与 127V 下保持一致。注意，暂时没有考虑气隙。为什么会这样呢？而且，怎样做才能使设计结果与反复建议的按照最低输入电压设计的反激变压器相一致呢？

反激或升降压磁芯尺寸和电感值选择实例（含保持时间要求）

例：25W通用反激变换器设计，输出5V/5A，η=0.833。AC-DC电源在90~270V交流范围内工作。注意，P_O=25W，则P_O/η=25/0.833=30W。前面例子中（第5章的图5-19）根据整流后稳定的直流电压的127V设计了变压器。实际上，假设输入电容非常大，其纹波可忽略，也无保持时间要求。现在，用5μF/W规则设计一个保持时间约20ms（缺失两个半周期）的变换器。根据图14-3的速查表（参见90VAC），当直流电压低至73.5V时要保证变换器正常运行。有两种实现方法。第一种选用与第5章相同的变压器（E25/13/7）。但会导致某些性能问题,如最小占空比限制，高峰值电流等，特别是高压运行时。第二种方法可提供更好的性能，但会导致变压器体积变大

第一种方法：假设折算后的目标输出电压V_{OR}为100V，正如使用600V场效应管时的典型情况。所以，匝比$N_P/N_S=n$由V_{OR}/V_O=100/5=20给出（为了简化，此处忽略二极管压降）。最低电压下的占空比为：

$$D=\frac{V_{OR}}{\eta V_{IN}+V_{OR}}=\frac{100}{(73.5\times0.833)+100}=0.62$$

$I_{OR}=\frac{I_O}{n}=\frac{5}{20}=0.25$（折算后的输出电流）

$I_L=\frac{I_{OR}}{1-D}=\frac{0.25}{1-0.62}=0.658$（斜坡电流中心值）

$r=0.4=\frac{\Delta I_L}{I_L}=\frac{\Delta I_L}{0.658}$（电流纹波率）

$\Delta I_L=0.658\times0.4=0.263$

设想输出电压按系数$1/\eta$增加（参见图5-1），以此做最恶劣情况估计。因此，

$$V_{OFF}=L\frac{\Delta I}{T_{OFF}}\ \Rightarrow\ L_{\mu H}=\frac{100}{0.833}\times\frac{(1-0.62)}{0.1\times0.263}\Rightarrow1.735\text{ mH}$$

$$I_{PEAK}=I_L\times\left(1+\frac{r}{2}\right)=0.658\times1.2=0.79(\text{A})$$

$$\varepsilon_{PEAK}=\frac{1}{2}\times L\times I_{PEAK}{}^2=\frac{1.735\times10^{-3}\times0.79^2}{2}\Rightarrow541\mu\text{J}$$

（参见图5-15）

$$V_{e\_cm3}=\frac{\varepsilon_{PEAK}}{180}=\frac{540}{180}=3\text{ cm}^3$$

最接近的磁芯是 **E25/13/7**

校验：$\Delta\varepsilon=\frac{\varepsilon_{PEAK}}{1.8}=\frac{541}{1.8}=300\mu\text{J}$（参见图5.6）

（这对应输入功率30W的100kHz变换器）但可以看出，能量和尺寸需求与图5-19中按照127V直流输入计算的结果完全相同。若果真如此，为什么还一直坚持要在最低输入电压下设计反激变换器呢？众所周知，与输入电压无关实际上是升降压拓扑的特性（升压或降压拓扑不具备），反激或升降压输出的所有能量都必须储存在电感中。换句话说，$\Delta\varepsilon$（为300μJ）保持不变，与电压无关。所以，变压器尺寸怎么会不同呢？其实，反激变压器尺寸是否相同的确与输入电压有关，但差别是微小的和间接的。因为磁性元件尺寸不是取决于$\Delta\varepsilon$，而是取决于ε_{PEAK}。两者通过函数$F(r)$建立联系，该函数与电流纹波率r有关

$$\varepsilon_{PEAK}=\frac{\Delta\varepsilon}{8}\times\left[r\times\left(\frac{2}{r}+1\right)^2\right]=\frac{\Delta\varepsilon}{8}\times F(r)$$（参见图5-6）

反激变压器（或升降压电感）尺寸基本上取决于电流纹波率，而非直接由输入电压决定。所以，如果按照127V输入电压和r=0.4设计变压器，其结果就与按照73.5V输入电压或其他电压和r=0.4设计的变压器尺寸相同（尽管电感量不同）。这意味什么呢？问题是：必须保证在一定xV电压下设计的变压器将不会在更低电压下运行，当然还要有良好的防止磁芯饱和的保护措施（利用电流限制或占空比限制）。因为若上电和掉电时输入电压明显降低，$F(r)$就会陡增，而且峰值能量也陡增。由于变压器设计时可能未考虑峰值能量额外增加，很有可能会引起磁芯饱并导致开关管炸毁。利用两个重要的升降压方程可以很容易地表示（输入电压下降时）$F(r)$随D陡增：

$$r=\frac{V_O}{I_O\times L\times f}(1-D)^2\ \text{且}\ D=\frac{V_O}{V_{IN}+V_O}$$

假设要满足20ms保持时间要求，如前所述，按照73.5V输入电压和r=0.4设计变压器。该变压器需要精确的占空比限制或电流限制，因为上电和掉电时的输入电压会暂时低于73.5V。因此，为了避免磁芯饱和导致开关管损坏，在反激或升降压设计中，无论有没有保持时间要求，都需要（1）计算实际的设计输入电压（xV）下的峰值电流和占空比。（2）设置的峰值电流限制和占空比限制要比计算值高约10%~20%。该裕量一般足够，也不会使变压器体积增大（有气隙铁氧体变压器，z为5~20，达到软饱和，参见第5章有关z的讨论）。

第二种方法：上述方法满足了保持时间要求，而且磁芯体积不变。但因为在极低电压下（输入电压73.5V时r设为0.4）设计磁性元件，所以高输入电压时的占空比要小得多，会导致一些性能问题。第二种方法按照输入电压127V和r=0.4设计磁芯。高输入电压时能得到一个可接受的大占空比。但在最低电压73.5V不变的情况下，r值要低得多。已知小r值通常导致大磁芯（参见图5-7）。这是劣势

$$D=\frac{100}{(127\times0.833)+100}=0.486,\quad I_L=\frac{I_{OR}}{1-D}=\frac{0.25}{1-0.486}=0.486$$

$$r=0.4=\frac{\Delta I_L}{I_L}=\frac{\Delta I_L}{0.46}\qquad \Delta I_L=0.486\times0.4=0.194$$

$$V_{OFF}=L\frac{\Delta I}{T_{OFF}}\ \rightarrow\ L_{\mu H}=\frac{100}{0.833}\times\frac{(1-0.486)}{0.1\times0.194}\Rightarrow3.18\text{ mH}$$

73.5V时，D也为0.62。因为L与$(1-D)^2/r$成正比，故对于给定的L，r与$(1-D)^2$(见图5-8）成正比，故73.5V时r为

$$r_{low}=r\times\left(\frac{1-D_{low}}{1-D}\right)^2=0.4\times\left(\frac{1-0.62}{1-0.486}\right)^2=0.22$$

$$I_{L\_low}=\frac{I_{OR}}{1-D_{low}}=\frac{0.25}{1-0.62}=0.658$$

$$I_{PEAK\_low}=I_{L\_low}\times\left(1+\frac{r_{low}}{2}\right)=0.658\times\left(1+\frac{0.22}{2}\right)=0.73(\text{A})$$

$$\varepsilon_{PEAK\_low}=\frac{1}{2}\times L\times I_{PEAK\_low}{}^2=\frac{3.18\times10^{-3}\times0.73^2}{2}\Rightarrow847\mu\text{J}$$

（参见图5-15）

$$V_{e\_cm3}=\frac{\varepsilon_{PEAK}}{180}=\frac{847}{180}=4.7\text{ cm}^3$$

最接近的磁芯是 **EFD30/15/9**

图 14-4　两种实用的满足保持时间要求的反激变换器设计方法

求解该难题需要回顾图 5-4，其中提供了一些非常基础的知识：反激变压器（或升降压电感）是独特的，因为它储存电源传输的所有能量（暂时忽略损耗）。可以看出，只有功率与 $\Delta\varepsilon$ 项直接相关（根据方程 $\Delta\varepsilon=P_{IN}/f$），而输入电压（或 D）并不与其直接相关，这与其他拓扑不同。由图 5-6 可知，电感或变压器的峰值能量处理需求并不是每周期内储能的变化量 $\Delta\varepsilon$，而是 ε_{PEAK}。其关系式为

$$\varepsilon_{PEAK}=\frac{\Delta\varepsilon}{8}\times\left[r\times\left(\frac{2}{r}+1\right)^2\right]\equiv\frac{\Delta\varepsilon}{8}\times F(r) \tag{14-13}$$

要知道，$F(r)$随 r 降低而增加。

于是，对于反激变换器而言，因为 $\Delta\varepsilon$ 与输入电压无关，所以（除了变换器额定功率以外）有且只有 r 值来决定 ε_{PEAK}，进而决定磁芯大小。因此，若输入电压为 73.5V 时设 r=0.4，或输入电压为 127V 时设 r=0.4，且电容电压不会再低，则一旦电网电压下降，希望利用保持时间性能来穿越低电压时，就会出现问题。由图 2-4 可知，对于升降压拓扑，r 值随输入电压下降（D 增加）而减小。图 5-7 也说明，如果 r 值远低于 0.4，则上述 $F(r)$项会陡增。换句话说，若按照输入电压为 127V 和 r=0.4 选择变压器电感值，则电压下降时，变换器的瞬时 r 值会明显减小，导致 ε_{PEAK} 陡增。因此，如果磁芯尺寸不足以处理暂时的过应力情况，磁芯就会饱和。这就是上述两种设计方法得出不同磁芯尺寸的原因。

简而言之，无需增加反激变压器尺寸或改变其气隙（z 因子）来满足保持时间要求，仅需减小匝数，即减小电感值（增大 r 值）。当然，还需要相应地设置更高的电流限制等。

如图 14-4 所示，第一种方法确实有问题。在低至 73.5V 的电压下设 r 值为 0.4，与 127V 输入电压下设 r 值为 0.4 截然相反，高压时峰值电流增加更多，有效值电流更大。而且，系统在轻载时更容易进入断续导通模式。事实上，即使是最大额定负载，高压时也很容易进入断续导通模式。这些都是符合保持时间规定但未增大变压器尺寸所带来的缺点。所有事情都有代价。

最后，可根据偏好和设计目标来决定到底选择上述两种变压器设计方法中的哪一种。折中的解决方案更好。例如，在 73.5V 输入电压下设置 r=0.3 而不是 0.4。这样虽然磁芯稍大，但高压时的效率和性能更好。

14.3 第 2 部分：大功率应用和功率因数校正

14.3.1 概述

引入一个假想实验。首先，假设任意电压波形（有效值为 V_{RMS}）施加在无穷大电阻上。电阻保持冷态，即电阻内部没有能量损失。然后，假设任意电流波形（有效值为 I_{RMS}）通过一段非常厚的铜线（假设其电阻为零）。导线不发热，即内部没有损耗（忽略其他部分损耗）。现在，可用一个机械开关来模拟这两种运行情况。某一时刻，它是无穷大电阻（开关断开），下一时刻，它又是性能完美的导体（开关闭合）。可以预期，无论如何开关（任何模式），开关本身都保持冷态。理想开关内部不会有任何热损耗。聪明的读者会发现，这正是第 1 章中开关功率变换的分析基础。

但有些误导的是，如果把示波器探头放在机械开关两端，就会看到任意电压波形都有一定的有效值。如果把电流探头与开关串联，就会看到任意电流波形也有一定的有效值。假设做一些简单数学运算，将（某一时段内）开关两端有效值电压乘以（同一时段内）开关有效值电流，

其乘积 $V_{RMS} \times I_{RMS}$ 显然是很大的非零数。但该数字就是开关的功率损耗么？显然不是，因为开关仍是冷态。那么，什么地方出错了呢？实际上，正是简单的数学运算使人误以为开关有损耗。前面计算的“损耗”不是实际功率，而是视在功率。

$$视在功率=V_{RMS} \times I_{RMS} \tag{14-14}$$

处理交流功率分配时，用的是正弦波交流电压，上式可写成如下等效形式：

$$视在功率=V_{AC} \times I_{AC} \tag{14-15}$$

注意，交流是有效值的另一种说法。例如，美国民用电网的交流电压为 120V，即正弦波有效值为 120V。其峰值为 120V× $\sqrt{2}$ =170V。

根据定义，有功（实）功率是指按一个完整周期计算的平均功率

$$P_{REAL} = \frac{1}{T}\int_0^T V_{IN}(t) \times I_{IN}(t)\,dt \tag{14-16}$$

实际上，这有些自相矛盾，与前面章节中基于“北极模拟法”的算例类似，尽管当时并没有指出这一点。回顾一下，100W（输入功率）变换器使用 300μF 大容量电容，其输入电流有效值约为 2.26A（近似值）。因此，根据定义，视在功率为 85V×2.26A=192W。但事实上，已知有功（实）功率仅为 100W（108.5×0.922A=100W）。

为了解释这种情况，需引入功率因数概念。它定义为有功功率与视在功率之比。所以上例中功率因数为 100/192≈0.5。原则上，功率因数范围从 0 到 1，其中 1 是最好情况。现在，把这些知识点串连起来。越来越大的大容量电容只会使小功率 AC-DC 前级情况变糟，使功率因数下降得更厉害，在相关元器件中产生更多热量。

注意，上述情况已经表明低功率因数带来的潜在问题：虽然仅视在功率增加，但这部分视在功率的效果非常真实，即附近元器件的损耗明显增加。

除了其他由电网供电的电器以外，高功率因数 AC-DC 电源需求持续增长。关键原因是与之相关的设备越来越多，以及电网公司的输电成本。但首先，可以大松一口气，必须承认，常见的家用电表不是按视在功率，而是按有功功率收费。或许，用户个人已经草率地确定所有家用电器或电源都是高功率因数的。但低功率因数的影响是直接的，特别是对大功率设备来说。通过限制家用电线的最大有效值电流，就能间接限制视在功率，也能限制有用功率的获取。切记，“额定 15A”的电源插座是不允许其电流超过 15A（有效值）的，即使是暂时的也不行。断路器会跳闸来保护建筑，并阻止这种行为。

这里给出一个特别的算例，用来展示低功率因数带来的功率限制。该算例基于美国办公室和家庭中常见的标准 120V/15A 插座。原则上，该插座不能用来传输 120V×15A×0.8= 1440W 的功率。注意，这里引入一个 0.8 的降额系数，实际上留出了 20%的安全裕量（另外也能防止断路器误跳闸）。注意，计算的最大值 1440W 实际上是指最大视在功率，并非有功功率。因为导线发热仅由 I_{AC}（或 I_{RMS}）决定，所以仅与导线流过的视在功率有关，与有功功率无关（至少不是直接相关）。因此，假设 AC-DC 电源整体效率为 75%，电源最大额定输出功率为 120V×(15A×0.80)×0.75=1080W。这刚好对应 1440W 的输入功率（校验：1080/0.75=1440）。然而，这是假设功率因数为 1 的结果。如果功率因数仅为 0.5，该值在电源前级仅由整流桥和电容组成时非常典型，那么电源的最大额定输出功率就只有 120V×(15A×0.80)×0.75×0.5=540W。校验：540/(0.75×0.5)=1440W。这实际上浪费了交流插座的载流能力。只要降低给定输出功率的峰值或有效值电流，就能明显增加输出功率。最好的方法就是力图达到高功率因数。

本章并未深入讨论无功功率和有功功率等概念，只是指出纯阻负载（无电容和电感）消耗了所有能量，所以其功率因数为 1。小功率 AC-DC 前级的功率因数小于 1，其原因很简单，就是因为输入电容的存在。而且，出于同样原因，若电路仅由纯电感和（或）纯电容组成（没有电阻），则功率因数为 0，即电路只能储存能量但不能消耗它，除非某处有电阻存在。因为，尽管所有 L 或 C 电路最初看起来都会从交流电源吸收能量（从可观察到的电压和电流交叠判断），但随后的交流周期内，电压和电流的符号翻转，此时所有吸收（即储存）的能量将回馈给交流电源。所以，实际（净）输入功率（按全周期平均值计算）为 0，但视在功率不为 0。而且，功率因数也为 0。

可以断定，AC-DC 电源引入功率因数校正就是为了使电源（及其负载）的表现相对于交流电源而言更像一个纯电阻。这就是功率因数校正的设计目标。

想要模拟的电阻特性有什么特殊之处吗？若正弦波电压加至电阻两端，则流过的电流刚好是正弦波。若外加三角波电压，则电流就是三角波。方波电压则会产生方波电流，以此类推。而且，该过程中没有延时（相移）。可以断定，在任意点施加任意波形，瞬时电压总是与瞬时电流成正比。比例常数就称为“电阻”（$V=IR$）。这就是希望功率因数校正电路模拟的情况：对于交流电源表现出纯电阻特性。

注意 至于功率因数要大于 0.9 或某一固定值，并没有强制或法定要求。是的，要切记前面讨论的最大负载限制。除此以外，实际上功率因数本身并没有限制。但国际标准（基于电网频率）限制了低频谐波（50Hz、100 Hz 和 150 Hz 等）的幅值。因为大功率设备运行会在电网上产生巨大的低频浪涌电流，实际上污染了交流电网运行环境，有可能影响电网上的其他电器设备。电源设计人员要遵守最常用的低频电网谐波标准 IEC61000-3-2，现在也等同于欧洲规范 EN61000-3-2。该标准规定了包括 AC-DC 电源在内的大多数设备的谐波限制规定，电网输入功率范围从 75W 到 1000W。注意，75W 是指从电网获得的功率，不是 AC-DC 电源的输出功率。例如，效率为 70% 的 70W 反激变换器实际上就是 EN61000-3-2 规定的 70/0.7=100W 设备，需要符合谐波限制。EN61000-3-2 对直至 40 次（2000Hz）的电网谐波做出了严格限制。这间接要求使用常见的有源功率因数校正技术。所有其他的降低电网谐波方法（包括笨重的无源方法，如大铁芯扼流圈）在最后时刻都有很高的风险，可能仅仅因为一个不可预知的谐波尖峰，就会永远陷入鉴定试验/试生产的怪圈中。同理，如填谷式功率因数校正等特殊方法从学术角度看似乎很有趣，但实验（虚拟实验或真实实验）分析结果存疑。实际生产环境下，在最终阶段可能发现，这些方法展现出令人惊讶的高电磁干扰频谱。实际上，填谷法一般仅在照明设备（例如电子镇流器）中采用，因其强制性电磁干扰限制（照明器材标准 EN55015）通常要比适用于大多数 AC-DC 电源的 EN550022 标准中 B 级限制要松些。因此，本章介绍的是符合 EN61000-3-2 标准的、为人熟知的和最值得信任的标准有源功率因数校正升压方法。照此方法，设计人员既不用担心也不会失望。

注意 这里没有过多地讨论定频（连续导通模式）升压功率因数校正实现方案的细节问题，因为实现方案虽然非常丰富，但是所有方案的最终性能相同。需要真正理解此处介绍的该性能，它有助于真正理解功率因数校正这个命题，也便于正确选择或设计相关的功率元器件和磁性元件。还可以继续利用已知的有关控制器细节的丰富信息。这些信息由功率因数校正芯片供应商提供，例如 UC3854 芯片。

14.3.2　如何使升压拓扑呈现正弦波输入电流

首先从最基础的简单情况开始讨论。假设 DC-DC 变换器处于稳态，输出电压为 V_O，输入电压逐渐增加。那么，输入电流将如何变化呢？如果输入变化非常缓慢，实际分析时可以认为，变换器在任意时刻都处于稳态（准稳态）。现在，若外加输入电压为低频整流后的正弦波又会如何呢？能否自然得到低频正弦波输入电流呢？如果做得到，工作就完成了——既然得到了（同相位的）正弦波电流和正弦波电压，按照前面的讨论，变换器就已经表现出纯电阻特性，因此功率因数必然为 1。无需再做别的工作，理论上也不存在电网谐波。

不幸的是，这在任何 DC-DC 开关拓扑中都不会发生。因为输入电压降低时，为了保持瞬时输出功率不变，必然要增加瞬时输入电流。而且，如果输入电压升高，输入电流就要降低，以保持 $I_{IN}\times V_{IN}$ 的乘积为常数（为 P_{IN}）。图 14-5 上半部分的原理图给出了说明。注意，低输入电压时，输入电流会极高，而且二极管电流和输出电流是常数。标准 DC-DC 升压变换器中的输出电容仅用于平滑二极管电流的高频分量。二极管电流的低频分量就是稳态直流电流，不需要平滑。

采取什么步骤才能使标准升压变换器相对于电源表现出纯电阻特性呢？显然，根源就是瞬时输出功率恒定的强制要求，它反过来就变成输入功率恒定的要求。电压很低时，电流自然增大，不会像电阻那样减小。原则上，要按照下述要求设计某种类型的控制环路（实际上也能实现）：输入电压为零时，需要降低有效（瞬时）负载电流需求，使升压级负载电流看起来也为 0，所以 $I_O/(1-D)$，即升压变换器的输入电流（斜坡中心值）仍然为有限值。如果可以实现，那么问题是：除了限制输入电流为有限值以外，能否适当地“裁剪”瞬时负载电流需求，使输入电流实际上变成纯正弦波电流呢？原则上，没有理由解释为什么不能这么做。所以，唯一的问题是：负载电流波形到底是什么样子呢？答案参见图 14-5 下半部分的原理图，后面会讨论到。

随时间变化的瞬时输出电流设为 $I_{OE}(t)$，可得

$$I_{IN}(t)=\frac{I_{OE}(t)\times V_O}{V_{IN}(t)\times\eta} \tag{14-17}$$

就升压变换器而言，$I_{OE}(t)$是有效（瞬时）负载电流。换句话说，如果电流脉冲的平均高频分量通过功率因数校正二极管，得到的就不是稳态直流电流 I_O，而是一个变化缓慢的电流波形，含有明显的低频分量，如同所有的传统升压变换器。该电流波形称为 $I_{OE}(t)$。当然，升压输出电容右侧连接的负载需要恒流。所以，大容量电容现在用来平滑输出，不仅包含二极管电流脉冲的高频分量，还包含变化缓慢的低频分量。然后，再把平滑后的电流 I_O 传输给负载。

基本上，任何升压功率因数校正芯片，不管其实际的实现方式如何，最终都能正确得到正弦整形的负载电流，从而间接产生可观测到的正弦波输入电流。图 14-5 下半部分的图也指出了这一点。但要牢记，尽管图 14-5 中的两个图看似区别很大，但在任意给定时刻，升压功率因数校正变换器(1) 必然处于准稳态，因此，(2) 如果给定时刻的负载电流设置适当，那么所有已知的连续导通模式下的 DC-DC 升压变换器方程在那一时刻就是有效的。因为基本拓扑未变，仍然是升压拓扑，只是负载电流缓慢变化。

下述数学关系说明，是负载电流波形成就了功率因数校正。首先设置需求，然后再逆向操作。

$$I_{IN}=K\left|\sin\left(2\pi ft\right)\right| \tag{14-18}$$

式中，f 是交流（电网）频率。

迄今为止，K 是任意常数。输入电压是整流后峰值为 V_{IPK} 的正弦波，与电流相位相同。所以

$$V_{IN}(t)=V_{IPK}\left|\sin\left(2\pi ft\right)\right| \tag{14-19}$$

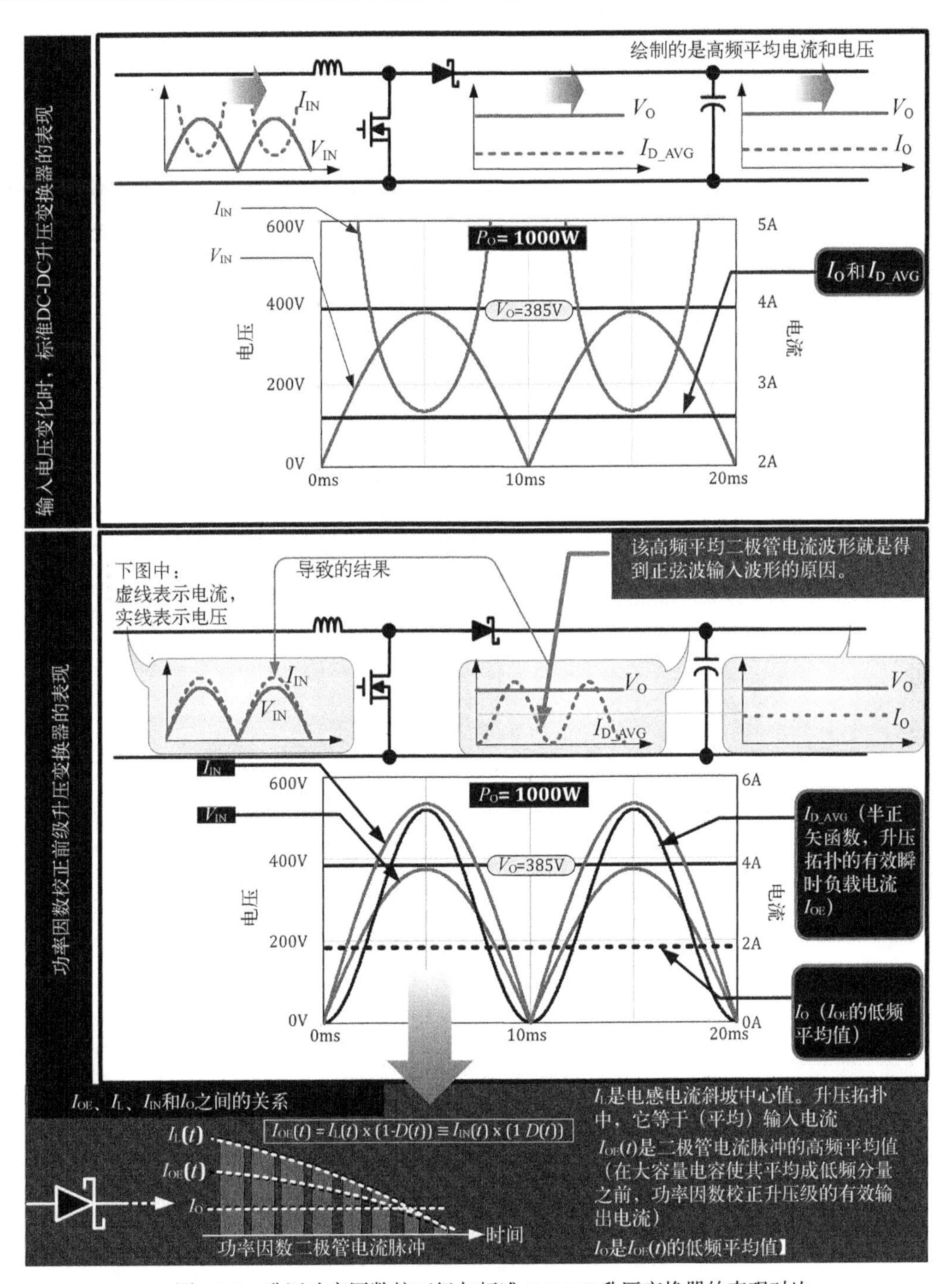

图 14-5　升压功率因数校正级与标准 DC-DC 升压变换器的表现对比

于是，输入电压和输入电流之比与时间无关，称为模拟电阻 R_E。

$$R_E = \frac{V_{IPK}\left|\sin(2\pi ft)\right|}{K\left|\sin(2\pi ft)\right|} = \frac{V_{IPK}}{K} \Rightarrow K = \frac{V_{IPK}}{R_E} \qquad (14\text{-}20)$$

这就是一直想得到的结果：功率因数校正级（通常接负载）相对于交流电源表现为一个模拟电

阻 R_E。还可以直观地理解为，如果功率因数校正级所接的负载开始需要更多的功率，那么 R_E 就必须减小，允许更多电流从交流电源流入功率因数校正级。所以，预期 R_E 与 P_O（即功率因数校正级输出功率）成反比。

注意，一般假设功率因数校正级效率很高（大于 90%，为了简化通常近似为 100%）。所以，功率因数校正级的输入功率几乎等于其输出功率。而且，输出功率就是其后脉宽调制级的输入功率。脉宽调制级的典型效率通常为 70%~80%，因此其输出功率相应降低。但严格地讲，这就是升压功率因数校正级输入与输出功率之间的关系。于是，可得：

$$\frac{V_{AC}{}^2}{R_E} = \frac{V_O \times I_O}{\eta} \equiv \frac{P_O}{\eta} \tag{14-21}$$

式中，V_{AC}是输入电压有效值，V_O是高压直流母线电压，I_O是脉宽调制级输入电流。

由 $V_{AC}=V_{IPK}/\sqrt{2}$ 可得

$$R_E = \frac{\eta V_{IPK}{}^2}{2P_O} \equiv \frac{\eta V_{AC}{}^2}{P_O} \Leftarrow (\text{切记}) \tag{14-22}$$

因此，比例系数 K 为

$$K = \frac{V_{IPK}}{R_E} = \frac{V_{IPK}}{\eta V_{IPK}{}^2/2P_O} = \frac{2P_O}{\eta V_{IPK}} \tag{14-23}$$

现在，把任一时刻的功率因数校正级作为输入有一定变化的升压变换器来考虑，已知输入电流为

$$I_{IN} = K\left|\sin\left(2\pi ft\right)\right| = \frac{2P_O}{\eta V_{IPK}}\left|\sin\left(2\pi ft\right)\right| \tag{14-24}$$

式中，f是交流（电网）频率。

已知

$$I_{IN}(t) = \frac{I_{OE}(t) \times V_O}{\eta V_{IN}(t)} \tag{14-25}$$

由此可得

$$\frac{2P_O}{\eta V_{IPK}}\left|\sin\left(2\pi ft\right)\right| = \frac{I_{OE}(t) \times V_O}{\eta V_{IN}(t)} \tag{14-26}$$

$$\frac{2\left(V_O I_O\right)}{V_{IPK}}\left|\sin\left(2\pi ft\right)\right| = \frac{I_{OE}(t) \times V_O}{V_{IPK}\left|\sin\left(2\pi ft\right)\right|} \tag{14-27}$$

求解，可得（创建正弦波输入电流所需的）瞬时负载电流方程为

$$I_{OE}(t) = 2I_O\left|\sin\left(2\pi ft\right)\right|^2 \Leftarrow (\text{切记}) \tag{14-28}$$

换句话说，若想得到正弦波输入电流，$I_{OE}(t)$就必须是 $\sin^2(xt)$形式。对于所有功率因数校正级和所有控制芯片而言，这是黄金要求。

注意，负载电流 I_O通过 $I_{OE}(t)$曲线的几何中心（参见图 14-5）。这合情合理，因为 $I_{OE}(t)$的全交流周期平均值一定等于升压功率因数校正级的负载电流。电容只是用来平滑波形，不会添加任何净电流分量。

仔细观察图 14-5 曲线图（由 Mathcad 文件生成）就会发现，$I_{OE}(t)$是 $\sin^2(xt)$的函数，与正弦波（或余弦波）函数波形类似，向上平移是为了使其最低点与横轴保持一致。该函数波形称为半正矢函数。根据定义

$$\mathrm{hav}(z)=\frac{1}{2}(1-\cos(z))=\sin^2(\frac{z}{2}) \tag{14-29}$$

因此，如果升压级输入电压为交流，负载电流为半正矢函数，那么输入电流将是正弦波。简而言之，连续导通模式下升压功率因数校正级要做什么，控制芯片说明书中都已写明。

直观理解了升压功率因数校正级表现后，接下来研究图 14-6、图 14-7 和图 14-8 中所有有关有效值电流或平均电流方程的详细计算，包括在功率因数校正前级中实现保持时间的算例。

最后，图 14-9 用图解法绘制了关键变量与电网电压的关系。y 轴表示（大容量电容流出的）归一化负载电流。例如，一般将高压直流母线（HVDC）电压设为 385V，则对应输入脉宽调制级的功率为 385V×1A=385W。x 轴表示转换率 $V_{\mathrm{IPK}}/V_{\mathrm{O}}$。图旁给出了算例。

14.3.3 功率因数校正级和脉宽调制级的反同步技术

一些功率因数控制芯片提供“同步能力”，可是这个词通常意味着功率因数校正级与脉宽调制级同相。换句话说，每当功率因数校正级开关管导通时，脉宽调制级开关管也导通。与之相反，（反）非同步可以使大容量电容的纹波额定值（和成本）戏剧性地降低。

注意 这一点在小功率 AC-DC 前级中也讨论过。就功率因数校正前级而言，由于母线电压很高（约 385V），通常即使用很小的电容也能非常容易和自然地满足 20~40ms 保持时间要求。因此，在功率因数校正设计中，大容量电容选择的最终决定因素不是保持时间，而是电容纹波电流额定值（流过电容的有效值电流）。因此，反同步方案确实能明显节约成本。

几年前，反同步技术通过一个组合芯片推出。当时，该芯片声称是工业界第一个具有上升沿/下降沿调制技术的功率因数校正和脉宽调制控制芯片。该芯片从本质上想完成下述直观的思维过程：脉宽调制级从大容量电容获得电流，而功率因数校正级为大容量电容提供电流。假如这两个相反的电流能在电容内部相互抵消（即没有合成电流），又会如何呢？换句话说，要做的是恰好在功率因数校正开关管关断时使脉宽调制开关管导通，也就是非同步（或反同步）。然而，在任何给定时刻，功率因数校正级（变化的）占空比未必与脉宽调制级占空比（常数）相同。所以，抵消不可能完美。但从全交流周期角度可以断定，大部分平均续流（二极管）电流会直接进入脉宽调制级，而不通过大容量电容再循环，从而使后者避免因有效值电流过大而发热。由于占空比不匹配，很难由简单的封闭形式方程来计算电容有效值电流的净减少量。因此，前面提到的组合芯片实际上并未给出详细的使用方法。这并不奇怪，而且这也是它从未流行过的原因。然而，特别是在欧洲，有几种商业化产品可能是因为有内部实际经验和诀窍，已经成功利用该技术多年。

注意 其实，组合芯片还有一个严重的设计缺陷。它有一个单独的关断引脚，激活时可同时关断功率因数校正级和脉宽调制级。实际上，它需要更多的灵活性。例如，为了在瞬时电网故障条件下快速保护设备，需要关断功率因数校正级的开关场效应管。然而，为了满足保持时间要求，需要脉宽调制级暂时继续运行，或者在需要关断输出时（只）关断脉宽调制级的开关场效应管。这种情况下，尽管负载几乎为零，还是倾向于让功率因数校正级保持开关。这样，再要求电源恢复输出时，功率因数校正级就无需从头开始，等待很长时间。

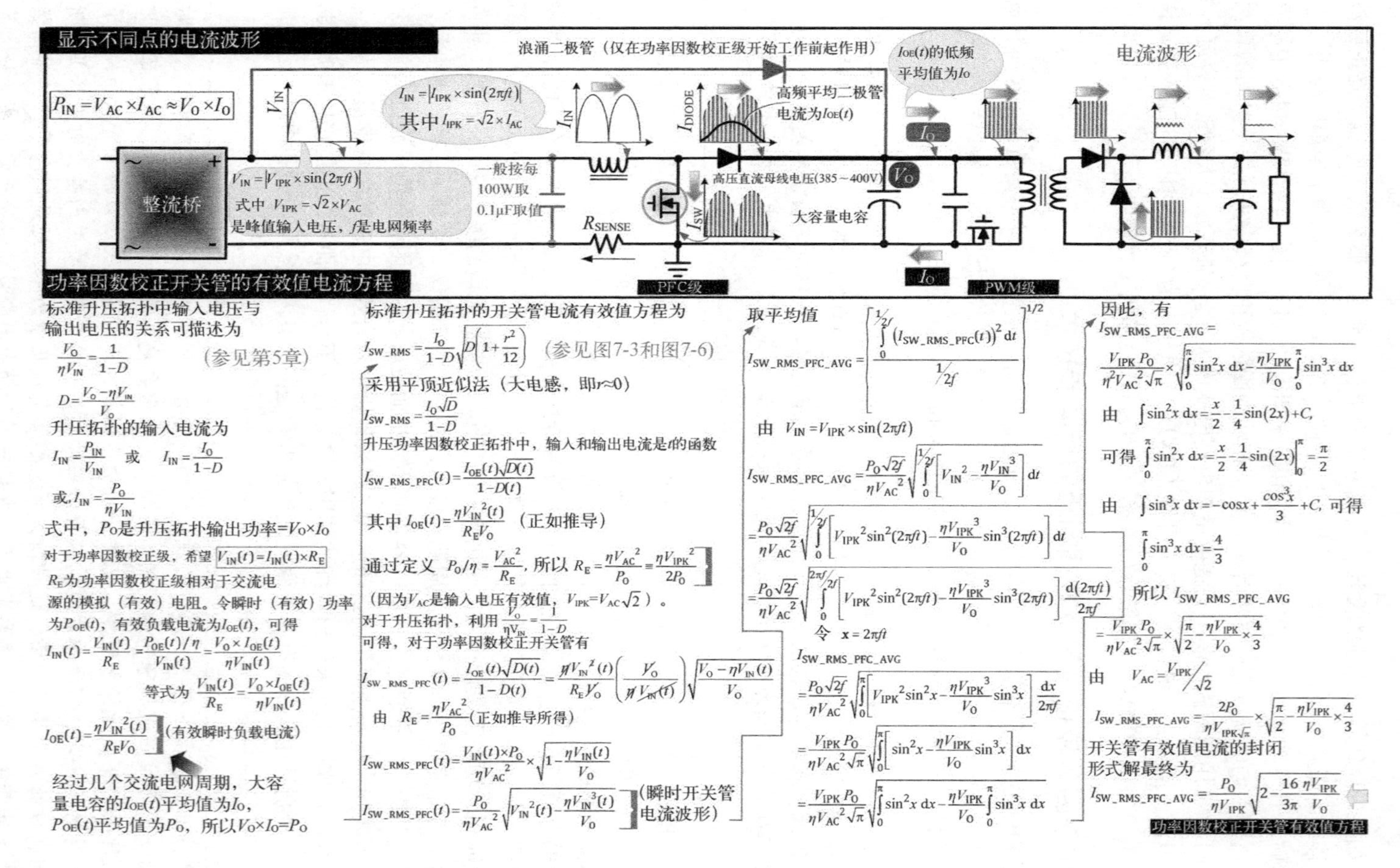

图 14-6　功率因数校正级开关管的有效值电流方程

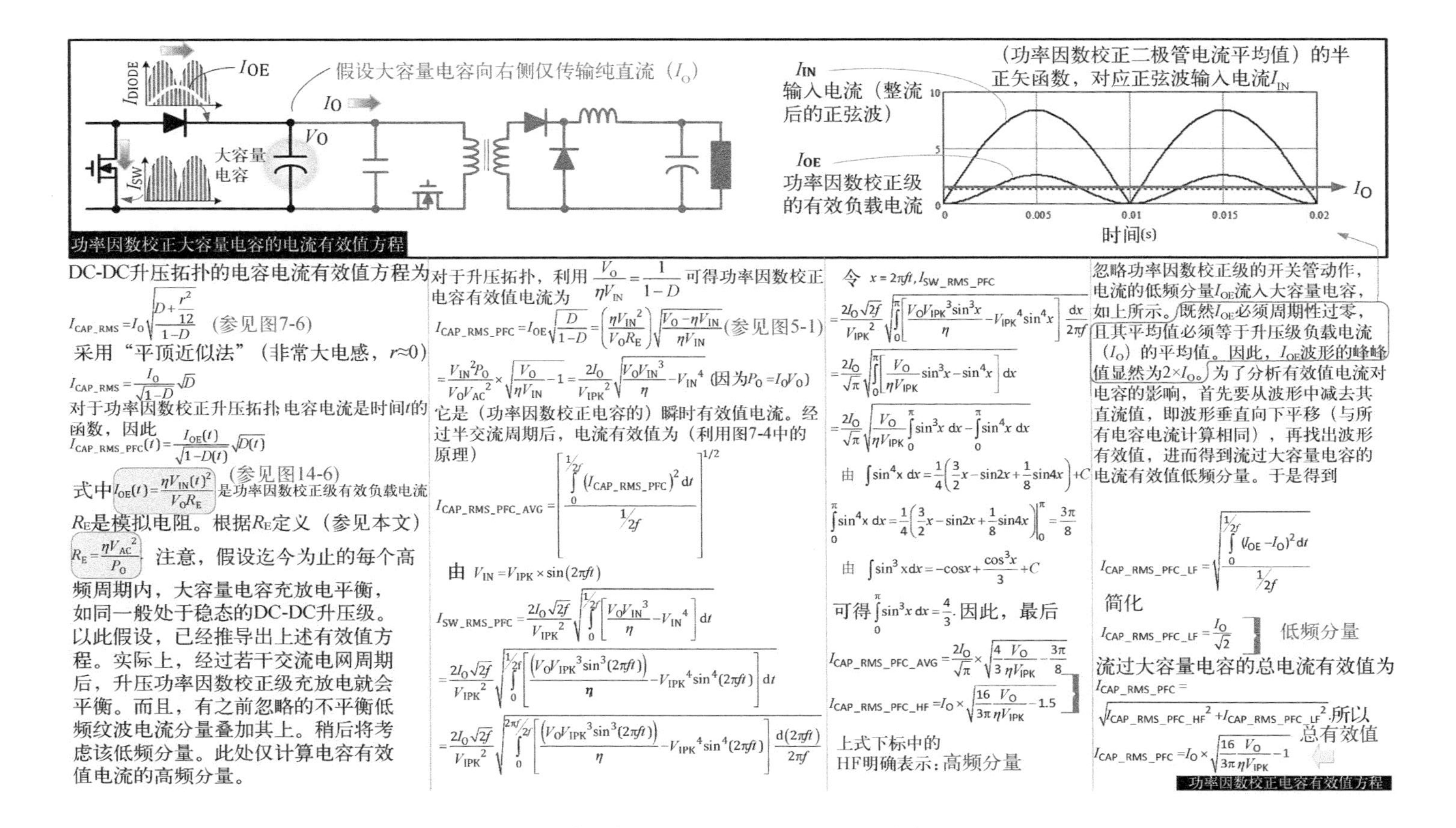

图 14-7 功率因数校正级输入电流和电容有效值电流方程

图 14-8 功率因数校正级二极管、滤波器、扼流圈和电容的保持时间方程

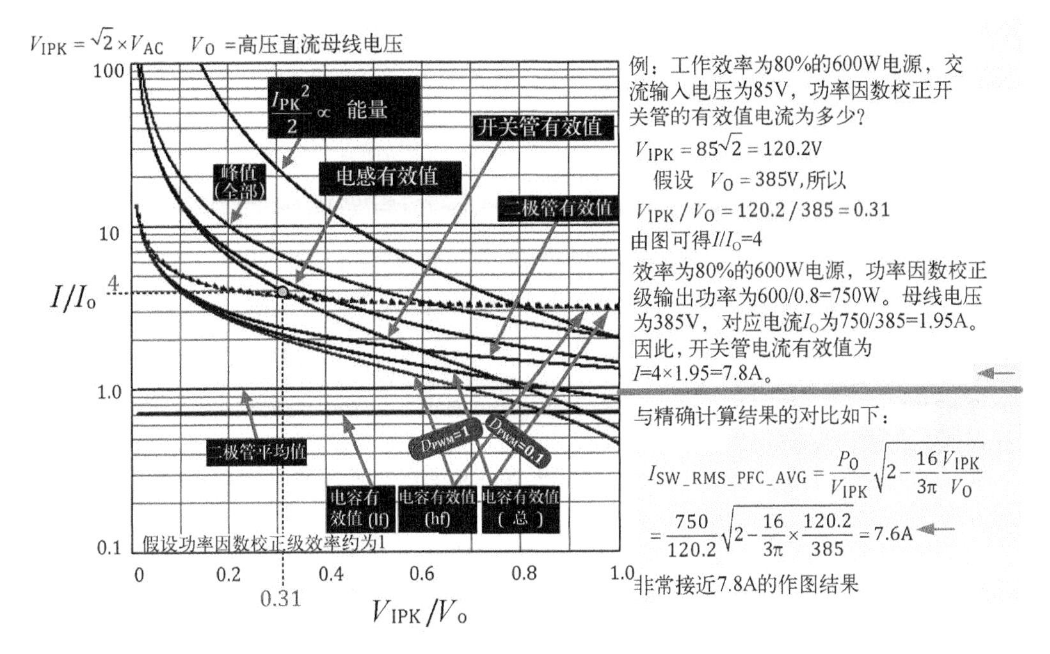

图 14-9 功率因数校正级电流应力估算速查曲线

前面讨论的组合芯片还具有不必要的复杂性。照例，它有一个定频时钟，而且脉宽调制开关管在时钟脉冲边沿导通（常规技术），功率因数校正开关管在时钟脉冲边沿关断。切记，大多数变换器是通过改变开关管的关断时刻来完成调整的，而导通时刻由时钟决定。这就是传统的下降沿调制。所以，该组合芯片的脉宽调制级以传统方式工作。但是，功率因数校正级采用（相反的）上升沿调制，（由于反同步要求）开关管关断时刻是预先设定的。因此，只有导通时刻变化才能完成调整任务。实际上，现在必须事先已知调整后的功率因数校正脉冲宽度，而是功率因数校正开关管必须在某一时刻关断，然后再反向计算得出功率因数校正开关管导通所需的准确时刻。毫无疑问，这些都是由控制环路自动完成的，但却带来了相当复杂的稳定性问题。为此，作者在德国实验室中进行了测试。显然，可用最简单的标准元器件组合方法。功率因数校正芯片 UC3854 通常与脉宽调制芯片 UC3844 一起使用。两者可以同步（UC3854 的定时电容和定时小电阻串联），这样，UC3844 输出的关断脉冲边沿重置 UC3854 的时钟。所以，UC3844 正好在 UC3854 的导通时刻关断。现在，两者都是下降沿调制。唯一改变的是：UC3854 的时钟（和开关管导通时刻）现在以某种方式移交给 UC3844 控制。该顺序原则上可以颠倒，即 UC3854 作为主器件，使 UC3854 在 UC3844 的导通时刻关断。这同样有效（但要记住，指定的从器件的频率设置要始终略低于主器件，以使主器件略占优势并安全控制从器件）。两种方案均已通过实验室测试，并经 Mathcad 软件证实。直觉上讲，后一种情况下，脉宽调制级输出预期会出现轻微的固有电网频率调制现象。然而，实验原型机中并未观察到该调制现象。所以，两种技术都能用，并且都是以下降沿方式工作在功率因数校正—脉宽调制反同步运行状态下。

图 14-10 绘制了交流输入电压分别为 90V 和 270V 时纹波电流相对于脉宽调制级占空比的曲线。可以看出，利用同步技术，低压时的最高占空比得到改善（图中仅给出了总有效值电流）。对应数值可在图中内嵌的速查表中查询。切记，电容选择并非基于预想的纹波电流改善值，而是基于实际流过电容的纹波电流值。与特定输入电压下非同步时的纹波电流相比，它可能有很大改善，但问题是：绝对值和最差值是什么呢？应该根据两个输入电压极值下的数值进行评估，

并选择其中有效值电流最大的一个。它就是用于校验电容额定值的最差值，即电容选择标准。

由图 14-10 的内嵌表格可得出如下结论：

(1) 有效值电流的最大改善（和最低绝对值）约在 D_{PWM}=0.325 处出现。传统的单端正激变换器占空比设置为 0.3~0.35 时，同步技术得到的改善小于 40%。

(2) 事实上，占空比设置为 0.23~0.4 时，得到的改善可超过 32%。

14.3.4　采用或不采用反同步技术时电容有效值电流计算

为了估算铝电解电容寿命，需要把有效值电流分量按频率分解，如第 6 章所述。注意，对于功率因数校正级，因为效率通常大于 90%，一般简单假设 $P_{IN}≈P_O$。下面给出一个电容选择算例。

算例

70W 通用输入反激变换器，接在功率因数校正级后。效率为 70%。占空比设为 50%。交流输入电压为 90V 时，电容有效值电流分量为多少？

功率因数校正级的额定功率为 70W/0.7=100W。首先，假设输入功率为 1000W，以图 14-10 为参考计算结果。高压直流母线电压为 385V（1000W）时负载电流为

$$I_O=\frac{1000}{385}=2.597\ \text{(A)} \tag{14-30}$$

交流输入电压为 90V 时，总的大容量电容非同步有效值电流为

$$I_O\sqrt{\frac{16\times V_O}{3\times\pi\times V_{IPK}}+\frac{1}{D_{PWM}}-2}=2.597\times\sqrt{\frac{16\times385}{3\times\pi\times127}+\frac{1}{0.50}-2}=5.891 \tag{14-31}$$

注意，上述计算中增加了一项脉宽调制级占空比，因为它也能使功率因数校正电容发热。

上述计算的是 1000W 结果。至于 100W 功率因数校正级，该电流应为 0.59A，它就是用于非同步时大容量电容选择的数值。

如果使用反同步技术，由图 14-10 的内嵌表格可知，改善为 21.855%。于是，1000W 变换器所需的有效值电流为

$$I_{RMS\_SYNC}=5.891\times\left(1-\frac{21.855}{100}\right)=4.604\ \text{(A)} \tag{14-32}$$

至于 100W 情况，可选择有效值电流为 0.46A，比前面的（非同步）0.59A 小得多。

已知 1000W 功率因数校正级的低频分量为

$$I_{RMS\_SYNC\_LO}=\frac{I_O}{\sqrt{2}}=\frac{2.597}{\sqrt{2}}=1.836\,\text{(A)} \tag{14-33}$$

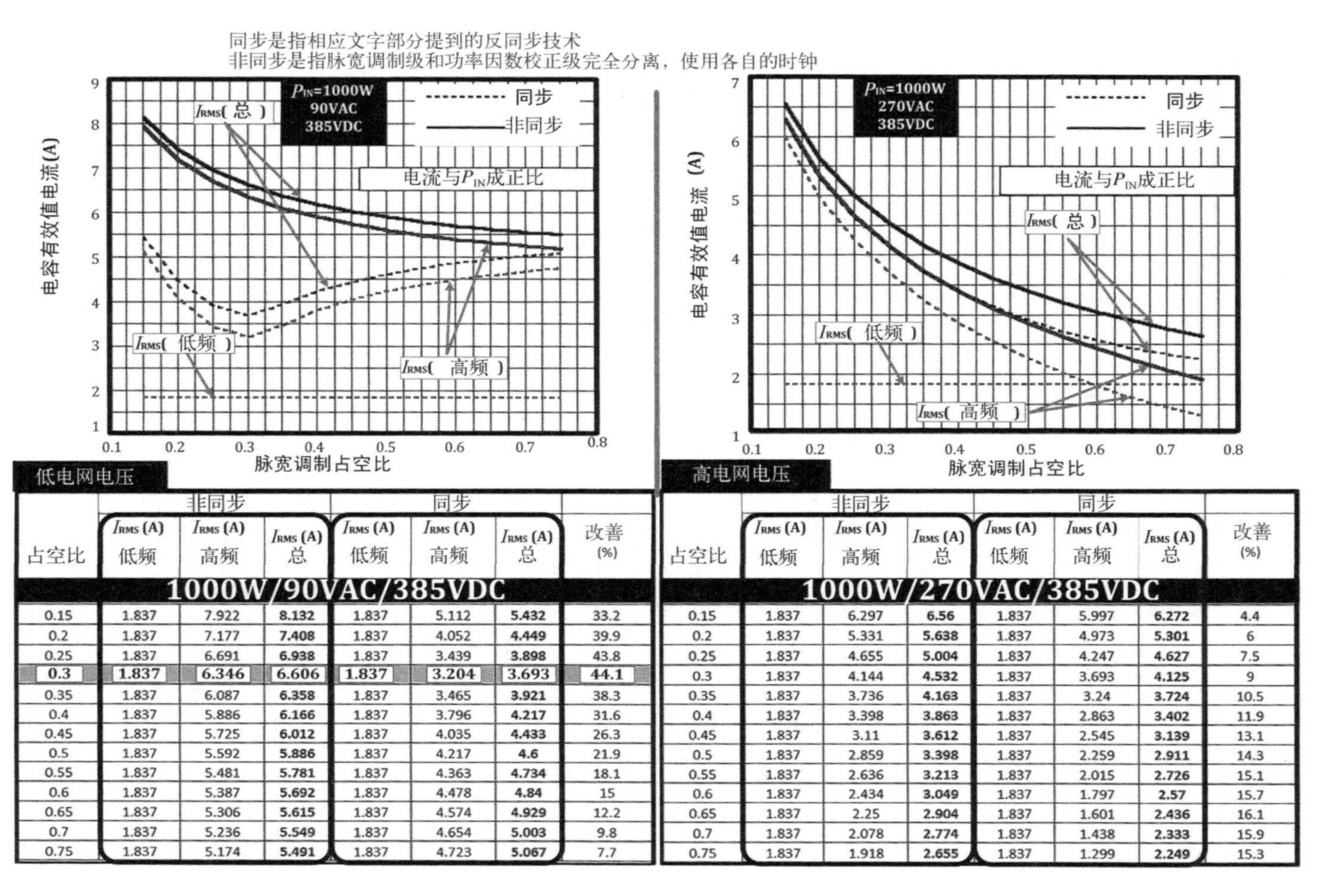

低电网电压

占空比	非同步			同步			改善 (%)
	I_{RMS} (A) 低频	I_{RMS} (A) 高频	I_{RMS} (A) 总	I_{RMS} (A) 低频	I_{RMS} (A) 高频	I_{RMS} (A) 总	
1000W/90VAC/385VDC							
0.15	1.837	7.922	**8.132**	1.837	5.112	**5.432**	33.2
0.2	1.837	7.177	**7.408**	1.837	4.052	**4.449**	39.9
0.25	1.837	6.691	**6.938**	1.837	3.439	**3.898**	43.8
0.3	1.837	6.346	6.606	1.837	3.204	3.693	44.1
0.35	1.837	6.087	**6.358**	1.837	3.465	**3.921**	38.3
0.4	1.837	5.886	**6.166**	1.837	3.796	**4.217**	31.6
0.45	1.837	5.725	**6.012**	1.837	4.035	**4.433**	26.3
0.5	1.837	5.592	**5.886**	1.837	4.217	**4.6**	21.9
0.55	1.837	5.481	**5.781**	1.837	4.363	**4.734**	18.1
0.6	1.837	5.387	**5.692**	1.837	4.478	**4.84**	15
0.65	1.837	5.306	**5.615**	1.837	4.574	**4.929**	12.2
0.7	1.837	5.236	**5.549**	1.837	4.654	**5.003**	9.8
0.75	1.837	5.174	**5.491**	1.837	4.723	**5.067**	7.7

高电网电压

占空比	非同步			同步			改善 (%)
	I_{RMS} (A) 低频	I_{RMS} (A) 高频	I_{RMS} (A) 总	I_{RMS} (A) 低频	I_{RMS} (A) 高频	I_{RMS} (A) 总	
1000W/270VAC/385VDC							
0.15	1.837	6.297	**6.56**	1.837	5.997	**6.272**	4.4
0.2	1.837	5.331	**5.638**	1.837	4.973	**5.301**	6
0.25	1.837	4.655	**5.004**	1.837	4.247	**4.627**	7.5
0.3	1.837	4.144	**4.532**	1.837	3.693	**4.125**	9
0.35	1.837	3.736	**4.163**	1.837	3.24	**3.724**	10.5
0.4	1.837	3.398	**3.863**	1.837	2.863	**3.402**	11.9
0.45	1.837	3.11	**3.612**	1.837	2.545	**3.139**	13.1
0.5	1.837	2.859	**3.398**	1.837	2.259	**2.911**	14.3
0.55	1.837	2.636	**3.213**	1.837	2.015	**2.726**	15.1
0.6	1.837	2.434	**3.049**	1.837	1.797	**2.57**	15.7
0.65	1.837	2.25	**2.904**	1.837	1.601	**2.436**	16.1
0.7	1.837	2.078	**2.774**	1.837	1.438	**2.333**	15.9
0.75	1.837	1.918	**2.655**	1.837	1.299	**2.249**	15.3

图 14-10 功率因数校正–脉宽调制反同步技术的速查曲线和速查表

因此，其高频分量为

$$I_{\text{RMS\_SYNC\_HI}} = \sqrt{I_{\text{RMS\_SYNC}}{}^2 - I_{\text{RMS\_SYNC\_LO}}{}^2} = \sqrt{4.604^2 - 1.836^2} = 4.222\ (\text{A}) \qquad (14\text{-}34)$$

上述所有数值都根据 1000W 变换器假设计算。所以，对于 100W 功率因数校正级，有效值电流的低频和高频分量分别为 0.42A 和 0.18A。已知所选电容系列的倍频系数，现在可将这些数值归一化处理，如第 6 章所述，得出等效低频电流，然后再选取电容。

注意　切记，虽然前面在宽输入条件下基于计算做了比较，但仍不知道（也无需知道）上述计算的（最恶劣）同步有效值电流究竟发生在高压时还是低压时。对于电容选择，上述信息已足够。

14.3.5　交错式升压功率因数校正级

第 13 章讨论了可减小输入和输出电容有效值电流的交错式方法。因此，除了上述反同步方案以外，还有另一个节省升压功率因数校正级输出电容成本的方法，就是交错。请仔细阅读第 13 章中介绍交错的部分。切记，第 9 章表明升压变换器就是降压变换器的输入和输出对调。因此，很容易理解和量化多重交错式功率因数校正级共用一个输出电容所带来的好处。

14.3.6　功率因数校正级的实际设计问题

(1) 商用电源实现功率因数校正的关键元器件是浪涌二极管，它被直接放置在整流桥阳极与功率因数校正大容量电容正极之间（参见图 14-6）。电源初始上电时，该二极管为大容量电容快速充电，使巨大的浪涌电流不流过功率因数校正级的扼流圈和输出二极管。但是，该浪涌二极管也为整个电源带来了关键的可靠性问题。*该器件在反复上电过程中很有可能失效*。它不必是快恢复二极管，因为功率因数校正场效应管一旦开始开关，该二极管就不起作用了。它也不会很热，可以是轴向或表贴封装。但其非重复浪涌电流额定值一定要很高。例如，有些设计人员喜欢在这个位置上使用超快二极管，这并没有什么明显理由。然而，慢恢复二极管，如 1N5408（由优质供应商提供），通常更适用，因其浪涌电流额定值要比超快二极管高得多。

(2) 对升压功率因数校正级效率造成伤害的是初始上电时大容量电容产生的严重的直通电流尖峰，该电流在功率因数校正场效应管导通时流过仍在恢复之中的功率因数校正输出二极管。这在功率因数校正场效应管中产生很高的交叉损耗（对二极管本身并没有显著的影响）。因此，功率因数校正二极管一定是超快恢复二极管。这个位置甚至不能接受恢复时间超过 20~30ns 的二极管，除非是极小功率和非关键应用。这也是设计小功率应用的工程师们一般更喜欢用临界导通模式功率因数校正升压芯片的原因之一，稍后将讨论。

(3) 大功率功率因数校正级中不可或缺的（基于电感的）无损导通吸收电路在中小功率应用中似乎是一种奢侈。这种情况下，一些工程师喜欢用两个串联的 300V 二极管替代单个 600V 功率因数校正二极管，以此减小反向恢复电流尖峰。其原因是：尽管二极管组合的正向导通压降更高，导通损耗增加，但低压二极管比高压二极管反向恢复速度快得多，实际上可通过减小场效应管的交叉损耗 $V \times I$ 来提高效率。但要注意，任何时刻都不允许全电压出现在单个二极管两端，无论时间多么短暂。所以，它们必须匹配良好，特别是动态特性匹配，这在印制电路板中并不容易做到，特别是大批量生产时。一些工程师试图通过在二极管两端并联镇流电阻（正如高压应用中电容串联时一样）来获得良好匹配。但在动态情况下（如开关管转换期间），该方法不见得有帮助。最好选用封装在一起的两个串联二极管，假设其制造过程完全相同，能自动良好匹配。一些生产商为了获得最大限度的动态匹配，甚至将两个串联二极管集成在同一芯片上，例如 ST 微电子公司出品的串联二极管。它看起来与其他双端二极管类似，但实际上由两个超快恢复二极管串联而成，表现出较高的正向压降，但具有极短的反向恢复时间（约 12ns）。这种二极管常称为超高速二极管。如今越来越受欢迎的是 600V 碳化硅二极管，由科锐和英飞凌公司出品。无需任何导通吸收电路，只需一个碳化硅二极管。它在中高功率应用中是一个不错的选择。

14.3.7 功率因数校正扼流圈设计准则

图 14-11 介绍了有气隙功率因数校正铁氧体扼流圈的完整设计过程。图中内嵌了全部设计方程。与前面章节（特别是第 5 章）采用的步骤相比，关键差别如下：

(1) 因为输入电压持续变化，需要识别究竟是交流电压，还是正弦波瞬时电压产生了最大峰值电流。只有这样，才能保证功率因数校正磁芯在整个工作范围内不会饱和。由图 14-9 可以看出，最大峰值输入电流对应低电网电压峰值。于是，可以计算 $V_{AC\_MIN\_PEAK}$ 对应的磁芯尺寸。即直流电压为 $85\times\sqrt{2}=120.2V$（或最低交流电压为 90V 时对应的 127V 直流电压，对于小功率前级设计，当然不是 V_{SAG}）。

(2) 第 5 章定义的气隙因子 z 为

$$I_g=(z-1)\times\frac{l_e}{\mu} \tag{14-35}$$

式中，μ 为磁导率，铁氧体约为 2000。

对于大气隙（较大 z 值），z 可近似为

$$z\approx\frac{\mu I_g}{I_e}\Rightarrow\frac{I_e}{I_g}\approx\frac{\mu}{z} \tag{14-36}$$

对于 E 型铁氧体变压器，前面已经推荐 z 的目标值为 10。该值对应 l_e/l_g=10/2000=0.5%。然而，由于扼流圈没有副边侧绕组，实际上可把（原边侧绕组）匝数加倍，充分利用可用窗口面积。因为（对于给定电感值）z 取决于匝数的平方，所以对于铁氧体功率因数校正扼流圈而言，推荐 z 值为 40，相当于 l_e/l_g 为 2%，这就是设计目标值。

(3) 电流纹波率 r。一般设为 0.4，但对于功率因数校正级，很难确定其最优值，因为输入电压按正弦波变化。下一节会看到，交流电压为 180V 时的扼流圈 ΔI_L 实际上要比交流电网电压更低（或更高）时高得多。这会导致输入滤波器成本高于预期。所以，为了降低成本，在低电网电压下设计扼流圈时，需要为高电网电压时的电流变化量增加留有裕量，r 值固定为最优值 0.2，而不是一般的 0.4（即电流纹波设为±10%，而不是±20%）。这就是图 14-11 中算例的设计目标值。

功率因数校正级升压电感设计算例

算例：功率500W、交流电压为85~265V的通用输入功率因数校正级，η=0.9，开关频率为100kHz。

电感（扼流图）

最大瞬时电感电流出现在低压输入时（交流电压85V），对应输入交流电压的峰值时刻。在该设计点设置r=0.2。它反过来可决定电感值。

峰值交流输入电压整流后的直流电压为85V×$\sqrt{2}$=120V。该时刻的占空比为

$$D_{\text{INSTANT}}=\frac{V_O-\eta V_{\text{IPK}}}{V_O}=\frac{385-(0.9\times120)}{385}=0.72$$

（最恶劣情况估算原理参见图5-1）

注意：该时刻的瞬时负载电流为2×I_O（参见图14-7右侧突出显示的文字）。基于上述原理完全可以计算出电感值。该时刻的伏秒积为

$$V_{ON}=L\frac{\Delta I}{\Delta t_{ON}},\text{故}\ L=\frac{V_{ON}\times D/f}{\Delta I}$$

式中，峰值输入电压对应的D为0.72（称为$D_{\text{AT_VIPK}}$），f是开关频率，单位为Hz。峰值电流（该时刻的电感电流中心值）与峰值电压的关系为：

$$P_{IN}=\frac{P_O}{\eta}=V_{AC}\times I_{AC}=\frac{V_{IPK}\times I_{IPK}}{2},\text{故}\ I_{IPK}=\frac{2\times P_O}{\eta\times V_{IPK}}$$

因为I_{IPK}是峰值输入交流电压对应的斜坡电流中心值

$r=\frac{\Delta I}{I_{IPK}}$，可写作 $\Delta I=r\times I_{IPK}$而且，因为该时刻$V_{ON}=V_{IPK}$

$$L=\frac{V_{ON}\times D/f}{r\times I_{IPK}}=\frac{V_{IPK}\times D_{\text{AT\_VIPK}}}{r\times f_{SW}\times\frac{2\times P_O}{\eta\times V_{IPK}}}$$

$$L_{\mu H}=\frac{\eta\times V_{IPK}^2\times D_{\text{AT\_VIPK}}\times10^6}{2\times r\times P_O\times f_{SW}}$$ 式中 $D_{\text{AT\_VIPK}}=\frac{V_O-\eta V_{IPK}}{V_O}$

代入计算数值，可得

$$L_{\mu H}=\frac{0.9\times120.2^2\times0.72\times10^6}{2\times0.2\times500\times100\times10^3}\Rightarrow L=0.47\text{mH}$$

磁芯尺寸

对于DC-DC升压变换器，可计算出每周期电感储存和释放的能量为

$$\Delta\varepsilon=\frac{P_{IN}}{f}\times D=\frac{P_O}{\eta\times f}\times D\approx\frac{P_O}{f}\times D$$ （参见图5-5）

所以，功率500W、效率为90%的升压变换器电感，占空比为0.72时，实际传输的功率仅为500×0.72/0.9=400W。但是，升压功率因数校正级不同，因其有效负载电流为I_{OE}，故其峰值是平均值I_O的两倍（参见图14-7）。实际上，在交流电压峰值时刻，500W升压功率因数校正变换器传输的瞬时功率不是500W，而是1000W。所以，功率因数校正升压电感传输的能量是普通DC-DC升压级的两倍。方程和数值结果如下

$$\Delta\varepsilon_{PEAK}=\frac{V_O\times(2\times I_O)}{\eta f_{SW}}\times D_{\text{AT\_VIPK}}=\frac{2P_O}{\eta f_{SW}}$$

$$\Delta\varepsilon_{PEAK}=\frac{385\times(2\times1.3)}{0.9\times100\times10^3}\times0.72\Rightarrow11\text{ mJ}$$

由图5-6可知，r=0.2时有

$$\varepsilon_{PEAK}=\frac{\Delta\varepsilon}{8}\times\left[r\times\left(\frac{2}{r}+1\right)^2\right]=\frac{\Delta\varepsilon}{8}\times24.2=\boxed{3.025\times\Delta\varepsilon}$$

所以，功率因数校正扼流圈的峰值能量处理能力为3.025×11→34mJ

此处不再采用图5-15介绍的变压器简单规则（180μJ/cm³），因为那是针对z=10和r=0.4的情况给出的。对于铁氧体扼流圈，z值为40，而对于功率因数校正扼流圈，设r=0.2。因此，由基本方程开始计算，可得如下结果

$$V_{e\_cm3}=\frac{31.4\times P_{IN}\times\mu}{z\times f_{MHz}\times B_{SAT\_Gauss}^2}\times\left[r\times\left(\frac{2}{r}+1\right)^2\right]$$

$V_{e\_cm3}=\frac{0.01\times P_{IN}}{f_{MHz}}$（对于铁氧体变压器：$z$=10,$r$=0.4）

$\boxed{V_{e\_cm3}=\frac{0.00422\times P_{IN}}{f_{MHz}}}$ 对于铁氧体功率因数校正扼流圈（参见图5-19）：z=40,r=0.2)

代入计算数值

$$V_{e\_cm3}=\frac{0.00422\times500}{0.1\times0.9}=23.44\text{ cm}^3$$

（根据计算，需要储存的峰值能量为34mJ）

可以选择ETD49　http://www.mmgca.com/catalogue/MMG-Ferrite-ETD.pdf

气隙

利用前面推导的气隙与z的关系方程可得

$$l_{g\_mm}=(z-1)\times\frac{l_{e\_mm}}{\mu}$$ （参见图5-22）

所以，选择ETD49磁芯（对于r=0.2的情况），代入z=40，可得

$$l_{g\_mm}=(40-1)\times\frac{114}{2000}=2.22\text{ mm}$$ （参见图5-17）

因此，需要把每一半中心磁柱各磨掉1.1mm，或者在外部磁柱插入1.1mm垫片

匝数

$$(N\times A_{e\_cm2})=\left(1+\frac{2}{r}\right)\times\frac{V_{IN}\times D}{200\times B_{PEAK}\times f_{MHz}}$$ （参见图5-22）

$$N=\left(1+\frac{2}{r}\right)\times\frac{V_{IN}\times D}{200\times B_{PEAK}\times f_{MHz}\times A_{e\_cm2}}$$

$$=\left(1+\frac{2}{0.2}\right)\times\frac{120.2\times0.72}{200\times0.3\times0.1\times2.11}=75\text{ Turns}$$

选择线规时要记住，扼流圈不是变压器（具有电流尖峰），而是平滑波动的电流波形。所以，集肤深度不是主要考量。但是，因为输入有效值电流（升压拓扑中与电感有效值电流相同）非常大，需要相当厚且难以处理的导线。更好的选择是采用推荐的每安培AWG24的线规（参见图5-22）。其中，安培数是指约50%占空比的矩形脉冲的几何中心值，等效为$\sqrt{D}$=0.707倍的有效值电流。这种情况下，扼流圈的有效值电流为 $I_{AC}=\frac{P_O/\eta}{V_{AC}}=\frac{500}{85}=6.54\text{ ARMS}$

因此，需要用6.54/0.707≈9股一束的AWG24导线，这要比用单股厚导线更灵活，更容易在骨架上绕制。此外，还能降低集肤效应损耗（虽然此处集肤深度并非关键）

图 14-11　功率因数校正扼流圈设计方程和算例

14.3.8　功率因数校正扼流圈的磁芯损耗

参考第 2 章，可计算稳态直流输入下的磁芯损耗。切记，磁芯损耗并不取决于电流 I_L 的直流分量，只取决于其变化量 ΔI_L。而且，该变化量是指电流峰峰值变化量，与磁通密度变化量成正比。但是，功率因数校正中的问题是即使在给定电网电压 V_{AC} 情况下，输入电流也会随外加电压 V_{AC} 变化。每种情况下电流变化量都不同，使得磁芯损耗估算，甚至用于评估扼流圈温升的平均值估算似乎都不可能完成。

图 14-12 给出了电感电流的数字仿真结果。注意，为了视觉清晰，此处对高频电流按比例缩减，但仿真所用的电感值按比例放大，所以图中描述的电流峰值、谷值和峰峰值事实上就是实际应用情况下的值。

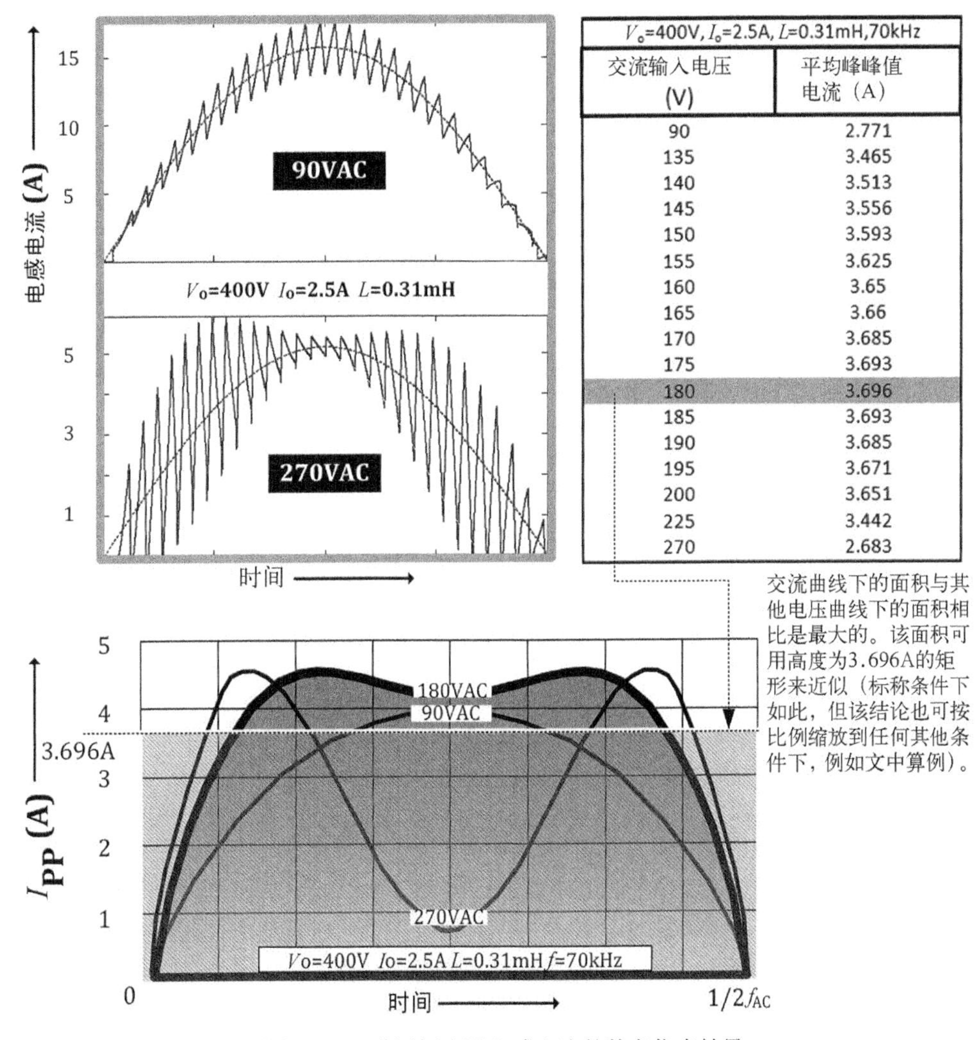

V_o=400V, I_o=2.5A, L=0.31mH,70kHz	
交流输入电压 (V)	平均峰峰值电流（A）
90	2.771
135	3.465
140	3.513
145	3.556
150	3.593
155	3.625
160	3.65
165	3.66
170	3.685
175	3.693
180	3.696
185	3.693
190	3.685
195	3.671
200	3.651
225	3.442
270	2.683

图 14-12　升压扼流圈电感电流的数字仿真结果

图 14-12 采用相同的 Mathcad 文件绘制。由图可见，180V 交流输入时，电流峰峰值波形非常接近矩形（参见图中内嵌表格的最大平均值）。表格数据是在高压直流母线电压为 400V，电流为 2.5A 的情况下得到的。所以，这是一个 1000W 的功率因数校正级。缩放方法参见下述算例。

算例

500W 通用输入的功率因数校正级（假设效率为 90%）。其扼流圈电感值为 0.5mH，开关频率为 100kHz。磁芯损耗估算时，采用的平均值 ΔI 是多少？

由图 14-12 表格可知，（图中条件下）全交流（电网）周期和正弦波变化范围内，最恶劣的电流变化量为 3.7A。可将它按比例缩放至当前条件下：

$$\Delta I = 3.7\text{A} \times \frac{0.31\text{mH}}{0.47\text{mH}} \times \frac{70\text{kHz}}{100\text{kHz}} \times \frac{100\%}{90\%} = 1.9\text{A} \tag{14-37}$$

正如预期，稳态直流电流（或功率）并不起主要作用（仅间接通过电感选择产生影响）。相应的磁通密度变化量 ΔB 的平均值可根据磁芯特性和匝数利用法拉第定律计算。于是，计算出的平均磁芯损耗可在整个通用输入电压范围内准确反映实际平均值。详细的 DC-DC 变换器磁芯损耗计算步骤参见第 2 章。

14.3.9 临界升压有源功率因数校正级

迄今为止所讨论的有源功率因数校正级都工作在连续导通模式下。对于小中功率，更受欢迎的选择是临界功率因数校正（临界导通模式，参见第 1 章）。临界导通模式功率因数校正和连续导通模式功率因数校正几乎相同，只是其功率因数校正场效应管直到电感电流斜坡降为零时才会再次导通。其实是强迫电感运行在临界导通模式下。这么做的主要优势是：无论功率因数校正场效应管何时导通，功率因数校正二极管电流都为零。所以，临界功率因数校正升压级不存在功率因数校正二极管反向恢复直通的问题，无需导通缓冲电路，但电路变频工作。因此，其电磁干扰滤波器设计是个问题。

其应力方程是什么呢？为了回答这个问题，切记临界导通模式就是连续导通模式在 r=2 时的特例。不可否认，临界导通模式是连续导通模式的一种极端情况。而且，其有效值和平均值方程与开关频率无关，只取决于占空比 D。换句话说，迄今为止计算的所有应力方程，原则上仍然适用。但实际并非如此，因为仔细观察会发现，前面所有连续导通模式下功率因数校正级的推导过程均采用平顶近似法。该方法假设 r 值很小（大电感 L）。这就是为什么前面推导的应力方程中都不含 r（或 L）。换句话说，功率因数校正应力方程从一开始就是近似方程。

临界导通模式下，r 值为 2。但是，前面假设的 r 值几乎为零，这就是为什么尽管连续导通模式方程原则上对于临界导通模式仍然有效，却无法得到正确答案。指出这一点是因为很多工程师（和教科书）误把连续导通模式方程应用于临界导通模式。还要注意，功率因数校正扼流圈整体设计中，临界导通模式下的电流变化量要大得多，磁芯损耗也大得多，峰值电流也大得多。临界功率因数校正设计并非轻而易举。因此，这里不去讨论它，任何情况下都可以当场证明，功率因数校正实际适用于非常大的功率应用。而且，随着碳化硅二极管越来越普及，推荐只选用连续导通模式功率因数校正，其电磁干扰频谱更容易预测，输入滤波器更容易设计。当然，不推荐前面讨论的无源功率因数校正、基于反激变换器的功率因数校正，或者填谷式功率因数校正。

第 15 章

电磁干扰标准及测量

15.1 第 1 部分：概述

电源设计人员迟早都会经历在最后一刻让电源设计功败垂成的磨练，其罪魁祸首要么是热问题，要么是安规问题，要么是难缠的电磁干扰问题。其中，电磁干扰问题是最难预测的，并且受时间约束。它像一个名副其实的“气球”，若试图在发射频谱的某一频率“压下”，就会在另一频率“鼓起”。在设法符合了传导发射限制后，可能会发现辐射限制又超标了，诸如此类。

电磁干扰是开关电源设计中公认的具有挑战性的领域，这在一定程度上是因为许多非特征性寄生参数在产生影响，它们每种都值得关注，所以人为调整将不可避免。但若对电源原理有清晰而深刻的理解，其主体部分是无需重新设计的。然而，将源自数字网络领域（信号完整性问题）的电磁干扰术语和概念直接用于开关电源时必须小心谨慎。它们确有大量相似之处，但细节上差别很大。

15.1.1 标准

电磁干扰只是电磁兼容（EMC，参见图 15-1）领域的冰山一角。电磁世界里，所有电气装置都需要“好伙伴”、“好邻居”，它既不要对其他装置造成太多干扰，也不要对其他装置的干扰过度敏感。例如，供应商需要向未来的买家保证，临近建筑中无论何时有人打开电动剃须刀或者真空吸尘器，他新买的机顶盒都不会发生故障。因此，电磁兼容在辐射和敏感性两方面都要服从各种各样的国际电磁兼容规定。电磁兼容就像硬币具有两面性。可以预见，最好把开关电源视为“元凶”，而不是“受害者”。

局部环境在定义接收干扰量和敏感性水平时扮演着重要角色。电磁干扰限制可分为两个基本应用范畴：

- A 类，适用于商业或工业装置及环境。相应限制较为宽松。
- B 类，适用于家用或住宅装置。相应限制较为严格。

大致来说，B 类限制约比 A 类限制低 10dB，即发射振幅之比约为 1∶3（$20\times\log(3)\approx10\text{dB}$）。

注意，当某装置的最终用途存疑时，要按 B 类要求设计。

市场销售的产品还要满足一些重要的安规标准。在许多国家，电磁兼容标准和安规标准统一用一个区域认证标志来表示。CE 标志（即欧洲认证标志）就是其中之一。另一个是 CCC 标志（中国强制认证标志）。该标志表示产品符合电磁兼容标准和安规标准。

历史上普遍接受的国际电磁干扰标准是 CISPR-22。欧盟的合格产品要符合 EN55022 标准（基本上就是经过批准和授权在欧盟使用的 CISPR-22 标准）。另一方面，普遍接受的国际安规标准是 IEC60950-1（旧称先后为 IEC950 和 IEC60950）。欧洲的合格产品需符合 EN60950（低电压版），它与 IEC60950-1 本质上相同。但欧洲一些地区，特别是北欧地区，在 IEC60950-1 标准之外附加了一些需要满足的额外要求，称为国家或地区“偏差”。美国采用 IEC60950-1 安规标准，称为 UL60950-1（现在是第二版）。

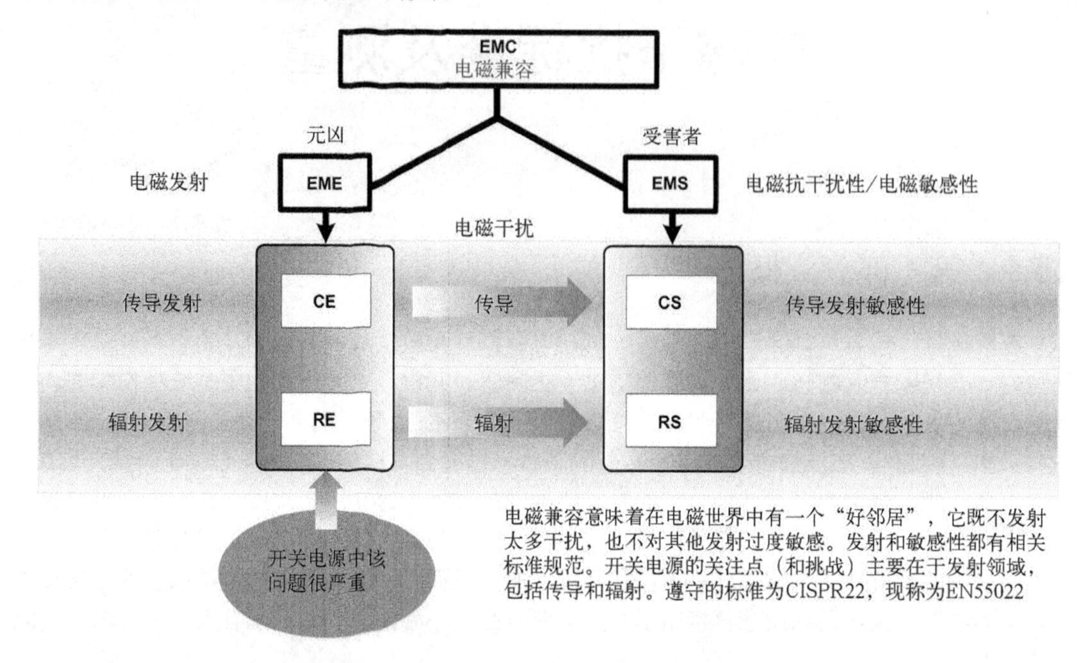

图 15-1　电磁干扰/电磁兼容树（发射和敏感性）

如前所述，美国的安规问题和电磁兼容问题是分别处理的，没有统一的认证标志。UL 标志（保险商实验室标志）表示产品符合安规标准，而 FCC 认证（联邦通信委员会认证）表示产品符合电磁干扰标准。

电磁干扰标准 CISPR-22 与美国标准（FCC 第 15 部分）有所不同，稍后将讨论。但一般来说，如果电源符合 CISPR-22 标准，那么它也符合 FCC 标准。而且，FCC 经常接受 CISPR-22 标准认证。总之，CISPR-22 标准已经成为全世界都遵守的基本标准（适用于与信息技术相关的装置和电源）。

15.1.2　电磁干扰限制

图 15-2 绘制了 CISPR-22 和 FCC 标准强制要求的电磁干扰限制。由图可见，传导电磁干扰限制用 μV 或 dBμV 表示，是频率的函数。它是用特殊接收装置直接测量的特定电阻两端的真实压降。辐射电磁干扰限制用 μV/m 或 dBμV/m 表示，代表屏蔽室中用天线测量的发射器（元凶）在特定距离外的电场 E。为什么只测量电场而不测量磁场呢？因为两者在很远距离处成正比，稍后会介绍。

图 15-3 将图 15-2 中的数据收集成简单的速查表。旁边用算例介绍了 dBμV 与 μV 之间如何相互换算。但两图和对应算例中的某些关键项仍需要解释。下面会进一步介绍。

标准传导电磁干扰发射的上限一般仅为 30MHz。为什么不把上限设高一点呢？原因是任何 30MHz 以上的传导噪声预期都会由电源引线自动明显衰减，因此不可能传输得更远，也不会引起进一步干扰。然而，由于电缆能够向外辐射，并将电磁场传输至很远的距离，一般电磁干扰辐射限制的范围要从 30MHz 到 1GHz。

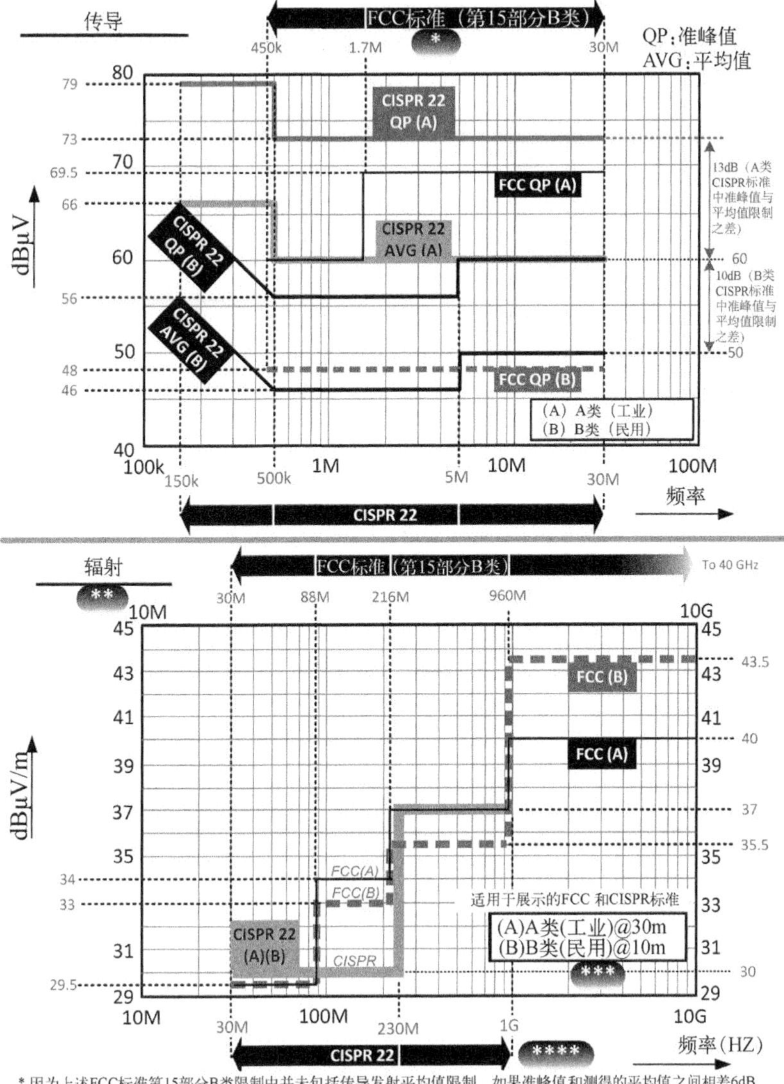

* 因为上述FCC标准第15部分B类限制中并未包括传导发射平均值限制，如果准峰值和测得的平均值之间相差6dB或更多，上述FCC标准中准峰值限制可以放宽13dB

** 此处列出的所有辐射限制都是准峰值限制。峰值辐射限制为所有展示的限制曲线再增加20dB

*** CISPR标准中A类一般规定为30m，B类规定为10m。FCC标准中A类规定为10m，B类规定为3m。为了标准真正可比，必须规定相同的距离。假设发射强度按$1/x$衰减，由于$20\times\log(30/10)=10.5\text{dB}\approx10\text{dB}$，需要在30m限制上增加10dB换算为10m限制。类似地，因为$20\times\log(3/10)=9.5\text{dB}\approx10\text{dB}$，需要在10m限制上增加10dB换算为3m限制。将30m限制转换为3m限制（10倍），需要增加10+10=20dB

**** CISPR 22标准第五版，A1（2005），即EN55022-2007，最近把要求增至1GHz

图 15-2　按照 CISPR-22 和 FCC 标准第 15 部分中传导和辐射电磁干扰限制绘图

图 15-2 和图 15-3 比较了 FCC 标准和 CISPR-22 标准中 A 类（传导发射）准峰值限制，并以相同方法比较了 B 类限制。接下来的问题是：这些数据是否暗示着 FCC 标准要比 CISPR-22 标准更严格呢？其实不然。首先，FCC 标准是在低得多的（美国）电压水平下测量的，而 CISPR 标准的测量电压大约是前者的两倍。所以，这就像苹果与桔子做比较。其次，虽然 FCC 标准并未定义平均值检测限制（只有准峰值限制），但如果准峰值读数超过平均值 6dB 以上，标准允许将准峰

值限制放宽（13dB）。因此，就实际情况而言，若装置符合 CISPR 标准，它也会符合 FCC 标准。

传导

A类（工业）

	FCC第15部分				CISPR 22			
	准峰值		平均值		准峰值		平均值	
频率(MHz)	dBμV	mV	dBμV	mV	dBμV	mV	dBμV	mV
0.15-0.45	NA	NA	NA	NA	79	9	66	2
0.45-0.5	60	1	NA	NA	79	9	66	2
0.5-1.705	60	1	NA	NA	73	4.5	60	1
1.705-30	69.5	3	NA	NA	73	4.5	60	1

B类（民用）

	FCC第15部分				CISPR 22			
	准峰值		平均值		准峰值		平均值	
频率(MHz)	dBμV	mV	dBμV	mV	dBμV	mV	dBμV	mV
0.15-0.45	NA	NA	NA	NA	66-56.9*	2-0.7*	56-46.9*	0.63-0.22*
0.45-0.5	48	0.25	NA	NA	56.9-56*	0.7-0.63	46.9-46*	0.22-0.2*
0.5-5	48	0.25	NA	NA	56	0.63	46	0.2
5-30	48	0.25	NA	NA	60	1	50	0.32

在dBμV相对于log(f)的平面图上，这是一条直线。参见算例

辐射

	A类(工业)@30m				B类(民用)@10m			
	FCC第15部分		CISPR 22		FCC第15部分		CISPR 22	
频率(MHz)	dBμV/m	μV/m	dBμV/m	μV/m	dBμV/m	μV/m	dBμV/m	μV/m
30-88	29.5	30	30	32	29.5	30	30	32
88-216	34	50	30	32	33	45	30	32
216-230	37	70	30	32	35.5	60	30	32
230-960	37	70	37	70	35.5	60	37	70
960-1000	40	100	37	70	43.5	150	37	70
>1000	40	100	NA	NA	43.5	150	NA	NA

有用的公式和变换

$\mathrm{dB\mu V}=20\times\log\left(\frac{\mathrm{mV}}{10^{-3}}\right)$

算例：用dBμV表示9mV　**mV转换为dBμV**

$20\times\log\left(\frac{\mathrm{mV}}{10^{-3}}\right)=20\times\log\left(\frac{9}{10^{-3}}\right)=79\mathrm{dB\mu V}$

$\mathrm{mV}=10^{\frac{\mathrm{dB\mu V}}{20}-3}$

算例：用mV表示73dBμV　**dBμV转换为mV**

$10^{\frac{\mathrm{dB\mu V}}{20}-3}=10^{\frac{73}{20}-3}=4.5\ \mathrm{mV}$

CISPR 22限制中0.15~0.5kHz的方程

$\mathrm{dB\mu V\_AVG}=-20\times\log(f_{\mathrm{MHz}})+40$　（近似准确）

$\mathrm{dB\mu V\_AVG}=-19.07\times\log(f_{\mathrm{MHz}})+40.28$　（准确）

算例：450kHz时，平均限制为

$-19.07\times\log(0.45)+40.28=46.9\ \mathrm{dB\mu V}$

$\mathrm{dB\mu V\_QP}=-20\times\log(f_{\mathrm{MHz}})+50$　（近似准确）

$\mathrm{dB\mu V\_QP}=-19.07\times\log(f_{\mathrm{MHz}})+50.28$　（准确）

算例：450kHz时，准峰值限制为

$-19.07\times\log(0.45)+50.28=56.9\ \mathrm{dB\mu V}$

远场外推法

由于远场幅值按1/(距离)规律变化

$20\times\log\left(\frac{30\mathrm{m}}{10\mathrm{m}}\right)=9.5\ \mathrm{dB}$

$20\times\log\left(\frac{10\mathrm{m}}{3\mathrm{m}}\right)=10.5\ \mathrm{dB}$

$20\times\log\left(\frac{30\mathrm{m}}{3\mathrm{m}}\right)=20\ \mathrm{dB}$

计算辐射限制

1) 30m处限制为10m处限制减去9.5dB
2) 10m处限制为30m处限制加上9.5dB
3) 10m处限制为3m处限制减去10.5dB
4) 3m处限制为10m处限制加上10.5dB
5) 30m处限制为3m处限制减去20dB
6) 3m处限制为30m处限制加上20dB

图 15-3　传导和辐射电磁干扰限制表以及实用方程

15.1.3　一些与成本相关的经验法则

浏览一下可能的成本：

- 数字化装置（当前）的 FCC 频谱从 450kHz 开始，等效的 CISPR/EN 标准从 150 kHz 开始。所以，可用相对较小和便宜的滤波器满足 FCC 标准。
- 按 CISPR/EN 标准中 A 类限制制作的滤波器体积一般至少是按 FCC 标准制作的 2 倍。因此，该滤波器会贵 50%左右。
- 按 CISPR/EN 标准中 B 类限制制作的滤波器体积是按 FCC 标准制作的 3~10 倍，其成本会贵 4 倍以上。

注意 CISPR限制适用于交流电网电压为230V的情况，而FCC限制是按美国电网电压（115V）测试的。对于给定输出功率，若输入电压减小，输入电流就会增加。因此，如果装置是按美国电网电压设计的，滤波器扼流圈就要用厚铜，于是成本增加。

15.1.4 组件的电磁干扰

一般认为，电磁兼容是系统级问题。因为从法律角度上讲，电磁兼容仅适用于终端装置。所以，与独立电源不同，器件级电源（也称为 OEM 电源或组件，例如台式计算机电源）本身通常无需满足任何电磁干扰或电磁兼容标准。最终的电磁兼容责任由系统制造商承担。然而，以器件级离线电源（系统前级功率变换器）为例，系统输入观测到的电磁干扰显然大部分来自于电源。所以，若电源本身产生的电磁干扰超出整个系统限制，就不会对系统有任何帮助。切记，当电源整合到系统中时，电源与系统剩余部分之间通过接插件、引线、机壳、地线等始终存在一些难以预测的相互作用。所以，最终的电磁干扰频谱未必只是不同组件的算术和（单位为 dB）。切记，系统制造商很可能要求前级变换器的电磁干扰水平要比法定限制低 6~10dB。这通常可为系统剩余部分留出足够的裕量，也可为电源与系统剩余部分之间不可预测的相互作用留出足够的裕量。此外，认证实验室本身可能会要求提交的原型机的电磁干扰水平至少要比认证限制低 2~3dB，以便为后续批量生产中的变动留出裕量。综上所述，（前级）OEM 电源实际上无需符合法定电磁干扰限制，但事实上它们需要做得（比器件级电源）更好。

恰好深入装置内部的 DC-DC 变换器（例如负载变换器和电源砖）又会如何呢？它们本身并没有法定适用的电磁干扰和电磁兼容标准。而且，它们可能接有各种电路、滤波器、浪涌电压限制器、保险、电容和浪涌电流限制器等（例如前级 AC-DC 电源），通常具有足够的（和幸运的）防电磁干扰措施，可防止噪声从 DC-DC 变换器传导到交流电网。而且，若假设电磁屏蔽（例如接地的金属外壳）实际存在，则辐射电磁干扰就不值一提。因此，一般对小功率板载 DC-DC 变换器而言，无需专用输入滤波器。但如果确需输入滤波器，通常也只用单级 LC 电路，可能仅用一个小铁氧体磁珠作为 LC 滤波器中的 L。有时，只用一个这样的 LC 滤波器就足以为若干个并联的 DC-DC 变换器滤波。

尽管电磁干扰经常出现上述自然衰减，但 DC-DC 变换器模块制造商经常在描述产品的（未滤波的）输入电磁干扰频谱时遇到困难。不管法律是否要求这么做，但该信息在系统设计人员其后做出与电磁干扰相关的决定时将派上用场。而且，这种情况经常出现，即使 DC-DC 变换器输出的电磁干扰频谱已知。

15.1.5 电磁波和电磁场

光、射频（RF）波、红外（IR）辐射、微波等都是电磁波。波长 λ（单位为 m）与频率 f（单位为 Hz），以及波在介质中的传播速度 u（单位为 m/s）之间的基本关系方程为 $\lambda=u/f$。电磁波在自由空间（或空气）中传播时，波速 u 也称为 c，其值为 3×10^8m/s。可简记为

$$\lambda_{\text{meters}}=\frac{300}{f_{\text{MHz}}} \tag{15-1}$$

c/u 的比值通常大于 1，称为材料的折射率（电磁波在该材料中以波速 u 传播）。注意，c 常称为光速，与电磁波速度相同，可记为 $c=1/\sqrt{\mu_0\varepsilon_0}$，式中 μ_0 是自由空间（真空或空气）的磁导率，ε_0 是自由空间的介电常数。μ_0 和 ε_0 都是表示宇宙性质的基本常数。

物理课上可能学过，若一台电子装置的尺寸接近 $\lambda/4$，它就能非常有效地发射（或接收）相应频率的电磁波。这就是无线电天线的原理。（注意，对称天线的总物理长度为 $\lambda/2$，但每边放置的对称部分长度为 $\lambda/4$。）那么，天线长度远小于最佳长度 $\lambda/4$ 时又会如何呢？实际上，天线长度小于 $\lambda/10$ 时最有效，这也解释了为什么车载（固定长度的）鞭式天线可以很好地接收几乎所有的调频广播。反之，如果天线长度远大于 $\lambda/4$ 又会如何呢？这种情况下可以直观地认为，只有 $\lambda/4$ 长度的天线有效，其余长度基本上是多余的。因此，不以长度来评价天线是明智的，切记此点，特别是在设计开关电源的印制电路板时。为此，必须使电压跳变的铜面积（例如交换结点）最小化，同时减小所有电流回路包围的面积，特别是含有高频谐波的回路。第 10 章已经讨论过。

装置接入交流电网时，其输入电缆（交流电源线）与建筑的配电线组合成一个巨大的天线。可产生强烈的辐射干扰，影响附近其他装置的运行。除了辐射作用以外，电磁发射也可以通过电网传导，从而直接进入其他类似的即插即用装置。因此，所有电磁干扰监管标准都分别规定了辐射发射限制和传导发射限制。

武断地认为某电缆长度或印制线长度太短或太长，因而对观察到的某一顽固的电磁干扰峰值没什么影响，这是错误的认识。而且要记住，任何天线既是良好的接收器，又是良好的发射器。所以，有些情况下是从输出电缆开始辐射，然后被输入电缆（通过辐射）接收，并从该点传导给建筑的配电网（再次辐射）。事实上，输入和输出电缆经常携带大量的高频电磁干扰噪声，在辐射频谱和传导频谱中都能看到。

电缆与含现代高速数字芯片的电路相耦合时，其长度具有全新的意义。这些芯片本身就是强大的电磁干扰发射器，可借助于周围印制线和电缆等非故意形成的天线，或偶然借助于其他电路板、元器件、机壳寄生参数等，上演一出麦克斯韦电磁辐射的好戏。

麦克斯韦方程组表明，时变电场（E，量纲 V/m）产生时变磁场（H，量纲 A/m），反之亦然。事实上，著名的法拉第电磁感应定律（没有它，世界上就没有变压器）就是麦克斯韦方程组的第一个方程。所以，电场 E 和磁场 H 同时产生，与原始磁源或电源之间存在时间差。电磁场在一定距离外组合成电磁波，（以光速）在空间传播。

问题是：从电磁干扰观点看，是什么原因使现代数字芯片和现代开关变换器比其前任性能更差呢？因为频率提升。越来越短的印制线和引线长度在高频下成为有效的天线。所以，如今才会痛苦地意识到，随频率增加，（一定距离上）电磁场强度也随之增加。但要注意，讨论开关电源时，所谓的频率未必是指基本的脉宽调制开关频率（数量级仅为 100~1000kHz），而更多是指极快的转换时间，数量级为 10~100ns。开关波形的傅立叶分析将揭示大量与实际开关转换相关的超高频成分。这些尖峰电压和电流边沿是使问题恶化的真正原因，第 18 章将讨论。

一般形式的麦克斯韦方程组并不能清晰反映如下事实：讨论开关电压波形（时变电场 E），还是讨论开关电流（时变磁场 H）其实并不重要。它们各自的方程最终是互补的，极其类似。更重要的是，极远距离处的电磁场相互成正比，能够形成自我维持且远距离传播的电磁波（甚至穿越银河系）。而且，如果电磁波的一个分量（电场或磁场）遭到破坏，那么整个电磁波将不复存在。因此，远场常用射频屏蔽或电磁屏蔽。但若想抑制缓变的电磁场和（或）近场，常用静电屏蔽和（或）磁屏蔽。

暂时回顾一下物理课上学过的知识。一般来说，电路产生的场有如下四种基本类型：(1) 静电场；(2) 静磁场；(3) 时变电场；(4) 时变磁场。

静电场只是电荷的固定分布。由于电荷不能移动，无法形成电流。这里的基本单元是电偶极子，即两个相距一定距离（甚至无穷远）的等量异号电荷，或者是电压固定的导线。两种情况下，电场 E 都不随时间变化。根据麦克斯韦方程组，没有相关的磁场产生（H 值为零）。因此，这里没有波阻抗的概念，电场 E 与磁场 H 之比为无穷大。

静磁场由直流电流回路产生，与静电场成对偶关系。恒定磁场 H 不随时间变化。这种情况下，场信息也无法传播。

第三类由时变电路产生，下面从缓变的静电场开始讨论。这两类场或多或少等效。

(1) 电偶极子中，电荷以正弦规律变化；

(2) 电流元沿直线以正弦规律往复运动（电荷在终点累积并反向，与前面例子等效）；

(3) 任意电压源驱动的开口导线，包括电偶极子和鞭式天线，以及电路板上由共模电压驱动的低速引线（稍后将解释共模）；

(4) 波长短且按正弦变化的电流元，称为赫兹电偶极子。短的意思是较驱动频率的波长短。如果较短，就可以假设任意时刻电流在导线上均匀分布。

麦克斯韦定律描述的电源不仅有电场，还有相应的磁场。电场分量按 $1/r^3$、$1/r^2$ 和 $1/r$ 变化，其中 r 是电偶极子的距离。磁场分量按 $1/r^2$ 和 $1/r$ 变化。距离很远时，$1/r^2$ 和 $1/r^3$ 分量会随距离增加而急剧衰减。最终，电场 E 和磁场 H 都仅剩下近似按 $1/r$ 变化的分量，所以 E/H 为常数。注意，物理课上学过，点电源（带电粒子）产生的场按 $1/r^2$ 变化，这显然不适用于时变场。

第四类是赫兹电偶极子的对偶，由正弦电流回路激励。正弦驱动的无穷小电流回路产生的电场和磁场与赫兹电偶极子产生的电场和磁场互为镜像。近场磁场呈现出 $1/r^3$、$1/r^2$ 和 $1/r$ 特性，电场强度分量按 $1/r^2$ 和 $1/r$ 衰减。距离很远时，电场和磁场都按 $1/r$ 变化。

电场 E 与磁场 H 的比值称为波阻抗。距离很远时，它是一个常数，如图 15-4 所示。一般来说，E 与 H 之间的比例常数由传播介质决定，$E/H=\sqrt{(\mu/\varepsilon)}$。其中，$\mu$ 是介质的（绝对）磁导率，ε 是介质的介电常数。注意，电场中的 ε 类似于磁场中的 μ。众所周知，后者描述的是给定介质可由外部磁场磁化。还要注意，E 与 H 的比值单位是 V/A，即电阻（欧姆）。如果传播介质是空气或真空（自由空间），那么 $E/H=\sqrt{(\mu_0\varepsilon_0)}=120\times\pi=377\Omega$，它称为自由空间的波阻抗或自由空间的本征阻抗。

由图 15-4 可知，为什么常说电场阻抗大，而磁场阻抗小。印制电路板上一个小环形电流回路就能产生磁场，而电压跳变的铜条或金属条就能形成电场源（例如散热器）。当然，一旦场随时间变化，磁场就能产生相应的电场，电场也能产生相应的磁场。距离很远时，电场与磁场互成正比，并形成电磁波。远场与近场的边界定义为距电磁干扰源约 $\lambda/6$，即 0.16λ 处。

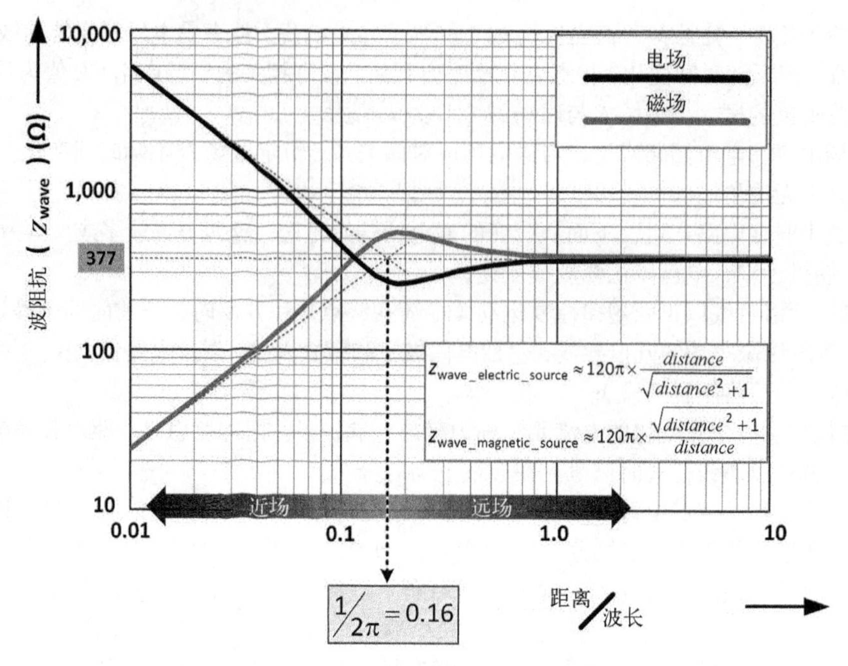

图 15-4　自由空间的电磁阻抗

15.1.6　外推法

远场中电磁场按 $1/r$（与距离成反比）衰减。所以，若距离为 r_1 处的电场为 E_1，距离为 r_2 处的电场为 E_2，则两者关系如下：

$$\frac{E_1}{E_2} = \frac{r_2}{r_1} \tag{15-2}$$

电场比值可用分贝表示，根据定义

$$\text{dB} \Rightarrow 20 \times \log\left(\frac{E_1}{E_2}\right) = 20 \times \log\left(\frac{r_2}{r_1}\right) \tag{15-3}$$

例如，若 x_1 为 10m，x_2 为 100m，电场强度之差为：

$$\text{dB} \Rightarrow 20 \times \log\left(\frac{100}{10}\right) = 20\text{dB} \tag{15-4}$$

或者说 E_1 比 E_2 高 20dB。换句话说，电场按 $1/r$ 衰减或电场每 10 倍（距离）衰减 20dB。所以，距离以系数 10 变化时，电场以 20dB 衰减（只要是远场）。并且，若能确定是远场，则电场幅度变化就是完全可预测的。例如，已知远场空间给定点的电场，就可以利用前面的物理知识精确预测空间另一点的电场值（只要该点也在远场区域内）。这种技术称为反向直线距离外推法。

标准的辐射电磁干扰测试所规定的频率测量范围是 30MHz 及以上（通常高达 1GHz）。问题是：距离为多少时，这些频率可视为远场呢？根据图 15-4，30MHz 时以 m 为单位表示的近场和远场边界为

$$\frac{\lambda}{2\pi} = \frac{c}{f} \times \frac{1}{2\pi} = \frac{3\times10^8}{30\times10^6\times2\pi} = \frac{10}{2\pi} = 1.6\text{m} \tag{15-5}$$

1GHz 时该值将等比缩小。换句话说，天线至少要位于距辐射源 1.6m 以外的地方（例如 3m）测量该点电场。可用反向直线距离外推法预测任意（更远）距离的电场幅度，例如 10m、30m 等。

为了确保符合 B 类限制，FCC 标准通常要求天线距离为 3m，而 CISPR 标准要求距离为 10m。为了确保符合 A 类限制，FCC 标准要求距离为 10m，而 CISPR 标准要求距离为 30m。好消息是：感兴趣的所有辐射频率范围内，3m 一定是远场，而且可用外推法最终逐一比较。图 15-2 列举了标准限制。此处对原始 FCC 标准做两点说明：(1) 原始 FCC 标准限制的单位是 μV 和 μV/m，并非 CISPR-22 标准中的 dBμV 和 dBμV/m。图 15-3 的算例给出了上述两种单位的转换方法；(2) 将 A 类 FCC 标准限制外推到 30m，B 类限制外推到 10m，以便与 CISPR 标准限制比较。

注意 由图 15-2 可见，FCC 标准的 A 类和 B 类限制似乎相同，均为 29.5dBμV/m，频率范围也均为 30~88MHz。但不要忘记，A 类限制的距离为 30m，而 B 类限制的距离为 10m。按图 15-3 的外推系数计算，30m 处的电场要比 10m 处的电场正好低 9.5dB。事实上，FCC 标准 A 类限制要高 9.5dB（约 10dB），因此与电磁干扰发射源距离相同时，FCC 标准的 A 类限制要比 B 类限制宽松些。

注意 图 15-4 的近场和远场定义中，均假设电磁干扰发射源为点源。因此必须做进一步验证，特别是在 3m 距离测试时，要证明它确实为远场。

15.1.7 准峰值、平均值和峰值测量

尚未解释两类限制背后的有理数：平均值和准峰值（图 15-2 中的传导电磁干扰限制）。

早些时候，准峰值（或近峰值）曾用于模仿人类对噪声的反应。人类在持续干扰下会逐渐变得恼怒或气愤。所以，模仿这种（主观）反应需要在准峰值检测中内建充放比。从概念上讲，其工作方式如同一个峰值检测器跟随一个有损积分器。用于开关电源时需注意，准峰值检测中，信号水平是按照信号频谱分量的重复频率有效加权。所以，准峰值测量结果始终与重复频率有关。重复频率（例如开关频率）越高，测得的准峰值水平越高。

因为准峰值检测中的充放电时间常数有限，所以频谱分析仪在准峰值设置下必须缓慢扫频。于是，整个电磁干扰测量过程变得非常缓慢。为了避免拖延，可执行峰值检测，这样会快得多。然而，这样得到的读数总是最大，接下来是准峰值，平均值最小（参见图 15-5）。

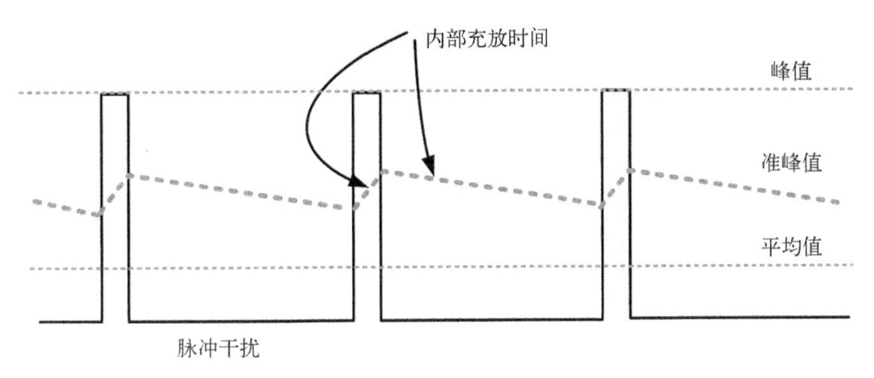

图 15-5 脉冲波的平均值、准峰值和峰值读数

15.2 第2部分：传导电磁干扰测量

15.2.1 差模和共模噪声

本节阐述传导电磁干扰中共模和差模噪声的概念。这里会坚持用传统方法描述这些参数。但第16章将开始讨论如何把这些概念用于功率变换领域，届时会谈及某些细微差异或不同之处。

传导发射可基本分为两类：

- ❑ 差模（DM），也称为对称模式或普通模式。
- ❑ 共模（CM），也称为非对称模式或接地泄露模式。

图15-6中，L代表火线（或电网或相线），N代表中性线，E代表安全地或简称为地线。EUT代表受试装置。注意，地用国际电工技术委员会（IEC）的保护地符号（地标志外有一个圆圈）表示，文献中偶尔也用PE表示。差模噪声发生器接在L与N之间。电流I_{dm}流过这两条导线，一进一出。该噪声源没有电流流过接地部分。

注意，为了避免混淆，本文把流经地的净共模电流称为I_{cm}（每条导线流过$I_{cm}/2$）。然而，相关文献中也常称为$2I_{cm}$（每条导线流过I_{cm}）。

注意　图中对差模噪声电流的方向并无特殊规定。它也可以反向流动，即从N（或L）导线流入，从另一条导线流出。离线电源中，电流方向每交流半周期改变一次。

注意　设计人员可能会认识到，基本的交流输入电流在某种程度上也是差模电流，因为电流也是从L或N导线流入，从另一条导线流出。然而，图15-6中I_{dm}并不包含该部分。因为工作电流虽然是差模形式，但并不是噪声。而且，其主要谐波分量（也是关键谐波分量）频率很低，几乎为直流，正好在标准传导电磁干扰限制范围（150kHz~30MHz）之下。标准规定的电网谐波在第14章讨论过。但要记住，电源的工作电流可使电磁干扰扼流圈直流偏置，反过来影响电磁干扰滤波器的性能效果，也会影响用于收集数据的电流探头。所以，尽管在讨论电磁干扰时可以忽略交流（电网）输入，但要清楚，它仍会对滤波器性能产生间接的但重要的影响。

图15-6中，共模噪声源一端接地。在另一端，假设噪声源对L和N导线的阻抗相等，则两条导线上引入的噪声电流等值同向。如果阻抗不平衡，（在L和N导线中）就会得到混合模式（MM）的噪声电流分布。其实，这在实际电源中是一种常见现象。注意，该模式相当于真实的共模噪声与一些差模噪声相混合，如图15-6中算例所示。

电源产生的共模噪声既会流到电网，又会流到输出。但工程师们经常凭直觉忽略电源输出侧共模噪声，而仅关注输入侧共模噪声。其实，重要的是要理解这两种噪声是什么，原因如下。

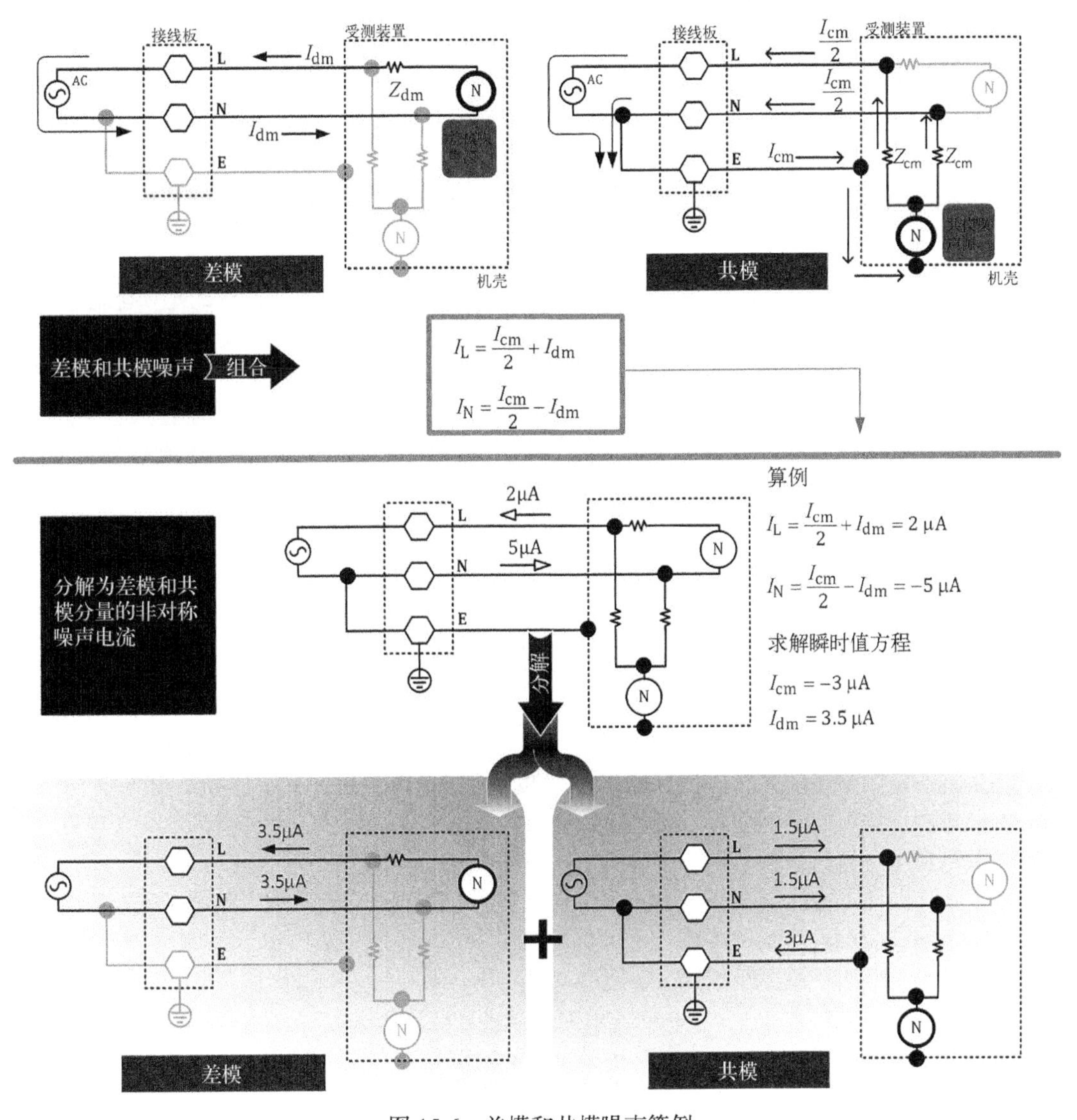

图 15-6 差模和共模噪声算例

(1) 如前所述，通信网络和分布式电源中，共模噪声会把长输出电缆作为巨型天线。同时，由于其自身性质，电源的共模电流频率通常要比差模电流频率高得多。因此，它们有能力产生强烈的辐射，并在附近元器件和电路中产生感性和容性耦合。根据屡试不爽的经验法则可知，1m 长导线上流过仅 5μA 的共模电流就可能超出 FCC 标准的 B 类辐射限制。而 FCC 标准的 A 类限制规定，该电流为 15μA。注意，标准交流电源线的最短长度为 1m。由此可见，减小电源输入和输出的共模噪声电流很重要。

(2) 从电源本身合格的角度，工程师们对输出噪声和纹波的测量一般都有目标规范，即采用差分测量。工程师们花费很长时间力图使示波器探头在输出端正确放置（探头接地线最短），只是为了避免拾取辐射共模噪声。但共模噪声仍将影响差模纹波测量。因为电源向一个真实子系统（并非电阻性虚拟测试负载）供电时，从子系统的输入看进去（即从每个输入端到接地点），极少（难得）能看到等值（平衡）阻抗。所以，先前存在于电源输出的所有共模噪声实际上现在都变成（高频）差模输入电压纹波。这就是混合模式电流，如图 15-6 所示。可以看出，即使子系统共模抑制比（CMRR）再大，也完全不起作用，因为原来的纯共模噪声如今已部分变成差模噪声。子系统可能因此误动作。总之，如果线路阻抗不相等，共模噪声就会转化为差模噪声。正因如此，即使是电源输入端也要用平衡滤波器。一般来说，要优先从源头减少共模噪声。此后，令线路阻抗等值变得很重要。后者可通过在电源输入和输出放置平衡滤波器来实现，由该电源供电的子系统输入也要放置。例如，用两个电感，每条输入导线放置一个。

注意 图 15-6 中，装置（在 L 和 N 导线上）产生的共模噪声电流并无特别之处。电流也可反向。正如 AC-DC 电源的差模噪声也可在给定时刻往复流动，这取决于电流在交流半周期的位置。

注意 虽然真实电源的差模噪声源自跳变（脉冲）电流，但差模噪声发生器本身却近似电压源。另一方面，虽然共模噪声源自跳变电压，但共模噪声发生器本身却近似电流源。这实际上使共模噪声要难处理得多，与其他电流源一样，共模噪声需要流通路径。因其路径包括机壳，故而机壳将变成巨大的高频天线。

15.2.2 用线路阻抗稳定网络测量传导电磁干扰

测量电磁干扰要用到阻抗稳定网络（ISN）。在离线电源中，它称为线路阻抗稳定网络（LISN），也称为人工电源网络（AMN，简图参见图 15-7）。注意，推荐的符合 CISPR-22 标准的线路阻抗稳定网络是由另一个名为 CISPR-16 的标准详细规定的。它提供如下功能。

- 就电源而言，它是纯交流电源，实际上只含电网频率分量。这允许受测装置（EUT，例如电源）在测试条件下正常运行。
- 它（用两个 50μH 扼流圈）阻挡一切来自交流电网的外部噪声进入测试区域，从而准备好受测装置的纯净测试环境。
- 类似地，它阻止电源噪声进入交流电网，相反，将其转入测试区域。
- 它用两个 0.1μF 隔直电容阻止交流电网谐波进入测试区域。
- 它为噪声发射提供了稳定且平衡的阻抗，并试图复制交流电网在正常情况下对噪声呈现出的典型阻抗。
- 随后，测量接收器/频谱分析仪会测出转移的噪声。
- 最重要的是，线路阻抗稳定网络使该测量方法可重复，全球适用。

注意，此处隐含假设：

- 电感值（50μH）很小，不足以妨碍（交流）电网电流（50/60Hz），但在感兴趣的工作频率范围（150kHz~30MHz）内，却大到足以视为开路。
- 隔直电容（0.1μF）很小，不足以通过交流（电网）电压，但在感兴趣的工作频率范围内，却大到足以视为短路。

由图 15-7 可见，混合噪声电流转移到 50Ω 电阻。为了确保信号完整性，接收器（测量仪器）也设置为 50Ω 阻抗，它就是高频噪声从同轴电缆“看到”的阻抗。注意，线路阻抗稳定网络中有两个开关，一个测量 L 相电阻电压，另一个测量 N 相电阻电压。因接收器已在被测通道上对噪声电流呈现出 50Ω 电阻，所以被测通道上无需串联分立电阻。但为了保持平衡，另一通道上要放置 50Ω 分立电阻，如图所示。

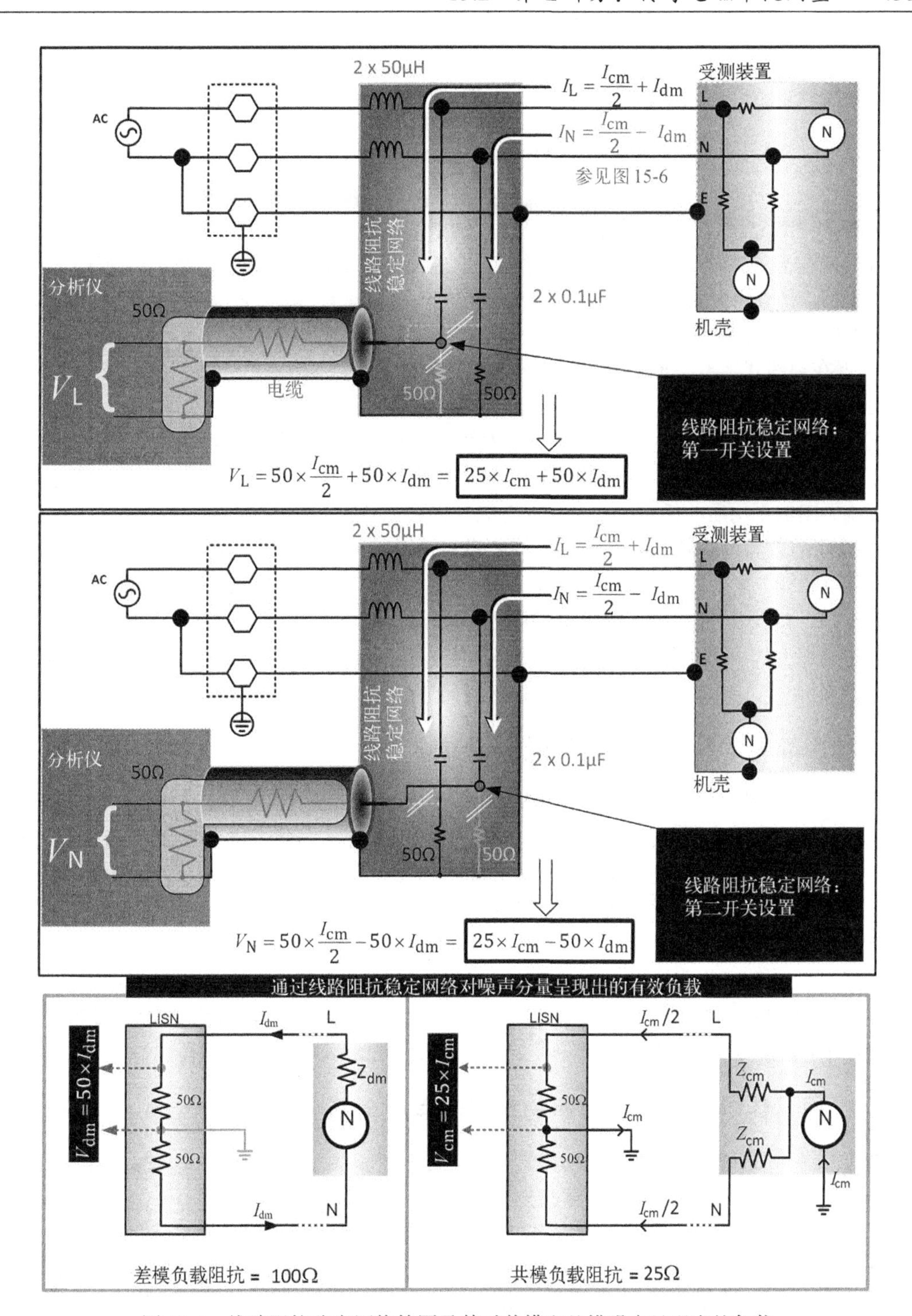

图 15-7 线路阻抗稳定网络简图及其对共模和差模噪声呈现出的负载

图 15-7 下半部分分别给出了差模和共模噪声通路。由图可见，线路阻抗稳定网络对差模噪声呈现出 100Ω 的负载阻抗（2 个 50Ω 电阻串联），而对共模噪声呈现出 25Ω 的负载阻抗（2 个 50Ω 电阻并联）。注意，在这两种情况下，2 个 50Ω 电阻中有一个是分立的，另一个是接收器的

输入阻抗。

打开线路阻抗稳定网络前面板开关，将测得如下噪声电压

$$V_{L} = 25 \times I_{cm} + 50 \times I_{dm} \quad (15\text{-}6)$$

$$V_{N} = 25 \times I_{cm} - 50 \times I_{dm} \quad (15\text{-}7)$$

V_L扫描和 V_N扫描显然需要分别符合图 15-2 中的限制。

V_L扫描与 V_N扫描有什么不同呢？事实上，上述两个方程在相关文献中经常出现误导性描述，例如 “*若以差模噪声发射为主导，则 V_L扫描和 V_N扫描看似相同。若以共模噪声发射为主导，两种扫描也近似一致。若 V_L扫描和 V_N扫描看起来差别很大，则暗示着共模噪声和差模噪声发射都存在*”。但在离线式（AC-DC）电源中，该说法是错误的。因为某种程度上，它意味着 L 和 N 导线上发射的噪声不同。然而，已知任何典型离线式电源（含有输入整流桥）中，无论从工作电流角度还是噪声频谱角度，L 和 N 导线基本上对称。因此，每个连续交流半周期内，工作电流和噪声分布从一根导线调换到另一根。事实上，L 导线上的噪声在任意给定时刻均与 N 导线差别较大，但多交流周期取平均后（任何频谱分析仪都能做得到），其同等性（对称性）会恢复。V_L扫描与 V_N 扫描之间的差异可追溯到两半测试电路之间一些不明显的不对称，或一些强辐射源对电缆或非常靠近电源输入的（电磁干扰滤波器和交流输入之间）印制线/导线的不对称影响。

第 17 章将看到，线路阻抗稳定网络的频率响应（灵敏性）并不完美，因其电感和隔直电容没有理想的那么大。理解线路阻抗稳定网路的实际频率响应会非常有助于设计高价比的电磁干扰滤波器。

15.2.3　用简单的数学方法估算最大传导噪声电流

由图 15-2 和图 15-3 可知，在 0.15~0.5MHz 范围内，CISPR 标准中 A 类平均电压限制为 2mV。已知线路阻抗稳定网络对共模噪声呈现出的阻抗为 25Ω。所以，由已知的电压和电阻可得出电流。这种情况下，允许的最大共模电流为 2mV/25Ω=0.08mA，或 80μA。但要假设没有差模噪声分量。因此，一般来说，若假设共模噪声和差模噪声的影响相同，就可将目标值减半至 40μA。在 0.5~30MHz 范围内，CISPR 标准中 A 类电压限制为 1mV，或 40μA。目标值为 20μA。类似地，在 0.45MHz~1.7MHz 范围内，FCC 标准中 A 类电压限制为 1mV。因此，该范围内允许的最大共模噪声电流为 40μA。在 1.7MHz~30MHz 内，FCC 标准中 A 类电压限制为 3mV，或最大电流为 120μA。对于差模噪声，要用 100Ω 替代 25Ω 计算允许的最大噪声电流。第 18 章中将详细计算。

15.2.4　用于传导电磁干扰诊断的共模和差模分量

标准中并未要求分别测量共模和差模分量，而是要求测量前面图 15-7 方程中描述的总和。然而，有时工程师们确实想分别了解共模和差模分量，例如为了排除故障和（或）诊断故障。所以，许多人提出了各种聪明的方法来区分共模和差模分量。图 15-8 介绍了其中的一些方法。

- 第一种方法是利用一个称为线路阻抗稳定网络助手的装置，如今已经很罕见。它由一位名叫 M. J. 内夫的工程师发明，可将差模分量衰减 50dB，但共模分量可顺利通过（轻微衰减约 4dB）。
- 另一种方法是利用一个基于变压器的装置。其原理是共模电压不能使变压器工作，因为变压器工作需要用差模电压驱动，才能在绕组中产生电流，从而在磁芯中产生交变磁通。与线路阻抗稳定网络助手不同，这种情况下同时输出共模和差模噪声分量。

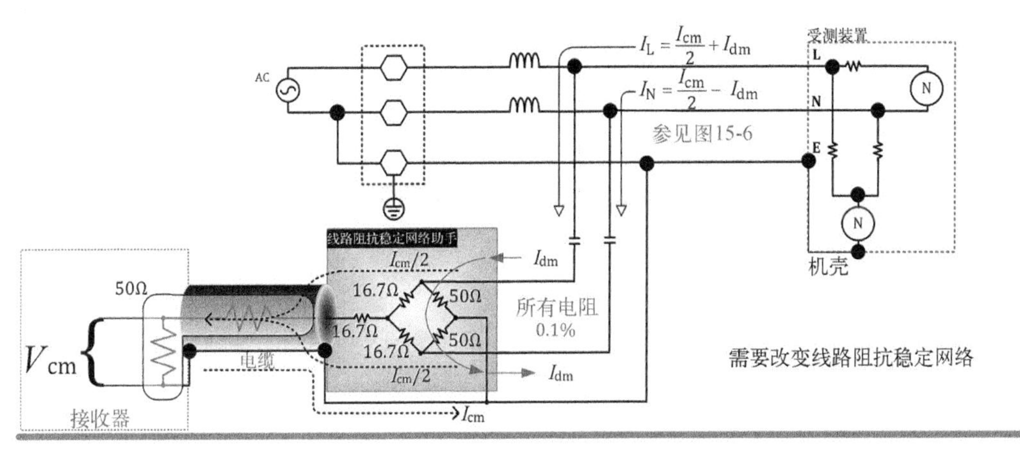

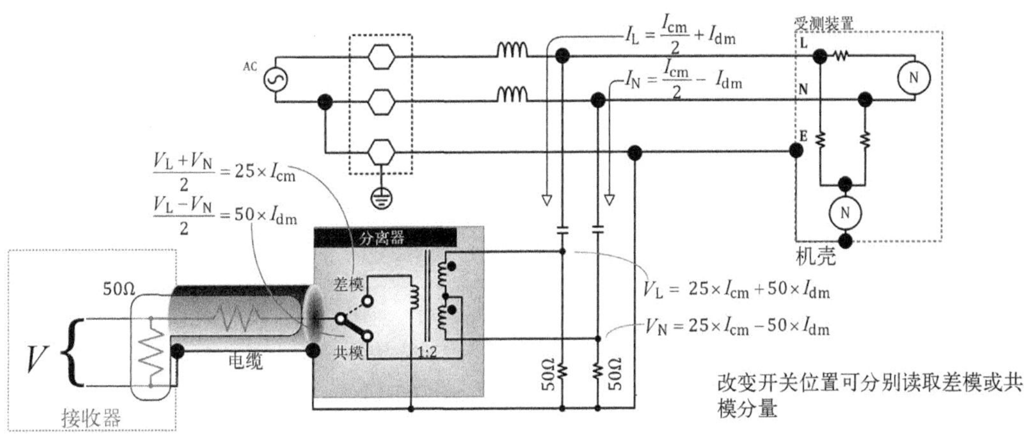

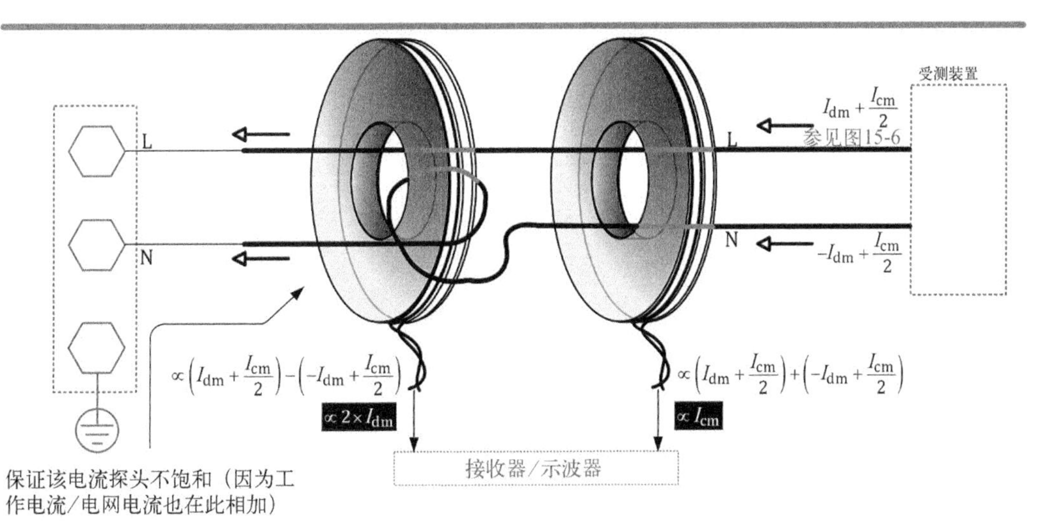

图 15-8 用于排除故障的共模和差模分量分离方法

注意 很不幸，上述两种方法都需要修改标准的线路阻抗稳定网络。因为它们调用了某些 V_L 和 V_N 分量的数学计算。但正常情况下，线路阻抗稳定网络在任何给定时刻只出现 V_L 或 V_N，（在所需的同一时刻）并不同时出现。虽然可以修改传统的线路阻抗稳定网络，但这样做不仅棘手，而且危险，因为其中包含高压成分。因此，另一种完全不同的方法就是购买能分别扫描共模和差模噪声的线路阻抗稳定网络（除了提供必要的符合标准的总和扫描外）。

- 最后，图中展示了两个电流探头，该接线方式实际上是求解两个有关 L 和 N 导线的同步方程。它们使共模和差模分量分离。注意，用两个探头同时进行测量可保留共模和差模分量之间有价值的相对相位关系信息。

注意 电流探头的带宽和电流容量对于噪声测量很重要。对于极高的电流（必要时可高达上千安培），选择电流探头可依据罗柯夫斯基原理。罗柯夫斯基探头输出不取决于瞬时电流，而取决于电流变化率。所以，与仅在导线周围放置几匝检测线圈（就像典型的电流变压器）不同，罗柯夫斯基探头有效利用含气隙的电磁阀并在受测导线外围成一圈（就像甜甜圈）。这种探头被认为几乎没有侵入性。实验室常用的有源电流探头（它也能测量直流，因为含霍尔传感器）通常不适合这些高带宽噪声测量。

注意 当脉冲转换时间小于 100ns，或噪声发射频率高于几 MHz 时，保持电缆长度较短是可取的。然后，必须在示波器或测量仪器的电缆终端加 50Ω 电阻。但大多数现代示波器已经带有可选择的 50Ω 输入阻抗。正确的电缆终端设置可防止驻波效应。注意，接入 50Ω 终端电阻后，被测电压大约降为原来的一半，因为电缆和终端电阻从本质上形成分压。若示波器“知道”有 50Ω 终端电阻存在，它通常会自动调整。还要注意，快速上升的脉冲会产生虚假的振铃，因为高频电流仅在电缆屏蔽层表面流动。将测量电缆穿过一个或多个铁氧体磁珠（或磁环）可抑制这种现象。例如，一些报道称在 4 个内径 1 英寸、外径 2 英寸、厚 1/2 英寸的铁氧体磁芯上绕 3 匝即可获得良好的抑制效果。

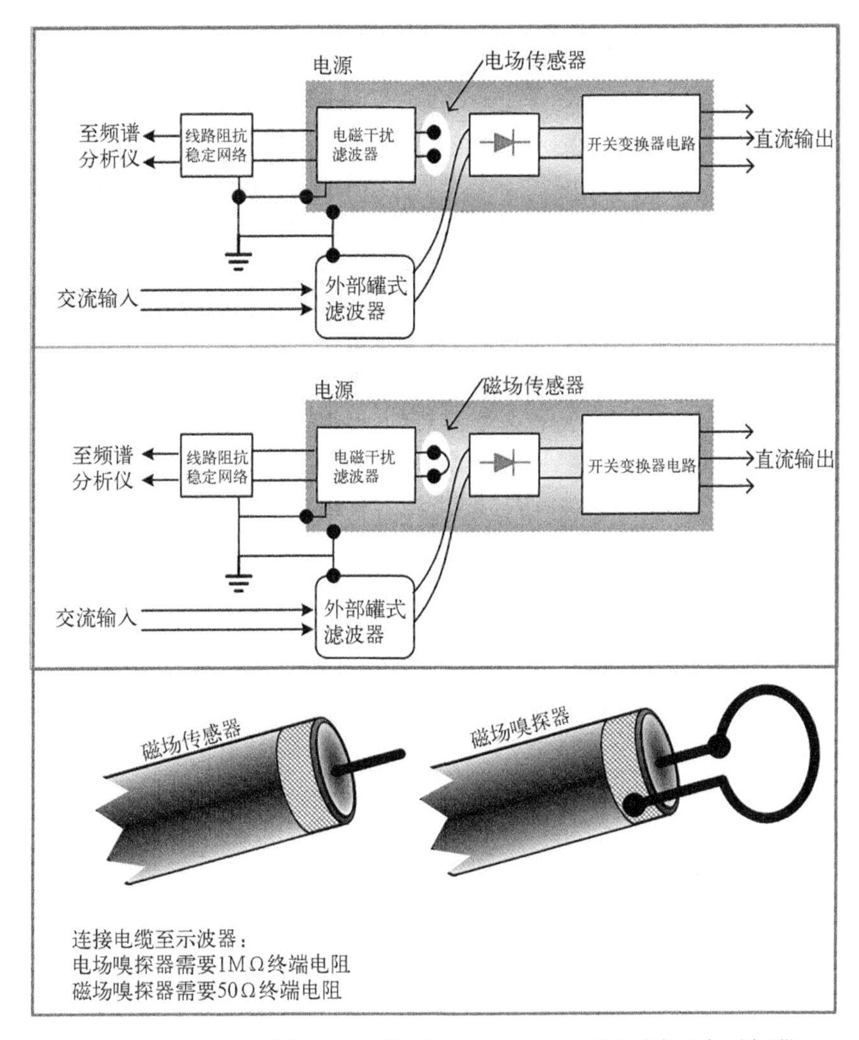

图 15-9 电源中的磁场和电场源分析，以及同轴电缆制成的近场嗅探器

图 15-9 的上半部分介绍了一种由电源内部辐射产生的传导发射频谱的实用分离技术，并可按电场或磁场分别识别。该实验需要切断印制电路板上输入整流桥前的印制线，然后将交流电源从机壳外的罐式滤波器引入。原有滤波器的一端保持开路（接收电场）或形成回路（接收磁场），而另一端照常连接线路阻抗稳定网络和频谱分析仪。于是，电源内部辐射产生的大量“外部”辐射噪声被内部电磁干扰滤波器接收。这些内部辐射表现为在类似散热器的元器件中产生强电场，或在某些磁性元件中产生强磁场。可以通过在可疑区域内挥舞一块（接地的）小厚铜板来找出究竟哪个元器件才是实际的场发射源。对于近场磁发射源分析，板状铁氧体（典型电磁干扰抑制组件）的工作效果优于铜板，其挥舞方式类似（但无需接地）。

警告 上述实验中，线路阻抗稳定网络不能外加交流电源，否则会危及使用者。而且，铜板或铁氧体板必须用绝缘带做好包装，防止与邻近元器件误接触。

15.2.5　用于辐射电磁干扰诊断的近场嗅探器

合规的辐射电磁干扰测量始终都在图 15-4 所示的远场区域完成。这意味着接收天线位置始终远离辐射源，产品实际几何形状的不规则性可以忽略。事实上，所有的场都是完整的，所以测试结果也是完整频谱。因此，虽然远场测试可以从总体上检验产品是否合格，但无法查明细节，指出问题的实际来源。例如，无法得知是否金属机壳上的一个开口导致了大量的辐射泄漏。就算能知道，泄漏点又在哪呢？若要找出问题的来源，为什么不近距离观察呢？这就是为什么把近场嗅探器作为良好的诊断工具。图 15-9 的上半部分介绍了相关的传导电磁干扰扫描方法。实际上，正是创造的近场嗅探器探知了特定位置（电磁干扰滤波器周围）的辐射场，该辐射场有可能导致传导电磁干扰检测失败。这项技术也给出了更普通的嗅探方法，可探测电源内部的强电场和强磁场位置。图 15-9 的下半部分展示了连接到接收器或示波器的单一同轴电缆如何变成电场嗅探器或磁场嗅探器。随后，以频率为基础，可将某些（远场频谱中）顽固的电磁干扰峰值与产生异常辐射的元器件或电源某部分关联起来，找出问题来源。

第 16 章

实用电源电磁干扰滤波器及噪声源

16.1 第 1 部分：实用电源滤波器

第 15 章介绍了共模噪声和差模噪声的概念，以及传导电磁干扰滤波器的整体设计策略。本章将关注离线式（AC-DC）电源滤波器。但是，一些设计技巧显然也适用于 DC-DC 变换器。

安全问题、热问题甚至环路稳定性问题都与电磁干扰滤波器设计有着复杂的联系。特别是离线应用滤波器设计中，因为电压高到足以引起伤害，所以安全成为首要问题。本章首先来简要介绍这一方面的问题。

16.1.1 电磁干扰滤波器设计中的基本安全问题

下列步骤（按照 IEC60950-1）简明扼要地解释了安全概念及其如何影响滤波器部分。

- 任何裸露的金属（导电）部分（例如机壳或输出电缆）都可能使用户触电。为了避免触电，这些部分必须接地或以某种方式与电源高压部分隔离。
- 装置不能有任何单点故障使用户裸露在触电的危险中。应该有两级保护，若一级失控，仍有另一级可用。解决潜在安全问题的基本前提是：两个相互无关或独立的故障在同一地点同一时间出现的概率可忽略不计。
- 一般认为，下列保护等级基本相同：(1) 裸露金属表面接地；(2) 裸露金属与电路高压部分之间物理隔离（典型间距为 4mm）；(3) 裸露金属与高压部分之间放置一层验证过的绝缘体（或电介质）。注意，(3) 中（单级保护）绝缘体或电介质的最小耐压为交流 1500V 或直流 2121V。
- 下面对上述结论稍加证明。装置金属外壳与大地的连接不一定能达到可接受的安全和保护水平，因为接地仍然无法保证。例如，旧房子的配电线路可能根本未在普通家用电源插座中包含接地线。但假设现在接地可行，按照安全概念，还需要加一级保护，这就是隔离间距 4mm（IEC60950-1 以毫米为单位明确给出了所需间距和安装位置参考）。然而，要考虑直接安装在（接地）金属外壳上（以便提供更好散热）的高压 MOSFET（开关管）。这种情况下，显然无法（在 MOSFET 与接地外壳之间）提供 4mm 的物理隔离。因此，现在需要在其中放置验证过的绝缘体。该位置上，可将绝缘体视为基本绝缘。
- 如果不能将接地认作一个可接受的有效安全等级，或者装置采用双线交流供电（无接地线），那么除了基本绝缘层以外，还要在裸露金属（例如输出导线）与高压（交流）部分之间增加一级保护。这将是另一个绝缘层，具有相同的耐压能力，即补充绝缘。两层（基本+补充）绝缘一起构成双重绝缘。也可以用电介质耐压性能相当于双重绝缘（即交流 3000V 或直流 4242V）的单层绝缘，称为加固绝缘。

- 既然从安全角度不一定能接受，为什么还要将外壳先接地呢？金属外壳接地的主要原因是想防止装置内辐射外泄。若无金属外壳，典型的离线式开关电源几乎无法符合辐射发射限制（和可能的传导发射限制）。通过接地，外壳可保持固定电位，在电源周围形成良好的屏蔽，满足辐射发射限制。而且，金属外壳也被工程师视为极好的信手拈来的散热器。因此，事实上，功率半导体经常直接安装在外壳上（具有适当的绝缘强度，如上所述）。然而，这样做也在内部子系统或电路与金属机壳之间产生了泄漏路径（阻性或容性）。即使这些泄漏电流（共模噪声电流）确实足够小，不足以形成安全隐患，也可能成为严重的电磁干扰问题。如果这些泄漏电流不能以某种方式排放，外壳将充电至不可预测且不确定的电压，并最终辐射出去（电偶极子或电场源）。这显然违背了利用金属外壳的初衷。所以，除了安全原因以外，外壳确实需要接地。注意，即使没有功率器件安装在外壳上，内部电路与外壳之间也会有其他泄漏路径。除此之外，未接地的外壳也会感应并再次辐射内部强电场或强磁场。
- 为了有助于移除共模电流，经常将电容连在电源各部分与接地外壳（或接地端子）之间，称为Y电容。类似地，为了减少差模电流，经常将高压电容放置在输入交流电源的L和N导线之间。这些线间元件称为X电容。所有AC-DC电源原边侧的Y电容都具有一定的最小额定电压，稍后介绍。而且，原边侧整流桥前（即电网侧）的Y电容也流过低频交流。因此，安全机构实际上规定了其总电容值。稍后讨论。
- 提供良好的金属外壳并恰当接地，这是最有效的防止辐射电磁干扰的方法。然而，通过建立（对地的）电连接，也为传导（共模）噪声提供了自由通路，使其顺利流入建筑配电网。所以，抑制辐射电磁干扰可能会最终增加传导电磁干扰，反之亦然。于是，现在需要在某处加装传导电磁干扰（共模噪声）滤波器以符合传导发射限制。这就是为什么在第15章开篇介绍电磁干扰命题时，名副其实地将其比喻成气球，按压其一侧，另一侧就会鼓起。
- 一般来说，如果装置未设计任何接地（例如双线交流供电），那么通常也没有金属外壳。暂时忽略辐射限制问题，好消息是这样做不会产生显著的共模噪声。因为按照定义，产生共模噪声需要接地。因此，这种情况下不会出现共模滤波器。但要记住，传导噪声限值不仅包括共模噪声，还包括差模噪声。所以，不管外壳类型和是否接地，总是需要差模滤波器。
- 为了符合辐射限制，塑料外壳内部可能需要屏蔽，即用绝缘的金属箔包裹，或者将金属镀在壳内。

16.1.2　四种常用的涂层工艺及其优缺点

(1) 真空沉积：即金属（例如铝）在真空室中熔化，其液滴飞溅到壳体内表面上，逐渐形成连续的金属涂层。设计相对精细的模具需要很薄的涂层时，使用该工艺过程是理想的。如果壳体上有劣质装配接头，由于薄金属涂层不具备气隙填充性能，会使得电气连续性难以保持，因而效果会大打折扣。所以，接合部和接缝处周围的射频泄漏是一个实际问题。该工艺加工成本也很高，因为只有非常精细的模具和夹具才能保证金属仅沉积在壳体内表面。

(2) 加载喷涂：这是性价比最高的方法。硅胶遮蔽外表面后，将加载金属的涂料利用自动或手动装置采用湿喷工艺完成。涂层厚度为50~75μm，既可提供良好覆盖，又不会影响模具细节。大多数应用中，加铜或银的涂料可达到所需的商业化衰减水平。

(3) *电弧喷锌*：这会在模具表面形成较厚的涂层。强磁场环境中，该涂层非常有效，因为材料厚度与信号吸收直接相关。然而，该工艺过程要求高温，所以更适合聚碳酸酯壳体。而且，涂层厚度会影响壳体模具细节。

(4) *化学镀层*：该工艺过程效果绝佳，但非常昂贵，不太适合大体积壳体。模具制作非常困难，屏蔽材料在内外表面都容易沉积。而且，需要二次精加工清除多余材料，也许最终还要涂漆。然而，塑料壳体材料都有固有颜色，所以二次涂漆是其主要缺点。该方法所有工序复杂且昂贵，因此，只适合特别注重高衰减水平的应用。

16.1.3 总Y电容的安全限制

Y电容仅阻隔高频噪声。如果置于整流桥前，它也会传导一些低频电网电流。该交流泄漏电流会流入保护地或机壳等用户可能接触到的地方，不知不觉通过人体形成接地线路，显然会对人身造成威胁。因此，安全机构限制装置流入大地的总有效值电流最大值为0.25mA、0.5mA、0.75mA或3.5mA，具体取决于装置类型及其绝缘种类，即外壳、接地方案和内部绝缘等。一般来说，0.5mA可作为大多数离线式电源的标准值。Y电容值越大，允许的泄漏电流越大，共模扼流圈越小。因此，值得研究一下是否能提高所谓的接地泄露电流默认值0.5mA。

可计算每nF的Y电容流过的泄漏电流。1nF电容的感抗为

$$X_C = \frac{1}{2\pi \times f \times C} = \frac{1}{2\pi \times 50 \times 10^{-9}} \Rightarrow 3.183\ \text{M}\Omega \tag{16-1}$$

$$I = \frac{V}{X_C} = \frac{250}{3.183 \times 10^6} \Rightarrow 79\ \mu\text{A} \tag{16-2}$$

交流电压为250V/50Hz时，*每nF电容可流过79μA泄露电流*。所以，0.5mA时最大允许电容值为500/79=6.4nF。注意，这是电路板上（整流桥前）Y电容的总和。例如，典型两级电磁干扰滤波器中，经常会出现四个Y电容，每个都是1nF，总共是4nF。可将所有Y电容增至1.2nF，仍符合0.5mA限制。然而，如果用四个1.5nF电容，可能会因±20%的电容公差而遇到麻烦。因为此时总的Y电容为1.2×4×1.5=7.2nF，能流过7.2×79=569μA的接地泄漏电流，超出500μA限制。当然，可以只用两个Y电容，每个电容值为2.2nF。

除了表面上的Y电容以外，接地泄露电流也会通过高频共模噪声电流经由电路板上的小寄生电容注入。这也要算入总接地泄漏电流，并据此正确选择电网滤波器中的Y电容。一般来说，若Y电容从整流后的直流母线接至大地（或从输出端接至大地），则这些电容中没有明显的交流接地泄漏电流流过，一般可在该位置上使用电容值大得多的Y电容。

16.1.4 实用电源滤波器

现在来讨论图16-1所示的典型电源滤波器。一般来说，该滤波器的最终目标是抑制传导干扰，因此具有易辨认的两级结构：一个为差模，一个为共模。下面做一些相关观察。

- 共模级与差模级对称（平衡）。因噪声在整流桥出现并流向线性阻抗稳定网络，实际上两个LC滤波器级联（对差模和共模噪声相同）。滤波器配置可提供良好的高频衰减。已知所有LC滤波器都能提供40dB/dec的衰减，所以原则上两级串联可提供高达80dB/dec的衰减。
- 中功率变换器中，共模扼流圈的实际典型电感值 L_{cm} 为（每边）10~50mH。大电感值归

因于对所用总 Y 电容的安全限制。另一方面，对差模噪声没有类似考虑，差模扼流圈通常很小（指电感值，并非实际大小）。差模扼流圈的典型值为 500μH~1mH。

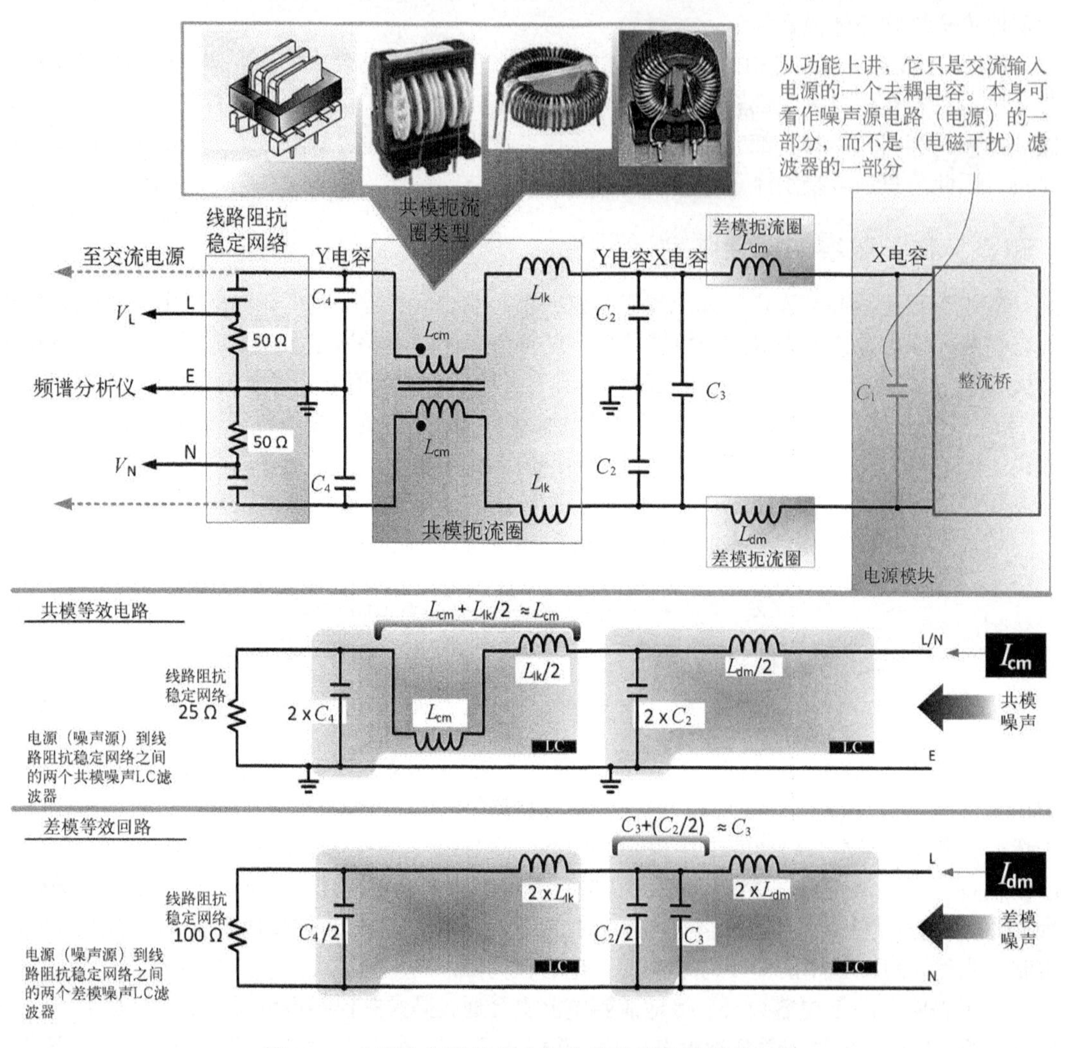

图 16-1　实用电源滤波器和相应的共模差模等效电路

- 共模扼流圈漏电感 L_{lK} 的作用与差模扼流圈相同，虽然其电感值很小。共模扼流圈漏电感约为 L_{cm} 的 1%~3%，取决于其结构。可作为非故意设计但有效的差模扼流圈使用。
- 因为与差模滤波器相连的电容很大，且不受安全限制，所以小功率（70~80W）反激变换器几乎不用分立的差模扼流圈，而常用两个共模扼流圈级联，依靠每一级的漏电感来滤除差模噪声。
- 若选择的共模扼流圈是环形，不是 U 型或 E 型，则基本没有漏感。这种情况下，很可能要用分立的差模扼流圈作为差模滤波器。
- 图 16-1 展示了对称（平衡）的共模滤波器和差模滤波器。例如，分别在 L 和 N 线上放置了相同的差模扼流圈。然而，如共模等效电路所示，*差模扼流圈也是共模等效电路的一部分*。如第 15 章所述，因为线路阻抗不平衡可导致共模噪声转换为差模噪声，所以一般建议保持共模级和差模级对称（平衡）。

- 偶尔，不平衡的差模滤波器就能提供可接受的全部电磁干扰抑制，例如只将单一的差模扼流圈放置在一条导线上就行，这值得验证一下。有时，在极低功率应用，或者 DC-DC 变换器模块，或者电源砖等情况下，简单的去耦电容（例如 C1）就足够。有时，商业化离线式电源中也会出现调谐滤波器（例如英国 Weir Lambda 公司的产品）。但也有一些业内经验指出，在严重电网突变或输入浪涌条件下，调谐滤波器会出现意想不到的振荡，就像典型抗干扰实验中出现的现象，最终会引起电源本身失效。因此，商业设计中通常避免使用调谐滤波器。
- 若要保持两条导线上的共模电感值相同，一个明显的办法是将它们绕制在同一个磁芯上（例如环形磁芯）。这会自动保证电感良好匹配（当然要假设每边匝数相等）。注意，若自行绕制共模扼流圈（例如制作原型机时），必须注意相对的绕制方向，如图 16-1 所示（参见图左侧第三个和第四个共模扼流圈）。照此绕线安排，磁芯内部磁场（原则上）可将差模噪声完全抵消。同理，交流输入电流在两条导线上产生的磁通也将相互抵消（本质不同）。因此，共模扼流圈基本上仅对共模噪声分量“可见”。若仅考虑直流偏置，该扼流圈无需很大。但实际上，因为扼流圈需要大电感值，所以匝数相应较多，体积很大（电感额定参数取决于交流电流）。
- 绕制环形共模扼流圈时，还需保证其他安全要求。不能只是粗心大意地在磁芯上重叠绕两匝而已，每一相交流绕组之间都需保持一定的物理间隔。而且，不能只用裸露的铁氧体环形磁芯绕制，因为铁氧体是电的良导体。也不要依赖典型漆包线的烤漆，因其一般并不符合安全要求。真正所需的是安规认证的带涂层的环形磁芯和（或）合适的骨架。

注意 读者应小心，相关文献的电路图中有几种广泛使用但使用混乱的共模扼流圈符号。无论符号如何，只要起共模扼流圈的作用，其绕线方向一定与图 16-1 中描绘的环形扼流圈方向一致。同名端也一致。

- 切记，理论上，交流输入电流产生的磁通在共模扼流圈中相互抵消。但实际上，由于绕组对称性问题，会存在轻微不平衡现象，扼流圈可能偏磁（即磁通阶梯逐渐向一侧偏转）。这会使扼流圈的抗电磁干扰性能降低，极端情况下，铁芯甚至会饱和。虽然这不是灾难性事件，但仍需解决，因为滤波器可能不再符合电磁干扰标准，有时大于零的直流偏置额定值会导致共模扼流圈过大。当然，也可以利用一些气隙。它可以是真正的气隙（两半之间），或者是分布式气隙，例如铁粉芯磁芯。参阅第 5 章可以更好地理解气隙，以及为什么气隙会有助于消除磁芯材料和磁性元件的产品公差。然而，这些步骤都将导致扼流圈尺寸增大。
- 高频时，扼流圈的匝间电容会严重影响其特性。从直观上看，交流路径为噪声提供了便捷通路，使其流经匝间电容而不流经绕组本身。为了减小环形绕组接线端子间电容，推荐使用单层绕组。再来看图 16-1 中采用 U 型磁芯的共模扼流圈，根据接线端子间电容最小化观点，图中左侧第二个共模扼流圈样品要比左侧第一个好。因为它使用特殊的骨架，使每个绕组彼此分开。分开也有助于增加漏感（有助于减小差模噪声）。也可以使用多线槽的共模扼流圈骨架，当然价格也贵。
- 如果倒转共模扼流圈中一个绕组电流（或绕组）的方向，就会变成差模扼流圈（对于两条导线而言）。但现在，交流输入电流产生的磁通仍然存在（磁通并未相互抵消）。因此，一般来说，差模扼流圈始终要经受磁饱和检测。可以看出，尽管其电感值通常远小于共模扼流圈，但为了避免磁饱和，差模扼流圈体积很大。可参阅第14章中有关峰值输入电流的内容。那将有助于保证差模扼流圈真实有效。

- 若想体积小而电感值大（高饱和磁通密度），可考虑多花些钱，使用非晶或铁硅铝（Kool Mu®）磁性材料。
- 注意，电磁干扰滤波器级通常放置在输入整流桥前（即朝向交流电网输入），因为该位置也能抑制整流桥二极管产生的噪声。已知二极管可能产生大量的中到高频噪声，特别是在其关断时刻。因此，小RC吸收电路（或有时只有一个C）经常与输入整流桥的各二极管并联放置。但有时，只需选择软恢复特性的二极管即可。
- 注意，使用超快二极管的输入整流桥常被吹捧为能显著减少电磁干扰。相关说法有点复杂。一些人宣称使用超快二极管组合可以不用再像典型整流桥那样在各二极管上并联小陶瓷电容。然而，作者经实际测试发现，超快二极管看起来并没有多大差别。如果说有差别，实际上是它使传导电磁干扰频谱恶化了。已知超快二极管具有非常敏捷的特性，在关断和导通时会分别产生相当尖的反向电流尖峰和正向电压尖峰。这解释了其相当糟糕的使用后果。
- 放置在输入整流桥前的线间电容（X电容）必须通过安规认证。整流桥后（即整流输出侧）的X电容从安全角度讲基本上无足轻重。该位置实际上可用任何额定值合适的电容。注意，安规认证的X电容本质上是前级元件，可以承受来自交流电源的巨大电压尖峰。例如，来自同一配电线上的反复开关的电动装置上的电压尖峰。这就是为什么安规认证的X电容，即使额定值为交流250V，实际上也能通过峰值高达2.5kV的100%冲击试验。
- 如前所述，（离线式应用中）原边侧到处使用的线对地电容或Y电容必须通过安规认证。原边侧某一点跨接至副边侧某一点的Y电容必须通过安规认证。因为Y电容失效可能会引发触电伤亡，所以安规认证的Y电容能通过峰值高达5kV的冲击试验。还要保证Y电容的失效形式为开路，而不是短路。根据预期的装置工作区，一些安全机构（例如北欧地区）可能要求测试不接地的情况，因此需要形成两级保护，放置两个Y电容串联（基本上相当于双重绝缘）。
- 注意，副边侧与地或机壳之间放置的Y电容经常是标准的（未经安规认证的）0.1μF/50V陶瓷电容。有时，低压（小于60V）输出甚至可以直接连到壳体上。安全机构也认可。然而，如果电源准备为以太网供电（PoE）应用提供48V电压，根据IEEE要求，需要在大地或机壳与48V输出端之间提供有效值为1500V（直流约2500V）的功能性绝缘。原因是：严重的电压尖峰可能会干扰传送数据的电缆和建筑配电网。如果将其直连壳体，可能会使用户触电（虽然不致命）。一般来说，用于通讯的离线式电源不能在输出端使用低压Y电容。为了支持以太网供电，输出端要使用安规认证的或未经安规认证的额定值为2.5kV的Y电容。

注意　对于传统的所谓X电容和Y电容，其更精确的称谓分别为X_2电容和Y_2电容。以前，X_2电容和Y_2电容意味着单相装置，而X_1电容和Y_1电容意味着三相装置。从安规角度（如冲击电压额定值等）来说，X_1电容和Y_1电容等效于X_2电容和Y_2电容分别串联。因此，举例来说，Y_1电容可通过高达8kV的典型冲击试验（Y_2电容为5kV）。可使用满足北欧安规偏差的Y_1电容。

❑ 传统上，离线式 X 电容采用特殊的金属化膜加纸结构，Y 电容采用特殊的盘型陶瓷结构。但是，也有陶瓷型 X 电容以及薄膜型 Y 电容。可根据成本、性能和稳定性选择电容类型。已知薄膜电容相对于陶瓷电容通常可在温度、电压和时间等方面提供良好的稳定性。另外，金属化膜结构具有自愈性。注意，陶瓷电容一般不具有任何固有的自愈性。然而，若陶瓷电容用作安规认证的 Y 电容，则其特殊结构必须保证在任何情况下都不能短路。

❑ 如果出于某种原因（例如滤波器带宽或成本），陶瓷是最适合的 Y 电容材料，那么就需要仔细考虑其公差和与温度和外加电压有关的电容变化量，以及长期变化量和漂移等。这是因为在产品寿命周期内，需要滤波器保持一定的功效。同时，不能增加流入机壳的泄漏电流，或违反接地泄漏电流限制。所以要记住，数据手册中的标称电容值不仅是额定值（或典型值），实际上还是一个令人误解的值。例如，小号字体可能表明标称电容值对应的测试电压接近或等于零。因此，实际电路中，电容表现出的实际电容值与其标称值（额定值）差异很大。一般来说，这对于高介电常数（高 *K* 值）材料（例如 Z5U、Y5V 等）制成的陶瓷电容尤其如此。已知除了 COG/NP0 型陶瓷电容以外，其他陶瓷电容都会缓慢老化。但 COG/NP0 型陶瓷电容非常昂贵且体积庞大。典型的 X7R 电容每 10 倍时间（按小时计）老化 1%。因此，使用 1000h 后的电容值会比使用 100h 后的电容值小 1%，以此类推。如 Z5U 等高介电常数陶瓷电容每 10 倍时间可老化 4%~6%。因此，滤波器级实际上也在老化，需要在初始设计阶段提前考虑。

表16-1 选择电磁干扰滤波器元件和材料时的实用限制

X电容		Y电容	
电容值（pF）	谐振频率（MHz）	电容值（μF）	谐振频率（MHz）
1000	53	0.01	13
1500	42	0.022	9
2200	35	0.047	6.5
3300	29	0.1	4.5
4700	21	0.22	2.7
6800	19	0.47	1.9
电磁干扰扼流圈使用的磁性材料			
		初始磁导率	带宽（MHz）
铁粉芯		60	10
		33	50
		22	100
		10	>100
铁氧体		15000	0.17
		10000	0.3
		5000	1.0
		3000	1.2
		2500	1.5
		1500	3.0

❑ 理论上得出的滤波器性能是建立在使用理想元件的假设基础上。然而，真实电感总会有一些绕组直流电阻和匝间电容。类似地，真实电容也含有等效串联电阻和等效串联电感。高频时，电感开始起主导作用，（从信号观点看）电容基本上不再具有唯一功能。但是，

电容值很小的电容保持容性的频率上限要比电容值很大的电容高得多。表16-1列举了一些典型的自谐振频率（超过这些频率，电容将变成感性）。因此，电容值较大的Y电容不能达到所需效果时，电容值小的Y电容通常会有帮助。也可以考虑将电容值大的Y电容与电容值小的Y电容并联。

- 表贴（SMD）的离线式安规电容是可行的，例如德国的威马电容和英国的Syfer电容。但对于表贴电容要特别注意，供应商并没有主动声明其电容符合某种安全标准，但电容实际上通过安规认证。只有经不同安全机构测试后，产品才允许印上各自的认证标志。从电气角度看，表贴电容的最大优势是等效串联电感很低。这改善了电容在滤波器应用中的高频性能。
- 注意，尽管不断鼓动减小寄生参数，但要记住，一些等效串联电阻或绕组直流电阻通常有助于衰减振荡。没有耗能电阻，振荡将一直存在。这也是工程师们有时会在标准通孔Y电容的一个或两个引脚上各套一个小铁氧体磁珠（有损材料优先，如镍锌铁氧体）的原因之一。这通常有助于抑制Y电容在传导电磁干扰扫描中呈现的特高频振荡。但必须谨慎从事，不要反而引发辐射问题。
- 若要将低压、小功率DC-DC变换器滤波器的元件数量降至最低，设计人员可能会发现来自Syfer公司（以及X2Y公司自身）的X2Y专利产品很有用。这是以电容为基础的三端集成表贴电磁干扰滤波器，能同时提供线间去耦和线对地去耦。从X2Y公司网站上逐字引用如下："X2Y®专利技术包括嵌入无源元件的专有电极布置。X2Y技术所用元件可由不同电介质材料制造，包括陶瓷、压敏电阻（MOV）和铁氧体。X2Y技术主要体现在多层陶瓷电容中，允许X2Y公司授权的电容制造商生产。最终用户可像购买其他无源元件一样购买X2Y®元件。当前，有六家授权制造商可以生产和销售X2Y元件。"
- Picor公司（Vicor公司的子公司）销售的标准48V电源砖和离线式电源采用有源输入电磁干扰滤波器级。其价格非常昂贵（一般每单位体积约50美元），但如果电路板空间奇缺，这是个不错的选择。
- 注意，Y电容执行的安规标准通常比X电容更高。所以，X电容的位置上经常可用Y电容，但反之不行。例如，可考虑用陶瓷Y电容与薄膜X电容并联来改善差模滤波器带宽。但如今，为了使用简便，制造商们销售的安规认证电容都是既可用作Y电容，又可用作X电容。
- 经常会遇到一个问题：CISPR-22标准B类限制中低频区域的滤波器性能需要改善。实践中要尽可能增加L与C之积以达此目的（该过程会降低谐振频率）。如果能选择，宁可选择更大电容，而不是超大电感来获得大的目标LC。但要知道，（整流桥前的）总Y电容值受安规标准限制。注意，X电容值似乎也受限多年，最大值为0.22μF或偶尔0.47μF。但实际上，它是受限于可用元件技术。如今，安规认证的X电容值可高达10μF。但要注意，大输入电容会在上电时引起不受欢迎的高浪涌冲击电流，还可能造成X电容最终失效，特别是在X电容为交流输入端口后的第一个元件时。这种情况下，由于薄膜电容的自愈特性，X电容可能不会完全失效。但电容最终会老化。因此，虽然有电磁干扰方面的考虑，也要把X电容放置在输入浪涌保护元件之后，例如，放置在负温度系数（NTC）热敏电阻之后，或线绕电阻之后，甚至前级扼流圈之后。

16.1.5 等效差模和共模电路检查及滤波器设计要点

图 16-1 的下半部分给出了上半部分图中共模滤波器和差模滤波器的等效电路。注意，（Y 电容）C_2和 C_4都很小，但 C_3很大。检视结果如下：

共模滤波器：分立的差模扼流圈 L_{dm}也可作为共模滤波元件。共模滤波器级由两级 LC 电路组成。其中一级 $L \times C$ 较大（低频极点），为 $2 \times L_{cm} \times C4$。另一级提供高频滤波，其 $L \times C$ 相对较小，为 $L_{dm} \times C_2$。

差模滤波器：共模电容（C_4）也可作为差模滤波元件。差模滤波器级由两级 LC 电路组成。其中一级 L 与 C 乘积较大（低频极点），为 $2 \times L_{dm} \times C_3$。另一级提供高频滤波，其 $L \times C$ 相对较小，为 L_{lk}。注意，若使用环形共模扼流圈，则高频差模滤波器几乎不存在，因为 L_{lk}几乎为零。

虽然共模扼流圈通常包含大电感（这是必需的，特别是要符合 CISPR-22 标准限制中对 500kHz 以下的规定），但大部分共模噪声经常出现在 10~30MHz 频率范围内。因此，必须认识到，在如此高的频率上，并非所有铁氧体都有足够带宽来维持自身电感值（A_L）。事实上，高磁导率材料带宽较低，反之亦然（斯诺克定律）。因此，大电感共模滤波器可能在理论上看起来很好，但高频时就不那么有效了。初始磁导率与带宽的典型值参见表 16-1（此处带宽定义为按磁导率以 6dB 衰减）。

本章后一部分指出，差模噪声发生器更像一个电压源。所以，LC 滤波器对差模噪声源表现良好，形成阻抗墙（失配），阻止差模噪声进入电网。然而，共模噪声源更像一个电流源。已知电流源必须保持电流持续流动。如有必要，电流源将增加电压以越过阻抗墙。因此，处理共模噪声源时，不仅要阻止共模噪声进入电网，还要在电源内部形成局部闭合的电流回路。另外，应设法将这部分能量消耗掉，而不是让它不断循环（或来回振荡）。只有这样，图 16-1 所示的共模滤波器级才会真正起作用。这是大多数电感和电流源的非直观行为模式的一部分，如第 1 章所述。至此，可以理解为什么电源中的电磁干扰问题与信号完整性工程师们所面对的电磁干扰问题迥然不同。

为了有效消耗共模能量，有损铁氧体材料在共模扼流圈中将派上用场。功率变压器和电感所用的铁氧体通常都是锰锌材料。有损铁氧体（常用镍锌材料）在高频时有较高的交流阻抗，更有助于消除高频共模噪声分量。不幸的是，有损铁氧体的初始磁导率很低，几乎不可能达到期望的高电感值（因为非常需要滤除低频噪声）。因此，可将共模扼流圈功能分开，一个用来阻断，另一个用来消耗。于是，后者的电感值就不重要了，可以只是一个有损材料制成的小磁珠/磁环/套管，让 L 线和 N 线穿过其中。例如，许多商业化电源适配器在其输入交流导线上都有大的铁氧体套管。

工程师们经常困惑地发现，在其他扼流圈失效时，（低磁导率）铁粉芯或有损铁氧体制作的差模扼流圈会有帮助，尽管差模噪声基本上属于低频发射范畴。原因如下：电源中的共模噪声在其源头上实际都是混合噪声（后面会简要谈到），但最终通过交叉耦合，会几乎等量地分布在两条线上。第 15 章提到，混合噪声可认为是共模分量和差模分量的组合。因此，电源中实际上也有相当数量的高频差模噪声来自于混合噪声。这就是为什么高带宽/低磁导率/有损材料通常有助于抑制差模噪声。

差模滤波器和共模滤波器经常，但不总是，按图 16-1 所示依次排列。共模滤波器级离交流输入最近。其设计思想是噪声遇到的最后一级（因其从电源流入电网）应该是共模滤波器。举例来说，如果最后一级为差模滤波器，加之从前级共模滤波器观点来看阻抗不平衡，那么共模噪声将转换为差模噪声，如前所述。但无可否认，许多成功的商业化设计已经倒转了图16-1所示的顺序。看起来哪一级在前哪一级在后并没有人人都接受的准则。

追加的 X 电容可以直接连在交流输入插座的接头上（电源入口）。切记，该位置上的任何线间电容在上电时都会遭受巨大的浪涌电流冲击，即使未立即失效，也会使其性能退化。所以，若X电容不得已只能放在该位置上，则至少要做到尽可能小（典型值为0.047μF~0.1μF）。或者尝试在该位置上放置陶瓷电容（如安规认证的陶瓷 X 电容或 Y 电容），因为这种电容具有高浪涌电流承受能力，而且发热极低（归因于极低的等效串联电阻）。

类似地，两个前级Y电容（图16-1中C4）或两个追加的Y电容也可以直接连在交流输入插座的接头上，而不是印制电路板上。这种连接法在抑制印制电路板到电网输入插座之间的导线自身吸收（辐射）杂散场时很有用。

一些公司，如Corcom公司（现在是美国Tyco电子公司的分公司）和德国的夏弗纳公司，提供外壳密封的电网滤波器（有时与标准的IEC320电网输入端子集成）。这种滤波器性能良好，但缺乏后续调整的灵活性，且比电路板安装的解决方案贵很多。注意，大多数商业化电网滤波器的性能是在滤波器两端接50Ω电阻时标定的。因此，滤波器在真实电源中的实际性能会与其在数据手册所说的大不相同。

为了防止外壳向外辐射，重要的是在外壳与接地端（交流插头的中间插脚）之间形成良好的高频连接。粗导线（最好是编织线）可用于两者的连接。更好的做法是在标准交流插头上内置金属支架。如今这些都容易做到，例如迈梭电子（Methode Electronics）公司的产品。板载共模滤波器可通过外壳连到交流接地端，也可用金属螺母在外壳上定位，并提供机械稳定性，将正确的印制线与电磁干扰滤波器连接起来。然而，要防止共模噪声进入交流电网，良好的接地可能会适得其反。但如果没有良好的接地，即使能减少直接进入交流电网的共模噪声数量，也会出现严重的辐射问题。并且容易通过吸收辐射，将其最终转换为传导电磁干扰问题。但是，图16-1中两个C_2/C_4电容的中点到交流插头接地插脚之间的连接如何才算好呢？矛盾的答案导致接地扼流圈问题的出现。

16.1.6 接地扼流圈

问题是：在板载电磁干扰滤波器与接地端之间的导线上加入一个小电感（例如用几匝线圈绕制的磁珠或磁环）真的是一个好主意吗？这个小电感称为接地扼流圈。它通常出现在小功率评估板上（来自供应商的集成功率芯片解决方案），但在商业电源中极少见到。为什么呢？

放置接地扼流圈的本意是阻止传导共模噪声进入电网。但这有可能引起辐射问题。此外，有些工业案例指出，接地扼流圈会引起严重的系统问题。例如，若电源突然在输入交流波形达到峰值时接入电网，就会有很高的浪涌电流流过Y电容。如果接地扼流圈存在，就会引起接地的印制线和机壳电压局部突增。如今，在某些情况下，电源输出端回线也会直连到外壳，在整个系统中形成接地平面。系统一般会有多点连接机壳或外壳。所以，浪涌引起的电压突增会使电源系统接地平面产生严重的不平衡，可导致数据混乱，甚至子系统崩溃。类似地，静电放电（ESD）测试和传导抗干扰测试中也会出现线间或线对地的浪涌电压。所以，虽然看似诱人，但对于（一心只想解决传导电磁干扰问题的）电源设计人员而言，不惜一切代价也要避免使用接地扼流圈。一些高压半导体公司只生产开放式（无外壳或独立式）评估板，他们放置了接地扼流圈以后，看似没什么损失，所有要求也能达到。或许他们也知道反正是开放式结构，没有人期望这些评估板能符合辐射限制。所以，他们把传导发射问题转换成辐射发射问题推给了系统设计人员。

16.1.7　电磁干扰滤波器设计方面一些值得注意的工业经验

作者在德国工作时遇到的最难处理的传导电磁干扰失效问题最终（相当神秘地）通过颠倒共模扼流圈方向（即在印刷电路板上转 180°）的方式解决了。后来的推理表明，磁芯附近的印制线或元器件吸收了磁芯泄露的电磁干扰，因此耦合相位莫名其妙地变成了问题（干扰模式）。然而，大多数电感或扼流圈是对称制造的，通常不做任何区分正反的标记，区分正反的安装形式在生产中也不易实现。但如今，随着很多类似方向敏感性问题的报道出现（甚至关系到变换器主电感本身），一些主要的电感制造商在其电感或扼流圈产品上已经开始放置极性标志。

另一个有凭有据的电磁干扰问题出现在业内领先的电源制造厂厂房中。制造商们发现为了符合要求，共模扼流圈不得不旋转 90°。如果该单元已经投入生产，那显然是坏消息，因为这意味着印制电路板布局必须重新设计（电源也可能需要重新认证）。

16.2　第 2 部分：开关电源中的差模和共模噪声

16.2.1　差模噪声的主要来源

现在将关注点转移到实际电源上，看看噪声究竟是在哪产生的。首先考虑，如果电源的输入大容量电容为理想电容，即等效串联电阻为零（忽略所有电容寄生参数），会发生什么情况呢？那么，电源中所有可能的差模噪声源都会被该电容完全旁路或解耦。显然，该现象从未发生的原因是大容量电容的等效串联电阻非零。

因此，输入电容的等效串联电阻是从差模噪声发生器看进去的阻抗 Z_{dm} 的主要部分（参见图 15-6）。输入电容除了承受从电源线流入的工作电流以外，还要提供开关管所需的高频脉冲电流。但无论何时，电流流经电阻必然产生压降，如电容的等效串联电阻。所以，如图 16-2 所示，输入电容两端会出现高频电压纹波。图中显示的高频电压纹波实际上来自差模噪声发生器。它基本上是一个电压源（V_{ESR_PP}）。理论上，整流桥导通时，该高频纹波噪声应该仅出现在整流桥左（输入）侧。事实上，整流桥关断时，噪声会通过整流桥二极管的寄生电容泄漏。下一节将介绍，整流桥关断时也能产生差模噪声，但此时的差模噪声表现为电流源，而不是电压源。

16.2.2　共模噪声的主要来源

高频电流流入机壳有许多偶然的路径。图 16-3 中展示了其主要部分。当场效应管的漏极高低跳变时，电流流经场效应管与散热器之间的寄生电容（本例中散热器接至外壳，或散热器就是外壳）。在交流电网电流保持整流桥导通时（二极管 D_2 和 D_4 首先在交流半周期导通，然后 D_1 和 D_3 在下一个交流半周期导通，以此类推），注入机壳的噪声遭遇几乎相等的阻抗（和电压），因此等量流入 L 和 N 导线。因此，这是纯共模噪声。但整流桥关断时，噪声（仅）迫使整流桥的一个二极管导通，因为噪声电流来源于电感电流。然而，这形成了不等的阻抗，所以噪声电流经 L 或 N 导线之一返回，而不是等分到两条导线。结果如图 15-6 所示，该混合噪声实际上是纯共模噪声分量与非常大的高频差模噪声分量的叠加。使共模噪声等分到两条导线从而削弱电它产生的差模噪声的方法是在整流桥前放置一个 X 电容。任何电磁干扰滤波器都可以放置在该电容与交流电网之间，如图 16-1 所示。

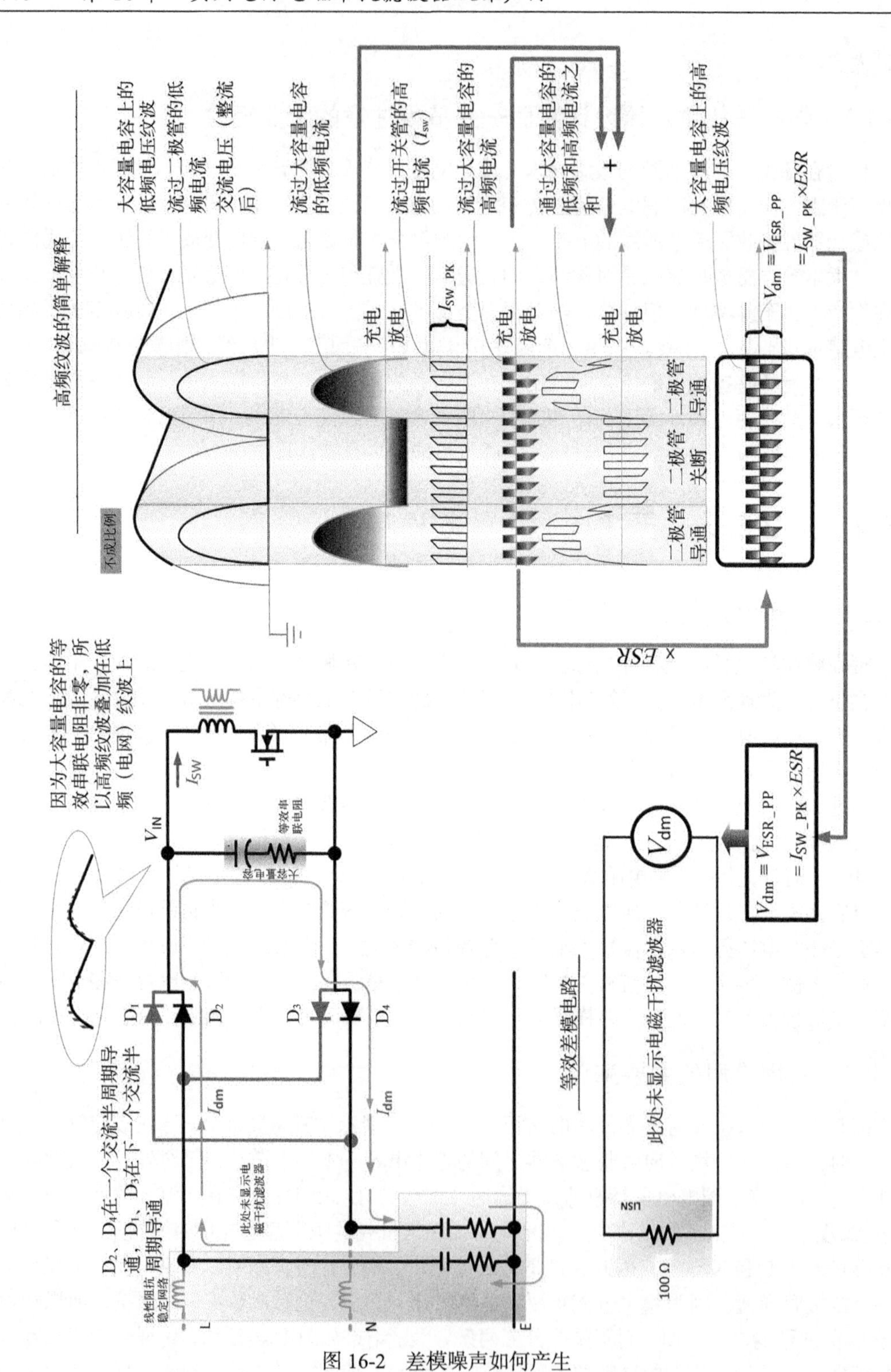

图 16-2　差模噪声如何产生

电源中绝缘材料的典型寄生电容值如表 16-2 所示。此处将传统绝缘材料云母与现代绝缘材料硅橡胶做了比较。其中 K 为介电常数。

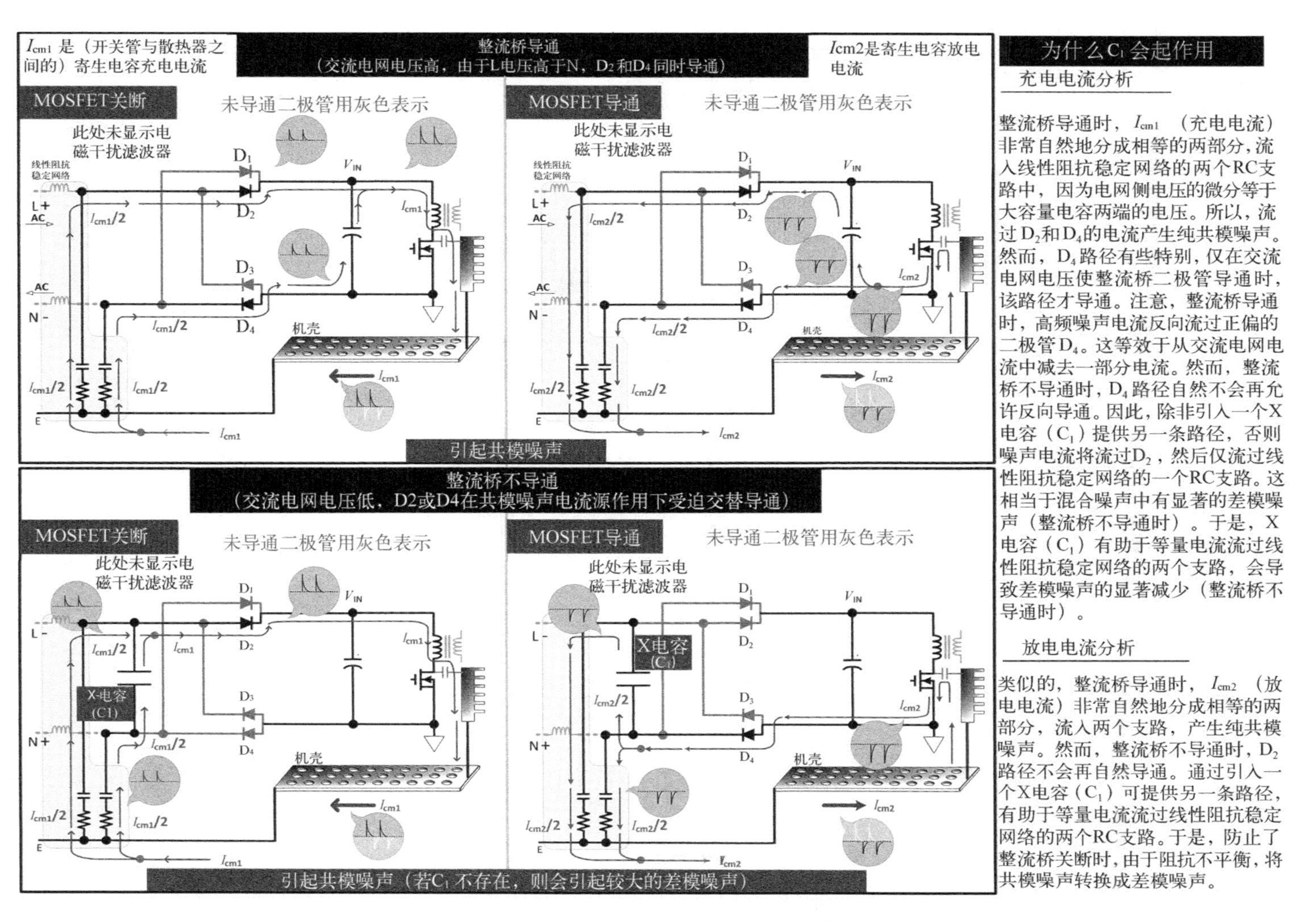

图 16-3 共模噪声如何产生

为什么C_1会起作用

充电电流分析

整流桥导通时，I_{cm1}（充电电流）非常自然地分成相等的两部分，流入线性阻抗稳定网络的两个RC支路中，因为电网侧电压的微分等于大容量电容两端的电压。所以，流过D_2和D_4的电流产生纯共模噪声。然而，D_4路径有些特别，仅在交流电网电压使整流桥二极管导通时，该路径才导通。注意，整流桥导通时，高频噪声电流反向流过正偏的二极管D_4。这等效于从交流电网电流中减去一部分电流。然而，整流桥不导通时，D_4路径自然不会再允许反向导通。因此，除非引入一个X电容（C_1）提供另一条路径，否则噪声电流将流过D_2，然后仅流过线性阻抗稳定网络的一个RC支路。这相当于混合噪声中有显著的差模噪声（整流桥不导通时）。于是，X电容（C_1）有助于等量电流流过线性阻抗稳定网络的两个支路，会导致差模噪声的显著减少（整流桥不导通时）。

放电电流分析

类似的，整流桥导通时，I_{cm2}（放电电流）非常自然地分成相等的两部分，流入两个支路，产生纯共模噪声。然而，整流桥不导通时，D_2路径不会再自然导通。通过引入一个X电容（C_1）可提供另一条路径，有助于等量电流流过线性阻抗稳定网络的两个RC支路。于是，防止了整流桥关断时，由于阻抗不平衡，将共模噪声转换成差模噪声。

表16-2　典型工装的寄生电容值

封　装	面积（cm^2）	材　料	K	厚度（mm）	电容值（pF）
TO-3	5	硅橡胶	5	0.2	111
		云母	3.5	0.1	155
TO-220	1.644	硅橡胶	5	0.2	36
		云母	3.5	0.1	51
TO-3P	3.25	硅橡胶	5	0.2	72
		云母	3.5	0.1	101
TO-247F	2.8	硅橡胶	5	0.2	62
		云母	3.5	0.1	87

16.2.3　机壳上安装半导体器件

即使是经验丰富的工程师们，也经常会对在机壳上安装功率器件感到极度紧张。输出二极管常以这种方式安装（因为二极管电压较低），高压场效应管倒是很少。然而，有一种方法可以做到。如果安装了图16-4所示的Y电容，并且在大容量电容两端并联了高频陶瓷电容，就能使场效应管注入的噪声就近返回。注意，固定机壳和印制电路板的金属螺母与场效应管的安装位置非常接近（图中未显示印制电路板）。小电流回路可使辐射磁场最小化。因此，电磁干扰会减弱。这里也是放置镍锌铁氧体磁珠的好位置，有助于消耗散热器注入的循环噪声能量。

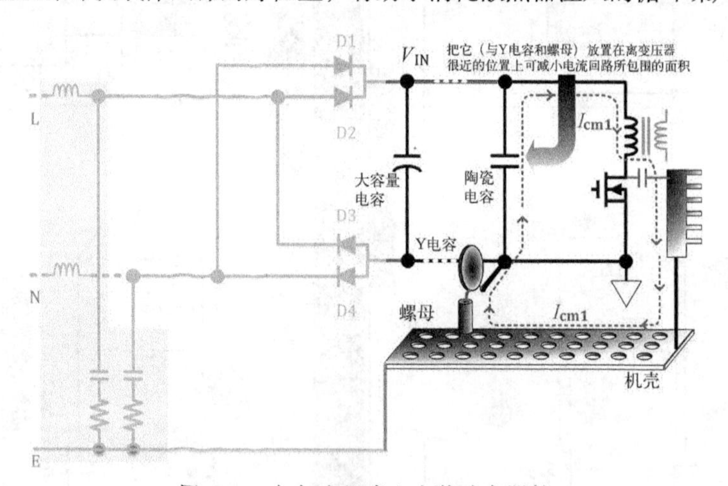

图16-4　如何在机壳上安装功率器件

16.2.4　共模噪声源

图16-3隐含假设使用了X电容C1，处理的是纯共模噪声，而不是混合噪声。图16-5准确绘制了先前在图16-3中含糊表示的噪声注入电流。图中的电流尖峰分别对应着电压波形的上升沿和下降沿。（这只是一种工程建模方法，文献中还有其他处理方式，但得到的结果类似。）

图16-5的电流波形含有完整的注入电流谐波分量。$t<t_{cross}$时，线性阻抗稳定网络测得的噪声为

$$V_{cm1}=25\times I_{cm}=\frac{25\times A\times C_P}{t_{cross}}\times\left(1-e^{-t/25C_P}\right)\tag{16-3}$$

$t > t_{\text{cross}}$时，测得的噪声为（所有数据基于 M.J. 内夫于 1989 年在 APEC 会议上发表的论文）

$$V_{\text{cm}} = \frac{50 \times A \times C_p}{T} \times \left[\frac{\sin\{(n \times \pi \times t_{\text{cross}})/T\}}{(n \times \pi \times t_{\text{cross}})} \right] \times \left[e^{-jn\pi(t_{\text{cross}}/T)} - e^{-jn\pi(t_{\text{cross}}/T+2D)} \right] \quad (16\text{-}4)$$

场效应管导通时会有相同的结果，但方向相反。对测得的电压波形做傅里叶分析，结果如下（频域）

$$V_{\text{cm}} = \frac{25 \times A \times C_p}{T} \times \left[\frac{\sin\{(n \times \pi \times t_{\text{cross}})/T\}}{(n \times \pi \times t_{\text{cross}})/T} \right] \times \left[e^{-jn\pi(t_{\text{cross}}/T)} - e^{-jn\pi(t_{\text{cross}}/T)+2D} \right] \quad (16\text{-}5)$$

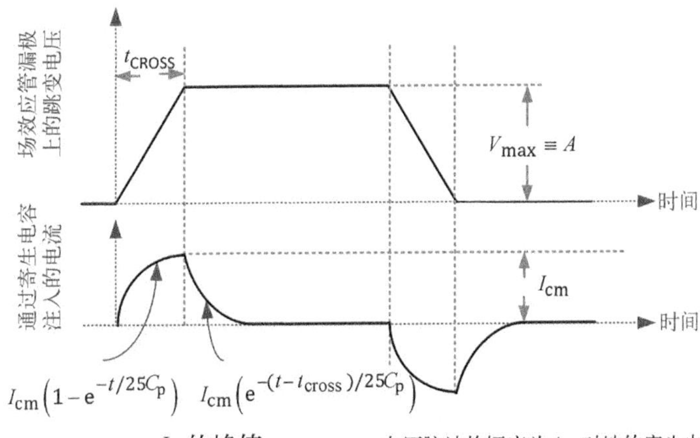

图 16-5 通过场效应管与散热器之间的寄生工装电容注入的共模噪声电流

第 18 章会详细讨论傅里叶级数。$\sin x/x$ 项（称为辛克函数）在转折点 x=1 后将按（附加）20dB/dec 衰减。其值在转折点之前（即 x<1 时）一直接近于 1。式（16-5）中最右侧括号项（包括虚部 $j=\sqrt{-1}$）并没有衰减。其幅度随谐波次数或（和）占空比在 0~2 变化。因此，实际上，如果只对包络线感兴趣，可取其最大值 2 来近似线性阻抗稳定网络上的电压。

$$V_{\text{cm}} = \frac{100 \times A \times C_{\text{P}}}{T} \times \left[\frac{\sin\{(n \times \pi \times t_{\text{cross}})/T\}}{(n \times \pi \times t_{\text{cross}})/T} \right] \quad (16\text{-}6)$$

V_{cm}曲线开始是平的，直到转折频率（x=1），其后曲线将按 20dB/dec 衰减。当 x 较小时，平直部分（平台）可近似为 $\sin x/x \approx 1$。于是可得

$$V_{\text{cm}} = \frac{100 \times A \times C_{\text{P}}}{T} \quad (16\text{-}7)$$

例如，若 A=200V（场效应管漏极电压幅值），C_{P}=200pF，f_{sw}=100kHz，可得

$$V_{\text{cm}} = \frac{100 \times 200 \times 200 \times 10^{-12}}{10^{-5}} = 0.4\ \text{V} \quad (16\text{-}8)$$

此处并未考虑电磁干扰滤波器。若要考虑电磁干扰滤波器，需要提供一定的衰减，使其符合第 15 章的电磁干扰限制要求。第 18 章介绍了完整的设计步骤。

16.2.5 高性价比滤波器设计

第 18 章将看到，当频率增加时，开关谐波包络线按 – 20dB/dec 衰减。换句话说，当频率下

降时，谐波幅度按 20dB/dec 增加。注意，根据定义，实际上谐波频率每降低 10 倍（10 倍频程），谐波幅值就增加 10 倍（20dB）。观察图 15-2 中 CISPR-22 标准 B 类电磁干扰限制，从灰色虚线外推，从 150 kHz 到 500 kHz，CISPR 标准限制允许开关谐波按 20dB/dec 增加。原始目的是为了考虑开关电源的允许公差。然而，通过设计典型的单级低通 LC 电磁干扰滤波器就会发现，当频率下降时，其衰减量按 40dB/dec 降低。换句话说，滤波器在低频时效率降低。这就是为什么迫切需要在感兴趣的最低频率（取 150kHz 或变换器开关频率中的最大者）之下设计滤波器。一旦这么做，当频率增加时，就会按 CISPR 标准限制，要求谐波在 500kHz 以下按 20dB/dec 衰减。然而，这是开关谐波包络线按 20dB/dec 衰减的自然结果。但仍有几种因素会产生影响，列举如下：

(1) 当频率增加时，LC 滤波器变得越来越有效，衰减率可达 40dB/dec。所以，在标准限制允许范围内，可获得额外 40dB/dec 的优势。

(2) 线性阻抗稳定网络的敏感度实际上随频率增加而增加（参见图 16-6）。当频率增加时，读数相对较高。事实上，依频率不同，敏感度上有 3.5~10dB/dec 的劣势。

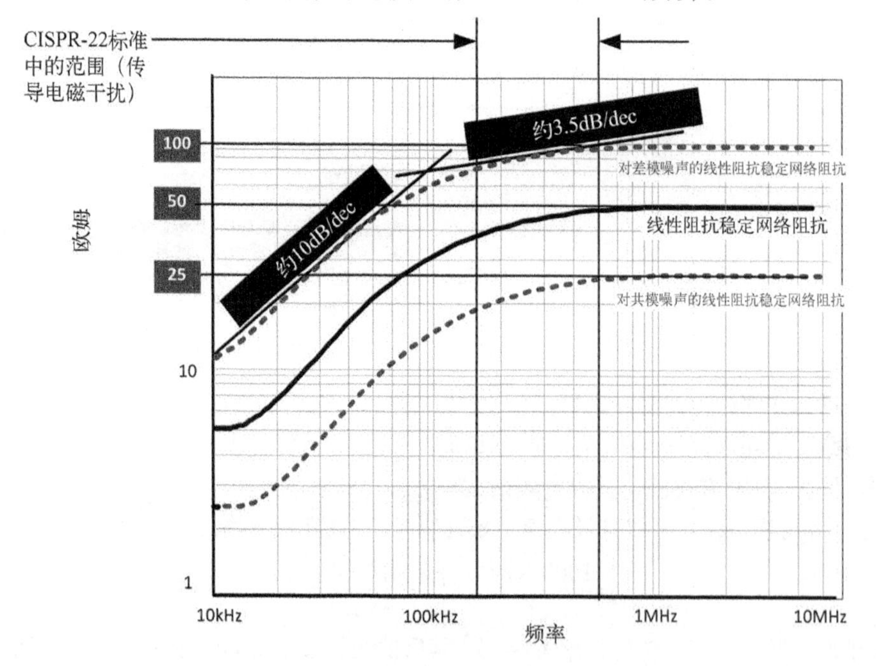

图 16-6　低频时的线性阻抗稳定网络

综合上述(1) 和(2)，当频率增加时，理论上获得的优势大约为 40 – 3.5=36.5 dB/dec。但此处要加一个注解。当频率增加时，由于寄生参数和铁氧体带宽，滤波器响应将再次恶化。同时，共模噪声的影响开始起主导作用。此外，传导噪声读数会受辐射噪声影响。建模中未考虑的寄生参数会使电磁干扰扫描中出现一些额外的尖峰。注意，在电路板层面上，尖峰应该单独处理，不要用过度设计的滤波器使整个电磁干扰频谱强制降低。

总之，重要的是意识到上述趋势。第 18 章将进行正式的电磁干扰滤波器设计。事实上，由于高频段留有裕量，滤波器的设计目标主要是符合感兴趣的低频段要求。这也是最难达到的。这也是为什么符合 FCC 标准第 15 部分 B 类（450kHz）要求通常要比符合 CISPR-22 标准限制（150kHz）更容易。

第 17 章

电路板电磁干扰治理及输入滤波器稳定性

17.1 第 1 部分：减少电磁干扰的实用技术

本章将介绍一些减少电磁干扰的实用技术，还将对第 10 章中介绍的印制电路板基本布局设计方法做些补充。本章首先强调的是：减少电磁干扰最有效和性价比最高的方法是覆地。

17.1.1 覆地

覆地是行之有效的降低整体电磁干扰发射水平的方法。如果多层板上安装功率元件（及其布线）的最外层与覆地层紧邻，那么电磁干扰能降低 10~20dB。这比初选的廉价的单层或双层板性价比更高，还可以减少后期大型滤波器的使用。但要注意，必须尽可能保证覆地层的完整性。

切记，低频时的返回电流总是试图按照最短的直线路径流动。但高频时的返回电流（或开关波形中的高次谐波）总是试图直接按照自己的前进轨迹（在对面层）流动。因此，一旦有机会，电流将自动按照包围面积最小的路径流动。该路径自感最小，回路阻抗最低（回路阻抗在低频段呈阻性，但在高频段呈感性）。所以，若对覆地层的分割考虑不周（可能是为了方便布线），功率变换器的返回电流就会被其中的分割线分流，从而在印制电路板上形成有效的缝隙天线。

17.1.2 变压器在电磁干扰中的角色

经常见到年轻的工程师们通过加入变压器来解决棘手的电磁干扰问题。从类似的的例子中，设计人员可以学到很多经验教训。一般来说，只要含有磁性元件，电路状况就不可能完全已知或显而易见。

变压器会以如下方式产生电磁干扰问题。

- 当绕组通过高频电流时，变压器将变成有效的磁场天线。磁场可能影响邻近的布线和电缆，并借此传导或辐射到机壳之外。
- 既然绕组部分承载跳变电压，变压器也是有效的电场天线。
- 原副边侧绕组之间的寄生电容会在隔离带上传递噪声。因为副边侧地经常接至机壳，噪声会经过接地层返回，形成共模噪声。这种情况与安装散热片时遇到的折中问题非常类似。这种情况下，希望原副边耦合得越紧密越好，以减小漏感（特别是反激变换器），但与此同时，耦合电容和共模噪声增加。

此处介绍一些标准技术来避免上述问题。

- 符合安规的变压器中，原副边绕组之间有三层符合安规的聚酯胶带（Mylar®），例如常用的 3M 公司出品的#1298。除了这些聚酯胶带层以外，还可以加入铜制法拉第屏蔽层，用来收集隔离边界处的噪声电流，并予以转移（通常至原边侧地）（参见图 17-1）。注意，该屏蔽层应为非常薄的铜箔带，要尽力避免涡流损耗，并降低漏感值。其典型厚度为 2~4mil，由绕中心磁柱的一匝线圈构成，接至原边侧地。注意，铜屏蔽层末端不应有电连接，否则从变压器角度看，它会形成一个短路环。一些设计中会采用另一种法拉第屏蔽层，它放置在副边侧（三层绝缘带下），接至副边侧地。然而，如果在绕线和结构设计中已做充分考虑，大多数商业化通信电源（ITE）可不用这些屏蔽层，下面将看到实例。

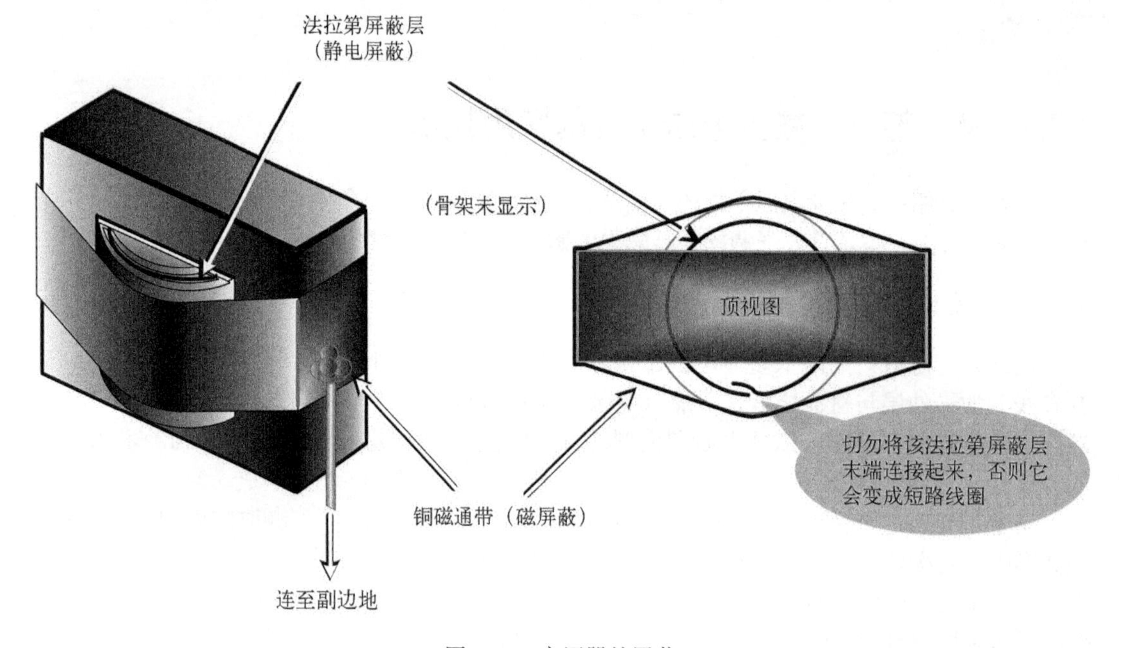

图 17-1　变压器的屏蔽

- 经常使用围绕整个变压器的环形铜屏蔽层（或磁通带）（参见图 17-1）。屏蔽层末端经常短接（焊接）在一起，主要用于辐射屏蔽。低成本设计中，屏蔽层经常浮地处理，但应该接至副边侧地。需要考虑其安全问题，如果适用，应满足 IEC60950-1 中关于原副边之间绝缘和间距的要求（即原副边之间所需的爬电距离和间距，前者是指沿绝缘表面的距离，后者是指最短的气隙长度）。当变压器在外部磁柱开气隙时，气隙边缘泄露的磁通在屏蔽层内会产生涡流损耗。因此，该屏蔽层的厚度通常仅为 2~4mil。与法拉第屏蔽层一样，若绕线技术良好，也可以不用屏蔽层。
- 再次重申，从电磁干扰角度，反激变压器最好在中心磁柱开气隙。也就是说，外部磁柱不要开气隙。气隙边缘泄露的磁场会变成很强的电磁辐射源，在环形铜屏蔽层中产生显著的涡流损耗。
- 原边侧经常会有辅助线圈为控制器及相关电路提供低压电源。辅助线圈一端通常连至原边侧地。因此，如果辅助线圈均匀绕制并分布在全部可用骨架宽度内，并有助于将另一端（即二极管端）的交流耦合噪声收集并通过 22~100pF 的陶瓷电容转移至原边侧地，实际上它就能形成天然的法拉第屏蔽层，如图 17-2 上半部分所示。

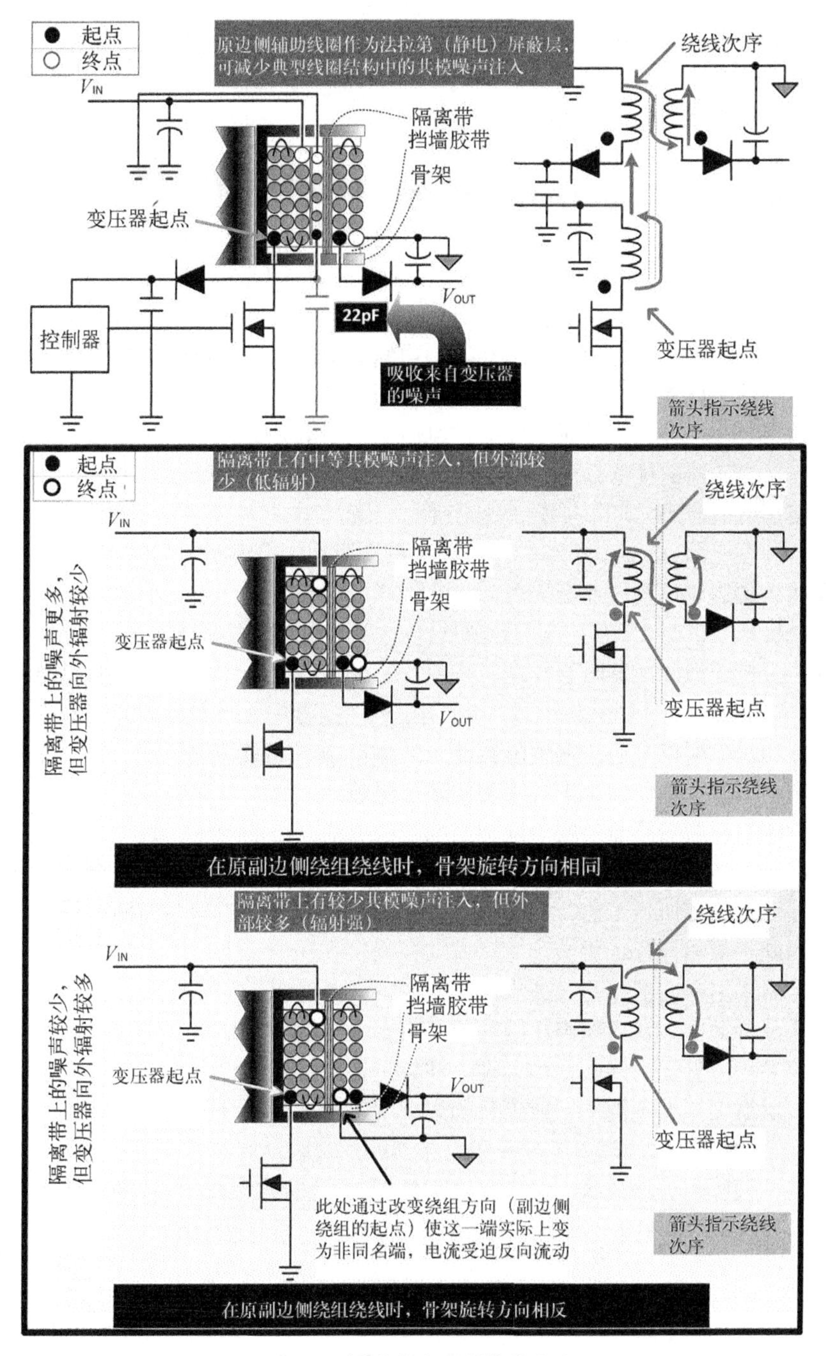

图 17-2　低噪声变压器绕线技术

图 17-2 展示了常用于反激变换器的低噪声构造技术。可将右侧的电路图与左侧的等效绕组图相比较。注意，虽未具体讨论，但下述原理很容易地推广并应用到含分立绕组的变压器。由图 17-2 可得出以下几点。

- 因为场效应管漏极电压跳变，与其相连的原边侧绕组端最好埋入变压器内部，埋得越深越好。也就是说，应绕在骨架最里层。外层会屏蔽内层泄露的电磁场。毫无疑问，与漏极相连的绕组不应与隔离带（三层聚酯带）毗连，因为注入的噪声电流与（绕组匝间）寄生电容的净 dV/dt 成正比。实际上，无法大幅减小电容值（以免反过来影响漏感值），所以至少应该努力降低匝间电容的净 dV/dt。

- 把左侧的几个图与右侧对应的电路图做比较，图中已经标明了所有绕组的起点和终点，所有起点特别以打点方式标记。注意，按照一般生产流程，绕线机始终让骨架按一个方向旋转，导线逐层按序排列。因此，所有起点（即打点端）都是同名端，如果一个打点端电压升高，其余打点端电压也同时（相对另一端）升高。从实际物理结构上可以看出，绕组的每个打点端与下一层绕组的非打点端（通常具有固定的绕向）自然靠近。对于图 17-2 中的反激变换器而言，这意味着副边侧绕组的二极管端必然与隔离带毗连。是的，这样仍会在隔离带上产生一定量的 dV/dt。但要注意，该 dV/dt 值要比原边侧绕组漏极毗连隔离带时小得多（由于匝比较大，原边侧跳变电压更高）。图 17-2 上半部分的两个原理图中，变压器的优势是副边侧绕组静端（地）在外层，所以自身具有良好的屏蔽，可以不使用普遍应用的环形屏蔽（磁通带）。下面考虑另一种情况。假设变压器绕“错”了方向，即改变图 17-2 中所有的起点和终点，原边侧绕组漏极与隔离带毗连，（经常接至外壳的）副边侧地直接连至隔离带上。这样的绕组安排会使一小部分共模噪声直接注入机壳或接地线。毫无疑问，这不是符合安规要求的最佳方式。
- 同理，分析正激变换器时会发现，按照介绍的绕线流程，原副边侧的静端将自动在安全边界（隔离带）上“相互眺望”。原因是正激变换器中，原副边侧绕组的相对极性与反激变换器相反。所以，通过寄生电容注入的噪声微乎其微。这很好，但最外层却会出现辐射问题。因此，这种情况下必须使用环形屏蔽。
- 另一种解决正激变换器外层表面辐射问题的方法是绕制变压器时（仅）将副边侧绕组反向绕制。例如，原边侧绕组都是顺时针绕制，而副边侧绕组都是逆时针绕制（这么做的阻力并非来自变压器工艺，而是来自变压器制作人员）。道理与前面介绍的反激变压器相同。因此，虽然 dV/dt 仍会产生一些共模噪声在隔离带上传递，但变压器看起来会很安静（无需采用磁通带）。注意，以“安静的”外形（低辐射）作为设计目标通常要优于简单防止从界面电容注入噪声，因为后者有多种手段可以解决，例如让辅助线圈形成法拉第屏蔽层等。但辐射问题很难处理。注意，正激变压器没有（或仅有很小的）气隙，所以（与反激变压器不同）一般要从辐射入手考虑如何设计。
- 图 17-2 下半部分的原理图中，反激变换器采用交替绕制技术来减少传导电磁干扰噪声，特别是共模噪声。该技术使副边侧绕组静端与隔离带毗邻，可减少隔离带上的 dV/dt。

提示　如果（图 17-2 上半部分的原理图中）法拉第屏蔽层无需为变换器供电（无需以此作为辅助电源）。这种情况下，仅需用（平均分布的）细导线绕若干圈，一端直连至原边侧地，另一端通过一个 22pF 电容连至原边侧地即可。该技术确实可以节约正规法拉第屏蔽层的制造和安装成本，而且（与正规法拉第屏蔽层相比）由于漏感减小，效率会提高。从这个意义上讲，这种非正规的法拉第屏蔽层非常实用，值得一试。

- 当开关管出于散热考虑安装在机壳上时，有一种技术可以消除散热器电容引入的噪声电流。方法是放置另一个与主绕组相同的绕组，但相位相反。当主绕组关断时，噪声回收绕组导通。注意，噪声回收绕组可以用更细的导线（参见图 17-3）。原理如下：如果噪声电流（I_{cmx}）从原边侧绕组流出，回收绕组就会有同样大小的电流流入，因此，噪声电

流实际上以U型回路返回噪声源。注意，附加的回收绕组要与主绕组耦合良好。通常，它与主绕组双线并绕（即同时绕制，而不是一个在上，一个在下）。但要注意，这种情况下，两绕组之间沿长度方向具有很高的电压差。如果漆包线绝缘层上有针孔，就会有闪络的危险，可能会导致电源失效。解决方法是使用双层绝缘导线。图17-3介绍了回收绕组技术，也包含了图16-4中曾介绍过的另一种技术。这两种技术相互独立，只用其中之一或两种都用都能取得良好效果。

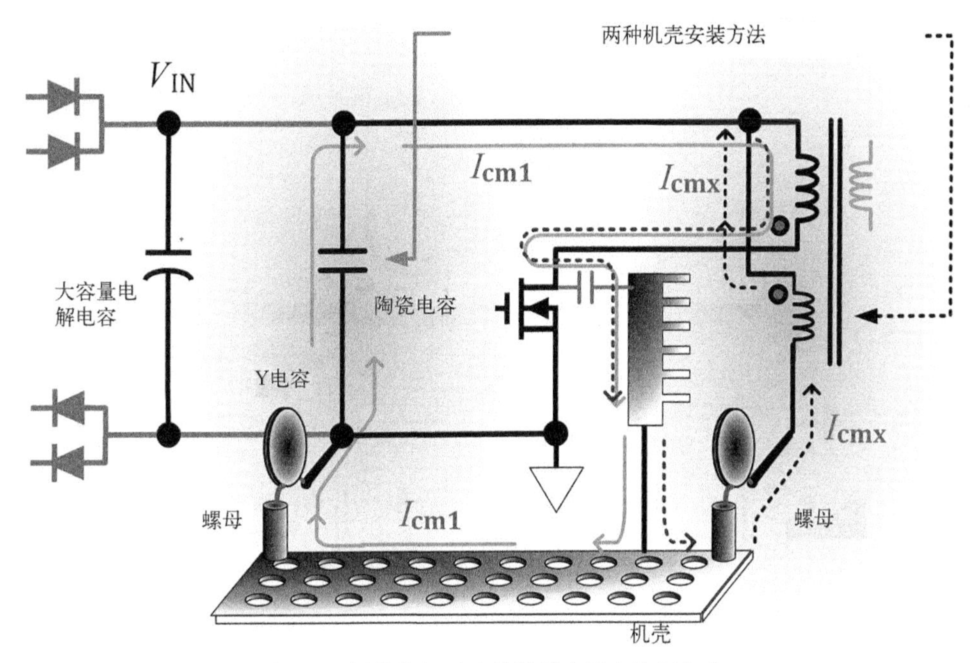

图17-3　回收绕组减少共模噪声及直接回收法

注意　上述技术无法消除（原副边侧绕组之间的）界面电容引入的噪声。但尽管如此，仍有可能将（电磁干扰频谱上若干频点的）传导电磁干扰降低5~10dB。因此，上述技术在紧要关头值得一试，或可避免重新设计电路板。所以，优先考虑该绕组设计是明智的，包括在印制电路板上留出外加Y电容的位置。

注意　显然，在任何离线式拓扑（和所有大功率DC-DC变换器）中，当开关管需要在外壳上安装且漏极电压跳变时，就可以使用上述技术。如果副边侧的钳位二极管也在外壳上安装，该技术也适用于副边侧绕组。但仅在二极管的卡具（几乎总是与二极管阴极相连）碰巧是拓扑结构中的交换结点时，才需要考虑副边侧散热器的噪声注入问题。由此可以看出，一般升压和反激拓扑不存在该问题，因其二极管阴极是静端。但是，（正对正的）降压和正激变换器具有跳变的二极管阴极（卡具），当二极管在机壳上安装时，应该仔细处理。

- 柱状电感常用于输出级的后级LC滤波器中，因其开放式磁结构被称为电磁炮。尽管如此，成本低和体积小使其依然流行。所以，设计人员开发了一些技术来控制其负面影响。柱状电感（通常）垂直放置。若两个同样的柱状电感用于输出滤波，则两个电感线圈绕向应该完全相同，但电流流向反向设置（印制电路板做适当改变）（参见图17-4）。从俯

视图看，柱状电感电流一个顺时针，另一个逆时针流动。这有助于引导磁通从一个磁柱回到另一个磁柱（U型回路）。因此，发生电磁干扰泄漏的机会少多了。

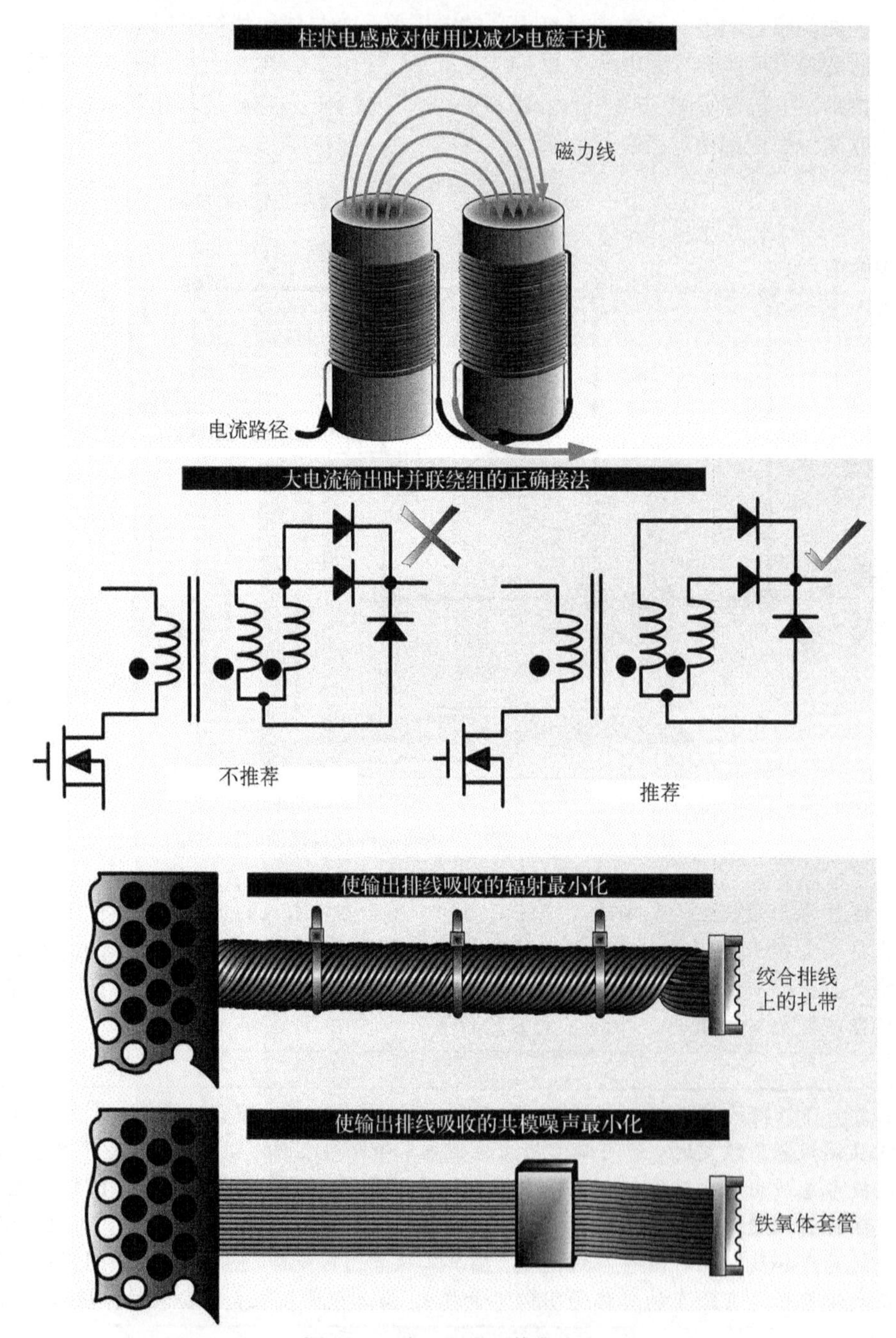

图17-4　减少电磁干扰的方法

17.1.3　二极管的电磁干扰

本节列出了一些需要关注和解决的有关二极管的电磁干扰问题。

- 二极管是很强的噪声源，噪声频率范围从低频一直到高频。低速二极管（如输入整流桥）也会带来显著的宽带噪声。
- 输入整流桥有时也采用超快二极管，供应商称其可显著减少电磁干扰，其实不然。该整流桥的典型输入浪涌电流额定值要比低速整流桥小很多。在前级位置上，实际上所有元器件都一直承受着大量应力(即使不滥用)，例如在高电网电压下上电时产生的浪涌应力。
- 为了减少电磁干扰，应选用具有软恢复特性的超快二极管。对于中大功率变换器，RC 吸收电路通常与二极管并联（会牺牲一些效率）。低压应用中，常使用肖特基二极管。虽然从原理上讲，肖特基二极管没有反向恢复时间，但其体电容相对较大，会与印制线电感发生谐振。所以，RC 吸收电路通常有助于肖特基二极管减少电磁干扰。注意，如果二极管在电压跳变前就已经完全恢复阻断（即零电流），就不会再有反向恢复电流。这种情况下，二极管真的不必超快。实际上，许多工程师都报告过，吸收电路（钳位电路）选择慢速二极管能使电磁干扰减少很多。流行的做法是采用 NXP 公司（以前是 Philips 公司）出品的软恢复快速二极管 BYV26C（或 BYM26C，用于中功率变换器）。
- 建议选用的场效应管反向恢复时间要比钳位二极管慢大约 2~3 倍，以避免直通电流。该电流能产生很强的磁场（并产生损耗）。所以，可通过增加栅极电阻（离线应用中一般为 10~100Ω）来故意降低场效应管的开关速度，这并不罕见。可能还要用一个二极管与栅极电阻并联，以使关断速度不受影响（出于效率原因）。
- 常用小电容跨接到场效应管（漏源极）两端。但这会在场效应管中产生大量损耗，因为每个周期的电容储能都将倾泻到开关管中。
- 超快二极管导通时会产生很高的正向电压尖峰。二极管正向压降瞬时可达 5~10V（而不是预期的 1V 左右）。通常，反向恢复越迅速，正向电压尖峰越严重。因此，当场效应管关断时，二极管变成很强的电场源（电压尖峰），而当场效应管导通时，二极管又变成很强的磁场源（电流尖峰）。二极管并联小吸收电路有助于控制其正向电压尖峰。
- 使用集成开关管时，无法靠近场效应管栅极。这种情况下，可在自举电容上串联 10~50Ω 的电阻来减缓导通转换速度。自举电容实际上是内部浮地驱动电路的电压源。导通时能提供场效应管栅极电容充电所需的大电流尖峰。所以，自举电容的串联电阻在一定程度上可限制栅极充电电流，从而减缓导通。
- 为了控制电磁干扰，有时用铁氧体磁珠（最好是有损的镍锌铁氧体）与钳位二极管（在其引脚上）串联，例如典型离线式反激变换器的输出二极管。但是，这些磁珠必须非常小，否则会显著影响电源效率。

注意 多输出离线式反激变换器中，可能会看到较大的磁珠（可能超过 1 匝，由更常见的锰锌铁氧体制成）串联在一些（非直接调整的）辅助输出的输出二极管上。但这些磁珠并非用来吸收电磁干扰，而是限制一些伏秒积变化，从而使输出波动得到改善。

- 下面讨论分立绕组，或称为三明治绕组。一般来说，原边侧绕组可分成两个线圈，分别置于副边侧绕组内外，可减小反激变压器漏感和正激变压器的邻近效应损耗。只要两个分立绕组串联，电磁干扰就是可以接受的。通常，让绕组并联不是一个好主意（特别是从电磁干扰角度）。大电流输出电源中，副边侧绕组有时也分成两半（或两层铜箔），其目的在于增加电流处理能力（参见图 17-5）。这些副边侧分立绕组在物理上通常也是分别置于原边侧绕组内外。但对于并联绕组而言，因其在变压器中的物理位置不同，两个假设“相等的”绕组其实在磁特性上总是略有不同。再者，其直流电阻也（因长度不同）略有差别，有可能产生内部环流。要不是电压波形出现严重的振铃，并且电磁干扰频谱“神秘地”变差，以及有可能意外地大量发热，设计人员可能完全不会意识到环流的存在。所以，若真的需要并联，最好使用图 17-4 右侧的电路图。图中两个二极管的正向压降有助于绕组镇流，也有助于消除两个分立绕组之间的不平均。

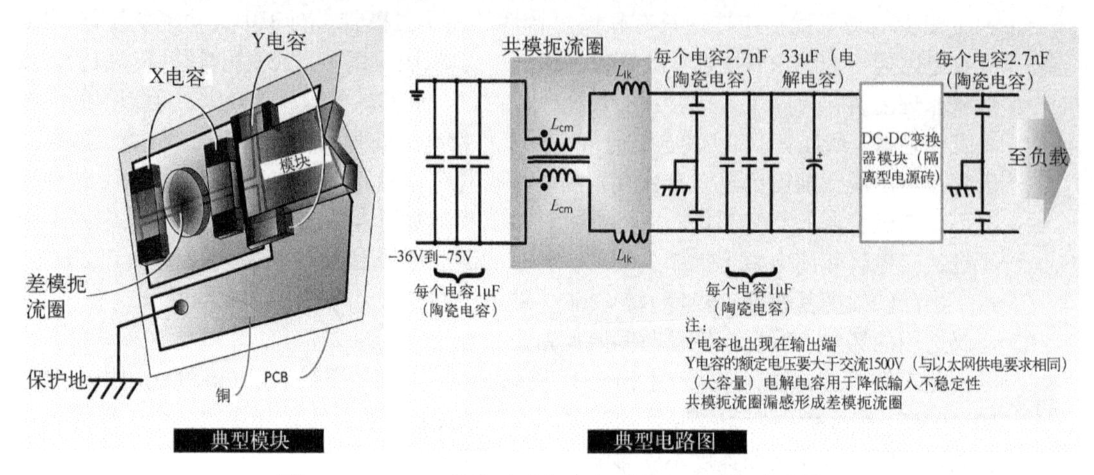

图 17-5　DC-DC 模块（砖）中典型的电磁干扰滤波器

17.1.4　辐射测试会失败吗

许多小公司都买不起辐射发射测试所需的预一致性测试装置。然而，其中很多公司事先都有了相当好的主意，能否成功通过检测，只需仔细观察传导电磁干扰频谱，即仔细查看 CISPR-22 标准中第三区间的频谱，即从 5MHz 到 30MHz 的区间。如有可能，扫描频率甚至可以更高。即使满足了第三区间的传导限制要求，也远远不够。因此，需要观察该区间内的全部波形。若发现频率向 30MHz 增加时波形逐渐上升，则肯定有辐射问题。若频率接近 30MHz 时波形开始下降或保持平直，就可以立刻向测试实验室提交原型机，进行常规辐射限制的符合性认证。换句话说，这么做实际上是观察 5~30MHz 区间的能级。若该区间内出现大量意想不到的传导噪声能量，辐射问题就必然存在。

特殊的高频传导电磁干扰问题的快速诊断法是将电源的输出导线（沿着各自的回线）紧密绞合在一起，使得磁场相互抵消（也称为磁通抑制），从而减少（可能存在的）与输出导线有关的辐射影响（参见图 17-4）。如果传导电磁干扰扫描结果真的因绞合而改善，辐射问题就可能存在，或从机壳辐射，或从输出导线辐射，或两者都有。

上述导线绞合的做法实际上在特定大型商业化电源的批量生产中也有应用。要用扎带将每束导线沿绞合方位紧密捆扎。这其实是退无可退的做法，主要是为了避免在批量生产前的最后一刻推倒重来而付出高昂的代价。应当承认，这种绞合捆扎技术虽然成本很低，但在生产中并不实用也不希望被使用。注意，将铁氧体套管套在全部输出导线束上也能取得良好的效果。但这纯属淘汰了的技术，因为套管要比 3~4 个扎带贵得多。但要注意，有趣的是，虽然铁氧体套管看似辐射屏蔽，甚至其作用也与绞合导线类似，但事实上，它是使共模噪声电流本身减小，而不是用这些微电流屏蔽电磁干扰。另一方面，导线绞合可消除邻近导线（及其回线）的磁场。

总之，本例中这么做的根本原因是大量共模噪声显然已经在输出端出现，引起输出导线向外辐射，其后，辐射又被输入导线吸收，导致传导电磁干扰测试失败。

17.2　第 2 部分：电源模块及输入不稳定性

变换器输入侧有一些状况并非故意为之，但对电磁干扰滤波器和变换器本身有着重要影响。如果不懂游戏规则，可能会使滤波器扼流圈饱和，甚至引起变换器本身不稳定。

DC-DC 变换器模块的实用电源滤波器

以图 17-5 为例，看一下电磁干扰抑制技术如何应用到 DC-DC 变换器。图中描绘了工业标准隔离型电源砖及其外部电磁干扰滤波器。该模块输入是粗调后的 – 48V 直流或 – 60V 直流母线，构成了部分数据/通信网络的分布式电源结构。其输出与电网隔离，并且是调整后稳定的直流（如 3.3V/50A，12V/10A 或 48V/2A 等）。– 48V 直流输入通常来自离线式通信电源（称为整流器）。

下面介绍如何设计模块外部电磁干扰滤波器的布线。特别要注意 Y 电容的布置。切记，良好覆地是一种最有效的电磁干扰抑制方法，特别是板载 DC-DC 电源。设计多层板时，将顶层（功率）元器件层下紧邻的内层设为覆地层可以获得最好的抑制效果。有可能让噪声减少 20dB。

注意　按照典型的安规要求，低于 60V 的直流电压被认为是没有危险的，因此无需采取前面提到的隔离或接地措施。输出端的 Y 电容可以用 100V 及以下的标准电容。但是，分布式电源网络，如以太网电源，其电缆网络与机壳之间需要交流 1500V 隔离，以免用户遭受长电缆吸收的电压尖峰伤害。所以，图中 Y 电容需要用（标准的）2kV 额定值的元件。但因为没有交流，所以并不受交流漏电流的安规限制。因此，如果需要，可以用容值很大的电容。

注意　为了防止静电放电干扰，接线盒触点与地线之间经常放置一些 0.01μF 电容。这些电容本质上是 Y 电容。但要注意，以往有过在静电放电测试中仅仅因为过充而损坏的例子，特别是使用普通的 50V 多层陶瓷电容时。因此，这些电容和其他 Y 电容必须在非正常的但可能出现的干扰下评估。最后，还可能需要增加电容值和（或）电压额定值和（或）电容尺寸以防止过充。

大约从 1971 年开始，输入振荡或输入不稳定问题引起广泛关注。如果滤波器输出阻抗不在与变换器输入阻抗有关的某一安全范围内，不稳定就会发生（此处讨论的是对功率流的阻抗，不是共模或差模噪声阻抗）。因此，在现代低阻抗全陶瓷 DC-DC 变换器设计趋势下，实际出现这种特殊类型不稳定的可能性变得越来越大。

一种最容易观察典型变换器负输入阻抗影响的方法是只用陶瓷输入电容（其值约 10μF 以下）构造变换器，然后硬启动。在上电测试中，故意将外加输入电压的 d*V*/d*t* 保持在较高水平。实际上，只要敲击测试台上的香蕉插头即可做到，该插头把（低阻抗大电流的）实验直流电源输出与变换器输入连接起来。其后，用数字示波器监视变换器输入（电源）引脚（单次捕捉模式下正确触发），就会看到最初的超调电压高达（实验电源设置）直流电压的 1.5~2.5 倍。注意，如果输入电容足够大（超过一定值），d*V*/d*t*（和超调）会因输入电容需要更大充电电流而自动减小。另一方面，如果用铝电解电容（电容值甚至更小）替代陶瓷电容，超调电压也会极大地降低。钽电容在硬启动时也会产生超调，但不如陶瓷电容显著。

注意　任何情况下都要记住，因为钽电容具有固有的浪涌电流限制，所以不适合在变换器输入侧使用。但若出于某种原因，必须在（拓扑）输入或（升压或升降压变换器）输出使用钽电容，则供应商必须保证它们经过 100%浪涌测试。即使对经过浪涌测试的钽电容，推荐的最大外加电压也要小于电压额定值的一半，即电压降额 50%使用。这在第 6 章也讨论过。

输入仅使用低值的陶瓷电容有可能损坏 DC-DC 变换器，在工作电压碰巧非常接近最大输入电压额定值时尤其如此。

读者要注意，图 17-5 中放置了一个电解电容与陶瓷输入电容并联，其目的是降低输入不稳定性，这需要进一步解释。要理解该现象的潜在原因，需要从众所周知的降压变换器方程开始，看看（假设）占空比在其稳态值附近轻微抖动时，变换器会出现什么情况。注意，这种情况其实在正常的电网或负载暂态过程中极易发生。因此，将输入电压和输入电流表示为占空比的函数，（对于降压变换器）可得

$$V_{IN}(D) = \frac{V_O}{D} \tag{17-1}$$

$$I_{IN}(D) = I_O \times D \tag{17-2}$$

所以，

$$\mathrm{d}V_{IN} = -\frac{V_O}{D^2}\mathrm{d}D \tag{17-3}$$

$$\mathrm{d}I_{IN} = I_O\mathrm{d}D \tag{17-4}$$

两式相除，（对于降压变换器）可得

$$\frac{\mathrm{d}V_{IN}}{\mathrm{d}I_{IN}} = -\frac{V_O}{I_O \times D^2} \tag{17-5}$$

式中，V/I 为阻值，是输入增量电阻，称为 R_{IN}。所以，以欧姆表示的降压变换器增量电阻为

$$R_{IN} = -\frac{R_L}{D^2} \tag{17-6}$$

式中，R_L 是负载电阻（单位为欧姆），假设其为常数。注意，（正对正）降压变换器的输入电压和输入电流始终为正值。因此，V_{IN}/I_{IN} 之比必然是正值，只是变化方向相反，所以前面有负号。抛开数学问题，这意味着变换器输入为恒功率输入（$P_O \approx P_{IN}$），若输入电压下降，则电流增加，正好是负阻特性。

算例

输入电压范围为 36~75V 时，3.3V/50A 电源砖的输入阻抗是多少？

输出功率为 3.3×50=165W。R_L 是 3.3/50=0.066Ω。36V 输入时的占空比是 3.3/36=0.092。所

以，R_{IN}是-0.066/(0.092)^2= – 7.8Ω。由分贝的定义可知，– 20×log(7.8) ≈ – 18dBΩ（不要试图对负数取对数）。类似的，可计算出 75V 输入时的分贝数为 – 31dBΩ。可以看出，这意味着输入不稳定性在低输入电压下更容易出现。

导致滤波器与变换器之间不稳定的阻抗相互作用是什么呢？图 17-6 中的滤波器输入（V_{IN}）抖动时，真实情况又如何呢？

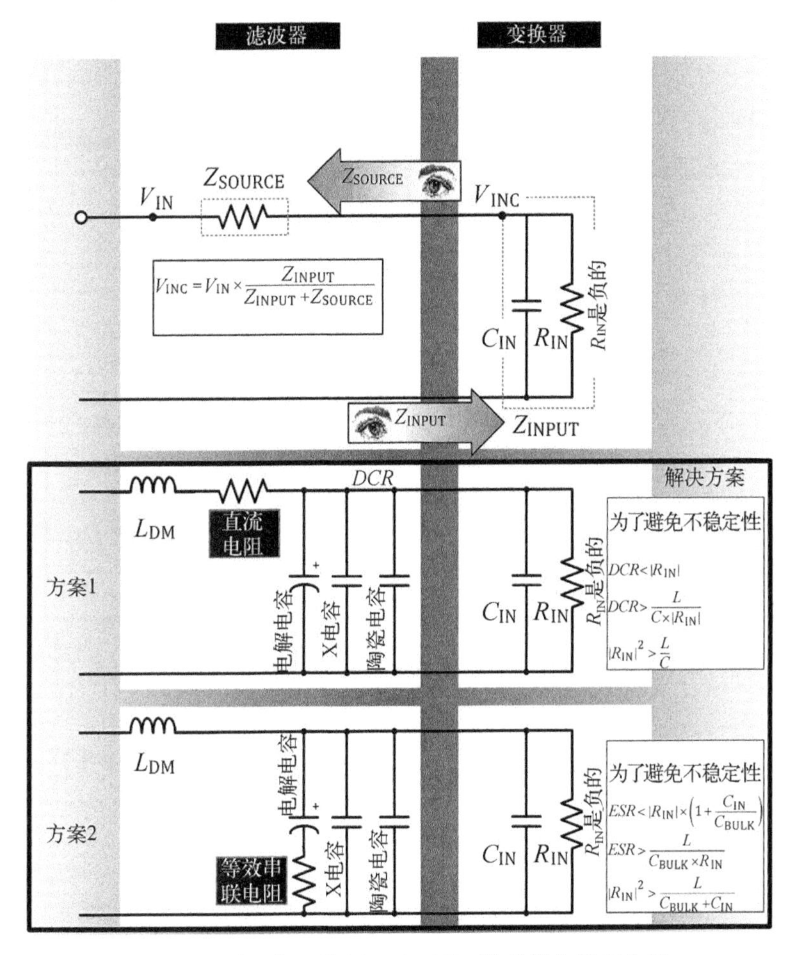

图 17-6 输入相互作用以及两种可能的增加阻尼方案

V_{INC}是变换器端口电压。滤波器阻抗与变换器阻抗形成了一个分压电路。

$$V_{INC} = V_{IN} \times \frac{Z_{INPUT}}{Z_{INPUT} + Z_{SOURCE}} \tag{17-7}$$

若分压电路正常，就不会有任何问题。分压器可通过控制器的反馈引脚设置电压。此时，若 V_{IN}升高，只要分压电阻都正常，V_{INC}就会升高。但本例中有一个分压阻抗 Z_{INPUT}不正常，呈现负阻特性。所以，V_{IN}升高时的真实情况是 V_{INC}降低，变换器控制回路会“认为”输入降低，因此会对变化做出错误响应。这就是输出振荡的原因吗？

注意，上述讨论的不是直流值，而是变化量（增量），即交流量。由此可以确定，问题的真正起因是 V_{INC}为负。负 V_{INC}意味着 V_{INC}的变化趋势与 V_{IN}相反，它迷惑了反馈环。注意，式（17-7）

的分子已经是负值。所以，让 V_{INC} 为正的唯一方法就是让分母也为负值。这表明，避免输入不稳定的基本准则是

$$Z_{SOURCE} < |Z_{INPUT}| \tag{17-8}$$

事实上，变换器输入阻抗与频率相关（R_{IN} 正是 Z_{INPUT} 的低频值）。在更精确的变换器模型中，并联电容 C_{IN}（参见图 17-6）会出现在变换器输入侧，主要是因为输出滤波元件折算到输入侧的变换器。这会使图 17-7 中出现下降斜率，增加输入不稳定的机会。图 17-7 给出了典型输入阻抗相对于频率的特性曲线。注意，图中仅给出了变换器输入阻抗的幅值，主要原因是 Y 轴为对数坐标，而对数坐标不能为负。

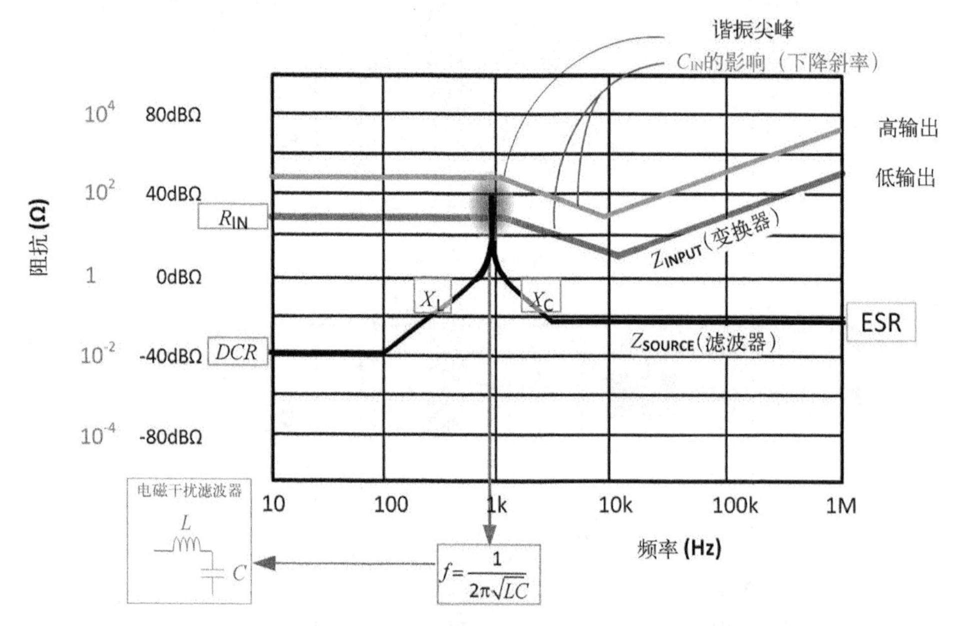

图 17-7　输入滤波器相互作用及 Middlebrook 稳定性准则

Z_{SOURCE}（滤波器的输出阻抗）也随频率变化。从（变换器侧）滤波器输出端口看进去，它基本上是简单的并联 LC 滤波器结构。因此，Z_{SOURCE} 具有图 17-7 所示的形状。

稳定性准则决定了任何频率下滤波器输出阻抗都必须一直小于变换器输入阻抗。但如果 LC 滤波器阻尼不足会发生什么呢？会不会因此产生谐振尖峰呢？由图 17-7 中的椭圆形高亮区域可以看到，该区域超出了基本稳定性准则，需要抑制谐振尖峰。因此，对基本稳定性准则必须做出增补，以确保在 LC 转折频率下，LC 滤波器峰值适当地衰减（Q=1）。该准则可用于第 18 章的电磁干扰滤波器设计。

如图 17-6 所示，为了保证阻尼，可以简单地将扼流圈（直流电阻）电阻值增大些。但这并非一个好主意，因为所有工作电流都流经扼流圈，将使电源整体效率严重下降，所以更偏向于略微增加电容（等效串联电阻）电阻值，如图 17-6 所示。因为任何电容在稳态时都能完全阻隔直流电压。所以，输入电容仅需处理变换器输入电流的交流分量。这相应减少了增加阻尼引起的损耗。然而，仍需保持良好的变换器输入侧解耦（保持控制部分不受影响，同时还能抑制电磁干扰）。因此，电源砖中常见的商业化实现方法是另外放置一个等效串联电阻大的电容与现有的等效串联电阻小的解耦电容并联。图 17-6 列出了稳定性条件的所有选项。其中之一是

$$C_{BULK} \gg C_{IN} \tag{17-9}$$

式中，C_{IN} 是变换器输入侧的全部等效电容（包括实际输入电容、所有陶瓷输入电容、所有 X 电容和电源解耦电容等）。C_{IN} 的典型值为几个 μF，但若没有精确的变换器模型或一些测量手段，该值对于大多数设计人员而言是未知的，因其还与输出电容有关。一般来说，如果所选的 C_{BULK} 比分立的低等效串联电阻的输入电容大很多，就能有效掩盖 C_{IN} 的影响，使系统稳定。经验表明，C_{BULK} 值应为（C_{BULK} 加入前）变换器输入侧全部有效的低等效串联电阻的输入电容值的 4~5 倍。

第 18 章

电磁难题背后的数学

18.1 电源中的傅里叶级数

前一章介绍过，差模和共模噪声发射源实际上是波形任意的电压源或电流源。其共同之处在于可重复性，因此必然包含变换器的基本开关频率。设计滤波器来抑制噪声发射时必须注意，滤波器的效能最好根据它在给定频率正弦波下表现出的阻抗来定性。换句话说，为了得知差模和共模滤波器的效能，最好将差模和共模噪声波形分解成幅值和相位不同的无穷正弦波分量之和。而重新得到原始波形就如同做石蕊检验一样简单，只要将所有分量累加起来即可。任意电流或电压波形的分解和重构过程称为傅里叶分析，其正弦波分量都是基本频率（基频）的整数倍。一般是从基频或一次谐波开始（本例中变换器开关频率不变），再叠加不同幅值（总是递减）的正弦波分量，其频率都是基频的整数倍，即 f、$2f$、$3f$、$4f$ 等。n 次谐波对应的频率为 nf。

图 18-1 简要回顾了傅里叶级数，以唤起读者的记忆。在学校里曾经学过，傅里叶级数通常按某一相角 θ 来处理，相角单位为弧度（弧度为无量纲量）。所有函数都基于 θ，以 2π 为周期。电源中的情况非常类似，所有电压和电流都是 t（时间）的函数，稳态时以 T（周期）重复出现。在熟悉的傅里叶级数展开式中，可用无量纲量 $2\pi t/T$ 替代 θ。以此可将教科书中众所周知的傅里叶级数方程移植到电源世界中。如图 18-1 所示，需记住以下置换公式

$$\theta \to \frac{2\pi}{T}t \qquad (18\text{-}1)$$

注意，角度 θ 在教科书中使用的符号非常混乱，可能是 x 或 2α 等，但无论如何，它只不过是一个（以弧度表示的）角度而已。

18.2 方波

根据傅里叶分析方法，可用上述映射过程分析幅值为 A 的方波。以场效应管两端的方波电压 V_{DS} 为例。图 18-2 给出了分析结果。首先按理想情况，即交叉（开关转换）时间为零来分析波形，可得下列傅里叶级数（以 $2\pi t/T$ 替代 θ，脉冲宽度指定为 t_{ON}）：

$$|c_n| = 2A\times\frac{t_{ON}}{T}\times\left|\frac{\sin(n\pi t_{ON}/T)}{(n\pi t_{ON}/T)}\right| \equiv 2A\times\left|\frac{\sin(n\pi D)}{n\pi}\right| \text{或 } |c_n| \equiv 2AD\times\left|\frac{\sin\gamma}{\gamma}\right| \qquad (18\text{-}2)$$

式中 $\gamma=2\pi t/T$，代表 n 次谐波的幅值。之所以在意幅值是因为传导电磁干扰频谱不需要考虑正负符号。然而，正确重构原始波形时确实需要考虑符号。一般情况下，仅把有限项傅里叶级数相加就能得到与原始波形非常近似的结果。例如，加至 n_{max} 次谐波就能得到 V_{ds}（即 V_{DS}，是时间的函数）

$$V_{ds} = AD + \sum_{n=1}^{n_{max}} \left[c_n \cos\left(n \frac{2\pi t}{T} \right) \right] \tag{18-3}$$

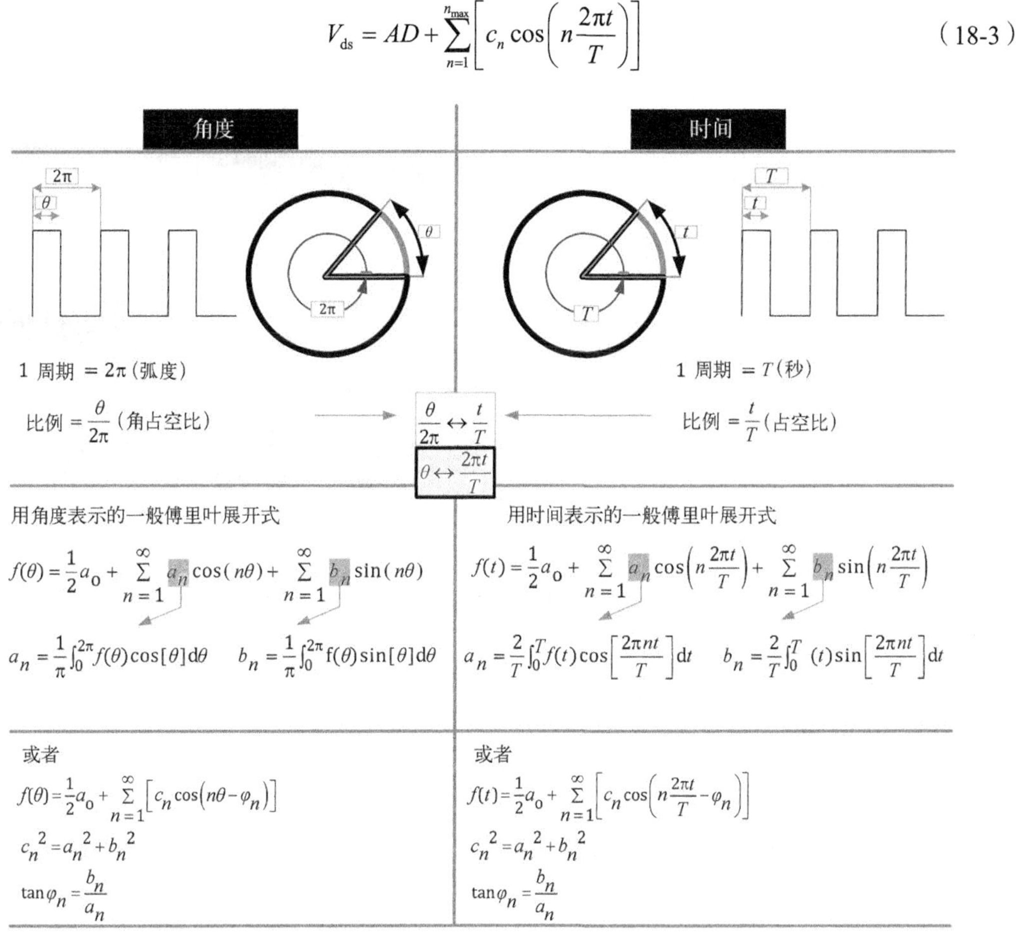

图 18-1　电源中的傅里叶级数

注意，第一项是 AD（幅值乘以占空比），刚好是波形在全周期 T 内的（直流）平均值。切记，任何傅里叶级数展开式的第一项（n=0 项）都是平均值。事实上，该项与电磁干扰计算无关，因为 CISPR-22 标准中的频率范围是从 150kHz 开始。但除了符号以外，正确重构原始波形需要直流项，图 18-2 给出了重构占空比为 50%的单位幅值方波的例子。图中分别叠加了 1 次、5 次、10 次、50 次直至 10000 次（未显示）谐波，从平移的正弦波（仅 n=0 和 n=1 项叠加）加至完美的正弦波（n 极大时即可得到正确的原始波形）。

然而，迄今为止一直假设交叉时间为零。真实情况下，交叉时间不为零，此时的波形为梯形波，不是方波。傅里叶级数也要相应改变，增加了下列附加项

$$|c_n| = 2A \times \frac{t_{ON}}{T} \times \left| \frac{\sin(n\pi t_{ON}/T)}{(n\pi t_{ON}/T)} \right| \times \left| \frac{\sin(n\pi t_{CROSS}/T)}{n\pi t_{CROSS}/T} \right| \tag{18-4}$$

这是两个 $\sin(x)/x$ 型函数的乘积，需要理解此类函数的特性。

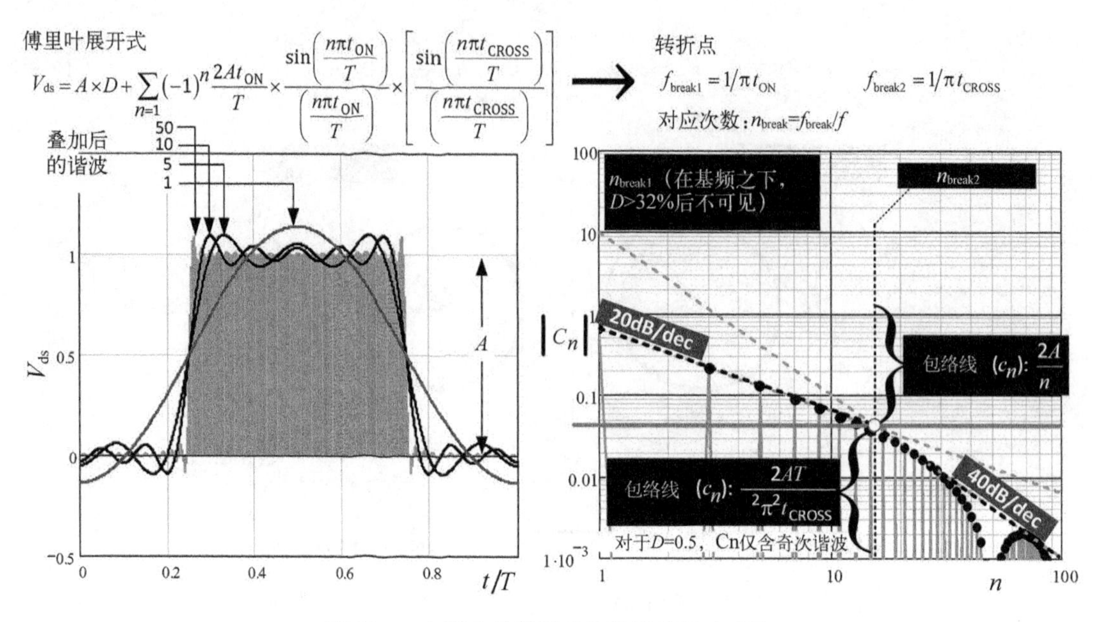

图 18-2　电源中的傅里叶级数及傅里叶系数

18.3　辛克函数

函数 $\sin(\gamma)/\gamma$ 称为辛克函数，图 18-3 给出了其主要特性。（图 18-3 下半部分）对数坐标系中，辛克函数在低频段呈平台状，初始值为 1，实际上它在相当缓慢地下降。在 $\gamma=1$ 处，函数值为 $\sin(1)=0.84$，该点称为转折点，因为在其右侧，斜率极大地变化。辛克函数在高频段以 – 20dB/dec 直线斜率下降。注意，可认为辛克函数在低于转折频率时钳位为 1。

真实的 c_n 方程具有两个转折点（一个在 t_{ON}，另一个在 t_{CROSS}），曲线最终以-40dB/dec 的斜率下降（参见图 18-4 下半部分右侧图）。每个转折点贡献-20dB/dec 的斜率。把 γ 设为 1，可得到对应的实际转折点频率。有

$$f_{break1}=\frac{1}{\pi\times t_{ON}};\qquad f_{break2}=\frac{1}{\pi\times t_{CROSS}}\tag{18-5}$$

从谐波次数 n 的角度，设想 n 连续变化，而非只取整数值，有

$$n_{break1}=\frac{1}{\pi\times t_{ON}\times f};\qquad n_{break2}=\frac{1}{\pi\times t_{CROSS}\times f}\tag{18-6}$$

注意，当占空比大于 32%时，n_{break1} 小于 1。这意味着实际上看不到它，因为起始点在 $n=1$。

$$1\geqslant\frac{1}{\pi\times t_{ON}\times f}=\frac{1}{\pi D}\text{ 即 }D\geqslant\frac{1}{\pi}=0.32\tag{18-7}$$

换句话说，只有占空比小于 0.32，才能看到第一个转折点（才会影响所有傅里叶展开式的幅值）。否则，它将出现在基频以下，不影响任何现有的谐波幅值（即 $n\geqslant1$）。当然，第一个转折点仍会对其他所有频率产生影响，因为超过转折频率后，斜率将以 – 20dB/dec 下降（同样，如有可能，低于转折频率的谐波幅值也会钳位）。

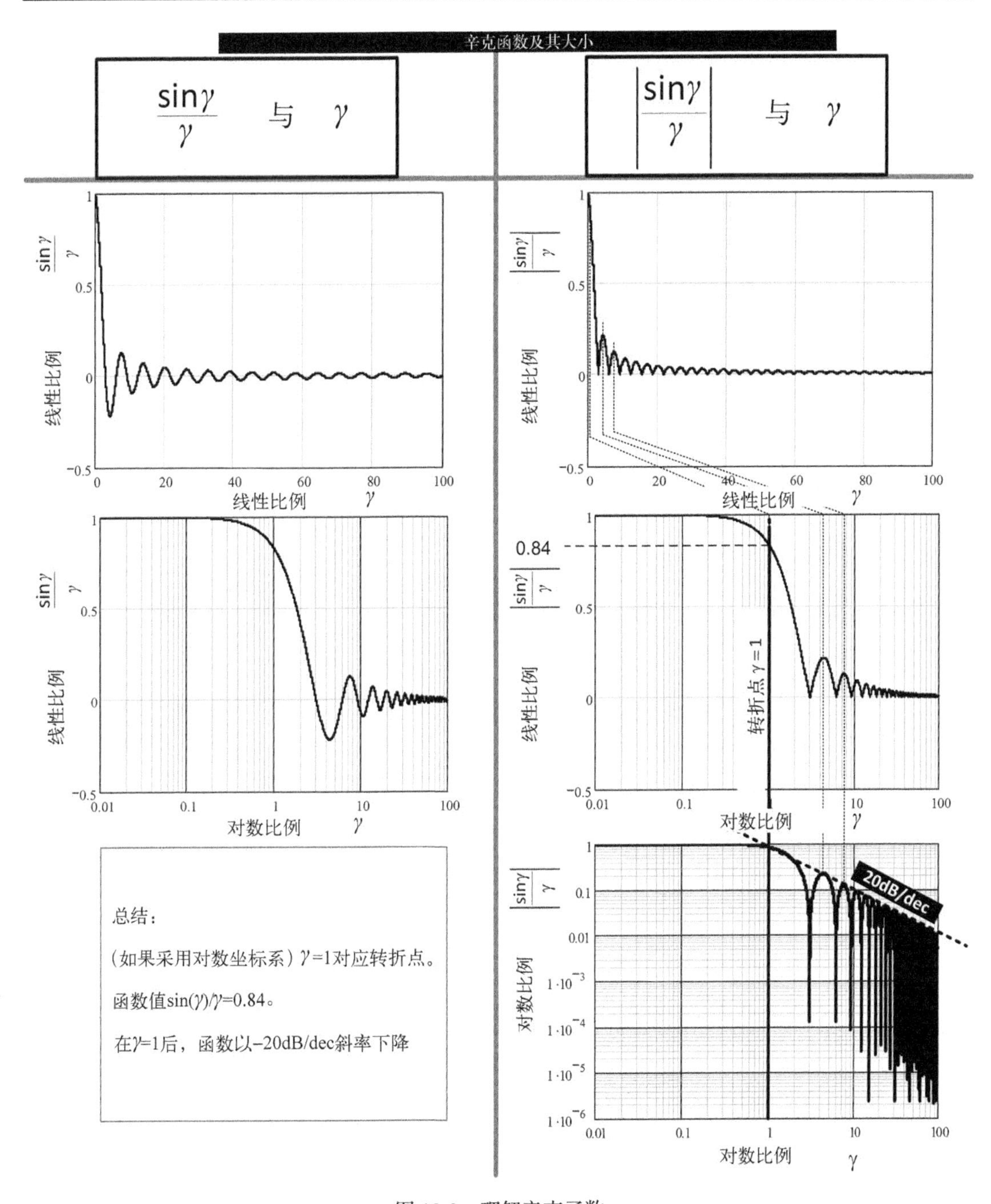
辛克函数及其大小
sinγ/γ 与 γ
|sinγ/γ| 与 γ
线性比例
对数比例
0.84
转折点 γ=1
20dB/dec
总结：
(如果采用对数坐标系) γ=1对应转折点。
函数值sin(γ)/γ=0.84。
在γ=1后，函数以−20dB/dec斜率下降

图 18-3 理解辛克函数

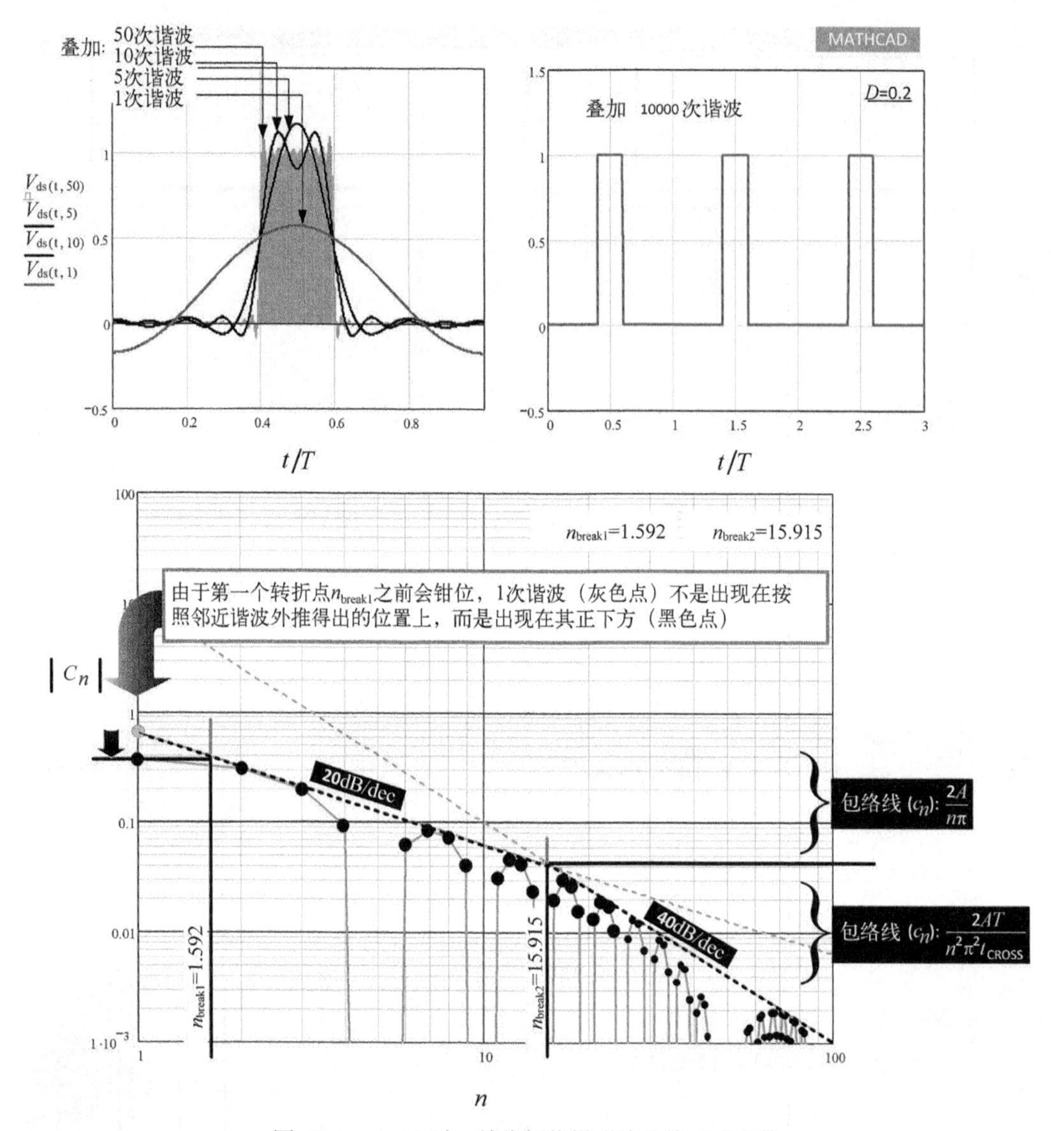

图 18-4　*D*=0.2 时，单位幅值梯形波的傅里叶系数

18.4　傅里叶级数的幅值包络线

设计传导电磁干扰滤波器时并不在意各点实际的谐波幅值，重要的是其包络线。这是真正需要调整的部分，必须保持在电磁干扰限制范围内，因为即使有一点超越限制，也代表着电磁干扰测试失败。由图 18-2（*D*=0.5）和图 18-4（*D*=0.2）可知，有一个转折点取决于开关频率。在该转折点之后，幅值包络线按 1/*n* 下降，等效于斜率以 – 20dB/dec 下降。按照图 18-2 给出的方程，包络线表示为

$$c_{\_envelope n}=\frac{2A}{n\pi}\text{（对于零交叉时间，或第一个和第二个转折点之间）}\qquad(18\text{-}8)$$

该方程很容易理解，(对于方波）已知实际的谐波幅值为

$$|c_n| = 2\mathrm{A} \times \frac{t_{\mathrm{ON}}}{T} \times \frac{\sin(n\pi t_{\mathrm{ON}}/T)}{n\pi t_{\mathrm{ON}}/T} = 2\mathrm{A} \times \frac{\sin(n\pi D)}{n\pi} \tag{18-9}$$

既然对于所有角度（和所有占空比），（方波上方框线中）正弦项最大值为 1，其包络线必然为 $2A/n\pi$，即图 18-2 给出的包络线方程。

但还有第二个转折点，其后包络线将按 $1/n^2$ 下降，等效于斜率以 – 40dB/dec 下降。转折点位置取决于交叉时间。第二个转折点在已有的 – 20dB/dec 下降斜率上增加了 – 20dB/dec 下降斜率，使得斜率变成(-20)+(-20)= – 40dB/dec。第二个转折点之后的包络线是

$$c_{\_\mathrm{real\_envelope}n} = \frac{2AT}{n^2\pi^2 t_{\mathrm{CROSS}}} \quad \text{（对非零交叉时间，第二个转折点之后）} \tag{18-10}$$

注意，c_n 的原始方程中包含占空比，而包络线方程不包含（因为已取各项最大值）。所以，虽然谐波幅值随 D 上升或下降，但包络线保持不变，与 D 无关，如图 18-2 和图 18-4 所示。注意，如果占空比小于 32%，D 将不出现在图中，参见下例。

算例 1

通用输入条件下（上限交流 270V），5V 输出 AC-DC 反激变换器，变压器匝比为 19，开关频率为 100kHz，V_{DS} 波形的基频（1 次谐波）、2 次和 3 次谐波幅值各是多少？

由第 3 章可知，$V_{\mathrm{OR}}=n\times V_{\mathrm{O}}=19\times5=95\mathrm{V}$（此处 n 为匝比）。高电网电压下（交流 270V，整流后为直流 382V）的占空比为 $D=V_{\mathrm{OR}}/(V_{\mathrm{IN}}+V_{\mathrm{OR}})=0.2$。图 18-4 给出了 Mathcad 软件计算的结果，形式与图 18-2 相同，但此处 D=0.2。注意，图中均假设波形为单位幅值，其他幅值均参照该幅值按比例缩放。

注意，若高电网电压下变换器运行在连续导通模式，则可以假设 V_{DS} 波形为简单的方波。该假设能得出传导电磁干扰计算的精确结果，并适用于运行在断续导通模式下的变换器。

方波 V_{DS}（本章中与 V_{ds} 相同）的脉冲高度（幅值）为 $V_{\mathrm{IN}}+V_{\mathrm{OR}}=382+95=477\mathrm{V}$（忽略漏感尖峰）。由图 18-2 可知，各次谐波的傅里叶系数大小为

$$|c_n| = 2A \times \frac{t_{\mathrm{ON}}}{T} \times \frac{\sin(n\pi t_{\mathrm{ON}}/T)}{n\pi t_{\mathrm{ON}}/T} = 2A \times \frac{\sin(n\pi D)}{n\pi} \tag{18-11}$$

于是，根据上述准确的傅里叶系数方程，可得出三个谐波幅值为

$$|c_1| = 178.5\ \mathrm{V};\quad |c_2| = 144.4\ \mathrm{V};\quad |c_3| = 96.3\ \mathrm{V} \tag{18-12}$$

这些也是图 18-4 中按单位幅值给出的基本数据。可以断定，图与上述计算结果匹配，图中能看到比例系数（即实心黑色点，初始的三个谐波系数为 0.38、0.3 和 0.2），当 A=477V 时，有

$$|c_1| = 0.38\times477 = 181\ \mathrm{V};\quad |c_2| = 0.3\times477 = 143\ \mathrm{V};\quad |c_3| = 0.2\times477 = 95.4\ \mathrm{V} \tag{18-13}$$

可以看出，以图形为基础的计算结果与上述精确计算结果非常接近。

现在回到（第二个转折点之前的）包络线方程，有

$$c_{\_\mathrm{envelope}n} = \frac{2A}{n\pi}p \tag{18-14}$$

由该简化方程，可得出三个谐波幅值为

$$|c_1| = 303.7\ \mathrm{V};\quad |c_2| = 151.8\ \mathrm{V};\quad |c_3| = 101.2\ \mathrm{V} \tag{18-15}$$

可以看出，n=2 和 n=3 两项非常匹配，但 n=1 时例外。精确计算和用图形计算的实际谐波幅值都只有约 180V，而不是 304V。换句话说，当前的包络线方程对 1 次谐波（基波）给出了误导性结果。为了避免过度设计滤波器，需要仔细了解其原因。答案其实也在图 18-4 中。根本原因是占空比低于 32%时，有效的 n=1.592 处的第一个转折点可见"，因此 n=1 项钳位。图 18-4 中，根据包络线方程得出的应是代表 1 次谐波幅值的实心灰色点（约在 0.6 至 0.7 之间）。但实际上，得到的是实心黑色点（略小于 0.4）。

然而，可以聪明地用包络线方程本身来预测 1 次谐波幅值，方法如下。等效的"转折点次数"为

$$n_{\text{break1}} = \frac{1}{\pi \times t_{\text{ON}} \times f} = \frac{1}{\pi \times D} = \frac{1}{\pi \times 0.2} = 1.592 \tag{18-16}$$

注意，实际上此处隐含假设 n 为连续值，而不只是一组整数。这有助于数学推导，但要记住，该傅里叶级数并无物理意义。此时，包络线的幅值为

$$c_{\text{\_envelope}n} = \frac{2A}{n\pi} = \frac{2 \times 477}{1.577 \times \pi} = 190.7\text{V} \tag{18-17}$$

换算成单位幅值为 190.7/477=0.4，非常接近实际计算值（根据图 18-4 的曲线可解得 1 次谐波的单位幅值为 0.374）。可以断定，仅通过下面两个方程，就能十分精确地估计 1 次谐波幅值。再强调一遍，知道最精确的 1 次谐波幅值很重要，因为传导电磁干扰滤波器通常按此设计。此处总结了快速估计和一般估计（任意 D 值）所需的简单的包络线计算知识。

(1) 用下式找出 n_{break1}

$$n_{\text{break1}} = \frac{1}{\pi \times D} \tag{18-18}$$

(2) 如果 n_{break1} 小于 1（占空比大于 32%），下面方程给出了 1 次谐波幅值

$$c_{\text{\_estimated1}} = \frac{2A}{\pi} \tag{18-19}$$

(3) 如果 n_{break1} 大于 1（占空比小于 32%），下面方程给出了 1 次谐波幅值

$$c_{\text{\_estimated1}} = \frac{2A}{n_{\text{break1}} \times \pi} \tag{18-20}$$

18.5　实用差模滤波器设计

迄今为止看到的梯形波都是电压波形。但如果用（大电感值）平顶近似法，电流波形也会是梯形波。降压或升降压变换器（或其派生的 AC-DC 变换器，如正激或反激变换器）的差模滤波器设计中，输入电流波形和开关管电流波形与图 16-2 所示相同。所以，差模噪声源为

$$V_{\text{dm}} = I_{\text{sw}} \times ESR \tag{18-21}$$

式中，I_{SW} 是电流斜坡中心值。此处未考虑升压变换器，因为差模滤波器设计对升压变换器无足轻重。实际上，升压变换器输入侧具有天然的 LC 滤波器。表 18-1（用平台近似法）列举了相应拓扑中梯形开关管电流的幅值。

如果没有电磁干扰滤波器，线路阻抗稳定网络吸收的开关管噪声电流为

$$I_{\text{LISN}} = \frac{V_{\text{dm}}}{Z_{\text{LISN\_dm}}} = \frac{I_{\text{sm}} \times ESR}{100} \tag{18-22}$$

（因为线路阻抗稳定网络对差模噪声的阻抗是 100Ω）。

但网络分析仪本身仅能测量线路阻抗稳定网络中两个 50Ω 有效串联电阻之一的噪声。因此，测得的噪声水平为

$$V_{\text{LISN\_DM\_NOFILTER}} = I_{\text{LISN}} \times 50 = \frac{I_{\text{sw}} \times ESR}{2} \tag{18-23}$$

此处假设 C_{BULK} 非常大，无等效串联电感，等效串联电阻也小于 100Ω。当然，这些假设都是有道理的。

表18-1　相应拓扑的开关管电流（斜坡中心值）

拓　　扑	I_{SW}（开关管电流）
降压	I_{O}
正激	$I_{\text{O}}\times(N_{\text{S}}/N_{\text{P}})$
升降压	$I_{\text{O}}/(1-D)$
反激	$I_{\text{O}}\times(N_{\text{S}}/N_{\text{P}})\,/(1-D)$

注意，为了更精确设计或避免过设计，需要将 I_{SW} 按下面的例子分解成谐波分量。

算例 2

通用输入反激变换器，输出为 5V/15.2A，工作频率为 100kHz，在交流 270V 时用线路阻抗稳定网络测得的差模噪声频谱是什么？变压器匝比为 19。假设上升时间和下降时间为 200ns。使用铝电解电容，其数据手册标称的电容值为 270μF，在 120Hz 时测量的损耗因数（损耗角正切值）为 tanδ=0.15，高频时的倍频系数为 1.5。

图 18-5 给出了完整答案。也可参阅 16.2.5 一节。

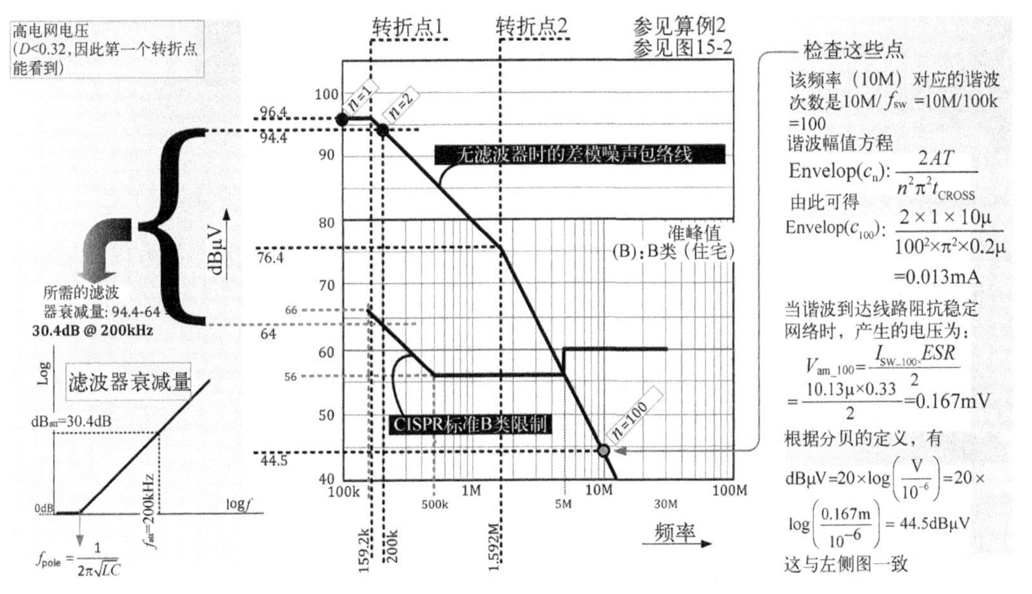

图 18-5　通用输入反激变换器的差模滤波器计算（和算例）

18.5.1　等效串联电阻估计

120Hz 测试频率下，等效串联电阻是第一个需计算的量。由其定义可得

$$ESR_{120}=\frac{\tan\delta}{2\pi f\times C}=\frac{0.15\times10^6}{2\times3.142\times120\times270}=0.74\Omega \qquad (18\text{-}24)$$

在高频段，允许纹波电流按倍频系数 1.5 增加。若等效串联电阻不变，发热量 I^2R 将增加 1.5×1.5=2.25 倍。显然，损耗保持不变（这也是允许电流增加的原因）。这意味着高频等效串联电阻降至 1/2.25=0.44。所以，本例中的高频等效串联电阻值为

$$ESR=\frac{0.74}{1.5^2}=0.33\Omega \qquad (18\text{-}25)$$

18.5.2　高电网电压下的差模滤波器计算

图 18-5 给出了完整算例。

(1) 占空比和梯形电流

整流电压最大峰值为 270×1.414=382V。根据定义，V_{OR} 为 5V×19=95V。（最高输入电压时）最小占空比为

$$D=\frac{V_{OR}}{V_{IN}+V_{OR}}=\frac{95}{382+95}=0.2 \qquad (18\text{-}26)$$

查表 18-1，15.2A 负载电流对应的开关管电流为

$$I_{SW}=\frac{N_S}{N_P}\times\frac{I_O}{1-D}=\frac{1}{20}\times\frac{15.2}{1-0.2}=1\text{ A} \qquad (18\text{-}27)$$

(2) 转折点

由算例 1 可见，谐波次数和对应的转折点频率为

$$n_{break1}=\frac{1}{\pi\times D}=\frac{1}{\pi\times0.2}=1.592 \qquad (18\text{-}28)$$

$$n_{break2}=\frac{1}{\pi\times t_{CROSS}\times f}=\frac{1}{\pi\times0.2\mu\times100\text{k}}=15.92 \qquad (18\text{-}29)$$

$$f_{break1}=\frac{1}{\pi\times D}\times f=\frac{1}{\pi\times0.2}\times100\text{k}=159.2\text{k} \qquad (18\text{-}30)$$

$$f_{break2}=\frac{1}{\pi\times t_{CROSS}}=\frac{1}{\pi\times0.2\mu}=1.592\text{M} \qquad (18\text{-}31)$$

由此可见，f_{break1} 高于 100kHz 基频，其幅值会被钳位。利用前面介绍的包络线方程，可以准确得出 1 次谐波幅值为

$$c_{\_estimated_1}=\frac{2A}{n_{break1}\times\pi}=\frac{2\times1}{1.592\times\pi}=0.4 \qquad (18\text{-}32)$$

（根据包络线）200kHz 处的 2 次谐波幅值为

$$c_{\_estimated_2}=\frac{2A}{2\times\pi}=\frac{2\times1}{2\times\pi}=0.32 \qquad (18\text{-}33)$$

(3) 无滤波器时的电磁干扰频谱

前面已经根据包络线估计了谐波电流幅值。此处仍然假设无电磁干扰滤波器，当电流谐波进入线路阻抗稳定网络时，可测得如下电压：

$$V_{dm\_1}=\frac{I_{SW\_1}\times ESR}{2}=\frac{0.4\times0.33}{2}=0.066\text{V}\Rightarrow20\log(0.066/10^{-6})=96.4\text{dB}\cdot\mu\text{V} \qquad (18\text{-}34)$$

$$V_{\mathrm{dm\_1}}=\frac{I_{\mathrm{SW\_1}}\times ESR}{2}=\frac{0.32\times0.33}{2}=0.053\mathrm{V}\Rightarrow 20\log(0.053/10^{-6})=94.4\mathrm{dB}\cdot\mu\mathrm{V} \quad (18\text{-}35)$$

(4) 所需的滤波器衰减量

由图 15-3 的方程可知，频率超出 150~500kHz 范围时，满足 CISPR-22 标准 B 类准峰值极限的方程为

$$\mathrm{dB}\cdot\mu\mathrm{V}_{\_\mathrm{QP}}=-20\times\log(f_{\mathrm{MHz}})+50 \text{（近似精确）} \quad (18\text{-}36)$$

对于无滤波器频谱中的 2 次谐波，限制为

$$\mathrm{dB}\cdot\mu\mathrm{V}_{\_\mathrm{QP}}=-20\times\log(0.2)+50=64\ \mathrm{dB}\mu\mathrm{V} \quad (18\text{-}37)$$

因此，由图 18-5 可知，200kHz 所需的滤波器衰减量为 94.4 – 64=30.4dB。此处忽略了基频影响，因为它在 CISPR 标准范围外。

(5) 额定电网电压条件下计算滤波器元件参数

显然需要选择一个具有合适转折频率（图 18-5 中极点）的低通 LC 滤波器来提供所需的衰减量。如果用一级 LC 低通滤波器，它在转折频率（即 $1/2\pi\sqrt{(LC)}$）上的衰减特性大约是 40dB/dec。因此，频率响应方程为（此处下标 att 表示衰减）

$$slope=\frac{\mathrm{dB_{att}}}{\log f_{\mathrm{att}}-\log f_{\mathrm{pole}}}\Rightarrow\frac{\mathrm{dB_{att}}}{slope}=\log f_{\mathrm{att}}-\log f_{\mathrm{pole}} \quad (18\text{-}38)$$

$$\log f_{\mathrm{pole}}=\log f_{\mathrm{att}}-\frac{\mathrm{dB_{att}}}{\mathrm{slope}}\Rightarrow f_{\mathrm{pole}}=10^{\left[\log f_{\mathrm{att}}-(\mathrm{dB_{att}}/slope)\right]} \quad (18\text{-}39)$$

由此可得

$$f_{\mathrm{pole}}=10^{[\log f_{\mathrm{att}}-(\mathrm{dB_{att}}/\mathrm{slope})]}=10^{[\log 200\ \mathrm{k}-(30.4/40)]}=34.8\ \ \mathrm{kHz} \quad (18\text{-}40)$$

故，所需滤波器的 LC 参数为

$$LC=\left(\frac{1}{2\pi\times34,800}\right)^2=2.1\times10^{-11}\ \mathrm{s}^2 \quad (18\text{-}41)$$

若图 16-1 中所选的 X 电容 C_3 为 0.22μF，则净差模电感值 L（是两条导线上每个差模电感值的两倍）为

$$L\equiv 2L_{\mathrm{dm}}=\frac{2.1\times10^{-11}}{0.22\times10^{-6}}=95\ \ \mu\mathrm{H}\Rightarrow L_{\mathrm{dm}}=48\ \mu\mathrm{H} \quad (18\text{-}42)$$

构建滤波器前，需要在低电网电压（交流 90V）下重复上述步骤，这会得到另一个推荐的电感值。计算步骤参见下一节。

18.5.3 低电网电压下的差模滤波器计算

(1) 占空比和梯形电流

$$D=\frac{V_{\mathrm{OR}}}{V_{\mathrm{IN}}+V_{\mathrm{OR}}}=\frac{95}{127+95}=0.43 \quad (18\text{-}43)$$

$$I_{\mathrm{SW}}=\frac{N_{\mathrm{S}}}{N_{\mathrm{P}}}\times\frac{I_{\mathrm{O}}}{1-D}=\frac{1}{20}\times\frac{15.2}{1-0.43}=1.33\ \ \mathrm{A} \quad (18\text{-}44)$$

(2) 转折点

$$n_{\mathrm{break1}}=\frac{1}{\pi\times D}=\frac{1}{\pi\times0.43}=0.74 \quad (18\text{-}45)$$

$$n_{\text{break2}} = \frac{1}{\pi \times t_{\text{CROSS}} \times f} = \frac{1}{\pi \times 0.2\mu \times 100\text{k}} = 15.92 \tag{18-46}$$

$$f_{\text{break1}} = \frac{1}{\pi \times D} \times f = \frac{1}{\pi \times 0.43} \times 100\text{k} = 74\text{k} \tag{18-47}$$

$$f_{\text{break2}} = \frac{1}{\pi \times t_{\text{CROSS}}} = \frac{1}{\pi \times 0.2\mu} = 1.592\,\text{M} \tag{18-48}$$

由此可见，f_{break1} 低于 100kHz 基频，所以不受任何谐波幅值影响。1 次谐波幅值（100kHz）可根据下面的简单方程计算。

$$c_{\_\text{estimated1}} = \frac{2\text{A}}{\pi} = \frac{2 \times 1.33}{\pi} = 0.85 \tag{18-49}$$

（根据包络线）200kHz 处的 2 次谐波幅值为

$$c_{\_\text{estimated1}} = \frac{2\text{A}}{2 \times \pi} = \frac{2 \times 1.33}{\pi} = 0.42 \tag{18-50}$$

(3) 无滤波器时的电磁干扰频谱

$$V_{\text{dm\_1}} = \frac{I_{\text{sw\_1}} \times ESR}{2} = \frac{0.85 \times 0.33}{2} = 0.14\text{V} \Rightarrow 20\log\left(0.14/10^{-6}\right) = 102.9\text{dB} \cdot \mu\text{V} \tag{18-51}$$

$$V_{\text{dm\_2}} = \frac{I_{\text{sw\_2}} \times ESR}{2} = \frac{0.42 \times 0.33}{2} = 0.069\text{V} \Rightarrow 20\log\left(0.069/10^{-6}\right) = 96.8\text{dB} \cdot \mu\text{V} \tag{18-52}$$

(4) 所需的滤波器衰减量

对于无滤波器频谱的 2 次谐波（200kHz），CISPR 标准 B 类限制为

$$\text{dB} \cdot \mu\text{V}_{\_\text{QP}} = -20 \times \log(0.2) + 50 = 64\text{dB} \cdot \mu\text{V} \tag{18-53}$$

因此，200kHz 所需的滤波器衰减量为 96.8 – 64=32.8dB。

(5) 额定电网电压条件下计算滤波器元件参数

$$f_{\text{pole}} = 10^{\left[\log f_{\text{att}} - (\text{dB}_{\text{att}}/slope)\right]} = 10^{\left[\log 200\,\text{k} - (32.8/40)\right]} = 30.3\text{kHz} \tag{18-54}$$

故，所需滤波器的 LC 参数为

$$LC = \left(\frac{1}{2\pi \times 30\,300}\right)^2 = 2.76 \times 10^{-11}\ \text{s}^2 \tag{18-55}$$

若图 16-1 所选的 X 电容 C3 为 0.22μF，则净差模电感值 L（是两条导线上每个差模电感值的两倍）为

$$L \equiv 2L_{\text{dm}} = \frac{2.76 \times 10^{-11}}{0.22 \times 10^{-6}} = 126\ \mu\text{H} \Rightarrow L_{\text{dm}} = 63\ \mu\text{H} \tag{18-56}$$

高电网电压下计算的电感值为 48μH。考虑了低电网电压时滤波器流过大电流后，低电网电压下计算的电感值为 63μH。最终选择的是两者中的最大值，即 63μH。

所选电感在高峰值交流电流下一定不能饱和，这需要再次在低电网电压和高电网电压下分别评估。为了找出最恶劣的滤波器峰值交流电流，要用到第 14 章介绍的方程。这有助于正确选择差模电感尺寸。此外，还要保证电感的品质因数不低于 1，以免出现振铃。为此，要保证足够大的直流电阻。若因此损耗过大，可考虑将 Q 值增至 1.5 或 2，因为电磁干扰频谱上仍有一些裕量。

18.5.4 滤波器的安全裕量

设计滤波器时要设置一些安全裕量，一般为 10~12dB。迄今为止，一直假设共模噪声不存在。然而，CISPR 标准中给出的限制是针对共模噪声和差模噪声之和的。所以，如果想按此留出裕量，最简单的办法就是让共模噪声与差模噪声相等，然后把差模噪声降至允许范围的一半。而且，由于 20×log(2)=6dB，这意味着要为差模噪声留出 6dB 裕量，以备测量时可能出现共模噪声。此外，认证实验室或代工厂可能还要求增加 3dB 裕量，以保证批量生产的产品都能符合标准要求。因此，计划的总噪声裕量为 10dB。可回到上节中的第(4) 步，重新设置所需的衰减量为 30.4+10=40.4dB。其他步骤均相同。

注意 问题是：既然与上升或下降时间有关的转折点并不在图中出现，那是否意味着场效应管的导通或关断速度无关紧要呢？是的，从差模噪声角度，它的确无关紧要。然而，还存在一些被忽略的寄生参数（主要是等效串联电感和印制线电感）。它们与等效串联电阻不同，会产生与频率有关的电压尖峰，这是需要关注的问题，所以不要让场效应管的交叉（转换）时间过短。

注意 开关频率高于 150kHz 时，低电网电压下的 1 次谐波确实很高（不会被第一个转折点钳位），且将出现在 CISPR 标准范围内。这会使差模滤波器大很多。

18.6 实用共模滤波器设计

已知差模滤波器设计对应的最恶劣工况是低电网电压、大电流工况，因此可能预感到共模滤波器设计对应的最恶劣工况是高电网电压工况。如图 16-5 所示，此时注入机壳的电流的确最大。所以，确实只需要在高电网电压下计算。此处忽略第二个转折点，因为已知它离得太远，不会对滤波器设计产生影响。注意，图 16-3 中假设利用 X 电容 C1 得到的是纯共模噪声，而非混合噪声。

算例 3

这是算例 2 的延续。假设（对地）安装电容为 100pF，对应的共模噪声频谱是什么？

高电网电压下的共模滤波器计算

图 18-6 给出了完整算例。

(1) 占空比和梯形电流

整流电压最大峰值为 270×1.414=382V。根据定义，V_{OR} 为 5V×19=95V。（最高输入电压时）最小占空比为

$$D = \frac{V_{OR}}{V_{IN} + V_{OR}} = \frac{95}{382 + 95} = 0.2 \qquad (18\text{-}57)$$

对于反激变换器，V_{DS} 幅值为 V_{IN}+V_{OR}=382+95=477V。如果是单端正激变换器，应该是 2×V_{IN}=764V。这就是傅里叶展开式中的 A（脉冲幅值）。

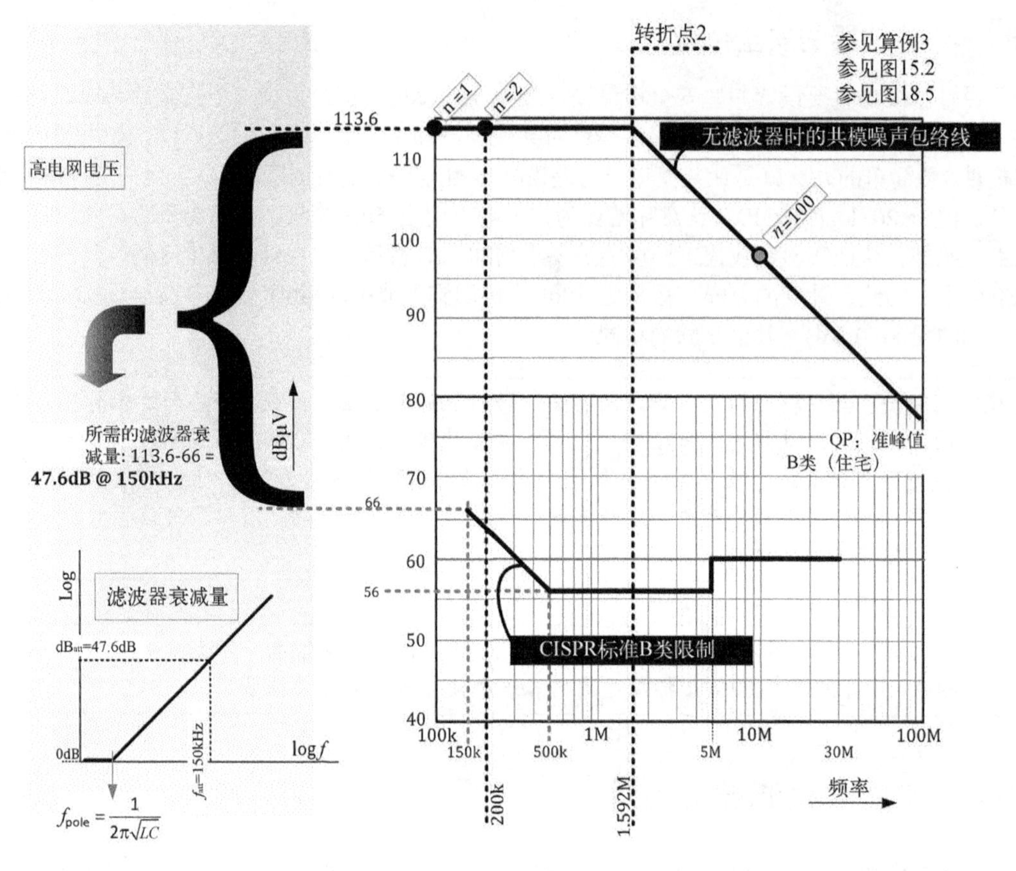

图 18-6　通用输入反激变换器的共模滤波器计算（和算例）

(2) 转折点

由算例1可见，谐波次数及对应的转折点频率为

$$n_{\text{break1}}=\frac{1}{\pi\times \mathrm{D}}=\frac{1}{\pi\times 0.2}=1.592 \tag{18-58}$$

$$f_{\text{break1}}=\frac{1}{\pi\times D}\times f=\frac{1}{\pi\times 0.2}\times 100\text{k}=159.2\text{k} \tag{18-59}$$

$$c_1=\frac{2A}{n_{\text{break1}}\times\pi}=\frac{2\times 477}{1.592\times\pi}=190.75\text{V} \tag{18-60}$$

（根据包络线）200kHz处的2次谐波幅值为

$$c_2=\frac{2A}{2\times\pi}=\frac{2\times 477}{2\times\pi}=151.8\text{V} \tag{18-61}$$

(3) 无滤波器时的电磁干扰频谱

前面已经根据包络线估计了谐波电压幅值。经由线路阻抗，包括线路阻抗稳定网络的阻抗，在传输线上产生的谐波电流为

$$I_{\text{cm\_1}}=\frac{c_1}{25-\left(j/2\pi\times f_{\text{break1}}\times C_{\text{P}}\right)}=\frac{\left(2\pi\times f_{\text{break1}}\times C_{\text{P}}\right)\times C_1}{\left(50\pi\times f_{\text{break1}}\times C_{\text{P}}\right)-j} \tag{18-62}$$

类似地，2次谐波（频率f_{SW}）电流为

$$I_{\mathrm{cm\_2}}=\frac{c_2}{25-\left(j/(2\times f_{\mathrm{sw}}\times 2\pi C_{\mathrm{P}})\right)}=\frac{4\pi\times f_{\mathrm{sw}}\times C_{\mathrm{P}}\times C_2}{\left(50\pi\times 2f_{\mathrm{sw}}\times C_{\mathrm{P}}\right)-j} \tag{18-63}$$

虚部 $c/(a+j_b)$的大小为 $c/(a^2+b^2)^{0.5}$，由此可得，谐波电流幅值为

$$\left|I_{\mathrm{cm\_1}}\right|=\frac{2\pi\times f_{\mathrm{breakl}}\times C_{\mathrm{p}}\times c_1}{\sqrt{\left(50\pi\times f_{\mathrm{breakl}}\times C_{\mathrm{p}}\right)^2+1}}=\frac{4\pi\times 159.2\times 10^3\times 10^{-10}\times 190.72}{\sqrt{\left(50\pi\times 159.5\times 10^3\times 10^{-10}\right)^2+1}}=0.019(\mathrm{A}) \tag{18-64}$$

$$\left|I_{\mathrm{cm\_2}}\right|=\frac{4\pi\times f_{\mathrm{sw}}\times C_{\mathrm{p}}\times c_2}{\sqrt{\left(100\pi\times f_{\mathrm{sw}}\times C_{\mathrm{p}}\right)^2+1}}=\frac{4\pi\times 100\times 10^3\times 10^{-10}\times 151.8}{\sqrt{\left(100\pi\times 100\times 10^3\times 10^{-10}\right)^2+1}}=0.019(\mathrm{A}) \tag{18-65}$$

注意，这是个相当令人惊讶的结果——不同次数谐波的共模电流幅值相同，不再按 20dB/dec 的下降斜率衰减。

由此可得

$$V_{\mathrm{cm\_1,2}}=25\times I_{\mathrm{cm}}\_1,2=0.019\times 25=0.477\mathrm{V}\Rightarrow 20\log(0.447/10^{-6})=113.6\ \mathrm{dB}\cdot\mu\mathrm{V} \tag{18-66}$$

注意，第 16 章已经给出

$$V_{\mathrm{cm}}=\frac{100\times A\times C_{\mathrm{P}}}{T} \tag{18-67}$$

经校验，可得

$$V_{\mathrm{cm}}=\frac{100\times A\times C_{\mathrm{P}}}{T}=\frac{100\times 477\times 10^{-10}}{10\mu}=0.477\ \mathrm{V}\text{（即 113.6dB·μV，同上）} \tag{18-68}$$

小结：共模噪声频谱呈平台状（钳位），其值为 $100\times A\times C_{\mathrm{P}}/T$，直至第二个转折点（前面并未讨论）。已知，在 $f_{\mathrm{break2}}=1/\pi t_{\mathrm{CROSS}}$ 之后，所有谐波幅值按（附加的）20dB/dec 下降，故 $V_{\mathrm{cm\_n}}$ 也是如此（根据辛克函数特性）。于是，可利用图 18-6 的共模包络线得出分析结论。

(4) 所需的滤波器衰减量

50kHz 处，CISPR 标准 B 类（准峰值）限制为 66 dB·μV。

因此，由图 18-6 可知，150kHz 所需的滤波器衰减量为 47.6 dB。

注意 按照 16.2.5 一节的解释，即使共模噪声频谱是平坦的，但由于 LC 滤波器极点始终低于 150kHz，所以插入滤波器后的共模噪声频谱将按 −40dB/dec 下降。由于 CISPR-22 标准 B 类限制是按 −20 dB/dec 下降的，频率增加时，共模噪声频谱将获得 20dB/dec 的优势。所以，只要确保最低频率（150kHz）上符合标准要求，（理论上）就能自动确保在高频段符合标准要求。

---

(5) 额定电网电压条件下计算滤波器元件参数

显然需要选择一个具有合适转折频率（图 18-6 中极点）的低通 LC 滤波器来提供所需的衰减量。如果仅用一级 LC 低通滤波器，它在转折频率（即 1/2π）上的衰减特性大约为 40dB/dec。因此，频率响应方程为

$$f_{\mathrm{pole}}=10^{[\log f_{\mathrm{att}}-(\mathrm{dB_{att}}/slope)]}=10^{[\log 150\mathrm{k}-47.6/40]}=9.7\mathrm{kHz} \tag{18-69}$$

所需的滤波器 LC 参数为

$$LC=\left(\frac{1}{2\pi\times 9\,700}\right)^2=2.7\times 10^{-10}\ \mathrm{s}^2 \tag{18-70}$$

假设图 16-1 中，每个 Y 电容 C_4最终选择的值均为 2.2nF（鉴于第 16 章介绍的针对总 Y 电容值的安全限制，未用电容“C_2”）。根据等效图，有效电容值是 4.4nF。那么，可按下式计算 L_{cm}。

$$L \equiv L_{cm} = \frac{2.7 \times 10^{-10}}{4.4 \times 10^{-9}} = 0.061\ \mathrm{H} \Rightarrow L_{cm} = 61\ \ \mathrm{mH} \tag{18-71}$$

这是一个很大的电感值。所以，可考虑用两个相同的（LC）共模滤波器级联。也可把 Y 电容分成 4 个 1.2nF 电容，使得每级的总 Y 电容值为 2.4nF。这样不会超出安规要求。

现在，两级 LC 滤波器级联可得到 80dB/dec 的衰减。由此可得

$$f_{pole} = 10^{\left[\log f_{att} - (dB_{att}/slope)\right]} = 10^{\left[\log 150\ \mathrm{k} - (47.6/80)\right]} = 38.1\mathrm{kHz} \tag{18-72}$$

$$LC = \left(\frac{1}{2\pi \times 38{,}100}\right)^2 = 1.745 \times 10^{-11}\ \ \mathrm{s}^2 \tag{18-73}$$

$$L \equiv L_{cm} = \frac{1.745 \times 10^{-11}}{2.4 \times 10^{-9}} = 0.0073\ \mathrm{H} \Rightarrow L_{cm} = 7.3\ \ \mathrm{mH} \tag{18-74}$$

该电感值容易获得，因其仅约为刚才用一级共模滤波器计算的 1/10。虽然是用两级滤波器取代一级滤波器，但共模扼流圈总体积净减少约 10/2=5 倍。可以断定，两级共模滤波器可满足 CISPR-22 标准 B 类传导电磁干扰要求。注意，图 16-1 中伴生的共模滤波器由 $L_{cm}/2$ 和 C3 构成，一般在更高频率上会有一个极点，所以无法满足安规要求。应该额外再设计一个完整的共模滤波器。

第 19 章

算　　例

19.1　算例

算例 1

连续导通模式下工作的非同步降压变换器，输入电压为 12V，输出电压为 5V。使用正向饱和压降 $V_{CE(sat)} \equiv V_{SW}=0.2V$ 的 BJT 开关管。钳位二极管是一个正向压降 $V_D=0.4V$ 的肖特基二极管。负载电流为 1.5A。试计算占空比是多少？BJT 和二极管的损耗是多少？预估效率为多少？

设：$V_O=1.5V$，$V_{IN}=12V$，$V_D=0.4V$，$V_{SW}=0.2V$，$I_O=1.5A$。

$$D=\frac{V_O+V_D}{V_{IN}+V_D-V_{SW}}=\frac{5+0.4}{12+0.4-0.2}=0.4426 \tag{19-1}$$

BJT 和二极管的损耗，以及总损耗为

$$P_{BJT}=I_O \times D \times V_{SW}=0.1328\ \text{W} \tag{19-2}$$

$$P_D=I_O \times (1-D) \times V_D=0.3344\ \text{W} \tag{19-3}$$

$$P_{LOSS}=P_{BJT}+P_D=0.4672\ \text{W} \tag{19-4}$$

注意，全周期内的平均开关管损耗为总损耗乘以 D。类似地，平均二极管损耗为总损耗乘以 1-D。

输出功率、输入功率和效率为

$$P_O=V_O \times I_O=7.5\ \text{W} \tag{19-5}$$

$$P_{IN}=P_O+P_{LOSS}=7.9672\ \text{W} \tag{19-6}$$

$$\eta=\frac{P_O}{P_{IN}}=0.9414\ \ (\text{即 } 94.14\%) \tag{19-7}$$

算例 2

连续导通模式下工作的非同步降压变换器，输入电压为 12V，输出电压为 5V。场效应管的导通电阻 $R_{DS}=0.1\Omega$。钳位二极管是一个正向压降 $V_D=0.4V$ 的肖特基二极管。负载电流为 1.5A。试计算占空比是多少？

设：$V_O=5V$，$V_{IN}=12V$，$V_D=0.4V$，$I_O=1.5A$，$R_{DS}=0.1\Omega$。

大致上，无论流过 BJT 的电流如何，都可以假设其正向压降为常数。这也是 BJT（及其场效应管驱动版IGBT）常用于大功率场合的一个重要原因。然而，场效应管的正向压降变化很大，几乎与流过的电流成正比。但在简单的占空比方程中，只需用一个固定电压 V_{SW} 表示即可。所以，对于场效应管，需要计算导通时间内开关管正向压降的平均值（注意：不要计算整个开关周期内的平均值）。这相当于计算导通时间内的平均开关管电流（即电感电流斜坡中心值）所对应的压降。而且，在降压拓扑中，斜坡中心值等于负载电流 I_O。因此，导通时间内平均开关管电流可定义为 I_{SW}（对应的平均压降为 V_{SW}），由此可得

$$I_{SW} = I_O \tag{19-8}$$

$$V_{SW} = I_O \times R_{DS} = 1.5 \times 0.1 = 0.15 \ \text{V} \tag{19-9}$$

$$D = \frac{V_O + V_D}{V_{IN} + V_D - V_{SW}} = \frac{5 + 0.4}{12 + 0.4 - 0.15} = 0.4408 \tag{19-10}$$

算例 3

若同时忽略开关管和二极管压降，则算例2中的降压变换器效率是多少？

设：V_O=5V，V_{IN}=12V，V_D=0V，V_{SW}=0V，I_O=1.5A。

这种情况下可使用理想的降压拓扑占空比方程。可以确认，其实假设的效率达到了100%。

$$D_{IDEAL} = \frac{V_O + V_D}{V_{IN} + V_D - V_{SW}} = \frac{V_O}{V_{IN}} = \frac{5}{12} = 0.4167 \tag{19-11}$$

降压拓扑的输入电流就是整个导通时间内的平均开关管电流。所以，对应该占空比的输入电流为

$$I_{IN\_IDEAL} = I_{SW} \times D_{IDEAL} = I_O \times D_{IDEAL} = 0.625 \ \text{A} \tag{19-12}$$

于是，相应的输入功率为

$$P_{IN\_IDEAL} = V_{IN} \times I_{IN\_IDEAL} = 12 \times 0.625 = 7.5 \ \text{W} \tag{19-13}$$

输出功率为

$$P_O = I_O \times V_O = 7.5 \ \text{W} \tag{19-14}$$

所以，正如预期，效率为7.5W/7.5W=1。这也证实了先前所述的当开关管和二极管压降均设为零时，拓扑为理想情况，没有损耗。

注意　当然，在上例使用的占空比方程中，优先考虑的损耗仅是与开关管和二极管正向压降相关的损耗，即半导体器件的导通损耗，没有其他。这十分清楚的表明并非所有的开关管损耗都被计算在内，迄今为止所使用的占空比方程本身有局限性，显然只是近似计算。

算例 4

若（仅）忽略开关管压降，即假设只有二极管压降，则算例2中的降压变换器效率是多少？二极管损耗是多少？

设：V_O=5V，V_{IN}=12V，V_D=0.4V，V_{SW}=0V，I_O=1.5A。

$$D_{IDEAL} = \frac{V_O + V_D}{V_{IN} + V_D} = \frac{5 + 0.4}{12 + 0.4} = 0.4355 \tag{19-15}$$

降压拓扑的输入电流就是整个导通时间内的平均开关管电流。所以，对应该占空比的输入电流为

$$I_{IN}=I_{SW}\times D=I_O\times D=1.5\times 0.4355=0.6532\ \text{A} \tag{19-16}$$

于是，相应的输入功率为

$$P_{IN}=V_{IN}\times I_{IN}=12\times 0.6532=7.8387\ \text{W} \tag{19-17}$$

输出功率为

$$P_O=I_O\times V_O=7.5\ \text{W} \tag{19-18}$$

所以，效率为 7.5W/7.8387W=0.9568。

现在，平均二极管电流为 $I_O\times(1-D)$。由此可得，I_{D_AVG}=1.5×(1 – 0.4355)=0.8468A。因此，二极管损耗为

$$P_D=I_{D\_AVG}\times V_D=0.8468\times 0.4=0.3387\ \text{W} \tag{19-19}$$

可以看出，它正好等于输入功率与输出功率之差：$P_{IN}-P_O$=7.8387 – 7.5=0.3387W，正如预期。因此，损耗计算是完整的和精确的。

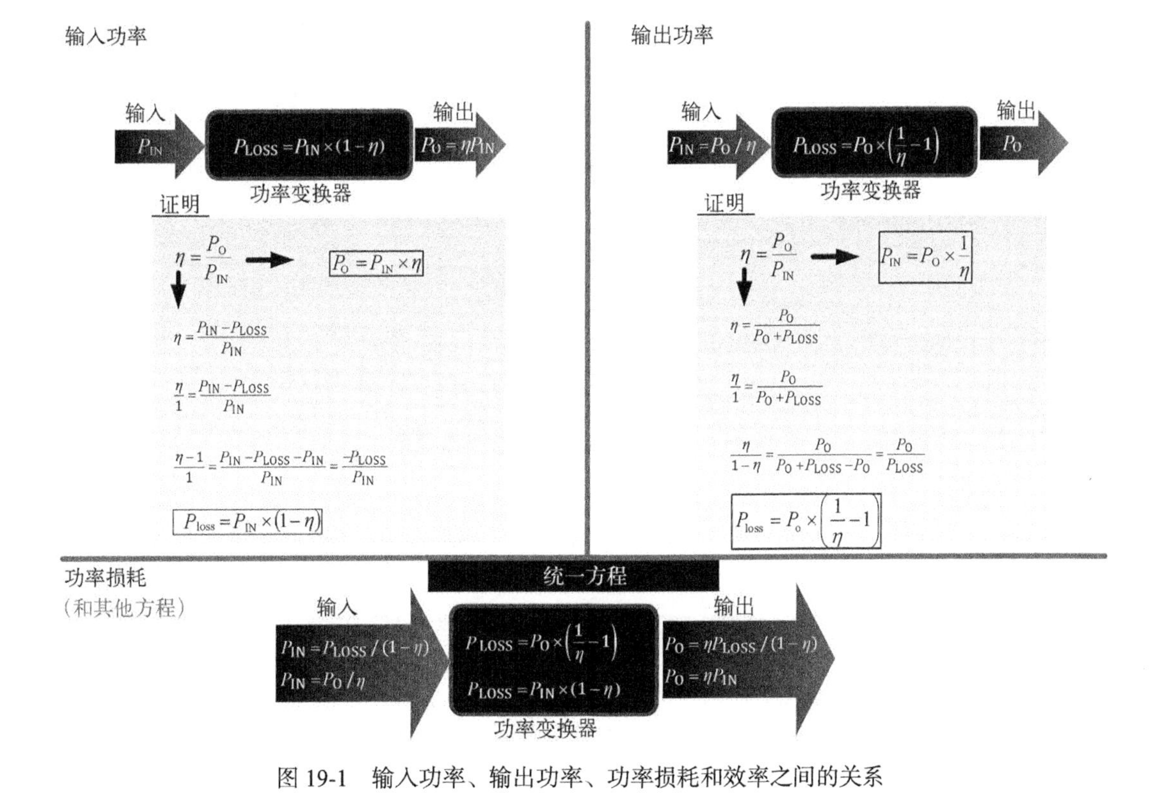

图 19-1 输入功率、输出功率、功率损耗和效率之间的关系

算例 5

降压变换器中，假设开关管是理想的（R_{DS}极小），钳位二极管压降为 0.4V。若变换器效率为 95.679%，二极管损耗为 0.3387W，则输入功率是多少？输出功率又是多少？

这只是一次逆运算。而且，没有假设任何具体的输入和输出电压，甚至没有假设具体的负载电流。此处只讨论功率。图19-1给出了输入功率、输出功率、功率损耗和效率之间所有可能的关系。切记，这些方程不只是针对开关管，通常对任何功率变换器都有效。请关注图19-1最下方的图形。若要应用这些方程，就要知道损耗是多少，本例中为二极管损耗。

设：P_{LOSS}=0.3387W，η=0.95679。

则，

$$P_{IN} = \frac{P_{LOSS}}{1-\eta} = \frac{0.3387}{1-0.95679} = 7.8387 \text{ W} \tag{19-20}$$

$$P_{O} = \frac{P_{LOSS} \times \eta}{1-\eta} = 7.5 \text{ W} \tag{19-21}$$

结果与算例4相同。至此，证实了图19-1给出的相关方程和之前的计算结果。

算例6

与理想情况相比，算例4中的二极管损耗导致输入能量增加，从而使输入电流也增加。

二极管损耗P_D=0.3387W。它必然导致单位时间内从输入提取的能量增加。回顾算例3，理想占空比D_{IDEAL}=0.4167。现在，计入二极管损耗后，占空比变成D=0.4355。通常，降压拓扑的（平均）输入电流为$I_O \times D$。注意，首先，降压拓扑的输入电流就是导通时间内的平均开关管电流，即$I_{SW} \equiv I_O$。然后，可进一步计算整个周期内的平均电流（再乘以D）。所以，理想情况下，有

$$I_{IN\_IDEAL} = I_O \times D_{IDEAL} = 1.5 \times 0.4167 = 0.625 \text{ A} \tag{19-22}$$

然而，非理想情况下（使用算例4中计算的D值）

$$I_{IN} = I_O \times D = 1.5 \times 0.4355 = 0.6532 \text{ A} \tag{19-23}$$

当占空比超过理想值后，单位时间内需要输入更多的能量（反过来明显导致输入电流增加）。

$$V_{IN} \times (I_{IN} - I_{IN\_IDEAL}) = 12 \times (0.6532 - 0.625) = 0.3387 \text{ W} \tag{19-24}$$

结果与算例4中的二极管损耗相等。于是，可验证下述一般说法。

对于给定的P_O和输入、输出电压，I_{IN_IDEAL}是基准电流，对应于所有输入能量完全转换成有用能量（即无损耗）。正如第1章中给出的解释，只要基准电流增加，就意味着变换器确实存在损耗。

算例7

假设一个12V转换至5V的同步降压拓扑，其控制场效应管R_{DS}=1Ω，而同步场效应管R_{DS}=0.8Ω。输出电流为1.5A。电感的直流阻抗为0.1Ω。试问其占空比、损耗和效率各是多少？本例中仍忽略开关管损耗。

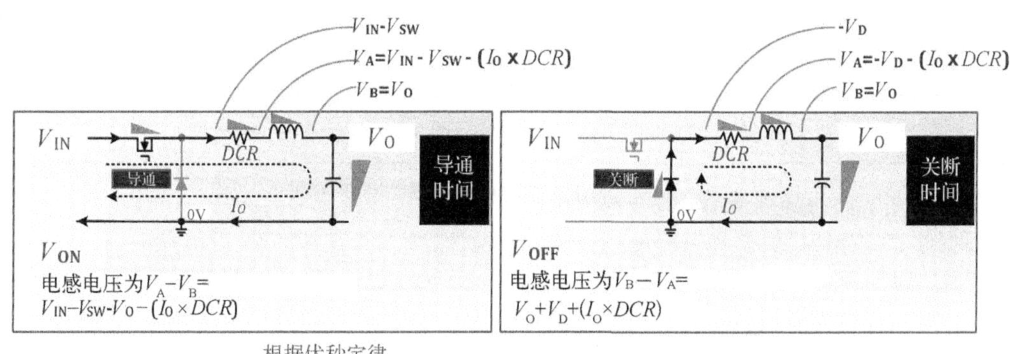

图 19-2 考虑直流电阻的降压拓扑占空比方程

设：V_O=5V，V_{IN}=12V，R_{DS_1}=1Ω,，R_{DS_2}=0.8Ω，DCR=0.1Ω。

导通时间内，两个场效应管的平均电流（不是全周期平均值）分别称为I_{SW_1}和I_{SW_2}。降压拓扑中，它们都等于斜坡中心值I_O，因此

$$I_{SW\_1}=I_{SW\_2}=I_O=1.5\text{ A} \tag{19-25}$$

对应的开关管压降（即导通时间内的平均值）为

$$V_{SW\_1}=I_O\times R_{DS\_1}=1.5\times 1=1.5\text{ V} \tag{19-26}$$

$$V_{SW\_2}=I_O\times R_{DS\_2}=1.5\times 0.8=1.2\text{ V} \tag{19-27}$$

所以，根据图 19-2 中的一般占空比方程和 V_D=V_{SW_2}可得

$$D=\frac{V_O+V_{SW\_2}+I_O\times \text{DCR}}{V_{IN}+V_{SW\_2}-V_{SW\_1}}=0.5427 \tag{19-28}$$

其他变量计算如下：

$$I_{IN}=I_O\times D=0.8141\text{ A} \tag{19-29}$$

$$P_{IN}=I_{IN}\times V_{IN}=9.7692\text{ W} \tag{19-30}$$

$$P_O=I_O\times V_O=7.5\text{ W} \tag{19-31}$$

由此可得，效率为$\eta=P_O/P_{IN}$=7.5/9.7692=0.7677（即 76.8%）。损耗为$P_{IN}-P_O$=2.2692W。下面从热源角度来验证损耗。

场效应管和电感的损耗分别为

$$P_{FET\_1}=\left(I_O^2\times R_{DS\_1}\right)\times D=1.2212\text{W} \tag{19-32}$$

$$P_{FET\_2}=(I_O^2\times R_{DS\_2})\times(1-D)=0.8231\ \text{ W} \tag{19-33}$$

$$P_{DCR}=(I_O^2\times R_{DCR})=0.225\ \text{ W} \tag{19-34}$$

总损耗为：

$$P_{LOSS}=1.2212+0.8231+0.225=2.2692\text{ W} \tag{19-35}$$

结果与$P_{IN}-P_O$之差相等，验证完毕。

算例 8

设计一个宽输入电压的 DC-DC 同步降压拓扑，输入电压范围为 9~57V，输出电压为 5V，工作电流为 5A，开关频率为 1MHz。最大负载时的目标效率要大于 80%。

根据功率变换的基本概念，现在可以给出典型宽输入降压变换器的完整设计步骤。一般读者也可据此完成类似的升压和升降压拓扑的完整设计。

首先，假设开关管压降为零（理想情况）。占空比为 D_{IDEAL}。降压电感的最恶劣设计工况（最大峰值电流）出现在 V_{INMAX}（参见第 7 章）时。所以，要从该电压开始降压拓扑设计。

$$D_{IDEAL\_VINMAX} = \frac{V_O}{V_{INMAX}} = \frac{5}{57} = 0.0877 \qquad (19\text{-}36)$$

按照附录中提供的方程

$$L = \frac{V_O \times (1 - D_{IDEAL\_VINMAX})}{I_O \times r_{INITIAL\_VINMAX} \times f} = \frac{5 \times (1 - 0.0877)}{1.5 \times 0.4 \times 1 \times 10^6} = 2.2807 \times 10^{-6}\ \text{H} \qquad (19\text{-}37)$$

式中使用了高电网电压下 r 的初始估计值，即 $r_{INITIAL\_VINMAX}$=0.4。但是，现在需要先选择一个标准的 L 值，再重新计算高电网电压时（和低电网电压时）r 的真实值。首先选择一个 2.2μH 的标准电感。由此可得

$$r_{VINMAX} = \frac{V_O \times (1 - D_{IDEAL\_VINMAX})}{I_O \times L \times f} = \frac{5 \times (1 - 0.0877)}{1.5 \times 2.2 \times 10^{-6} \times 1 \times 10^6} = 0.4147 \qquad (19\text{-}38)$$

注意，因其建立在理想占空比基础上，该值仍是初始估计值。

最低输入电压下，理想占空比和对应的 r 值为

$$D_{IDEAL\_VINMIN} = \frac{V_O}{V_{INMIN}} = \frac{5}{9} = 0.5556 \qquad (19\text{-}39)$$

$$r_{VINMIN} = \frac{V_O \times (1 - D_{IDEAL\_VINMIN})}{I_O \times L \times f} = \frac{5 \times (1 - 0.5556)}{1.5 \times 2.2 \times 10^{-6} \times 1 \times 10^6} = 0.202 \qquad (19\text{-}40)$$

19.2　第 1 部分：场效应管的选择

高端（控制）场效应管最好选择 P 沟道场效应管，可以避免第 1 章中讨论的自举电压问题。当然，选择的控制芯片必须与之相适应。

输出功率为 5V×5A=25W。全部输入电压范围内（不是全部负载范围内），若目标效率设为高于 80%，则最大输入功率为 25/0.8=31.25W。换句话说，允许的总损耗为 6.25W。为了得到高性价比设计，需要切记，低电网电压时高端场效应管的导通时间更长，而高电网电压时低端（同步）场效应管的导通时间更长。由于两种场效应管不会在同一极限输入电压下出现损耗最大值，可设置其各自的目标损耗值为 4W（即各自的导通损耗）。其余是（高端场效应管中的）开关损耗/交叉损耗和其他损耗，例如直流电阻产生的损耗、电容损耗等。注意，本例中的场效应管是基于目标效率选择，而不是直接基于电流或温度应力选择。所以，应如第 6 章和第 11 章所述进行校验。还要注意，在该目标效率下，若输出电压不是 5V，而是 1V（例如当今许多稳压模块应用），则实际上需要选择 R_{DS} 非常小的场效应管。因为输出电压很低，相同功率下的电流会高得多。而且，由于发热量等于 I^2R，为了确保功率损耗在预期范围内，需要显著降低电阻 R（即

将本例中的 R_{DS} 降低约25倍）并选择更好的封装形式。特别是与电压更低的场效应管相比，当前选择的器件热阻过高。而且，若想在1V输出电压下得到25W功率，即负载电流为25A，确实需要采用第13章讨论的交错式变换器。

对于大电流应用，首选的场效应管为：

(1) 高端，控制场效应管，设计方案#1：P沟道场效应管，SUD08P06-155L，威世公司出品。额定电压为60V，100℃壳温时的额定电流为6A，更多内容可参见第6章中有关场效应管电流额定值的论述。其 R_{DS} 最大值（热值）为0.28Ω。

(2) 低端，同步场效应管，设计方案#2：N沟道场效应管，IRFZ34S，威世公司或国际整流器公司出品。额定电压为60V，100℃壳温时的额定电流约为21A。其 R_{DS} 最大值（室温值）为50mΩ，高温时的温度系数为1.6。因此，其 R_{DS} 最大值（热值）为0.05×1.6=0.08Ω。

于是，可设 R_{DS_1}=0.28Ω，R_{DS_2}=0.08Ω。

注意 由此可见，这两种场效应管的漏源电阻与目标损耗相适应。观测到的负载电流仅为1.5A时，高端可选择6A的场效应管，低端可选择21A的场效应管。然而，低端场效应管指标的大幅提高（即要求 R_{DS} 更小）不仅因为高电网电压时的占空比非常小（其导通时间更长），而且因其热阻特性按器件手册所述明显变差。

注意 在最高电压为57V的应用中使用60V的场效应管，其电压应力系数看起来不够。但要记住，这两种场效应管都有供应商保证的额定雪崩电压值，所以它们可以吸收高于60V的窄尖峰电压。但必须彻底评估该应用，确保所选的场效应管是可以接受的。

19.3 第2部分：场效应管的导通损耗

对于高端场效应管，预期低电网电压时（因占空比较高）的导通损耗最大。由第7章和附录可知，开关管的有效值电流方程为

$$\begin{aligned}I_{FET\_1\_RMS\_VINMIN} &= I_O \times \sqrt{D_{IDEAL\_VINMIN} \times \left(1+\frac{r_{VINMIN}^2}{12}\right)} \\ &= 5 \times \sqrt{0.5556 \times \left(1+\frac{0.202^2}{12}\right)} = 3.7331\ \text{A}\end{aligned} \tag{19-41}$$

因此，低电网电压时的导通损耗为 $P_{COND\_1\_VINMIN}=3.7331^2\times0.28=$<u>3.9021W</u>（式中 R_{DS_1}=0.28Ω）。

高电网电压时，对于同一场效应管，有

$$\begin{aligned}I_{FET\_1\_RMS\_VINMAX} &= I_O \times \sqrt{D_{IDEAL\_VINMAX} \times \left(1+\frac{r_{VINMAX}^2}{12}\right)} \\ &= 5 \times \sqrt{0.0877 \times \left(1+\frac{0.4147^2}{12}\right)} = 1.4914\ \text{A}\end{aligned} \tag{19-42}$$

因此，高电网电压时的导通损耗为 $P_{COND\_1\_VINMAX}=1.4914^2\times0.28=$<u>0.6228W</u>（式中 R_{DS_1}=0.28Ω）。

现在，在两种极限电网电压下计算低端场效应管损耗。计算过程与高端相同，只是要用恰当的 R_{DS}，并用 $1-D$ 替换 D。对于低端场效应管，预期高电网电压时的导通损耗最大，因为此

时变换器的占空比变小，导致该场效应管的导通时间变长。低电网电压时，开关管的有效值电流为

$$\begin{aligned} I_{\text{FET\_2\_RMS\_VINMIN}} &= I_{\text{O}} \times \sqrt{(1-D_{\text{IDEAL\_VINMIN}}) \times \left(1+\frac{r_{\text{VINMIN}}^2}{12}\right)} \\ &= 5 \times \sqrt{(1-0.5556) \times \left(1+\frac{0.202^2}{12}\right)} = 3.339\ \text{A} \end{aligned} \tag{19-43}$$

因此，其导通损耗为 $P_{\text{COND\_2\_VINMIN}}=3.339^2\times0.08=\underline{0.8919\text{W}}$（式中 $R_{\text{DS\_2}}=0.08\Omega$）。高电网电压时，其有效值电流为

$$I_{\text{FET\_2\_RMS\_VINMAX}} = I_{\text{O}} \times \sqrt{(1-D_{\text{IDEAL\_VINMAX}}) \times \left(1+\frac{r_{\text{VINMAX}}^2}{12}\right)}$$

$$= 5 \times \sqrt{(1-0.0877) \times \left(1+\frac{0.4147^2}{12}\right)} = 4.8098\ \text{A} \tag{19-44}$$

因此，其导通损耗为 $P_{\text{COND\_2\_VINMAX}}=4.8098^2\times0.08=\underline{1.8507\text{W}}$（式中 $R_{\text{DS\_2}}=0.08\Omega$）。

最终，可得到两种极限电网电压下仅考虑导通损耗时的场效应管总损耗，它们分别为

$$P_{\text{COND\_VINMIN}}=P_{\text{COND\_1\_VINMIN}}+P_{\text{COND\_2\_VINMIN}}=3.9021+0.8919=4.794\ \text{W} \tag{19-45}$$

$$P_{\text{COND\_VINMAX}}=P_{\text{COND\_1\_VINMAX}}+P_{\text{COND\_2\_VINMAX}}=0.6228+1.8507=2.4735\ \text{W} \tag{19-46}$$

注意，尽管低电网电压时，低端场效应管与高端场效应管的有效值电流相当，但由于低端场效应管的 R_{DS} 很小，其损耗在两种极限电网电压下都较小。切记，特别是高电网电压时，仍需计算高端场效应管的交叉损耗，如下节所示。

19.4　第3部分：场效应管的开关损耗

参照第8章（特别是图8-16），本节继续使用该章的大部分术语。

假设如第8章所述，仅高端场效应管存在交叉损耗。

按照高端场效应管的数据手册，设 $Q_{\text{gs}}=2.3\text{nC}$，$V_{\text{t}}=2\text{V}$，$g=8\text{S}$（西门子，即姆欧）。

$$C_{\text{iss}}=\frac{Q_{\text{gs}}}{Vt+(I_{\text{O}}/g)}=0.8762\ \text{nF} \tag{19-47}$$

根据场效应管数据手册中的曲线，可读出一个更小的值 $C_{\text{iss}}=0.45\text{nF}$。因此，如第8章所述，要使用如下比例（修正）系数（来计算电容电压系数）。

$$\text{系数}=\frac{\text{方程求解的}}{\text{曲线读出的}}=\frac{0.8762}{0.45}=1.9471 \tag{19-48}$$

由数据手册中的曲线可得，$C_{\text{oss}}=0.06\text{nF}$ 和 $C_{\text{rss}}=0.04\text{nF}$。对于这些数值也要使用相同的比例系数。后续方程中，所有电容单位都使用pF，不再用nF。所以，使用的最终值为

$$C_{\text{iss}}=876.2\ \text{pF}\text{（数值来自上述方程，单位为pF）} \tag{19-49}$$

$$C_{\text{oss}}=(\text{曲线读出的 }C_{\text{oss}}\text{，单位为 nF})\times10^3\times\text{系数}=0.06\times10^3\times1.9471=116.8254\ \text{pF} \tag{19-50}$$

$$C_{\text{rss}}=(\text{曲线读出的 }C_{\text{rss}}\text{，单位为 nF})\times10^3\times\text{系数}=0.04\times10^3\times1.9471=77.8836\ \text{pF} \tag{19-51}$$

最终，计算的场效应管极间电容为

$$C_{gd}=C_{rss}=77.8836\ \text{pF} \quad (19\text{-}52)$$

$$C_{gs}=C_{iss}-C_{gd}=798.3096\ \text{pF} \quad (19\text{-}53)$$

$$C_{ds}=C_{oss}-C_{gd}=38.9418\ \text{pF} \quad (19\text{-}54)$$

同时，设栅极驱动电压为 9V。假设它非常接近输入电压最小值。切记，一般需要约为 10V 的栅极驱动电压才能使场效应管正确导通（完全导通），但 9V 也足够。另外，假设上拉驱动电阻为 2Ω。

设：V_{drive}=9V，R_{drive}=2Ω。

由图 8-7 到图 8-10 可知，所需时间和时间常数为

$$T_g=\frac{R_{drive}\times C_{iss}}{10^3}=\frac{2\times 876.2}{10^3}=1.7524\ \text{ns} \quad (19\text{-}55)$$

$$t_2=-T_g\times\left[\ln\left(1-\frac{I_O}{g\times(V_{drive}-V_t)}\right)\right]=0.1639\ \text{ns} \quad (19\text{-}56)$$

$$t_{3_{VINMAX}}=\frac{V_{INMAX}\times R_{drive}\times C_{gd}}{V_{drive}-(V_t+(I_O/g))}\times 10^{-3}=1.3927\ \text{ns}\ \text{（最高输入电压时）} \quad (19\text{-}57)$$

$$t_{3_{VINMIN}}=\frac{V_{INMIN}\times R_{drive}\times C_{gd}}{V_{drive}-(V_t+(I_O/g))}\times 10^{-3}=0.2199\ \text{ns}\ \text{（最低输入电压时）} \quad (19\text{-}58)$$

因此，（两种极限电压下）导通阶段的交叉时间分别为

$$t_{ross\_turnon_{VINMAX}}=t_2+t_{3_{VINMAX}}=0.1639+1.3927=1.5566\ \text{ns} \quad (19\text{-}59)$$

$$t_{ross\_turnon_{VINMAX}}=t_2+t_{3_{VINMAX}}=0.1639+0.2199=0.3838\ \text{ns} \quad (19\text{-}60)$$

所以，两种极限电压下，导通阶段的交叉损耗分别为

$$P_{cross\_turnon_{VINMAX}}=\frac{1}{2}\times V_{INMAX}\times I_O\times t_{cross\_turnon_{VINMAX}}\times f\times 10^{-9}=0.2218\ \text{W} \quad (19\text{-}61)$$

$$P_{cross\_turnon_{VINMAX}}=\frac{1}{2}\times V_{INMAX}\times I_O\times t_{cross\_turnon_{VINMAX}}\times f\times 10^{-9}=8.6355\times 10^{-3}\ \text{W} \quad (19\text{-}62)$$

正如预期，因为交叉时刻的电压较高，所以高电网电压时的交叉损耗大（事实如此，即无论输入电压如何，降压拓扑的斜坡中心值固定）。

接下来计算关断阶段的损耗。设下拉电阻 R_{drive}=1Ω。

由图 8-11 到图 8-14 可知，所需时间和时间常数为

$$T_g=\frac{R_{drive}\times C_{iss}}{10^3}=\frac{1\times 876.2}{10^3}=0.8762\ \text{ns} \quad (19\text{-}63)$$

$$T_3=T_g\times\left[\ln\left(\frac{V_t+(I_O/g)}{V_t}\right)\right]=0.2383\ \text{ns}\ \text{（忽略图 8-13 中的}\ V_{sat}\text{）} \quad (19\text{-}64)$$

$$T_{2_{VINMAX}}=\frac{V_{INMAX}\times R_{drive}\times C_{gd}}{(V_t+(I_O/g))}\times 10^{-3}=1.6912\ \text{ns}\ \text{（最高输入电压时）} \quad (19\text{-}65)$$

$$T_{2_{\rm VINMIN}} = \frac{V_{\rm INMIN} \times R_{\rm drive} \times C_{\rm gd}}{\left(V_{\rm t} + \left(I_{\rm O}/g\right)\right)} \times 10^{-3} = 0.267\ \text{ns}\ \text{（最高输入电压时）} \tag{19-66}$$

因此，（两种极限电压下）关断阶段的交叉时间分别为

$$t_{\text{cross\_turnoff}_{\rm VINMAX}} = T_3 + T_{2_{\rm VINMAX}} = 0.2383 + 1.6912 = 1.9295\ \text{ns} \tag{19-67}$$

$$t_{\text{cross\_turnoff}_{\rm VINMAX}} = T_3 + T_{2_{\rm VINMAX}} = 0.2383 + 0.267 = 0.5053\ \text{ns} \tag{19-68}$$

所以，关断阶段的交叉损耗分别为

$$P_{\text{cross\_turnoff}_{\rm VINMAX}} = \frac{1}{2} \times V_{\rm INMAX} \times I_{\rm O} \times t_{\text{cross\_turnoff}_{\rm VINMAX}} \times f \times 10^{-9} = 0.2749\ \text{W} \tag{19-69}$$

$$P_{\text{cross\_turnoff}_{\rm VINMAX}} = \frac{1}{2} \times V_{\rm INMAX} \times I_{\rm O} \times t_{\text{cross\_turnoff}_{\rm VINMAX}} \times f \times 10^{-9} = 0.0114\ \text{W} \tag{19-70}$$

因此，总交叉损耗分别为

$$P_{\text{cross}_{\rm VINMAX}} = P_{\text{cross\_turnon}_{\rm VINMAX}} + P_{\text{cross\_turnoff}_{\rm VINMAX}} = 0.2218 + 0.2749 = 0.4968\ \text{W} \tag{19-71}$$

$$P_{\text{cross}_{\rm VINMAX}} = P_{\text{cross\_turnon}_{\rm VINMAX}} + P_{\text{cross\_turnoff}_{\rm VINMAX}} = 0.008636 + 0.0114 = 0.02\ \text{W} \tag{19-72}$$

然而，完整的开关损耗除了上述交叉损耗以外，还要再加一项。它与每次开关导通时倾泻到场效应管中的 $C_{\rm ds}$ 能量有关。已知 $C_{\rm ds}$=38.94pF（前面计算过）

$$P_{\text{cds}_{\rm VINMAX}} = \frac{1}{2} \times \frac{C_{\rm ds}}{10^{12}} \times V_{\rm INMAX}^2 \times f = 0.0633\ \text{W} \tag{19-73}$$

$$P_{\text{cds}_{\rm VINMAX}} = \frac{1}{2} \times \frac{C_{\rm ds}}{10^{12}} \times V_{\rm INMAX}^2 \times f = 1.5771 \times 10^{-3}\ \text{W} \tag{19-74}$$

所以，两种极限输入电压下，最终的总开关损耗为（仅高端场效应管产生）

$$P_{\text{switching}_{\rm VINMAX}} = P_{\text{cross}_{\rm VINMAX}} + P_{\text{cds}_{\rm VINMAX}} = 0.56\ \text{W} \tag{19-75}$$

$$P_{\text{switching}_{\rm VINMIN}} = P_{\text{cross}_{\rm VINMIN}} + P_{\text{cds}_{\rm VINMIN}} = 0.0216\ \text{W} \tag{19-76}$$

注意，这里未按第 8 章计算栅极驱动损耗，因其值相对较小，特别是在最大负载条件下计算时。轻载时，驱动损耗会变得明显，但本例中不关心轻载效率。

将高端场效应管的开关损耗与导通损耗相加，可得其总损耗分别为

$$P_{\text{1\_VINMAX}} = P_{\text{COND\_1\_VINMAX}} + P_{\text{switching}_{\rm VINMAX}} = 1.1829\ \text{W} \tag{19-77}$$

$$P_{\text{1\_VINMIN}} = P_{\text{COND\_1\_VINMIN}} + P_{\text{switching}_{\rm VINMIN}} = 3.9237\ \text{W} \tag{19-78}$$

一般情况下，可忽略低端场效应管的开关损耗。所以，

$$P_{\text{2\_VINMAX}} = P_{\text{COND\_2\_VINMAX}} = 1.8507\text{W} \tag{19-79}$$

$$P_{\text{2\_VINMIN}} = P_{\text{COND\_2\_VINMIN}} = 0.8919\text{W} \tag{19-80}$$

因此，两种极限电压下，两种场效应管的综合损耗分别为

$$P_{\text{FETs\_VINMAX}} = P_{\text{1\_VINMAX}} + P_{\text{2\_VINMAX}} = 1.1829 + 1.8507 = 3.0336\ \text{W} \tag{19-81}$$

$$P_{\text{FETs\_VINMIN}} = P_{\text{1\_VINMIN}} + P_{\text{2\_VINMIN}} = 3.9237 + 0.8919 = 4.8156\ \text{W} \tag{19-82}$$

虽然这些结果都在 6.25W 的预期损耗范围内，但除此之外，仍有一些相对更小的损耗项需要计算和累加。

19.5　第 4 部分：电感损耗

所选电感为 2.2μH。已知其额定电流必须大于 5A。因此，可选用 Coiltronics 公司出品的 2.2μH 成品电感 UP2C-2R2-R，其额定电流为 7.5A，直流电阻为 6.6mΩ，300kHz 时的最大伏微秒积为 9.6，温升 40ºC 时对应的磁芯损耗为总损耗的 10%。

该电感的饱和电流 I_{SAT} 额定值为 8.67A（足以用于本例），标称的 7.5A 额定电流为温升 40ºC 时流过电感的直流电流值（没有纹波也没有磁芯损耗）。第 2 章讨论过如何在特殊应用中校验成品电感和评估磁芯损耗。但如图 19-3 所示，特定供应商也为此提供了速查表。稍后可见，利用速查表可使计算步骤变得清晰。

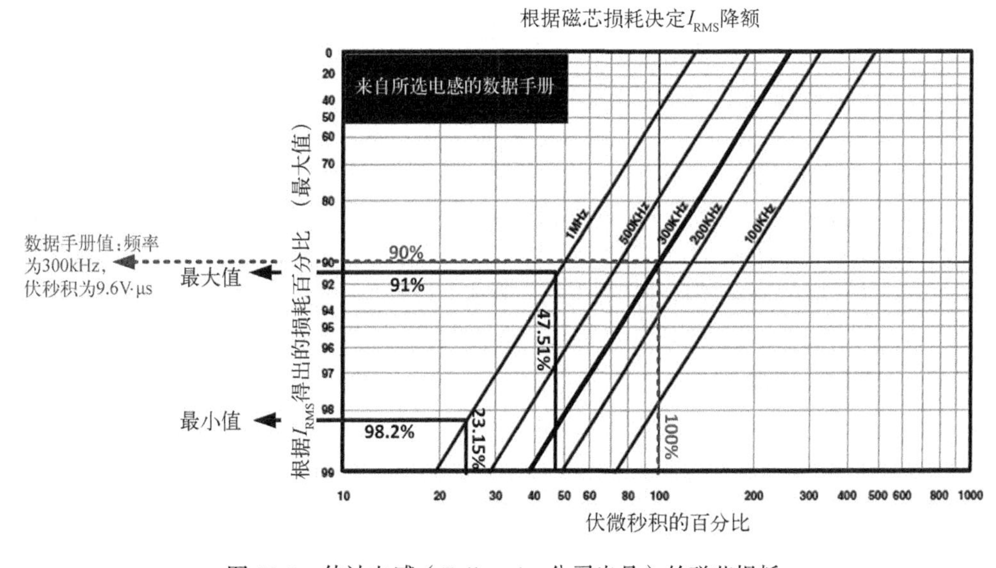

图 19-3　估计电感（Coiltronics 公司出品）的磁芯损耗

首先，确定电感允许的损耗。即

$$P_{L\_MAX}=I^2_{DC\_RATING}\times DCR=7.5^2\times6.6\times10^{-3}=0.371\text{W} \tag{19-83}$$

为了估算该应用中的磁芯损耗和 I_{RMS} 降额，需要计算可用伏微秒积（本例中用 Et 表示，与第 2 章相同）。

$$Et_{VINMAX}=V_O\frac{1-D_{IDEAL\_VINMAX}}{f}=10^6=4.5614\ \text{V}\cdot\mu\text{s} \tag{19-84}$$

$$Et_{VINMAX}=V_O\frac{1-D_{IDEAL\_VINMIN}}{f}=10^6=2.2222\ \text{V}\cdot\mu\text{s} \tag{19-85}$$

由电感的数据手册可知，额定的伏微秒积为

$$Et_{RATED}=9.6\quad\text{V}\cdot\mu\text{s} \tag{19-86}$$

所以，（两种极限电压下）可用伏微秒积与额定伏微秒积之比分别为

$$Ratio\_Et_{VINMAX}=\frac{Et_{VINMAX}}{Et_{RATED}}=\frac{4.5614}{9.6}=0.4751\Rightarrow47.51\% \tag{19-87}$$

$$Ratio\_Et_{\text{VINMAX}} = \frac{Et_{\text{VINMAX}}}{Et_{\text{RATED}}} = \frac{2.2222}{9.6} = 0.2315 \Rightarrow 23.15\% \tag{19-88}$$

现在，由图 19-3 可见，在 47.51%的额定伏微秒积和 1MHz 开关频率下，有效值电流产生的热损耗将保持在约为总损耗的 91%，并且会产生 40ºC 温升。所以，这大体上意味着当前（允许的）总铜损最大值仅为 0.91×0.371W=0.338W。这相当于额定有效值电流要降至 7.5A 以下。如后面所述，虽然该额定值很容易计算，但此处无需计算该值，因为给定信息足以得出该应用中的磁芯损耗，即电流有效值降额部分对应的损耗就是磁芯损耗。所以，很容易估算出（高电网电压下）该应用中的磁芯损耗为 0.371W－0.338W=0.033W。正如预期，它占允许的额定总损耗（0.371W）的 9%。类似地，V_{INMIN}对应的可用伏微秒积为额定伏微秒积的 23.15%。由图 19-3 可见，它与 Y 轴的交点是 98.2%。因此，相同逻辑下，低输入电压时的磁芯损耗占额定总损耗的 1.8%，即 0.018×0.371=0.00668W。两种极限电压下，磁芯损耗的结果可统一表示为

$$P_{\text{CORE\_VINMAX}}=33\times10^{-3}\ \text{W} \tag{19-89}$$

$$P_{\text{CORE\_VINMIN}}=6.7\times10^{-3}\ \text{W} \tag{19-90}$$

接下来计算该应用中的实际铜损。但在此之前，应确认使用的是降额后的电感额定有效值电流（和上述磁芯损耗）。若能够证明该应用中最大连续电感电流小于降额后的额定值，从逻辑上就能断定电感温升小于 40ºC；否则，就大于 40ºC（能否接受该温升取决于最恶劣环境温度）。两种极限电压下，降额后的额定有效值电流可根据下列步骤计算。

(1) V_{INMAX}时，允许的铜损最大值是允许的总损耗（0.371W）的 91%。现在，若直流电阻为 6.6mΩ，则铜损预计为

$$P_{\text{CU\_VINMAX}}=0.91\times0.371=I^2_{\text{RMS\_MAX\_VINMAX}}\times6.6\times10^{-3} \tag{19-91}$$

可解得最大额定有效值电流为

$$I_{\text{RMS\_MAX\_VINMAX}} = \sqrt{\frac{0.91\times0.371}{6.6\times10^{-3}}} = 7.1521\ \text{A} \tag{19-92}$$

由于该应用中的有效值电流约为 5A（如下所述），正好小于降额后的最大额定值，因此温升将小于 40℃。

(2) V_{INMIN}时，类似的

$$I_{\text{RMS\_MAX\_VINMIN}} = \sqrt{\frac{0.982\times0.371}{6.6\times10^{-3}}} = 7.4297\ \text{A} \tag{19-93}$$

如下所述，该应用中的有效值电流约为 5A，恰好小于降额后的最大额定值。

根据第 7 章和附录中的方程，电感有效值电流为

$$I_{\text{L\_RMS\_VINMAX}} = I_{\text{O}}\times\sqrt{1+\frac{r^2_{\text{VINMAX}}}{12}} = 5\times\sqrt{1+\frac{0.4147^2}{12}} = 5.0357\ \text{A} \tag{19-94}$$

$$I_{\text{L\_RMS\_VINMIN}} = I_{\text{O}}\times\sqrt{1+\frac{r^2_{\text{VINMIN}}}{12}} = 5\times\sqrt{1+\frac{0.202^2}{12}} = 5.0085\ \text{A} \tag{19-95}$$

注意，正如预期，连续导通模式下的一般电感设计中，有效值电流非常接近其直流值（斜坡中心值），所以实际上没有必要用上述有效值方程，可以只用直流值方程。铜损为

$$P_{CU\_VINMAX}=I^2_{L\_RMS\_VINMAX}\times DCR=5.0357^2\times6.6\times10^{-3}=0.1674\ \text{W} \tag{19-96}$$

$$P_{CU\_VINMIN}=I^2_{L\_RMS\_VINMIN}\times DCR=5.0085^2\times6.6\times10^{-3}=0.1656\ \text{W} \tag{19-97}$$

最终，总电感损耗分别为

$$P_{L\_VINMAX}=P_{CU\_VINMAX}+P_{CORE\_VINMAX}=0.1674+0.033=0.200\ \text{W} \tag{19-98}$$

$$P_{L\_VINMIN}=P_{CU\_VINMIN}+P_{CORE\_VINMIN}=0.1656+0.0067=0.172\ \text{W} \tag{19-99}$$

19.6 第5部分：输入电容的选择及其损耗

输入电容选择从设置目标输入电压纹波为±0.5%（DC-DC 集成开关芯片和控制芯片的典型值）开始。所以，输入电压为 57V 时，允许的输入纹波峰峰值为 1%×57=0.57V。假设最高输入电压时出现输入纹波最大值（适用于所有拓扑）。由第 13 章可知，实际纹波是等效串联电阻产生的纹波（此处忽略等效串联电感）与电容产生的纹波的叠加。假设选择的是一个陶瓷输入电容，其典型的（低）等效串联电阻为 50mΩ（包括导线和印制线电阻）。由图 13-4 可解得 C_{IN} 为

$$C_{IN}=\frac{I_O\times D_{IDEAL\_VINMAX}\times\left(1-D_{IDEAL\_VINMAX}\right)}{f\times\left[V_{RIPP\_PP\_MAX}-ESR\times I_O\times\left(1+\left(r_{VINMAX}/2\right)\right)\right]}$$

$$=\frac{5\times0.0877\times(1-0.0877)}{1\times10^6\times[0.57-0.05\times5\times(1+(0.4147/2))]}=1.492\times10^{-6}\ \text{F} \tag{19-100}$$

选择 2.2μF 的标准电容，其额定电压为 63V 或以上。输入电容的有效值电流（参见第 7 章和附录）为

$$I_{CIN\_RMS\_VINMAX}=I_O\times\sqrt{D_{IDEAL\_VINMAX}\times\left(1-D_{IDEAL\_VINMAX}+\frac{r^2_{VINMAX}}{12}\right)}=1.4255\ \text{A} \tag{19-101}$$

$$I_{CIN\_RMS\_VINMIN}=I_O\times\sqrt{D_{IDEAL\_VINMIN}\times\left(1-D_{IDEAL\_VINMIN}+\frac{r^2_{VINMIN}}{12}\right)}=2.494\ \text{A} \tag{19-102}$$

结果与图 7-7 中的#4 曲线一致，因为该应用中的占空比在 V_{INMAN} 时接近于 D=0.5。所以，损耗分别为

$$P_{CIN\_VINMAX}=I^2_{CIN\_RMS\_VINMAX}\times ESR=0.1016\ \text{W} \tag{19-103}$$

$$P_{CIN\_VINMIN}=I^2_{CIN\_RMS\_VINMIN}\times ESR=0.311\ \text{W} \tag{19-104}$$

19.7 第6部分：输出电容的选择及其损耗

此处设置的任务是同时满足下述三个约束条件。图 19-4 给出了对应的基本原理和设计方程。

(1) 最大输出纹波峰峰值小于输出电压的 1%（±0.5%），即 $V_{O\_RIPPLE\_MAX}$=0.05V；

(2) 负载突增时，可接受的最大电压下垂量为：ΔV_{DROOP}=0.25V；

(3) 负载突增时，可接受的最大超调量为：$\Delta V_{OVERSHOOT}$=0.25V。

最大等效串联电阻：基于最大输出纹波

忽略等效串联电阻和等效串联电感，仅根据电容值和最大允许输出纹波决定最小输出电容

$$C_O=\frac{r\times I_O}{8\times f\times V_{RIPPLE}}$$　（参见图13-5）

$$C_O\geqslant\frac{r\times I_O}{8\times f\times V_{RIPPLE\_MAX}}$$

包括等效串联电阻，但假设电容很大，忽略等效串联电感。则最大允许电压纹波决定最大等效串联电阻

$$V_{RIPPLE}=ESR\times I_O\times r$$

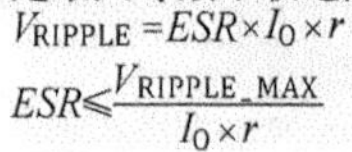
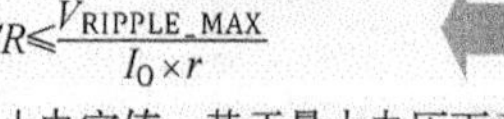

$$ESR\leqslant\frac{V_{RIPPLE\_MAX}}{I_O\times r}$$

最小电容值：基于最大电压下垂量

一般来说，精心设计的控制环路大约需要三个开关周期来响应并开始校正输出，以满足负载突变的需求。在此期间，不希望输出电容电压跌至某一V_{droop}值以下。于是，由$I=CdV/dt$可得

$$I=C\frac{\Delta V}{\Delta t}\Rightarrow C\geqslant\frac{I\times\Delta t}{\Delta V}=\frac{I\times 3T}{\Delta V_{droop}}=\frac{I\times 3}{\Delta V_{droop}\times f}$$

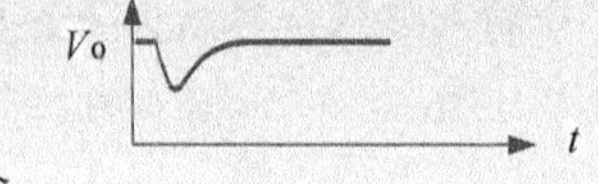

此处的下垂量实际上与额外的负载需求相关，因为正常负载需求在每个周期内都会满足，电压并没有下垂。所以，此处的电流实际上对应增加的负载

$$C_O\geqslant\frac{3\times\Delta I_O}{\Delta V_{droop}\times f}$$

最小电容值：基于最大超调量

采用另一个标准。负载从最大负载I_O突变至0，所有的电感能量倾泻到输出电容中。若不想超调量太大（达到一个新值V_X）

$$\frac{1}{2}\times C\left(Vx^2-V_O^2\right)=\frac{1}{2}\times L\left(I_O^2\right)\Rightarrow C\geqslant\frac{L\left(I_O^2\right)}{(V_X+V_O)\times(V_X-V_O)}\approx\frac{L\left(I_O^2\right)}{(2V_O)\times(\Delta V_{overshoot})}$$

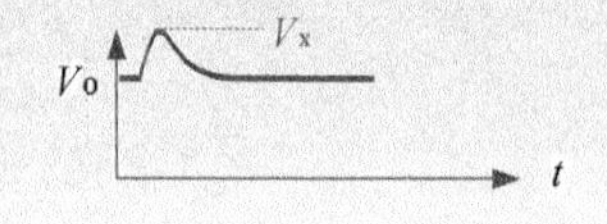

$$C_O\geqslant\frac{L\left(I_O^2\right)}{(2V_O)\times(\Delta V_{overshoot})}$$　（此处近似相等$V_X+V_O\approx 2\times V_O$.同时,$V_X-V_O=\Delta V$）

图 19-4　降压变换器输出电容选择标准

由上述三个约束条件，最小输出电容为：

$$C_{O\_MIN\_1}=\frac{r_{VINMAX}\times I_O}{8\times f\times V_{O\_RIPPLE\_MAX}}=\frac{0.4147\times 5}{8\times 10^6\times 0.05}=5.1834\times 10^{-6}\text{ F}\qquad(19\text{-}105)$$

$$C_{O\_MIN\_2}=\frac{3\times(I_O/2)}{\Delta V_{DROOP}\times f}=\frac{3\times(5/2)}{0.25\times 10^6}=3\times 10^{-5}\text{ F}\qquad(19\text{-}106)$$

$$C_{O\_MIN\_3}=\frac{L\times I_O^2}{2\times V_O\times\Delta V_{OVERSHOOT}}=\frac{2.2\times 10^{-6}\times 5^2}{2\times 5\times 0.25}=2.2\times 10^{-5}\text{ F}\qquad(19\text{-}107)$$

因此，可选择 33μF 的标准输出电容（额定电压为 6.3V 或以上）。

$$C_O=33\times 10^{-6}\text{F}\qquad(19\text{-}108)$$

同时需要再次确认所选电容的等效串联电阻是否足够小。如图 7-7 所示，要在高电网电压下校验等效串联电阻产生的纹波。根据图 13-5 的输出纹波方程，等效串联电阻应小于

$$ESR_{co\_MAX}=\frac{V_{O\_ROPPLE\_MAX}}{I_O\times r_{VINMAX}}=\frac{0.05}{5\times 0.4147}=0.0241\,\Omega(\text{即}24\text{m}\Omega)\qquad(19\text{-}109)$$

大多数陶瓷电容无疑都符合该要求。假设所选电容 ESR=20mΩ。为了计算损耗，需要先计算输出电容的有效值电流。

$$I_{Co\_RMS\_VINMAX}=I_O\times\frac{r_{VINMAX}}{\sqrt{12}}=0.5985\text{ A}\qquad(19\text{-}110)$$

$$I_{\text{Co\_RMS\_VINMIN}} = I_{\text{O}} \times \frac{r_{\text{VINMIN}}}{\sqrt{12}} = 0.2916 \text{ A} \tag{19-111}$$

$$P_{\text{Co\_VINMAX}} = I^2_{\text{Co\_RMS\_VINMAX}} \times \text{ESR} = 0.5985^2 \times 0.02 = 7.1647 \times 10^{-3} \text{ W} \tag{19-112}$$

$$P_{\text{Co\_VINMIN}} = I^2_{\text{Co\_RMS\_VINMIN}} \times \text{ESR} = 0.2916^2 \times 0.02 = 1.7005 \times 10^{-3} \text{ W} \tag{19-113}$$

19.8 第 7 部分：总损耗和效率估计

现在，将场效应管、电感、输入电容和输出电容中的损耗累加起来。

$$\begin{aligned} P_{\text{LOSS\_VINMAX}} &= P_{\text{FETs\_VINMAX}} + P_{\text{L\_VINMAX}} + P_{\text{CIN\_VINMAX}} + P_{\text{Co\_VINMAX}} \\ &= 3.0336 + 0.2008 + 0.1016 + 0.007 = 3.3431\text{W} \end{aligned} \tag{19-114}$$

$$\begin{aligned} P_{\text{LOSS\_VINMIN}} &= P_{\text{FETs\_VINMIN}} + P_{\text{L\_VINMIN}} + P_{\text{CIN\_VINMIN}} + P_{\text{Co\_VINMIN}} \\ &= 4.8156 + 0.1722 + 0.311 + 0.0017 = 5.3006\text{W} \end{aligned} \tag{19-115}$$

预估效率为

$$\eta_{\text{VINMAX}} = \frac{P_{\text{O}}}{P_{\text{O}} + P_{\text{LOSS\_VINMAX}}} = \frac{25}{25 + 3.3431} = 0.882 \text{（即 88.2\%）} \tag{19-116}$$

$$\eta_{\text{VINMIN}} = \frac{P_{\text{O}}}{P_{\text{O}} + P_{\text{LOSS\_VINMIN}}} = \frac{25}{25 + 5.3006} = 0.8251 \text{ (i.e., 82.51\%)（即 82.51\%）} \tag{19-117}$$

由此可见，在整个输入电压范围内，已经达到了效率大于 80%的设计目标。

注意，迄今为止的所有计算都基于理想占空比方程。实际上，现在可以按照第 5 章所定义的效率更精确地计算占空比。然后，再将新的占空比重新代入上述方程。经过反复迭代，将逐渐得出更精确的预估效率。改进的占空比方程为

$$D_{\text{VINMAX}} = \frac{V_{\text{O}}}{\eta_{\text{VINMAX}} \times V_{\text{INMAX}}} = \frac{5}{0.882 \times 57} = 0.0994 \tag{19-118}$$

$$D_{\text{VINMIN}} = \frac{V_{\text{O}}}{\eta_{\text{VINMIN}} \times V_{\text{INMIN}}} = \frac{5}{0.8251 \times 9} = 0.6733 \tag{19-119}$$

将上述结果与理想值 0.088 和 0.556 分别比较就会发现，前面例子中，变换器的占空比增加与总损耗增加相对应。

19.9 第 8 部分：结温估计

假设场效应管之间的间距都很合理，不存在热点（热约束效应）。同时，假设铜面积足够大（也就是说，双面板上场效应管产生的热量可传导到其下方的铜层上，等等）。

按照高端场效应管数据手册，可假设典型的结到周围环境的热阻为 25℃/W，而对于低端场效应管，假设其值为 40℃/W。同时，假设（场效应管附近）局部环境温度比最大室温 40℃高 15℃，因此对于场效应管，有效的最大环境温度为 55℃。对于高端场效应管，其最恶劣工况出现在低电网电压时，而对于低端场效应管，其最恶劣工况出现在高电网电压时。于是，可分别估计最恶劣工况下的高端和低端场效应管结温。

$$T_{J\_1}=P_{1\_VINMIN}\times Rth_{ja}+T_{amb}=3.9237\times 25+55=153.1\ ℃ \quad (19\text{-}120)$$

$$T_{J\_2}=P_{2\_VINMIN}\times Rth_{ja}+T_{amb}=1.8507\times 40+55=129.0\ ℃ \quad (19\text{-}121)$$

两种场效应管的额定最大结温均为 175℃，所以上述结温都是可接受的，尽管高端场效应管在运行时有些过热（80%温度降额对应的最大结温为 0.8×175=140℃）。

19.10　第 9 部分：控制环设计

此处需要参考第 12 章，特别是图 12-25 和图 12-26。假设控制器是电流模式控制芯片，使用跨导误差放大器。开关频率为 1MHz，可设截止频率为 $f_{sw}/3$=333kHz，这符合一般电流模式控制规则。最大电流为 5A，（开关）周期为 1μs。

(1) 斜坡补偿

设芯片的斜坡补偿为 1.5A/μs。首先排除 D 为最大值和 D=50%时出现次谐波不稳定（因为出现次谐波不稳定有三个条件：电流型控制、连续导通模式和占空比超过 50%）。根据图 12-24，D 为最大值和 D=50%时避免出现不稳定所需的最小电感分别为

$$L_{\min_1}=V_{\text{INMIN}}\times\frac{D_{\text{VINMIN}}-0.34}{slopeComp_{\text{A/μs}}}=9\times\frac{0.6733-0.34}{1.5}=2\ \text{μH} \quad (19\text{-}122)$$

$$L_{\min_2}=2V_{\text{O}}\times\frac{0.5-0.34}{slopeComp_{\text{A/μs}}}=10\times\frac{0.5-0.34}{1.5}=1.0677\ \text{μH} \quad (19\text{-}123)$$

式（19-123）实际上使用了 D=50%，即输入为输出的两倍。注意，式（19-122）使用了根据功率和预估效率计算出的更精确的最大占空比。

所选电感为 2.2μH，因此在本例提供的斜坡补偿条件下不会遭遇次谐波不稳定。若非如此，则需要增加电感值和（或）斜坡补偿量。

(2) 负载极点和被控对象传递函数

参见图 12-25。负载极点 f_p 可近似为 $1/(2\pi RC_O)$，但也可按 $1/(2\pi AC_O)$ 做更精确的计算。式中，A 包含了电感电流的上升斜率或下降斜率（单位为 A/μs）。下面开始计算。

下降斜率为

$$Downslope_{\text{A/μs}}=\frac{V_{\text{O}}}{L\times 10^6}=\frac{5}{2.2\times 10^{-6}\times 10^6}2.2727\ \text{A/μs} \quad (19\text{-}124)$$

计算图 12-25 中在两种极限电压下定义的 m。

$$m_{\text{VINMAX}}=1+\left(\frac{slopeComp}{Downslope}\times\frac{D_{\text{VINMAX}}}{1-D_{\text{VINMAX}}}\right)=1.0729 \quad (19\text{-}125)$$

$$m_{\text{VINMAX}}=1+\left(\frac{slopeComp}{Downslope}\times\frac{D_{\text{VINMIN}}}{1-D_{\text{VINMIN}}}\right)=2.3605 \quad (19\text{-}126)$$

所以，（两种电压极限下）图 12-25 中定义的 A 为

$$A_{\text{VINMAX}}=\frac{1}{\dfrac{1}{R}+\dfrac{m_{\text{VINMAX}}-0.5-(m_{\text{VINMAX}}\times D_{\text{VINMAX}})}{L\times f}}$$

$$=\frac{1}{\dfrac{1}{1}+\dfrac{1.0729-0.5-(1.0729\times 0.0994)}{2.2\times 10^{-6}\times 1\times 10^{6}}}=0.8251\ \Omega \quad (19\text{-}127)$$

$$A_{\text{VINMIN}} = \frac{1}{\dfrac{1}{R} + \dfrac{m_{\text{VINMIN}} - 0.5 - (m_{\text{VINMIN}} \times D_{\text{VINMIN}})}{L \times f}}$$

$$= \frac{1}{\dfrac{1}{1} + \dfrac{2.3605 - 0.5 - (2.3605 \times 0.6733)}{2.2 \times 10^{-6} \times 1 \times 10^{6}}} = 0.8903\ \Omega \qquad (19\text{-}128)$$

式中使用的负载电阻 $R=V_O/I_O=5/5=1\Omega$。注意，为了计算 f_p，此处用 A 替代 R 得出了更精确的预估负载极点位置。该应用中，A 值介于 0.8~0.9Ω，即略小于 $R=1\Omega$。所以，由此计算的负载极点频率实际上略高于根据（更常用的）简化方程 $f_p \approx 1/(2\pi RC_O)$ 计算的预期频率。于是，可得

$$f_{\text{P}_{\text{VINMAX}}} = \frac{1}{2\pi \times A_{\text{VINMAX}} \times C_O} = \frac{1}{2\pi \times 0.8251 \times 33 \times 10^{-6}} = 5.8449 \times 10^3\ \text{Hz} \qquad (19\text{-}129)$$

$$f_{\text{P}_{\text{VINMAX}}} = \frac{1}{2\pi \times A_{\text{VINMIN}} \times C_O} = \frac{1}{2\pi \times 0.8903 \times 33 \times 10^{-6}} = 5.4171 \times 10^3\ \text{Hz} \qquad (19\text{-}130)$$

即使负载极点随电网电压略微变化（因为 A 变化），抑制电网扰动的效果仍然很好，这也是电流模式控制的重要特性。电压模式控制下，即使元器件明显是根据一种输入电压选择的，也需要在两种极限电压下校验控制环设计。

图 12-23 定义了转移电阻 R_{map}。这是电流模式控制的特征电阻，它将检测电流与检测电压联系起来。假设总控制电压范围（变化量）为 1V，对应的场效应管电流从 0A 变化到 5A（从空载到满载）。因此，R_{map} 实际上为 1V/5A=0.2Ω。下面利用该信息计算图 12-25 中的 B。对于降压拓扑，B 等于 R_{map}，即

$$B=0.2\Omega \qquad (19\text{-}131)$$

然后，可计算 G_O，两种极限电压下被控对象的直流增益为

$$G_{\text{O\_VINMAX}} = \frac{A_{\text{VINMAX}}}{B} = \frac{0.8251}{0.2} = 4.1257 \qquad (19\text{-}132)$$

$$G_{\text{O\_VINMIN}} = \frac{A_{\text{VINMIN}}}{B} = \frac{0.8903}{0.2} = 4.4515 \qquad (19\text{-}133)$$

利用 $20\times\log(G_O)$ 可转换成用分贝表示，分别为 12.31dB 和 12.97dB。

若需要，可用上述信息绘制被控对象传递函数曲线。

(3) 利用 OTA 补偿

现在，用跨导运算放大器完成反馈部分设计。首先，计算图 12-26 中的衰减率 y。它是跨导运算放大器的降压比。注意，该步骤与图 12-12 给出的标准误差放大器计算步骤不同。

$$y = \frac{V_{\text{REF}}}{V_O} = \frac{1}{5} = 0.2 \qquad (19\text{-}134)$$

假设参考电压为 1V。所以，分压器可使用 4kΩ 的上位电阻和 1kΩ 的下位电阻（或 10kΩ 和 2.5kΩ，以此类推）。

图 19-5 给出了重要的数学关系。两种极限电压下，利用该关系可得

$$f_{\text{p0}_{\text{VINMAX}}} = \frac{f_{\text{cross}}}{A_{\text{VINMAX}}/B} \equiv \frac{f_{\text{cross}}}{G_{\text{O\_VINMAX}}} = \frac{333 \times 10^3}{4.1257} = 80.713 \times 10^3\ \text{Hz} \qquad (19\text{-}135)$$

$$f_{p0_{VINMAX}} = \frac{f_{cross}}{A_{VINMIN}/B} \equiv \frac{f_{cross}}{G_{O\_VINMIN}} = \frac{333\times10^3}{4.4515} = 74.806\times10^3\ \text{Hz} \quad (19\text{-}136)$$

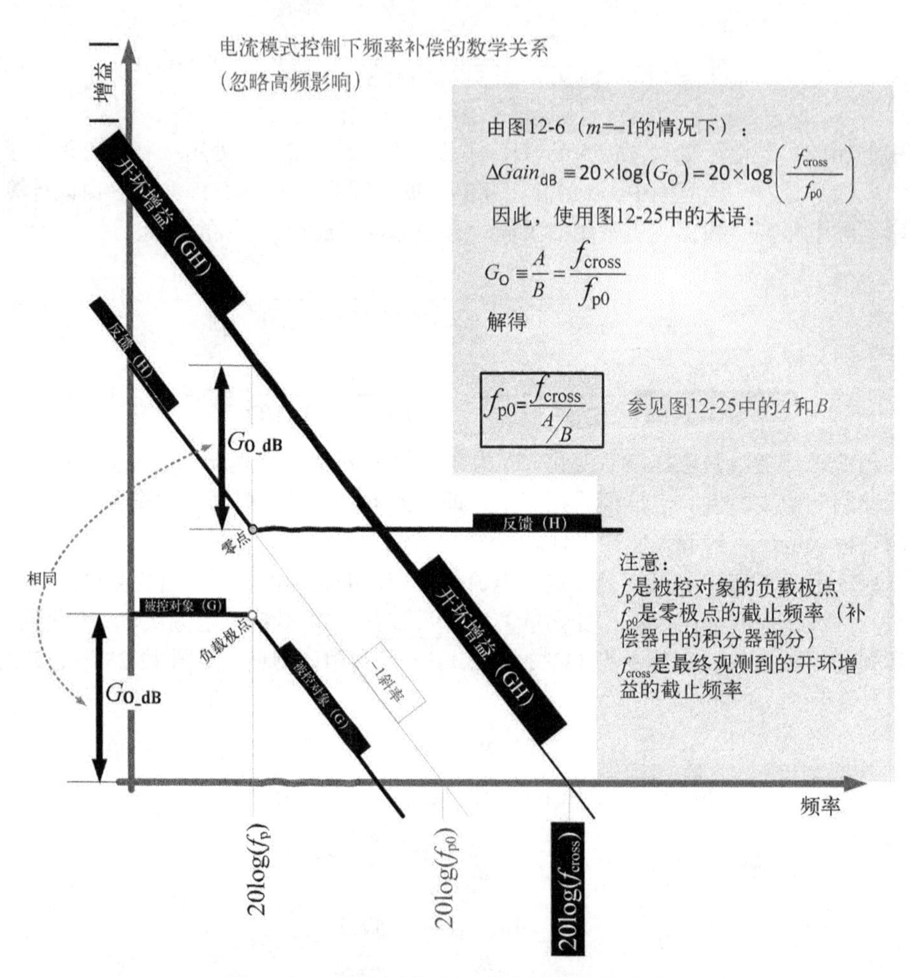

图 19-5　电流模式控制下频率补偿的数学关系

利用图 12-26 给出的关系，每种极限电压下，基于所选的 g_m=0.2 可得到两个推荐方程。（但要注意，一般跨导运算放大器的 g_m 值要小得多）

$$C_{1_{VINMAX}} = \frac{y\times g_m}{2\times\pi\times f_{p0_{VINMAX}}} = \frac{0.2\times0.2}{2\times\pi\times80.713k} = 7.8875\times10^{-8}\ \text{F（即 79nF）} \quad (19\text{-}137)$$

$$C_{1_{VINMAX}} = \frac{y\times g_m}{2\times\pi\times f_{p0_{VINMIN}}} = \frac{0.2\times0.2}{2\times\pi\times74.806k} = 8.5103\times10^{-8}\ \text{F（即 85nF）} \quad (19\text{-}138)$$

正如预期，抑制电网扰动的效果很好。此处取一个与两者都接近的标准值。设 C_1=82nF。

由图 12-26 可见，零点 f_{z1} 位于 $1/(2\pi R_1C_1)$。根据图 19-5，可将其设为负载极点位置。因此，设 $f_p=1/(2\pi R_1C_1)$。既然前面已经计算出 C_1，可用下列方程计算 R_1

$$R_{1_{VINMAX}} = \frac{1}{2\pi\times f_{P_{VINMAX}}\times C_1} = 332.0719\ \text{Hz} \quad (19\text{-}139)$$

$$R_{1\_{\mathrm{VINMAX}}}=\frac{1}{2\pi\times f_{\mathrm{P_{VINMAX}}}\times C_1}=358.2936\ \mathrm{Hz} \tag{19-140}$$

再次取一个接近的标准值。

设 R_1=33　　　　　　　　　　　3Ω。

图 12-26 中的极点 f_{p1} 用于抵消输出电容的等效串联电阻零点（ESR=20mΩ）。该等效串联电阻零点频率为 $f_{ESR}=1/(2\pi\times ESR\times C_O)$=241.14kHz。于是，可得

$$C_2=\frac{1}{2\pi\times R_1\times f_{\mathrm{ESR}}}=1.982\times10^{-9}\ \mathrm{F} \tag{19-141}$$

选择一个标准值。

设 C_2=2nF。

根据图 12-22 和所选的补偿元器件，可绘制出图 19-6 中的最终结果。于是，可以回到图 12-6，校验上述选择和步骤。

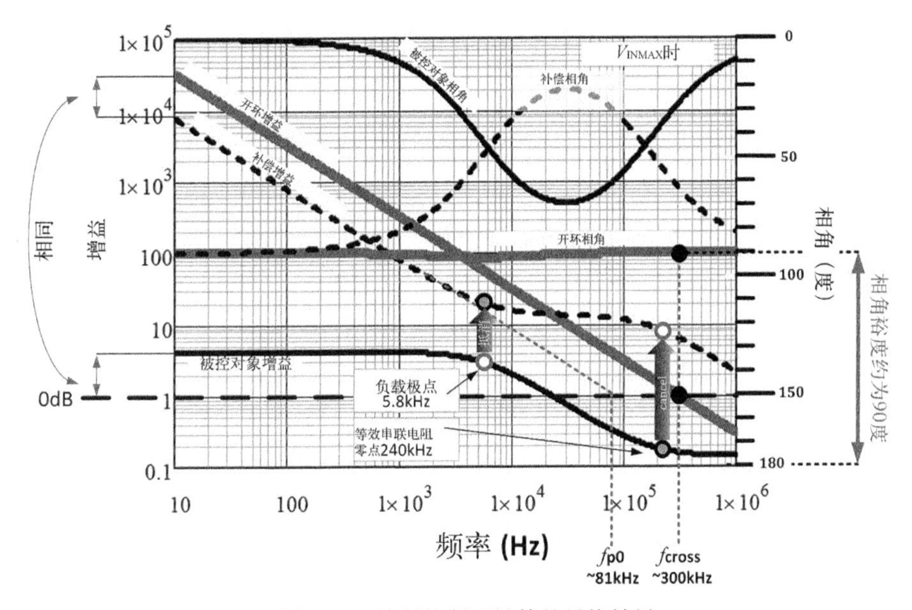

图 19-6　绘制控制环补偿的最终结果

附　　录

表1　DC-DC设计表

<table>
<tr><th>假设在连续导通模式下工作</th><th>降压变换器</th><th>升压变换器</th><th>升降压变换器</th></tr>
<tr><td>导通阶段的电感电压V_{ON}</td><td>$\approx V_{IN}-V_O$</td><td colspan="2">$\approx V_{IN}$</td></tr>
<tr><td>关断阶段的电感电压V_{OFF}</td><td>$\approx V_O$</td><td>$\approx V_O-V_{IN}$</td><td>$\approx V_O$</td></tr>
<tr><td rowspan="8">占空比D</td><td colspan="3">$=\frac{V_{OFF}}{V_{ON}+V_{OFF}}$</td></tr>
<tr><td colspan="3">（参见图2-1）V_{ON}和V_{OFF}分别是开关管导通阶段和关断阶段的电感电压幅值。</td></tr>
<tr><td>$\approx\frac{V_O+V_D}{V_{IN}-V_{SW}+V_D}$</td><td>$\approx\frac{V_O-V_{IN}+V_D}{V_O-V_{SW}+V_D}$</td><td>$\approx\frac{V_O+V_D}{V_{IN}+V_O+V_D-V_{SW}}$</td></tr>
<tr><td colspan="3">上述公式中，若使用同步拓扑，可认为V_{SW}是控制开关管压降，V_D是同步开关管压降。</td></tr>
<tr><td>$\approx\frac{V_O}{V_{IN}}$</td><td>$\approx\frac{V_O-V_{IN}}{V_O}$</td><td>$\approx\frac{V_O}{V_{IN}+V_O}$</td></tr>
<tr><td>$=\frac{V_O}{\eta V_{IN}}$</td><td>$=\frac{V_O-\eta V_{IN}}{V_O}$</td><td>$=\frac{V_O}{\eta V_{IN}+V_O}$</td></tr>
<tr><td>$=\frac{(V_O/\eta)}{V_{IN}}$</td><td>$=\frac{(V_O/\eta)-V_{IN}}{(V_O/\eta)}$</td><td>$=\frac{(V_O/\eta)}{V_{IN}+(V_O/\eta)}$</td></tr>
<tr><td colspan="3">（参见图5-1与5-19）注意，如第5章所述，有些公式是精确的，但有些是粗略估算的。上述描述D值的两种方法，即ηV_{IN}和V_O给出的占空比相同，并且看起来彼此等效。但正如第5章所述，两者会设计出大小完全不同的磁芯。</td></tr>
<tr><td rowspan="2">理想占空比D_{IDEAL}</td><td>$=\frac{V_O}{V_{IN}}$</td><td>$=\frac{V_O-V_{IN}}{V_O}$</td><td>$=\frac{V_O}{V_{IN}+V_O}$</td></tr>
<tr><td colspan="3">此处忽略所有损耗，即对应效率为100%（η=1）。参见第19章算例。</td></tr>
<tr><td rowspan="5">直流传递函数V_O/V_{IN}</td><td>$=D_{IDEAL}$</td><td>$=\frac{1}{1-D_{IDEAL}}$</td><td>$=\frac{D_{IDEAL}}{1-D_{IDEAL}}$</td></tr>
<tr><td colspan="3">实际上，上述公式定义了理想占空比。</td></tr>
<tr><td>$\approx D$</td><td>$\approx\frac{1}{1-D}$</td><td>$\approx\frac{D}{1-D}$</td></tr>
<tr><td>$=\eta D$</td><td>$=\frac{\eta}{1-D}$</td><td>$=\frac{\eta D}{1-D}$</td></tr>
<tr><td colspan="3">η是变换器效率，$\eta=P_O/P_{IN}$，D为实际的或测量的占空比。
注意，上述方程中哪些是精确的，哪些是近似的，参见第5章。</td></tr>
<tr><td>D=50%时的输入电压V_{IN_50}</td><td>$\approx(2V_O)+V_{SW}+V_D\approx 2V_O$</td><td>$\approx\frac{1}{2}\times[V_O+V_{SW}+V_D]\approx\frac{V_O}{2}$</td><td>$\approx V_O+V_{SW}+V_D\approx V_O$</td></tr>
<tr><td rowspan="2">输出电压V_O</td><td>$\approx V_{IN}D-V_{SW}D-V_D(1-D)$</td><td>$\approx\frac{V_{IN}-V_{SW}D-V_D(1-D)}{1-D}$</td><td>$\approx\frac{V_{IN}D-V_{SW}D-V_D(1-D)}{1-D}$</td></tr>
<tr><td>$\approx V_{IN}D$</td><td>$\approx\frac{V_{IN}}{1-D}$</td><td>$\approx\frac{V_{IN}D}{1-D}$</td></tr>
</table>

（续）

假设在连续导通模式下工作	降压变换器	升压变换器	升降压变换器
导通阶段或关断阶段的伏微秒积V·μs (Et)	$\approx \frac{V_O+V_D}{f}\times(1-D)\times10^6$	$\approx \frac{V_O-V_{SW}+V_D}{f}\times D(1-D)\times10^6$	$\approx \frac{V_O+V_D}{f}\times(1-D)\times10^6$
	$\approx \frac{V_O}{f}\times(1-D)\times10^6$	$\approx \frac{V_O}{f}\times D(1-D)\times10^6$	$\approx \frac{V_O}{f}\times(1-D)\times10^6$
	$\equiv \frac{(V_{IN}-V_O)}{f}\times D\times10^6$	$\equiv \frac{V_{IN}}{f}\times D\times10^6$	$\equiv \frac{V_{IN}}{f}\times D\times10^6$
	稳态值		
电感L（μH）	$\approx \frac{V_O+V_D}{I_O\times r\times f}\times(1-D)\times10^6$	$\approx \frac{V_O-V_{SW}+V_D}{I_O\times r\times f}\times D(1-D)^2\times10^6$	$\approx \frac{V_O+V_D}{I_O\times r\times f}\times(1-D)^2\times10^6$
	（参见图5-8和图5-9）f是以Hz为单位的开关频率，r为电流纹波率，$r=\Delta I_L/I_L$，式中，I_L为平均电感电流（斜坡中心值）。参见下述关于r的方程 一般，选择L时，r=0.4（即电感电流变化范围为直流值I_L的±20%）。降压变换器要在最高输入电压下设置r值；而升压和升降压变换器要在最低输入电压下设置r值 完整设计过程参见第19章最后一个算例		
电流纹波率r	$=\frac{\Delta I_L}{I_L}\equiv\frac{2\times I_{AC}}{I_{DC}}$		
	$\frac{(V\mu s/L)}{I_O}$	$\frac{(V\mu s/L)}{(I_O/(1-D))}$	
	$\approx \frac{V_O+V_D}{I_O\times L\times f}\times(1-D)\times10^6$	$\approx \frac{V_O-V_{SW}+V_D}{I_O\times L\times f}\times D(1-D)^2\times10^6$	$\approx \frac{V_O+V_D}{I_O\times L\times f}\times(1-D)^2\times10^6$
	（参见图2-2）电感L的单位为μH，频率f的单位为Hz 一般，r=0.4（降压拓扑要在最高输入电压下设置r值；而升压和升降压拓扑要在最低输入电压下设置r值）		
平均电感电流I_L	$=I_O$	$=\frac{I_O}{1-D}$	$=\frac{I_O}{1-D}$
电感电流峰峰值ΔI_L	$\equiv\Delta I_L\equiv2\times I_{AC}=r\times I_L$		
	（参见上述关于I_L的方程）		
输入电容电流峰峰值	$=I_O\left[1+\frac{r}{2}\right]$	$=\frac{I_O}{1-D}\times r$	$=\frac{I_O}{1-D}\times\left[1+\frac{r}{2}\right]$
输出电容电流峰峰值	$=I_O\times r$	$=\frac{I_O}{1-D}\times\left[1+\frac{r}{2}\right]$	
输入电压纹波（峰峰值）（与等效串联电阻相关）	$=I_O\left[1+\frac{r}{2}\right]\times ESR_{C_{IN}}$	$=\frac{I_O}{1-D}\times r\times ESR_{C_{IN}}$	$=\frac{I_O}{1-D}\times\left[1+\frac{r}{2}\right]\times ESR_{C_{IN}}$
输出电压纹波（峰峰值）（与等效串联电阻相关）	$=I_O\times r\times ESR_{C_O}$	$=\frac{I_O}{1-D}\times\left[1+\frac{r}{2}\right]\times ESR_{C_O}$	
输入电压纹波（峰峰值）（与电容值相关）	$=\frac{I_O\times D(1-D)}{f\times C_{IN}}$	$=\frac{I_O\times r}{8\times f\times C_{IN}\times(1-D)}$	$=\frac{I_O\times D}{f\times C_{IN}}$
	（参见图13-1~图13-3）		
输出电压纹波（峰峰值）（与电容值相关）	$=\frac{I_O\times r}{8\times f\times C_O}$	$=\frac{I_O\times(1-D)}{f\times C_O}$	
	（参见图13-1~图13-3）		
输入电容电流有效值	$=I_O\sqrt{D\left[1-D+\frac{r^2}{12}\right]}\approx\frac{I_O}{2}$	$=\frac{I_O}{1-D}\times\frac{r}{\sqrt{12}}\approx0$	$=\frac{I_O}{1-D}\sqrt{D\left[1-D+\frac{r^2}{12}\right]}$
	（参见图7-6和图7-7） 降压变换器中，输入电容C_{IN}的最大有效值电流出现在D=0.5时（即$V_{IN}=2V_O$时）		

（续）

假设在连续导通模式下工作	降压变换器	升压变换器	升降压变换器
输出电容电流有效值	$=I_O\times\frac{r}{\sqrt{12}}\approx 0$	$=I_O\times\sqrt{\frac{D+(r^2/12)}{1-D}}$	
电感电流有效值	$=I_O\times\sqrt{1+\frac{r^2}{12}}$	$=\frac{I_O}{1-D}\times\sqrt{1+\frac{r^2}{12}}$	
开关管电流有效值	$=I_O\times\sqrt{D\times\left[1+\frac{r^2}{12}\right]}$	$=\frac{I_O}{1-D}\times\sqrt{D\times\left[1+\frac{r^2}{12}\right]}$	
二极管（或同步场效应管）电流有效值	$=I_O\times\sqrt{(1-D)\times\left[1+\frac{r^2}{12}\right]}$	$=I_O\times\sqrt{\frac{[1+(r^2/12)]}{(1-D)}}$	
	参见图7-3和图7-6		
开关管、二极管和电感的电流最大值I_{PEAK}	$=I_O\times\left[1+\frac{r}{2}\right]$	$=\frac{I_O}{1-D}\times\left[1+\frac{r}{2}\right]$	
平均开关管电流	$=I_O\times D$	$=I_O\times\frac{D}{1-D}$	$=I_O\times\frac{D}{1-D}$
平均二极管电流	$=I_O\times(1-D)$	$=I_O$	$=I_O$
平均电感电流I_L	$=I_O$	$=\frac{I_O}{1-D}$	$=\frac{I_O}{1-D}$
平均输入电流I_{IN}	同平均开关管电流	同平均电感电流	同平均开关管电流
	$=I_O\times D$	$=\frac{I_O}{1-D}$	$=I_O\times\frac{D}{1-D}$
每周期的电感循环能量（μJ）$\Delta\varepsilon$	$=V\mu s\times I_L$		
	$=\frac{P_O}{\eta\times f}\times(1-D)$	$=\frac{P_O}{\eta\times f}\times D$	$=\frac{P_O}{\eta\times f}$
	（参见图5-5）		
磁芯的峰值能量处理能力ε（μJ）	$=\frac{1}{2}\times L\times I_{PEAK}{}^2=\frac{\Delta\varepsilon}{8}\times\left[r\times\left(\frac{2}{r}+1\right)^2\right]$		
	$=\frac{I_O\times V\mu s}{8}\times\left[r\times\left(\frac{2}{r}+1\right)^2\right]$	$=\frac{I_O\times V\mu s}{8\times(1-D)}\times\left[r\times\left(\frac{2}{r}+1\right)^2\right]$	
	（参见图5-6）		

表2 AC-DC设计表

假设在连续导通模式下工作	单端正激变换器（类似降压变换器）	反激变换器（类似升降压变换器）
变压器匝比n	$=\frac{N_P}{N_S}$	
折算后的输出电压V_{OR}	$\approx n\times V_O$	
	$\approx n\times(V_O+V_D)$	
	$=n\times(V_O/\eta)$	
折算后的输入电压V_{INR}	$\approx\frac{V_{IN}}{n}$	
	$\approx\frac{V_{IN}-V_{SW}}{n}$	
	$=\frac{\eta V_{IN}}{n}$	
折算后的输出电流I_{OR}	$=\frac{I_O}{n}$	
折算后的输入电流I_{INR}	$=n\times I_{IN}$	
	（参见图3-2）参见下述关于I_{IN}的方程	

（续）

假设在连续导通模式下工作	单端正激变换器（类似降压变换器）	反激变换器（类似升降压变换器）
占空比	$=\dfrac{V_O}{V_{INR}}$	$=\dfrac{V_O}{V_{INR}+V_O}$
	$=\dfrac{V_{OR}}{V_{IN}}$	$=\dfrac{V_{OR}}{V_{IN}+V_{OR}}$
	$=\dfrac{V_O}{(\eta/n)\times V_{IN}}$	$=\dfrac{V_O}{((\eta/n)\times V_{IN})+V_O}$
	$=\dfrac{V_O\times(n/\eta)}{V_{IN}}$	$=\dfrac{V_O\times(n/\eta)}{V_{IN}+(V_O\times(n/\eta))}$
	（参见图5-1）	
理想占空比D_{IDEAL}	$=\dfrac{\eta V_O}{V_{IN}}$	$=\dfrac{\eta V_O}{V_{IN}+nV_O}$
直流传递函数V_O/V_{IN}	$=(D_{IDEAL}/\eta)$ $=D\times(\eta/n)\approx\dfrac{D}{n}$	$=\dfrac{(D_{IDEAL}/\eta)}{1-D_{IDEAL}}$ $=\dfrac{D\times(\eta/n)}{1-D}\approx\dfrac{1}{n}\times\dfrac{D}{1-D}$
	η是变换器效率，$\eta=P_O/P_{IN}$，D是实际的或测量的占空比，n是匝比	
电感L（μH）	$\approx\dfrac{V_O}{I_O\times r\times f}\times(1-D)\times10^6$	$\approx\dfrac{V_O}{I_O\times r\times f}\times(1-D)^2\times10^6$
	（参见图5-8、图5-9和图14-4） 该值是指正激变换器的输出扼流圈和反激变换器的变压器原边侧（副边侧开路的情况下测量）的电感值 f是以Hz为单位的开关频率，r为电流纹波率，如下所述 一般地，选择L时，r=0.4（即电感电流变化范围为直流值或斜坡中心值I_L的±20%）正激变化器要在最高输入电压下设置r值；而反激变换器要在最低输入电压下设置r值	
平均电感电流I_L （斜坡中心值）	$=I_O$	原边侧： $=\dfrac{I_{OR}}{1-D}\equiv\dfrac{(I_O/n)}{1-D}$ 副边侧： $=\dfrac{I_O}{1-D}$ （参见图3-2）
电流纹波率r	$=\dfrac{\Delta I_L}{I_L}\equiv\dfrac{2\times I_{AC}}{I_{DC}}$	
	$\approx\dfrac{V_O}{I_O\times L\times f}\times(1-D)\times10^6$	$\approx\dfrac{V_O}{I_O\times L\times f}\times(1-D)^2\times10^6$
	（参见图2-2和图3-2） r是电流纹波率，$r=\Delta I_L/I_L\equiv2\times I_{AC}/I_{DC}$，式中，$I_L$是平均电感电流值（斜坡中心值，即$I_{DC}$），$I_{AC}$是电感电流的交流分量，$I_{AC}\equiv\Delta I_L/2$。$L$的单位为μH，$f$的单位为Hz。一般地，设$r$=0.4，即电感电流变化范围为其直流值（斜坡中心值）I_L的±20% 对于反激变换器，尽管变压器两侧电流同时按匝比变化，但两侧设置的r值相同	
电感电流峰峰值ΔI_L	$\equiv\Delta I_L\equiv2\times I_{AC}=r\times I_L$	
	（参见上述关于I_L的方程）	
输入电容电流峰峰值	$\approx I_{OR}\left[1+\dfrac{r}{2}\right]$ 忽略变压器励磁电流	$\approx\dfrac{I_{OR}}{1-D}\times\left[1+\dfrac{r}{2}\right]$
输出电容电流峰峰值	$=I_O\times r$	$=\dfrac{I_O}{1-D}\times\left[1+\dfrac{r}{2}\right]$

（续）

假设在连续导通模式下工作	单端正激变换器（类似降压变换器）	反激变换器（类似升降压变换器）
输入电压纹波（峰峰值）（与等效串联电阻相关）	$\approx I_{OR}\left[1+\frac{r}{2}\right]\times ESR_{C_{IN}}$ 忽略变压器励磁电流	$=\frac{I_{OR}}{1-D}\times\left[1+\frac{r}{2}\right]\times ESR_{C_{IN}}$
输出电压纹波（峰峰值）（与等效串联电阻相关）	$=I_O\times r\times ESR_{C_O}$	$=\frac{I_O}{1-D}\times\left[1+\frac{r}{2}\right]\times ESR_{C_O}$
输入电压纹波（峰峰值）（与电容值相关）	$\approx\frac{I_{OR}\times D(1-D)}{f\times C_{IN}}$ 忽略变压器励磁电流	$=\frac{I_{OR}\times D}{f\times C_{IN}}$
	（参见图13-1~图13-3）	
输出电压纹波（峰峰值）（与电容值相关）	$=\frac{I_O\times r}{8\times f\times C_O}$	$=\frac{I_O\times(1-D)}{f\times C_O}$
	（参见图13-1~图13-3）	
输入电容电流有效值	$\approx I_{OR}\sqrt{D\left[1-D+\frac{r^2}{12}\right]}\approx\frac{I_{OR}}{2}$ 忽略变压器励磁电流	$=\frac{I_{OR}}{1-D}\sqrt{D\left[1-D+\frac{r^2}{12}\right]}$
	（参见图7-6和图7-7） 对于正激变换器，输入电容C_{IN}的最大有效值电流出现在D=0.5处，即$V_{IN}/\eta=2\times V_O$。	
输出电容电流有效值	$=I_O\times\frac{r}{\sqrt{12}}\approx 0$	$=I_O\times\sqrt{\frac{D+(r^2/12)}{1-D}}$
电感和绕组电流有效值	原边侧： $\approx I_{OR}\times\sqrt{D\times\left[1+\frac{r^2}{12}\right]}$ 忽略变压器励磁电流	原边侧： $=\frac{I_{OR}}{1-D}\times\sqrt{D\times\left[1+\frac{r^2}{12}\right]}$
	副边侧： $=I_O\times\sqrt{D\times\left[1+\frac{r^2}{12}\right]}$ 输出扼流圈：$=I_O\times\sqrt{1+\frac{r^2}{12}}$	副边侧： $=I_O\times\sqrt{\frac{[1+(r^2/12)]}{1-D}}$
	（参见图7-3）	
开关管电流有效值	$\approx I_{OR}\times\sqrt{D\times\left[1+\frac{r^2}{12}\right]}$ 忽略变压器励磁电流	$=\frac{I_{OR}}{1-D}\times\sqrt{D\times\left[1+\frac{r^2}{12}\right]}$
二极管（或同步场效应管）电流有效值	输出二极管（接变压器）： $=I_O\times\sqrt{D\times\left[1+\frac{r^2}{12}\right]}$ 续流二极管（接地）： $=I_O\times\sqrt{(1-D)\times\left[1+\frac{r^2}{12}\right]}$	$=I_O\times\sqrt{\frac{[1+(r^2/12)]}{(1-D)}}$
	（参见图7-3和图7-6）	
平均开关管电流	$\approx I_{OR}\times D$ 忽略变压器励磁电流	$=I_{OR}\times\frac{D}{1-D}$

（续）

假设在连续导通模式下工作	单端正激变换器（类似降压变换器）	反激变换器（类似升降压变换器）
平均二极管电流	输出二极管（接变压器）： $=I_O\times D$	$=I_O$
	续流二极管（接地）： $=I_O\times(1-D)$	
平均输入电流I_{IN}	同平均开关管电流	
	$=I_{OR}\times D$	$=I_{OR}\times\dfrac{D}{1-D}$
磁芯峰值能量处理能力ε(μJ)	$=\dfrac{I_O\times V\mu s}{8}\times\left[r\times\left(\dfrac{2}{r}+1\right)^2\right]$	$=\dfrac{I_{OR}\times V\mu s}{8\times(1-D)}\times\left[r\times\left(\dfrac{2}{r}+1\right)^2\right]$
	（参见图5-5和图5-6） 峰值能量是指正激变换器的输出扼流圈或反激变换器的变压器中的能量。对于反激变换器，采用的是原边侧绕组电压$V_{\mu s}$，即$V_{IN}\times D/f\times10^6$或$V_{OR}\times(1-D)/f\times10^6$	

表3　各种拓扑的电压应力设计表

变换器	$n=N_P/N_S$ $V_{INR}=V_{IN}/\eta$ $V_{OR}=nV_O$	开关管	钳位二极管	输出二极管	耦合/钳位电容	理想传递函数
降压	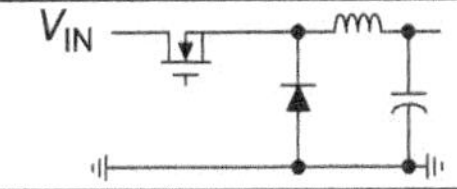 V_{IN}	V_{INMAX}	V_{INMAX}		NA	$\dfrac{V_O}{V_{IN}}=D$
升压	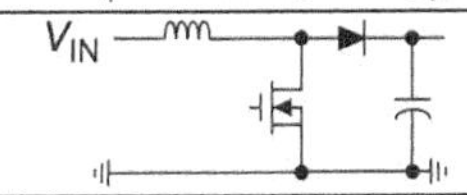 V_{IN}	V_O	V_O		NA	$\dfrac{V_O}{V_{IN}}=\dfrac{1}{1-D}$
升降压	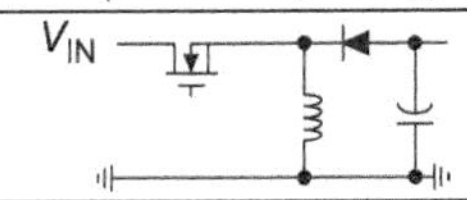 V_{IN}	$V_{INMAX}+V_O$	$V_{INMAX}+V_O$		NA	$\dfrac{V_O}{V_{IN}}=\dfrac{D}{1-D}$
反激	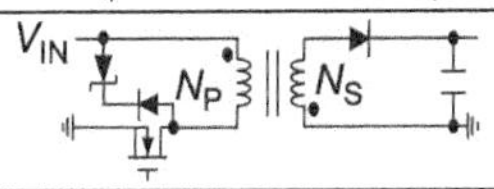 V_{IN} N_P N_S	$V_{INMAX}+V_Z$	$V_{INRMAX}+V_O$		NA	$\dfrac{V_O}{V_{INR}}=\dfrac{D}{1-D}$
正激	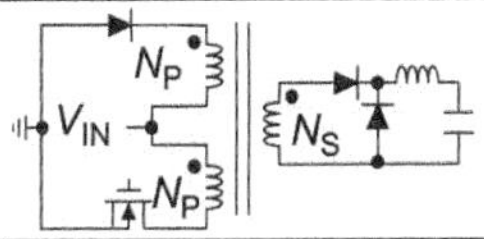 N_P V_{IN} N_S N_P	$2\times V_{INMAX}$	V_{INRMAX}	$V_{INRMAX}+V_O$	NA	$\dfrac{V_O}{V_{INR}}=D$
双管正激	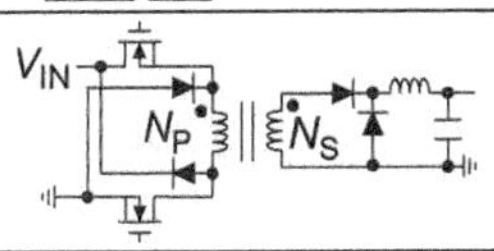 V_{IN} N_P N_S	V_{INMAX}	V_{INRMAX}	$V_{INRMAX}+V_O$	NA	$\dfrac{V_O}{V_{INR}}=D$
有源钳位正激	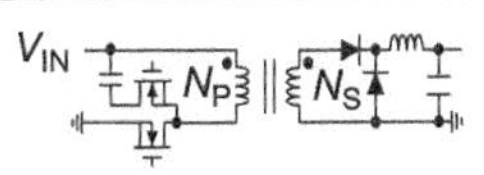 V_{IN} N_P N_S	$\dfrac{V_{INMAX}}{1-D_{MAX}}$	V_{INRMAX}	$V_{INRMAX}\times\dfrac{D_{MAX}}{1-D_{MAX}}+V_O$	$\dfrac{V_{IN}D_{MAX}}{1-D_{MAX}}$	$\dfrac{V_O}{V_{INR}}=D$
半桥	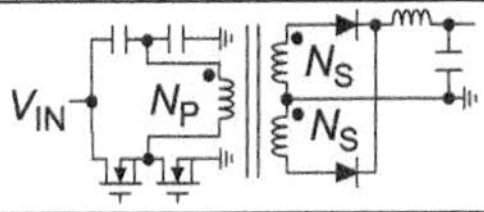 V_{IN} N_P N_S N_S	V_{INMAX}	V_{INRMAX}	V_{INRMAX}	NA	$\dfrac{V_O}{V_{INR}}=D$
全桥	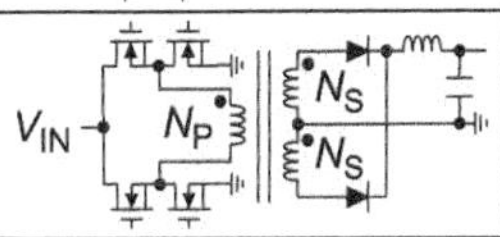 V_{IN} N_P N_S N_S	V_{INMAX}	$2\times V_{INRMAX}$	$2\times V_{INRMAX}$	NA	$\dfrac{V_O}{V_{INR}}=2D$

（续）

变换器	$n=N_P/N_S$ $V_{INR}=V_{IN}/\eta$ $V_{OR}=nV_O$	开关管	钳位二极管	输出二极管	耦合/钳位电容	理想传递函数
推挽	 V_{IN} N_P N_P N_S N_S	$2\times V_{INMAX}$	$2\times V_{INRMAX}$	$2\times V_{INRMAX}$	NA	$\frac{V_O}{V_{INR}}=2D$
Cuk	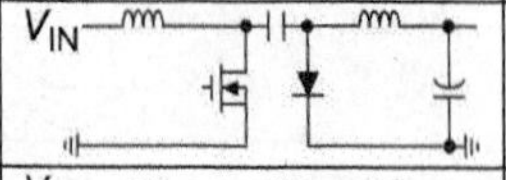 V_{IN}	$V_{INMAX}+V_O$	$V_{INMAX}+V_O$		V_{INMAX} +	$\frac{V_O}{V_{IN}}=\frac{D}{1-D}$
Sepic	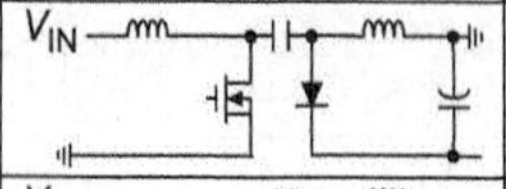 V_{IN}	$V_{INMAX}+V_O$	$V_{INMAX}+V_O$		V_{INMAX}	$\frac{V_O}{V_{IN}}=\frac{D}{1-D}$
Zeta	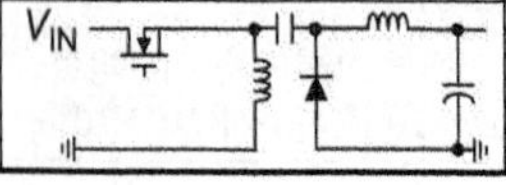 V_{IN}	$V_{INMAX}+V_O$	$V_{INMAX}+V_O$		V_O	$\frac{V_O}{V_{IN}}=\frac{D}{1-D}$

参见表 7-1 中的附加说明。

索　　引

Q

R

S

T

W

X

Y

Z

版权声明

Switching Power Supplies A-Z, 2E
Sanjaya Maniktala
ISBN: 9780123865335

《精通开关电源设计（第 2 版）》（王健强等 译）
ISBN: 9787115367952

注　　意

本书涉及领域的知识和实践标准在不断变化。新的研究和经验拓展我们的理解，因此须对研究方法、专业实践或医疗方法作出调整。从业者和研究人员必须始终依靠自身经验和知识来评估和使用本书中提到的所有信息、方法、化合物或本书中描述的实验。在使用这些信息或方法时，他们应注意自身和他人的安全，包括注意他们负有专业责任的当事人的安全。在法律允许的最大范围内，爱思唯尔、译文的原文作者、原文编辑及原文内容提供者均不对因产品责任、疏忽或其他人身或财产伤害及/或损失承担责任，亦不对由于使用或操作文中提到的方法、产品、说明或思想而导致的人身或财产伤害及/或损失承担责任。